DICTIONNAIRE TOPOGRAPHIQUE

DU

DÉPARTEMENT DE LA HAUTE-LOIRE

COMPRENANT

LES NOMS DE LIEU ANCIENS ET MODERNES

RÉDIGÉ

PAR M. Augustin CHASSAING

ARCHIVISTE-PALÉOGRAPHE, JUGE AU TRIBUNAL CIVIL DU PUY

COMPLÉTÉ ET PUBLIÉ

PAR M. Antoine JACOTIN

ARCHIVISTE DU DÉPARTEMENT DE LA HAUTE-LOIRE
CORRESPONDANT DU MINISTÈRE DE L'INSTRUCTION PUBLIQUE POUR LES TRAVAUX HISTORIQUES
LAURÉAT DE L'INSTITUT

PARIS

IMPRIMERIE NATIONALE

MDCCCCVII

DICTIONNAIRE TOPOGRAPHIQUE

DE

LA FRANCE

COMPRENANT

LES NOMS DE LIEU ANCIENS ET MODERNES

PUBLIÉ

PAR ORDRE DU MINISTRE DE L'INSTRUCTION PUBLIQUE

ET SOUS LA DIRECTION

DU COMITÉ DES TRAVAUX HISTORIQUES

Par arrêté en date du 22 février 1904, le Ministre de l'instruction publique et des beaux-arts a ordonné la publication du *Dictionnaire topographique du département de la Haute-Loire*, par MM. Augustin CHASSAING et Antoine JACOTIN.

M. A. BRUEL, membre du Comité des travaux historiques et scientifiques, a été chargé de surveiller cette publication en qualité de Commissaire responsable.

SE TROUVE À PARIS

À LA LIBRAIRIE ERNEST LEROUX,

RUE BONAPARTE, 28.

DICTIONNAIRE TOPOGRAPHIQUE

DU

DÉPARTEMENT DE LA HAUTE-LOIRE

COMPRENANT

LES NOMS DE LIEU ANCIENS ET MODERNES

RÉDIGÉ

PAR M. Augustin CHASSAING

ARCHIVISTE-PALÉOGRAPHE, JUGE AU TRIBUNAL CIVIL DU PUY

COMPLÉTÉ ET PUBLIÉ

PAR M. Antoine JACOTIN

ARCHIVISTE DU DÉPARTEMENT DE LA HAUTE-LOIRE
CORRESPONDANT DU MINISTÈRE DE L'INSTRUCTION PUBLIQUE POUR LES TRAVAUX HISTORIQUES
LAURÉAT DE L'INSTITUT

PARIS

IMPRIMERIE NATIONALE

———

MDCCCCVII

INTRODUCTION.

PREMIÈRE PARTIE.

GÉOGRAPHIE PHYSIQUE ET POLITIQUE DU DÉPARTEMENT.

Le département de la Haute-Loire est situé entre les 1er et 2e degrés du méridien de Paris, à l'est, et traversé par le 45e degré de latitude. Il est borné au nord par les départements du Puy-de-Dôme et de la Loire, à l'est par ceux de la Loire et de l'Ardèche, au sud par ceux de l'Ardèche et de la Lozère, et à l'ouest par ceux de la Lozère et du Cantal. Sa superficie totale est de 496,225 hectares et il a environ 70 kilomètres dans sa plus grande largeur, du nord-ouest au sud, et, dans sa plus grande longueur, de l'ouest à l'est, à peu près 105 kilomètres.

Suivant la statistique agricole annuelle, dressée en 1906, la superficie des terres labourables est de 221,677 hectares, celle des prés naturels et pacages de 126,822 hectares, celle des vignes de 4,769 hectares, celle des bois de 73,563 hectares, celle des vergers, pépinières et jardins de 9,818 hectares, et enfin celle des territoires non agricoles, carrières et mines, de 57,073 hectares : soit au total 493,370 hectares. Les 2,503 hectares formant la différence entre ce total et la superficie précédemment indiquée se partagent entre les routes et chemins et surtout les cours d'eau, rivières et ruisseaux, au nombre de plus de 480, et qui, d'après le dernier relevé de l'administration des Ponts et Chaussées, actionnent 1,786 moulins.

L'ensemble de ce département, dont l'altitude moyenne est de 900 mètres, est montagneux et raviné. Son système orographique présente plusieurs chaînes, allant de l'est à l'ouest, séparées entre elles par des vallées profondes, au fond desquelles coulent la Loire et l'Allier.

Au point de vue géologique, on peut le diviser en trois grandes sections répondant à peu près aux circonscriptions administratives des arrondissements actuels : l'arrondissement du Puy, dans lequel prédominent les terrains volcaniques avec leurs formations phonolitiques et basaltiques; celui de Brioude, qui se compose principalement de calcaires purs et de grès tendres appartenant à l'époque tertiaire, et enfin celui d'Yssingeaux, où l'on rencontre un grand massif granitique. La diversité même du règne

A

IMPRIMERIE NATIONALE.

minéral a donné lieu à l'exploitation de nombreuses carrières et, pour ne parler que des plus importantes, nous citerons les houillères de Langeac, les granulites de Dunières, de Lapte et du Pont-de-Lignon, les psammites de Blavozy, les grès houillers de Sainte-Florine et les fours à chaux d'Espaly-Saint-Marcel et de Barlières, près Brioude.

La température de la Haute-Loire est des plus variables et la hauteur annuelle des pluies, qui est au Puy de 66 centimètres, atteint jusqu'à 180 centimètres dans les hautes régions du mont Mézenc. Les hivers y sont le plus souvent très rigoureux, le printemps se signale par d'assez fortes gelées et, en été, de violents orages, accompagnés de grêle, sont à craindre.

Sa population, qui s'élevait, en 1856, à 300,994 habitants, atteint, d'après le recensement de 1906, 314,770 habitants. Elle s'adonne en grande majorité (8 p. 100) aux travaux agricoles et consacre environ deux tiers de l'étendue du sol réservé à la culture proprement dite à la récolte des céréales et l'autre tiers à celle des plantes sarclées, fourragères ou alimentaires. Depuis l'invasion phylloxérique, la culture de la vigne a été généralement abandonnée dans l'arrondissement du Puy, alors que dans celui de Brioude elle tend, au contraire, à s'accroître.

La fabrication de la dentelle à la main a été, pendant de longues années, la source principale de prospérité de ce pays, mais de nos jours cette industrie manufacturière est en décroissance. La région avoisinant le département de la Loire se livre particulièrement au moulinage des soies ou à la métallurgie; des papeteries ont été créées à Monistrol-sur-Loire, Tence et Saint-Didier-la-Séauve, des verreries à Mège-Coste, près de Sainte-Florine, des malteries au Puy et de nombreuses scieries à Brioude, Craponne-sur-Arzon, le Monastier et Villeneuve-d'Allier. Quant au commerce, le département importe des objets de toute nature et n'exporte que des produits de l'agriculture, animaux, grains et fourrages.

DEUXIÈME PARTIE.

LES NOMS DE LIEU.

I. NOMENCLATURE DU DICTIONNAIRE.

Il existe pour le département de la Haute-Loire deux dictionnaires des lieux habités, l'un publié par Deribier, en 1820, et l'autre dû à H. Malègue et dont la dernière édition a paru en 1888. Mais ces œuvres, déjà incomplètes au moment de leur apparition, contiennent, en outre, de nombreuses inexactitudes, provenant de documents erronés ou d'une connaissance insuffisante des règles philologiques. Il importait donc de procéder à une revision minutieuse des lieux habités pour en dresser une nouvelle nomenclature, de rechercher les localités disparues et de relever les bois, montagnes, rivières et ruisseaux qui entrent pour une si large part dans la toponymie historique. Pour atteindre ce but, on a eu recours aux cartes de Cassini, de l'État-Major et des Ponts et Chaussées ainsi qu'aux plans cadastraux, obligeamment complétés jusqu'à nos jours par les secrétaires de mairies.

A ces données générales, qui ont le mérite d'une authenticité certaine, on a cru devoir ajouter certains vocables de lieux-dits, rappelant par leur conformation l'habitation de l'homme. Les uns, de l'époque gallo-romaine, sont terminés en *-iacus* (*Lioussac*), d'autres appartiennent à la période gallo-franque (*Viallevieille, Villevicille,* etc.), et d'autres sont d'origine romane (*les Chazaux,* etc.). Bien que n'impliquant pas toujours l'idée de lieux habités, on a aussi admis les noms se rattachant à un souvenir religieux comme *la Croix-des-Regardins, la Croix-du-Bail, la Croix-du-Cornet, la Croix-du-Mauvais-Tuchin, la fontaine Saint-Ferréol, la fontaine Sainte-Marguerite, la fontaine Saint-Firmin, la fontaine Saint-Guignafort, Saint-Albe, Saint-André, Saint-Cire, Saint-Domnin, Sainte-Apollonie, Saint-Georges, Saint-Haon, Saint-Hippolyte, Saint-Jean, Saint-Pierre, Saint-Saturnin.* Enfin, à cause de leur évident intérêt pour l'histoire et l'archéologie, on a cru devoir recueillir les dénominations relatives à des croyances ou des superstitions populaires, telles que *le Château des Sarrazins, les Cuves des Sarrazins, la Pierre des Fades, le Pré des Fades, la Tuile des Fées,* etc.

Ces divers éléments forment la base essentielle de ce dictionnaire, dont les articles ont été rédigés à l'aide d'actes provenant des sources les plus variées, dépôts publics ou collections particulières.

II. ORIGINE DES NOMS DE COMMUNES.

Depuis que l'érudition moderne a nettement déterminé les règles de critique qui permettent d'étudier avec sûreté les origines, la signification et la transformation des noms de lieux, on a pu se rendre compte de l'importance de ce genre de recherches pour les sciences historiques et philologiques. Nous croyons donc utile de classer les vocables des communes de la Haute-Loire d'après leurs désinences caractéristiques ou leurs formes spéciales, en nous inspirant des méthodes consacrées par l'expérience.

A.

§ 1. Noms d'origine gauloise ou gallo-romaine.

On rencontre un assez grand nombre de noms d'origine gauloise, formés quelquefois
de mots simples, tels que Arlet, *Arlate*, Brioude, Brives et Vieille-Brioude, *Brivas*,
Cohade, *Colide* et Goudet, *Godit*, mais le plus souvent dérivés d'un radical latin, terminé
par les suffixes celtiques *oialos* et *acos* qui, sous la domination romaine, se transformèrent en *ogilum, oiolum* et *acus*.

Les premières désinences, *ogilum* et *oiolum*, ont donné les noms suivants : Chanteuges, *Cantogilum*; Chassagnolles et Chassignolles, *Caucinogilum*; Couteuges, *Cultoio-
lum?*; Séneujols, *Senoiolum*; Venteuges, *Ventoiolum?*

Le suffixe *acus*, ajouté à des gentilices ou à des cognomina romains, entre dans
la composition de quarante-trois noms communaux, terminés de nos jours en *ac, as,
at*, ou *ec* : Agnat, *Agnacus?*; Alleyrac et Alleyras, *Alayracum*; Aubazat, *Albazacum;*
Autrac, *Autracus?*; Bauzac, *Bausacus*; Blanzac, *Blanzacum*; Blassac, *Blassacus*; Cerzat,
Sarazacus; Ceyssac, *Celsiacus*; Chadrac, *Chadracus?*; Champagnac, *Campaniacus*; Cha-
niat, *Chamnhacus?*; Chaspuzac, *Chaspuzacus*; Chavagnac, *Cavaniacum*; Chilhac, *Chis-
liacus*; Cussac, *Cussacus*; Domeyrat, *Almeyracus?*; Ferrussac, *Ferrusacum*; Grazac,
Grasacus; Josat, *Joiacus?*; Langeac, *Langiacum*; Lantriac, *Lanturilacus*; Le Monastier,
Calmilliacus; Lissac, *Lissacus*; Lubilhac, *Lubiliacus*; Mazerat, *Maraziacus*; Mazeyrat,
Maceriacus; Paulhac, *Pauliacus*; Paulhaguet, *Pauliacum*; Pébrac, *Piperacus*; Polignac,
Podoniacus; Reilhac, *Reliacus*; Retournac, *Retornacus*; Sanssac, *Sanssacum*; Solignac (2),
Sollempniacus; Tailhac et Taulhac, *Tauliacus*; Torsiac, *Torsiacus?*; Vergezac, *Verge-
sacum*; Vissac, *Viziacus*; Yssingeaux, *Isingiacus*.

§ 2. Noms d'origine romaine.

Les noms de la période romaine se présentent sous les formes les plus variées.
Tantôt on les rencontre avec les désinences *us, ius* ou *ium*, sans aucun développement
de suffixe, comme dans : Auvers, *Auvercius*; Bas, *Bassius*; Berbezit, *Berbezinus*; Blavozy,
Blavosium; Bournoncle, *Burnunculus*; Charraix, *Carasius*; Landos, *Landocius*; Lapte,
Laptus; Loudes, *Lodesius*; Thoras, *Thorascius*.

D'autres fois ils se composent d'un gentilice, avec la désinence du datif pluriel : Ally,
Alis; Bains, *Bintis*; Cayres, *Cairis*; les Vastres, *Lavastris*; — ou de l'accusatif pluriel :
Barges, *Barias*; Vazeilles (2), *Vallilias* et *Vaseillas*.

Ces noms se terminent aussi par le suffixe latin *anus* : Lempdes, *Lendanus*, et Tence, *Tencianus*; — ou le suffixe *o*, au génitif *onis*, tels que : Auzon, *Alzo*; le Brignon, *Brinio*; Chadron, *Cadro*; Chambezon, *Chambezo*; Coubon, *Cobo*; Vézézoux, *Vezedo*.

§ 3. Noms d'origine gallo-franque.

Il n'existe, dans la toponymie communale, aucun nom de lieu de rapportant au souvenir des barbares qui s'établirent en Gaule sous le Bas-Empire, ni au langage des Francs.

Le nom commun *mons*, synonyme du mot français «montagne», se trouve seulement combiné à un nom de personne dans Montfaucon, *Mons Falconis,* et joint à un adjectif, à une époque très probablement postérieure à la période romane, dans : Beaumont, *Bellus Mons;* Montclar, *Mons Clarus;* Montregard, *Mons Regardus;* Montusclat, *Mons Ustus.*

Le mot latin *vallis*, pris dans le sens de «vallée», a servi pour désigner Vals (2) et il est accompagné d'un adjectif qualificatif dans : Bonneval, *Bonna Vallis* et Valprivas, *Vallis Privata* — ou précédé de l'article roman : Laval, *Vallis;* mais, dans ces divers cas, nous estimons que ce vocable ne saurait être antérieur à l'époque mérovingienne.

Le nom commun *villa*, qui remonte au moins aux temps carolingiens, pour désigner un vaste domaine rural, se retrouve dans le nom de Villeneuve (2), *Villanova* et dans celui des Villettes, *Vialeta,* pour *Villeta,* diminutif de *villa*.

§ 4. Noms d'origine romane.

(Ordre civil.)

Plusieurs de ces noms remontent peut-être à la période romaine et certainement aux origines du moyen âge. Nous mentionnerons d'abord ceux dont l'étymologie rappelle une particularité topographique ou autre, et qui ne nous sont parvenus le plus souvent qu'avec d'importantes altérations dues à l'influence de la langue vulgaire : Aiguilhe, *Aculea,* de la conformation du rocher qui avoisine cette localité; Beaulieu, *Bellus locus,* allusion à l'agrément du site; Chazelles, *Chazellas,* diminutif de *casæ,* les petites maisons; Collat, *Collatum,* bâti sur la crête de la montagne; Croisance et Cronce, *Crosancia,* pour indiquer un carrefour; Cubelles, *Cubellæ,* de l'emplacement de ce lieu en forme de coupe; Esplantas, *Plantati,* localité plantée d'arbres; les Estables, *Stabulæ,* écuries ou

bergeries pour les troupeaux nombreux en cette région; Fontannes, *Fontanæ*, les sources;
le Mas, *Mansus*, pour désigner une habitation rurale; le Monteil, *Montilium*; le Pertuis, *Pertusium*; le Puy, *Podium*, la montagne; Riotord, *Rivus Tortus*, le ruisseau
sinueux; la Voûte (2), *Volta*, pour rappeler les lacets des cours d'eau qui traversent
ces localités.

Les localités suivantes tirent leurs vocables du règne végétal : Bessamorel, *Bessamau-
rellus*, le pré de Morel; Chassagnes, *Cassanias*, du mot languedocien *casse* qui signifie
«chêne»; Fay, *Fagus*, le hêtre; Prades, *Pradas*, Pradelles et *Pratellas*, deux noms de
forme romane, certainement du mot latin *pratum*, le pré.

Les suffixes *etum* et *eta*, ajoutés à des noms de végétaux, entrent dans la composition
des noms de lieux suivants : Boicet, *Boicetum*; le Bouchet, *Boschetum*; la Chomette,
Chalmeta; Freycenet (2), *Fraxinetum*; Rauret, *Rouretum*; et le Vernet, *Vernetum*, formés
sur les noms anciens du bois, du chaume, du frêne, du chêne rouvre et de l'aune.

§ 5. Noms d'origine romane.

(Ordre ecclésiastique.)

L'onomastique communale a emprunté à la religion chrétienne un grand nombre
de vocables, dont les uns appartiennent à des noms communs et les autres à des noms de
saints.

Dans la première catégorie nous citerons le mot *monasterium*, dont les diminutifs
Monastrelium et *Monastrolium* ont fourni Monistrol (2), et *Capella* qui, de nos jours, a
donné la Chapelle (3); on doit aussi attribuer à une même origine le nom de la Chaise-
Dieu, *Casa Dei*.

Les noms de saints entrent dans la composition de soixante-huit vocables com-
munaux : Saint-André, *Sanctus Andreas*; Saint-Arcons (2), *Sanctus Arconcius*; Saint-
Austremoine, *Sanctus Austremonius*; Saint-Beauzire, *Sanctus Baudelius*; Saint-Berain,
Sanctus Benignus; Saint-Bonnet, *Sanctus Bonitus*; Saint-Christophe (2), *Sanctus Chris-
tuforus*; Saint-Cirgues, *Sanctus Cyricus*; Saint-Didier (3), *Sanctus Desiderius*; Saint-
Éble, *Sanctus Ebulus*; Sainte-Florine, *Sancta Florina*; Sainte-Marie, *Beata Maria*; Sainte-
Sigolène, *Sancta Segolena*; Saint-Étienne (4), *Sanctus Stephanus*; Saint-Ferréol, *Sanctus
Ferreolus;* Saint-Front, *Sanctus Fronto*; Saint-Geneys, *Sanctus Genesius*; Saint-Georges (2),
Sanctus Georgius; Saint-Germain, *Sanctus Germanus*; Saint-Géron, *Sanctus Gereo*; Saint-
Haon, *Sanctus Abundus*; Saint-Hilaire, *Sanctus Hilarius*; Saint-Hostien, *Sanctus Ustianus*;
Saint-Ilpize, *Sanctus Ilpidius*; Saint-Jean (3), *Sanctus Johannes*; Saint-Jeure, *Sanctus*

Georgius; Saint-Julien, *Sanctus Julianus;* Saint-Just, *Sanctus Justus;* Saint-Laurent, *Sanctus Laurencius;* Saint-Maurice (2), *Sanctus Mauricius;* Saint-Pal ou Saint-Paul (4), *Sanctus Paulus;* Saint-Paulien, *Sanctus Paulianus;* Saint-Pierre (2), *Sanctus Petrus;* Saint-Préjet (2), *Sanctus Prejectus;* Saint-Privat (2), *Sanctus Privatus;* Saint-Quintin, *Sanctus Quintinus;* Saint-Romain, *Sanctus Romanus;* Saint-Vénérand, *Sanctus Venerandus;* Saint-Vert, *Sanctus Verus;* Saint-Victor (2), *Sanctus Victor;* Saint-Vidal, *Sanctus Vitalis;* Saint-Vincent, *Sanctus Vincentius.*

Il faut naturellement comprendre dans cette catégorie les communes de Blesle, *Blesilla,* dont l'adjectif *Sancta* a disparu, et Sambadel, forme altérée de l'ancienne dénomination *Sanctus Baudelius.*

§ 6. Noms d'origine française.

La féodalité, qui a laissé des empreintes si profondes dans l'histoire des diverses provinces appelées à contribuer à la formation territoriale du département de la Haute-Loire, n'a pourtant fourni à la toponymie communale que de très rares vocables. On ne peut, en effet, attribuer à cette période que le nom de la Mothe, *Mota.*

C'est aussi de la seconde moitié du moyen âge et postérieurement au xie siècle que datent les appellations de Malvalette, *Mala Valeta,* la mauvaise vallée, et celle de la Sauvetat, *Salvitas,* qui rappelle la sauvegarde concédée aux habitants de cette localité.

§ 7. Noms changés.

Les événements politiques ou religieux ont amené des changements assez fréquents dans les vocables communaux. C'est ainsi que, suivant leur coutume, les Romains substituèrent le nom du peuple de Velay, *Civitas Vellavorum,* à celui de la capitale de cette province, *Revessione,* dénommée plus tard Saint-Paulien, *Sanctus Paulianus.* A la fin du xiiie siècle, Grazac, *Grazacum,* adopta le nom du château féodal d'Allègre, *Allegrium,* qui domine cette localité. Les noms de *Bassacus, Pallegiagus, Cariacus* et *Podenciagus,* dérivés, comme *Grazacum,* d'un radical et du suffixe *acus,* ou de son équivalent *agus,* se transformèrent en *Bellus Mons,* Beaulieu; *Mons Regardus,* Montregard; *Sanctus Baudelius,* Saint-Bauzire, et *Sanctus Mauricius,* Saint-Maurice, tandis qu'*Anicium* devenait *Podium,* le Puy, et *Gavaretum? Sanctus Desiderius,* Saint-Didier.

La forme romane, d'ordre civil, *Chalmas-Ellarias* disparaissait aussi pour faire place à celle d'ordre ecclésiastique *Sanctus Justus,* Saint-Just. En 1487, une ordonnance royale prescrivait de changer le vocable de *Comps* en latin *Cumæ,* c'est-à-dire «les vallons», par celui de la Vaudieu, pour éviter les propos «de plusieurs maldisans» à l'égard des religieuses Bénédictines qui avaient élevé un couvent dans cette localité. Enfin, de nos jours, la commune de Saint-Just-près-Chomelix, *Sanctus Justus,* a obtenu l'autorisation de reprendre son ancienne appellation révolutionnaire de Bellevue-la-Montagne.

TROISIÈME PARTIE.

GÉOGRAPHIE HISTORIQUE DU DÉPARTEMENT.

Lors de la division administrative de la France, en 1790, le Velay, l'Auvergne, le Gévaudan, le Vivarais et le Forez furent appelés à concourir à la formation du département de la Haute-Loire. Mais, alors que le Velay fut entièrement englobé dans la nouvelle circonscription territoriale, on n'emprunta aux autres provinces qu'un certain nombre de paroisses. Sans tenir compte de l'importance de ces démembrements, nous croyons utile de retracer sommairement la géographie historique de chacune de ces provinces, avant que la monarchie ne les ait indissolublement confondues dans l'unité française.

§ 1. VELAY.

Période gauloise et gallo-romaine. — Antérieurement à la conquête de la Gaule par les Romains, le Velay faisait partie de la confédération des Arvernes, avec lequel, suivant les *Commentaires de César,* il lutta pour l'indépendance gauloise. Plus tard, lorsque pour assurer son empire Rome eut définitivement brisé les liens de fédéralisme qui unissaient les Arvernes aux Vellaves, ces derniers, au dire de Strabon, devinrent un peuple indépendant. Après la mort d'Auguste, le Velay fut compris dans l'Aquitaine gauloise, et sa capitale, *Revessio,* aujourd'hui Saint-Paulien, comptait au nombre des cités tributaires. Cette situation politique, qui existait au iie siècle lors de l'établissement des tables de Ptolémée, se perpétua jusqu'au milieu du iiie siècle, époque à laquelle cette province devint une colonie et fut élevée au nombre des cités indépendantes. C'est du moins ce qu'on peut conjecturer de l'inscription du *Prefectus coloniæ,* encastrée dans les murs de la cathédrale du Puy, et de celle d'Étruscille, qu'on voit de nos jours à Saint-Paulien et qui mentionne l'existence de la *civitas Vellavorum libera.*

On croit généralement que, vers le milieu du ıv^e siècle, cette province fut rattachée à la 1re Aquitaine, dont le chef-lieu était Bourges. Mais aucune preuve authenthique n'est venue corroborer cette supposition, et les Vellaves se dérobent aux investigations historiques, pour ne reparaître seulement qu'au déclin de l'empire romain, en délivrant Brioude de l'invasion des Bourguignons. Leur autonomie fut de courte durée, et l'on a tout lieu de penser qu'ils passèrent sous le joug des Goths dès 475, puisqu'ils ne furent point incorporés au royaume de Bourgogne, dont ils étaient les voisins.

Période franque. — En 507, après la bataille de Vouillé, le Velay fut soumis à la domination franque et, lors du partage de cette monarchie en 511, il fut compris dans le royaume d'Austrasie, qui échut à Thierry Ier, l'aîné des fils de Clovis. Il demeura austrasien jusqu'en 717, année dans laquelle Eudes, duc de l'Aquitaine neustrienne et de Toulouse, s'en empara et le soumit à sa domination et à celle de ses successeurs pendant soixante et onze années.

Sous la dynastie carolingienne, Pépin le Bref se rendit maître d'une partie de l'Aquitaine, dont le Velay; et, au moment du partage temporaire de l'empire franc entre Charlemagne et son frère Carloman (768-771), cette province reconnut l'autorité du premier de ces princes. Comprise alors dans le royaume d'Aquitaine, elle fut successivement possédée par Louis le Pieux, Pépin Ier, Pépin II et Louis le Bègue, qui la réunit en même temps que l'Aquitaine au domaine royal, en 877.

C'est à l'époque carolingienne que remonte la circonscription administrative du comté de Velay, désigné parfois, dans les textes originaux, sous le nom de *comitatus,* mais le plus souvent sous celui de *pagus,* expression employée par César, Tite-Live et Pline pour indiquer les subdivisions de la *civitas* gallo-romaine, mais qui, à partir du ve siècle, sert à qualifier un territoire gouverné par un comte et dont les limites sont semblables à celles de l'ancienne cité. L'existence du *comitatus Vallavensis* nous est révélée par titres seulement en 886, et celle du *pagus Vellaicus* en 950. Ce *pagus* était lui-même divisé en dix vigueries, *vicariæ,* administrées par des viguiers, lieutenants du comte, chargés de la levée de l'impôt.

Nous allons indiquer, par ordre alphabétique, la composition de chacune de ces vigueries, en mentionnant les lieux habités compris leurs circonscriptions :

1° La viguerie de Bas, *vicaria Bassensis,* qu'on trouve citée entre 962 et 1080, avait sous sa dépendance les villages des Aulanais, c^{ne} de Lapte, Bas, Confolent, c^{ne} de Bauzac, le Crozet, c^{ne} de Bas, Flaminges, c^{ne} de Saint-Pal-de-Mons, Libeyres, c^{ne} de

Grazac, Planchard, c^ne de Rosières, Sarlanges, c^ne de Retournac, Valprivas et Véros, c^ne de Grazac. On doit faire dépendre de cette viguerie le village de Grazac, que le cartulaire de Cluny fait figurer dans l'*aicis Bassensis;*

2° La viguerie de Bouzols, *vicaria de Bozols,* dont faisait partie, en 1031, le village de Sériès, c^ne de Coubon;

3° La viguerie de Chapteuil, *vicaria de Capitolio,* à laquelle étaient rattachés, en 1016, les Engouyoux, c^ne de Laussonne, Neyzac, c^ne de Saint-Julien-Chapteuil, et le Ponteil, c^ne de Saint-Pierre-Eynac;

4° La viguerie de Craponne, *vicaria Craponensis,* dont dépendait, en 955, le Vernet, c^ne de Craponne;

5° La viguerie de Notre-Dame du Puy, *vicaria Sanctæ Mariæ,* dont dépendaient Monnet, c^ne de Lantriac, et Lantriac, ainsi que les villages de Malafosse, c^ne de Coubon, et Crouziols, c^ne de Monastier, mentionnés dans l'*aicis Aniciensis,* en 876 et 939.

6° La viguerie de Saint-Paulien, *vicaria de Vetula civitate,* qui comprenait Grazac (Allègre), Chadernac, c^ne de Céaux-d'Allègre, le Chambon, commune de Vorey, la Chaud, c^ne de Saint-Geneys-près-Saint-Paulien, Fix-le-Bas, c^ne de Fix-Saint-Geneys, et Nolhac, c^ne de Saint-Paulien, est citée entre 946 et 998;

7° La viguerie de Saint-Pierre-Duchamp, *vicaria de Campo Valarino,* s'étendait, en 960, jusqu'au village de Mans-Haut, c^ne de Roche-en-Régnier;

8° La viguerie de Solignac-sur-Loire, *vicaria de Solemniaco,* est signalée, en 996, à propos du village de Farigoules, c^ne de Bains;

9° La viguerie de Tence, *vicaria Tencianensis,* dont relevaient, en 970, le village de Freycenet, c^ne de Tence, et celui de Villette, c^ne de Dunière, en 998;

10° La viguerie d'Yssingeaux, *vicaria de Issingaudo,* existant en l'an 1000, et à laquelle appartenait la Fayette, c^ne d'Yssingeaux. Le cartulaire de Cluny signale, en 1079, les villages du Bouchet, c^ne de Lapte, et Versilhac, c^ne d'Yssingeaux, dans le *territorium Singaudense,* le mot «territoire» employé dans un sens beaucoup plus restreint qu'au temps de Grégoire de Tours et non comme un synonyme de *pagus.*

Période féodale. — Malgré sa réunion au royaume de France en 877, le Velay passa sous la suzeraineté des comtes d'Auvergne en 893, et, à partir de 963 jusqu'en 1229, sous celle des comtes de Toulouse, qui s'en emparèrent et le donnèrent en fief aux comtes d'Auvergne. La royauté s'efforça, il est vrai, d'affirmer à plusieurs reprises son autorité sur cette province, puisque, en 929, le roi Raoul abandonna une partie de ses prérogatives à l'évêque du Puy Adalard, que Louis VII, en 1165, s'éleva contre les oppressions féodales, et que Philippe-Auguste, en 1218, confirma les libertés consulaires de la ville du Puy. Mais jusqu'au traité de paix signé, le 12 avril 1229, entre Louis IX et Raymond VII, comte de Toulouse, par lequel ce dernier céda à la France tous ses droits sur le comté de Velay, on peut dire que l'influence monarchique y fut bien plus nominale que réelle.

Période royale. — L'annexion du Velay à la couronne mit fin aux luttes sanglantes et séculaires dans lesquelles les vicomtes de Polignac et les évêques du Puy se disputèrent, avec une égale ardeur, la suprématie du pouvoir temporel. La royauté encourageait du reste ouvertement les efforts de l'Église contre la noblesse féodale, car cette habile tactique, tout en ménageant les faibles forces dont elle pouvait disposer, devait naturellement favoriser les idées d'autonomie et d'agrandissement du domaine royal.

Philippe le Bel fut le premier à tirer parti de cette situation, en obtenant en 1307 de l'évêque Jean de Commines d'être associé à l'administration de la ville du Puy, moyennant une faible indemnité pécuniaire, assignée sur la ville d'Anduze, en Languedoc. A leur tour, Philippe V en 1321, Philippe VI en 1343, et Charles V en 1360 réduisirent la circonscription administrative et judiciaire du Velay au profit de l'Auvergne et du Forez, sans que l'évêque du Puy, qui pourtant se qualifiait du titre de comte de cette province du Velay, ait formulé aucune protestation. L'unité monarchique était fondée et, sous son autorité souveraine, nobles, prêtres et vilains s'efforcèrent de concourir à son maintien et à son développement, tout en sauvegardant de précieux privilèges, grâce au fonctionnement régulier des Etats particuliers de la province.

§ 2. AUVERGNE.

Période gauloise et gallo-romaine. — L'origine des Arvernes remonte aux âges les plus reculés. L'historien Tite-Live les mentionne déjà à la fin du VIe siècle avant J.-C. comme ayant pris part à l'émigration des Gaulois transalpins dans la haute Italie. Unis étroitement aux Allobroges, ils purent ranger sous le commandement de leur roi Bituit la plupart des petits peuples de la Gaule chevelue, pour s'opposer à l'invasion des troupes romaines du consul Fabius Maximus. Le désastre qu'ils éprouvèrent, en l'an 121 avant J.-C., sur les bords du Rhône, n'abattit point leur courage, et ils mirent à profit l'inaction de Rome en infligeant, l'an 60 avant J.-C., une sanglante défaite aux Éduens, leurs rivaux dans la suprématie des confédérations et les alliés de l'envahisseur. Leur victoire sur les Éduens précéda seulement de quelques années l'entrée de César dans les Gaules et la résistance opiniâtre de Vercingétorix qui ne put sauver son pays de la domination romaine.

Comprise dans l'Aquitaine politique d'Auguste, l'Arvernie fut une des 60 cités entre lesquelles se partagèrent alors les trois Gaules, et, au IV° siècle, la notice des provinces la désigne sous le nom de *Civitas Arvernorum*, vaste territoire qui renfermait entre autres la ville de Brioude.

En 475, peu avant la disparition de l'empire romain, cette province qui, pendant quatre années, avait lutté avec avantage contre l'invasion des Wisigoths, dut se soumettre au joug de ces barbares, à la suite d'un traité conclu entre le roi Euric et l'empereur Nepos.

Période franque. — Pendant cette période, les destinées politiques de l'Auvergne furent les mêmes que celles du Velay, et, de même que cette province, elle appartint successivement au royaume d'Austrasie, au duché et au royaume d'Aquitaine, dont elle ne se sépara que pour former un comté indépendant.

Sous la domination franque, elle conserva le cadre géographique établi par les Romains et qui comprenait quatre *pagi* : le *pagus Arvernicus,* chef-lieu Clermont; le *pagus Tolornensis,* chef-lieu Turluron; le *pagus Telamitensis,* chef-lieu Tallende; et le *pagus Brivatensis,* chef-lieu Brioude. Nous bornerons nos développements au seul *pagus Brivatensis,* puisque les trois autres ne furent pas appelés à concourir à la formation du département de la Haute-Loire.

Ce *pagus,* dénommé aussi *comitatus Brivatensis,* était divisé en sept vigueries, savoir : Brioude, Chanteuges, Saint-Beauzire, Saint-Georges-d'Aurac, Rageade, Nonette et Usson. Nous ne nous occuperons pas des vigueries de Nonette et d'Usson qui sont étrangères à la Haute-Loire, et, pour les autres, au lieu d'indiquer chacun des noms des localités comprises dans ces circonscriptions, nous avons cru devoir les grouper sous les noms modernes des communes actuelles de ce département :

1° La viguerie de Brioude, *vicaria Brivatensis,* dans laquelle on trouve des lieux habités appartenant aux communes d'Agnat, de Beaumont, de Bournoncle-la-Roche, de Brioude, de Chabreuges, de Chaniat, de Fontannes, de Javaugues, de Mercœur, de la Mothe, de Paulhac, de Paulhaguet, de Saint-Beauzire en partie, de Saint-Didier-sur-Doulon, de Saint-Géron, de Saint-Hilaire, de Saint-Ilpize, de Saint-Just-près-Brioude, de la Vaudieu, de Vergongheon, de Vieille-Brioude et de Villeneuve-d'Allier.

2° La viguerie de Chanteuges, *vicaria de Cantoiolo*, dont dépendaient les communes d'Auteyrac, d'Auvers, de Chanteuges, de Chassagnes, de Jax, de Langeac, de Mazeyrat-Crispinhac, de Saint-Privat-du-Dragon, de Siaugues-Saint-Romain et de Vissac.

3° La viguerie de Saint-Beauzire, *vicaria Cheriacensis*, dont relevaient les communes d'Espalem, de Lorlanges et de Saint-Beauzire en partie.

4° La viguerie de Saint-Georges-d'Aurac, *vicaria de Aurato*, qui confinait avec celle de Chanteuges et qui comprenait les communes de Cerzat, de Josat, de Saint-Éble, de Saint-Georges-d'Aurac et de Reilhac.

5° La viguerie de Rageade (Cantal), *vicaria Radiatensis*, dont faisaient partie les communes d'Ally, de Chazelles et de Cronce.

Période féodale. — Lorsque Charles le Chauve eut consacré l'hérédité des fiefs par le capitulaire de Quiersy-sur-Oise, les comtes d'Auvergne, qui jusque-là n'avaient été que les dépositaires d'une partie des prérogatives royales, devinrent les véritables rois de cette province. Leur autorité s'exerça d'abord sur l'entier territoire de l'ancienne *civitas Arvernorum*, auquel vint temporairement s'adjoindre, à la fin du ixe siècle, la province du Velay, et définitivement, au commencement du xie siècle, la partie du Bourbonnais dépendant du diocèse de Clermont.

Au milieu du xiie siècle, une portion de la Limagne fut détachée du comté d'Auvergne pour former le dauphiné de ce nom, avec Vodable pour capitale, et vers la fin de ce même siècle les évêques de Clermont, après des luttes dont l'histoire a conservé le souvenir depuis l'année 863, parvinrent à faire reconnaître leur pouvoir temporel sur la ville épiscopale.

Période royale. — L'intervention armée de Louis VI, de Louis VII et de Philippe-Auguste pour mettre un terme aux sanglants démêlés qui désolèrent cette province sous leur règne eut pour résultat d'amener, en 1213, la confiscation du comté d'Auvergne au profit de la couronne. Bien que cette mesure n'ait pas été appliquée dans toute sa rigueur, puisque la régente Blanche de Castille restitua au comte Guy II quelques-uns de ses anciens domaines, la « terre d'Auvergne », devenue l'apanage d'Alphonse de Poitiers, frère de Louis IX, forma, vers le milieu du xiiie siècle, la sénéchaussée d'Auvergne et le bailliage des Montagnes. Après la mort du comte Alphonse, elle resta la propriété de la monarchie jusqu'en l'année 1360, où elle fut érigée en duché au profit de Jean, duc de Berry, fils de Jean II. En 1400, ce duché passa, par le mariage de

Marie de Berry, dans la maison de Bourbon et fit retour au domaine royal en 1531, en suite de la confiscation des biens du connétable de Bourbon.

Quant au dauphiné d'Auvergne, qui comprenait entre autres les fiefs de Lempdes et de Vieille-Brioude, après avoir été possédé par les comtes de Clermont, il passa en 1436 dans la maison de Bourbon-Montpensier, en 1627 dans celle d'Orléans, et en 1660 dans celle d'Orléans-Bourbon, qui le conserva jusqu'à la Révolution.

§ 3. Gévaudan.

Période gauloise et gallo-romaine. — Au temps de César, le pays de Gévaudan, occupé par les *Gabali*, était, ainsi que le Velay, un des clients de la puissante Arvernie. Il prit une part active à la lutte de l'indépendance gauloise et fournit un important contingent à l'armée du chef arverne.

Après la reddition d'Alésia et la pacification de la Gaule, les Gabales furent compris parmi les quatorze peuples ajoutés par l'empereur Auguste aux Ibéro-Aquitains pour former l'Aquitaine politique, et *Anderitum* (Javols), leur ville principale, devint le chef-lieu de la *civitas stipendiaria Gabalorum*.

Jusqu'au commencement du ve siècle, le Gévaudan n'apparaît seulement que par les mentions géographiques de Strabon, de Pline, de Ptolémée et de la notice des provinces. En 408, lors de la grande invasion germanique, Javols fut détruite et le pays entièrement ravagé. En 472, il tomba au pouvoir des Wisigoths et faisait partie du royaume d'Alaric II au moment de la bataille de Vouillé.

Période franque. — Pendant cette période, l'histoire du Gévaudan n'offre rien de particulier, et ses destinées furent les mêmes que celles du Velay et de l'Auvergne. Les rois d'Austrasie y régnèrent à partir de 511 et, après eux, les ducs et rois d'Aquitaine, jusqu'au moment où le capitulaire de Quiersy-sur-Oise en fit un comté indépendant.

Sous la dynastie mérovingienne, cette province était déjà administrée par des comtes amovibles, signalés par Grégoire de Tours en 561. Les comtes avaient des viguiers sous leurs ordres, notamment à Grèzes, chef-lieu d'une viguerie, la *vicaria Gredonensis*, à laquelle était rattachée la ville de Saugues.

Périodes féodale et royale. — Le cartulaire de Brioude fournit la première mention des comtes héréditaires du Gévaudan dès l'année 955. (Cf. D. Vaissette, *Histoire gén. de Languedoc*, éd. Privat, t. IV, p. 139.) Ce même recueil permet d'établir, contrairement aux assertions de dom Vaissete, que ces comtes, aux xe et xie siècles, n'étaient pas issus des comtes de Toulouse. Ils formaient eux-mêmes une famille distincte, connue depuis 892 et qui vint se fondre par alliance dans la maison de Provence et de Barcelone, à laquelle succédèrent les rois d'Aragon.

Dans les commencements du xiie siècle, le Gévaudan fut partagé, croyons-nous, en trois grands fiefs : le comté de ce nom, qui passa successivement aux comtes de Toulouse et aux évêques de Mende, avant son annexion au domaine royal en 1266; la vicomté de Grèzes, que les rois d'Aragon, derniers possesseurs, cédèrent à Louis IX en 1258, et la châtellenie de Saugues, advenue au milieu du xie siècle à la maison d'Auvergne, et qui tomba en 1151 dans celle de Mercœur à la suite du mariage d'Anne d'Auvergne, fille de Guillaume IX, dit le Vieux, avec Béraud VI, seigneur de Mercœur.

Nous nous occuperons plus spécialement de la châtellenie de Saugues, parce que son entier territoire, de nos jours représenté par le canton de ce nom, fut rattaché au département de la Haute-Loire. Elle forma, à son origine, une terre cléricale qui servit d'apanage aux cadets de la famille de Mercœur. Puis, à la suite d'événements que nous passons sous silence pour éviter des longueurs inutiles, elle fut tour à tour possédée par les maisons de Joigny (1318-1336), d'Auvergne (1339-1436) et de Bourbon-Montpensier (1442-1527). Après la confiscation des biens du connétable de Bourbon, François Ier s'empara de cette seigneurie, mais la vendit deux ans après, en 1529, aux ducs de Lorraine. Elle échut ensuite aux ducs de Vendôme (1602-1712), aux Bourbon-Conti (1712-1772), au roi Louis XV en 1772, lors de la cession du duché de Mercœur à la France, et fut comprise dans l'apanage du comte d'Artois en 1773. Ce fut seulement en 1778 qu'elle revint définitivement à la couronne.

§ 4. Vivarais.

Période gauloise et gallo-romaine. — Par leur situation sur la limite même de la Narbonnaise et de l'Aquitaine ethnographique, on s'est demandé à laquelle de ces deux provinces pouvaient appartenir les *Helvii* ou habitants du Vivarais. Les uns, avec Strabon, les placent en Aquitaine, alors que d'autres, avec Pline et Ptolémée, les rattachent à la partie de la *Gallia bracata* occupée par les *Tectosages* et qui forma la province Narbonnaise sous l'empereur Auguste. Sans avoir la prétention de résoudre ce problème historique, nous croyons devoir faire observer que l'opinion du géographe grec semble en désaccord avec les *Commentaires de César,* qui affirment nettement que la chaîne des Cévennes séparait autrefois les Arvernes et leurs clients les Vellaves du pays des Helviens. On peut objecter que ces derniers combattirent sous les ordres du roi auvergnat Bituit pour sauver les Allobroges, et qu'ils furent en outre compris dans la liste des contingents de Vercingétorix. Mais il n'en reste pas moins établi qu'après la victoire du consul Fabius Maximus, en 121 avant J.-C., ils se donnèrent au vainqueur et que, malgré les contingents qu'ils durent fournir à Vercingétorix, leur pays n'en servit pas moins de facile passage aux légions de César se rendant à Gergovia pour briser le dernier effort de l'indépendance gauloise.

On attribue à Auguste la fondation ou tout au moins l'agrandissement d'*Alba Helvia* (Aps), la capitale de la *civitas Albensium* qui fut entièrement détruite en 405, lors des invasions barbares. Nous retrouvons ensuite le Vivarais, en l'année 470, au moment où il cessa de faire partie de l'empire romain pour passer entre les mains d'Euric, roi des Wisigoths, qui le transmit à son fils Alaric II.

Période wisigothique, bourguignonne, austrasienne et carolingienne. — La mort d'Alaric II, tué à la bataille de Vouillé, n'apporta aucun changement dans le sort du Vivarais, et Théodoric, roi des Ostrogoths, qui régna de fait sur les Wisigoths sous le nom de son petit-fils Amalaric, le conserva jusqu'en 517. A cette date, les Bourguignons, qui possédaient déjà le Dauphiné, la Savoie et une partie de la Provence, s'en emparèrent, et ce ne fut que vers 548, à la fin du règne de Théodebert Ier, qu'il fut annexé au royaume d'Austrasie, dont il subit les vicissitudes, avant de tomber au pouvoir de la dynastie carolingienne.

Lors du partage de la succession de Louis le Débonnaire (840), il échut à Lothaire Ier avec toute la France orientale et, après le traité de Verdun (843), il fut attribué à Charles le Chauve, puis à son fils Louis le Bègue.

Ce fut sous les Carolingiens que prit naissance le comté de Viviers, *comitatus Vivariensis*, qui, à l'exemple du Velay et de l'Auvergne, se subdivisa en plusieurs vigueries, dont celle de Pradelles, aujourd'hui chef-lieu de canton du département de la Haute-Loire.

Période féodale. — On peut assigner l'origine de la féodalité dans le Vivarais à l'époque de son annexion au royaume de Provence, c'est-à-dire à l'année 879. Cette annexion a donné lieu à une controverse qui jette une grande obscurité sur l'histoire de cette province pendant la période qui nous occupe. Tous les auteurs s'accordent à reconnaître que, de 878 à 928, le roi Boson et son fils, Louis l'Aveugle, restèrent maîtres du Vivarais. Mais dom Vaissete affirme qu'à la mort du dernier roi de Provence, il passa sous la domination des comtes de Toulouse, qui se le partagèrent

avec les comtes de Valentinois, à la fin du xie siècle. D'autres, au contraire, prétendent
que ce pays, ayant été cédé vers 933 par Hugues de Provence à Rodolphe II, roi de
Bourgogne, dut nécessairement devenir terre d'empire, puisque, après Conrad le Pacifique et Rodolphe III, il échut à Conrad II le Salique, empereur d'Allemagne, élu roi
d'Arles en 1033. Les contradicteurs de l'historien du Languedoc ajoutent que les
empereurs se contentèrent d'y exercer une souveraineté purement nominale et que
l'un d'eux, Frédéric II, se désista de toutes ses prétentions, en 1214, au profit des
princes d'Orange qui, eux-mêmes, en firent l'abandon à Charles Ier d'Anjou, frère de
Louis IX, en 1257.

Sans chercher à concilier des opinions aussi contradictoires, nous nous bornerons à
ajouter que la réunion du Vivarais au domaine royal ne fut définitive qu'après l'accord
signé à Vincennes, le 2 janvier 1308, entre Philippe le Bel et l'évêque de Viviers, par
lequel ce dernier s'engagea à soumettre au roi de France le temporel de son église et
celui de ses vassaux.

Période royale. — Le Vivarais n'opposa aucune résistance lors de son annexion à la
monarchie. Ses évêques, fiers de se voir attribuer le titre honorifique de comtes de
Viviers, qui s'était éteint à la fin du règne de Charles le Chauve, furent les premiers à
empêcher les manifestations séparatistes de l'esprit féodal. L'institution d'États particuliers apporta un précieux concours à l'œuvre d'assimilation, qui fut seulement troublée
par les excès sanglants des guerres religieuses.

§ 5. FOREZ.

Période gauloise et gallo-romaine. — Lorsque César entreprit la conquête de la Gaule,
les *Segusiavi* faisaient partie de la Celtique transligérine, et leur pays comprenait le
Forez, le Lyonnais, le Beaujolais et les rives de la Saône jusqu'à Mâcon. Ils étaient
les clients des Éduens et par conséquent les rivaux des Arvernes. Obligés néanmoins de
s'associer aux efforts de Vercingétorix, luttant pour l'indépendance gauloise, ils furent
battus par les troupes romaines dans les plaines de Saint-Haon-le-Vieux et acceptèrent
la loi du vainqueur. Malgré sa défection, la *civitas Segusiavorum* compta au nombre
des soixante cités libres du temps d'Auguste, ainsi que l'attestent plusieurs inscriptions
et les mentions de Strabon et de Pline. Lors de la fondation de la colonie romaine
de Lyon par Munatius Plancus, en 43, cette cité ne perdit qu'une faible portion
de son territoire et conserva *Rodumna, Mediolanum* et Feurs qui représente le Φόρος
Ἐγουσιανῶν de Ptolémée.

Au iv⁰ siècle, le Forez appartenait à la première Lyonnaise, et vers 474, au moment de la disparition de l'empire romain, il passa avec cette province sous la domination des Bourguignons.

Période bourguignonne et franque. — Jusqu'à la fin du xiiᵉ siècle, le Forez suivit les variations politiques de la ville de Lyon, qui reconnut d'abord l'autorité des rois bourguignons, et échut en 534 à Childebert, roi de Paris, lors du partage du royaume de Bourgogne entre les trois rois francs. Cette ville fut comprise dans le nouveau royaume de Bourgogne ou d'Orléans, constitué en 561 en faveur de Gontran, deuxième fils de Clotaire Iᵉʳ, et que Clovis II réunit à la couronne en 628. Après la mort de Clovis II, elle passa, de 656 à 670, à l'un de ses fils, Clotaire III, dont le frère Childéric II fut appelé à recueillir la succession. Dès lors, Lyon et le Forez restèrent l'apanage des princes qui se succédèrent sur le trône de France depuis Thierry III jusqu'à Louis IV (673-954).

Sur la fin de cette période, et dès le milieu du viiiᵉ siècle, on vit apparaître en Forez des comtes amovibles, représentants du pouvoir central.

Période féodale. — Après la mort de Louis IV et à la suite du mariage d'une fille de ce roi avec Conrad le Pacifique, roi d'Arles, vers 955, le Lyonnais et les provinces qui en dépendaient furent séparés de la monarchie française, pour devenir un fief de l'empire d'Allemagne. Mais, alors que le Lyonnais resta attaché jusqu'en 1269 à la suzeraineté lointaine des empereurs germaniques, le Forez cessa d'être confondu à cette province à la suite d'une sentence arbitrale du pape Alexandre III qui, à la sollicitation de Louis VII et pour mettre un terme aux conflits sanglants des archevêques de Lyon et des comtes de Forez, décida que ces derniers relèveraient dorénavant des rois de France.

Sous leur dépendance, qui cessa seulement en 1363, le Forez eut à subir de nombreux changements dans sa délimitation. Du côté du Lyonnais, il fut démembré au profit du diocèse de Mâcon et des sires de Beaujeu qui s'établirent dans le pays du Jarez; et, au sud, les évêques de Valence empiétèrent sur son territoire. Il compensa ces pertes aux dépens de l'Auvergne et du Velay, et, lorsque nous étudierons la circonscription judiciaire du Velay, nous verrons que cette province contribua pour une large part à son agrandissement.

La mort tragique du dernier descendant mâle des comtes de Forez eut pour conséquences de faire passer ce fief dans la maison de Bourbon, et, au décès de Suzanne de Bourbon, femme du connétable, divers arrêts du parlement de Paris l'adjugèrent

à Louise de Savoie, mère de François Ier, qui en fit don à la couronne de France
en 1531.

Période royale. — Après son union à la monarchie, le Forez fut possédé par divers
membres de la famille royale, à titre de douaire. Nous le trouvons successivement entre
les mains de Henri III, alors duc d'Anjou, en 1566; d'Élisabeth d'Autriche, veuve de
Charles IX, en 1574; de Louise de Lorraine, en 1592; de Marie de Médicis, en
1611, et d'Anne d'Autriche, en 1643. Il ne fut définitivement incorporé au domaine
royal qu'à dater de 1666.

Dans les pages qui précèdent, nous avons essayé de résumer l'histoire des anciennes
provinces qui contribuèrent, en 1790, à la formation du département de la Haute-
Loire. Nous allons maintenant retracer à grands traits leurs circonscriptions militaires,
judiciaires, financières et ecclésiastiques.

§ I. Circonscriptions militaires.

La direction des forces militaires qui appartenait, à l'origine, aux baillis et sénéchaux, passa successivement, à partir du xive siècle, entre les mains de lieutenants généraux, de lieutenants du roi et de gouverneurs. Lors de la division de la France en
douze grands gouvernements militaires par François Ier, le Languedoc, qui comprenait
alors les provinces de Gévaudan, de Velay et du Vivarais, devint, ainsi que l'Auvergne,
le siège de l'un de ces gouvernements, tandis que le Forez resta attaché à celui du
Lyonnais. Vers 1574, dans le Velay et le Gévaudan, et en 1614, dans le Vivarais, la
royauté créa des gouverneurs particuliers, véritables lieutenants des gouverneurs généraux du Languedoc.

§ II. Circonscriptions judiciaires.

1. *Velay.*

Le bailliage de Velay, institué vers l'année 1273 et qui ressortissait au sénéchal de
Beaucaire, avait, à ses débuts, une étendue égale à celle du diocèse du Puy. En 1293,
vingt-sept communautés en furent distraites pour former la viguerie de Montfaucon et,
en 1321, la baronnie d'Allègre, comprenant les villages d'Allègre, de Céaux, de la
Chapelle-Bertin, de Félines, de Monlet, de Saint-Badel, de Saint-Just-près-Chomelix,

G.

de Saint-Léger, de Saint-Pal-de-Murs et de Varenne-Saint-Honorat, ainsi que les mandements de Cereix, de Saint-Paulien et de Saint-Privat-d'Allier furent incorporés au bailliage d'Auvergne. De plus, en 1343, une sentence du bailli royal du Velay reconnut les droits de supériorité et de ressort du comte de Forez sur les villages ou châteaux de Chalencon, de Rochebaron, de Saint-Pal-de-Chalencon, de Tiranges et de Valprivas. Enfin, en 1360, les paroisses de Fix-Saint-Geneys, de Mauriac, de Saint-Berain, de Saint-Jean-de-Nay, de Vazeilles-Limandres, de Vergezac et du Vernet furent rattachées au duché de Berry et d'Auvergne, devenu l'apanage de Jean, duc de Berry. Les démembrements opérés au profit de l'Auvergne et du Forez furent en partie compensés par l'annexion successive au bailliage du Velay de divers mandements du Vivarais, comprenant dix-sept paroisses de cette province.

Quant à la viguerie royale de Montfaucon, elle fut établie en vertu de l'acte de partage intervenu, en octobre 1293, entre Armand de Retourtour, seigneur dudit lieu, et le roi Philippe le Bel. Au xiv⁴ siècle, cette justice devint l'un des deux sièges du bailliage de Velay, et, en 1689, lors de la création du présidial du Puy, elle reprit son nom de viguerie royale qu'elle conserva jusqu'aux dernières années qui précédèrent la Révolution.

Voici la nomenclature des localités comprises dans le ressort de chacun de ces bailliages et dont les noms imprimés en italique sont étrangers au département :

I. Bailliage du Velay, ressortissant au sénéchal de Beaucaire.

Aiguilhe, Alleyrac, Alleyras, Araules, Arlempdes, Bains, Barges, Bas, *le Béage,* Beaulieu, Beaune, Blanzac, Blavozy, Boisset, Borne, le Bouchet-Saint-Nicolas, le Brignon, Brives-Charensac, Cayres, Ceyssac, Chadrac, Chadron, Chamalières, *Chanéac,* Chaspuzac, Chaudeyrolles, Chénéreilles, Coubon, *Cros-de-Géorand,* Cussac, *Devesset,* Espaly-Saint-Marcel, les Estables, Fay-le-Froid, Freycenet-Lacuche, Freycenet-la-Tour, Goudet, Grazac. La Farre, Landos, Lantriac, Laussonne, Lissac, Loudes, Malrevers, Malvalette, le Mas-de-Tence, Mézères, le Monastier, le Monteil, *Montréal,* Montusclat, Moudeyres, Ouïdes, Ours-Mons, le Pertuis, Polignac, Pont-Salomon, Pradelles, Présailles, le Puy, Queyrières, Raucoules, Rauret, Retournac, Riotord, Roche-en-Régnier, Rosières, *Saint-Agrève,* Saint-Arcons-de-Barges, Saint-Christophe-sur-Dolaison, Saint-Didier-d'Allier, Saint-Étienne-Lardeyrol, Saint-Ferréol-d'Auroure, Saint-Front, Saint-Georges-Lagricol, Saint-Germain-Laprade, Saint-Jeure, *Saint-Julien-Boutières,* Saint-Julien-Chapteuil, Saint-Julien-d'Ance, Saint-Julien-Molhesabate, Saint-Maurice-de-Lignon, *Saint-Pierre-des-Macchabées,* Saint-Pierre-Duchamp, Saint-Pierre-Eynac, Saint-Quintin-Chaspinhac, *Saint-Romain-le-Désert,* Saint-Vidal, Saint-Vincent, Salettes, Sanssac-l'Église, la Sauvetat, Séneujols, Solignac-sous-Roche, Solignac-sur-Loire, Taulhac, Tence, Valprivas, Vals-près-le-Puy, Vernassal, les Villettes, *Villevocance, Vocance,* Vorey.

II. Bailliage de Montfaucon, ressortissant à la sénéchaussée de Beaucaire.

Aurec, Bauzac, Bessamorel, le Chambon, Champclause, la Chapelle-d'Aurec, Dunières, Lapte, le Mazet-Saint-Voy, Monistrol-sur-Loire, Montfaucon, Montregard, *Rochepaule*, *Saint-André-des-Effangeas*, Saint-Bonnet-le-Froid, Saint-Didier-la-Séauve, Sainte-Sigolène, *Saint-Jean-Roure*, *Saint-Julien-Vocance*, *Saint-Martial*, *Saint-Martin-de-Valamas*, Saint-Pal-de-Mons, Saint-Romain-Lachalm, Saint-Victor-Malescours, *Vanosc*, Yssingeaux.

Un édit d'octobre 1558 annexa au bailliage du Velay une sénéchaussée, qui fut supprimée en avril 1559, sur la demande du syndic de la province du Languedoc et des habitants de la ville de Nîmes. Rétablie en juin 1560, «pour cognoistre de toutes les matières tant civiles et criminelles que des convantions d'entre les habitans de la ville du Puy et bailliage de Vellay», elle ne cessa de subsister qu'en 1789. Son ressort s'étendit primitivement sur toutes les communautés comprises dans le bailliage, mais, en 1606, toutes les paroisses du diocèse de Viviers, sauf Fay-le-Froid, en furent distraites au profit du bailliage de Villeneuve-de-Berg. Le parlement de Toulouse jugeait souverainement les appels en matière civile de cette juridiction, devant laquelle étaient portées «les appellations» des baillis de Velay et de Montfaucon et celles de la plupart des justices seigneuriales.

En octobre 1689, Louis XIV supprima les deux bailliages de la province et incorpora à la sénéchaussée du Puy un siège présidial, afin de simplifier les formalités judiciaires et, ajoute l'édit royal, pour retirer de la vente des nouveaux offices «un secours considérable et nécessaire dans l'estat présent de nos affaires».

A la veille de la Révolution, ces tribunaux jugeaient sans appel jusqu'à concurrence de 2,000 livres et ressortissaient au Conseil supérieur de la ville de Nîmes, auquel une ordonnance d'août 1771 avait attribué la compétence judiciaire du parlement de Toulouse.

Voici l'énumération des localités comprises dans leur ressort, à la fin du xviiiᵉ siècle :

III. Sénéchaussée et siège présidial du Puy,
ressortissant au conseil supérieur de la ville de Nîmes.

Aiguilhe, Alleyrac, Alleyras, Araules, Aurec, Bains, Bauzac, Beaulieu, Bessamorel, Blanzac, Blavozy, Borne, le Bouchet-Saint-Nicolas, le Brignon, Brives-Charensac, Cayres, Ceyssac, Chadrac, Chadron, Chamalières, le Chambon, Champclause, la Chapelle-d'Aurec, Chaspuzac, Coubon, Cussac,

Dunières, Espaly-Saint-Marcel, les Estables, Fay-le-Froid, Freycenet-Lacuche, Freycenet-la-Tour, Goudet, Grazac, Landos, Lantriac, Lapte, Laussonne, le Mazet-Saint-Voy, Mézères, le Monastier, Monistrol-sur-Loire, le Monteil, Montfaucon, Montregard, Montusclat, Polignac, Présailles, le Puy, Queyrières, Raucoules, Rauret, Retournac, Riotord, Roche-en-Régnier, Rosières, Saint-André-de-Chalencon, Saint-Bonnet-le-Froid, Saint-Christophe-sur-Dolaison, Saint-Didier-d'Allier, Saint-Didier-la-Séauve, Sainte-Sigolène, Saint-Étienne-Lardeyrol, Saint-Front, Saint-Georges-Lagricol, Saint-Germain-Laprade, Saint-Haon, Saint-Hostien, Saint-Jean-Lachalm, Saint-Jeure, Saint-Julien-Chapteuil, Saint-Julien-du-Pinet, Saint-Julien-Molhesabate, Saint-Martin-de-Fugères, Saint-Maurice-de-Lignon, Saint-Pal-de-Mons, Saint-Pierre-Duchamp, Saint-Pierre-Eynac, Saint-Romain-Lachalm, Saint-Victor-Malescours, Saint-Vidal, Saint-Vincent, Salettes, Sanssac-l'Église, la Sauvetat, Séneujols, Solignac-sous-Roche, Solignac-sur-Loire, Taulhac, Tence, Vals-près-le-Puy, Vergezac, Vernassal, Vorey, la Voûte-sur-Loire, Yssingeaux.

2. *Auvergne.*

Pendant la féodalité, les justices seigneuriales remplacèrent celles des anciens comtes, mais, sous Philippe-Auguste, la monarchie chercha à s'emparer des prérogatives judiciaires. En Auvergne, ses tentatives furent couronnées de succès, puisque dès 1236 on constate avec certitude l'existence d'un bailli, dénommé parfois connétable. Sous Alphonse, comte de Poitiers (1241-1271), cette juridiction fut divisée en vingt-six prévôtés, puis, vers 1305, en trente-deux, parmi lesquelles Auzon, Brioude, Langeac et Paulhaguet; ces prévôtés existaient en 1360, lorsque le bailliage prit le nom de sénéchaussée de Riom ou d'Auvergne.

Après le retour du duché d'Auvergne à la couronne, l'érection de trois présidiaux à Aurillac, Riom et Clermont, en 1551, apporta de notables changements aux circonscriptions judiciaires. De plus, par lettres royales de septembre 1554, confirmées par arrêts du Conseil d'État de 1643 et du parlement de Paris du 25 août 1780, les châtellenies de Saugues et du Malzieu en Gévaudan furent détachées de la sénéchaussée de Beaucaire pour être réunies à celle d'Auvergne. Cette dernière, après ces adjonctions, eut dans son ressort les localités suivantes du département de la Haute-Loire.

IV. Sénéchaussée de Riom ou d'Auvergne, ressortissant au parlement de Paris.

Agnat, Allègre, Ally, Arlet, Aubazat, Auteyrac, Autrac, Auvers, Auzon, Azerat, Beaumont, Beaune, Bellevue-la-Montagne, Berbezit, la Besseyre-Saint-Mary, Blassac, Blesle, Bonneval, Bournoncle-la-Roche, Brioude, Céaux-d'Allègre, Cerzat, la Chaise-Dieu, Chambezon, Champagnac, Chanalcilles, Chanteuges, la Chapelle-Bertin, Charraix, Chassagnes, Chassignolles, Chastel, Chazelles,

Chilhac, Chomelix, la Chomette, Cistrières, Cohade, Collat, Connangles, Couteuges, Craponne-sur-Arzon, Croisance, Cronce, Cubelles, Desges, Domeyrat, Espalem, Esplantas, Félines, Ferrussac, Fix-Saint-Geneys, Frugères-les-Mines, Frugières-le-Pin, Grenier-Montgon, Grèzes, Javaugues, Josat, Jullianges, Laval, Lorlanges, Lubilhac en partie, Malvières, Mazerat-Aurouze, Mazeyrat-Crispinhac, Mercœur en partie, Monistrol-d'Allier, Monlet, Montclard, la Mothe, Paulhac, Paulhaguet, Pébrac, Pinols, Prades, Reilhac, Saint-Arcons-d'Allier, Saint-Austremoine, Saint-Beauzire, Saint-Berain, Saint-Christophe-d'Allier, Saint-Cirgues, Saint-Didier-sur-Doulon, Saint-Éble, Sainte-Florine, Saint-Étienne-près-Allègre, Saint-Étienne-sur-Blesle, Sainte-Eugénie-de-Villeneuve, Saint-Geneys-près-Saint-Paulien, Saint-Georges-d'Aurac, Saint-Géron, Saint-Hilaire, Saint-Jean-de-Nay, Saint-Julien-des-Chazes, Saint-Just-près-Brioude en partie, Saint-Laurent-Chabreuges, Saint-Pal-de-Murs, Saint-Paulien, Saint-Préjet-Armandon, Saint-Préjet-d'Allier, Saint-Privat-d'Allier, Saint-Privat-du-Dragon, Saint-Vénérand, Salzuit, Siaugues-Saint-Romain, Saugues, Taillac, Thoras, Vabres, Vals-le-Chastel, Varennes-Saint-Honorat, Vazeilles-Limandres, Vazeilles-près-Saugues, Venteuges, Vézézoux, Vissac.

Dans la liste qui précède, nous n'avons pas compris les paroisses de la Haute-Loire relevant du ressort du duché de Montpensier pour les cas ordinaires prévus par un règlement de l'année 1614, et, pour les cas royaux, de la sénéchaussée d'Auvergne. Voici les noms de ces localités : Lempdes, Léotoing, Lubilhac en partie, Mercœur en partie, Saint-Just-près-Brioude en partie, Saint-Vert, Torsiac et Vieille-Brioude.

3. Gévaudan.

L'origine du bailliage du Gévaudan date de la charte de paréage, signée en février 1307 entre Philippe le Bel et Guillaume Durand, évêque de Mende. Ce bailliage, dont le siège était à Marvejols et qui ressortissait au sénéchal de Beaucaire, avait sous sa dépendance les communautés suivantes, aujourd'hui englobées dans le département de la Haute-Loire :

Chanaleilles, Croisance, Cubelles, Esplantas, Grèzes, Monistrol-d'Allier, Prades, Saint-Christophe-d'Allier, Saint-Préjet-d'Allier, Saint-Vénérand, Saugues, Thoras, Vabres, Vazeilles-près-Saugues, Venteuges.

Ces localités, moins Saint-Christophe-d'Allier et Saint-Vénérand, étaient comprises, dès 1325, dans le mandement de la sirerie de Mercœur, régie antérieurement et jusqu'en 1312 par la coutume d'Auvergne, quoique dépendant de la sénéchaussée de Beaucaire. Nous venons de voir qu'elles furent annexées sans exception à la sénéchaussée de Riom, en 1554.

4. *Vivarais.*

Le bailliage du Vivarais établi à Boucieu-le-Roi, en 1285, fut administré jusqu'en 1320 par le bailli du Velay. En 1565, son siège fut transféré à Annonay et, en 1606, étant devenu insuffisant pour les besoins de la province, Henri IV en établit un second à Villeneuve-de-Berg, pour le bas Vivarais, et y rattacha les paroisses du Vivarais jadis du ressort du bailliage du Velay [1].

Par édit de mai 1780, ces deux bailliages furent supprimés et remplacés par la sénéchaussée de Villeneuve-de-Berg. Sur les instances pressantes des États particuliers de la province, le Roi consentit, en 1781, à établir une seconde sénéchaussée à Annonay. Voici les noms des localités du département de la Haute-Loire ressortissant des bailliages et, plus tard, de la sénéchaussée de Villeneuve-de-Berg :

Arlempdes, Barges, Chaudeyrolles, la Farre, Pradelles, Saint-Arcons-de-Barges, Saint-Étienne-du-Vigan, Saint-Paul-de-Tartas, les Vastres et Vielprat.

5. *Forez.*

Le bailliage de Montbrison remplaça, à la fin du xiiie siècle, la sénéchaussée du même nom, dont l'existence est prouvée par titres depuis 1190. Créé par les comtes de la province, il conserva son autonomie féodale jusque sous le règne de Philippe le Bel, qui l'annexa en 1313 à la sénéchaussée royale de Lyon. Au cours du xive siècle, il appartint tour à tour à diverses juridictions et ne fut définitivement rattaché au parlement de Paris qu'en 1465. En 1531, lors de la réunion du Forez à la couronne, il avait sous sa dépendance trente châtellenies. Un édit royal institua, en 1771, un second bailliage à Bourg-Argental. Celui de Montbrison, auquel vint s'adjoindre en juin 1637 un présidial, comprenait dans son ressort les paroisses suivantes du département de la Haute-Loire :

Bas, Boisset, Chénéreilles, Riotord, Saint-Ferréol-d'Auroure, Saint-Julien-d'Ance, Saint-Just-Malmont, Saint-Pal-de-Chalencon, Tiranges et Valprivas.

§ III. Circonscriptions financières.

Pendant plusieurs siècles, l'administration civile de la France se confondit avec son administration financière, et les baillis ou sénéchaux furent à la fois magistrats, gou-

---

[1] Cf. plus haut, page xx.

verneurs et percepteurs de l'impôt. Mais leurs attributions financières, déjà restreintes par la nomination en 1355 de commissaires généraux, furent encore réduites dans les pays d'États, comme le Gévaudan, le Velay et le Vivarais, par ces assemblées provinciales. Ce furent elles, en effet, qui furent chargées du vote et de la répartition de l'impôt et qui confièrent à des collecteurs, pris à tour de rôle parmi les habitants des bourgs, le soin de recueillir les deniers publics et d'en faire compte aux receveurs des diocèses.

Le rattachement du Languedoc à la cinquième généralité, établie par les États généraux de Tours en 1484, et, plus tard, la création de la généralité de Montpellier, sous les règnes de François Ier et de Henri II, ainsi que la nomination des intendants et de leurs subdélégués, achevèrent l'œuvre des commissaires généraux et des États particuliers des provinces, et les baillis et sénéchaux durent se confiner dans leur rôle purement judiciaire.

La généralité de Montpellier exerçait son autorité sur onze diocèses de la province du Languedoc, divisés en vingt-sept subdélégations de l'intendance, parmi lesquelles le Puy, Mende et Aubenas. La subdélégation du Puy avait une circonscription égale à celle de sa sénéchaussée, celle de Mende comprenait entre autres les quinze paroisses ressortissant à la sénéchaussée d'Auvergne, et les dix communautés énumérées plus haut dans le ressort du bailliage de Villeneuve-de-Berg faisaient partie de la subdélégation d'Aubenas.

La province d'Auvergne appartenait, au milieu du xive siècle, à la généralité de la Langue-d'Oil. En 1558, elle forma une généralité spéciale, ayant son siège à Riom et administrée par un général des finances. Cette généralité fut répartie en sept élections, savoir : Clermont, Riom, Issoire, Brioude, pour la Basse-Auvergne, et Aurillac, Mauriac et Saint-Flour, pour la Haute-Auvergne. Les élections se subdivisaient elles-mêmes en subdélégations, ou contingents de paroisses, administrés depuis 1705 par un subdélégué. Leurs limites, contrairement à celles des élections, furent des plus variables jusqu'en 1789.

L'élection de Brioude fut presque entièrement comprise dans le département de la Haute-Loire, ainsi qu'on peut le voir par l'énumération suivante, dans laquelle les noms des communautés étrangères à ce département sont imprimés en italique :

Agnat, Allègre, Ally, Arlet, Aubazat, *Auriac,* Auteyrac, Autrac, Auvers, Beaumont, Beaune, Bellevue-la-Montagne, Berbezit, la Besseyre-Saint-Mary, Blassac, Blesle, *Bonnac,* Bournoncle-la-Roche, Brioude, Céaux-d'Allègre, *Celoux,* Cerzat, la Chaise-Dieu, Chaniat, Chanteuges, la Chapelle-Bertin, *la Chapelle-Laurent, Charmensac,* Charraix, Chassagnes, Chastel, Chavagnac-Lafayette, Chazelles, Chilhac, Chomelix, la Chomette, Cohade, Collat, Connangles, Couteuges, Cronce, Desges, Domeyrat, Espalem, Félines, Ferrussac, Fix-Saint-Geneys, Fontannes, Frugières-le-Pin, Grenier-

Montgon, Javaugues, Jax, Josat, Langeac, *Leyvaux*, *Lauric*, Lorlange, Lubilhac, *Massiac*, Mazerat-Aurouze, Mazeyrat-Crispinhac, *Molèdes*, *Molompize*, Monlet, Montclard, la Mothe, Paulhac, Paulha-guet, Pébrac, *Peyrusse*, Pinols, Prades, *Rageade*, Reilhac, Saint-Austremoine, Saint-Beauzire, Saint-Berain, Saint-Cirgues, Saint-Didier-sur-Doulon, Sainte-Eugénie-de-Villeneuve, Saint-Étienne-près-Allègre, Saint-Étienne-sur-Blesle, Saint-Geneys-près-Saint-Paulien, Saint-Georges-d'Aurac, Saint-Géron, Saint-Ilpize, Saint-Jean-de-Nay, Saint-Julien-des-Chazes, Saint-Just-près-Brioude, Saint-Laurent-Chabreuges, *Saint-Mary-le-Plein*, Saint-Pal-de-Murs, Saint-Paulien, Saint-Préjet-Armandon, Saint-Privat-d'Allier, Saint-Privat-du-Dragon, Salzuit, Sembadel, Siaugues-Saint-Romain, Tailhac, Vals-le-Chastel, la Vaudieu, Vazeilles-Limandres, le Vernet, Vieille-Brioude, la Voûte-Chilhac.

L'élection de Clermont fournit au département de la Haute-Loire deux collectes, Chambezon et Torsiac, et celle d'Issoire vingt et une, savoir : Auzon, Azerat, Bonneval, Champagnac, la Chapelle-Geneste, Chassignolles, Cistrières, Craponne-sur-Arzon, Frugères-les-Mines, Jullianges, Laval, Lempdes, Léotoing, Malvières, Sainte-Florine, Saint-Hilaire, Saint-Jean-d'Aubrigoux, Saint-Vert, Saint-Victor-sur-Arlanc, Vergon-gheon, Vézezoux.

Quant au Forez, son administration financière fut d'abord confiée aux baillis, puis à des receveurs généraux, et enfin à une chambre des comptes dont le fonctionnement fut régularisé par ordonnance de Guy VI, comte de Forez, du 12 septembre 1333, et qui avait sous ses ordres des prévôts chargés de recevoir les redevances des vassaux dans les châtellenies. En 1542, cette province fut rattachée à la généralité de Lyon, qui fut plus tard partagée en cinq élections : Lyon, Montbrison, Roanne, Saint-Étienne et Villefranche.

Le département de la Haute-Loire a emprunté, lors de sa formation, les villages de Bas, Boisset, Chénéreilles, Malvalette, Saint-Julien-d'Ance, Saint-Pal-de-Chalencon, Tiranges et Valprivas à l'élection de Montbrison, et ceux de Riotord en partie, Saint-Ferréol-d'Auroure et Saint-Just-Malmont à celle de Saint-Étienne.

§ IV. Circonscriptions ecclésiastiques.

Contrairement aux circonscriptions de l'ordre civil, les circonscriptions ecclésiastiques restèrent immuables jusqu'en 1789 et, après avoir adopté l'unité territoriale de la *civitas* romaine, l'Église s'efforça de conserver les *pagi* de l'époque mérovingienne et les *comitatus* de la période carolingienne dans les divisions connues au moyen âge sous le nom d'« archidiaconés » et qui furent subdivisées en archiprêtrés.

Antérieurement à la Révolution, le territoire du département de la Haute-Loire était réparti entre six diocèses : Clermont, Lyon, Mende, le Puy, Saint-Flour et Viviers.

I. DIOCÈSE DE CLERMONT.

Le diocèse de Clermont s'étendit à toute l'ancienne *Civitas Arvernorum*, jusqu'au moment où le pape Jean XXII lui enleva plusieurs de ses archiprêtrés pour former le diocèse de Saint-Flour. Après son démembrement, il fut divisé en 15 archiprêtrés, dont l'archiprêtré d'Ardes, qui fournit au département de la Haute-Loire les paroisses d'Autrac et de Torsiac, et celui de Livradois qui lui abandonna les communautés de Bonneval, la Chapelle-Geneste, Jullianges, Malvières, Saint-Jean-d'Aubrigoux et Saint-Victor-sur-Arlanc.

II. DIOCÈSE DE LYON.

Le diocèse de Lyon était partagé, avant 1789, en vingt archiprêtrés, parmi lesquels l'archiprêtré de Montbrison, comprenant Boisset et Chénéreilles, et celui de Saint-Étienne, dont dépendait Saint-Just-Malmont, trois paroisses rattachées au département de la Haute-Loire.

III. DIOCÈSE DE MENDE.

Antérieurement à la Révolution, le diocèse de Mende englobait dans sa circonscription l'entière province du Gévaudan et se divisait en quatre archiprêtrés : les Cévennes, Barjac, Javols et Saugues. Voici les noms des communautés distraites de ce dernier archiprêtré au profit du département de la Haute-Loire : la Besseyre-Saint-Mary, Chanaleilles, Croisance, Cubelles, Esplantas, Grèzes, Monistrol-d'Allier, Prades, Saint-Christophe-d'Allier, Saint-Vénérand, Saugues, Thoras, Vabres et Venteuges.

IV. DIOCÈSE DU PUY.

Le diocèse du Puy avait la même étendue que la *Civitas Vellavorum* dont le territoire, ainsi que le fait observer fort justement M. Longnon, forma un *pagus* unique. Sa division en trois archiprêtrés semble remonter à la fin du IX° siècle et aucun texte ne mentionne d'archidiaconés. Chacun de ces archiprêtrés englobait dans ses limites un certain nombre de vigueries de la période carolingienne : l'archiprêtré de Monistrol-sur-Loire, le plus important des trois, comprenait les vigueries de Bas, de Chapteuil, de Tence et d'Yssingeaux, celui de Saint-Paulien les vigueries de Craponne-sur-Arzon, de Saint-Paulien et de Saint-Pierre-Duchamp, et celui de Solignac-sur-Loire les vigueries de Coubon, de Notre-Dame du Puy et de Solignac-sur-Loire. Les pouillés du diocèse du Puy des années 1383, 1516 et 1726 démontrent la stabilité de ces circonscriptions ecclésiastiques, dont nous donnons ci-dessous le complet dénombrement, en indiquant en italique les noms des communautés étrangères au département.

1. *Archiprêtré de Monistrol-sur-Loire.*

Araules, Aurec, Bas, Bauzac, Beaulieu, Bessamorel, Brives, Chamalières, le Chambon, Champclause, la Chapelle-d'Aurec, Chaspinhac, Dunières, les Estables, *Estivareilles*, Freycenet-Lacuche, Freycenet-la-Tour, Grazac, *Jonzieux*, Lantriac, Lapte, Laussonne, *Marlhes*, *Merle*, Mézères, Monistrol-sur-Loire, Montfaucon, Montregard, Montusclat, Raucoules, Retournac, Riotord, *Rosier*, Rosières, Saint-Bonnet-le-Froid, Saint-Didier-la-Séauve, Sainte-Sigolène, Saint-Étienne-Lardeyrol, Saint-Ferréol-d'Auroure, Saint-Front, Saint-Germain-Laprade, Saint-Hostien, Saint-Jeure, Saint-Julien-Chapteuil, Saint-Julien-du-Pinet, Saint-Julien-Molhesabate, Saint-Maurice-de-Lignon, Saint-Pal-de-Mons, Saint-Pierre-Eynac, Saint-Quintin, Saint-Romain-Lachalm, Saint-Victor-Malescours, Saint-Voy, Tence, la Voûte-sur-Loire, Valprivas, Yssingeaux.

2. *Archiprêtré de Saint-Paulien.*

Allègre, *Apinac*, Beaune, Bellevue-la-Montagne, Boisset, Borne, Céaux-d'Allègre, la Chapelle-Bertin, Chomelix, Craponne-sur-Arzon, Félines, Fix-Saint-Geneys, Lissac, Monlet, *Montarchier*, Polignac, Saint-André-de-Chalencon, Saint-Geneys-près-Saint-Paulien, Saint-Georges-Lagricol, *Saint-Hilaire*, Saint-Jean-de-Nay, Saint-Julien-d'Ance, Saint-Léger, Saint-Marcel, Saint-Maurice-de-Roche, Saint-Pal-de-Chalencon, Saint-Pal-de-Murs, Saint-Paulien, Saint-Pierre-Duchamp, Saint-Vidal, Saint-Vincent, *Sauvessanges*, Sembadel, Solignac-sous-Roche, Tiranges, *Usson*, Varennes-Saint-Honorat, Vazeilles-Limandres, Vernassal, Vorey.

3. *Archiprêtré de Solignac-sur-Loire.*

Alleyras, Bains, le Bouchet-Saint-Nicolas, le Brignon, Cayres, Ceyssac, Chadron, Chaspuzac, Cussac, Goudet, Landos, Loudes, le Monastier, Présailles, Rauret, Saint-Berain, Saint-Christophe-d'Allier, Saint-Christophe-sur-Dolaison, Saint-Didier-d'Allier, Saint-Haon, Saint-Jean-Lachalm, Saint-Martin-de-Fugères, Saint-Privat-d'Allier, Saint-Rémy, Salettes, Saussac-l'Église, Séneujols, Solignac-sur-Loire.

V. DIOCÈSE DE SAINT-FLOUR.

Le diocèse de Saint-Flour, démembré de celui de Clermont en 1317, était divisé en cinq archiprêtrés : Saint-Flour, Aurillac, Blesle, Brioude et Langeac. Lors de la formation du département de la Haute-Loire, on emprunta seulement aux archiprêtrés de Blesle, de Brioude et de Langeac un certain nombre de paroisses, mentionnées dans l'énumération suivante :

1. *Archiprêtré de Blesle.*

Blesle, Chambezon, Espalem, Grenier-Montgon, Léotoing, Lubilhac, Saint-Étienne-sur-Blesle.

2. *Archiprêtré de Brioude.*

Agnat, Ally, Auzon, Azerat, Beaumont, Berbezit, Bournoncle-la-Roche, Brioude, Champagnac, Chaniat, Chassagnes, Chassignoles, la Chomette, Cistrières, Cohade, Collat, Connangles, Domeyrat, Fontannes, Frugères-les-Mines, Frugières-le-Pin, Javaugues, Josat, Laval, Lempdes, Lorlange, Mazerat-Aurouze, Mercœur, Montclar, la Mothe, Paulhac, Paulhaguet, Saint-Beauzire, Saint-Didier-sur-Doulon, Sainte-Florine, Saint-Étienne-près-Allègre, Saint-Géron, Saint-Hilaire, Saint-Ilpize, Saint-Just-près-Brioude, Saint-Laurent-Chabreuges, Saint-Préjet-Armandon, Saint-Vert, Salzuit, Vals-le-Chastel, la Vaudieu, Vergongheon, Vézézoux, Vieille-Brioude.

3. *Archiprêtré de Langeac.*

Arlet, Aubazac, Auteyrac, Blassac, Cerzat, Chanteuges, Charraix, Chastel, Chavagnac-Lafayette, Chazelles, Chilhac, Couteuges, Cronce, Desges, Ferrussac, Jax, Langeac, Mazeyrat-Crispinhac, Nozeyrolles, Pébrac, Pinols, Prades, Reilhac, Saint-Arcons-d'Allier, Saint-Austremoine, Saint-Cirgues, Saint-Éble, Sainte-Marie-des-Chazes, Saint-Georges-d'Aurac, Saint-Julien-d'Ance, Saint-Privat-du-Dragon, Siaugues-Saint-Romain, Tailhac, Vissac, la Voûte-Chilhac.

VI. DIOCÈSE DE VIVIERS.

Dix paroisses du diocèse de Viviers ont été rattachées au département de la Haute-Loire, savoir : Chaudeyrolles et Fay-le-Froid, de l'archiprêtré de Boutières, et Arlempdes, Barges, La Farre, Pradelles, Saint-Étienne-du-Vigan, Saint-Paul-de-Tartas et Vielprat, de l'archiprêtré de Sablières.

CRÉATION DU DÉPARTEMENT.

En exécution d'un décret de l'Assemblée nationale en date du 11 novembre 1789, les députés du Velay furent chargés de s'entendre avec les représentants des pays limitrophes pour arriver à la délimitation d'un département, car leur province, ayant à peine 100 lieues carrées de superficie, était insuffisante pour former une circonscription administrative d'une étendue conforme aux prescriptions légales. Il fallait donc songer à s'agrandir au détriment des voisins, et la tâche était d'autant plus difficile que chacun tenait à conserver son ancienne autonomie.

Pour donner satisfaction à l'Auvergne, on dut formellement reconnaître que le Velay était distrait à son profit du Languedoc, concession qui eut pour conséquence de placer la Haute-Loire sous la dépendance du Puy-de-Dôme au point de vue de la cour d'appel et du commandement militaire.

Le Gévaudan ne consentit à oublier qu'il n'avait «aucune liaison de commerce, aucun rapport de culture et de production et moins encore de mœurs et d'habitudes» avec le Velay, qu'à la condition de devenir lui-même un département. Saugues, la capitale du Haut-Gévaudan, ne s'était pas associé à ces protestations et avait même réclamé avec instance son rattachement au Velay, malgré les vives oppositions des paroisses circonvoisines, enchaînées à sa fortune politique.

Du côté du Forez, on ne rencontra aucune difficulté sérieuse, car cette province, appelée à former avec le Beaujolais et le Lyonnais l'immense département de Rhône-et-Loire, ne pouvait se plaindre d'un amoindrissement de territoire.

Le Vivarais se montra aussi réfractaire aux propositions des commissaires, et Pradelles s'éleva avec force contre son annexion au Velay.

Les députés ayant enfin accompli leur mission, l'Assemblée nationale, dans ses séances des 26 et 29 janvier 1790, ratifia leurs décisions et décréta la constitution définitive du département du Velay, auquel une autre délibération législative, du 26 février suivant, donna le nom de «département de la Haute-Loire», et qui devait comprendre trois districts et trente-deux cantons.

Avant même de connaître l'issue des débats parlementaires, une commission de seize membres, composée des députés de la province et de délégués de la ville du Puy, de Montfaucon, d'Yssingeaux, de Saint-Didier-la-Séauve et de Brioude, se réunit au Puy le 27 janvier 1790, «pour convenir des limites des districts du département du Velai». Les débats furent certainement orageux, puisque deux commissaires se refusèrent d'assister jusqu'à la fin de la séance. Après avoir rejeté les demandes des villes de Craponne, Saint-Didier, Tence et Pradelles tendant à obtenir d'être chefs-lieux de district, la commission décida que ces chefs-lieux seraient établis au Puy et à Brioude et que, pour la partie méridionale du département, les villes de Monistrol-sur-Loire, de Montfaucon et d'Yssingeaux alterneraient entre elles pour l'administration civile, mais que le siège du tribunal serait définitivement attribué à l'une d'elles. On procéda ensuite à la division du département en trois districts et trente-deux cantons et à la répartition des 252 communes, dont 129 avaient appartenu à la province d'Auvergne, 90 à celle du Velay, 15 à celle du Gévaudan, 10 à celle du Vivarais et 8 à celle du Forez. Voici comment fut faite cette répartition.

I. DISTRICT DU PUY.

(16 cantons.)

I. *Canton d'Allègre* (5 municipalités). — Allègre, Céaux-d'Allègre, Fix-de-Velai, Monlet, Vernassal.

II. *Canton de Cayres* (4 municipalités). — Le Bouchet, Cayres, Saint-Jean-Lachalm, Séneujols.

III. *Canton de Craponne* (6 municipalités). — Beaune, Chomelix, Craponne, Pont-Empeyrat, Saint-Georges-Lagricol, Saint-Julien-d'Ance.

IV. *Canton de Fay-le-Froid* (6 municipalités). — Champclause, Chaudeyrolles, les Estables, Fay-le-Froid, Saint-Front, les Vastres.

V. *Canton de Goudet* (5 municipalités). — Arlempdes, Goudet, Saint-Martin-de-Fugères, Salettes, Vielprat.

VI. *Canton de Loudes* (7 municipalités). — Chaspuzac, Loudes, Saint-Jean-de-Nay, Saint-Rémy, Saint-Vidal, Sanssac, Vazeilles.

VII. *Canton du Monastier* (6 municipalités). — Chadron, Freycenet-Lacuche, Freycenet-la-Tour, Laussonne, le Monastier, Présailles.

VIII. *Canton de Pradelles* (8 municipalités). — Coucouron, Landos, Pradelles, Rauret, Saint-Arcons, Saint-Étienne-du-Vigan, Saint-Haon, Saint-Paul-de-Tartas.

IX. *Canton du Puy* (7 municipalités). — Ceyssac, Coubon, Polignac, le Puy, Saint-Germain, Saint-Marcel, Saint-Quintin.

X. *Canton de Roche* (6 municipalités). — Arzon, Chamalières, Roche, Saint-Maurice, Saint-Pierre-Duchamp, Vorey.

XI. *Canton de Rosières* (6 municipalités). — Beaulieu, Chaspinhac, Mézères, Rosières, Saint-Vincent, la Voûte.

XII. *Canton de Saint-Julien-Chapteuil* (6 municipalités). — Lantriac, Montusclat, Saint-Étienne-Lardeyrol, Saint-Hostien, Saint-Julien-Chapteuil, Saint-Pierre-Eynac.

XIII. *Canton de Saint-Paulien* (5 municipalités). — Borne, Lissac, Saint-Geneix, Saint-Just, Saint-Paulien.

XIV. *Canton de Saint-Privat* (4 municipalités). — Alleyras, Saint-Didier-d'Allier, Saint-Privat, le Vernet.

XV. *Canton de Saugues* (14 municipalités). — Chanaleilles, Croisance, Cubelles, Esplantas, Grèzes, Monistrol-d'Allier, Saint-Christophe-d'Allier, Saint-Préjet-d'Allier, Saint-Vénérand, Saugues, Thoras, Vabres, Vazeilles, Venteuges.

XVI. *Canton de Solignac* (5 municipalités). — Bains, le Brignon, Cussac, Saint-Christophe, Solignac.

II. DISTRICT DE BRIOUDE.

(9 cantons.)

XVII. *Canton d'Auzon* (8 municipalités). — Agnat, Auzon, Azerat, la Brousse, Champagnac-le-Vieux et quartier de la Chaux, Chassignolles, Saint-Hilaire, Vézézoux.

XVIII. *Canton de Blesle* (8 municipalités). — Autrac, Blesle, Bousselargues, la Chapelle-Allagnon, Espalem et Lubilhac, Grenier et Montgon, Saint-Étienne-sur-Blesle, Torsiac.

XIX. *Canton de Brioude* (13 municipalités). — Beaumont, Brioude et quartier de Saint-Laurent, Cougeat, Javaugues, Lugeac, la Mothe et paroisse de Vialle, Paulhac, Saint-Beauzire, Saint-Ferréol-de-Cohade, Saint-Just, la Vaudieu, Vieille-Brioude.

XX. *Canton de la Chaise-Dieu* (17 municipalités). — Berbezit, Bonneval, la Chaise-Dieu, la Chapelle, la Chapelle-Bertin, Cistrières, Connangles, Félines, Jullianges, Laval, Malvières, Murs, Saint-Badel, Saint-Léger, Saint-Pal, Saint-Vert, Saint-Victor.

XXI. *Canton de Langeac* (18 municipalités). — La Besseyre-Saint-Mary, Chanteuges, Charraix, Chazelles, Croux, Desges, Ferrussac, Langeac, Mazerat, Nozerolles, Paulhac, Pébrac, Prades, Reilhac, Saint-Arcons, Sainte-Marie et Saint-Julien-des-Chazes, Tailhac.

XXII. *Canton de Lempdes* (10 municipalités). — Bournoncle, Chambezon, Frugères, Lempdes, Léotoing, Lorlange, la Roche, Sainte-Florine, Saint-Géron, Vergongheon.

XXIII. *Canton de Paulhaguet* (26 municipalités). — Aurouze, Auteyrac, Censac, Cerzat, Chassagnes, Chavagnac, la Chomette, Collat, Couteuges, Domeyrat, Fix-d'Auvergne, Flaghac, Frugières, Jozat, Mazerat, Montclar, Paulhaguet, Saint-Didier, Saint-Éble, Saint-Étienne-sur-Allègre, Saint-Georges-d'Aurac, Saint-Prejeix, Salzuit, Siaugues-Saint-Romain, Vals-le-Chastel, Vissac.

XXIV. *Canton de Saint-Ilpize* (5 municipalités). — Ally, Blassac, Mercœur, Saint-Ilpize, Saint-Privat.

XXV. *Canton de la Voûte* (9 municipalités). — Arlet, Aubazat, Chastel, Chilhac, Cronce, Peyrusse, Saint-Austremoine, Saint-Cirgues, la Voûte.

III. DISTRICT DES VILLES DE MONISTROL, YSSINGEAUX ET MONTFAUCON.

(7 cantons.)

XXVI. *Canton de Bas-en-Basset* (3 municipalités). — Bas-en-Basset, Tiranges, Valprivas.

XXVII. *Canton de Monistrol* (5 municipalités). — Bauzac, la Chapelle, Monistrol, Sainte-Sigolène, Saint-Maurice-de-Lignon.

XXVIII. *Canton de Montfaucon* (6 municipalités). — Dunières, Lapte, Montfaucon, Montregard, Riotord, Saint-Julien-Molhesabate.

XXIX. *Canton de Saint-Didier* (6 municipalités). — Aurec, Saint-Didier, Saint-Just, Saint-Pal-de-Mons, Saint-Romain-Lachalm, Saint-Victor.

XXX. *Canton de Saint-Pal-en-Chalencon* (4 municipalités). — Boisset, Saint-André, Saint-Pal-en-Chalencon, Solignac.

XXXI. *Canton de Tence* (6 municipalités). — Araules, le Chambon, Saint-Bonnet-le-Froid, Saint-Jeure-de-Bonas, Saint-Voy-de-Bonas, Tence.

XXXII. *Canton d'Yssingeaux* (6 municipalités). — Bessamorel, Glavenas, Grazac, Retournac, Saint-Julien, Yssingeaux.

REMANIEMENTS DU DÉPARTEMENT.

Malgré ses nombreuses imperfections résultant de l'inégalité des nouvelles circonscriptions cantonales et de la multiplicité des unités administratives, si nuisible à la marche des affaires, l'organisation du 27 janvier 1790 entra immédiatement en vigueur dans le département de la Haute-Loire. Le pouvoir central rejeta les demandes séparatistes des communes de Frugères-les-Mines, de Sainte-Florine et de Vergongheon, qui auraient voulu être rattachées au département du Puy-de-Dôme, et refusa de donner satisfaction à la ville de Pradelles, qui ne cessait de réclamer son incorporation à celui de la Lozère. Sur le rapport du député Cazes, la Constituante rectifia les limites des départements de Rhône-et-Loire et de la Haute-Loire et, par un décret du 8 mars 1792, attribua à ce dernier les communes limitrophes de Riotord et de Saint-Ferréol-d'Auroure.

La loi organique du 17 février 1800, instituant les préfectures et arrondissements, n'apporta aucune modification à cette situation; mais, pour se conformer aux prescriptions légales du 29 janvier 1801, prescrivant de réduire le nombre des justices de paix, un décret des consuls, du 28 octobre 1801, créa deux cantons au Puy et un à Pinols et supprima ceux de Lempdes, de Roche-en-Régnier, de Rosières, de Saint-Pal-de-Chalencon, de Saint-Privat-d'Allier et de la Voûte-Chilhac. En vertu d'un autre décret du 30 janvier 1802, le siège de la justice de paix de Saint-Ilpize fut transféré à la Voûte-Chilhac.

Dès son entrée en fonctions, le conseil général de la Haute-Loire formula de nombreuses plaintes contre la délimitation du département et exprima des vœux réitérés pour obtenir la réduction du nombre des communes, en réunissant les petites aux grandes. Les doléances de cette assemblée n'aboutirent qu'à de très rares remaniements dans les circonscriptions communales, qui ne modifièrent pas sensiblement le cadre géographique et administratif de 1790. Voici le tableau de la composition actuelle des trois arrondissements, des vingt-huit cantons et des deux cent soixante-cinq communes du département de la Haute-Loire, avec le chiffre de leur population d'après le recensement de 1906.

I. ARRONDISSEMENT DU PUY.

(14 cantons, 115 communes, 147,103 habitants.)

1° Canton d'Allègre.

(7 communes, 7,756 habitants.)

Allègre, Bellevue-la-Montagne, Céaux-d'Allègre, Fix-Saint-Geneys, Monlet, Varennes-Saint-Honorat, Vernassal.

2° Canton de Cayres.

(7 communes, 5,387 habitants.)

Alleyras, Cayres, le Bouchet-Saint-Nicolas, Ouïdes, Saint-Didier-d'Allier, Saint-Jean-Lachalm, Séneujols.

3° Canton de Craponne-sur-Arzon.

(6 communes, 8,363 habitants.)

Beaune, Chomelix, Craponne-sur-Arzon, Saint-Georges-Lagricol, Saint-Jean-d'Aubrigoux, Saint-Julien-d'Ance.

4° Canton de Fay-le-Froid.

(6 communes, 7,536 habitants.)

Champclause, Chaudeyrolles, Fay-le-Froid, les Estables, Saint-Front, les Vastres.

5° Canton de Loudes.
(9 communes, 8,115 habitants.)

Chaspuzac, Loudes, Saint-Jean-de-Nay, Saint-Privat-d'Allier, Saint-Vidal, Sanssac-l'Église, Vazeilles-Limandre, Vergezac, le Vernet.

6° Canton du Monastier.
(11 communes, 13,330 habitants.)

Alleyrac, Chadron, Freycenet-Lacuche, Freycenet-la-Tour, Goudet, Laussonne, le Monastier, Moudeyres, Présailles, Saint-Martin-de-Fugères, Salettes.

7° Canton de Pradelles.
(12 communes, 11,077 habitants.)

Arlempdes, Barges, la Farre, Landos, Pradelles, Rauret, Saint-Arcons-de-Barges, Saint-Étienne-du-Vigan, Saint-Haon, Saint-Paul-de-Tartas, la Sauvetat, Vielprat.

8° Canton du Puy Nord-Ouest.
(9 communes, 18,976 habitants.)

Aiguilhe, Ceyssac, Chadrac, Espaly-Saint-Marcel, Malrevers, le Monteil, Polignac, le Puy (en partie), Saint-Quintin-Chaspinhac.

9° Canton du Puy Sud-Est.
(8 communes, 19,601 habitants.)

Blavozy, Brives-Charensac, Coubon, Ours-Mons, le Puy (en partie), Saint-Germain-Laprade, Taulhac, Vals-près-le-Puy.

10° Canton de Saint-Julien-Chapteuil.
(8 communes, 11,439 habitants.)

Lantriac, Montusclat, Queyrières, le Pertuis, Saint-Étienne-Lardeyrol, Saint-Hostien, Saint-Julien-Chapteuil, Saint-Pierre-Eynac.

11° Canton de Saint-Paulien.
(7 communes, 6,734 habitants.)

Blanzac, Borne, Lissac, Saint-Geneys-près-Saint-Paulien, Saint-Paulien, Saint-Vincent, la Voûte-sur-Loire.

12° Canton de Saugues.

(14 communes, 11,658 habitants.)

Chanaleilles, Croisance, Cubelles, Esplantas, Grèzes, Monistrol-d'Allier, Saint-Christophe-d'Allier, Saint-Préjet-d'Allier, Saint-Vénérand, Saugues, Thoras, Vabres, Vazeilles-près-Saugues, Venteuges.

13° Canton de Solignac-sur-Loire.

(5 communes, 6,705 habitants.)

Bains, le Brignon, Cussac, Saint-Christophe-sur-Dolaison, Solignac-sur-Loire.

14° Canton de Vorey.

(7 communes, 10,426 habitants.)

Beaulieu, Chamalières, Mézères, Roche-en-Régnier, Rosières, Saint-Pierre-Duchamp, Vorey.

II. ARRONDISSEMENT DE BRIOUDE.

(8 cantons, 107 communes, 73,369 habitants.)

15° Canton d'Auzon.

(12 communes, 12,422 habitants.)

Agnat, Auzon, Azerat, Champagnac, Chassignolles, Frugères-les-Mines, Lempdes, Sainte-Florine, Saint-Hilaire, Saint-Vert, Vergongheon, Vézézoux.

16° Canton de Blesle.

(10 communes, 4,501 habitants.)

Autrac, Blesle, Chambezon, Espalem, Grenier-Montgou, Léotoing, Lorlange, Lubilhac, Saint-Étienne-sur-Blesle, Torsiac.

17° Canton de Brioude.

(15 communes, 13,129 habitants.)

Beaumont, Bournoncle-la-Roche, Brioude, Chaniat, Cohade, Fontannes, Javaugues, la Mothe, Paulhac, Saint-Beauzire, Saint-Géron, Saint-Just-près-Brioude, Saint-Laurent-Chabreuges, la Vaudieu, Vieille-Brioude.

18° Canton de la Chaise-Dieu.

(13 communes, 8,903 habitants.)

Berbezit, Bonneval, la Chaise-Dieu, la Chapelle-Geneste, Cistrières, Connangles, Félines, Jullianges, Laval, Malvières, Saint-Pal-de-Murs, Saint-Victor-sur-Arlanc, Sembadel.

19° Canton de Langeac.

(15 communes, 13,558 habitants.)

Auteyrac, Chanteuges, Charraix, Langeac, Mazeyrat-Crispinhac, Pébrac, Prades, Reilhac, Saint-Arcons-d'Allier, Saint-Berain, Saint-Éble, Sainte-Marie-des-Chazes, Saint-Julien-des-Chazes, Siaugues-Saint-Romain, Vissac.

20° Canton de Paulhaguet.

(20 communes, 9,932 habitants.)

La Chapelle-Bertin, Chassagnes, Chavagnac-Lafayette, la Chomette, Collat, Couteuges, Domeyrat, Frugières-le-Pin, Jax, Josat, Mazerat-Aurouze, Montclard, Paulhaguet, Saint-Didier-sur-Doulon, Sainte-Eugénie-de-Villeneuve, Saint-Étienne-près-Allègre, Saint-Georges-d'Aurac, Saint-Préjet-Armandon, Salzuit, Vals-le-Chastel.

21° Canton de Pinols.

(9 communes, 4,134 habitants.)

Auvers, la Besseyre-Saint-Mary, Chastel, Chazelles, Cronce, Desges, Ferrussac, Pinols, Tailhac.

22° Canton de la Voûte-Chilhac.

(13 communes, 6,790 habitants.)

Ally, Arlet, Aubazac, Blassac, Cerzat, Chilhac, Mercœur, Saint-Austremoine, Saint-Cirgues, Saint-Ilpize, Saint-Privat-du-Dragon, Villeneuve-d'Allier, la Voûte-Chilhac.

III. ARRONDISSEMENT D'YSSINGEAUX.

(6 cantons, 43 communes, 94,298 habitants.)

23° Canton de Bas.

(8 communes, 11,142 habitants.)

Bas, Boisset, Malvalette, Saint-André-de-Chalencon, Saint-Pal-de-Chalencon, Solignac-sous-Roche, Tiranges, Valprivas.

24° Canton de Monistrol-sur-Loire.

(6 communes, 16,522 habitants.)

Bauzac, la Chapelle-d'Aurec, Monistrol-sur-Loire, Sainte-Sigolène, Saint-Maurice-de-Lignon, les Villettes.

25° Canton de Montfaucon.

(7 communes, 12,048 habitants.)

Dunières, Montfaucon, Montregard, Raucoules, Riotord, Saint-Bonnet-le-Froid, Saint-Julien-Molhesabate.

26° Canton de Saint-Didier-la-Séauve.

(8 communes, 19,149 habitants.)

Aurec, Pont-Salomon, Saint-Didier-la-Séauve, Saint-Ferréol-d'Auroure, Saint-Just-Malmont, Saint-Pal-de-Mons, Saint-Romain-Lachalm, Saint-Victor-Malescours.

27° Canton de Tence.

(6 communes, 14,559 habitants.)

Le Chambon, Chénéreilles, le Mas-de-Tence, le Mazet-Saint-Voy, Saint-Jeure, Tence.

28° Canton d'Yssingeaux.

(8 communes, 20,878 habitants.)

Araules, Beaux, Bessamorel, Grazac, Lapte, Retournac, Saint-Julien-du-Pinet, Yssingeaux.

LISTE ALPHABÉTIQUE

DES PRINCIPALES SOURCES

OÙ L'ON A PUISÉ LES RENSEIGNEMENTS CONTENUS DANS CE DICTIONNAIRE.

I. — MANUSCRITS.

Alleyras. — Titres de ce prieuré : archives de la Haute-Loire.

Archives nationales. — Les documents consultés appartiennent principalement aux séries J., JJ., M., P., Q., R., X.

Armorial d'Auvergne, Bourbonnais et Forez : Bibliothèque nationale, ms. fr., 22,297.

Augustines de Vals. — Titres de ce prieuré : archives de la Haute-Loire.

Aveux et hommages du comté de Forez : Archives nationales, P. 490-494.

Aveux et hommages transmis par les trésoriers de France de Riom : Archives nationales, P. 499.

Bénédictines de Vorey. — Titres de ce prieuré : archives de la Haute-Loire.

Cadastre de Bellecombe : cabinet de feu M. le docteur Charreyre, à Yssingeaux.

Cadastre de Bonnefont : cabinet de feu M. G. Giron, au Puy.

Cadastre de la baronnie de Queyrières : cabinet de feu M. le docteur Charreyre, à Yssingeaux.

Cadastre de la vicomté de Polignac : archives de feu M. Eyraud-Reynier, au Puy.

Cadastre de Mercœur : communication de feu M. H. Vinay, au Puy.

Cadastre de Villeneuve-Corsac : cabinet de feu M. H. Vinay, au Puy.

Cadastre du bas mandement de Chapteuil : archives municipales de Saint-Julien-Chapteuil.

Cadastres du mandement de Bonnas : archives de la Haute-Loire et cabinet de feu M. le docteur Charreyre, à Yssingeaux.

Cadastre du mandement de Bouzols : cabinet de feu M. H. Vinay, au Puy.

Cadastre du mandement de Chalencon : cabinet de M. Paul Le Blanc, à Brioude.

Cadastre du mandement de Fay-la-Triouleyre : cabinet de feu M. H. Vinay, au Puy.

Cadastre du mandement de Freycenet-Latour : archives de feu M. F. Experton, au Monastier.

Cadastre du mandement de Glavenas : cabinet de feu M. le docteur Charreyre, à Yssingeaux.

Cadastre du mandement de Laval-Emblaves : archives de feu M. Arnaud, à Saint-Vincent.

Cadastre du mandement de Lignon : cabinet de feu M. le docteur Charreyre, à Yssingeaux.

Cadastre du mandement de Saussac : cabinet de feu M. le docteur Charreyre, à Yssingeaux.

Cartulaire d'Ainay : bibliothèque publique de la ville de Lyon.

Cartulaire de l'abbaye de Mazan : archives de l'Ardèche.

Cartulaire du chapitre de Saint-Julien de Brioude : Bibliothèque nationale, ms. lat., 17078.

Cartulaire du prieuré d'Azerat, copie : archives de la Haute-Loire.

Cartulaire du prieuré de Saint-Martin-de-Tence : archives du Rhône.

Censier général de l'évêché du Puy : archives de la Haute-Loire.

Chaise-Dieu (La). — Titres de cette abbaye : archives de la Haute-Loire et Archives nationales, S. 3297-3302.

Chamalières. — Titres de ce prieuré : archives de la Haute-Loire.

Chapitre de l'église cathédrale du Puy. — Titres : archives de la Haute-Loire.

Chartreuse de Bonnefoy. — Titres : archives de la Haute-Loire.

Chartreuse de Brives. — Titres : archives de la Haute-Loire.

Chartrier de Chamblas : archives de M. A. Lacombe-Tharin, au Puy.

Chartrier de Cumignac : archives de M. le marquis du Crozet.

Chartrier du Thiolent : archives de M. le baron O. de Veyrac, au Puy.

Chazes (Les). — Titres de cette abbaye : archives de la Haute-Loire.

Compois de Chambonnet : cabinet de feu M. le docteur Charreyre, à Yssingeaux.

Compois de la ville du Puy : archives municipales du Puy.

Compois de Villeneuve-de-Corsac : cabinet de feu M. H. Vinay, au Puy.

Compte de Bernard Lobeyrac : archives de feu M. Eyraud-Reynier, au Puy.

Compte de Bertrand Flotenc, de Brioude : archives municipales de Riom.

Compte du fouage des prévôtés de la basse-Auvergne : cabinet de M. F. Boyer, à Volvic.

Cordeliers du Puy. — Titres de ce couvent : archives de la Haute-Loire.

Département des décimes de 1516 : Archives nationales, G** 1 et 2.

Doüe. — Titres de cette abbaye : archives de la Haute-Loire.

Estime générale d'Yssingeaux : cabinet de feu M. le docteur Charreyre, à Yssingeaux.

Evêché du Puy. — Titres : archives de la Haute-Loire.

Fois et hommages rendus dans la généralité de Riom : Archives nationales, P. 499 à P. 503².

Greffe de Saint-Ilpize : Archives nationales, Z². 4142-4151.

Hommages de la seigneurie de Solignac : cabinet de feu M. le marquis de Polignac, à Kerbastic.

Hôpital Notre-Dame, du Puy. — Titres : Hôtel-Dieu du Puy.

Insinuations du bailliage du Velay, par A. Boyer : archives de la Haute-Loire.

Inventaire des archives de Bouzols : Archives nationales, P. 1856.

Inventaire des archives de la seigneurie de Vals-le-Chastel : cabinet de M. J. Lachenal, à Brioude.

Inventaire des titres de la seigneurie de Mercœur : Archives nationales, O. 21050, nunc R'.* 1143.

Inventaire des titres de la seigneurie de Pradelles : Archives nationales, P. 1446.

Inventaire des titres de la seigneurie du Villard : Archives nationales, P. 1860.

Jacobins du Puy. — Titres de ce couvent : archives de la Haute-Loire.

Jésuites du Puy. — Titres de ce collège : archives de la Haute-Loire.

Léotoing. — Titres de cette seigneurie : Archives nationales O. 20956, nunc R'. 1045.

Lième de la rente de Foussier : cabinet de feu M. le docteur Charreyre, à Yssingeaux.

Lième de la seigneurie de Rilhac : cabinet de M. J. Lachenal, à Brioude.

Lième d'Espalem : cabinet de M. J. Lachenal, à Brioude.

Minutes Aleil (Vincent) : archives de feu M. le marquis de Boysseulh, à Poinsac.

Minutes Audré : cabinet de M. A. Giron, à Paris.

Minutes Arcis : archives de la Haute-Loire.

Minutes Barret : archives de la Haute-Loire.

Minutes Beysseyre (Antoine) : minutes de M° Tixier, notaire à Saugues.

Minutes Boyer (Antoine) : archives de la Haute-Loire.

Minutes Boyer (Jacques) : archives de la Haute-Loire.

Minutes Brunel (Antoine) : archives de la Haute-Loire.

Minutes Chalvon (Jacques) : archives de M. Million, avocat au Puy.

Minutes Chappon : cabinet de M. C. Falcon, à Espaly-Saint-Marcel.

Minutes Chauvin (Vital) : archives de la Haute-Loire.

Minutes Costavol : archives de la Haute-Loire.

Minutes Domans (Charles) : archives de la Haute-Loire.

Minutes Dolezon (Jacques) : archives de la Haute-Loire.

Minutes Dompnin : archives de la Haute-Loire.

Minutes Ducloux : archives de la Haute-Loire.

Minutes Girard (Blaise) : archives de la Haute-Loire.

Minutes Guérin (Jean) : cabinet de feu M. H. Vinay, au Puy.

Minutes Guèze : archives de la Loire.

Minutes Lestang (Henri de) : Archives nationales, ZZ. 359.

Minutes Lestrade : Bibliothèque nationale, ms. lat., nouv. acq., n°ˢ 1222-1224.

Minutes Maltrait (Jean) : archives de la Haute-Loire.

Minutes Maurin (Guillaume) : archives de la Haute-Loire.

Minutes Maurin (Raphaël) : archives de l'Hôtel-Dieu du Puy.

Minutes Pelisse : archives de la Haute-Loire.

Minutes Peyre (Jean de) : archives de la Haute-Loire.

Minutes Peyret (Claude) : minutes de M° Tixier, notaire à Saugues.

Minutes Pradier (Pierre) : archives de la Haute-Loire.

Minutes Richon : archives de la Haute-Loire.

Minutes Rivière : archives de la Loire.

Minutes Robert (Antoine) : archives de la Haute-Loire.

Minutes Sobrier (Artaud) : archives de la Haute-Loire.

Monastier Saint-Chaffre. — Titres de cette abbaye : archives de la Haute-Loire.

Montregard. — Titres de ce prieuré : archives de la Haute-Loire.

Obituaires de Bas et de Bauzac : archives de feu M. le vicaire général Urbe, au Puy.

Obituaire de Brioude : cabinet de M. Paul Le Blanc, à Brioude.

Obituaire de Mazerat-Aurouze : archives de la Haute-Loire.

Plumitif de la cour de Bouzols : archives de la Haute-Loire.

Plumitif de la cour de l'évêque du Puy : archives de la Haute-Loire.

Poésies des troubadours : Bibliothèque nationale, ms. fr., 854.

Polignac. — Titres de ce prieuré : archives de la Haute-Loire.

Registres des enquêtes de la cour de Bessamorel : archives du Rhône.

Registre du greffe d'Arlet : Archives nationales, Z² 54-58.

Registres paroissiaux de Beaune : archives de la commune.

Registres paroissiaux de Chaudeyrolles : archives de la commune.

Registres paroissiaux de Mercœur : archives de la commune.

Registres paroissiaux de Mézères : archives de la commune.

Registres paroissiaux de Monistrol-sur-Loire : greffe du tribunal civil du Puy.

Registres paroissiaux de Pradelles : archives de la commune.

Registres paroissiaux de Saint-Clément : archives communales de Pradelles.

Registres paroissiaux des Estables : archives de la commune.

Registres paroissiaux des Vastres : archives de la commune.

Registres paroissiaux de Tence : greffe du tribunal civil du Puy.

Roche-en-Régnier. — Titres de cette baronnie : Archives nationales, P. 1360² à P. 1402¹.

Rôles de la capitation : archives de la Haute-Loire.

Saint-Agrève du Puy. — Titres de cette église collégiale : archives de la Haute-Loire.

Saint-Georges de Saint-Paulien. — Titres de cette église collégiale : archives de la Haute-Loire.

Saint-Georges du Puy. — Titres de cette église collégiale : archives de la Haute-Loire.

Saint-Pierre-la-Tour du Puy. — Titres de cette abbaye : archives de la Haute-Loire.

Saint-Pierre-le-Monastier du Puy. — Titres de ce prieuré : archives de la Haute-Loire.

Saint-Vosy du Puy. — Titres de cette église collégiale : archives de la Haute-Loire.

Terrier de Chazaux : cabinet de feu M. le docteur Charreyre, à Yssingeaux.

Terrier de Chomelix-le-Haut : cabinet de feu M. C. Rocher, avocat au Puy.

Terrier de Digons : cabinet de M. Paul Le Blanc, à Brioude.

Terriers de Grazac : cabinet de feu M. le docteur Charreyre, à Yssingeaux.

Terrier de Jean de Coubladour : cabinet de feu M. H. Vinay, au Puy.

Terrier de Jean Durianne : archives de la Haute-Loire.

Terrier de la baronnie d'Agrain : archives de la Haute-Loire.

Terrier de la chapelle de Notre-Dame de Chalencon à Chamalières : archives de la Loire.

Terriers de la commanderie de Bessamorel : cabinet de feu M. le

docteur Charreyre, à Yssingeaux, et archives du Rhône.

Terrier de la commanderie de Charbonnier : cabinet de feu M. A. Vernière, à Ménétrol.

Terriers de la commanderie de Devesset : archives du Rhône.

Terriers de la rente de Chailhans, copie : cabinet de feu M. le docteur Charreyre, à Yssingeaux.

Terrier de la Roche[-sur-Coubon] : cabinet de feu M. le docteur Charreyre, à Yssingeaux.

Terrier de la seigneurie de Blesle : cabinet de M. Paul Le Blanc, à Brioude.

Terrier de la seigneurie de Meyronne : archives de M. Tixier, notaire à Saugues.

Terrier de la seigneurie de Montregard : archives de la Haute-Loire.

Terrier de la seigneurie de Saint-Didier : archives de la Haute-Loire.

Terriers de la seigneurie de Vals-le-Chastel : cabinet de M. Paul Le Blanc, à Brioude.

Terrier de la seigneurie de Verchères : cabinet de feu M. le docteur Charreyre, à Yssingeaux.

Terrier de la vicairie de Saint-Nicolas de l'église de Saint-Quintin : cabinet de feu M. H. Vinay, au Puy.

Terrier de la vicomté de Polignac : archives de la Drôme.

Terrier de Pébulit : archives du Rhône.

Terrier de Piassac : cabinet de M. Paul Le Blanc, à Brioude.

Terrier de Pierre de Licques : archives de M. Roche des Breux, au Puy.

Terrier de Pierre du Bois : archives de Mᵐᵉ la marquise de Châteauneuf-Randon.

Terrier de Pons de Céaux : archives de la Haute-Loire.

Terrier de Pons Ravoux : archives de la Haute-Loire.

Terrier de Roche-en-Régnier : archives du Rhône.

Terrier des Bordes : archives de feu

M. le comte de Choumouroux, à Yssingeaux.

Terrier des Grèzes : cabinet de M. J. Lachenal, à Brioude.

Terriers des mandements de Fraysse-Bas et de Loucéa : archives de la Haute-Loire.

Terrier des reconnaissances féodales au profit des seigneurs pariers de Saint-Just-Malmont : archives de la Haute-Loire.

Terrier de Vertamise : cabinet de feu M. le docteur Charreyre, à Yssingeaux.

Terrier de Volhac : archives de la Haute-Loire.

Terrier du Chambou de Blau : cabinet de M. J. Lachenal, à Brioude.

Terrier du chapitre de Saint-Gal de Langeac : Archives nationales, Q¹ˣ 513.

Terrier du doyenné de Brioude : archives de la commune.

Terriers du fordoyenné de Brioude : archives de la commune.

Terrier du mandement de Saussac : cabinet de feu M. le docteur Charreyre, à Yssingeaux.

Terrier du mandement du Monastier : archives de la commune.

Terrier du prieuré de la Vaudieu : cabinet de M. J. Lachenal, à Brioude.

Terrier du prieuré de Prades : cabinet de M. Paul Le Blanc, à Brioude.

Terrier du prieuré de Saint-Blaise de Gensac : archives de la Haute-Loire.

Terrier du prieuré de Saint-Julien-de-Châteauneuf en Boutière : cabinet de feu M. le docteur Charreyre, à Yssingeaux.

Terriers du prieuré de Solignac-sur-Loire : archives de la Haute-Loire.

Titres de Saint-Vidal : archives de la Haute-Loire.

Université Saint-Mayol du Puy. — — Titres : archives de la Haute-Loire.

II. — IMPRIMÉS.

Acta sanctorum. Voir Bolland.

Almanach de la ville de Lyon pour l'année 1767. Lyon, 1767, in-8°,

2ᵉ partie, état par ordre alphabétique des provinces de Lyonnois, Forez et Beaujolois.

Baluze. *Histoire généalogique de la maison d'Auvergne,* 1708, 2 vol. in-fol.

Bernard (A.) et Bruel (A.). *Recueil des chartes de l'abbaye de Cluny*, 1876-1906, 6 vol. in-4°.

Bertrand-Roux. *Description géognostique des environs du Puy-en-Velay*, 1823, in-8°.

Bolland, etc. *Acta sanctorum*, recueil hagiographique dont le premier volume a été publié en 1643, in-fol.

Bouquet (Dom). *Recueil des historiens des Gaules et de la France*, dont le premier volume a paru en 1738, in-fol.

Boyer (Dom Jacques). *Journal de voyage*, publié par M. A. Vernière, 1886, in-8°.

Bruel (A.). *Pouillés des diocèses de Clermont et de Saint-Flour*, publiés dans le tome IV des *Mélanges historiques*, 1882, in-4°.

Calendrier d'Auvergne curieux et utile pour l'an de grâce 1762, in-8°.

Carte administrative du département de la Haute-Loire, dressée par le service des Ponts et Chaussées, 1879-1888, in-fol.

Cartulaire de Brioude. Voir Doniol (H.).

Cartulaire de Chamalières-sur-Loire en Velay. Voir Chassaing (A.) et Jacotin (A.).

Cartulaire de l'abbaye de Saint-Chaffre-du-Monastier. Voir Chevalier (U.).

Cartulaire de Saint-Sauveur-en-Rüe. Voir Charpin-Feugerolles (comte de) et Guigue.

Cartulaire de Sauxillanges. Voir Doniol (H.).

Cartulaire des Hospitaliers du Velay. Voir Chassaing (A.).

Cartulaire des Templiers du Puy-en-Velay. Voir Chassaing (A.).

Cartularium Piperacensis monasterii. Voir Payrard (l'abbé).

Cassini. *Carte de France*, 1744-1788, in-fol.

Charpin-Feugerolles (comte de) et Guigue. *Cartulaire de Saint-Sauveur-en-Rüe*, 1881, in-4°.

Chassaing (A.). *Cartulaire des Hospitaliers du Velay*, 1888, in-8°.

— *Cartulaire des Templiers du Puy-en-Velay*, 1882, in-8°.

— *Spicilegium brivatense*, 1886, in-4°.

Chassaing (A.) et Jacotin (A.). *Cartulaire de Chamalières-sur-Loire en Velay*, 1895, in-8°.

Chevalier (U.). *Cartulaire de l'abbaye de Saint-Chaffre du Monastier*, 1884, in-8°.

Chroniques d'Étienne Médicis, bourgeois du Puy, publiées par M. A. Chassaing, 1869-1874, 2 vol. in-4°.

Coustumes du hault et bas pays d'Auvergne, 1511, in-8°.

Deribier. *Dictionnaire topographique de la Haute-Loire*, 1820, in-8°.

Devic (Dom) et Vaissette (Dom). *Histoire générale de Languedoc;* édition Privat, 1872-1892, 15 vol. in-4°.

Dictionnaire des lieux habités du département de la Haute-Loire. Voir Malégue (H.).

Dictionnaire topographique de la Haute-Loire. Voir Deribier.

Doniol (H.). *Cartulaire de Brioude*, 1863, in-4°.

— *Cartulaire de Sauxillanges*, 1864, in-4°.

Éléments de statistique générale du département de la Haute-Loire. Voir Malégue (H.).

État-Major. *Carte de France*.

Gallia christiana, t. II, 1715, in-fol.

Grégoire de Tours. *Historia Francorum*.

Juenin. *Nouvelle histoire de l'abbaïe royale et collégiale de Saint Filibert et de la ville de Tournus*, 1733, in-4°.

Lascombe (A.). *Répertoire général des hommages de l'évêché du Puy*, 1882, in-8°.

Lecoq (Henri). *Époques géologiques de l'Auvergne*, 1867, 5 vol. in-8°.

Mabillon. *Annales ordinis S. Benedicti*, 1703-1739, 6 vol. in-fol.

Malégue (H.). *Dictionnaire des lieux habités du département de la Haute-Loire*, 2° édit., 1888, in-8°.

— *Éléments de statistique générale du département de la Haute-Loire*, 1872, in-8°.

Mangon de la Lande. *Essais historiques sur les antiquités du département de la Haute-Loire*, 1826, in-8°.

Marrier (Martin) et Duchesne (André). *Bibliotheca cluniacensis*, 1614, in-fol.

Mémoires d'Antoine Jacmon, bourgeois du Puy, publiés par M. A. Chassaing, 1885, in-4°.

Mémoires de Jean Burel, bourgeois du Puy, publiés par M. A. Chassaing, 1875, in-4°.

Notitia provinciarum et civitatum Galliæ, édition Guérard.

Papire Masson. *Descriptio fluminum Galliæ quæ Francia est*, 1618, in-8°.

Payrard (L'abbé). *Cartularium sive terrarium Piperacensis monasterii*, 1875, in-8°.

Pouillés des diocèses de Clermont et de Saint-Flour. Voir Bruel (A.).

Saugrain. *Nouveau dénombrement du royaume*, 1735, in-4°.

Spicilegium brivatense. Voir Chassaing (A.).

Tablettes historiques de la Haute-Loire, 1870-1871, in-8°.

Tablettes historiques du Velay, 1872-1878, 7 vol. in-8°.

Valois (Adrien de). *Notitia Galliarum*, 1675, in-fol.

Vernière (A.). Voir Boyer (Dom Jacques).

EXPLICATION

DES

ABRÉVIATIONS EMPLOYÉES DANS LE DICTIONNAIRE.

---

a. acq.	acquisitions.
adm.	administrative.
affl.	affluent.
anc.	ancien.
ann.	annuaire.
Arch. nat.	archives nationales.
arr. arrond.	arrondissement.
auj.	aujourd'hui.
bibl.	bibliothèque.
Bibl. nat.	bibliothèque nationale.
brev.	bréviaire.
Briv.	Brivatensis.
c.	cote ou carton.
camp.	campagne.
cart.	cartulaire.
cat.	catalogue.
ch.	charte.
chap.	chapelle.
chât.	château.
chr.	christiana.
chron.	chronique.
civ.	civil.
c^{ne}	commune.
col.	colonne.
coll.	collection.
comm^{ie}	commanderie.
c^{on}	canton.
coust.	coustume.
dét. détr.	détruit, détruite.
dict.	dictionnaire.
dioc.	diocèse.
éc.	écart.
éd.	édition.
ét.	état.
év.	évêché.
f.	ferme.
f^o	folio.
fr.	français.
Gall.	Gallia.
gén.	général.
géog.	géographie.
homm.	hommage.
h.	hameau.
hist.	histoire, historique.
hospit.	hospitaliers.
I.	isolé.
ibid	*ibidem.*
id.	*idem.*
instr.	instrumenta.
l.	liasse, après une indication de fonds; lieu, après un nom de lieu.
lat.	latin.
lay.	layette.
lib.	librum.
liv.	livre.
loc.	localité.
mérov.	mérovingien.
mⁱⁿ	moulin.
monn.	monnaie.
mont.	montagne.
ms.	manuscrit.
n.	nouveau, nouvelle.
n°	numéro.
not.	notitia.
n^{re}	notaire.
obit.	obituaire.
p.	page.
parl.	parlement.
plum.	plumitif.
rec.	recueil.
reg.	registre.
riv.	rivière.
r°	recto.
ruiss.	ruisseau.
s.	siècle.
s^{te}	sainte.
spic.	spicilegium.
s^t	saint.
stat.	statistique.
t.	tome.
tabl.	tablettes.
terr.	terrier.
top.	topographie.
trés.	trésor.
tuil.	tuilerie.
v.	vers.
v°	verso.
vill.	village.

DICTIONNAIRE TOPOGRAPHIQUE

DE

LA FRANCE.

DÉPARTEMENT

DE LA HAUTE-LOIRE.

A

ABATTOIR (L'), m. i., cⁿᵉ de Brioude.

ABRESSE (MOULIN-DE-L'), mˡⁿ sur la Voirèze, cⁿᵉ de Blesle.

ABOULIN, h., cⁿᵉ de Saint-Christophe-d'Allier. — *Locus de Abolenco*, 1408 (prieuré d'Alleyras). — *Habolinc*, 1623 (Cl. Peyret, nʳˢ).

ABREUVOIRS (LES), h., cⁿᵉ d'Araules. —*Abreuvoir* (cad.).

ABRIAL, f., cⁿᵉ de Couteuges.

ABRIÈS-BAS, f., cⁿᵉ des Vastres. — *Mansus de Abrigiis Subterioribus*, 1444 (év.). — *Habriès-Bas*, 1674 (ét. civ.).

ABRIÈS-HAUT, h., cⁿᵉ de Fay-le-Froid. — *Villa quæ dicitur Obrigas, in pago Vellaico, mansus de Abrigas*, v. 980 (cart. du Monastier, n° 168). — *Brias*, 1344 (Monastier-Saint-Chaffre). — *Mansus de Abrigiis Superioribus*, 1464 (Ardèche, C. 624). — *Abriges-Hautes*, 1517 (Soc. d'agric., XVIII, 523). —*Abrias*, 1624 (ét. civ.). — *Abriès-Haut*, XVIIIᵉ s. (Cassini).

ACHAT, h., cⁿᵉ d'Espalem. — *Villa Aciag*, XIᵉ s. (cart. de Brioude, ch. 79). — *Apchiat, Apchat*, v. 1730 (terr. d'Espalem). — *Achac*, XVIIIᵉ s. (Cassini).

ACHAUD, vill., cⁿᵉ d'Aubazac. — *Mansus de Champs*, 1460 (Bibl. nat., ms. lat., n. acq., 1222, f° 168 v°).

— *Chaulm, Chaulin*, 1613 (Mercurial). — *Achau*, 1625 (terrier du Chambon de Blau). - -*Lachaud*, 1880 (carte adm.).

ACHON, mont. et h., cⁿᵉ d'Yssingeaux. — *Le suc d'Apchon*, 1635 (terrier de Saussac).

ACHON (L'), ruiss., affl. du Bellecombe, à l'ouest d'Achon, cⁿᵉ d'Yssingeaux. — *Riu Apcho*, 1359 (Rhône, H. 2632).

ADIAC, chât. et vill., cⁿᵉ de Beaulieu. — *Adiac*, v. 1115 (cart. de Chamalières, n° 153). — *Grangia de Adiaco*, 1238 (Gall. christ., II, inst., c. 774). — *Adyacum*, 1342 (coll. César Falcon). — *Adiat*, 1534 (év.).

ADRET (L'), f., cⁿᵉ de Monistrol-d'Allier. — *Mansus dels Adreyts*, 1324 (chartrier du Thiolent).

AFFOULHOT, f., cⁿᵉ des Estables.

AGATS (LES), m. i., cⁿᵉ de Domeyrat.

AGES (LES), f., cⁿᵉ de Saint-Just-près-Brioude.

AGES-BAS (LES), h., cⁿᵉ de Monistrol-sur-Loire.

AGES-HAUTS (LES), h., cⁿᵉ de Monistrol-sur-Loire. — *Agii*, 1431 (év.). — *Acgii*, 1469 (Rivière, nʳˢ). — *Las Aghas*, 1507 (év.). — *Le domaine des Ages*, 1614 (Mᶜᵉ Leblanc, nʳˢ).

AGIZE, l. détr., cⁿᵉ de Retournac. — 1736 (Haute-Loire, B. 49).

Agiers (Les), f., c^{ne} de Montusclat.

Agizoux, vill., c^{ne} de Solignac-sur-Loire. — *Agit-zaus*, 1253 (Rhône, Chantoin, I, 3). — *Ajusos*, 1352 (prieuré de Solignac). — *Agisosc*, 1371 (*idem*). — *Agizos*, 1386 (homm. de Solignac). — *Adjuzos*, 1425 (Rhône, Saint-Jean-la-Chevalerie). — *Gizos*, 1431 (*idem*). — *Azuzos*, 1513 (J. Boyer, n^{re}). — *Agissous*, 1568 (Doleson, n^{re}). — *Aguzoux*, 1570 (Benoît, n^{re}). — *Agisoux*, 1586 (Sigaud, n^{re}).

Agnat, c^{on} d'Auzon. — *Agniac*, xiiie s. (obit. de Br.). — *Aunhac*, 1300 (la Chaise-Dieu, Champagnac-le-Vieux). — *Aignac*, 1379 (compte de B. Flotenc). — *Agnhac, Annhanc*, xive s. (terr. des Grèzes). — *Augnhac*, 1401 (spic. Br.).

En 1789, Agnat faisait partie de la province d'Auvergne, de l'élection et subdélégation de Brioude et du présidial de Riom. Son église paroissiale, diocèse de Saint-Flour et archiprêtré de Brioude, était consacrée à saint Julien; le seigneur temporel présentait à la cure.

Mine de cuivre concédée le 29 nov. 1831.

Agnat (Moulin-d'), mⁱⁿ sur le Cros, c^{ne} d'Agnat.

Agnès (Ravin-des-), affl. de l'Ance, c^{ne} de Saint-Préjet-d'Allier. — *Ravin des Aymes* (cad.).

Agrain, f., c^{ne} de Moudeyres. — *Calma dicta Montes*, 1344 (Monastier). — *Le domaine d'Agrel ou Chamonteilz*, 1688 (Surrel, n^{re}). — *Agreilh*, 1695 (capitation).

Agrain, chât. et mⁱⁿ sur le Pain-Blanc, c^{ne} d'Ouïdes. — *Willelma d'Agren*, 1150 (hôtel-Dieu, B. 297). — *Castrum de Agran*, 1219 (Baluze, mais. d'Auv., II, 86). — *Castrum d'Agrein*, 1226 (*ibid.*, II, 87). — *Dominus de Agrenno sive Agrenio*, 1280 (la Chaise-Dieu, liasse Thoras). — *Castrum de Agreno*, 1327 (prieuré d'Alleyras). — *Castrum de Agrennio*, 1453 (J. Rocher, n^{re}). — *Agrain*, 1506 (Médicis, II, 303). — *Vicaria S. Petri in castro d'Augrein*, 1516 (Arch. nat., G^{8*}, 1, f° 446 v°). — *L'esglise ou chapele de S. Pierre d'Agrein*, 1545 (terrier d'Agrain).

Aguilac, l. détr., c^{ne} de Cubelles. — *Aguillac*, 1259 (Thiolent). — *Casalia de Agulha*, 1301 (*idem*). — *Les bois de l'Agulha*, 1564 (*idem*).

Aguiret, lieu détr., près Chau, c^{ne} de Vorey. — *Aguirellus*, 1172 (cart. de Chamalières, n° 162). — *Mansus d'Agirel*, 1311 (Arch. nat., P. 1399¹, c. 783). — *Mansus de Aguirello*, 1340 (Arch. nat., P. 1397², c. 590). — *Aguiret*, 1490 (*idem*, c. 583).

Aiglet, f., c^{ne} de Saint-Front. — *Aiglet, Aiglinet, Aygluet*, 1344 (Monastier). — *Eyglet*, 1695 (capitation). — *Eygles*, 1888 (Malègue).

Aiglet, rocher, c^{ne} de Saint-Front. — *Lo puey d'Ayglet, succus d'Aygluet, puey d'Eygluet*, 1344 (Monastier-Saint-Chaffre). — *Le ranc las Ayglos ou Aygles*, 1646 (cad. de Bonnefont).

Aiguelle (L'), affl. du Lembron, c^{ne} de Saint-Julien-d'Ance. — *La Vacheresse* (cad.).

Aigue-Morte (L'), affl. de l'Arzon, c^{nes} de Beaune et de Chomelix.

Aigues (Les), h., c^{ne} d'Yssingeaux.

Aigue-Salade (L'), m. i., c^{ne} de Saint-Julien-Chapteuil. — *L'Aigue-Sallade*, 1685 (cad. de Chapteuil-Bas).

Aiguilhe, c^{on} nord-ouest du Puy. — *Aculea*, 1175 (hosp. du Velay). — *Hospitale S. Nicholai de Aculea*, 1212 (hôtel-Dieu, B. 608). — *Acuillia*, 1226 (*ibid.*, B. 131). — *Agulia*, 1227 (*ibid.*, B. 134). — *Eccl. S. Nycholay apud Acculeam*, 1267 (*ibid.*, B. 612). — *Agulea*, 1285 (év.). — *Agulla*, 1298 (*ibid.*, B. 353). — *Castrum de Acu*, 1309 (Arch. nat., P. 1394², cote 110). — *L'Aguille*, 1394 (Arch. nat., X²ᴬ 12, f° 233). — *Aguilhe*, 1506 (Médicis, II, 299). — *Agulhie*, 1524 (*idem*, I, 177). — *Agulhe lez le Puy*, 1598 (Galien, n^{re}). — *Eguille*, 1630 (La Velleyade, 61).

En 1789, Aiguilhe faisait partie de la province du Velay et de la subdélégation et sénéchaussée du Puy, et était un fief du chapitre cathédral de cette ville.

Aiguilhes, m. i., c^{ne} de Laussonne.

Aiguille-Saint-Michel, c^{ne} d'Aiguilhe. — Dyke volcanique surmonté d'une église construite en 965 et dédiée à saint Michel. — *Praealta silex quæ... Acus vocatur*, 962 (Gall. chr., II, 755). — *Rupes B. Michaelis sive Aculeæ*, 1409 (Saint-Mayol). — *Le rocher de Saint-Michel*, 1778 (Faujas de Saint-Fond).

Ailes du Mégal (Les), plateaux boisés, c^{ne} d'Araules. — *Nemus Alarum*, 1370 (év.). — *Nemus de Alis*, 1392 (év.). — *Codercum app. las Alas de Meygal*, 1451 (Pradier, n^{re}).

Ailhac, vill., c^{ne} de la Chomette. — *Alhac*, 1387 (Arch. nat., Z². 4144, p. 167). — *Aliac*, 1459 (Arch. nat., ZZ. 359, p. 14). — *Mansus d'Alhat*, 1463 (*idem*, p. 87). — *Ailhat*, 1612 (terrier de la Vaudieu). — *Alliat*, xviiie s. (Cassini).

Air (L'), vill., c^{ne} d'Auvers. — *Mansus de Lerm*, 1474 (Bibl. nat., lat., n. acq., 1224, f° 74). — *Lermum*, 1505 (Thiolent). — *Lern d'Auvers*, 1588 (terrier d'Auvers). — *L'Herm*, 1620 (Duclaux, n^{re}). — *Lher*, 1750 (terrier des Binières). — *Lair*, 1888 (carte adm.).

Air (L'), écart, cⁿᵉ de Bauzac. — *Ler*, 1780 (ét. civ.).

Air (L'), vill., cⁿᵉ de Boisset. — *Lerp*, 1293 (Arch. nat., P. 491¹, cote 13). — *Lerm*, 1419 (Loire, A. 89, fᵒ 240). — *Lerpm*, 1420 (*idem*, fᵒ 237 vᵒ.) — *L'Air*, xviiiᵉ s. (Cassini). — *L'Herm*, 1820 (Deribier).

Air (L'), vill., cⁿᵉ de Ferrussac. — *Lerm*, 1349 (Arch. nat., Z². 54, p. 59). — *Lermp*, 1367 (*idem*, p. 182). — *Lermum*, 1502 (Arch. nat., Q. 513, fᵒ 132). — *Lair-du-Cros*, xviiiᵉ s. (Cassini). — *Lair*, 1888 (carte adm.).

Air (L'), f., cⁿᵉ de Langeac. — *Lerm*, xvᵉ s. (Bibl. nat., fr., 22297, p. 177). — *Boria seu Metaria de l'Erm*, 1477 (Thiolent).

Air (L'), h., cⁿᵉ de Laval. — *Mansus de Lerm*, 1449 (terrier de Clavelier).

Air (L'), vill., cⁿᵉ de Pébrac. — *Lerm*, v. 1198 (cart. de Pébrac, nᵒ 54). — *Mansus de Lerm*, 1461 (Bibl. nat., lat., n. acq., 1223, fᵒ 3). — *Lerm-de-Pébrac*, 1560 (Thiolent).

Air (L'), f., cⁿᵉ de Saint-Étienne-près-Allègre. — *Lair*, 1888 (carte adm.).

Air (L'), ruiss., affl. de l'Ance, cⁿᵉˢ de Saint-Pal-de-Chalencon et de Saint-Julien-d'Ance.

Air (L'), vill., cⁿᵉ de Siaugues-Saint-Romain. — *Mansus de Lerm*, par. de Selgue, 1461 (Bibl. nat., lat., n. acq., 1222, fᵒ 201 vᵒ). — *Lerm-Jone*, 1568 (Arch. nat., Q. 513, fᵒ 212).

Air (L'), m. i., cⁿᵉ d'Yssingeaux.

Alambre, mont., cⁿᵉ des Estables. — *Alambretum*, xiᵉ s. (cart. du Monastier, nᵒ 28). — *Mons Alambra*, 1263 (Monastier-Saint-Chaffre). — *Nemus d'Alambre*, 1344 (*idem*). — *Alambra*, 1618 (Papire Masson, flum. Galliæ, 3). — *Lambre*, 1644 (Coulon, riv. de France, I, 245). — *L'Ambre*, 1778 (Faujas de Saint-Fond, 362).

Albes-Peyres, l. dét., cⁿᵉ de Saint-Pierre-Duchamp. — *Villa quam nominant Albas Petras in territorio de Malos Yvernatis*, v. 1037 (cart. de Chamalières, nᵒ 218). — *Ad Albas Peiras*, 1213 (*id.*, nᵒ 326).

Albine, h. et mⁱⁿ sur l'Estantolo, cⁿᵉ de Vézézoux.

Albosse, m. i., cⁿᵉ de Chadrac.

Alexis, f., cⁿᵉ de Freycenet-la-Tour.

Aleysson, h., cⁿᵉˢ de Saint-Jeure et de Tence. — *Aleysso*, 1507 (év.). — *Aleisson*, 1693 (ét. civ.).

Alibert, lieu dit, cⁿᵉ de Léotoing. — 1295 (spic. Briv.).

Alibert (Moulin-d'), mⁱⁿ sur le Ram, cⁿᵉ de Beaulieu.

Alibert (Moulin-d'), mⁱⁿ sur le Lavaux, cⁿᵉ de Retournac.

Alicot, lieu dit, cⁿᵉ de Langeac. — 1250 (spic. Briv.).

Aligier (Suc de l'), montic., cⁿᵉ des Estables. — *Al suc de Laligier*, 1263 (Monastier).

Alinhac-Bas, vill., cⁿᵉ d'Yssingeaux. — *Aliniac*, 1262 (év.). — *Lignac*, 1274 (homm. de l'év.). — *Alignac*, 1285 (*idem*). — *Alinhacum*, 1523 (est. gén. d'Yssingeaux). — *Linhiac, Alinhac*, 1600 (Mᶜᵉ Leblanc, nʳᵉ).

Alinhac-Haut, h., cⁿᵉ d'Yssingeaux.

Alixandras, l. dét., cⁿᵉ de Saugues. — *Mansus d'Alixandras*, 1327 (Lozère, G. 98).

Allagnon (L'), riv., prend naissance dans le département du Cantal, entre dans le département de la Haute-Loire par la commune de Grenier-Montgon, arrose les communes de Blesle, Torsiac, Léotoing et Chambezon et se jette dans l'Allier près de Lempdes. — *Ad Ellenionem*, 823 (cart. de Conques, nᵒ 460). — *Aqua d'Alanho*, 1288 (Arch. nat., P. 1376¹, c. 2631). — *La ribeyra d'Alanlhyo*, 1341 (terrier de Charbonnier, fᵒ 143 vᵒ). — *Ripperia d'Ailegnon*, 1372 (Arch. nat., P. 1376¹, c. 2633). — *Alanio*, 1618 (P. Masson, descr. flum. Galliæ, p. 37). — *Le Laignon*, 1644 (L. Coulon, riv. de France, 1ʳᵉ part., p. 265). — *Alagnon*, xviiiᵉ s. (Cassini).

Allagnon (Moulin-d'), mⁱⁿ, cⁿᵉ de Sainte-Florine.

Allard, f., cⁿᵉ de Lempdes.

Allègre, arr. du Puy. — La ville et ses faubourgs s'appelaient Grazac et le château Allègre. — *In pago Vellaico, in vicaria de Vetula Civitate, in loco ubi vocabulum Grazaco*, 946 (cart. de Sauxillanges, ch. 431). — *Graziacum*, v. 1090 (la Chaise-Dieu, Usson). — *Grasac*, 1142 (cart. de Pébrac, ch. 77). — *Gradac*, 1144 (hôtel-Dieu, B. 125). — *Grasacum*, 1164 (Médicis, I, 76). — *Alegre*, v. 1217 (templiers du Puy). — *Fraternitas de S. Agracio apud Alegrium*, 1222 (Estiennot, fragm. hist. Aquit., IV, 169). — *Ecclesia de Grazat*, 1263 (Martène, thes. nov. anecd., I, 1118). — *Alegrium*, 1288 (hôtel-Dieu, B. 342). — *La paroisse d'Aleigre*, 1398 (compte de Berthon Sannadre). — *Allègre*, 1439 (Baluze, mais. d'Auv., II, 147). — *Allegrium*, 1484 (*id.*, II, 230). — *Le lieu de Grazat, faulxbourgs d'Alegre*, 1567 (J. Chalvon, nʳᵉ). — *Alaigre*, 1620 (Odo de Gissey, 118).

En 1789, Allègre dépendait de la province d'Auvergne, de l'élection et subdélégation de Brioude et du présidial de Riom. Son église paroissiale, diocèse du Puy et archiprêtré de Saint-

Paulien, était dédiée à saint Martin; l'évêque en était le collateur.

Dans le château, chapelles consacrées à saint Laurent et à saint Yves.

Allègre était qualifié de seconde baronnie d'Auvergne; les châtellenies de Chomelix-le-Haut, de Combret, des Ignes, de Saint-Just-près-Chomelix (Bellevue-la-Montagne) et de Villeneuve en dépendaient; érection en marquisat du 30 juillet 1576.

Péage supprimé par arrêt du Conseil du 26 octobre 1744.

Allègre (La Foraine-d'), c^{ne} supprimée par ord^{ce} du 1er septembre 1825 et réunie à celle d'Allègre.

Allemance, h., c^{ne} de Beaulieu. — *Allemence*, 1880 (carte adm.).

Allemance, vill., c^{ne} de Félines. — *Alamanciæ*, 1163 (cart. de Chamalières, n° 72). — *Alamansas*, 1275 (spic. Briv.). — *Alamanssiæ*, 1388 (la Chaise-Dieu, doyenné). — *Alamances*, 1583 (*idem*, Connangles). — *Allemansses*, 1669 (Arch. nat., P. 502, cote 109).

Allemances, h., c^{ne} de Chamalières. — *Alemances*, 1549 (Chamblas). — *Allamanses*, 1571 (Cl. Girard, n^{re}).

Allemancette, vill., c^{ne} de Félines. — *Alamansetas*, 1334 (la Chaise-Dieu, Jullianges). — *Allemansites*, 1669 (Arch. nat., P. 502, cote 109).

Allemande (L'), coulée basaltique, à Pranlary, c^{ne} de Taulhac. — *Lo ranc de Prallavi*, 1341 (Saint-Agrève). — *Territorium de Lalamanda*, 1491 (Saint-Agrève).

Allentin, vill., c^{ne} de Vergezac. — *Alenten*, 1316 (Haute-Loire, E.). — *Alanten*, 1335 (J. de Peyre, n^{re}). — *Locus de Alantenio*, 1427 (Rhône, H. 2233 bis). — *Alantelh*, 1480 (Pelisse, n^{re}). — *Allantes*, 1534 (év.). — *Lanten*, 1535 (Chamblas). — *Alantel*, 1573 (A. Boyer, n^{re}). — *Alenteilh*, 1633 (Barret, n^{re}). — *Lantin*, 1851 (carte Giraud).

Alleret, chât. et f., c^{ne} de Saint-Privat-du-Dragon. — *In vicaria de Cantoiole, in villa Alareto*, 970 (cart. de Brioude, ch. 147). — *Aleret*, 1440 (Arch. nat., JJ. 177, n° 14). — *Alaret*, 1470 (la Chaise-Dieu, Saint-Vert). — *Le chasteau d'Alleret*, 1612 (terrier de la Vaudieu).

Alleret (Moulin-d'), mⁱⁿ, c^{ne} de Saint-Privat-du-Dragon.

Alleyrac, c^{on} du Monastier. — 1130 (Saint-Georges du Puy, inv^{re}). — *Villa d'Aleirac*, 1309 (Arch. nat., P. 1398², cote 676). — *Alayrac*, 1327 (Arch. nat., P. 1397², cote 588). — *Alayracum*, 1392 (Arch. nat., P. 1402¹, cote 1208). — *Aleyra-*

cum, 1472 (Saint-Georges du Puy). — *Aleyrac*, 1517 (hôtel-Dieu).

Église érigée en annexe vicariale le 22 mars 1826.

Succursale érigée le 3 juillet 1843.

C^{ne} créée par ord^{ce} du 18 août 1835 et démembrée de celle de Salettes.

Alleyras, c^{on} de Cayres. — *Alairac, ecclesia d'Alairas*, 1253 (prieuré d'Alleyras). — *Alayras*, 1288 (spic. Briv.). — *Villa de Alayraco*, 1327 (prieuré d'Alleyras). — *Parochia de Aleyratio*, 1360 (*idem*). — *Ecclesia B. Martini de Aleyracio*, 1500 (*idem*). — *Le prieur d'Aleiras*, 1506 (Médicis, II, 306). — *Aleras*, 1527 (prieuré d'Alleyras). — *Prioratus regularis S. Martini Aleyrassii*, 1534 (*idem*).

En 1789, Alleyras était compris dans la province du Velay et dans la subdélégation et sénéchaussée du Puy. Son église paroissiale, diocèse du Puy et archiprêtré de Solignac-sur-Loire, était dédiée à saint Martin; le séminaire du Puy, qui présentait à la cure, avait remplacé comme présentateur, postérieurement à l'année 1677, le prieur de la Voûte-Chilhac.

Alliance, h., c^{ne} du Pont-Salomon.

Allier (L'), riv., affl. de la Loire, prend sa source dans la forêt de Mercoire (Lozère), entre dans le département de la Haute-Loire par le Nouveau-Monde, c^{ne} de Saint-Haon, et en sort près de Vézézoux, c^{ne} d'Auzon, après avoir traversé le département du sud-est au nord-ouest. — *Flumen Flavaris* [var. *Elaver*], *quem Elacrem vocitant*, 580 (Greg. Turon., hist. Fr., V, 34). — *Flumen Ilario*, 847 (cart. de Brioude, ch. 190). — *Flumen Elaviv*, 891 (*idem*, ch. 60). — *Elarius*, IXe s. (Bouquet, VI, 635). — *Fluvius Halerii*, 936 (cart. de Brioude, ch. 337). — *Fluvius Elerius*, 962 (*idem*). — *Aleris flumen*, Xe s. (P. Labbe, nov. bibl. ms., II, 419). — *Hylaris flumen*, 1025 (ch. de fond. de la Voûte). — *Fluvius Aleyr*, 1096 (cart. de Sauxillanges, ch. 702). — *Alexis fluvius*, XIe s. (bibl. Cluniac., 1819). — *Fluvius Ilerius*, XIe s. (cart. du Monastier, n° 273). — *Fluvius Hileris*, XIIe s. (rec. hist. de Fr., XII, 53). — *Alerius fluvius*, XIIe s. (*id.*, XII, 316). — *Riba d'Aler*, 1217 (hôtel-Dieu, B. 304). — *Aqua quæ voc. Aliger*, v. 1250 (spic. Briv.). — *Aqua d'Alyer*, 1267 (*idem*). — *Aqua Alerii, aqua Aligeri sive de Eler*, 1278 (la Chaise-Dieu, le Bouchet-Saint-Nicolas). — *Aligerius*, 1284 (Baluze, mais. d'Auv., II, 133). — *Fluvius d'Elier*, 1304 (Thiolent). — *Flumen Elerii sive Eligeris*, 1307 (la Chaise-Dieu, Saint-Privat-d'Allier). — *Fluvius*

Alligeris, 1327 (Baluze, mais. d'Auv., II, 159).
— *Riperia Alierii,* 1344 (J. de Peyre, n°°). — *Le Fluvy d'Alier,* 1428 (Arch. nat., Z². 4150, p. 142). — *Flumen Alligerii,* 1460 (Arch. nat., ZZ. 359, p. 18). — *La rivière d'Aillier,* 1448 (spic. Briv.). — *Elaver,* 1618 (P. Masson, desc. flum. Galliæ, p. 32).

ALLIER (L'), h., cᵉ de Dunières. — *In arce d'Aneria (aice Duneria) et in arce quæ dicitur Aligerio,* v. 1020 (cart. du Monastier, n° 254). — *Locus de Lalier,* 1500 (Rhône, D. 182).

ALLIÈRES (LES), mⁱⁿ sur la Senouire, cᵉ de Mazerat-Aurouze. — *Las Alieyras,* 1433 (la Chaise-Dieu, Mazerat-Aurouze). — *Les Alheres,* 1461 (*idem*). — *Moulin-des-Alières,* xvɪɪɪᵉ s. (Cassini).

ALLIGNON (MOULIN-), mⁱⁿ sur la Dège, cᵉ de Pébrac.

ALLIROLS (LES), écart, cᵉ de Coubon. — *Lous Alirolz,* 1547 (Saviu, n°°). — *Les Eyrolz,* 1607 (Robert, n°°). — *Les Alyrolz,* 1644 (év.). — *Les Allirols,* 1707 (cad. de Bouzols).

ALLOT, f., cᵉ de Frugières-le-Pin. — *Terra d'Alau* (l'impr. porte *Alan*). 1287 (spic. Briv.). — *Mansus d'Alau,* 1295 (Cumignac). — *Allot,* 1670 (Arch. nat., P. 500², cote 104). — *Hallat,* 1869 (Malègue).
Fief mouvant de la baronnie d'Aubusson.

ALLY, cᵒⁿ de la Voûte-Chilhac. — *Aly,* 1307 (J. Lachenal, l'église de Brioude, p. 70). — *Ali,* 1352 (spic. Briv.). — *Alis,* xvɪᵉ s. (pouillé de Saint-Flour, par A. Bruel, p. 231).
En 1789, Ally était compris dans la province d'Auvergne, dans l'élection et subdélégation de Brioude et dans le ressort du présidial de Riom. Son église paroissiale, diocèse de Saint-Flour et archiprêtré de Brioude, était sous l'invocation de la Nativité de la Vierge; le prieur de la Voûte-Chilhac présentait à la cure.
Maison de l'O. de Cluny, relevant du prieur de la Voûte-Chilhac.

ALLY (MOULIN-D'), mⁱⁿ sur la Dège, cᵉ de la Besseyre-Saint-Mary. — *Le Moulin de Fardou,* 1749 (terrier du Besset). — *Moulin d'Aly,* 1855 (état-major).

ALVIER, vill., cᵉ d'Azerat. — *In Brivatensi..., ad Alverio,* v. 1011 (cart. de Brioude, ch. 31). — *Alver,* 1256 (spic. Briv.). — *Alveyr,* 1429 (terr. du doy. de Br.). — *Alvier,* 1439 (la Chaise-Dieu, Azerat). — *Alveir,* 1453 (terr. du ford. de Br.). — *Auvier,* 1471 (Bibl. nat., ms. lat., n. acq., 1224, f° 29). — *Alvier,* 1651 (Vie des SS. d'Auv.). — *Albarius, qui vicus Brivati proximus est,* 1654 (AA. SS., oct., VII, 1120). — *Pagus Alveyrii,*

1654 (*idem*, 1122). — *Alivier,* xvɪɪɪᵉ s. (Cassini). — *Alevier,* 1888 (Malègue).

ALZON (L'), afll. du Panis à Chauvel, cᵉ de Croisance. — *Rivus d'Also,* 1499 (terrier de Thoras). — *Ruiss. de Verreyrolles ou d'Alzon,* 1888 (carte adm.).

AMARGIERS, vill., cᵉ de Landos. — *Terra domus de Boscheto quam tenent Amargerii,* 1256 (Rhône, la Sauvetat, I, 5). — *Amalgerii,* 1311 (cart. de Tence, f° 17). — *Los Amargers,* 1344 (J. de Peyre, n°°). — *Los Amargiers,* 1507 (év.). — *Les Amarziès,* 1820 (Deribier).

AMAVIS, vill., cᵉ d'Yssingeaux. — *Mansus d'Amavis,* 1314 (év.).

AMBERT, vill., cᵉ de Mercœur. — *Villa Amberg,* 1025 (dom Fonteneau, vol. XXVIII). — *Mansus d'Embert,* 1464 (Arch. nat., ZZ. 359, p. 99). — *Ambert,* 1683 (ét. civ.).

AMBLARD, dom., cᵉ de Couteuges. — *Les Amblards,* 1564 (Vals-le-Chastel). — *Emblardz,* 1670 (Arch. nat., P. 499, cote 740). — *Amblart,* xvɪɪɪᵉ s. (Cassini).

AMBRON (L'), riv., prend naissance au nord de la commune de Roche-en-Régnier, arrose les communes de Saint-Pierre-Duchamp et de Saint-Georges-Lagricol et se jette dans l'Ance à Saint-Julien-d'Ance. — *Le Lembron,* 1880 (carte adm.).

AMOUROUX (LES), h., cᵉ de Léotoing. — *Terra quam excolit Johannes Amoros,* 1295 (spic. Briv.).

AMOUSIES (LES), écart, cᵉ de Léotoing. — *Les Amoizis,* xvɪɪɪᵉ s. (Cassini).

AMPILHAC, colline, cᵉ de Langeac. — *Anpilhac,* v. 1250 (spic. Briv.). — *Inpilhac,* 1502 (Arch. nat., Q. 513, p. 169). — *Les forches d'Ampilhac,* 1521 (Arch. nat., Q. 513, p. 226).

AMPILHAC, vill., cᵉ de Vernassal. — *In Capiliaco,* 1025 (spic. Briv.). — *Ampillac,* 1234 (hôtel-Dieu, B. 610). — *Pinlhacum,* 1345 (Saint-Georges de Saint-Paulien). — *Ampilhac,* 1347 (la Chaise-Dieu, Vazeilhes). — *Ampilhacum,* 1477 (prieuré de Polignac).

ANAZAC, vill., cᵉ de Saint-Paulien. — *Anezac,* 1283 (év.). — *D'Anesaco,* 1283 (év.). — *Anazac,* 1285 (Haute-Loire, E.). — *Mansus d'Anasac,* 1301 (hôtel-Dieu, B. 640). — *Nasat,* 1408 (compois du Puy).

ANCE (L'), riv., prend naissance sur la Margeride, cᵉ de la Panouze (Lozère), entre dans le département de la Haute-Loire au sud de Verreyrolles et se jette dans l'Allier à Monistrol-d'Allier, après avoir arrosé les communes de Croisance et de Saint-

Préjet d'Allier. — *Ripeyra d'Ansa*, 1526 (A. Besseyre, n^re).

ANCE (L'), ruiss., prend naissance au sud-est de Farges, c^ne de Siaugues-Saint-Romain, et se jette dans le Javoulx près de la Romanelle. — *Rivus d'Ansa*, 1461 (Bibl. nat., m. lat., n. acq., n° 1222, f° 209 v°). — *Le rif d'Anse*, 1466 (*idem*, n° 1223, f° 272 v°). — *Rivus d'Ance*, 1493 (terrier du Cluzel, f° 113).

ANCE (L'), riv., prend sa source dans les montagnes du Forez, traverse les communes de Saint-Anthème et de Viverols (Puy-de-Dôme), entre dans le département de la Haute-Loire au nord de Pontempeyrat, arrose les communes de Craponne, Saint-Julien-d'Ance, Saint-André-de-Chalencon, Tiranges et Bauzac et se jette dans la Loire au-dessus de Lioriac. — *Ancia*, v. 986 (cart. de Chamalières, n° 109). — *Flumen Ansa*, 1293 (Arch. nat., P. 491¹, c. 13). — *La revière d'Ansse*, 1569 (terrier de Notre-Dame de Chalencon).

ANCE-LA-BLANCHE, h., c^ne de Saint-Préjet-d'Allier. — *Mansus d'Ansa la Major*, 1307 (Lozère, G. 757). — *Ansa Blancha*, 1526 (A. Besseyre, n^re). — *Ance-la-Blanche*, 1623 (Cl. Peyret, n^re).

ANCETTE, vill., c^ne de Bas. — *Anceta*, 1497 (obit. de Bas). — *Anseta*, 1510 (*idem*).

ANCETTE, vill., c^ne de Bas.

ANCETTE, vill., c^ne de Saint-Julien-d'Ance. — *Villa quæ Ancia appellatur*, 958 (cart. de Chamalières, n° 218). — *Anseta*, 1293 (Arch. nat., P. 491¹, cote 13); — 1447 (terrier de Piassac).

ANCETTE (MOULIN-D'), m^in sur l'Ance, c^ne de Saint-Julien-d'Ance.

ANDERES, l. dét., c^ne de Saint-Étienne-Lardeyrol. — 1408 (Chamblas).

ANDRABLE, h., c^ne de Valprivas. — *Andable*, 1213 (cart. de Chamalières, n° 334).

ANDRABLE (L'), ruiss., affl. de la Loire, près du Vert, prend sa source dans le département de la Loire, entre dans celui de la Haute-Loire à l'ouest du Besset et arrose les communes de Valprivas et Bas. — *Riv. d'Andable*, 1540 (terrier de Chalencon).

ANDREUJOLS, vill., c^ne de Saugues. — *Villa d'Androiol*, 1259 (Thiolent). — *Androiols*, 1294 (*idem*). — *Andrueiol*, 1327 (Lozère, G. 98). — *Andreughol*, 1458 (Bibl. nat., m. lat., n. acq., 1222, f° 64). — *Andregoli*, 1527 (A. Besseyre, n^re). — *Andrejouls*, 1528 (Thiolent). — *Andreuge*, 1888 (carte adm.). — *Andruejols*, 1888 (Malègue).

ANDRILLON, écart, c^ne de Grazac.

ANDRIOL, f., c^ne de Fay-le-Froid.

ANDRUEJOLET, h., c^ne de Saugues. — *Mansus de Andruiolet*, 1291 (Thiolent). — *Andrugolet*, 1327 (Lozère, G. 98). — *Andrejuolets*, 1377 (tabl. du Velay, 1876-77, 300). — *Androgeletz*, 1527 (A. Besseyre, n^re).

ANGELANE, vill., c^ne de Lorlange. — *Anghalane*, 1493 (terrier de Blesle).

ANGELARD, vill., c^ne de Malvalette. — *Angelars*, 1317 (Arch. nat., P. 1400³, cote 990). — *Engelard* (cad.).

ANGELBAUD, m. i., c^ne de Laussone. — *Engelbaud* (cad.).

ANGLADE (L'), h., c^ne de Cubelles. — *Mansus de Anglada*, 1291 (Thiolent). — *Anglata*, 1464 (Bibl. nat., lat., n. acq., 1223, f° 184 v°). — *Langlada*, 1475 (*idem*, 1224, f° 80 v°). — *Langlade*, 1888 (carte adm.).

ANGLARD, vill., c^ne d'Alleyras. — *Anglars*, 1253 (prieuré d'Alleyras). — *Los Anglars*, 1256 (Thiolent). — *Locus de Anglaris*, 1528 (A. Besseyre, n^re).

ANGLARD, vill., c^ne de Chavagnac-Lafayette. — *Mansus d'Anglars*, 1431 (la Chaise-Dieu, Mazerat-Au rouze). — *Los Anglars*, 1490 (terrier du Cluzel).

ANGLARD, h., c^ne de Venteuges. — *Mansus d'Anglars*, xiie s. (cart. de Pébrac, n° 46²⁸); — 1466 (Bibl. nat., n. acq., 1223, f° 82).

ANGLARS (LES), l. dét., c^ne de Chanaleilles. — *Mansus dels Englars*, 1274 (Lozère, G. 99).

ANGLES (LES), h., c^ne de Saint-Christophe-d'Allier. — *Locus de Angulis*, 1457 (J. Rocher, n^re).

ANJANAIRE (L'), ruiss., affl. de l'Ance à la limite des communes de Solignac-sous-Roche et de Retournac.

ANTERIF, écart, c^ne de Laval. — *Mansus de Anterivest*, 1307 (la Chaise-Dieu, Saint-Vert). — *Mansus de Anterius*, 1322 (*ibid.*). — *Entérif*, 1888 (carte adm.). — *Entérisse*, 1888 (Malègue).

ANTIGNAC, l. dét., c^ne de Saint-Préjet-d'Allier. — *Territorium app. d'Antinhac*, 1499 (Thiolent).

ANTONE (CAMP D'), c^ne de Salettes. — *Ruine d'Antone*, xviiie s. (Cassini). Plateau et vestiges d'antiquités romaines.

ANTONIANES, vill., c^ne de Monistrol-sur-Loire. — 1285 (homm. de l'év.). — *Domus Sancti Antonii*, 1309 (év.). — *Antonana*, 1326 (év.). — *Anthonianas*, 1431 (év.). — *Anthonyanas*, 1507 (év.). — *Antouniannes*, xviiie s. (Cassini). — *Antonianne*, 1888 (Malègue).

ANTREUIL, vill., c^ne de Craponne-sur-Arzon. — *Locus d'Antreulx*, 1447 (terrier de Piassac). — *An-*

treulz, 1548 (P. Gallien, n^{re}). — *Entreux*, 1695 (capitation). — *Antreux*, 1745 (Haute-Loire, B. 58).

Antreuil, écart, c^{ne} d'Yssingeaux. — *Molendinum de Antrolio*, 1359 (Rhône, H. 2632). — *Antrolhium*, *Antruls*, 1441 (Rhône, Bessamorel). — *Antrollyum*, 1447 (*ibid.*).

Anviac, vill., c^{ne} de Saint-Paulien. — *Anveac*, 1263 (Martène, thes. nov. anecd., I, 1116). — *Amreyac*, 1301 (hôtel-Dieu, B. 640). — *Anviac*, 1625 (Brunel, n^{re}).

Aoust (Moulin-d'), m^{in} sur le Javoulx, c^{ne} de Saint-Arcons-d'Allier.

Apilhac, vill., c^{ne} d'Yssingeaux. — *Apillac*, 1028 (cart. de Chamalières, ch. 48). — *Villa quæ vocatur Appiliacs*, v. 1100 (cart. de Cluny, ch. 3792, I). — *Appilliacs*, v. 1100 (*idem*, ch. 3792, II). — *Ecclesia de Apilias*, *S. Martinus de Apilliac*, v. 1100 (*idem*, ch. 3792, IV). — *Apilac*, v. 1100 (*idem*, ch. 3792, XIII). — *Apiliacum*, v. 1100 (*idem*, ch. 3896). — *Apyliac*, 1303 (prieuré de Grazac). — *Appilhacum*, 1343 (tabl. du Velay, 1870-71, p. 103). — *Molendinum d'Apilhac*, 1359 (Rhône, H. 2632). — *Apilhat*, 1383 (év.).

Araby, h., c^{ne} de Saint-Préjet-d'Allier. — *Ansa d'Arbo*, 1274 (Lozère, G. 99). — *Ance-d'Arbon*, 1589 (Thiolent).

Araules, c^{on} d'Yssingeaux. — *Aradulas*, 1366 (la Chaise-Dieu, sacristain). — *Auraulas*, 1380 (*idem*). — *Aradulæ*, 1390 (év.). — *Le lieu d'Aroles*, 1454 (Arch. nat., JJ. 182, n° 56, p. 34). — *Eraules*, 1616 (Duclaux, n^{re}). — *Prior S. Marcellini d'Araules*, 1708 (Gall. christ., II, col. 746).

En 1789, Araules faisait partie de la province du Velay et de la subdélégation et sénéchaussée du Puy. Son église paroissiale, diocèse du Puy et archiprêtré de Monistrol-sur-Loire, était sous le vocable de Notre-Dame; le prieur présentait à la cure.

Arboulet (L'), f., c^{ne} de la Chapelle-Bertin. — *Larboutel*, XVIIIe s. (Cassini). — *Larboulet*, 1888 (carte adm.).

Arbousset (L'), rocher et m. de camp., c^{ne} d'Espaly-Saint-Marcel. — *Arbotsel*, v. 1180 (hôtel-Dieu). — *Arbocel*, 1258 (Saint-Agrève). — *Rupes d'Arbosel*, 1331 (Saint-Mayol). — *L'Arbousset*, 1824 (Deribier, stat.). — *Larbousset*, 1888 (Malègue).

Arbre (L'), f., c^{ne} de Chanteuges. — *Mansus de Arbore*, 1396 (la Chaise-Dieu, Chanteuges) —

Mansus de l'Arbre, 1459 (Bibl. nat., lat., n. acq., 1222, f° 104).

Arbre (L'), vill., c^{ne} de la Chapelle-Bertin. — *Mansus del Arbre*, 1465 (la Chaise-Dieu, Mazerat-Aurouze). — *L'Abre*, 1548 (P. Gallien, n^{re}).

Arbre (L'), f., c^{ne} de Montusclat. — *Locus de Arbore, par. S. Frontonis*, 1533 (Dompnin, n^{re}). — *L'Arbre*, 1546 (Savin, n^{re}). — *L'Abre*, 1696 (cad. de Montusclat).

Arbre (L'), l. dét., c^{ne} de Saint-Haon. — *Mansus del Arbre*, 1278 (la Chaise-Dieu, Bouchet-Saint-Nicolas).

Arbre (L'), loc. dét., près Courteuge, c^{ne} de Saint-Just-près-Brioude. — *Villa quæ dicitur Arborenc*, v. 1000 (cart. de Brioude, ch. 138). — *Arbor*, 1161 (spic. Briv.). — *L'Arboret*, 1322 (coll. P. Le Blanc). — *Mansus del Abre*, 1429 (terrier du doy. de Br.). — *Le Mas-de-l'Arbre*, 1553 (*idem*).

Arbre (L'), l. dét., près Ceyssagnet, c^{ne} de la Voûte-sur-Loire. — *La borie de l'Arbre*, 1532 (Haute-Loire, E.).

Arbre-de-Claudettes (L'), c^{ne} de Beaulieu.

Arbre-de-Courant, signal, c^{ne} de Chamalières.

Arbre-de-la-Sise, mont. et signal, c^{ne} de Laval.

Arbre-de-Maigret (L'), c^{ne} de Saint-Éble. — *L'Abre app. de Maigret*, 1352 (homm. de Vissac).

Arbre-de-Montroux (L'), c^{ne} de Saint-Préjet-d'Allier. — *Arbor de Monte Rogi*, 1327 (Lozère, G. 98). — *Arbor de Montroz*, 1377 (Thiolent).

Arbre-des-Ouveyres (L'), c^{ne} de Lantriac.

Arbre-Redon (L'), bois, c^{ne} de Pinols.

Arbres (Les), vill., c^{ne} de Monlet. — *Lous Abres*, 1585 (Johany, n^{re}).

Arbres (Les), h., c^{ne} de Saint-Just-Malmont.

Arbre-Saint-Jacques, c^{ne} du Puy. — 1230 (inv^{re} de Saint-Mayol). — *Arbor app. de Sancto Jacobo*, 1358 (chap. N.-D.). — *L'Arbre-Saint-Jacme*, XVIe s. (Médicis, II, 11).

Arbre-Saint-Vosy (L'), près Bellevue, c^{ne} du Puy. — *Ad arborem S. Evodii*, 1250 (Saint-Agrève).

Arcelet, h., c^{ne} du Chambon. — *Honor d'Arcellet*, v. 1172 (hospitaliers du Velay). — *Grangia d'Arcelet*, 1296 (*idem*).

Archaud, vill., c^{ne} de Vergezac. — *Archauls*, 1256 (év.). — *Mansus d'Archalm*, 1316 (Haute-Loire, E.). — *Archaulm*, 1535 (Chamblas). — *Archamp*, 1573 (A. Boyer, n^{re}).

Archer (Scie-de-l'), scierie sur le Veyron, c^{ne} de Saint-Julien-Molhesabate.

Archère (L'), affl. de l'Allier au nord-ouest de Cissac, c^{ne} de Saint-Ilpize.

Archinaud, vill., cne de Chadron. — *Archinauc*, 1346 (Haute-Loire, E.). — *Archinaut*, 1389 (plumit. de Bouzols). — *Archinault*, 1547 (Chaulet, nre). — *Archinaud*, 1561 (Savin, nre).

Ancis, chât., cne de Rosières. — *Château d'Espoutus*, xviiie s. (Cassini).

Arcis (Les), vill., cne de Vielprat. — *In Arcis*, 1310 (la Chaise-Dieu, Saint-Paul-de-Tartas). — *Locus de Arciis*, 1484 (Arcis, nre).

Ancisses (Les), f., cne du Chambon. — *Larcisse*, 1888 (Malègue).

Ardaillon, m. i., cne de Tiranges.

Ardemais, h., cne du Pertuis.

Ardemès, mont., cne de Bessamorel. — *Ardeinere*, 1878 (carte adm.).

Ardenne, mont. près Orzilhac, cne de Coubon. — *Ardena*, 1518 (terrier de Coubladour). — *Le suc de las Fourches d'Ardenne*, 1707 (cad. de Bouzols).

Ardenne, montic., cne de Pradelles. — *Campus de Ardena*, 1402 (Arch. nat., P. 1399¹, cote 751). — *Ardenne*, 1778 (Faujas de Saint-Fond, 379).

Ardenne, mont., cne de Saint-Front. — *Mansus ad Alpem, juxta ecclesiam Sancti Frontonis*, 1039 (cart. du Monastier, n° 229). — *Le Serre d'Ardenne*, 1869 (Malègue).

Ardennes, écart, cne de Malrevers. — *Ardena*, 1342 (coll. César Falcon). — *Lardene*, 1573 (A. Boyer, nre).

Ardennes (Les), m. i., cne de Chanteuges.

Ardennes (Les), vill., cne de Saint-Julien-Chapteuil.

Ardonèze, écart, cne de Vorey. — *In garayto d'Ardonessa*, 1333 (Arch. nat., P. 494¹, cote 16). — *Ardonesse*, 1888 (Malègue).

Arduy, h., cne d'Yssingeaux. — 1343 (homm. de l'év.).

Aneste, h., cnes de Sainte-Florine et de Vézézoux. — *Irestes*, 1888 (Malègue).

Anestel, m. i., cne de Vergongheon.

Arfeuille, vill., cne de la Chaise-Dieu. — *Arfolha*, 1323 (la Chaise-Dieu, Connangles). — *Aurifolium*, 1343 (ibid., Belluc). — *Auriffoleum*, 1389 (ibid., la Chapelle-Geneste). — *Arfeulhie*, 1615 (ibid.).

Argentière (L'), h., cne de Freycenet-Lacuche. — *Fons Argenteria*, 1224 (chartreuse de Bonnefoy). — *Mansus de Fonte Argenteira*, 1528 (cad. du Monastier). — *Foant Argenteyra*, 1571 (Nicolas, nre). — *L'Argenteyre*, 1638 (Demans, nre). — *L'Argentière*, 1695 (capitation).

Argentières, vill., cne de Beaune. — *Argenterias*, 1286 (Arch. nat., P. 1397², cote 560). — *Mansus d'Argenteyras*, 1311 (Arch. nat., P. 1398¹, cote 650). — *Argenteyres*, 1571 (A. Boyer, nre). — *Argentayres*, 1695 (capitation).

Argentières (Moulin-d'), mⁱⁿ sur l'Arzon, cne de Beaune.

Argentoleyres, l. dét., cne de Saint-Jeure. — *Argentoleyras*, 1343 (J. de Peyre, nre). — *Argentoulleyras*, 1548 (Rhône, H. 2634).

Arlempdes, chât. ruiné, con de Pradelles. — *Arlemde*, 1215 (templiers du Puy). — *Harnempde*, 1248 (Baluze, mais. d'Auv., II, 87; Martène, vet. script., I, 1302). — *Arlempde*, 1259 (Monastier). — *Castrum Arllempdii*, 1267 (Médicis, I, 80). — *Arnempde*, 1299 (cart. de Mazan, f° 89). — *Capella B. Jacobi castri d'Arlempde*, 1320 (J. de Peyre, nre). — *Castrum de Arlempdiaco*, 1327 (hospit. du Velay). — *Arlende*, 1342 (J. de Peyre, nre). — *Arlemdi*, 1347 (hospit. du Velay). — *Locus Arlendi*, 1403 (Baluze, mais. d'Auv., II, 612). — *Ecclesia S. Petri de Arlempdio*, 1463 (V. Chauvin, nre). — *Arlande*, 1778 (Faujas de Saint-Fond, 58a).

En 1789, Arlempdes dépendait du Vivarais et du bailliage de Villeneuve-de-Berg. Son église paroissiale, diocèse de Viviers et archiprêtré de Sablières, était sous le vocable de saint Pierre.

Arlet, con de la Voûte-Chilhac. — *Arlate Vico*, viie s., triens mérovingien, dont l'attribution ne repose que sur l'analogie du nom. — *Arlet*, v. 1260 (Arch. nat., J. 1031, n° 2). — *Ecclesia B. Petri Arleti*, 1367 (Arch. nat., Z². 54, p. 182). — *Arret*, 1464 (Bibl. nat., ms. fr., 11491, f° 365).

Avant 1789, Arlet faisait partie de la province d'Auvergne, de l'élection de Brioude, de la subdélégation de Langeac et du présidial de Riom. Son église paroissiale, diocèse de Saint-Flour et archiprêtré de Langeac, était dédiée à saint Pierre; l'abbé de la Chaise-Dieu présentait à la cure.

Église érigée en succursale le 12 mars 1826.

Armand, h., cne de Montclard.

Armand (Moulin-d'), mⁱⁿ sur le Vourzac, cne de Sanssac-l'Église.

Armandon, h., cne de Saint-Préjet-Armandon. — 1516 (Vals-le-Chastel).

Armenauds, h., cne de Lantriac. — *Hermenaud*, 1528 (Lardeyrol). — *Armenault*, 1541 (Savin, nre). — *Herme-Hault*, 1707 (cad. de Bouzols).

Arnaud, écart, cne d'Yssingeaux.

Arnaud (Moulin-), mⁱⁿ sur le Ramel, cne de Bessamorel.

Arnauds (Les), h., cne de Beaulieu. — *Lous Arnaultz*,

1474 (Pratlavi, nᵉ). — *Lous Arnaudz,* 1571
(A. Boyer, nʳᵉ).

Arnauds (Les), vill., cⁿᵉ de Tiranges. — *Arnaud,*
1879 (carte adm.).

Arnissac, vill., cⁿᵉ d'Araules. — *Arnassac,* 1314
(év.). — *Arnhassac,* 1314 (év.). — *Arnissacum,*
1481 (Pelisse, nʳᵉ). — *Arnissac,* 1507 (év.).

Arnould, loc. dét., cⁿᵉ de Charraix. — *Mansus d'Ar-*
nolti, 1351 (Thiolent). — *Arnolt,* 1456 (Bibl.
nat., lat., n. acq., 1222, f° 37 v°).

Arnous (Les), h., cⁿᵉ de Grazac.

Arnoux, vill., cⁿᵉ de Beaux. — *Villa de Arnosc,*
v. 1158 (cart. de Chamalières, n° 70). — *Arnos,*
1271 (év.). — *Arnoc,* 1507 (év.). — *Arnouc,*
1605 (Barry, nʳᵉ).

Arquejols, vill., cⁿᵉ de Rauret. — *Arcogiæ,* 1456
(la Chaise-Dieu, Saint-Paul-de-Tartas). — *Ar-*
queujas, 1507. — *Arcojas,* 1511 (Maurin, nʳᵉ).

Arquejols (L'), affl. de l'Allier, cⁿᵉˢ de Saint-Paul-
de-Tartas et de Saint-Étienne-du-Vigan.

Arsac, vill., cⁿᵉ de Chaudeyrolles. — *In villa quæ*
dicitur Arsiaco, in arce (aice) Soltronense, v. 860
(cart. du Monastier, n° 71). — *Mansus de Arssaco,*
Arssat, 1464 (Ardèche, C. 624). — *Arsac,* 1616
(ét. civ.).

Arsac, vill., cⁿᵉ de Coubon. — *In villa Arciaco, quæ*
est in pago Vellaico, v. 987 (cart. du Monastier,
n° 149). — *Arssac,* 1346 (Haute-Loire, E.). —
Arsacum, 1389 (plumit. de Bouzols).

Arsac, vill., cⁿᵉ de Saint-Jean-Lachalm. — *Aorsa-*
cum, 1226 (Saint-Agrève). — *Apzac,* 1408
(compois du Puy). — *Mansus de Absac,* 1425
(J. Rocher, nʳᵉ). — *Abzacum,* 1482 (Rhône,
H. 2749). — *Locus de Apsaco,* 1527 (A. Besseyre, nʳᵉ).

Arsac, h., cⁿᵉ d'Yssingeaux.

Arsac (Moulin-d'), cⁿᵉ de Saint-Jean-Lachalm.

Artaud, f., cⁿᵉ de Bauzac. — *Artaut,* 1553 (ress. de
Montfaucon).

Artaud, h., cⁿᵉ du Monastier. — *Artault,* 1547
(Chaulet, nʳᵉ). — *Arthaud,* 1621 (André, nʳᵉ).

Artaud, h., cⁿᵉ de Tence. — *Artaut,* 1693 (ét. civ.).

Artias, chât. ruiné et vill., cⁿᵉ de Retournac. —
Artigiæ, v. 1040 (cart. de Chamalières, n° 221).
— *Articas,* v. 1040 (*idem,* n° 223). — *Castrum*
d'Artias, 1254 (Arch. nat., P. 1398³, cote 738).
— *Artizias,* 1266 (Arch. nat., P. 1397³, cote 597).
— *Ecclesia B. Dyonisii d'Artias,* 1279 (Arch. nat.,
P. 1399², cote 814). — *Castrum d'Artis,* 1318
(Arch. nat., P. 494¹, cote 12). — *Artigas,* 1321
(Arch. nat., P 494¹, cote 23). — *Artyas,* 1335
(Arch. nat., P. 1398¹, cote 657).—*Arthias,* 1383

(Rhône, E. 9). — *Vicaria cappellæ d'Artiers,*
membrum et subjecta ecclesiæ parrochiali de Retor-
naco, 1405 (Arch. nat., P. 1399¹, cote 761). —
Arties, 1476 (Arch. nat., P. 1399¹, cote 792).—
Artiac, 1878 (carte adm.).

Artiges, h., cⁿᵉ de Saint-Just-près-Brioude. — *Artiga*
ou *Artijas,* 1281 (J. Lachenal, l'égl. de Br., p. 38
et 44). — *Artigas,* 1339 (Bibl. nat., lat. 14877,
p. 189). — *Mansus d'Artighas,* 1429 (terrier du
doy. de Br.).

Artillère (Moulin-de-l'), mⁱⁿ sur la Dore, cⁿᵉ de
Malvières.

Artites, vill., cⁿᵉ de Retournac. — *Villa de Artigetas,*
v. 1016 (cart. de Chamalières, n° 282). — *Villa*
de Artietas, v. 1021 (*idem,* n° 283). — *Artigietas,*
XIIᵉ s. (*idem,* n° 144). — *Arthietas,* XIIᵉ s. (*idem,*
n° 173). — *Artytas,* 1335 (Arch. nat., P. 1398¹,
cote 657). — *Artitiæ,* 1398 (Arch. nat., P. 1397³,
cote 615). — *Artites,* 1490 (Arch. nat., P. 1397³,
cote 583). — *Artitte,* 1878 (carte adm.).

Artucs, écart, cⁿᵉ de Malrevers. — *Boria d'Artut,*
1391 (év.). — *Artuc,* 1555 (cad. de Mercœur). —
Artus, 1598 (Gallien, nʳᵉ).

Artus, m. i., cⁿᵉ de Beaulieu.

Arvant, gare, cⁿᵉ de Vergongheon.

Arvant, vill., cⁿᵉ de Bournoncle-la-Roche.

Arzac, vill., cⁿᵉ de Saint-Pierre-Duchamp. — *Villa de*
Arciaco, 947 (cart. de Chamalières, n° 226). —
Arssac, 1265 (Arch. nat., P. 494¹, cote 36). —
Arsac, 1318 (Arch. nat., P. 494¹, cote 12). —
Arsacus, 1406 (terrier du Bois).

Arzalier (L'), loc. dét., cⁿᵉ de Prades. — *Mansus de*
Larzalier, 1499 (Thiolent).

Arzalier (L'), loc. dét., près Auriac, cⁿᵉ de Saint-
Front. — *Terra de Manso de Arzilerio quæ tenetur*
ab abbate Mansiadæ, 1359 (Rhône, H. 2632).

Arzalier (L'), h., cⁿᵉ de Saint-Julien-du-Pinet. —
Arzilarium, 1021 (cart. de Chamalières, n° 58).
— *Larziller,* 1300 (év.). — *Larzilher,* 1314 (év.).
— *Larzalier,* 1888 (Malègue).

Arzilhac, vill., cⁿᵉ de Beaux. — *Arzilhac,* 1271 (év.).
— *Mansus d'Arsilhac,* 1314 (év.). — *Arsilhacum,*
1382 (év.).

Arzon, chât. ruiné et vill., cⁿᵉ de Chomelix. —
Arusum, Aursum, 1096 (cart. de Chamalières,
n° 210). — *Castrum de Arzo,* 1212 (lay. du
Trés. des ch., I, 105). — *Castrum de Arzonio,*
1267 (Médicis, I, 79). — *Aragon,* 1314 (Arch.
nat., P. 1398³, cote 708). — *Molendinum de*
Arsone, 1373 (év.).

Ancienne chapelle dédiée à saint Julien de
Brioude.

Village distrait, par loi du 18 avril 1867, de la commune de Saint-Pierre-Duchamp et uni à celle de Chomelix.

Arzon (L'), riv., prend sa source dans les bois de Viviers, c^{ne} de Médeyrolles (Puy-de-Dôme), entre dans le département de la Haute-Loire à l'est de Chomat et se jette dans la Loire à Vorey, après avoir arrosé les communes de Saint-Jean-d'Aubrigoux, Craponne-sur-Arzon, Beaune, Chomelix, Saint-Pierre-Duchamp et Bellevue-la-Montagne. — *Aqua d'Arzo*, 1311 (Arch. nat., P. 1398[1], c. 650). — *Aqua d'Arso*, 1404 (terrier de Chomelix). — *Riperia d'Arson*, 1461 (Arch. nat., ZZ. 359, p. 35).

Arzon-Bas, mⁱⁿ sur le Pradal, c^{ne} de Villeneuve-d'Allier.

Arzon-du-Milieu, scierie, c^{ne} de Villeneuve-d'Allier.

Arzon-Haut, mⁱⁿ sur le Pradal, c^{ne} de Villeneuve-d'Allier.

Astier, f., c^{ne} du Chambon.

Astiers (Les), dom., c^{ne} d'Allègre. — *Les Astien*, 1888 (carte adm.).

Astiers (Les), écart, c^{ne} de Connangles. — *Loz Astiers*, 1570 (J. Chalvon, n^{re}).

Astiers (Les), vill., c^{ne} de Laussonne. — *Locus doux Astiers*, 1528 (cad. du Monastier). — *Astier*, 1888 (Malègue).

Astiers (Moulin-des-), mⁱⁿ sur la Borne occidentale, c^{ne} d'Allègre.

Astorgs (Les), l. détr., c^{ne} de Chomelix. — *Mansus doux Astorgues*, 1404 (terrier de Chomelix). — *Los Astors*, 1551 (P. Gallien, n^{re}).

Astur, l. dét., c^{ne} de Saint-Georges-d'Aurac. — *Le lieu d'Astur, par. de Flaghac*, 1455 (la Chaise-Dieu, Mazerat-la-Brequeuille).

Ateliers (Les), m. i., c^{ne} de Mazerat-Aurouze.

Aubagnat, vill., c^{ne} de Frugières-le-Pin. — *Albaniaco* (cart. de Brioude, tabl., clxxvii). — *Albaignat*, 1328 (Vals-le-Chastel). — *Albagnat*, 1669 (spic. Briv.). — *Aubagnac*, 1888 (carte adm.).

Aubaigne (L'), ruiss., prend sa source dans la commune de Rozier (Loire), entre dans le département de la Haute-Loire au nord de Lavoux et se jette dans la Loire au-dessus de Lestagies, c^{ne} de Bas. — *Rir. dou Baygua*, 1511 (obit. de Bas).

Aubaron, chât. et f., c^{ne} de Fix-Saint-Geneys. — *Albaro, par. Sancti Juliani de Finis*, 1458 (Bibl. nat., ms. lat., n. acq., n° 1222, f° 89).

Aubaron (Moulin-d'), mⁱⁿ sur le Javoulx, c^{ne} de Fix-Saint-Geneys.

Aubazac, c^{on} de la Voûte-Chilhac. — *Parochia d'Obazac*, 1338 (spic. Briv.). — *Oubazac*,

Oubbazac, Otbazac, 1379 (compte de Bertrand Flotenc). — *Aubouzat*, 1401 (spic. Briv.). — *Parochia de Albazaco*, 1460 (Bibl. nat., ms. lat., n. acq., 1222, f° 168 v°). — *Aubaziacum*, 1467 (Bibl. nat., ms. lat., n. acq., 1223, f° 319 v°). — *Prior de Obrazaco*, xvie s. (Pouillé de Saint-Flour, par A. Bruel).

En 1789, Aubazat faisait partie de la province d'Auvergne, de l'élection de Brioude, de la subdélégation de Langeac et du présidial de Riom. Son église paroissiale, diocèse de Saint-Flour et archiprêtré de Langeac, était sous le vocable de saint Préjet; le prieur de la Voûte-Chilhac présentait à la cure.

Prieuré de l'O. de Cluny, relevant du prieuré de la Voûte-Chilhac.

Aubazac (Moulin-d'), mⁱⁿ sur la Virlange, c^{ne} d'Esplantas.

Aubazaguet, vill. et mⁱⁿ sur la Cronce, c^{ne} d'Aubazac.

Aube (L'), f., c^{ne} de Saint-Just-Malmont.

Aubenas? (Les), l. détr., c^{ne} des Estables. — *Mansus delz Albennas qui est in territorio delz Estables*, 1229 (Bonnefoy).

Aubenas, chât. et f., c^{ne} de Taillhac. — *Mansus d'Albenaz*, 1486 (terrier de Taillhac). — *Albenas*, 1505 (Thiolent).

Aubènes (Les), f., c^{ne} de Saint-Georges-d'Aurac. — *Las Albenas*, 1379 (Arch. nat., Z². 4143, p. 26). — *Las Albenes*, 1455 (la Chaise-Dieu, Mazerat-la-Brequeille). — *Les Aubeines*, xviiie (Cassini). — *Les Aubennes*, 1888 (Malègue).

Aubépin (L'), f., c^{ne} de Moudeyres. — *Mansus qui dicitur Albespino*, v. 1030 (cart. du Monastier, n° 227). — *L'Albespi*, 1344 (Monastier).

Aubépin (L'), mine de lignite, c^{ne} de Saint-Front.

Aubépin (L'), affl. de la Gagne, c^{nes} de Saint-Front et de Lantriac. — *Ruisseau des Vaux* (cad.).

Aubépin (Moulin-de-l'), mⁱⁿ sur l'Aubépin, c^{ne} de Moudeyres.

Aubépine (L'), h., c^{ne} de Saint-Just-Malmont. — *Albepinetum*, 1324 (mém. de la Diana, VII, 254).

Aubérat, vill., c^{ne} de Saint-Privat-du-Dragon. — *Johannes Ramont alias Aulberas*, 1466 (Arch. nat., ZZ. 359, p. 101). — *Auberas*, 1625 (terrier du Chambon de Blau).

Aubeyrac, h., c^{ne} de Blesle. — *Albeyrac*, 1493 (terrier de Blesle).

Aubiat, dom., c^{ne} de Langeac. — *Albiac*, 1486 (terrier de Taillhac).

Aubignac, vill., c^{ne} de Bellevue-la-Montagne. —

Albinac, 1252 (templiers du Puy). — *Albiniac*, 1263 (Martène, thes. nov. anecd., I, 1119). — *Dal Byniac*, 1263 (hôtel-Dieu, B. 615). — *Del Binhac*, 1355 (terrier de Pons Ravoux). —*Aubun-hacum*, 1482 (J. Boyer, nʳᵉ). — *Albinhat*, 1550 (P. Gallien, nʳᵉ). — *Aubigniat*, 1616 (Rhône, H. 2153, fᵒ 968). — *Aubigna*, xviiiᵉ s. (Cassini).

Aubignac, vill., cⁿᵉ de Monlet. — *Albinhacum*, 1482 (Pelisse, nʳᵉ). — *Aubinhac, Aulbiniat*, 1573 (communic. de M. E. Grellet de la Deyte). — *Aubignac*, xviiiᵉ s. (Cassini).

Aubignac, l. dét., cⁿᵉ de Rauret. — *Albignac*, 1296 (homm. de l'év.). — *Albinhac*, 1507 (év.). —*Aubiniat*, 1668 (ét. civ.).

Aqueduc et débris romains.

Fief vassal de l'évêché du Puy.

Aubournac, h., cⁿᵉ de Céaux-d'Allègre.— *Oubournas*, 1672 (communic. de M. E. Grellet de la Deyte). — *Aubornac*, 1698 (Rochette, nʳᵉ).

Aubusson, chât. dét. et vill., cⁿᵉ de Mazerat-Aurouze. — *Ecclesia de Albucio*, 1078 (spic. Briv.). — *Castellum de Albutione*, 1091 (idem). — *Dominium d'Albusson*, v. 1250 (idem). — *Albuso*, 1293 (idem). — *Castellania de Albussonio*, 1366 (Baluze, mais. d'Auv., II, 345). — *La chapelle Sainct-Jehan d'Albusson*, 1456 (la Chaise-Dieu, Mazerat-la-Brequeille). —*Aubusson*, 1511 (coust. d'Auv., fᵒ 81 vᵒ).

Auchamp, f., cⁿᵉ de Saint-Didier-sur-Doulon.— *Mansus d'Altchamp*, 1310 (Cumignac). — *Le Champ*, 1888 (carte adm.).

Audi, chât. ruiné et dom., cⁿᵉ de Solignac-sur-Loire. — *Boschetum alias Audy*, 1464 (prieuré de Solignac). — *Oudy*, xviiiᵉ s. (Cassini).

Audi (L'), ruiss., affluent de gauche de la Loire, cⁿᵉ de Solignac-sur-Loire. — *Rivus voc. Audus*, 1426 (Rhône, H. 2233 bis). — *Rivus de Mussico*, 1464 (prieuré de Solignac). — *Le ruysseau d'Oudy*, 1626 (Brunel, nʳᵉ). — *La Mussie,* 1880 (carte adm.).

Audinet, écart, cⁿᵉ de Brives-Charensac. — *Odinetus Orfeves insulæ Doæ*, 1505 (Domnin, nʳᵉ). — *Molendinum vetus Doæ*, 1512 (idem). — *Le Moly de Doe*, 1515 (cad. de Villeneuve-de-Corsac). — *Audinet, aultrement le Molin vieulx de Doe*, 1546 (Savin, nʳᵉ). — *Oudinet-lès-Charanssac*, 1597 (Gallien, nʳᵉ).

Audon (L'), ruiss. qui prend naissance à Jalasset, cⁿᵉ de Bains, passe à Vourzac et se jette dans la Borne vis-à-vis des Estreys, cⁿᵉ de Polignac. — *Rivus voc. d'Audo*, 1307 (Haute-Loire, E.); —1345 (J. de Peyre, nʳᵉ, reg. D, fᵒ 38 vᵒ). — *Le ruiss.*

d'Audon, 1599 (Doleson, nʳᵉ). — *Ruiss. de Vourzac*, 1861 (état-major).

Audonès (L'), affl. de l'Allier près de Jonchères, cⁿᵉ de Rauret. — *Le ruisseau d'Audonnès*, 1622 (aveu par A. Mazet). — *Le Ravin-de-Jonchères*, 1888 (carte adm.).

Augeac, vill., cⁿᵉ de Bains. — *Aughacum*, 1462 (V. Chauvin, nʳᵉ). — *Aughac*, 1585 (Johany, nʳᵉ). — *Oujac*, 1597 (Gallien, nʳᵉ). — *Oughac*, 1599 (Doleson, nʳᵉ).

Augier (Moulin-d'), mⁱⁿ sur l'Orcheval, cⁿᵉ de Présailles. — *Le lieu de Dugier*, 1547 (Chaulet, nʳᵉ). — *Le Moulin de la Narce sur le ruiss. d'Orcival, avec une maison app. dous Augiers*, 1699 (cad. de Vachères).

Augiers (Les), vill., cⁿᵉ de Saint-Jeure. — *In villa quæ dicitur Adalgeriis, quæ est in Vellaico*, v. 1025 (cart. du Monastier, nᵒ 215). — *Mansus deus Autgeyrs*, 1314 (év.). — *Los Augiers*, 1507 (év.). — *Les Ougiers*, 1695 (capitation).

Aulagnier (L'), m. i., cⁿᵉ d'Araules. — *Loulagner* (cad.).

Aulagnier (L'), h., cⁿᵉ de Riotord. — *Homines de Lolanhier*, 1461 (Rhône, H. 1180). — *Lolanier*, xviiiᵉ s. (Cassini). — *Laulagnier*, 1879 (carte adm.).

Aulagnier-Grand (L'), vill., cⁿᵉ du Mazet-Saint-Voy. — *Terra de Aulanherio*, 1343 (Rhône, H. 1016). —*Loulanier*, 1507 (év.). — *Laulanher-Grand*, 1553 (ress. de Montfaucon).

Aulagnier-Petit (L'), h., cⁿᵉ du Mazet-Saint-Voy. — *Laulanhier-Petit*, 1608 (cad. de Bonnas).

Aulagnières (Les), h., cⁿᵉ de Dunières. — *Ollæ Nigræ*, 1368 (chartr. de Lardeyrol). —*Las Aulanheris*, 1375 (la Chaise-Dieu, Saint-Étienne-Lardeyrol). —*Aulanhiers*, 1553 (Rhône, D. 185). — *Les Olanières*, xviiiᵉ s. (Cassini). — *Les Aulagnères*, 1888 (Malègue).

Aulanais (Les), vill., cⁿᵉ de Lapte. — *In pago Vellaico, in vicaria Bassense, villa quæ dicitur Aulanetis*, v. 1080 (cart. de Cluny, ch. 3568). — *Homines deus Aulainhes*, 1314 (év.). — *Locus doux Aulanhes*, 1468 (Rivière, nʳᵉ). — *Los Aulhaneys, los Aullanes*, 1507 (év.). — *Les Ollaneis*, 1695 (capitation). — *Les Oulanais*, xviiiᵉ s. (Cassini). — *Aulannis*, 1888 (Malègue).

Aulanier (L'), écart, cⁿᵉ de Grazac. — *L'Aulanhes*, 1326 (év.). —*Laulanier*, 1888 (Malègue).

Aulanys, h., cⁿᵉ de Montregard. —*Aulanhetum*, 1466 (Rivière, nʳᵉ). — *Aulanhe*, 1469 (idem). — *Oulani*, 1695 (capitation). — *Olany*, xviiiᵉ s. (Cassini). — *Aulagny*, 1820 (Deribier).

Aunac, vill., c^{ne} du Brignon. — *Aunac*, 1238 (Saint-Vosy). — *Terra d'Aunac quæ est versus Solemniac*, 1256 (év.). — *Ounac*, 1518 (G. Maurin, n^{re}).

Aunac, m. i., c^{ne} de Saint-Just-près-Brioude.

Aunas, h., c^{ne} de Chamalières. — *Ounac*, 1264 (hôtel-Dieu, B. 7). — *Mansus d'Onas*, 1490 (cad. de Mézères). — *Aunas, Honnas*, 1507 (év.). — *Ounas*, 1558 (Vacharel, n^{re}). — *Onnas*, 1571 (Cl. Girard, n^{re}).

Aunas, h., c^{ne} de Vorey.

Aupinnac, vill., c^{ne} de Saint-Pierre-Eynac. — *Alpinnac*, 1210 (hôtel-Dieu, B. 127). — *Alpinhac*, 1333 (Arch. nat., R². 39). — *Mansus de Alpinhaco*, 1387 (év.). — *Alpinhacum secus Lardeyrolium*, 1478 (la Chaise-Dieu, Saint-Étienne-Lardeyrol). — *Ompinhac*, 1561 (Savin, n^{re}). — *Opinhac*, 1629 (Demons, n^{re}).

Aunac-Lafayette, m. i., c^{ne} de Saint-Georges-d'Aurac.

Aurec, c^{on} de Saint-Didier-la-Séauve. — *Ecclesia S. Petri de Auriaco*, v. 1030 (La Mure, ducs de Bourbon, III, pr., 16). — *Prior de Aurecyo*, 1299 (les Olim, III, 2). — *Mandamentum d'Aurec*, 1317 (Arch. nat., P. 1400³, c. 990).— *Castrum Aureaci*, 1322 (Arch. nat., P. 494¹, c. 44). — *Auriacum supra Litgerim*, 1405 (Drôme). — *Auriec*, xvi° s. (Médicis, II, 343). — *Ourier*, 1569 (terrier de Saint-Didier). — *Aurec-Nerestang*, 1674 (Haute-Loire, B. 29).

En 1789, Aurec faisait partie de la province du Velay et de la subdélégation et sénéchaussée du Puy. Son église paroissiale, diocèse du Puy et archiprêtré de Monistrol-sur-Loire, était dédiée à saint Pierre; le prieur présentait à la cure.

Aurelle (Moulin-d'), mⁱⁿ, c^{ne} de Saint-Quintin-Chaspinhac. — *Molendinum de Peyrederiis*, 1489 (Richon, n^{re}).

Aurelles, h., c^{ne} de Jullianges.

Auriac, f., c^{ne} des Estables.

Auriac, f., c^{ne} de Saint-Front. — *Mansus d'Aureac*, 1321 (cart. de Mazan, f° 103). — *Hæreditas de Aureaco*, 1451 (*idem*, f° 53).

Auroure, vill., c^{ne} de Saint-Ferréol-d'Auroure. — *Duos Roures, per. S. Fereoli*, 1396 (homm. de Solignac).

Aurouze (L'), affl. de la Senouire, c^{nes} de Jax et de Mazerat-Aurouze. — *L'Ourouze* (cad.).

Aurouze, mont., c^{ne} de Léotoing. — *Mons d'Auroza*, 1295 (spic. Briv.).

Aurouze, chât. dét. et vill., c^{ne} de Mazerat-Aurouze. — *Castrum de Aurosa*, 1078 (spic. Briv.). — *Auroza*, 1341 (terrier de Charbonnier). — *Auroze*, 1511 (coust. d'Auv., f° 81 v°).

Aussac, h., c^{ne} d'Alleyras. — *Mansus d'Aussac*, 1343 (év.). — *Homines de Aussaco*, 1513 (prieuré d'Alleyras).

Auteyrac, loc. dét., c^{ne} de Cohade. — *In villa quæ dicitur Altariaco*, 934 (cart. de Brioude, ch. 2). — *Territorium d'Alteirac*, 1453 (terrier du ford. de Br.). — *Le terroir d'Aulteyrat*, 1605 (terrier du chap. de Br.). — *Le terroir d'Auteyrat sive du Fond du Breuil*, 1742 (terrier du doy. de Br.).

Auteyrac, c^{on} de Langeac. — *Autariacum*, 1078 (spic. Briv.). — *Ecclesia de Alteraco*, 1127 (cart. de Pébrac, n° 11). — *Ecclesia Alteriaci*, v. 1128 (idem, n° 12). — *El Mas d'Altairac*, xii° s. (idem, n° xlvi-53). — *Aultayrac, Autayrat*, 1379 (compte de B. Flotenc). — *Aulteyrat*, 1398 (compte de B. Sannadre). — *Alteyrac*, 1401 (spic. Briv.). — *Parochia B. Mariæ de Alteyraco*, 1467 (Bibl. nat., lat., n. acq., 1223, f° 322 v°). — *Auteyrac*, 1587 (Sigaud, n^{re}).

En 1789, Auteyrac faisait partie de la province d'Auvergne, de l'élection de Brioude, de la subdélégation de Langeac et du présidial de Riom. Son église paroissiale, diocèse de Saint-Flour et archiprêtré de Langeac, était sous le vocable de Notre-Dame.

Par décret du 28 juin 1810, le chef-lieu de la succursale d'Auteyrac a été transféré à Sorlhac.

Auteyrac, lieu, près Longe-Sagne, c^{ne} de Pradelles. — *Autairat*, 1289 (Arch. nat., P. 1398¹, cote 652). — *Autayrac*, 1336 (Arch. nat., P. 1398², cote 669). — *Affare de Autayraco prope Pratellas*, 1347 (Rhône, E. 8).

Auteyrac, vill., c^{ne} de Saint-Julien-Chapteuil. — *Auteyrac*, 1328 (homm. de l'év.). — *Alteyracum*, 1521 (coll. C. Falcon). — *Aucteyrac*, 1546 (Savin, n^{re}).

Auteyrac, vill. c^{ne} de Saint-Martin-de-Fugères. — *Villa d'Altairac*, 1309 (Arch. nat., P. 1398², cote 676). — *Mansus de Autayraco*, 1342 (Rhône, E. 8). — *Auteyracus, Aucteirat*, 1473 (Maltrait, n^{re}). — *Alteyrac*, 1478 (Arch. nat., P. 1362², cote 1115). — *La Mecterie d'Aulteyrac rière Vachières*, 1616 (Eymar Barry, n^{re}).

Auteyrac, l. dét., c^{ne} de Sembadel. — *Mansus de Altayrac, situs in parochia de Sambadel*, 1275 (la Chaise-Dieu, Saint-Allyre).

Auteyrac, l. dét., c^{ne} de Venteuges. — *Calma de Alteyraco*, 1459 (Bibl. nat., lat., n. acq., 1222, f° 131 v°). — *Habitantes d'Alteyrac*, 1466 (idem, 1223, f° 290).

Auteyrac (Le Mas-d'), f., c^{ne} de Cayres. — *Altairac*,

Altayrac, 1308 (év.). — *Autayrac,* 1344 (J. de Peyre, n°°). — *Locus de Alteraco,* 1490 (Servant, n°°).

Autinac, f., c°° de Chaudeyrolles. — *Autinhac, Outinhat,* 1464 (Ardèche, C. 624). — *Outinhac-lez-Arsac,* 1654 (ét. civ.).

Autrac, c°° de Blesle. — *Ecclesia S. Juliani de Autrac,* 1185 (spic. Briv.). — *Ecclesia de Aultrac,* xiv° s. (A. Bruel, reg. de G. Trascol, 112). — *Auctrat,* 1398 (compte de B. Sannadre). — *Autrac,* 1401 (spic. Briv.). — *Autrat,* 1493 (terrier de Blesle). — *Cura S. Juliani d'Austrat,* xvi° s. (Pouillé de Clermont, 784).

En 1789, Autrac faisait partie de la province d'Auvergne, de l'élection et de la subdélégation de Brioude et du présidial de Riom. Son église paroissiale, diocèse de Clermont et archiprêtré d'Ardes, était sous l'invocation de saint Julien; l'abbesse du monastère de Blesle présentait à la cure.

Autras (Les), h., c°° de Léotoing. — *Les Autracz,* 1516 (la Chaise-Dieu, Chambezon). — *Les Aultratz,* 1614 (Arch. nat., R⁴. 1045). — *Les Autras,* xviii° s. (Cassini). — *Autrac,* 1855 (état-major).

Auvergnasse (L'), m. i., c°° de Saint-Jeure.

Auvergnat, m. i., c°° de Saint-Didier-la-Séauve.

Auvergnes (Les), f., c°° de Chanteuges. — *Pierre Auvergne,* 1443 (spic. Briv.). — *Petrus Auvernhe,* 1457 (Bibl. nat., lat., n. acq., 1222, f° 49). — *Les Auvergny,* xviii° s. (Cassini).

Auvernat, loc. dét., c°° de Javaugues. — *In... vicaria [Brivatæ], in villa quæ dicitur Alvernago,* 956 (cart. de Brioude, ch. 27). — *Mansus dal Vernhiac,* 1274 (Cumignac). — *Mansus del Vernhac,* 1298 (spic. Briv.). — *Jehan Auvernhat,* 1443 (idem).

Auvers, c°° de Pinols. — *Mansus d'Alvers,* 1459 (Bibl. nat., lat., n. acq., 1222, f° 115 v°). — *Auvercium,* 1505 (Thiolent). — *Auvers,* 1511 (coust. d'Auv., f° 80). — *Anvers,* 1688 (Malègue).

En 1789, Auvers faisait partie, au temporel et au spirituel, de Nozeyrolles, qu'il a remplacé comme chef-lieu de commune, en vertu d'un décret du 1er novembre 1900.

Auvige, écart, c°° de Chamalières.

Auzat, vill., c°° de Villeneuve-d'Allier. — *Aozac,* 1326 (Bibl. nat., ms. fr., 14377, p. 6). — *Auzac,* 1379 (Arch. nat., Z². 4143, p. 3). — *Mansus de Ausac,* 1380 (idem, p. 71). — *Auzat, Ausat,* 1460 (Arch. nat., ZZ. 359, p. 26 et 28).

Auze (L'), ruiss., prend naissance dans la commune de Mazoires (Puy-de-Dôme), arrose la commune de Torsiac et se jette dans l'Allagnon au-dessous de Léotoing.

Auze (L'), ruiss., prend naissance à Valaugeon, c°° d'Araules, limite les communes de Saint-Jeure et d'Yssingeaux et se jette dans le Lignon au Pont-de-l'Enceinte. — *Ausa,* 1276 (Saint-Chaffre). — *Aqua d'Aussa,* 1359 (Rhône, H. 2632). — *L'Auza,* 1515 (terrier de Choumouroux, f° 13). — *Auzé,* xviii° s. (Cassini).

Auzepis (Les), loc. dét., c°° de Vissac. — *Mansus d'Ausepy,* 1372 (homm. de Vissac). — *Le Mas des Auzepis,* 1379 (idem).

Auzon, arr. de Brioude. — *Castrum Also,* xi° s. (cart. de Sauxillanges, n° 113). — *Vicaria de Alson,* xi° s. (idem, n° 677). — *Ecclesia S. Laurentii Alsonensis,* 1117 (Gall. christ., II, c. 267). — *Archipresbiter de Ozun,* xii° s. (Bibl. nat., ms. l. 9085, f° 50 v°). — *Castrum d'Alzo, Alsos,* 1206 (spic. Briv.). — *Ausonium,* 1220 (idem). — *Alzonium,* 1252 (idem). — *Oson,* 1258 (Arch. nat., J. 190ᵇ, n° 61). — *Domus Dei de Auzonio,* 1293 (spic. Briv.). — *Ozon,* 1358 (Arch. nat., JJ. 86, n° 182). — *Aulzon,* 1379 (compte de B. Flotenc). — *Auzon,* 1401 (spic. Briv.). — *Alzon en Auvergne,* 1412 (idem).

En 1789, Auzon, ville avec titre de baronnie, était compris dans la province d'Auvergne, l'élection et subdélégation d'Issoire et dans le ressort du présidial de Riom. Son église paroissiale, diocèse de Saint-Flour et archiprêtré de Brioude, était dédiée à saint Laurent; le chapitre de Clermont présentait à la cure.

Auzon (L'), riv., prend sa source au nord de la commune de Champagnac, traverse la commune de Saint-Hilaire et se jette dans l'Allier à Auzon.

Avène (L'), ruiss., prend naissance au sud de Frouges, c°° de Rageade (Cantal), entre dans le département de la Haute-Loire, non loin des limites des c°°° d'Ally et de Saint-Austremoine et se jette dans l'Allier au nord-est de Saint-Cirgues. — *Le rifv d'Avene,* 1613 (Mercurial). — *La Veine,* 1880 (carte adm.).

Avininc (Moulin-), mᵢⁿ sur l'Arzon, c°° de Bellevue-la-Montagne.

Avits (Les), h., c°° de Coubon. — *Locus doux Avitz,* 1522 (Sobrier, n°°). — *Lous Avytz,* 1568 (Savin, n°°).

Avouac, h., c°° du Monastier. — *Villa cui vocabulum est Avojaco,* 840 (cart. du Monastier, n° 58). — *Avoacum,* 1484 (Arcis, n°°). — *Avohac,* 1602 (Robert, n°°). — *Avoac,* 1785 (Julien, n°°).

Ayards (Les), h., cⁿᵉ de Beaulieu.

Ayas (Les), m. i., cⁿᵉ de Saint-Jeure.

Azalabres (Les), loc. dét., cⁿᵉ de Montclard. — *Casales vulg. app. los Azalabres*, 1281 (spic. Briv.).

Azanières, vill., cⁿᵉ de Blanzac. — *Azeneyras*, 1273 (titres de Saint-Vidal). — *Villa de Azeneriis*, 1306 (tabl. du Velay, 1875-6, 510). — *Asineyras, Aszineyras, Eszineyras*, 1345 (terrier de Pons Ravoux). — *Azeneyres*, 1638 (Barret, nʳᵉˢ).

Azerat, cᵒⁿ d'Auzon. — *Ecclesia de Azorag*, v. 1011 (cart. de Brioude, ch. 6). — *Azeracus, Arezacus*, 1156 (spic. Briv.). — *Azerac*, 1256 (*idem*). — *Aseracum, Ascrat*, 1397 (*idem*). — *Azerat*, 1401 (*idem*).

En 1789, Azerat faisait partie de la province d'Auvergne, de l'élection d'Issoire, de la subdélé-gation de Lempdes et du présidial de Riom. Son église paroissiale, diocèse de Saint-Flour et archiprêtré de Brioude, était sous le vocable de saint Jean-Baptiste; l'abbé de la Chaise-Dieu présentait à la cure.

Mine de cuivre concédée le 29 novembre 1831.

Azinières, vill., cⁿᵉ de Saint-Georges-d'Aurac. — *In vicaria de Aurato, in villa Asinerias*, v. 1000 (cart. de Brioude, ch. 92). — *Asinaires*, 1263 (Arch. nat., J. 190ʰ, n° 61, f° 54 v°). — *Aseneras*, 1301 (coll. J. Lachenal). — *Decimæ de Asineriis*, 1437 (Gall. christ., II, col. 428). — *Mansus de Azineriis*, 1451 (la Chaise-Dieu, Mazerat-Aurouze). — *Azenieres*, xvᵉ s. (Bibl. nat., ms. fr. 22297, p. 170). — *Azenyères*, 1602 (A. Robert, nʳᵉˢ). — *Asinière*, 1888 (carte adm.).

Fief vassal de la baronnie d'Aubusson.

B

Babiol (Mas-de-), m. i., cⁿᵉ de Laussonne.

Babonnès, vill., cⁿᵉ de Thoras. — *Mansus de Babones*, 1279 (Thiolent). — *Mansus de Babonesio*, 1398 (Hᵗᵉ-Loire, E.). — *Babonesium*, 1526 (A. Besseyre, nʳᵉˢ). — *Baubonès*, 1622 (Peyret, nʳᵉˢ). — *Babonnès*, 1623 (terrier de Vazeilhes). — *Babonets*, 1888 (carte adm.). — *Babonnet*, 1888 (Malègue).

Babory, vill., cⁿᵉ de Blesle. — *Baborie*, 1820 (Deribier). — *Baboris*, 1888 (Malègue).

Bacalaine, m. i., cⁿᵉ de Saint-Jeure.

Bac-de-Saint-Arcons, m. i., cⁿᵉ de Chanteuges. — *La Baraque de Saint-Arcons* (cad.).

Bachas (Le), f., cⁿᵉ de Sainte-Sigolène. — *Le Bacha*, 1888 (Malègue).

Bachas (Le), f., cⁿᵉ des Vastres.

Bachas-de-la-Peyre (Le), f., cⁿᵉ de Montusclat.

Bachasse, f., cⁿᵉ du Chambon.

Bachassoux (Les), f., cⁿᵉ de Saint-Pal-de-Mons.

Bacon, m. i., cⁿᵉ de Saint-Étienne-près-Allègre.

Bacon, m. i., cⁿᵉ de Saint-Julien-du-Pinet. — 1622 (Brunel, nʳᵉ).

Baconnet, f., cⁿᵉ de Langeac. — *Locus de Baconet*, 1481 (Arch. nat., Q. 513, f° 57). — *Baconnay*, 1860 (état-major). — *Bacconet*, 1888 (Malègue).

Bacou, m. i., cⁿᵉ de Mazerat-Aurouze. — *Bacon*, 1888 (Malègue).

Bacouneyrou (Mas-de-), f., cⁿᵉ du Monastier. — 1785 (Th. Julien, nʳᵉ).

Badal (La), mⁱⁿ sur le Javoulx, cⁿᵉ de Vissac. — *Le Molin de la Badal*, 1479 (Bibl. nat., lat., n. acq., 1224, f° 238 v°).

Badet, m. i., cⁿᵉ de Dunières.

Badet, m. i., cⁿᵉ de Montregard.

Badial (La), h., cⁿᵉ de Cistrières. — *Labadial*, 1820 (Deribier).

Badie (La), f., cⁿᵉ de Saint-Berain. — *Mansus de la Badia*, 1460 (Bibl. nat., lat., n. acq., 1222, f° 156). — *Labadier*, 1820 (Deribier).

Badinens (Les), h., cⁿᵉ de Dunières. — *Badinenc*, 1469 (Rivière, nʳᵉ). — *Bardinenc*, 1553 (Rhône, D. 185). — *Le Badinenc*, 1615 (*idem*). — *Le Badynenc*, 1627 (Delafont, nʳᵉ). — *Le Badinens*, 1888 (Malègue).

Badiou, écart, cⁿᵉ de Rosières.

Badioux (Les), vill., cⁿᵉ de Laussonne. — *Locus de Badinis*, 1448 (Monastier). — *Locus doux Badioux*, 1508 (terrier de Coubladour).

Baffour, vill., cⁿᵉ de la Chaise-Dieu. — *Basfourn*, 1446 (Arch. nat., S. 3298).

Bafoulet, mⁱⁿ sur le Doulon, cⁿᵉ de Saint-Didier-sur-Doulon. — *Moulin-Barquantou*, xviiiᵉ s. (Cassini).

Bafoy, f., cⁿᵉ de Saint-Just-Malmont.

Bagatelle (La), mⁱⁿ, cⁿᵉ de Salzuit.

Bage, mⁱⁿ sur la Senouire, cⁿᵉ de la Chapelle-Bertin.

Bagues (Pierres de), mont., cⁿᵉ de Vézézoux.

Baile, mⁱⁿ sur le Montorgue, cⁿᵉ de Montclard.

Baillalées (Les), h., c^ne de Saint-Front.

Bains, c^on de Solignac-sur-Loire. — *In pago Vallaico, in villa quæ dicitur Bintis*, 985 (cart. du Monastier, n° 136). — *Ecclesia de Bains*, 1105 (cart. de Conques, n° 475). — *Oppidum Ebais*, xii° s. (Martène, vet. script., VI, 1199). — *Bais*, 1217 (templiers du Puy). — *Castrum d'Esbais*, 1267 (Médicis, I, 80). — *Ebayns*, 1329 (J. de Peyre, n^re). — *Apud Esbayns*, 1333 (hôtel-Dieu, B. 461). — *Bayns*, 1335 (J. de Peyre, n^re). — *Prioratus S. Fidis de Bains, ord. Conchiensis*, 1394 (la Chaise-Dieu, Saint-Remy). — *Prioratus de Balneis*, 1471 (idem, Saint-Didier-d'Allier). — *Baings*, 1571 (A. Boyer, n^re).

Patois : *Boyes.*

En 1789, Bains était compris dans la province du Velay, la subdélégation et sénéchaussée du Puy. Son église paroissiale, diocèse du Puy et archiprêtré de Solignac-sur-Loire, était dédiée à sainte Foi; l'évêque du Puy avait remplacé comme collateur, vers l'année 1762, les Jésuites qui eux-mêmes avaient succédé aux droits du prieur, en 1619.

Baissac, vill., c^ne de Craponne-sur-Arzon. — *Mansus de Baisac*, v. 1142 (cart. de Chamalières, n° 21). — *Villa de Baisaco*, xii° s. (idem, n° 250). — *Ad Avezacum*, 1213 (idem, n° 322). — *Beyssacum*, 1447 (terrier de Piassac). — *Beyssac*, 1452 (Arch. nat., P. 1397³, cote 605).

Baissac, vill., c^ne de Malvières. — *Baysac*, 1277 (la Chaise-Dieu, Malvières). — *Bayssacum*, 1351 (ibid.). — *Beissac*, 1888 (carte adm.).

Baissat, écart, c^ve de Saint-Beauzire. — *Beissat*, 1878 (carte adm.).

Bajasse (La), f., c^ne de Vieille-Brioude. — *Domus leprosorum de ponte de la Bajassa*, 1161 (Gall. chr., II, inst., c. 134). — *Ecclesia B. Mariæ Magdalenæ Bajassæ*, 1326 (spic. Briv.). — *Prioratus domus canonicorum Bajassiæ, ord. S. Augustini*, 1330 (coll. J. Lachenal). — *La Baghasse*, 1612 (terrier de la Vaudieu). — *Le prieuré conventuel S.-Jean de la Bajasse*, 1628 (Tauret, n^rs). — *La maladrerie de la Baiasse*, 1713 (coll. J. Lachenal).

Prieuré de l'O. de Saint-Augustin soumis à l'évêque de Saint-Flour et dont la chapelle était sous le vocable de saint Jean. Par lettres royales données à Versailles, en septembre 1737, ce prieuré fut supprimé et uni à l'hôtel-Dieu de Brioude.

Bajasse (Moulin-de-la), m^in sur la Senouire, c^ne de Vieille-Brioude.

Bajoux, f., c^ne de Monistrol-sur-Loire. — *Les Bajoux*, 1693 (ét. civ.). — *Bajou*, 1737 (idem).

Balais, m. i., c^ne de Saint-Ferréol-d'Auroure. — *Balay* (cad.). — *Les Balays*, 1879 (carte adm.).

Balaye (La), h., c^ne du Pertuis.

Balayes (Les), vill., c^nes d'Araules et de Champclause.

Balayes (Les), f., c^ne de Dunières.

Balayes (Les), h., c^ne de Grazac. — 1695 (terrier de Chabrespine).

Balayes (Les), f., c^ne du Mazet-Saint-Voy.

Balayes (Les), h., c^ne de Raucoules.

Balayes (Les), f., c^ne de Tence. — *Mansus de las Balayas*, 1324 (cart. de Tence, f° 2 v°).

Balayes-de-Marnhier (Les), f., c^ne de Montregard. — *Las Balayas*, 1556 (terrier de Montregard).

Baldasset, lieu dit, c^ne de Pébrac. — *Territ. del Baldasset in pertin. loci de Piperaco*, 1463 (Bibl. nat., ms. lat., n. acq., n° 1223, f° 93).

Baldeyrac, l. dét., c^ne de Venteuges. — *Territorium de Baldeirac, juxta rivum de la Bastida*, 1466 (Bibl. nat., lat., n. acq., 1223, f° 305 v°).

Bale, loc. dét., c^ne de Chassignolles. — *Mansus de Bale*, 1358 (spic. Briv.).

Balibaud, m. i., c^ne de Saint-Paulien. — *Bahibaud* (cad.). — *Bayban*, 1872 (Malègue).

Balien, loc. dét., c^ne de Mazerat-Aurouze. — *Mansus de Balier*, 1454 (la Chaise-Dieu, Mazerat-Aurouze). — *Baleyr*, 1463 (idem).

Balistre, vill., c^ne de Champagnac. — *Mansus de Balestre*, xiv° s. (terrier des Grèzes).

Balistroux, f., c^ne de Champagnac. — *Balistrousse*, 1888 (Malègue).

Baloutier, m. i., c^ne de Saint-Julien-Molhesabate. — *Balioutier*, 1879 (carte adm.).

Balzac, vill., c^ne de Saint-Géron. — *In Balziaco*, v. 1010 (cart. de Sauxillanges, n° 672). — *Balsac*, 1291 (spic. Briv.). — *Balssac*, 1587 (Sigaud, n^re).

Balzac, l. dét., près la Mahuche, c^ne de Saint-Vénérand. — 1780 (cad. de Vabres).

Bancel (Le), f., c^ne de Chaudeyrolles. — *Territorium del Bancel*, 1464 (Ardèche, C. 624).

Bancel (Le), h., c^ve de Dunières. — 1269 (homm. de l'év.). — *Locus del Bancel*, 1468 (Rivière, n^re). — *Lou Bansel*, 1553 (ress. de Montfaucon). — *Bancel*, 1888 (Malègue).

Bancillon, m^in sur le Javoulx, c^ne d'Auteyrac. — *Moulin de Bouchilhon*, xviii° s. (Cassini). — *Banchillon*, 1869 (Malègue). — *Bansillon*, 1880 (carte adm.).

Bancillon (Le), vill., c^ne de Saint-Ilpize. — *Lo Bansilho*, 1339 (Bibl. nat., ms. fr., 14377, p. 189). — *Mansus del Bancilho*, 1385 (Arch. nat., Z². 4144, p. 55). — *Lo Banssilion*, 1464 (Bibl. nat., ms. fr.

11491, p. 365). — *Le Bancilion*, 1625 (terrier du Chambon de Blau). — *Banchillon*, 1888 (Malègue).

BANDILLON, h., c^{ne} de Tence.

BANIÈRES, vill., c^{ne} de Chastel. — *Banhieyres*, 1486 (terrier de Tailhac). — *Bannière*, 1869 (Malègue).

BANNAT, vill., c^{ne} de Couteuges. — *Mansus de Banat*, 1469 (Bibl. nat., ms. lat., n. acq., 1223, f° 377).

BANQUE (LA), h., c^{ne} d'Araules.

BANQUE (LA), f., c^{ne} de Queyrières.

BANS (LES), lieu dit, c^{ne} de Mézères. — *Le lieu doux Bans*, 1553 (terrier de Liques).

BAPAUMES, lieu disparu, c^{ne} de Bellevue-la-Montagne. — *Batpalmas*, 1222 (Martène, thes. nov. anecd., I, 897).

BAR, mont. à cratère, c^{ne} d'Allègre. — *Bar*, 1163 (hospit. du Velay). — *Bar*, 1268 (Arch. nat., P. 493², cote 104). — *La Montagne de Bard*, 1824 (Deribier, statist. 74).

BARANDONS (LES), h., c^{ne} du Chambon.

BARANTAINE, h., c^{ne} de Saint-Jeure. — 1773 (ét. civ.).

BARAQUE (LA), écart, c^{ne} d'Auvers.

BARAQUE (LA), écart, c^{ne} de Bellevue-la-Montagne. — *Les Baraques-de-Touzet*, 1888 (carte adm.).

BARAQUE (LA), écart, c^{ne} de Cayres.

BARAQUE (LA), m. i., c^{ne} de Collat.

BARAQUE (LA), m. i., c^{ne} de Croisance.

BARAQUE (LA), écart, c^{ne} de Cussac. — *Les Baraques-de-Malpas*, 1880 (aff. jud.).

BARAQUE (LA), h., c^{ne} de Fontanes.

BARAQUE (LA), m. i., c^{ne} de Frugières-le-Pin.

BARAQUE (LA), m. i., c^{ne} de Léotoing.

BARAQUE (LA), écart, c^{ne} de Lorlange.

BARAQUE (LA), m. i., c^{ne} de Mazeyrat-Crispinhac.

BARAQUE (LA), m. i., c^{ne} de la Mothe. — *Les Baraques*, 1888 (Malègue).

BARAQUE (LA), f., c^{ne} de Pébrac. — *La Mayso*, 1478 (Bibl. nat., lat., n. acq., 1224, f° 194 v°). — *Le lieu de la Maison*, 1774 (terrier de Pébrac). — *La Baraque de Saint-Victor*, 1888 (Malègue).

BARAQUE (LA), écart, c^{ne} de Roche-en-Régnier. — *Baraque-de-Retournac*, 1888 (Malègue).

BARAQUE (LA), m. i., c^{ne} de Saint-Éble.

BARAQUE (LA), m. i., c^{ne} de Saint-Geneys-près-Saint-Paulien.

BARAQUE (LA), m. i., c^{ne} de Saint-Julien-du-Pinet.

BARAQUE (LA), m. i., c^{ne} de Saint-Paul-de-Tartas.

BARAQUE (LA), m. i., c^{ne} de Saint-Paulien. — *Les Baraques*, 1888 (Malègue).

BARAQUE (LA), m. i., c^{ne} de Saint-Romain-La-chalm.

BARAQUE (LA), écart, c^{ne} de Saint-Vénérand. — *Les Baraques*, 1888 (Malègue).

BARAQUE (LA), m. i., c^{ne} de Saint-Vincent. — *La Baraque-du-Breuil*, 1888 (carte adm.).

BARAQUE (LA), m. i., c^{ne} de Valprivas. — *Les Baraques*, 1879 (carte adm.).

BARAQUE (LA), écart, c^{ne} de Vernassal.

BARAQUE (LA), m. i., c^{ne} de Vieille-Brioude.

BARAQUE (MAS-DE-LA), écart, c^{ne} de Saint-Jean-Lachalm.

BARAQUE (MAS-DE-LA), m. i., c^{ne} de Salettes.

BARAQUE-BASSE (LA), m. i., c^{ne} de Saint-Georges-d'Aurac. — *La Baraque*, 1888 (Malègue).

BARAQUE-CHAPUIS (LA), m. i., c^{ne} de Saint-Jean-de-Nay.

BARAQUE-D'ALLÈGRE (LA), m. i., c^{ne} de Saint-Paulien.

BARAQUE-DE-BARTHOMEUF (LA), écart, c^{ne} d'Espalem. — *La Baraque*, 1888 (Malègue).

BARAQUE-DE-BAYON (LA), m. i., c^{ne} de Saint-Privat-du-Dragon.

BARAQUE-DE-BERGOUGNOUX (LA), m. i., c^{ne} de Saugues.

BARAQUE-DE-BUGEAC (LA), m. i., c^{ne} de Grèzes.

BARAQUE-DE-CÉNAC (LA), m. i., c^{ne} de Saint-Didier-sur-Doulon. — *Baraque-de-Sénat*, 1888 (Malègue).

BARAQUE-DE-CHAI (LA), m. i., c^{ne} de Couteuges.

BARAQUE-DE-CHASSIGNOLLES (LA), écart, c^{ne} de Chassignoles.

BARAQUE-DE-CHASTRETTE (LA), écart, c^{ne} de Saint-Hilaire.

BARAQUE-DE-CHAZAL (LA), écart, c^{ne} de Lubilhac.

BARAQUE-DE-CHOUMAS (LA), écart, c^{ne} de Saint-Préjet-d'Allier. — *Baraque-de-Chaumat*, 1888 (carte adm.).

BARAQUE-DE-COLLANGES (LA), m. i., c^{ne} de Loudes.

BARAQUE-DE-CORDES (LA), écart, c^{ne} de Bains. — *La Baraque-de-Vigouroux*, 1882 (aff. jud.).

BARAQUE-DE-DELHY (LA), m. i., c^{ne} de Loudes.

BARAQUE-DE-GLIZENEUVE (LA), écart, c^{ne} de Lubilhac.

BARAQUE-DE-JACAROU (LA), m. i., c^{ne} de Loudes. — *Baraque-de-Lanthenas*, 1869 (Malègue).

BARAQUE-DE-JENZAC (LA), m. i., c^{ne} de la Vaudieu.

BARAQUE-DE-LA-BOMBERIE (LA), écart, c^{ne} de Saint-Privat-du-Dragon. — *La Baraque-de-Bayon*, 1888 (Malègue).

BARAQUE-DE-LA-CHAMP, autrement DE-LA-FAYETTE, m. i., c^{ne} de Venteuges. — *Baraque-de-la-Fagette*, 1888 (Malègue).

Baraque-de-la-Croix (La), écart, cⁿᵉ de Saint-Hilaire.

Baraque-de-la-Fage ou de-Montagnac, m. i., cⁿᵉ de Venteuges.

Baraque-de-la-Vigne (La), écart, cⁿᵉ de Tailhac.

Baraque-de-Laurillou (La), m. i., cⁿᵉ de Couteuges.

Baraque-de-Lugeac (La), m. i., cⁿᵉ de la Vaudieu.

Baraque-de-Margoton (La), écart, cⁿᵉ de Blesle.

Baraque-de-l'Enceinte (La), écart, cⁿᵉ de Grazac.

Baraque-de-Passevite (La), m. i., cⁿᵉ de Saugues.

Baraque-de-Prentegarde (La), m. i., cⁿᵉ de Saugues.

Baraque-de-Recoules (La), m. i., cⁿᵉ de Grèzes.

Baraque-de-Robert (La), m. i., cⁿᵉ de Salettes.

Baraque-de-Roux (La), m. i., cⁿᵉ de Vabres.

Baraque-de-Servières (La), écart, cⁿᵉ de Blesle.

Baraque-des-Esperens (La), m. i., cⁿᵉ de Saugues. — Esperens, 1888 (Malègue).

Baraque-des-Innocents (La), m. i., cⁿᵉ de Saint-Géron.

Baraque-des-Treize-Vents (La), écart, cⁿᵉ de Lubilhac.

Baraque-de-Vauzelle (La), écart, cⁿᵉ de Lubilhac.

Baraque-du-Bateau-d'Allier (La), écart, cⁿᵉ de Saint-Vénérand.

Baraque-du-Bois (La), écart, cⁿᵉ de Roche-en-Régnier.

Baraque-du-Bois-Noir (La), m. i., cⁿᵉ de Félines.

Baraque-du-Cros (La), m. i., cⁿᵉ de Saugues.

Baraque-du-Lanier (La), m. i., cⁿᵉ de la Vaudieu.

Baraque-du-Maréchal (La), écart, cⁿᵉ de Léotoing. — Baraque-de-Ratapey (cad.)

Baraque-du-Pin (La), écart, cⁿᵉ de Saint-Hilaire.

Baraque-du-Plot (La), écart, cⁿᵉ de Saint-Vénérand.

Baraque-du-Pont (La), écart, cⁿᵉ de Léotoing.

Baraque-du-Pont ou de-Masset, m. i., cⁿᵉ de Venteuges.

Baraque-du-Treize (La), m. i., cⁿᵉ de Paulhaguet.

Baraque-Fouillon (La), écart, cⁿᵉ de Saint-Hilaire.

Baraque-Haute, écart, cⁿᵉ de Bellevue-la-Montagne.

Baraque-Haute (La), m. i., cⁿᵉ de Saint-Georges-d'Aurac.

Baraque-Journet (La), écart, cⁿᵉ de Loudes. — La Baraque-du-Lougé (cad.).

Baraque-Neuve (La), m. i., cⁿᵉ de Saugues.

Baraque-Ostalier (La), écart, cⁿᵉ de Saint-Hilaire. — Baraque-Francolon.

Baraque-Robert (La), écart, cⁿᵉ de Saint-Hilaire.

Baraques (Les), h., cⁿᵉ de la Chapelle-d'Aurec.

Baraques (Les), h., cⁿᵉ de Domeyrat. — La Baraque (cad.).

Baraques (Les), h., cⁿᵉ de Fay-le-Froid.

Baraques (Les), m. i., cⁿᵉ de Saint-Bonnet-le-Froid.

Baraques (Les), h., cⁿᵉ du Mazet-Saint-Voy. — La Baraque, 1888 (Malègue).

Baraque-Sabatier (La), écart, cⁿᵉ de Saint-Hilaire. — Baraque-Baganet.

Baraques-de-Fournet (Les), h., cⁿᵉ de Tence.

Baraques-du-Pont-Cervier (Les), écart, cⁿᵉ de Cohade.

Baraquette (La), écart, cⁿᵉ de Roche-en-Régnier. — La Baraque-de-Dignac, 1869 (Malègue).

Barasson, écart, cⁿᵉ de Beaux.

Barbanson, f., cⁿᵉ de Mazerat-Aurouze.

Barbary, m. i., cⁿᵉ de Saint-Vincent.

Barbaste, lieu dit, cⁿᵉ de Solignac-sur-Loire. — Barbasta, 1218 (templiers du Puy). — Lo cher de Barbasta, 1238 (Saint-Vosy). — Nemus de Barbasta, 1386 (homm. de Solignac).

Barbaste (La), cⁿᵉ de Saint-Front. — La Barbaste, pierre plantée qui sépare les mand. de Bonnefont et du Mezenc, 1646 (cad. de Bonnefont).

Barbatte (La), écart, cⁿᵉ de Cistrières. — La Barbathe, 1888 (Malègue).

Barbesude (La), m. i., cⁿᵉ de Présailles.

Barbeyre (La), dom., cⁿᵉ de Polignac. — Fontagiers, 1505 (Haute-Loire, E.). — La Barbeyre, 1695 (capitation). — Fontagier, autrement la Barbeyre, 1784 (jacobins).

Barbières (Les), f., cⁿᵉ de Montfaucon.

Bard, vill., cⁿᵉ de Bournoncle-la-Roche. — In.. aice (Brivatensi), villa cujus vocabulum est Barro, 922 (cart. de Brioude, ch. 30). — Villa Barrus (Bibl. nat., lat. 17078, p. 20 v°). — Bar, 1353 (coll. J. Lachenal). — Mansus de Bars, 1429 (terrier du doyenné de Br.). — Bard, 1610 (terrier du chap. de Br.).

Bard, m. i., cⁿᵉ de Saint-Jeure.

Bard, vill., cⁿᵉ de Saint-Julien-Chapteuil. — Bar, 1296 (homm. de l'év.)

Barde (Lou), bois, cⁿᵉ de Saint-Ilpize.

Bardet, f., cⁿᵉ du Monastier.

Bardet (Moulin-de-), sur le Cougoussac, cⁿᵉ de Pinols.

Bardissons (Les), écart, cⁿᵉ de Grazac. — Les Bardissoux, 1888 (Malègue).

Bardy, m. i., cⁿᵉ du Pont-Salomon.

Barge (La), chât. ruiné, cⁿᵉ de Saint-Jean-Lachalm. — La Baria, 1179 (hospit. du Velay).

Bargeasse (Le), affl. du Chassidon, cⁿᵉ de Saint-Etienne-du-Vigan.

Bargellioux, h., cne de Saint-Just-près-Brioude. — *Bregelioux*, 1820 (Deribier).

Barges, con de Pradelles. — *Barias*, 1234 (la Chaise-Dieu, Saint-Paul-de-Tartas). — *Barges*, 1258 (cart. du Monastier, n° 450). — *Bargas*, 1270 (la Chaise-Dieu, Saint-Paul-de-Tartas). — *Baries*, 1281 (*idem*). — *Locus de Bargiis*, 1462 (V. Chauvin, nre). — *Barges, par. de Saint-Arcons*, 1563 (Raph. Maurin, nre).

En 1789, Barges faisait partie de la province de Vivarais et du bailliage de Villeneuve-de-Berg. Au spirituel, il dépendait de la paroisse de Saint-Arcons-de-Barges.

Église érigée en succursale, par ordonnance royale du 3 juillet 1843.

Barges, h., cne des Vastres. — 1696 (état civ.).

Barges (Le), afll. de la Méjeanne, cnes de Barges et de Saint-Arcons-de-Barges.

Bargette (La), lieu détr., cne de Saint-Pal-de-Murs. — *Apendaria de la Bargeta*, 1275 (spic. Brivat.).

Bargettes, vill., cne de Landos. — *Villa quæ dicitur Bargitas, in pago Vellaico*, 954 (cart. du Monastier, n° 92). — *Villa de Barietis*, 1097 (*idem*, n° 243). — *Bariettas*, 1256 (év.). — *Barjetas*, 1281 (la Chaise-Dieu, Saint-Paul-de-Tartas). — *Villa quæ vocatur Bargetum*, 1290 (Martène, ampliss. coll., II, c. 1305). — *Bargetas*, 1507 (év.). — *Bargetes*, 1587 (Sigaud, nre).

Barlet, vill. et mine d'antimoine, cne de Langeac. — *Villa quæ Bertlenus vocitatur*, v. 1130 (cart. de Pébrac, n° 33). — *Bertle*, xIIe s. (*idem*, n° 46bis). — *Berle*, xIIe s. (*idem*, n° 27). — *Mansus de Barle*, 1458 (Bibl. nat., lat., n. acq., 1222, f° 86).

Concession du 25 juillet 1849.

Barlet (Le), afll. de la Méjeanne, cne d'Arlempdes. — *Le Coulombs*, 1888 (carte adm.)

Barlhot, m. i., cne de Domeyrat.

Barlière, m. i, cne de Vals-près-le-Puy.

Barlières, vill., cne de Bournoncle-la-Roche. — *In comitatu Brivatensi, villa quæ dicitur Berlerias*, 935 (cart. de Brioude, ch. 158); — 976 (cart. de Sauxillanges, ch. 82). — *Barleyras*, 1453 (terrier du fordoyenné de Br.). — *Barlière* (cad.).

Barlières, écart, cne de Connangles. — *Berleriæ*, xve s. (la Chaise-Dieu, Connangles). — *Berleyras*, 1462 (*ibid.*). — *Barlière*, 1888 (carte adm.).

Barnafre, f., cne de Champclause.

Barnet (Peu de), mont., cne de Ferrussac.

Barnier, min sur la Borne, cne de Lissac.

Barnus (La), pagésie à Montmoirac, cne d'Autrac. — 1493 (terrier de Blesle).

Baronette, écart, cne de Chamalières.

Barques (Les), m. i., cne d'Aurec.

Barral, m. i, cne de Rosières.

Barral, m. i., cne d'Yssingeaux.

Barral (Moulin-de-), min sur le Lignon, cne d'Yssingeaux.

Barrande, f. et min sur le Pontajou, cne de Saugues.

Barraux (Les), f., cne de Vissac. — *Lous Barrals*, 1576 (terrier du Cluzel). — *Les Barreaux*, 1888 (Malègue).

Barray, h., cne de Saint-Julien-Molhesabate. — *Barrey*, 1879 (carte adm.).

Barret, h., cne du Pont-Salomon. — *Baret*, 1888 (Malègue).

Barret, vill., cne de Saint-Georges-d'Aurac. — *Baret*, 1513 (la Chaise-Dieu, Mazerat-Aurouze).

Barret, écart, cne de Saint-Pal-de-Mons.

Barret, chât. et f., cne de Saussac-l'Église. — 1250 (Saint-Mayol, invent.). — *Barret*, 1346 (J. de Peyre, nre). — *Locus de Barreto*, 1506 (Haute-Loire, E.).

Barrets (Les), f., cne de Langeac. — 1502 (Arch. nat., Q. 513, f° 200).

Barreyre (Moulin-de-), min sur la Semène, cne de Saint-Didier-la-Séauve. — *Moulin-Barreire*, 1879 (carte adm.).

Barribas, vill., cne de Monlet. — *Villa de Barribac*, 1263 (Martène, thes. nov. anecd., I, 116). — *Mansus de Baribac*, 1375 (Arch. nat., S. 3299, n° 2). — *Barribacum*, 1375 (la Chaise-Dieu, liasse Barribas). — *Barribat*, 1531 (*ibid.*). — *Baribas*, 1561 (Médicis, I, 507). — *Bariba*, xVIIIe s. (Cassini).

Barrière (La), vill. détr., cne de la Chapelle-Geneste. — *Mansus de la Barreira*, 1373 (la Chaise-Dieu, la Chapelle-Geneste).

Barrière (La), m. i., cne de Lempdes.

Barriol-de-Pleyné, m. i., cne de Tence.

Barriols (Les), vill., cne de Saint-Julien-Chapteuil. — *Bairuel*, 1210 (templiers du Puy). — *Barruol*, 1473 (év.). — *Baruol*, 1507 (év.). — *Barriol*, 1535 (Savin, nre).

Barris (Les), h., cne de Saint-Maurice-de-Lignon. — *Les Barry*, 1888 (Malègue).

Barris (Les), h., cne d'Yssingeaux. — *Clausi del Barri*, 1312 (év.).

Barrot, h., cne de Queyrières. — *La Champ de Baraud*, 1820 (Deribier).

Barry, f., cne d'Araules. — 1639 (Haute-Loire, E.).

Barry, h., cne de Grazac.

Barsende, fne et porte du bourg de Polignac. —

Fons Bercenda, v. 1070 (cart. de Pébrac, n° 3).
— *Al portal de Barsenda,* 1369 (coll. César Falcon).

BARTAILLAT (LE), affl. de l'Allier à la limite des c^{nes} de Saint-Ilpize et de Brioude. — *Rivus de Bertellat,* 1460 (Arch. nat., ZZ. 359, f° 10).

BARTHALARD, bois, c^{ne} de Saint-Ilpize.

BARTHE (LA), écart, c^{ne} de la Besseyre-Saint-Mary. — *La Bartha,* 1539 (Thiolent). — *Le mas de la Barte,* 1749 (terrier du Besset).

BARTHE (LA), m. i., c^{ne} de Domeyrat. — *Labarthe,* 1888 (carte adm.).

BARTHE (LA), écart, c^{ne} de Jullianges. — *Les Barthes,* 1888 (Malègue).

BARTHE (LA), f., c^{ne} de Pinols. — *Mansus de la Barthe,* 1486 (terrier de Tailhac).

BARTHE (LA), f., c^{ne} de Saint-Front. — 1695 (capitation).

BARTHE (LA), terroir boisé près Servissas, c^{ne} de Saint-Germain-Laprade. — *La Bartha pavoroze,* 1568 (Savin, n^{re}).

BARTHE (LA), mⁱⁿ sur le Ceroux, c^{ne} de Vieille-Brioude.

BARTHE-REDONDE, f., c^{ne} de Présailles.

BARTHE-REDONDE (PETIT-), f., c^{ne} de Présailles.

BARTHES (LES), bois, c^{ne} de Ferrussac.

BARTHES (LES), bois, c^{nes} de Freycenet-la-Tour et de Moudeyres. — *Territorium de las Bartas,* 1524 (cad. du Monastier). — *Le boys des Barthes,* 1568 (Nicolas, n^{re}).

BARTHES (LES), f., c^{ne} des Vastres. — *Les Bartes,* 1888 (carte adm.).

BARTHES (LES), houillère, c^{ne} de Vergongheon. — Concession du 11 février 1829.

BARTHOL, m. i., c^{ne} de Domeyrat. — *Barlhot,* 1872 (Malègue).

BARTHOL, m. i., c^{ne} de Saint-Préjet-Armandon. — *Berthal,* 1888 (Malègue).

BARTHOMEUF (MOULIN-), mⁱⁿ sur la Ramade, c^{ne} de Ferrussac.

BARTHOUMIAU, f., c^{ne} de Champclause.

BARTOUX (CÔTE DE), mont., c^{ne} de Vézézoux.

BARTOUTS (LE), affl. du Malaval, c^{ne} d'Ouïdes.

BARY (LE), m. i., c^{ne} du Monteil.

BAS, arr. d'Yssingeaux. — *Territorium Bassense,* 940 (cart. de Chamalières, n° 106). — *Vicaria Bassensis,* 962 (cart. de Cluny, n° 1131). — *Parrochia de Basso,* 986 (cart. de Chamalières, n° 109). — *Vicaria Bazensis,* x° s. (cart. du Monastier, n° 172). — *Vicaria Bassiensis,* v. 990 (*idem,* n° 163). — *Bas,* 1001 (cart. de Chamalières, n° 103). — *Parochia Basii,* 1497 (obit. de Bas).

— *Bassa opidulum, Bassa vicus,* 1618 (Papire Masson, descr. flum. Galliæ, 7 et 14). — *Bas en Forez,* 1743 (Haute-Loire, B. 56). — *Bas en Basset,* 1767 (Alm. de Lyon).

En 1789, Bas était compris dans la province du Forez, la généralité de Lyon et le bailliage de Montbrison. Son église paroissiale, diocèse du Puy et archiprêtré de Monistrol-sur-Loire, était dédiée à saint Tyrse; l'évêque du Puy était collateur.

BAS-PNÉ, m. i., c^{ne} de Saint-Julien-d'Ance.

BASSELLES, h., c^{ne} de Saint-Julien-Chapteuil. — 1296 (homm. de l'év.). — *Bascelas,* 1347 (J. de Peyre, n^{re}). — *Locus de Bassellis,* 1472 (Maltrait, n^{re}). — *Basseales,* 1507 (év.). — *Bassialles,* 1534 (év.). — *Bacelles, par. de S^{ct} Andéol de Chapteulh en Vellay,* 1542 (Savin, n^{re}). — *Basscalles,* 1685 (cad. de Chapteuil-Bas).

BASSET, vill., c^{ne} de Bas. — *Basset,* 1295 (coll. Chaleyer). — *Bassetum,* 1431 (Loire, A. 89, f° 211).

BASSET, f., c^{ne} de Montregard. — *Basset de Monregard,* 1695 (capitation).

BASSET (MOULIN-DU-PETIT-), mⁱⁿ sur le Trifoulou, c^{ne} de Montregard.

BASTARSONNE (LA), affl. de l'Allier à Lomenède, c^{ne} de Villeneuve-d'Allier.

BASTET, écart, c^{ne} de Saint-Vincent.

BASTIDE (LA), f., c^{ne} d'Azerat. — *La Bastida,* xiv° s. (terrier des Grèzes).

BASTIDE (LA), affl. de l'Allier près la Côte-Rouge, c^{ne} d'Azerat. — *Rivus de Gozealgue,* 1439 (la Chaise-Dieu, Azerat).

BASTIDE (LA), lieu détr., c^{ne} de Céaux-d'Allègre. — *La Bastida,* 1375 (la Chaise-Dieu, liasse Barribas). — *La Bastide,* 1759 (tabl. hist. du Velay, 1875-6, 214).

BASTIDE (LA), mont., c^{ne} de Chambezon. — *Mons de la Bastida,* 1433 (la Chaise-Dieu, Chambezon).

BASTIDE (LA), h., c^{ne} de Cronce.

BASTIDE (LA), chât. et h., c^{ne} de Fix-Saint-Geneys. — *Castrum de la Bastida,* 1321 (spic. Brivat.); — 1385 (*ibid.*). — *Labastide* 1888 (carte adm.).

BASTIDE (LA), h., c^{ne} de Grèzes.

BASTIDE (LA), h., c^{ne} de Léotoing. — *Le Mas de la Bastide audessoubz le chastel de Leothoing,* xv° s. (Arch. nat., R⁴. 1106, n° 342). — *La Bastidde,* 1520 (la Chaise-Dieu, Chambezon).

BASTIDE (LA), f., c^{ne} de Pinols. — *La Bastide,* 1364 (Arch. nat., Z². 54, p. 169).

BASTIDE (LA), vill., c^{ne} de Retournac. — *A[d] Bastidam*, v. 1213 (cart. de Chamalières, n° 326). —
Villa de la Bastida, 1336 (Arch. nat., P. 493²,
c. 118). — *La Bastia*, 1401 (terrier de Pierre
du Bois). — *Bastida en Rovoure*, v. 1450 (Arch.
nat., P. 1397², c. 582).

BASTIDE (LA), m. i., c^{ne} de Saint-Just-près-Brioude.
— 1603 (Chanvon, n^{re}).

BASTIDE (LA), vill., c^{ne} de Saint-Pal-de-Murs. —
1610 (la Chaise-Dieu, Saint-Pal-de-Murs).

BASTIDE (LA), lieu détr., c^{ne} de Saint-Paulien. —
Mansus de la Bastida, 1276 (Saint-Mayol). —
Via qua itur de Sosde versus Bastidam, 1355 (ter-
rier de P. Ravoux).

BASTIDE (LA), vill., c^{ne} de Saint-Préjet-d'Allier. —
Villa de Bastida, 1259 (Thiolent). — *Mansus de
la Bastida*, 1291 (la Chaise-Dieu, Bouchet-Saint-
Nicolas).

BASTIDE (LA), loc. détr., c^{ne} de la Vaudieu. — *Les
chezaux de la Bastide*, 1612 (terrier de la Vaudieu).

BASTIDE (LA), h., c^{ne} de Venteuges. — *Mansus de
Bastida*, 1327 (Lozère, G. 99). — *La Bastida*,
1460 (Bibl. nat., lat., n. acq., 1222, f° 194).

BASTIDE (LA), chât. et dom., c^{ne} de Vielprat. — *Bastida*, 1462 (V. Chauvin, n^{re}).

BASTIDE (LA), vill., c^{ne} de Vorey. — *Mansus de la
Bastida*, 1333 (Arch. nat., P. 494¹, c. 16). —
Las Bastidas, 1347 (J. de Peyre, n^{re}). — *La
Bastia*, 1400 (terrier du Bois).

BASTIDES (LES), m. i., c^{ne} de la Chaise-Dieu.

BASTIDES (LES), f., c^{ne} de Saint-Front. — *La Bastide
de Mezenc*, 1605 (A. Robert, n^{re}). — *Les Basties
de Mezenc*, 1636 (état civ.). — *Las Bastyes*, 1646
(cad. de Bonnefont). — *Les Bastides*, XVIIIe s.
(Cassini).

BASTIDES (LES), h., c^{ne} de Saint-Pierre-Eynac. —
Bastida, 1386 (év.). — *Locus de Bastidis*, 1516
(Delaigue, n^{re}). — *La Bastide*, 1544 (Savin, n^{re}).
— *Les Bastides*, 1546 (idem).

BASTIDETTE (LA), h., c^{ne} de Saint-Préjet-d'Allier. —
La Bastideta, 1291 (la Chaise-Dieu, Bouchet-
Saint-Nicolas). — *Bastideta*, 1526 (A. Besseyre,
n^{re}).

BASTIE (LA), h., c^{ne} du Chambon. — *Bastia*, 1281
(tit. de Bronac). — *La Bastia*, 1314 (év.). —
Las Bastias, 1320 (homm. de l'év.). — *La Bastida*, 1507 (év.). — *Bastida*, 1510 (Rhône,
D. 161). — *La Basthie de Bonnas*, 1608 (cad.
de Bonnas). — *La Chevance app. de la Bastie*,
1616 (Rhône, H. 2153). — *La Bastide de Bonnas*, 1654 (Gérentes, n^{re}). — *Labatie*, 1820

(Deribier). — *Labatie de Cheyne*, 1869 (Malègue).

BASTORGUE, lieu détr. et bois, c^{ne} d'Arlet. — *Bas-
torgne*, 1360 (Arch. nat., Z². 54, p. 144).

BATAILLE, m. i., c^{ne} des Estables.

BATAILLE (LA), vill., c^{ne} d'Araules. — *Batailla*, 1281
(tit. de Bronac). — *La Batalhia*, 1455 (Pradier,
n^{re}). — *La Bataillia*, 1507 (év.). — *La Batailhe*,
1608 (cad. de Bonnas).

BATAILLE (LA), lieu dit, c^{ne} de la Mothe. — *La Batalha*, XIVe s. (terrier des Grèzes).

BATAILLE (LA), m. i., c^{ne} du Mazet-Saint-Voy.

BATAILLÈRE (LA), lieu dit, c^{ne} de Siaugues-Saint-
Romain. — *In pertinenciis loci de Selgue, in territorio de la Batalheyra*, 1462 (Bibl. nat., lat.,
n. acq., 1223, f° 60).

BATAILLET, f., c^{ne} de Mazeyrat-Crispinhac. — *Batalheyr*, XIIIe s. (terrier de l'hôpital de Langeac).
— *Mansus de Batalher*, 1459 (Bibl. nat., lat.,
n. acq., 1222, f° 121 v°).

BATAILLET, h., c^{ne} de Valprivas. — *Villa de Batailleu*,
1243 (Arch. nat., P. 493, c. 121). — *Mansus de
Batailhet*, 1334 (Arch. nat., P. 493¹, c. 38). —
Bathalyer, 1420 (tabl. du Velay, 1877-8, 365).
— *Batalhiet*, 1499 (obit. de Bas).

BATAILLIÈRE (LA), lieu dit, c^{ne} de Saint-Georges-Lagricol. — *La Bathalieyra, las Bathallieyres*, 1569
(terrier de N.-D. de Chalencon).

BATAILLOUX, h., c^{ne} de Saint-Hostien. — *Lous Bathaloux*, 1561 (Savin, n^{re}).

BATAREL, lieu détr., c^{ne} de Laussonne. — *In villa quæ
dicitur Batarellis*, v. 990 (cart. du Monastier,
n° 148). — *Le Mas del Batarel*, 1300 (homm.
de l'év.). — *Terra voc. del Batarel*, 1353 (Monastier). — *Le boys app. del Battarel*, 1621 (Nicolas, n^{re}). — *Terroir app. lou Batarel*, 1707
(cad. de Bouzols).

BATEAU (LE), m. i., c^{ne} de Chénéreilles.

BATEAU (LE), h., c^{ne} de Léotoing. — *Les Bateaux
ou la Nau*, 1820 (Deribier).

BATEAU (LE), m. i., c^{ne} de Salettes.

BATEAU (LE), m. i., c^{ne} de Solignac-sur-Loire. — *Le
Battau*, 1808 (état des succur.).

BATELARRE, h., c^{ne} de Tence.

BATELIER (LE), écart, c^{ne} de Chamalières. — *Les Bateliers*, 1888 (Malègue).

BATELIÈRE (LA), m. i., c^{ne} de Saint-Just-Malmont.

BATEZARD, h., c^{ne} de Saint-Jeure.

BATIASSE, m. i., c^{ne} de Saint-Jeure.

BATIE (LA), m. i., c^{ne} d'Araules. — *Labatie*, 1878
(carte adm.).

BÂTIE (LA), chât. ruiné et f., c^{ne} de Chaudeyrolles. —

Mansus de Bastida, 1284 (cart. de Mazan, f° 27). — *Bastida*, 1396 (Arch. nat., P. 1397², c. 545). — *Bastida de Fayno*, 1464 (Ardèche, C. 624). — *Labatie*, 1820 (Deribier).

Batie (La), h., cᵐᵉ de Sainte-Sigolène. — *La Bastia*, 1314 (év.). — *La Bastie*, 1655 (état civ.). — *Labatie*, 1820 (Deribier).

Batifol (Le), mᵗⁿ sur le Betzousseire, cᵐᵉ de Chastel.

Batisse (La), f., cᵐᵉ d'Autrac.

Batuzat, h., cᵐᵉ de Saint-Beauzire. — *In comitatu Brivatensi, in villa cui vocabulum est Batusaco*, 881 (cart. de Brioude, ch. 263). — *Locus de Batuzac*, 1445 (terrier de Faugères). — *Batusat*, 1878 (cart. adm.).

Bau (Lous), bois, cᵐᵉ de Mézères. — *Lo Bosc*, 1553 (terrier de Liques).

Baubac, h., cᵐᵉ de Polignac. — *Baubas*, 1695 (capitation). — *Beaubac*, 1888 (Malègue).

Baubeyrac, bois, cᵐᵉ de Séneujols. — *Vayceyra voc. Bolbayrac*, 1271 (Jacobins). — *Boubeyrac*, 1637 (coll. C. Falcon).

Bauche (La), f., cᵐᵉ de Tence. — *La Boscha*, 1343 (Rhône, H. 1016). — *Labauche*, 1820 (Deribier).

Bauche (La), vill., cᵐᵉ de Vergezac. — *La Baucha*, 1287 (Saint-Georges du Puy). — *Robert de Bauche*, 1347 (hospit. du Velay). — *Bauchia, La Bauchia*, 1371 (la Chaise-Dieu, Saint-Remy). — *Beauche*, 1820 (Deribier).

Baudéac, f., cᵐᵉ des Vastres. — *La Sanheyra de Boudeac*, 1464 (Ardèche, C. 624). — *Beaudéac*, xviii° s. (Cassini). — *Beaudac*, 1888 (Malègue).

Baudet, vill., cᵐᵉ de Tence. — 1692 (état civ.). — *Beaudet*, 1820 (Deribier).

Baudor, f., cᵐᵉ de Tence. — *Boudor*, 1695 (capitation).

Baulie, mᵗⁿ, cᵐᵉ de Rosières. — *Baulhie*, 1714 (cad. de Laval-Emblavès). — *Beaulio*, 1888 (Malègue).

Baume (La), chât., cᵐᵉ d'Alleyras. — *Villa quæ dicitur de Balma*, xii° s. (cart. de Pébrac). — *La Balma*, 1234 (*idem*). — *La Balme*, 1527 (Thiolent). — *Ung chasteau app. la Baulme*, 1585 (Burel, 584). — *Le château de la Baume de Vabres*, 1724 (L'Ouvreleul).

Baume (La), écart, cᵐᵉ de Bauzac.

Baume (La), lieu dit, cᵐᵉ de Saint-Arcons-d'Allier. — *Territ. voc. de la Balma*, 1460 (Bibl. nat., ms. lat., n. acq., n° 1222, f° 162 v°).

Baume (La), ruiss., affl. de la Loire, près de la Va-

renne, cᵐᵉ de Chadron, arrose les cᵐᵉˢ du Brignon et de Solignac-sur-Loire.

Baume (La), chât et h., cᵐᵉ de Solignac-sur-Loire. — *Balma*, 1352 (prieuré de Solignac). — *Fortalicium Balmæ*, 1357 (tabl. du Velay, 1874-5, 65). — *La Balme*, 1568 (Doleson, nʳᵉ). — *La Baulme*, 1585 (Johany, nʳᵉ). — *La Baume*, xviii° s. (Cassini). — *La Beaume* (état-major).

Baume (La), l. détr., cᵐᵉ de Thoras. — *Mansus de la Balma*, 1301 (Thiolent). — *La Balme*, 1537 (*idem*).

Baumes (Les), f., cᵐᵉ des Estables. — *Les Beaumes*, 1743 (état civ.). — *Les Beaumes-de-Veyssier*, 1771 (*idem*).

Bauzac, cᵒⁿ de Monistrol-sur-Loire. — *Ecclesia de Bausaco*, 923 (cart. de Chamalières, n° 118). — *Ecclesia S. Johannis da Bausaco*, 997 (*idem*, n° 120). — *Ecclesia S. Johannis Baptistæ de Bausac*, 1096 (*idem*, n° 102). — *Bausachium*, 1175 (*idem*, n° 124). — *Bauzac*, xii° s. (*idem*, n°ˢ 78 et s., rubriques). — *Castrum de Bausac*, 1267 (Médicis, I, p. 80). — *Ecclesia de Bauzaco*, v. 1343 (cart. du Monastier. app., n° 452). — *Locus de Bosaco*, 1346 (Arch. nat., P. 4903, col. 229). — *Bausac de la Brousse*, 1506 (Médicis, II, 304). — *Bouzac en Vellay*, 1609 (A. Robert, nʳᵉ). — *Beauzac*, 1888 (Malègue).

En 1789, Bauzac faisait partie de la province du Velay et de la sénéchaussée et subdélégation du Puy. Son église paroissiale, diocèse du Puy et archiprêtré de Monistrol-sur-Loire, était sous le vocable de saint Jean; le prieur de Chamalières en était collateur.

Bauzac (Les Piles-de-), pont ruiné sur la Loire et écart, cᵐᵉ de Solignac-sur-Loire. — *Molendinum de Bosac*, 1464 (prieuré de Solignac). — *Pont de Solignac*, 1644 (L. Coulon, riv. de France, I, 246). — *Le domaine de Bauzac*, 1785, (Julien, nʳᵉ).

Bauzit, écart, cᵐᵉ de Vals-près-le-Puy. — *Bausic*, 1253 (invent. de Saint-Mayol). — *Bauzic prope Anicium*, 1346 (J. de Peyre, nʳᵉ). — *Bausic*, 1506 (Médicis, II, 301). — *Locus de Bousico*, 1516 (G. Maurin, nʳᵉ). — *Abouzit*, 1531 (Dompnin, nʳᵉ). — *Abausic*, 1533 (Médicis, I, 358). — *Bousic*, 1565 (Doleson, nʳᵉ). — *Bouzit*, 1581 (*idem*). — *Beauzic*, 1720 (Saugrain). — *Bougie*, 1888 (Malègue).

Bavat, vill., cᵐᵉ de Saint-Arcons-d'Allier. — *Mansus de Bavat*, 1452 (Bibl. nat., lat., n. acq., 1222, f° 6).

Bave (La), ruiss., prend sa source dans les montagnes du Luguet (Puy-de-Dôme), sépare les départements du Puy-de-Dôme et de la Haute-Loire, arrose les c⁰ᵉˢ d'Autrac, Blesle et Torsiac et se jette dans l'Allagnon, au-dessus de Brugeilles.

Bayle, h., cⁿᵉ d'Aurec.

Bayle, h., cⁿᵉ de Raucoules.

Bayle (Moulin-de-), mⁱⁿ sur le Chaudet, cⁿᵉ du Chambon.

Bayle (Moulin-de-), mⁱⁿ sur l'Auzon, cⁿᵉ de Chassignolles.

Bayle (Moulin-de-), mⁱⁿ sur le ruiss. du Monteil, cⁿᵉ de Saint-Haon.

Bayon, f., cⁿᵉ de Montfaucon.

Bayon (Le Mas-de-), f., cⁿᵉ de Saint-Didier-la-Séauve. — *Bezanjon?* 1290 (homm. de l'év.). — *Mansus de Bessanio*, 1309 (év.). — *Bezanho*, 1343 (év.). — *Terra de Besongho*, 1454 (hôtel-Dieu, B. 700). — *Les Mats-de-Bayon*, 1820 (Deribier).

Bayssaille, h., cⁿᵉ de Queyrières. — *La Beyssache*, 1861 (état-major). — *Bessaille*, 1879 (carte adm.).

Bayt, mont., cⁿᵉ de Rosières. — *Passus voc. Bayns*, 1273 (hospit. du Velay). — *Mons voc. de Baystz*, 1383 (év.). — *La commune app. de Bahits*, 1714 (cad. de Laval-Emblavès).

Bazic, f., cⁿᵉ de Fay-le-Froid.

Bazan, m. i., cⁿᵉ de Saint-Ferréol-d'Auroure. — *Bazau*, 1888 (Malègue).

Béade (La), affl. de la Gourgueure, cⁿᵉ d'Auvers.

Béala (La), m. i., cⁿᵉ de Saint-Ferréol-d'Auroure. — *La Biéla* (cad.). — *Piala*, 1879 (carte adm.).

Beaufort, chât. ruiné, cⁿᵉ de Goudet. — *Castrum de Belfort*, 1247 (Rhône, la Sauvetat). — *Castrum Bellifortis*, 1267 (Médicis, I, 80). — *In castro Bellifortis, capella ad hon. b. Mariæ Magdalenæ*, 1389 (cordeliers). — *Castrum Bellifortis Godeti*, 1450 (prieuré de Goudet). — *Castrum Bellifortis de Godeto*, 1463 (Chauvin, nᵉ). — *Châteauviel*, 1824 (Deribier, stat., 297).

Beaujeu, chât. détr. et h., cⁿᵉ du Chambon. — *Beljoc*, v. 1021 (cart. de Chamalières, n° 49. — *Castrum de Beljoc situm en Tensanes*, 1259 (Rhône, D. 159). — *Castrum de Belijoc*, 1282 (tabl. du Velay, 1876-7, 535). — *Castrum de Bellojoco*, 1328 (cart. de Tence, f° 4 v°). — *Bellioc*, 1343 (Rhône, H. 1016). — *Capella B. Agathæ martiris situata in loco et prope castrum Belli joci*, 1529 (Rhône, D. 169).

Beaujour, m. i., cⁿᵉ de Rosières.

Beaulaigue, h., cⁿᵉ de Montregard. — *Beo Laygua*, 1466 (Rivière, nᵉ). — *Beaulaigua*, 1556 (terrier de Montregard). — *Beoulaigue*, 1574 (Guèze, nᵉ).

Beaulieu, lieu dit, près Saint-Ilpize. — *Pulcer Locus*, 1385 (Arch. nat., Z². 4144, p. 10). — *Belleoc*, par. S. Ilpidii, 1460 (Arch. nat., ZZ. 359, p. 19). — *Bellus Locus*, 1471 (*idem*, p. 142).

Beaulieu, l. détr., cⁿᵉ de Saugues. — *Mansus de Belloloco*, 1327 (Lozère, G. 98). — *La chapelle Nostre-Dame*, 1516 (Arch. nat., Gˢ* 2, f° 597 v°). — *Beaulieu*, xviiiᵉ s. (Cassini).

Ancien pèlerinage transféré depuis une trentaine d'années à l'église de Paulhac (Lozère). [Communication de M. de la Bilherie.]

Beaulieu, cⁿᵉ de Vorey. — *Ecclesia S. Mariæ de Basuc*, 1119 (Chifflet, hist. de Tournus, 402). — *S. Maria de Baisam*, 1179 (Juénin, nouv. hist. de Tournus, 175). — *Capellanus de Bello Loco*, v. 1181 (hospit. du Velay). — *Castrum de Bello Locu*, 1220 (Gall. ch., II, 711). — *Bellioc*, 1255 (tabl. du Velay, 1876-7, 523). — *Ecclesia de Belloc*, 1272 (hôtel-Dieu, B. 326). — *Prioratus Belliloci Vallis Ablavensis*, 1304 (*idem*, B. 366). — *Belluoc*, 1408 (compois du Puy). — *Belhoc*, 1561 (R. Maurin, nᵉ). — *Le prieuré de Nostre-Dame de Beaulieu en Vellay*, 1573 (A. Boyer, nᵉ). — *Le prieuré de Notre-Dame de Beaulieu en Laval-Emblavès*, 1610 (Robert, nᵉ). — *Boulheu*, 1631 (Brunel, nᵉ).

En 1789, Beaulieu dépendait de la province du Velay, de la subdélégation et sénéchaussée du Puy. Son église paroissiale, diocèse du Puy et archiprêtré de Monistrol-sur-Loire, était consacrée à Notre-Dame; le prieur de Beaulieu présentait à la cure.

Beaumat, h., cⁿᵉ de Saint-Didier-la-Séauve. — *Balmatus*, 1470 (terrier de Saint-Didier de Joyeuse). — *Bomat*, 1553 (ress. de Montfaucon). — *Balmat*, 1563 (terrier de Saint-Didier).

Beaumont, cⁿᵉ de Brioude. — *In villa quæ dicitur Bello Monte*, 907 (cart. de Brioude, ch. 214). — *In... vicaria Brivatensi, in loco qui vocatur Bellomons*, 918 (*idem*, ch. 43). — *Ecclesia de Bello Monte*, 1120 (Gall. chr., II, instr., col. 133). — *Belmont*, 1341 (terrier de Charbonnier). — *Beulmont*, 1379 (compte de B. Flotenc). — *Beaumont*, 1398 (compte de B. Sannadre). — *Belmond*, 1453 (terrier du fordoy. de Br.). — *Beaulmont*, 1511 (coust. d'Auv., f° 70 v°).

En 1789, Beaumont était compris dans la province d'Auvergne, l'élection et subdélégation de Brioude et le présidial de Riom; il était régi par le droit écrit. Son église paroissiale, diocèse de Saint-Flour et archiprêtré de Brioude, était consacrée à saint Hilaire; le chapitre de Brioude présentait à la cure.

BEAUMONT, vill., c^ne de Saint-Victor-sur-Arlanc. — *Castrum de Belmont, de Bellomonte*, 1173 (hist. de Languedoc, VIII, pr., col. 297).

BEAUNE, c^on de Craponne-sur-Arzon. — *Capellanus de Beune*, 1275 (spic. Brivat.). — *Parochia ecclesiæ B. Juliani de Benne*, 1326 (Arch. nat., P. 1398¹, c. 632). — *Beanes*, 1452 (Arch. nat., P. 1360², c. 864). — *Belna, Balne*, 1484 (*idem*). — *Beaulne, Beaunes*, 1513 (*idem*). — *Beaune*, 1514 (*idem*).

En 1789, Beaune faisait partie de la province d'Auvergne, de l'élection de Brioude, de la subdélégation de la Chaise-Dieu et du présidial de Riom. Son église paroissiale, diocèse du Puy et archiprêtré de Saint-Paulien, était dédiée à saint Julien ; le baron de Roche-en-Régnier présentait à la cure.

BEAUNE, vill., c^ne de Saint-Arcons-d'Allier. — *Mansus de Benne*, 1452 (Bibl. nat., lat., n. acq., 1222, f° 6). — *Beaune*, 1469 (*idem*, 1223, f° 360 v°). — *Beaulne*, 1570 (terrier de Vissac).

BEAUNE, chât. détr. et vill., c^ne de Saint-Étienne-du-Vigan. — *Beune*, 1258 (Monastier). — *Beuna*, 1271 (Arch. nat., P. 1381, c. 3329). — *Benna*, 1289 (Arch. nat., P. 1398¹, c. 652). — *Le lieu de Beaune*, 1382 (Hist. gén. de Lang., édit. Privat, X, c. 1672). — *Beaune*, 1590 (Burel, 211).

BEAUNES (LES), m^in ruiné sur la Loire, près Durianne, c^ne du Monteil.

BEAUREGARD, dom., c^ne de Chadrac.

BEAUREGARD, loc. détr., c^ne de Chassignolles. — *Mansus de Bel-Regart*, 1358 (spic. Briv.).

BEAUREGARD, f., c^ne des Estables. — *Belregarda*, 1224 (Bonnefoy). — *Beauregard*, 1747 (état civil).

BEAUREGARD, h., c^ne de Lausonne. — *Mansus del Montet Conchiat?*, 1258 (cart. du Monastier, n° 450).

BEAUREGARD, loc. détr., c^ne de Lempdes. — *Infirmaria de Lendu*, 1281 (J. Lachenal, l'égl. de Br., 23). — *Domus infirmorum de Bel-Reguart*, 1295 (spic. Briv.). — *Domus sive grangia de Bel-Regart*, 1326 (*idem*).

Ancienne maladrerie dépendant de celle de la Bajasse.

BEAUREGARD, f., c^ne de Saint-Front. — 1307 (homm. de l'év.).

BEAUREGARD, chât., c^ne de Saugues. — 1539 (Thiolent).

BEAUREGARD, vill., c^ne de Vazeilles-Limandres. — *Bel Regar*, 1226 (hôtel-Dieu, B. 306). — *Villa de Bello Regardo*, 1321 (spic. Briv.). — *Beauregard*, par. de Vazelles, 1511 (coust. d'Auv., f° 81). — *Belregard*, 1598 (Gallien n^re).

BEAUREGARD, lieu détr., c^ne de la Voûte-Chilhac. — *Villa de Bel-Regartz*, 1288 (spic. Briv.).

Avant 1789, la rente de Beauregard se percevait sur les paroisses d'Aubazat, Cerzat, Chilhac, Couteuges, la Chomette, Saint-Ilpize et Saint-Privat-du-Dragon.

BEAUSÉJOUR, m^on de camp., c^ne de Brives-Charensac.

BEAUVALLON, f., c^ne de Saint-Julien-Chapteuil. — 1685 (cad. de Chapteuil-Bas).

BEAUVOIR, h., c^ne d'Aurec. — *Bellus Visus*, 1418 (Loire, A. 89, f° 152).

BEAUVOIR, m. i., c^ne de Monistrol-sur-Loire.

BEAUX, vill., c^ne de Monistrol-sur-Loire. — *Beals*, 1314 (év.). — *Bealhs*, 1370 (év.). — *Beaulx*, 1507 (év.). — *Beaux*, xviii° s. (Cassini). — *Beau*, 1860 (état-major).

BEAUX, f., c^ne de Saint-Romain-Lachalm.

BEAUX, c^on d'Yssingeaux. — *Bedals*, v. 1110 (cart. de Chamalières, n° 46). — *Capella S. Bartholomei sita in castro de Beaulx*, 1457 (musée du Puy, bulle).

Église érigée en succursale, le 11 février 1829. Commune créée le 4 juin 1845 et démembrée des communes de Retournac et d'Yssingeaux.

BEAUX (LES), vill., c^ne du Mas-de-Tence. — *Los Beals*, 1331 (cart. de Mazan, f° 134).

BEAUX (LES), vill., c^ne de Tence.

BEAUX (LES), affl. des Mazeaux, c^ne de Tence.

BEC (LE), h., c^ne de la Chapelle-d'Aurec.

BEC (LE), f., c^ne de Tiranges.

BÈCHE-SOLEIL, écart, c^ne de Cussac. — *Rancus de Becha Soleilh*, 1436 (hôtel-Dieu, B. 569). — *Beche-Soleil*, 1607 (Robert, n^re).

BEDENET, h., c^ne de Reillac. — *In villa Betenedu*, 994 (cart. de Cluny, n° 2274). — *Rivus de Bedenet*, 1459 (Bibl. nat., lat., n. acq., 1222, f° 377).

BÉCONICHE (LA), f., c^ne de Saint-Vert.

BÉGONS (LES), f., c^ne de Saint-Préjet-Armandon. — *Les Begons*, 1505 (Vals-le-Chastel). — *Loz Begoux*, 1570 (J. Chalvon, n^re).

BÈGUE (MOULIN-DU-), m^in sur le Say, c^ne de Loudes.

BEISSAT, m. i., c^ne de Saint-Beauzire.

BEL-AIR, m. i., c^ne du Chambon.

BEL-AIR, h., c^ne de la Chapelle-d'Aurec.

BEL-AIR, f., c^ne du Mazet-Saint-Voy. — *Masdalounet ou Belair*, 1820 (Deribier).

BEL-AIR, m. i., c^ne de Riotord.

BEL-AIR, f., c^ne de Saint-Didier-la-Séauve.

Bel-Air, m. i., c⁰ᵉ de Saint-Julien-Molhesabate. — *Beiller*, 1872 (Malègue).

Bel-Air, h., cⁿᵉ de Saint-Pal-de-Mons. — *Bellaire* (cad.).

Bel-Air, f., cⁿᵉ de Saint-Romain-Lachalm.

Bel-Air, f., cⁿᵉ de Tence.

Bel-Air, m. i., cⁿᵉ d'Yssingeaux. — *Bellevue* ou *Belaire* (cad.).

Belabre, f., cⁿᵉ des Estables. — *Mansus de Belabre*, 1352 (Arch. nat., P. 1398¹, cote 668). — *La Metterie de Belabre-lez-Bonnefoy*, 1614 (Duclaux, nʳᵉ).

Belchamp, h., cⁿᵉ de Chanteuges. — *Bellus Campus, Mas de Belchamp*, 1398 (la Chaise-Dieu, Chanteuges). — *Béchamp*, 1857 (Lagrave, hist. de Langeac, 102).

Belchamp, h., cⁿᵉ du Mas-de-Tence.

Belchamp, vill., cⁿᵉ de Tence.

Belette (La), affl. de la Senouire au moulin Blanc, cⁿᵉˢ de Cistrières et de Connangles.

Bélistar, vill., cⁿᵉˢ d'Araules et de Champclause. — *Mansus de Bel-estar*, 1234 (Gall. christ., II, eccl. Anic., col. 774). — *Bel-istar*, 1291 (*idem*, col. 774). — *Bel-ystar*, 1507 (év.). — *Belistar*, 1561 (Savin, nʳᵉ). — *Bellistar*, 1723 (cad. de Bellecombe). — *Belistat*, xviiiᵉ s. (Cassini). — *Belistard*, 1861 (état-major).

Bellanges, m. i., cⁿᵉ de Jullianges.

Bellecombe, vill., cⁿᵉ d'Yssingeaux. — *Sanctimoniales Belacumbe*, v. 1021 (cart. de Chamalières, n° 64). — *Monasterium de Bellacumba*, v. 1184 (*idem*, n° 152). — *Domus de Bellacomba*, v. 1232 (Saint-Agrève). — *Apud Bellecumbe*, 1390 (év.). — *Bellecombe*, 1600 (Mᶜᵉ Leblanc, nʳᵉ).

Ancienne abbaye de Cisterciennes, fondée en 1148, détruite à la Révolution.

Bellecombe (Le), affl. de l'Auze, limite les cⁿᵉˢ d'Araules et d'Yssingeaux. — *Aqua de Naiva*, 1359 (Rhône, H. 2632). — *Aqua de Nayva*, 1453 (Pradier, nʳᵉ).

Bellefont, f., cⁿᵉ des Estables. — 1751 (état civ.).

Belle-Onde, mⁱⁿ sur la Loire, cⁿᵉ de Brives-Charensac. — *Molendinum infirmorum*, v. 1210 (tabl. du Velay, 1876-1877, 513). — *Molendinum de la Malauteyra*, 1314 (Saint-Georges du Puy). — *Le Molyn de la Maison Maladiere de Brive*, 1546 (Savin, nʳᵉ).

Belle-Plaine, écart, cⁿᵉ de Brives-Charensac.

Belle-Plaine, f., cⁿᵉ de Lantriac.

Belle-Plaine, m. de camp., cⁿᵉ de Vals-près-le-Puy.

Belleput, vill., cⁿᵉ de Saint-Julien-Chapteuil. — *Mansus de Bulurut*, 1343 (év.). — *Locus de Bulhuruto*, 1455 (Pradier, nʳᵉ). — *Belurut*, 1501 (coll. C. Falcon). — *Bellurut*, 1507 (év.).

Bellevue, écart, cⁿᵉ d'Ally.

Bellevue, f., cⁿᵉ d'Aurec.

Bellevue, m. i., cⁿᵉ de Boisset.

Bellevue, m. i., cⁿᵉ de Brives-Charensac.

Bellevue, m. i., cⁿᵉ de Cayres.

Bellevue, f., cⁿᵉ de Chaudeyrolles.

Bellevue, f., cⁿᵉ de Laussonne.

Bellevue, h., cⁿᵉ du Puy. — *Mansus de Fernis*, 1195 (hôtel-Dieu, A. 2). — *Mansus de Feniss prope Bastidam*, 1284 (*idem*, B. 151). — *Lo Mas de Fenins*, 1346 (J. de Peyre, nʳⁿ). — *Mansus de Fenys*, 1374 (Saint-Georges du Puy). — *Le terroir du Puy, appelé la Croix de la Magdalleyne, autrement Mas de Phenix*, 1604 (Saint-Pierre-la-Tour).

Bellevue, h., cⁿᵉ de Saint-Cirgues.

Bellevue, f., cⁿᵉ de Sainte-Florine.

Bellevue, f., cⁿᵉ de Saint-Just-Malmont.

Bellevue, f., cⁿᵉ de Saint-Pal-de-Mons.

Bellevue, m. i., cⁿᵉ de Saint-Paulien.

Bellevue, grange d'Alleret, cⁿᵉ de Saint-Privat-du-Dragon.

Bellevue, f., cⁿᵉ de Tence.

Bellevue, f., cⁿᵉ de Vieille-Brioude. — *Bellerue*, 1872 (Malègue).

Bellevue, f., cⁿᵉ de Villeneuve-d'Allier.

Bellevue, m. i., cⁿᵉ d'Yssingeaux.

Bellevue-de-Chabannes, m. i., cⁿᵉ de Monistrol-sur-Loire.

Bellevue-d'Ollières, f., cⁿᵉ de Monistrol-sur-Loire.

Bellevue-la-Montagne, cᵒⁿ d'Allègre. — *Ugo de Saint Just*, v. 1175 (hospit. du Velay). — *Castellum de S. Justo*, 1222 (Martène, thes. nov. anecd., I, 897). — *Ecclesia S. Justi*, 1252 (Saint-Agrève). — *Parochia S. Justi prope Allegrium*, 1475 (Arch. nat., ZZ. 359, p. 149). — *Sanct-Just*, 1507 (év.). — *S.-Just-près-Chomelis*, xviiiᵉ s. (Cassini). — *Bellevue-la-Montagne* (1793).

En 1789, Bellevue-la-Montagne faisait partie de la province d'Auvergne, de l'élection de Brioude, de la subdélégation de la Chaise-Dieu et du présidial de Riom. Son église paroissiale, diocèse du Puy et archiprêtré de Saint-Paulien, était sous le vocable de saint Just; le commandeur de Montredon présentait à la cure.

Seigneurie appartenant à la maison d'Allègre et relevant en fief du duché d'Auvergne.

Par décret du 10 août 1896, cette commune a

été autorisée à changer son nom de Saint-Just-près-Chomelix, contre celui de Bellevue-la-Montagne.

BELLUT, m^{in} sur la Senouire, c^{ne} de Connangles. — *Molendinum de Beluc*, 1343 (la Chaise-Dieu, Belluc). — *Les Molins de Belluc*, 1585 (*ibid.*).

BELMONT, vill., c^{ne} de Saint-Privat-du-Dragon. — *Belmond*, 1625 (terr. du Chambon de Blau).

BELON, m. i., c^{ne} de Tence. — *Bellon*, 1692 (état civ.).

BELTOURTEL, écart, c^{ne} de Saint-Julien-Chapteuil. — *Beltortel*, 1455 (Pradier, n^{re}). — *Beltourtel*, 1561 (Savin, n^{re}). — *Beltoustel*, 1869 (Malègue).

BELVAL, écart, c^{ne} de Rosières. — *Bella Vallis, Bela Val*, 1343 (coll. C. Falcon). — *Belleval*, 1714 (cad. de Laval-Emblavès).

BELVEZET, vill., c^{ne} de Saint-Jean-Lachalm. — *Belvezer*, 1210 (templiers du Puy). — *Villa de Bellvezer*, 1236 (*idem*). — *Domus de Bello Visu*, 1304 (hôtel-Dieu, B. 365). — *Beauvezer*, 1452 (*idem*, B. 571). — *Locus de Pulcro Visu*, 1500 (Rhône, Chantoin, I, 8).

BÉNAC, dom., c^{ne} de Chanteuges. — *In villa nominata Begnaco*, 929 (cart. de Brioude, ch. 261). — *In loco vocabulo Benago*, 936 (*idem*, n° 337). — *Bergnias, in vicaria de Cantilianico* (*idem*, tables, cxcvii). — *Benat*, 1262 (spic. Briv.). — *Boria de Benac*, 1473 (Bibl. nat., lat., n. acq., 1224, f° 65).

BÉNÉFICE (LE), h., c^{ne} de Saint-Austremoine. — 1683 (état civ.).

BÉNÉFICE (LE), ruiss., affl. de l'Avène à l'est du Bénéfice, c^{ne} de Saint-Austremoine.

BÉNÉTRÈCHE, m. i., c^{ne} du Mas-de-Tence.

BENEZET, écart, c^{ne} de Freycenet-Lacuche. — *Mansus de Beneyt*, 1344 (Monastier-Saint-Chaffre). — *Benedictus*, 1462 (*idem*). — *Beneseyt*, 1534 (év.). — *Benezit*, 1671 (év.). — *Le domaine de Benezet*, 1785 (Julien, n^{re}).

BÉNISTANT, f., c^{ne} de Saugues. — *Andreas Benistans*, 1369 (Thiolent). — *Benistand*, 1539 (*idem*). — *Benistant*, 1574 (terr. de Meyronne). — *Benistan*, 1745 (Thiolent).

BENOIT, écart, c^{ne} de Coubon.

BENOIT (LE MOULIN-DE-), m. i., c^{ne} de Saint-Paul-de-Tartas.

BENOT, h., c^{ne} de Bonneval. — *Benaud*, 1693 (L. Devinols, n^{re}). — *Petit-Benol*, 1888 (Malègue).

BENOT, m^{in} sur la Senouire, c^{ne} de Josat. — *Moulin-Dabenot*, xviiie s. (Cassini).

BÉRARD, h., c^{ne} de Bauzac. — xvie s. (obit. de Bauzac).

BÉRARD, h., c^{ne} d'Yssingeaux.

BÉRARD (MOULIN-DE-), m^{in} ruiné sur la Musette, c^{ne} de Loudes.

BERAUD, f., c^{ne} de Champclause.

BERAUD, vill., c^{ne} de Dunières. — *Les Mollins de Beraud*, 1616 (Delafont, n^{re}).

BERAUD (MOULIN-), m^{in} sur la Gazeille, c^{ne} de Freycenet-la-Tour. — *Molendinum Berandum, Mansus del Moli-Beraud*, 1524 (cad. du Monastier). — *Le Moulyn-Beraud*, 1585 (Johany, n^{re}).

BERBEZIT, c^{ne} de la Chaise-Dieu. — *Barbesit*, 1181 (Gall. christ., t. II, inst., eccl. Sancti Flori, col. 135). — *Berbezis*, 1201 (Baluze, mais. d'Auv., II, 64). — *Berbesis*, 1291 (spic. Briv.). — *Berbezin*, 1379 (compte de Bertrand Flotenc). — *Dominus de Berbezino*, 1394 (Bibl. nat., lat., 12766, f° 178). — *Berbezy*, 1398 (compte de Berthon Sannadre). — *Berbezi*, 1401 (spic. Briv.). — *Berberin*, 1511 (coust. d'Auv.).

Seigneurie vassale de la vicomté de Murat (Arch. nat., P. 499, cote 49).

En 1789, Berbezit faisait partie de la province d'Auvergne, de l'élection de Brioude, de la subdélégation de la Chaise-Dieu et du présidial de Riom. Son église paroissiale, diocèse de Saint-Flour et archiprêtré de Brioude, était dédiée à saint Antoine; le seigneur temporel présentait à la cure.

Église érigée en succursale le 12 mars 1826.

BERBEZIT, m. i., c^{ne} d'Yssingeaux.

BERCARY, h., c^{ne} de Dunières. — *Bercaric*, 1469 (Rivière, n^{re}); — 1553 (Rhône, D. 185).

BERCEAU (LE), affl. de l'Allier au nord de la c^{ne} de Saint-Ilpize.

BERCHE (LA), h., c^{ne} de Saint-Julien-Molhesabate. — *Laberche*, 1820 (Deribier).

BERCHON, m. i., c^{ne} d'Araules. — *Berchou*, 1888 (Malègue).

BERG, vill., c^{ne} de Dunières. — *Locus de Berco*, 1363 (coll. Chaleyer). — *Berq*, 1888 (Malègue).

BERGER, f., c^{ne} de Chanteuges. — *Mansus de Bargier*, 1461 (Bibl. nat., lat., n. acq., 1223, f° 15).

BERGERAT, bois, c^{ne} de Saint-Berain. — *Bergerat ou Combret*, 1876 (état adm. des forêts).

BERGERONNE (LA), h., c^{ne} de Chénéreilles.

BERGERS (LES), m. i., c^{ne} de la Chapelle-d'Aurec.

BERGIÈRE (MAS-DE-), f., c^{ne} de Freycenet-Lacuche.

BERGOUADE, f., c^{ne} de Vergongheon. — *Bergolde,*

v. 1010 (cart. de Brioude, ch. 93). — *Bergoade*, 1640 (lièv de Rilhac). — *Bourguade*, xviiie s. (Cassini).

BERGOUGEAC, h., c[ne] de Saint-Privat-d'Allier. — *Mansus Bergojasct*, v. 1208 (cart. de Pébrac, 51). — *Borgoias*, 1255 (hôtel-Dieu, B. 314). — *Mansus de Berjuias*, 1287 (spic. Briv.). — *Feodum de Bergogeseto*, 1299 (Gall. chr., II, 341). — *Bergoiatum*, 1343 (Thiolent). — *Bergoghas*, 1468 (Bibl. nat., lat., n. acq., 1223, f° 334). — *Bergoyhas*, 1482 (la Chaise-Dieu, Saint-Privat-d'Allier). — *Bergoughas*, 1560 (Thiolent). — *Bergoujac*, 1820 (Deribier).

BERGOUGNOU, vill., c[ne] de Saugues. — *Bergonios*, 1268 (Lozère, G. 154). — *Mansus del Bergonho*, 1327 (*idem*, G. 98). — *Bergoniosium*, 1526 (A. Besseyre, n[re]). — *Bergonhios*, 1539 (Thiolent).

BERLAND, m. i., c[ne] du Chambon.

BERLENDES (LE), affl. du Pontajou, c[nes] de Grèzes et de Saugues.

BERNARD (MOULIN-), m[in] sur le ruiss. des Moulins, c[ne] de Saint-Berain.

BERNARD (MOULIN-DE-), m[in] sur le Lacombe, c[ne] de Loudes.

BERNARD (MOULIN-DE-), m[in] ruiné sur l'Allier, c[ne] de Saint-Étienne-du-Vigan.

BERNARD (MOULIN-DE-), m[in] sur le Vourzac, c[ne] de Sanssac-l'Église.

BERNARDE (LA), m. de camp., c[ne] d'Espaly-Saint-Marcel. — *La Bernarde*, 1585 (Doleson, n[re]). — *La metterie de Chancheny-lez-Espaly*, 1596 (*idem*).

BERNARDE (MOULIN-DE-LA), m[in] sur la Fougarette, c[ne] du Brignon.

BERNARDON, m. i., c[ne] du Mazet-Saint-Voy.

BERNARDON (MOULIN-DE-), m[in] sur l'Ance, c[ne] de Siaugues-Saint-Romain. — *Molendinum de Vacharessis*, 1462 (Bibl. nat., lat., n. acq., 1223, f° 52).

BERNAUDS (LES), h., c[ne] de Bauzac. — *Arcis de Bernatis*, v. 998 (cart. du Monastier, n° 207). — *Mansus quem Barnaldus laborat*, v. 1000 (cart. de Chamalières, n° 300). — *Homines vocati los Barnauts*, 1336 (Arch. nat., P. 493², cote 95). — *Le Villaige doux Bernocz*, 1543 (obit. de Bas). — *Les Berneaulz*, 1572 (A. Boyer, n[re]). — *Les Bernaux* (cad.).

BERTAUD, m. i., c[ne] de Saint-Paulien. — *Locus dictus Bertaut*, 1323 (hôtel-Dieu, B. 655). — *Hertaud*, 1888 (Malègue).

BERTÈCHE (LA), loc. détr., c[ne] de Saint-Ferréol-d'Auroure. — *Villa de Larbertescha*, 1322 (Arch. nat., P. 494¹, cote 44). — *La Bertescha sive*

Charincoya, 1336 (Arch. nat., P. 492², cote 136).

BERTHE (LA), f., c[ne] de Lantriac.

BERTHE (LA), m. i., c[ne] de Saint-Germain-Laprade.

BERTIER, h., c[ne] de Collat. — *Berteyras*, 1341 (terr. de Charbonnier). — *Las Berteyras*, 1464 (Bibl. nat., ms. lat., n. acq., 1223, f° 161 v°). — *Las Berteyres*, 1516 (Vals-le-Chastel).

BERTIGNAT, lieu détr., c[ne] de Malvières. — *Mansus de Bertynhaco*, 1352 (la Chaise-Dieu, Malvières). — *Bertinhac*, 1414 (*idem*).

BERTOLET, usine, c[ne] de Dunières. — *Bertoleyras*, 1339 (comm[on] du Dr Charreyre).

BERTOUZIS, vill., c[ne] de Lapte. — *Brostalsiz*, v. 1100 (cart. de Cluny, ch. 3764, 3792). — *Broutousitz*, 1507 (év.). — *Berthozis*, 1695 (capitation). — *Bertozic*, xviiie s. (Cassini).

BERTRAND (MOULIN-), m[in] sur le Dolaizon, c[ne] de Vals-près-le-Puy.

BERTRAND (MOULIN-), m[in] sur le Lignon, c[ne] des Vastres. — *Le Moulin de Bertrand*, 1690 (état civ.). — *Le Moulin de Bertrand de la Faye*, 1736 (*idem*).

BERTRAND (MOULIN-DE-), m[in] sur l'Avène, c[ne] de Saint-Austremoine.

BERTRAND-BAS, f., c[ne] de Saint-Front. — *Bertrand*, 1695 (capitation).

BESQUE, chât. détr. et f., c[ne] de Charraix. — *Mansus de Besque*, 1351 (Thiolent).

BESQUE (LE), ruiss., prend naissance au nord de la c[ne] de Venteuges, traverse celle de Charraix et se jette dans l'Allier au-dessus de Prades. — *La Fage*, 1888 (carte adm.).

BESQUE (MOULIN-DE-), m[in], c[ne] de Charraix. — *Molendinum de Besque*, 1461 (Bibl. nat., lat., n. acq., 1223, f° 2 v°).

BESQUEUT (LE), affl. de la Fage, c[ne] de Cubelles.

BESSADE (LA), mine d'antimoine aband. et m. i., c[ne] de Mercœur. — (Legrand d'Aussy, voy. d'Auv., II, 113).

BESSAMOREL, c[on] d'Yssingeaux. — *Bessa Maurell*, 1267 (Rhône, la Sauvetat, II, 1). — *Bessamaurel*, 1281 (cart. de Saint-Sauveur-en-Rue, 140). — *Castrum de Bessa Maurello*, 1429 (Rhône, Bessamorel). — *Domus de Bessamourella*, 1430 (*idem*). — *Præceptoria de Bessamorello*, 1493 (*idem*, H. 2635). — *Le Besset-Moret*, 1549 (Savin, n[re]). — *Bessamoreau*, 1585 (état civ.). — *Bessamourel*, 1646 (Rhône, Bessamorel).

En 1789, Bessamorel dépendait de la province du Velay, de la subdélégation et sénéchaussée du

Puy. Son église paroissiale, diocèse du Puy et archiprêtré de Monistrol-sur-Loire, était sous l'invocation de saint Jean-Baptiste; le commandeur des Hospitaliers de Bessamorel nommait à la cure, dont le titulaire était toujours un religieux d'obédience de l'ordre.

BESSARIOUX, vill., cⁿᵉ du Brignon. — *Bessarius*, 1343 (J. de Peyre, nʳᵉ). — *Bessa Rious*, 1386 (hom. de Solignac). — *Bessaricus*, 1444 (prieuré de Solignac). — *Besserioux*, 1505 (Dompnin, nʳᵉ). — *Bessarious*, 1567 (Doleson, nʳᵉ).

BESSATEL (LE), lieu détr., cⁿᵉ de Laussonne. — *Locus qui dicitur Beciadellus* ou *de Beciatello*, v. 976 (cart. du Monastier, n° 171). — *Campus del Bessatel*, 1526 (cad. du Monastier).

BESSE, vill., cⁿᵒ de Lempdes. — *Bessa*, 1295 (spic. Briv.).

BESSE, vill., cⁿᵉ de Saint-Étienne-sur-Blesle.

BESSE, vill., cⁿᵉ de Saint-Pierre-Duchamp. — *Villa de Bezis*, 1163 (cart. de Chamalières, n° 77). — *Ad Bezas* (idem, n° 321). — *Villa de Bessas*, 1266 (Arch. nat., P. 1397³, c.·597). — *Mansus voc. de Bessis, in parr. S. Petri de Campo scitus*, 1311 (Arch. nat., P. 1398¹, c. 650).

BESSE (LA GRANDE-), vill., cⁿᵉ d'Yssingeaux. — *Mansus de la Bessa*, 1250 (Gall. christ., t. II, eccl. Anic., col. 774). — *La Besse*, 1595 (Gallien, nʳᵉ).

BESSE (LA PETITE-), h., cⁿᵉ d'Yssingeaux.

BESSE (LE), affl. de l'Arzon en face d'Arzon, cⁿᵉ de Saint-Pierre-Duchamp.

BESSÉA (LA), h., cⁿᵉ de Saint-Jeure. — *La Bessée*, 1786 (état civ.).

BESSÉA (LA), f., cⁿᵉ de Saint-Maurice-de-Lignon. — *Les Besseyres*, 1879 (carte adm.).

BESSÉA (LA), h., cⁿᵉ du Mazet-Saint-Voy.

BESSÉAS (LES), f., cⁿᵉ de Raucoules.

BESSÈDE (LA), f., cⁿᵉ de Présailles. — *Labsède* (cad.).

BESSÈDES (LES), f., cⁿᵉ de Freycenet-Lacuche.

BESSEGET, f., cⁿᵉ de Cubelles. — *Mansus Besseget*, 1327 (Lozère, G. 98). — *Bessegetum*, 1464 (Bibl. nat., lat., n. acq., 1223, f° 185).

BESSES, vill., cⁿᵉ d'Allègre. — *Domus de Bessas*, 1238 (hôtel-Dieu, B. 609). — *Besse*, XVIIIᵉ s. (Cassini).

BESSES, vill., cⁿᵉ de Solignac-sous-Roche. — *Besse* (cad.).

BESSES (LE), affl. de la Borne occidentale, cⁿᵉ d'Allègre.

BESSET (LE), chât. ruiné et vill., cⁿᵉ de la Besseyre-Saint-Mary. — *Lo Besset*, 1318 (J. de Peyre, nʳᵉ, reg. A, f° 53). — *Bessetum*, 1459 (Bibl.

nat., ms. lat., n. acq., 1222, f° 126 v°). — *Besset*, 1511 (coust. d'Auv., 81 v°).

BESSET (LE), lieu détr., cⁿᵉ de Bonneval. — *Mansus del Besset*, 1249 (tabl. du Velay, 1875-1876, p. 532).

BESSET (LE), écart, cⁿᵉ de la Chapelle-d'Aurec. — 1387 (hom. de Solignac).

BESSET (LE), vill., cⁿᵉ de Laussonne. — *Villa ad Besset*, 1257 (Monastier). — *Locus de Besseto*, 1514 (Costaval, nʳᵉ).

BESSET (LE), f., cⁿᵉ de Malvalette. — *Mansus voc. dal Besse prope Mayoc*, 1325 (col. Chaleyer). — *Bessetum subtus Mayoc*, 1513 (obit. de Bas).

BESSET (LE), affl. du Ladrait, cⁿᵉ de Malvalette.

BESSET (LE), f., cⁿᵉ du Mazet-Saint-Voy.

BESSET (LE), vill., cⁿᵉ de Saint-Julien-Molhesabate. — *Bessetum*, 1467 (Rivière, nʳᵉ).

BESSET (LE), chât., cⁿᵉ de Tence. — *Tenem. dal Besse*, 1327 (Rhône, D. 154).

BESSET (LE), vill., cⁿᵉ de Valprivas. — *Villa del Becei Sobeiram*, 1243 (Arch. nat., P. 493, cote 121). — *Mansus deus Besses*, 1330 (J. de Peyre, nʳᵉ).

BESSET (LE), vill., cⁿᵉ de Vielprat. — 1583 (pap. de Surrel).

BESSET (LE), affl. de la Loire, cⁿᵉ de Vielprat. — *Le Largier* (cad.).

BESSET (LE), vill., cⁿᵉ d'Yssingeaux. — *Villa de Becet quœ est in parrochia de Issingaudo*, 1021 (cart. de Chamalières, n° 49). — *Lo Besse*, 1359 (Rhône, H. 2632). — *Bessetum*, 1504 (terrier de Chailhaus).

BESSEYRE (GROSSE-), lieu détr., cⁿᵉ d'Ally. — *Ad Illa Beceria*, v. 957 (cart. de Brioude, ch. 320). — *In vicaria Radicatensi, villa Beceria*, 969 (idem, ch. 83). — *Mansus de Grossa Bessera*, 1452 (Bibl. nat., ms. fr. 11490, p. 474). — *Grosse-Besseyre*, 1694 (état civ.).

BESSEYRE (LA), loc. détr., cⁿᵉ de Blesle. — *Molendinum Bernardi Auriculœ vocatum a la Besseyra*, 1266 (spic. Briv.). — *La Besseíra*, 1306 (terr. de Blesle). — *La Vaissière*, XVᵉ s. (Arch. nat., R⁴. 1143*). — *La Bessière*, XVIIIᵉ s. (Cassini).

BESSEYRE (LA), h., cⁿᵉ de Chassignolles. — *In vicaria (Brivatensi), locus qui vocatur Illa Beceria*, 928 (cart. de Brioude, ch. 256). — *Beceria*, 986 (idem, ch. 91). — *La Besseire*, 1888 (Malègue).

BESSEYRE (LA), vill., cⁿᵉ de Chastel. — *Domus de Besseyra*, XVᵉ s. (pouillé de Saint-Flour, 269).

BESSEYRE (LA), h., cⁿᵉ de la Farre. — *La Bessayre*, 1583 (tit. de Surrel).

Besseyre (La), m. i., c^{ne} de Josat.

Besseyre (La), mont. boisée, c^{ne} de Loudes.

Besseyre (La), vill., c^{ne} de Saint-Georges-d'Aurac. — *In vicaria de Aurato, in villa Beciaria*, 927 (cart. de Brioude, ch. 111). — *Mansus de Besseria*, 1465 (Bibl. nat., ms. lat., n. acq., 1223, f° 219). — *La Besseyra*, 1490 (terr. du Cluzel).

Besseyre (La), lieu détr., c^{ne} de Saint-Préjet-d'Allier. — *La Becryra*, 1295 (Thiolent). — *Mansus de la Vessieyra*, 1297 (*idem*). — *Mansus de la Besseyria*, 1339 (*idem*).

Besseyre (La), écart, c^{ne} de Saint-Privat-d'Allier.

Besseyre (La), lieu détr., c^{ne} de la Voûte-Chilhac. — *Mansus de la Vaysseyra*, 1288 (spic. Briv.). — *La Bessière*, 1670 (Arch. nat., P. 502, n° 75).

Besseyre-Basse (La), h., c^{ne} du Monastier. — *Vuadium de Beterram (Beceriam)*, v. 1080 (cart. du Monastier, n° 28). — *La Besseyre-Basse*, 1549 (Savin, n^{re}).

Besseyre-Haute (La), vill., c^{ne} du Monastier. — *Villa quæ dicitur Beceria, in pago Vellaico*, v. 979 (cart. du Monastier, n° 112). — *Beceria*, 991 (*idem*, n° 158). — *Villa de Beceria*, xie s. (*idem*, n° 48). — *Locus de Besseria*, 1508 (Costavol, n^{re}). — *La Besseyre-Haulte*, 1665 (André, n^{re}).

Besseyres (Les), mⁱⁿ sur le Lignon, c^{ne} de Grazac.

Besseyre-Saint-Mary (La), c^{ne} de Pinols. — *Prioratus de la Besseyra*, 1288 (spic. Briv.). — *Villa de Besseria in Alvernia*, 1327 (Lozère, G. 98). — *Besseria, dioc. S. Flori*, 1464 (Bibl. nat., lat., n. acq., 1223, f° 203). — *Domus de Beysseyra*, xve s. (pouillé de Saint-Flour, 269). — *La Besseire*, 1539 (Thiolent). — *Paroisse de la Besseire de Sainct-Mary, diocèse de Sainct-Flour*, 1588 (terrier d'Auvers). — *La Bessière-Saint-Mary*, xviiie s. (Cassini). — *Besseyre-Nivôse*, 1793.

En 1789, la Besseyre-Saint-Mary était comprise dans la province et le bailliage de Gévaudan. Son église paroissiale, diocèse de Mende et archiprêtré de Saugues, était dédiée à saint Mary ; le prieur de la Voûte-Chilhac présentait à la cure. Certains actes placent cette localité dans le diocèse de Saint-Flour.

Besseyrette, h., c^{ne} de Chastel. — *La Besayreta*, 1348 (Arch. nat., Z². 54, p. 59). — *La Besseyreta*, 1364 (Arch. nat., Z². 54, p. 166). — *La Besserette*, 1869 (Malègue).

Besseyrole-Basse (La), f., c^{ne} du Monastier.

Besseyrole-Haute (La), f., c^{ne} du Monastier. — *La Bessayrola*, 1259 (cart. du Monastier, n° 451). —

La Besseyrola, 1298 (Saint-Pierre-le-Monastier). — *La Veysseyrolle*, 1569 (A. Boyer, n^{re}).

Besseyrolle (La), vill., c^{ne} de Ferrussac. — *La Besayrola*, 1350 (Arch. nat., Z². 54, p. 73). — *La Bessayrola*, 1357 (*idem*, p. 129). — *Ecclesia de Bezayrolis*, xve s. (pouillé de Saint-Flour, 316). — *La Besseyrola*, 1479 (Bibl. nat., lat., n. acq., 1224, f° 125). — *La Besseyrolle*, 1502 (Arch. nat., Q. 513, f° 131). — *La Besseyrole*, 1830 (Deribier).

Bessèze, écart, c^{ne} de Chamalières.

Bessioux (Le), f., c^{ne} de Céaux-d'Allègre. — *Le domaine du Bessioux*, 1672 (communic. de M. E. Grellet de la Deyte). — *Le Bissioux*, 1711 (*idem*). — *Le Bessiou*, 1759 (tabl. hist. du Velay, 1875-1876, 215). — *Bechoux*, 1860 (État-Major).

Bessioux (Le), m. i., c^{ne} de Saint-Julien-du-Pinet.

Besson (Le), mⁱⁿ sur la Baume, c^{ne} du Brignon. — *Molendinum quod appellatur Jornal quod est in riperia d'Orzic subtus lo Brunio, villaniam cujus tenet Poncius Jornals*, 1233 (hôtel-Dieu, B. 308). — *Molendinum de Besso*, 1465 (prieuré de Solignac). — *Les molins du Besson*, 1579 (*idem*). — *Le molin de Besson*, 1613 (Brunel, n^{re}).

Besson (Moulin-de-), mⁱⁿ sur le Panis, c^{ne} de Thoras. — *Le molin de Vidal Pajo*, 1622 (terr. de Vazeilles). — *Moulin-de-Vidal*, 1847 (nom. des postes).

Bessonière (La), f., c^{ne} de Saint-Just-Malmont.

Bessonnière (La), h., c^{ne} de Saint-Didier-la-Séauve. — *La Bessonière*, 1470 (terr. de Saint-Didier).

Bessous, h., c^{ne} de Saint-Romain-Lachalm. — *Bessoux*, 1461 (Rhône, H. 1180).

Bessous (Les), h., c^{ne} d'Yssingeaux.

Bessoux (Le), f., c^{ne} de Raucoules.

Bèthe, écart, c^{ne} du Brignon. — *Betoa*, 1290 (hôtel-Dieu, B. 155). — *Le sieur de Beste*, 1639 (Jacmon, 139). — *La metterie de Bethoue*, 1681 (Roche, n^{re}).

Bèthe (La), affl. de la Loire au sud de Bonnefont, c^{nes} de Landos et du Brignon. — *Les Ceyssoux* (État-Major).

Bétrix (La), f., c^{ne} du Chambon. — *Labetrit*, 1888 (Malègue).

Bets (Le), chât., c^{ne} de Monistrol-sur-Loire. — *Lo Betz*, 1345 (J. de Peyre, n^{re}). — *Lo Bex*, 1431 (év.).

Bets (Le), f., c^{ne} de Saint-Julien-d'Ance. — *Best* (cad.).

Seigneurie possédée depuis le xviie s. par la famille Pradier d'Agrain.

Betz (Le), écart, c⁰ᵉ de la Chapelle-d'Aurec.

Betz (Le), vill., cⁿᵉ de Chénércilles. — 1296 (hom. de l'év.). — *Mansus del Betz*, 1459 (Rhône, D. 154).

Betz (Le), h., cⁿᵉ de Lapte. — *Mansus del Bes* ou *del Betz*, 1370 (év.). — *Lebes*, xviiiᵉ s. (Cassini). — *Le Bethz*, 1860 (État-Major).

Betz (Le), dom., cⁿᵉ de Saint-Pal-de-Chalencon. — *Bessum*, 1213 (cart. de Chamalières, n° 318). — *Beceum*, 1291 (Arch. nat., P. 492⁴, c. 294). — *Lo Betz*, 1419 (Loire, A. 89, f° 243 v°). — *Le Best*, 1540 (terr. de Saint-Pal). — *Le Bès* (cad.). — *Besse*, 1888 (Malègue).

Betz (Le), vill., cⁿᵉ de Tence.

Betz (Le), f., cⁿᵉ d'Yssingeaux. — *Loubet*, 1888 (Malègue).

Betz (Les), f., cⁿᵉ du Chambon. — *Loubet*, 1880 (carte adm.).

Beyssac, h., cⁿᵉ de Monlet. — *Bayssac*, 1347 (J. de Peyre, nʳᵉ, reg. D., f° 115 v°). — *Beyssac, Beissac*, 1573 (communic. de M. E. Grellet de la Deyte). — *Bessac*, xviiiᵉ s. (Cassini).

Beyssac, vill., cⁿᵉ de Saint-Jean-de-Nay. — *Baissac*, 1209 (Saint-Agrève). — *Vaissac*, 1256 (év.). — *Bayssat*, 1321 (spic. Briv.). — *Mansus de Bayssac*, 1461 (Bibl. nat., ms. lat., n. acq., 1222, f° 179 v°). — *Locus de Bayssaco*, 1464 (hôtel-Dieu, B. 574). — *Beyssac*, 1638 (Jacmon, 124).

Beyssac, écart, cⁿᵉ d'Yssingeaux. — *Bayssacum*, 1430 (Rhône, Bessamorel). — *Beysac*, 1600 (Burel, 479). — *Beyssac del Boys*, 1602 (A. Robert, nʳᵉ). — *Bessac*, xviiiᵉ s. (Cassini).

Beyssac (Moulin-de-), mⁱⁿ sur le Besset, cⁿᵉ d'Yssingeaux.

Beyssache (La), f., cⁿᵉ d'Yssingeaux.

Bez (Le), vill., cⁿᵉ de Saint-Julien-Chapteuil. — *Lo Betz*, 1314 (év.). — *Mansus de Bessu*, 1373 (idem). — *Mansus del Bès*, 1382 (idem). — *Mansus Bessi*, 1387 (év.). — *Bessum*, 1390 (év.). — *Homines de Bessco*, 1455 (Pradier, nʳᵉ). — *Locus de Bessio*, 1501 (col. C. Falcon). — *Le Bes*, 1546 (Savin, nʳᵉ). — *Le Bez*, 1685 (cad. de Chapteuil-Bas).

Bezalade, f., cⁿᵉ de Présailles.

Bézy (Le Suc de), mont. et lieu détr., près Laroux, cⁿᵉ de Vorey. — *Villa de Bezis*, 1163 (cart. de Chamalières, n° 77). — *A Bezis*, 1265 (Arch. nat., P. 494⁴, c. 36). — *Mons mansi de Besis*, 1311 (Arch. nat., P. 1399⁴, c. 783).

Biasse (Moulin-de-), mⁱⁿ sur le Pouzols, cⁿᵉ de Vernassal. — *Molendinum de Darssac*, 1307 (Haute-Loire, E.).

Biausse, mont. et bois, cⁿᵉ de Saint-Paulien.

Bichaix, vill., cⁿᵉ de Beaulieu. — *Villa de Bichais*, 1265 (hôtel-Dieu, B. 319). — *Bechay*, 1311 (Arch. nat., P. 1399¹, cote 783). — *Bichays*, 1472 (Maltrait, nʳᵉ).

Bidoire (La), fontaine au Puy. — *Fons qui voc. la Buildoira*, 1246 (mairie du Puy). — *Super Bulbitorium*, xiiiᵉ s. (Saint-Georges du Puy). — *La Buldoyra*, 1408 (compois du Puy). — *Fons Buldoyriæ*, 1426 (mairie du Puy).

Bief (Le), écart, cⁿᵉ de Saint-Just-Malmont. — *Le Beay* (cad.).

Bielle (La), f., cⁿᵉ de Saint-Julien-Molhesabate.

Bière (La), f., cⁿᵉ des Vastres. — *Berne*, 1888 (Malègue).

Bigançon, h., cⁿᵉ de Saint-Romain-Lachalm.

Bigorre, vill., cⁿᵉ de Saint-Front. — *Bigorra*, 1256 (Rhône, la Sauvetat, I, 5). — *Biguorra*, 1391 (év.). — *Bigoura*, 1530 (cad. du Monastier). — *Bigorre*, 1561 (Savin, nʳᵉ).

Bigounoux, écart, cⁿᵉ d'Yssingeaux.

Bilhac, vill., cⁿᵉ de Polignac. — *Ecclesia S. Petri de Billiaco*, v. 1100 (Nov. Gall. chr., II, 704). — *Bisliacus*, 1142 (cart. de Pébrac, n° 37). — *Curatus de Bithlaco*, 1329 (J. de Peyre, nʳᵉ, reg. C, f° 32 v°). — *S. Marti de Bilhac*, 1408 (compois du Puy). — *Beliacus*, 1440 (prieuré de Polignac). — *Bilhiac*, 1586 (Sigaud, nʳᵉ). — *Binlhac*, 1679 (Haute-Loire, B. 31).

Billanges, vill., cⁿᵉ de la Vaudieu. — *Bilhangii*, 1471 (Bibl. nat., lat., n. acq., 1224, f° 7 v°). — *Billanges*, 1494 (la Chaise-Dieu, Javaugues). — *Billiange*, 1820 (Deribier).

Billard, m. i., cⁿᵉ de Monistrol-sur-Loire. — *Ladreit*, 1657 (état civ.). — *Ladreit* ou *Billard*, 1662 (idem).

Billard, m. i., cⁿᵉ de Saint-Pal-de-Mons.

Billard, m. i., cⁿᵉ de Retournac.

Billard (Moulin-de-), mⁱⁿ sur la Voirèze, cⁿᵉ de Blesle. — xviiiᵉ s. (Cassini).

Billards (Les), vill., cⁿᵉ de Tiranges.

Billon, lieu détr., cⁿᵉ d'Ouïdes. — *Possessio de Bilho*, 1453 (J. Rocher, nʳᵉ). — *La borie de Bilhon*, 1545 (cad. d'Agrain).

Bineyres (Les), vill., cⁿᵉ de Bains. — *Nabineiras*, v. 1213 (templiers du Puy). — *Nabyneiras*, 1293 (cordeliers). — *Nabineyras*, 1329 (J. de Peyre, nʳᵉ). — *Las Bineyras*, 1381 (hospit. du Velay). — *Le village de Las Bineyras, aultrement app. des Garnaudz*, 1549 (Rhône, H. 2478). — *Las Bineyres* 1568 (Doleson, nʳᵉ).

Binières (Les), vill., cⁿᵉ de Desges. — *Nabinariæ*,

1142 (cart. de Pébrac, n° 37). — *Nabineiras,*
v. 1250 (spic. Briv.). — *Las Bineyras,* 1457
(Bibl. nat., lat., n. acq., 1222, f° 56). — *Mansus
de Bineriis,* 1460 (*idem,* f° 145). — *Lesbinières,*
1888 (carte adm.).

BINOUS (LES), écart, c^ne de Chamalières.

BION (MOULIN-DE-), m^in sur le Cros, c^ne d'Agnat.

BIONSAC, f., c^ne de Léotoing. — *Bunsag, in vicaria
Brivatensi* (cart. de Brioude, tables, ccc). —
Bunsat, xv° s. (Arch. nat., R^4. 1143*, n° 345). —
Bunssat, 1614 (Arch. nat., R^4. 1045).

BIZAC, vill., c^ne du Brignon. — *Bizac,* 1273 (év.).
— *Bizacum,* 1320 (hôtel-Dieu, B. 168). —
Bisac, 1408 (compois du Puy).

BIZE, f., c^ne de Saint-Hilaire. — *Bisa,* xiv° s. (terr.
des Grèzes). — *Biza,* 1397 (la Chaise-Dieu,
Azerat). — *Bise,* 1888 (Malègue).

BIZE (LA), m. i., c^ne de Saint-Jeure.

BLACHAILLES (LES), m. i., c^ne de Saint-Pierre-Eynac.

BLACHE (LA), h., c^ne de Malrevers. — *Boria de la
Blacha,* 1380 (Saint-Agrève). — *Blachia,* 1477
(Richon, n^re). — *La Blacha de Mercuer,* 1507
(év.). — *La Blache,* 1555 (cad. de Mercœur).

BLACHE (LA), f., c^ne de Saint-Front. — *Boria vocata
La Blacha quæ est abbatis Mansiadæ,* 1344 (Monastier-Saint-Chaffre). — *La Blache,* 1646 (cad.
de Bonnefont).

BLACHE (LA), vill., c^ne de Saint-Julien-du-Pinet.

BLACHÈRE (LA), loc. détr., c^ne de Saint-Arcons-
d'Allier. — *La Blacheira,* 1238 (hôtel-Dieu, B.
609). — *Mansus de la Blacheyra,* 1451 (Bibl.
nat., lat., n. acq., 1222, f° 5). — *La Blachaira,*
1463 (terr. de Vissac).

BLACHE-REDONDE, f., c^ne des Estables. — *Blacha Redonda,* 1376 (Bonnefoy).

BLACHES (LES), f., c^ne des Estables. — 1739 (état
civ.). — *Les Blachas,* 1888 (carte adm.).

BLACHON, f., c^ne des Estables.

BLACHOUX (LES), h., c^ne de Champclause.

BLADENAVES, h., c^ne de Ferrussac. — *Bladenavas,*
1078 (spic. Briv.). — *Bladenave,* 1888 (carte
adm.).

BLAISES (LES), écart, c^ne de la Chapelle-d'Aurec.

BLAIZAT, vill., c^ne de Saint-Eble. — *Blaisac,* 1247
(cart. de Pébrac, n° 72). — *Blayssac,* v. 1250
(spic. Briv.). — *Blassacum,* 1347 (J. de Peyre,
n^re). — *Mansus de Bleyzac,* 1459 (Bibl. nat.,
lat., n. acq., 1222, f° 105 v°). — *Bleysac,* 1459
(*idem,* f° 132). — *Blezac,* 1495 (terr. de Vissac).
— *Blaisat,* 1820 (Deribier).

BLAIZAT (LE), affl. du Morange à Gagne, c^nes de
Saint-Éble et de Mazeyrat-Chrispinhac. — *Rivus

labens de Bleysac versus Sanctum Ebulum (Bibl.
nat., ms. lat., n. acq., n° 1224, f° 202 v°).

BLANC, m^in sur la Belette, c^ne de Connangles.

BLANC, f., c^ne de Tence. — *Le domeyne de Blanc sive
Villeneufve, acquis d'Alfons Le Blanc, s^r du Mas,*
1594 (Rhône, D. 148). — *Blanc,* 1623 (*idem,*
D. 150).

BLANC (LE), ruiss., prend sa source près de Fugères,
c^ne de Saint-Martin-de-Fugères, et se jette dans
l'Holme à Goudet.

BLANC (MOULIN-DE-), m^in, c^ne de Monlet.

BLANC (MOULIN-DE-), m^in, c^ne de Salettes.

BLANCHARD, h., c^ne de Dunières. — 1591 (coll.
Chaleyer).

BLANCHARD, m. i., c^ne de la Vaudieu.

BLANCHARD, m. i., c^ne d'Yssingeaux.

BLANCHE (LA), f., c^ne des Estables. — 1741 (état
civ.).

BLANCHELAINE, f., c^ne de Saint-Julien-Chapteuil.

BLANCHET, vill., c^ne de Saint-Hilaire. — *Blanchier,*
xviii° s. (Cassini).

BLANCHET (MOULIN-DE-), m^in sur l'Auzon, c^ne de
Chassignolles.

BLANLHAC, vill., c^ne de Rosières. — *In pago Vellaico,
in villa Blatulago* (le ms. porte : *Blatusago*),
v. 970 (cart. du Monastier, n° 99). — *Blelhac,*
1309 (év.). — *Blatlhac,* 1314 (év.). — *Blalhac,
Blallac,* 1507 (év.). — *Blanliac,* 1534 (év.). —
Blanlhac, 1561 (Savin, n^re). — *Blanhac,* 1820
(Deribier).

BLANNAT, vill., c^ne de Domeyrat. — *Blannac,* 1505
(Vals-le-Chastel). — *Blanat,* 1820 (Deribier).

BLANZAC, c^on de Saint-Paulien. — *Blanzac,* 1265
(hôtel-Dieu, B. 319). — *Villa vocata Ablanzac,*
1284 (titres de Saint-Vidal). — *Blansat,* 1408
(compois du Puy). — *Blansacum,* 1499 (J.
Boyer, n^re).

En 1789, Blanzac faisait partie de la province
du Velay, de la subdélégation et sénéchaussée du
Puy. Au spirituel, il relevait de la paroisse de
Saint-Paulien.

Succursale érigée le 20 juin 1861.

BLANZAC (MOULIN-DE-), m^in sur le Chalan, c^ne de
Blanzac.

BLASSAC, vill., c^ne des Villettes. — 1296 (homm. de
l'év.). — *Dominus de Blesaco,* 1391 (év.).

BLASSAC, c^on de la Voûte-Chilhac. — *Ecclesia quæ
vocatur Blaciag* (cart. de Brioude, Bibl. nat.,
ms. lat., 17078, p. 71). — *Villa Blaciac,* 912
(cart. de Brioude, ch. 5). — *Blassiat,* 1380
(Arch. nat., JJ. 117, n° 117). — *Blessat,* 1401
(spic. Briv.). — *Ecclesia de Blassaco,* v. 1460

(*idem*). — *Blassat*, 1464 (Arch. nat., ZZ. 359, p. 97). — *Prior de Blessaco*, xvie s. (pouillé de Saint-Flour, p. 231). — *Blassac*, 1511 (coust. d'Auv., f° 81 v°).

En 1789, Blassac était compris dans la province d'Auvergne, l'élection et subdélégation de Brioude et le présidial de Riom. Son église paroissiale, diocèse de Saint-Flour et archiprêtré de Langeac, était sous le vocable de l'Assomption; le prieur de la Voûte-Chilhac présentait à la cure.

BLAVOZY, c^{on} du Puy sud-est. — *Blaoze*, 1217 (Gall. chr., XVI, 239). — *Blayozer* ou *Blaiose*, 1283 (év.). — *Bleyoze*, 1285 (hôtel-Dieu, B. 336). — *Bleyose*, 1285 (Saint-Georges du Puy). — *Molendina de Blaozer*, 1359 (év.). — *Blozer*, 1387 (év.). — *Blaoser*, 1408 (compois du Puy). — *Blavosium*, 1477 (Richon, n^{re}). — *Blavoser*, 1502 (Médicis, I, 153). — *Blavoze*, 1546 (Savin, n^{re}). — *Blevozy*, 1585 (Johany, n^{re}).

En 1789, Blavozy dépendait de la province du Velay, de la sénéchaussée et subdélégation du Puy. Au spirituel, il relevait de la paroisse de Saint-Germain-Laprade.

Commune créée par une loi du 6 mars 1895 et démembrée de celle de Saint-Germain-Laprade. Succursale érigée le 7 novembre 1857.

BLÈDE (LE), affl. de l'Holme, c^{nes} d'Alleyrac, Saint-Martin-de-Fugères et Goudet.

BLÈDE (LE MAS-DE-LA), c^{ne} d'Alleyrac.

BLESLE, arrond. de Brioude. — *S. Petrus de Blasilla*, xie s. (cart. de Sauxillanges, n° 771). — *Monasterium S. Petri de Blazilia*, 1096 (Gall. chr., II, instr., c. 157). — *Basilla*, 1163 (rec. des Hist. de Fr., XVI, 43). — *Poncius archipresb. de Besilla*, xii^e s. (Puy-de-Dôme, cath. arm. 18, sac B, c. xii). — *Blazella*, 1199 (Baluze, m. d'Auv., II, 257). — *Blasiliæ monasterium*, 1185 (spic. Briv.). — *Blasilis*, 1225 (Puy-de-Dôme, cath. arm. 2, sac A, cote 3). — *Domus Basiliæ*, 1262 (Baluze, m. d'Auv., II, 269). — *Abbatissa de Bleolle*, 1287 (Mabillon, vet. anal., 344). — *Bleolle*, 1301 (Baluze, m. d'Auv., II, 313). — *Blaelle*, *Blelle*, 1379 (compte de B. Flotenc). — *Blere*, xive s. (chron. de J. Froissart, éd. Buchon, liv. iv, chap. 14). — *Bleylle*, 1398 (compte de B. Sannadre). — *Bleille*, 1401 (spic. Briv.). — *Bleyla*, 1458 (B. Girard, n^{re}). — *Blesilia*, 1462 (Bibl. nat., ms. lat., n. acq., 1223, f° 30). — *Bleyle*, xve s. (Arch. nat., P. 1372², c. 2064). — *La seigneurie de Blesle*, 1511 (coust. d'Auv., f° 80 v°).

En 1789, Blesle, qui était le siège d'une abbaye séculière de chanoinesses nobles, fondée au

ixe siècle, appartenait à la province d'Auvergne, à l'élection et subdélégation de Brioude et au ressort de Riom. Son église paroissiale, diocèse de Saint-Flour et chef-lieu d'archiprêtré, était consacrée à saint Pierre; l'abbesse de l'abbaye de Blesle présentait à la cure.

BLEU, f., c^{ne} de Loudes.

BLEU, écart, c^{ne} de Polignac. — *Blivus*, 1279 (cart. de Mazan, f° 29).

BLEU, vill., c^{ne} de Saint-Vidal. — *Bliuus*, 1331 (J. de Peyre, n^{re}).

BLOT, f., c^{ne} des Estables. — 1739 (état civ.).

BLOT, mont., c^{ne} des Estables.

BŒUX, écart, c^{ne} de Bains. — *Bueys*, 1335 (J. de Peyre, n^{re}). — *Buis*, 1394 (la Chaise-Dieu, Saint-Remy). — *Beux*, 1561 (Savin, n^{re}). — *Beutz*, 1614 (Brunel, n^{re}).

BOINES (LES), f., c^{ne} de Saint-Préjet-Armandon. — *Las Boires*, 1514 (Vals-le-Chastel). — *Las Borias*, 1570 (J. Chalvon, n^{re}).

BOIROUX (LOUS), h., c^{ne} de Coubon. — *Los Boayros*, 1389 (plumit. de Bouzols). — *Locus deux Boyros*, 1522 (Sobrier, n^{re}). — *Lous Boyroux*, 1575 (A. Boyer, n^{re}). — *Bois-Roux*, 1888 (Malègue).

BOIS (LE), f., c^{ne} de Chaudeyrolles.

BOIS (LE), vill., c^{ne} de Roche-en-Régnier. — *Villa quæ vocatur Nemus*, xiie s. (cart. de Chamalières, n° 148). — *Villa de Bosco*, 1309 (Arch. nat., P. 1399¹, cote 759). — *Boscus prope Ruppem*, 1323 (Arch. nat., P. 1397², cote 549). — *Lo Bostz*, 1476 (Arch. nat., P. 1399¹, cote 792). — *Le Boys*, 1558 (Vacharel, n^{re}). — *Le Bois lez Roche-en-Reynier*, 1571 (A. Boyer, n^{re}).

BOIS (LE), h., c^{ne} de la Voûte-Chilhac. — *Villa de Bosco*, 1288 (spic. Briv.). — *Mansus del Bos*, 1464 (Bibl. nat., ms. lat., n. acq., 1223, f° 180 v°). — *Le villaige del Bois*, 1613 (Mercurial).

BOIS (LE GRAND-), m. i., c^{ne} de Lapte.

BOIS (LE GRAND-), m. i., c^{ne} de Saint-Bonnet-le-Froid.

BOIS (LES), h., c^{ne} du Chambon.

BOIS (LES), m. i., c^{ne} de Dunières.

BOIS (LES), écart, c^{ne} de Monistrol-sur-Loire. — *Le lieu des Bois*, 1742 (état civ.).

BOIS (LES), h., c^{ne} de Raucoules.

BOIS (LES), m. i., c^{ne} de Rosières.

BOIS (LES), m. i., c^{ne} de Saint-Romain-Lachalm.

BOIS (MAS-DES-), écart, c^{ne} de Solignac-sur-Loire.

BOIS-CHAUD, bois, c^{ne} de Chanteuges.

BOISCHAUD, f., c^{ne} de Fay-le-Froid. — *Bos-Chau*, 1320 (cart. de Mazan, f° 121). — *Bos-Chaud*, 1695 (capitation).

Bois-Cuaud (Le), affl. de l'Allier, c^{ne} de Saint-Vénérand.

Bois-Comtal (Le), bois, près les Grèzes, c^{ne} d'Agnat. — *Silva Comtal* (cart. de Brioude, tables cccccxxviii). — *Al Bos-Comtal*, xive s. (terrier des Grèzes).

Bois-de-Beaux (Le), m. i., c^{ne} d'Yssingeaux.

Bois-de-Chausson (Le), m. i., c^{ne} de Dunières.

Bois-de-Crazaux (Le), h., c^{ne} de Saint-Jeure. — *Bois-du-Chazeaux*, 1888 (Malègue).

Bois-de-Coupier (Le), m. i., c^{ne} de Saint-Didier-la-Séauve.

Bois-de-Cour, f., c^{ne} de Tiranges.

Bois-de-Fay (Le), m. i., c^{ne} de Dunières.

Bois-de-Fruges (Le), h., c^{ne} de Sainte-Sigolène. — *Le Boys*, 1563 (obit. de Bas). — *Bois-de-Fruge*, 1820 (Deribier).

Bois-de-Garay, écart ruiné, c^{ne} d'Ouïdes.

Bois-de-Jas (Le), m. i., c^{ne} de Sainte-Sigolène. — *Bois-de-Géa*, 1888 (Malègue).

Bois-de-Jean (Le), m. i., c^{ne} du Chambon. — *Bois-de-Jeu*, 1820 (Deribier).

Bois-de-la-Bâtie, f., c^{ne} de Saint-Front.

Bois-de-la-Garde (Le), m. i., c^{ne} de Sainte-Sigolène.

Bois-de-la-Moure (Le), h., c^{ne} d'Aurec. — *Le Bois-de-la-Moule*, 1879 (cart. adm.).

Bois-de-la-Vigne, m. i., c^{ne} du Chambon.

Bois-de-l'Eau, f., c^{ne} de Saint-Front. — *Lou Bois-de-Lau*, 1695 (capitation).

Bois-de-Linat (Le), m. i., c^{ne} de Vals-près-le Puy. — *Bois-des-Botes*, 1888 (Malègue).

Bois-de-Robert (Le), m. i., c^{ne} de Montregard.

Bois-des-Dames (Le), m. i., c^{ne} d'Yssingeaux.

Bois-des-Mazeaux (Les), h., c^{ne} de Raucoules.

Bois-d'État, h., c^{ne} de Saint-Just-Malmont. — *Bosc-d'Eytac*, 1564 (terrier de Saint-Didier).

Bois-de-Treiches (Le), m. i., c^{ne} de Raucoules.

Bois-d'Ombret, h., c^{ne} de Monistrol-d'Allier.

Bois-d'Oupy (Ravin-du-), affl. du Malaval, c^{ne} d'Ouïdes.

Bois-du-Betz (Le), f., c^{ne} de Chénéreilles.

Bois-du-Cros (Le), lieu détr., c^{ne} de Saint-Pierre-Eynac. — Haut et Bas. — *Locus del Bosc del Cros Superioris, locus del Bosc del Cros Inferioris*, 1329 (Bonneville).

Bois-du-Crouzet (Le), m. i., c^{ne} de Dunières.

Bois-du-Fau (Le), m. i., c^{ne} du Chambon.

Bois-du-Genest (Le), h., c^{ne} du Chambon. — *Bois-de-Genat*, 1820 (Deribier). — *Bois-de-Genest*, 1888 (Malègue).

Bois-du-Lot (Le), f., c^{ne} d'Esplantas.

Bois-du-Médecin, h., c^{ne} de Montregard.

Bois-du-Père (Le), bois, c^{ne} de Pébrac. — *El bos Saint-Peyre*, 1455 (Bibl. nat., ms. lat., n. acq., 1222, f° 24). — *Nemus Sancti Petri*, 1461 (idem, f° 109 v°). — *La Terre du Père*, 1876 (état adm. des forêts).

Bois-du-Villard, f., c^{ne} de Lantriac.

Bois-Geoffre (Le), m. i., c^{ne} de Saint-Pal-de-Chalencon. — *Villa de Bosco Ganfridi*, 1329 (Arch. nat., P. 491¹, c. 48). — *Boscus Jauffrey*, 1419 (Loire, A. 89, f° 226). — *Boscus Jauffre*, 1420 (idem, f° 229 v°). — *Le Bosc-Geofroy*, 1540 (terrier de Saint-Pal).

Bois-Grand, bois, c^{ne} de Cayres.

Bois-Grand, h., c^{ne} de Saint-Julien-du-Pinet.

Bois-Jean (Le), loc. détr., c^{ne} de Frugières-le-Pin. — *Le Bos-Jehan*, 1564 (Vals-le-Chastel).

Bois-l'Évêque, f., c^{ne} de Saint-Front.

Bois-Long, écart, c^{ne} de Beaux. — *Bosc-Long*, 1548 (terrier de Verchères).

Bois-Majour, mas détr. auj. bois, c^{ne} de Thoras. — *Bos Major*, 1279 (Thiolent). — *Bos-Majour*, 1564 (idem).

Bois-Noir (Le), anc. verrerie et mⁱⁿ à scie, c^{ne} de Desges. — 1588 (spic. Briv.).

Bois-Redond, mont. boisé, c^{ne} de Croisance. — *Bostredon*, 1274 (Lozère, G. 99). — *Mons de Bos-Redond*, 1279 (Thiolent). — *Nemus de Bos-Redon domini de Apcherio*, 1499 (idem). — *Bois-Redond*, xviiie s. (Cassini).

Bois-Royer, chât. et dom., c^{ne} de Coubon. — *Bois-Royer*, 1341 (Arch. nat., P. 1856, f° 87). — *Bouroyer*, 1707 (cad. de Bouzols). — *Bois-Royer*, xviiie s. (Cassini). — *Barouillet* (cad.). — *Bois-Rulher* (État-Major).

Boissebete, vill., c^{ne} de Pinols. — *Boyssayretas*, v. 1250 (spic. Briv.). — *Boysseyretas*, 1458 (Bibl. nat., lat., n. acq., 1222, f° 84). — *Boysseretas*, 1459 (idem, f° 129).

Boisserie (La), vill., c^{ne} de Chastel. — *Mansus de Boysseyria*, 1467 (Bibl. nat., ms. lat., n. acq., 1223, f° 315 v°).

Boisset, c^{on} de Bas. — *Villa de Boiset*, v. 1045 (cart. de Chamalières, n° 202). — *Buicetum*, xiie s. (idem, n° 325). — *Boyssetum, Boysset*, 1293 (Arch. nat., P. 491¹, c. 13). — *Parochia Boysseti prope Tiranges*, 1325 (Arch. nat., P. 492¹, c. 230). — *Ecclesia de Boyceto*, 1336 (Arch. nat., P. 494¹, c. 38). — *Boysset*, 1420 (Loire, A. 89, f° 238). — *Bouisset en Forès*, 1621 (Duclaux, n°°). — *Boisset-lès-Tiranges*, 1767 (alm. de Lyon).

En 1789, Boisset faisait partie de la province

du Forez, de la généralité de Lyon et du bailliage de Montbrison. Son église paroissiale, diocèse du Puy et archiprêtré de Saint-Paulien, était dédiée à saint Pierre; la prieure de Vorey présentait à la cure.

BOISSET (LE), f., cⁿᵉ de Mazeyrat-Crispinhac. — *Mansus del Boschet*, 1464 (Bibl. nat., lat., n. acq., 1223, fᵒ 153). — *Boysset*, 1482 (*idem*, 1224, fᵒ 318 vᵒ).

BOISSET-BAS, vill., cⁿᵉ de Saint-Pal-de-Chalencon. — *Mansus Subterior, in villa de Boisoleto*, xᵉ s. (cart. de Chamalières, nᵒ 265). — *Boissel-Bas*, 1540 (terrier de Saint-Pal). — *Boysseau-Bas*, 1555 (obit. de Bas). — *Boisseau-Bas*, 1698 (Devinols, nʳᵉ). — *Boisset-Bas*, xviiiᵉ s. (Cassini).

BOISSET-HAUT, vill., cⁿᵉ de Saint-Pal-de-Chalencon. — *Boisolum*, xiᵉ s. (cart. de Chamalières, nᵒ 246). — *Boysseol, Boysseolz*, 1420 (Loire, A. 89, fᵒ 237). — *Boyceol Sobeyra*, 1500 (coll. C. Falcon). — *Le Boyssiel Sobeyre*, 1616 (Rhône, H. 2153). — *Boisset-Haut*, xviiiᵉ s. (Cassini).

BOISSEUGE, vill., cⁿᵉ d'Espalem. — *Boisseughol*, 1730 (terrier d'Espalem).

BOISSEUGES, vill., cⁿᵉ de Chavagnac-Lafayette. — *Buesoiolensis villa*, v. 1130 (cart. de Pébrac, nᵒ 42). — *Busseughol*, 1448 (Bibl. nat., ms. fr., 11490, fᵒ 446). — *Boysseughol*, 1465 (terrier de Vissac). — *Boysseghol*, 1561 (Savin, nʳᵉ). — *Boisseuge*, 1888 (carte adm.).

BOISSEYRE, vill., cⁿᵉ de Tiranges. — *Buysseras*, 1293 (Arch. nat., P. 491¹, cote 13). — *Boysseriæ*, 1329 (J. de Peyre, nʳᵉ). — *Buisscras*, 1334 (Arch. nat., P. 490², cote 153).

BOISSEYRE (LE), affl. du Drossange, cⁿᵉ de Tiranges.

BOISSIAL (LE), vill., cⁿᵉ de Berbezit. — *Lo Bouschalm*, 1516 (terrier de Vals-le-Chastel). — *Le Bouschal*, 1564 (J. Chalvon, nʳᵉ).

BOISSIAL (LE), affl. de la Trinité à l'ouest de Cusse, cⁿᵉˢ de Berbezit et de Saint-Didier-sur-Doulon.

BOISSIEN, h., cⁿᵉ de Malrevers. — *Bossers*, 1300 (év.). — *Bosser*, 1340 (év.). — *Locus de Bosserio*, 1344 (J. de Peyre, nʳᵉ). — *Boserium*, 1361 (Haute-Loire, E.). — *Bossiers*, 1507 (év.). — *Bossier*, 1555 (cad. de Mercœur).

BOISSIÈRE, h., cⁿᵉ de Pinols. — *Boiseiras*, xiiᵉ s. (cart. de Pébrac, nᵒ 40-42). — *Boyceyras*, 1350 (Arch. nat., Z². 54, p. 63). — *Boysseyras*, 1357 (*idem*, p. 129). — *Boysseyre*, 1820 (Deribier).

BOISSIÈRE, h., cⁿᵉ de Vernassal. — *Boisseiras*, 1234 (hôtel-Dieu, B. 610). — *Molendinum quod dicitur de Boisseira*, 1238 (*idem*, B. 609).

BOISSIÈNES, vill., cⁿᵉ de Sainte-Marie-des-Chazes. —

Mansus de Boysseyras, Boysseires, 1455 (Bibl. nat., lat., n. acq., 1222, fᵒˢ 32 vᵒ et 33).

BOISSIEUX, vill., cⁿᵉ de la Chapelle-Geneste. — *Boyssiols*, 1389 (la Chaise-Dieu, la Chapelle-Geneste). — *Boyceux*, 1415 (*idem*). — *Boyciels*, 1416 (*idem*).

BOISSONNEYRE (LA), f., cⁿᵉ de Pinols. — *La Boysoneyra*, 1351 (Arch. nat., Z². 54, p. 210). — *La Boyssoneyra*, 1457 (Bibl. nat., lat., n. acq., 1222, fᵒ 56 vᵒ). — *Boyssoneria*, 1460 (*idem*, fᵒ 135). — *Boyssouneyre*, 1750 (terrier des Binières). — *La Boissonnière*, 1888 (carte adm.).

BOISSONNIE (LA), lieu détr., cⁿᵉ de la Chapelle-Geneste. — *Mansus de la Boyssonia*, 1268 (Arch. nat., S. 3300).

BOISSY, f., cⁿᵉ des Estables.

BOISSY-DU-MAS, f., cⁿᵉ des Estables. — *Le Mas-de-Boissi*, 1766 (état civ.). — *Boissi-du-Mas*, 1773 (*idem*).

BOITOUT, f., cⁿᵉ de Saint-Étienne-près-Allègre. — *Le Boiteu*, xviiiᵉ s. (Cassini). — *Boitoux*, 1888 (carte adm.).

BOMBE, écart, cⁿᵉ de Saint-Germain-Laprade. — *Locus de Bomba*, 1324 (J. de Peyre, nʳᵉ, reg. A, fᵒ 96 vᵒ). — *Bonba*, 1408 (compois du Puy). — *La metterie de Bombe*, 1625 (Duclaux, nʳᵉ).

BOMBERIE (LA), écart, cⁿᵉ de Saint-Privat-du-Dragon. — *La Bombarye, La Bonbarie*, 1625 (terrier du Chambon de Blau).

BOMBES (LES), mⁱⁿ sur le Lacombe, cⁿᵉ de Loudes.

BONALOUX, m. i., cⁿᵉ de Saint-Étienne-près-Allègre.

BONFILS (MOULIN-DE-), mⁱⁿ sur l'Andrable, cⁿᵉ de Valprivas.

BONHARMES, b., cⁿᵉ de Monlet. — *Bonarme*, xviiiᵉ s. (Cassini). — *Bonnarme*, 1820 (Deribier).

BONHARMES (MOULIN-DE-), mⁱⁿ sur la Borne occidendale, cⁿᵉ de Monlet.

BONJOUR, écart, cⁿᵉ de Rosières.

BONJOUR, vill., cⁿᵉ de Saint-Hilaire. — *In vicaria Brivatensi, villa Bonjorn*, xiᵉ s. (cart. de Brioude, ch. 8).

BONLHOUX, mⁱⁿ ruiné sur la Borne, cⁿᵉ de Saint-Paulien.

BONNAS, chât. détr. sur le versant sud du pic du Lizieux, cⁿᵉ d'Araules. — *Arcis Bonacensis*, 950 (cart. du Monastier, nᵒ 120). — *Arcis Bonaciensis*, 957 (*idem*, nᵒ 89). — *Castrum de Bonas*, 1164 (Médicis, I, 77). — *Mandamentum de Bonas*, 1309 (év.). — *Bonacius*, 1314 (év.). — *Bonacius*, 1323 (Rhône, D. 148). — *Le chasteau de Bonnas*, 1608 (cad. de Bonnas).

BONNASSE (LA), mᵒⁿ de camp., cⁿᵉ de Coubon.

Bonnassou, m^{on} de camp., c^{ne} de Taulhac. — *Bonnassou*, 1545 (inv^{re} de Saint-Mayol). — *La mecterie de m^e Robert Jourdain*, 1598 (Doleson, n^{re}). — *Bonnassous*, 1820 (Deribier).

Bonnat, f., c^{ne} de Langeac. — xviii^e s. (Cassini).

Bonnavat, h., c^{ne} de Saint-Arcons-d'Allier. — *Buco Navato*, 936 (cart. de Brioude, ch. 337). — *Villa de Boc-Navat*, 1235 (spic. Briv.). — *Mansus de Bonnavat*, 1455 (Bibl. nat., lat., n. acq., 1222, f° 17 v°). — *Bognavat*, 1480 (la Chaise-Dieu, Chanteuges). — *Boneval*, xviiie s. (Cassini).

Bonnefont, écart, c^{ne} de Beaulieu. — *Bouneffont*, 1541 (Chamblas). — *Bonnefont*, 1605 (Leblanc, n^{re}).

Bonnefont, m. i., c^{ne} du Brignon.

Bonnefont, source d'eau minérale, formée de deux griffons situés l'un près des Rozières, c^{ne} du Brignon, et l'autre près des Salles, c^{ne} de Saint-Martin-de-Fugères.

Bonnefont, vill., c^{ne} de Chassagnes. — *Bonnefond*, 1888 (carte adm.).

Bonnefont, loc. détr., c^{ne} de Chassignolles. — *Mansus de Bonafont*, 1358 (spic. Briv.).

Bonnefont, écart, c^{ne} de Coubon. — *La Chazete*, xviiie s. (Cassini). — *Bonnefont ou les Chazelettes*, 1847 (nomencl. des postes).

Bonnefont, f., c^{ne} de Fontannes. — *In ... vicaria (Brivatæ), in loco qui nuncupatur Bona Fonte*, 910 (cart. de Brioude, ch. 296); — 926 (*idem*, ch. 327).

Bonnefont, mⁱⁿ sur les Merles, c^{ne} du Mazet-Saint-Voy. — *Bonus Fons*, 1314 (év.).

Bonnefont, écart, c^{ne} de Rosières.

Bonnefont, h., c^{ne} de Saint-Front. — *Grangia de Bono Fonte*, 1217 (Gall. chr., XVI, instr., col. 240). — *Mansus Boni Fontis sive Arresta Soyra*, 1284 (cart. de Mazan, f° 25 v°). — *Domus Boni Fontis*, 1451 (*idem*). — *Locus de Bona Foan*, 1530 (cad. du Monastier).

Bonnefont, f., c^{ne} de Saint-Georges-Lagricol. — *Villa de Bonafonte*, 1021 (cart. de Chamalières, n° 239). — *Bonafont*, 1213 (*idem*, n° 335). — *Bonneffont*, 1553 (terrier de Chalencon). — *La maladrerie de Bonnefont*, 1648 (Arch. nat., M. 40, n° 10; — MM. 219, f° 233). — *Bonnefond*, 1880 (carte adm.).

Bonnefont, vill., c^{ne} de Saint-Jeure. — *Bonusfons*, 1328 (Rhône, D. 154). — *Bonnafont*, 1507 (év.).

Bonnefont, h., c^{ne} de Saint-Pal-de-Mons. — *Bonus Funs*, 1314 (év.).

Bonnefont, écart. c^{ne} de Saint-Victor-Malescours. — 1561 (terrier de Saint-Didier).

Bonnefont, vill., c^{ne} de Saint-Victor-sur-Arlanc. — *Bonneffont*, 1610 (Rhône, D.).

Bonnefont, vill., c^{ne} de Sembadel.

Bonnefont, vill., c^{ne} de Séneujols. — *Bonafont*, 1344 (J. de Peyre, n^{re}, reg. D., f° 4). — *Locus de Bonofonte*, 1346 (hôtel-Dieu, B. 677).

Bonnefont (Mas-de-), f., c^{ne} de Saint-Martin-de-Fugères. — *Bonus Fons*, 1377 (Saint-Mayol). — *Bonafont*, 1390 (homm. de Solignac). — *Bonafoant*, 1529 (Costavol, n^{re}).

Bonnefont (Moulin-de-), mⁱⁿ sur les Merles, c^{ne} de Champclause. — 1507 (év.).

Bonnefoy, m. i., c^{ne} du Monastier.

Bonnefoy, m. i., c^{ne} de Raucoules.

Bonnefoy, m. i., c^{ne} de Saint-Didier-la-Séauve.

Bonne-Mariotte, h., c^{ne} de Saint-Jeure.

Bonnenuit, lieu détr., c^{ne} de Saint-André-de-Chalencon. — *Ad Bonam Noctem*, xiiie s. (cart. de Chamalières, n° 328).

Bonnet, m. i., c^{ne} de Dunières. — 1615 (Rhône, D. 185).

Bonnet, écart, c^{ne} de Saint-Romain-Lachalm.

Bonnet (Moulin-de-), mⁱⁿ détr. sur la Gazeille, c^{ne} du Monastier. — *Molendinum Petri Boneti*, 1364 (comm^{on} de M. Félix Experton). — *Mounerius de Boneto*, 1496 (Arcis, n^{re}). — *Le Molin-de-Bonnet-lez-Monestier-Sainct-Chaffre*, 1571 (A. Boyer, n^{re}).

Bonnette (La), h., c^{ne} de Bains. — *La Boneta*, 1329 (J. de Peyre, n^{re}). — *La Bonete-lez-Monbonet*, 1561 (Savin, n^{re}).

Bonnettes (Les), écart, c^{ne} de Saint-Julien-du-Pinet. — *Bonnet*, 1597 (Gallien, n^{re}).

Bonnet-Vert (Le), h., c^{ne} de Saint-Just-Malmont.

Bonneval, c^{on} de la Chaise-Dieu. — *Ecclesia de Bonaval*, 1177 (Bibl. nat., ms. lat., 12750, p. 200). — *Parochia de Bonaval*, 1348 (Saint-Agrève). — *Bonneval*, 1401 (spic. Briv.). — *Prioratus sanctæ Eugeniæ Bonævallis*, xvie s. (pouillé de Clermont, par A. Bruel, p. 118). — *Le prieuré régulier de saint Eugénye de Bonneval*, 1621 (Tauret, n^{re}).

En 1789, Bonneval, qui était un prieuré uni à la mense conventuelle de l'abbaye de la Vaudieu, faisait partie de la province d'Auvergne, de l'élection d'Issoire, de la subdélégation de Saint-Amand-Roche-Savine et du présidial de Riom; cette localité se régissait par le droit écrit et le droit coutumier. Son église paroissiale, diocèse de Clermont et archiprêtré de Livradois, était sous le vocable de sainte Eugénie; la prieure de la Vaudieu présentait à la cure.

Bonneval, h., c^{ne} de Saint-Arcons-d'Allier.

Bonneval (Moulin-de-), mⁱⁿ sur la Dore, c^{ne} de Bonneval.

Bonnevialle, vill., c^{ne} de Rosières. — *Bona Villa*, v. 1085 (cart. de Chamalières, n° 33). — *Bonna Viale*, 1507 (év.).

Bonnevialle, f., c^{ne} de Saint-Romain-Lachalm. — *Bonnevial*, 1879 (carte adm.).

Bonneville, m. i., c^{ne} d'Aiguilhe.

Bonneville, chât., c^{ne} de Saint-Pierre-Eynac. — 1296 (homm. de l'év.). — *Mansus de Bona Vila*, 1309 (Bonneville).

Fief vassal de Chapteuil.

Bonon, m. i., c^{ne} de Saint-Romain-Lachalm.

Bontemps, m. i., c^{ne} de Saint-Pal-de-Mons.

Bord (Ravin-de-), affl. du Ravin-de-Chambes, c^{ne} de Saint-Privat-du-Dragon.

Bordel, h., c^{ne} de Lantriac. — *Locus de Bordello*, 1412 (terrier du Moulineuf). — *Bordel*, 1544 (Savin, n^{re}). — *Bourdel*, 1547 (*idem*).

Bordes (Les), vill., c^{ne} de Saint-Beauzire. — *Mansus de Bordas*, 1353 (coll. J. Lachenal).

Bordes (Les), écart, c^{ne} d'Yssingeaux. — *Bordæ*, 1382 (év.).

Bordes (Les), affl. du Ramel, limite les c^{nes} d'Yssingeaux et de Saint-Maurice-de-Lignon. — *Rivus de Bordis*, 1515 (terrier de Choumouroux). — *Rivus de Bordas*, 1529 (terrier du Fraysse-Bas). — *Les Barrits*, 1878 (carte adm.).

Bordet, f., c^{ne} de Saint-Julien-Chapteuil.

Boriasse (La), f., c^{ne} de Saint-Étienne-Lardeyrol.

Borie (La), dom., c^{ne} de Beaulieu. — *La Boria de Laval-Amblaves*, 1408 (compois du Puy).

Borie (La), chât. et dom., c^{ne} de Céaux-d'Allègre. — *Boria de Chambarel*, 1298 (coll. César Falcon). — *Château de la Bourie*, xviiie (Cassini). — *La Borie-Chambarel*, 1857 (aff. jud.).

Fief appartenant avant le xviie s. à la famille de Guérin de Lugeac.

Borie, f., c^{ne} de Champclause.

Borie (La), h., c^{ne} de Chénéreilles. — *La Borye*, 1610 (Rhône, D. 150). — *La Borie de Sainct-Jeure*, 1615 (év.).

Borie (La), quartier de Bouzols, c^{ne} de Coubon. — 1291 (homm. de l'év.). — *La Boria*, 1346 (Haute-Loire, E.). — *La metterie de Bouzols app. Le Mas de la Borye*, 1759 (Arch. nat., P. 1856, f° 87).

Borie (La), lieu détr., c^{ne} de Ferrussac.

Borie (La), f., c^{ne} de Grèzes. — 1539 (Thiolent).

Borie (La), h., c^{ne} du Monastier. — *Villa Bovariæ*, 1107 (cart. du Monastier, n° 19). — *Villa de Boaria*, xiie s. (*idem*, n° 28). — *Boria*, 1462 (Monastier). — *La Boria*, 1529 (Costavol, n^{re}). — *La Borye*, 1621 (André, n^{re}).

Borie (La), f., c^{ne} de Monistrol-d'Allier. — *La Boria*, 1499 (Thiolent).

Borie (La), écart, c^{ne} de Monistrol-sur-Loire. — *La Boria*, 1507 (év.). — *La Borye*, 1691 (état civ.).

Borie (La), f., c^{ne} de Pébrac. — *La Boaria*, 1234 (cart. de Pébrac, n° 53). — *Boria domini de Digons*, 1469 (Bibl. nat., lat., n. acq., 1223, f° 356).

Borie (La), h., c^{ne} de Pradelles. — *La Boaria*, 1331 (Arch. nat., P. 1397², cote 587). — *Boria domini de Ruppe sita subtus Pratellas*, 1345 (Rhône, E. 8). — *Boria*, 1464 (Ardèche, C. 592). — *Boria prope Pratellas*, 1511 (Maurin, n^{re}). — *Les Bories*, 1888 (carte adm.).

Borie (La), f., c^{ne} de Saint-Austremoine. — 1613 (Mercurial).

Borie (La), m. i., c^{ne} de Saint-Éble.

Borie (La), f., c^{ne} de Saint-Ferréol-d'Auroure.

Borie (La), f., c^{ne} de Saint-Julien-du-Pinet.

Borie (La), f., c^{ne} de Saint-Maurice-de-Lignon. — 1589 (Haute-Loire, E.).

Borie (La), f., c^{ne} de Saint-Pal-de-Mons.

Borie (La), loc. détr., c^{ne} de Saint-Privat-du-Dragon. — *La Boria*, 1386 (Arch. nat., Z². 4144, p. 22). — *La Boheria*, 1459 (Arch. nat., ZZ. 359, p. 22). — *La Borye*, 1612 (terrier de la Vaudieu).

Borie (La), f., c^{ne} de Saint-Romain-Lachalm.

Borie (La), quartier de Solignac-sur-Loire. — *Boaria Sollempniaci*, 1348 (prieuré de Solignac). — *La Boria Sollempniaci*, 1416 (*idem*). — *La Boria de Solempnhac*, 1424 (Rhône, II. 2233). — *La Borie-de-Solignac*, 1561 (Savin, n^{re}). — *La Borie-lez-Solinac*, 1565 (Doleson, n^{re}).

Borie-Blanche (La), m. i., c^{ne} de Vals-près-le-Puy.

Borie-Blanche (La), f., c^{ne} de Vergongheon. — *La Métairie-Blanche*, xviiie s. (Cassini).

Borie-Darles (La), lieu dit, c^{ne} de Brioude. — *In loco qui in Aurea Valle dicitur*, 898 (cart. de Brioude, ch. 26). — *La metterie d'Oryval*, 1601 (coll. J. Lachenal). — *Une mectarie appelée d'Orival appartenant à Me Jean Darles*, 1644 (*idem*).

Borie-du-Fau (La), f., c^{ne} de Tailhac. — *La Boria*, 1459 (Bibl. nat., lat., n. acq., 1222, f° 109). — *La Borie*, 1486 (terrier de Tailhac). — *La Borie-du-Fau*, 1847 (nom. des postes). — *La Borie-du-Faux*, 1888 (carte adm.).

5.

Bories (Les), f., c^ne de Brives-Charensac. — *La
Borie*, 1808 (cad.).

Boriette (La), m. de camp., c^ne d'Aiguilhe. — *La
maison d'Orvy*, 1581 (Burel, 74). — *La Bourite,
m. de camp. de Gabriel d'Orvy* (1581). — (Arnaud,
hist. du Velay, I, 402). — *La Boritte*, 1695
(capitation).

Boriette (La), f., c^ne de la Besseyre-Saint-Mary.

Boriette (La), f., c^ne de Pinols.

Boriette (La), h., c^ne de Saint-Just-près-Brioude.

Borne, f., c^ne des Estables.

Borne, c^on de Saint-Paulien. — *Borna*, 1088 (hôtel-
Dieu, A. 1). — *Born*, 1210 (*idem*, B. 607). —
Parochia B. Mariæ de Borna, 1323 (Saint-
Agrève). — *Borne de Chambefort*, 1506 (Médicis,
II, 305). — *Eccl. paroch. Nostræ Dominæ de Borna*,
1533 (Dompnin, n^re). — *Prior S. Mariæ de
Borna*, 1715 (Gall. chr., II, c. 770).

En 1789, Borne était compris dans la province
du Velay, la subdélégation et sénéchaussée du
Puy. Son église paroissiale, diocèse du Puy et
archiprêtré de Saint-Paulien, était sous l'invocation de Notre-Dame; l'abbé de Doue présentait à
la cure.

Borne (La), riv. formée au sud-est de la c^ne de
Céaux-d'Allègre, par la réunion de la Borne orien-
tale et de la Borne occidentale, traverse les c^nes de
Saint-Paulien, Borne, Saint-Vidal, Espaly et le
Puy et se jette dans la Loire à la Chartreuse,
c^ne de Brives-Charensac. — *Borna*, 1226 (hôtel-
Dieu, B. 131).

Borne (Les Planches de), anc. pont de bois, sur la
Borne, c^nes d'Aiguilhe et du Puy. — *Planca de
Borna*, 1213 (tabl. du Velay, 1876-1877, 351).
— *Las Planchas de Borna*, 1294 (terrier de
Saint-Mayol). — *Le Pont de las Planches*, 1544
(Médicis, II, 280).

Borne occidentale (La), l'un des deux ruiss. qui
forment la Borne, prend sa source au nord-est
de la Roche, c^ne de Sembadel, et arrose les c^nes de
Monlet, Allègre et Vernassal.

Borne orientale (La), l'un des deux ruiss. qui forment la Borne, prend sa source à Félines et
arrose les c^nes de Monlet et Céaux-d'Allègre.

Bonnette, chât. et dom., c^ne de Polignac. — *Borna la
Mura*, 1307 (Haute-Loire, E.). — *Borneta*, 1510
(J. Boyer, n^re). — *Borne-la-Mure*, 1564 (R. Mau-
rin, n^re). — *Bournette*, 1679 (Haute-Loire, B. 31).

Bonvet, m. i., c^ne de Valprivas. — *Bouvais*, 1888
(Malègue).

Bos (Le), f., c^ne de Bas. — *Bosc*, 1507 (obit. de
Bas). — *Bost*, 1595 (*idem*).

Bos (Le), chât., c^ne de Blesle. — *Boschus*, 1267
(spic. Briv.). — *Boscus*, 1276 (*idem*).

Dom. noble mouvant en fief de la s^ie de Blesle
et en arrière-fief du duché d'Auvergne.

Bos (Le), f., c^ne de Pébrac. — *Mansus del Bos*,
1461 (Bibl. nat., lat., n. acq., 1222, f° 184). —
Locus de Bosco, 1464 (Thiolent).

Bos (Le), h., c^ne de Saint-Étienne-près-Allègre. —
Mansus del Bos, 1375 (Arch. nat., S. 3299, cote 2).
— *Le Bos*, 1620 (La Chaise-Dieu, Saint-Etienne-
près-Allègre).

Bos (Le), f., c^ne de Saint-Julien-Chapteuil. — *Mansus de Bosco*, 1336 (Saint-Agrève). — *Boria de
Bos Montium*, 1455 (Pradier, n^re).

La métairie du Bos appartenait, au xve s., à la
maison de Mons.

Bos (Le), m. i., c^ne de Saint-Julien-du-Pinet.

Bos (Le), ruiss., prend naissance à Saint-Privat-du-
Dragon et se jette dans l'Allier au nord du Chambon, c^ne de Blassac. — *Riperia del Bos*, 1463 (Arch.
nat., ZZ. 359, p. 71). — *Le Bancillon* (cad.).

Bos (Les), h., c^ne d'Espalem.

Bos (Les), m. i., c^ne de Tence.

Bos (Moulin-du-), m^in sur la Voirèze, c^ne de Blesle.

Bos (Ravin-de-), affl. du Céroux au moulin de la
Poudrière, c^ne de Saint-Just-près-Brioude.

Bos-Bomparent (Le), vill., c^ne de Saint-Beauzire. —
Boscus Boni Parentis, 1416 (Baluze, mais d'Auv.,
II, 343). — *Boscus Bomparent*, 1429 (terrier du
doy. de Br.). — *Locus de Bosco, par. S. Bau-
delii*, 1435 (Bibl. nat., fr., 11490, f° 164). —
Boscus Bomperent, Bos-Bonparent, 1445 (terrier
de Faugères). — *Le Bostz-Bon-Parenc*, xve s.
(*idem*, fr., 22297, p. 231). — *La chastellenie du
Bois-Bonparent*, 1511 (coust. d'Auv., f° 70 v°).
— *Le Boys-Montparent*, 1549 (Savin, n^re). —
Bos-Bomparant, Boz-Bomparand, 1549 (terrier de
Lauriat). — *Le Bos-Monparant*, 1730 (lièvre
d'Espalem).

Bosc, m^in sur la Roudesse, c^ne de Rosières. — *Villa
de Bots*, 1239 (tabl. du Velay, 1876-77, 386).
— *Bocz*, 1306 (*idem*, 1875-76, 519). — *Le
Musnier de Botz*, 1506 (Médicis, II, 301). —
Bose, 1880 (carte adm.).

Boscaliger, écart, c^ne de Saint-Pal-de-Mons. —
Boscus, 1314 (év.). — *Le Bosc-Alichier*, 1507
(év.). — *Le Bosc-Allichier*, 1695 (capitation). —
Le Roscaliche (cad.). — *Boscalichet*, 1879 (carte
adm.).

Boscusse, loc. détr., c^ne de Saint-Étienne-sur-Blesle.
— *Le mas de Boscusses*, 1302 (Arch. nat.,
R^4. 1143*, n° 64).

Bos-d'Orcimond (Le), écart, c^ne de Monistrol-sur-Loire. — *Archimond*, 1877 (carte adm.). — *Le Bos*, 1888 (Malègue).

Bos-Grand (Le), loc. détr., c^ne de Saint-Just-près-Brioude. — *Lo Bos-Grant*, 1339 (Bibl. nat., fr., 14337, f° 189). — *Mansus de Bosco Magno*, 1380 (Arch. nat., Z². 4143, p. 71).

Bos-Gros, m. i., c^ne de Julianges.

Bosméa, h., c^ne du Mazet-Saint-Voy. — *Bosmeia*, 1343 (Rhône, H. 1016). — *Boscus medius*, 1360 (*idem*). — *Bousmea*, 1553 (ress. de Montfaucon). — *Boscmea*, 1608 (cad. de Bonnas).

Bost-Buisson, vill., c^ne de Saint-Pal-de-Chalencon. — *Curia Bosci Boysson*, 1399 (A. Chaverondier, inv. som. des A. D. de la Loire, I, 15). — *Boscus Boysson*, 1420 (Loire, A. 89, f° 225). — *Le Bosc-Buisson*, 1540 (terrier de Saint-Pal).

Bostigon, bois, c^ne de la Chapelle-Geneste. — *Nemus Bocs-Huon vulg. nuncup.*, 1268 (Arch. nat., S. 3300).

Boubaire, h., c^ne de Saint-Beauzire. — *In aice Brivatensi, in Boberias*, 890 (cart. de Brioude, ch. 184). — *In vicaria Cheriacensi, in villa quæ dicitur Boberias*, 946 (*idem*, ch. 281). — *Bobeiras*, XIIIe s. (obit. de Br.). — *Boubieres*, 1440 (Bibl. nat., fr., 11490, f° 238).

Boubas, vill., c^ne de Solignac-sous-Roche. — *Villa quæ dicitur Bolbas*, 1266 (Arch. nat., P. 1397³, cote 597). — *Boulbas*, 1558 (Vacharel, n^re).

Boube (La), lieu détruit, c^ne de Roche-en-Régnier. — *La Bolba prope Ruppem*, 1325 (Arch. nat., P. 1397³, cote 603). — *Domus de la Bolba*, 1406 (terrier du Bois).

Bouchage (Le), m. i., c^ne de Chomelix. — *Terra deus Boschatges*, 1311 (Arch. nat., P. 1398¹, cote 650). — *Mansus del Boschaghe*, 1522 (Saint-Georges du Puy). — *Le Bouschaige*, 1548 (P. Gallien, n^re).

Bouchage (Le), h., c^ne de Félines. — *Lo Boschage*, 1460 (la Chaise-Dieu, doyenné).

Bouchardon, f., c^ne de Saint-Bonnet-le-Froid. 1553 (ress. de Montfaucon).

Boucharel, h., c^ne de Champagnac.

Boucharinc (Le), b., c^ne d'Araules. — *Lo Boscharenc*, 1314 (év.). — *Bouscharenc, Bouscharent*, 1608 (cad. de Bonnas). — *Boucherain*, 1820 (Deribier). — *Boucharinc*, 1861 (État-Major). — *Boucharine*, 1878 (carte adm.).

Bouchas (Le), écart, c^ne de la Chapelle-Geneste.

Bouchas (Le), m^in, c^ne de Retournac. — *Molendinum del Boschas, in flumine Licgeris positum et infra mandamentum castri d'Artias situm*, 1345 (Arch. nat., P. 493¹, cote 80). — *Molendinum de Boschats*, 1383 (Rhône, E. 9).

Bouchas (Le), vill., c^ne de Saint-Hostien. — *Al Boschas*, 1210 (hôtel-Dieu, B. 127). — *Villa del Boschas*, 1271 (év.). — *Boschassium*, 1475 (Bonneville). — *Le Boussias*, 1547 (Savin, n^re).

Bouchas (Le), ruiss., affl. de la Roudesse, c^ues de Saint-Hostien et de Saint-Étienne-Lardeyrol.

Bouchat (Le), m. i., c^ne de Saint-Just-Malmont.

Bouchat (Le), h., c^ne de Saint-Pal-de-Mons. — *Lo Boschat*, 1507 (év.). — *Le Bouchet*, 1820 (Deribier).

Bouchat (Le), vill., c^ne du Mazet-Saint-Voy. — *Lo Mas del Bochats*, 1328 (homm. de l'év.). — *Lo Boschat*, 1507 (év.). — *Le Boschas*, 1585 (Johany, n^re).

Bouche (La), m. i., c^ne de Saint-Romain-Lachalm.

Boucherand (Le), f., c^ne de Mazerat-Aurouze. — *Le Boscherent*, 1451 (Bibl. nat., ms. fr., 11490, f° 480). — *Lo Boscharain*, 1443 (la Chaise-Dieu, Mazerat-Aurouze). — *Lo Boscheran*, 1496 (*idem*). — *Le Boucharand*, 1888 (cart. adm.).

Boucherolle, h., c^ne de Sainte-Sigolène. — *Boschayrolas*, 1384 (év.). — *Boscherolles*, 1459 (Haute-Loire, E.). — *Boucherolles*, 1506 (Médicis, II, 305). — *Bouchcirolles*, 1695 (capitation).

Bouchet, h., c^ne de Lapte. — *In territorio Singaudensi, in loco qui dicitur de Boschit*, 1079 (cart. de Cluny, ch. 3535). — *Mansus de Boscheto*, 1314 (év.). — *Mansus del Boschet*, 1370 (év.). — *Lo Bouchet*, 1507 (év.).

Bouchet, h., c^ne de Raucoules. — *Terra del Boschet*, 1308 (tit. de Bronac). — *Boschet*, 1465 (Rivière, n^re). — *Locus de Boscheto*, 1469 (*idem*). — *Le Bouchet*, 1879 (carte adm.).

Bouchet (Lac-du-), c^ues du Bouchet-Saint-Nicolas et de Cayres. — *Lacus del Boschet*, 1308 (év.). — *Le lac Bochet*, 1376 (hist. gén. du Lang., éd. Privat, X, c. 1530).

Bouchet (Le), chât., c^ne de Beaux. — *Villa de Boscheto*, 1021 (cart. de Chamalières, n° 275). — *Mansus de Boscheto*, 1309 (Arch. nat., P. 1397², cote 566).

Bouchet (Le), h., c^ne de Chanteuges. — *Boschetum*, 1306 (la Chaise-Dieu, Chanteuges). — *Mansus del Boschet*, 1457 (Bibl. nat., lat., n. acq., 1222, f° 49). — *Boussi*, 1795 (Legrand d'Aussy, voy. d'Auv., II, 213). — *Le Bouchit*, 1857 (Lagrave, hist. de Langeac, 102).

Mine d'antimoine abandonnée.

Bouchet (Le), f., c^ne de Dunières. — *La chabanaria de Bochet*, 1269 (homm. de l'év.).

Bouchet (Le), lieu détr., près Drossac, c^{ne} de Lissac. — *In villa Boscheto, in vicaria de Vetula Civitate*, v. 1000 (cart. du Monastier, n° 204). — *Homines de Boscheto*, 1498 (hôtel-Dieu). — *Le Bouschet*, 1605 (M^{ee} Leblanc, n^{re}).

Bouchet (Le), loc. détr., c^{ne} de Mazerat-Aurouze. — *Boria del Boschet*, 1416 (la Chaise-Dieu, Mazerat-la-Brequeille). — *Locus del Boschet sive de Mal-Yvern*, 1461 (*idem*). — *Lo Bossiet*, 1474 (*idem*). — *Le Boussy*, 1701 (*idem*).

Bouchet (Le), h., c^{ne} de Présailles. — *Villa quæ dicitur Boschito*, v. 950 (cart. du Monastier, n° 117). — *Lo Boschet*, 1288 (*idem*, n° 461). — *Locus de Boscheto*, 1501 (Arcis, n^{re}). — *Le village du Boschet-Jelya*, 1547 (Chaulet, n^{re}). — *Le Boschet-la-Masche*, 1607 (Robert, n^{re}). — *Le Bouschet-la-Masche*, 1680 (Surrel, n^{re}).

Bouchet (Le), vill., c^{ne} de Queyrières. — *Boschetum*, 1269 (év.). — *Lo Bossit*, 1528 (terrier du Pertuis). — *Le Boschet-de-Queyrière*, 1609 (A. Robert, n^{re}). — *Le Bouchit*, 1879 (carte adm.).

Bouchet (Le), h., c^{ne} de Riotord. — *Mansus del Boschet*, 1251 (cart. de Saint-Sauveur-en-Rue).

Bouchet (Le), vill., c^{ne} de Saint-Berain. — *Capellanus del Boschet*, v. 1208 (cart. de Pébrac, n° 51). — *Mansus de Boscheto*, 1459 (Bibl. nat., lat., n. acq., 1223, f° 131). — *Le Boussit*, 1651 (Thiolent).

Bouchet (Le), h., c^{ne} de Saint-Didier-la-Séauve.

Bouchet (Le), h., c^{ne} de Saint-Georges-Lagricol. — *Bouschetum, Bouchetum, Lo Bouschet*, 1447 (terrier de Piassac).

Bouchet (Le), h., c^{ne} de Saint-Jeure. — *Lo Boschet*, 1300 (év.). — *Locus de Boscheto*, 1391 (cart. de Tence, f° 12).

Bouchet (Le), écart, c^{ne} de Saint-Just-Malmont. — *Boschetum*, 1455 (doc. Theillière).

Bouchet (Le), l'un des deux ruiss. qui forment l'Échapré dans la c^{ne} de Saint-Just-Malmont.

Bouchet (Le), f., c^{ne} de Saint-Laurent-Chabreuges. — *Al Boschet*, xiiie s. (obit. de Br.). — *Mansus del Boschet*, 1429 (terrier du doy. de Br.).

Bouchet (Le), vill., c^{ne} de Saint-Maurice-de-Lignon. — *Boschetum*, 1455 (Arch. nat., S. 3299).

Bouchet (Le), h., c^{ne} de Saint-Pal-de-Chalencon. — 1540 (terrier de Saint-Pal).

Bouchet (Le), lieu détr., près Labro, c^{ne} de Saint-Vincent. — *Mansus del Boschet*, 1340 (Arch. nat., P. 1397², c. 590).

Bouchet (Le), h., c^{ne} de Thoras. — *Mansus de Boscheto*, 1259 (Thiolent). — *Lo Boschet*, 1279

(*idem*). — *Bosquetum*, 1499 (*idem*). — *Le Boschit*, 1623 (Peyret, n^{re}).

Bouchet (Le), vill., c^{ne} de Valprivas. — *Mansus de Bouschet*, 1334 (Arch. nat., P. 493¹, cote 38). — *Mansus de Boucheto*, 1411 (Arch. nat., P. 493², cote 119). — *Lou Boschet-Telleyres*, 1553 (obit. de Bas).

Bouchet (Mas-du-), écart, c^{ne} de la Farre.

Bouchet (Ravin-du-), affl. du ravin de la Grande-Bloue, c^{ne} de Bas. — *Rivus dou Bruschet*, 1500 (obit. de Bas).

Bouchet-Bas (Le), h., c^{ne} de Fay-le-Froid.

Bouchetel, lieu dit, c^{ne} de Vernassal. — *Terroir de Bouschatel*, 1682 (cad. de la vicomté de Polignac).

Bouchet-Haut (Le), h., c^{ne} de Fay-le-Froid. — *In villa quæ dicitur Boscheto, in pago Vellaico, juxta rivum Lignionem*, v. 1000 (cart. du Monastier, n° 155). — *Mansus del Boschet*, 1284 (cart. de Mazan, f° 25 v°). — *Mansus del Boschet sive de la Folheta*, 1320 (*idem*, f° 121). — *Le Bouschet*, 1618 (état civ.).

Bouchet-Mahenc (Le), h., c^{ne} du Monastier. — *Villa de Boscheto*, v. 970 (cart. du Monastier, n° 116). — *Lo Boschet-Mahenc*, 1528 (cad. du Monastier). — *Le Bouschet-Mahenc*, 1571 (A. Boyer, n^{re}). — *Bouchet*, 1888 (Malègue).

Bouchet-Pillac, vill., c^{ne} de Saint-Julien-d'Ance. — *Le Bouchet-Pillac*, 1540 (terrier de Saint-Pal-de-Chalencon). — *Le Bouschet*, 1604 (cad. de Chalencon).

Bouchet-Saint-Nicolas (Le), c^{on} de Cayres. — *Capellanus del Boschet*, 1227 (hôtel-Dieu, B. 307). — *Prior monasterii de Boscheto S. Nicholai*, 1274 (la Chaise-Dieu, Bouchet-Saint-Nic.). — *Ecclesia S. Nycholay de Boscheto*, 1303 (*idem*). — *Villa Bocheti S. Nicolai*, 1318 (*idem*). — *Capellanus del Bossit S. Nicolau*, xve s. (Médicis, II, 172). — *Le Bouschet-Saint-Nicolas*, 1566 (Doleson, n^{re}). — *Bouchet-le-Lac*, 1793.

En 1789, le Bouchet-Saint-Nicolas dépendait de la province du Velay et de la sénéchaussée et subdélégation du Puy. Son église paroissiale, diocèse du Puy et archiprêtré de Solignac-sur-Loire, était sous l'invocation de saint Nicolas; l'aumônier de l'abbaye de la Chaise-Dieu présentait à la cure, en qualité de prieur de cette localité.

Bouchey (La), affl. de la Vendage, c^{nes} de Vergongheon et de Cohade.

Bouchillon, h., c^{ne} de Saint-Julien-Mollesabate.

Boucle (La), f., c^{ne} des Vastres.

Boucouneyroux, m. i., c^{ne} du Monastier.

BOUDAREL, m. i., c^{ne} de Saint-Romain-Lachalm.

BOUDOUL (MAS-DE-), f., c^{ne} de Saint-Haon.

BOUDOUX (LES), vill., c^{ne} de Chomelix. — *Locus doux Bodos*, 1500 (coll. César Falcon). — *Los Bodos*, 1507 (év.). — *Loz Boudons*, 1548 (P. Gallien, n^{re}). — *Lous Baudous*, 1669 (Arch. nat., P. 500[1], cote 37).

BOUFFELAURE, écart, c^{ne} de Berbezit. — *Bouffelore*, 1888 (carte adm.).

BOUFFELAURE, f., c^{ne} de Céaux-d'Allègre. — *Boufelore*, 1860 (État-Major).

BOUFFELAURE, écart, c^{ne} de Retournac.

BOUFFETON, f., c^{ne} d'Aurec.

BOUGERNE, vill., c^{ne} de Craponne-sur-Arzon. — *Bosgernas*, 1327 (Saint-Mayol). — *Bougernas*, 1447 (terrier de Piassac). — *Boujernas*, 1569 (terrier de N.-D. de Chalencon).

BOUILLON, f., c^{ne} de Saint-Maurice-de-Lignon.

BOUILLON, f., c^{ne} de Saint-Pal-de-Mons.

BOUILLON (CHAPELLE DE), sous le vocable de sainte Marguerite de la Séauve, c^{ne} de Saint-Maurice-de-Lignon. — Chapelle construite en 1729, démolie sous la Révolution et rétablie en 1851.

BOUÏS (LES), h., c^{ne} de Saint-Jeure. — *Lou Bouis*, 1773 (état civ.). — *Les Bouys*, 1778 (*idem*).

BOULAND, écart, c^{ne} de Bonneval. — *Boulant*, 1888 (carte adm.).

BOULANGERIE (LA), m. i., c^{ne} de Saint-Haon.

BOULES-BASSES (LES), h., c^{ne} de Tiranges.

BOULES-HAUTES (LES), écart, c^{ne} de Tiranges.

BOULON, f., c^{ne} de Chaudeyrolles.

BOULOU (LE), affl. de l'Allagnon à l'ouest de la c^{ne} de Chambezon.

BOUNORY, m^{in} sur l'Ance, c^{ne} de Saint-André-de-Chalencon. — *Bounery* (cad.).

BOUQUELERIE (LA), vill. et m^{in}, c^{ne} de Chastel. — *La Boquelarie*, 1486 (terrier de Tailhac). — *La Bouqueterie*, 1869 (Malègue). — *La Bouquellerie*, 1888 (cart. adm.).

BOUQUET (LE), mine de galène, c^{ne} de Saint-Front.

BOUQUET (LE MAS-DE-), f., c^{ne} de Saint-Front.

BOUQUETTE (LA), m. i., c^{ne} de Chassagnes.

BOURANGE (LA), dom., c^{ne} de Retournac. — *Borangia*, 1343 (Arch. nat., P. 1398², cote 661). — *Mansus de Borengia*, 1374 (Saint-Agrève). — *La Borangha*, 1490 (Arch. nat., P. 1397², cote 585). — *Borrengia*, 1500 (Saint-Agrève). — *La Borange*, 1695 (capitation).

BOURBES (LES), m. i., c^{ne} de Lapte.

BOURBOUILLOU (LE), ruiss. qui sort de l'étang de Soulhac, c^{ne} de Bellevue-la-Montagne, passe à Bourbouilliou et se jette dans la Borne à Borne. — *Riperia de Borbolo*, 1280 (Rhône, Annecy, I, 1). — *Le ruiss. de Borbolhion*, 1584 (Haute-Loire, E.). — *Le ruiss. app. de Bourbouillion*, 1616 (Rhône, II. 2153, f° 970). — *Le Montredon* (cad.).

BOURBOUILLOU (MOULIN-DE-), m^{in} sur le Bourbouillou, c^{ne} de Saint-Paulien. — *Molendinum situm in territ. S. Pauliani*, 1315 (Saint-Georges de Saint-Paulien).

BOURBOUS (LES), m. i., c^{ne} de Saint-Maurice-de-Lignon.

BOURDEILLE, loc. détr., c^{ne} de Saint-Étienne-sur-Blesle. — *Bourdelles*, 1493 (terrier de Blesle). — *Bordel*, XVIIIe s. (Cassini).

BOURDEYRAC, vill., c^{ne} de Salettes. — *Bordeyracum*, 1505 (Dompnin, n^{re}). — *Bourdeyrac*, 1570 (Benoît, n^{re}).

BOURDEYRAC (LE), affl. de la Loire au sud-ouest de Salettes.

BOUREILLE (RAVIN-DE-LA), affl. de l'Allier, c^{ne} d'Alleyras.

BOURET, m. i., c^{ne} de Lapte.

BOUREYRE (LA), f., c^{ne} de Saint-Jeure.

BOURG, h., c^{ne} de Pinols. — *Born*, 1486 (terrier de Tailhac).

BOURG (LE), f., c^{ne} de Chaudeyrolles. — 1635 (état civ.).

BOURG (LE), écart, c^{ne} de Tiranges.

BOURG (MOULINS-DE-), m^{ins} sur le Cougoussac, c^{ne} de Pinols.

BOURGEADE (LA), h., c^{ne} de Rosières. — *La Bourgada*, 1490 (cad. de Mézères). — *La Borghada*, 1507 (év.). — *La Borghade*, 1550 (Chamblas). — *La Bourghade*, 1553 (terrier de Liques). — *La Bourgade*, 1880 (carte adm.).

BOURGEAT, h., c^{ne} de Saint-Ferréol-d'Auroure. — *La Borghat*, 1396 (hom. de Solignac).

BOURGEAT, écart, c^{ne} de Saint-Victor-Malescours. — *La Bourja*, 1561 (terrier de Saint-Didier).

BOURGEAT (BOIS DE), bois, c^{ne} de Tence. — *Nemus de Deouria*, 1324 (cart. de Tence).

BOURGENEUF, vill., c^{ne} de Saint-Julien-Chapteuil. — *Borget-nou*, 1186 (hospit. du Velay). — *Burgetum novum*, 1320 (homm. de l'év.). — *Borgetum novum*, 1348 (J. de Peyre, n^{re}). — *Borghetum novum*, 1501 (coll. C. Falcon). — *Bourget-nou*, 1534 (év.). — *Bourgeneufs*, 1879 (carte adm.).

BOURGENEUF, h., c^{ne} d'Yssingeaux. — *Mansus de Burgo novo*, 1368 (hospitaliers du Velay). — *Borget-nou*, 1528 (terrier du Pertuis). — *Borgeneuf*, 1614 (terrier de Saussac). — *Bourgeneuf de Ranc*, 1820 (Deribier).

Bourgeyroune (La), m. i., c^{ne} de Freycenet-la-Tour.

Bourghea (La), h., c^{ne} du Chambon. — 1296 (homm. de l'év.). — *La Borga*, 1314 (év.). — *Burgata*, 1415 (cart. de Tence, f° 15 v°). — *La Bourghaa*, 1507 (év.). — *La Bourghea*, 1695 (capitation). — *La Bourga*, 1820 (Deribier). — *La Bourghéar*, 1888 (Malègue).

Bourguet, h., c^{ne} d'Auzon.

Bourguet, écart, c^{ne} de Vézézoux.

Bourianne, écart, c^{ne} de Rosières. — *Appendaria de Burriana*, v. 1170 (cart. de Chamalières, n°° 131 et 177).

Bourianne, h., c^{ne} de Saint-Julien-d'Ance. — *Burrienne*, 1545 (Savin, n^{re}). — *Bourrianne*, 1880 (carte adm.).

Bouriannes (Les), m. i., c^{ne} d'Yssingeaux. — *Bouriane*, 1878 (carte adm.).

Bourienne, m. i., c^{ne} de Freycenet-la-Tour.

Bourienne, f., c^{ne} de Saugues.

Bouribel, h., c^{ne} d'Yssingeaux.

Bourlade (La), vill., c^{ne} de Pébrac. — *Mansus de la Borlada*, 1469 (Bibl. nat., lat., n. acq., 1223, f° 356).

Bourlaratte, h., c^{ne} de Saint-Jeure. — *La Bourlaratte*, 1695 (capitation). — *Bourlarette*, 1820 (Deribier).

Bourlèche (La), h., c^{ne} de Saint-Victor-Malescours. — *La Bourleyche*, 1569 (terrier de Saint-Didier). — *La Borlaiche*, xviiie s. (Cassini).

Bourleyre, vill., c^{ne} de Chanteuges. — *Sylva Borleria nomine*, 936 (cart. de Brioude, ch. 337). — *Borlières*, 1443 (spic. Briv.). — *Mansus de Borleriis*, 1455 (Bibl. nat., lat., n. acq., 1222, f° 22 v°). — *Borleyras*, 1457 (idem, f° 45 v°). — *Borleyres*, 1470 (idem, 1223, f° 373 v°). — *Bourleyre*, 1656 (la Chaise-Dieu, Chanteuges).

Bourleyre (Moulin-de-), mⁱⁿ sur la Dège, c^{ne} de Chanteuges.

Bourlione, écart, c^{ne} de Jullianges. — *Mansus Casalium ultra aquam de Borlho*, 1334 (Arch. nat., S. 3298, sacristain, n° 14).

Bourliroux (Ravin-du-), affl. du Chastan, au sud des Granges, c^{ne} d'Auzon.

Bournac, f., c^{ne} du Chambon.

Bournac, vill., c^{ne} de Saint-Front. — 1297 (homm. de l'év.). — *Bornac*, 1343 (év.). — *Bornacum*, 1387 (év.). — *Bournac*, 1542 (Savin, n^{re}). Grottes creusées de main d'homme.

Bournac, l. détr., c^{ne} de Solignac-sur-Loire. — *Locus deus Bornacz*, 1464 (prieuré de Solignac). — *Locus de Bornat*, 1511 (Maurin, n^{re}). — *Les*

Bournacz, 1579 (prieuré de Solignac). — *Bournac*, 1643 (A. Robert, n^{re}).

Bournette, mⁱⁿ sur la Seuge, c^{ne} de Cubelles. — *Moulin de Bornette*, 1888 (Malègue).

Bournol, f., c^{ne} de Saint-Julien-Molhesabate.

Bournoncle-la-Roche, c^{on} de Brioude. — *In vicaria Brivatensi, in villa quæ dicitur Burnunculo*, 976 (cart. de Sauxillanges, n° 82). — *La maison de Burnunc*, xiiie s. (idem, n° 951). — *Domus Bornhoncle*, 1262 (Baluze, mais. d'Auv., II, 269). — *Parochia de Borloncro Sancti Petri*, 1282 (la Chaise-Dieu, Saint-Gervais). — *Bourlloncle*, 1379 (compte de B. Flotenc). — *Saint-Pierre-de-Bourbonloncle*, 1398 (compte de B. Sannadre). — *Bourc-l'Oncle-Saint-Pierre*, 1401 (spic. Briv.). — *Borloncle*, 1429 (terrier du doy. de Brioude). — *La chastellenie de Bourloncle-Saint-Pierre pour le prieur de Sauxillanges*, 1511 (coust. d'Auv., f° 80 v°).

En 1789, Bournoncle-la-Roche dépendait de la province d'Auvergne, de l'élection et subdélégation de Brioude et du présidial de Riom. Son église paroissiale, diocèse de Saint-Flour et archiprêtré de Brioude, était dédiée à saint Pierre; le prieur claustral de Sauxillanges présentait à la cure.

Par ordonnance du 18 avril 1842, les communes de Bournoncle-Saint-Pierre et de la Roche ont été réunies en une seule commune sous le nom de Bournoncle-la-Roche.

Bournoncle-Saint-Julien, vill., c^{ne} de Beaumont. — *In aice Brivatensi, in villa quæ dicitur Burnunculo*, 856 (cart. de Brioude, ch. 84). — *In vicaria Brivatensi, in villa . . . Burnulculo*, 856 (idem, ch. 157). — *Borlhoncle Sancti Juliani*, 1353 (coll. J. Lachenal). — *Borloncle S. Juliani*, 1453 (terrier du fordoyen. de Br.). — *Bourloncle-Sainct-Julhien*, 1549 (terrier de Lauriat).

Bournou, écart, c^{ne} de Coubon.

Bouron, f., c^{ne} de Saint-Front.

Bourriane (La), l. dét., c^{ne} de Mézères. — *Orti de la Buriana*, 1490 (cad. de Mézères). — *Burriane, La Burriane*, 1553 (terrier de Liques). — *La Burriene*, 1584 (Guérin, n^{re}).

Bourse (La), mont., c^{ne} de Vernassal. — *Mansus de la Brossa*, 1234 (hôtel-Dieu, B. 610). — *La Brousse*, 1682 (cad. de Polignac).

Bourvais, m. i., c^{ne} de Valprivas. — *Borvet*, 1879 (carte adm.).

Bourvey, écart, c^{ne} de Tiranges.

Boury, mont., c^{ne} d'Allègre.

Bourzey, f., c^{ne} de Bas. — *Bourzès*, 1550 (obit. de Bas). — *Bourzeys*, 1691 (idem). — *Le Bourzai* (cad.). — *Bouzai*, 1879 (carte adm.).

Boussac, h., cⁿᵉ d'Auzon. — *Bozac*, 1112 (cart. de Sauxillanges, ch. 685). — *Bossac*, xivᵉ s. (terrier des Grèzes).

Bousselargues, vill., cⁿᵉ de Blesle. — *In aice Bonorochensi, villa Bociranicus*, 828 ou 852 (cart. de Brioude, ch. 235). — *Ecclesia de Bosscyrago*, xivᵉ s. (A. Bruel, reg. de G. Trascol, n° 113). — *Bousseraignes, Bousserargues*, 1398 (compte de B. Sannadre). — *Boisserargues*, 1401 (spic. Briv.). — *Bozeyrargues, Boysserargues, Bosseyrargues, Bossairaignes*, xvᵉ s. (Arch. nat., R⁴. 1143*, nᵒˢ 79, 125, 135 et 165). — *Cura S. Sebastiani de Besserargues*, xviᵉ s. (Pouillé de Clermont, n° 797). — *S.-Sébastien de Bousselargues*, 1762 (cal. d'Auv.).

En 1789, Bousselargues était chef-lieu de paroisse et faisait partie de la province d'Auvergne, de l'élection et subdélégation de Brioude et du présidial de Riom. Son église paroissiale, diocèse de Clermont et archiprêtré d'Ardes, était sous l'invocation de saint Sébastien; l'évêque de Clermont en était le collateur.

Commune supprimée le 14 juin 1845 et réunie à celle de Blesle.

Bousserolles, f., cⁿᵉ de Saint-Didier-sur-Doulon. — *In vicaria Brivatensi, in villa Boissariolas*, 970 (cart. de Brioude, ch. 147). — *Volsairos*, 1244 (hôtel-Dieu). — *Villa de Bussayroles*, v. 1260 (Arch. nat., J. 1031, n° 2). — *Mansus de Valseiraltz*, 1295 (Cumignac). — *Bolceyraud*, 1505 (Vals-le-Chastel). — *Voulceyrauld*, 1564 (*idem*). — *La Metterie de Vausseyrauld*, 1612 (terrier de la Vaudieu). — *Valserol*, xviiiᵉ s. (Cassini). —

Boussillon, h., cⁿᵉ de Saint-Germain-Laprade. — *Buzilum*, 1191 (Saint-Georges du Puy). — *Buzilium*, 1229 (tabl. du Velay, 1875-76, 507). — *Buzillum*, 1236 (templiers du Puy). — *Boschilhonum*, 1279 (cart. de Mazan, f° 29). — *Mansus del Boschillo*, 1306 (hospit. du Velay). — *Le Boussilhou*, 1546 (Savin, nʳᵉ). *Bousérol* (cad.). — *Bousseroles*, 1820 (Deribier).

Boussillon (Le), vill., cⁿᵉ de Pinols. — *Homines del Boschilho*, 1345 (Arch. nat., Z². 54, p. 1). — *Lo Boschaylo*, 1353 (spic. Briv.).

Boussit (Le), h., cⁿᵉ de Beaulieu. — *Lou Bouschet*, 1541 (Chamblas). — *Le Boschet en Laval-Amblavès*, 1613 (Brunel, nʳᵉ). — *Le Boussit*, 1714 (cad. de Laval-Amblavès).

Boussoulet-Bas, vill., cⁿᵉ de Champclause.

Eglise érigée en succursale le 29 juin 1841.

Boussoulet-Haut, vill., cⁿᵉ de Champclause. — *Bauzolet*, v. 1080 (cart. du Monastier, n° 49). —

Bossol, 1243 (hôtel-Dieu, B. 5). — *Bossolet*, 1256 (év.). — *Bossole, mand. castri de Bonas*, 1317 (J. de Peyre, nʳᵉ). — *Bossolhetum*, 1457 (Pradier, nʳᵉ). — *Boussollet*, 1546 (Savin, nʳᵉ). — *Bossolet*, 1597 (Gallien, nʳᵉ).

Boussy (Le), h., cⁿᵉ d'Ally. — *Mansus de Boschet Salzada*, 1459 (Arch. nat., ZZ. 359, p. 5). — *Mansus del Boschet*, 1460 (*idem*, p. 20). — *Le Bouchy*, 1880 (carte adm.).

Boutaresse (La), côte, cⁿᵉ de Malrevers. — *La Botaressa*, 1555 (cad. de Mercœur).

Boutaya (Le), place du foirail, à Pinols. — *Le Boza*, 1353 (spic. Briv.).

Boute, f., cⁿᵉ de Saint-Didier-la-Séauve. — *Boutte*, 1553 (ress. de Montfaucon). — *Botte*, 1563 (terrier de Saint-Didier).

Bouteyre, chât., cⁿᵉ de Chadrac. — *La Metteyrie de Bouteyre lez Chadrac*, 1633 (Duclaux, nʳᵉ).

Bouteyre, écart, cⁿᵉ de Coubon. — *La Bouteyre ou Chouvette*, 1847 (nomencl. des postes).

Bouteyre, f., cⁿᵉ de Présailles.

Bouteyre, vill., cⁿᵉ de Riotord. — *Boteyre*, 1591 (Delafont, nʳᵉ).

Bouteyrolles, dom., cⁿᵉ de Bauzac. — *Botayrolas*, 1318 (Arch. nat., P. 494¹, cote 27). — *Fortalicium de Botayrolis*, 1336 (Arch. nat., P. 493², cote 95). — *Botayrolles*, 1490 (Arch. nat., P. 1397², cote 585). — *Boutherolle*, xviiiᵉ s. (Cassini).

Bouteyron (Le), f., cⁿᵉ de Tence.

Bouton (Le), h., cⁿᵉ de Malvières. — *Mansus del Boto*, 1347 (la Chaise-Dieu, Malvières). — *Lo Botho*, 1414 (*ibid.*).

Bouton (Le), f., cⁿᵉ des Vastres.

Bouxhors, m. i., cⁿᵉ de Vergongheon.

Bouyac, f., cⁿᵉ de Saint-Julien-Chapteuil.

Bouyaguet, f., cⁿᵉ de Saint-Julien-Chapteuil.

Bouzerat, vill., cⁿᵉ de Saint-Hilaire.

Bouzols, chât. ruiné et vill., cⁿᵉ de Coubon. — *Vicaria de Bolziol*, v. 1031 (cart. du Monastier, n° 249). — *Castrum quod vocatur Bolziol*, 1076 (*idem*, n° 234). — *Bouziol*, v. 1094 (*idem*, n° 239). — *Boizol*, 1108 (Saint-Georges du Puy). — *Bolzol*, v. 1150 (Saint-Georges du Puy). — *Bouzol*, 1163 (hospit. du Velay). — *Capella de Bosolo*, 1179 (cart. du Monastier, app., n° 442). — *Castrum de Bozol*, 1257 (Monastier-Saint-Chaffre). — *Castrum de Bozo*, 1259 (*idem*). — *Bousol*, 1278 (Baluze, mais. d'Auvergne, II, 290). — *Bosol*, 1285 (év.). — *Castrum de Bosolio, de Bozolio vel Bozoli*, 1375 (Baluze, mais. d'Auv., II, 206, 207, 211). — *Chasteau de Bouzols*,

1375 (*idem*, II, 214). — *Une place nommée Bauson*, xv° s. (Cousinot de Montreuil, chron. de la pucelle, éd. Vallet de Viriville, 210). — *Bouzouls*, 1628 (Duclaux, n°°).

Boyer, h., c°° de Montregard. — *Bouyer*, 1556 (terrier de Montregard). — *Boyer de Monregard*, 1695 (capitation).

Boyer (Moulin-), m°° sur le Robec, c°° de Montregard.

Boyer (Moulin-de-), m°° sur le Lignon, c°° du Mazet-Saint-Voy.

Boyère (La), ruiss. qui prend sa source près Chamblard, c°° de la Besseyre-Saint-Mary, et se jette dans la Dège au-dessus de Gaud, c°° de Desges. — *Rivus de Boheyra*, 1479 (Bibl. nat., ms. lat., n. acq., n° 1224, f° 230 v°). — *Le Frau*, 1888 (carte adm.).

Boyers (Les), h., c°° de Chassagnes. — *Esbuyer*, 1888 (carte adm.).

Bracas-Bas et Haut, bois, c°° de Saint-Préjet-d'Allier.

Bragayre, m. i., c°° d'Yssingeaux. — *Bragayère* (cad.).

Bramard, bois, c°°° de Saint-Didier-la-Séauve et de Saint-Just-Malmont. — *Le bois app. de Bramard*, 1563 (terrier de Saint-Didier).

Brame (Moulin-de-), m°° sur l'Ance, c°° de Saint-Préjet-d'Allier. — *Molendinum de Bretmat*, 1499 (Thiolent). — *Molinum app. de Bramar*, 1526 (A. Besseyre, n°°). — *Le Molin-de-Brame*, 1623 (Peyret, n°°).

Bramefont, m. i., c°° de Raucoules.

Brancassy, f., c°° de Freycenet-Lacuche. — *Esbranchade*, xviii° s. (Cassini). — *Eybranquassy*, 1820 (Deribier).

Branches (Les), f., c°° d'Aurec.

Brandy-Bas, vill., c°° de Saint-Pal-de-Chalencon. — *Branti*, 1419 (Loire, A. 89, f° 243 v°). — *Branti-Bas*, *Brandty-Bas*, *Brandi-Bas*, 1540 (terrier de Saint-Pal). — *Brandis-Bas* (cad.).

Brandy-Haut, vill., c°° de Saint-Pal-de-Chalencon. — *Brandic*, 1419 (Loire, A. 89, f° 243 v°). — *Brandi*, 1419 (*idem*, f° 227 v°). — *Brandi-Haut*, 1540 (terrier de Saint-Pal). — *Brandis-Haut* (cad.).

Brangeirets, vill., c°° de Saugues. — *Mansus Berengayres*, 1327 (Lozère, G. 99). — *Brengeyres*, 1539 (Thiolent). — *Brangeirets*, 1564 (*idem*). — *Brangeires*, xviii° s. (Cassini).

Branles (Les), f., c°° de Champclause. — *Branle*, 1888 (carte adm.).

Bransac, vill., c°° de Bauzac. — *Branciacum*, v. 927 (La Mure, hist. des ducs de Bourbon, t. III,

pr., p. 17). — *Branzac*, 1162 (cart. de Chamalières, n° 71). — *Branssac*, 1336 (Arch. nat., P. 493², cote 95). — *Bransac*, 1343 (Arch. nat., P. 494¹, cote 22). — *Brenssac*, xviii° s. (Cassini).

Branse (La), bois et m. i., c°° de Bessamorel. — *Nemus domini magni prioris Alverniæ app. de la Bransa*, 1429 (Rhône, Bessamorel).

Brantalon, l. dét., c°° de Saint-Pierre-Duchamp. — *Mansus app. de Brantalo*, 1311 (Arch. nat., P. 1398¹, c. 650).

Brantalon (Le), l'un des deux ruiss. qui forment le Lembron, c°° de Saint-Pierre-Duchamp. — *Le rif de Brantallon*, 1543 (terrier de G. de Coysse).

Brassac, loc. dét., c°° de Saint-Germain-Laprade. — *Domus de Brassac*, 1324 (maladrerie de Brives). — *Bressac*, 1561 (Savin, n°°).

Brassay, h., c°° de Mercœur. — *Brassey*, 1613 (Mercurial). — *Brassay*, 1683 (ét. civ.).

Brassel, ruiss., affl. de droite de l'Ourzie, près Tourtinhac, c°° du Brignon. — *Le ruisseau de Brasselz*, 1587 (Sigaud, n°°).

Brasserie (La), m. i., c°° de Brioude.

Braye-d'Alambre, f., c°° des Estables. — *La Braye*, 1695 (capitation). — *Alambre*, 1739 (ét. civ.). — *Le Mas-d'Alambre*, 1782 (*idem*). — *Le Mas de Braye-de-Lambre*, 1788 (*idem*).

Braye-de-la-Veysseyre, f., c°° de Moudeyres. — *La Veissaire*, 1695 (capitation). — *Braye de la Veysseyre*, 1741 (ét. civ.).

Brayes (Les), vill., c°° de Bonneval. — 1570 (J. Chalvon, n°°).

Brayes (Les), f., c°° du Chambon.

Brayre (La), m. i., c°° de Beaulieu. — *La Bougère*, 1888 (Malègue).

Bréchiniac, vill., c°° de Monlet. — *Brachinac*, 1222 (Martène, thes. nov. anecd., I, 897). — *Branchinac*, 1263 (*ibid.*, I, 1116). — *Brachinhat*, 1404 (terrier de Chomelix). — *Brachinhav*, 1476 (Bibl. nat., ms. lat., n. acq., n° 1224, f° 129 v°). — *Brechignac*, xviii° s. (Cassini).

Brenas, vill., c°° de Bauzac. — *Villa de Brenatis*, v. 990 (cart. de Chamalières, n° 105). — *Ad Bernaz*, xii° s. (*idem*, n° 329). — *Molendinum de Brenas*, 1343 (Arch. nat., P. 494¹, cote 22). — *Brenatius*, 1452 (Arch. nat., P. 1397³, cote 605). — *Brenatz*, xvi° s. (obit. de Bauzac).

Brenat, vill., c°° de Saint-Just-près-Brioude. — *In vicaria Brivatensi, in villa quæ vocatur Bergnaco*, 927 (Baluze, mais. d'Auv., II, 476). — *In vicaria Brivatensi, in villa quæ dicitur Brennago*, xi° s. (cart. de Brioude, ch. 80). — *Bernago* (*idem*, tables, ccclx). — *La vila de Brennhac, Brennhyac*,

1341 (terrier de Charbonnier). — *Mansus de
Brannaco*, 1431 (Bibl. nat., fr., 11490, P. 125).
— *Brennacum*, 1458 (Arch. nat., ZZ. 359, p. 17).

Breniaux (Les), h., cⁿᵉ de Connangles. — *Locus doux
Bruneaulx*, 1462 (la Chaise-Dieu, Connangles).

Brequeille (La), vill., cⁿᵉ de Mazerat-Aurouze. —
Bricoïole (cart. de Brioude, tables, ccccli). —
Ecclesia quæ appellatur Bercolius, 1078 (spic.
Briv.). — *Villa de la Bricasol* (Bricuiol), 1257
(Baluze, mais. d'Auv., II, 88). — *Brecolia*,
v. 1260 (Arch. nat., J. 1021, n° 2). — *La Bercuiol*, 1321 (spic. Briv.). — *La Bercueiol*, 1338
(J. de Peyre, nⁱᵉ). — *Villa de la Berqueiol*, 1341
terrier de Charbonnier). — *Pedagium de Bran-
colio*, 1366 (Baluze, mais. d'Auv., II, 345). —
Bercueulle, 1379 (compte de B. Flotenc). — *La
Bercueghol*, 1416 (la Chaise-Dieu, Mazerat-la-
Brequeille). — *Bercolia*, 1458 (Bibl. nat., ms.
lat., n. acq., 1222, f° 61). — *La Brequeughol*,
1474 (la Chaise-Dieu, Mazerat-Aurouze). — *La
vicairie de S. Anthonini de la Berquelhe*, 1557
(*idem*, Mazerat-la-Brequeille). — *La Briqueille*,
1671 (*idem*).

Bressolle, h., cⁿᵉ de Blesle.

Brestillac, vill., cⁿᵉ de Saint-Quintin-Chaspinhac.
— *Bristiliac*, 1225 (hôtel-Dieu, B. 305). —
Brestiliac, 1262 (Arch. nat., P. 1397², cote 554).
— *Brestilhacus*, 1347 (J. de Peyre, nⁱᵉ, reg. D,
f° 126). — *Brustilhacus*, 1483 (Richon, nⁱᵉ).
— *Prestilhac*, 1547 (Savin, nⁱᵉ). — *Bristilhac*,
1571 (A. Boyer, nⁱᵉ).

Bret (Le), h., cⁿᵉ d'Aurec.

Bretagnolle (La), vill., cⁿᵉ de Chanteuges. — *Mansus
de la Bretanola*, xɪɪᵉ s. (cart. de Pébrac, n°ˢ 46-
47). — *La Bretag[n]ola*, xɪɪᵉ s. (*idem*, n°ˢ 46-10).
— *La Bretanhole*, 1443 (spic. Briv.). — *La
Bretaniola*, 1463 (terrier de Vissac). — *La Bretanhola*, 1472 (Bibl. nat., lat., n. acq., 1224,
f° 42). — *La Bretoinhelle*, 1505 (Thiolent). —
La Bretagnol, 1820 (Deribier).

Bretogne (La), vill., cⁿᵉ de Laugeac. — *Le Bretonia*,
1327 (la Chaise-Dieu, Chanteuges). — *Mansus
de Britonia*, 1457 (Bibl. nat., lat., n. acq., 1222,
f° 46). — *La Brighonne*, 1528 (év.).

Breuil, écart, cⁿᵉ de Saint-Pierre-Duchamp. —
Mansus de Brolio, 1400 (terrier du Bois). — *Bro-
lhium*, 1500 (coll. G. Falcon). — *Breulh*, 1571
(A. Boyer, nⁱᵉ).

Breuil (Faubourg du), au Puy. — *Caminus S. Ægi-
dii*, 1323 (Saint-Agrève). — *Le faulxbourg de la
porte S.-Gilles*, 1544 (compois du Puy). — *Le
Faulxbourg S.-Gery*, 1562 (Médicis, I, 524).

Breuil (Le), bois, cⁿᵉ de la Chaise-Dieu. — *Nemus
Brolii*, 1366 (spic. Briv.). — *Nemus del Breulh*,
1453 (Arch. nat., S. 3298).

Breuil (Le), h., cⁿᵉ de Chomelix. — *Breul*, 1669
(Arch. nat., P. 500¹, cote 37).

Breuil (Le), m. i., cⁿᵉ du Monteil.

Breuil (Le), h., cⁿᵉ de Saint-Pal-de-Murs. — *Le
Brueilh*, 1610 (la Chaise-Dieu, Saint-Pal-de-
Murs).

Breuil (Le), affl. du Chalan, cⁿᵉˢ de Saint-Paulien
et de Blanzac.

Breuil (Le Mas-du-), m. i., cⁿᵉ de Laussonne.

Breuil-de-Doue (Le), m. i., cⁿᵉ de Brives-Charensac. — *Plaine-de-Doue*, 1888 (Malègue).

Breure (La), vill., cⁿᵉ de Saint-André-de-Chalencon.
— *Brugeria*, v. 1031 (cart. de Chamalières,
n° 194). — *La Brugeyra*, 1293 (Arch. nat.,
P. 491¹, c. 13). — *La Breure*, 1581 (terrier de
Frissonnet).

Breure (Moulin-de-), mⁱⁿ sur la Borne occidentale,
cⁿᵉ de Vernassal. — *Moulin-de-Maméas*, 1847
(nomencl. des postes). — *Le Moulin-Blanc*, 1881
(doc. jud.).

Breux (Les), h., cⁿᵉ de Mézères. — *Locus de Broliis*,
1453 (Pradier, nⁱᵉ). — *Los Breulx*, 1507 (év.).
— *Les Breuls*, 1688 (Haute-Loire, B. 34).

Breyre (Le), h., cⁿᵉ de Saint-Pal-de-Chalencon. —
Territ. de Le Breyras, 1419 (Loire, A. 89,
f° 243 v°). — *Le Breyres*, 1540 (terrier de Saint-
Pal). — *Lebreyre* (cad.). — *Lebrayre*, 1879
(carte adm.).

Breysse, l. dét., cⁿᵉ d'Alleyrac. — Au pied et à
l'ouest du suc méridional de Breysse. — *In Des-
bregntis*, xɪᵉ s. (cart. du Monastier, n° 28). —
Villa de Breiza, xɪᵉ s. (*idem*, n° 43). — *Terra de
Breisas*, 1256 (év.). — *Terra de Breyssa*, 1322
(J. de Peyre, nⁱᵉ). — *Les chazaux des Breyssous*,
xɪxᵉ s. (cad. d'Alleyrac).

Breysse (Suc méridional de), mont. volcanique, cⁿᵉ
d'Alleyrac.

Breysse (Suc nord de), mont. volcanique, cⁿᵉ du
Monastier. — *Mons Carbonerius*, v. 980 (cart. du
Monastier, n° 165).

Briançon, mont., cⁿᵉ de Saint-Arcons-d'Allier. — *Le
Peutz de Brianso*, 1458 (Bibl. nat., lat., n. acq.,
1222, f° 79 v°).

Bricheyne, f., cⁿᵉ du Chambon.

Brie (La), vill., cⁿᵉ de Bonneval. — *Labrict*, 1569
(J. Chalvon, nⁱᵉ). — *Labrie*, 1888 (carte adm.).
— *Labry*, 1888 (Malègue).

Brières (Les), f., cⁿᵉ du Chambon. — *Villa quæ
dicitur Brugerias, in arce (aice) Banaciense (Bona-*

ciense), v. 1000 (cart. du Monastier, n° 253).
— *Lebreyres*, 1861 (État-Major). — *Lebrière*, 1888 (Malègue).

Brionet (Le), affl. de la Dunières, cⁿᵉ de Raucoules.

Brignon, écart, cⁿᵉ de Couhon. — *Les Carmes ou Bregnou*, 1820 (Deribier).

Brignon (Le), vill., cⁿᵉ de Chomelix. — *Mansus del Brunho*, 1321 (spic. Briv.). — *Le Breignhou*, 1549 (P. Gallien, n°ˢ). — *Le Bregnon*, 1660 (ét. civ.). — *Le Brignou*, 1820 (Deribier).

Brignon (Le), écart, cⁿᵉ de Saint-Romain-Lachalm. — *Brunhiou*, 1461 (Rhône, H. 1180). — *Breignhon*, 1695 (capitation).

Brignon (Le), cⁿᵉ de Solignac-sur-Loire. — *Ecclesia Brinionis*, 1164 (Médicis, I, 76). — *Lo Brunio*, 1233 (hôtel-Dieu, B. 308). — *Lo Bruino*, 1249 (*idem*, B. 138). — *Eccl. del Brunho*, 1327 (*idem*, B. 417). — *Eccl. de Brinhone*, 1342 (J. de Peyre, n°ˢ). — *Lo Brinho Sobeyra*, 1344 (*idem*). — *Lo Brenho*, 1507 (év.). — *Lou Brenhou*, 1534 (év.). — *Paroisse de S.-Martin du Brignon*, 1569 (Doleson, n°ˢ). — *Le Brinion*, 1586 (Sigaud, n°ˢ).

En 1789, le Brignon faisait partie de la province du Velay, de la subdélégation et sénéchaussée du Puy. Son église paroissiale, diocèse du Puy et archiprêtré de Solignac-sur-Loire, était dédiée à saint Martin; l'université Saint-Mayol présentait à la cure.

Brignon (Le), f., cⁿᵉ de Tailhac. — *Lo Brunho*, 1486 (terrier de Tailhac). — *Le lieu del Breinho*, 1505 (Thiolent). — *Le domaine noble du Brignon*, 1669 (Arch. nat., P. 502, n° 133). — *Brinioux*, 1820 (Deribier).

Fief vassal de la seigneurie de Chilhac.

Brignon-Bas, quartier du Brignon. — *Lo Brunho Soteyra*, 1327 (hôtel-Dieu, B. 417). — *Lo Brinho Sotayra*, 1344 (J. de Peyre, n°ˢ). — *Le Brignon-Bas*, 1568 (Doleson, n°ˢ).

Brigols, vill., cⁿᵉ de Vorey. — *Brigols*, 1288 (bénédictines de Vorey). — *Brignoles*, 1880 (carte adm.).

Brignon (Le), l. dét., près Brangeirets, cⁿᵉ de Saugues.

Brin (Le), m. i., cⁿᵉ de Dunières.

Bringer (Moulin-de-), mⁿ sur l'Irieyre, cⁿᵉ de Siaugues-Saint-Romain.

Brioude, ch.-l. d'arrond. — *Brivas*, 468 (Sidonii Apollinaris propempticon ad lib.) — *Basilicam S. Juliani Arverni martyris... expetivit..., ad Brivatensem vicum*, viᵉ s. (Greg. Turon., hist.

Franc., lib. II, xi). — *Brivatim* (*idem*, De passione S. Juliani mart.). — **Braivate vico**, viiᵉ s. (monn. méroving.). — **Brivices, Bitirites**, xᵉ s. (deniers de Guillaume le Pieux, cᵗᵉ d'Auvergne). — *Bridda, S. Juliani castrum* (Richeri, histor., lib. I, vii). — *Privata*, 1155 (spic. Briv.). — *Bride*, xiiᵉ s. (charroi de Nîmes, éd. Jonckbloet, v. 825). — *Brieude*, XXIᵉ s. (G. Guyard, la branche des royaux lignages). — *Briude*, 1220 (hôtel-Dieu, B. 2). — *Brida*, 1254 (Bouquet, hist. des Gaules, xxi, 1398). — *Brivata S. Juliani*, 1260 (reg. visitat. archiepi. Rothomag., éd. Bonnin, p. 366). — *Priude*, 1320 (J. de Peyre, n°ˢ). — *La gleyza de Breude, Breyde, Breyude*, 1341 (terrier de la commᵉ de Charbonnier). — *Brioudes en Alvergne*, 1365 (Arch. nat., JJ. 98, n° 279). — *Briode*, 1366 (Arch. nat., JJ. 97, n° 107). — *Brude*, xivᵉ s. (Froissard, chron., éd. S. Luce, t. VI, p. 75).

Brioude était, en 1789, le chef-lieu de l'élection et subdélégation de ce nom et dépendait de la province d'Auvergne et du présidial de Riom. Son église collégiale, chef-lieu d'un archiprêtré du diocèse de Saint-Flour, était sous le vocable de saint Julien; l'abbé de la collégiale des chanoines-comtes de Brioude présentait à la cure. Outre cette église, cette ville comptait sept églises paroissiales : 1° l'église de Saint-Laurent; 2° l'église de Saint-Pierre, à la collation du chapitre collégial; 3° l'église de Notre-Dame, à la collation du doyen du chapitre collégial; 4° l'église de Saint-Jacques; 5° l'église de Saint-Jean de l'Ordre de Jérusalem, dont la collation appartenait alternativement au doyen et au chapitre de la collégiale; 6° l'église de Saint-Genest, à la collation du doyen du chapitre collégial; 7° l'église de Saint-Préjet, à la collation du chapitre du lieu.

Brioudes (Les), m. i., cⁿᵉ de Vals-près-le-Puy.

Briquet, m. i., cⁿᵉ de Saint-Jeure.

Brison, écart, cⁿᵉ de la Chapelle-d'Aurec. — *Bruso*, 1470 (terrier de Saint-Didier de Joyeuse).

Brives, vill., cⁿᵉ de Brives-Charensac. — *Brivas, Brivatensis vicus*, v. 990 (chron. S. Petri de Mon. Anic.). — *Briva*, 1231 (maladrerie de Brives). — *Domus infirmarie Brive prope Anicium*, 1291 (Médicis, II, 27).

Brives-Charensac, cⁿ sud-est du Puy.

Cⁿᵉ formée par la réunion des cⁿᵉˢ de Brives et de Charensac et le ch.-l. fixé à Brives, par ordonnance du 20 mai 1839.

En 1789, les villages de Brives et de Charensac appartenaient à la province du Velay, à la subdélégation et sénéchaussée du Puy. Au spirituel, Brives dépendait de la paroisse de Saint-Agrève du Puy, et Charensac de celle de Saint-Georges du Puy.

Église érigée en succursale par décret du 4 juin 1853.

Broal (Le), rocher, cⁿᵉ d'Espaly-Saint-Marcel. — *Le ranch app. le Broal faisant les limites d'Espaly et de Sénilhac*, 1710 (cad. d'Espaly).

Broche, f., cⁿᵉ des Estables. — 1754 (ét. civ.).

Broche, m. i., cⁿᵉ de Lantriac.

Brocher, m. i., cⁿᵉ du Chambon. — *Au Brocher*, 1880 (carte adm.). — *Les Brochers*, 1888 (Malègue).

Broë (La), loc. dét., cⁿᵉ d'Azerat. — *Broa*, 1156 (spic. Briv.). — *La Broa*, 1440 (la Chaise-Dieu, Azerat).

Broë (La), loc. dét., cⁿᵉ de Saint-Berain. — *Lo Coderc de la Broa*, 1459 (Bibl. nat., lat., n. acq., 1223, f⁰ 132). — *La Broc*, xviiiᵉ s. (Cassini).

Bronac, chât. dét. et vill., cⁿᵉ du Mazet-Saint-Voy. — *Villa de Brahonac*, 1278 (tit. de Bronac). — *Braonac*, 1291 (Dʳ Charreyre). — *Braunac*, 1318 (homm. de l'év.). — *Castrum de Bronac*, 1339 (Gall. ch., II, inst., c. 243).— *Braunacum*, 1455 (Pradier, nʳᵉ). — *Bronnac*, 1507 (év.).

Bronac, vill. cⁿᵉ de Raucoules. — *Varelhas*, 1451 (Dʳ Charreyre). — *Mandamentum de Valhelhas*, 1465 (Rivière, nʳᵉ). — *Vaseillas lez Montfaulcon*, 1506 (Médicis, II, 304). — *Vazeilles*, 1720 (Saugrain).

Bronc, h., cⁿᵉ de Saint-Étienne-Lardeyrol.

Bronchet (Le), f., cⁿᵉ du Chambon.

Bros (Moulin-de-), mⁱⁿ sur la Virlange, cⁿᵉ de Chanaleilles.

Brosse (La), chât. et vill., cⁿᵉ de Tence. — *Brocia*, v. 1100 (cart. de Cluny, n⁰ 3792, X). — *La Brossa*, 1290 (Rhône, D. 148). — *Castrum de Brossia*, 1324 (cart. de Tence, f⁰ 2 v⁰).— *Brossa*, 1340 (Arch. nat., P 1397², c. 575).

Brossette, vill., cⁿᵉ de Lapte. — *Mansus de Brossctas*, 1393 (maladrerie de Brives). — *La Broussette*, 1639 (Demans, nʳᵉ). — *Brossettes*, 1820 (Deribier).

Brossette (La), ruiss., affl. du Lignon à la limite des cⁿᵉˢ de Lapte et de Tence, prend sa source à l'ouest de Montfaucon et traverse la commune de Raucoules. — *Ruiss. de Montfaucon* (cad.).

Brossette (Moulin-de-), mⁱⁿ sur la Brossette, cⁿᵉ de Lapte.

Brossier, m. i., cⁿᵉ de Saint-Julien-Molhesabate. — *Boursier* (cad.).

Brottes (Les), h., cⁿᵉ du Chambon. — *Les Brotas de Maires*, 1506 (Médicis, II, 305).

Brottes (Les), h., cⁿᵉ du Mazet-Saint-Voy. — *Las Brottas*, 1608 (cad. de Bonnas).

Brouilhac, vill., cⁿᵉ de Saint-Quintin-Chaspinhac. — *Pruiliac, Pruilliac*, 1223 (Sᵗ-Vosy). — *Brolhacus*, 1359 (év.). — *Broilhac*, 1507 (év.). — *Brolhac*, 1555 (cad. de Mercœur). — *Brulhac*, 1561 (Savin, nʳᵉ). — *Brolhiac*, 1585 (Johany, nʳᵉ).

Brouillac, vill., cⁿᵉ de Saint-Georges-Lagricol. — *Terra de Bruilac*, v. 1163 (hospit. du Velay). — *Mansus de Brolhac*, 1333 (Arch. nat., P. 494¹, cote 32). — *Tenementum de Brolhaco*, 1406 (terrier du Bois).

Broulet, m. i., cⁿᵉ de Saint-Maurice-de-Lignon.

Broulis (Les), h., cⁿᵉ de la Chapelle-d'Aurec. — *Brolhiet*, 1553 (ress. de Montfaucon). — *Le Brouillet*, 1691 (ét. civ.). — *Le Brouly*, 1860 (État-Major).

Broullit, écart, cⁿᵉ de Coubon. — *La Mecterie du Broulhet*, 1575 (A. Boyer, nʳᵉ). — *Le Brolhet*, 1628 (Duclaux, nʳᵉ). — *Le Broulhit*, 1707 (cad. de Bouzols).

Broussac, h., cⁿᵉ de Ceyssac. — *Brossac*, 1305 (Saint-Georges du Puy). — *Brossacum*, 1514 (J. Boyer, nʳᵉ). — *Brossat*, 1531 (Dompnin, nʳᵉ). — *Brussac*, 1618 (Leblanc, nʳᵉ).

Brousse (La), h., cⁿᵉ de Chaniat. — *Villa quæ dicitur Ad Illa Brocia*, v. 1011 (cart. de Brioude, ch. 300). — *Ecclesia Sanctæ Fidei de Brossa*, 1225 (Bibl. nat., lat., 12768, f⁰ 220 v⁰). — *La Brosse*, 1379 (compte de B. Flotenc). — *Brousse*, 1401 (spic. Briv.).

Commune supprimée le 4 juin 1845 et réunie partie à la commune d'Agnat et partie à la commune de Chaniat.

Brousse (La), h., cⁿᵉ de Mazerat-Aurouze. — *Brocia*, 1078 (spic. Briv.). — *La Brossa*, 1474 (la Chaise-Dieu, Mazerat-Aurouze).

Brousse (La), h., cⁿᵉ de Retournac. — *Villa de la Brocia*, 987 (cart. de Chamalières, n⁰ 288). — *La Brossa*, 1346 (Arch. nat., P. 494¹, cote 20). — *Labrousse*, 1820 (Deribier).

Brousse (La), h., cⁿᵉ de Saint-Pierre-Eynac.

Brousse (La), h., cⁿᵉ de Saint-Quintin-Chaspinhac. — *Li Brossa*, 1245 (hôtel-Dieu, B. 136). — *Brossia*, 1475 (Richon, nʳᵉ). — *La Brosse*, 1543 (Savin, nʳᵉ). — *La Brousse*, 1604 (Leblanc, nʳᵉ).

Brousse (La), m. i., cⁿᵉ d'Yssingeaux.

Brousselle (La), affl. du Ternivol, au nord de la cⁿᵉ de Chaniat.

Bnoze (La), bois, c^{ne} de Fix-Saint-Geneys. — *Le volcan de Brozy*, 1867 (Lecoq, IV, 179).

Bnu, f., c^{ne} des Estables. — *Le lieu de Brun*, 1750 (ét. civ.). — *Bru-de-Chanteloube*, 1783 (*idem*).

Bnuac, vill., c^{ne} de Beaune. — *Villa de Brusaco*, v. 1020 (cart. de Chamalières, n° 217). — *Ad Brusachum*, 1213 (*idem*, n° 319). — *Briat*, 1695 (capitation).

Bnuac, f., c^{ne} de Grazac.

Bnuaille, vill., c^{ne} de Malvalette. —*Brualhiæ*, 1391 (coll. Chaleyer). — *Brualhes*, 1490 (obit. de Bas).

Bnuas, f., c^{ne} de Montfaucon.

Bnuas, mⁱⁿ sur la Dunières, c^{ne} de Raucoules.

Bnuas, écart, c^{ne} d'Yssingeaux. — *Terra de Bruiatz*, v. 1163 (hospitaliers du Velay, n° 18). — *Lo Bruias*, 1179 (*idem*, n° 32). — *Bruatz*, 1547 (terrier de Verchères).

Bnuas (Le), écart, c^{ne} de Saint-Romain-Lachalm. — *Lo Mas del Bruyats*, 1269 (homm. de l'év.) — *Lo Mas del Bruas*, 1309 (*idem*).

Bnuasse (La), h., c^{ne} de Saint-Pal-de-Mons.

Bnuchens, vill., c^{ne} de Saint-Just-Malmont. — *Brucher*, 1820 (Deribier).

Bnuère (La), affl. de l'Ance, sépare la c^{ne} de Saint-André-de-Chalencon des c^{nes} de Roche-en-Régnier et Solignac-sous-Roche.— *La Breure ou Breuère* (cad.). — *Le Bertrot*, 1879 (carte adm.).

Bnuère (Moulin-de-la-), mⁱⁿ ruiné, sur la Bruère, c^{ne} de Roche-en-Régnier.

Bnueyrette (La), h., c^{ne} de Chénéreilles. — *La Brueyra*, 1290 (Rhône, D. 148). — *La Brueyreta*, 1451 (Rhône, H. 2633). — *Bruyerette*, 1880 (carte adm.).

Bnuge, m. i., c^{ne} de Monistrol-sur-Loire. — *Bruchet*, 1888 (Malègue).

Bnugeas (Le), bois, c^{ne} de Langeac.

Bnugeasses (Les), bois, c^{ne} de Saint-Jean-d'Aubrigoux.

Bnugeilles, vill., c^{ne} de Torsiac. — *Le Mas de Brugeles*, 1323 (arch. du parl. de Paris, 11, n° 7021). — *Mansus de Brugelhas*, 1364 (spic. Briv.). — *Le Mas de Brugelhas ou de Genolhes*, xve s. (Arch. nat., R⁴ 1143*, n° 4). — *Brugeille*, 1820 (Deribier).

Bnugeilles (Moulin-de-), mⁱⁿ, sur la Bave, c^{ne} de Torsiac.

Bnugeire (La), vill., c^{ne} d'Esplantas. — *Villa quæ dicitur Brugeira*, xiie s. (cart. de Pébrac, n° xlvi-13). — *La Brugeira*, 1235 (*idem*, n° 57). — *Mansus de la Brugeyra*, 1279 (Thiolent). — *Brugeria, Brugeyria*, 1527 (A. Besseyre, n^{re}). —

La Brugeire, 1622 (Thiolent). — *La Brugère*, xviiie s. (Cassini).

Bnugeirette (La), l. dét., c^{ne} de Grèzes. — *La Brugeireta*, 1235 (cart. de Pébrac, n° 57). — *Mansus de Brugayreta*, 1274 (Lozère, G. 99).

Bnugelioux (Moulin-de-), mⁱⁿ sur le Céroux, c^{ne} de Saint-Just-près-Brioude. — *Bargeliou.r* (cad.).

Bnugely, h., c^{ne} de Saint-Étienne-sur-Blesle. Église érigée en succursale le 4 juin 1853.

Bnugère (La), écart, c^{ne} de Cistrières. — *La Bruyère*, 1888 (carte adm.).

Bnugère (La), vill., c^{ne} de Saint-Arcons-de-Barges. — *La Brugeira*, 1266 (Haute-Loire, E.). — *Brugeria*, 1281 (la Chaise-Dieu, Saint-Paul-de-Tartas). — *La Brugeyra*, 1513 (tit. de Surrel). — *La Brugière*, 1571 (A. Boyer, n^{re}). — *La Brugeyre*, 1573 (tit. de Surrel). — *La Brugeire*, xviiie s. (Cassini).

Bnugère (La), h., c^{ne} de Saint-Victor-sur-Arlanc. — *La Brigeyre*, 1698 (L. Devinols, n^{re}).

Bnugerette (La), écart, c^{ne} de Saint-Pierre-Duchamp. — *La Brugaireta*, 1160 (cart. de Chamalières, n° 73). — *Terra de Briniereta*, 1269 (Arch. nat., P. 4398¹, cote 655). — *La Bruayreta*, 1341 (Arch. nat., P. 493² *bis*, cote 97). — *Brueyreta*, 1500 (coll. C. Falcon.) — *La Brugerolle*, 1880 (carte adm.).

Bnugerette (La), l'un des deux ruisseaux qui forment le Lembron, c^{ne} de Saint-Pierre-Duchamp. — *Rivus de la Bruayreta*, 1352 (Arch. nat., P. 1398², c. 674). — *La Brueyrette* (cad.).

Bnugerette (Moulin-de-la-), mⁱⁿ sur la Brugerette, c^{ne} de Saint-Pierre-Duchamp.

Bnugerolle, vill., c^{ne} de Vieille-Brioude. —*In vicaria Brivatensi, in villa quæ dicitur Brujairolas*, v. 957 (cart. de Brioude, ch. 320). —*Brugeyrolas*, 1390 (Arch. nat., Z². 4145, p. 182). — *Brugeirolles*, 1612 (terrier de la Vaudieu).

Bnugeyroux, f., c^{ne} de Langeac. — *Brujairos*, v. 1130 (cart. de Pébrac, n° 34). — *Mansus de Brugeyros*, 1459 (Bibl. nat., lat., n. acq., 1222, f° 105 v°). — *Brugiroux*, 1888 (Malègue).

Bnulades (Les), bois, c^{ne} de Villeneuve-d'Allier.

Bnuladis, bois, c^{ne} de Montusclat.

Bnulat (Le), m. i., c^{ne} de Dunières.

Bnun, m. i., c^{ne} de Saint-Front. — *Brun-Praneuf*, 1888 (carte adm.).

Bnunelet, mont., c^{ne} de Saint-Germain-Laprade. — *Lo Suc*, 1335 (Saint-Georges du Puy). — *Brunelle*, 1546 (Savin, n^{re}). — *Le roc. app. Brunelet*, 1603 (Burel, 489). — *Lou Suc de Brunellect*,

1604 (cad. de Fay-la-Trioulcyre). — *Brunellet,*
1778 (Faujas de Saint-Fond, 413).

BRUNELLES, faubourg de Monistrol-sur-Loire.

BRUNELLES (LES), affl. du Chazeaux, c^ne de Monistrol-
sur-Loire.

BRUNETS (LES), f., c^ne de Saint-Georges-d'Aurac. —
Esbrunel, xviiie s. (Cassini).

BRUNONCEL (LE), h., c^ne de Paulhaguet. — *Le Brunencel,* 1543 (la Chaise-Dieu, Domeyrat). — *Le
Bernoncel,* 1545 (Vals-le-Chastel). — *Brenoncel,*
1888 (carte adm.). — *Le Brunoucel,* 1888 (Malègue).

BRUS (GRANDS-), f., c^ne d'Espaly-Saint-Marcel. —
Johannes Brus, loci deus Brus, 1348 (communication de M. Louis Paul, juge). — *Los Brux,*
1399 (Saint-Agrève). — *Los Brus,* 1408 (compois du Puy). — *Lous Brus lez Spaly,* 1596
(Doleson, n^re). — *Haut-Oubrus,* xviiie s. (Cassini).

BRUS (LE), h., c^ne de Lapte. — *Decimus del Bruschet,*
xie s. (cart. de Cluny, ch. 3029). — *Lo Brucz,*
1314 (év.). — *La Bru,* 1326 (év.). — *Bruscum,*
1465 (Rivière, n^re). — *Lo Brusc,* 1507 (év.). —
Brusc, 1695 (capitation). — *Le Brusq,* 1820
(Deribier).

BRUS (LE), f., c^ne de Saint-Pal-de-Mons.

BRUS (PETITS-), f., c^ne d'Espaly-Saint-Marcel. — *Bas-
Oubrus,* xviiie s. (Cassini).

BRUYAT, m. i., c^ne d'Yssingeaux.

BRUYÈRE (LA), f., c^ne d'Araules. — *La Brueyre,* 1561
(Savin, n^re).

BRUYÈRE (LA), h., c^ne du Chambon. — *La Brueira,*
1314 (év.). — *Brueria,* 1343 (Rhône, H. 1016).
— *La Bruyera,* 1426 (Haute-Loire, E.). — *La
Brueyra,* 1507 (év.).

BRUYÈRE (LA), h., c^ne de Dunières. — *Mansus de la
Bruyère,* 1500 (Rhône, D. 182). — *Les Bruyères,* 1879 (carte adm.).

BRUYÈRE (LA), vill., c^ne de Lapte. — *Mansus de la
Brueyra,* 1314 (év.). — *La Brueyre,* 1695 (capitation). — *Labruyère,* 1820 (Deribier).

BRUYÈRE (LA), m. i., c^ne de Monistrol-sur-Loire.

BRUYÈRE (LA), f., c^ne de Riotord. — *Les Bruyères,*
1879 (carte adm.).

BRUYÈRE (LA), h., c^ne de Saint-Victor-Malescours. —
Labruyère, 1820 (Deribier).

BRUYÈRE (MOULIN-DE-), m^in sur le Chandieu, c^ne de
Saint-Julien-d'Ance. — *La Brueyra, la Brueyre,*
1545 (terrier de la Garde). — *Moulin-de-Brueyre*
(cad.).

BRUYÈRE-BASSE (LA), vill., c^ne de Saint-Pal-de-Mons.
— *Brueyria,* 1370 (év.).

BRUYÈRE-HAUTE (LA), h., c^ne de Saint-Pal-de-Mons.

BRUYÈRES (LES), h., c^ne de Montregard. — *Villa quæ
vocatur Brugeria,* v. 1020 (cart. de Chamalières,
n° 194).

BRUYÈRES (LES), m. i., c^ne de Raucoules.

BRUYÈRES (LES), m. i., c^ne d'Yssingeaux.

BRUYERETTE (LA), h., c^ne de Saint-Jeure. — *Homines
de la Bruayreta,* 1359 (Rhône, H. 2632). —
Labrugereta, 1820 (Deribier). — *Labrugerette,*
1888 (Malègue).

BRUYERETTE (LA), m. i., c^ne de Sainte-Sigolène.

BUCHÈRES, h., c^ne du Pont-Salomon. — *Buschières,*
1569 (terrier de Saint-Didier).

BUCHET (MOULIN-DE-), m^in sur la Voirèze, c^ne de
Blesle. — *Moulin-de-Buchez,* 1888 (Malègue).

BUFFAMÈS, f., c^ne de Présailles. — *Rivus de Bufanos,*
1383 (Rhône, E. 9). — *Un champ app. Buffanez,*
1699 (cad. de Vachères).

BUFFAT, f., c^ne de Pinols. — *Buffac,* 1588 (terrier
d'Auvers). — *Buffard,* xviiie s. (Cassini).

BUFFES (LES), h., c^ne de Riotord.

BUFFETS (LES), m^in sur le Lignon, c^ne des Vastres. —
In loco qui dicitur Bufetis, 1000 (cart. du Mo-
nastier, n° 255). — *Molendinum de Buffetis,* 1464
(Ardèche, C. 624).

BUGEAC, vill., c^ne de Grèzes.

BUGEAC, vill., c^ne de Saugues. — *Buiac,* 1327
(Lozère, G. 98). — *Homines de Bujiaco,* 1527
(A. Besseyre, n^re).

BUISSON, h., c^ne d'Aurec.

BUISSON (LE), f., c^ne de Bessamorel.

BUISSON (LE), vill., c^ne de Cerzat. — *Le Boyson,*
1625 (terrier du Chambon de Blau).

BUISSON (LE), f., c^ne de Fay-le-Froid. — *Locus de
Boysso,* 1532 (Dompnin, n^re). — *La Metterie de
Boissou,* 1646 (cad. de Bonnefont). — *Le domaine
du Buisson,* 1736 (ét. civ.).

BUISSON (LE), m^in sur la Musette, c^ne de Loudes. —
Locus del Boysso, 1474 (Pratlavi, n^re).

BUISSON (LE), f., c^ne de Raucoules.

BUISSON (LE), f., c^ne de Saint-Front.

BUISSON (LE), vill., c^ne de Saint-Pal-de-Mons. —
Mansus del Boysso, 1346 (J. de Peyre, n^re). —
Le Boysson, le Buysson, 1569 (terrier de Saint-
Didier de Joyeuse).

BUISSON (LE), f., c^ne de Vieille-Brioude. — *Lo Boisson,*
1327 (Bibl. nat., fr., 14377, f° 71). — *Lou
Bouissou,* 1612 (terrier de la Vaudieu).

BUISSONNADE (LA), f., c^ne des Estables. — *La Bois-
sonade,* 1695 (capitation). — *La Bouissonade,*
1767 (ét. civ.). — *La Buissonade,* 1888 (carte
adm.). — *Boissonnade,* 1888 (Malègue).

Bujone (La), l. dét., cne de Langeac. — *Territ. de las Salses sive de la Bughona*, 1479 (Arch. nat., Q. 513, p. 12). — *Boria de la Bughona*, 1502 (*idem*, p. 166).

Buniac, vill., clle de Lapte. — *Mansus de Buinhac*, 1314 (év.). — *Bueynhacum*, 1347 (maladrerie de Brives). — *Bunhiac*, 1695 (capitation). — *Bugniac*, xviiie s. (Cassini). — *Buniat*, 1878 (carte adm.).

Buniazet, vill., clle de Lapte. — *Mansus de Buinhazet*, 1314 (év.). — *Binaset*, 1391 (év.). — *Bunhasetum*, 1468 (Rivière, nre). — *Buniaset*, 1695 (capitation). — *Bugniazet*, xviiie s. (Cassini).

Burenne, m. i., cne de Queyrières.

Buse, h., cne de la Vaudieu. — *Terra de Bazeto*, 1177 (Bibl. nat., lat., 12750, p. 201). — *Buzet*, 1612 (terrier de la Vaudieu).

Bussac-Bas, vill., cne de Siaugues-Saint-Romain. — *Mansus de Bussaco Inferiori*, 1461 (Bibl. nat., lat., n. acq., 1222, f° 209). — *Bussac-Souterrain*, 1479 (*idem*, 1224, f° 238 v°). — *Bussacus Subterior*, 1480 (terrier du Cluzel). — *Bussac-Soubteyran*, 1525 (*idem*).

Bussac-Haut, vill., cne de Siaugues-Saint-Romain. — *Mansus de Bussaco Superiori*, 1461 (Bibl. nat., lat., n. acq., 1222, f° 178). — *Bussac Sobeyra*, 1463 (*idem*, 1223, f° 125). — *Bussac-Souverain*, 1525 (terrier du Cluzel).

C

Cabaretou, m. i., cne d'Yssingeaux. — *Cabareton*, 1888 (Malègue).

Cabarets (Les), écart, cne de Cussac. — *Cabaretz*, 1587 (Sigaud, nre).

Cabines (Les), h., cne de Sainte-Sigolène.

Caboche (La), f., cne de Saint-Julien-Molhesabate.

Caboches, f., cne de Riotord.

Cabote (La), m. i., cne de Grazac.

Cacharat (Le), affl. de l'Ance, cne de Craponne-sur-Arzon.

Cachepoix, min sur le ruiss. de la Violette, cne de Grenier-Montgon.

Cachepoux, lieu dit, près Ronzon, cne d'Espaly-Saint-Marcel. — *Cacha-Pezoil*, xiiie s. (Saint-Georges du Puy). — *La croix de Guachepoux*, 1620 (Jacmon, 87). — *La croix de Cachepoux*, 1635 (*idem*, 97).

Cacherat, m. i., cne de Riotord.

Cacherat, min sur le Clary, cne de Villeneuve-d'Allier.

Cacherat (Moulin-de-), l. dét., cne de Mercœur. — *Ung molin à bled, à présent chazal, ez appart. de Mercueurettes, app. de Cacherrat*, 1613 (Mercurial).

Cacherat (Moulin-de-), min sur le Rouchassou, cne de Saint-Ilpize.

Cacherat (Moulin-de-), min sur le Ramel, cne d'Yssingeaux.

Cacueresse, écart, cne de Siaugues-Saint-Romain. — *Mansus de la Font chappela*, 1456 (Bibl. nat., lat., n. acq., 1222, f° 26 v°). — *Molendinum de Pestelh*, 1465 (*idem*, 1223, f° 216). — *Molendinum he-*

redum Petri Pestelli voc. de Cachavessa, 1477 (*idem*, 1224, f° 184 v°). — *Le fief de Font-Chapelle ou Cachevesse*, 1767 (Denisart, v° imprescript., n° 2).

Cadet, m. i., cne de Lapte.

Cadot, m. i., cne de Lapte.

Café-de-la-Garne (Le), m. i., cne de Saint-Victor-Malescours.

Caille (La), f., cne de Saint-Georges-Lagricol.

Caille (La), ruiss., affl. de l'Allier, au sud-ouest de la commune de Saint-Privat-du-Dragon.

Cailloux, f., cne de Saint-Didier-la-Séauve. — *Caiou*, 1888 (Malègue).

Caire, vill., cne de Monlet. — *Villa de Caires*, 1263 (hôtel-Dieu, B. 614). — *Villa de Cayres*, 1263 (*ibid.*, B. 615). — *Cayres*, 1370 (év.). — *Le Mas de Cayres*, 1453 (la Chaise-Dieu, liasse Barribas).

Caire (Le), écart, cne de Champagnac.

Caire (Le), écart, cne de Lapte. — *Lou Cayre*, 1553 (ress. de Montfaucon).

Galla (La), f., cne de Champclause.

Calvaire (Le), m. i., cne de Sainte-Sigolène.

Camageon (La Grangette-de-), f., cne des Estables. — *Roche*, xviiie s. (Cassini). — *Roche ou Camajou*, 1783 (ét. civ.). — *La Grangette de Joanou*, 1820 (Deribier). — *Camagon*, 1888 (Malègue).

Camaret, h., cne de Vielprat. — 1688 (Surrel, nre).

Cambuse (La), m. i., cne de Frugières-le-Pin.

Campanèche (La), loc. dét., cne de Saint-Didier-la-Séauve. — *La Campaneycha*, 1310 (coll. Chaleyer). — *Locus de Campanescha*, 1367 (*idem*). —

La Campanencha, 1470 (terrier de Saint-Didier de Joyeuse). — *La Campanesche*, 1553 (ress. de Montfaucon).

Canard, f., cⁿᵉ de Saint-Romain-Lachalm. — *Canards*, 1888 (Malègue).

Cancade (Scie-de-), sur la Rochette, cⁿᵉ de Saint-Bonnet-le-Froid.

Cancaine, écart, cⁿᵉ de Rosières.

Cancoules, vill., cⁿᵉ de Saint-Front. — *Villa quæ dicitur Concolas, in pago Vellaico*, v. 950 (cart. du Monastier, n° 80). — *Concolhas*, 1431 (év.) — *Cancolas*, 1530 (cad. du Monastier). — *Concoles*, 1574 (A. Boyer, nʳᵉ).

Canel (Moulin-de-), mⁱⁿ sur l'Herbret, cⁿᵉ de Saint-Just-Malmont. — *Moulin de Cunet* (cad.).

Canelière (La), écart, cⁿᵉ de Saint-Just-Malmont. — *La Caneleyra*, 1355 (Haute-Loire, E.). — *La Chinelleyra*, 1493 (coll. Chaleyer).

Capala, mont. et m. i., cⁿᵉ de Vorey. — *Capalat*, 1888 (Malègue).

Caperière (La), écart, cⁿᵉ de Saint-Didier-la-Séauve. — *Locus de la Pacqueyreyre*, 1470 (terrier de Saint-Didier-de-Joyeuse). — *La Capperière*, 1569 (*idem*).

Capet, h., cⁿᵉ de Saint-Romain-Lachalm. — *Capel*, 1888 (Malègue).

Capussier, h., cⁿᵉ de Grazac. — *Capuchier*, 1878 (carte adm.). — *Capuchet*, 1888 (Malègue).

Caraby, f., cⁿᵉ de Malrevers. — *Comba Amblavensis*, 1306 (tabl. du Velay, 1875-6, p. 519). — *Combes ou Caraby*, 1808 (ét. des succ.).

Caramantrand, ruiss., affl. de l'Allier à Pranier, cⁿᵉ de Prades. — 1499 (terrier de Thoras).

Carcavet, m. i., cⁿᵉ d'Yssingeaux. — *Vernusse* (cad.).

Cardona, f., cⁿᵉ de Chaudeyrolles. — *Locus de la Cardonaa*, 1464 (Ardèche, C. 624).

Carme (Le), f., cⁿᵉ des Vastres. — *Le Mas du Carme*, 1776 (ét. civ.). — *Les Carmes*, 1888 (carte adm.).

Carrat (Scie-du-), m. i., cⁿᵉ de Riotord.

Carrielle (La), h., cⁿᵉ de Saint-Préjet-Armandon. — *El Mas de la Carriela*, 1341 (terrier de Charbonnier). — *La Carrière*, XVIIIᵉ s. (Cassini).

Carry, m. i., cⁿᵉ de Grazac.

Carry (Le), m. i., cⁿᵉ de Tiranges. — 1697 (Devinols, nʳᵉ). — *Le Cary-du-Fay*, 1879 (carte adm.).

Cartaire (Le), écart, cⁿᵉ de Sembadel. — *La Carteyre*, 1570 (J. Chalvon, nʳᵉ).

Cartala (La), f., cⁿᵉ d'Aurec.

Cartalade (La), m. i., cⁿᵉ de Saint-Didier-sur-Doulon.

Cartara (La), m. i., cⁿᵉ de Sainte-Sigolène.

Cartives (Les), f., cⁿᵉ du Chambon. — *Terra Cartiva domus Devesseti*, 1343 (Rhône, H. 1016).

Carton, écart, cⁿᵉ de Grazac.

Caseneuve, écart, cⁿᵉ de Monistrol-sur-Loire. — *Caseneufve*, 1552 (ress. de Montfaucon). — *Cazeneuve*, 1888 (Malègue).

Casenne, m. i., cⁿᵉ du Pont-Salomon.

Cassiaux (Les), écart, cⁿᵉ de la Chaise-Dieu.

Cataud (Moulin-de-), mⁱⁿ sur la Brugerette, cⁿᵉ de Saint-Pierre-Duchamp.

Cave (La), affl. du Chiengue, cⁿᵉ de Saint-Vincent.

Cayres, l. dét., cⁿᵉ d'Alleyras. — *Mansus de Caires*, 1295 (prieuré d'Alleyras).

Cayres, arr. du Puy. — *Ecclesia de Quaires*, 1144 (cart. du Monastier, n° 405). — *Ecclesia de Cairis*, 1179 (*idem*, n° 442). — *Caires*, 1209 (hôtel-Dieu, B. 300). — *Cares*, 1220 (Raynaldi, ann. eccles., éd. Theiner, XX, 430). — *Carres*, 1233 (tabl. du Velay, 1876-77, 372). — *Castrum de Caires*, 1235 (hôtel-Dieu, B. 310). — *Castrum de Cayres*, 1331 (J. de Peyre, nʳᵉ). — *Locus Cadris castri*, 1510 (G. Maurin, nʳᵉ). — *La paroisse de Quayres-le-Chasteau*, 1571 (A. Boyer, nʳᵉ).

En 1789, Cayres faisait partie de la province du Velay, de la subdélégation et sénéchaussée du Puy. Son église paroissiale, diocèse du Puy et archiprêtré de Solignac-sur-Loire, était sous le vocable de saint Pierre; l'abbé du Monastier en était collateur.

Cayres (Les), vill., cⁿᵉ d'Yssingeaux. — *Los Caires*, 1359 (Rhône, H. 2632). — *Cadri, mand. Bellæcombæ*, 1457 (Rhône, Bessamorel). — *Lous Cayres*, 1635 (terrier de Saussac).

Cayres-la-Ville, vill., cⁿᵉ de Cayres. — *Cayres la Vila*, 1308 (év.). — *Villa de Caires la Vila*, 1312 (hôtel-Dieu, B. 387). — *Locus de Cadris Villa*, 1351 (*idem*, B. 482). — *Cadris Villæ*, 1510 (G. Maurin, nʳᵉ). — *Le lieu de Cayres-la-Ville, en la paroisse de Quayres-le-Chasteau*, 1571 (A. Boyer, nʳᵉ).

Céaux, vill., cⁿᵉ de Saint-Étienne-Lardeyrol. — *Ceus*, 1343 (Chamblas). — *Grangia de Saulx*, 1408 (Baluze, mais. d'Auv., II, 342). — *Ceaulx*, 1526 (Sobrier, nʳᵉ). — *Seaulx*, 1555 (cad. de Mercœur). — *Céaux-d'Ebde*, 1820 (Deribier).

Céaux, vill., cⁿᵉ de Saint-Privat-d'Allier. — *Seus*, 1255 (hôtel-Dieu, B. 314). — *Ceus*, 1271 (*idem*, B. 325). — *Ceaux*, 1426 (la Chaise-Dieu, Saint-Privat-d'Allier). — *Seaulx*, 1470 (Bibl. nat., lat., n. acq., 1223, f° 383). — *Ceux*, 1482 (la Chaise-Dieu, Saint-Privat-d'Allier). — *Seaux*, 1595 (Mᵉᵉ Leblanc, nʳᵉ).

CÉAUX-D'ALLÈGRE, c^{on} d'Allègre. — *Ad Celtos*, XIIe s. (cart. de Chamalières, n° 327). — *Ecclesia de Ceus*, 1252 (Saint-Agrève). — *Ecclesia de Seus*, 1390 (év.). — *Ceaulx*, 1401 (spic. Briv.). — *Ceaux*, 1518 (G. Maurin, n^{re}). — *Siaulx*, 1561 (J. Chalvon, n^{re}). — *Seaulx*, 1616 (Rhône, H. 2153, f° 967 v°). — *Cyaux en Aurernhe*, 1625 (Duclaux, n^{re}). — *Oppidum Situlense*, XVIIe s. (dom Estiennot, fragm. hist. Aquit., IV, 168). — *Oppidum Situla*, XVIIIe s. (A. SS. O. S. Ben., sæc. IV, pars I, 760). — *Ceaux-près-d'Alegre*, XVIIIe s. (Cassini).

En 1789, Céaux-d'Allègre faisait partie de la province d'Auvergne, de l'élection de Brioude, de la subdélégation de la Chaise-Dieu et du ressort de Riom. Son église paroissiale, diocèse du Puy et archiprêtré de Saint-Paulien, était sous le vocable de saint Jean-Baptiste; l'évêque du Puy en était collateur, comme succédant aux droits de l'abbaye de la Chaise-Dieu.

Péage supprimé par arrêt du Conseil du 26 octobre 1744, au préjudice du seigneur d'Allègre.

CÉCILE (LA), m. i., c^{ne} de Riotord.

CELEYRIER (LE), m. i., c^{ne} de Saint-Paulien.

CELHAC, vill., c^{ne} de Saint-Didier-sur-Doulon. — *Villa Sallac*, 819 (Bibl. de l'Éc. des ch., XXVII, A. Bruel, chron. du cart. de Brioude, 507). — *Mansus de Selhac*, 1347 (Baluze, mais. d'Auv., II, 197). — *Seilhac*, 1443 (spic. Briv.).

CELLE, m. i., c^{ne} de Lapte.

CELLE (LA), vill., c^{ne} du Chambon. — 1308 (homm. de l'év.). — *La Cella*, 1507 (év.). — *Lacelle*, 1820 (Deribier).

CELLE (SCIE-DE-LA), scierie sur le Clavas, c^{ne} de Riotord.

CELLES, h., c^{ne} d'Araules. — 1308 (homm. de l'év.). — *La Cella*, 1507 (év.). — *Celles*, XVIIIe s. (Cassini).

CELLIER, h., c^{ne} du Chambon. — *Los Celiers*, 1507 (év.). — *Le Sellier*, 1820 (Deribier).

CELLIER, m. i., c^{ne} de Saint-Jeure. — *Locus de Cellario*, 1353 (Haute-Loire, E.).

CELLIER (LE), f., c^{ne} de Saint-Laurent-Chabreuges. — *La chapelle du Cellier*, 1493 (P. Le Blanc). — *Le Celier*, 1878 (carte adm.).

CELLIER (LE), m. i., c^{ne} de Saint-Pierre-Eynac.

CELLIER (LE MAS-DU-), f., c^{ne} de la Farre.

CELLIÈRES, h., c^{ne} de Saint-Victor-Malescours. — *Celleriæ*, *Collariæ*, v. 1080 (cart. de Saint-Sauveur-en-Rue, p. 23). — *Sellerias*, v. 1095 (*idem*, p. 9). — *Celleyras*, 1265 (*idem*, p. 152). — *Celeyras*, 1461 (Rhône, H. 1180). — *Celleyres*, 1561 (terrier de Saint-Didier).

CENEUIL, chât. dét. et vill., c^{ne} de Saint-Vincent. — *Senoculum*, 1097 (cart. de Chamalières, n° 11). — *Capella in castro Syroi*, 1119 (Chifflet, hist. de Tournus, 402). — *Senuil*, v. 1145 (cart. de Chamalières, n° 47). — *Cenoil*, XIIe s. (*idem*, n° 147). — *Castellum de Seneulh*, 1171 (Baluze, mais d'Auv., II, 67). — *Senoil*, 1173 (Lay. du trés. des ch., I, 105). — *Senoilh*, 1216 (abb. de Doue). — *Senomlium* (*Senoculio*), 1223 (Baluze, II, 251). — *Castrum de Senolio*, 1267 (Médicis, I, 80). — *Senoyl*, 1302 (Arch. nat., P. 494[1], c. 11). — *Castrum de Senouylh*, 1311 (Arch. nat., P. 1399[1], c. 783). — *Senolium in Valle Amblavense*, 1345 (J. de Peyre, n^{re}). — *Ecclesia S. Michaelis de Senolio*, 1347 (*idem*). — *Seneulh*, 1506 (Médicis, II, 304).

CENOUX, h., c^{ne} de Sainte-Sigolène. — *Homines de Senoups*, 1451 (Rhône, H. 2263). — *Senoux*, 1553 (ress. de Montfaucon). — *Cenour*, 1695 (capitation). — *Cenon*, XVIIIe s. (Cassini).

CENSAC, h., c^{ne} de Paulhaguet. — *Villa de Sansiaco*, 1148 (Gall. christ., instr., col. 107). — *Censsac*, 1379 (compte de B. Flotenc). — *Saint-Sac*, 1401 (spic. Briv.). — *Mansus de Censat*, 1444 (Bibl. nat., ms. fr., 11490, f° 341). — *Sansac*, 1464 (Bibl. nat., ms. lat., n. a., 1223, f° 159). — *Parochia de Sansaco*, 1464 (*idem*, f° 162 v°). — *Priorissa de Sancsaco*, XVe s. (pouillé de Saint-Flour). — *Censac-Lavaux*, 1820 (Deribier).

Prieuré dépendant de la Vaudieu.

Par ordonnance du 11 décembre 1842, la commune de Censac-Lavaux a été supprimée et réunie à celle de Paulhaguet.

CENSAC (LE), affl. de la Sénouire, c^{nes} de Chassagnes et Paulhaguet.

CERCENAS, vill., c^{ne} de Riotord. — *Grangia de Cercenacio*, 1273 (cart. de Saint-Sauveur-en-Rue). — *Sercenas*, 1461 (Rhône, H. 1180). — *Sarcenas*, 1879 (carte adm.).

CERCES, vill., c^{ne} de Tiranges. — *Serces*, 1293 (Arch. nat., P. 491[1], c. 13). — *Serce* (cad.).

CEREIX, chât. dét. et vill., c^{ne} de Saint-Jean-de-Nay. — *Ceresium castrum*, v. 1090 (cart. du Monastier, n° 236). — *Cereis*, v. 1100 (cart. de Pébrac, 44). — *Cereix*, 1171 (Baluze, mais. d'Auv., II, 67). — *Sereis*, 1219 (cart. de Pébrac, 53). — *Castrum villaque de Cereys*, 1321 (spic. Briv.). — *Sereys*, 1331 (J. de Peyre, n^{re}). — *Mandatum de Serezio*, 1457 (la Chaise-Dieu, Vazeilles). — *Cereys*, 1511 (coust. d'Auv., f° 79 v°). — *Prior S. Gerardi de Sereis*, 1516 (Arch. nat., G.[a], 1, f° 445 v°).

CEREIX (LAC DE), c^{ne} de Loudes.

CEREIX (RUISSEAU DE), ruiss. qui prend sa source près de Beyssac, c^ne de Saint-Jean-de-Nay, passe à Cereix et se jette dans la Musette, en amont du Charrouil, c^ne de Loudes. — *Rivus qui labitur de Seresio versus Karolum*, 1405 (Drôme).

CEREYZET, h., c^ne de Saint-Christophe-sur-Dolaison. — *Serasis*, v. 1190 (templiers du Puy). — *Ceraizet*, 1243 (hôtel-Dieu, B. 5). — *Sereyzet*, 1256 (év.). — *Serayset*, 1386 (homm. de Solignac). — *Cereyset*, 1590 (Burel, 221).

CÉRIGIERS, f., c^ne de Saint-Front. — *Lo Sarzier*, 1626 (ét. civ.). — *Le Serzier*, 1695 (capitation). — *Les Serisiers*, xviiie s. (Cassini).

CÉRIGOULES (LA), affl. du Lignon, c^ne de Tence. — *Rivus de Cirigolas*, 1294 (cart. de Tence, f° 2). — *Aqua de Sarigolas*, 1320 (Rhône, D. 147). — *Cirigola*, 1328 (cart. de Tence, f° 5). — *Cerigola*, 1453 (P. Pradier, n^re). — *Sérigoules*, 1682 (Rhône, D. 169). — *La Sarigoule, la Sérigoule*, 1824 (stat. de Deribier, p. 48 et 56).

CERISIER (LE), f., c^ne du Chambon.

CERISIER-DE-LA-RULLIÈRE (LE), f., c^ne de Saint-Didier-la-Séauve.

CÉNOUX, écart, c^ne de Lubilhac. — *Cero*, 1275 (spic. Briv.).

CÉNOUX (LE), ruiss., prend sa source au sud-ouest de Mercœur, traverse la commune de Saint-Just-près-Brioude, et se jette dans l'Allier à Vieille-Brioude. — *Rivus de Cero*, 1275 (la Chaise-Dieu, Brioude). — *Le Ceyroux* (cad.).

CERVELLE (LA), mont., c^ne des Villettes.

CERZAGUET, vill., c^ne d'Ally. — *Saraziacellus*, 1025 (A. SS. O. S. B., sæc. vi, pars I, p. 635). — *Sarzaguet*, 1459 (Arch. nat., ZZ. 359, p. 29). — *Serzaguet*, xviii^e s. (Cassini).

CERZAT, vill., c^ne de Saint-Privat-du-Dragon. — *Serezac*, 1339 (Bibl. nat., ms. fr., 14377, p. 189). — *Mansus de Cerazac*, 1379 (Arch. nat., Z². 4143, p. 21). — *Serazac*, 1386 (Arch. nat., Z². 4144, p. 47). — *Cerazacum, Cerazat*, 1396 (Arch. nat., Q. 513). — *Cerczacum, Ceresac*, 1458 (Arch. nat., ZZ. 359, p. 2). — *Cerezacum*, 1459 (id., p. 15). — *Cerzat-de-Drols*, xviii^e s. (Cassini). — *Cerzat-du-Dragon*, 1880 (carte adm.).

CERZAT, c^on de la Voûte-Chilhac. — *In Sarazaco, ecclesia in hon. S. Salvatoris*, 911 (cart. de Brioude, ch. 37). — *In Vicaria de Aurato, villa de Sarazago*, 980 (idem, ch. 1). — *Villa Saraziacus*, 1025 (spic. Briv.). — *Ecclesia de Ceresiaco*, 1266 (idem). — *Affarium de Cerassac*, 1271 (idem). — *Cerazac*, 1288 (idem). — *Cezerat*, 1401 (idem). — *Par. de Sarazaco*, 1464 (Bibl. nat., ms. lat., n. acq., 1223,

f° 199 v°). — *Serezat*, 1612 (terrier de la Vaudieu). — *Sarsac en Auvergne*, 1613 (Brunel, n^re).

En 1789, Cerzat dépendait de la province d'Auvergne, de l'élection de Brioude, de la subdélégation de Langeac et du ressort de Riom. Son église paroissiale, diocèse de Saint-Flour et archiprêtré de Langeac, était consacrée à saint Sylvestre; le prieur de la Voûte-Chilhac présentait à la cure.

CÉSARI (LE), affl. de la Loire au-dessous du village de la Grange, c^ne de Bauzac.

CESSE (LA), f., c^ne des Estables. — *La Cesse-de-Chère*, 1747 (ét. civ.).

CESSE (LA), h., c^ne de Freycenet-Lacuche.

CESSE (LA), vill., c^ne d'Yssingeaux.

CESSE (LA PETITE-), l. dét., c^ne de Freycenet-la-Tour. — *Une grange au terroir de la Petite-Cesse, autrement de Pellissier*, 1677 (cad. de Freycenet-la-Tour).

CESSES (LES), h., c^ne de Champclause.

CEYDE, loc. dét., c^ne de Bournoncle-la-Roche. — *Cultura de Cisde*, xie s. (cart. de Sauxillanges, n° 520). — *Locus de Ceyde, par. de Borloncle S. Petri*, 1453 (terr. du fordoyenné de Brioude).

CEYNOUX, bois, c^ne de Mercœur.

CEYSSAC, c^on nord-ouest du Puy. — *Castrum quod vocatur Ceyssac, nobiles de Cheissac*, xie s. (chron. S. Petri de Mon. Anic.). — *Castellum Celsiacus*, 1089 (Saint-Georges du Puy). — *Sacsiacum*, v. 1164 (hospit. du Velay). — *Castellum de Ceissac*, 1171 (Baluze, mais. d'Auv., II, 67). — *Saisac*, 1173 (lay. du tr. des ch., I, 105). — *Castrum de Saissac*, 1229 (tabl. du Velay, 1875-76, 504). — *Cessacum*, 1257 (Arch. nat., JJ. 30^h, f° 42). — *Castrum de Sayssaco*, 1330 (J. de Peyre, n^re, reg. C, f° 45 v°). — *Eccl. paroch. S. Johannis de Ceyssaco*, 1474 (Maltrait, n^re). — *Ceyssacium*, 1514 (J. Boyer, n^re).

En 1789, Ceyssac, qui était un fief vassal de la vicomté de Polignac, était compris dans la province du Velay, la subdélégation et sénéchaussée du Puy. Son église paroissiale, diocèse du Puy et archiprêtré de Solignac-sur-Loire, était sous l'invocation de saint Jean-Baptiste; l'évêque du Puy en était collateur.

CEYSSAGUET, f., c^ne de la Voûte-sur-Loire. — *Petrus de Saissaguet, miles*, 1255 (Rhône, Chantoin, I, 16). — *Seyssaguet*, 1299 (Saint-Georges de Saint-Paulien). — *Austogius de Ceyssaguet*, 1306 (tabl. du Velay, 1875-76, 513).

CEYSSE (LA), ruiss., prend sa source à Augeac, c^ne de Bains, traverse la commune de Ceyssac et se jette dans la Borne, en amont d'Espaly-Saint-Marcel. —

Ruiss. de Cordes (cad.). — *Ruiss. de Ceyssac,* 1861 (état-major).

CEYSSOUX (LES), vill., cne du Brignon. — *Saisso,* 1253 (Rhône, la Sauvetat, I, 3 *bis*). — *Locus deus Seyssos,* 1331 (hôtel-Dieu, B. 440). — *Lous Ceissous,* 1568 (Doleson, nre). — *Les Ceyssoux,* 1586 (Sigaud, nre). — *Lousseissoux,* xviiie s. (Cassini).

CÉZILLES, l. dét., cne de Beaulieu — *Mansus de Cezilhas,* 1345 (J. de Peyre, nre). — *Cesilhas,* 1482 (Pelisse, nre). — *Lou chambarus de Sezilhes,* 1714 (cad. de Laval-Emblavès).

CHABANAS, m. i., cne des Villettes.

CHABANE (LA), f., cne de Dunières. — *Mansus de la Chabanaa,* 1324 (coll. Chaleyer). — *La Chavana,* 1545 (*idem*). — *Les Chavanes,* 1846 (nom. des postes). — *La Chabusse,* 1879 (carte adm.).

CHABANE (LA), dom., cne de Saint-Germain-Laprade. — *La Chabana,* 1412 (terrier du Moulin-Neuf). — *La Chabana, autrement Bonaud,* 1568 (Savin, nre).

CHABANE (MOULIN-DE-LA), min sur la Gagne, cne de Saint-Germain-Laprade. — *Molendinum Giri, mand. castri de Servissas,* 1336 (J. de Peyre, nre, reg. 3, fᵒ 52). — *Lo Moli Giri,* 1408 (Compois du Puy). — *Molin-Gire,* 1536 (Savin, nre). — Moulin bannier du vicomte de Polignac.

CHABANELLES, l. dét., cne du Brignon. — *Cabannellas,* 870 (Chifflet, hist. de Tournus, 210). — *Chabanelas,* 1386 (homm. de Solignac). — *Territorium de Chabanellis, juxta stratam de Anicio versus Pratellas,* 1444 (prieuré de Solignac). — *Chabanelles,* 1587 (Sigaud, nre).

CHABANES, h., cne de Monistrol-sur-Loire. — *Chabanæ prope Monastrolium,* 1344 (J. de Peyre, nre).

CHABANNE, f., cne de Lorlange. — *In aice Brivatensi, villa Cabannas,* 890 (cart. de Brioude, ch. 184).

CHABANNE (GRAND-), h., cne du Pont-Salomon.

CHABANNE (LA), loc. dét., cne de Chomelix. — *Mansus de la Chabana prope Chalmelis,* 1404 (terrier de Chomelix).

CHABANNE (LA), m. i., cne de Saint-Julien-Molhesabate.

CHABANNE (LA), vill., cne de Saint-Quintin-Chaspinhac. — *Lachabanne,* 1820 (Deribier).

CHABANNE (LA), m. i., cne de Tiranges.

CHABANNE (PETIT-), h., cne du Pont-Salomon.

CHABANNERIE (LA), h., cne du Mazet-Saint-Voy. — *Villa Cabanerias,* 985 (cart. du Monastier, n° 381). — *Villa Canaberias,* v. 1000 (*idem,* n° 155). — *La Chabanerie,* xviiie s. (Cassini). — *La Charbonnerie,* 1888 (Malègue).

CHABANNERIES (LES), h., cne de Saint-Maurice-de-Lignon. — *Villa quæ dicitur Chabannariæ,* v. 1027 (cart. de Chamalières, n° 98). — *La Chabanerie-Narberte,* 1285 (homm. de l'év.). — *La Cabanerie-Nalberte,* 1308 (*idem*). — *Mansus de Chabaneriis,* 1383 (év.). — *Le domaine app. les Chabanaries,* 1689 (cad. du Lignon).

CHABANNES, h., cne d'Allègre. — *La pagésie de Chabanne,* 1578 (communic. de M. E. Grellet de la Deyte).

CHABANNES, f., cne du Chambon.

CHABANNES, h., cne de Moudeyres. — *Locus de Cabanis,* 1524 (terrier du Monastier). — *Chabane, parr. de Stabulis,* 1537 (év.).

CHABANNES, h., cne de Saint-Paul-de-Tartas. — *Chabannas* (cad.).

CHABANNES (LES), ruiss., prend sa source au nord de la commune des Estables et se jette dans la Gazeille au sud-est de Roland, cne de Freycenet-la-Tour. — *Rivus de las Chabannas,* 1224 (Bonnefoy). — *Aqua de la Ribeta,* 1523 (ét. civ.).

CHABANNES-BASSES, f., cne du Monastier. — 1666 (André, nre).

CHABANNES-HAUTES, f., cne du Monastier. — *Villa de Cabanas,* xie s. (cart. du Monastier, nᵒˢ 43 et 48).

CHABANOLES, écart, cne de Grazac. — *Cabannulas,* v. 1100 (cart. de Cluny, ch. 3792, VIII). — *Chabanolas,* 1370 (év.).

CHABANOLLES, chât., cne de Retournac. — *Villa de Chabannolas,* xiie s. (cart. de Chamalières, n° 139). — *Chabanolas,* 1271 (év.). — *Chabannolles,* 1561 (Savin, nre).

CHABASSENELLE, h., cne de Craponne-sur-Arzon. — *Villa quæ dicitur Chabazanellas,* v. 1000 (cart. de Chamalières, n° 251). — *Habasanelas,* 1327 (Saint-Mayol). — *Chabaceneles,* 1569 (terrier de N.-D. de Chalencon). — *Chabacenelles,* 1695 (capitation).

CHABASSOLLE (LA), plateau auj. boisé, cne de Pradelles. — *Rancus de la Cabassola,* 1289 (Arch. nat., P. 1398¹, cote 652). — *La Chabassola,* 1330 (la Chaise-Dieu, Saint-Paul-de-Tartas).

CHABATOU, m. i., cne de Saint-Geneys-près-Saint-Paulien.

CHABAUD, écart, cne d'Ally. — *Locus de Chabaut,* 1424 (Bibl. nat., ms. fr., 11490, fᵒ 11).

CHABEN (MAS-), f., cne de Freycenet-la-Tour. — *Maschabert,* xviiie s. (Cassini). — *Chabin* (cad.).

CHABERTÈS (LE), l. dét., cne d'Alleyrac. — *Villa de Chabertos,* 1309 (Arch. nat., P. 1398², cote 676). — *Mansus de Chabertes,* 1327 (Arch. nat., P. 1397², cote 588). — *Lo Chabertes,* 1344 (Arch.

nat., P. 1398², cote 679). — *Chambertes*, 1399 (Arch. nat., P. 1398¹, cote 640). — *Chalbertos*, 1474 (Arch. nat., P. 1362², cote 1115). — *Chatbertesium*, 1484 (Arcis, nʳᵉ). — *Chabertès*, xviii° s. (Cassini).

CHABESTRAT, vill., cⁿᵉ de Josat. — *Locus de Chabestras*, 1469 (Bibl. nat., ms. lat., n. acq., 1223, f° 352). — *Chabestral*, 1820 (Deribier).

CHABONNES, mont., cⁿᵉ de Saint-Arcons-d'Allier. — *Terr. de la Chabane*, 1458 (Bibl. nat., ms. lat., n. acq., 1222, f. 79 v°). — *Terr. de las Chabanas*, 1482 (idem, 1224, f° 320).

CHABONNES (LES), h., cⁿᵉ de Monistrol-d'Allier.

CHABOTE (LA), écart, cⁿᵉ de Vazeilles-près-Saugues. — *Le champ. app. de la Chabote*, 1622 (terr. de Vazeilles). — *Les Chabotes* (cad.).

CHABNAS, f., cⁿᵉ des Villettes.

CHABRAY, f., cⁿᵉ de Saint-Romain-Lachalm.

CHABRESPINE, chât. ruiné, cⁿᵉ de Grazac. — *Chabrespina*, v. 1100 (cart. de Cluny, ch. 3764). — *Castrum de Caprespina*, 1267 (Médicis, I, 80).

CHABREUGES, m. i., cⁿᵉ de Javaugues.

CHABREUGES, vill., cⁿᵉ de Saint-Laurent-Chabreuges. — *In villa Cabrogallo..., in aice Brivatense*, 819 (bibl. de l'Éc. des ch., XXVII, A. Bruel, chron. du cart. de Brioude, p. 507). — *In vicaria Brivatensi, in villa quæ dicitur Cabroiolo*, 883 (cart. de Brioude, ch. 130). — *Villa Cabrogile*, 911 (idem, ch. 37). — *De villa Cabrogilo*, 924 (idem, ch. 16). — *Chabruegol*, 1341 (terrier de Charbonnier). — *Castrum de Chabreuiols*, 1387 (P. Le Blanc). — *Caprologium*, 1449 (Bibl. nat., ms. lat., n. acq., 1222, f° 3). — *Chabreughoul*, xv° s. (Bibl. nat., ms. fr., 22297, p. 327). — *Cabrologium*, 1479 (Baluze, mais. d'Auv., II, 670). — *La chastellenie de Chabreughol*, 1511 (coust. d'Auv., f° 80 v°). — *Chabreghol, Chabraighol*, 1632 (P. Le Blanc). — *Chabreuge*, 1793 (idem).

CABREYRAC, lieu dit, cⁿᵉ du Brignon. — 1247 (invent. de Saint-Mayol). — *Arbor de Chabreyrac*, 1344 (Jean de Peyre, nʳᵉˢ).

CHABREYBES, vill., cⁿᵉ de Chadron. — *In pago Vellaico, villa quæ dicitur Caprarias*, 958 (cart. du Monastier, n° 81). — *Villa Caprariæ*, 1107 (idem, n° 19). — *Locus de Chabreriis*, 1508 (Costavol, nʳᵉ). — *Chabreyras*, 1565 (Nicolas, nʳᵉ).

CHABRIAC, vill., cⁿᵉ du Monastier. — *Villa quæ dicitur Cabriaco*, v. 970 (cart. du Monastier, n° 87). — *Mansus de Chabriaco*, 1527 (cad. du Monastier) — *Chabrac*, 1585 (Johany, nʳᵉ).

CHABRIER, f., cⁿᵉ de Tence.

CHABRIER, m. i., cⁿᵉ d'Yssingeaux.

CHABROLLES, m. i., cⁿᵉ du Mas-de-Tence.

CHABRON (LE), dom., cⁿᵉ de Saint-Paulien. — 1237, (Saint-Mayol, invent.). — *La metterye du Chabron*, 1630 (Duclaux, nʳᵉ).

CHABRUYÈRE (LA), m. i., cⁿᵉ de Roitord.

CHACORNAC, vill., cⁿᵉ de Cayres. — *Homines de Chalcornac*, 1252 (templiers du Puy). — *Mansus de Chalcornaco*, 1342 (J. de Peyre, nʳᵉ). — *Chacornac*, 1386 (homm. de Solignac). — *Chalcournac*, 1614 (Duclaux, nʳᵉ).

Commune supprimée par ordonnance du 26 juin 1821.

CHADAIX, m. i., cⁿᵉ de Saint-Pierre-Eynac. — 1685 (cad. de Chapteuil-Bas). — *Chadaire*, 1888 (Malègue).

CHADARSAC, vill., cⁿᵉ de Saint-Berain. — *Mansus de Chadarsac, dyoc. Aniciens.*, 1320 (J. de Peyre, nʳᵉ). — *Chadarssac*, 1563 (Chamblas). — *Chardassac*, 1861 (état-major). — *Chadersac*, 1888 (Malègue).

CHADECOL, vill., cⁿᵉ de Blesle. — *Le Mas de Chadacole*, xv° s. (Arch. nat., R¹. 1143*, n° 165). — *Chadacolt*, 1493 (terrier de Blesle). — *Chapdacot*, xviii° s. (Cassini). — *Chadecole*, 1879 (carte adm.). — *Chadecold*, 1888 (Malègue).

CHADENAC, dom., cⁿᵉ de Ceyssac.

CHADENEYRE, f., cⁿᵉ de Saint-Just-près-Brioude.

CHADERNAC, vill., cⁿᵉ du Brignon. — *Chadarnacum*, 1352 (prieuré de Solignac). — *Mansus de Chadernaco, villa de Chaldernac*, 1386 (homm. de Solignac). — *Chaldernas, Chadernas*, 1392 (idem). — *Chadernac*, 1568 (Doleson, nʳᵉ).

CHADERNAC, chât. ruiné et vill., cⁿᵉ de Céaux-d'Allègre. — *In loco qui dicitur Cadernago*, v. 952 (cart. du Monastier, n° 121). — *Chadarnac*, 1245 (nov. Gall. christ., II, instr., 714). — *Chadernac*, 1343 (J. de Peyre, nʳᵉ, reg. D, f° 1).

CHADERNAC, vill. et houillère, cⁿᵉ de Langeac. — *Chadarnac*, xii° s. (cart. de Pébrac, n°ˢ 46-49). — *Mansus de Chadarnaco*, 1472 (Bibl. nat., lat., n. acq., 1224, f° 40 v°). — *Chadernacum*, 1502 (Arch. nat., Q. 513, p. 199).

Concession du 16 novembre 1849.

CHADOUARD, vill., cⁿᵉ de Chomelix. — *Chantor*, 1311 (Arch. nat., P. 1398¹, cote 650). — *Chadoart*, 1404 (terrier de Chomelix). — *Chadoars*, 1550 (P. Gallien, nʳᵉ).

CHADOUARD, f., cⁿᵉ de Saint-Vincent.

CHADRAC, cᵒⁿ nord-ouest du Puy. — *Chatrac*, 1215 (hosp. du Velay). — *Chadrac*, xiii° s. (Saint-Georges du Puy). — *Chadrat*, 1408 (compois du Puy). — *Chadracus*, 1471 (Maltrait, nʳᵉ).

En 1789, Chadrac, qui était un fief vassal de la

vicomté de Polignac, faisait partie de la province du Velay, de la subdélégation et sénéchaussée du Puy. Au spirituel, il relevait de la paroisse de Saint-Agrève du Puy.

CHADRIAT, f., c^ne d'Azerat. — *Chadriac*, 1256 (spic. Briv.).

CHADRIAT (LE), affl. de l'Allier, au sud-ouest de Côte-Rouge, c^ne d'Azerat. — *Rivus de Cozealgue*, 1439 (la Chaise-Dieu, Azerat).

CHADRON, c^on du Monastier. — *Ecclesia Sancti Amantii de Cadrone*, xie s. (cart. du Monastier, n° 17). — *Ecclesia S. Amantii de villa Chadronis*, v. 1096 (idem, n° 244). — *Ecclesia de Cadro*, 1179 (idem, n° 442). — *Ecclesia de Chadro*, 1232 (tabl. du Velay, 1876-77, 371). — *La paroisse Sainct-Amand-de-Chadron*, 1580 (Duvillar, n^re).

En 1789, Chadron dépendait de la province du Velay, de la subdélégation et sénéchaussée du Puy. Son église paroissiale, diocèse du Puy et archiprêtré de Solignac-sur-Loire, était dédiée à saint Amand, évêque de Rodez; le préchantre de l'abbaye du Monastier présentait à la cure.

CHADUSIAS, vill., c^ne d'Allègre. — *Chaduzias*, 1354 (Saint-Mayol). — *Chadusias*, 1588 (communic. M. E. Grellet de la Deyte). — *Chadussias*, xviiie s. (Cassini). — *Chaduziac*, 1826 (ét. civ.). — *Chaduzias*, 1888 (carte adm.). — *Chaduziat*, 1888 (Malègue).

CHAFFAUDIÈRE (LA), f., c^ne des Villettes.

CHAFFRET (LE), l. dét., c^ne du Monastier. — 1785 (Julien, n^re).

CHAGNES (LES), h., c^ne de Saint-Maurice-de-Lignon. — *Les Moulins app. de Chaunies*, 1689 (cad. du Lignon). — *Chaugne*, xviiie s. (Cassini). — *Les Chaunes*, 1820 (Deribier). — *Chagny*, 1860 (état-major).

CHAGOURLA, loc. détr., c^ne de Saint-Just-près-Brioude. — *In... vicaria (Brivatensi), in villa de Colgorato*, 971 (cart. de Brioude, ch. 305). — *Le terroir de Chagourla*, 1553 (terr. du doy. de Br.).

CHAIGNE (LA), chapelle, c^ne de Blesle. — *La Chania*, 1306 (terrier de Blesle). — *Notre-Dame de la Chaigne*, 1652 (J. Branche, SS. d'Auv.).

CHAILLAS (LE), h., c^ne de Villeneuve-d'Allier. — *Lo Chalar*, 1339 (Bibl. nat., ms. fr., 14377, p. 189). — *Lo Chaillar*, 1392 (Arch. nat., Z². 4145, p. 228). — *Mansus del Cheylar*, 1432 (Bibl. nat., ms. fr., 11490, f° 138).

CHAISE DE LA DAME (LA), roc près Arzon, c^ne de Chomelix. — (Tabl. du Velay, 1872-73, 66.)

CHAIRE DU DIABLE (LA), rocher, dans le bois de Breysse, c^ne d'Alleyrac.

CHAISE (LA), h., c^ne de Saint-Just-Malmont. — *Le Mas de la Chèze*, 1426 (Arch. nat., P. 1400¹, cote 869). — *Chiesa*, 1525 (coll. Chaleyer). — *La Chièse*, 1569 (terrier de Saint-Didier). — *La Chèze* (cad.). — *La Chèze*, 1820 (Deribier).

CHAISE DE LA DAME (LA), rocher, c^ne de Salettes.

CHAISE-DIEU (LA), arrond. de Brioude. — *Ecclesia in pago Arvernensi, in heremo scita, Casa Dei nominata*, 1052 (spic. Briv.). — *Ecclesia Chasæ Dei*, v. 1105 (la Chaise-Dieu, Poitiers). — *La Chasa Deu*, 1199 (Baluze, mais. d'Auv., II, pr., 257). — *La Chesa Deu*, 1208 (chron. de Saint-Martial de Limoges, 73). — *Conventus Cassæ Dei*, 1289 (la Chaise-Dieu, Bouchet-Saint-Nicolas). — *La Chazadeu en Auvergne*, 1366 (spic. Briv.). — *Le Chezadeuf*, 1375 (idem). — *La Casse-Dieu*, xive s. (J. Froissart, éd. S. Luce, VI, 76). — *La Chaze-Dieu*, 1401 (spic. Briv.). — *La Chaese-Dieu*, 1447 (Arch. nat., JJ. 179, n° 151). — *La Cheize-Dieu*, 1456 (spic. Briv.). — *La Chiese-Dieu*, 1461 (la Chaise-Dieu, Thoras). — *La Chesadieu*, 1489 (idem, Saint-Gervais). — *La Chaize-Dieu*, 1653 (spic. Briv.). — *La Chasedieu*, 1669 (idem).

En 1789, la Chaise-Dieu, qui était le siège d'une abbaye bénédictine fondée par saint Robert en 1043, appartenait à la province d'Auvergne, à l'élection de Brioude, au ressort de Riom et était chef-lieu d'une subdélégation. Son église paroissiale, diocèse de Clermont et archiprêtré de Livradois, était consacrée à saint Robert; l'abbé présentait à la cure.

CHAISENEUVE, vill., c^ne de Bauzac. — *Chesanova*, v. 1050 (cart. de Chamalières, n° 150). — *Casa Nova*, xiiie s. (idem, n° 330). — *Chiesanova*, 1496 (obit. de Bas). — *Chieze-Neufve*, 1553 (ress. de Monlfaucon). — *Chizanova*, xvie s. (obit. de Bauzac). — *Chiseneure*, xviiie s. (Cassini). — *Chezeneuve*, 1820 (Deribier).

CHAISES (LES), h., c^ne de Dunières. — *Chiesiæ*, 1465 (Rivière, n^re). — *Les Chyèses*, 1591 (Delafont, n^re). — *Les Chèzes*, 1820 (Deribier).

CHAISES (LES), h., c^ne de Saint-Romain-Lachalm. — *Las Chiesas*, 1569 (terrier de Saint-Didier). — *Les Chièses*, 1545 (capitation).

CHAIZES (LES), h., c^ne du Mazet-Saint-Voy. — *La Chèze*, 1880 (carte adm.). — *La Chaise*, 1888 (Malègue).

CHALAGNAT, loc. détr., c^ne de Saint-Vert. — *La Vila de Chalinach, Chaninhyac*, 1341 (terrier de Charbonnier). — *Challaignat*, 1693 (la Chaise-Dieu, liève).

CHALAIDE (LA), affl. de l'Allier, c^ne de Langeac.

CHALAN, ruiss. qui prend naissance près de Cha-
vagnac, c^{ne} de Saint-Paulien, passe à l'est de
Blanzac et afflue à la Loire au-dessous de Chanceaux,
c^{ne} de Polignac. — *Rivus del Chalan*, 1414 (titres
de Saint-Vidal). — *Chaland*, 1453 (prieuré de
Polignac). — *Chalonc*, 1573 (A. Boyer, n^{re}). —
Challan, 1609 (Robert, n^{re}). — *Chalanc*, 1615
(Brunel, n^{re}).

CHALANCON, écart, c^{ne} de Beaux.

CHALANDAROUX, f., c^{ne} des Estables. — *Charendarou*,
1748 (ét. civ.).

CHALANGE (LA), m. i., c^{ne} de Saint-Didier-sur-
Doulon.

CHALANTIER, signal, c^{ne} de Domeyrat.

CHALAS (MOULIN-DE-), mⁱⁿ sur l'Ance, c^{ne} de Saint-
Georges-Lagricol.

CHALAT (LE), écart, c^{ne} de Bonneval. — *Chalas*,
1888 (carte adm.). — *Le Challat*, 1888 (Malègue).

CHALAT (SUC-DU-), mont., c^{ne} de Beaulieu. — *Le suc
de Chalar*, 1723 (cad. de Bellecombe).

CHALAT (SUC-DE-), mont., c^{ne} de Vorey. — *Succus
del Chaslar*, 1288 (bénédictines de Vorey).

CHALAYE (LA), h., c^{ne} de Dunières. — *La Chalage*,
1879 (carte adm.).

CHALAYÈRE (LA), m. i., c^{ne} de Saint-Bonnet-le-
Froid.

CHALÈDE (LA), houillère et f., c^{ne} de Langeac. —
La Chaleda, 1479 (Arch. nat., Q. 513, f° 17).
Concession du 16 novembre 1849.

CHALENCON, chât. ruiné et vill., c^{ne} de Saint-André-
de-Chalencon. — *Castrum Chalanconii*, v. 1040
(cart. de Chamalières, n° 202). — *Chalenconium*,
v. 1080 (*idem*, n° 203). — *Ecclesiæ Calanconis*,
1163 (*idem*, n° 78). — *Castrum Calanconi*, XIIIe s.
(*idem*, n° 325). — *Chalanchonium*, 1212 (Saint-
Agrève). — *Charencon*, v. 1250 (spic. Briv.). —
Chalenco, 1264 (Arch. nat., P. 492³, c. 160). —
De Chalanco, 1268 (Baluze, m. d'Auv., II, 286).
— *Mandamentum de Chalancon*, 1293 (Arch. nat.,
P. 491¹, c. 13). — *Le seigneur de Chalencon*,
1318 (Baluze, m. d'Auv., II, 150). — *Calencon*,
1340 (Froissart, édit. S. Luce, II, 78). — *Chalancolium*, 1364 (spic. Briv.).

CHALENCONNIÈRE (LA), vill., c^{ne} de Saint-Julien-
Molhesabate. — *Chalanconeria*, 1466 (Rivière, n^{re}).
— *La Chalançonnière*, 1879 (carte adm.)

CHALENDAR, h., c^{ne} de Mézères. — *Los Chalendars*,
1507 (év.).

CHALENDAR, h., c^{ne} de Saint-Front. — 1585 (Johany,
n^{re}). — *Chalendard*, 1888 (carte adm.).

CHALES, vill., c^{ne} de Tiranges. — *Ad. Casall[e]tis*,

XIIIe s. (cart. de Chamalières, n° 325). — *Challectz*, 1614 (coll. C. Falcon).

CHALET (LE), à Alleret, c^{ne} de Saint-Privat-du-
Dragon.

CHALETS (LES), écart, c^{ne} de Boisset.

CHALIERGUE (LE), contrée qui comprend le bassin de
Paulhaguet et de Saint-Georges-d'Aurac. — *Chaliergue*, 1281 (coll. J. Lachenal). — *Le Chalhergue*, 1479 (Bibl. nat., ms. lat., n. acq.,
1224, f° 233 v°).

CHALIGNAC, vill., c^{ne} de Saint-Vincent. — *Chalinac*,
v. 1181 (hospit. du Velay). — *Chaliniac*, 1250
(Saint-Agrève). — *Chalinlhac*, 1311 (Arch. nat.,
P. 1399¹, c. 783). — *Chalinhac*, 1408 (compois
du Puy). — *Chaligniac*, 1501 (Chamblas). — *Chalinhacum*, 1522 (Saint-Georges du Puy).

CHALIMARD, h., c^{ne} de Malrevers. — *Lou Fauc dict
Chavalmare*, 1555 (cad. de Mercœur). — *Le lieu
del Fauc, par. de Chaspignac*, 1572 (A. Boyer, n^{re}).
— *Cheval de Mars*, 1581 (Doleson, n^{re}). — *Chevalmare*, 1597 (Gallien, n^{re}).

CHALLE, h., c^{ne} de Connangles. — *Chaletz*, 1360
(la Chaise-Dieu, Malvières). — *Chasaletz*, 1390
(*idem*, Connangles). — *Chaaletz*, 1408 (Arch.
nat., S. 3298). — *Chales*, 1502 (la Chaise-Dieu,
Connangles).

CHALLES, vill., c^{ne} de Chomelix. — *Chazalest*, 1222
(Martène, thes. nov. anecd., I, 896). — *Mansus
de Chazaletz*, 1311 (Arch. nat., P. 1398¹, c. 650).
— *Chaaletz*, 1327 (Saint-Mayol). — *Chaletz*, 1550
(P. Gallien, n^{re}). — *Chasles*, 1670 (Arch. nat.,
P. 500¹, c. 37). — *Challes*, 1670 (Arch. nat.,
P. 502, c. 109).

CHALM (LA), bois, c^{ne} de la Besseyre-Saint-Mary.

CHALM (LA), l. détr., c^{ne} de Coubon. — *Calma*, 1347
(J. de Peyre, n^{re}).

CHALM-DU-PUY (LA), terroir, c^{ne} du Puy. — *Calma
de Podio, juxta arborem S. Jacobi*, 1294 (terrier
de Saint-Mayol). — *La chalm del Puey*, 1408
(compois du Puy).

CHALON, mⁱⁿ sur le Cougoussat, c^{ne} de Ferrussac. —
Chalo, 1345 (Arch. nat., Z³. 54, p. 1). — *Molendi-
num de Chalo*, 1460 (Bibl. nat., ms. lat., n. acq.,
1222, f° 172 v°). — *Chalons*, 1888 (carte adm.).

CHALON, m. i., c^{ne} d'Yssingeaux.

CHALOUX (LES), vill., c^{ne} de la Chaise-Dieu. —
Mansus doz Chalos, 1432 (la Chaise-Dieu, Combomard). — *Los Chasloux*, 1585 (*ibid.*).

CHALUS, l. détr., c^{ne} de Bauzac. — *Chaslus*, 1163
(cart. de Chamalières, n° 75). — *Mas de Chaslutz*, 1309 (homm. de l'év.).

CHALUS, écart, c^{ne} de Laval. — *Mansus de Caslucio*,

1307 (la Chaise-Dieu, Saint-Vert). — *Chalut*, 1820 (Deribier).

Chalus, m. i., c^ne de Saint-Didier-sur-Doulon.

Chalus, vill., c^ne de Saint-Vert. — *Lo Mas de Chaslus*, 1341 (terrier de Charbonnier). — *Chalus*, 1499 (la Chaise-Dieu, Saint-Vert).

Chamalèche (La), vill., c^ne de Saint-Just-Malmont. — *Grangia de la Chamarescha*, 1335 (Arch. nat., P. 490³, c. 262). — *La Chamarecha*, 1397 (Haute-Loire, E.). — *La Chamareschia, mand. Cornillionis*, 1512 (coll. Chaleyer). — *La Chameresche*, 1571 (*idem*). — *La Chrmaresche*, 1574 (*idem*). — *La Chamarèche* (cad.).

Chamalière, f., c^ne d'Azerat. — *Villa de Chamaleira*, 1256 (spic. Briv.). — *Chamaleyras*, 1273 (cart. d'Azerat). — *Chamalières*, 1441 (la Chaise-Dieu, Azerat).

Chamalière, vill., c^ne de Saint-Éble. — *Villa quæ dicitur Camalerias*, 927 (cart. de Brioude, ch. 174). — *Mansus de Chamaleyras, Chamaleriæ*, 1462 (Bibl. nat., ms. lat., n. acq., 1223, f° 37 v°).

Chamalière (La), bois, c^ne de Saint-Berain. — *Nemus de la Chamaleyra*, 1458 (Bibl. nat., n. acq., 1222, f° 82 v°).

Chamalière (La), ruiss., prend sa source près de Fix-Villeneuve et se jette dans l'Allier au-dessus de Truchon, après avoir arrosé les c^nes de Sainte-Eugénie-de-Villeneuve, Saint-Éble, Mazeyrat-Christpinhac et Reilhac. — *Rivus de Roghac*, 1462 (Bibl. nat., ms. lat., n. acq., n° 1223, f° 37 v°). — *La Morgha*, 1465 (terrier de Vissac). — *La Morge*, 1495 (*idem*). — *La Mèze* (cad.).

Chamalières, c^on de Vorey. — *Camalerias*, 937 (cart. de Chamalières, n° 338). — *Sanctus Egidius*, 940 (*idem*, n° 106). — *Chamalariæ*, v. 981 (*idem*, n° 55). — *Ecclesia Camalariarum*, 985 (*idem*, n° 30). — *Camaleriæ*, 986 (*idem*, n° 165). — *Ecclesia Camaleriensis*, v. 1082 (*idem*, n° 200). — *Monasterium Beati Egidii*, v. 1085 (*idem*, n° 33). — *Chamaleriæ*, 1096 (*idem*, n° 102). — *Cœnobium Camalariense*, 1096 (*idem*, n° 210). — *Cœnobium Kamalariense, Kamalariæ*, 1097 (*idem*, n° 5). — *Vallis de Camaleriis*, v. 1120 (*idem*, n° 173). — *Chamaleiras*, 1172 (*idem*, n° 342). — *Sanctus Egidius de Chamaleriis*, v. 1174 (*idem*, n° 95). — *Cameleriæ*, 1253 (cart. des hospitaliers). — *Chamaleyras*, 1271 (év.). — *Chamaliaræ*, 1482 (Pelisse, n^re). — *Chamalleires*, 1534 (év.). — *Chamallières*, 1571 (terrier de l'hôpit. du Puy). — *Chamelhères*, 1615 (Brunel, n^re).

En 1789, Chamalières, qui était le siège d'un prieuré, fondé au commencement du x° siècle et uni, vers 950, à l'abbaye du Monastier, était compris dans la province du Velay, la subdélégation et sénéchaussée du Puy. Son église paroissiale, diocèse du Puy et archiprêtré de Monistrol-sur-Loire, était sous le vocable de saint Jean; le prieur en était collateur.

Chamard, vill., c^ne de Saint-Christophe-sur-Dolaison. — *Chamars*, v. 1187 (hospit. du Velay). — *Chamarz*, v. 1204 (templiers du Puy). — *Chamaras*, v. 1214 (*idem*).

Chamarelle, m. i., c^ne d'Yssingeaux.

Chambades (Les), loc. détr., c^ne de Saint-Front. — *Mansus de Chambades*, 1284 (cart. de Mazan, f° 25 v°).

Chambarel, lieu dit, c^ne de Paulhac. — *Cambarel*, v. 1000 (cart. de Brioude, ch. 48). — *Chambareylh*, 1341 (terrier de Charbonnier).

Chambarel (Le), ruiss. qui prend sa source près de Tailhac, arrose la c^ne de Langeac et afflue à l'Allier au-dessous de Baconnet. — *Decima de Chambarello*, 1237 (Bibl. nat., ms. lat., 12750, p. 17). — *Rivus de Chambarelh*, 1462 (Bibl. nat., ms. lat., n. acq., 1223, f° 32). — *Le rif de Chambareil*, 1505 (Thiolent).

Chambarel-le-Jeune, h., c^ne de Céaux-d'Allègre. — *Chambareyl lo Jone*, 1327 (Saint-Georges de Saint-Paulien).

Chambarel-le-Vieux, h., c^ne de Céaux-d'Allègre. — *Chambarel*, v. 1181 (hospit. du Velay). — *Chambareil*, 1245 (Gall. chr., II, c. 714). — *Chambareylh*, 1307 (hospit. du Velay). — *Chambarelh-lo-Velh*, 1343 (J. de Peyre, n^re). — *Chambareilh*, 1625 (Duclaux, n^re). — *Champbaré*, xviii° s. (Cassini).

Chambaud, m. i., c^ne de Sainte-Sigolène.

Chambe, f., c^ne de Saint-Bonnet-le-Froid.

Chambe, l. détr., c^ne de Saint-Privat-du-Dragon. — *Mansus de Chamba*, 1471 (Arch. nat., ZZ. 359, p. 143).

Chambeau, vill., c^ne de Saint-Romain-Lachalm. — *Chambaud*, 1285 (homm. de l'év.). — *Chambau*, 1469 (Rivière, n^re).

Chambe-de-Baud, vill., c^nes du Pertuis et de Saint-Étienne-Lardeyrol. — *Calma de Baut*, 1343 (Chamblas). — *Chalma de Baut*, 1410 (*idem*). — *La Chalm-de-Baud lez Cholmeys*, 1575 (*idem*). — *Chambe-de-Baud*, 1653 (Lardeyrol). — *Chalin-de-Baud*, 1695 (capitation). — *Jambe-de-Bois*, xviii° s. (Cassini). — *Chambe-de-Bos*, 1820 (Deribier).

Chambelève, f., c^ne de Chanteuges. — *Mansu des*

Chambalera, 1461 (Bibl. nat., lat., n. acq., 1222, f° 215 v°). — *Chambelevette*, 1888 (Malègue).

CHAMBELÈVE, f., c^ne de Charraix. — *Mansus de Chambalera*, 1455 (Bibl. nat., ms. lat., n. acq., 1222, f° 40 v°). — *Locus de Tibia leva*, 1464 (Thiolent).

CHAMBEREAUD, écart, c^ne de Salettes. — *Chamberand*, 1888 (Malègue).

CHAMBERTIÈRE-BASSE (LA), vill., c^ne de Lapte.

CHAMBERTIÈRE-HAUTE (LA), vill., c^ne de Lapte. — *La Chamberteyra*, 1507 (év.). — *Chamberteyria*, 1532 (Servant, n^re). — *La Chamberteyre*, 1553 (ress. de Montfaucon).

CHAMBERTY, chât., c^ne de Blesle. — *Chambertie*, 1879 (carte adm.).

CHAMBES (RAVIN-DE-), affl. du Rioux, c^ne de Saint-Privat-du-Dragon.

CHAMBESSE, mont., c^ne de Céaux-d'Allègre.

CHAMBETTE, h., c^ne de Freycenet-la-Tour.

CHAMBETTE (MAS-DE-), m. i., c^ne de Chadron.

CHAMBEVERT (MOULIN-), m^in sur l'Auzon, c^ne de Saint-Hilaire. — *Moulin de Thonat*.

CHAMBEYRAC, l. détr., près la Baume, c^ne d'Alleyras. — *Chatmairacum*, 1256 (Thiolent). — *Chalmayracum*, 1340 (hôtel-Dieu, B. 472). — *Locus de Chambeyraco, par. de Aleyratio*, 1360 (prieuré d'Alleyras). — *Chammayrac*, 1377 (Thiolent). — *Chambeyrac*, 1589 (*idem*). — *Chembeirac*, 1623 (Cl. Peyret, n^re).

CHAMBEYRAC, vill., c^ne de Céaux-d'Allègre. — *Chanmayracum*, 1345 (J. de Peyre, n^re). — *Chamayrac*, 1359 (terrier de J. de Cereys). — *Chammayrac*, 1375 (la Chaise-Dieu, Barribas). — *Chameyrat*, 1453 (*idem*). — *Chambeyrat*, 1656 (*idem*, Bellut). — *Chambera*, xviiie s. (Cassini).

CHAMBEYRAC, vill., c^ne de Polignac. — *B. Chalmairac*, 1259 (Arch. nat., P. 494¹, c. 10). — *Chambayrac*, 1334 (prieuré de Polignac). — *Chambairacum*, 1394 (nov. Gall. chr., II, 730). — *Chambeyracum*, 1499 (prieuré de Polignac).

CHAMBEYRAT, l. dit, c^ne de Chambezon. — *Les brues app. de Chambeyrat*, 1476 (la Chaise-Dieu, Chambezon).

CHAMBEYRON, écart, c^ne de Roche-en-Régnier. — *Chambairo*, xiie s. (cart. de Chamalières, n° 135). — *Chambaireu*, 1226 (hôtel-Dieu, B. 131). — *Mansus de Chambayro*, 1325 (Arch. nat., P. 493¹ bis, c. 81). — *Chamberon*, 1880 (carte adm.).

CHAMBEYRON (LE), affl. de la Loire à Vorey, limite du nord au sud les c^nes de Roche-en-Régnier et

de Saint-Pierre-du-Champ. — *Rivus dictus de Chambayro*, 1333 (Arch. nat., P. 494¹, c. 61).

CHAMBEZON, c^on de Blesle. — *Parochia S. Martini de Chambedon*, xie s. (cart. de Sauxillanges, n° 662). — *Villa de Chambeso*, 1262 (Baluze, mais. d'Auv., II, 268). — *Ecclesia de Chambezo*, xive s. (A. Bruel, reg. de G. Trascol, n° 120). — *Chambezos*, 1381 (spic. Briv.). — *Chambezon*, 1401 (*idem*). — *Prioratus de Chambezonio*, 1513 (la Chaise-Dieu, Chambezon).

En 1789, Chambezon faisait partie de la province d'Auvergne, de l'élection de Clermont, de la subdélégation de Lempdes et du ressort de Riom. Son église paroissiale, diocèse de Saint-Flour et archiprêtré de Blesle, était sous le vocable de saint Martin; le prieur de Sauxillanges présentait à la cure.

Le prieuré de Chambezon qui, depuis 1466, relevait en fief de la seigneurie de Léotoing, était uni à la mense conventuelle de l'abbaye de la Chaise-Dieu.

CHAMBILLAC, vill., c^ne de Roche-en-Régnier. — *Chambilacus*, v. 1020 (cart. de Chamalières, n° 198). — *Mansus de Chambilhac*, 1331 (Arch. nat., P. 493² bis, c. 98). — *Chamilhac*, 1490 (Arch. nat., P. 1397², c. 583). — *Chambillat*, 1880 (carte adm.).

CHAMBILLAC (LE), affl. du Bertrot, au nord-ouest de la c^ne de Roche-en-Régnier.

CHAMBLARD, chât. et bois, c^ne de la Besseyre-Saint-Mary. — *Ung bois app. Chamblars*, 1574 (terrier de Meyronne). — Ancienne verrerie, 1825 à 1834 (Baudin, stat. min. du Cantal, 70).

CHAMBLAS, écart, c^ne de Saint-André-de-Chalencon. — 1581 (terrier de Frissonet).

CHAMBLAS, chât. et f., c^ne de Saint-Étienne-Lardeyrol. — *Champlas*, 1277 (L. Delisle, le livre Pelu Noir, n° 267). — *Chamblas*, 1290 (Saint-Georges du Puy). — *Terra S. Petri de Champlas*, 1310 (Lardeyrol). — *Chamlas*, 1313 (év.). — *Chamblassium*, 1460 (Lardeyrol).

CHAMBLAS (MOULIN-DE-), m^in sur la Fouragette, c^ne de la Sauvetat.

CHAMBLÉVE (MINE DE), houillère, c^ne de Sainte-Florine.

CHAMBON, vill., c^ne de Blassac. — *Mansus de Chambon*, 1476 (Arch. nat., ZZ. 359, p. 154). — *Chambon de Labot*, 1476 (Bibl. nat., ms. lat., n. acq., 1224, f° 128). — *Chambon de Labout*, 1670 (Arch. nat., P. 502, c. 75).

CHAMBON (LE), h., c^nes d'Auzon et de Vézézoux.

CHAMBON (LE), vill., c^ne de Cerzat. — *Canbo*, v. 1078

(cart. de Pébrac, n° 18). — *Chambo*, v. 1130 (*idem*, n° 32). — *Territ. de Chanbo*, xiie s. (*idem*, n° 46, 1). — *Chambon*, 1511 (coust. d'Auv., f° 81 v°). — *Le chasteau du Chanbon du Blau*, 1625 (terrier du Chambon de Blau). — *Le Chambon de Blaut*, 1669 (Arch. nat., P. 500¹, n° 45). — *Le Chambon de Peyre*, xixe s. (aff. jud.). Fief vassal de la seigneurie de Chilhac.

CHAMBON (LE), affl. de la Virlange, cne de Chanaleilles.

CHAMBON (LE), vill. et chât. ruiné, cnes de la Chapelle-d'Aurec et Monistrol-sur-Loire. — *Portus de Chambone*, 1382 (év.). — *Le Chambon-sur-Loire*, xviiie s. (Cassini).

CHAMBON (LE), vill., cne de Chastel. — *Chambo*, 1364 (Arch. nat., Z². 54, p. 172).

CHAMBON (LE), loc. détr., cne de Cohade. — *Villa de Chambo*, 1228 (spic. Briv.). — *La commanderie du Chambon*, 1607 (terrier du chap. de Br.). — *Chambon de Brioude*, 1616 (Rhône, H. 2153).— *Saint-Jean*, xviiie s. (Cassini).

Maison des Templiers qui passa, en 1313, aux Hospitaliers et devint, lors de la réorganisation des commanderies de l'ordre de Saint-Jean-de-Jérusalem, un membre de la commanderie de Courteserre.

Église dédiée à saint Jean-Baptiste et à saint Georges.

CHAMBON (LE), h., cne de Coubon. — *Chambo*, 1232 (hôtel-Dieu, B. 133).

CHAMBON (LE), f., cne de Léotoing. — *Le Mas de Chambon*, xve s. (Arch. nat., R⁴. 1143*, n° 46).

CHAMBON (LE), h., cne de Monistrol-sur-Loire.

CHAMBON (LE), f. détr., cne de la Mothe. — xviiie s. (Cassini).

CHAMBON (LE), écart, cne de Saint-Victor-sur-Arlanc. — *Chambo*, 1460 (la Chaise-Dieu, doyenné). — *Le Chambon*, 1698 (L. Devinols, nre).

CHAMBON (LE), min sur la Loire, cne de Solignac-sur-Loire. — *Lo Chambo*, 1416 (prieuré de Solignac). — *Le Chambon de Solignac*, 1785 (Julien, nre).

CHAMBON (LE), con de Tence. — *Prior de Chambo*, 1259 (hôtel-Dieu, B. 6). — *Prioratus ecclesiæ de Chambone*, 1311 (hospit. du Velay). — *Parochia de Chambonis*, 1481 (Pelisse, nre).

En 1789, le Chambon était compris dans la province du Velay, la subdélégation et sénéchaussée du Puy. Son église paroissiale, diocèse du Puy et archiprêtré de Monistrol-sur-Loire, était sous l'invocation de Notre-Dame; le prieur présentait à la cure.

Par ordonnance royale du 8 mars 1829, la succursale du Chambon a été érigée en cure de 2e classe.

CHAMBON (LE), vill., près Nant, cne de Vorey. — *Villa Cambo Nanto*, 985 (cart. du Monastier, n° 135). — *Lo Chambo subtus castrum de Rocha*, 1266 (Arch. nat., P. 493², c. 103).

CHAMBON (MOULIN-DE-), min sur l'Holme, cne de Saint-Martin-de-Fugères.

CHAMBON (MOULIN-DU-), min sur l'Allier, cne de Cerzat. — *Lo molnars de Chambo*, 1271 (spic. Briv.). — *Le molin de Chambon*, 1625 (terrier du Chambon de Blau). — *Moulin d'Estival*, 1880 (carte adm.).

CHAMBONAL (LE), min détr., cne de Saint-Ferréol-d'Auroure. — *Molendinum app. dal Chambonal*, 1322 (Arch. nat., P. 494¹, c. 44).

CHAMBON-DE-L'AIGUE, f., cne de Champclause. — *Chambon-de-Laigue*, 1604 (A. Robert, nre).

CHAMBONNET, h., cne de Saint-Préjet-d'Allier. — *Chambonctum*, 1302 (Lozère, G. 154). — *Chambonet*, 1499 (Thiolent).

CHAMBONNET (LE), écart, cne de Goudet.

CHAMBONNET (LE), vill., cne de Retournac. — *Al Chambonet qui est subtus villam de Retornac*, 1248 (Arch. nat., P. 1398³, c. 738). — *Chambonetus*, 1309 (Arch. nat., P. 1397², c. 566).

CHAMBONNET (LE), h., cne de Saint-Maurice-de-Lignon.

CHAMBONNET (LE), h., cne de Tence.

CHAMBONNET (LE), écart, cne de Vorey. — *Villa del Chambonet*, 1325 (Arch. nat., P. 494¹, c. 24).

CHAMBONNET (LE), vill. et min sur l'Auze, cne d'Yssingeaux. — *Chambonetus*, 1344 (J. de Peyre, nre). — *Chambonet*, xviiie s. (Cassini).

CHAMBONS (LES), l. détr., cne de Monistrol-d'Allier. — *Mansus dels Chambos*, 1325 (Thiolent).

CHAMBONS (LES), bois, cne de Saint-Arcons-d'Allier. — *Nemus dos Chambos*, 1461 (Bibl. nat., ms. lat., n. acq., n° 1222, f° 210 v°).

CHAMBONS (LES), l. détr., cne de Saugues. — *Mansus dels Chambos situs in territorio mansi de Runhac*, 1305 (Thiolent).

CHAMBORD, écart, cne de Saint-Privat-du-Dragon.

CHAMBORNE, vill., cne de Félines. — 1703 (état civil).

CHAMBOUDET, f., cne de Grazac.

CHAMBOULIVE, vill., cne de Vorey. — *Villa Camboliras*, 958 (cart. de Chamalières, n° 17). — *Villa de Chambolivis*, 1163 (*idem*, n° 77). — *Chambolivas*, 1313 (Arch. nat., P. 1397², c. 573).

CHAMBOUTES, vill., cne de Saint-Haon. — *Chamboles*, 1571 (A. Boyer, nre).

CHAMBOUVET, f., c^{ne} de Saint-Romain-Lachalm. — *Chambovet*, 1879 (carte adm.).

CHAMBOUVET (MAISON-), écart, c^{ne} de Monistrol-sur-Loire.

CHAMBUSCLADE, f., c^{ne} des Estables. — *Chalm Uscladas*, 1263 (Monastier-Saint-Chaffre). — *Chalm Usclada*, 1401 (Bonnefoy). — *Chambusclade*, 1695 (capitation). — *Chamusclade*, XVIIIe s. (Cassini). — *Besseyroux*, 1886 (nom vulgaire).

CHAMBUSCLAT, f., c^{ne} de Tence. — *Chambusetot*, 1880 (carte adm.).

CHAMEREIX, m. i., c^{ne} de Monistrol-sur-Loire. — *Chamareux* (cad.).

CHAMINADE (LA), tènement, c^{ne} de Pinols. — *Chaminada*, 1349 (Arch. nat., Z². 54, p. 52).

CHAMP (LA), f., c^{ne} d'Auvers.

CHAMP (LA), loc. détr., c^{ne} de Brioude. — *In villa quæ dicitur Calm, in parochia S. Juliani*, XIe s. (cart. de Brioude, ch. 163). — *In territorio de las Champs*, 1453 (terrier du ford. de Br.).

CHAMP (LA), f., c^{ne} de Chadron.

CHAMP (LA), écart, c^{ne} de Grazac.

CHAMP (LA), m. i., c^{ne} de Lapte. — 1507 (év.).

CHAMP (LA), m. i., c^{ne} de Montregard.

CHAMP (LA), h., c^{ne} de Retournac. — *Terra quæ dicitur Li Calma* (le ms. porte *Ficalma*), XIe s. (cart. de Chamalières, n° 129). — *Ad Calmem*, 1213 (*idem*, n° 330). — *Mansus de las Champs*, 1345 (Arch. nat., P. 494¹, c. 4). — *Calma, la Champ*, 1508 (obit. de Bas).

CHAMP (LA), f., c^{ne} de Saint-Pal-de-Mons.

CHAMP (LA), f., c^{ne} de Saint-Pierre-Eynac. — *Luca de Calma*, 1333 (Arch. nat., R². 39). — *Las Chalms*, 1609 (A. Robert, n^{re}). — *Lachamps*, XVIIIe s. (Cassini). — *Les Champs*, 1820 (Deribier).

CHAMP (LE), h., c^{ne} de Beaux. — *Mansus de Campo*, 1314 (év.). — *Lo Champ*, 1507 (év.). — *La Champ-de-Cayres*, 1888 (Malègue).

CHAMP (LE), h., c^{ne} de Dunières. — *Lo Champ*, 1468 (Rivière, n^{re}). — *Lou Camp*, 1553 (ress. de Montfaucon).

CHAMP (LE), vill., c^{ne} de Malvières. — *Les Champs*, 1880 (carte adm.).

CHAMP (LE), h., c^{ne} de Saint-Hostien. — *Campus*, (Lardeyrol). — *Lou Champ*, 1653 (*idem*).

CHAMP (LE), m. i., c^{ne} de Saint-Maurice-de-Lignon.

CHAMP (MOULIN-DE-LA), mⁱⁿ sur le Lupiat, c^{ne} de Champagnac. — *Moulin de Lachaud*, 1880 (carte adm.).

CHAMPAGNAC, c^{on} d'Auzon. — *In loco Campaniaco*,

ecclesia fund. in hon. S. Petri (Bibl. nat., ms. lat., 17078, p. 71). — *Prior de Champanhac*, 1259 (spic. Briv.). — *Champanhac-lo-Velh*, 1300 (la Chaise-Dieu, Champagnac-le-Vieux). — *Champanhacus Vetus*, 1385 (*idem*). — *Champaignac-le-Viel*, 1401 (spic. Briv.). — *Champaignac*, 1456 (*idem*).

En 1789, Champagnac dépendait de la province d'Auvergne, de l'élection d'Issoire, de la subdélégation de Lempdes et du ressort de Riom. Son église paroissiale, diocèse de Saint-Flour et archiprêtré de Brioude, était dédiée à saint Pierre; l'hôtelier de l'abbaye de la Chaise-Dieu, qui en était le prieur, présentait à la cure.

CHAMPAGNAC, h., c^{ne} de Mercœur. — *In vicaria Radicatensi, villa Campanacus*, 917 (cart. de Brioude, ch. 71). — *Champanhat*, 1437 (Bibl. nat., ms. fr., 11490, p. 182). — *Champaignhac*, 1613 (Mercurial).

CHAMPAGNAC, vill., c^{ne} de Saint-Préjet-d'Allier. — *Mansus de Champaniac*, 1297 (Thiolent). — *Champaniacum*, 1339 (*idem*). — *Champanhac*, 1499 (*idem*). — *Champanhacum*, 1527 (A. Besseyre, n^{re}).

CHAMPAGNAC (LE GRAND-), vill., c^{nes} de Fay-le-Froid et du Mazet-Saint-Voy. — *In villa quæ dicitur Campaniaco, in pago Vellaico, in arce (aice) Bonacense*, v. 950 (cart. du Monastier, n° 120). — *V.* 1000 (*idem*, n° 255). — *Champanhac*, 1343 (Rhône, H. 1016).

CHAMPAGNAC (LE PETIT-), h., c^{ne} de Fay-le-Froid.

CHAMPAGNE, f., c^{ne} de Saint-Paulien. — *Champanha*, 1497 (Haute-Loire, E.).

CHAMPAGNES, f., c^{ne} des Vastres. — *Champanhas*, 1322 (hospit. du Velay). — *Champaigne*, 1616 (Rhône, H. 2153).

Métairie de la commanderie de Devesset.

CHAMPAIX, h., c^{ne} d'Agnat. — *Champis*, XIVe s. (terrier des Grèzes). — *Champel*, XVIIIe s. (Cassini).

CHAMPAIX (MOULIN-DE-), mⁱⁿ sur le Cros, c^{ne} d'Agnat.

CHAMPANE, tour et porte, à Brioude. — *Portale de Champane*, 1445 (terrier de Faugères).

CHAMPAUX, h., c^{ne} de Monistrol-sur-Loire. — *Terra de Champeilz*, v. 1163 (hospit. du Velay). — *Champeux*, 1296 (homm. de l'év.). — *Champeaulx*, 1507 (év.).

CHAMP-BLANC, écart, c^{ne} de Saint-Didier-la-Séauve. — 1561 (terrier de Saint-Didier de Joyeuse). — *Chamblanc*, 1879 (carte adm.).

CHAMP-BLANC, vill., c^{ne} d'Yssingeaux. — *Mansus de Cham-blanc*, 1314 (év.). — *Campus albus*, 1504 (terrier de Chaillans). — *Champ-blanc*, 1528 (terrier du Pertuis).

CHAMPCHENY, prairie, c^ne d'Espaly-Saint-Martel. — *Apud Spaletum, en Champ-Chani*, 1250 (Saint-Agrève). — *Le grand pré appellé de Ferranhe, aultrement Chancheny*, 1639 (Brunel, n^re).

CHAMPCLAUSE, c^on de Fay-le-Froid. — *Ecclesia de Champclausa*, 1165 (Médicis, I, 77). — *Chamclausa*, v. 1181 (hospit. du Velay). — *Parochialis ecclesia de Chanclausa*, 1323 (J. de Peyre, n^re). — *Chanclauza*, 1343 (Rhône, H. 1016). — *Locus de Champo Clauso*, 1464 (Ardèche, C. 624). — *Ecclesia Beatæ Mariæ de Campo Clauso*, 1467 (Maltrait, n^re). — *Chanclause*, 1561 (Savin, n^re).

En 1789, Champclause faisait partie de la province du Velay, de la subdélégation et sénéchaussée du Puy. Son église paroissiale, diocèse du Puy et archiprêtré de Monistrol-sur-Loire, était sous le vocable de Notre-Dame; le chapitre du Puy présentait à la cure.

CHAMPCROS, l. détr., c^ne de Saint-Julien-Chapteuil. — *Le Mas de Chamcros*, 1319 (homm. de l'év.). — *Champ-Cros*, 1685 (cad. de Chapteuil-Bas).

CHAMP-CUMIS, m. i., c^ne de Lapte. — *Champ-Cunis*, 1878 (carte adm.).

CHAMPDAPPE, h., c^ne de Lapte. — *Champ-d'Appy*, 1860 (état-major). — *Chaudappe*, 1869 (Malègue). — *Champ-d'Appe*, 1878 (carte adm.).

CHAMP-D'ASPART, bois, c^ne de Montusclat.

CHAMP-DE-BARD, m. i., c^ne de Saint-Germain-Laprade. — Appelé aussi *Montferrat, Montjoie* ou *Paradis*, 1880 (aff. jud.).

CHAMP-DE-CHARBONNIER (LA), f., c^ne de Landos.

CHAMP-DE-DAVON, bois, c^ne de Saint-Julien-Chapteuil. — *Rancus de Champ de Davo*, 1501 (coll. C. Falcon). — *Le bois app. Champ-de-Davon ou lous Chazaloux*, 1685 (cad. de Chapteuil-Bas).

CHAMP-DE-LA-MÈRE, m. i., c^ne de Javaugues.*

CHAMP-DE-LA-SAUVETAT (LA), m. i., c^ne de la Sauvetat.

CHAMP-DE-L'HORT (LA), l. dit, près les Engouyaux, c^ne de Laussonne. — *Locus qui dicitur ad Calme Ortigosa*, v. 1000 (cart. du Monastier, n°s 190 et 197).

CHAMP-DE-L'HOSTE (LA), m. i., c^ne de Saint-Julien-du-Pinet. — *Champ-de-Loste*, 1888 (Malègue).

CHAMP-DE-SAINT-JUST (LE), quartier de Saint-Just-Malmont. — *Campus*, 1539 (coll. Chaleyer). — *Lou Champ de Saint-Just*, 1569 (terrier de Saint-Didier).

CHAMP-DES-BRUYÈRES (LA), f., c^ne de Monistrol-sur-Loire. — *Las Chalms*, 1354 (hôtel-Dieu). — *Las Champs*, 1657 (ét. civ.).

CHAMP-DES-CAYRES (LA), h., c^ne d'Yssingeaux.

CHAMP-DOLENT, l. dit, entre la porte Pannessac et Ronzon? au Puy. — *Campus Dolens*, 989 (chron. S. Petri de Mon. Anic.). — *Campus qui vulgo Dolens dicitur*, 1191 (Saint-Georges du Puy).

CHAMP-DOLENT, l. dit près Lonnac, c^ne de Sanssac-l'Église. — *Campus app. En Champ-Dolent*, 1510 (J. Boyer, n^re).

CHAMP-DU-DEVÈZE (LA), mont. boisée, c^ne de Saint-Jean-Lachalm.

CHAMP-DU-FOUR (LE), f., c^ne de Siaugues-Saint-Romain. — *Territorium voc. lo Champ del Forn*, 1466 (Bibl. nat., ms. lat., n. acq., 1223, f° 293).

CHAMP-DU-FRAISSE (LA), mont. et plat., c^ne de Laussonne.

CHAMP-DU-PAL (LE), m. i., c^ne de Saint-Victor-Malescours. — *Champ-du-Pâ*, 1888 (Malègue).

CHAMP-DU-PIN (LA), plaine, c^nes de Champclause et de Saint-Front. — *Nemus de Pies*, 1320 (cart. de Mazan, f° 121). — *Calma de Pis*, 1464 (Ardèche, C. 624). — *Cham-de-Pie*, 1646 (cad. de Bonnefont).

CHAMP-DU-PIN (LA), l. dit, c^ne de Vals-près-le Puy. — *Territorium de la Cha'm del Pi*, 1256 (hôtel-Dieu, B. 132).

CHAMP-DU-POUX (LA), m. i., c^ne de Tence.

CHAMP-DU-PRAT (LA), m. i., c^ne de Saint-Julien-du-Pinet.

CHAMPEL, f., c^ne de Saint-Front.

CHAMPELS, vill., c^ne de Monistrol-d'Allier. — *Mansus de Champels*, 1325 (Thiolent). — *Campels*, 1499 (idem). — *Locus de Champellis*, 1527 (A. Besseyre, n^re).
Église érigée en succursale le 1er juin 1844.

CHAMPESTRE (LE), f., c^ne des Vastres.

CHAMPETIÈRES, f. et m^in sur les Abaliaires, c^ne de Présailles. — *La Metterie de Champestières*, 1695 (capitation). — *Le Moulin de Champetières*, 1699 (cad. de Vachères).

CHAMP-FORESTIER, h., c^ne de la Chapelle-Bertin. — *Chalm-Forestier*, 1379 (compte de B. Flotenc). — *Chamfourrestier*, xviiie s. (Cassini).

CHAMP-FORESTIER (MOULIN-DE-), m^in, c^ne de la Chapelle-Bertin. — *Chanfrontier*, 1820 (Deribier).

CHAMPIGNY, f., c^ne de Saint-Didier-la-Séauve.

CHAMPLAD, tuilerie, c^ne de Retournac.

CHAMPLONG, m. i., c^ne de Saint-Jeure.

CHAMPLONG, vill., c^ne de Vieille-Brioude. — *Chanlonc, Chanlhont*, 1339 (Bibl. nat., ms. fr., 14377, f°s 189 et 197). — *Mansus de Campo Longo*, 1427 (Bibl. nat., ms. fr., 1490, f° 30).

CHAMPLONNE, mont. boisée, c^{ne} de Cayres. — *Chalm Plana*, 1308 (év.). — *Champ-Palm*, 1315 (hôtel-Dieu, B. 396). — *Champal*, 1325 (*idem*, B. 410). — *Cham-Plana*, 1507 (év.). — *Chalm-Plaine*, 1535 (Chamblas).

CHAMPMARTEL, l. dit, c^{ne} de Saint-Julien-Chapteuil. — *Calma de Champ-Martel*, 1501 (coll. César Falcon).

CHAMPMORT, h., c^{ne} de Laval. — *Campus mortuus*, 1323 (la Chaise-Dieu, Connangles).

CHAMPOT, h., c^{ne} de Bellevue-la-Montague. — *Locus dictus la Sanha deus Eschampeuls*, 1311 (Arch. nat., P. 1398¹, c. 550). — *Champeaulx*, 1442 (év.).

CHAMP-PEYRIER, f., c^{ne} de Saint-Pierre-Eynac.

CHAMP-PEYROUSSE, écart, c^{ne} d'Aubazac.

CHAMPRAVIE (LA), h., c^{ne} de Monistrol-sur-Loire. — 1343 (tabl. du Velay, 1874-75, p. 346). — *La Champ-Rary*, 1507 (év.). — *Lachampravy*, 1820 (Deribier).

CHAMPRÉ, écart, c^{ne} de Chassignolles.

CHAMPRIGAUD, h., c^{ne} de la Chaise-Dieu. — *Champrigauld*, 1561 (J. Chalvon, n^{re}). — *Chamrigau*, 1675 (ét. civ.).

CHAMPRIVAT, h., c^{ne} d'Agnat. — *Cham-Privat*, XIVe s. (terrier des Grèzes). — *Champrivas*, 1880 (carte adm.).

CHAMPS (LES), f., c^{ne} de Montusclat.

CHAMPS (LES), vill., c^{ne} de Montregard.

CHAMPS (LES), m. i., c^{ne} de Rosières.

CHAMPS (LES), h., c^{ne} de Saint-Pal-de-Mons. — *Las Chalms*, 1314 (év.). — *Las Champs*, 1507 (év.).

CHAMPS (LES), vill., c^{ne} de Tence. — *Las Chams*, 1343 (Rhône, H. 1016). — *Las Champs*, 1694 (ét. civ.).

CHAMPS (LES), h., c^{ne} de Tiranges. — *Lachamp* (cad.). — *La Champ*, 1888 (Malègue).

CHAMPSE, h., c^{ne} de Connangles. — *Champse*, 1347 (la Chaise-Dieu, Malvières). — *Champssas*, 1408 (Arch. nat., S. 3290). — *Chansas*, 1462 (la Chaise-Dieu, Connangles). — *Chances*, 1561 (J. Chalvon, n^{re}). — *Champces*, 1628 (la Chaise-Dieu, Combomard).

CHAMPSEAUVE, vill., c^{ne} de Lapte. — *Champ Cealva*, *Champ-Celve*, 1507 (év.). — *Chanseaulve*, 1553 (ress. de Montfaucon). — *Champceauve*, 1695 (capitation). — *Champsseauve*, XVIIIe s. (Cassini).

CHAMPSEAUVE, h., c^{ne} d'Yssingeaux.

CHAMPSEAUVE (PETIT-), vill., c^{ne} de Lapte.

CHAMPS-ÉLYSÉES (LES), m. de camp., c^{ne} de Chadrac.

CHAMPVEIRE, mⁱⁿ détr. sur le Veyrac, c^{ne} d'Yssingeaux. — 1646 (terrier de Saussac).

CHAMPVERT, m. i., c^{ne} de Saint-Didier-la-Séauve.

CHAMPVESTIT, bois, c^{nes} de Bains et de Séneujols. — *Nemus de Champvestit*, 1334 (hôtel-Dieu, B. 450).

CHAMPVIEIL, vill., c^{ne} de la Chapelle-Geneste. — *Calma Vetus*, 1316 (la Chaise-Dieu, la Chapelle-Geneste). — *Chalm-Velha*, 1344 (*ibid.*). — *Champvirille*, 1888 (carte adm.).

CHAMPVIEILLE, h., c^{ne} de Bonneval. — *Champviel*, 1888 (Malègue).

CHANABRIE (LA), affl. de l'Arzon en amont de Coutarel, c^{ne} de Bellevue-la-Montagne.

CHANAL (LA), f., c^{ne} de Sainte-Sigolène.

CHANAL (LA), h., c^{ne} des Villettes. — 1663 (ét. civ. de Monistrol).

CHANAL (LE), écart, c^{ne} de Bauzac.

CHANALE (LA), m. i., c^{ne} de Saint-Julien-du-Pinet. — *Chanal*, 1888 (Malègue).

CHANALEILLES, c^{on} de Saugues. — *Prior de Canalilis*, XIe s. (cart. du Monastier, n° 39). — *Ecclesia de Canalellis*, 1179 (*idem*, n° 442). — *Chanaleilos*, 1259 (Thiolent). — *Prior eccl. de Chanalelhis*, 1291 (tabl. du Velay, 1874-75, 218). — *Chanalelhas*, 1327 (Lozère, G. 98). — *Chanalhelhas*, 1387 (Bibl. nat., Doat, CCIII, f° 224 v°). — *Chanalilhas*, 1410 (la Chaise-Dieu, Saint-Préjet-d'Allier). — *Janallelles*, 1516 (Arch. nat., G^{8*} 2, f° 600 v°). — *Chananilhes*, 1592 (M^{ce} Leblanc, n^{re}). — *Le prieuré de Notre-Dame de Chanaleilhe*, 1720 (la Chaise-Dieu, Chanaleilles).

En 1789, Chanaleilles était compris dans la province et bailliage de Gévaudan. Son église paroissiale, diocèse de Mende et archiprêtré de Saugues, était sous l'invocation de Notre-Dame de l'Assomption; l'évêque de Mende en était collateur.

CHANALÈTE (LA), f^{me}, au Puy. — *La Chanaleta en Posarot*, 1544 (Médicis, II, 257).

CHANALETTES, f., c^{ne} des Vastres. — *Le Mas de Chanalletes*, 1776 (ét. civ.). — *Chanaleilles*, 1888 (Malègue).

CHANALEZ, vill., c^{ne} de Saint-Julien-Chapteuil. — *Chanales*, 1345 (J. de Peyre, n^{re}). — *Chanalez*, 1585 (Johany, n^{re}). — *Chanaletz*, 1596 (Gallien, n^{re}). — *Chanallez*, 1685 (cad. de Chapteuil-Bas). — *Chanclets*, 1872 (Malègue).

CHANAT, mont., c^{ne} de Langeac. — *Podium de Chanac*, 1486 (terrier de Tailhac). — *Territ. de*

Chanat, sive de Richier, 1502 (Arch. nat., Q. 513, p. 161).

CHANAUD (LA), m. i., cne de Rosières.

CHANAUX? (LES), loc. détr., cne de Domeyrat. — *Pagesia voc. dos Chanalis*, 1464 (Bibl. nat., ms. lat., n. acq., 1223, fo 157 vo).

CHANAUX (LES), cne des Estables. — *Chanales*, 1526 (cad. du Monastier). — *Las Chanaux*, 1739 (ét. civ.).

CHANAUX (LES), f., cne de Fay-le-Froid.

CHANCE (LA), h., cne de Roche-en-Régnier. — *La Chanse*, 1558 (Vacharel, nre). — *La Chaza*, 1571 (A. Girard, nre).

CHANCEAUX, vill., cne de Polignac. — *Chanseus*, 1369 (coll. César Falcon). — *Champseux*, 1438 (tit. de Saint-Vidal). — *Chanceux*, 1456 (prieuré de Polignac). — *Chanceaux*, 1463 (*ibid.*).

CHANCEL, écart, cne de la Voûte-sur-Loire. — *Neyromde*, 1331 (hôtel-Dieu, B. 441). — *Nyrondes*, 1459 (Maltrait, nre). — *Le lieu de Nyrandes, aultrement Chancel*, 1602 (Robert, nre). — *Chancel de Nyrandes*, 1609 (*idem*).

CHANCHENI, terroir, cne d'Espaly-Saint-Marcel. — *Champ-Chani*, xiiie s. (coll. C. Falcon). — *Champ-Chany*, 1490 (Saint-Mayol).

CHANDIEU, mia sur la Semène, cne de Saint-Didier-la-Séauve. — *Locus de Chandeo*, 1329 (év.). — *Chandieu*, 1561 (terrier de Saint-Didier de Joyeuse). — *Champ-Dieu*, 1820 (Deribier).

CHANDIEU (LE), ruiss., prend sa source dans la cne d'Apinac (Loire), entre dans le département de la Haute-Loire au nord de Chaturanges, cne de Saint-Pal-de-Chalencon, et se jette dans l'Ance au moulin Giroux, cne de Saint-Julien-d'Ance. — *Rivus de Chandeo*, 1419 (Loire, A. 89, fo 243 vo). — *Rif de Chandeou ou Chandiou*, 1540 (terrier de Chalencon). — *Le Chandyou*, 1696 (Devinols, nre).

CHANEAUX (LES), h., cne de Dunières. — *Decimæ de Canalibus*, 1500 (Rhône, D. 182). — *Les Chaneaux*, xviiie s. (Cassini).

CHANEBEYRES, écart, cne de Beaux. — *Chenebeyre*, 1872 (Malègue).

CHANEBEYRES, vill., cne de Retournac. — *Villa quæ vocatur Cannaburias*, 983 (cart. du Monastier, no 130). — *Chanaberias*, 1345 (Rhône, E. 8). — *Chanebeire*, 1820 (Deribier).

CHANEBIER (LE), affl. de l'Arzon au sud-ouest de Cheyssac, cne de Saint-Pierre-Duchamp.

CHANEIRE, l. détr., cne de la Farre. — *Chaneira*, 1391 (communicon de M. de Surrel de Saint-Julien).

CHANELETTES, m. i., cne de Chomelix. — *Las Chanalestes*, 1670 (Arch. nat., P. 500¹, c. 37).

CHANET, min sur le Lignon, cne de Chaudeyrolles. — 1630 (ét. civ.).

CHANET, vill., cne de Jullianges. — *Mansus de Chaneto*, 1345 (la Chaise-Dieu, Jullianges).

CHANGALA, f., cne de Montregard. — *Champus Gala*, 1320 (cart. de Mazan, fo 138 vo). — *Champ-Gala*, 1322 (*idem*, fo 141 vo). — *Changala*, 1468 (Rivière, nre).

CHANGEAC, vill., cne de Vorey. — *Villa de Chamiaco*, v. 1000 (cart. de Chamalières, no 272). — *Villa Chamiac*, 1173 (cart. de Chamalières, no 93). — *Champiat*, 1311 (Arch. nat., P. 1399¹, c. 783). — *Chamgat*, 1325 (Arch. nat., P. 494¹, c. 24). — *Chamgac*, 1333 (Arch. nat., P. 494¹, c. 1). — *Chamiat*, 1340 (Arch. nat., P. 1397², c. 590). — *Changiacus*, v. 1450 (Arch. nat., P. 1397², c. 582). — *Changhat*, 1490 (Arch. nat., P. 1397², c. 583). — *Changhac*, 1561 (Savin, nre).

CHANGEAS (LES), vill., cne de Saint-Jeure. — *Villa quæ dicitur Infangati, sita in parrochia S. Gorii*, 1021 (cart. de Chamalières, no 63). — *Mansus deus Chamgas*, 1314 (év.). — *Los Champias*, 1320 (J. de Peyre, nre). — *Los Changhas*, 1323 (cart. de Tence, fo 13). — *Los Chamias*, 1343 (J. de Peyre, nre).

CHANGUES, h., cne de Retournac.

CHANIAT, h., cne d'Auzon. — *Chana*, xiiie s. (obit. de Br.).

CHANIAT, con de Brioude. — *Chamnhac*, 1287 (spic. Briv.). — *Channhac*, xive s. (terrier des Grèzes). — *Champnhac*, 1424 (la Chaise-Dieu, Javaugues). — *Chanhat*, 1626 (*idem*).

En 1789, Chaniat dépendait de la province d'Auvergne; au spirituel, il relevait de la paroisse de Javaugues.

Église érigée le 22 mars 1826 en chapelle vicariale et, le 29 juin 1841, en succursale.

CHANIAUX, h., cne des Vastres. — *Mansus de Chanils*, 1322 (hosp. du Velay). — *Mansus de Chanialx*, 1464 (Ardèche, C. 626). — *Chagniolz*, 1616 (Rhône, H. 1016).

CHANILHAC, bois, cne de la Besseyre-Saint-Mary.

CHANIT, m. i., cne d'Aurec.

CHANNAT, vill., cne de Saint-Ilpize. — *In Canasco*, 911 (cart. de Brioude, ch. 37). — *Mansus de Channaco*, 1379 (Arch. nat., Z¹. 4143, p. 21). — *Channax*, 1386 (*idem*, 4144, p. 55). — *Champnacum*, 1429 (Bibl. nat., ms. fr., 11490, p. 79). — *Chanat*, 1820 (Deribier).

CHANOU, h., cne de Retournac. — *Chanose*, 1345

(Arch. nat., P. 493², c. 115). — *Chanocz*, 1383 (Rhône, E. 9). — *Chanon*, 1888 (Malègue).

Chanove, f., cⁿᵉ de Saint-Privat-d'Allier. — *Chazanova prope Rochaguda*, 1323 (hôtel-Dieu, B. 405). — *Chaanova, Chanova*, 1347 (la Chaise-Dieu, Saint-Privat-d'Allier). — *Chasnova*, 1378 (Thiolent). — *Chanovo*, 1623 (Cl. Peyret, nᵉˢ). — *Chamnore*, 1693 (la Chaise-Dieu, lièv.).

Chansou (Le), ruiss., affl. du Culperon, cⁿᵉ de Sainte-Sigolène.

Chansselade, écart, cⁿᵉ de Bellevue-la-Montagne. — *Chanselada*, 1314 (Arch. nat., P. 1398³, c. 708). — *Chancellade*, 1507 (év.).

Chante-Alouette, m. i., cⁿᵉ d'Yssingeaux.

Chantebarbe, écart, cⁿᵉ d'Yssingeaux. — *Champembarbe*, 1523 (compois d'Yssingeaux). — *Champt-en-barbe, Chant-en-barbe*, 1645 (*idem*). — *Champthubarbe*, xviiiᵉ s. (Cassini). — *Chatain-Barbe*, 1869 (Malègue).

Chanteduc, écart, cⁿᵉ de Bauzac. — *Chantaduc*, xviᵉ s. (obit. de Bauzac).

Chanteduc, l. détr., près Mazeyrac, cⁿᵉ de Beaulieu. — *Domus de Chanteduc*, 1306 (tabl. du Velay, 1875-76, 519).

Chanteduc, vill., cⁿᵉ de Laval. — *Villa quæ dicitur Cantaduco*, 1001 (cart. du Monastier, n° 154). — *Chantaduc*, v. 1262 (Arch. nat., J. 1032, n° 2). — *Le Mas de Chantaduc le Sobrain*, 1353 (la Chaise-Dieu, Saint-Allyre).

Maison des Templiers, qui passa en 1313 aux Hospitaliers et devint un membre de la commanderie de Courteserre (Puy-de-Dôme).

Chantegrail, f., cⁿᵉ de Retournac.

Chante-Graille, écart, cⁿᵉ de Chamalières.

Chantegraille, h., cⁿᵉ de Saint-Julien-Molhesabate.

Chantegris, l. détr., cⁿᵉ de Tiranges. — *Mansus de Chantagret*, 1293 (Arch. nat., P. 491¹, c. 13).

Chantegris, f., cⁿᵉ de Vernassal. — *Chantagrell*, 1234 (hôtel-Dieu, B. 610). — *Chantagrel*, 1342 (Saint-Georges de Saint-Paulien). — *Mansus de Chantagrelh*, 1343 (Saint-Mayol). — *Chantegry*, xviiiᵉ s. (Cassini).

Chantegris, l. détr., cⁿᵉ de Vorey. — *Domus voc. de Chantagre*, 1288 (bénédictines de Vorey).

Chantejail, vill., cⁿᵉ de Blesle. — *Chanta-Ghail*, 1493 (terrier de Blesle). Source d'eau minérale ferrugineuse.

Chante-Jay, f., cⁿᵉ de Lantriac.

Chantel, h., cⁿᵉ de Saint-Ilpize. — *Lo Chantel*, 1386 (Arch. nat., Z². 4144, p. 63). — *Mansus de Chantel*, 1461 (Arch. nat., ZZ. 359, p. 33).

Chantelauze, bois, cⁿᵉˢ de Collat, Montclard et de Saint-Pal-de-Murs.

Chantelauze, mont., cⁿᵉ de Saint-Pal-de-Murs.

Chanteloube, vill., cⁿᵉ d'Auvers. — 1588 (terrier d'Auvers).

Chanteloube, vill., cⁿᵉ de Chaudeyrolles. — *In pago Vellaico, villa quæ dicitur Cantus Lupæ*, v. 952 (cart. du Monastier, n° 119). — *Chantaloba*, 1179 (hist. gén. de Lang., VIII, col. 1925). — *Homines vocati los Astayres de Chantaloba*, 1320 (cart. de Mazan, f° 119 v°). — *Mansus de Canta Luppa*, 1464 (Ardèche, C. 624). — *Chantaloube*, 1616 (ét. civ.).

Chanteloube, f., cⁿᵉ des Estables. — *Mansus de Chantaloba*, 1352 (Arch. nat., P. 1398², c. 668).

Chanteloube, h., cⁿᵉ de la Farre. -- *Canta Lupa*, 1451 (cart. de Mazan, f° 58 v°). — *Chanteloube*, 1583 (tit. de Surrel).

Chanteloube, écart, cⁿᵉ de Saint-Haon.

Chanteloube, h., cⁿᵉ de Saint-Jean-d'Aubrigoux.

Chanteloube, h., cⁿᵉ de Saint-Pal-de-Mons. — 1285 (homm. de l'év.). — *Chantaloba*, 1329 (év.). — *Chantalobe*, 1507 (év.). — *Chantaloube*, 1695 (capitation).

Chanteloube, vill., cⁿᵉ de Valprivas. — *Villa de Chantaloba*, 1243 (Arch. nat., P. 493, c. 121). — *Chantalopa*, 1508 (obit. de Bas). — *Cantalopa*, 1535 (*idem*). — *Chantaloube*, 1691 (*idem*).

Chanteloup, m. i., cⁿᵉ de Saint-Just-Malmont.

Chantemerle, f., cⁿᵉ de Chaudeyrolles. — *Locus de Chantamerle*, 1464 (Ardèche, C. 626). — *La Clastreyre*, 1632 (ét. civ.). — *Chantamerle ou Clastrier*, 1633 (*idem*).

Chantemesse, h., cⁿᵉ de Bessamorel.

Chantemule, dom., cⁿᵉ de Saint-Didier-la-Séauve. — *Chantemulle*, 1553 (ress. de Montfaucon). — *Chante-Myolle*, 1584 (terrier de Saint-Didier de Joyeuse).

Chante-Oiseau, f., cⁿᵉ de Saint-Jeure. — *Chantaussel*, 1383 (homm. de l'év.). — *Chanta-Aucel*, 1507 (év.). — *Champtogel*, xviiiᵉ s. (Cassini). — *Chantouzel* (cad.). — *Chante-Ouzel*, 1888 (Malègue).

Chanteperdrix, f., cⁿᵉ de Ceyssac.

Chante-Perdrix, l. dit, cⁿᵉ de Saussac-l'Église. — Vestiges d'antiquités romaines.

Chante-Perdrix, bois, cⁿᵉ de Séneujols.

Chante-Reine (Le), affl. de l'Allier, cⁿᵉˢ de Saugues et Monistrol-d'Allier.

Chanterelle (La), m. i., cⁿᵉ du Mazet-Saint-Voy.

Chanteroc, h., cⁿᵉ de Saint-Julien-Chapteuil. — 1685 (cad. de Chapteuil-Bas).

CHANTEROUX, f., c^{ne} de Riotord. — *Calma de Chantaront*, 1461 (Rhône, H. 1180). — *Chantaroux* (cad.).

CHANTEUGES, c^{on} de Langeac. — *Locum Cantogilum situm ex una parte super fluvium Halerii, et ex altera parte super rivum Deje*, 936 (cart. de Brioude, ch. 337). — *In aice Cantilanico, in vicaria de Cantoiole*, 939 (cart. de Cluny, ch. 501). — *In vicaria Cantoiolo*, 942 (*idem*, ch. 547). — *Monasterium qui dicitur Cantoiol, qui est constructus in honore Beati Marcellini et Beati Juliani et Beati Saturnini*, 945 (Baluze, maison d'Auvergne, II, 34). — *In aice Cantinalico*, 947 (cart. de Cluny, ch. 704). — *In vicaria Cantilianico*, 958 (*idem*, ch. 1048). — *In vicaria Cantoiolensi*, 963 (*idem*, ch. 1149). — *In vicaria de Cantola*, v. 963 (*idem*, ch. 1164). — *In aice Quintilanico, in vicaria de Quantoiolo*, v. 964 (*idem*, ch. 1180). — *Monasterium Cantoiolense*, 1136 (la Chaise-Dieu, Chanteuges). — *Abbatia Sancti Marcellini de Cantogilla*, 1213 (Gallia christ., II, instr., col. 136). — *Prior de Chantoiol*, 1235 (spic. Briv.). — *Ecclesia de Chantojol*, 1238 (*idem*). — *Chantuciols*, 1280 (la Chaise-Dieu, Thoras). — *Prior Chantoioli*, 1285 (*idem*, la Chapelle-Bertin). — *Chantuol*, 1309 (*idem*). — *Chantuciol*, 1330 (J. de Peyre, n^{re}). — *Parochia Canthioli*, 1396 (la Chaise-Dieu, Chanteuges). — *Chanteghol*, 1401 (spic. Briv.). — *Chanteughol*, 1443 (*idem*). — *Canthoiolum*, 1459 (Bibl. nat., ms. lat., n. acq., 1222, f° 60). — *Chanteugholh*, 1487 (spic. Briv.). — *Canthogolium*, 1506 (la Chaise-Dieu, Chanteuges). — *Castrum Canthogoli*, 1506 (*idem*). — *Molendinum Canthoioli*, 1515 (*idem*). — *Prieur de Chantejol*, 1598 (Gallien, n^{re}).

En 1789, Chanteuges était compris dans la province d'Auvergne, l'élection de Brioude, la subdélégation de Langeac et le ressort de Riom. Son église paroissiale, diocèse de Saint-Flour et archiprêtré de Langeac, était dédiée à saint Marcellin; l'abbé de la Chaise-Dieu présentait à la cure.

Le prieuré de Chanteuges, fondé en 936 par Gunebert, prévôt de la collégiale de Brioude, était de la dépendance de l'abbaye de la Chaise-Dieu.

CHANTILHAC, h., c^{ne} de Ceyssac. — *Chantilhac*, 1298 (invent. de Saint-Mayol). — *Champtilhac*, 1614 (Brunel, n^{re}).

CHANTOIN, f., c^{ne} de Bains. — *Chantotoen*, v. 1170 (templiers du Puy). — *Villa de Chantoent*, 1210 (*idem*). — *Chantoen*, 1214 (*idem*). — *Domus de Chantohenc*, 1285 (*idem*). — *Præceptoria Sancti Johannis de Chantoenc*, 1499 (hospitaliers du Velay). — *Membrum de Chantean*, 1544 (*idem*).

Maison des Templiers qui passa, en 1313, aux Hospitaliers, devint un des membres de la commanderie de Devesset et fut unie, en 1544, à la mense de la Langue d'Auvergne.

Proverbe : *Mandzaio la boïrie de Tchantouï*, en parlant d'un prodigue.

CHANTOISEAU, f., c^{ne} du Chambon. — *Le Mas de Chantaussel*, 1383 (homm. de l'év.).

CHANTOISEAU, f., c^{ne} de Raucoules.

CHANTOREYRE, mont., c^{on} du Pertuis. — *Rupes de Chantoreia*, 1250 (hôtel-Dieu). — *Mons de Chantoreyra*, 1299 (cart. de Mazan, f° 128 v°).

CHANTRE, h., c^{ne} de Saint-Étienne-Lardeyrol. — *Chantre*, 1458 (Maltrait, n^{re}). — *Chantres*, 1534 (év.).

CHANTUZIER, vill., c^{ne} d'Auteyrac. — *Villa de Chantuzias*, 1321 (spic. Briv.). — *Chantusias*, 1464 (Bibl. nat., ms. lat., n. acq., 1223, f° 151). — *Chantusier*, 1820 (Deribier).

CHANTUZIER (LE), affl. du Javoulx, c^{ne} d'Auteyrac. — *Rivus de Alteyraco*, 1466 (Bibl. nat., ms. lat., n. acq., n° 1223, f° 267 v°).

CHANVERS, vill., c^{ne} de Saint-Geneys-près-Saint-Paulien. — *Chanverns* (l'impr. porte *Chavertis*), 1222 (Martène, thes. nov. anecd., I, 897). — *Terra de Chanveyrs*, 1325 (Arch. nat., P. 494¹, c. 24). — *Champverns*, 1333 (*idem*, c. 61). — *Chams verns*, 1343 (*idem*, c. 7). — *Chamvern*, 1373 (év.). — *Chanvers*, 1507 (év.). — *Capella B. Catherinæ de Champrers*, 1532 (Dompnin, n^{re}). — *Chanvert*, 1888 (Malègue).

Ancien prieuré dépendant de l'abbaye de Doue.

CHAPAT-ET-GOUDET, m. i., c^{ne} de Rosières.

CHAPAYROLLES, loc. détr., auj. bois, c^{nes} de Pradelles et de Saint-Étienne-du-Vigan. — *Mansus de Chapairolas*, 1289 (Arch. nat., P. 1398¹, cote 652). — *Chapayrolas*, 1336 (Arch. nat., P. 1398², cote 669).

CHAPEAU-DUGONE, f., c^{ne} d'Espaly-Saint-Marcel. — *Filayre*, XVIIIe s. (Cassini).

CHAPEL, f., c^{ne} de Pinols.

CHAPELAS, f., c^{ne} de Saint-Didier-la-Séauve. — *Chaplats*, 1888 (Malègue).

CHAPELETTE (LA), h., c^{ne} de Saint-Julien-Chapteuil. — *La Chapela*, v. 1217 (templiers du Puy). — *Capella*, 1343 (A. Duchesne, gén. des comtes de Valentinois, pr., 19). — *La boria de la Chapela de S. Marsal*, 1408 (compois du Puy). — *La Chapelle-de-Lode*, 1506 (Médicis, II, 304). — *La*

La Chapelle-de-Loude, 1695 (capitation). — *La Chapelle*, xviii° s. (Cassini).

Chapelle de dévotion dédiée à saint Barthélemy.

Chapelle (La), écart, cⁿᵉ de Chassignolles.

Chapelle (La), affl. de la Loire, cⁿᵉ de la Farre. — *Le Madaler* (cad.).

Chapelle (Moulin-), mᶦⁿ sur la Borne orientale, cⁿᵉ de Monlet.

Chapelle-Allagnon (La), l. dét., cⁿᵉ de Blesle. — *Ecclesia S. Mariæ de Capella*, 1185 (spic. Briv.). — *Ecclesia Capellæ d'Alanho*, xiv° s. (A. Bruel, reg. de G. Trascol, 141). — *Parochia Capellæ Alanhonis*, 1350 (spic. Briv.). — *La Chappelle Alaignon*, 1398 (compte de B. Sannadre). — *La Chapelle-Alanhon*, 1401 (spic. Briv.).

Commune supprimée par ordonnance du 8 janvier 1834 et réunie à celle de Blesle.

Chapelle-Bertin (La), cᵒⁿ de Paulhaguet. — *Ecclesia de Capella*, 1252 (Saint-Agrève). — *Prioratus Capellæ Berti*, 1285 (spic. Brivat.). — *Prior Capellæ Bertini*, 1383 (la Chaise-Dieu, la Chapelle-Bertin). — *La Chappelle-Berti*, 1401 (spic. Brivat.).

En 1789, la Chapelle-Bertin dépendait de la province d'Auvergne, de l'élection de Brioude, de la subdélégation de la Chaise-Dieu et du ressort de Riom. Son église paroissiale, diocèse du Puy et archiprêtré de Saint-Paulien, était dédiée à saint Marcellin; le prieur, avant 1599 et en 1648, et l'évêque du Puy, en 1789, en furent successivement collateurs.

Chapelle-d'Aurec (La), cᵒⁿ de Monistrol-sur-Loire. — *La Chapelle-d'Auriec*, 1506 (Médicis, II, 303). — *Capella prope Monastrolium*, 1516 (Arch. nat., G⁸*. 1, f° 497). — *La Chappelle*, 1584 (terrier de Saint-Didier). — *La Chapelle-près-Aurec*, xvi° s. (év.). — *La Chappelle-d'Aurec*, 1626 (coll. Chaleyer). — *La Chapel'e-d'Aurec-Nérestang*, 1695 (capitation).

En 1789, la Chapelle d'Aurec appartenait à la province du Velay, à la subdélégation et sénéchaussée du Puy. Son église paroissiale, diocèse du Puy et archiprêtré de Monistrol-sur-Loire, était sous l'invocation de saint Eustache; le prieur d'Aurec en était collateur.

Chapelle-Geneste (La), cᵒⁿ de la Chaise-Dieu. — *Parochia Capellæ de la Ganesta*, 1268 (Arch. nat., S. 3300). — *Capella de la Janesta*, 1275 (la Chaise-Dieu, Saint-Allyre). — *Prior Capellæ Genestæ*, 1298 (ibid., la Chapelle-Geneste). — *Capella de las Genestas*, 1325 (Saint-Vosy). —

Ecclesia B. Mariæ de Capella Genesta, 1361 (la Chaise-Dieu, la Chapelle-Geneste). — *Capella Ghanesta*, 1366 (ibid., Sacristain). — *Capella Janesta*, 1371 (ibid., la Chapelle-Geneste). — *Villa de Capella*, 1373 (ibid.). — *Capella Jenesta*, 1389 (ibid.). — *La Chappelle-Geneste*, 1401 (spic. Briv.). — *Paroisse de la Chapelle*, 1564 (terrier de Vals-le-Chastel).

En 1789, la Chapelle-Geneste était compris dans la province d'Auvergne, l'élection d'Issoire, la subdélégation de Saint-Amand-Roche-Savine et le ressort de Riom. Son église paroissiale, diocèse de Clermont et archiprêtré de Livradois, était consacrée à Notre-Dame; le chambrier de l'abbaye de la Chaise-Dieu, qui en était le prieur, présentait à la cure.

Chapelles (Les), f., cⁿᵉ de Pébrac. — *Capellæ*, v. 1198 (cart. de Pébrac, n⁰ˢ 49 et 54).

Chapelles (Les), loc. dét., sur la mont. de Marus, cⁿᵉ de Saint-Jean-d'Aubrigoux. — (Tabl. du Velay, 1874-75, 110).

Chapelon, f., cⁿᵉ des Estables. — 1741 (ét. civ.). — *Chapelou*, 1888 (Malègue).

Chapelon-de-Maisonneuve. — *Le Prat del Chapelo*, 1645 (ét. civ.).

Chapelou, m. i., cⁿᵉ de Monistrol-sur-Loire.

Chapelue (La), f., cⁿᵉ de Saint-Front. — *Chapely*, 1808 (ét. des succ.). — *La Chapotte*, 1888 (Malègue).

Chapeyron, m. i., cⁿᵉ de Saint-Julien-Molhesabate. — *Chabeyron*, 1888 (Malègue).

Chapitel, h., cⁿᵉ de Riotord.

Chapon, m. i., cⁿᵉ de Saint-Maurice-de-Lignon.

Chaponac, vill., cⁿᵉ de Monistrol-sur-Loire. — *Chaponhac*, 1325 (év.). — *Chaponac*, 1333 (év.). — *Chapponacum*, 1503 (obit. de Bas). — *Chapponnac*, 1555 (idem). — *Chaspounac*, 1695 (capitation). — *Chapona*, xviii° s. (Cassini). — *Chaponas* (cad.). — *Chaponat*, 1879 (carte adm.).

Chaponnade, écart, cⁿᵉ de Saint-Christophe-sur-Dolaison.

Chapoule (La), écart, cⁿᵉ de Grenier-Montgon.

Chapoux (Les), écart, cⁿᵉ de Beaulieu. — *Mansus Giraudenc*, 1344 (J. de Peyre, nʳᵉ). — *Locus deus Giraudencs*, 1346 (idem). — *Lous Chappoux, aultrement los Giroudencz*, 1549 (Chamblas). — *Loux Chappoux*, 1551 (R. Maurin, nʳᵉ).

Chappe, vill., cⁿᵉ d'Auzon.

Chappe (La), affl. de la Méjeanne, au sud de la commune de Saint-Arcons-de-Barges.

Chappelaude, mᶦⁿ détruit, sur la Dège, près Ta-

vernat, c^ne de Chanteuges. — *Chapelaude*, 1443
(spic. Briv.). — *Molendinum de Chappelauda*,
1456 (Bibl. nat., ms. lat., n. acq., 1222, f° 38).

CHAPTEUIL, chât. et vill. ruinés sur une montagne, c^ne
de Saint-Julien-Chapteuil. — Altitude : 1,035 m.
— *In arce (aice) de Capitolio*, v. 1020 (cart. du
Monastier, n° 254). — *In vicaria de Capitalio*,
v. 1020 (*idem*, n° 216). — *Vicaria de castro
Capitoliensi*, v. 1025 (*idem*, n° 228). — *Capduoill*,
XIII° s. (Bibl. nat., ms. fr., 854, f° 72 v°). — *Capduelh*, XIII° s. (Vaissete, hist. de Lang., éd.
Privat, X, 267). — *Castrum de Chaptol*, 1255
(cart. du Monastier, n° 449). — *Capdolium*,
1256 (Arch. nat., P. 491², c. 113). — *Catolium*,
1256 (Arch. nat., JJ¹. 30^b, f° 42). — *Chapteuil*,
1268 (Baluze, mais. d'Auv., II, 286). — *Castrum de Captolio*, 1285 (év.). — *Castrum de Captholio*, 1309 (Bonneville). — *Champtuel*, 1387
(év.). — *Capella S. Andeoli*, 1390 (év.). — *Chaptholium*, 1465 (Maltrait, n^re). — *Curatus seu
vicarius S. Andeoli infra castrum de Captolio*,
1516 (Arch. nat., G. 8*, 1, p. 438 v°). — *Chateur*, 1534 (év.). — *Chapteuil, par. de Sainct-
Andeol en Vellay*, 1542 (Savin, n^re).

CHAPTEUIL, bois, c^ne de Saint-Julien-Chapteuil. —
Nemora de Captolio, 1390 (év.).

CHAPUS (LES), h., c^ne de la Chaise-Dieu. — *Los
Chapus*, 1570 (J. Chalvon, n^re).

CHAPUZE (LA), vill., c^ne de Saint-Julien-Chapteuil.
— *Locus de Chapeucha*, 1386 (év.). — *La Chapusa*, 1455 (Pradier, n^re). — *Chapusia*, 1501
(coll. G. Falcon). — *La Chapussa*, 1507 (év.).
— *La Chappuze*, 1596 (Gallien, n^re).

CHAPUZONETS (LES), loc. dét., c^ne de Chassignolles.
— *Mansus deuz Chapuzonetz*, 1358 (spic. Briv.).
· *Los Chapussonetz*, 1358 (Arch. nat., J. 1134,
cote 7).

CHAPUZONS (LES), loc. dét., c^ne de Chassignolles. —
Mansus deuz Chapuzos, 1358 (spic. Briv.).

CHARBADEUIL, vill., c^ne de Présailles. — *Villa de
Charbadueylh*, 1327 (Arch. nat., P. 1397², cote
588). — *Charbadulh*, 1344 (Arch. nat., P. 1398²,
cote 679). — *Charbadeulh*, 1528 (cad. du Monastier). — *Charbedeulh*, 1534 (év.). — *Charbaduil*, 1571 (A. Boyer, n^re).

CHARBADEUIL (LE), affl. de la Colense au pont d'Estaing, c^nes de Présailles et du Monastier. — *Le
Mézard* (cad.).

CHARBONNERETTE, h., c^ne de Chénéreilles. — *Charbonneyrette*, 1553 (ress. de Montfaucon).

CHARBONNIER, chât. dét. et h., c^ne de Landos. —
Castrum de Carboneriis, 1219 (Baluze, mais.

d'Auv., II, 86). — *Charboner*, 1256 (Rhône, la
Sauvetat, I, 5). — *Castrum de Charboneriis*, 1267
(Médicis, I, 80). — *Ecclesia de Charbonerio*,
1348 (J. de Peyre, n^re). — *De Carbonesiis prope
Salvetatem*, 1384 (Bibl. nat., ms. lat., 10003,
f° 38). — *Le mand. de Charbonniers*, 1507 (év.).

CHARBONNIER, h., c^ne de Malrevers. — *Mandamentum
de Charboneyr*, 1343 (év.). — *Charbonyer*, 1555
(cad. de Mercœur).

CHARBONNIER (MOULIN-DE-), m^in sur le bief de l'Allagnon, c^ne de Sainte-Florine.

CHARBONNIÈRE, h., c^ne de Monistrol-d'Allier.

CHARBONNIÈRE, h., c^ne de Saint-Étienne-près-Allègre.
— *Las Charboneiras*, 1285 (spic. Briv.).

CHARBONNIÈRE, vill., c^ne de Saint-Jeure. — *Villa de
Charboneyras*, 1306 (Gall. christ., II, eccl. Anic.,
col. 759). — 1553 (ress. de Montfaucon).

CHARBONNIÈRE (RAVIN-DE-), affl. de la Cronce au sud-
est d'Arlet.

CHARBONNIÈRES, bois, c^ne de Montusclat.

CHARBONNIÈRES (LES), terroir, c^ne de Chanteuges. —
*In pertinenciis mansi de Chambaleva, in territorio
de las Charboneyras*, 1461 (Bibl. nat., n. acq.,
1222, f° 215 v°).

CHARBOUNOUSE, h., c^ne de Saint-Front. — *Villa Carbonosa*, 985 (cart. du Monastier, n° 381). —
Mansus de Charbonosas, 1284 (cart. de Mazan,
f° 25 v°). — *Las Charbonosas*, 1344 (Monastier).
— *Charbounozas*, 1633 (ét. civ.). — *Charbou-
nouzes*, 1646 (cad. de Bonnefont). — *Charbounouze*, 1888 (Malègue).

CHARBOUNOUSE, h., c^ne de Varennes-Saint-Honorat. —
Charbounouze, 1576 (communic. de M. E. Grellet
de la Deyte). — *Charbonnouses*, 1585 (Johany,
n^re). — *Charboncuse*, XVIII° s. (Cassini).

CHARDAIRE, loc. dét., c^ne d'Araules. — *Charduyre*,
1574 (Burel, 40 et 42). — *Chardaire*, XVIII° s.
(Cassini).

CHARDAS, vill., c^ne de Monlet. — *Chardats*, 1222
(dom Estiennot, fragm. hist. Aquit., IV, 169). —
Villa de Chardas, 1263 (Martène, thes. nov.
anecd., I, 1116). — *Chardac*, XVIII° s. (Cassini).
— *La Tour de Chardas*, 1808 (état des succurs.).

CHARDAS (LE), affl. de la Borne orientale, c^ne de
Monlet.

CHARDON, chât. et h., c^ne de Monlet. — *G. de Chardom*, 1329 (J. de Peyre, n^re, reg. C, f° 8 v°). —
Chardon, 1561 (Médicis, I, 507).

CHARDON (LE), affl. de la Borne en aval du moulin
de Titulat, c^ne de Monlet.

CHAREL, f., c^ne du Chambon. — 1507 (év.).

CHARENSAC, vill., c^ne de Brives-Charensac. — *Iha-*

ranciacus, 1089 (Saint-Georges du Puy). — *Charensac,* 1210 (hôtel-Dieu, B. 127). — *Charansac,* 1219 (tabl. du Velay, 1876-77, 514). — *Charenssac,* 1249 (hôtel-Dieu, B. 139). — *Charinssac,* 1324 (maladrerie de Brives). — *Charanssac lès le pont de Brive, par. de Sainct-George du Puy,* 1545 (Savin, n^re).

Commune supprimée et réunie à celle de Brives (loi du 20 mai 1839).

CHARENSON, m^in sur la Dore, c^ne de Saint-Victor-sur-Arlanc.

CHARENTI, h., c^ne de Pébrac. — *Chalantic,* XIIe s. (cart. de Pébrac, n° 28). — *Challantic,* XIIe s. (*idem,* n° XLVI-46). — *Mansus de Chalantico,* 1461 (Bibl. nat., n. acq., 1223, f° 3 v°). — *Charentic,* 1608 (Thiolent).

CHARENTUS, vill., c^ne de Coubon. — *Charantus,* 1322 (Saint-Vosy). — *Charantusium,* 1516 (G. Maurin, n^re). — *Charentus,* 1599 (Leblanc, n^re).

CHAREYRIAL, h., c^ne du Chambon.

CHARIOL (LE), m. i., c^ne de la Vaudieu.

CHARLAS, écart, c^ne de Beaulieu. — *Charles* (cad.).

CHARLETTE-BASSE, écart, c^ne de la Chapelle-Geneste. — *Charleti,* 1347 (la Chaise-Dieu, Malvières).

CHARLETTE-HAUTE, écart, c^ne de Cistrières.

CHARNAUD, écart, c^ne de Saint-Julien-du-Pinet. — *Charmant* (cad.).

CHARNIER, lieu dit, c^ne de Chadrac (Haut et Bas). — *Vinea de Cheirnier,* 1217 (Saint-Agrève). — *Charners,* 1226 (*idem*). — *En Charners,* 1324 (J. de Peyre, n^re).

CHARNIER (RAVIN-DE-), affl. de la Faye, c^ne de Saint-Didier-d'Allier.

CHARPIN (MAISON-), m. i., c^ne de Monistrol-sur-Loire.

CHARRAIX, c^on de Langeac. — *Charais,* 1134 (cart. de Pébrac, n° 31). — *Ecclesia S. Sebastiani de Charais,* v. 1208 (*idem,* n° 51). — *R. Carasii,* v. 1222 (*idem,* n° 69). — *Ecclesia de Carazio,* 1331 (J. de Peyre, n^re). — *Castrum de Charais,* 1351 (Thiolent). — *Charays,* 1379 (compte de B. Flotenc). — *Charailhs,* 1398 (compte de B. Sannadre). — *Charaiz,* 1401 (spic. Briv.). — *Parochia de Charassio,* 1472 (Bibl. nat., ms. lat., n. acq., 1224, f° 58).

En 1789, Charraix dépendait de la province d'Auvergne, de l'élection de Brioude, de la subdélégation de Langeac et du ressort de Riom. Son église paroissiale, diocèse de Saint-Flour et archiprêtré de Langeac, était consacrée à saint Sébastien; le collateur en est inconnu.

CHARRAS, m. i., c^ne de Saint-Didier-la-Séauve.

CHARRAUX (LES), loc. détr., c^ne de Saint-Vert. —

Mansus del Charril-Velh, 1338 (spic. Briv.). — *Lo Mas de las Charrals,* 1341 (terrier de Charbonnier).

CHARRÉES, vill., c^ne de Mairevers. — *Charreas,* 1253 (Saint-Mayol). — *Chareyas prope Mercurium,* 1329 (J. de Peyre, n^re, reg. C, f° 28 v°). — *Charées,* 1555 (cad. de Mercœur). — *Charrées,* XVIIIe s. (Cassini). — *Charraix,* 1820 (Deribier).

CHARRÉES, vill., c^ne de Retournac. — *Villa de Chareis,* v. 1158 (cart. de Chamalières, n° 69). — *Villa quæ vocatur Chareas,* 1262 (Arch. nat., P. 1397², cote 554). — *Chareyas,* 1285 (Arch. nat., P. 493², cote 107).

CHARRETIER, f., c^ne de Bellevue-la-Montagne.

CHARRETIER, m. i., c^ne du Mazet-Saint-Voy.

CHARREYRAUD, f., c^ne du Mazet-Saint-Voy. — *Charreyrat,* 1880 (carte adm.). — *Charreyrot,* 1888 (Malègue).

CHARREYRE (LA), h., c^ne de Bauzac. — *Carreria,* 1510 (obit. de Bas). — *La Charreyre,* XVIe s. (obit. de Bauzac).

CHARREYROLS, l. dét., c^ne de Charraix. — *Mansus de Charreyrolo, Charrayrols,* 1351 (chart. du Thiolent).

CHARRIAL (LE), l. dét., c^ne de Félines. — *Le lieu del Charrial, par. de Félines,* 1561 (J. Chalvon, n^re).

CHARRIAUX, f., c^ne de Saint-Pal-de-Chalencon. — *Les Charriots,* 1888 (Malègue).

CHARRIER, f., c^ne de Chaudeyrolles. — 1618 (ét. civ.).

CHARRIOL (LE), chât. et vill., c^ne de Frugières-le-Pin. — *Le Chariol,* XVe s. (Bibl. nat., ms. fr., 22297, p. 267). — *Les Charryolz,* 1603 (Chandon, n^re). — *Les Charrioulx,* 1612 (terrier de la Vaudieu). — *Le Chariol,* 1888 (carte adm.).

Fief mouvant de la baronnie d'Aubusson.

CHARRON, f., c^ne de Tence. — 1692 (ét. civ.).

CHARROUIL (LE), chât. et dom., c^ne de Loudes. — 1266 (homm. de l'év.). — *Domus del Charrol,* 1272 (év.). — *Capella del Charroilh,* 1300 (év.). — *Lo Charolh,* 1345 (M^ce Faucon, not. sur l'égl. de la Chaise-Dieu, p. 23). — *Charrolium, lo Charroyl,* 1390 (év.). — *Karolium,* 1513 (J. Boyer, n^re). — *Vicarius castri del Chariolh,* 1516 (Arch. nat., G^8^* 1, f° 444).

Chapelle dédiée à saint Sauveur.

CHARROUIL (MOULIN-DU-), m^in sur la Muzette, c^ne de Loudes.

CHARTREUSE (LA), petit séminaire, c^ne de Brives-Charensac (couvent des Chartreux de Bonnefoy, depuis

1638). — *La Chartreuse de Notre-Dame du Puy lez Brives en Vellay*, 1648 (G. Arsac, la Chartreuse, 44). — *La Chartreuse, jadis le Peyron-de-Coursac*, 1752 (comm^on de feu M. H. Vinay). — *Saint-Bruno*, 1792 (alm. de la Haute-Loire).

CHARTREUSE (LA), f., c^ne de Lantriac.

CHARVOL, h., c^ne de Malvières. — *Mansus de Charvols*, 1354 (la Chaise-Dieu, Malvières). — *Charval*, 1888 (Malègue).

CHASEYROLS, l. dét., c^ne de Charraix. — *Locus de Chaseyrols*, 1351 (chart. du Thiolent). — *Chaseyrolz*, 1456 (Bibl. nat., ms. lat., n. acq., 1222, f° 37 v°).

CHASONESCHE (LA), l. dét., c^ne de Grèzes. — *Territorium de la Chausunescha*, 1274 (Lozère, G. 99). — *Mansus de la Chasanescha*, 1275 (Thiolent). — *Mansus de Chasonescha*, 1285 (spic. Briv.).

CHASORNE (LA), écart, c^ne de Beaulieu. — *La Metterie de la Chazorne*, 1634 (Brunel, n^re). — *Chajourne*, XVIIIe s. (Cassini). — *La Chazorne*, 1880 (carte adm.).

CHASOTTE, h., c^ne de Saint-Victor-Malescours. — *Lo Mas de Malguy*, 1318 (homm. de l'év.). — *Chasotæ*, 1461 (Rhône, H. 1180). — *Chasottes de Maugy*, 1563 (terrier de Saint-Didier). — *La Chazotte* (cad.).

CHASOURNE (LA), l. dét., c^ne de Saint-Haon. — *La Chasorna*, 1240 (la Chaise-Dieu, Bouchet-Saint-Nicolas).

CHASPINHAC, vill., c^ne de Saint-Quintin-Chaspinhac. — *Ecclesia S. Juliani Caspiniaci*, 1119 (Chifflet, hist. de Tournus, 402). — *Eccl. S. Juliani Chaspiniaci*, 1179 (Juénin, nouv. hist. de Tournus, 175). — *Chaspinnac*, 1210 (hôtel-Dieu, B. 127). — *Chaspinac*, 1238 (*ibid.*, B. 135). — *Chaspiniac*, 1245 (*ibid.*, B. 312). — *Capellanus de Chaspinhac*, XVe s. (Médicis, II, 169).

En 1789, Chaspinhac possédait une église paroissiale, diocèse du Puy et archiprêtré de Monistrol-sur-Loire, dédiée à saint Julien; le prieur présentait à la cure.

CHASPUZAC, c^on de Loudes. — *Ecclesia de Chaspuzac*, 1250 (év.). — *Locus de Chaspusaco*, 1466 (Bibl. nat., ms. lat., n. acq., 1223, f° 276 v°). — *Chaspusac en Vellay*, 1585 (Johany, n^re). — *Le prieur de S. Martin de Chaspuzac*, 1696 (tabl. du Velay, 1875-76, 103). — *Chaspusacum*, 1522 (Martel, n^re).

En 1789, Chaspuzac dépendait de la province du Velay, de la subdélégation et sénéchaussée du Puy. Son église paroissiale, diocèse du Puy et archiprêtré de Solignac-sur-Loire, était consacrée à saint Barthélemy; l'évêque du Puy en était collateur.

CHASSAGNE (LA), h., c^ne de Laval. — *Mansus de li Chassanha*, 1322 (la Chaise-Dieu, Laval). — *Terræ de la Chassanha*, 1449 (terrier de Clavelier).

CHASSAGNE (LA), vill., c^ne de Malvières. — *Mansus de Cassanea*, 1347 (la Chaise-Dieu, Malvières). — *La Chassanha*, 1352 (*ibid.*). — *La Chassanhe*, 1561 (J. Chalvon, n^re).

CHASSAGNE (LA), affl. de la Dorette, c^ne de Malvières. — *Rivus de la Chassanha*, 1414 (terrier de Malvières).

CHASSAGNE (LA), h., c^ne de Saint-Just-près-Brioude. — *Homines de la Chassanhia*, 1281 (J. Lachenal, l'égl. de Brioude). — *La Chassanha*, 1429 (terrier du doy. de Brioude).

CHASSAGNES, h., c^ne de la Chapelle-Geneste. — *Chassanhas*, 1316 (la Chaise-Dieu, Saint-Allyre).

CHASSAGNES, c^on de Paulhaguet. — *In comitatu Brivatensi, in aice Loiacense (Joiacense), in villa Cassanias*, v. 888 (cart. de Brioude, ch. 11). — *In... aice (Brivatensi), in villa Cassanias*, 895 (*idem*, ch. 7). — *Villa de Chasanhas*, v. 1350 (spic. Briv.). — *Chassanas, Chassanhas*, v. 1260 (Arch. nat., J. 1031, n° 2). — *Ecclesia de Chasanias*, 1263 (spic. Briv.). — *Chassanhes*, 1309 (*idem*). — *Chassaignes*, 1379 (compte de B. Flotenc). — *Chasseignes*, 1401 (spic. Briv.). — *Prior S. Petri de Chasagnes*, 1430 (Gall. christ., II, col. 428).

En 1789, Chassagnes, qui était un fief vassal de la baronnie d'Aubusson, faisait partie de la province d'Auvergne, de l'élection et subdélégation de Brioude et du ressort de Riom. Son église paroissiale, diocèse de Saint-Flour et archiprêtré de Brioude, était dédiée à saint Pierre; l'abbé de Pébrac présentait à la cure.

CHASSAGNOLLES, mont. et l. dét., c^ne du Brignon. — *Via qua itur de Chassanholis versus Cadris*, 1444 (pricuré de Solignac). — *Chassanholas*, 1584 (M^ce Leblanc, n^re). — *La Garde de Chassaniolles*, 1587 (Sigaud, n^re). — *La Metterie de Chassanholles*, 1605 (A. Robert, n^re).

CHASSAGNOLLES, l. dét., c^ne de Saint-Just-près-Brioude. — *In... vicaria (Brivatensi), in villa quæ dicitur Cassanyolas*, 956 (cart. de Brioude, ch. 3). — *Territorium de Chassanholas*, 1429 (terrier du doy. de Brioude).

CHASSAGNOLLES, f., c^ne de Saint-Paulien. — *Chassanioles*, 1603 (M^ce Leblanc, n^re).

CHASSAGNON (LE), chât. et f., c^ne de Mazeyrat-Crispinhac. — *De Chassanho*, 1352 (la Chaise-Dieu, Mazeyrat-Crispinhac). — *El Chassanho*, 1469 (Bibl. nat., ms. lat., n. acq., 1223, f° 377).

Chassagnon (Le), chât. et f., c^ne de Saint-Georges-d'Aurac. — *Lo Chassanho*, 1470 (Bibl. nat., ms. lat., n. acq., 1223, f° 377). — *Chassignon*, xviii° s. (Cassini).

Chassaigne (La), chât. dét., à Duminiac, c^ne de Céaux-d'Allègre. — *La Chassaigne*, 1551 (communic. de M. E. Grellet de la Deyte).

Fief mouvant de la baronnie d'Allègre.

Chassaing (Moulin-de-), sur la Cronce, c^ne de Cronce. — *Chassang*, 1888 (Malègue).

Chassaleuil, vill., c^ne de Saint-Paulien. — *Villa de Chasaloul*, xii° s. (cart. de Chamalières, n° 180). — *Chassaloy*, 1355 (terrier de P. Ravoux). — *Chassaleux*, 1444 (Saint-Georges de Saint-Paulien). — *Chassaleutz*, 1521 (Gelet, n^re). — *Chassaleus*, 1585 (Doleson, n^re). — *Chassollieu*, 1622 (Brunel, n^re).

Chassant, f., c^ne de Cronce. — *Chassang*, 1888 (carte adm.).

Chassaure, vill., c^ne de Saint-Quintin-Chaspinhac. — *Chassoure supra castrum S. Quintini*, 1250 (Saint-Agrève). — *Chassore*, 1475 (Richon, n^re).

Chasse, m. i., c^ne de Tence.

Chassende, tén., c^nes de Brives-Charensac et du Puy. — *In Ihassemdo*, 1089 (Saint-Georges du Puy). — *Terra de Chassemde*, 1239 (Saint-Mayol). — *Chassempde*, 1372 (Saint-Georges du Puy). — *Chaussempde*, 1451 (*idem*).

Chasseyre (La), f., c^ne du Chambon.

Chassidon (Le), affl. de l'Allier, c^ne de Saint-Étienne-du-Vigan.

Chassiers (Les), m. i., c^ne de Laussonne. — *Le Chassier* (cad.). — *Échassier*, 1888 (Malègue).

Chassignoles, vill., c^ne d'Aubazac. — *Sachinolles*, 1511 (coust. d'Auv., f° 81 v°). — *Chassaniolles*, 1625 (terrier du Chambon de Blau).

Chassignolles, chât. ruiné, c^ne d'Auzon. — *In aice Brivatensi, in villa Cauoinogilo sive Gonecense*, 889 (cart. de Brioude, ch. 278). — *Caucinogile*, 890 (*idem*, ch. 297). — *Caucionogile*, 895 (*idem*, ch. 159). — *Caucinogolo*, 896 (*idem*, ch. 116). — *Villa de Canteniaco* (Cauceniolo), 1147 (Gall. christ., II, instr., c. 107). — *Prioratus de Chassanholas*, 1358 (spic. Briv.). — *Chassaignolles*, 1379 (compte de B. Flotenc). — *Chassinholles*, 1401 (spic. Briv.). — *Chassenholles*, xv° s. (Bibl. nat., ms. fr., 22297, p. 32). — *Chassanholles*, 1511 (coust. d'Auv., f° 70 v°).

En 1789, Chassignolles était compris dans la province d'Auvergne, l'élection d'Issoire, la subdélégation de Lempdes et le ressort de Riom. Son église paroissiale, diocèse de Saint-Flour et archiprêtré de Brioude, était sous le vocable de l'Assomption; la prieure de la Vaudieu présentait à la cure.

Chassignolles, h., c^ne de Blesle. — *Chassanholas*, 1306 (terrier de Blesle). — *Chassanholles*, 1493 (*idem*).

Chassignolles, vill., c^ne de Ferrussac. — *Chassaignoles*, 1337 (spic. Briv.). — *Mansus de Chassanholas*, 1351 (Arch. nat., Z². 54, p. 77). — *Chassanholles*, 1502 (Arch. nat., Q. 513, f° 134). — *Sachinolles*, 1511 (coust. d'Auvergne, f° 81 v°).

Chassilhac, h., c^ne de Solignac-sur-Loire. — *Caciliacus* (l'imprimé porte *Taciliacus*), 870 (Chifflet, hist. de Tournus, 210). — *Chayssilhac*, 1329 (J. de Peyre, n^re). — *Cheycilhac*, 1345 (prieuré de Solignac). — *Chassilhac*, 1386 (homm. de Solignac). — *Cheyssilhaeus*, 1392 (*idem*). — *Cheissilhac*, 1565 (Doleson, n^re). — *Cheyssilhiac*, 1586 (Sigaud, n^re).

Chassoulet, loc. dét., c^ne de Beaumont. — *Mansus de Cassoled*, v. 1063 (cart. de Brioude, ch. 314). — *Chassolet, le terroir de Chassoulet sive du Serre de Chaumaget*, 1742 (terrier du doy. de Brioude).

Chassoury, f., c^ne de Paulhac.

Chastan (Le), ruiss., prend sa source au Pin, c^ne de Saint-Hilaire, et se jette dans l'Allier au sud des Granges, c^ne d'Auzon. — *Les Granges*, 1880 (carte adm.).

Chastel, c^on de Pinols. — *Chastel*, 1348 (Arch. nat., Z². 54, p. 212). — *Ecclesia de Castro*, xv° s. (pouillé de Saint-Flour, 305).

En 1789, Chastel faisait partie de la province d'Auvergne, de l'élection de Brioude, de la subdélégation de Langeac et du ressort de Riom. Son église paroissiale, diocèse de Saint-Flour et archiprêtré de Langeac, était sous l'invocation de saint Pierre; le prieur de la Voûte-Chilhac présentait à la cure.

Chastel, vill., c^ne de Rosières. — *Deu gratia*, 1209 (hôtel-Dieu, B. 299). — *Capellanus de la Deu gracia*, 1285 (*idem*, B. 336). — *Chastel*, 1326 (*idem*, B. 342). — *Boria Gratiæ Dei sive de Chastel*, 1377 (*idem*, B. 533). — *Chastel, alias la Dieu gracia*, 1422 (*idem*, B. 561). — *La Dio gracia*, 1473 (Richon, n^re). — *Chastel-la-Dieu-grace*, 1629 (Demans, n^re).

Chastel (Le), rochers, c^ne de Desges. — 1750 (terrier des Binières).

CHASTEL-AIRAT, lieu dit, au Puy. — *Campus Hospitalis qui est apud Chastel-Airat, ante portale de Panassac*, 1245 (hôtel-Dieu, B. 4).

CHASTEL-AYRAUD, loc. dét., c^{ne} de Charraix. — *Castrum Ayrat*, 1351 (Thiolent). — *Chastel-Ayraut*, 1406 (*idem*).

CHASTEL-BOURRIANNE, lieu dit, c^{ne} d'Autrac. — *Terroir de Chastel-Borrianes*, 1493 (terrier de Blesle).

CHASTELET (LE), h., c^{ne} de Pébrac. — *Castrum supra Piperacum*, 1352 (spic. Briv.). — *Mansus del Chastellet*, 1458 (Bibl. nat., ms. lat., n. acq., 1222, f° 67). — *Chasteletum*, 1464 (Thiolent).

CHASTELET (RAVIN-DU-), affl. de la Dège à l'ouest de Combemale, c^{ne} de Pébrac.

CHASTEL-EYRAUT, mamelon boisé, c^{ne} de Vernassal. — *Chastel-Eyraud*, 1680 (cad. de Polignac).

CHASTEL-FARD, lieu dit, près Auriac, c^{ne} de Saint-Front. — 1646 (cad. de Bonnefont).

CHASTEL-LIGON, lieu dit, près Chazeaux, c^{ne} de Coubon. — 1707 (cad. de Bouzols).

CHASTEL-MALAISÉ, lieu dit, c^{ne} de Saint-Julien-des-Chazes. — *Territorium de Chastel-Malazeit*, 1461 (Bibl. nat., ms. lat., n. acq., 1222, f° 199 v°).

CHASTENUEL, vill., c^{ne} de Jax. — *Capellanus Hospitalis Castri Noël*, v. 1260 (Arch. nat., J. 1031, n° 3). — *Prioratus Castri Novelli, Claromont. dioc.*, 1288 (spic. Briv.). — *Chastel-Noel*, 1309 (*idem*). — *Mansus Castri Novi, par. de Jax*, 1459 (Bibl. nat., ms. lat., n. acq., 1222, f° 199 v°). — *Chastel-Novel*, 1459 (B. Girard, n^{re}). — *Chastaneuil*, XVIIIe s. (Cassini). — *Chastanuel*, 1888 (carte adm.).

CHASTRES (LES), h., c^{ne} de Monistrol-d'Allier. — *Las Chastras*, 1469 (Bibl. nat., ms. lat., n. acq., 1223, f° 365). — *Mansus de Las Chastras, alias de l'Abadessa*, 1499 (Thiolent). — *Locus de Castris*, 1526 (A. Besseyre, n^{re}). — *Les Chastres*, 1780 (terrier de la baronnie de Vabres); — 1808 (ét. des suc.).

CHASTRETTE, vill., c^{ne} de Saint-Hilaire. — *Chastretas*, 1456 (la Chaise-Dieu, Azerat).

CHATAGNIER, h., c^{ne} de Riotord. — *Lo Chastanier*, 1461 (Rhône, H. 1180). — *Lo Chastanhier*, 1465 (Rivière, n^{re}). — *Le Chastaignier*, 1615 (Rhône, D. 185). — *Chatanier*, 1879 (carte adm.).

CHATAIGNER, vill., c^{ne} de Grazac. — *Decimum de Castanario*, v. 1100 (cart. de Cluny, ch. 3764). — *Lo Chastanheyr*, 1394 (hôtel-Dieu, B. 691). — *Lou Chastaignier*, 1553 (ress. de Montfaucon). — *Chastanier*, 1695 (terrier de Chabrespine). — *Chatagner*, 1878 (carte adm.).

CHATANIER, f., c^{ne} du Mazet-Saint-Voy.

CHATARDON, f., c^{ne} de Chomelix.

CHÂTEAU (LE), vill., c^{ne} de Cronce.

CHÂTEAU (LE), f., c^{ne} des Estables. — *Castrum de Stabulis*, 1464 (hôtel-Dieu).

CHÂTEAU (LE), vill., c^{ne} de Montregard.

CHÂTEAU-D'EMBLAVÈS, m. i., c^{ne} de la Voûte-sur-Loire.

CHÂTEAU-LA-VILLE, vill., c^{ne} de Saint-Haon. — *Villa quæ dicitur Chartris, Villa Castris*, v. 1015 (cart. du Monastier, n° 218). — *Chastel, par. S. Habundi*, 1345 (J. de Peyre, n^{re}). — *Castrum Villæ*, 1511 (Dompnin, n^{re}). — *Castel-la-Ville, Chastel-la-Ville*, 1541 (V. Brunel, n^{re}). — *Chasteau-la-Ville*, 1584 (M^{ee} Leblanc, n^{re}). — *Chastel-la-Viale*, 1695 (capitation).

CHÂTEAUNEUF, vill., c^{ne} d'Allègre. — *Castrum Novum*, 1164 (Médicis, I, 76). — *Castrum Novum*, 1171 (Baluze, mais. d'Auv., II, 67). — *Ecclesia de Castronovo*, 1252 (Saint-Agrève). — *Capellanus de Castronovo prope Alegre*, 1263 (Martène, thes. nov. anecd., I, 1117). — *Capella Castrinovi prope Alegrium*, 1390 (év.).

CHÂTEAU-NEUF, chât. dét. et vill., c^{ne} du Monastier. — *Capella de Castro Novo*, 1179 (cart. du Monastier, n° 442). — *Castrum Novum, Aniciensis dioc.*, 1266 (Arch. nat., P. 1397³, cote 597). — *Castrum Novum prope monasterium Sancti Theofredi*, 1309 (Arch. nat., P. 1398², cote 676). — *Castrum Novum supra Monasterium*, 1403 (Baluze, mais. d'Auv., II, 612). — *Vicaria Sancti Medardi Castri Novi*, 1516 (Arch. nat., G^{8*}. 1, f° 447).

CHÂTEAUNEUF (LE), affl. de la Colense, c^{ne} du Monastier.

CHÂTEAUX (LES), chât. ruiné et h., c^{ne} de Dunières. — *Castrum superius Duneriæ*, 1323 (hospit. du Velay). — *Castra Duneriæ*, 1465 (Rivière, n^{re}). — *Mandamentum Duneriæ domini de Gaudiosa*, 1469 (*idem*). — *Duniere-de-Joieuse*, 1506 (Médicis, II, 303). — *Locus Castrorum Duneriæ*, 1579 (Rhône, D. 183). — *Duniere-les-Joyeuse*, 1720 (Saugrain). — *Château de Duniere*, XVIIIe s. (Cassini).

CHÂTELARD (LE), f. et mⁱⁿ sur l'Oubois, c^{ne} de Laple. — *Le Chastelar*, 1695 (capitation).

CHÂTELARD (LE), vill., c^{ne} de Montregard. — *Lo Chastelar*, 1320 (cart. de Mazan, f° 138 v°). — *Lou Chastellar*, 1556 (terrier de Montregard). — *Le Chatelar de Monregard*, 1695 (capitation). — *Chatelar*, XVIIIe s. (Cassini).

CHÂTELARD (LE), chât. détr. et vill., c^{ne} de Saint-Maurice-de-Lignon. — *Locus Castellarum*, v. 998

(cart. du Monastier, n° 207). — *Linhio*, 1164
(Médicis, I, 76). — *Castrum de Linhone*, 1312
(év.). — *Castrum de Lignone*, 1375 (tabl. du
Velay, 1874-75, 339). — *Une mazure de chasteau
app. de Lignon*, 1689 (cad. du Lignon).

CHÂTELAS, f., cⁿᵉ de Malrevers.

CHÂTELET, dom., cⁿᵉ de Chaspuzac.

CHATELOUX, m. i., cⁿᵉ de Saint-Victor-Malescours.

CHATEYRE, écart, cⁿᵉ de Coubon.

CHATILHAC, l. détr., cⁿᵉ de Solignac-sur-Loire.
— *Chatiliac*, 1238 (Saint-Vosy). — *Chatilhat*,
1386 (homm. de Solignac). — *Chatilhac*, 1437
(prieuré de Solignac). — *Territorium de Chatilhaco sive de Orsic*, 1464 (*idem*). — *Chatilliac*,
1534 (év.). — *Le village de Chastillac lez la
Baume*, 1714 (Rochette, nʳᵉ).

CHATILLANGES (RANC DE), rocher, cⁿᵉ des Estables. —
Rancus de Chatilhangas, 1376 (Bonnefoy).

CHATISON, f., cⁿᵉ de Villeneuve-d'Allier. — *Chatuzo*,
1339 (Bibl. nat., ms. fr., 14377, p. 189). —
Mansus de Chatiso, 1418 (Arch. nat., Z². 4149,
p. 98). — *Chatuzou*, 1612 (terrier de la Vaudieu).

CHATONET, mⁱⁿ sur le Chatonet, cⁿᵉ de Cistrières. —
Tenementum de Chatoner, 1449 (terrier de Clavelier). — *Chatonnet*, 1888 (carte adm.).

CHATONET (LE), ruiss., affl. des Chelles, limite les
départements de la Haute-Loire et du Puy-de-
Dôme au nord-est de la commune de Cistrières.

CHATONS (LES), f., cⁿᵉ du Chambon. — *Villa quæ
vocatur Catonis*, 998 (cart. de Chamalières,
n° 65). — *Ad Chatones*, 1213 (*idem*, n° 332).
— *Territorium doux Chatonis*, 1481 (Pelisse, nʳᵉ).
— *Chatout*, 1888 (Malègue).

CHATURANGES, vill., cⁿᵉ de Saint-Pal-de-Chalencon. —
Chatuzanges, 1540 (terrier de Saint-Pal).

CHAU (LA), vill., cⁿᵉ de la Chaise-Dieu. — *Le lieu del
Chaulm*, 1561 (J. Chalvon, nʳᵉ). — *Lachaux*
(cad.). — *La Chaud*, 1888 (Malègue).

CHAU (LA), écart, cⁿᵉ de Chamalières. — *La Chaud*,
1888 (Malègue).

CHAUD (LA), écart, cⁿᵉ d'Aubazac.

CHAUD (LA), f., cⁿᵉ d'Autrac. — *La Chalm*, 1493
(terrier de Blesle). — *Lachaux*, 1879 (carte
adm.). — *Lachaud*, 1888 (Malègue).

CHAUD (LA), m. i., cⁿᵉ de Blavozy.

CHAUD (LA), vill., cⁿᵉ de Champagnac. — *Mansus de
la Chalm ou la Chal*, xivᵉ s. (terrier des Grèzes).
— *Lachaud*, 1880 (carte adm.).

CHAUD (LA), écart, cⁿᵉ de la Chapelle-d'Aurec. —
Lachaud, 1888 (Malègue).

CHAUD (LA), vill., cⁿᵉ de la Chapelle-Geneste. —

Chalm, 1316 (la Chaise-Dieu, Saint-Allyre). —
Calma, 1347 (*ibid.*, la Chapelle-Geneste).

CHAUD (LA), f., cⁿᵉ de Chassagnes. — *La Chaux*,
1888 (carte adm.).

CHAUD (LA), m. i., cⁿᵉ de Dunières.

CHAUD (LA), f., cⁿᵉ de Lantriac. — *Calma*, 1508
(Aleil, nʳᵉ).

CHAUD (LA), h., cⁿᵉ de Lapte. — *In aice de Lapte,
villa quæ dicitur la Chalm*, v. 1079 (cart. de
Cluny, ch. 3542). — *Mansus de la Chalm*, 1314
(év.). — *La Chaux* (cad.).

CHAUD (LA), h., cⁿᵉ de Lorlange.

CHAUD (LA), f., cⁿᵉ de Lubilhac. — *In vicaria Cheriacensi, in loco nuncupato Illam Calmem*, 924
(cart. de Brioude, ch. 16). — *Villa Calmæ*, 967
(*idem*, ch. 49). — *Lachaud*, 1879 (carte adm.).

CHAUD (LA), f., cⁿᵉ de Saint-Étienne-près-Allègre. —
La Chau, 1627 (la Chaise-Dieu, Saint-Étienne-
près-Allègre). — *La Chaux*, 1888 (carte adm.).

CHAUD (LA), lieu dit, cⁿᵉ de Saint-Geneys-près-Saint-
Paulien. — *In vicaria de Vetula Civitate, in villa
de Calmo*, v. 951 (cart. du Monastier, n° 122).

CHAUD (LA), h., cⁿᵉ de Saint-Julien-Molhesabate. —
La Chaux, 1879 (carte adm.). — *Lachaud*, 1888
(Malègue).

CHAUD (LA), f., cⁿᵉ de Vergongheon.

CHAUD (LA), vill., cⁿᵉ de Vissac. — *La Chalm*, 1310
(Cumignat). — *Calma*, 1458 (Maltrait, nʳᵉ). —
La Cham, 1576 (terrier du Cluzel). — *La Chau*,
1646 (*idem*).

Péage supprimé par arrêt du Conseil du 21 octobre 1738.

CHAUD (MOULIN-DE-LA), mⁱⁿ sur la Voirèze, cⁿᵉ de
Blesle.

CHAUD-DE-BLANLHAC (LA), h., cⁿᵉ de Rosières.

CHAUD-DE-CARLE (LA), h., cⁿᵉ d'Araules. — *Lachaud-
de-Carle*, 1888 (Malègue).

CHAUD-DE-CHAPELOU (LA), f., cⁿᵉ du Chambon.

CHAUD-DE-CHARRIOL (LA), f., cⁿᵉ du Chambon.

CHAUD-DE-COMBRIOL (LA), h., cⁿᵉ de Saint-Étienne-
Lardeyrol.

CHAUD-DE-FAY (LA), plateau, cⁿᵉ de Blavozy. — *La
Chalm*, 1417 (Saint-Georges du Puy). — *En la
Champ-de-Faet*, 1465 (Maltrait, nʳᵉ). — *Calma de
Montbusa dicta de Fayet*, 1528 (coll. H. Vinay). —
La Chaux-de-Fay, 1824 (Deribier, stat.).

CHAUD-DE-LA-CROIX (LA), h., cⁿᵉ d'Araules.

CHAUD-DE-LA-ROUE (LA), f., cⁿᵉ du Chambon.

CHAUD-DE-LA-ROUE (LA), h., cⁿᵉ du Mazet-Saint-
Voy.

CHAUD-DE-MÉZÈRES (LA), h., cⁿᵉ de Rosières. — *Calma
prope Meseras*, 1391 (év.). — *L Chalm* 1553

(terrier de Liques). — *Lachaud-de-Mezères*, 1888 (Malègue).

Chaud-de-Planchard (La), m. i., c^{ne} de Dunières.

Chaud-de-Pot (La), écart, c^{ne} de Saint-Vert. — *La Chaux-de-Pot*, 1880 (carte adm.). — *La Chaud-de-Paux*, 1888 (Malègue).

Chaud-de-Rougeac (La), vill., c^{nes} de Rosières et de Saint-Étienne-Lardeyrol. — *Calma d'Oys*, 1330 (la Chaise-Dieu, liasse Saint-Étienne-Lardeyrol). — *Calma d'Oyos*, 1368 (Lardeyrol). — *Calma d'Ois*, 1468 (*idem*). — *Champ-d'Oys*, 1468 (Saint-Vosy). — *La Chalm-d'Oys*, 1561 (Savin, n^{re}).

Chaud-de-Valamont (La), h., c^{ne} du Mazet-Saint-Voy. — *Valamon*, 1608 (cad. de Bonnas). — *Valamont*, xviiie s. (Cassini). — *Chaud-de-Moulin*, 1888 (Malègue).

Chaud-de-Valogières (La), h., c^{ne} de Saint-Hostien.

Chaud-du-Mas (La), f., c^{ne} de Queyrières.

Chaud-du-Pertuis (La), h., c^{ne} du Pertuis. — *La Chalm*, 1361 (la Chaise-Dieu, doyenné). — *La Chalm del Pertus*, 1408 (compois du Puy). — *La Chaud-du-Pertuis*, 1820 (Deribier). — *Lachaud-du-Pertuis*, 1888 (Malègue).

Chaud-du-Pin (La), h., c^{ne} du Chambon.

Chaude-Oreille, f., c^{ne} de Saint-Julien-Chapteuil. — *Chaudaurelha prope castrum Captolii*, 1336 (Saint-Agrève). — *Mansus de Chauda Aurelha*, 1459 (*idem*). — *Dominus de Calida Aure*, 1501 (coll. C. Falcon). — *Chaudorelhe*, 1606 (A. Robert, n^{re}). — *Chaudoreilhe*, 1624 (Duclaux, n^{re}). — *Chaudaurelhe*, 1680 (cad. de Chapteuil-Bas). — *Chaudoreille* (cad.)

Fief vassal de l'évêque du Puy, à cause de la seigneurie de Chapteuil.

Chaudeyrac, vill., c^{ne} de Cayres. — *Villa de Chaudairac*, 1238 (Saint-Vosy). — *Chaudeyrac*, 1256 (év.). — *Mansus de Chaudayraco*, 1315 (év.). — *Chaldeyrac*, 1507 (év.). — *Chaudeirac*, 1567 (Doleson, n^{re}).

Chaudeyrac, f., c^{ne} de Saint-Front. — *In villa Calderiaco, in pago Vellaico*, 988 (cart. du Monastier, n° 147). — *Mansus de Chaudeyrac*, 1284 (cart. de Mazan, f° 27). — *Chaudarac*, 1526 (cad. du Monastier). — *Chauderac*, xviiie s. (Cassini). — *Chaudayrac*, 1861 (état-major).

Chaudeyrachon, f., c^{ne} de Saint-Front. — *Chaudarachou*, 1820 (Deribier). — *Chaudarachou*, 1888 (Malègue).

Chaudeyre (La), ruiss., affluent de gauche de la Musette, à Vendes, c^{ne} de Loudes. — *Feuillaval* (cad.). — *La Chandaile*, 1888 (carte adm.).

Chaudeyrolles, c^{on} de Fay-le-Froid. — *In villa quæ dicitur Caldeirobes, in vicaria Sancti Baudilii*, v. 990 (cart. du Monastier, n° 275). — *Mansus de Chaudayrolas*, 1284 (cart. de Mazan, f° 25 v°). — *Ecclesia Beati Baudilii de Chaudayrolis*, 1387 (Bonnefoy). — *Prior Chaudeyrolarium*, 1475 (Arcis, n^{re}). — *L'Église parrochielle Sainct-Martial de Chaudeyrolles*, 1648 (ét. civ.).

En 1789, Chaudeyrolles dépendait de la province du Vivarais et du bailliage de Villeneuve-de-Berg. Son église paroissiale, diocèse de Viviers et archiprêtré de Boutières, était dédiée à saint Martial.

Chaudier, f., c^{ne} de Fay-le-Froid.

Chaudier, vill., c^{ne} du Mas-de-Tence. — *Nemus de Chaudeet*, 1276 (Gall. christ., XVI, instr., col. 255). — *Choudier*, 1556 (terrier de Montregard).

Chaudier (Le), l'un des deux ruisseaux qui forment les Mazeaux, c^{ne} du Mas-de-Tence.

Chauffage, bois, c^{ne} de Montusclat.

Chauffage, bois, c^{ne} de Séneujols.

Chauffage (Le), f., c^{ne} de Lautriac. — *Le Chaufaige*, 1541 (Savin, n^{re}).

Chauffage (Le Petit-), f., c^{ne} de Lautriac.

Chauffour, l. dét., c^{ne} de Bauzac. — *Mansus de Chaufforn*, 1336 (Arch. nat., P. 493², cote 95).

Chauffoun, loc. détr., c^{ne} de Saint-Jean-de-Nay. — *Chault-Forn, par. de Nay*, 1511 (J. Boyer, n^{re}).

Chauffoun (Le), loc. détr., c^{ne} de Saint-Préjet-Armandon. — *Mansus de Chauforn*, 1281 (spic. Briv.).

Chaulaire (La), f., c^{ne} du Chambon. — *La Chaulière*, 1888 (Malègue).

Chaulet, mont., bois et f., c^{ne} des Estables. — 1739 (ét. civ.). — *Choulet*, 1748 (*idem*).

Chaulet (Le), h., c^{ne} du Chambon. — *Grangia del Chaulet*, 1296 (hospitaliers du Velay). — *Grangia Hospitalis vocata de Chauleto*, 1311 (*idem*). — *Lo Cholet*, 1392 (év.). — *Lo Choulet*, 1507 (év.).

Chaulet (Le), affl. du Monastier, c^{ne} du Chambon.

Chaulhac, loc. détr., c^{ne} de Vissac. — *Chaulac*, 1262 (spic. Briv.). — *Chaulhac*, 1310 (Cumignac). — *Mansus de Chaulhac*, 1471 (Bibl. nat., ms. lat., n. acq., 1224, f° 39 v°). — *Chaulhiac*, 1478 (terrier du Cluzel).

Chaumard, h., c^{ne} de Saint-Julien-Chapteuil. — *Chalmar* ou *Chalmars*, 1346 (J. de Peyre, n^{re}). — *Chalmart*, 1473 (év.). — *Choumard*, 1501 (coll. C. Falcon). — *Choumard-Nhault, Choumard-Bas*, 1685 (cad. de Chapteuil-Bas).

Chaumargeais, vill., c^{ne} de Tence. — *Villa de Chal-

mariays, 1301 (hospit. du Velay). — *Chalmargays*, 1391 (év.). — *Chalmarghays*, 1395 (cart. de Tence, f° 5 v°). — *Chomargeys*, 1618 (Rhône, D. 150). — *Choumargeais*, 1820 (Deribier). — *Choumageais*, 1888 (Malègue).

CHAUMAS, f., c^ne d'Yssingeaux. — *Chomats*, 1888 (Malègue).

CHAUMASSE (LA), écart, c^ne de Saint-Jeure. — *La Chamasse*, 1880 (carte adm.).

CHAUMASSES (LES), f., c^ne de Chaudeyrolles. — *Locus de las Chalmassas*, 1464 (Ardèche, C. 624). — *Las Chaumassaz*, 1646 (ét. civ.). — *Les Chaumasses*, 1660 (*idem*).

CHAUMATS (LES), h., c^ne de Bessamorel. — *Los Chalmasts*, 1359 (Rhône, H. 2632). — *Le Chaumat*, 1820 (Deribier).

CHAUMÈNE, f., c^ne des Estables. — *Chalm Meiana*, 1224 (Bonnefoy). — *Mansus de Chalmeana*, 1450 (*idem*). — *Chalmenne*, 1534 (év.). — *Chaumyene*, 1565 (Nicolas, n^re). — *Choumène*, 1569 (A. Boyer, n^re). — *Choumeyna*, 1630 (ét. civ.). — *Chaumène*, 1695 (capitation). — *Chaumain*, 1820 (Deribier). — *Chaumaine*, 1888 (Malègue).

CHAUMET (LE), m. i., c^ne de Saint-Georges-d'Aurac.

CHAUMETTE (LA), f., c^ne de Saint-Didier-la-Séauve. — *La Chomette*, 1820 (Deribier).

CHAUMETTES (LES), h., c^ne de Retournac. — *Les Chomettes* (cad.).

CHAUMIER, f. et m^in sur la Gagne, c^ne de Lantriac. — *Chalmier, Cholmyer*, 1546 (Savin, n^re).

CHAUMONT, m. i., c^ne d'Aurec.

CHAUMONT, vill., c^ne de Boisset. — *Villa de Chalmont*, v. 1085 (cart. de Chamalières, n° 205); — 1293 (Arch. nat., P. 491¹, c. 13); — 1420 (Loire, A. 89, f° 247 v°). — *Chomond*, 1820 (Deribier).

CHAURAS, m. i., c^ne d'Espaly-Saint-Marcel.

CHAUROI, m. i., c^ne de Saint-Just-Malmont.

CHAUROND, m. i., c^ne de Tence.

CHAUSSA (LA), écart, c^ne de Beaux. — *La Chaussade*, 1878 (carte adm.). — *La Chomasse*, 1888 (Malègue).

CHAUSSAC, f., c^ne de Bauzac. — *Chabanaria, in territorio de Bauzac, quæ vocatur Chausac*, xii° s. (cart. de Chamalières, n° 144). — *Lou Chouchatz*, xvi° s. (obit. de Bauzac). — *Chossac*, 1888 (Malègue).

CHAUSSADE (LA), écart, c^ne d'Yssingeaux.

CHAUSSADIS (LE), loc. détr., c^ne de Saint-Front. — *Locus del Chauchadis qui est supra locum de Montiliis lo Sobeyra prope succum d'Ayglet*, 1344 (Monastier).

CHAUSSADIS, h., c^ne de Saint-Paul-de-Tartas. — *Lo Chauchadis supra Montem Bellum*, 1513 (J. Boyer, n^re).

CHAUSSE, h., c^ne d'Azerat. — *Lo Chauce*, xiii°s. (obit. de Br.). — *Mansus del Chalce*, 1273 (cart. d'Azerat). — *Chauser*, 1408 (la Chaise-Dieu, Azerat). — *Chalser*, 1440 (*idem*).

CHAUSSE (LA), h., c^ne de Saint-Julien-Chapteuil. — *Bouffevent ou la Chauce*, 1685 (cad. de Chapteuil-Bas). — *La Chause*, xviii° s. (Cassini).

CHAUSSE (LE), vill., c^ne de Blesle. — *Villa de Cauce*, xi° s. (cart. de Sauxillanges, n° 771). — *Lo Chausser*, 1350 (spic. Briv.). — *Mansus del Chauser*, 1364 (*idem*). — *Le Mas du Chausset*, xv° s. (Arch. nat., R⁴ 1143*, n° 16). — *Chaussy*, 1730 (terrier d'Espalem).

CHAUSSE (LE), f., c^ne de Desges. — *Al Chalce*, xii° s. (cart. de Pébrac, n° xlvi-42). — *Al Chauce* (l'impr. porte Chance), xii° s. (*idem*, n° xlvi, 43). — *Al Chausse*, 1224 (*idem*, n° 55). — *Mansus del Chausser*, 1459 (Bibl. nat., ms. lat., n. acq., 1222, f° 107 v°).

CHAUSSE (LE), f., c^ne de Domeyrat. — *Lo Chausser*, 1464 (Bibl. nat., ms. lat., n. acq., 1223, f° 158 v°).

CHAUSSE (LE), loc. dét., c^ne de Paulhaguet. — *L'hospital del Chausse, la chapelle de Sainct-Blaise du Chaussis*, 1455 (la Chaise-Dieu, Mazerat-la-Brequeille).

CHAUSSE (LE), écart, c^ne d'Yssingeaux. — *Lo Chauce*, v. 1181 (cart. des Hosp., n° 37). — *Lo Chauzcer*, v. 1181 (*idem*, n° 39). — *Lo Chaucer*, v. 1182 (*idem*, n° 41). — *Lo Chausse*, 1185 (*idem*, n° 42). — *Le Chausse*, 1600 (M^ce Leblanc, n^re). — *La Chaussa*, 1635 (terrier de Saussac).

CHAUSSE (RAVIN-DU-), affl. de la Dège à l'ouest de Chazelles. — *Rif de Chalzel*, 1440 (cart. d'Azerat, f° 63).

CHAUSSON, vignoble, c^nes d'Aiguilhe et de Polignac. — *In Causone* 1089 (Saint-Georges du Puy). — *Vinea de Capsone*, v. 1090 (la Chaise-Dieu, Usson). — *In Chauzone*, 1221 (hôtel-Dieu). — *Territ. de Caussone*, 1250 (chap. N.-D. du Puy). — *Vinetum de Chausso*, 1336 (J. de Peyre, n^re). — *Chaucho*, 1348 (Saint-Agrève).

CHAUSSON, écart, c^ne de Coubon.

CHAUSSON, m. i., c^ne de Saint-Victor-sur-Arlanc.

CHAUSSONNET, f., c^ne de Couteuges. — *Chossenet*, xviii° s. (Cassini). — *Chaussonet*, 1888 (carte adm.).

CHAUVAINS, mont., c^ne de Malrevers. — *Chalvencs*, 1347 (J. de Peyre, n^re, reg. D, f° 126). — *Cholvens*, 1470 (Chamblas). — *El suc de Chouvens*, 1555 (cad. de Mercœur).

CHAUVEL, f., c^{ne} de Croisance. — *Mansus Chalvel*, 1273 (Lozère, G. 412). — *Chalvels*, 1499 (Thiolent). — *Locus de Calvello*, 1526 (A. Beysseyre, n^{re}). — *Chauvel*, 1888 (carte adm.).

CHAUVEL (MOULIN-DE-), mⁱⁿ sur le Ram, c^{ne} de Beaulieu. — *Villa de Ram, in parochia de Roseriis*, xe s. (cart. de Chamalières, n° 181). — *Ung Chazal de molin au lieu de Marghaix, app. le Molin-de-Ranc*, 1714 (cad. de Laval-Emblavès).

CHAUVIN, m. i., c^{ne} de Lapte.

CHAUX, h., c^{ne} de Vorey. — *Calma*, 1288 (bénédictines de Vorey). — *Chau*, 1714 (cad. de Laval-Emblavès). — *Chaut*, xviiie s. (Cassini). — *La Chaud*, 1820 (Deribier).

CHAUX-PLÂTE (LA), m. i., c^{ne} de Riotord. — *Chau-plate*, 1888 (Malègue).

CHAVAGNAC, lieu dit, c^{ne} de Léotoing. — *Als Estreytz de Chavaynhac*, 1295 (spic. Briv.).

CHAVAGNAC, vill., c^{ne} de Saint-Paulien. — *Chavanac*, 1142 (collège du Puy). — *Villa quæ dicitur Chavannacum*, xiie s. (cart. de Chamalières, n° 179). — *Chavaignac*, 1306 (tabl. du Velay, 1875-76, 520). — *Chavanhac*, 1355 (terrier de P. Ravoux).

CHAVAGNAC, h., c^{ne} de Salzuit. — *Chavaignat*, 1277 (Gall. chr., II, instr., col. 101). — *Chavanhac*, 1392 (Arch. nat., Z², 4145, p. 253). — *Chovaniac*, xviiie s. (Cassini).

CHAVAGNAC (LE), affl. de la Lidène, c^{nes} de Chavagnac-la-Fayette et de Saint-Georges-d'Aurac.

CHAVAGNAC (LE), affl. de l'Allier à Lempdes, traverse les communes de Léotoing et de Lempdes. — *Rivus de Chavaynhac*, 1295 (Arch. nat., P. 1376¹, c. 2629).

CHAVAGNAC-LAFAYETTE, c^{on} de Paulhaguet. — *In villa Cavaniaco*, 994 (cart. de Cluny, n° 2271). — *Javaiac*, v. 1130 (cart. de Pébrac, n° 42). — *Mansus de Chavenhat*, 1448 (Bibl. nat., ms. fr., 11490, f° 446). — *Chavanhac*, 1489 (spic. Briv.). — *Saint-Roch de Chavaniac*, 1757 (Jal, dict. crit. de géogr. et d'hist., p. 721, s. v° La Fayette). — *Chavaniac-Lafayette*, 1790 (Arch. mun. de Saint-Georges-d'Aurac). — *Chavagnac*, 1872 (Malègue).

Commune érigée par décret du 31 décembre 1880 et distraite de celle de Saint-Georges-d'Aurac. Un autre décret du 8 juillet 1884 a autorisé cette commune à prendre le nom de Chavagnac-Lafayette.

En 1789, Chavagnac-Lafayette était chef-lieu d'une paroisse du diocèse de Saint-Flour et de l'archiprêtré de Langeac, sous le vocable de saint Roch; la présentation à la cure appartenait au seigneur du lieu.

CHAVAGNY, h., c^{ne} de Saint-Vert. — *Chavany*, 1693 (la Chaise-Dieu, liève).

CHAVALMARD, vill., c^{ne} de Rosières. — *Chaval-Marc, Chavail-Marc*, 1507 (év.). — *Chavalinard*, 1880 (carte adm.).

CHAVANON, écart, c^{ne} de Monistrol-sur-Loire.

CHAVE, h., c^{ne} de Raucoules.

CHAVE (LA), h., c^{ne} de Champclause. — *La Chave-d'Ourbe*, 1888 (Malègue).

CHAVE (LA), écart, c^{ne} de Montusclat. — *La Chava*, 1343 (tabl. de la Haute-Loire, 1870-1871, 479).

CHAVE (LA), h., c^{ne} de Saint-Austremoine.

CHAVE (LA), f., c^{ne} de Saint-Bonnet-le-Froid. — *Locus de la Chava*, 1467 (Rivière, n^{re}).

CHAVE (SCIE-DE-), scierie sur la Ruelle, c^{ne} du Mas-de-Tence.

CHAVISSIÈRE, h., c^{ne} de Saint-Didier-sur-Doulon. — *Chavaysseyra*, 1341 (terrier de Charbonnier). — *Chavaysseyre*, 1516 (Vals-le-Chastel). — *Champveysseyre*, 1564 (idem). — *Les Chevissières*, xviiie s. (Cassini). — *Chabessière* (cad.). — *Chabesseyre*, 1888 (carte adm.).

CHAVOZON, m. i., c^{ne} de Saint-Julien-Molhesabate. — *Chavogiou* (cad.). — *Chavojot*, 1820 (Deribier).

CHAYLOT, vill., c^{ne} de Thoras. — *Mansus de Chasla*, 1274 (Thiolent). — *Cheyla*, 1457 (J. Rocher, n^{re}). — *Chaila*, 1499 (Thiolent). — *Cheylo*, 1527 (A. Besseyre, n^{re}). — *Chailo*, xviiie s. (Cassini).

CHAZAL, l. détr., c^{ne} de Saint-Vincent. — Substructions d'un édifice romain. — En patois *Chazar*.

CHAZAL (LE), m. i., c^{ne} de Moudeyres.

CHAZALET, h., c^{ne} de Bessamorel. — *Locus de Chazalest*, 1359 (Rhône, H. 2632). — *Le lieu de Chasalet appartenant au grand prieur d'Auvergne*, 1394 (Arch. nat., X 2A 12, f° 233). — *Seyta de Chasaletz*, 1430 (Rhône, Bessamorel).

CHAZALET, f., c^{ne} de Montregard. — *Chasaletz, Chaseletz*, 1556 (terrier de Montregard). — *Chazalez de Monregard*, 1695 (capitation).

CHAZALET, vill., c^{ne} d'Yssingeaux. — Jadis divisé en Chazalet-Haut et Bas. — *Mansi de Chazaletz lo Soteyra et de Chazaletz lo Sobeyra*, 1343 (J. de Peyre, n^{re}). — *Le lieu de Chasalet app. au [grand] prieur [d'Auvergne]*, 1394 (Arch. nat., X 2A 12, f° 233). — *Chazaleti*, 1457 (enq. de Bessamorel). — *Chazalletz*, 1614 (terrier de Saussac).

CHAZALET (LE), l'un des trois ruisseaux qui forment l'Ulmet, c^{ne} de Raucoules.

CHAZALET (LE), h., c^{ne} de Saint-Pierre-Eynac. — *Mansus voc. de Chazalet*, 1315 (Lardeyrol).

Rupes voc. de Chasaletz, 1324 (la Chaise-Dieu, Saint-Étienne-Lardeyrol). — *Chasales*, 1468 (Lardeyrol). — *Chavaletz*, 1604 (Gallien, n^re).

CHAZALETS, l. détr., c^ne de Grèzes. — *Chasalets*, 1327 (Lozère, G. 98).

CHAZALETS (LES), h., c^ne des Vastres. — *In villa quæ dicitur Cazaletis, in arce (aice) Bonaciense*, v. 990 (cart. du Monastier, n° 256). — *In pago Vellaico, villa Cazalendis*, v. 1016 (*ibidem*). — *Mansus doux Chasaletz*, 1322 (hospit. du Velay). — *Los Chazalets*, 1343 (Rhône, H. 1016). — *Mansus dous Chasalletz*, 1454 (terrier de Saint-Julien de Châteauneuf). — *Mansus de Chasaletis*, 1464 (Ardèche, C. 624). — *Les Chazallets*, 1888 (carte adm.).

CHAZALIE (LA), h., c^ne du Pont-Salomon. — *Chazallis*, 1879 (carte adm.).

CHAZALIE (LA), h., c^ne d'Yssingeaux. — *La Chasalea*, 1346 (év.). — *La Chasala*, 1459 (Rhône, Bessamorel). — *La Chasa'ia*, 1504 (terrier de Chailhans). — *La Casalia, la Chazalia*, 1523 (est. gén. d'Yssingeaux). — *La Chaselie*, 1600 (M^ce Leblanc, n^re). — *La Chasallie*, 1635 (terrier de Saussac). — *Chazalle*, 1878 (carte adm.).

CHAZALIÈRE, h., c^ne de Saint-Ferréol-d'Auroure.

CHAZALIES (LES), h., c^ne de Lapte. — *Mansus de las Chazalezas*, 1345 (Arch. nat., P. 1397², cote 552). — *Mansus de las Chazaleas*, 1349 (Arch. nat., P. 1397², cote 540). — *Las Chazaleias*, 1507 (év.). — *Les Chazalies*, 1695 (capitation). — *Les Chesalis*, xviiie s. (Cassini). — *Chazalis*, 1860 (état-major). — *Chazaloux*, 1888 (Malègue).

CHAZALON, l. détr., c^ne de Lapte. — *Chasalon*, xviiie s. (Cassini).

CHAZALOUS, h., c^ne de Monistrol-d'Allier. — *Los Chasalos*, 1377 (Thiolent). — *Chaseloux*, 1684 (idem).

CHAZALOUX (LES), l. détr., c^ne de Cussac. — *Codercum deus Chasalos*, 1438 (prieuré de Solignac),

CHAZALOUX (LES), f., c^ne de Saint-Front. — *Mansus de Casaleus (Casalous)*, v. 1080 (cart. du Monastier, n° 39). — *Ad Cazalos*, v. 1080 (*idem*, n° 360). — *Les Chazalloux*, 1652 (ét. civ.).

CHAZALOUX (LES), lieu près Beyssac, c^ne de Saint-Jean-de-Nay. — *Territorium des Chasalos*, 1477 (Bibl. nat., ms. lat., n. acq., 1224, f° 162).

CHAZAU (LE), ruiss. qui prend sa source près de Prunet, c^ne de la Chapelle-Geneste, sépare les départements de la Haute-Loire et du Puy-de-Dôme, et se jette dans la Dore à Chezal, c^ne de Saint-Sauveur (Puy-de-Dôme). — *Rivus d'Orsival*, 1449 (terrier de Clavelier).

CHAZAUX, h., c^ne de Borne. — *Chazales*, 1323 (Saint-Agrève). — *Casales*, 1331 (J. de Peyre, n^re). — *Chasaulx*, 1549 (Savin, n^re).

CHAZAUX, vill., c^ne de Chanaleilles. — *Mansus de Chazals*, 1274 (Lozère, G. 99). — *Mansus de Casalibus*, 1377 (Thiolent). — *Homines de Chasals*, 1523 (hôtel-Dieu). — *Chazeau*, 1888 (carte adm.).

CHAZAUX, h., c^ne de Lapte. — *Casalis, Chasalis*, 1303 (prieuré de Grazac). — *Chasalx*, 1507 (év.). — *Chazaulx*, 1607 (M^ce Leblanc). — *Le Chazeau*, xviiie s. (Cassini). — *Chazeaax*, 1860 (état-major).

CHAZAUX, loc. détr., près Fay-la-Triouleyre, c^ne de Saint-Germain-Laprade. — *Villa quæ dicitur Casalis*, 1089 (Saint-Georges du Puy). — *Chazals*, 1305 (*idem*). — *Territorium de Cazalibus de Fayeto*, 1376 (*idem*).

CHAZAUX, vill., c^ne d'Yssingeaux. — *Villa quæ vocatur Casali*, 946 (cart. de Chamalières, n° 267). — *Villa de Chasalis*, 1021 (*idem*, n° 57). — *Chasales*, 1244 (hôtel-Dieu). — *Chazals*, 1269 (Gall. christ., t. II, eccl. Anic., col. 774). — *Casales*, 1291 (*idem*, col. 774). — *Chasalz de Poinsac*, 1506 (Ét. Médicis, t. II, p. 305). — *Locus de Chasalibus*, 1528 (terrier du Pertuis). — *Chazaux de Poinsac*, 1635 (terrier de Saussac). — *Chasaulx de Chamouroux, au passé de Poinsac*, 1657 (terrier de Chazaux).

CHAZAUX (LES), h., c^ne de la Chapelle-Geneste. — *Mansus de Chazals*, 1275 (la Chaise-Dieu, Saint-Allyre). — *Mansus de Casalibus*, 1347 (*ibid.*, la Chapelle-Geneste). — *Les Chazeaux*, 1888 (carte adm.).

CHAZAUX (LES), h., c^ne de Desges. — *Mansus de Chasals*, 1460 (Bibl. nat., ms. lat., n. acq., 1222, f° 162). — *Chasaux*, 1574 (terrier de Meyronne). — *Les Chazeaux*, 1888 (carte adm.).

CHAZAUX (LES), l. dét., près le Tombarel, c^ne des Estables.

CHAZAUX (LES), f., c^ne de Montusclat. — 1696 (cad. de Montusclat).

CHAZAUX (LES), lieu dit, près Vergue, c^ne de Saint-Berain. — *Territorium des Chasals*, 1480 (Bibl. nat., ms. lat., n. acq., 1224, f° 258 v°).

CHAZAUX (LES), h., c^ne de Sainte-Sigolène. — *Chasals*, 1384 (év.). — *Les Chasau'x*, 1563 (obit. de Bas). — *Les Chazaux*, 1695 (capitation). — *Les Chazeaux*, xviiie s. (Cassini).

CHAZAUX (LES), h., c^ne de Saint-Jeure. — 1296 (homm. de l'év.). — *Mansus de Casalibus*, 1324 (cart. de Tence, f° 4). — *Mansus de Chasalx*,

1324 (*idem*, f° 2 v°). — *Chasals*, 1391 (év.). — *Chasaulx*, 1548 (Rhône, H. 2634).

CHAZAUX (LES), f., c^ne de Saint-Voy.

CHAZAUX (LES), h., c^ne des Vastres. — *Mansus de Cazales*, xie s. (cart. du Monastier, n° 34). — *Locus doux Chasalz, mand. de Fayno*, 1454 (terrier de Saint-Julien de Châteauneuf). — *Mansus de Casalibus*, 1464 (Ardèche, G. 624).

CHAZAUX (MOULIN-DE-), m^in sur la Borne, c^ne de Borne. — *Molendinus et boria de Musa*, 1430 (hospit. du Velay).

CHAZE (LA), f., c^ne des Estables.

CHAZE (LA), m. i., c^ne de Saint-Didier-sur-Doulon.

CHAZEAUX, h., c^ne de Coubon. — Lieu jadis divisé en deux groupes, Chazeaux-Bas et Chazeaux-Haut. — *Chazals*, 1333 (Saint-Georges du Puy). — *Chazals Sobeyras, Casales Superiores*, 1389 (plumit. de Bouzols). — *Casales Inferiores*, 1389 (*ibid.*). — *Chasalz*, 1547 (Savin, n^re). — *Chasaux*, 1707 (cad. de Bouzols).

CHAZEAUX, vill., c^ne de Salettes. — *Villa de Casalibus*, 1309 (Arch. nat., P. 1398², cote 676). — *Locus de Cazalibus*, 1383 (Rhône, E. 9). — *Chasals*, 1534 (év.). — *La chapelle de Chazaux dediée à Nostre-Dame de Guérison*, 1699 (cad. de Vachères).

CHAZEAUX, l. dét., c^ne de Séneujols. — *Villa de Chazalx*, 1210 (templiers du Puy). — *Chasals, in parochia de Cenoiol, juxta villam de Chantoen*, 1214 (*ibid.*).

CHAZEAUX (LES), ruiss., prend sa source au nord-ouest de Sainte-Sigolène et se jette dans la Loire à l'ouest de Cheucle, c^ne de Monistrol-sur-Loire.

CHAZELET, vill., c^ne de Bauzac. — *Chazalets*, 1309 (homm. de l'év.). — *Mansus de Chazaletz*, 1346 (Arch. nat., P. 490⁸, cote 229). — *Chassaletz*, xvie s. (obit. de Bauzac). — *Chazalet*, 1820 (Deribier). — *Chazellet*, 1888 (Malègue).

CHAZELET, vill., c^ne de la Chapelle-d'Aurec. — *Chazalletz*, 1553 (ress. de Montfaucon). — *Chazallez*, 1584 (terrier de Saint-Didier de Joyeuse). — *Chazellet*, 1820 (Deribier).

CHAZELET, f., c^ne de Raucoules. — *Mansus de Chasalet*, 1295 (maladrerie de Brives). — *Chazaletz*, 1347 (*idem*). — *Chazelet*, xviiie s. (Cassini). — *Chasalet*, 1879 (carte adm.). — *Chazellet*, 1888 (Malègue).

CHAZELLE, h., c^ne de Loudes.

CHAZELLE, écart, c^ne de Rosières. — *Chazellas*, 1306 (tabl. du Velay, 1875-76, 512).

CHAZELLE, h., c^ne de Saint-Didier-la-Séauve. — *Chazellæ*, 1324 (coll. Chaleyer).

CHAZELLES, h., c^ne d'Azerat. — *In orbe Arvernico, in comitatu Brivatensi, in villa cui vocabulum est Casalellas*, 901 (cart. de Brioude, ch. 32). — *In comitatu Arvernico, in vicaria Brivatensi, ad Casellas*, v. 1011 (*idem*, ch. 106). — *In villa quæ dicitur Cassellas*, v. 1020 (*idem*, ch. 31). — *Chazellas*, 1156 (cart. d'Azerat).

CHAZELLES, h., c^ne de Monistrol-sur-Loire. — *Chazelas*, 1354 (hôtel-Dieu). — *Chaselœ*, 1394 (*idem*, B. 691). — *Chaselles*, 1656 (ét. civ.).

CHAZELLES, c^on de Pinols. — *Ecclesia Sancti Petri de Chaselas*, v. 1075 (cart. de Pébrac, n° 23). — *Coms de Chazelas*, 1218 (*idem*, n° 53). — *Chazelles-sur-Pebrac*, 1379 (compte de B. Flotenc). — *Locus de Casellis prope Piperacum*, 1456 (Bibl. nat., ms. lat., n. acq., 1222, f° 38 v°). — *Prioratus de Casellis, ord. Sancti Augustini*, 1463 (Bibl. nat., ms. lat., n. acq., 1223, f° 102 v°).

En 1789, Chazelles dépendait de la province d'Auvergne, de l'élection de Brioude, de la subdélégation de Langeac et du ressort de Riom. Son église paroissiale, diocèse de Saint-Flour et archiprêtré de Langeac, était consacrée à saint Pierre; le prieur de la Voûte-Chilhac présentait à la cure.

CHAZELLES, vill., c^ne de Saint-André-de-Chalencon. — *Villa de Chazelas*, xie s. (cart. de Chamalières, n° 207). — *Villa de Chazellis*, 1302 (Arch. nat., P. 494¹, c. 11). — *Chazelles*, 1545 (terrier de la Garde).

CHAZELLES, vill., c^ne de Saint-Vidal. — *Locus de Chazelis*, 1385 (terrier de Saint-Vidal). — *Chaselas*, 1522 (Martel, n^re).

CHAZELLES, vill., c^ne de Thoras. — *Chaselas*, 1274 (Lozère, G. 99). — *Chasellœ*, 1527 (A. Besseyre, n^re).

CHAZELLES (MOULIN-DE-), m^in sur la Dège, c^ne de Chazelles.

CHAZELLES-BAS, f., c^ne de Saint-Just-près-Brioude. — *Chazelas*, 1277 (Gall. christ., II, instr., col. 144).

CHAZELLES-HAUT, m^in sur le Ceyroux, c^ne de Saint-Just-près-Brioude. — *Molendinum de Chazelas*, 1429 (terrier du doy. de Br.).

CHAZELLET, vill., c^ne de Valprivas. — *Domus voc. de Chazalet*, 1314 (Arch. nat., P. 492³, cote 222). — *Chasaletz*, 1321 (J. de Peyre, n^re). — *Chazelet* (cad.).

CHAZELLET (LE), c^ne de Mercœur. — *Los Chazalhetz*, 1357 (Bibl. nat., ms. fr., 14377, p. 210). — *Les Chazelletz*, 1613 (Mercurial).

CHAZELLET (LE), h., c^ne de Vieille-Brioude. — *In vicaria Brivatensi, in villa quæ nominatur Casa-*

letto, v. 1011 (carte de Brioude, ch. 220). — *Mansus doz Chezeletz*, 1461 (Arch. nat., ZZ. 359, p. 33).

CHAZES (LES), h., c^{ne} de Saint-Hostien. — *La Chaze*, 1595 (Mme Leblanc, n^{re}).

CHAZES (LES), quartier du bourg de Saint-Julien-des-Chazes. — *Las Chasas*, 1199 (Baluze, mais. d'Auv., II, 257). — *Las Chesas*, v. 1210 (Gall. christ., II, c. 452). — *Parochia ecclesiæ Sancti Petri de las Chasas, in diocesi Alverniæ*, 1259 (Thiolent). — *Lou moustier de las Cazas*, 1468 (D. Branche, l'Auv. au moyen âge, 314). — *Monasterium Sancti Petri de Casis*, 1480 (Bibl. nat., ms. lat., n. acq., 1223, f° 340 v°).

CHAZES-VIEILLES, l. détr., c^{ne} de Thoras. — *Territorium de Chazas Vielhas*, 1527 (A. Besseyre, n^{re}). — *Chazes-Vieilhes*, 1622 (terrier de Vazeilhes).

CHAZETTE (LA), chât., c^{ne} de Chanaleilles. — *Las Chazetas*, 1297 (hôtel-Dieu, B. 347). — *Nemus de la Chazeta... domini de Mercorio*, 1327 (Lozère, G. 98). — *Terra domini de Apcherio app. la Chaseto*, 1523 (hôtel-Dieu).

CHAZETTES (LES), h., c^{ne} de Desges. — *La Chasette*, 1588 (terrier d'Auvers). — *Les Chazettes*, 1750 (terrier des Binières). — *Chazellettes*, 1888 (Malègue).

CHAZEVIELLES, h., c^{ne} de Saint-Haon. — *Chases-Vialles*, 1541 (V. Brunel, n^{re}). — *Chazevieille*, 1888 (carte adm.).

CHAZIEUX, vill., c^{ne} de Saint-Ilpize. — *In aice Brivatensi, villa Kagilis*, 858 (cart. de Brioude, ch. 282). — *In vicaria Cantilianica, villa Cagilis*, 888 (*idem*, ch. 38). — *Villa Cagalis*, 893 (*idem*, ch. 126). — *Vagiles (Cagiles)*, 924 (*idem*, ch. 203). — *Chagels*, 1379 (Arch. nat., Z². 4143, p. 3). — *Mansus de Chagielz*, 1458 (Arch. nat., ZZ. 359, p. 3). — *Les Chazioux*, 1612 (terrier de la Vaudieu).

CHAZORNE (LA), h., c^{ne} de Beaulieu.

CHAZOTTE, f., c^{ne} de Champclause. — *Territorium de Chazota prope Chanclausa*, 1464 (Ardèche, C. 624). — *Chazaute*, xviii° s. (Cassini).

CHAZOTTE, f., c^{ne} de Montregard. — *Chazottes*, 1556 (terrier de Montregard).

CHAZOTTE (LA), h., c^{ne} de Borne. — *La Chazota*, 1280 (Rhône, Annecy, I, 1). — *La Chasota*, 1453 (prieuré de Polignac). — *La Chasote*, 1561 (Savin, n^{re}).

CHAZOTTE (LA), affl. de la Virlange, c^{ne} de Chanaleilles.

CHAZOTTE (LA), f., c^{ne} de Lapte. — *Lachazotte*, 1820 (Deribier).

CHAZOTTE (LA), loc. détr., c^{ne} de Mercœur. — *Pagerie de la Chazotte*, 1613 (Mercurial).

CHAZOTTE (LA), loc. détr., c^{ne} de Montclard. — *Lo Mas de la Chazota*, 1341 (terrier de Charbounier).

CHAZOTTE (LA), h., c^{ne} de Retournac. — *Villa quæ vocatur Casota*, 1163 (cart. de Chamalières, n° 79). — *Les Chazottes* (cad.). — *Lachazotte*, 1820 (Deribier).

CHAZOTTE (LA), loc. détr., c^{ne} de Sainte-Marie-des-Chazes. — *Raols della Chasota*, 1213 (Haute-Loire, les Chazes). — *La borie de la Chasote*, 1461 (Bibl. nat., ms. lat., n. acq., 1222, f° 204 v°).

CHAZOTTE (LA), h., c^{ne} des Vastres. — *Mansus de Cazota*, v. 980 (cart. du Monastier, n° 168). — *Locus de Chazota*, 1464 (Ardèche, C. 624).

CHAZOTTES, h., c^{ne} de Saint-Romain-Lachalm. — *Chazottes-Oulanienches*, 1561 (terrier de Saint-Didier). — *Chazote-Olaninche*, xviii° s. (Cassini). — *Chasote* (cad.).

CHAZOTTES, vill., c^{ne} de Saint-Victor-Malescours.

CHAZOTTES (PEU DES), mont., c^{ne} de Pinols.

CHAZOURNE, f., c^{ne} d'Aurec.

CHAZOURNE (MOULIN-DE-), mⁱⁿ sur la Sagne, c^{ne} d'Aurec.

CHEISSE (LA), ruiss. qui prend sa source à Montbonnet, c^{ne} de Bains, passe à Ceyssac et se jette dans la Borne, vis-à-vis Cormail, c^{ne} d'Espaly-Saint-Marcel. — *Chayssa*, 1346 (J. de Peyre, n^{re}, reg. D, f° 101 v°). — *Cheyssa*, 1392 (hôtel-Dieu, B. 226). — *La rivière app. de Cheisse*, 1587 (Dolesou, n^{re}). — *Ruiss. de Ceyssac*, 1861 (état-major).

CHELLES, h., c^{ne} de Sembadel. — *Chieliæ*, 1462 (la Chaise-Dieu, Connangles).

CHELLES (LES), ruiss., limite les c^{nes} de Cistrières et de la Chapelle-Geneste et se jette dans le Saint-Alyre en aval de Saint-Alyre (Puy-de-Dôme).

CHEMINAUX (LES), m. i., c^{ne} de Grazac.

CHEMINAUX (LES), m. i., c^{ne} de Lapte.

CHEMIN-DES-MORTS (LE), c^{ne} de Saint-Beauzire. — *Chemin del Crozet à Sainct-Baulzire, app. le Chemin des morts*, 1549 (terrier de Lauriat).

CHEMIN-D'ESPALY (LE), vill., c^{ne} d'Espaly-Saint-Marcel.

CHEMIN-DE-TAULHAC (LE), vill., c^{ne} de Taulhac.

CHEMINIAC, loc. détr., c^{ne} de Salzuit. — *Mansus de Chaminac*, 1285 (spic. Briv.). — *Les chazaux de Cheminiac*, 1778 (plan; commun^{on} de M. P. Le Blanc).

CHEMIN-ROMIEU, c^{ne} de Saint-Arcons-d'Allier. — *Iter publicum voc. Iter Romeu, in pertinenciis Sancti Arconii*, 1465 (Bibl. nat., ms. lat., n. acq., 1223, f° 220 v°).

Chemins (Les Quatre-), m. i., c^{ne} de Sainte-Sigolène.

Cheneau (Le), lieu dit, près Viaye-le-Château, c^{ne} de Saint-Vincent. — Restes d'un aqueduc romain.

Chenebiers (Les), f., c^{ne} de Tence. — *Chaneberiæ*, 1415 (cart. de Tence, f° 15 v°). — *Les Chanebiers*, 1694 (ét. civ.). — *Chanebiere*, xviii° s. (Cassini).

Chenelette (Le Mas-de-), f., c^{ne} de Pradelles. — *Chanelette*, xviii° s. (Cassini).

Chenenches, h., c^{ne} de Monistrol-sur-Loire. — *Chanenchas*, 1346 (J. de Peyre, n^{re}). — *Las Cheynenches*, 1657 (ét. civ.). — *Les Chenenches*, 1691 (idem). — *Senenches*, 1748 (idem).

Chénéreilles, c^{on} de Tence. — *Chanalelas*, 1296 (homm. de l'év.).

En 1789, Chénéreilles appartenait à la province du Forez, à la généralité de Lyon et à l'élection de Montbrison. Son église paroissiale, diocèse de Lyon et archiprêtré de Montbrison, était à la nomination du chapitre de Saint-Just de Lyon.

Église érigée en succursale le 13 janvier 1845.

Commune érigée par décret du 31 mai 1876 et démembrée des communes de Saint-Jeure et de Tence.

Chênes (Les), h., c^{ne} de Fay-le-Froid. — *Locus dous Cheynes*, 1464 (Ardèche, C. 624).

Chenevières, h., c^{ne} de Raucoules. — *Chenevier*, 1888 (Malègue).

Cheneville, h. et mⁱⁿ sur le Cheneville, c^{ne} de Varennes-Saint-Honorat. — *Chonavilhas*, 1373 (hôtel-Dieu, B. 685). — *Chanavilhes*, 1573 (A. Boyer, n^{re}). — *Chenevilles* (cad.).

Cheneville (Le), affl. de la Borne occidentale, c^{nes} de Varennes-Saint-Honorat et d'Allègre. — *Les Crozes* (cad.).

Chérial (Le), place, à Saint-Ilpize. — *Platea del Chapiel*, 1385 (Arch. nat., Z². 4144, p. 14). — *Mansus del Chapial*, 1458 (Arch. nat., ZZ. 359, p. 1). — *Lo Cheppial Sancti Ilpidii*, 1467 (idem, p. 124).

Cher, m. i., c^{ne} des Estables.

Cher (Le), m. i., c^{ne} du Chambon.

Cher (Le), h., c^{ne} de Présailles. — *Mansus deus Chers*, 1342 (Rhône, E. 8). — *Chirus*, 1383 (idem, E. 9). — *Lo Chier*, 1482 (Pelisse, n^{re}). — *Lo Chier-Costansene*, 1528 (cad. du Monastier). — *Les Chiers*, 1820 (Deribier).

Cher (Le), vill., c^{ne} de Tence. — *Hugo Lo Chier*, 1294 (cart. de Tence, f° 1 v°).

Cher-Blanc (Le), écart, c^{ne} de Sainte-Sigolène. — *Chier-Blanc*, 1451 (Rhône, H. 2633). — *Cher-Blanc*, 1468 (coll. Chaleyer).

Cherchábrot, h., c^{ne} de Tiranges. — *Charchabrol*, 1500 (coll. C. Falcon). — *Charchebrol*, 1614 (idem). — *Chalssabrot*, xviii° s. (Cassini). — *Cherchebrot* (cad.). — *Cherchebro*, 1879 (carte adm.).

Cherchet, f., c^{ne} de Saint-Didier-la-Séauve.

Cher-du-Maupas (Le), clapier, c^{ne} de Champclause.

Chenonos, m. i., c^{ne} de Saint-Paulien.

Cherlet, f., c^{ne} de Vieille-Brioude.

Cherpère, f., c^{ne} de Sainte-Sigolène.

Cherrat, h. et mⁱⁿ sur le Clavas, c^{ne} de Riotord. — *Scie de l'Hermet*, 1879 (cad.).

Cheucle, vill., c^{ne} de Monistrol-sur-Loire. — 1248 (homm. de l'év.).

Chevalet, h., c^{ne} de Mazerat-Aurouze. — *Chavalier*, 1473 (la Chaise-Dieu, Mazerat-Aurouze). — *Chivallier*, 1575 (idem). — *Chevalier*, xviii° s. (Cassini).

Cheval-Ferrand, bois, c^{ne} d'Auvers.

Chevalier, h., c^{ne} d'Araules. — *Viallottres*, 1553 (ress. de Montfaucon). — *Chevallier, autrefois Vialoutres*, 1716 (cad. de Bellecombe).

Chevalier, h., c^{ne} de Bauzac. — *Chavallier*, 1490 (obit. de Bas). — *Chivalier*, 1563 (idem). — *Chevaliers*, xviii° s. (Cassini).

Chevaux (Scie-des-), scierie sur le Clavas, c^{ne} de Riotord.

Chèvre (La), affl. de la Virlange, c^{ne} de Chanaleilles.

Chèvre (Moulin-de-la-), mⁱⁿ sur la Suissesse, c^{ne} de Beaulieu. — *Le Molin-de-la-Chabre*, 1714 (cad. de Laval-Emblavès).

Chèvrerie (La), porte et rue, au Puy. — *La Chabraria*, 1236 (Médicis, I, 209).

Cheygros, f., c^{ne} de Saint-Georges-d'Aurac. — *Chigros* (cad.).

Cheylard (Le), h., c^{ne} de Villeneuve-d'Allier. — *Le Chailas*, 1872 (Malègue).

Cheylat (Le), bois, c^{ne} de Charraix. — *Nemus del Chaylar*, 1351 (Thiolent). — *Nemus del Cheylar*, 1458 (Bibl. nat., ms. lat., n. acq., 1222, f° 66).

Cheylat (Le), f., c^{ne} de Pinols. — *Lo Chalar*, 1356 (Arch. nat., Z². 54, p. 111). — *Lo Cheylar*, 1463 (Bibl. nat., ms. lat., n. acq., 1223, f° 121).

Cheylat (Le), vill., c^{ne} de Saint-Étienne-sur-Blesle. — *Lo Chaylar*, 1306 (terrier de Blesle).

Cheylat (Moulin-du-), mⁱⁿ sur la Voirèze, c^{ne} de Saint-Étienne-sur-Blesle. — *Moulin de Faucon*, 1855 (état-major).

Cheylon (Le), chât. ruiné, c^{ne} de Polignac. — *Castrum de Cheyllo*, 1267 (Médicis, I, 80). — *Chaslo*, 1345 (J. de Peyre, n^{re}, reg. D, f° 38 v°). —

Cheillo, 1506 (Médicis, II, 305). — *Chailho,* 1511 (J. Boyer, n^{re}).

CHEYNE, c^{ne} du Chambon. — *Mansus de Chayeneto* ou *Chayneto,* 1311 (hospitaliers du Velay). — *Cheynèt,* 1507 (év.). — *Cheyne,* 1695 (capitation).

CHEYNE, bois, c^{ne} du Chambon. — *Nemus de Chaene,* 1306 (hospitaliers du Velay). — *Nemus de Chaenet,* 1311 (*idem*).

CHEYNE, h., c^{ne} de Sainte-Sigolène. — 1563 (obit. de Bas).

CHEYRAC, vill., c^{ne} de Polignac. — *Chayrac,* 1267 (hôtel-Dieu, B. 143). — *Cheyrac,* 1299 (Saint-Georges de Saint-Paulien). — *Chayracus,* 1346 (J. de Peyre, n^{re}, reg. D, f° 96).

CHEYRAC, vill., c^{ne} de Saint-Victor-sur-Arlanc. — *In patria Arvernica, in aice Cheiracensi, villa cujus est vocabulum Charaisago,* 825 (cart. de Brioude, ch. 341). — *Villa quæ dicitur Karaisacum,* 960 (cart. de Chamalières, n° 304). — *Charaisach,* XI° s. (*idem,* n° 246). — *Charaizac,* 1163 (*idem,* n° 72). — *Karasiachum,* XII° s. (*idem,* n° 319). — *Cheyrat,* 1610 (Rhône, Saint-Antoine-de-Viennois, Saint-Victor). — *Chairat,* 1820 (Deribier).

CHEYRAC, vill., c^{ne} de Saint-Vincent. — *Chairiac,* 1245 (Saint-Georges de Saint-Paulien). — *Chayrat,* 1340 (Arch. nat., P. 1397², c. 590). — *Cheirac,* 1347 (J. de Peyre, n^{re}). — *Chirac,* 1408 (compois du Puy). — *Chiracum,* 1523 (Saint-Georges du Puy). — *Chirat,* 1714 (cad. de Laval-Emblavès).

CHEYRAC (LE), affl. de la Loire, c^{ne} de Polignac.

CHEYRAC (MOULIN-DE-), mⁱⁿ sur l'Arzon, c^{ne} de Beaune. — *Le Molin-de-Cheyrac-Laigue,* 1621 (la Chaise-Dieu, Jullianges).

CHEYRAC-L'AIGUE, h., c^{ne} de Beaune. — *Mansus de Cheyrac,* 1311 (Arch. nat., P. 1398¹, cote 650). — *Mansus de Cheyrat,* 1404 (terrier de Chamelix). — *Cheyrat-Laygue,* 1657 (ét. civ.). — *Cheyrac-Laygue,* 1660 (*idem*).

CHEYRELET, mont. et m. i., c^{ne} de Saint-Hostien.

CHEYSSAC, vill., c^{ne} de Saint-Pierre-Duchamp. — *Villa de Chaissac,* XI° s. (cart. de Chamalières, n° 211). — *Chaisac, Cheissac,* 1315 (Arch. nat., P. 1397², cote 539). — *Cheyssac,* 1345 (Arch. nat., P. 494¹, cote 19).

CHEZ (LE), m. i., c^{ne} d'Allègre. — *Le Cher,* 1888 (Malègue).

CHÈZE (LA), h., c^{ne} du Mazet-Saint-Voy. — *La Chièse,* 1585 (Johany, n^{re}).

CHÈZE (LA), affl. du Riboules, c^{ne} du Mazet-Saint-Voy.

CHEZELOUX, m. i., c^{ne} de Queyrières.

CHICABONEL, f., c^{ne} du Chambon. — *Suc-Abonel,* 1318 (homm. de l'év.). — *Chicabonet,* 1880 (carte adm.). — *Sicabonnel,* 1888 (Malègue).

CHIENGUE, ruiss., affluent de gauche de la Loire, c^{ne} de Saint-Vincent. — *Le ruiss. de Singues,* 1714 (cad. de Laval-Emblavès).

CHIEN (LE), chât. et f., c^{ne} d'Allègre. — *Hugo Lo Cheir,* 1270 (hôtel-Dieu, B. 619). — *Un gentilhomme nommé Du Chier voisin du château d'Allègre,* 1365 (Chabron, hist. de la mais. de Polignac, IX, XI). — *Les habitans del Chier,* 1531 (la Chaise-Dieu, liasse Barribas). — *Le Cher,* 1820 (Deribier). — *Le Chez,* 1851 (Giraud).

CHIEN (LE), m. i., c^{ne} de Lapte.

CHIEN (LE), vill., c^{ne} de Saint-Didier-d'Allier. — *Locus del Chier,* 1371 (la Chaise-Dieu, liasse Saint-Rémy). — *Locus de Cherio,* 1461 (Thiolent.) — *Le Cher,* 1820 (Deribier).

CHIEN (LE), h., c^{ne} de Saint-Romain-Lachalm. — 1269 (homm. de l'év.). — *Lo Chyer,* 1363 (coll. Chaleyer).

CHIEN (LE), vill., c^{ne} de Solignac-sur-Loire. — *Locus del Chier prope Sollempniacum,* 1444 (prieuré de Solignac). — *Locus de Cherio,* 1476 (terrier de Saint-Blaise). — *Le Chier de Solignhac,* 1561 (Savin, n^{re}).

CHIER (LE), h., c^{ne} des Vastres. — *Mansus del Chier,* 1454 (terrier de Saint-Julien de Châteauneuf). — *Mansus de Chiro,* 1464 (Ardèche, C. 624).

CHIER (LE), h., c^{ne} d'Yssingeaux. — *Mansus del Cher,* 1300 (év.). — *Locus del Chier,* 1528 (terrier du Pertuis).

CHIER-BLANC, f., c^{ne} de Brives-Charensac. — *Al Chier Albeu,* 1342 (Rhône, Saint-Jean-la-Chevalerie). — *Locus de Cher-Blanc,* 1347 (J. de Peyre, n^{re}). — *Chier-Blanc,* 1707 (cad. de Bouzols).

CHIER-BLANC, écart, c^{ne} de Coubon. — *Chierblanc,* 1707 (cad. de Bouzols). — *Carlet,* XVIII° s. (Cassini). — *Chier-Blanc* ou *Carlet,* 1847 (nomencl. des postes).

CHIER-DE-MARRE (LE), lieu dit, c^{ne} d'Espaly-Saint-Marcel. — *Le Chier-de-Marre, autrement Vialle,* 1710 (cad. d'Espaly).

CHIERS (LES), f., c^{ne} de Lantriac.

CHIERS (LES), h., c^{ne} de Saint-Julien-Chapteuil. — *Le Mas del Chier,* 1296 (homm. de l'év.). — *Le Chier-de-Neyzac,* 1685 (cad. de Chapteuil-Bas).

CHIER-SAINT-JEAN, rochers, c^{ne} de Saint-Christophe-sur-Dolaizon. — *Rivalis tendens de Chierio Sancti Johannis apud Rupem Sauneyra,* 1494 (coll C. Falcon).

CHIER-SAINT-PIERRE, rochers, c^ne de Séneujols. — *In Cher Sancti Petri*, 1297 (hôtel-Dieu, B. 639). — *Le Chier-Sainct-Peyre*, 1535 (Chamblas).

CHIÈSE (LA), palais de l'évêché, au Puy. — *Domus episcopalis quæ vulgo app. Chesia*, 1278 (tit. de Bronac). — *Chasia*, 1454 (Pradier, n^re). — *La Chiesa*, 1548 (Médicis, I, 420).

CHIÈZE (LA), vill., c^ne d'Araules. — 1285 (homm. de l'év.). — *La Chiasa*, 1507 (év.). — *Chèze*, 1820 (Deribier).

CHIFLETIÈRE (LA), loc. dét., c^ne de Saint-Ferréol-d'Auroure. — *Villa de la Chyfleteyra*, 1322 (Arch. nat., P. 494¹, cote 44). — *La Chifleteyra*, 1337 (comm^on de M. Testenoire-Lafayette). — *Chiffleteria sive Bayoneria*, 1386 (hommage de Solignac).

CHILARET, f., c^ne de Montusclat. — *Lou Cheylaret*, 1696 (cad. de Montusclat).

CHILHAC, chât. détr., c^en de la Voûte-Chilhac. — *Chisliacus*, v. 1192 (spic. Briv.). — *Chislac*, 1234 (cart. de Pébrac, n° 56). — *Affarium de Chilhac*, 1271 (spic. Briv.). — *Chilhiacum*, 1288 (*idem*). — *Chillac*, 1321 (Baluze, mais. d'Auv., II, 313). — *Cillach*, XIVe s. (J. Froissart, chron., éd. S. Luce, VI, XXXIV et 76). — *Chillat*, 1401 (spic. Briv.). — *Ecclesia de Chilhaco*, XVe s. (Pouillé de Saint-Flour, 312). — *Silhac*, 1511 (coust. d'Auv., f° 81 v°). — *La chastelenye de Chiliat*, 1669 (spic. Briv.). — *Saint-Honorat-de-Chilliac*, 1762 (cal. d'Auv., p. 65).

En 1789, Chilhac était compris dans la province d'Auvergne, l'élection de Brioude, la subdélégation de Langeac et le ressort de Riom. Son église paroissiale, diocèse de Saint-Flour et archiprêtré de Langeac, était sous le vocable de saint Honorat; le prieur de la Voûte-Chilhac présentait à la cure.

CHILHAC (MOULIN-DE-), m^in sur l'Allier, c^ne de Chilhac.

CHILLAGUET, chât. ruiné et ham., c^ne de Langeac. — *Chislaguet*, XIIe s. (cart. de Pébrac, n° 46-4). — *Chilhaguetum*, 1327 (la Chaise-Dieu, Chanteuges). — *Chilhaguet*, 1477 (Bibl. nat., ms. lat., n. acq., 1224, f° 146 v°). — *Mansus de Chillaguet*, 1486 (terrier de Tailhac). — *Sillaguet*, 1511 (coust. d'Auv., f° 81 v°). — *Chilliaguet*, 1669 (Arch. nat., P. 502, cote 133).

Fief vassal de la seigneurie de Langeac.

CHIRABOS, f., c^ne du Chambon. — *Chirobos*, 1888 (Malègue).

CHIRAC, près Bénac, f., c^ne de Chanteuges. — *In vicaria de Cantilanico, villa Cheir*, v. 1000 (cart. de Brioude, ch. 161). — *Villa Cheirosa* (Bibl. nat., ms. lat., 17078, p. 18). — *Chayrac*, XVIIIe s. (Cassini).

CHINAS ou ROCHAS (MOULIN-DU-), m^in détr., près Pigeyres, c^ne de Bains.

CHIREL, terroir, c^nes du Puy et de Taulhac. — *Iheretum*, 1089 (Saint-Georges du Puy). — *Vinea de Charel*, 1224 (hôtel-Dieu). — *Apendaria de Chairet*, XIIIe s. (*idem*). — *Mansus de Cheyret*, 1347 (*idem*).

CHINÈZE, h., c^ne de Saint-Étienne-sur-Blesle. — Vestiges d'exploitation d'antimoine. — *Chérèze*, 1879 (carte adm.).

CHIRIAC, vill., c^ne de Rosières. — *Villa de Cheirac*, 1212 (cart. de Chamalières, n° 156). — *Cheyrac*, 1256 (év.). — *Cheyriacus*, 1342 (coll. C. Falcon). — *Chayriac*, 1343 (év.). — *Chayriacus*, 1391 (év.). — *Cheyriac*, 1507 (év.).

CHIROUZE (LA), l. détr., c^ne de Chanaleilles. — *Mansus de Chirosa*, 1274 (Lozère, G. 99).

CHIROUZES (LES), h., c^ne de la Vaudieu. — *Las Chirosa[s]*, 1223 (Haute-Loire, Pébrac). — *Chirouse*, XVe s. (Bibl. nat., ms. fr., 22297, p. 226). — *Las Chirouzes*, 1612 (terrier de la Vaudieu). — *Les Chirouses*, 1669 (spic. Briv.).

CHIZENEUVE, h., c^ne de Bauzac. — *Chesanova*, v. 1040 (cart. de Chamalières, n° 202). — *Chasanova*, v. 1080 (*ibid.*, n° 203).

CHOMAGET, f., c^ne de Cohade. — *Chalmagest*, 1320 (J. de Peyre, n^re). — *Chomaguet*, 1888 (Malègue).

CHOMASSE (LA), m. i., c^ne de Saint-Jeure.

CHOMASSE (LA), f., c^ne du Mazet-Saint-Voy.

CHOMAT, f., c^ne de Saint-Jean-d'Aubrigoux.

CHOMATS (LES), h., c^ne de Montfaucon. — *Loux Chalmats*, 1328 (Rhône, D. 182). — *Locus dos Chomatz*, 1482 (*idem*, D. 185).

CHOMEIL, écart, c^ne de Bains. — *Territorium de las Chalmelhas*, 1454 (Rhône, Chantoin, I, 7 *bis*).

CHOMEIL, écart, c^ne du Brignon. — *In pago Vallaico, in villa quæ dicitur Calmiliis*, v. 970 (cart. du Monastier, n° 91). — *La Metterie appellée lou Choumel*, 1665 (Gérentes, n^re).

CHOMEIL, h., c^ne de Mézères. — *Mansus del Choumeilh*, 1490 (cad. de Mézères).

CHOMEIL, h., c^ne de Rosières. — *Villa de Chalmeils*, 1250 (hôtel-Dieu). — *Chalmelhs*, 1269 (év.). — *Mansus de Chalmeil del Herm*, 1299 (cart. de Mazan, f° 128 v°). — *Chalmeylhs*, 1316 (hôtel-Dieu, B. 399). — *Chalmeylh*, 1331 (J. de Peyre, n^re). — *Chomelz*, 1533 (Rhône, H. 2234).

CHOMEIL (LE), h., c^ne de Chamalières. — *Locus de

Choumeil, 1500 (coll. C. Falcon). — *Le Choumeil,* 1571 (A. Girard, n^{re}).

CHOMEIL (LE), affl. de la Suissesse au Pioulet, c^{ne} de Rosières.

CHOMEIL (LE), loc. détr., c^{ne} de Vissac. — *Le Chomeilh,* 1538 (homm. de Vissac). — *Chomeilh-lès-Vissac,* 1576 (terrier du Cluzel).

CHOMEILS (LES), l. détr., près Brugerolles, c^{ne} de Vieille-Brioude. — *Les Choumeilz,* 1612 (terrier de la Vaudieu).

CHOMEL, h., c^{ne} de Saint-Pal-de-Murs. — *Choumeil, Choumeilhs,* 1573 (comm^{on} de M. Emm. Grellet de la Deyte). — *Chomet,* 1888 (carte adm.).

CHOMELIX, c^{on} de Craponne-sur-Arzon, commune formée de l'union des villages de Chomelix-le-Bas et Chomelix-le-Haut.

Chomelix, en 1789, dépendait de la province d'Auvergne, de l'élection de Brioude, de la sub-délégation de Langeac et du ressort de Riom. Son église paroissiale, diocèse du Puy et archiprêtré de Saint-Paulien, était dédiée à saint Pierre; le réfecturier de l'abbaye de la Chaise-Dieu présentait à la cure.

CHOMELIX, h., c^{ne} de Malrevers. — *Lous Choumelys,* 1555 (cad. de Mercœur).

CHOMELIX, m. i., c^{ne} de Rosières.

CHOMELIX-LE-BAS, c^{ne} de Chomelix. — Seigneurie démembrée de celle de Chomelix-le-Haut, appart. à la maison de Chalencon, et relevant en fief du baron d'Allègre et en arrière-fief du comte de Forez. — *Castrum inferius de Chalmeyllis,* 1291 (Arch. nat., P. 491^3, cote 243). — *Villa seu castrum de Chalmelhys,* 1295 (Arch. nat., P. 1397^1, cote 525). — *Castrum del Chalmelhis inferius sive lo Sotra,* 1310 (Arch. nat., P. 493^1 bis, cote 72). — *Castrum et villa de Chalmelhis inferiore,* 1321 (spic. Brivat.). — *Castrum de Charmelhes, castrum de Chalmelhes lo Soteyra,* 1311 (Arch. nat., P. 1397^3, cote 599). — *Chaumellys-le-Soubzterin,* 1447 (Arch. nat., JJ. 178, n° 246). — *Chaumelis-lo-Bas,* xvie s. (Médicis, II. 341).

CHOMELIX-LE-HAUT, c^{ne} de Chomelix. — Seigneurie appart. à la maison d'Allègre et relevant en fief, au xive s., du duché d'Auvergne. — *Castrum... Calmilliacus,* xie s. (A. SS. mirac. S. Fidei, III, 306). — *Chalmilis vel Chalmillis,* 1163 (hospit. du Velay). — *Castrum de Chalmelhis,* 1164 (Médicis, I, 76). — *Chamellum,* 1171 (Baluze, mais. d'Auv., II, 67). — *Calmilisius,* 1213 (cart. de Chamalières, n° 325). — *Parochia de Chalmelis,* xiiie s. (idem, n° 220). — *Chalmelhys,* 1381 (spic. Briv.). — *Chaumelis,* 1403 (Baluze,

mais. d'Auv., II, 613). — *Le Chastel de Chau-meles,* 1419 (ibid., II, 629). — *Chaumilhy,* xve s. (Bibl. nat., ms. fr., 22297, p. 206). — *Chau-melis-l'Hault,* xvie s. (Médicis, II, 341). — *Le prieuré de Choumelys-le-Hault,* 1574 (Arch. nat., S. 3298). — *L'église parochielle de Saint-Pierre-de-Chomelix,* 1644 (tabl. du Velay, 1876-77, 319).

Prieuré dépendant de l'abbaye de la Chaise-Dieu et uni à la réfectorerie.

Vocable : saint Ferréol.

CHOMETS (LES), vill., c^{ne} de Montregard. — *Los Chalmeys,* 1322 (cart. de Mazan, f° 141 v°). — *Le lieu doux Choumetz,* 1556 (terrier de Montregard). — *Chomat* (cad.).

CHOMETTE (LA), chât., c^{ne} de Bas.

CHOMETTE (LA), f., c^{ne} de Craponne-sur-Arzon. — *Villa de Chalmis,* v. 1040 (cart. de Chamalières, n° 246). — *La Chalmeta,* 1404 (terrier de Cho-melix).

CHOMETTE (LA), affl. de la Violette à Montgon, c^{nes} d'Espalem et de Grenier-Montgon.

CHOMETTE (LA), f., c^{ne} du Mazet-Saint-Voy.

CHOMETTE (LA), m. i., c^{ne} de Montregard. — *Les Chomats* (cad.).

CHOMETTE (LA), c^{on} de Paulhaguet. — *Chalmeta,* 1275 (spic. Briv.). — *Chalmete,* 1379 (compte de B. Flotenc). — *La Chalmete,* 1401 (spic. Briv.). — *La Chalmette en Auvergne,* 1459 (tabl. de la Haute-Loire, 1870-71, 30).— *La Chaumette,* 1612 (terrier de la Vaudieu). — *L'esglise parrochielle S. Jacques de Choumette,* 1623 (Tauzet, n^{re}). — *Chaumette,* 1669 (spic. Briv.).

En 1789, la Chomette était compris dans la province d'Auvergne, l'élection et subdélégation de Brioude et le ressort de Riom. Son église parois-siale, diocèse de Saint-Flour et archiprêtré de Brioude, fut d'abord sous l'invocation de saint Mari et, à partir de 1623, sous celle de saint Jacques; l'évêque en était collateur.

CHOMETTE (LA), h., c^{ne} du Pertuis. — *Grangia de Chalmeta,* 1217 (Gall. christ., XVI, instr. 240). — *Domus seu Grangia de la Chalmeta,* 1284 (idem, 260). — *La Chomette près le Pertuis,* 1590 (Burel, 216).

Grange de l'abbaye de Mazan.

CHOMETTE (LA), h., c^{ne} de Saint-Beauzire. — *La Cholmette,* 1549 (terrier de Lauriat).

CHOMETTE (LA), vill., c^{ne} de Saint-Jeure. — *Chal-meta,* 1213 (cart. de Chamalières, n° 304). — *La Chalmeta,* 1507 (év.).

CHOMETTE (LA), f., c^{ne} de Saint-Romain-Lachalm.

CHOMETTE (LA), affl. du Cérigoules, c^{ne} de Tence.

CHOMETTE (LA), f., cne des Villettes. — *Chalmetas*, 1391 (év.).

CHOMETTES, vill., cne de Tence. — *Chalmetas*, 1246 (hospit. du Velay). — *Locus de Chalmeta*, 1308 (*idem*). — *Chalmetæ*, 1415 (cart. de Tence, fo 15). — *La Chomette*, 1888 (Malègue).

CHOMIER, f., cne du Chambon.

CHOMONT, vill., cne de Valprivas. — *Chomond*, 1420 (tabl. du Velay, 1877-78, 365). — *Choumond*, 1498 (obit. de Bas). — *Choumondus*, 1502 (*idem*).

CHOMON (LE), f., cne du Chambon.

CHOUDIER, vill., cne de Tence. — *Chaudier*, 1880 (carte adm.).

CHOULET, écart, cne de Présailles. — *In villa Culeto, in pago Vellaico*, v. 960 (cart. du Monastier, no 118). — *Villa Culeti*, v. 980 (*ibid.*, no 161). — *Villa Culleti in pago Vellaico, in arce de Monte Carbonerio*, v. 980 (*ibid.*, no 165). — *Villa de Culheto*, v. 1000 (*ibid.*, no 203). — *Choulet*, 1695 (capitation). — *Chaulet* (cad.).

CHOUMADOU (LE), écart, cne de Cussac. — *Locus del Chaumador*, 1352 (prieuré de Solignac).

CHOUMARASSE (LA), vill., cne de Sainte-Eugénie-de-Villeneuve.

CHOUMETTE (LA), affl. du Panis, cnes de Chanaleilles et de Thoras.

CHOUMOUROUX, écart, cne d'Yssingeaux. — *Chalmalros*, 1351 (év.). — *Chalmaro*, 1515 (terrier des Bordes). — *Capella de Chalmaroux*, 1523 (est. gén. d'Yssingeaux). — *Chaulmaroux*, 1528 (terrier du Pertuis). — *Chamoroux*, 1635 (terrier de Saussac).

CHOUMOUROUX (MOULIN-DE-), min sur la Siaume, cne d'Yssingeaux.

CHOURAS, écart, cne d'Espaly-Saint-Marcel. — *Chauzac*, 1253 (hôtel-Dieu, B. 710). — *Chausac*, 1408 (compois du Puy). — *La Metterie app. En Chouzac*, 1639 (Brunel, nre). — *Chauras* (cad.).

CHOUSIOL, écart, cne de Coubon. — *Choussuol*, 1561 (Savin, nre). — *Chaussiol*, 1573 (A. Boyer, nre). — *Choussiols*, xviiie s. (Cassini). — *Souchiol*, 1820 (Deribier).

CHOUTY, mont., cne de Saint-Arcons-d'Allier. — *Lo Suc de Jarrisson*, 1455 (Bibl. nat., ms. lat., n. acq., 1222, fo 22).

CHOUVÉA, h., cne de Raucoules. — *Chourée*, 1626 (Jamon, nre). — *Chauvéac*, 1888 (Malègue).

CHOUVEL, écart, cne de Beaulieu. — *Chalvel*, 1265 (hôtel-Dieu, B. 317). — *Cortile de Chalvello*, 1309 (*ibid.*, B. 375). — *Chouveilh*, 1541 (Cham-blas). — *Le Chouvel*, 1880 (carte adm.). — *Chouvet*, 1888 (Malègue).

CHOUVET, f., cne de Vergongheon.

CHOUVON (MOULIN-DE-), min, cne de Polignac. — *Molendina vicecomitis Podompnhiaci*, 1368 (Drôme). — *Molendinum deux Streytz*, 1369 (coll. César Falcon). — *Molendinum vicecomitatus*, 1440 (tit. de Saint-Vidal). — *Les Molins bandiers de la par. de Polignac sciz sur la rivière de Borne lez le lieu des Streitz*, 1587 (Sigaud, nre). — *Les Moulins des Estreytz*, 1626 (Brunel, nre).

CHYÈRE, min sur les Estables, cne des Estables. — *Le Petit-Moulin*, 1882 (aff. jud.).

CHYRAC, près l'Arbre, f., cne de Chanteuges. — *Mansus de Cheyrat*, 1461 (Bibl. nat., ms. lat., n. acq., 1222, fo 184 vo). — *Cheirac*, 1774 (terrier de Digons).

CICHI, m. i., cne de Saint-Pal-de-Mons.

CIME (MOULIN-DE-LA), min sur la Borne occidentale, cne de Monlet.

CIMETIÈRE (LE), m. i., cne de Brioude.

CINDETS (MOULIN-DES-), min sur l'Auzon, à Auzon.

CINDRAT, loc. détr., cne de Léotoing. — *Mansus de Cindrat ou Cyndrat*, 1295 (spic. Briv.).

CINDRON (LE), ruiss., affl. du Lupiat à la limite des communes de Champagnat et de Chaniat.

CIRLANGES, m. i., cne de Saint-Didier-sur-Doulon.

CISIÈRE (LA), affl. du Blaizat, cne de Saint-Éble. — *Rivus de Sizeyres seu de Sizeris*, 1490 (terrier du Cluzel). — *Ruiss. du Cizeyre*, 1670 (Arch. nat., P. 502, no 133).

CISSAC, vill., cne de Saint-Ilpize. — *Seyçat, Seçat*, 1339 (Bibl. nat., ms. fr., 14377, p. 189). — *Mansus de Seyssac*, 1379 (Arch. nat., Z2. 4143, p. 21). — *Ceyssac*, 1386 (*idem*, 4144, p. 74). — *Seyssacum*, 1461 (Arch. nat., ZZ. 359, p. 39). — *Seyssat*, 1464 (*idem*, p. 101).

CISSAC, f., cne de Saint-Just-près-Brioude. — *In vicaria Brivatensi, in vicaria quæ dicitur Cheisac*, 859 (cart. de Brioude, ch. 201). — *Homines de Seysac ou Saysac*, 1281 (J. Lachenal, l'égl. de Br., 8 et 13). — *Seyssac, Ceyssac*, 1353 (coll. J. Lachenal). — *Mansus de Ceissac*, 1429 (terrier du doy. de Br.).

CISTÈRE, h., cne de Saint-Préjet-Armandon. — *Mansus de Sesterra ou de Sansterra*, 1464 (Bibl. nat., ms. lat., n. acq., 1223, fos 137 et 162 vo). — *Cisterre*, xviiie s. (Cassini). — *Sisterre*, 1888 (carte adm.).

CISTRIÈRE (LA), m, i., cne de Saint-Just-Malmont. — *Citrière*, 1888 (Malègue).

CISTRIÈRES, con de la Chaise-Dieu. — *Parochia Cis-*

treriarum, 1316 (la Chaise-Dieu, Saint-Alyre). — *Cistreyas*, 1379 (compte de Bertrand Flotenc). — *Cistreyres*, 1401 (spic. Brivat.). — *Sistreyras*, 1454 (la Chaise-Dieu, doyenné). — *Prior de Systreyras*, xve s. (pouillé de Saint-Flour, par A. Bruel, p. 234). — *Sistreyres*, 1516 (terrier de Vals-le-Chastel).

En 1789, Cistrières faisait partie de la province d'Auvergne, de l'élection d'Issoire, de la subdélégation de Saint-Amand-Roche-Savine et du ressort de Riom. Son église paroissiale, diocèse de Saint-Flour et archiprêtré de Brioude, était sous le vocable de saint Pierre; l'abbé de la Chaise-Dieu présentait à la cure.

Prieuré uni à la mense abbatiale de l'abbaye de la Chaise-Dieu.

Cistrières, h., c^{ne} de Lubilhac.

Cistrouse (La), f., c^{ne} de Présailles. — *La Cestrouze*, 1785 (Th. Julien, n^{re}). — *La Chistrouze* (cad.). — *Lassistrouze*, 1820 (Deribier).

Citre, h., c^{ne} de Saint-Romain-Lachalm. — *Sistre*, 1269 (homm. de l'év.). — *Cistres*, 1615 (Rhône, D. 185).

Civénac, vill., c^{ne} de Paulhac. — *In villa Severiaco*, 911 (cart. de Brioude, ch. 37). — *In vicaria Brivatensi, in villa quæ dicitur Seveirag*, xie s. (*idem*, ch. 52). — *Cyrairac, Cyvayrac*, 1353 (coll. J. Lachenal). — *Civeyracus*, 1445 (terrier de Faugères). — *Severat*, xviiie s. (Cassini). — *Civeirat*, 1888 (Malègue).

Civeyrac, vill., c^{ne} de Loudes. — 1383 (homm. de l'év.). — *Civeyrat*, 1408 (Drôme). — *Sivayrat reyre Alvernhe*, 1408 (compois du Puy). — *Mansus de Siveyraco, m. de Sciveyraco*, 1453 (prieuré de Polignac). — *Civeyrac*, 1506 (Médicis, II, 302). — *Civeirac*, 1598 (Doleson, n^{re}).

Cizière, vill., c^{ne} de Saint-Éble. — *In comitatu Brivatensi, in vicaria de Aurato, in villa quæ dicitur Ciseria*, 927 (cart. de Brioude, ch. 174). — *Villa Cessereda*, xie s. (*idem*, ch. 94). — *Sizeyras*, 1810 (Cumignat). — *Ciseyras*, 1462 (Bibl. nat., ms. lat., n. acq., 1223, f° 38 v°). — *Sezeyras*, 1490 (terrier du Cluzel). — *Cisière* (cad.).

Claire (La), f., c^{ne} de Saint-Ferréol-d'Auroure.

Claire (La), f., c^{ne} du Mazet-Saint-Voy.

Clamon, vill., c^{ne} de Lorlange. — *Villa de Clamone*, v. 945 (bibl. de l'éc. des ch., xxvii, A. Bruel, chron. du cart. de Brioude, 505). — *In vicaria de Horiacensi, in villa Clamoni*, 958 (cart. de Brioude, ch. 301). — *In vicaria Chiriacensi, in villa Clamonensi*, xie s. (cart. de Sauxillanges, n° 603). — *Clamo*, xve s. (Arch. nat., R⁴. 1143,

n° 362). — *Clamont*, 1730 (terrier d'Espalem). — *Clemont*, xviiie s. (Cassini).

Clamon (Le), affl. de l'Espalem, c^{nes} d'Espalem, Lorlange et Léotoing.

Clamonet, h., c^{ne} de Lorlange. — *Clemonet*, xviiie s. (Cassini).

Clare (La), f., c^{ne} de Montusclat. — 1696 (cad. de Montusclat). — *Claret*, 1879 (carte adm.). — *Chelaret*, 1888 (Malègue).

Clarel, mont. et f., c^{ne} d'Araules. — *Lou Suc' de Clarel*, 1723 (cad. de Bellecombe). — *Clarrel*, 1888 (Malègue).

Clarès (La), affl. du Rivaux, c^{ne} de Montusclat.

Claret (Le), affl. de la Veyradeyre, près de Gibert, c^{ne} des Estables.

Clary, écart, c^{ne} de Ceyssac. — *Claris*, 1495 (coll. César Falcon). — *La Metterie de Clary*, 1630 (Brunel, n^{re}).

Clary (Le), affl. de l'Allier à Chantel, c^{ne} de Saint-Ilpize. — *Rivus de Garneil*, 1464 (Arch. nat., ZZ. 359, p. 100).

Clastres (Les), f., c^{ne} de Mazeyrat-Crispinhac. — *Las Claustras*, 1308 (Arch. nat., T. 142²). — *Les Clastres-Basses*, 1659 (la Chaise-Dieu, Mazeyrat-Crispinhac). — Fief vassal du duché de Mercœur.

Clastres (Les), f., c^{ne} de Pinols. — *Las Claustres*, 1486 (terrier de Tailhac).

Claudettes, écart, c^{ne} de Beaulieu. — *Claudelle*, 1880 (carte adm.).

Clause (La), chât. ruiné et vill., c^{ne} de Grèzes. — *Granchia Bertrandi Yterii quæ vocatur La Clausa*, 1265 (hist. gén. de Lang., VIII, 1551). — *Castrum de la Clausa*, 1279 (Thiolent). — *La chapelle Sainte-Anne dans le chasteau de la Clauze*, 1618 (*idem*). — *Le château de la Clause*, 1724 (l'Ouvreleul, 27). — *La Clauze*, 1888 (carte adm.).

Clauses (Les), m. i., c^{ne} de Chadron. — *Le Mas de Nadaud*, 1880 (aff. jud.).

Clauses (Les), h., c^{ne} de Mazerat-Aurouze. — *Mansus de Clausis*, 1376 (la Chaise-Dieu, Mazerat-la-Brequeille). — *Las Esclauzas*, 1407 (*idem*, Mazerat-Aurouze).

Clauses (Les), vill., c^{ne} de Raucoules. — *Villa de Clausis*, 1024 (cart. de Chamalières, n° 192). — *Clauzes*, 1695 (capitation). — *Les Clauses-Niaille*, 1888 (Malègue).

Claustre (Moulin-de-La), à Solignac-sur-Loire. — *Molindinum voc. de la Claustra de Sollempniaco*, 1348 (prieuré de Solignac). — *Molendinum Claustræ*, 1352 (*idem*).

CLAUSTRES (LES), f., c⁰ᵉ de Bellevue-la-Montagne. — *Les Clostres*, 1888 (carte adm.). — *Les Clastres*, 1888 (Malègue).

CLAUZELLES, h., cⁿᵉ des Vastres. — *Mansus de Clausellas*, 1454 (terrier de Saint-Julien de Châteauneuf). — *Clauzelas*, 1464 (Ardèche, C. 624).

CLAUZELS (LES), m. i., cⁿᵉ de Bessamorel.

CLAVARETTE, vill., cⁿᵉ de Malvalette. — *Claveretes*, 1317 (Arch. nat., P. 1400³, c. 990). — *Locus de Clavaretis*, 1511 (obit. de Bas). — *Clavarettes*, 1691 (*idem*).

CLAVAS, vill., cⁿᵉ de Riotord. — *Domus d'Enclavas*, 1223 (tabl. de la Haute-Loire, 1870-71, 196). — *Monasterium de Clavata*, 1273 (cart. de Saint-Sauveur-en-Rue). — *Clava*, 1276 (*idem*). — *Monasterium de Clavasio*, 1293 (*idem*). — *Les dames religieuses de Clavay*, 1416 (La Mure, ducs de Bourbon, III, pr. 181). — *Claracium*, 1690 (J. Le Pelletier, bénéf. et commⁱᵉ de France).

  Vocable : saint Austrégisile.

  Église érigée en succursale le 12 mars 1826.

CLAVAS, m. i., cⁿᵉ de Saint-Julien-Molhesabate.

CLAVAS (LE), affl. du Riotord, prend sa source à l'ouest de Clavas et se jette dans le Riotord près de l'usine de Bertolet, cⁿᵉ de Riotord. — *Rivus Clavacii*, 1468 (Rivière, nʳᵉ). — *Eau de Clarac*, 1626 (vis. de J. de Serres, f° 230). — *La Clararine* (cad.).

CLAVEL, m. i., cⁿᵉ de Laussonne. — xviiᵉ s. (mairie du Monastier, GG⁵).

CLAVIÈRES, vill., cⁿᵉ de Malvalette. — *Claveres*, 1317 (Arch. nat., P. 1400³, c. 990). — *Clareyras*, 1500 (obit. de Bas).

CLÈDE (LA), dom., cⁿᵉ d'Allègre. — *La Cleda*, 1313 (terrier de l'év. B. de Castanet). — *Le lieu de la Cledde alias Cleyssac*, 1650 (communic. de M. E. Grellet de la Deyte).

CLÈDE (MOULIN-DE-LA), m. i., cⁿᵉ d'Allègre. — *Le Molin-de-la-Clédde*, 1650 (communic. de M. E. Grellet de la Deyte).

CLÉMENSAT, vill., cⁿᵉ d'Azerat. — *Villa Clementiag*, v. 1011 (cart. de Brioude, ch. 6). — *Clemensac*, xivᵉ s. (terr. des Grèzes). — *Clamenssat*, 1402 (cart. d'Azerat). — *Clamensat*, xviiiᵉ s. (Cassini).

CLERGEAT, vaine, cⁿᵉ des Estables.

CLERGEAT, h., cⁿᵉ de Josat.

CLERGEAT (LE), affl. de la Gazeille à Beauregard, cⁿᵉ des Estables.

CLERSANGE, vill., cⁿᵉ de Saint-Pal-de-Murs. — *Clerssanghas*, xvᵉ s. (la Chaise-Dieu, Connangles). — *Clarsanges*, 1570 (J. Chalvon, nʳᵉ).

CLEYSSAC, vill., cⁿᵉ de Malrevers. — *Cleisac*, v. 1090 (Saint-Georges du Puy). — *Cleyssac*, 1256 (év.) — *Clayssacum*, 1344 (J. de Peyre, nʳᵉ). — *Locus de Cleysaco*, 1427 (Saint-Agrève). — *Clissac*, 1569 (A. Boyer, nʳᵉ).

CLOÎTRE (LE), anc. quartier du Puy. — *Claustra S. Mariæ Aniciensis ecclesiæ*, 976 (cart. de Cluny, n° 1431).

CLOS (LE), écart, cⁿᵉ d'Aurec.

CLOS (LE), écart, cⁿᵉ de Beaulieu.

CLOS (LE), bois, cⁿᵉ de la Besseyre-Saint-Mary.

CLOS (LE), écart, cⁿᵉ de la Chapelle-d'Aurec.

CLOS (LE), affl. de la Fioure, à l'est de Chastenuel, cⁿᵉ de Jax.

CLOS (LE), f., cⁿᵉ de Saint-Didier-la-Séauve.

CLOS (LE), h., cⁿᵉ de Saint-Just-Malmont.

CLOS (LE), f., cⁿᵉ de Saint-Pal-de-Mons.

CLOS (LE), h., cⁿᵉ de Tiranges.

CLOS (LES), f., cⁿᵉ de Saint-André-de-Chalencon. — *Louz Clotz*, 1581 (terrier de Frissonet). — *Lou Claux*, 1604 (cad. de Chalencon). — *Loux Cloz*, 1614 (coll. C. Falcon). — *Lous Clodz*, 1695 (capitation). — *Louclos*, 1879 (carte adm.).

CLOS (LOUS), h., cⁿᵉ de Roche-en-Régnier. — *Los Clotz*, 1311 (Arch. nat., P. 494¹, cote 14). — *Lous Clioux*, 1500 (coll. C. Falcon). — *Le Clos*, 1880 (carte adm.).

CLOS (MOULIN-DU-), mⁱⁿ, cⁿᵉ de Vals-près-le Puy.

CLOS-D'ANTREUIL (LE), écart, cⁿᵉ d'Yssingeaux.

CLOS-SAINT-SÉBASTIEN (LE), hôpital de pestiférés, bâti en 1526 près le Puy, «auprès du Garait-Sainct-Jehan, devers la partie de Borne» (Médicis, II, p. 202 et suiv.), et détruit pendant la Révolution. — *Clausus Sancti Sebastiani* (Médicis, II, p. 215).

CLOVIS, m. i., cⁿᵉ de Saint-Julien-d'Ance.

CLOZEL (LE), écart, cⁿᵉ de la Chapelle-d'Aurec.

CLUZEL (LE), m. i., cⁿᵉ de Bas.

CLUZEL (LE), écart, cⁿᵉ de la Chapelle-Geneste.

CLUZEL (LE), h., cⁿᵉ de Chénéreilles. — *Lo Clusel*, 1290 (Rhône, D. 148). — *Lo Cluzel*, 1294 (cart. de Tence, f° 1 v°). — *Clusellus*, 1314 (év.). — *Lou Cluzel*, 1619 (Rhône, D. 150).

CLUZEL (LE), h., cⁿᵉ de Coubon. — *Lo Cluzel*, 1219 (tabl. du Velay, 1876-77, 514). — *Le Cluzel-lès-les-Alirols*, 1707 (cad. de Bouzols). — *Le Cluzel-de-la-Terrasse*, 1785 (Julien, nʳᵉ). — *Le Clauzel* (état-major).

CLUZEL (LE), affl. du Lignon, limite les communes de Monistrol-sur-Loire et de la Chapelle-d'Aurec. — *Le Tranchard*, 1879 (carte adm.).

CLUZEL (LE), l. détr., cⁿᵉ d'Ouides. — *Lo Cluzel*, 1315 (hôtel-Dieu, B. 645). — *Le Clusel*, 1609 (A. Robert, nʳᵉ).

CLUZEL (LE), chât., cⁿᵉ de Saint-Éble. — *Lo Cluzel*, 1288 (spic. Briv.). — *Cluselhi*, 1321 (spic. Briv.). — *Lo Clusel*, 1459 (Bibl. nat., ms. lat., n. acq., 1222, f° 105). — *Los Cluzels*, 1465 (terrier de Vissac). — *Clusellus*, 1474 (terrier du Cluzel). — *Les Clusels*, 1480 (Bibl. nat., ms. lat., n. acq., 1224, f° 270 v°),

CLUZEL (LE), h., cⁿᵉ de Saint-Martin-de-Fugères. — *Lo Cluzel*, 1377 (Saint-Mayol). — *Cluzellus*, 1461 (Chauvin, nʳᵉ). — *Clusellus*, 1513 (cad. du Monastier). — *Lou Clusel*, 1547 (Chaulet, nʳᵉ). — *Le Cluzel-de-Coumarcès*, 1741 (Haute-Loire, B. 51). — *Le Clauzel* (cad.).

CLUZEL (LE), h., cⁿᵉ de Saint-Pal-de-Mons. — *Cluzellus*, 1314 (év). — *Lo Clusel*, 1507 (év.).

CLUZELLES, f., cⁿᵉ de Champagnac. — *Les Chazelles*, 1880 (carte adm.). — *Le Cluzel*, 1888 (Malègue).

COCHON, h., cⁿᵉ de Riotord. — *Cochoux*, 1869 (Malègue).

COCOULOGNE (LA), h., cⁿᵉ de Salzuit. — *La Cogulonha*, 1418 (Arch. nat., Z². 4149, p. 98). — *La Cugulonia*, 1458 (Arch. nat., ZZ. 359, p. 2). — *La borie de Cogolongnie*, 1612 (terrier de la Vaudieu). — *Cocologne*, xviiiᵉ s. (Cassini). — *La Cocaulonie*, 1820 (Deribier). — *Coucologne* (étatmajor). — *Laborithe*, 1869 (Malègue). — *La Borytte*, 1888 (carte adm.).

COHADE, cⁿⁿ de Brioude. — *In vicaria Brivatensi, villa cujus vocabulum est Colide*, 1011 (cart. de Brioude, ch. 331). — *Homines de Coylde*, 1281 (J. Lachenal, l'égl. de Br., 13). — *Colhde, par. S. Ferreoli prope Brivatam*, 1410 (terrier des Grèzes, f° 36 v°). — *Coilde*, 1601 (terrier du chap. de Brioude). — *Coade*, 1625 (*idem*). — *Saint-Ferréol-de-Cohade*, 1820 (Deribier).

En 1789, Cohade appartenait à la province d'Auvergne, à l'élection et subdélégation de Brioude et au ressort de Riom. Son église paroissiale, diocèse de Saint-Flour et archiprêtré de Brioude, était dédiée à saint Ferréol; le titre du présentateur est ignoré.

COHADE (LA), loc. détr., cⁿᵉ de Siaugues-Saint-Romain. — *Mansus de Cohada*, 1461 (Bibl. nat., ms. lat., n. acq., 1222, f° 214 v°). — *La Cohade*, 1462 (*idem*, 1223, f° 64 v°).

COHARDE (LA), f., cⁿᵉ de Saint-Front. — *La Couarda*, 1526 (cad. du Monastier). — *La Coarda*, 1529 (Costavol, nʳᵉ). — *La Metterie de Coharde*, 1646 (cad. de Bonnefont). — *La Couarde*, 1888 (carte adm.)

COIN (LE), h., cⁿᵉ de Berbezit. — *Mansus del Coign*, xvᵉ s. (la Chaise-Dieu, Connangle). — *Le Coing*, 1570 (J. Chalvon, nʳᵉ).

COIN (LE), m. i., cⁿᵉ de Dunières. — *Le Coain*, 1879 (carte adm.).

COIN (LE), h., cⁿᵉ du Mas-de-Tence.

COIN (LE), h., cⁿᵉ de la Vaudieu. — *Mansus qui dicitur Como* (Coino), v. 1060 (cart. de Brioude, ch. 59). — *Lo Coynh*, 1312 (la Chaise-Dieu, Javaugues). — *Lo Coign*, 1494 (*idem*). — *Le Coing*, 1612 (terrier de la Vaudieu).

COINDET, h., cⁿᵉ de Rosières.

COINDET (LE), affl. de la Suisscsse, à Rosières.

COINS (LES), f., cⁿᵉ de Saint-Romain-Lachalm.

COIROLLES, vill., cⁿᵉ de Saint-Julien-Molhesabate. — *Las Coairolles*, 1269 (homm. de l'év.). — *Les Cayrolles*, 1309 (*idem*). — *Coyrolas*, 1468 (Rivière, nʳᵉ).

COIROLLES, mⁱⁿ sur le Clavas, cⁿᵉ de Saint-Julien-Molhesabate.

COLANCE, vill., cⁿᵉ de Chadron. — *Colensa*, 1232 (tabl. histor. du Velay, 1876-77, p. 37). — *Mansus de Colentia*, 1336 (J. de Peyre, nʳᵉ). — *Villa de Colencia*, 1386 (hom. de Solignac). — *Colence*, 1549 (Savin, nʳᵉ). — *Colampce*, 1695 (capitation). — *Colempce*, 1880 (carte adm.).

COLANGE, h., cⁿᵉ de Thoras. — *Colongas*, 1279 (Thiolent). — *Colangas*, 1394 (*idem*). — *Colongiæ*, 1526 (A. Besseyre, nʳᵉ).

COLANGE, f. détr., près Laroux, cⁿᵉ de Vorey. — xviiiᵉ s. (Cassini).

COLANGE (LA), f., cⁿᵉ de Montregard. — *La Colungha*, 1466 (Rivière, nʳᵉ). — *La Collange*, 1556 (terrier de Montregard).

COLANY, mⁱⁿ sur la Dège, cⁿᵉ d'Auvers. — *Coloignet* ou *Colagnet*, 1588 (terrier d'Auvers). — *La verrerie de Colany*, 1824 (Deribier, stat. 87).

COLENCE, l. détr., cⁿᵉ de Freycenet-la-Tour. — *Villa Colentiola*, 866 (cart. du Monastier, n° 62). — *Villa Colentia*, 937 (*idem*, n° 53). — *Villa Colentiæ*, xᵉ s. (*idem*, n° 360). — *Colensa*, 1220 (Bonnefoy). — *Villa quæ dicitur Colencia*, 1263 (Monastier-Saint-Chaffre). — *Iter tendens de Reyrac ad territorium de Colensol*, 1523 (cad. du Monastier).

COLENCE (LA), riv., affl. de la Loire au-dessous de Chadron, prend naissance dans la cⁿᵉ de Freycenet-Lacuche et arrose celle du Monastier. — *Rivulus Colentia*, 1107 (cart. du Monastier, n° 19). — *Aqua de Colensa*, 1224 (Bonnefoy). — *Riperia Colencie*, 1364 (commⁿ de M. Experton). — *Riv. de Collence*, 1558 (Haute-Loire, B.). — *La Colence*, 1568 (André, nʳᵉ). — *La rivière de Colempce*,

1587 (J. Doleson, n°°). — *La Collempce*, 1596 (André, n°°). — *La Ricomène* (cad.). — *Le Crouziols*, 1880 (carte adm.).

COLIN (LE MAS-DE-), l. détr., c°° de Saint-Maurice-de-Lignon. — *Le Mas-de-Colyn*, 1589, (Haute-Loire, E.).

COLLANDRE, vill., c°° de Solignac-sur-Loire. — *Coloinde*, 1233 (hôtel-Dieu, B. 308). — *Colunde*, 1238 (Saint-Vosy). — *Colompde*, 1312 (hôtel-Dieu, B. 387). — *Colomde*, 1348 (le Monastier-Saint-Chaffre). — *Colandes*, 1549 (Savin, n°°). — *Colampdes*, 1568 (Doleson, n°°). — *Colampdres*, 1630 (Brunel, n°°). — *Colandres*, 1666 (André, n°°). — *Colendres*, 1607 (*idem*).

COLLANGE, h., c°° de Loudes. — *De Collongis*, v. 1187 (hospit. du Velay). — *Colongas*, 1370 (év.). — *Colonghas*, 1405 (Drôme). — *La Colonga*, 1408 (Drôme).

COLLANGE (LA), m. i., c°° de Bessamorel.

COLLANGE (LA), vill., c°° de Lantriac. — *La Colungia, la Colongha*, 1389 (reg. de Bouzols). — *Colangia*, 1499 (terrier de Volhac). — *Colongia*, 1508 (terrier de Coublador). — *La Colonge, la Coloange*, 1546 (Savin, n°°).

COLLANGE (LA), écart, c°° de Sainte-Sigolène. — 1553 (ress. de Montfaucon).

COLLANGE (LA), chât. détr. et f., c°° d'Yssingeaux. — *Chasteau de la Collange*, 1615 (terrier de Saussac).

COLLANGES, l. détr., près Chantouin, c°° de Bains. — *El Mas de Colongas*, v. 1213 (templiers du Puy).

COLLAT, c°° de Paulhaguet. — *Prior de Collat*, 1235 (spic. Briv.). — *Collatum*, 1381 (*idem*). — *Coullat*, 1401 (*idem*). — *Le Collat*, 1470 (*idem*). — *Colat*, 1511 (coust. d'Auv., f° 81, v°).

En 1789, Collat était compris dans la province d'Auvergne, l'élection de Brioude, la subdélégation de la Chaise-Dieu et le ressort de Riom. Son église paroissiale, diocèse de Saint-Flour et archiprêtré de Brioude, était consacrée à saint Martial; la présentation à la cure appartenait au prieur, dont le bénéfice dépendait de l'abbaye de la Chaise-Dieu.

COLLET (HERMITAGE-DU-), c°° de Polignac. — *Capella fundata ad hon. Beatæ Mariæ Virginis Aniciensis in loco Colleti*, 1473 (Médicis, II, 247). — *L'Hermitaige du Collet*, xvi° s. (*idem*, II, 244).

Hermitage avec chapelle, fondés en 1393.

COLLET (LE), m°° de camp., c°° de Polignac. — *Mansus del Col*, v. 1070 (cart. de Pébrac, n° 3). — *Pedagium de Colleto*, 1274 (év.). — *Lo Colet*, 1299 (Saint-Georges de Saint-Paulien). — *Cou-letum*, 1456 (prieuré de Polignac). — *Coletum*, 1469 (*idem*). — *Le Collet*, 1589 (Burel, 124).

Le péage du Collet était un fief vassal immédiat de la couronne.

COLLET (LE), m. i., c°° de Riotord.

COLLET (LE), f., c°° de Saint-Pierre-Eynac.

COLOIN, lieu dit, c°° du Puy. — *Vinea de Colon*, 1136 (Saint-Georges du Puy). — *Coloin*, 1243 (Saint-Vosy). — *Vinetum de Coloynh*, 1323 (J. de Peyre, n°°). — *En Colonh*, 1408 (compois du Puy). — *Terroir de Coloing*, 1562 (Médicis, I, 529). — *La Vio Machadeyre ou Coloin*, 1729 (Saint-Vosy).

COLOMBET, h., c°° de Chaudeyrolles. — *Locus de Columbeto*, 1464 (Ardèche, C. 626). — *Coulombet*, 1652 (ét. civ.).

COLOMBETS (LES), h., c°° de Saint-Julien-du-Pinet. — *Les Colombetz-lez-Glavenas*, 1613 (Duclaux, n°°). — *Le Colombet*, xviii° s. (Cassini).

COLOMBEYRE (LA), affl. de l'Allier, c°° de Saint-Christophe-d'Allier.

COLOMBEYRE (LA), m. i., c°° de Saint-Romain-Lachalm.

COLOMBIER, vill., c°° de Saint-Jean-d'Aubrigoux. — *Ad Colombarios*, 1213 (cart. de Chamalières, n° 319). — *Mansus de Columberiis*, 1383 (Rhône, Saint-Antoine-de-Viennois, Saint-Victor). — *Colombiers*, 1610 (*idem*).

COLOMBIER (LE), l. détr., c°° d'Allègre.

COLOMBIER (LE), affl. de l'Arzon, c°°° de Saint-Jean-d'Aubrigoux, Saint-Victor-sur-Arlanc, Jullianges et Craponne-sur-Arzon.

COLONJAT, houillère aband., c°° de Chanteuges. — *Territ. de Colonhac*, 1486 (terrier de Tailhac). — *Territ. de Columpnhac*, 1502 (Arch. nat., Q. 513, f° 212).

COLONNA (LA), affl. de la Massardière, c°° de Saint-Just-Malmont.

COLS, l. détr., c°° de Saint-Privat-du-Dragon. — *Lo Cols*, 1379 (Arch. nat., Z². 4143, p. 7).

COMBABAURES, m. i., c°° de Saint-Just-Malmont. — *Combabou*, 1879 (carte adm.).

COMBADINE, vill., c°° de Saint-Géron. — *Combadisme*, 1353 (coll. J. Larbenal). — *Combedixme*, 1604 (*idem*).

COMBAL, m. i., c°° de Tence.

COMBANEYRE, m. i., c°° de Saint-Beauzire. — *Combeneire* (cad.).

COMBARNAUD, l. détr., c°° de Saint-Jeure. — 1695 (capitation).

COMBAT (LE), m. i., c°° de Riotord.

COMBE (GRAND-), l. détr., c°° de Mercœur. — *In nice*

Radicatensi, ad Illam Cumbam, 925 (cart. de Brioude, ch. 112). — *Pagézie app. Grand-Combe où souloit avoir Chazaulx,* 1613 (Mercurial).

COMBE (LA), vill., c^{ne} de Bas. — *Villa de la Cumba,* 1230 (Arch. nat., P. 493¹, cote 59). — *Comba,* 1493 (obit. de Bas) — *Lacombes* (cad.).

COMBE (LA), f., c^{ne} de Berbezit.

COMBE (LA), affl. du Panis au sud-ouest de Madrières, c^{ne} de Chanaleilles.

COMBE (LA), h., c^{ne} de Chanteuges. — *La Combe,* 1443 (spic. Brivat.). — *Mansus de Comba,* 1460 (Bibl. nat., n. acq., 1222, f° 173).

COMBE (LA), f., c^{ne} de Chaudeyrolles.

COMBE (LA), f., c^{ne} de Fay-le-Froid. — *Comba prope Faynum,* 1464 (Ardèche, C. 624). — *La Combe,* 1688 (ét. civ.). — *Lacombe,* 1888 (Malègue).

COMBE (LA), m. i., c^{ne} de Lapte. — *Lacombe,* 1888 (Malègue).

COMBE (LA), f., c^{ne} de Moudeyres.

COMBE (LA), vill., c^{ne} du Pont-Salomon. — *Lacombe,* 1888 (Malègue).

COMBE (LA), affl. de l'Arquejols, c^{ne} de Saint-Étienne-du-Vigan.

COMBE (LA), f., c^{ne} de Saint-Julien-Chapteuil. — *La grange app. la Combe,* 1685 (cad. de Chapteuil-Bas).

COMBE (LA), m. i., c^{ne} de Saint-Vincent.

COMBE (LA), h., c^{ne} de Tence.

COMBE (LA), m. i., c^{ne} de Vieille-Brioude.

COMBE (LA), affl. de l'Allier à Villeneuve-d'Allier.

COMBEAU (LE), bois, c^{ne} de Séneujols.

COMBEAUX (LES), m. i., c^{ne} de Montregard.

COMBEAUX (LES), f., c^{ne} de Sainte-Sigolène.

COMBE-CHAVE, lieu dit, près Chavagnac, c^{ne} de Salzuit. — *La Fontaine saincte de Combe-Chave,* 1612 (terrier de la Vaudieu).

COMBE-CHEMIN, h., c^{ne} de Saint-Just-près-Brioude. — *Conbacimet,* 1339 (Bibl. nat., fr., 14377, f° 189). — *Mansus de Combacimet,* 1387 (Arch. nat., Z². 4144, p. 219). — *Combassimet,* 1464 (Arch. nat., ZZ. 359, f° 76).

COMBE-CNOSE, m. i., c^{ne} de Prades.

COMBE-DU-FOUR (LA), affl. de l'Allier, c^{ne} de Monistrol-d'Allier.

COMBE-GIRARD, f., c^{ne} de Chanteuges. — *Comba Girard,* 1443 (spic. Briv.). — *Combe-Géral,* 1820 (Deribier).

COMBE-IMBERT, écart, c^{ne} de Montregard.

COMBELLADE, anc. verrerie, c^{ne} de Desges. — *Combellade,* 1588 (spic. Briv.).

COMBELADE, bois, c^{ne} de Ferrussac.

COMBELADE (PEU DE), mont., c^{ne} de Ferrussac.

COMBELLE (LA), écart, c^{ne} de Beaulieu.

COMBELLE (LA), ruiss., affl. du Monastier, c^{ne} du Chambon.

COMBELLE, h., c^{ne} de Saint-Pal-de-Mars.

COMBELLES (LES), h., c^{ne} de Desges. — *Mansus de las Combellas,* 1459 (Bibl. nat., ms. lat., n. acq., 1222, f° 127). — *Les Combelles,* 1750 (terrier des Binières). — *Escombelle,* 1869 (Malègue). — *Lescombelles,* 1888 (carte adm.).

COMBEMALE, f., c^{ne} de Pébrac. — *Combinal,* xviii° s. (Cassini).

COMBE-MARTIN, m. i., c^{ne} de Saint-Jeure.

COMBENEIRE, h. ruiné, c^{ne} de Saint-Didier-sur-Doulon. — *Combeneyre,* 1548 (Vals-le-Chastel). — *Combalaire,* xviii° s. (Cassini). — *Combenaire,* 1888 (carte adm.).

COMBENEYRE, bois, c^{ne} d'Aubazat.

COMBENEYRE, f., c^{ne} du Chambon.

COMBENEYRE, bois, c^{ne} de Cronce.

COMBES, m. i., c^{ne} de Riotord.

COMBES (LES), affl. de la Cronce au sud-est d'Arlet.

COMBES (LES), h., c^{ne} d'Aurec.

COMBES (LES), h., c^{ne} de Bournoncle-la-Roche. — *Locus qui dicitur Cumbas, in vicaria Brivatensi,* 976 (cart. de Sauxillanges, n° 83).

COMBES (LES), f., c^{ne} du Chambon.

COMBES (LES), h., c^{ne} de Champclause.

COMBES (LES), h., c^{ne} d'Espaly-Saint-Marcel. — *In Combis inter castrum Spaleti et Anicium,* 1250 (Saint-Agrève). — *Cumbas,* 1267 (hôtel-Dieu, B. 143). — *Conbæ subtus Ronso inter Anicium et castrum Spaleti,* 1365 (Arch. nat., J. 1057, cote 11).

COMBES (LES), m. i., c^{ne} du Pertuis.

COMBES (LES), h., c^{ne} de Queyrières. — *Le lieu de Combe-de-Queyrière,* 1608 (A. Robert, n^{re}).

COMBES (LES), h., c^{ne} de Raucoules. — 1607 (Jamon, n^{re}). — *La Combe,* 1879 (carte adm.).

COMBES (LES), affl. de la Faye, c^{ne} de Saint-Didier-d'Allier.

COMBES (LES), h., c^{ne} de Saint-Haon. — *Las Combas,* 1464 (Pratlavi, n^{re}). — *Locus de Combis,* 1511 (Dompnin, n^{re}). — *Les Combes,* 1571 (A. Boyer, n^{re}).

COMBES (LES), loc. détr., c^{ne} de Saint-Hilaire. — *Mansus de Cumbas,* xiv° s. (terrier des Grèzes).

COMBES (LES), m. i., c^{ne} de Saint-Julien-Molhesabate.

COMBES (LES), h., c^{ne} de Saint-Vert. — *Mansus de las Combas,* 1291 (spic. Briv.). — *Le Mas de las Cumbes,* 1337 (*idem*). — *Mansus de Cumbis,* 1338 (*idem*).

Combes (Les), f., c⁰ⁿ de Tence.

Combes (Les), bois, cⁿᵉ de Villeneuve-d'Allier.

Combes-de-Bouteyre (Les), m. i., cⁿᵉ de Riotord.

Combe-Tarnière (Ravin-de-), affl. du Chastan à la limite ouest des cⁿᵉˢ d'Auzon et d'Azerat.

Combette (La), affl. de la Loubeyre, cⁿᵉ de Chanaleilles.

Combette (La), m. i., cⁿᵉ du Monteil.

Combette (La), f., cⁿᵉ des Vastres.

Combeuil, h., cⁿᵉ de Chazelles. — *Mansus de Combeulh*, 1464 (Bibl. nat., ms. lat., n. acq., 1223, f° 191).

Combeveille, f., cⁿᵉ d'Araules. — *Combeveuille*, 1566 (év.). — *Comba-Veilhe, Comhavielle*, 1608 (cad. de Bonnas). — *Combeveille*, 1628 (Duclaux, nʳᵉ).

Combomard, mⁱⁿ sur la Senouire, cⁿᵉ de la Chaise-Dieu. — *Le Molin de Combosmard*, 1585 (la Chaise-Dieu, Combomard). — *Combomat*, 1888 (carte adm.). — *Combemard*, 1888 (Malègue).

Comborie, lieu dit, cⁿᵉ d'Espaly-Saint-Marcel. — *Combauria*, xiiiᵉ s. (coll. César Falcon). — *Combaurie*, 1710 (cad. d'Espaly).

Combre, h., cⁿᵉ de Chamalières. — *Conbrus*, 1097 (cart. de Chamalières, n° 5). — *Terra de Combris*, 1097 (*idem*, n° 6).

Combre (Le), affl. de la Loire au nord-ouest de Combre, cⁿᵉ de Chamalières.

Combreaux, vill., cⁿᵉ de Saint-Pal-de-Chalencon. — *Combreaulz*, 1540 (terrier de Saint-Pal). — *Combriot* (cad.).

Combres, vill., cⁿᵉ de Bauzac. — *Combres*, 1402 (Arch. nat., P. 1397², cote 586).

Combres, h., cⁿᵉ de Roche-en-Régnier. — *Combres*, 1332 (Arch. nat., P. 1397², cote 571). — *Conbres*, 1339 (Arch. nat., P. 494¹, cote 13 *bis*).

Combres, h., cⁿᵉ de Saint-Just-près-Brioude. — *Conbret*, 1338 (Bibl. nat., fr., 14377, f° 197). — *Mansus de Combreto*, 1428 (Bibl. nat., fr., 11490, f° 39).

Combres, vill., cⁿᵉ de Saint-Pal-de-Mors. — 1542 (la Chaise-Dieu, Saint-Pal-de-Mors).

Combres (Les), mⁱⁿ sur la Senouire, cⁿᵉ de Domeyrat. — *Les Ombres* (cad.).

Combret, vill., cⁿᵉ de Jullianges. — *Combre*, 1888 (carte adm.).

Combret, vill., cⁿᵉ de Saint-Berain. — *Mansus de Combreto*, 1320 (J. de Peyre, nʳᵉ). — *Domus de Combreto*, 1362 (Baluze, mais. d'Auv., II, 440).

Combret, vill., cⁿᵉ de Venteuges. — *Combret*, 1327 (Lozère, G. 98). — *Mansus de Combreto*, 1480 (Bibl. nat., ms. lat., n. acq., 1224, f° 262 v°).

Combret, loc. détr., cⁿᵉ de Villeneuve-d'Allier. —

Mansus de Conbreto, 1462 (Arch. nat., ZZ. 359, p. 61). — *Combret*, 1468 (*idem*, p. 119).

Combreus, f., cⁿᵉ de Craponne-sur-Arzon. — *Villa de Combreuss*, 1267 (Saint-Georges du Puy). — *Conbreus*, 1308 (Saint-Agrève). — *Combreulx*, 1610 (Rhône, Saint-Antoine-de-Viennois, Saint-Victor). — *Combrens*, 1820 (Deribier).

Combriaux, vill., cⁿᵉ de Saint-Privat-d'Allier. — *Combrils*, 1331 (J. de Peyre, nʳᵉ). — *Combriols*, 1447 (la Chaise-Dieu, Saint-Privat-d'Allier). — *Cambriolz*, 1448 (spic. Briv.). — *Combrialis*, 1460 (Bl. Girard, nʳᵉ). — *Mansus de Combrils*, 1485 (terrier du Cluzel). — *Combrialz*, 1513 (terrier de Saint-Privat).

Combriol, vill., cⁿᵉ de Saint-Étienne-Lardeyrol. — *Combroilium*, v. 1021 (cart. de Chamalières, n° 189). — *Cumbroiol*, xiiiᵉ s. (Saint-Georges du Puy). — *Combreuol, Combreol*, 1343 (Chamblas). — *Mansus de Conbreol*, 1343 (la Chaise-Dieu, Saint-Étienne-Lardeyrol). — *Combruol*, 1354 (*idem*). — *Combruolh*, 1428 (*idem*). — *Combruolhium*, 1462 (Lardeyrol). — *Combriol*, 1546 (Savin, nʳᵉ).

Commeyron, h., cⁿᵉ de Tence.

Communal, vill., cⁿᵉ de Polignac. — *Comenac*, 1266 (tabl. du Velay, 1876-77, 525). — *Mansus de Comenaco*, 1368 (Drôme). — *Commenacum*, 1453 (coll. César Falcon). — *Commenac*, 1586 (Sigaud, nʳᵉ).

Communac (Le), affl. du Chalan au-dessous de Cussac, cⁿᵉ de Polignac. — *Le riou de Cuoq*, 1453 (terrier du prieuré de Polignac).

Communal (Le), bois, cⁿᵉ de Jax.

Communaux (Les Grands-), h., cⁿᵉ de Montfaucon.

Communaux (Les Petits-), h., cⁿᵉ de Montfaucon.

Commune (La), écart, cⁿᵉ de Grazac.

Commune (La), m. i., cⁿᵉ de Raucoules.

Communes (Les), m. i., cⁿᵉ de Beaulieu.

Compagnon (Le), lieu détr., cⁿᵉ de Malvières. — *Apud Copangho, par. Malveriarum*, 1414 (terrier de Malvières).

Comps, loc. détr., près Moristel, cⁿᵉ de Saint-Vert. — *Los mas de Comps*, 1341 (terrier de Charbonnier). — *Cons*, 1693 (la Chaise-Dieu, liève).

Compte (Le), f., cⁿᵉ de Raucoules.

Compte (Le), écart, cⁿᵉ de Saint-Vert.

Compty (Le), f., cⁿᵉ de Dunières. — *Lou Conquist*, 1553 (ress. de Montfaucon). — *Conti*, xviiiᵉ s. (Cassini).

Compty (Le Petit-), f., cⁿᵉ de Dunières.

Conac (Le), affl. de l'Allier, cⁿᵉ de Saint-Privat-d'Allier.

Coxaloup, h., c^ne de Dunières. — *Coualoup*, 1879 (carte adm.).

Conche (La), quartier de Bas. — *Conchia*, 1420 (tabl. du Velay, 1877-78, 364). — *La Couche lez Bas*, 1546 (obit. de Bas).

Conche (La), mont. et lieu détr., c^ne de Malrevers. — *Conchia*, 1513 (J. Boyer, n^re). — *La Conchy*, 1555 (cad. de Mercœur). — *Suc de la Conche*, 1861 (état-major).

Conche (La), chât. détr., c^ne de Rosières. — *Castrum de Conchia*, 1490 (chap. du Puy).

Conche (La), h., c^ne de Saint-Pierre-Eynac. — *La Conchy*, 1609 (A. Robert, n^re).

Conches, chât. et dom., c^ne de Beaulieu. — *Conchas*, 1220 (hôtel-Dieu, B. 2). — *Conchæ*, 1331 (J. de Peyre, n^re). — *Locus de Conchiis*, 1482 (Pelisse, n^re). — *La metterie de Conches*, 1626 (Brunel, n^re). — *Conchis*, 1820 (Deribier).

Conches, vill., c^ne de Saint-Pal-de-Chalençon. — *Concas*, 1163 (cart. de Chamalières, n° 77). — *Conches*, 1540 (terrier de Saint-Pal).

Concis, vill., c^ne de Solignac-sur-Loire. — *Concis*, 1278 (hôtel-Dieu, B. 627). — *Consis*, 1424 (Rhône, H. 2233).

Concoubret, vill., c^ne de Vergezac. — *Concorres*, 1227 (temp. du Puy). — *Villa de Concorres*, 1261 (la Chaise-Dieu, Saint-Rémy). — *Concourès*, 1535 (Chamblas).

Condal (Le), vill., c^ne de Laussonne. — *Mansus de Comptal*, xie s. (cart. du Monastier, n° 360). — *Lo Comptal*, 1344 (Monastier). — *Locus de Condali*, 1508 (Costavol, n^re). — *Mansus del Condal*, 1526 (cad. du Monastier). — *Le Condal*, 1665 (André, n^re).

Condamine (La), lieu dit, c^ne de Langeac. — *La Condamina Langiaci*, v. 1250 (spic. Briv.). — *Territ. de la Condamina sice de Rocha Buffeyra*, 1479 (Arch. nat., Q. 513, p. 20).

Condamine (La), m. i., c^ne de Mazeyrat-Crispinhac.

Condamine (La), autrefois prairie, au Puy. — *Condamina prope pontem des Trolhas*, 1295 (Saint-Agrève). — *L'erisson ou levade de la Condamina*, 1516 (Médicis, II, 287). — *La Condamine*, 1562 (Burel, 14).

Condat, vill., c^ne de Cistrières. — 1353 (la Chaise-Dieu, Saint-Alyre).

Condros, vill., c^ne de Saint-Étienne-Lardeyrol. — *Conros*, 1201 (Saint-Mayol). — *Condroux*, 1473 (Richon, n^re). — *Condros*, 1505 (Dompnin, n^re). — *Condres*, 1561 (Savin, n^re).

Condros, vill., c^ne de Villeneuve-d'Allier. — *Conrous*, 1339 (Bibl. nat., ms. fr., 14377, p. 198). —

Mansus de Conros, 1386 (Arch. nat., Z². 4144, p. 84). — *Conraux*, 1449 (Bibl. nat., ms. fr., 11490, p. 461). — *Conroux*, 1463 (Arch. nat., ZZ. 359, p. 83). — *Condros*, 1464 (Bibl. nat., ms. fr., 11491, p. 397).

Conflans, f., c^ne de Ceyssac.

Confolent, vill., c^ne de Bauzac. — *Locus qui dicitur Confolentis, juxta fluvium Ligeris*, v. 990 (cart. du Monastier, n° 55). — *Ecclesia de Confolento*, 1179 (idem, n° 442). — *Confolencum*, v. 1343 (idem, n° 452). — *Coffolencium*, 1508 (obit. de Bas).

Confolent, lieu détr., c^ne de Saint-Hilaire. — *In vicaria Brivatensi, in loco Coudado*, v. 888 (cart. de Brioude, ch. 135). — *In vicaria Brivatensi, villa Confolent*, v. 1011 (id., ch. 33). — *Mansus de Cofolent*, 1358 (spic. Briv.). — *Cofolens*, 1358 (Arch. nat., J. 1134, cote 7). — *Coffolenx-Ladreitz*, 1400 (la Chaise-Dieu, Azerat).

Congeonne (La), f., c^ne de Saint-Quintin-Chaspinhac.

Congousse, écart, c^ne de Lempdes.

Conil, vill., c^ne de Saint-Jean-Lachalm. — *Conilhz*, 1452 (hôtel-Dieu, B. 571). — *Conilx*, 1463 (V. Chauvin, n^re).

Conil (Moulin-de-), m^in ruiné sur le Saint-Didier, c^ne de Saint-Jean-Lachalm.

Conilis, lieu détr., c^ne de Saint-Jean-Lachalm. — *Mansus de Conilhetz*, 1320 (J. de Peyre, n^re, reg. A, f° 58). — *Conillitz*, 1463 (V. Chauvin, n^re).

Conlette, m. i., c^ne de Saint-Didier-sur-Doulon.

Connac, vill., c^ne de Lissac. — *Connhac*, 1283 (év.). — *Conhac*, 1321 (spic. Briv.). — *Connacum*, 1345 (J. de Peyre, n^re). — *Caunacum*, 1426 (év.). — *Connac*, 1605 (M^ce Leblanc, n^re).

Connac, h., c^ne de Saint-Privat-d'Allier. — *Lo Connac*, 1323 (hôtel-Dieu, B. 405). — *Locus de Connaco*, 1520 (Martel, n^re).

Connaguet, h., c^ne de Saint-Privat-d'Allier. — *Connaguet*, 1333 (hôtel-Dieu, B. 454). — *Mansus del Conaguet*, 1347 (la Chaise-Dieu, Saint-Privat-d'Allier). — *Conarguetum*, 1518 (Martel, n^re). — *Le Cognaguet*, 1560 (Thiolent).

Connangles, c^on de la Chaise-Dieu. — *Ecclesia de Conangles*, 1299 (Arch. nat., L. 990). — *Connangles*, 1323 (la Chaise-Dieu, Connangles). — *Prioratus Conangliarum*, 1462 (ibid.).

En 1789, Connangles était compris dans la province d'Auvergne, l'élection de Brioude, la subdélégation de la Chaise-Dieu et le ressort de Riom. Son église paroissiale, diocèse de Saint-Flour et archiprêtré de Brioude, était sous le vocable de saint Étienne; comme prieur de cette localité, l'infirmier mage de l'abbaye de la Chaise-Dieu présentait à la cure.

CONQUE (LA), affl. du Vourzac, c^{nes} de Sanssac-l'Église et Polignac. — *Le Barret*, 1888 (carte adm.).

CONTALDÈS (LE MAS-DE-), f., c^{ne} de Chanaleilles. — *Mansus de Gontaldes*, 1274 (Lozère, G. 99). — *Guntaldes*, 1327 (*idem*, G. 98).

CONTODIÈRES, h., c^{ne} de la Chapelle-d'Aurec. — *La Cantodière*, 1879 (carte adm.).

CONVENT, m. i., c^{ne} de Saint-Didier-la-Séauve. — *Couvert*, 1879 (carte adm.).

COQUE (LA), écart, c^{ne} de Pinols. — *La Cogne*, 1869 (Malègue).

CORAZE, h., c^{ne} de Lantriac. — *Coha Rasa*, 1448 (Monastier). — *Mansus de Coarasa*, 1527 (cad. du Monastier). — *Coharase*, 1561 (Savin, n^{re}). — *Queue-Raze*, 1614 (Duclaux, n^{re}). — *Coharaze*, 1707 (cad. de Bouzols).

CORDAC, chât. détr., c^{ne} de Laussonne. — *Terra de Cordaco*, v. 970 (cart. du Monastier, n° 102). — *Les hommes de Cordac, à présent doux Badioux*, 1384 (Arch. nat., P. 1856, f° 28). — *Castrum de Cordaco*, 1508 (terrier de Coubladour). — *Le chasteau de Courdac*, 1707 (cad. de Bouzols).

CORDAGET, lieu détr., c^{ne} de Laussonne. — *Villa quæ dicitur Cardazeto*, v. 889 (cart. du Monastier, n° 67). — *Villa de Cordazet*, xi° s. (*idem*, n° 38). — *En Cordaset*, 1528 (cad. du Monastier). — *Cordajet, Courdaget*, 1707 (cad. de Bouzols).

CORDES, vill., c^{ne} de Bains. — *In villa Cordatis*, 994 (cart. du Monastier, n° 142). — *Corde*, v. 1213 (templiers du Puy). — *Cornde*, 1217 (*idem*). — *Courdes*, 1447 (hôtel-Dieu). — *Condres*, 1534 (év.). — *Cohandres*, 1561 (Savin, n^{re}). — *Coudres*, 1596 (Galien, n^{re}).
Patois : *Coindres*.

CORDES, h., c^{ne} de Saint-Julien-Chapteuil. — *Le Mas de Cohardes*, 1308 (homm. de l'év.). — *Locus de Coardis, par. S. Juliani Captolii*, 1501 (coll. C. Falcon). — *Courdes*, 1685 (cad. de Chapteuil-Bas). — *Cordes*, xviii° s. (Cassini).

CORDU (LE), h., c^{ne} de Monistrol-sur-Loire. — *Le Cordre*, 1888 (Malègue).

CORMAIL, f., c^{ne} d'Espaly-Saint-Marcel. — xviii° s. (Cassini).

CORNADOUIRE, h., c^{ne} de Moudeyres. — *Cournadouire* (cad.).

CORNAS (LA), f., c^{ne} de Riotord. — *Cornar*, 1869 (Malègue).

CORNASSAC, vill., c^{ne} de Sainte-Sigolène. — 1364 (homm. de l'év.). — *Cornassac*, 1553 (ress. de Montfaucon). — *Cornossac*, 1820 (Deribier).

CORNEILLE, rocher autrefois fortifié qui domine le Puy. — *Castrum Cornelium*, 1146 (Gall. chr., II, inst., 231). — *Castrum Cornelia*, 1158 (*idem*, 232). — *Rupes de Cornilha*, 1333 (Saint-Vosy). — *Ruppes Corniliæ*, 1371 (Arch. nat., P. 1397¹, c. 519). — *Cornille*, xvi° s. (Médicis, I, 338). — *Le roch de Corneilhe*, 1592 (Mre Leblanc, n^{re}).

CORNET (LE GRAND-), f., c^{ne} de Saint-Didier-la-Séauve.

CORNET (LE PETIT-), f., c^{ne} de Saint-Didier-la-Séauve. — *Corneton*, 1879 (carte admin.).

CORNILLE, vill., c^{ne} de Javaugues. — *Mansus dictus Cornilhia*, 1274 (Cumignac).

CORNUT, h., c^{ne} d'Ally. — *Villa de Corna* (?) 1241 (tit. de la Rochette).

CORSAC, m. de camp. moderne, c^{ne} de Brives-Charensac. — *Lo terrouer de Lasaguat*, 1515 (compois de Villeneuve-de-Corsac). — *Le terr. de las Aguas*, 1752 (comm^{on} de feu M. H. Vinay).

CORSAC (LE PEYRON-DE-), rocher, c^{ne} de Brives-Charensac. — Autrefois but d'une procession solennelle du clergé de la cathédrale le 11 juillet, fête de la Dédicace. — *Terra de Corsac*, 1215 (hospit. du Velay). — *Rupes de Corssac*, 1294 (*idem*). — *Lo Peyrou de Corsac*, 1385 (*idem*). — *Lou Peyrou de Crossac*, 1515 (compois de Villeneuve-de-Corsac).

CORSET (LE), vill., c^{ne} de Retournac. — *Lo Corcet*, 1345 (Arch. nat., P. 494¹, cote 6). — *Lo Corset*, 1376 (Arch. nat., P. 494¹, cote 37). — *Lo Corscet*, 1383 (Rhône, E. 9). — *Courset*, 1558 (V. Vachorel, n^{re}). — *Le Courcet*, xviii° s. (Cassini).

CORTIAL (LE), vill., c^{ne} d'Aurec. — *Curtile*, 1337 (comm^{on} de M. Testenoire-Lafayette).

CORTIAL (LE), h., c^{ne} de Bauzac. — *Villa de Cortil*, 1163 (cart. de Chamalières, n° 78). — *Cortile*, 1336 (Arch. nat., P. 494¹, cote 18). — *Curtile*, 1490 (obit. de Bas). — *Le Courtil*, 1490 (Arch. nat., P. 1397², cote 582). — *Le chasteau du Courtial*, 1552 (ress. de Montfaucon). — *Cortial-Haut* (cad.).

CORTIAL (LE), f., c^{ne} de Grazac. — *Le Courtial*, 1695 (terrier de Chabrespine).

CORTIAL (LE), h., c^{ne} de Retournac. — *Lo Cortil, Mansus de Cortili*, 1336 (Arch. nat., P. 494¹, cote 38). — *Le Cortial*, 1561 (Savin, n^{re}).

CORTIAL, f., c^{ne} de Saint-Front. — *Mansus de Cortili, Cortilium*, 1359 (Rhône, H. 2632). —

Cortial, 1646 (cad. de Bonnefont). — *Corthiac*, xviii° s. (Cassini). — *Cortiel*, 1861 (état-major).

Cortial-Bas (Le), m. i., c™ de Bauzac.

Cossange, h., c™ de Laval. — *Mansus de Coguossanges*, 1449 (terrier de Clavelier).

Cossange, h., c™ de Saint-Pal-de-Chalencon. — *Cossanges*, 1419 (Loire, A. 89, f° 243 v°). — *Coussanges*, 1540 (terrier de Saint-Pal).

Cossanges, loc. détr., c™ de Saint-Romain-Lachalm. — *Escogossanges*, 1363 (coll. Chaleyer). — *La chevance de Coucoussanges*, 1584 (terrier de Saint-Didier).

Cossanges, vill., c™ de Salettes. — *Villa de Cogossangas*, 1327 (Arch. nat., P. 1397², cote 588). — *Cogossanias*, 1331 (Arch. nat., P. 1397², cote 587). — *Coguossanghas*, 1547 (Chaulet, n™). — *Cocossanges*, 1680 (Surrel, n™).

Costaros, vill., c™ de Cayres. — *Costas Royas*, 1327 (J. de Peyre, n™). — *Villa Costarum Rubearum*, 1352 (hospit. du Velay). — *Costas Roas*, 1408 (compois du Puy). — *Coustaros*, 1571 (A. Boyer, n™).

Costaros, mont., c™ de Chamalières.

Coste, f., c™ de Saint-Front. — 1646 (cad. de Bonnefont).

Coste (La), f., c™ d'Arlempdes. — *Lacoste*, 1820 (Deribier).

Coste (La), h., c™ d'Aubazac. — *La Costa*, 1486 (Arch. nat., Q. 513, f° 83). — *Coste, la Couste*, 1502 (*idem*, f°ˢ 138-139). — *Lacoste*, 1820 (Deribier).

Coste (La), chât., c™ de Blavozy. — 1291 (homm. de l'év.). — *Costa*, 1495 (homm. de Saint-Vidal). — *La Couste*, 1568 (Savin, n™).

Coste (La), lieu détr., c™ de Bonneval. — *Mansus de la Costa*, 1249 (tabl. de Velay, 1875-76, p. 532).

Coste (La), h., c™ de Champclause. — *Costa d'Orba*, 1314 (év.). — *La Costa, par. de Chamclausa*, 1327 (G. Vériac, n™). — *Costa*, 1344 (J. de Peyre, n™). — *La Coste-d'Ourbe*, 1597 (A. Robert, n™). — *La Coste-d'Urbe*, 1695 (capitation). — *La Coste*, xviii° s. (Cassini). — *Lacoste*, 1888 (carte adm.).

Coste (La), m. i., c™ de Cussac.

Coste (La), f., c™ du Mazet-Saint-Voy.

Coste (La), affl. de l'Allier, c™ de Monistrol-d'Allier.

Coste (La), vill., c™ de Saint-Étienne-Lardeyrol. — *Terra de la Costa*, 1208 (hôtel-Dieu, B. 301). — *Locus de Costa, prope Chamblas*, 1408 (Chamblas). — *La Coste*, 1506 (Médicis, II, 301). — *La Couste*, 1546 (Savin, n™).

Coste (La), h., c™ de Saint-Just-près-Brioude. — *La Costa*, 1339 (Bibl. nat., fr., 14377, f° 189).

Coste (La), écart, c™ de Varennes-Saint-Honorat.

Coste (Moulin-de-la), m™ détruit, près la Soucheyre, c™ de la Besseyre-Saint-Mary. — *Le molin de la Coste*, 1574 (terrier de Meyronne).

Coste-Barraud, lieu détr., c™ de Saint-Pal-de-Murs. — *Coste-Baral*, 1323 (inv™ du chartrier de Vals-le-Chastel). — *Coste-Barrauld*, 1344 (*ibid.*).

Costebelle, col, entre Alambre et le Mézenc, c™ des Estables.

Coste-Borel (La), h., c™ d'Araules. — 1304 (homm. de l'év.). — *Cousta Porreta*, 1314 (év.). — *Cousta-Borrel*, 1481 (Pelisse, n™). — *Costa-Borel*, 1507 (év.). — *Coste-Bourret*, xviii° s. (Cassini). — *Coste-Borel*, 1888 (Malègue).

Coste-Chaude, vill., c™ de Présailles. — *Villa de Costa Chalda*, 1309 (Arch. nat., P. 1398², cote 676). — *Costa Chauda*, 1344 (Arch. nat., P. 1398², cote 679). — *Cousta Chalda*, 1383 (Arch. nat., P. 1399¹, cote 767). — *Costa Calida*, 1392 (Arch. nat., P. 1402¹, cote 1208).

Coste-Cirgues, chât. détr. et vill., c™ de Vieille-Brioude. — *Castrum de Costirgues*, v. 1250 (spic. Briv.). — *Costa Sarge*, xiv° s. (obit. de Brioude). — *Costa Ciergue*, 1462 (Arch. nat., ZZ. 359, p. 36).

Coste-de-Machabert (La), f., c™ de Saint-Front.

Coste-de-Palhaire (La), h., c™ de Saint-Étienne-Lardeyrol.

Coste-du-Fraysse (La), m. i., c™ du Monastier.

Coste-Fayolle (La), m. i, c™ du Pertuis.

Coste-Leyre, bois, c™ de Goudet.

Costelle (La), h., c™ de Freycenet-Lacuche.

Coste-Longue, m™ sur la Gazeille, c™ du Monastier.

Coste-Oubey, m. i., c™ de Tence.

Coste-Plane, f., c™ de Présailles. — 1695 (capitation).

Coste-Rousse, m. i., c™ de Lapte.

Coste-Rousse, mont., c™ˢ de Landos et de Bauret.

Coste-Rousse, h., c™ de Tence. — *Costa Rossa*, 1258 (Rhône, D. 153). — *Cousta Rossa*, 1294 (cart. de Tence, f° 1 v°). — *Cousta Roussa*, 1507 (év.). — *Coste-Rousse*, 1585 (Johanny, n™).

Costes, m. i., c™ d'Alleyras.

Costes (Les), écart, c™ de Sanssac-l'Église.

Costes (Les), f., c™ de Tence. — *La Coste*, 1693 (état civ.).

Costet, m. i., c™ de Mazeyrat-Crispinhac.

Costet, m. i., c™ de Saint-Bonnet-le-Froid.

o stette (La), h., c™ du Mazet-Saint-Voy.

Costette, mⁱⁿ sur le Glavenas, c^{ne} de Saint-Julien-du-Pinet. — *Moulin-de-Costelle*, 1878 (carte adm.).

Costille (La), f., c^{ne} de Lantriac.

Costilles (Les), bois, c^{ne} de Charraix.

Costilles (Ravin-des-), affl. de l'Allier à Saint-Julien-des-Chazes, prend naissance au nord de la c^{ne} de Charraix.

Côte (La), f., c^{ne} de Chomelix. — *La Costa*, 1404 (terrier de Chomelix). — *Mesesum Costæ castri subterioris de Chalmelis*, 1404 (*idem*). — *La Côte*, xviiie s. (Cassini).

Côte (La), m. i., c^{ne} de Montregard.

Côte (La), m. i., c^{ne} de Raucoules.

Côte (La), vill., c^{ne} de Saint-Ferréol-d'Auroure.

Côte (La), m. i., c^{ne} de Sainte-Sigolène.

Côte (La), f., c^{ne} de Saint-Vert.

Côte (Moulin-de-la), mⁱⁿ sur le Cluzel, c^{ne} de la Chapelle-d'Aurec.

Côte-Chabrone (Ravin de la), affl. du Malaval, c^{ne} d'Ouïdes.

Côte-Chaude, écart, c^{ne} de Bauzac.

Côte-Chaude, m. i., c^{ne} de Monistrol-sur-Loire.

Côte-Chaude, m. i., c^{ne} de Saint-Jeure. — *Coste-Chaude*, 1888 (Malègue).

Côte-d'Arvant, tuil., c^{ne} de Bournoncle-la-Roche.

Côte-d'Auze (La), m. i., c^{ne} d'Yssingeaux.

Côte-de-Chabannes, m. i., c^{ne} de Moudeyres.

Côte-de-Chapelon (La), m. i., c^{ne} de Saint-Maurice-de-Lignon. — *La Coste de Chappella*, 1539 (terrier de Fraysse-Bas, f° 3). — *Côte-de-Chapelan* (cad.).

Côte-de-Chazelet (La), m. i., c^{ne} de la Chapelle-d'Aurec.

Côte-de-la-Rochette (La), m. i., c^{ne} de Saint-Jeure.

Côte-de-Malmont (La), m. i., c^{ne} de Saint-Just-Malmont.

Côte-de-Maton (La), m. i., c^{ne} de Saint-Bonnet-le-Froid. — *La Côte-de-Malhon*, 1820 (Deribier).

Côte-des-Biots (La), m. i., c^{ne} du Mas-de-Tence. — *La Côte*, 1888 (Malègue).

Côte-des-Blaises (La), m. i., c^{ne} de la Chapelle-d'Aurec.

Côte-de-Vauneyre (La), h., c^{ne} de Beaux.

Côte-d'Hivernedœuf (La), m. i., c^{ne} de la Chapelle-d'Aurec.

Côte-d'On (La), grange d'Alleret, c^{ne} de Saint-Privat-du-Dragon.

Côte-du-Faure (La), écart, c^{ne} de Chamalières. — *Côte-de-Farre*, 1888 (Malègue).

Côte-du-Fayard, m. i., c^{ne} de Saint-Didier-la-Séauve.

Côte-du-Fraysse (La), m. i., c^{ne} de Riotord.

Côte-du-Lac, bois, c^{ne} du Bouchet-Saint-Nicolas.

Côte-Issamée, bois, c^{ne} de Montusclat.

Côtéol, lieu détr., près Champ-Blanc, c^{ne} d'Yssingeaux. — *Coitoiol*, 1258 (Arch. nat., P. 1397³, cote 592). — *Mansus de Coteol*, 1344 (év.). — *Cotueyol, par. d'Essiniau*, 1344 (J. de Peyre, n^{re}). — *Cottéol*, 1614 (terrier de Saussac). — *Cotel*, 1738 (cad. de Saussac-les-Ollières).

Côte-Pelade, colline, c^{ne} de Saint-Préjet-Armandon. — *Costa-Pelada*, 1464 (Bibl. nat., ms. lat., n. acq., 1223, f° 157 v°).

Côte-Rouge (La), m. i., c^{ne} d'Azerat.

Côte-Rouge (La), monticule, c^{ne} d'Azerat. — *Podium Rubeum, Podium Roget*, xive s. (terrier des Grèzes).

Côterousse, f., c^{ne} de Saint-Pal-de-Mons. — *Coste-Rousse*, 1888 (Malègue).

Côterousse, m. i., c^{ne} de Sainte-Sigolène.

Côtes (Les), écart, c^{ne} de Bauzac.

Côtes (Les), loc. détr., c^{ne} de Mazerat-Auronze. — *Las Costas*, 1414 (la Chaise-Dieu, Mazerat-Aurouze).

Côtes (Les), affl. de l'Aubépin, près de la ferme du Cros Jallier, c^{ne} de Moudeyres. — *Rivus de la Fescla*, 1523 (état civ.).

Côtes (Les), f., c^{ne} de Saint-Jeure. — *Locus de las Costas*, 1359 (Rhône, H. 2632); — 1391 (év.).

Côtes (Les), f., c^{ne} de Saint-Julien-Molhesabate. — *La Cotte* (cad.).

Côtes (Les), m. i., c^{ne} de Saint-Pal-de-Mons.

Côtes (Les), m. i., c^{ne} de Tiranges.

Côtes (Les), h., c^{ne} de Valprivas.

Côtes (Les), loc. détr., c^{ne} de Villeneuve-d'Allier. — *Las Costas*, 1339 (Bibl. nat., ms. fr., 14377, p. 190). — *Mansus de laz Costes*, 1462 (Arch. nat., ZZ. 359, p. 59).

Côtes-du-Bès (Les), rocher et bois, c^{ne} de Saint-Arcons-d'Allier. — *Magnum saxum seu rupes app. las Costas del Bes*, 1453 (Bibl. nat., ms. lat., n. acq., 1222, f° 18). — *Nemus app. las Costas dél Bes*, 1457 (*idem*, f° 44).

Côtes-Blanches (Les), bois, c^{ne} d'Auzon.

Côtes-de-Denis (Les), m. i., c^{ne} de Polignac. — *Les Suetz*, 1584 (Sigaud, n^{re}).

Côtes-de-la-Faurie (Les), m. i., c^{ne} de Saint-Maurice-de-Lignon.

Côtes-de-Malatray (Les), m. i., c^{ne} de Saint-Julien-Molhesabate.

Côtes-du-Mont (Les), m. i., c^{ne} de Saint-Didier-la-Séauve.

Cotète (La), écart, c^{ne} de Saint-Just-Malmont. —

Cousteta, 1556 (coll. Chaleyer). — *La Costete* 1569 (terrier de Saint-Didier). — *La Cotelle,* 1820 (Deribier).

Coteyre, écart, c^ne de la Chapelle-d'Aurec. — *Coteire,* 1820 (Deribier).

Cotonat (Le), écart, c^ne de Saint-Just-Malmont. — *Cotonna* (cad.). — *Cottonas,* 1820 (Deribier). — *Cottonat,* 1888 (Malègue).

Cotonat (Moulin-de-), m^in sur la Massardière, c^ne de Saint-Just-Malmont.

Cots (Les), h., c^ne de Dunières. — *Les Costes,* 1591 (Delafond, n^re). — *La Côte,* 1879 (carte adm.).

Cots (Les), h., c^ne de Montregard. — *Nemus de la Cot,* 1276 (Gall. chr., XVI, inst. c. 255). — *La Co,* 1320 (cart. de Mazan).

Cotte (La), m. i., c^ne de Riotord.

Cotuol (Le Four de), au Puy, en bas de la rue des Tables. — *Furnus inferior de Tabulis,* 1313 (év.). — *Le Forn de Cothuol,* 1533 (Médicis, 1, 353).

Coty (Moulin-de-), loc. détr., c^ne d'Azerat. — *Molendinum de Coti,* 1389 (cart. d'Azerat). — *Le Molin de Coty,* 1390 (*idem*).

Coualoup, h., c^ne de Dunières.

Coubladour, vill., c^ne de Loudes. — *Coblador,* 1234 (hôtel-Dieu, B. 610). — *Cobledeur, Combledeur,* 1379 (compte de B. Flotenc). — *Escombladour* 1401 (spicil. Brivat.). — *Copulatorium,* 1501 (J. Boyer, n^re).

Fief vassal du duché d'Auvergne.

Coubon, c^on sud-est du Puy. — *Ecclesia S. Georgii de Cobone super ripam Ligeris,* v. 1095 (cart. du Monastier, n° 242). — *Eccl. de Cubono,* 1179 (*ibid.*, app., n° 442). — *Cobo,* v. 1187 (hospit. du Velay). — *Ecclesia de Cobeno,* v. 1343 (carttul. du Monastier, app., n° 452). — *Cobon,* 1534 (év.).

En 1789, Coubon faisait partie de la province du Velay, de la subdélégation et sénéchaussée du Puy. Son église paroissiale, diocèse du Puy et archiprêtré de Solignac-sur-Loire, était dédiée à saint Georges; le prieur de Saint-Pierre-le-Monastier présentait à la cure.

Couchat, m. i., c^ne de Chadrac. — *Territ. de Cobchac* ou *Copchac,* 1294 (terrier de Saint-Mayol). — *En Couchac,* 1636 (Demans, n^re).

Couchy, écart, c^ne de Coubon. — *Conchy,* 1644 (év.). — *Conchis,* 1707 (cad. de Bouzols). — *Couchy,* XVIIIe s. (Cassini).

Coucou, m. i., c^ne de Saint-Romain-Lachalm. — *Concon* (cad.).

Coucouron, h., c^ne de Solignac-sur-Loire. — *Cocoro,* 1238 (Saint-Vosy). — *Coquoro,* 1424 (Rhône, H. 2233 *bis*). — *Cocoron,* 1587 (Sigaud, n^re).

Couder (Moulin-de-), m^in, c^ne de Pinols. — *Molendinum de Coderec,* 1474 (Bibl. nat., lat., n. acq., 1224, f° 70 v°).

Couderchet, loc. détr., c^ne de Saint-Front. — *Locus de Coderchet,* 1526 (cad. du Monastier).

Couderchon (Mas-de-), m. i., c^ne de Saint-Didier-d'Allier. — *Le Mas-de-Couderchoux,* 1888 (carte adm.).

Coudent, chât. mod., c^ne de Couteuges. — *Couder,* XVIIIe s. (Cassini). — *Le Couderc,* 1820 (Deribier).

Coudert (Le), h., c^ne de Cussac.

Coudert (Le), m. i., c^ne de Montclard.

Coudert (Le), m. i., c^ne de Saint-Étienne-Lardeyrol.

Coudert (Le), h., c^ne de Vals-le-Chastel.

Coudert (Le), écart, c^ne de Vissac.

Coudert (Moulin-de-), m^in, c^ne du Monastier.

Coudert-de-Laussonne (Le), écart, c^ne de Coubon.

Coudert-de-Malhac (Le), m. i., c^ne de Chadron.

Coudert-de-Queyrières (Le), vill., c^ne de Queyrières. — *Lou Couderc-de-Queyrière,* 1653 (Lardeyrol).

Couderts (Les), vill., c^ne de Saint-Julien-Chapteuil. — *Locus de Coderco,* 1501 (coll. C. Falcon). — *Lo Coderc,* 1507 (év.). — *Le Coderc lez Chapteul,* 1580 (A. Boyer, n^re). — *Loux Couderes,* 1685 (cad. de Chapteuil-Bas). — *Couders,* 1820 (Deribier). — *Les Gouderts,* 1879 (carte adm.).

Coudiers (Les), f., c^ne de Frugières-le-Pin. — *In vicaria Brivatensi, in loco qui vocatur Illos Correrios,* 921 (cart. de Brioude, ch. 195). — *Les Coyrers,* 1543 (la Chaise-Dieu, Domeyrat). — *Les Coiriers,* 1612 (terrier de la Vaudieu). — *Les Coyriers,* 1669 (spic. Briv.). — *Lescoydiers,* XVIIIe s. (Cassini). — *Lescondier,* 1869 (Malègue).

Coudinioux, h., c^ne de Rosières. — *Lo Cudoyner,* 1249 (hôtel-Dieu, B. 138). — *Mansus doux Cudonhos,* 1330 (la Chaise-Dieu, liasse Saint-Étienne-Lardeyrol). — *Los Codonnios,* 1507 (év.). — *Lous Codonhoux,* 1555 (cad. de Mercœur). — *Les Codoignoux,* 1585 (Johanuy, n^re). — *Les Condounioux,* 1714 (cad. de Laval-Emblavès). — *Coudiniox,* 1880 (cart. adm.). — *Les Coudougnoux,* 1888 (Malègue).

Coudoffre, h., c^ne du Pertuis. — *Coudroffre,* 1888 (Malègue).

Couduriers (Les), affluent du Montorgue, prend sa source à l'ouest de Faveyrolles, c^ne de Chassagnes.

COUFFOURS (LES), dom., c^ne de Saint-Front. — *Mansus de Conforz*, 1217 (Gall. chr., XVI, instr., 240). — *Coforcs*, 1273 (hosp. du Velay). — *Mansus deus Cofolcs*, 1284 (cart. de Mazan, f° 25 v°). — *Ad Coffortz*, 1344 (Monastier-Saint-Chaffre). — *Los Coufours*, 1526 (cad. du Monastier). — *Les Coffors*, 1568 (Nicolas, n^re). — *Les Couffours*, 1646 (cad. de Bonnefont). — *Loux Coforcs*, 1660 (état civ.). — *Lous Coufous*, 1820 (Deribier). — *Lous Couffous*, 1888 (Malègue).

COUFOUR (LE), affl. du Ram, c^ne de Beaulieu. — *Le ruisseau app. de Coufours*, 1605 (M^ce Leblanc, n^re).

COUFY (LE), écart, c^ne d'Araules. — *Le Confy*, XVIIIe s. (Cassini). — *Couffy*, 1888 (Malègue).

COUGEAT, vill., c^ne de la Mothe. — *In aice Brivatensi, in ... Cojiaco*, 881 (cart. de Brioude, ch. 260). — *In vicaria Brivatensi, in villa quæ nuncupatur Cogiacos*, v. 898 (idem, ch. 64). — *In villa ... Cujago*, 909 (idem, ch. 45). — *Coiac lo Blanc*, 1256 (spic. Briv.). — *La prioressa de Cogyac*, 1341 (terrier de Charbonnier). — *Coghac*, 1380 (Arch. nat., JJ. 117, n° 116). — *Coughat*, 1401 (spic. Briv.). — *Coghat*, 1511 (coust. d'Auv., f° 80 v°). — *Cougeac* (cad.).

Commune supprimée le 11 décembre 1842 et réunie à celle de la Mothe.

COUGEAT, lieu détr., près Chaux, c^ne de Vorey. — *Terra de Coujac*, 1288 (bénédictines de Vorey). — *Mansus de Couiac*, 1311 (Arch. nat., P. 1399[1], c. 783). — *Coujeat*, 1880 (aff. jud.).

COUGEAT (LA), vill., c^ne de Domeyrat. — *La Cojac*, 1295 (Cumignac). — *Locus de la Coghat*, 1464 (Bibl. nat., ms. lat., n. acq., 1223, f° 158). — *La Coughat*, 1670 (Arch. nat., P. 500[2], n° 104). — *Le Coujat*, 1888 (carte adm.).

COUGNY (LE), lieu détr., c^ne de Venteuges. — *Antiqua mansio vocata de Codonho*, 1466 (Bibl. nat., ms. lat., n. acq., 1223, f° 305 v°).

COUGOUSSAC, loc. détr., c^ne de Charraix. — *Cogossat*, 1351 (Thiolent). — *Mansus de Cogossac*, 1467 (Bibl. nat., ms. lat., n. acq., 1223, f° 313 v°). — *Cogoussat*, 1675 (Thiolent).

COUGOUSSAC, lieu détr., c^ne de Mercœur. — *In vicaria Radicatensi, in loco Cogociago*, v. 957 (cart. de Brioude, ch. 320). — *Pagésie, app. Congoussat*, 1613 (Mercurial).

COUGOUSSAC, lieu dit, près le Rouzet, c^ne de Pinols. — *Cogoussac*, 1588 (terrier d'Auvers).

COUGOUSSAC, loc. détr., près Fauries, c^ne de Saint-Front. — *In villa quæ dicitur Cogogiaco quæ est in Vellaico*, v. 960 (cart. du Monastier, n° 93). —

Cogossat, 1344 (Monastier). — *Mansus de Cogossaco prope Faurias*, 1352 (idem).

COUGOUSSAC (LE), ruiss., affl. de la Cronce, c^nes de Pinols, Cronce et Ferrussac. — *Aqua voc. de Cogossat*, 1356 (Arch. nat., Z². 54, p. 3). — *Le Coucoussat* (cad.).

COUGOUSSAC (MOULIN-DE-), loc. détr., c^ne de Charraix. — *Molendinum de Cogossaco*, 1464 (Thiolent).

COUIRASSE, m. i., c^ne du Monastier.

COUJAC, h., c^ne de Saint-Paulien. — *Couchac*, 1256 (év.). — *Villa de Cosiac*, 1299 (Saint-Georges de Saint-Paulien). — *Couiac*, 1306 (tabl. du Velay, 1875-76, 520). — *Copchac*, 1331 (J. de Peyre, n^re, reg. C, f° 59). — *Couiacum*, 1444 (Saint-Georges de Saint-Paulien). — *Coujac*, 1617 (Brunel, n^re). — *Coghac*, 1638 (Barret, n^re). — *Cougeac*, 1820 (Deribier).

COUJARD, f., c^ne de Rosières.

COULA, f., c^ne de Saint-Jeure. — *La Cola*, 1314 (év.).

COULCES (LE MAS-DE-), f., c^ne du Monastier.

COULETTE, m. i., c^ne de Saint-Didier-sur-Doulon.

COULEYRE (LA), vill., c^ne de Saint-Vincent. — *La Coleyre*, 1695 (capitation). — *Lacouleyre*, 1820 (Deribier).

COULEYRE (LA), écart, c^ne d'Yssingeaux. — *Locus de las Coleyras*, 1359 (Rhône, H. 2632). — *Lacouleyre*, 1888 (Malègue).

COULEYRES (LES), lieu dit, c^ne de Saint-Germain-Laprade. — *Terroir du Villar app. de las Coleyres*, 1543 (Savin, n^re).

COULOMBS, vill., c^ne d'Arlempdes. — *Colomps*, 1256 (év.). — *Colombs*, 1570 (Benoit, n^re). — *Coulons*, 1778 (Faujas-de-Saint-Fond, 381).

COULON, m. i., c^ne de Grazac. — *Coulaud lès las Balayes*, 1700 (terrier de Grazac).

COUMIS, lieu détr., c^ne de Thoras. — *Mansus de Colmiceto*, 1276 (Thiolent). — *Mansus de Colmisset*, 1377 (idem). — *La terre commune de Coumys*, 1565 (idem).

COUPE (LA), écart, c^ne de Coubon. — *La Copa*, 1333 (Saint-Georges du Puy). — *La Couppe*, 1707 (cad. de Bouzols).

COUPET, mont. limitant les c^nes de Mazeyrat-Crispinhac et de Saint-Éble. — *Le puis de Coppel*, 1352 (homm. de Vissac). — *Mons de Copeilh*, 1463 (terrier de Vissac). — *Coupeilh*, 1495 (idem). — *Coppet*, 1525 (terrier du Cluzel).

COUQUET, f., c^ne de Queyrières.

COUQUET, h., c^ne de Saint-Jeure. — 1773 (état civ.). — *Congai*, 1820 (Deribier).

Cour (La), m. i., cⁿᵉ de Saint-Just-Malmont. — *La Tour*, 1888 (Malègue).

Cour (Moulin-), mⁱⁿ sur la Seuge, cⁿᵉ de Saugues. — *Moulin-de-Courbeau*, 1888 (Malègue).

Courandet, mont. boisée, cⁿᵉ de Saint-Vincent. — *Le suc de Courandet*, 1714 (cad. de Laval-Emblavès).

Courant, mont. boisée, cⁿᵉ de Saint-Paulien. — *Corant*, 1355 (terrier de P. Ravoux). — *Lo Corentz*, 1359 (terrier de J. de Cereys). — *Le bois du Courand*, 1714 (cad. de Laval-Emblavès).

Courbaire, écart, cⁿᵉ de Saint-Front.

Courbe-Jarret, h., cⁿᵉ de Malrevers. — *Corba-Gerret*, 1470 (Chamblas). — *Courba-Gharret*, 1555 (cad. de Mercœur).

Courbes (Les), f., cⁿᵉ de Freycenet-la-Tour. — *Las-courbes*, 1888 (Malègue).

Courbes (Les), vaine et f., cⁿᵉ du Monastier.

Courbet (Moulin-de-), mⁱⁿ sur la Méjeanne, cⁿᵉ de Saint-Arcons-de-Barges.

Courbevaisse, f. et mⁱⁿ sur l'Arzon, cⁿᵉ de Craponne-sur-Arzon. — 1679 (Haute-Loire, B. 39). — *Courbevaysse*, 1872 (Malègue)
Motte féodale.

Courbeyre (La), ruiss., affl. de la Suissesse, cⁿᵉˢ de Malrevers et de Beaulieu. — *Ruiss. des Ourbes* (cad.).

Courbeyre (Le Mas-de-), f., cⁿᵉ de Monastier.

Courbière, chât., cⁿᵉ de Céaux-d'Allègre. — *Corbeira*, 1191 (Saint-Georges du Puy). — *Corberia, par. de Seaulx*, 1462 (Bibl. nat., ms. lat., n. acq., n° 1223, f° 58). — *Courbières*, 1888 (carte adm.).

Courbière (Le), affl. de la Loire près d'Os, cⁿᵉ de Bas, formé par la réunion du Compte et du Malacroze.

Courbière (Moulin-de-), mⁱⁿ sur la Borne orientale, cⁿᵉ de Céaux-d'Allègre. — *Courbiart*, xviiiᵉ s. (Cassini). — *Cinq-Fontaines*, 1869 (Malègue).

Courbon, h., cⁿᵉ de Riotord. — *Terra de Corbone*, 1265 (cart. do Saint-Sauvour-on-Rue). — *Courbon*, 1293 (*idem*).

Courchis (Les), m. i., cⁿᵉ de Salettes.

Courcon, m. i., cⁿᵉ de Rosières. — *Courcou*, 1880 (carte adm.).

Courcoules, h., cⁿᵉ d'Araules. — *Corcolas* (l'impr. porte *Coreolas*), v. 1162, 1291 (Gall. christ., II, col. 757, 774). — *Courioules*, 1820 (Deribier).

Courdeleau, écart, cⁿᵉ de Coubon.

Courent, vill., cⁿᵉ de Beaux. — *Lo feu del mas de Coren*, 1179 (hospitaliers du Velay). — *Corein*, 1179 (*idem*). — *Mansus de Coreyn*, 1314 (év.). — *Corenc*, 1314 (év.). — *Mansus de Coreynh*, 1339 (J. de Peyre, nʳᵉ). — *Coreinh*, 1507 (év.). — *Couren*, xviiiᵉ s. (Cassini).

Couret, f., cⁿᵉ du Chambon.

Coureuge, loc. détr., cⁿᵉ de Charraix. — *Boria de Coreughol*, 1460 (Bibl. nat., ms. lat., n. acq., 1223, f° 171 v°).

Coureuge, h., cⁿᵉ de Saint-Préjet-Armandon. — *Coreughol*, 1516 (Vals-le-Chastel). — *Coureghol*, 1543 (la Chaise-Dieu, Domeyrat). — *Coureuges*, 1888 (carte adm.).

Coureuge, lieu dit, cⁿᵉ de Siaugues-Saint-Romain. — *Territ. de Coreughol sive del Pinet*, 1461 (Bibl. nat., ms. lat., n. acq., 1223, f° 14 v°).

Courcoux (Le), ruiss., affl. de l'Allier à l'est de Brioude, arrose les cⁿᵉˢ de Saint-Just-près-Brioude et Saint-Laurent-Chabreuges. — *Corgo*, 1271 (spic. Briv.). — *Rivus de Corguo*, 1429 (terrier du doyen de Brioude). — *Rifz de Corgon*, 1605 (terrier du chap. de Brioude).

Courmacès, vill., cⁿᵉ de Saint-Martin-de-Fugères. — *Villa Curtimercis*, 969 (cart. du Monastier, n° 84). — *Villa de Curtemarcis*, xiᵉ s. (*ibid.*, n° 360). — *Cormarcetum*, 1247 (Monastier). — *Courmarces*, v. 1343 (cart. du Monastier, app., n° 452). — *Commarcos*, 1344 (Monastier). — *Comarces*, 1347 (Rhône, E. 8). — *Commarces*, 1377 (Saint-Mayol). — *Cormarcès*, 1588 (André, nʳᵉ). — *Crozmarcet*, 1620 (Brunel, nʳᵉ).

Cour-Plat, m. i., cⁿᵉ d'Yssingeaux.

Cous (Les), h., cⁿᵉ de Craponne-sur-Arzon.

Court-d'Argent, f., cⁿᵉ des Estables. — 1773 (état civ.).

Courte-Oreille, m. i., cⁿᵉ de Tence.

Courtet, m. i., cⁿᵉ d'Yssingeaux. — *Courtel* (cad.).

Courteuge, h., cⁿᵉ de Saint-Just-près-Brioude. — *Cortoiol*, 1241 (spic. Brivat.). — *Cortojol*, 1281 (J. Lachenal, l'égl. de Br., p. 12). — *Cortugul*, 1341 (terrier de Charbonnier). — *Mansus de Corteughol*, 1429 (terrier du doy. de Br.).

Courtial (Moulin-de-), mⁱⁿ sur l'Anjanaire, cⁿᵉ de Retournac. — *Molendinum de la Teula*, 1336 (Arch. nat., P. 494¹, c. 38).

Courtille, h., cⁿᵉ de Saint-Hilaire. — *In pago Brivatensi, villa Curtillas*, 908 (cart. de Brioude, ch. 222). — *Villa Curtilias*, 915 (*idem*, ch. 243). — *Cortilias*, 1155 (spic. Briv.). — *Cortilhas*, 1417 (cart. d'Azerat). — *Courtilles*, 1880 (carte adm.).

Cousseron (Le), ruiss. qui prend naissance près du Monteil, cⁿᵉ de Saint-Haon, et afflue à l'Allier. — *Ruiss. du Monteil*, 1888 (carte adm.).

Cousses, m. i., c⁰ᵉ du Monastier.

Coussousses (Les), h., c⁰ᵉ de Desges. — *Corrossozas*, xii⁰ s. (terrier de Pébrac, 46-52). — *Le village de Corrossozas*, 1461 (Bibl. nat., ms. lat., n. acq., 1222, f⁰ 213). — *Corososres*, 1486 (terrier de Taillac). — *Corcozes*, 1555 (terrier d'Ant. de Chavanhac). — *Les Coursouzes*, 1750 (terrier des Binières). — *Escoursonge*, 1869 (Malègue). — *Lescoussouzes*, 1888 (carte adm.).

Coutaix, mᶦⁿ sur l'Étang, c⁰ᵉ de Berbezit. — *Les molins de Cotcys*, 1502 (la Chaise-Dieu, Connangles). — *Cottais, le rifz Sainct-Pierre de Cottaix*, 1564 (terrier de Vals-le-Chastel). — *Le molin de Cothaix*, 1583 (Chamblas). — *Moulin-Goutay*, 1888 (carte adm.).

Coutanson, h., c⁰ᵉ de Bas. — *Constanso*, 1493 (obit. de Bas). — *Constansson*, 1548 (*idem*). — *Constanson*, 1691 (*idem*).

Coutarel, h., c⁰ᵉ de Bellevue-la-Montagne. — *Gortterret*, 1314 (év.). — *Gordaret*, 1314 (Arch. nat., P. 1398³, cote 708). — *Gordarel*, 1316 (Arch. nat., P. 1398², cote 675). — *Gortaret*, per. S. Justi, 1344 (J. de Peyre, nʳᵉ, reg. D, f⁰ 6). — *Gortarret*, 1522 (Saint-Georges du Puy). — *Gouttaret*, 1695 (rôle de la capitation). — *Goutaret*, xviii⁰ s. (Cassini). — *Coutarret*, 1820 (Deribier).

Coutarel, mᶦⁿ sur le ruiss. de Ceroux, c⁰ᵉ de Mercœur. — *Cotarellus*, 1241 (spic. Briv.). — *Cotarels*, 1267 (*idem*). — *Cotarel*, 1670 (état civ.) — *Le moulin de Coutarel*, 1683 (*idem*).

Coutaudière (La), écart, c⁰ᵉ de la Chapelle-d'Aurec. — xviii⁰ s. (Cassini). — *Contodières* (cad.). — *La Cantodière*, 1879 (carte adm.).

Couteau, m. i., c⁰ᵉ de Monistrol-sur-Loire.

Couteaux, vill., c⁰ᵉ de Lantriac. — *Terra de Coltejulo*, v. 970 (cart. du Monastier, n⁰ 102). — *In villa quæ dicitur Coltigulo, in pago Vellaico, villa Cultiguli*, v. 1000 (*idem*, n⁰ 208). — *Villa de Coyteol*, 1280 (tabl. du Velay, 1871-72, 36). — *Couteyol*, 1283 (*idem*, 38). — *Couteol, Cotuols*, 1389 (plumitif de Bouzols). — *Couteualz*, 1455 (Dʳ Charreyre). — *Coutealz*, 1522 (Sobrier, nʳᵉ). — *Locus de Coutellis*, 1525 (Aleil, nʳᵉ). — *Couteaulx*, 1544 (Savin, nʳᵉ). — *Couteaulx*, 1547 (*idem*).
Grottes préhistoriques.

Couteaux, h., c⁰ᵉ de Saint-Front. — *Couteal*, 1392 (év.). — *Coutelx, Couteaulx*, 1514 (J. Boyer, nʳᵉ). — *Coutealx*, 1530 (terrier du Monastier). — *Cotteaux* (év.). — *Coulteaux*, 1646 (cad. de Bonnefont).

Couteaux (Le), ruiss., affl. de la Gagne, c⁰ᵉˢ de Lantriac et Saint-Germain-Laprade. — *Le Monet* (cad.).

Coutelon, m. i., c⁰ᵉ de Coubon. — *Coutelou*, 1820 (Deribier).

Coutereaux, f., c⁰ᵉ de Bessamorel.

Coutet (Le), écart, c⁰ᵉ de Cussac.

Couteuges, c⁰ⁿ de Paulhaguet. — *In aice Cantiliniacensi, in villa Cultoiole, ecclesia in honore S. Johannis* (Bibl. nat., lat. 17078, f⁰ 67; cart. de Brioude, tables, ccccxxxv). — *Coulteughol*, 1379 (compte de B. Flotenc). — *Coltoughol*, 1390 (Arch. nat., Z². 4145, p. 80). — *Consteughol*, 1401 (spic. Briv.). — *Capellanus de Contuaiol*, xv⁰ s. (pouillé de Saint-Flour). — *Colteughol*, 1466 (Arch. nat., ZZ. 359, f⁰ 107). — *Parochia Cotegoly*, 1501 (la Chaise-Dieu, Mazerat-Aurouze). — *Conteughol soubz Langhat*, 1511 (coust. d'Auv., f⁰ 81 v⁰). — *Couteuge*, 1720 (Saugrain).

En 1789, Couteuges dépendait de la province d'Auvergne, de l'élection et subdélégation de Brioude et du ressort de Riom. Son église paroissiale, diocèse de Saint-Flour et archiprêtré de Langeac, était consacrée à saint Loup; le seigneur temporel de Langeac présentait à la cure.

Couteuges (Le), affl. de la Lidène à la Tuilière-Basse, c⁰ᵉ de Couteuges.

Couvent, h., c⁰ᵉ de Riotord. — *Covent*, v. 1095 (cart. de Saint-Sauveur-en-Rue). — *Mansus de Conventu*, 1293 (*idem*).

Couyte (La), l'un des deux ruisseaux qui forment la Courbière, prend sa source dans la c⁰ᵉ de Merle (Loire), entre dans le département de la Haute-Loire au nord-est de la c⁰ᵉ de Valprivas et arrose celle de Bas. — *La Couayte* (cad.).

Couyte (Moulin-de-), mᶦⁿ sur le Courbière, c⁰ᵉ de Bas. — *Tenementum voc. Coyta*, 1295 (coll. Chaleyer). — *Molendinum de Coyta*, 1490 (obit. de Bas). — *Coucytte*, 1691 (*idem*).

Coyac, h., c⁰ᵉ de Sanssac-l'Église. — Le nom manque, 1250, Saint-Mayol (inʳᵉ). — *Coyacum*, 1348 (Saint-Agrève). — *Les molins de Coyac*, 1533 (Médicis, I, 366).

Coymège, cascade du ruiss. de Légal, affluent de gauche de l'Allier, c⁰ᵉ de Saint-Julien-des-Chazes. — *Territ. de Coymegha (Coha Meyha) sive del Sault-de-Laygua*, 1466 (Bibl. nat., ms. lat., n. acq., 1223, f⁰ 264).

Crachoules, f., c⁰ᵉ de Moudeyres. — *La borie de Cracholles*, 1565 (Nicolas, nʳᵉ). — *Crachoulles*, 1605 (Robert, nʳᵉ). — *Crachoulas*, 1630 (état civ.). — *Crachoules*, xvii⁰ s. (mairie du Monastier, CC⁶). — *Crassoule* (cad.).

CHANCE, h. et m⁽ⁱⁿ⁾ sur la Senouire, cⁿᵉ de Mazerat-Aurouze. — *Cronce*, 1872 (Malègue).

CRAPAUDIÈRE (LA), f., cⁿᵉ de Saint-Pal-de-Mons.

CRAPONNE-SUR-ARZON, arr. du Puy. — *In pago Vellaico, in vicaria Craponense*, v. 990 (cart. du Monastier, n° 174). — *Castrum de Crapona*, 1267 (Médicis, I, 80). — *Gazei Craponæi*, 1387 (comptes de l'év.). — *Crapona in Vallavia*, 1501 (Chamblas). — *Crappone*, xvi° s. (Médicis, II, 347). — *Crapponne*, 1695 (capitation). — *Craponne*, 1881 (Malègue).

En 1789, Craponne était compris dans la province d'Auvergne, l'élection d'Issoire, la subdélégation de Saint-Amand-Rochesavine et le ressort de Riom. Son église paroissiale, diocèse du Puy et archiprêtré de Saint-Paulien, était sous l'invocation de saint Caprais; l'évêque du Puy en était collateur.

Par décret du 15 mars 1897, cette commune a été autorisée à prendre le nom de Craponne-sur-Arzon.

CRASE (LA), m. i., cⁿᵉ de Monistrol-d'Allier.

CRÉANES, m. i., cⁿᵉ de Saint-Maurice-de-Lignon.

CRÉAUX, lieu détr., cⁿᵉ du Monastier. — 1695 (capitation).

CRÉAUX, h., cⁿᵉ de Vastres. — *Mansus de Creux*, 1464 (Ardèche, C. 624). — *Créaus*, 1673 (état civ.).

CREBACOR, anc. porte, au Puy. — *Portate de Crebacor*, 1237 (Médicis, I, 210).

CREBADE (LA), f., cⁿᵉ de Ceyssac.

CRÉBASSY, écart, cⁿᵉ de Chaudeyrolles. — *Crébasset*, 1888 (Malègue).

CRÉCHON (MOULIN-DE-), m⁽ⁱⁿ⁾ sur le Pain-Blanc, cⁿᵉ d'Ouïdes.

CRÉMAS (MOULIN-), m⁽ⁱⁿ⁾ sur le Cougoussac, cⁿᵉ de Pinols.

CRÉMEROL, h., cⁿᵉ de Bellevue-la-Montagne. — *Crumairolas*, 1314 (év.). — *Crumayrolas*, 1344 (J. de Peyre, n°⁵, reg. D, f° 6 v°). — *Cremeyrolles*, 1695 (capitation). — *Crémerolles*, 1820 (Deribier).

CRÉMÉROLLES, vill., cⁿᵉ de Bas. — *Villa de Crumairols*, xii° s. (cart. de Chamalières, n° 150). — *Cremayrolas*, 1333 (év.). — *Crumeyrolas*, 1391 (coll. Chaleyer). — *Cremeyroles*, 1420 (tabl. du Velay, 1877-78, 365). — *Crumeyroles*, 1519 (obit. de Bas). — *Crémeroles*, 1888 (Malègue).

CRÉNILLAC, vill., cⁿᵉ de Bellevue-la-Montagne. — *Creniliac*, 1222 (Martène, thes. nov. anecd., I, 897). — *Mansus de Crenilhac*, 1311 (Arch. nat., P. 1398¹, cote 650). — *Mansus de Crenilhaco*, 1370 (év.).

— *Cremiliac*, xviii° s. (Cassini). — *Créminac*, 1888 (Malègue).

CRÉPON (LE), f., cⁿᵉ de Bas. — *Crepo*, 1325 (coll. Chaleyer). — *Homines del Crepon*, 1498 (idem). — *Lou Crespon*, 1550 (obit. de Bas).

CRÉROUX (LE), f., cⁿᵉ de Pinols. — *Lo Crapou*, 1588 (terrier d'Auvers). — *Crépou*, xviii° s. (Cassini).

CRÉS (LES), h., cⁿᵉ de Lapte.

CRESPIGNAC, vill., cⁿᵉ de Solignac-sous-Roche. — *Crispinac, Crepinac*, 1213 (cart. de Chamalières, n° 337). — *Crespinac*, 1266 (Arch. nat., P. 1397³, c. 597). — *Crespinhac*, 1312 (Arch. nat., P. 1398², c. 664). — *Crespinhacum*, 1336 (Arch. nat., P. 494¹, c. 38). — *Crespiniac*, xviii° s. (Cassini). — *Crispinhac* (cad.).

CRESPY, f., cⁿᵉ des Estables. — *Crespin*, 1739 (état civ.). — *Crespi*, 1772 (idem).

CREST (LE), lieu détr., cⁿᵉ de Saint-André-de-Chalencon. — *Ad Crestos superiores, ad Crestos subteriores*, 1213 (cart. de Chamalières, n° 327). — *Lo Crest*, 1293 (Arch. nat., P. 491¹, c. 13).

CREST (LE), rocher, cⁿᵉ de Saint-Arcons-d'Allier. — *Lo rochat voc. lo Crest S. Arconcii*, 1477 (Bibl. nat., ms. lat., n. acq., 1224, f° 183).

CREST (LE), h., cⁿᵉ de Saint-Haon.

CHESTE (LE), affl. de Lolme en amont de Goudet.

CRETS (LES), h., cⁿᵉ de Lapte. — *Le Cré*, 1878 (carte adm.).

CREUX, h., cⁿᵉ de Saint-Ferréol-d'Auroure.

CREUX (LE), écart, cⁿᵉ de Saint-Just-Malmont. — 1591 (coll. Chaleyer).

CREUX-DU-JARRET (LE), m. i., cⁿᵉ de Brives-Charensac.

CREUX-DU-LOUP (LE), m. i., cⁿᵉ de Riotord. — *Creux-de-Lavoute*, 1888 (Malègue).

CREUX-DU-LOUP (LE), m. i., cⁿᵉ de Tence.

CREVENET, écart, cⁿᵉ de Chaudeyrolles.

CREY (LE), m. i., cⁿᵉ des Villettes.

CREYSSADOUR (LE), chât. détr., cⁿᵉ de Céaux-d'Allègre.

CRI (LE), f., cⁿᵉ de Chaudeyrolles. — *Le Cry*, 1618 (état civ.). — *Le Cri-lès-Chantemerle*, 1655 (idem). — *Le Crin*, 1737 (idem). — *Le Cri-du-Devès*, 1776 (idem). — *Le Cri ou Darbon*, 1820 (Deribier).

CRIOLAT, h., cⁿᵉ d'Agnat. — *Crozolat*, xiv° s. (terrier des Grèzes).

CRIOLAT (LE), affl. du Cros, cⁿᵉˢ d'Agnat et de la Mothe.

CRISAILLOUX, h., cⁿᵉ de Bas. — *Crizailloux*, 1888 (Malègue).

Criscelle, m. i., c^{ne} d'Yssingeaux. — *Creysele*, 1600 (M^{ce} Leblanc, n^{re}). — *Cresselle*, 1888 (Malègue).

Criselle (La), affl. du Ramel, c^{ne} d'Yssingeaux. — *Aqua de Crescela vel de Creycela*, 1359 (Rhône, H. 2632). — *Aqua de Creysela*, 1451 (Rhône, H. 2633). — *Rivus app. de Creyssella*, 1515 (terrier de Choumouroux, f° 2 v°). — *Riparia de Creyssela*, 1523 (est. d'Yssingeaux). — *Le ruiceau de Creycele*, 1600 (M^{ce} Leblanc, n^{re}). — *L'Arvée* (cad.). — *Ruisseau de Criselle et Lacée*, 1878 (carte adm.).

Crispiac, h., c^{ne} de Cohade. — *In aice Brivatensi, in villa cui vocabulum est Crispiago*, 881 (cart. de Brioude, ch. 197). — *Crespiac*, 1281 (J. Lachenal, l'église de Br., 37). — *Crespiat*, 1820 (Deribier). — *Crispiat*, 1878 (carte adm.).

Crispinhac, vill., c^{ne} de Mazeyrat-Crispinhac. — *Mansus de Crespinhac*, 1459 (Bibl. nat., n. acq., 1222, f° 123). — *Crispinhacum*, 1490 (terrier du Cluzel).

Crochets (Les), vill., c^{ne} de Laussonne. — *In villa quæ dicitur Crauchetis*, v. 960 (cart. du Monastier, n° 126). — *Villa de Crauchetis*, v. 984 (idem, n° 133). — *Los Crauchetz, Lous Crouchetz*, 1528 (cad. du Monastier). — *Lous Crochetz*, 1561 (Savin, n^{re}).

Crochets (Les), f., c^{ne} des Vastres. — *Los Crosetz*, 1322 (hospit. du Velay).

Crochiniat, loc. détr., près Courteuge, c^{ne} de Saint-Just-près-Brioude. — *In vicaria Brivatensi, in villa cui vocabulum est Cricinago*, 913 (cart. de Brioude, 103). — *Villa ... Criziniacus*, 919 (idem, ch. 295). — *Le terroir de Crochiniat*, 1553 (terrier du doy. de Br.).

Croisance, c^{ne} de Saugues. — *Ecclesia beatæ Mariæ de Crozansas*, 1244 (Lozère, G. 412). — *Villa de Crosances*, 1257 (Baluze, mais. d'Auv., II, 88). — *Crosantia*, 1273 (Lozère, G. 412). — *Crosansa*, 1377 (Haute-Loire, E.). — *Crosansas*, 1464 (Bibl. lat., ms. lat., n. acq., 1223, f° 155). — *Nostra Domina de Crosanciis*, 1526 (A. Besseyre, n^{re}). — *Crosences*, 1622 (terrier de Vazeilhes). — *Croisance*, 1888 (carte adm.).

En 1789, Croisance dépendait de la province et du bailliage de Gévaudan. Son église paroissiale, diocèse de Mende et archiprêtré de Saugues, était dédiée à Notre-Dame; l'évêque de Mende en était collateur.

La commune de Verreyroles a été supprimée et réunie à celle de Croisance, en vertu d'une loi du 3 juillet 1846.

Croisière (La), f., c^{ne} du Chambon.

Croix (La), vill., c^{ne} de Chassagnes.

Croix (La), f., c^{ne} de Chaudeyrolles.

Croix (La), lieu dit, c^{ne} de Malvières. — *Mansus de Cruce*, 1318 (la Chaise-Dieu, Malvières). — *La Cros*, 1372 (ibid.). — *Mansus de la Croux-Velha*, 1414 (ibid.).

Croix (La), f., c^{ne} de Saint-Front.

Croix (La), lieu détr., c^{ne} de Sainte-Marie-des-Chazes. — *Domus voc. de Cruce*, 1471 (Bibl. nat., ms. lat., n. acq., 1224, f° 24 v°). — *Locus de la Cros*, 1478 (idem, f° 206). — *La Croix*, XVIIIe s. (Cassini).

Croix-Blanche (La), mont., c^{ne} d'Ally.

Croix-d'Aubagnat (La), m. i., c^{ne} de Frugières-le-Pin.

Croix-de-Baron (La), m. i., c^{ne} du Pont-Salomon.

Croix-de-Chapelon (La), m. i., c^{ne} de Saint-Jeure.

Croix-de-Fer (La), f., c^{ne} de Langeac.

Croix-de-la-Chèvre (La), c^{ne} du Bouchet-Saint-Nicolas.

Croix-de-la-Gendarme, près Montagnac, c^{ne} de Vernassal. — 1682 (cad. de Polignac).

Croix-de-la-Pendue ou **du Pendu**, c^{ne} d'Allègre. Anciennes fourches patibulaires de la baronnie d'Allègre.

Croix-de-la-Plonge, sur le col de Costebelle, c^{ne} des Estables.

Croix-de-l'Arbre (La), écart, c^{ne} de Saint-Hilaire.

Croix-de-l'OEil (La), m. i., c^{ne} de Grazac.

Croix-de-l'Olive (La), écart, c^{ne} de Bauzac.

Croix-de-l'Orme (La), m. i., c^{ne} de Bauzac.

Croix-de-Lurol (La), m. i., c^{ne} de Monistrol-sur-Loire.

Croix-de-Malsang, lieu dit, près le Collet, c^{ne} de Polignac. — *Territorium app. la Cros de Mal-Sanc*, 1469 (prieuré de Polignac).

Croix-de-Paille (La), cône basaltique, c^{ne} d'Espaly-Saint-Marcel. — *Podium de Chaslo*, 1303 (Saint-Vosy). — *Cheylon autrement la Croix de la Paille*, 1625 (Duclaux, n^{re}).

Croix-de-Peccata, c^{ne} des Estables.

Croix-de-Pétaud (La), lieu dit, c^{ne} de Coubon. — 1561 (Savin, n^{re}).

Croix-de-Pierre (La), m. i., c^{ne} de Saint-Jeure.

Croix-de-Sallazar (La), lieu dit, c^{ne} de Costaros. — 1616 (Rhône, H. 2153). Ancien péage de l'évêque du Puy.

Croix-des-Boutières (La), c^{ne} des Estables, limite des dép. de la Haute-Loire et de l'Ardèche. — *Crux Boteriæ*, 1327 (doc. jud.). — *La Croix-de-Boutière*, 1626 (vis. past. de l'év. Just de Serres). —

Croix-des-Boutières, 1823 (Bertrand-Roux, 224).
— *Croix-de-Boutières* (état-major).

Croix-des-Couders (La), lieu dit, c^{ne} de Saint-Germain-Laprade. — *Terroir de Sainct-Germain app. de la Croix deux Couderez*, 1544 (Savin, n^{re}).

Croix-des-Regardins (La), c^{ne} de Frugières-le-Pin. — Lieu qui inspire une frayeur superstitieuse aux habitants du pays.

Croix-des-Treilhs (La), lieu dit, c^{ne} de Cubelles. — *Crux dels Treylhs*, 1327 (Lozère, G. 98).

Croix-de-Trêve (La), m. i., c^{ne} du Pont-Salomon.

Croix-du-Bail (La), vaine, c^{ne} de Cayres.

Croix-du-Bois (La), f., c^{ne} de Saint-Pierre-Eynac.

Croix-du-Chêne (La), m. i., c^{ne} de Saint-Préjet-Armandon.

Croix-du-Cornet, signal, c^{ne} d'Autrac.

Croix-du-Gay, c^{ne} de Blesle.

Croix-du-Loup-Pendu (La), c^{ne} de la Chapelle-Geneste. — *Nemus et pascua de la Cros del Lop pendut*, 1449 (terrier de Clavelier).

Croix-du-Mauvais-Tuchin (La), près la Bretogne, c^{ne} de Langeac. — *Crux de Mal Tuchy*, 1486 (terrier de Tailhac).

Croix-du-Suc (La), m. i., c^{ne} de Saint-Préjet-Armandon.

Croix-du-Villard (La), m. i., c^{ne} de Saint-Pal-de-Chalencon.

Croix-Saint-Félix, lieu dit, c^{ne} de Landos.

Croix-Saint-Marrin (La), m. i., c^{ne} de Monistrol-sur-Loire.

Croix-Saint-Martial, c^{ne} de Saint-Ilpize. — *Crux B. Marcialis*, 1463 (Arch. nat., ZZ. 359, p. 84).

Croix-Saint-Mathieu, près Rascles, c^{ne} de Mercœur. — 1613 (Mercurial).

Croix-Saint-Maurice, c^{ne} de Vissac. — *L'oratoire Saint-Maurice*, 1352 (homm. de Vissac).

Croix-Saint-Romain (La), m. i., c^{ne} de Sainte-Sigolène.

Croix-Verte (La), lieu dit, c^{ne} de Saint-Just-Malmont.

Croizet (Le), écart, c^{ne} de Bonneval. — *Mansus del Crozet*, 1414 (la Chaise-Dieu, terrier de Malvières). — *Le Croiset*, 1888 (carte adm.).

Croizet (Le), h., c^{ne} de Mercœur. — *Mansus de Croseto*, 1458 (Arch. nat., ZZ. 359, p. 3). — *Le Croset*, 1613 (Mercurial).

Croizet (Le), vill., c^{ne} de Saint-Beauzire. — *Lo Crozet*, 1549 (terrier de Lauriat). — *Le Croiset* (cad.).

Croizet (Le), affl. de la Vendage, c^{nes} de Saint-Beauzire et de Paulhac. — *Rivus de la Malafosse*,

1445 (terrier de Faugères). — *Le Mutafosse* ou *le Longiroux* (cad.).

Croizet (Le), vill., c^{ne} de Saint-Privat-du-Dragon. — *Lo Crozes*, 1339 (Bibl. nat., ms. fr., 14377, p. 189). — *Mansus de Croseto*, 1463 (Arch. nat., ZZ. 359, p. 65). — *Lo Crozet*, 1463 (*idem*, p. 84).

Cromail (Le), affl. de l'Arzon, c^{nes} de Saint-Pierre-Duchamp et de Vorey.

Cronce, c^{on} de Pinols. — *Villa quæ nominatur Crocansia*, 942 (cartul. de Brioude, ch. 226). — *Crosancia* (*idem*, tables, ccxcii). — *Ecclesia de Crolantia*, 1131 (Baluze, mais. d'Auv., II, 58; cart. de Sauxillanges, ch. 945). — *Crosanza*, 1213 (Haute-Loire, les Chazes). — *Croance*, 1379 (compte de B. Flotenc). — *Crouensse*, 1398 (compte de B. Sannadre). — *Croanssa, Crohense*, 1401 (spic. Briv.). — *Cronsa*, 1459 (Bibl. nat., lat., n. acq., 1222, f° 122). — *Cronce*, xviiie s. (Cassini).

En 1789, Cronce était compris dans la province d'Auvergne, l'élection de Brioude, la subdélégation de Langeac et le ressort de Riom. Son église paroissiale, diocèse de Saint-Flour et archiprêtré de Langeac, était sous l'invocation de saint Marc; le prieur de la Voûte-Chilhac présentait à la cure.

Cronce (La), riv., prend sa source dans la forêt de la Margeride (Cantal), entre dans le département de la Haute-Loire près du moulin de Batifol et se jette dans l'Allier au sud du moulin de la Prade, après avoir arrosé les c^{nes} de Chastel, Cronce, Arlet et Aubazac. — *Aqua de Croance*, 1486 (Arch. nat., Q. 1513, f° 75). — *Rivière de Cronse*, 1488 (Arch. nat., Z². 56, p. 454).

Cronce-Lobbe, h., c^{ne} de Cronce. — *Cromce-Lorbe*, 1511 (coust. d'Auv., f° 81 v°). — *Cronc-l'Orbe*, 1820 (Deribier).

Croncette, h., c^{ne} d'Aubazac. — *Croanseta*, 1356 (Arch. nat., Z². 54, p. 112). — *Cronseta*, 1356 (*idem*, p. 180). — *Cronssetes*, 1576 (Arch. nat., Z². 56, p. 125).

Cronçoux (Le), ruiss., prend naissance au sud-ouest de Moulergue, c^{ne} de Chastel, et se jette dans la Cronce près de Cronce.

Cros (Le), f., c^{ne} d'Azerat. — *In vicaria [Brivatensi] in loco qui dicitur Ad Illo Crosso*, 943 (cart. de Brioude, ch. 266; Baluze, mais. d'Auv., II, 16). — *Lo Cros-Juzeu*, xive s. (terrier des Grèzes).

Cros (Le), loc. détr., c^{ne} d'Azerat. — *Cros Vezo*, xive s. (terrier des Grèzes). — *Mansus del Cros*, *situs inter loca de Logia et de Aseraco*, 1397 (la Chaise-Dieu, Azerat).

Cros (Le), écart, c^{ne} de Bonneval. — *Mansus del Cros-Congnet*, 1249 (tabl. du Velay, 1875-76, p. 532).

Cros (Le), ruiss., affl. de l'Allier, arrose les c^{nes} de Champagnac, Agnat et Azerat. — *Le Cros ou Bois-d'Arbiou* (cad.).

Cros (Le), h., c^{ne} de Chomelix. — *Lo Cros*, 1311 (Arch. nat., P. 1398¹, cote 650). — *Locus de Croso*, 1404 (terrier de Chomelix). — *Locus de Crozo*, 1488 (hôtel-Dieu). — *Le Cros*, 1670 (Arch. nat., P. 502, cote 109).

Cros (Le), vill., c^{ne} de Dunières. — *Crosus*, 1469 (Rivière, n^{re}). — *Locus de Crozo*, 1579 (Rhône, D. 183).

Cros (Le), chât. et h., c^{ne} de la Farre. — *Locus de Croso Farant*, 1388 (communication de M. de Surrel de Saint-Julien). — *Locus de Crozo*, 1462 (V. Chauvin, n^{re}). — *Le Cros-Verdier*, 1553 (communication de M. F. Experton).

Cros (Le), vill., c^{ne} de Ferrussac. — *In loco qui dicitur Croslocum*, 936 (cart. de Brioude, ch. 337). — *Curatus de Crozo*, 1349 (Arch. nat., Z². 54, p. 61). — *Lo Cros*, 1353 (spic. Briv.). — *Nostre-Dame du Crour*, 1388 (*idem*). — *Croux*, 1401 (*idem*). — *Parochia B. Mariæ de Croso*, 1479 (Bibl. nat., ms. lat., n. acq., 1224, f° 215). — *Parochia Nostræ Dominæ de Croso*, 1502 (Arch. nat., Q. 513, f° 132). — *Croue*, 1511 (coust. d'Auv., f° 81 v°). — *Nostre-Dame du Cros*, 1523 (Arch. nat., Q. 513, f° 140).

Commune supprimée le 28 août 1834 et réunie à celle de Ferrussac.

Cros (Le), m. i., c^{ne} de Lapte.

Cros (Le), h., c^{ne} de Laval. — *Villa de Croso*, 1001 (cart. du Monastier, n° 154). — *Terræ del Cros*, 1449 (terrier de Clavelier).

Cros (Le), h., c^{ne} de Mercœur. — *In [vicaria] Radi(c)atensi, ad Illum Crosum*, 911 (cart. de Brioude, ch. 37). — *Mansus du Croz*, 1477 (Arch. nat., ZZ. 359, p. 156). — *Le Cros*, 1613 (Mercurial).

Cros (Le), h., c^{ne} de Monistrol-sur-Loire. — *Crosus, lo Croux*, 1495 (obit. de Bas). — *Lo Cros*, 1507 (év.). — *Lou Cros*, 1552 (ress. de Montfaucon).

Cros (Le), h., c^{ne} de Montregard. — *Lou Cros*, 1556 (terrier de Montregard).

Cros (Le), f., c^{ne} de Saint-Bonnet-le-Froid. — *Cros-de-Gaches*, 1888 (Malègue).

Cros (Le), chât. ruiné et h., c^{ne} de Saint-Étienne-

du-Vigan. — *Lo Cros*, 1285 (Rhône, J, 6). — *Le fort de Cros*, 1382 (hist. gén. de Lang., éd. Privat, X, c. 1672). — *Castrum de Crozo prope Pratellas*, 1394 (év.). — *Le Cros lez Pradelles*, 1538 (Arch. nat., P. 1446, f° 171). — *Le Cros*, 1577 (Burel, 44). — *Cros-de-Beaune*, 1888 (Malègue).

Cros (Le), écart, c^{ne} de Saint-Geneys-près-Saint-Paulien. — *In vicaria de Vetula Civitate, in villa quæ dicitur Grosologus*, 985 (cart. du Monastier, n° 135). — *Villa de Croseto*, 1038 (cart. de Chamalières, n° 235). — *Mansus de Croso*, 1301 (hôtel-Dieu, B. 640). — *Ad Cros*, 1306 (tabl. du Velay, 1875-76, 520).

Cros (Le), vill., c^{ne} de Saint-Haon. — *Lo Cros*, 1274 (la Chaise-Dieu, Bouchet-Saint-Nicolas). — *El Cros de S. Habundo, mansus de Croso*, 1278 (*idem*).

Cros (Le), affl. de l'Allier, c^{ne} de Saint-Haon.

Cros (Le), h., c^{ne} de Saint-Jeure. — *Locus del Cros*, 1359 (Rhône, H. 2632).

Cros (Le), vill., c^{ne} de Saint-Martin-de-Fugères. — *Cros*, 1347 (Rhône, E. 8). — *Crosus, Crozus*, 1377 (Saint-Mayol). — *Le Cros de Saint-Martin*, 1785 (Julien, n^{re}).

Cros (Le), affl. de la Colance, c^{nes} de Saint-Martin-de-Fugères et de Chadron.

Cros (Le), mⁱⁿ, sur la Sumène, c^{ne} de Saint-Quintin-Chaspinhac. — *Al Cros*, 1227 (hôtel-Dieu, B. 134). — *Lo Cros subtus Faet*, 1305 (*ibid.*). — *Cros-de-Peyredeyre*, 1888 (Malègue).

Cros (Le), lieu dét., près Vermoyal, c^{ne} de Saint-Pierre-Duchamp. — *Villa del Cros*, 1266 (Arch. nat., P. 1397³, c. 597).

Cros (Le), vill., c^{ne} de Saugues. — *Lo Cros*, 1298 (hôtel-Dieu, B. 349). — *Crosus*, 1469 (Thiolent).

Cros (Le), vill., c^{ne} de Tiranges. — *Lo Cros*, 1293 (Arch. nat., P. 491¹, cote 13).

Cros (Le), lieu dét., près Gamon, c^{ne} de Vorey. — *Mansus del Cros*, 1311 (Arch. nat., P. 1399¹, c. 783).

Cros (Le), vill., c^{ne} de la Voûte-sur-Loire. — *Locus del Cros*, 1519 (Haute-Loire, E.).

Cros (Les), vill., c^{ne} de Malvalette. — *Villa del Cros*, 1230 (Arch. nat., P. 493¹, cote 59). — *Lo Cros-Borel*, 1317 (Arch. nat., P. 1400³, cote 990). — *Crosus subtus Vulpem*, 1418 (Loire, A. 89, f° 81). — *Le Cros-Bourel, mand. d'Auriec*, 1563 (obit. de Bas).

Cros (Moulin-du-), mⁱⁿ sur l'Arzon, c^{ne} de Chomelix. — *Molendinum de Croso*, 1404 (terrier de Chomelix). — *Les Moulins-du-Croz*, 1670 (Arch. nat., P. 502, cote 109).

CROS-CHANUDE (LA), lieu dit, sur le flanc de la Durande, c⁰ᵉ de Saint-Jean-de-Nay. — *Cros Chanuda*, 1384 (Chamblas). — *Crux Canuta*, 1444 (*idem*). — *Crux Chanuda*, 1463 (Bibl. nat., ms. lat., n. acq., 1223, fᵒ 133). — *Croux-Chanude*, 1563 (Chamblas).

CROS-DE-BERAUDON (LE), f., cⁿᵉ d'Araules. — 1291 (homm. de l'év.). — *Cros-d'Araules*, 1308 (*idem*). — *Lo Cros*, 1451 (Pradier, nʳᵉ). — *Le Cros-de-Brandoux*, 1869 (Malègue).

CROS-DE-BORY, m. i., cⁿᵉ d'Yssingeaux.

CROS-DE-BRIVE, écart, cⁿᵉ de Coubon. — *La meterie de Cros*, 1587 (Sigaud, nʳᵉ). — *Les Cros*, xviiiᵉ s. (Cassini).

CROS-DE-CHEYNE (LE), m. i., cⁿᵉ du Chambon.

CROS-DE-LA-BORIE (LE), f., cⁿᵉ du Monastier.

CROS-DE-LA-GRANGE (LE), f., cⁿᵉ du Chambon. — *Cros*, 1888 (Malègue).

CROS-DE-L'ALLIER (LE), f., cⁿᵉ du Chambon.

CROS-DE-L'ÂNE (LE), h., cⁿᵉ de Saint-Voy. — *Lo Cros*, 1507 (év.). — *Lou Cros-de-l'Azi*, 1553 (ress. de Montfaucon). — *Le Cros, mand. de Fayt*, 1602 (A. Robert, nʳᵉ). — *Lou Cros-de-l'Aze*, 1608 (cad. de Bonnas).

CROS-DE-LAS-MAYS (LE), f., cⁿᵉ des Estables. — 1695 (capitation).

CROS-DE-L'ESTRA (LE), écart, cⁿᵉ de Grazac.

CROS-DE-MONTROY (LE), h., cⁿᵉ de Saint-Front. — *Villa Cros Romaldi*, 996 (cart. du Monastier, nᵒ 74). — *Decima dal Cros N'Avifos (N' Amfos)*, v. 1180 (*ibid.*, app., nᵒ 446). — *Mansus de Cros*, 1217 (Gall. chr., XVI, instr., col. 240). — *Mansus de Croso Montis Rubei*, 1321 (cart. de Mazan, fᵒ 103). — *Locus del Crous-de-Montrouy*, 1530 (cad. du Monastier).

CROS-DE-MORTESAGNE (LE), vill., cⁿᵉ de Saint-Julien-du-Pinet. — *Mansus del Cros*, 1346 (év.). — *Cros-de-Mortessagnes*, xviiiᵉ s. (Cassini).

CROS-DES-TAVAS (LE), m. i., cⁿᵉ du Chambon.

CROSDO (LE), vill., cⁿᵉ des Vastres. — *Ad Crosum*, v. 1000 (cart. du Monastier, nᵒ 281). — *Crosus Do*, 1343 (Rhône, H. 1016). — *Mansus de Crozo Do*, 1464 (Ardèche, C. 625). — *Le Cros-Dos*, 1679 (état civ.). — *Le Cros*, xviiiᵉ s. (Cassini).

Au xivᵉ s., la principale famille de ce lieu s'appelait Do.

CROS-DU-JAY, écart, cⁿᵉ de Laussonne. — *Crosus dous Jays*, 1527 (cad. du Monastier). — *Le Cros dous Jails*, 1677 (cad. de Freycenet-la-Tour). — *Le*

Cros-doux-Jailz, 1695 (capitation). — *Le domaine de Cros-doux-Gaits*, 1785 (Julien, nʳᵉ).

CROS-DU-RIOU (LE), f., cⁿᵉ du Mazet-Saint-Voy.

CROSE (LA), f., cⁿᵉ de Sainte-Sigolène.

CROSES (LES), f., cⁿᵉ du Mazet-Saint-Voy.

CROS-JALLIER (LE), f., cⁿᵉ de Moudeyres. — *Lo Cros-Gelier*, 1256 (cart. de Mazan, fᵒ 111). — *Crosus Yaler*, 1344 (Monastier). — *Cros-Jalhier*, 1524 (cad. du Monastier). — *Crozailler* (cad.). — *Crozallier*, 1880 (carte adm.).

CROS-MARIE, h., cⁿᵉ de Collat. — *El Mas de Cros Maria*, 1341 (terrier de Charbonnier). — *Cromarie*, xviiiᵉ s. (Cassini). — *Crozemarie*, 1888 (carte adm.).

CROS-MESIRE (LE), lieu détr., cⁿᵉ de Langeac. — *Locus de Cros-Mezire*, 1502 (Arch. nat., Q. 513, p. 149).

CROS-POUGET (LE), vill., cⁿᵉ de Landos. — *Villa de Cros d'Ardana*, 1247 (prieuré de Solignac). — *Crozus Ardena*, 1462 (V. Chauvin, nʳᵉ). — *Le Cros, par. de Landos*, 1584 (Mᶜᵉ Leblanc, nʳᵉ). — *El Cros del Pouget*, 1587 (Doleson, nʳᵉ). — *Le Cros-Ardenne*, 1614 (Duclaux, nʳᵉ). — *Le Cros-du-Pouget*, 1625 (*idem*). — *Le Cros-d'Ardene, autrement du Poget*, 1668 (André, nʳᵉ).

CROSSAC, vill., cⁿᵉ des Villettes. — *Croussac*, 1507 (év.).

CROTTE (MOULIN-DE-LA), chât. détruit et mⁱⁿ sur la Gagne, cⁿᵉ de Cussac. — *Fortalicium Crottæ*, 1357 (tabl. du Velay, 1874-75, 65). — *Le molin de Crotes*, 1567 (Doleson, nʳᵉ). — *Les mazures du chasteau des Crottes*, 1630 (Brunel, nʳᵉ). — *Belut*, xviiiᵉ s. (Cassini).

CROTTES (LES), h., cⁿᵉ de Beaune. — *Crostas*, 1177 (hôtel-Dieu, B. 298). — *Las Crotas*, 1332 (Arch. nat., P. 1397², cote 571).

CROUCHET, h., cⁿᵉ d'Araules. — 1531 (Dompnin, nʳᵉ).

CROUSE-MOUTON, h., cⁿᵉ de Sainte-Sigolène. — *Lou Crouzet*, 1553 (ress. de Montfaucon). — *Croze-Mouton*, 1691 (obit. de Bas). — *Crouze-Mouton*, 1747 (état civ.). — *Crozet-Mouton*, xviiiᵉ s. (Cassini). — *Creuze-Mouton*, 1820 (Deribier).

CROUSET (LE), f., cⁿᵉ de Craponne-sur-Arzon. — *Lo Crozet*, 1327 (Saint-Mayol). — *Crosetum secus Craponam in Vallavia*, 1501 (Chamblas). — *Lo Croset*, 1522 (Saint-Georges du Puy). — *La meteryc de Crozet*, 1569 (terrier de Notre-Dame de Chalencon). — *Le Croizet*, 1880 (carte adm.).

CROUSTET, mont. et m. isolée, cⁿᵉ de Ceyssac. — Fourches de justice de la baronnie de Ceyssac. — *Crosteilhs*, xviᵉ s. (Médicis, II, 11). — *En Crostelhs*, 1533 (Dompnin, nʳᵉ). — *Crostel*, 1618

(Leblanc, n^{re}). — *Crosteil*, 1695 (cad. de Ceyssac).

Crouzas, f., c^{ne} de Vals-près-le-Puy. — *Les Crouzers*,
1888 (Malègue).

Crouzas (Le), m. i., c^{ne} de Freycenet-Lacuche.

Crouzeraille, vill., c^{ne} de Tence. — *Nemus de Gros-
talo*, 1276 (Gall. chr., XVI, inst., c. 255).

Crouzet, écart, c^{ne} de Sanssac-l'Église.

Crouzet, m. i., c^{ne} d'Yssingeaux. — *Crosetz*, 1528
(terrier du Pertuis). — *Crouzetz*, 1614 (terrier
de Saussac).

Crouzet (Le), vill., c^{ne} de Chadron. — *Crosetus*,
1377 (Saint-Mayol). — *Crosetz, Mansus de Cro-
seto de Ultra aquam*, 1523 (cad. du Monastier).
— *Le Crouzetz-de-la-Leau*, 1666 (André, n^{re}). —
Le Crouzet-de-Lalau, XVIIIe s. (Cassini). — *Le
Crouzet-de-Chadron*, 1785 (Julien, n^{re}). — *Le
Crouzet-Lalau*, 1881 (aff. jud.).

Crouzet (Le), vill., c^{ne} du Chambon. — *La Crouzette*, 1888 (Malègue).

Crouzet (Le), h., c^{ne} de Chanaleilles. — *Mansus
de Crosetz*, 1274 (Lozère, G. 99). — *Mansus de
Croseto*, 1367 (Thiolenc). — *Croset de Madrieyras*, 1499 (*idem*). — *Crozet de Madreyres*, 1589
(*idem*). — *Le Croiset, le Croizet*, 1622 (terrier
de Vazeilles). — *Le Crouzet de Madrières*, 1675
(Thiolent).

Crouzet (Le), m. i., c^{ne} de Craponne-sur-Arzon.

Crouzet (Le), vill., c^{ne} de Dunières. — 1269 (homm.
de l'év.). — *Lo Crozet*, 1469 (Rivière, n^{re}). —
Lou Croset, 1553 (Rhône, D. 185).

Crouzet (Le), h., c^{ne} de Jax. — *Mansus de Crozeto*,
1472 (Bibl. nat., ms. lat., n. acq., 1224,
f° 55 v°).

Crouzet (Le), f., c^{ne} de Raucoules.

Crouzet (Le), f., c^{ne} de Saint-Bonnet-le-Froid.

Crouzet (Le), vill., c^{ne} de Saint-Didier-la-Séauve. —
Lo Crosetz, 1396 (hom. de Solignac).

Crouzet (Le), m. i., c^{ne} de Sainte-Sigolène.

Crouzet (Le), f., c^{ne} de Saint-Front. — *Crozetum*,
1396 (Arch. nat., P. 1397², cote 545). — *Le
Crozet, par. de Sainct-Front*, 1585 (Johany, n^{re}).
— *Crouzet-de-Litaud* (Titaud), 1861 (état-major).

Crouzet (Le), vill., c^{ne} de Saint-Pierre-Eynac. —
Locus de Crosetz, 1463 (Lardeyrol). — *Crozetz*,
1585 (Johanny, n^{re}).

Crouzet (Le), vill., c^{ne} de Thoras. — *Mansus de
Crozeto*, 1276 (Thiolent). — *Crosets*, 1279 (*idem*).
— *Mansus de Croseto*, 1401 (*idem*). — *Crosetum
d'Anglada*, 1499 (*idem*). — *Le Crouset-Langlade*,
1537 (*idem*). — *Croset-de-Langlade ou de Taillières*, 1745 (*idem*).

Crouzet (Le), affl. du Panis, c^{ne} de Thoras. — *Ri-
peria Thoracii*, 1499 (terrier de Thoras). —
Rivière descendant de Crozet à Thouras, 1623
(C. Peyret, n^{re}).

Crouzet (Le Grand-), vill., c^{ne} du Mazet-Saint-Voy.
— *Crosetum*, 1343 (Rhône, II. 1016).

Crouzet (Le Petit-), h., c^{ne} du Mazet-Saint-Voy. —
Crozes (petits), 1888 (Malègue).

Crouzet (Moulin-), m^{in} sur le Javoulx, c^{ne} de Saint-
Arcons-d'Allier. — *Molendinum S. Arconcii*, 1462
(Bibl. nat., ms. lat., n. acq., 1223, f° 83).

Crouzet (Scie-du-), scierie sur la Ruelle, c^{ne} du
Mas-de-Tence.

Crouzet-Boston (Le), vill. et m^{in} détr., près la
Mahuche, c^{ne} de Saint-Vénérand. — 1780 (cad. de
Vabres).

Crouzet-de-Meyzous, vill., c^{ne} du Monastier. — *Villa
quæ dicitur Crozetus, in Vellaico*, v. 970 (cart. du
Monastier, n° 96). — *Mansus de Crozeto*, 991
(*idem*, n° 158). — *Mansus del Croset supra Meysos*,
1526 (cad. du Monastier). — *Le Crouzet-de-Maisoux*, XVIIIe s. (Cassini). — *Crouzet-de-Mezou*,
1820 (Deribier). — *Crouzet*, 1888 (Malègue).

Crouzet-de-Ranc (Le), h., c^{ne} de Laussonne. — *Villa
de Crozeto*, v. 970 (cart. du Monastier, n° 127).
— *Lo Croset*, 1258 (*idem*, n° 450). — *Mansus
de Croseto supra Laussonam*, 1528 (cad. du Monastier). — *Locus de Croseto del Ranc*, 1532
(Costavol, n^{re}). — *Le Crozet-du-Ranc*, 1619
(état civ.). — *Crouzet-de-Ranci*, 1820 (Deribier).

Crouzet-de-Ruelle (Le), vill., c^{ne} du Mas-de-Tence.
— *Lo Croset*, 1322 (cart. de Mazan, f° 134). —
Crosetum, 1331 (*idem*). — *Le Crouzet-de-Ruelle*,
1695 (capitation). — *Le Crozet-de-Ruel*, XVIIIe s.
(Cassini). — *Le Crouzet*, 1888 (Malègue).

Crouzette (La), loc. détr., c^{ne} des Estables. — *La
Crouzette*, 1763 (état civ.). — *La Croisette*, 1766
(*idem*).

Crouzilhac, h., c^{ne} de Tence.

Crouzilhac (Bois de), c^{ne} de Tence. — *Le bois de
Maubourg*, 1824 (Deribier, stat., 102).

Crouzilles (Les), loc. détr., c^{ne} de Saint-Just-près-
Brioude. — *Las Crozilhas*, 1339 (Bibl. nat., fr.,
14377, f° 189). — *Mansus de las Crozilhes*, 1440
(Bibl. nat., fr., 11490, f° 224).

Crouzillon, m. i., c^{ne} d'Yssingeaux.

Crouziols, vill., c^{ne} du Monastier. — *Villa Crojozole,
Crozojole*, 939 (cart. du Monastier, n° 76). —
Villa de Crusoli, v. 1343 (*idem*, app., n° 452).
— *Cruseol, Crusseol*, 1344 (Monastier). — *Cru-
zeuols*, 1396 (*idem*). — *Crosuolz*, 1462 (*idem*).
— *Cruziols*, 1466 (Maltrait, n^{re}). — *Crosuolz*,

1561 (Savin, n^{re}). — *Crosioux*, 1632 (Duclaux, n^{re}). — *Crouziols*, 1666 (André, n^{re}).

Ancienne chapelle dédiée à Notre-Dame-de-Pitié.

Crouziols (Le), affl. de la Gazeille au moulin de Coudert, c^{ne} du Monastier, prend naissance à Faucouy, c^{ne} de Freycenet-Lacuche.

Crozatier (Moulin-de-), mⁱⁿ sur l'Aubépin, c^{ne} de Saint-Front.

Croze (La), m. i., c^{ne} d'Araules.

Croze (La), écart, c^{ne} de Monistrol-d'Allier.

Croze (La), mⁱⁿ sur le Javoulx, c^{ne} de Vissac. — *La Ribeyre* (cad.).

Croze (Moulin-), mⁱⁿ sur la Rochette, c^{ne} de Chaniat.

Crozes (Les), h., c^{ne} d'Allègre.

Crozes (Les), ruiss., affl. de la Gagne, c^{nes} de Montusclat, Saint-Julien-Chapteuil, Saint-Pierre-Eynac et Saint-Germain-Laprade. — *La Borye* (cad.).

Crozes (Les), f., c^{ne} de Saint-Jeure. — *Locus de las Crosas*, 1359 (Rhône, H. 2632). — *Crosœ*, 1515 (terrier des Bordes).

Crozes (Les), affl. de la Semène, c^{ne} de Saint-Romain-Lachalm.

Crozes (Moulin-des-), mⁱⁿ sur le Cheneville, c^{ne} d'Allègre.

Crozes (Scie-des-), m. i., c^{ne} de Saint-Jeure. — *Sans-Crainte* ou *Rochon*, 1773 (état civ.). — *La Scie-de-Rouchon* ou *des Crozes*, 1782 (idem). — *La Scie* (cad.).

Crozet (Le), h., c^{ne} de Bas. — *In villa quæ dicitur Crozeto, in pago Vellaico, in vicaria Bassense*, v. 1000 (cart. du Monastier, n° 198). — *Crosetus Neymy, par. Bassii*, 1502 (obit. de Bas). — *Le Cros-Neymi*, 1691 (idem). — *Le Crouzet* (cad.).

Crozoly, f., c^{ne} de Saint-Front. — *Croz-Joli-lez-Colombet*, 1665 (état civ.).

Cruchail (Le), m. i., c^{ne} du Chambon.

Crussinières, h., c^{ne} de Raucoules. — *Crucineras*, 1466 (Rivière, n^{re}). — *Crussyneyres*, 1574 (Guèze, n^{re}).

Cubelle, h., c^{ne} de Saint-Préjet-Armandon. — *Cublelas*, v. 1260 (Arch. nat., J. 1031, n° 2). — *Cubelles*, 1489 (Vals-le-Chastel).

Cubelle (Le), affl. du Doulon à la limite des c^{nes} de Saint-Préjet-Armandon et Vals-le-Chastel.

Cubelles, dom., c^{ne} de Bellevue-la-Montagne.

Cubelles, f., c^{ne} de Chomelix.

Cubelles, c^{on} de Saugues. — *Parochia ecclesiæ S. Ylarii de Cublelas*, 1259 (Thiolent). — *Cublelas*, xiiie s. (tabl. du Velay, 1873-74, 390). — *Le gué de Cubel*, 1448 (spic. Briv.). — *Ecclesia B. Ylarii de Cubellis, Mimat. dioc.*, 1464 (Bibl. nat., ms. lat., n. acq., 1223, 183). — *Prioratus de Clubellis*, 1477 (idem, 1224, 153). — *Clubelles*, 1483 (idem, 1224, 331).

En 1789, Cubelles faisait partie de la province et bailliage de Gévaudan. Son église paroissiale, diocèse de Mende et archiprêtré de Saugues, était dédiée à saint Hilaire; l'évêque de Mende en était collateur.

Cubeyrolles, h., c^{ne} de Craponne-sur-Arzon. — *Ad Cubairolas*, 1213 (cart. de Chamalières, n° 322). — *Cubayrolas*, 1271 (hôtel-Dieu, B. 620). — *Cubeirolas*, 1507 (év.). — *Cubeyrolles*, 1695 (capitation).

Cubizoles, h., c^{ne} de Cubelles. — *Mansus de Coblesolas*, 1301 (Thiolent). — *Coblezolas*, 1327 (Lozère, G. 98). — *Cubesolas*, 1464 (Arch. nat., ms. lat., n. acq., 1223, f° 185 v°). — *Cubizoles*, 1618 (Thiolent). — *Cubizole*, 1888 (carte adm.). — *Cubisolles*, 1888 (Malègue).

Cubizolles (Moulin-de-), mⁱⁿ sur le Berlende, c^{ne} de Grèzes.

Cublaise, h., c^{ne} de Dunières. — *Quiblesas*, 1469 (Rivière, n^{re}). — *Cublezes*, 1553 (ress. de Montfaucon).

Cublaise, vill., c^{ne} de Saint-Maurice-de-Lignon. — *Cublaise de Lignon*, 1328 (homm. de l'év.). — *Domus de Cublesas*, 1383 (év.).

Cublaise, vill., c^{ne} des Villettes. — *Villa de Cublesas*, 1269 (hôtel-Dieu, B. 617). — *Cublelas*, 1285 (la Chaise-Dieu, Saint-Maurice-de-Lignon). — *Cublezas prope Monastrolium*, 1345 (idem, B. 676). — *Coblezas de Sicart*, 1373 (év.). — *Cublesses de Sicard*, 1506 (Médicis, II, 302). — *Cubleses*, 1552 (ress. de Montfaucon). — *Cublaise*, xviiie s. (Cassini).

Cubrizolles, vill., c^{ne} du Pont-Salomon. — *Crubresolas, Cubressolas, Cubrisolas*, 1396 (homm. de Solignac). — *Crubizolles*, 1566 (terrier de Saint-Didier). — *Cubrisolles*, 1645 (capitation).

Cuche (La), f., c^{ne} du Mazet-Saint-Voy.

Cucuniou, f., c^{ne} de Saint-Just-près-Brioude. — *Cocunhyo*, 1341 (terrier de Charbonnier). — *La métairie de Cucugniou*, 1774 (terrier du Mas).

Cuémy, bois, c^{ne} de Vorey.

Cuercs-Longs (Les), h., c^{ne} d'Araules. — 1723 (cad. de Bellecombe).

Culpéroux, h., c^{ne} de Saint-Pal-de-Mons. — *Culpeyroux*, 1695 (capitation). — *Culpéron* (cad.). — *Culpérouse*, 1888 (Malègue).

Culpéroux (Le), affl. de la Dunière, c^{nes} de Saint-

Romain-Lachalm, Saint-Pal-de-Mons et Sainte-Sigolène.

Cumiaux, h., c^{ne} de Saint-Austremoine. — *Cumeaulx, Cumieaulx*, 1613 (Mercurial). — *Cuminiaux* (cad.).

Cumignac, chât. et vill., c^{ne} de Javaugues. — *In ... vicaria (Brivatensi), in ... villa quæ dicitur Cuminiacus*, 922 (cart. de Brioude, ch. 233). — *Cuminiac*, 1286 (spic. Briv.). — *Cuminhac*, 1298 (idem). — *Cumynhat*, 1544 (Cumignac). — *La maison et domaine noble de Cuminiac*, 1669 (Arch. nat., P. 499, cote 74). — *Cumignat* (cad.).

Seigneurie relevant en fief des comtes et chap. de Saint-Julien-de-Brioude et en arrière-fief du duché d'Auvergne.

Chapelle dédiée à la Sainte-Vierge.

Cumignat (Le), affl. du Mazel, c^{ne} de Frugières-le-Pin et de Javaugues. — *Rivus de Fealgoux*, 1414 (terrier de Malvières). — *Le Fiossat* (cad.).

Cunes, h., c^{ne} de Blassac. — *Villa quæ vocatur Cuinas* (l'imprimé porte à tort *Cumas*), 912 (cart. de Brioude, ch. 5). — *In pago Arvernico, in vicaria Radicatensi, in villa quæ dicitur Cuinas* (au lieu de *Cumas*), xe s. ? (idem, ch. 125). — *Cuynas*, (Arch. nat., Z². 4145, p. 68). — *Cuynes*, 1467 (Arch. nat., ZZ. 359, p. 97).

Cuoq, f., c^{ne} de Fay-le-Froid.

Curabet, f., c^{ne} de Chassignolles. — *Mansus de Curabet*, 1358 (spic. Briv.).

Curmilhac, vill., c^{ne} d'Auteyrac. — *In villa quæ dicitur Crumiliaco*, 888 (cart. de Brioude, ch. 38). — *Crumilhac*, 1247 (cart. de Pébrac, n° 72). — *Mansus de Crumilhaco*, 1459 (B. Girard, n^{re}). — *Curmilhac*, 1460 (Bibl. nat., ms. lat., n. acq., 1222, f° 154). — *Curmillac*, 1820 (Deribier).

Cursoux, h., c^{ne} de Montregard. — *Cursous*, 1556 (terrier de Montregard). — *Cursons*, 1820 (Deribier).

Cussac, h., c^{ne} de Bessamorel. — *Locus de la Granghia de Cussac*, 1451 (Rhône, H. 2633). — *Cussacum*, 1515 (terrier des Bordes).

Cussac, m^{on} de camp. et dom., c^{ne} de Polignac. —
Mansus de Cussac, 1385 (Drôme). — *Fortalicium de Cussaco*, 1440 (communication de feu M. Félix Robert). — *Cussac lez le Puy*, 1571 (A. Boyer, n^{re}).

Fief vassal de la vicomté de Polignac.

Cussac, c^{on} de Solignac-sur-Loire. — *In territorio Vellaico, in villa quæ vulgo nominatur Cuciacus*, 993 (chron. S. Petri de Mon. Anic.). — *Cuzac*, v. 1135 (tabl. du Velay, 1870-71, 528). — *Ecclesia de Cussac*, 1275 (hôtel-Dieu, B. 148). — *Eccl. de Cussaco*, 1342 (J. de Peyre, n^{re}). — *Eccl. par. S. Sulpicii Cussacii*, 1520 (Galet, n^{re}).

En 1789, Cussac dépendait de la province du Velay, de la subdélégation et sénéchaussée du Puy. Son église paroissiale, diocèse du Puy et archiprêtré de Solignac-sur-Loire, était sous l'invocation de saint Sulpice, évêque de Bourges; le prieur de Saint-Blaise-de-Gensac, de l'ordre de Cluny, présentait à la cure.

Cussac (Moulin-de-), mⁱⁿ sur le Ramel, c^{ne} de Bessamorel.

Cusse, chât. détr. et f., c^{ne} de Montclard. — *Cutia*, 1155 (spic. Briv.). — *Cusa*, 1179 (hospit. du Velay). — *Castellum Cuciæ*, 1201 (Justel, m. d'Auv., pr. 142). — *Cussa*, 1226 (Saint-Agrève). — *Cussia*, 1475 (Bibl. nat., ms. lat., n. acq., 1224, f° 87).

Cusset, f., c^{ne} de Dunières. — *Tusset lez Dunière*, 1584 (Guèze, n^{re}).

Cussette (La), affl. du Doulon à la limite des c^{nes} de Vals-le-Chastel et de Saint-Didier-sur-Doulon, prend naissance à l'ouest de la c^{ne} de Montclard. — *La riv. de Cussete*, 1564 (terrier de Vals-le-Chastel).

Cusson, lieu détr., c^{ne} de Retournac. — *Grangia de Cusso*, 1319 (Arch. nat., P. 493¹, cote 83). — *Via publica qua itur d'Artietas versus mansum de Cusso*, 1349 (Arch. nat., P. 493¹, cote 86). — *Les prés de Cusson*, 1476 (Arch. nat., P. 1399¹, cote 792).

Cussonnac, lieu détr., c^{ne} de Chomelix. — *Le mas de Cussonnac*, 1309 (homm. de l'év.).

D

Daille, m. i., c^{ne} de Saint-Didier-la-Séauve. — 1695 (capitation). — *Le Dail*, 1888 (Malègue).

Dallas, h., c^{ne} de Saint-Privat-d'Allier. — *Dalas*, 1239 (Saint-Mayol). — *Dalacium*, 1349 (la
Chaise-Dieu, Saint-Privat-d'Allier). — *Dalas en Alvernhe*, 1408 (compois du Puy).

Dambert, l. dit, c^{ne} du Puy. — *Terroir du Puy app. Dambert*, 1549 (Savin, n^{re}).

Dambois, f., c^{ne} d'Aurec. — *Dembois* (cad.).

Danielle (La), l. détr., c^{ne} de Champclause. — *Mansus de la Daniella*, v. 1181 (hospit. du Velay). — *Territorium de la Daniela juxta Chanclausa*, 1343 (Rhône, H. 1016).

Darbon, f., c^{ne} de Chaudeyrolles. — 1673 (ét. civ.).

Dardelin (Moulin-du-), mⁱⁿ, c^{ne} de Brioude. — *Molendinum Dardelenc*, 1453 (terrier du fordoyenné de Brioude). — *Le Dardellent*, 1614 (terrier du chap. de Brioude).

Dardelin (Moulin-du-), mⁱⁿ sur l'Alagnon, c^{ne} de Sainte-Florine.

Dargonnier, f., c^{ne} de Saint-Jeure. — *Mas de la Dragoneyre*, 1328 (homm. de l'év.).

Darnapsal, l. détr., c^{ne} du Mazet-Saint-Voy. — *Mas Darnapsal*, 1296 (homm. de l'év.). — *Mas Darnapessat*, 1320 (idem).

Darnapsal, écart, c^{ne} d'Yssingeaux. — *Darna pessada*, 1359 (Rhône, H. 2632). — *Darna pessaa*, 1441 (Rhône, Bessamorel). — *Darna pessa*, 1523 (compois d'Yssingeaux). — *Darnebessa*, 1547 (terrier de Verchères).

Darne, l. détr., c^{ne} de Saint-Ilpize. — *Mansus de Darnes*, 1458 (Arch. nat., ZZ. 359, p. 3).

Darne (La), m. de camp. et mⁱⁿ, c^{ne} de Coubon. — *Molendinum de Bouzolio*, 1349 (Saint-Mayol). — *Molend. domini de Bousolio, voc. de la Darna*, 1389 (plumit. de Bouzols). — *Molendinum bannerium domini de Bousolio*, 1510 (terrier de Coubladour). — *Le molin de la Darne*, 1707 (cad. de Bouzols).

Darnes, h., c^{ne} de la Besseyre-Saint-Mary. — *Darnas*, 1749 (terrier du Besset).

Darnes, vill., c^{ne} de Charraix. — *Mansus de Darna*, 1351 (Thiolent).

Darsac, vill., c^{ne} de Vernassal. — *Darsac*, 1234 (hôtel-Dieu, B. 610). — *Darssac*, 1256 (év.).

Daü, mine d'antimoine, c^{ne} de Lubilhac. — *Dahu*, 1795 (Legrand d'Aussy, voy. d'Auv., II, 215).

Dau (Le), affl. de la Violette, c^{nes} de Lubilhac et de Grenier-Montgon.

Davagne, écart, c^{ne} de Retournac. — *Daveine*, 1820 (Deribier).

David, mⁱⁿ sur le Lamandy, c^{ne} de Cistrières.

David, f., c^{ne} de Saint-Germain-Laprade. — Cette ferme tire son nom de Guigon David, bourgeois du Puy, qui la fit construire en 1455, sur un terroir appelé *lo Chambo* qui lui avait été apporté en dot par sa femme Miracle Julien. — *Villa del Chambo*, 1256 (Arch. nat., P. 491², c. 113). — *Lo Chambon-Gompnha*, 1310 (év.). — *Territorium nuncupatum lo Chambo et Chambonal del*

Cros, 1455 (communic. du Dr Charreyre). — *David*, 1568 (Savin, n^{re}).

David, m. i., c^{ne} de Saint-Just-près-Brioude.

Débat (Le), m. i., c^{ne} du Chambon.

Débat (Le), h., c^{ne} de Saint-Jeure. — 1786 (ét. civ.).

Dège (La), riv., prend sa source dans les montagnes de la Margeride, dans la c^{ne} de Saint-Privat-du-Fau (Lozère), entre dans le département de la Haute-Loire au sud-est de Hontès-Bas et se jette dans l'Allier au-dessus de Tatevin, c^{ne} de Chanteuges, après avoir arrosé les c^{nes} de la Besseyre-Saint-Mary, Desges, Chazelles et Pébrac. — *Aqua quæ vocatur Deia*, 1248 (terr. Piperac. LXXIV). — *Aqua Degie*, 1458 (Bibl. nat., ms. lat., n. acq., n° 1222, f° 84). — *Le rif de Dege*, 1464 (Bibl. nat., ms. lat., n. acq., n° 1223, f° 141 v°). — *L'eau de Deghe*, 1574 (terrier de Meyronne, f° 35 v°). — *La rivière de Diège*, 1749 (terrier du Besset, f° 71).

Dempeyre, vill., c^{ne} de Coubon. — *Don Peyre*, 1290 (Saint-Vosy). — *Don Peire*, 1348 (J. de Peyre, n^{re}, reg. G., f° 112). — *Dompierre*, 1561 (Savin, n^{re}). — *Dompeyre*, 1707 (cad. de Bouzols). — *Dempère*, 1820 (Deribier).

Dence, f., c^{ne} d'Ours-Mons.

Denède, l. détr., c^{ne} de Saint-Hostien. — 1319 (Lardeyrol).

Deneyrolles-Basses, vill., c^{ne} de Riotord. — *Deneyroliæ*, 1461 (Rhône, H. 1180). — *Deneyroles-Basses*, 1879 (carte adm.).

Deneyrolles-Hautes, h., c^{ne} de Riotord. — *Deneyroles-Hautes*, 1879 (carte adm.).

Denise, mont. volc., c^{nes} d'Espaly-Saint-Marcel et de Polignac. — *El Mont*, 1267 (hôtel-Dieu, B. 143). — *Anduniza*, xiiie s. (coll. César Falcon). — *Succus sive podium de Andunisa*, 1453 (prieuré de Polignac). — *En Dunise*, 1533 (Médicis, I, 338). — *Le rang de Denize*, 1609 (Robert, n^{re}). — *Danize*, 1630 (la Velleyade, 30). — *Le suc de Denyse*, 1633 (Barret, n^{re}). — *La Montagne de Danis près du Puy*, 1778 (Faujas de Saint-Fond, 338).

Dépendant (Le), bois, c^{ne} de la Besseyre-Saint-Mary.

Desges, c^{on} de Pinols. — *Ecclesia de Dega*, xiie s. (cart. de Pébrac, n° XLVI, 25). — *Deghe*, 1379 (compte de B. Flotenc). — *Desghe*, 1398 (compte de B. Sannadre). — *Desja*, 1401 (spic. Briv.). — *Parochia Degiæ*, 1457 (Bibl. nat., ms. lat., n. acq., 1222, f° 57). — *Dege*, 1461 (idem, f° 213). — *Ecclesia parochialis B. Stephani Degiæ*, 1505 (Thiolent).

En 1789, Desges faisait partie de la province
d'Auvergne, de l'élection de Brioude, de la subdélégation de Langeac et du ressort de Riom.
Son église paroissiale, diocèse de Saint-Flour et
archiprêtré de Langeac, était consacrée à saint
Étienne; le prieur de la Voûte-Chilhac présentait
à la cure.

Descrands (Scie-des-), scierie sur le Clavas, cne de
Riotord.

Desnois, h., cne de Montregard. — *Dasrois* (cad.).

Destal (Le), bois, cne de Saint-Arcons-d'Allier. –
Nemus… situm in territorio… del Desteilh, 1457
(Bibl. nat., ms. lat., n. acq., 1223, fo 51 vo).

Détourbe (La), f., cne d'Araules. — *La Destorba*,
1507 (év.). — *La Destourbe*, 1549 (Savin, nre).
— *Ladestourbe*, 1820 (Deribier).

Détourbe (La), h., cne de Raucoules. — *La Destorba*,
1465 (Rivière, nre). — *La Destourbe*, 1571 (Imbert, nre).

Détourbe (La), l. détr., cne de Vernassal. — *La Destorba, par. de Vernarsals*, 1346 (J. de Peyre, nre,
reg. D., fo 104).

Deux-Roches (Les), m. i., cne de Freycenet-Lacuche.

Deuzert, f., cne de Craponne-sur-Arzon.

Devès (Le), l. détr., cne de Saint-Julien-du-Pinet.
— *Le Devest*, xviiie s. (Cassini).

Devès (Les), écart, cne d'Yssingeaux.

Devesset, f., cne de Chaudeyrolles. — 1616 (ét.
civ.). — *Le Petit-Devesset*, 1645 (idem).

Devetz (Le), h., cne de Tence.

Devey, m. i., cne de Montfaucon.

Devez (Le), bois, cne d'Arlet.

Devez (Le), f., cne de Présailles.

Devez (Le), f., cne de Saint-Front.

Devez (Le), h., cne de Saint-Vénérand.

Devez (Le), bois, cne de Thoras.

Devez (Le), h., cne de Vabres. — *Devesium*, 1526
(A. Besseyre, nre). — *Le Devez*, xviiie s. (Cassini). — *Le Devès*, 1779 (cad. de Vabres).

Devez (Le Grand-), mont., cnes de Cayres et de
Saint-Jean-Lachalm.

Devèze, mont. boisée, cnes de Saint-Jean-Lachalm
et de Séneujols. — *Rancus roc. La Volpmcomeyra
sive del Deves Hospitalis*, 1307 (hôtel-Dieu,
B. 372).

Devèze (Grand-), mont. boisée, cnes de Saint-Jean-
Lachalm et de Séneujols.

Dévis (Le), affl. de la Loire, cne de Saint-Vincent.
— *Le Larcenac* (cad.).

Devizas (Les), m. i., cne des Villettes.

Deyraud (Scie-de-), scierie sur le Clavas, cne de
Riotord. — *Scie-de-Dégrand*, 1879 (carte adm.).

Diat, min sur le Doulon, cne de Laval. — *Diot*,
1888 (carte adm.).

Dielle (La), écart, cne de Laval.

Dignac, vill., cne de Roche-en-Régnier. — *Villa de
Dinhac*, 1254 (Arch. nat., P. 1397³, c. 610). —
Dinac, 1266 (Arch. nat., P. 1397³, c. 597). —
Apud Adinhac, 1284 (Arch. nat., P. 493² bis,
c. 107).

Dignac, vill., cne de Sembadel. — *Dynhacum*, 1345
(la Chaise-Dieu, Jullianges). — *Dunhat*, 1548
(P. Gallien, nre). — *Dinhac*, 1622 (Brunel,
nre).

Digonnet, m. i., cne du Mas-de-Tence.

Digonnière (La), f., cne de Saint-Just-Malmont. —
La Digonneir, 1820 (Deribier).

Digons, vill., cne de Pébrac. — *Digonz*, v. 1078
(cart. de Pébrac, no 18). — *Digoncius*, xiie s.
(idem, no 48). — *Ecclesia de Digons*, v. 1208
(idem, no 52). — *Diguons*, 1287 (spic. Briv.).
— *Prioratus S. Hippolyti de Digons*, 1480 (Gall.
chr., II, col. 429).

Commune supprimée par une loi du 31 janvier
1850 et réunie à celle de Pébrac. En 1789,
l'église paroissiale de Digons, diocèse de Saint-
Flour et archiprêtré de Brioude, était sous le
vocable de saint Hippolyte; l'abbé de Pébrac présentait à la cure.

Digons (Les), vill., cne du Chambon.

Digons (Moulin-de-), min sur la Dège, cne de Pébrac. — *Le Molin de Digons*, 1464 (Bibl. nat.,
ms. lat., n. acq., 1223, fo 141 vo). — *Moulin-de-
Digon*, 1774 (terrier de Digons).

Dimengeal, h., cne de Saint-Georges-Lagricol. —
Le Duminghal, 1666 (ét. civ.). — *Duningeal*,
1695 (capitation). — *Dimiengeat*, 1820 (Deribier).

Dinamand, vill., cne du Pertuis. — *Domus deux
Guynhamans*, 1451 (cart. de Mazan, fo 52 vo).
— *Le lieu doux Dinementz*, 1638 (Demans, nre).
— *Les Guignamaux*, 1820 (Deribier). — *Gui-
gnamands*, 1888 (Malègue).

Dintillat, vill., cne de Vieille-Brioude. — *Lentilac*,
1271 (spic. Briv.). — *Lentillac*, 1379 (compte
de B. Flotenc). — *Lhintilhiacus*, 1387 (Arch.
nat., Z². 4144, p. 204). — *Mansus de Lentilhat*,
1460 (Arch. nat., ZZ. 359, p. 26). — *Dintilhac*,
1464 (Bibl. nat., ms. fr. 11491, fo 383).

Dioudonnat, écart, cne de Coubon. — *Dioudounat*,
1820 (Deribier).

Dolaison, vill., cne de Saint-Christophe-sur-Dolaison.
— *Dolezo*, 1256 (év.). — *Doleso*, 1283 (év.).
— *Dolezan*, 1561 (Savin, nre).

Dolaizon (Le), ruiss. qui prend naissance au-dessus de Freycenet, c⁰ᵉ de Saint-Christophe-sur-Dolaison, arrose Dolaison, Vals et le Puy et se jette dans la Borne, en aval de cette ville. — *Flurius Doledo*, v. 1000 (chron. S. Petri de Mon. Anic.). — *Rivus de Dolezo*, 1186 (hospit. du Velay, 36). — *Rivus de Dollezo*, 1332 (*ibid.*). — *Rivus voc. Dolazo*, 1336 (hôtel-Dieu, B. 199). — *Riperia de Dolozone*, 1411 (Saint-Vosy). — *Aqua Dolesonis*, 1424 (hospit. du Velay). — *Riperia de Dolesono*, 1480 (Pelisse, nʳᵉ). — *Olizo*, 1618 (Papire Masson, flum. Gall., 6). — *L'Olizon*, 1644 (E. Coulon, rivières de France, I, 246). — *Dolezon*, xviiiᵉ s. (Cassini).

Dolmazon, mⁱⁿ sur le ruiss. des Moulins, cⁿᵉ de Saint-Jeure. — *Dalmaso*, 1402 (hôtel-Dieu, B. 540). — *Dalmasonus*, 1419 (cart. de Tence, f⁰ 11).

Domarget, vill., cⁿᵉ de Domeyrat. — *Dolmarget*, 1543 (la Chaise-Dieu, Domeyrat).

Domeyrat, chât. ruiné, c⁰ⁿ de Paulhaguet. — *Castrum d'Almayrac*, v. 1250 (spic. Briv.). — *Damayrac*, v. 1250 (*idem*). — *Dalmayrac*, 1281 (J. Lachenal, l'église de Brioude, 21). — *Dalmayracs*, 1381 (spic. Briv.). — *Domeyrac*, xvᵉ s. (Bibl. nat., ms. fr., 22297, p. 197). — *Domeyrat*, 1511 (coust. d'Auv., f⁰ 80 v⁰). — *Dalmeyrac*, 1540 (la Chaise-Dieu, Domeyrat).

En 1789, Domeyrat dépendait de la province d'Auvergne, de l'élection et subdélégation de Brioude et du ressort de Riom. Son église paroissiale, diocèse de Saint-Flour et archiprêtré de Brioude, était sous le vocable de saint Hilaire; l'abbé de la Chaise-Dieu, comme prieur de ce lieu, présentait à la cure.

Domezon, h., cⁿᵉ de Saugues. — *Domeso*, 1327 (Lozère, G. 99). — *Domesonum*, 1451 (coll. J. Lachenal). — *Domezon*, 1539 (Thiolent). — *Domaison* (cad.).

Donat (Le), m. i., cⁿᵉ de Saint-Vincent. — *Le Donnat*, 1679 (Haute-Loire, B. 31).

Donazac, vill., cⁿᵉ de Saint-Préjet-d'Allier. — *Mansus qui appellatur Donassac*, 1295 (Thiolent). — *Donasacum*, 1526 (A. Besseyre, nʳᵉ). — *Donezac*, 1618 (Thiolent).

Donaze, h., cⁿᵉ de Vorey. — *Villa Donazaeris*, v. 1021 (cart. de Chamalières, n° 27). — *Donazeris*, v. 1025 (*idem*, n° 28). — *Donazer*, 1288 (bénédictines de Vorey). — *Locus de Donasio*, 1512 (Dompnin, nʳᵉ). — *Dounaze*, 1541 (Chamblas). — *Daunas*, 1880 (carte adm.).

Dore (La), riv., affl. de l'Allier à la jonction des départements du Puy-de-Dôme et de l'Allier, prend sa source à l'ouest de Champvieille, cⁿᵉ de Bonneval, et sort du département de la Haute-Loire près du moulin Forestier, cⁿᵉ de Malvières, après avoir traversé le canton de la Chaise-Dieu du sud au nord.

Dorette (La), ruiss., prend sa source au sud-est de la cⁿᵉ de la Chapelle-Geneste, limite les départements de la Haute-Loire et du Puy-de-Dôme et se jette dans la Dore au nord de la cⁿᵉ de Mayres (Puy-de-Dôme).

Dorlière (La), h., cⁿᵉ de Bauzac. — *La Dourleyre*, 1552 (ress. de Montfaucon). — *La Dourelhière*, xviᵉ s. (obit. de Bauzac). — *La Dorillere*, xviiiᵉ s. (Cassini). — *Les Dorlhares*, 1820 (Deribier).

Doublet, f., cⁿᵉ des Estables. — *Le lieu de Doublet de Coudere*, 1769 (état civil). — *La Grangette de Doublet*, 1820 (Deribier). — *Daublet*, 1888 (Malègue).

Doubrac, h., cⁿᵉ de Saint-Maurice-de-Lignon. — *Doubra*, 1820 (Deribier).

Douchanet, chât. détr. et h., cⁿᵉ de Monistrol-d'Allier. — *Villa quam nominant Duos Canes*, 1037 (cart. de Chamalières, n° 308). — *Castrum de Doschas*, 1210 (templ. du Puy). — *Feudum de Duobus Canibus*, 1265 (hist. gén. de Lang., VIII, 1551). — *Mansus Doschanetz*, 1377 (Thiolent). — *Locus deux Chanetz*, 1473 (Maltrait, nʳᵉ). — *Les Deux-Chiens*, 1516 (Arch. nat., Gʳ* 2, f⁰ 582 v⁰). — *Douchanets*, xviiiᵉ s. (Cassini). — *Douchanez*, 1780 (cad. de Vabres). — *Duchanès*, 1820 (Deribier).

Fief vassal de l'évêché de Mende.

Doue, m. de camp., cⁿᵉ de Saint-Germain-Laprade. — Ancienne abbaye de l'ordre des Prémontrés, fondée vers 1138. — *Doa*, 1163 (hospit. du Velay). — *Ecclesia Doensis*, xiiᵉ s. (nov. Gall. chr., II, animadv., col. 21). — *Domus Douœ*, 1306 (tabl. du Velay, 1875-76, 519). — *Abbas de Dua*, 1312 (Paoli, cod. diplom., II, 28). — *Le convent de Doe en Vellay, ordre de Prémonstré*, 1545 (Savin, nʳᵉ). — *Douhe en Velay*, 1620 (Odo de Gissey, 2ᵉ éd., 106). — *Dohë*, 1624 (Duclaux, nʳᵉ). — *Doué*, 1720 (Saugrain).

Doulioux, vill., cⁿᵉ de Craponne-sur-Arzon. — *Villa de Doleus*, v. 1020 (cart. de Chamalières, n° 247). — *Villa quœ dicitur Doleus lo Coper*, 1266 (Arch. nat., P. 1397³, c. 597). — *Grangia de Doleus sive d'Aurfolia*, 1279 (Arch. nat., P. 1399², c. 814). — *Doleus la Chalm*, 1286 (Arch. nat., P. 1397², c. 560). — *Furchœ de Doleuys*, 1311 (Arch. nat., P. 1399¹, c. 783). — *Doleu*, 1331

(J. de Peyre, n°). — *Mansus de Doleus Daurat*, 1344 (Arch. nat., P. 493² *bis*, c. 96). — *Doliou-Dourat*, 1507 (év.). — *Doulhioux*, 1569 (terrier de Notre-Dame de Chalencon). — *Doulioux-Daurat*, 1569 (A. Boyer, n°). — *Douliouse*, 1888 (Malègue).

DOULON (LE), riv., prend sa source à l'étang de la Fargette, cⁿᵉ de Saint-Germain-l'Herm (Puy-de-Dôme), entre dans le département de la Haute-Loire au nord-ouest de la Faye, cⁿᵉ de Saint-Vert, arrose les cⁿᵉˢ de Laval, Saint-Didier-sur-Doulon, Vals-le-Chastel et se jette dans la Senouire près de Domeyrat. — *Aqua de Dolo*, 1287 (la Chaise-Dieu, Fayet). — *Riuf de Dolon*, 1426 (*idem*, Saint-Vert). — *Le Doulon*, 1624 (Coulon, riv. de France, 1ʳᵉ part., p. 265).

DOULY, h., cⁿᵉ de la Chapelle-Geneste.

DOURLION (LE), ruiss. qui naît au-dessus de Riou, cⁿᵉ de Taulhac, et afflue au Dolaison en aval de Vals-près-le Puy. — *Rivus Durlonis*, 1181 (hospit. du Puy). — *Dorlhio*, 1307 (Augustines de Vals). — *Derlho*, 1327 (Saint-Vosy). — *Durlho*, 1340 (Saint-Georges du Puy). — *Dorlho*, 1561 (Savin, n°). — *Dourlhon*, 1617 (Duclaux, n°). — *Le Riou*, 1880 (carte adm.).

DOUSPIS, vill., cⁿᵉ de Saint-Jean-d'Aubrigoux. — *Ad Duos Pinos*, 1213 (cart. de Chamalières, n° 317). — *Douspix*, 1820 (Deribier).

DOUX (LE), ruiss., limite les départements de la Haute-Loire et de l'Ardèche, à l'ouest de la cⁿᵉ de Saint-Bonnet-le-Froid. — *Ruiss. de Gambonnet* (cad.).

DOUX (LES), affl. de l'Allier, cⁿᵉˢ de Saint-Berain et de Sainte-Marie-des-Chazes.

DRAGON (LE), affl. de l'Allier, cⁿᵉˢ de Saint-Privat-du-Dragon et de Saint-Ilpize. — *Rivus de Drahos*, 1464 (Arch. nat., ZZ. 359, p. 89).

DRAGON (SUC-DU-), l. détr., cⁿᵉ de Saint-Privat-du-Dragon. — *Lo Draos*, 1385 (Arch. nat., Z¹. 4144, p. 53). — *Mansus dol Suc de Drahos*, 1464 (Arch. nat., ZZ. 359, p. 82). — *Mansus del Suc*, 1467 (*idem*, p. 113).

DRAYE (LA), loc. détr., cⁿᵉ de Saint-Front. — 1641 (ét. civ.). — 1695 (capitation).

DRAYES (LES), h., cⁿᵉ des Queyrières. — *Las Drayes*, 1614 (A. Robert, n°). — *Les Draves*, 1879 (carte adm.). — *Les Drages*, 1888 (Malègue).

DREINS, vill., cⁿᵉ de Champagnac. — *Drens*, 1516 (Vals-le-Chastel).

DREIT (LA), l. dit, cⁿᵉ d'Espaly-Saint-Marcel. — *La Dreyt*, 1566 (Doleson, n°).

DREVET, écart, cⁿᵉ de Pradelles. — *Le Mas de Drevet*, 1705 (ét. civ.).

DREVET, m. i., cⁿᵉ de Raucoules.

DREVET, m. i, cⁿᵉ de Saint-Ferréol-d'Auroure.

DREVETTE, f., cⁿᵉ du Chambon.

DREYTES (LES), écart, cⁿᵉ de Sainte-Sigolène. — *Las Dreyttes*, 1553 (ress. de Montfaucon). — *Las Dreittes*, 1695 (capitation).

DRIAUDE, vill., cⁿᵉ de Sanssac-l'Église. — *Petrus Drualde*, v. 1250 (Arch. nat., J. 1031, n° 2). — *Druaudres*, 1300 (hôtel-Dieu, B. 358). — *Druaude*, 1344 (J. de Peyre, n°). — *Duriaudes*, 1452 (Saint-Vosy). — *Driaudes*, 1519 (Martel, n°).

DRIE, f., cⁿᵉ de Vorey. — *Dria*, 1345 (terrier de P. Ravoux). — *Driot*, 1869 (Malègue). — *Driol*, 1880 (carte adm.).

DROLS, vill., cⁿᵉ de Saint-Privat-du-Dragon. — *Draols*, v. 1260 (Gall. chr., II, c. 461). — *Droux*, 1462 (Arch. nat., ZZ. 359, p. 49). — *Mansus de Drahos*, 1467 (*idem*, p. 115). — *Droulz*, 1618 (terrier de la Vaudieu).

DROSSAC, vill., cⁿᵉ de Lissac. — *Draussac*, 1283 (év.). — *Droussac*, 1306 (tabl. du Velay, 1875-76, 520). — *Drossac*, 1604 (Mᵉᵉ Leblanc, n°). — *Droussac*, 1820 (Deribier).

DROSSANGES, dom., cⁿᵉ de Tiranges. — *Villa de Draocangas*, v. 1082 (cart. de Chamalières, n° 205). — *In Draosangis*, 1163, *idem*, n° 77). — *Drossangiæ*, 1255 (Rhône, la Sauvetat, I, 5). — *Draussangiæ*, 1342 (J. de Peyre, n°). — *Drossange*, (cad.).

DROSSANGES (LE), affl. de l'Ance, cⁿᵉ de Tiranges.

DROULHE, loc. détr., cⁿᵉ de Sainte-Florine. — *Drulha*, 1341 (terrier de Charbonnier). — *Le village de Droulhe*, 1640 (liève de Rilhac).

DUBOIS (MAISON-), m. de camp., cⁿᵉ de Monistrol-sur-Loire.

DUBY, chât., cⁿᵉ de Riotord. — *Dubie* (cad.). — *Dubic*, 1820 (Deribier).

DUCHET, h., cⁿᵉ de Tence. — *Le Rat*, 1880 (carte adm.).

DUCRAU (LE), affl. de la Loire, en amont de Retournaguet, cⁿᵉ de Retournac. — *Rifz dous Cros*, 1553 (terrier de Liques).

DUMAS (MOULIN-), mⁱⁿ sur la Virlange, cⁿᵉ de Saugues. — *Moulin-de-Recoux*, 1888 (carte adm.).

DUMINIAC, chât. ruiné et vill., cⁿᵉ de Céaux-d'Allègre. — *Duminac*, 1259 (év.). — *Duminhac*, 1331 (Augustines de Vals). — *Duminhacum*, 1401 (Saint-Georges du Puy). — *Duminiac*, XVIIIᵉ s. (Cassini). — *Dumignac*, 1820 (Deribier).

Dunière (La), h., c^{ne} de Montregard. — *Ladunière*, 1872 (Malègue).

Dunières, c^{on} de Montfaucon. — *In arce (aice) Duneria* (l'impr. porte *d'Ineria*), v. 1020 (cart. du Monastier, 254). — *Duneira*, v. 1090 (la Chaise-Dieu, Usson). — *Parochia de Dunera*, v. 1141 (cart. de Saint-Sauveur-en-Rue, p. 10). — *Duneires*, 1186 (J. Delaville Le Roux, arch. de Malte, p. 157). — *Duneyra*, 1381 (spic. Briv.). — *Parochia burgi Duneriæ*, 1465 (Rivière, n^{re}). — *Castrum inferius Duneriæ*, 1467 (*idem*). — *Dunière de la Roue*, 1506 (Médicis, II, 305). — — *Le prieuré Sainct-Martin de Dunyere*, 1627 (Delafont, n^{re}).

En 1789, Dunières était compris dans la province du Velay, la subdélégation et sénéchaussée du Puy. Son église paroissiale, diocèse du Puy et archiprêtré de Monistrol-sur-Loire, était dédiée à saint Martin; depuis l'année 1762 et comme succédant aux droits des Jésuites, la collation de la cure appartenait à l'évêque du Puy.

Dunières (La), riv., formée à l'ouest de Dunières par la réunion du Gournier et du Riotord, traverse les c^{ons} de Montfaucon, Saint-Didier, Monistrol-sur-Loire et Yssingeaux et se jette dans le Lignon au-dessous de Vendets, c^{ne} de Grazac. — *Aqua de Duneyra*, 1349 (Arch. nat., P. 1397¹, c. 540). — *Aqua Duneriæ*, 1482 (Rhône, D. 185). — *Riv. de Dunyere*, 1591 (Delafont, n^{re}).

Durance (Suc-de-la-), montic., c^{ne} de Malrevers. — *Succus de la Duransa*, 1361 (Haute-Loire, E.).

Durande (La), mont. limitant les c^{nes} de Saint-Jean-de-Nay, le Vernet, Saint-Berain, Sainte-Marie-des-Chazes et Siaugues-Saint-Romain. — *Los rocs de Guyrandas*, 1470 (Bibl. nat., ms. lat., n. acq., 1223, f° 383). — *Mons de Guirandes*, 1550 (Thiolent). — *Dirandes*, 1560 (Thiolent). — *Durande*, 1693 (la Chaise-Dieu).

Durandelle (La), mont. boisée, c^{nes} de Saint-Jean-de-Nay et de Siaugues-Saint-Romain. — *Le suc de Guyrandelas*, 1465 (Bibl. nat., ms. lat., n. acq., 1223, f° 291).

Durant, écart, c^{ne} de Tiranges. — *Le lieu doux Durantz*, 1614 (coll. C. Falcon). — *Durand*, 1879 (carte adm.).

Durbiat, vill., c^{ne} de Champagnac. — *Durbiac*, 1155 (spic. Briv.). — *Durbiac*, v. 1250 (*idem*). — *Durbiat*, 1372 (la Chaise-Dieu, Saint-Vert).

Fief vassal de la seigneurie de Saint-Bonnet-le-Chastel.

Duret, f., c^{ne} de Chomelix. — 1548 (P. Gallien, n^{re}). — *Le chasteau de Duret*, 1670 (Arch. nat., P. 502, c. 109).

Fief vassal de la seigneurie de Saint-Just-près-Chomelix.

Durianne, vill., c^{ne} du Monteil. — *Villa de Duriana*, 1229 (tabl. du Velay, 1875-76, 502). — *Durienne*, par. de S. Agreve du Puy, 1546 (Savin, n^{re}). — *Duriene*, 1584 (Guérin, n^{re}).

Durianne a été détaché, par ordonnance du 27 novembre 1832, de la c^{ne} de Chadrac et réuni à celle du Monteil.

Duvernette (La), f., c^{ne} de Champclause.

E

Eauzon (Moulin-d'), mⁱⁿ sur la Gazeille, c^{ne} de Vazeilles-Limandres. — *Ouzou*, 1682 (cad. de la vic. de Polignac).

Ebde, chât. et dom., c^{ne} de Malrevers. — *Villa Ebde*, v. 980 (cart. du Monastier, n° 161). — *Epde*, 1262 (év.). — *Edde*, 1484 (Lardeyrol). — *Eyde*, 1566 (Arch. nat., JJ. 264, n° 189). — *Hibdes*, 1851 (carte Giraud). — *Hebdes*, 1861 (état-major).

Ébranchade, f., c^{ne} des Estables. — *Le Mas des Branchades*, 1784 (ét. civ.). — *Ebranchades*, 1888 (Malègue).

Ébranchade, h., c^{ne} de Saint-Georges-Lagricol. — *Aus Esbranchaz*, v. 1098 (cart. de Chamalières, n° 254). — *Ad Embrancaz*, 1213 (*idem*, n° 324). — *Branchata*, 1481 (coll. Chaleyer). — *La Branchade*, xviii° s. (Cassini).

Échabrac, h., c^{ne} d'Yssingeaux. — *Eschabrat*, 1330 (hôtel-Dieu, B. 435). — *Eschabrac*, 1359 (Rhône, H. 2632). — *Eschabracum*, 1419 (cart. de Tence, f° 12). — *Locus de Schabraco*, 1528 (terrier du Pertuis).

Échaffoit, mont., c^{ne} de Saint-Julien-d'Ance.

Échalier, m. i., c^{ne} de Saint-Ferréol-d'Auroure. — *Les Eschalias*, 1879 (carte adm.).

Échanaux, f., c^{ne} d'Aurec. — *Échanols* (cad.).

ÉCHANDELISSES (LES), l. dit, c^ne de Cronce. — *Las Eschandalisses*, 1502 (Arch. nat., Q. 513, p. 121).

ÉCHAPRÉ (L'), ruiss., formé au nord du Bonnet-Vert par la réunion du Bouchet et de l'Herbret, traverse la c^ne de Saint-Just-Malmont et se jette dans l'Ondaine, près de Firminy. — *Le Chaprès ou Bois-d'État* (cad.).

ÉCHARLET, f., c^ne de Sainte-Sigolène.

ÉCHERFONNETS, m. i., c^ne d'Yssingeaux. — *Écharfonnets* (cad.).

ÉCLACHES (LES), loc. détr., c^ne de Chomelix. — *Las Esclachas*, 1311 (Arch. nat., P. 1398¹, c. 650). — *Locus des Esclanches*, 1488 (hôtel-Dieu). — *Les Esclaches*, 1550 (P. Galien, n^re).

ÉCLUSE (L'), m. i., c^ne de Sainte-Sigolène.

ÉCORCHADE (L'), loc. détr., c^ne de Thoras. — *Mansus Escarçayrat*, 1307 (Thiolent). — *L'Escorchade*, 1564 (idem).

ÉCORCUÉ (L'), m. i., c^ne de Malvalette. — *Lescorchet* (cad.). — *L'Écorchet*, 1879 (carte adm.). — *L'Écorchat*, 1888 (Malègue).

ÉCOUTAY (L'), riv., prend sa source dans la c^ne de Marlhes (Loire), entre dans le département de la Haute-Loire, au nord de Pinet, c^ne de Saint-Romain-Lachalm, et se jette dans la Semène, près du moulin de Faridouaix, c^ne de Saint-Victor-Malescours. — *Aqua d'Escotay*, 1461 (Rhône, H. 1180). — *La riv. de Couteaux*, 1626 (vis. past. de J. de Serres). — *Écoutay*, XVIIIe s. (Cassini). — *Ruiss. de Cotey* ou *de la Rivallière* (cad.).

ÉCURLERIE (L'), écart, c^ne de la Chaise-Dieu. — *Territorium d'Auriola*, 1429 (la Chaise-Dieu, pré des Tourettes). — *Locus de la Curelarie*, 1493 (ibid.). — *Lecurlerie* (cad.). — *Écourlerie*, 1820 (dict. de Deribier). — *La Culerie*, 1855 (état-major).

EFFRUITS (LES), h., c^ne des Estables. — *Terra deltz Effrus*, 1224 (chartreuse de Bonnefoy). — *Mansus deus Esfrus*, 1263 (Monastier-Saint-Chaffre). — *Mansus deus Ufrutz*, 1344 (ibid.). — *Mansus de Fructibus*, 1526 (cad. du Monastier). — *Lous Uffructz*, 1534 (év.). — *Les Esfruitz*, 1634 (Arcis, n^le). — *Les Effruictz*, 1695 (capitation). — *Les Usufruitz*, 1761 (ét. civ.). — *Les Effruits*, XVIIIe s. (Cassini). — *Les Infruits*, 1820 (Deribier); — 1888 (carte adm.).

ÉGARDS (LES), m. i., c^ne de Lapte.

ÉGAUX (LES), h., c^ne de Freycenet-Lacuche. — *Ad Equales*, 1062 (cart. du Monastier, n° 232). — *Mansus deus Egals*, 1263 (Monastier-Saint-

Chaffre). — *Los Eguals*, 1344 (ibid.). — *Locus doux Eguaulx*, 1530 (Costavol, n^re). — *Les Egalz*, 1547 (Chaulet, n^re). — *Les Esgaux*, 1671 (év.). — *Les Eygaux*, 1820 (Deribier).

ÉGAUX (LES), l. détr., c^ne de Saint-Préjet-d'Allier. *Los Eguals*, 1377 (Lozère, G. 414).

ÉGLISE (L'), bois, c^nes de la Chapelle-Bertin et de Saint-Pal-de-Murs. — *Nemus dictum del Morgue*. 1285 (spic. Briv.).

ÉGLISE (L'), bois, c^ne de Saint-Julien-Chapteuil.

EMBLAVES, vill., c^ne de la Voûte-sur-Loire. — *Villa Emblavensis?* v. 940 (cart. du Monastier, n° 75). — *Amblaves*, 1535 (Chamblas).

ÉMILLEUX, vill., c^ne de Malvalette. — *Terra d'Umilheu* ou *du Milheu*, 1418 (Loire, A. 89, f° 156). — *Myliou*, 1420 (tabl. du Velay, 1877-78, 368). — *Mylio*, 1501 (obit. de Bas). — *Locus d'Umiliou*, 1519 (idem). — *Humiliou*, 1691 (idem).

EMPEYTEPAS, m^in sur la Borne orientale, c^ne de Céaux-d'Allègre. — 1759 (tabl. hist. du Velay, 1875-76, 215). — *Empetepas*, 1888 (carte adm.). — *Empeyta-Pas*, 1888 (Malègue).

ENCEINTE (L'), h., c^ne de Grazac. — *La Cenita, la Cinta*, v. 1100 (cart. de Cluny, ch. 3764). — *La Cincta*, v. 1100 (idem, ch. 3792, IX). — *La Saincte*, 1600 (Mme Leblanc). — *Pont-de-l'Enceinte*, 1888 (Malègue).

ENCHASTRADE (L'), h., c^ne de Roche-en-Régnier. — *Locus de l'Enchastrada*, 1399 (terrier du Bois). — *L'Euchastrade*, 1880 (carte adm.).

ENCLAVADES (LES), f., c^ne du Monastier.

ENFER (L'), écart, c^ne de Vergezac.

ENGOUYOUX (LES), vill., c^ne de Lanssonne. — *Terra de Ungeolis*, 857 (cart. du Monastier, n° 69). — *In villa quæ dicitur in termino de Engeolis*, v. 860 (idem, n° 70). — *Villa de Engeolis*, v. 960 (idem, n° 86). — *In arce de villa de Engeolis*, v. 1000 (idem, n° 199). — *Locus de Angoillis*, 1448 (Monastier). — *Angoyalx*, 1513 (Costavol, n^re). — *Angoyaulx*, 1561 (Savin, n^re). — *Les Engoyanx* (cad.). — *Les Engouyaux*, 1820 (Deribier).

ENJALAS (LES), écart, c^ne de Solignac-sur-Loire. — *Capella S. Petri de Sollempniaco*, 1238 (Saint-Vosy). — *Locus dictus Aux Enghalatz subtus castrum Sollempniaci*, 1441 (prieuré de Solignac). — *Capella S. Petri de Arenis*, 1464 (idem). — *Lous Enghelatz*, 1476 (terrier de Saint-Blaise). — *Vicaria S. Petri de Arenis extra castrum Solempniaci*, 1516 (Arch. nat., G. 8*, 1, f° 447 v°). — *Les Enjalatz*, 1579 (prieuré dè Solignac). — *Le lieu de Saint-Pierre des Anjallas*, 1643 (Robert, n^re).

ENJALATS (LES), l. dit, c^{ne} de Villeneuve-d'Allier. —
Los Engalatz, 1339 (Bibl. nat., ms. fr. 14377,
f° 189).

ENTREMONT, vill., c^{ne} de Saint-Laurent-Chabreuges.
— *In aice Brivatensi, in villa cui vocabulum est
Inter Montes*, 834 (cart. de Brioude, ch. 87). —
Antremons, 1281 (J. Lachenal, l'église de Brioude,
38). — *Entremons*, 1453 (terrier du fordoy. de
Brioude). — *Intermonts*, 1632 (coll. P. Le Blanc).
— *Entremontz*, 1669 (spic. Briv.).

ESBELIN, f., c^{ne} de Paulhaguet. — *Les Bellins*, 1543
(la Chaise-Dieu, Domeyrat). — *Esbellin*, 1612
(terrier de la Vaudieu).

ESCALIER, h., c^{ne} d'Aubazac. — *L'Eschaleyr*, 1379
(Arch. nat., Z². 4143, p. 52). — *Eschaliers*,
1576 (Arch. nat., Z². 56, p. 125). — *Les Challiers*, 1649 (Arch. nat., Z². 58).

ESCARCELLE (L'), mⁱⁿ sur la Gagne, c^{ne} de Cayres. —
Molendinum de Lescarcelle, mand. Godeti, 1528
(Saint-Vosy).

ESCHAMP, mont., c^{ne} de Mézères.

ESCLUXES, vill., c^{ne} de Saint-Maurice-de-Lignon. —
Locus de Escleuniis, Escleunis, Usclentiis, 1529
(terrier du Fraysse-Bas). — *Uscleynes*, xvi° s.
(obit. de Bauzac). — *Escleünes*, 1714 (cad. de
Vertamise). — *Exclunes*, 1820 (Deribier).

ESCLUZEL, vill., c^{ne} de Monistrol-d'Allier. — *Territorium dels Clusels*, 1298 (Thiolent). — *Locus de
Clusellis*, 1527 (A. Besseyre, n^{re}). — *Les Clusels*,
1684 (Thiolent). — *Lescluzel*, xviii° s. (Cassini).

ESCOGE, vill., c^{ne} d'Auzon. — *Escoguas*, v. 1250
(spic. Briv.).

ESCOMBALOUX, f., c^{ne} de Paulhaguet. — *Le lieu de
Combaloux*, 1612 (terrier de la Vaudieu). —
Scombalou, 1888 (carte adm.).

ESCORGE-CHAT, écart, c^{ne} de Champagnal. — *Es-
corche-Chats*, 1880 (cart. adm.).

ESCOTS (LES), bois, c^{ne} de Saint-Vénérand.

ESCOUBEYRE, l. détr., c^{ne} de Malrévers. — *Villa Es-
coborie*, 960 (cart. de Chamalières, n° 271). —
Villa Scobaretas, 1089 (Saint-Georges du Puy).
— *Scobeyras*, 1410 (Haute-Loire, E.).

ESCOUBEYRE (L'), ruiss. qui prend sa source près la
Blache, c^{ne} de Malrevers, et se joint à la Suissesse, vis-à-vis le mⁱⁿ de la Chèvre, c^{ne} de Beaulieu. — *Rivus d'Escobeyras*, 1345 (J. de Peyre,
n^{re}, reg. D., f° 19). — *Le ruiss. d'Escoubeyras*,
1597 (Galien, n^{re}). — *Le ruiss. de las Escobeyres*,
1714 (cad. de Laval-Emblavès). — *Ruiss. de
Courbeyre*, 1861 (état-major).

ESCOURGEAT (L'), affl. de la Prade, prend sa source
près de Bonnefont, c^{ne} de Chassagnes.

ESCROS, vill., c^{ne} de Chassignolles. — Autref. div.
en deux Mas. — *Mansus d'Escros-Ladreyt, Man-
sus d'Escros-lo-Versanh*, 1358 (spic. Briv.). —
Escroc, 1640 (lièvede Rilhac).

ESCUBLAC, vill., c^{re} de Saint-Haon. — *Escuplac*, 1256
(év.). — *Villa de Escupliac*, 1270 (hôtel-Dieu,
B. 145). — *Mansus de Scublaco præcentoris Anicii*, 1384 (Bibl. nat., ms. lat. 10003, f° 40). —
Estublac, 1408 (compois du Puy). — *Escublacum*, 1464 (Pratlavi, n^{re}). — *Scublac*, 1584
(M^{ce} Leblanc, n^{re}).

ESCUBLAS, f., c^{ne} d'Espaly-Saint-Marcel. — *Escubla*,
xviii° s. (Cassini).

ESCUBLAZET, h., c^{ne} de Saint-Haon. — *Escublaset*,
1541 (V. Brunel, n^{re}). — *Escublazet*, 1584
(M^{ce} Leblanc, n^{re}).

ESCURES (LES), loc. détr., c^{ne} de Léotoing. — 1520
(la Chaise-Dieu, Chambezon).

ESCUROUX, h. et mⁱⁿ sur l'Auze, c^{ue} d'Yssingeaux.

ESFACY, vill., c^{ne} de Mazerat-Aurouze. — *Fassis*,
v. 1260 (Arch. nat., J. 1031, n° 3). — *Fassy*,
1416 (la Chaise-Dieu, Mazerat-Aurouze). —
Mansus delz Fassis, 1416 (idem). — *Locus dos
Facys*, 1471 (idem). — *Les Fachis*, 1820 (Deribier).

ESPAGNAC, l. détr., près Bourleyre, c^{ne} de Chanteuges. — *Spanhac*, 1465 (Bibl. nat., ms. lat.,
n. acq., 1223, f° 218 v°). — *Mansus d'Espanhac*,
1475 (idem, 1224, f° 88).

ESPALADOUR, f., c^{ne} de Saint-Pierre-Eynac. — *Spalado*, 1472 (Lardeyrol). — *Spaladon*, 1488
(idem). — *Espaladon*, 1546 (Savin, n^{re}). —
Espanadou, 1633 (Barret, n^{re}).

ESPALE, h., c^{ne} de Saint-Christophe-sur-Dolaison. —
Espale, 1250 (Rhône, Marlhes, I, 1). — *Es-
palla*, 1309 (hôtel-Dieu, B. 162). — *Espala*,
1331 (J. de Peyre, n^{re}). — *Expaille*, 1587 (Sigaud, n^{re}).

ESPALEM, c^{on} de Blesle. — *In vicaria Hieriacensi,
villa Espelenco*, 920 (cart. de Brioude, ch. 287).
— *Ecclesia de Espalenco*, 1213 (Gall. chr., II,
instr., col. 130). — *Parochia d'Espalenc*, 1334
(Bibl. nat., ms. lat., 9084, n° 21). — *Espellent*,
1379 (compte de B. Flotenc). — *Espallenc*, 1401
(spic. Briv.). — *Espaleing*, xv° s. (Arch. nat.,
R^t. 1143*, n° 123). — *Espalenc*, xviii° s. (Cassini).

En 1789, Espalem faisait partie de la province
d'Auvergne, de l'élection et subdélégation de
Brioude et du ressort de Riom. Son église paroissiale, diocèse de Saint-Flour et archiprêtré de
Blesle, était sous l'invocation de Notre-Dame; le

chapitre collégial de Brioude présentait à la cure.

Espalem (L'), affl. de l'Allagnon au Bateau, c^ne de Léotoing, prend naissance à Espalem. — *Rivus de Lurlanges*, 1392 (Arch. nat., R^4. n° 1143*, n° 384).

Espaliou, chât. détr., c^ne de Vorey. — *Ispalidus*, 1097 (cart. de Chamalières, n° 12). — *Ispalius*, 1097 (*idem*, n° 13). — *Espeleu*, xiie s. (*idem*, n° 144). — *Castrum de Spaliou*, v. 1450 (Arch. nat., P. 1397², c. 582). — *Spalion*, 1474 (Arch. nat., P. 1362¹, c. 1019). — *Espaliou*, 1476 (Arch. nat., P. 1399¹, c. 792). — *Espallion*, 1486 (Arch. nat., P. 1397³, c. 624). — *Espalieu*, 1489 (Arch. nat., P. 1399², c. 805).

Espaly-Saint-Marcel, chât. détr., c^on nord-ouest du Puy. — *Espalede*, v. 990 (chr. S. Petri de Mon. Anic.). — *Spalatum*, 1088 (hôtel-Dieu, A. 1). — *Espale*, 1181 (hospit. du Velay). — *Castrum Spaleti*, 1256 (hôtel-Dieu, B. 140). — *Spali*, 1387 (év.). — *Espali*, 1393 (hôtel-Dieu, B. 227). — *Espally*, 1406 (chr. de Monstrelet). — *Ispaly lez le Puy*, 1424 (Arch. nat., P. 1402¹, c. 1239). — *Espaly lez le Puy, Espali, Yspaly*, 1425 (Bibl. nat., Clairambault, vol. 957, n°s 61, 63 et 65). — *Hispali*, 1620 (O. de Gissey). — *Hespaly* (SS. d'Auvergne, II, 440). — *Espailly*, 1693 (f. Théodore, 353). — *Expailly*, 1778 (F. de Saint-Fond, 337). — *Raisin*, 1793.

Patois : *Espari*.

En 1789, Espaly, qui était un fief appartenant à l'évêque du Puy, était compris dans la province du Velay, la subdélégation et sénéchaussée du Puy. Au spirituel il dépendait de la paroisse de Saint-Marcel.

Espeitavy, vill., c^ne de Couteuges. — *Mansus d'Espytaris*, 1387 (Arch. nat., Z². 4144, p. 255). — *Spetary*, xviiie s. (Cassini). — *Espétavit*, 1888 (carte adm.).

Espeluches, vill., c^ne de Saint-Hilaire. — *Espellucas*, v. 1011 (cart. de Brioude, ch. 33). — *Espeluchas*, 1358 (spic. Briv.).

Mine de mispickel, concédée le 4 nov. 1843.

Espérin (L'), affl. de la Seuge, c^ne de Saugues. — *Rivus del Esperenc*, 1499 (terrier de Thoras).

Espigoux (L'), f., c^ne de Tailhac. — *Les Pigols*, 1224 (cart. de Pébrac, n° 55). — *Mansus d'Espigol*, 1460 (Bibl. nat., lat., n. acq., 1222, f° 154 v°). — *Espigol*, 1486 (terrier de Tailhac). — *Lespigoux*, xviiie s. (Cassini).

Espinasse, vill., c^ne de Cayres. — *Espinassas*, 1210 (templiers du Puy). — *Spinassas*, 1383 (év.). — *Espinaces*, 1569 (Doleson, n^re).

Espinasse, h., c^ne de Malrevers. — *Lespinasse*, 1555 (cad. de Mercœur).

Espinasse, écart, c^ne de Monistrol-sur-Loire. — 1296 (homm. de l'év.). — *Espinasses*, 1552 (ress. de Montfaucon).

Espinasse, écart, c^ne de Saint-Pal-de-Mons. — *Espinassas*, 1314 (év.).

Espinasse, vill., c^ne de Salettes. — *Spinatium*, 870 (Chifflet, hist. de Tournus, 210). — *Spinassiæ*, 1377 (Saint-Mayol). — *Spinaciæ*, 1505 (Dompnin, n^re). — *L'Espinasse*, 1534 (év.). — *Espinasse*, 1665 (André, n^re).

Espinasse (L'), m. i., c^ne d'Araules. — *Lespinasse*, 1608 (cad. de Bonnas).

Espinasse (L'), m. i., c^ne de Laussonne.

Espinasse (L'), f., c^ne du Monastier.

Espinasse (L'), f., c^ne de Salzuit. — *Lespinasse*, 1888 (carte adm.).

Espinassolle, h., c^ne de Saint-Pal-de-Chalencon. — *Mansus d'Espinatzolas*, 1334 (Arch. nat., P. 493¹, c. 38). — *Pinasolles* (cad.).

Espitalet (L'), vill., c^ne de Siaugues-Saint-Romain. — *Hospitale de Limanias*, 1252 (Saint-Agrève). — *Lespital*, 1384 (Chamblas). — *Mansus de L'Ospital*, 1455 (Bibl. nat., ms. lat., n. acq., 1222, f° 26 v°). — *Prior capellæ B. Blasii de Lespitalet*, 1461 (idem, f° 186). — *Ecclesia B. Blasii de Lespital*, 1465 (idem, 1223, f° 216). — *L'Hospitallet*, 1561 (Savin, n^re).

Esplantas, c^on de Saugues. — *Castrum dels Plantats*, 1279 (Thiolent). — *Castrum de Plantatis*, 1285 (spic. Briv.). — *Castrum deux Plantatz*, 1364 (idem). — *Le lieu des Plantas*, 1465 (Bibl. nat., ms. lat., n. acq., 1223, f° 238).

En 1789, Esplantas, qui était un fief immédiat de la couronne, dépendait de la province et du bailliage de Gévaudan, et au spirituel du diocèse de Mende et de l'archiprêtré de Saugues.

Son église, fondée en 1476, sous le vocable de Notre-Dame, fut érigée en chapelle vicariale, le 22 mars 1826, et en succursale, le 3 juillet 1843.

Esplot, f., c^ne de Cerzat. — *Le lieu des Plotz*, 1612 (terrier de la Vaudieu). — *Les Plos*, 1625 (terrier du Chambon de Blau).

Esplot, h., c^ne de Saint-Austremoine. — *Esploctz*, 1613 (Mercurial). — *Les Plos*, 1692 (ét. civ.).

Essartades (Les), bois, c^ne de Mézères. — *Las Essartades*, 1553 (terrier de Liques).

Essialles (Les), h., c^ne de Mazerat-Aurouze. —

Aysselas, 1407 (la Chaise-Dieu, Mazerat-Aurouze). — *Aycellas*, 1416 (*idem*). — *Eyscalas*, 1471 (*idem*). — *Eysscales*, 1477 (*idem*). — *Heyseales*, 1498 (*idem*). — *Eycialles*, 1564 (*idem*). — *Les Essials*, 1888 (carte adm.).

Essognes (Les), f., cⁿᵉ de Saint-Didier-d'Allier.

Essognes (Les), m. i., cⁿᵉ de Saint-Julien-Chapteuil.

Estables, vill., cⁿᵉ de Félines. — *Stables*, 1404 (terrier de Chomelix).

Estables (Les), cᵒⁿ de Fay-le-Froid. — *Ecclesia Sancti Philiberti de Stabulis*, v. 1080 (cart. du Monastier, n° 239). — *Territorium delz Estables*, 1229 (Bonnefoy). — *Stabulas*, 1327 (doc. jud.). — *Capellania in ecclesia de Stabulis ad honorem B. Virginis Mariæ et B. Annæ*, 1450 (*idem*). — *Los Stables*, 1501 (Arcis, nʳᵉ). — *Locus de Estabilis*, 1528 (cad. du Monastier). — *Lous Estables*, 1534 (év.).

En 1789, les Estables était compris dans la province du Velay, la subdélégation et sénéchaussée du Puy. Son église paroissiale, diocèse du Puy et archiprêtré de Monistrol-sur-Loire, était dédiée à saint Philibert; l'abbé du Monastier en était collateur.

Estantot, écart, cⁿᵉ d'Auzon.

Estantot (L'), riv., prend sa source dans le département du Puy-de-Dôme, entre dans celui de la Haute-Loire par l'extrémité nord de la cⁿᵉ d'Auzon et se jette dans l'Allier en aval du mⁱⁿ d'Albine, cⁿᵉ de Vézézoux. — *Le Saint-Jean* (cad.). — *Lestande*, 1880 (carte adm.).

Estève, f., cⁿᵉ de Montregard. — 1556 (terrier de Montregard).

Estiou, écart, cⁿᵉ de Bessamorel. — *Territorium de Matussac*, 1359 (Rhône, H. 2632). — *Locus de Matussac, alias dictus d'Estiou*, 1451 (Rhône, H. 2633). — *Locus Stivi, locus de Estivo, Estieu*, 1457 (Rhône, Bessamorel).

Estival (L'), h., cⁿᵉ de Chassignolles.

Estival (L'), h., cⁿᵉ de Desges. — *Estival*, xiiᵉ s. (cart. de Pébrac, n° 46-6). — *Lestival-sur-Desghe*, 1555 (terrier d'Ant. de Chavanhac).

Estival (L'), vill., cⁿᵉ de Langeac. — *Lestiva*, 1356 (Arch. nat., Z¹. 54, p. 111). — *Mansus de Lestival sobre Jahont*, 1486 (terrier de Tailhac). — *Lestival*, 1511 (coust. d'Auv., f° 81 v°).

Estival (L'), l. détr., près la Narce, cⁿᵉ de Saint-Front. — *Locus qui dicitur Æstivalis, de Æstivalibus*, v. 970 (cart. du Monastier, n° 107). — *Villa Æstivalis*, v. 990 (*ibid.*, n° 152). — *Mansus de Lestival*, 1331 (cart. de Mazan). — *Les*

Estivaulx, le mas des Esquivaulx, le mas de Lesquival, 1646 (cad. de Bonnefont).

Estivareille, h., cⁿᵉ de Saint-Didier-sur-Doulon. — *Mansus d'Estivalelhas*, 1382 (Cumignat). — *Estivarel*, 1888 (carte adm.).

Estors (Le Mas-d'), f., cⁿᵉ de Croisance. — *Mansus dels Tors*, 1273 (Lozère, G. 412). — *Mansus dels Tortz*, 1276 (*idem*). — *Extors*, 1820 (Deribier). — *Estords*, 1888 (carte adm.).

Estrade (L'), f., cⁿᵉˢ de Beaune et de Saint-Georges-Lagricol. — *Estrata*, 1479 (Richon, nʳᵉ). — *L'Estrade*, 1587 (Mᶜᵉ Leblanc, nʳᵉ). — *Lestrade*, 1695 (capitation).

Estrade (L'), écart, cⁿᵉ de Freycenet-Lacuche. — *Strata*, 1255 (cart. du Monastier, app. n° 449).

Estrade (L'), h., cⁿᵉ de Loudes. — *Strata*, 1474 (Pratlavi, nʳᵉ).

Estrade (L'), écart, cⁿᵉ de Retournac. — *Villa quæ vocatur Strata*, 1213 (cart. de Chamalières, n° 330).

Estrade (L'), m. i., cⁿᵉ de Saint-Didier-sur-Doulon.

Estrade (L'), m. i., cⁿᵉ de Saint-Julien-du-Pinet.

Estradiers (Le Mas-des-), à Alleyras. — *Mansus deus Estradiers, qui est in villa d'Alairac*, 1253 (prieuré d'Alleyras).

Estreys (Les), vill., cⁿᵉ de Polignac. — *Los Estreitz*, 1226 (templiers du Puy). — *Mansus deus Estreytz*, 1304 (Saint-Georges du Puy). — *Strictus*, 1346 (J. de Peyre, nʳᵉ, reg. D, f° 101 v°). — *Loux Estrectz*, 1561 (Savin, nʳᵉ). — *Le lieu des Streitz*, 1587 (Sigaud, nʳᵉ).

Estublat, vill., cⁿᵉ de la Chapelle-Bertin. — *L'Estublat*, xviiiᵉ s. (Cassini).

Estublat, vill., cⁿᵉ de Monlet. — *Scupliat*, 1263 (Martène, thes. nov. anecd., I, 1119). — *Escublac*, 1323 (J. de Peyre, nʳᵉ, reg. A, f° 16). — *Escuplac*, 1345 (terrier de Pons de Céaux). — *Stublat*, xviiiᵉ s. (Cassini).

Estublat (L'), affl. de la Borne occidentale, cⁿᵉˢ de Monlet et d'Allègre.

Étampe, écart, cⁿᵉ de Monistrol-sur-Loire. — *Estampes*, 1691 (ét. civ.).

Étang (L'), ruiss., affl. de la Trinité, cⁿᵉ de Berbezit.

Étang (L'), m. i., cⁿᵉ de Montfaucon. — *Lestang*, 1869 (Malègue).

Étang (L'), h., cⁿᵉ de Raucoules. — *Lestang* (cad.).

Étang (Le Mas-de-l'), f. et mⁱⁿ sur l'Allier, cⁿᵉ de Saint-Christophe-d'Allier. — *Lestang*, 1820 (Deribier).

Étang (Moulin-de-l'), m^in, c^ne de Saint-Pal-de-Chalencon.

Étiennefy, m. i., c^ne de Saint-Julien-Molhesabate. — *Étienne-Fils*, 1869 (Malègue).

Étoile (L'), usine, c^ne de Dunières.

Eycenac, vill., c^ne de Saint-Christophe-sur-Dolaison. — *Ayssenac*, 1325 (J. de Peyre, n^rº). — *Eycenat*, 1386 (homm. de Solignac). — *Eycenacum*, 1499 (J. Boyer, n^rº). — *Eycenacium*, 1532 (Dompnin, n^rº). — *Eyssenac*, 1695 (cad. de Ceyssac).

Eygades (Les), m. i., c^ne de Queyrières.

Eygagères (Les), f., c^ne de Chadron. — *Les Aigageires*, xviiie s. (Cassini).

Eygoles (Les), vill., c^ne du Mas-de-Tence. — *Nemus de Gautz* (corr. *Gaulz*), 1276 (Gall. christ., XVI, instr., col. 255).

Eygrets (Les), f., c^ne du Mazet-Saint-Voy. — *Les Eyrauds*, 1888 (Malègue).

Eymarou (Moulin-d'), m^in sur la Lengouniole, c^ne de la Farre. — *Moulin-d'Aymaron*, xviiie s. (Cassini). — *Moulin-d'Eymaroux*, 1888 (carte adm.).

Eymeran, mont. boisée, c^ne de Mézères. — *Nemus del Meraly*, 1309 (év.). — *Nemus d'Esmeral*, 1344 (J. de Peyre, n^rº). — *Le buys d'Eymeral*, 1550 (Chamblas). — *Le buix d'Eymerail*, 1553 (terrier de Liques).

Eymourandes, écart, c^ne du Monastier. — *Morandes*, 1547 (Chaulet, n^rº). — *Le domaine des Mourandes*, 1680 (Surrel, n^rº). — *Les Morandes*, 1695 (capitation).

Eynac, chât. ruiné et h., c^ne de Saint-Pierre-Eynac. — *Aienac*, 1160 (hosp. du Velay). — *Ainac*, 1173 (lay. du tr. des ch., II, 105). — *Ainiacum*, 1181 (hospit. du Velay). — *Castellum de Aenac*, 1248 (Baluze, m. d'Auv., II, 67). — *Castrum de Aynaco*, 1248 (*idem*, II, 87). — *Einac*, 1256 (év.). — *Castrum d'Aynac*, 1285 (év.). — *Castrum d'Ayenac*, 1289 (év.). — *Ahenac*, 1313 (év.). — *Capella castri de Aynaco ad honorem B. Giraudi*, 1359 (cordeliers du Puy). — *Castrum de Aignaco*, 1408 (Baluze, mais. d'Auv., II, 343). — *Capella S. Gerauldi extra castrum d'Eynaco*, 1516 (Arch. nat., G⁸* 1, fº 438 vº). — *Le lieu d'Eynac*, 1542 (Savin, n^rº).

Eynac (Moulin-d'), m^in sur la Sumène, c^ne de Saint-Pierre-Eynac. — *Le Molin d'Eynac*, 1561 (Savin, n^rº).

Eyraud, f., c^ne des Estables.

Eyrauds (Les), f., c^ne du Chambon. — *Les Eyraras*, 1888 (Malègue).

Eyravas, vill., c^ne de Vorey. — *Ayravas*, 1314 (Arch. nat., P. 1398², c. 708). — *Eyravas*, 1316 (Arch. nat., P. 1398¹, c. 675).

Eyravazet (L'), ruiss., affl. de l'Arzon au moulin de Vassal, c^nes de Saint-Pierre-Duchamp et de Vorey.

Eyravazet, vill., c^ne de Vorey. — *Eyravaset*, 1507 (év.).

Eyres (Les), f., c^ne du Chambon. — *Las Eyras*, 1507 (év.). — *Las Heras*, 1616 (Rhône, H. 2153). — *Les Aires*, xviiie s. (Cassini). — *Dessayres*, 1820 (Deribier).

Eyssac, vill., c^ne de Sanssac-l'Église. — *Ayssac*, 1335 (J. de Peyre, n^rº). — *Ayssacum*, 1452 (Saint-Vosy). — *Eyssacum*, 1511 (J. Boyer, n^rº). — *Eyssac*, 1520 (Martel, n^rº).

F

Fabé, écart, c^ne de Lapte.

Fabre, f., c^ne d'Araules. — *Véfabre*, 1878 (carte adm.).

Fabre, m. i., c^ne de Saint-Pal-de-Mons.

Fabres (Les), loc. détr., c^ne de Mazeyrat-Crispinhac. — *Lemnegeol*, 1372 (homm. de Vissac). — *Lamnigol*, 1379 (*idem*). — *Mansus de Lampnigol*, 1465 (terr. de Vissac). — *Le lieu des Fabres, sive de Lampnighoulh*, 1495 (*idem*).

Fabres (Les), l. détr., c^ne de Tiranges. — *Mansus Fabrorum*, 1293 (Arch. nat., P. 491¹, c. 13).

Fabrique (La), m. i., c^ne de Saint-Jeure.

Fabrique (La), m. i., c^ne de Saint-Just-Malmont.

Fabrique (La), h., c^ne de Saint-Romain-Lachalm.

Faché (La), affl. de l'Allier, c^ne de Monistrol-d'Allier.

Fades (Pré-des-), lieu dit, c^ne de Monistrol-d'Allier. — *Pratum app. de las Fadas*, 1499 (chart. du Thiolent).

Fadesse, f., c^ne de Craponne-sur-Arzon. — xviiie s. (Cassini). — *Fadaise*, 1888 (Malègue).

Fage (La), h., c^ne de Lubilhac. — *Mansus de la*

Fagha, 1428 (Bibl. nat., ms. fr. 11490, f° 64). Mine d'antimoine abandonnée (Legrand d'Aussy, voy. d'Auv., II, 213).

Fage (La), h., c⁰ᵉ de Saint-Didier-sur-Doulon. — 1516 (Vals-le-Chastel). — *La Fay*, 1888 (carte adm.).

Fage (La), chât., cⁿᵉ de Saint-Étienne-sur-Blesle. — *Le Mas de la Faghe*, xvᵉ s. (Arch. nat., Rⁱᵐ. 1143, n° 159).

Fagelongue, loc. détr., cⁿᵉ de Saint-Préjet-d'Allier. — *Mansus de Fagha Longua*, 1499 (Thiolent).

Fageole (La), h., cⁿᵉ de Pinols. — *La Faiola*, 1350 (Arch. nat., Z². 54, p. 65).

Fageolle (La), vill., cⁿᵉ de Grèzes. — *Mansus de la Faiola*, 1274 (Lozère, G. 99). — *Mansus de la Fajola*, 1279 (Thiolent). — *Fajola*, 1301 (*idem*). — *Mansus de Faiola*, 1452 (J. Rocher, nʳᵉ).

Fagette (La), h., cⁿᵉ de Saint-Didier-sur-Doulon. — Autref. Haute et Basse. — *La Faghette-Basse*, 1520 (Vals-le-Chastel, invʳᵉ). — *La Faghette-Haulte*, 1523 (*idem*).

Fagette (La), h., cⁿᵉ de Saint-Paul-de-Tartas. — *La Fageta*, 1336 (Arch. nat., P. 1398², cote 669). — *Fageta*, 1464 (Ardèche, C. 569).

Fagette (La), vill., cⁿᵉ de Thoras. — *Fageta*, 1259 (Thiolent). — *La Fageta*, 1279 (*idem*).

Fagette (La), h., cⁿᵉ de Venteuges. — *La Fajeta*, 1234 (cart. de Pébrac, n° 63). — *La Fageta*, 1323 (J. de Peyre, nʳᵉ). — *La Fagete*, xvᵉ s. (Bibl. nat., fr., 22297, 69). — *Lafagette*, 1888 (Malègue).

Fagouri (Moulin-de-), mⁱⁿ sur la Conque, cⁿᵉ de Sanssac-l'Église.

Faillouse (La), mⁱⁿ, cⁿᵉ de Saint-Privat-du-Dragon.

Fajolette (La), h., cⁿᵉ de Thoras. — Autrefois divisée en Haute et Basse. — *Mansus de la Fagoleta Soteyrana*, 1275 (Thiolent). — *Mansus de la Fagoleta Sobeyrana*, 1279 (*idem*).

Falzet (Le), h., cⁿᵉ de Chanaleilles. — *Mansus de Felzet*, 1274 (Lozère, G., 99). — *Mansus de Felzeto*, 1301 (Thiolent). — *Falzetum*, 1526 (A. Besseyre, nʳᵉ). — *Falzels*, 1888 (carte adm.).

Fangeat (Le), écart, cⁿᵉ de Saint-Just-Malmont. — *Lo Fangat*, 1397 (Haute-Loire, E.).

Fangères (Les), lieu dit, cⁿᵉ de Pradelles. — *Fangeriœ*, 1345 (Rhône, E. 8); — 1778 (Faujas de Saint-Fond, 379).

Fanges (Les), m. i., cⁿᵉ du Chambon.

Fanges (Les), m. i., cⁿᵉ de Saint-Victor-Malescours.

Fanges (Les), ruiss., affl. de la Semène, cⁿᵉ de Saint-Victor-Malescours.

Fanget, m. i., cⁿᵉ de Lapte. — *Fangette*, 1820 (Deribier).

Fanget (Le), f., cⁿᵉ de Saint-Bonnet-le-Froid. — *Lo Fanget*, 1465 (Rivière, nʳᵉ).

Fanguet (Le), f., cⁿᵉ de Pinols. — *Lo Fanguet*, 1474 (Bibl. nat., ms. lat., n. acq., 1224, f° 71).

Farette (La), montic. à l'ouest de la Villette, cⁿᵉ de Saint-Paul-de-Tartas. — Grottes à galeries creusées de main d'homme.

Farge, h., cⁿᵉ de Saint-Étienne-sur-Blesle. — *Faurghas*, 1306 (terr. de Blesle). — *Forge*, xviiiᵉ s. (Cassini).

Farge (La), h., cⁿᵉ de Chomelix. — *Locus vocatus a la Fargia prope pontem Arlenches*, 1339 (hôtel-Dieu). — *Fabrica*, 1404 (terrier de Chomelix). — *La Fargha*, 1548 (P. Gallien, nʳᵉ). — *Lafarge*, 1888 (Malègue).

Fargeon, m. i., cⁿᵉ de Sainte-Sigolène.

Farges, dom., cⁿᵉ de Coubon. — *In pago Vellaico, in arce (aice) Aniciense, villœ quœ dicuntur Deumas seu Fabricas*, v. 889 (cart. du Monastier, n° 67).

Farges, vill., cⁿᵉ de Saint-Georges-Lagricol.

Farges, l. détr., cⁿᵉ de Saint-Pal-de-Mons. — *Apendaria de Farias*, 1275 (spic. Briv.).

Farges, vill., cⁿᵉ de Siaugues-Saint-Romain. — *In Fabricas*, 888 (cart. de Brioude, ch. 38). — *Fabricas, in vicaria Cantilianico* (*idem*, table, xl). — *Locus de Fargiis in Alvernha*, 1390 (spic. Briv.). — *Mansus de las Farghas*, 1455 (Bibl. nat., ms. lat., n. acq., 1222, f° 14). — *Farghas*, 1459 (*idem*, f° 126 v°). — *Faurges*, 1525 (terrier du Cluzel). — *Farges*, 1669 (spic. Briv.).

Farges (Les), h., cⁿᵉ d'Arlet. — *Las Faurghas*, 1364 (Arch. nat., Z². 54, p. 172).

Farges (Les), m. i., cⁿᵉ de Josat. — *Les Fages* (cad.).

Farges (Les), loc. détr., cⁿᵉ de Saint-Vert. — *Mansus de las Farias*, 1291 (spic. Briv.).

Farges (Les), h., cⁿᵉ de Tailhac. — *La mesterie app. des Farges, alias du Segalier*, 1555 (terrier d'Ant. de Chavanhac).

Farges (Moulin-des-), mⁱⁿ, cⁿᵉ de la Chapelle-Bertin.

Farges (Porte et rue des), au Puy. — *Portale de las Farghas*, 1255 (Médicis, I, 191). — *Las Farias*, 1298 (terr. de Saint-Mayol). — *La rue des Forghes*, 1513 (Médicis, I, 155).

Fargette, h., cⁿᵉ d'Auteyrac. — *Mansus de Fargetas*, 1461 (Bibl. nat., ms. lat., n. acq., 1223, f° 17). — *Farghetas*, 1523 (Arch. nat., Q. 513, f° 212).

Fargette (La), loc. détr., cⁿᵉ de Saint-Préjet-d'Allier. — *Boria sive pagesia vulg. dicta la Fargeta*, 1469 (Thiolent). — *Fargeta*, 1526 (A. Besseyre, nʳᵉ).

Faridouaix, mⁱⁿ, cⁿᵉ de Saint-Victor-Malescours. —

Le molin de Faridoie ou *Faridoue*, 1569 (terrier de Saint-Didier). — *Faridoix* (cad.). — *Faridoï*, 1888 (Malègue).

Farigoules, vill., c^ne de Bains. — *Fauregolas*, 996 (cart. du Monastier, n° 141). — *Faurigolas*, 1335 (J. de Peyre, n^re). — *Fourigolas*, 1408 (compois du Puy). — *Fourigolles*, 1587 (Sigaud, n^re). — *Faurigolles*, 1633 (Barret, n^re).

Farinaud, m. i., c^ne de Taulhac.

Farnier, m. de camp. et f., c^nes de Brives-Charensac et d'Ours-Mons. — *Villa de Chassende*, XIIIe s. (Saint-Georges du Puy). — *La metterie de feu sire Claude Farnier*, 1614 (Duclaux, n^re). — *La metterie de Chassende*, 1621 (Brunel, n^re). — *Fernier*, XVIIIe s. (Cassini).

Farouil, lieu dit, c^ne de Rosières. — *Villa de Serroilz*, 1165 (cart. de Chamalières, n° 82).

Farre (La), écart., c^ne de Blesle.

Farre (La), mont. et écart, c^ne de Cussac. — *Le Pied de la Farre*, 1808 (ét. des succurs.). — *Le Pey de la Farre*, 1879 (aff. jud.). — *Lafarre*, 1888 (Malègue).

Farre (La), c^on de Pradelles. — *Illa Fara*, 870 (Chifflet, hist. de Tournus, 210). — *Oppidum quod Fara appellatur*, xe s. (A. SS. O. S. B., sæc. IV, pars I, 564; Juénin, hist. de Tournus, pr., 173). — *Castrum quod dicitur la Fara*, v. 1033 (chron. S. Petri de Mon. Anic.). — *Prioratus de Fara*, 1516 (Arch. nat., G. 8*, 1, f° 283 v°). — *La paroisse de S. Artème de la Fare*, 1751 (tabl. du Velay, 1875-76, 243). — *Lafarre*, 1888 (carte adm.).

En 1789, la Farre était comprise dans la province du Vivarais et le bailliage de Villeneuve-de-Berg. Son église paroissiale, diocèse de Viviers et archiprêtré de Sablières, était consacrée à saint Arthème.

Farreyre, vill., c^ne de Chastel. — *Ferreyres*, v. 1460 (spic. Briv.).

Farreyre, h., c^ne de Mazerat-Aurouze. — *Fereoire*, XVIIIe s. (Cassini). — *Farrayre*, 1888 (carte adm.).

Farreyre, écart, c^ne de Montregard.

Farreyre, h., c^ne de Vorey. — *Tenem. de Longua Rieieyra*, 1311 (Arch. nat., P. 1399^1, c. 783). — *Longue*, 1695 (capitation). — *Long*, XVIIIe s. (Cassini). — *Ferreire*, 1880 (carte adm.).

Farreynolles, vill., c^ne de Sanssac-l'Église. — *Ferrayrolas*, 1343 (J. de Peyre, n^re). — *Farreyrolæ*, 1502 (J. Boyer, n^re).

Farreyrolles, vill., c^ne de Léotoing. — *Locus Fareyrolas*, 924 (Baluze, mais. d'Auv., II, 26). — *Villa de Ferreirolas; præceptor de Ferreyrolas*, 1295 (spic. Briv.). — *La chastellenie de la commanderie du Tempel* (Temple), 1511 (coust. d'Auv., f° 81). — *Farreyrolles*, 1520 (la Chaise-Dieu, Chambezon).

Maison du Temple, qui passa aux Hospitaliers en 1313 et devint, à la réorganisation des commanderies de l'Ordre de Saint-Jean-de-Jérusalem, membre de la commanderie de Courteserre (Puy-de-Dôme).

Fary, m. i., c^ne de Tiranges.

Fatou (Moulin-de-), m^in sur la Loire, c^ne de Solignac-sur-Loire.

Fattes (Les), ruiss., affl. de la Loire au sud-ouest d'Onzillon, c^ne de Chadron, prend naissance dans la commune de Saint-Martin-de-Fugères.

Fau (Le), vill., c^ne de Cistrières. — *Lo Fau*, 1316 (la Chaise-Dieu, Saint-Allyre). — *Le Faud* (cad.). — *Le Fau-Montchau*, 1820 (Deribier).

Fau (Le), h., c^ne de Saint-Christophe-d'Allier. — *Mansus del Fau*, 1323 (J. de Peyre, n^re). — *Locus de Favo*, 1457 (J. Rocher, n^re).

Fau (Le), vill., c^ne de Saint-Just-Malmont. — *Locus dal Fau*, 1355 (Haute-Loire, E.). — *Fagus Volesi*, 1397 (*idem*). — *Fagus Voloza*, 1509 (coll. Chaleyer). — *Le Petit-Fau*, 1552 (*idem*). — *Le Fau-Voloux*, 1591 (*id.*). — *Les Faux* (cad.).

Faubouchard, m. i., c^ne du Chambon. — *Fontbouchard*, 1888 (Malègue).

Fauchers (Les), h., c^ne de Chomelix. — *Grangia Thomæ Foucherii prope Chalmelhis*, 1311 (Arch. nat., P. 1398^1, cote 650). — *Codercum deus Fonchiers, deus Fouchiers, deus Fociers, deus Fossiers*, 1343 (Arch. nat., P. 1398^1, cote 641).

Fauchers (Les), loc. détr., c^ne de Saint-Préjet-Armandon. — *Mansus des Fauchiers*, 1464 (Bibl. nat., ms. lat., n. acq., 1223, f° 157 v°).

Faucon, h., c^ne de Saint-Ilpize. — *Le Faulcon*, 1612 (terrier de la Vaudieu).

Faucons (Les), f., c^ne du Mazet-Saint-Voy.

Faucony, f., c^ne de Freycenet-Lacuche. — 1321 (Vaissete, hist. gén. de Lang., VIII, 1921). — *Mansus del Falcoy*, 1528 (cad. du Monastier). — *Le Falcoy*, 1547 (Chaulet, n^re). — *Faucouy*, 1671 (év.). — *Falcouy*, 1785 (Th. Julien, n^re). — *Faucony*, 1880 (carte adm.).

Faucony, f., c^ne de Saint-Arcons-de-Barges.

Fau-Escure, bois, près Jaurence, c^ne de Saint-Julien-du-Pinet. — *Nemus de Faya Escura*, 1451 (cart. de Mazan, f° 52). — *Fau-Escure*, 1603 (cad. de Glavenas).

Faugeas (Les), bois, c^ne de la Besseyre-Saint-Mary.

Faugères, f., c^ne de Saint-Géron. — *In aice Brivatensi,*

in villa cujus nomen est Felgerias, 886 (cart. de Brioude, ch. 240). — *Homines de Folgeras*, 1291 (spic. Briv.). — *Falgeyres, Falgeras*, 1445 (terr. de Faugères). — *Faugère* (cad.).

FAUGÈNES, dom., c⁰ᵉ de Vals-près-le-Puy.

FAUGERET, h., c⁰ᵉ de Tence.

FAUGERS, l. détr., c⁰ᵉ de Chanaleilles. — *Mansus de Faugers*, 1274 (Lozère, G. 99).

FAURE, m. i., c⁰ᵉ d'Aurec.

FAURE, écart, c⁰ᵉ de Coubon.

FAURE, f., c⁰ᵉ des Estables. — *Le Mas de Faure*, 1783 (ét. civ.).

FAURE-DU-PRÉ (LE), f., c⁰ᵉ de Saint-Bonnet-le-Froid. — *Le Fort-du-Pré*, 1879 (carte adm.).

FAURESSON, m. i., c⁰ᵉ de Saint-Jeure. — *Le Fourzon*, 1869 (Malègue). — *Faurison*, 1880 (carte adm.).

FAURIE (LA), ruiss. qui naît c⁰ᵉ de Céaux-d'Allègre et afflue au Bourbouillou, en aval de Pinaton, c⁰ᵉ de Bellevue-la-Montagne.

FAURIE (LA), h., c⁰ᵉ de Connangles. — *Mansus de la Fauria*, 1462 (la Chaise-Dieu, Connangles).

FAURIE (LA), f., c⁰ᵉ de Montregard. — *La Fauria*, 1320 (cart. de Mazan, f⁰ 138 v⁰).

FAURIE (LA), vill., c⁰ᵉ de Saint-Maurice-de-Lignon. — *Villa quæ vocatur Fabrigas*, 1079 (cart. de Cluny, ch. 3545). — *La Faurie*, 1695 (capitation). — *Lafaurie*, 1888 (Malègue).

FAURIE (MOULIN-DE-), m¹ⁿ sur le Lignon, c⁰ᵉ de Fay-le-Froid.

FAURIES, h., c⁰ᵉ d'Araules. — *Faurias*, 1608 (cad. de Bonnas). — *Faurites*, XVIIIᵉ s. (Cassini).

FAURIES, f., c⁰ᵉ de Dunières. — *Faurias*, 1465 (Rivière, n°°). — *Locus de Fauriis*, 1579 (Rhône, D. 183). — *Faurie*, 1888 (Malègue).

FAURIES, h., c⁰ᵉ de Malrevers. — *Villa Fabricas, quæ est vicina de villa Amblarense*, v. 940 (cart. du Monastier, n° 75). — *Le lieu de Bonnet aultrement de Faurias*, 1582 (Chamblas).

FAURIES, vill., c⁰ᵉ du Mazet-Saint-Voy. — *Faurias prope Bonas*, 1256 (év.). — *Faurias*, 1507 (év.).

FAURIES, f., c⁰ᵉ de Saint-Front. — *Villa de Faurias*, v. 1080 (cart. du Monastier, n° 28). — *Grangia de Faurios*, v. 1343 (idem, app., n° 452). — *La Fauria, las Faurias*, 1344 (Monastier). — *Faurias*, 1529 (Costaval, n°°).

FAURIETTES, f., c⁰ᵉ de Saint-Front. — *Villa de Fauritos*, v. 1080 (cart. du Monastier, n° 28). — *Faurietas*, 1526 (cad. du Monastier).

FAURIETTES (LES), h., c⁰ᵉ de Saint-Jeure. — *Faurites*, XVIIIᵉ s. (Cassini).

FAURON, m. i., c⁰ᵉ d'Yssingeaux.

FAURON (MOULIN-DU-), m¹ⁿ sur le Bouchas, c⁰ᵉ de

Saint-Hostien. — *Le Molin-del-Faure*, 1653 (Lardeyrol).

FAUSSEMAGNE, h., c⁰ᵉ de Champclause. — *Falsimanias*, 1263 (hospit. du Velay). — *La Faulsimainhe*, 1569 (A. Boyer, n°°). — *Faussimanhe*, 1695 (capitation). — *Faussimagnes*, XVIIIᵉ s. (Cassini). — *Faussimagne*, 1888 (carte adm.).

FAUVET, m. i., c⁰ᵉ de Lapte. — *Fourel*, 1695 (capitation).

FAUVET (LE), f., c⁰ᵉ d'Yssingeaux.

FAUVINIÈRE (LA), écart, c⁰ᵉ de Saint-Victor-Malescours. — *La Fovyneyre, la Fourinière*, 1563 (terrier de Saint-Didier). — *Lafovinière*, 1820 (Deribier).

FAVAL (LE), bois, c⁰ᵉ de la Besseyre-Saint-Mary. — *Nemus voc. del Favenc*, 1476 (Bibl. nat., ms. lat., n. acq., 1234, f⁰ 134 v⁰).

FAUX (LES), f., c⁰ᵉ de Chaudeyrolles. — *Le Fau*, 1888 (Malègue).

FAUX (LES), h., c⁰ᵉ de Collat.

FAUX (LES), vill., c⁰ᵉ de Connangles. — *Mansus deus Faus*, 1358 (la Chaise-Dieu, Connangles). — *Les Faulx*, 1407 (idem, Mazerat-Aurouze). — *Le Faux*, 1888 (carte adm.).

FAUX (LE), vill., c⁰ᵉ de Mézères. — *Ad Salicem*, 1213 (cart. de Chamalières, n° 329). — *Lo Fau*, 1309 (év.). — *Locus de Fagu*, 1453 (Pradier, n°°).

FAUX (LES), f., c⁰ᵉ de Saint-Romain-Lachalm. — *Lo Fayard*, 1846 (nom. des postes).

FAUX (LES GRANDS-), vill., c⁰ᵉ de Saint-Just-Malmont. — *Le Grand-Fau*, 1569 (terrier de Saint-Didier).

FAVENS (LES), bois, c⁰ᵉ de Chanaleilles.

FAVERGE (MOULIN-DE-), m¹ⁿ sur l'Andrable, c⁰ᵉ de Boisset.

FAVET (LE), l. détr., c⁰ᵉ de la Chapelle-Geneste. — *Mansus del Feu*, 1298 (la Chaise-Dieu, la Chapelle-Geneste). — *Mansus de Faveto*, 1373 (ibid.). — *Lo Favet*, 1416 (ibid.).

FAVET (LE), vill. c⁰ᵉ de Félines. — *Favus*, v. 1040 (cart. de Chamalières, n° 246). — *Mansus del Favet*, 1460 (la Chaise-Dieu, doyenné).

FAVEYROLLES, vill., c⁰ᵉ de Chassagnes. — *Vavalriolas* (Favairiolas), v. 888 (cart. de Brioude, ch. 11). — *Favairiolas*, 1091 (spic. Briv.). — *Favayroles*, v. 1260 (Arch. nat., J. 1031, n° 2). — *Faveyrolas*, 1464 (Bibl. nat., ms. lat., n. acq., 1223, f⁰ 158 v⁰).

FAVIN (LE), écart, c⁰ᵉ de Berbezit.

FAVIN (LE), bois, c⁰ᵉ de Ferrussac.

FAY, vill. c⁰ᵉ de Bains. — *Faiet*, 1177 (hôtel-Dieu, B. 298). — *Fayet*, 1236 (templiers du Puy). — *Faet*, 1271 (la Chaise-Dieu, Saint-Rémy). — *Fayetum*, 1335 (J. de Peyre, n°°). — *Fayt*, XVIIIᵉ s.

Fay, 1820 (Derihier). — *Fay-la-Vaisse*, 1879 (aff. jud.).

Domaine noble mouvant en fief du duché d'Auvergne, 1670 (Arch. nat., P. 502, cote 23).

Fay, f., c^ne de Raucoules.

Fay, m. i., c^ne de Tiranges.

Fay (Le), m. i., c^ne d'Yssingeaux.

Fayard, f., c^ne de Chaudeyrolles.

Fayard, h., c^ne de Raucoules.

Fayard (Le), écart, c^ne de Montregard.

Fayard (Le), écart, c^ne de Saint-Didier-la-Séauve. — *Le Fayatz*, 1569 (terrier de Saint-Didier de Joyeuse). — *Le Fayat*, xviiie s. (Cassini).

Fayards (Les), ruiss., affl. du Bouchas, c^ne de Saint-Hostien.

Fayat (Le), h., c^ne de Rosières. — *Lo Faya*, 1479 (Richon, n^re). — *Lo Fayaa*, 1507 (év.). — *Faya*, 1628 (Duclaux, n^re).

Faye (La), h., c^ne d'Aurec.

Faye (La), vill., c^ne de Boisset. — *La Faya*, 1293 (Arch. nat., P. 491^1, cote 13). — *La Faye*, 1540 (terrier de Saint-Pal). — *Lafaye*, 1888 (Malègue).

Faye (La), h., c^ne du Chambon. — *Lafaye*, 1888 (Malègue).

Faye (La), bois, c^ne de Ferrussac.

Faye (La), bois, c^ne de Fix-Saint-Geneys.

Faye (La), l. détr. aujourd'hui bois, c^ne de Freycenet-Lacuche. — *Ad illa Faia*, v. 970 (cart. du Monastier, n° 87). — *Villa de Fagia*, xie s. (*id.*, app., n° 432).

Faye (La), fief, à Landos. — (Anc. mandement de Landos.) — *La Faia*, 1248 (Rhône, la Sauvetat, I, 2). — *La Faya de Landoas*, 1285 (*idem*, I, 6). — *La Faya*, 1506 (Médicis, II, 303).

Faye (La), écart, c^ne de Polignac, 1572 (A. Boyer, n^re).

Faye (La), loc. détr., entre Bonnefont et les Coufours, c^ne de Saint-Front. — *Villa de Faia*, v. 1080 (cart. du Monastier, n°s 34 et 360). — *La Faye*, 1646 (cad. de Bonnefont).

Faie (La), m. i., c^ne de Saint-Julien-Molhesabate. — *Les Fayes* (cad.).

Faye (La), écart, c^ne de Saint-Maurice-de-Lignon. — *La Faya*, 1312 (év.). — *Lafaye*, 1888 (Malègue).

Faye (La), ruiss., affl. de l'Allier, c^nes de Saint-Privat-d'Allier et de Saint-Didier-d'Allier. — *Le Rouchoux* (cad.).

Faye (La), f., c^ne de Saint-Vert.

Faye (La), mont. près Concis, c^ne de Solignac-sur-Loire. — *Le suc, aultrement garde, app. la Faye*, 1606 (Robert, n^re).

Faye (La), h., c^er des Vastres. — *Mansus de Faya*, 1464 (Ardèche, C. 624). — *La Faye*, 1673 (ét. civ.). — *Lafaye*, 1888 (Malègue).

Faye (La), m. i., c^ne de Vielprat. — *Lafaye*, 1888 (Malègue).

Faye (La), bois, c^ne de Vorey. — *Nemus vulg. app. del Chambo et antiquo tempore appellabatur de la Faya*, 1331 (Arch. nat., P. 1397^2, c. 587).

Faye (La), écart, c^ne d'Yssingeaux. — *La Faya*, 1515 (terrier des Bordes). — *La Faye*, 1548 (terrier de Verchières). — *Las Fayas*, 1615 (terrier de Saussac).

Faye (Moulin-de-la), m^lin sur le Vignon, c^ne de Saint-Vert.

Faye-Basse (La), h., c^ne de Saint-Julien-Chapteuil.

Faye-Bourret (La), h., c^nes de Saint-Pal-de-Mons et de Saint-Romain-Lachalm, 1285 (homm. de l'év.). — *Faya Borrelli*, 1328 (coll. Chaleyer). — *La Faye-Bourrel*, 1569 (terrier de Saint-Didier).

Faye-Haute (La), vill., c^ne de Saint-Julien-Chapteuil. — *Villa quæ dicitur Fageta superior*, v. 1022 (cart. du Monastier, n° 214). — *Mansus de la Faya*, 1310 (Saint-Agrève).

Faye-Leygras (La), vill., c^ne de Saint-Romain-Lachalm. — *Mansus de Faya Monzil*, 1339 (coll. Chaleyer). — *La Faya Monsial*, 1461 (Rhône, H. 1180). — *La Faye-Leygras, jadiz appellée la Faye-Montzial*, 1564 (terrier de Saint-Didier). — *La Faye-les-Gras*, 1879 (carte adm.). — *Lafaye*, 1888 (Malègue).

Fayes (Les), ruiss., affl. de la Dunière, c^ne de Dunières.

Fayes (Les), h., c^ne du Mas-de-Tence. — *Homines de las Fayas*, 1276 (Gall. christ., XVI, instr., col. 258). — *Fayias*, 1320 (cart. de Mazan, f° 138 v°). — *Faiæ*, 1410 (cart. de Tence, f° 10 v°).

Fayes (Les), h., c^ne de Raucoules.

Fayette (La), h., c^ne du Chambon.

Fayette (La), f., c^ne de Lubilhac.

Fayette (La), h., c^ne de Montregard.

Fayette (La), vill., c^ne de Saint-Ferréol-d'Auroure. — *Domus voc. la Fayeta*, 1317 (Arch. nat., P. 1400^3, cote 990). — *La Faeta*, 1336 (Arch. nat., P. 492^2, cote 136). — *Lafayette*, 1888 (Malègue).

Fayette (La), f. ruinée, c^ne de Saint-Paul-de-Tartas.

Fayette (La), h., c^ne de Saint-Victor-Malescours.

Fayette (La), vill., c^ne d'Yssingeaux. — *Villa quæ dicitur Fajeta, in pago Vellaico, in arce (aice) Issingaudensi*, v. 1000 (cart. du Monastier, n° 192). — *Villa quæ dicitur de Fageta, in vicaria de Issingaudo*, v. 1000 (*idem*, n° 206). — *Villa quæ vocatur Fageta prope castrum Sexagum*, 1079 (cart. de Cluny, ch. 3543). — *La Fayeta*, 1451 (Rhône, H. 2633). — *Lafayette*, 1888 (Malègue).

Fayette (Ravin-de-la), affl. du Pissis, c⁰ᵉ de Monistrol-d'Allier.

Fay-la-Trioulèyre, vill., c⁰ᵉ de Saint-Germain-Laprade. — *Faiet*, 1216 (abb. de Doue). — *Villa de Faeto*, 1285 (Saint-Georges du Puy). — *Fayetum*, 1290 (*idem*). — *Faet*, 1305 (*idem*). — *Fahetum*, 1313 (év.). — *Fayet*, 1417 (Saint-Georges du Puy). — *Fayt-la-Theuleyre*, 1574 (A. Boyer, nʳᵉ). — *Fayt-la-Tuyllière*, 1611 (Duclaux, nʳᵉ). — *Fay-la-Teulière*, 1720 (Saugrain). — *Fay-la-Trioulière*, xviiiᵉ s. (Cassini).

Fay-le-Froid, arrond. du Puy. — *Consularis de Faino*, 1097 (cart. du Monastier, n° 243). — *Fays*, 1100 (cart. Piper., n° 14 et 15). — *Mandamentum de Fayno*, xᵉ s. (cart. du Monastier, n° 360). — *Ecclesia de Fai*, 1119 (Chifflet, hist. de Tournus, 402). — *Capellanus de Fagino*, v. 1180 (cart. du Monastier, n° 464). — *Mensura Faynesa*, 1321 (hospit. du Velay). — *Chasteau de Fay*, 1375 (Baluze, mais. d'Auv., II, 214). — *Fain*, 1552 (Ménard, hist. de Nîmes, IV, pr. 210); — 1574 (Haute-Loire, C.). — *Fay-le-Freit*, 1602 (A. Robert, nʳᵉ). — *Fayt-en-Montanhe*, 1610 (*idem*). — *Fayt-le-Froit-aux-Montaignes*, 1612 (*idem*). — *Fayt*, 1638 (A. Jacmon, 134). — *Fabia*, 1675 (Hadr. de Valois, not. Gall., 590). — *Fay-en-l'Election*, 1720 (Saugrain). — *Fay-Saint-Nicolas*, 1824 (Deribier, stat., 258).

En 1789, Fay-le-Froid appartenait à la province du Vivarais et au bailliage de Villeneuve-de-Berg. Son église paroissiale, diocèse de Viviers et archiprêtré de Boutières, était consacrée à saint Nicolas.

Faynel, f., c⁰ᵉ de Saint-Pierre-Eynac.

Fayolette (La), écart, c⁰ᵉ de Saint-Romain-Lachalm. — *La Fayollette*, 1615 (Rhône, D. 185). — *Lafayollette*, 1888 (Malègue).

Fayolle, f., c⁰ᵉ de Lantriac.

Fayolle (La), vill. et bois, c⁰ᵉ de Chamalières. — *Boscus de Faiola*, v. 1087 (cart. de Chamalières, n° 26). — *La Faiola*, 1176 (*idem*, n° 175).

Fayolle (La), f., c⁰ᵉ du Chambon. — *Lafayolle*, 1888 (Malègue).

Fayolle (La), f., c⁰ᵉ de Montregard. — *La Fayola*, 1465 (Rivière, nʳᵉ). — *La Fayole*, 1556 (terrier de Montregard).

Fayolle (La), f., c⁰ᵉ de Saint-Front. — *Les Fayolles*, 1888 (carte adm.).

Fayolle (La), h., c⁰ᵉ de Saint-Pal-de-Mons. — *La Fayola*, 1314 (év.). — *La Fayolle*, 1553 (Rhône, D. 185). — *Lafayolle*, 1888 (Malègue).

Fayolle (La), loc. détr., c⁰ᵉ de Saint-Préjet-Armandon. — *Lo Mas de la Fayola*, 1341 (terrier de Charbonnier).

Fayolle (La), f., c⁰ᵉ de Salettes.

Fayolle (La), h., c⁰ᵉ de Sembadel. — *Mansus de la Fayola*, 1298 (la Chaise-Dieu, la Chapelle-Geneste). — *La Fayolle*, 1561 (J. Chalvon, nʳᵉ).

Fayolle (La), f., c⁰ᵉ d'Yssingeaux.

Fayon, f., c⁰ᵉ de Champclause.

Faypau, dom., c⁰ᵉˢ de Lantriac et de Laussonne. — *Villa Che a payco sive Fay pau*, v. 970 (cart. du Monastier, n° 102). — *Fay pauc*, 1448 (Monastier-Saint-Chaffre). — *Feypau*, xviiiᵉ s. (Cassini). — *Feypot*, 1890 (aff. jud.).

Féaux-des-Aulagnières (Les), m. i., c⁰ᵉ de Dunières.

Fedon, f., c⁰ᵉ de Sainte-Sigolène.

Fées (Grotte des), dans le ravin de la Forêt, c⁰ᵉ de Chassignolles.

Fées (Les Pierres des), dolmen près Rougeac, c⁰ᵉ de Saint-Éble. — *Las Peyras dey las Fadas*, 1857 (Lagrave, hist. de Langeac, 116).

Fées (Tuiles des), dolmen, c⁰ᵉ de Taillhac. — *Territ. de las Trioulas de las Fades*, 1486 (terrier de Taillhac, f° 31). — *La Tombe de las Fadas*, 1824 (Deribier, stat., 29).

Félines, c⁰ⁿ de la Chaise-Dieu. — *Filinæ*, 981 (cart. de Chamalières). — *Filineiæ*, v. 1090 (la Chaise-Dieu, Usson). — *Parochia S. Petri de Fillinas*, v. 1175 (hospital. du Velay). — *Fellinæ*, 1191 (tabl. du Velay, 1876-77, p. 349). — *Felinas*, 1249 (*ibid.*, 1875-76, p. 532). — *Ecclesia de Feliniis*, 1252 (Saint-Agrève). — *Felines*, 1401 (spic. Briv.).

En 1789, Félines dépendait de la province d'Auvergne, de l'élection de Brioude, de la subdélégation de Langeac et du ressort de Riom. Son église paroissiale, diocèse du Puy et archiprêtré de Saint-Paulien, était sous l'invocation de l'Exaltation de la Sainte-Croix; l'université Saint-Mayol présentait à la cure.

Femme à la Chèvre (Pierres de la), trilithes, près le lac d'Arcone, c⁰ᵉ de Saint-Front.

Feneyrolles, vill., c⁰ᵉ de Cistrières. — *Feneyrols*, 1449 (terrier de Clavelier). — *Feneiroulx*, 1569 (J. Chalvon, nʳᵉ). — *Fénérol* (cad.).

Feneyrolles, f., c⁰ᵉ de Craponne-sur-Arzon. — 1679 (Haute-Loire, B. 31).

Féneyrolles, h., c^{ne} de Saint-Privat-du-Dragon. — *Feneyros*, 1339 (Bibl. nat., ms. fr. 14377, p. 189). — *Fenayrols*, 1380 (Arch. nat., Z², 4143, p. 78). — *Feneyrolx*, 1461 (Arch. nat., ZZ., 359, f° 49). — *Feneyroulx*, 1464 (Bibl. nat., ms. fr. 11491, p. 397). — *Fénérolles* (cad.).

Fenouilles (Les), ruiss., affl. du Dolaizon, c^{ne} de Vals-près-le Puy.

Férande, m. i., c^{ne} de Rosières.

Fergoil, m. i., c^{ne} de Jax.

Fermigeon, f., c^{ne} de Freycenet-la-Tour.

Ferraigne, l. détr., c^{ne} d'Espaly-Saint-Marcel. — *Ferrainhe*, 1391 (Haute-Loire, C.). — *La maison de Ferranhe*, 1590 (Burel, p. 206).

Ferrapie, f., c^{ne} de Raucoules. — *Ferrapia*, 1467 (Rivière, n^{re}). — *Frappier*, xviiie s. (Cassini). — *Ferapy*, 1888 (Malègue).

Ferréol, écart, c^{ne} de Saint-Romain-Lachalm. — *Ferriol*, 1615 (Rhône, D. 185).

Ferret, mⁱⁿ sur le Saint-Julien, c^{ne} de Saint-Julien-Chapteuil. — *Molendinum S. Juliani Captholii*, 1516 (Delaigue, n^{re}). — *Lou Musnier*, 1695 (capitation). — *Ferret*, xviiie s. (Cassini). — *Ferret-le-Meunier*, 1820 (Deribier).

Ferrette (La), h., c^{ne} de Saint-Pierre-Eynac. — *La Ferrete*, 1567 (la Chaise-Dieu, Saint-Étienne-Lardeyrol).

Ferrier, m. i., c^{ne} de Saint-Berain.

Ferrière (La), ruiss., affl. de la Sionne, c^{nes} de Saint-Étienne-sur-Blesle et de Blesle. — *La Farreyre* (cad.).

Ferrières (Plaine de), mont., c^{ne} de Saint-Hostien. — *Planum seu Mons deus Ferrers*, 1368 (Lardeyrol). — *Feriers*, 1468 (*ibid.*).

Ferriol (Mas-), l. détr., c^{ne} du Mazet-Saint-Voy. — *In Manso qui dicitur Manso Ferriolo, in pago Vellaico*, v. 1000 (cart. du Monastier, n° 162). — *Mansus de Mas-Feriol infra territorium de Malagayta*, 1343 (Rhône, H. 1016).

Ferrussac, c^{on} de Pinols. — *Ferrusac*, 1234 (cart. de Pébrac, n° 56). — *Ferrussacum*, 1353 (Arch. nat., Z². 54, p. 93). — *Ferrussat*, 1388 (spic. Briv.). — *Ferroussac*, 1401 (*id.*). — *Ecclesia de Frussacho*, xve s. (pouillé de Saint-Flour). — *Ferussat*, 1669 (spic. Briv.).

En 1789, Ferrussac était compris dans la province d'Auvergne, l'élection de Brioude, la subdélégation de Langeac et le ressort de Riom. Son église paroissiale, diocèse de Saint-Flour et archiprêtré de Langeac, était dédiée à saint Jean; le prieur de la Voûte-Chilhac présentait à la cure.

Une ordonnance royale, du 28 août 1834, a réuni à cette commune celle de Notre-Dame-du-Cros.

Ferrut, l. détr., c^{ne} de Saint-Privat-du-Dragon. — xviiie s. (Cassini).

Ferry, f., c^{ne} de Saint-Front.

Fery, h., c^{ne} de Chanteuges. — *Feyri*, xviiie s. (Cassini).

Fespescle, vill., c^{ne} de Vernassal. — *Fespescles*, 1434 (Thiolent). — *Fespecles*, 1458 (Bl. Girard, n^{re}). — *Feypescle*, 1584 (J. Guérin, n^{re}). — *Fespescle*, xviiie s. (Cassini). — *Frespecle*, 1860 (état-major).

Fesq (Le), l. détr., c^{ne} du Brignon. — *Lo Fesq*, 1240 (Saint-Mayol, invent.).

Festète, l. détr., c^{ne} d'Ally, 1686 (ét. civ. de Mercœur).

Feu (Le), f., c^{ne} de Saint-Beauzire. — *Lo Feu*, 1281 (Lachenal, égl. de Brioude, p. 10). — *Le Feuil*, v. 1730 (lièvre d'Espalem).

Feu (Mine du), houillère, c^{ne} de Vergongheon.

Feuil (Le), écart, c^{ne} de Blassac. — *Locus del Feu*, 1459 (Arch. nat., ZZ. 359, f° 4).

Feuillara (La), m. i., c^{ne} de Saint-Just-Malmont. — *La Fouliara* (cad.). — *La Fouillara*, 1879 (carte adm.).

Feuillarade (La), h., c^{ne} de Mercœur. — *Folharada*, 1379 (Arch. nat., Z². 4143, p. 11). — *Mansus de la Folherada*, 1433 (Bibl. nat. ms. fr., 11490, p. 142). — *Le Mas de la Fulherade*, 1613 (Mercurial).

Feuilles (Les), l. détr., c^{ne} du Mazet-Saint-Voy. — *Affarium de las Folias*, 1281 (tit. de Bronac). — *Grangiatgium et pagesia de las Fulhias*, 1397 (*idem*). — *La Follie*, 1608 (cad. de Bonnas).

Fey, vill., c^{ne} de Sainte-Sigolène. — *Fayetum*, 1473 (Richon, n^{re}). — *Fey*, 1660 (ét. civ.). — *Feys*, 1695 (capitation).

Feyterme, vill., c^{ne} d'Yssingeaux. — 1561 (Savin, n^{re}). — *Les Feytermes*, 1608 (cad. de Bonnas). — *Feyterne*, 1888 (Malègue).

Fialet, mont., c^{ne} de Mézères. — *Suc de Fialit*, (état-major).

Fiat, écart, c^{ne} de Sanssac-l'Église.

Fiaugoux, écart, c^{ne} de Malvières. — *Mansus de Falgos*, 1347 (la Chaise-Dieu, Malvières). — *Felgos*, 1348 (*ibid.*). — *Fealgoux*, 1414 (*ibid.*). — *Felgous*, 1462 (*idem*, Connangles). — *Fiougoux*, 1888 (carte adm.).

Ficat, f., c^{ne} du Chambon. — *Fica*, 1888 (Malègue).

Fieu (Le), h., c^{ne} de Saint-Julien-d'Ance. — *Villa de Feudo*, xie s. (cart. de Chamalières, n° 233). — *In Fevo*, 1163 (*idem*, n° 77). — *Feudum*, 1218

(idem, n° 230). — Domus quæ vocatur lo Feus sita
supra flumen dictum Ansa, 1293 (Arch. nat., P.
491[1], cote 13). — Le Fieuz, 1334 (Arch. nat.,
P. 490[1], cote 185). — Lo Fiou, 1420 (Loire, A. 89,
f° 237 v°). — Lo Feret, 1423 (idem, f° 241).

Fieu (Le), chât. et f., cne de Taulhac. — La Maltraicte, 1561 (Savin, nre). — Le Fieu, 1590
(Burel, 223).

Fieu (Le), loc. détr., cne des Vastres. — Mansus del
Fiou, 1322 (hospit. du Velay).

Fieu-le-Feu, l. détr., cne de Saint-Pierre-Eynac. —
Chasorna voc. de Fio-la-Fan, 1324 (la Chaise-
Dieu, Saint-Étienne-Lardeyrol). — Fieu-le-Feu,
1567 (idem).

Fifailloux, l. détr., cne de Malrevers. — Le rochas de
Pippalhou, 1555 (cad. de Mercœur). — La metterie de Fiffalhou, 1632 (Brunel, nre). — Fifaliou,
1888 (Malègue).

Figeon, f., cne de Chadrac. — Le domaine de Figheon,
1695 (capitation).

Figon, chât., cne de Raucoules. — Sigon, 1820 (Deribier).

Filletrame, h., cne du Chambon. — Mansus de Fiala
Trama, 1296 (hospitaliers du Velay). — Fila
Trama, 1311 (idem). — Phila Trama, 1404
(Rhône, Devesset). — Filletrasme, 1616 (Rhône,
H. 2153).

Filliou, m. i., cne d'Yssingeaux.

Fiogoux, f., cne de Craponne-sur-Arzon.

Fio-Saint-Pierre (Le), bois, cne d'Ouïdes.

Fiossac, h., cne de Frugières-le-Pin. — In aice Brivatensi, in villa Feliciano, 878 (cart. de Brioude,
ch. 29). — Feliciago (idem, tables, xxx). — In
loco Filciago, 926 (idem, ch. 155). — Mansus de
Fiusac, 1295 (Cumignac). — Fiolsat, 1516 (Vals-
le-Chastel). — Fioulssac, Fiolssat, 1564 (idem).
— Fioussat, 1612 (terrier de la Vaudieu). —
Fiossat, xviiie s. (Cassini). — Aufiossac, 1855
(état-major).

Fiou (Le), loc. détr., cne de Mazerat-Aurouze. —
Mansus del Feu, par. Aurozæ, 1418 (la Chaise-
Dieu, Mazerat-Aurouze). — Lo Feo, 1506 (idem).

Fiou (Le), écart, cne de Saint-Germain-Laprade. —
Lo Mas del Feu, 1310 (homm. de l'év.). — Le
Fieuf, 1539 (Savin, nre). — Le Fieu, 1549 (id.).

Fioulaires (Les), ruiss., affl. de la Dège à l'ouest de
la Besseyre-Saint-Mary.

Fioulayre (Le), l. détr., cne de Moudeyres. — Le
Fioullayre, 1677 (cad. de Freycenet-la-Tour). —
Le Froulayre, xviiie s. (Cassini).

Fioux (Le), h., cne d'Agnat. — Lo Feu, xive s. (terr.
des Grèzes). — Le Feoux, xviiie s. (Cassini).

Fioux (Le), vill., cne de Saint-Vert. — Lo Mas del
Feu, 1341 (terrier de Charbonnier). — Le Feou,
1561 (J. Chalvon, nre). — Le Fiou, 1820 (Deribier).

Fioux (Le), h., cne de Tence. — Lo Feu, 1319
(homm. de l'év.). — Tenem. del Fiou, 1328 (cart.
de Tence, f° 4 v°). — Le Fiou, 1693 (ét. civ.).
— Le Fieu, 1888 (Malègue).

Fix-le-Bas, quartier de Fix-Saint-Geneys. — Ecclesia quæ est fundata in honorem S. Juliani, et est sita
in comitatu Velavensi, in vicaria Civitatis Vetulæ,
943 (cart. de Brioude, ch. 293). — In villa quæ
dicitur Fimum Canis in pago Vellaico, v. 985 (cart.
du Monastier, n° 137). — In eodem Vellaico, in
pago quem Fines vocant, unam ecclesiam in honore
S. Juliani dedicatam, 993 (chron. S. Petri de Mon.
Anic.). — Ecclesia de Fix, v. 1343 (cart. du Monastier, app. n° 452). — S. Julien-de-Fis, 1379
(compte de B. Flotenc). — S. Julien-de-Fiz, 1401
(spic. Briv.). — Parochia S. Juliani de Finis,
dioc. S. Flori, 1458 (Bibl. nat., ms. lat., n. acq.,
1222, f° 89). — Ecclesia de Fis, xve s. (A. Bruel,
pouillé de Saint-Flour, n° 302). — S. Julien-de-
Filx, 1762 (calend. d'Auvergne). — Fix-le-Bas,
xviiie s. (Cassini a, par erreur, donné le nom de
Fix-le-Haut à Fix-Saint-Julien qui, en réalité,
est Fix-le-Bas). — Fix-d'Auvergne, 1790. — Fix-
Villeneuve, 1802 (nomencl. offic.).

En 1789, Fix-le-Bas était une paroisse de la
province d'Auvergne dont l'église, placée sous le
vocable de saint Julien, dépendait du diocèse de
Saint-Flour et de l'archiprêtré de Langeac; le
prieur de Saint-Pierre-le-Monastier du Puy présentait à la cure.

Fix-Saint-Geneys, con d'Allègre. — Villa de Fis,
1272 (tabl. hist. du Velay, 1875-76, 524). —
Ecclesia S. Genezii de Fys, 1326 (J. de Peyre, nre,
reg. A, f° 40). — S. Genez-de-Fiz, 1401 (spic.
Brivat.). — Fix-le-Haut, xviiie s. (Cassini). —
S.-Genès-de-Fix, 1762 (calend. d'Auv.). — Fix-
de-Velai, 1790. — Fix-la-Montagne, 1793. —
Gineys-de-Fix, 1794.

En 1789, Fix-Saint-Geneys faisait partie de la
province d'Auvergne, de l'élection de Brioude, de
la subdélégation de la Chaise-Dieu et du ressort
de Riom. Son église paroissiale, diocèse du Puy et
archiprêtré de Saint-Paulien, était sous l'invocation
de saint Genès; l'évêque du Puy en était collateur.

Flaceleyre, vill., cne de Vorey. — Villa de Flasse-
leyras, 1309 (Arch. nat., P. 1399[1], c. 759). —
Flaceleyras, 1328 (Arch. nat., P. 1397[1], c. 527).
— Flaxellerie, 1514 (J. Boyer, nre).

FLACHAT (LE), chât., cne de Monistrol-sur-Loire. — *Flachac*, 1326 (év.). — *Locus del Flaschatz*, 1431 (év.). — *Lo Flachatz*, 1507 (év.).

FLACHE (LA), mine de plomb sulfuré, cne de Goudet. — 1824 (Deribier, statist., 297).

FLACHÈRE (LA), lieu dit, cne de Rosières. — *Villa Flacheria*, 976 (cart. de Chamalières, n° 182). — *La Flacheyra*, 1319 (*idem*, p. 131). — *Flacheyria*, 1455 (Pradier, nre).

FLACHÈRE (LA), f., cne de Saint-Julien-Molhesabate. — *La Flacheyra*, 1492 (coll. Chaleyer). — *La Fracheire* (cad.).

FLACHÈRES (LES), f., cne de Sainte-Sigolène.

FLACHET, f., cne de Chambon. — *Flachetum*, 1343 (Rhône, H. 1016). — *Flache*, 1507 (év.).

FLAGEAC, h., cne de Collade. — *Flaghac*, XIVe s. (terrier des Grèzes). — *Flaghat*, 1429 (terrier du doy. de Brioude). — *Flaghacum, par. S. Ferreoli*, 1453 (terrier du ford. de Brioude).

FLAGHAC, vill. et chât., cne de Saint-Georges-d'Aurac. — *Flagago, in vicaria Cantiliannico* (tabl. du cart. de Brioude, n° CCLVI). — *Capella ville de Flagiaco*, v. 1075 (terr. Piper., XXII). — *Flaiac*, 1257 (*id.*, LXXVI). — *Flaghat*, 1401 (compte de B. Sannadre). — *Flageat*, 1820 (Deribier).

Commune supprimée par ordonnance royale du 11 décembre 1842, et réunie à celle de Saint-Georges-d'Aurac.

FLAGHAC, f., cne de Salzuit.

FLAITIS, m. i., cne de Saint-Julien-Chapteuil.

FLAMBERTES, tén. près la Roche, cne de Saint-Christophe-sur-Dolaison. — 1695 (cad. de Ceyssac).

FLAMINGES, h., cne de Saint-Pal-de-Mons. — *Villa quæ dicitur Flamiangas, Mansus de Flamiangas*, XIe s. (cart. du Monastier, n° 202). — *Flamianges*, 1257 (cart. de Saint-Sauveur-en-Rue, p. 57). — *Flamangas*, 1326 (év.). — *Locus de Flamangiis*, 1328 (Rhône, D. 182). — *Flamienchas*, 1507 (év.). — *Flaminghas*, 1553 (Rhône, D. 185).

FLASSADIER, m. i., cne d'Yssingeaux.

FLAVIAC, vill., cne de Chénéreilles. — *Flaviac*, 1296 (homm. de l'év.). — *Mansus de Flaviaco*, 1324 (cart. de Tence).

FLAVAT, dyke basaltique, cne de Polignac. — *Flayac*, 1368 (Drôme). — *Lo Flayat*, 1384 (*ibid.*). — *Rupes de Flayaco*, 1502 (prieuré de Polignac). — *Flayat*, 1533 (Médicis, I, 339). — *Le Flaya*, 1586 (Sigaud, nre).

FLEUR (LA), m. i., cne de Saint-Maurice-de-Lignon. — *Lafleur*, 1888 (Malègue).

FLEUR (LA), m. i., cne de Saint-Pal-de-Chalencon. — *Lafleur*, 1888 (Malègue).

FLEURAC, vill., cne du Brignon. — *Vicus Floriacus*, Xe s. (A. SS. O. S. B., sæc. IV, pars I, 563). — *Fluyracum*, 1462 (V. Chauvin, nre). — *Floyrac*, 1482 (Rhône, H. 2749).

FLEURIELX, f., cne de Saint-Victor-Malescours. — *Flérieux* (cad.).

FLEURY, écart, cne de Saint-Hostien. — *Fleuret*, XVIIIe s. (Cassini).

FLEURY (MAS-DE-), f., cne de Saint-Martin-de-Fugères. — *Territ. de Luytau app. de Meysonetas*, 1462 (V. Chauvin, nre). — *Meyzonnettes*, 1699 (cad. de Vachères). — *Fleury de Maisonette*, XVIIIe s. (Cassini). — *Fleurit*, 1820 (Deribier).

FLONAC, lieu dit, cne de Rosières. — *Territorium de Floraco*, XIIe s. (cart. de Chamalières, n° 35). — *Floiracum*, XIIe s. (*idem*, n° 38). — *Floyrat, Fluyrat*, 1342 (coll. C. Falcon). — *Florac*, 1714 (cad. de Laval-Emblavès).

FLORAND, f., cne de Queyrières.

FLORAT, h., cne de Saint-Just-près-Brioude. — *Floyrac*, 1341 (terrier de Charbonnier).

FLORENSON, f., cne de Tence.

FLORIMONT, loc. détr., cne de Lantriac. — *Florimon*, 1445 (Baluze, mais. d'Auv., II, 736). — *La seigneurie de Florimond*, 1546 (Savin, nre). — *Florimont*, XVIIIe s. (Cassini).

FLORIVAL, chât. et min sur l'Alagnon, cne de Grenier-Montgon. — *Fleurival*, 1869 (Malègue).

FLOTTE (LA), vill., cne de Berbezit. — *La Flota*, 1281 (spic. Briv.). — *La Flotte*, 1564 (terrier de Vals-le-Chastel). — *La Flaute*, 1860 (état-major).

FLOTTES (LES), h., cne de la Mothe.

FO (LE), chât. détr. et h., cne de Cubelles. — *Lo Fau*, v. 1179 (cart. de Pébrac, n° 28). — *Mansus de Fa*, 1291 (Thiolent). — *Locus de Fo*, 1377 (tabl. du Velay, 1876-77, 300). — *Favus*, 1464 (Bibl. nat., ms. lat., n. acq., 1223, f° 184 v°). — *Le château de Fo*, 1724 (L'Ouvreleul, 27). — *Le Fau*, 1888 (Malègue).

FOLETIER, chât., cne de Monistrol-sur-Loire. — *Foletier*, 1498 (obit. de Bas). — *Locus de Folletier*, 1503 (*idem*). — *Folestier*, 1525 (*idem*). — *Foltier*, 1888 (Malègue).

FOLLETIN, mont., cne de Saint-Julien-Molhesabate. — *Folletin ou Fultin*, 1824 (stat. Deribier).

FONBONNE, écart, cne de Beaux. — 1296 (homm. de l'év.). — *Fontbonna*, 1507 (év.). — *Fontbonne*, 1888 (Malègue).

FONDANT (LE), f., cne de Saint-Pal-de-Mons.

FONDARY, houillière, cne de Sainte-Florine. — Concession du 13 juin 1827.

Fond-Courand (Le), ruiss., affl. de la Brucyrette, au nord de l'Herm, c^ne de Saint-Pierre-Duchamp.

Fons (Les), dom., c^ne de Saint-Privat-d'Allier. — *Mansum de la Font quod tenent li Chavaler*, 1224 (cart. de Pébrac, 55). — *Las Fons*, 1263 (hospit. du Velay). — *Locus de Fontibus*, 1330 (la Chaise-Dieu, Saint-Privat-d'Allier). — *Les Fonts*, 1820 (Deribier). — *Les Fonds*, 1888 (carte adm.).

Font (La), m^in sur l'Allier, c^ne de Chanteuges. — *La Font*, 1459 (Bibl. nat., ms. lat., n. acq., 1222, f° 98). — *Moulin de la Font*, xviiie s. (Cassini).

Font (La), f., c^ne de Freycenet-Lacuche. — *La Font-del-Rat*, xviiie s. (Cassini).

Font (La), loc. détr., c^ne de Monistrol-d'Allier. — *Mansus de la Font, mand. castri dels Torns*, 1339 (Thiolent).

Fontagne (Étang de), auj. desséché, c^ne de Vernassal. — xviiie s. (Cassini).

Fontaine (La), dom., c^ne de Saint-Pierre-Eynac. — *Locus de Fontibus*, 1329 (Bonneville).

Fontaine-de-Jouvence, près Laval, c^ne de Vals-près-le-Puy.

Fontaine-de-Magnigraula, près Mondoulioux, c^ne de Beaune. — (Tabl. du Velay, 1872-73, p. 63.)

Fontaine-de-Montchiroux, c^ne de Freycenet-Lacuche. — *Fons de la Chayroza*, 1263 (Saint-Chaffre).

Fontaine-Sainte-Ferréole, près Saint-Médard, c^ne de Saint-Haon. — 1652 (Branche, vie des SS. d'Auv.).

Fontaine-Sainte-Marguerite, près de la Séauve, c^ne de Saint-Didier-la-Séauve.

Pèlerinage pour la guérison des maladies cutanées.

Fontaine-Sainte-Marguerite, près la chapelle de Bouillon, c^ne de Saint-Maurice-de-Lignon.

Fontaine-Sainte-Marguerite, près le pont de l'Enceinte, c^ne d'Yssingeaux.

Pèlerinage.

Fontaine-Sainte-Natalène, c^ne de Blesle.

Fontaine-Saint-Eutrope, à Fontannes, c^ne de Fontannes.

Pèlerinage pour la guérison des fièvres.

Fontaine-Saint-Firmin, c^ne d'Espaly-Saint-Marcel. — *Ad fontem qui dicitur sancti Marcelli qui... sub castello Spaleti... emanat* (Brév. goth. du Puy, f° 344 v°). — *Fons sancti Marcelli*, 1231 (Saint-Vosy). — *Le terroir appel. de Saint-Fermin*, 1710 (compois d'Espaly).

Fontaine dans laquelle, d'après la légende, saint Marcel lava sa tête, et dont l'eau est regardée par le populaire comme un spécifique de la teigne et autres maladies cutanées.

Fontaine-Saint-Guignafort, près Apilhac, c^ne d'Yssingeaux. — Fontaine à pèlerinage, pour la vie ou pour la mort.

Fontaine-Saint-Jean, à Rosières. — *Territorium voc. fontis sancti Johannis*, 1342 (coll. C. Falcon). — *Lafont-de-Saint-Jean*, 1714 (cad. de Laval-Emblavès).

Fontaine-Saint-Léon, c^ne de Saint-Étienne-sur-Blesle. — Fontaine à pèlerinage où l'on vient y baigner les jeunes enfants.

Fontaine-Saint-Martin, à Allègre.

Fontaine-Saint-Martin, près Dampeyre, c^ne de Coubon.

Fontaine-Saint-Martin, c^ne de Tence. — *Fons sancti Martini*, 1328 (cart. de Tence, f° 18 v°).

Fontaine-Saint-Martin, à Vertaure, c^ne de Vorey. — Fontaine à pèlerinage.

Fontaine-Saint-Préjet, à Brioude. — *Iter de fonte sancti Prejecti ad pontem Brivatæ*, 1429 (terrier du doyenné de Brioude).

Fontanes, h., c^ne du Brignon. — *Fontanas*, 870 (Chifflet, hist. de Tournus, 210); — 1331 (J. de Peyre, n^re). — *Fontane*, 1386 (homm. de Solignac). — *Fontanes*, 1587 (Sigaud, n^re). — *Fontannes*, 1820 (Deribier).

Fontanes, vill., c^ne de Chaspuzac. — *Fontanas*, 1256 (év.). — *Funtanas*, 1522 (Martel, n^re). — *Fontanes*, 1585 (Johany, n^re). — *Fontannes*, 1820 (Deribier).

Fontanes, vill., c^ne de Monistrol-d'Allier. — *Mansus de Fontanas*, 1259 (Thiolent). — *Locus de Funtanis*, 1527 (A. Besseyre, n^re).

Fontanes, écart, c^ne de Retournac. — *Las Fontanas*, 1336 (Arch. nat., P. 494¹, cote 38); — 1401 (terrier du Bois).

Fontanette, h., c^ne du Brignon. — *Fontannette*, 1820 (Deribier).

Fontaneyres (Les), m. i., c^ne de Grazac.

Fontanilles (Les), loc. détr., c^ne de Saint-Éble. — *Le Mas de Fontanelhes*, 1379 (homm. de Vissac). — *Les Fonthanilles*, 1538 (idem).

Fontannes, c^ne de Brioude. — *In aice Brivatensi, in... villa de Fontanas*, 881 (cart. de Brioude, ch. 260). — *Ecclesia de Fontibus*, 1120 (Gall. christ., II, inst., col. 133). — *Funtanas*, 1223 (spic. Briv.). — *Fontaines*, 1398 (compte de B. Sannadre). — *Fontanes*, 1401 (spic. Briv.).

En 1789, Fontannes faisait partie de la province d'Auvergne, de l'élection et subdélégation de Brioude et du ressort de Riom. Son église paroissiale, diocèse de Saint-Flour et archiprêtré de Brioude, était sous l'invocation de Notre-Dame; l'abbé de Pébrac présentait à la cure.

Fontannes, vill., c** de Jullianges. — *Mansus de Fontanis*, 1249 (tabl. du Velay, 1875-76, p. 532). — *Fontanes*, 1888 (carte adm.).

Fontarady, écart, c** de Saint-Pal-de-Mons. — *Fontaneyres, à présent Font-Arabie*, 1584 (terrier de Saint-Didier de Joyeuse). — *Font-Arabye*, 1695 (capitation).

Fontaride, f., c** de Mercœur. — *Fontaride*, 1326 (Bibl. nat., ms. fr. 14377, p. 12). — *Mansus de Fontarida*, 1465 (Arch. nat., ZZ. 359, p. 101).

Fontaride (La), ruiss., affl. de l'Allier, en amont de la Vialette, c*** de Mercœur et de Villeneuve-d'Allier.

Fontasse (La), m. i., c** de Monistrol-sur-Loire.

Fontasses (Les), m. i., c** d'Araules.

Fontaubette (Mas-de-), f., c** de Saint-Martin-de-Fugères.

Font-Bleins, m. i., c** de Riotord. — *Fonds-de-Blein*, 1879 (carte adm.). — *Fontblens*, 1888 (Malègue).

Fontbouzon, h., c*** de Bas et de Bauzac.

Fontbrune, f., c** du Mazet-Saint-Voy.

Font-Chaude, à Goudet. — Source chaude en hiver, froide en été.

Font-Chaude, lieu dit près le Collet, c** de Polignac. — *Font-Chaude, aultrement de Lanthenas*, 1546 (Savin, n**).

Fontchave, h., c** de Pinols. — *Fonchava*, 1353 (Arch. nat., Z². 54, p. 199). — *Fontchava*, 1492 (terrier du Cluzel).

Fontclaire, f., c** de Tence.

Fontcouy, mont., c** de Bains. — *Mons voc. de Folcoy*, 1335 (hospit. du Velay).

Font-Daniel, lieu dit, c** d'Espaly-Saint-Marcel. — *Vinea de Fonte Daniel*, xiii* s. (coll. C. Falcon).

Font-de-Fau (La), h., c** de Saint-Vert. — *La Fondefaux*, xviii* s. (Cassini). — *La Font-du-Fau*, 1820 (Deribier). — *Lafont-de-Faux*, 1880 (carte adm.).

Font-de-l'Arbre (La), f., c** de Laussonne. — *Fons de Arbore, la Foan-del-Arbre*, 1523 (cad. du Monastier). — *La Font-de-l'Arbre*, 1695 (capitation). — *La Font-du-Lac* (cad.).

Font-del-Bos (La), f., c** des Vastres. — *La Font-del-Bos*, 1674 (ét. civ.). — *La Fouant-del-Bos* (cad.). — *La Font-Delbos*, 1820 (Deribier).

Font-de-Reynaud, m. i., c** de Taulhac. — *Pont-de-Reynaud*, 1888 (Malègue).

Font-des-Écus (La), m. i., c** de Tence. — *Lafont-des-écus*, 1820 (Deribier).

Font-des-Roumis, à Saint-Quintin. — Fontaine à pèlerinage.

Font-de-Trédos (La), h., c** de Saint-Bonnet-le-Froid. — *Lafont-de-Trédos*, 1888 (Malègue).

Font-du-Bès (La), écart, c** de Beaux. — *La Fouant* (cad.).

Font-du-Fau (La), h., c** de Pinols. — *Fons del Fau*, 1345 (Arch. nat., Z². 54, p. 4). — *La Font-del-Fau*, 1486 (Arch. nat., Q. 513, f° 79). — *Fons de Fago*, 1486 (terrier de Tailhac). — *La Font-du-Faux*, 1888 (carte adm.).

Font-du-Prat (La), lieu dit, au Puy. — *Juxta Fontem Prati*, 1089 (Saint-Georges du Puy).

Font-de-Rouillé, c** de Saint-Étienne-sur-Blesle. Source d'eau minérale ferrugineuse.

Fontenay, h., c** de Varennes-Saint-Honorat. — *Fontanet, Fontanel*, 1576 (commune. de M. E. Grellet de la Deyte). — *Fontannet*, 1820 (Deribier).

Fontenelle, l. détr., c** de Céaux-d'Allègre. — 1759 (tabl. hist. du Velay, 1875-76, 214).

Fontettes (Les), f., c** de Chaudeyrolles.

Fonteulade, loc. détr., près le Rouzet, c** de Pinols. — *Fonteulada*, 1353 (spic. Briv.). — *Fontrioulade*, 1568 (Arch. nat., Z². 56, p. 284).

Fontfreide, h., c** du Monastier. — *Grangia de Fonte frigido*, 1344 (Monastier). — *Foant-freyde*, 1565 (Nicolas, n**). — *Fontfrède* (cad.).

Fontfreide, h., c** de Saint-Jean-Lachalm. — *Fons Frigidus*, 1353 (hôtel-Dieu, B. 511). — *Fontfreyda*, 1382 (Saint-Vosy).

Font-Frenant, loc. détr., c** de Saint-Vert. — *Le Mas de Font-Frenalt*, 1337 (spic. Briv.). — *Mansus de Fonte Frenaldo*, 1338 (*idem*).

Fontfreyde, m** sur le Clavas, c** de Saint-Julien-Molhesabate. — *Fontfreide*, 1820 (Deribier).

Fontgody, bois, c** d'Auvers.

Fontilles (Les), vill., c** de Chassignolles.

Fontilles (Les), lieu dit, c** de Léotoing. — *La Fontilhas*, 1295 (spic. Briv.).

Fontilles (Ravin-des-), affl. de l'Auzon, c** de Chassignolles.

Fontlas, h., c** de Saint-Pal-de-Mons.

Font-Martine, h., c** de Saint-Jeure.

Fontmaure, loc. détr., c** de Siaugues-Saint-Romain. — *In aize Cantolianico, villare qui dicitur Fonteniauro* [*Fontemauro*] (cart. de Brioude, tables, cclxxviii). — *Infra fines parochiæ de Selgue, in territorio de Font Maura sive de Pousilho, juxta iter... de Sancto Romano versus Limaignes*, 1465 (Bibl. nat., lat., n. acq., 1223, f° 237 v°).

Fonts (Les), loc. détr., c** d'Espalem. — *Le Mas des Fontes*, 1730 (terrier d'Espalem).

Fonts (Les), jadis bois auj. comm**, c** de Freycenet-la-Tour. — *Nemus de las Fons*, 1263 (Saint-

Chaffre). — *Nemus de Fonte*, 1359 (*ibid.*). — *Nemus de las Founs*, 1529 (Costavol, n^re).

FONT-SAINT-CHAFFRE, c^ne de Cussac. — *In territorio de Veneyde, . . . campus de quo exit fons b. Theoffredi in strata de Veneyde*, 1352 (prieuré de Solignac). — *La font-S.-Chaffre*, 1561 (*idem*).

FONT-SAINTE, source, c^ne de Bains. — *Fons Montis Boniti app. Fontasenta*, 1463 (V. Chauvin, n^re). — *Aqua fontis de Fontazento, fontaine de Fontazent*, 1535 (hôtel-Dieu, B. 590).

FONT-SAINTE, lieu dit, c^ne de Saint-Germain-Laprade. — *Au terroir du Villar, app. la Font-Saincte*, 1543 (Savin, n^re).

FONT-SAINT-PIERRE, au Monastier. — *Ad fontem qui dicitur Sancti Petri*, xie s. (cart. du Monastier, n° 360).

FONT-SAINT-VOSY, à Bellevue, c^ne du Puy. — *Fons S. Evodii Aniciensis, prope Anicium*, 1343 (J. de Peyre, n^re). — *La font.-S.-Vozy*, 1610 (Duclaux, n^re).

FONTUGON, vill., c^ne de Saint-Romain-Lachalm. — *Fons Ugo*, 1363 (coll. Chaleyer). — *Font Hugo*, 1465 (Rivière, n^re). — *Font-Hugon*, 1820 (Deribier).

FONTVIEILLE, f., c^ne de Beaulieu.

FONTVIEILLE, m. i., c^ne de Paulhac. — *Fouant-Vieille*, 1869 (Malègue).

FONTVIEILLE, champ, c^ne de Saint-Privat-d'Allier. — Découverte, en 1864, d'antiquités romaines comprenant des monnaies, une trousse d'instruments chirurgicaux et un cachet d'oculiste.

FORANGES (LES), f., c^ne de Saint-Didier-la-Séauve.

FORÈS, loc. détr., c^ne du Pertuis. — *Forisius*, 1290 (cart. de Mazan, f° 33 v°). — *Domus de Fores*, 1451 (*idem*, f° 55).

FOREST, m. i., c^ne du Pont-Salomon.

FORESTIER, loc. détr., c^ne de Chomelix. — *Mansus de Forestier*, 1404 (terr. de Chomelix).

FORESTIER, m^in sur la Dore, c^ne de Malvières.

FORN-ALVERGNE (?), l. détr., c^ne de Saint-Julien-Chapteuil. — *Le Mas de Forne-Alvergne*, 1296 (homm. de l'év.).

FORT (LE), écart, c^ne de Léotoing.

FORT (LE), chât., c^ne de Saint-Jeure.

FORT-DU-PRÉ (LE), m. i., c^ne de Saint-Bonnet-le-Froid.

FOSSE (MINE DE LA), houillère, c^ne de Sainte-Florine.

FOUGEIRETTE, h., c^ne de Charraix. — *Mansus de Falgeyretas*, 1351 (Thiolent). — *Faugeirettes*, 1608 (*idem*). — *Fougerette*, 1820 (Deribier).

FOUGÈRE, vill., c^ne de Pébrac. — *Felgeiras*, v. 1075 (cart. de Pébrac, n° xlvi-37). — *Felieiras*, xiie s.

(*idem*, n° xlvi-42). — *Felgeyras*, 1323 (J. de Peyre, n^re). — *Mansus de Faugeyras*, 1454 (Bibl. nat., lat., n. acq., 1222, f° 12 v°). — *Falgeyras*, 1459 (*idem*, f° 127). — *Falgeriæ*, 1466 (*idem*, 1223, f° 289). — *Faulgière*, 1574 (terrier de Meyronne).

FOUGÈNES, h., c^ne de Montregard. — *Faugerias*, 1320 (cart. de Mazan, f° 138 v°). — *Feugerie*, 1467 (Rivière, n^re). — *Fougières*, 1556 (terrier de Montregard). — *Faugères*, xviiie s. (Cassini). — *Fougère*, 1820 (Deribier).

FOUGÈNES, f., c^ne de Saint-Cirgues. — *Faulgeyres*, 1613 (Mercurial). — *Fougère*, 1820 (Deribier).

FOUGÈNES, vill., c^ne de Saint-Étienne-Lardeyrol). — *Feugerie*, 1299 (hôtel-Dieu, B. 351). — *Mansus de Faugeyras*, 1330 (la Chaise-Dieu, S^t-Ét.-Lardeyrol). — *Feugeyras ves Mercuer*, 1408 (compois du Puy). — *Feugières*, 1549 (Savin, n^re). — *Faugères*, 1888 (Malègue).

FOUGÈRES, vill., c^ne d'Yssingeaux. — *Villa quæ dicitur Filis*, 1082 (cart. de Chamalières, n° 52). — *Fougeyras*, 1528 (terrier du Pertuis). — *Locus de Fougeriis, mandamenti Salsacii*, 1528 (*idem*). — *Fougeyres, Fougheyres*, 1614 (terrier de Saussac). — *Fougère*, 1888 (Malègue).

FOUGENOLLES, loc. détr., près le Cheylat, c^ne de Pinols. — *Mansus de Faugeyroles sive des Seguys*, 1486 (terr. de Tailhac).

FOUGENOTTES, f., c^ne de Riotord. — *Terra de Faugirotes*, 1277 (cart. de Saint-Sauveur-en-Rue).

FOUGOULLIERS, f., c^ne de Saint-Front. — *La borie de las Fogoleyras*, 1567 (Nicolas, n^re). — *La Fougouleyre*, 1680 (Surrel, n^re). — *Fougoulier*, 1695 (capitation).

FOUILLABA (LA), m. i., c^ne de Saint-Just-Malmont.

FOUILLARETEYRE, m. i., c^ne d'Yssingeaux.

FOUILLETS (LES), loc. détr., c^ne de Saint-Préjet-Armandon. — *Los Foulhetz*, 1539 (Vals-le-Chastel).

FOUILLOUSE, m^in sur le Truisson, c^ne de Bessamorel. — *Folhosa*, 1346 (J. de Peyre, n^re).

FOUILLOUSE, écart, c^ne de Chamalières.

FOUILLOUSE (LA), m^in sur le Javoulx, c^ne d'Auteyrac. — *Molendinum de la Folhiosa*, 1478 (terrier du Cluzel). — *Lo Moly de la Folhoza*, 1523 (Arch. nat., Q. 513, f° 212).

FOUILLOUSE (LA), bois, c^ne de Malrevers. — *Nemus vocat. de la Follioza*, 1306 (tabl. hist. du Velay, 1875-76, p. 509). — *La Foilhivza*, 1507 (év.).

FOUILLOUSE (LA), h., c^ne de Chaudeyrolles. — *La Folhosa, mand. de Mesenco*, 1347 (Bonnefoy). — *La Fouliouze*, 1618 (ét. civ.). — *La Foulhouze*, 1646 (cad. de Bonnefont).

Fouillouse (Moulin-de-), m^in sur le ruiss. du Bos, c^ne de Saint-Privat-du-Dragon. — *Le Moulin de Channat*, 1886 (aff. jud.).

Fouillloux, vill., c^ne de Bas. — *Folhoux*, 1511 (obit. de Bas).

Foulourdon (Le), h., c^ne du Mas-de-Tence. — *Lo Falourdon*, 1556 (terrier de Montregard). — *Folordon*, 1628 (Rhône, D. 150). — *Folordont*, xviiie s. (Cassini). — *Flourdon* (cad.). — *Foulordou*, 1820 (Deribier).

Foultier, h., c^ne du Pont-Salomon. — *Lo Fouletene*, 1383 (homm. de l'év.).

Foumourette, vill., c^ne du Mazet-Saint-Voy. — 1285 (homm. de l'év.). — *Font-Moreta*, 1343 (Rhône, II. 1016). — *Fomoreta*, 1507 (év.).

Four (Le), h., c^ne de Saint-Jean-d'Aubrigoux.

Fourbagette (La), ruiss., affl. de la Loire en amont de Goudet, prend sa source près de Chamblas, c^ne de la Sauvetat, et traverse la commune d'Arlempdes. — *Ruiss. de Chamblas* (cad.).

Fouras, m. i., c^ne de Bessamorel.

Fourcherit, h., c^nes de Bessamorel et du Pertuis. — *Forcharetum*, 1457 (Rhône, Bessamorel).

Fourches, vill., c^ne de Landos. — *Forchas*, 1256 (Rhône, la Sauvetat, I, 5). — *Furchæ*, 1327 (J. de Peyre, n^re). — *Locus de Furchiis*, 1462 (V. Chauvin, n^re).

Fourches (Les), mont., c^ne d'Agnat.

Fourches (Les), m. i., c^ne du Chambon.

Fourches (Les), m. i., c^ne de Saint-Bonnet-le-Froid.

Fourches (Suc des), mont., c^ne de Rosières. — *El suc de las Forchas*, 1555 (cad. de Mercœur). — *Suc des Fourches*, 1880 (carte adm.).

Fourchet, h., c^ne du Pertuis. — *Forchaet*, 1451 (cart. de Mazan). — *Fourchayet*, 1628 (Duclaux, n^re).

Four-des-Veyres (Le), loc. détr., c^ne de Saint-Préjet-d'Allier. — *Furnus Vitreus*, 1470 (Bibl. nat., ms. lat., n. acq., 1223, f° 365). — *Lo Forn del Veyre*, 1499 (Thiolent). — *Lou Four del Veyre*, 1589 (idem). — *Le Four-des-Veyres*, 1675 (idem).

Fouret, f., c^ne d'Azerat. — *Grangia Johannis Fores*, 1397 (la Chaise-Dieu, Azerat). — *La grange de Fores*, 1432 (cart. d'Azerat).

Fouret, écart, c^ne de Rosières. — *Fourrès*, 1888 (Malègue).

Foureton, f., c^ne de Tence. — *Fourton*, xviiie s. (Cassini).

Fourmagne, vill., c^ne de Saint-Paul-de-Tartas. — *Formanhas*, 1330 (la Chaise-Dieu, Saint-Paul-de-Tartas). — *Fourmagnes*, 1516 (tit. de Surrel). — *Formaignes*, 1583 (idem).

Fournac, l. détr., c^ne de Cayres. — *Frounhac*, 1289 (hôtel-Dieu, B. 634). — *Fraunac*, 1309 (homm. de l'év.). — *Fronnacum*, 1370 (év.).

Fournac, h., c^ne de Chomelix. — *Mansus de Fronnac*, 1318 (Arch. nat., P. 494^1, cote 12). — *Fronnat*, 1386 (év.). — *Fornac*, 1507 (év.).

Fournat, h., c^ne de Frugières-le-Pin. — *In vicaria de... vico Brivates, in villa Fontenaco*, 887 (cart. de Brioude, ch. 289). — *In villa Frentennago*, 894 (idem, n° 98). — *In villa Frontenago*, 895 (idem, ch. 145). — *Mansus del Fornet*, 1295 (Cumignac). — *Fronnac*, 1328 (Vals-le-Chastel).

Fourneaux, h., c^ne de Dunières. — *Locus de Forneux*, 1468 (Rivière, n^re). — *Fourneaulx*, 1591 (Delafont, n^re).

Fournel, h., c^ne d'Ally. — *Fournel*, 1379 (compte de B. Flotene). — *Fournels*, 1880 (carte adm.).

Fournelle (La), écart, c^ne de Rosières. — *Domus de la Fornella*, 1421 (év.). — *La Fornelle*, 1561 (Savin, n^re).

Fournels, l. détr., c^ne de Saint-Préjet-d'Allier. — *Fornelli*, 1377 (Lozère, G. 414).

Fournerie (La), vill., c^ne de Julliauges. — *Les Fourneries*, 1820 (Deribier).

Fournet, m. i., c^ne de Saint-Pierre-Eynac.

Fournet, f., c^ne de Tence. — *Les Fornetz*, 1692 (ét. civ.). — *Fournetz*, 1820 (Deribier). — *Fournet*, 1888 (Malègue).

Fournet (Le), f., c^ne de Saint-Julien-Molhesabate. — *Lo Fornet*, 1465 (Rivière, n^re). — *Fournet*, 1553 (ress. de Montfaucon).

Fournet (Le), vill., c^ne de Sembadel. — *Le lieu del Fournet*, 1548 (Rhône, Saint-Antoine de Viennois, Saint-Victor).

Fournet (Moulin-de-), m^in sur le Picat, c^ne de Saint-Julien-Molhesabate.

Fournet (Ravin-de-), affl. de l'Ance à Saint-Préjet-d'Allier. — *Rivus del Fornel*, 1499 (terrier de Thoras).

Fournets (Les), h., c^ne de Champclause. — *Lous Fournetz*, 1695 (capitation).

Fournette (La), loc. détr., c^ne de la Besseyre-Saint-Mary. — *Iter tendens de la Forneta apud Salzet*, 1479 (Bibl. nat., ms. lat., n. acq., 1224, f° 231).

Fournial (Le), vill., c^nes de Queyrières et de Saint-Pierre-Eynac. — *Lo Fornil*, 1290 (cart. de Mazan, f° 31 v°). — *Villa del Fornyl*, 1302 (hôtel-Dieu, B. 362). — *Lo Forniel*, 1331 (J. de Peyre, n^re).

Fournier, écart, c^ne de Beaux. — *Locus de Fornier*, 1482 (év.).

Fournier (Moulin-), m^in sur l'Arzon, c^ne de Bellevue-la-Montagne.

FOURNIERS (LES), h., cne de Saint-Éble. — *Le village des Fourniers*, 1539 (homm. de Vissac).

FOURNIERS (LES), m. i., cne de Saint-Julien-Molhesabate.

FOURS, f., cne de Saint-Front.

FOURS (LES), vill., cne de Montregard. — *Furni*, 1466 (Rivière, nre). — *Fours*, 1556 (terrier de Montregard). — *Four*, 1860 (état-major).

FOURS (LES), f., cne de Saint-Didier-la-Séauve.

FOURS (LES), h., cne des Vastres. — *Ad Furnos... in vicaria Soltronensi*, v. 1000 (cart. du Monastier, n° 182). — *Los Fors*, 1322 (hospit. du Velay). — *Grangiatgium deus Forns*, 1343 (Rhône, H. 1016). — *Lous Fourns*, 1454 (terr. de Saint-Julien de Châteauneuf). — *Mansus de Furnis*, 1464 (Ardèche, C. 624). — *Lous Fours*, 1616 (Rhône, H. 2153).

FOURY, écart, cne de Sainte-Florine.

FOUSSIER, f., cne du Pertuis. — *Mansus de Foasser* ou *de Foassier*, 1310 (Lardeyrol). — *Foasseyr*, 1328 (G. Vériac, nre). — *Foyassier*, 1333 (Arch. nat., R². 39). — *Turris de Fossiers*, 1528 (terr. du Pertuis). — *Foyssuers*, 1565 (titr. de Surrel). — *Faussier*, 1888 (Malègue).

FOUVEL, f., cne de Montusclat.

FOUVET (LE), h., cne de Dunières. — *Lo Fauvet*, 1363 (coll. Chaleyer). — *Locus de Foveto*, 1579 (Rhône, D. 183). — *Le Fouvet*, 1615 (*idem*, D. 185).

FOUYOL, écart, cne de Saussac-l'Église.

FOYES (LES), h., cnes de Monistrol-sur-Loire et de Saint-Maurice-de-Lignon. — 1656 (ét. civ.). — *Les Fuyers*, 1888 (Malègue).

FOYTE (LA), h., cne d'Aurec. — *Foita* (cad.).

FRACELIER, mont., cne de Saint-Étienne-Lardeyrol.

FRACHE (LA), h., cne de Saint-Julien-Molhesabate. — *Lafrache*, 1820 (Deribier).

FRACHE (LA GRANDE-), f., cne de Saint-Just-Malmont.

FRACHE (LA PETITE-), f., cne de Saint-Just-Malmont.

FRACHETTE (LA), h., cne de Saint-Bonnet-le-Froid. — 1553 (ress. de Moutfaucon).

FRACHON, h., cne de Riotord.

FRAISSE (CÔTE DU), mont., cne de Vézézoux.

FRAISSE (LE), f., cne du Chambon. — *Fraxinus*, 1314 (év.). — *Fraysse*, 1888 (Malègue).

FRAISSE (LE), h., cne de la Chapelle-Bertin. — *Le Fraysse*, 1820 (Deribier).

FRAISSE (LE), h., cne de Lubilhac. — *Fraxinum, in comitatu Brivatensi* (cart. de Brioude, tables, CCLXXVIII). — *Terra del Fraycer*, 1275 (spic. Briv.). — *Le Fraisse*, 1689 (ét. civ.). — *Fraysse*, 1869 (Malègue).

FRAISSE (LE), h., cne de Saint-Étienne-sur-Blesle. — *Le Fresse*, XVIIIe s. (Cassini).

FRANC, h., cne de Montregard. — 1695 (capitation).

FRANÇAIS (LES), écart, cne de Saint-Julien-du-Pinet. — *Franceis*, 1869 (Malègue).

FRANÇAISES (LES), écart, cne de Cussac.

FRANCE (LA), m. i., cne de Bas.

FRANCE (LA), h., cne de Saint-Christophe-d'Allier. — *Locus de Francia*, 1527 (A. Besseyre, nre).

FRANCE (LA), f., cne de Saint-Pal-de-Mons.

FRANCILLON, f., cne des Estables. — 1748 (ét. civ.). — *Francillon*, 1888 (carte adm.).

FRANCŒUR, f., cne de Tence.

FRANÇOIS (MOULIN-), mlu sur le Courbière, cne de Bas. — *Moulin Français* (cad.). — *Moulin de Françoy*, 1879 (carte adm.).

FRANCON, h., cne d'Aubazac.

FRAQUE (LA), m. i., cne du Pont-Salomon.

FRAU (LE MAS-DU-), f., cne de Venteuges. — *Nemus voc. lo Fraust*, 1479 (Bibl. nat., ms. lat., n. acq., 1224, f° 231).

FRAYSSE (LE), vill., cne de Chanaleilles. — *Mansus qui vocatur Fraiser, in mandamento de Torassio*, 1274 (Thiolent). — *Mansus de Frayce*, 1276 (*idem*). — *Mansus de Fraycer Lestrada*, 1279 (*idem*). — *Mansus de Fraxino Lestrada*, 1377 (*idem*). — *Fraysse*, 1499 (*idem*). — *Le Fraisse*, 1888 (carte adm.).

FRAYSSE (LE), f., cne de Cubelles. — *Mansus del Fraycer*, 1327 (Lozère, G. 99). — *Fraxinus*, 1464 (Bibl. nat., ms. lat., n. acq., 1223, f° 185). — *Le Fraisse*, 1888 (carte adm.).

FRAYSSE (LE), f., cne de Dunières. — *Locus de Fraxino Duneriæ*, 1469 (Rivière, nre). — *Lou Fraysse*, 1553 (Rhône, D. 185).

FRAYSSE (LE), vill., cne de Laussonne. — *Fraxinus*, 1255 (cart. du Monastier, n° 449). — *Terra del Fraisses*, 1256 (év.). — *Mansus de Fraisse*, 1258 (cart. du Monastier, n° 450). — *Lo Fraysse*, 1259 (Monastier). — *Frayssinus capituli Anicii*, 1384 (Bibl. nat., ms. lat., 10903, f° 40). — *Locus del Fraycer*, 1389 (plumit. de Bouzols). — *Le Fraixe du Fortdoyen*, 1506 (Médicis, II, 302). — *Mansus de Fraxino Laussonœ*, 1527 (cad. du Monastier). — *Lo Fraixe de Laussonne*, 1561 (Savin, nre). — *Le Fraisse-Fordoyen*, 1640 (Robert, nre).

FRAYSSE (LE), vill., cne du Monastier. — *Villa del Fraysser, mand. Castri Novi*, 1299 (cart. de Mazan, f° 83 v°). — *Fraxinus*, 1501 (Arcis, nre). — *Lou Fraixe*, 1547 (Chaulet, nre). — *Le Fraysse-d'Arvac*, 1785 (Julien, nre). — *Le Fraysse-d'Arouac*, 1820 (Deribier).

FRAYSSE (LE), vill., cne de Riotord.

Fraysse (Le), vill., c^ne de Saint-Georges-Lagricol. — *Villa quæ Fraxinus appellatur*, 1021 (cart. de Chamalières, n° 240). — *In Fraise*, 1163 (*id.*, n° 77). — *Ad Fracsinum*, xiie s. (*id.*, n° 323). — *De Fraccio, lo Fraisse, le Fraice*, 1213 (*idem*, n° 334). — *Lo Fraycer*, 1327 (Saint-Mayol). — *Locus de Fraxino Mercadili*, 1447 (terrier de Piassac). — *Freysser*, 1507 (év.). — *Fraixer, Fraiser*, 1543 (terrier de G. de Coysse). — *Fraixe*, 1569 (terrier de N.-D. de Chalencon). — *Fraisse*, 1880 (carte adm.).

Fraysse (Le), h., c^ne de Saint-Jeure. — *Lo Fraycer*, 1343 (Rhône, H. 2632).

Fraysse (Le), vill., c^ne de Saint-Julien-Chapteuil. — *Lo Fraisser*, 1296 (homm. de l'év.). — *Mansus del Frayssec*, 1336 (Saint-Agrève). — *Fraxinus*, 1345 (J. de Peyre, n^re). — *Le Frayce de Chapteulh*, 1545 (Savin, n^re). — *Le Fraixe-lès-Chapteulh*, 1604 (Gualien, n^re).

Fraysse (Le), vill., c^ne de Saint-Victor-Malescours.

Fraysse (Moulin-du-), m^in sur l'Ourbe, c^ne de Champclause. — *Molendinum de Chanclausa*, 1343 (Rhône, H. 1016).

Fraysse-Bas (Le), m^in sur le Lignon, c^ne de Bauzac. — *Lo molin dou Fraixe*, xvie s. (obit. de Bauzac). — *Fresset-Bas*, xviiie s. (Cassini). — *Fraisset-Bas*, 1860 (état-major).

Fraysse-Haut (Le), h., c^ne de Bauzac. — *Domus de Fraxino, grangia del Fraycet* ou *Fraycer*, 1273 (cart. du Monastier, app., n° 458; hospitaliers du Velay, n° 57). — *Le Fraixe de Monestier*, 1506 (Médicis, II, 302). — *Le chasteau du Fraixe, membre dépendant de l'abbaye du Monastier*, 1552 (Nicolas, n^re). — *Le Fraixe de Loucéa*, 1608 (Barry, n^re). — *Fresset-Haut*, xviiie s. (Cassini). — *Fraisset-Haut*, 1860 (état-major).

Fréchet, m. i., c^ne de Lapte.

Fredeyre (La), f., c^ne de Laussonne.

Freide-Maison, vill., c^ne de Connangles. — *Mansus de Frigidis Domibus*, 1370 (Arch. nat., L. 989). — *Freydamaisons*, 1561 (J. Chalvon, n^re). — *Froidemaison*, 1888 (carte adm.).

Freideville, écart, c^ne de Saint-Victor-sur-Arlanc. — *Friginvilla*, 938 (cart. de Chamalières, n° 256). — *Frideville*, 1888 (carte adm.).

Freissenet, vill., c^ne de Lissac. — *Fraicinet-la-Lebouze*, 1343 (homm. de l'év.). — *Fraicenet*, 1464 (prieuré de Polignac). — *Fraycinetum*, 1472 (Maltrait, n^re). — *Freycenet en Auvergne*, 1574 (Haute-Loire, E.). — *Freyssenet-la-Lebouze*, 1584 (Haute-Loire, E.). — *Freycenet-la-Liboux*, 1777 (Haute-Loire, B. 90).

Frelon, m. i., c^ne de Saint-Just-Malmont.

Fressange (La), chât., c^ne de Saint-Didier-la-Séauve. — *Locus de Fressengia*, 1361 (coll. Chaleyer). — *La Frassengha*, 1461 (Rhône, H. 1180).

Fressange-Bas, quartier de Fressange-Haut, c^ne de Vazeilles-Limandres.

Fressange-Haut, c^ne de Vazeilles-Limandres. — *Villa... quæ vocatur Forsanguis*, 1025 (A. SS. O. S. B., sæc. vi, pars 1, 635; spic. Briv.; cart. de Cluny, ch. 2788). — *Mansus de Freyssengias*, 1321 (spic. Briv.). — *Freyssenges*, 1479 (Bibl. nat., ms. lat., n. acq., 1224, f° 232). — *Frayssenghas*, 1522 (Martel, n^re). — *La Fressange*, 1888 (Malègue).

Fretemiche, f., c^ne de Mazeyrat-Crispinhac. — xviiie s. (Cassini).

Frétisse (La), h., c^ne de Saint-Georges-Lagricol. — *La Fraytessa*, 1256 (év.). — *Fraytissa*, 1311 (Arch. nat., P. 1398[1], cote 650). — *La Fraytissa*, 1323 (J. de Peyre, n^re, reg. A, f° 16). — *La Freytissa*, 1507 (év.). — *La Fleytisse*, 1587 (M^ce Leblanc, n^re).

Freycenède (La), écart, c^ne de Laussonne. — *La Freyceneda*, 1507 (év.). — *La Freyceneto*, 1527 (cad. du Monastier). — *La Freycinède*, 1888 (Malègue).

Freycenet, h. et mine d'antimoine, c^ne d'Ally. — *Villa quæ dicitur Fraxeneto*, v. 1000 (cart. de Brioude, ch. 332). — *Fressenet*, xviiie s. (Cassini). Concession du 25 mars 1855.

Freycenet, vill., c^ne de Céaux-d'Allègre. — *Villa de Fraissenet*, 1263 (Martène, thes. nov. anecd., I, 1116). — *Fraycenetum*, 1359 (terrier de Jean de Cereys). — *Fressinet, Fressenet*, 1616 (Rhône, H. 2153).

Freycenet, h., c^ne de Monistrol-d'Allier. — *Villa de Freiceneto*, 1259 (Thiolent). — *Fraycenet*, 1304 (*idem*). — *Frayssinet*, 1499 (*idem*). — *Fraissinetum*, 1507 (*idem*). — *Frayssenet*, 1589 (*idem*).

Freycenet, vill., c^ne de Rauret. — *Freissenet-le-Menestier*, 1254 (Arch. nat., P. 1446). — *Fraisenetum*, 1289 (Arch. nat., P. 1398[1], cote 652). — *Fraycenetum de Arbore*, 1394 (év.). — *Fraycenetum de Benne*, 1456 (la Chaise-Dieu, Saint-Paul-de-Tartas). — *Freyssenet à l'Arbre*, 1569 (A. Boyer, n^re). — *Freycenet-de-l'Arbre*, 1622 (A. Robert, n^re). — *Freycenet-de-Rauret*, 1879 (aff. jud.).

Freycenet, l. détr., c^ne de Retournac. — *In Fraxineto, juxta montem Ibin*, 1167 (cart. de Chamalières, n° 86).

Freycenet (Le), h., c^ne de Riotord. — *Al Fraisenet*,

v. 1080 (cart. de Saint-Sauveur-en-Rue). — *Freycinet*, 1277 (*idem*).

Freycenet, vill., c^ne de Saint-Arcons-de-Barges. — *Villa de Fraysseneto*, 1281 (la Chaise-Dieu, Saint-Paul-de-Tartas). — *Freycenetum*, 1513 (pap. de Surrel). — *Freycinnet*, 1587 (*ibid.*). — *Fraissenet-des-Mazes*, 1623 (Cl. Peyret, n^re). — *Freycenet-des-Mazes*, 1734 (Haute-Loire, B. 46). — *Freissenet*, xviiie s. (Cassini).

Freycenet, vill., c^ne de Saint-Christophe-sur-Dolaison. — *Fraisenet*, v. 1170 (templiers du Puy). — *Freycenet juxta Sereyzet*, 1250 (év.). — *Freyssenetum*, 1309 (hôtel-Dieu, B. 162). — *Fraycenet*, 1324 (Saint-Georges du Puy). — *Frayssenetum prope S. Christoforum*, 1347 (J. de Peyre, n^re). — *Fraicenet*, 1408 (compois du Puy). — *Freyssenet-le-Conilh*, 1585 (Johanny, n^re). — *Freycenet-le-Conil*, 1633 (Barret, n^re).

Freycenet, h., c^ne de Saint-Georges-d'Aurac. — *Mansus de Frayssenet*, 1460 (Bibl. nat., ms. lat., n. acq., 1222, f° 138). — *Freissonnet*, 1515 (Vals-le-Chastel). — *Frissenet*, xviiie s. (Cassini).

Freycenet, vill., c^ne de Saint-Hilaire. — *Fragsineto, in aice Brivatensi* (cart. de Brioude, tables, cclxi). — *Fraxeneto* (*idem*, ccccxliiii). — *Frayssenet* (xive s., terr. de Grèzes). — *Mansus de Fraissonet lo Sobra, alias l'Hopital*, 1444 (cart. d'Azerat). — *Frayssenet Superior sive lo Sobeyran*, 1456 (*idem*). — *Frayssonet-l'Hopital lo Sobra*, 1497 (*idem*). — *Fressonet*, xviiie s. (Cassini).

Freycenet, vill., c^ne de Saint-Jeure. — *Fraissene*, 1281 (tit. de Bronac). — *Lo Freicinet de Braunac*, 1308 (homm. de l'év.). — *Freycenetum*, 1391 (cart. de Tence, f° 12).

Freycenet, h., c^ne de Saint-Vénérand. — *Freycenetum*, 1526 (A. Besseyre, n^re). — *Fraicenet*, 1540 (V. Brunel, n^re).

Freycenet, vill., c^ne de Saugues. — *Mansus de Fraycenet prope Rocos*, 1327 (Lozère, G. 99). — *Fraxinetum*, 1499 (Thiolent). — *Frayssenet de Salgue*, 1507 (*idem*). — *Freycenet*, 1539 (*idem*).

Freycenet, vill., c^ne de Tence. — *In vicaria Tencianense, in villa quæ dicitur Fraxineto*, v. 970 (cart. du Monastier, n° 89). — *Freicenet*, 1281 (homm. de l'év.). — *Fraissinet*, 1308 (*idem*). — *Freycenet*, 1507 (év.). — *Freycené*, 1556 (terrier de Montregard).

Freycenet, vill., c^ne d'Yssingeaux. — *Fracsenetum*, 1213 (cart. de Chamalières, n° 332). — *Fraycenetum d'Auza* (1451, Rhône, H. 2633). — *Freycenet-d'Auze*, 1603 (cad. du Chambonnet).

Freycenet-Lacuche, c^on du Monastier. — *Fraisenet lo Cuja*, 1220 (tabl. du Velay, 1876-77, 358). — *Freycenet-la-Cucha*, 1352 (Arch. nat., P. 1398², cote 668). — *Frayssenetum la Cucha*, 1440 (Arch. nat., P. 1397², cote 354). — *Freicenet-la-Cruche*, 1631 (ét. civ. de Chaudeyrolles). — *Le Petit-Freycenet*, 1768 (Haute-Loire, B. 81).

En 1789, Freycenet-Lacuche dépendait de la province du Velay, de la subdélégation et sénéchaussée du Puy. Son église, diocèse du Puy et archiprêtré de Monistrol-sur-Loire, avait été érigée en paroisse, en 1671, sous le vocable de saint Jean-Baptiste; l'évêque du Puy en était collateur.

Freycenet-la-Tour, c^on du Monastier. — *In villa Fraxineti*, v. 880 (cart. du Monastier, n° 65). — *Ecclesia de Fraiseneto*, 1179 (*ibid.*, app. n° 442). — *Sacerdos de Fressenet*, xiie s. (*ibid.*, app. n° 464). — *Terra de Fraysseneto*, 1259 (*ibid.*, app. n° 451). — *Villa de Freyseneto dicto Monzil*, 1263 (Monastier-Saint-Chaffre). — *Villa de Fraiceneto*, v. 1343 (cart. du Monastier, app., n° 452). — *Fraycenetum lo Monzial*, 1344 (év.). — *Castrum Freyceneti*, 1508 (Costavol, n^re). — *Locus de Frayceneto la Torre*, 1524 (cad. du Monastier). — *Fraycenetum Turis*, 1529 (Costavol, n^re). — *Frexenet-la-Tour*, 1565 (A. Boyer, n^re). — *Eccl. parrochialis S. Nicholai Freiceneti a Turre*, 1680 (Surrel, n^re). — *Monasterium S. Petri de Fraxineto feminarum prope Calmiliacum*, 1715 (nov. Gall. christ., II, 761). — *Le Grand-Freycenet*, 1880 (aff. jud.).

En 1789, Freycenet-la-Tour était compris dans la province du Velay, la subdélégation et sénéchaussée du Puy. Son église paroissiale, diocèse du Puy et archiprêtré de Monistrol-sur-Loire, était consacrée à saint Nicolas; l'abbé du Monastier présentait à la cure.

Freycenettes (Les), f., c^ne de Chadron.

Freyde (La), vill., c^ne d'Yssingeaux. — *Homines de la Freyda*, 1460 (Rhône, Bessamorel). — *La Freyde*, 1608 (cad. de Bonnas).

Freyde (La), ruiss., affl. de la Siaume, c^ne d'Yssingeaux. — *Ruiss. d'Allaux*, 1723 (cad. de Bellecombe).

Freydeyre (La), chât. détr., c^ne de Monistrol-d'Allier. — *La Freideira*, v. 1078 (cart. de Pébrac, n° 23). — *La Freidera*, 1219 (*idem*, n° 53).

Freydeyre (La), f., c^ne de Moudeyres. — *La Freydeyra*, 1524 (cad. du Monastier).

Freydeyre (La), vill., c^ne de Saint-Hostien. — *Mansus de la Freydeira*, 1309 (Bonneville). — *La Freydeyra*, 1329 (*idem*).

Freydier, m. i., c^ne de Riotord.

Freysselier, mont. boisée, c^ne de Saint-Étienne-Lardeyrol. — *Mons de Flasselher*, 1329 (Bonneville). — *Mansus de Flassilher*, 1343 (la Chaise-Dieu, liasse Saint-Étienne-Lardeyrol). — *Mons de Flacelier*, 1468 (Lardeyrol). — *Flacellier*, 1470 (Chamblas). — *Fressalher*, 1549 (Savin, n^re). — *Flaxadier*, 1555 (cad. de Mercœur). — *Flasselier*, 1609 (Robert, n^re).

FREYSSENET, vill., c^ne d'Arlempdes. — *Frayssenetum*, 1266 (Haute-Loire, E.). — *Fraycenetum*, 1463 (V. Chauvin, n^re). — *Fraissenet*, xviii^e s. (Cassini). — *Freycenet d'Arlempdes*, 1880 (aff. jud.). — *Freycenet*, 1888 (carte adm.).

FREYSSENET, vill., c^ne de Borne. — *Frayssenetum*, 1325 (J. de Peyre, n^re, reg. A, f° 117). — *Fraycenetum*, 1385 (terrier de Saint-Vidal). — *Freycenetum lo Boysso*, 1430 (hospit. du Velay). — *Freycenet de Loude*, 1574 (Haute-Loire, E.). — *Freyssenet le Buisson*, 1630 (Jacmon, 34).

FREYSSENET, dom., c^ne de Saint-Jean-de-Nay. — *Domus Miliciæ Templi de Fraissenet*, 1282 (templiers du Puy). — *Boria de Freysseneto domus Hospitalis S. Joh. Jer.*, 1414 (terrier de Saint-Vidal). — *Freycenet*, 1517 (Martel, n^re).

Commanderie des Templiers transférée, en 1313, aux Hospitaliers et devenue membre de la commanderie de Devesset.

FREYTIS (LES), h., c^ne de Beaulieu. — *Lo Fraytis*, 1330 (hôtel-Dieu, B. 436). — *Lo Fraytis*, 1331 (J. de Peyre, n^re). — *Locus del Freytis*, 1462 (Maltrait, n^re). — *Lo Fretis*, 1541 (Chamblas). — *Le Freytitz*, 1571 (Cl. Girard, n^re). — *Les Fritilz*, 1714 (cad. de Laval-Emblavès). — *Les Frétis*, 1820 (Deribier).

FREYTISSE (LA), h., c^ne de Bauzac. — 1309 (homm. de l'év.). — *Mansus de la Freytissa*, 1346 (Arch. nat., P. 490³, cote 229). — *La Freytisse*, xvie s. (obit. de Bauzac). — *La Frétisse*, 1820 (Deribier).

FRIDEYRE (LA), écart, c^ne de Chassignolles.

FRIDIÈRES, h., c^ne d'Ally. — *Freydières* (cad.).

FRIGEON, h., c^ne de Malvalette.

FRIMAS, vill., c^ne de Craponne-sur-Arzon. — *Ad Firmos*, 985 (cart. de Chamalières, n° 266). — *Frimas*, 1522 (Saint-Georges du Puy). — *Frimatz*, 1695 (capitation).

FRIOLE (LA), m. i., c^ne de Connangles.

FRISSONÈDE (LA), h., c^ne de Laval.

FRISSONET, vill., c^ne de Cistrières. — *Frayssenet*, 1449 (terrier de Clavelier). — *Fraissenet*, 1454 (la Chaise-Dieu, doyenné). — *Freissonet*, 1561 (J. Chalvon, n^re). — *Freycenet*, 1695 (Robert, n^re).

FRISSONNET, étang desséché, c^ne de Saint-Pal-de-Chalencon. — *L'estang du seigneur de Sainct-Paul*

app. *Fraissonnet*, 1540 (terrier de Saint-Pal). — *Freissones*, 1581 (terrier de Frissonnet).

FROMAGE (MAISON-), m. i., c^ne de Monistrol-sur-Loire.

FROMAGET, loc. détr., c^ne de Saint-Éble. — *Mansus de Fromaget*, 1463 (terrier de Vissac).

FROMENT, f., c^ne de Saint-Étienne-Lardeyrol.

FROMENTAL, m. i., c^ne d'Yssingeaux.

FROMENTAL (LE), vill., c^ne de Saint-Jeure.

FROMENTAL (LE), h., c^ne d'Yssingeaux. — *Le Fromentailh*, 1600 (M^ce Leblanc, n^re).

FROMENTI, vill. et mine d'antimoine, c^ne de Chanteuges. — *Mansus de Fromenti*, 1469 (Bibl. nat., ms. lat. n. acq., 1223, f° 347). — *Fromenty*, 1481 (Arch. nat., Q. 513, f° 55). — *Fromentinum*, 1523 (*idem*, f° 144).

FRONTENAC, vill., c^ne de Grazac. — 1299 (homm. de l'év.).

FRONTÈS, vill., c^ne de Monlet. — *Villa de Froncills*, 1252 (templiers du Puy). — *Fronteylhs*, 1285 (spic. Briv.). — *Frontcelhs, Fronteilhs*, 1513 (J. Boyer, n^re). — *Froute*, xviiie s. (Cassini).

FRONTÈS (MOULIN-DE-), m^in, c^ne de Monlet.

FRONTILLES (LES), lieu dit, près Frontès, c^ne de Monlet. — *Territorium de las Frontilhas*, 1418 (communic. de M. E. Grellet de la Deyte). — Terroir où l'on a découvert des antiquités romaines.

FRONVEL, h., c^ne de Saint-Didier-sur-Doulon. — *Front-Veilh*, 1561 (J. Chalvon, n^re). — *La Frouvelle*, 1820 (Deribier).

FRUGEROLLES, vill., c^ne de Fontannes. — *Frodiairolas*, v. 1060 (cart. de Brioude, ch. 59). — *Frotgeyrolas*, xive s. (terrier des Grèzes). — *Frugerolas*, xve s. (*idem*). — *Frugeirolles*, 1612 (terrier de la Vaudieu). — *Frugerol* (cad.).

FRUGÈRES-LES-MINES, c^on d'Auzon. — *Villa Frogerias*, 937 (cart. de Brioude, ch. 74). — *Præceptor domus Frotgeriarum, ord. B. Anthonii*, 1272 (Gall. christ., II, instr., c. 139). — *Frutgeriæ*, 1281 (J. Lachenal, l'égl. de Br., 25). — *Domus de Frutgeyras*, 1371 (Arch. nat., P. 1375², cote 2539). — *Præceptoria generalis Arverniæ sive de Frugieres*, 1490 (la Chaise-Dieu, Bourges). — *Frugeres*, xviiie s. (Cassini).

En 1789, Frugères-les-Mines faisait partie de la province d'Auvergne, de l'élection d'Issoire, de la subdélégation de Lempdes et du ressort de Riom. Son église paroissiale, diocèse de Saint-Flour et archiprêtré de Brioude, était sous l'invocation de saint Antoine; l'évêque de Saint-Flour en était collateur.

FRUGES, vill., c^ne de Sainte-Sigolène.

FRUGES, vill., c^ne de Saint-Pal-de-Mons. — *Frocze,*

1341 (coll. Chaleyer). — *Froucze*, 1363 (*idem*). — *Frotge*, 1465 (Rivière, n^re). — *Frugy*, 1507 (év.).

Frugières-le-Pin, c^on de Paulhaguet. — *Villa Frodegarias, in aice Brivatense*, 819 (bibl. de l'éc. des ch., xxvii, A. Bruel, chrou. du cart. de Brioude, p. 507). — *Villa de Frogeras*, v. 1250 (spic. Briv.). — *Frotgerias*, v. 1260 (Arch. nat., J. 1031, n° 2). — *Frotgeres*, 1379 (compte de B. Flotenc). — *Frutgeres*, 1398 (compte de B. Sannadre). — *Frugieres*, 1401 (spic. Briv.).

En 1789, Frugières-le-Pin dépendait de la province d'Auvergne, de l'élection et subdélégation de Brioude et du ressort de Riom. Son église paroissiale, diocèse de Saint-Flour et archiprêtré de Brioude, était dédiée à saint Julien; la prieure de la Vaudieu présentait à la cure.

Par décision préfectorale du 16 juin 1896, cette commune a été autorisée à prendre le nom de Frugières-le-Pin, au lieu de Frugères-le-Pin.

Fugènes, vill., c^ne de Saint-Martin-de-Fugères. — *Villa quæ dicitur Falgerias, in pago Vellaico*, v. 1000 (cart. du Monastier, n°s 187 et 205). — *Villa de Feugeriis*, 1293 (cordeliers). — *Feugeyras*, 1408 (compois du Puy). — *Feugieres*, 1547 (Chaulet, n^re). — *Faugières*, 1580 (A. Boyer, n^re). — *Fougeyres*, 1604 (Leblanc, n^re). — *Feugères*, 1785 (Julien, n^re).

Fultin, h., c^ne de Saint-Julien Molhesabate. — *Le Fulletin*, 1888 (Malègue).

Furet (Le), écart, c^ne de Langeac.

Fustesse, vill., détr. par la peste en 1720, c^ne d'Ally.

Fuvelle, f., c^ne de Saint-Romain-Lachalm.

Fuvelloux, f., c^ne de Saint-Romain-Lachalm.

Fuvette (Moulin-de-), m^in, c^ne de Varennes-Saint-Honorat.

G

Gachat, mont., c^ne de Vernassal.

Gaches, f., c^ne de Saint-Bonnet-le-Froid. — *Gachas*, 1468 (Rivière, n^re). — *Gaches*, 1553 (ress. de Montfaucon).

Gadaix, h., c^ne de Collat. — *Gaday*, 1888 (carte adm.).

Gaffet (Le), f., c^ne des Estables.

Gagères (Les), f., c^ne de Saint-Romain-Lachalm. — *Les Gagaires*, 1888 (Malègue).

Gagnaire, m. i., c^ne d'Yssingeaux.

Gagne, h., c^ne de Mazeyrat-Chrispinhac. — *Gaigne*, 1576 (terrier du Cluzel).

Gagne, h., c^ne de Saint-Germain-Laprade. — *Gotmia*, 1243 (hôtel-Dieu, B. 5). — *Gomnia*, 1264 (*ibidem*, B. 7). — *Ganha*, 1412 (terrier du Moulin-Neuf). — *Gompnhe*, 1508 (Domin, n^re). — *Gonha*, 1509 (Lardeyrol). — *Gampnha*, 1533 (hôtel-Dieu). — *Gainhe*, 1540 (Savin, n^re). — *Gaigne*, 1555 (cad. de Mercœur).

Gagne (La), ruiss. qui prend naissance aux Rivets, c^ne de Cayres, et afflue à la Loire au moulin de la Crotte, c^ne de Cussac. — *In Gomias*, v. 889 (cart. du Monastier, n° 67). — *Rivus de Gompnha*, 1352 (prieuré de Solignac). — *Gonha*, 1531 (Dompnin, n^re). — *Ganhe*, 1569 (Doleson, n^re). — *Russeau de Gonhe*, 1587 (Sigaud, n^re).

Gagne (La), ruiss. qui prend sa source au lac de Saint-Front, délimite les c^nes de Saint-Julien-Chapteuil et de Lantriac, traverse la c^ne de Saint-Germain-Laprade et se jette dans la Loire à la limite des c^nes de Coubon et de Brives-Charensac. — *Aqua de Gompnha*, 1349 (Saint-Mayol). — *Gomha*, 1412 (terrier du Moulin-Neuf). — *Rivus de Gomha, Gonhia*, 1455 (Dr Charreyre). — *Rif de Gaigne*, 1696 (cadastre de Montusclat). — *La Ganhe*, 1707 (cadastre de Bouzols).

Gaillard, f., c^ne du Chambon.

Gaillard, écart, c^ne de Rosières. — *Territorium deus Galhardos*, 1319 (hôtel-Dieu, B. 403). — *Galhardz*, 1597 (Galien, n^re). — *Gaillard*, 1714 (cad. de Laval-Emblavès).

Gaillard, h., c^ne de Tiranges.

Gaillard (Moulin-de-), m^in sur le Gougoussac, c^ne de Cronce.

Gaillarde (La), vill., c^ne de Saint-Jeure. — *La Gailharde*, 1553 (ress. de Montfaucon). — *La Galliarde*, 1772 (ét. civ.).

Gaillardes (Les), loc. détr., c^ne de Mazerat-Aurouze. — *Locus de las Galhardes*, 1455 (la Chaise-Dieu, Mazerat-Aurouze).

Gaillardon, h., c^ne de Domeyrat. — *Galhardo*, 1464 (Bibl. nat., ms. lat., n. acq., 1223, f° 158 v°). — *Galiardoux* (cad.). — *Gaillardou*, 1888 (Malègue).

GAILLARDS (LES), l. détr., c^{ne} de Roche-en-Régnier. — *Locus deus Galhartz prope Ruppem*, 1406 (terrier du Bois). — *Locus doux Galhiars*, 1500 (coll. C. Falcon).

GALAMANDIER, c^{ne} de Moudeyres. — *Locus de Galamandeschas prope locum de Mouderiis*, 1524 (cad. du Monastier). — *Chalamandier*, xviii° s. (Cassini).

GALAND, m. i., c^{ne} de Laussonne.

GALAND, m. i., c^{ne} de Montregard.

GALANDRES (LES), f., c^{ne} de Saint-Georges-Lagricol. — *La Gualandes*, 1325 (la Chaise-Dieu, Saint-Georges-Lagricol). — *El Galandeys*, 1447 (terrier de Piassac). — *Les Galendes*, xviii° s. (Cassini).

GALATIER, h., c^{ne} de Saint-Jeure. — *La Gallateyra*, 1548 (Rhône, H. 2634) — *La Galateyre, alias Argentolleyres*, 1626 (idem., H. 2732). — *Les Galateires*, 1778 (ét. civ.).

GALAVEL, h., c^{ne} de Malrevers. — *Galavellum*, 1387 (év.). — *Gallavel*, 1470 (Chamblas). — *Guallavel*, 1555 (cad. de Mercœur).

GALENDRES (LES), ruiss., prend sa source à l'ouest de Craponne-sur-Arzon et se jette dans le Lembron au sud-ouest du Bouchet, c^{ne} de Saint-Georges-Lagricol. — *Aqua del Gualandes*, 1325 (la Chaise-Dieu, Saint-Georges-Lagricol). — *Rivus app. del Galandeys*, 1447 (terrier de Piassac). — *Le rif doux Gallandes*, 1567 (terrier de Notre-Dame de Chalencon). — *Ruiss. dou Galandes*, 1698 (Devinols, n^{re}).

GALLAND, écart, c^{ne} de Rosières.

GALLY, h., c^{ne} de Tiranges. — *Le Gally*, 1614 (coll. C. Falcon). — *Le Galy* (cad.).

GALLY (MOULIN-DE-), mⁱⁿ sur l'Ance, c^{ne} de Tiranges.

GALONTIÈRE, l. détr., c^{ne} de Saint-Ilpize. — *Golonteyres*, xviii° s. (Arch. nat., T. 142°).

GAMBY, écart, c^{ne} d'Yssingeaux.

GAMON, f., c^{ne} de Vorey. — *Mansus de Champmeses*, 1311 (Arch. nat., P. 1399¹, c. 783). — *Chommazes*, 1695 (capitation). — *Chomazet*, xviii° s. (Cassini). — *Le lieu de Gamon, Chomazel ou la Prade*, 1793 (ét. civ.). — *Gamoux*, 1869 (Malègue).

GAMOUNET, h., c^{ne} de Saint-Bonnet-le-Froid. — *Locus de Gamonet*, 1467 (Rivière, n^{re}). — *Guamonnet*, 1553 (ress. de Montfaucon). — *Gambonnet* (cad.).

GAMPILLE (LA), ruiss., affl. de l'Ondaine près Firminy (Loire), prend sa source au sud-ouest de la c^{ne} de Saint-Just-Malmont. — *Ryo de Gampylhie*, 1551 (coll. Chaleyer). — *Rieu de Gampilhie*, 1556 (idem).

GANDIL, l. détr., c^{ne} de Sainte-Sigolène. — *Candit*, xviii° s. (Cassini).

GANDOULET, m. i., c^{ne} des Estables.

GANGAT, mⁱⁿ sur l'Arzon, c^{ne} de Chomelix.

GANILLON, vill., c^{ne} de Pébrac. — *Mansus de Ganillo*, 1134 (cart. de Pébrac, n° 31). — *Ganillou*, xii° s. (idem, n° xlvi, 34). — *Villa de Mongavillo (Monganillo)*, 1275 (Gall. christ., II, inst., col. 159). — *Ganilho*, 1351 (Thiolent). — *Ganhillo*, 1464 (idem). — *Ganillou*, 1820 (Deribier).

GARAIT (LE), m. i., c^{ne} de Lapte. — *Le Garat*, 1878 (carte adm.).

GARAY (LE), écart, c^{ne} de Chamalières.

GARAY (LE), écart, c^{ne} de Coubon. — *Le Garayt*, 1820 (Deribier).

GARAY (LE), h., c^{ne} de Rosières. — *Loux Garayts*, 1309 (cart. de Chamalières, p. 131). — *Guaraytum*, 1391 (év.). — *Lo Garayt*, 1507 (év.). — *Le Garait*, 1714 (cad. de Laval-Emblavès).

GARAY-SAINT-JEAN (LE), lieu dit, c^{ne} du Puy. — *Territ. vulg. app. lo Champ-S.-Johan prope domum S. Johannis Jerusalem*, 1344 (J. de Peyre, n^{re}). — *Le Garait-S.-Jehan*, 1526 (Médicis, II, 202).

GARAYT-LA-ROCHE (LE), h., c^{ne} de Saint-Julien-Chapteuil. — *Lo Garayt la Rocha*, 1501 (coll. C. Falcon). — *Garayt-la-Roche*, 1685 (cad. de Chapteuil-Bas).

GARDAILLAC, vill., c^{ne} de Tence. — *Cardaillac*, 1258 (Rhône, D. 153). — *Gardilias*, 1326 (év.). — *Gardalhacum*, 1400 (cart. de Tence, f° 15). — *Gardallac*, 1507 (év.). — *Gardaliac*, xviii° s. (Cassini).

GARDE (LA), mont., c^{ne} d'Agnat.

GARDE (LA), h., c^{ne} d'Autrac.

GARDE (LA), bois, c^{ne} d'Auvers. — *La Garde ou les Combes*, 1876 (état adm. des forêts).

GARDE (LA), h., c^{ne} d'Espalem. — *La Garda*, 1161 (spic. Briv.). — *Mansus de la Garde*, 1440 (Bibl. nat., ms. fr., 11490, f° 238). — *La Gaude*, 1511 (coust. d'Auv., f° 81).

GARDE (LA), vill., c^{ne} de Léotoing. — 1516 (la Chaise-Dieu, Chambezon).

GARDE (LA), f., c^{ne} de Monistrol-d'Allier. — *La Garde*, 1448 (spic. Briv.). — *La Garda, la Guarda*, 1499 (Thiolent). — *Lagarde*, 1820 (Deribier).

GARDE (LA), mont., c^{nes} de Monistrol-sur-Loire et des Villettes.

GARDE (LA), f., c^{ne} de Présailles. — *La Garde de Breisse*, 1695 (capitation). — *La Garde ou Présailloux*, 1820 (Deribier).

GARDE (LA), vill., c^{ne} de Saint-André-de-Chalencon. — *Garda*, 1213 (cart. de Chamalières, n° 328).

— *La Garda*, 1293 (Arch. nat., P. 491[1], c. 13).
— *Gardia*, 1310 (Arch. nat., P. 1397[3], c. 595).
— *Lagarde* (cad.).

GARDE (LA), bois, c^ne de Sainte-Marie-des-Chazes.

GARDE (LA), f., c^ne de Sainte-Sigolène.

GARDE (LA), mont., c^ne de Saint-Étienne-du-Vigan. — *Podium de Entressaco ante turrim de Benna*, 1402 (Arch. nat., P. 1399[1], cote 751).

GARDE (LA), m^in sur la Sumène, c^ne de Saint-Pierre-Eynac.

GARDE (LA), mont., c^ne de Saint-Vert. — *Lo Suc de la Garda*, 1341 (terrier de Charbonnier).

GARDE (LA), mont., c^ne de Tailhac. — *Ante Talliacum, alla Gayda*, v. 1130 (cart. de Pébrac, n° 33).

GARDE (SUC DE), mont., c^nes de Saint-Étienne-Lardeyrol et de Saint-Germain-Laprade. — *Cuspis de Gardes*, 1470 (Chamblas). — *Le suc de Gardes*, 1555 (cad. de Mercœur).

GARDE-DE-CHADERNAC (LA), mont. boisée, c^ne du Brignon. — 1587 (Sigaud, n^re).

GARDE-DE-COUBLADOUR (LA), mont. boisée, c^ne de Loudes.

GARDE-DE-LANIAT (LA), mont., c^ne de Siaugues-Saint-Romain. — *Territ. de la Garda de Lampnhac*, 1462 (Bibl. nat., ms. lat., n. acq., 1223, f° 54).

GARDE-DE-LANTHENAS (LA), mont., c^ne de Loudes.

GARDE-DE-LOUDES (LA), mont., c^ne de Loudes.

GARDE-DE-MONS (LA), mont., c^ne d'Ours-Mons. — *Mons fractus qui est supra Mons*, 1305 (Saint-Georges du Puy). — *La garde de Montfrays*, 1587 (Doleson, n^re). — *Montfraict*, 1638 (Demans, n^re).

GARDE-DE-MONTIGNAC (LA), mont., c^ne de Vernassal. — *Garda de Montanhaco*, 1495 (coll. C. Falcon).

GARDE-DE-MOTET, montic. boisé, c^ne de Bains. — *Motet*, 1142 (cart. de Pébrac, n° 77). — *Motetz*, v. 1213 (templiers du Puy).

GARDE-DE-SAINT-ARCONS (LA), mont., c^ne de Saint-Arcons-d'Allier. — *Le terrer de la Garde de S. Arcons*, 1475 (Bibl. nat., ms. lat., n. acq., 1224, f° 97 v°).

GARDE-DE-TALOBRE (LA), mont. boisée, c^ne de Saint-Christophe-sur-Dolaison. — 1582 (terrier du doyenné).

GARDE-DE-VOURZAC (LA), mont., c^ne de Sanssac-l'Église.

GARDE-D'EYCENAC (LA), mont., c^ne de Saint-Christophe-sur-Dolaison. — *En la Garde*, 1545 (coll. C. Falcon). — *Mont-Pelé*, 1793.

GARDE-D'OURS (LA), mont., c^ne d'Ours-Mons. — *Lachalm de Garmentes*, 1224 (tabl. de la Haute-Loire, 1870-71, 253). — *La Garda de Garmentes*,

1296 (Saint-Georges du Puy). — *La Champ de Garamentes*, 1626 (Brunel, n^re).

GARDELLE (CROIX-DE-LA), mont., c^ne de Thoras. — *Les Ambessiez ou les Gardilles*, 1564 (chart. du Thiolent). — *Croix-de-la-Gardille*, xviii° s. (Cassini).

GARDE-MIDI (LA), m. i., c^ne des Villettes.

GARDE-NORD (LA), m. i., c^ne des Villettes.

GARDÈS, m. i., c^ne de Blavozy.

GARDES (LES), f., c^ne des Estables. — 1741 (ét. civ.). — *Les Gardès*, 1888 (cart. adm.).

GARDES (LES), vill., c^ne de Saint-Jeure.

GARDETTE (LA), loc. détr., c^ne de Saint-Didier-la-Séauve. — *Terra de la Gardeta*, 1310 (coll. Chaleyer). — *Locus de la Gardata prope S. Desiderium*, 1367 (idem).

GARDETTE (LA), cimetière, à Saugues. — *La Gardette*, 1564 (Thiolent). — *La Chappelle-S.-Claude, dite la Guardette*, xviii° s. (Lozère, G. 2062).

GARE (LA), m. i., c^ne d'Alleyras.

GARE (LA), m. i., c^ne de Cerzat.

GARE (LA), m. i., c^ne de Chamalières.

GARE (LA), m. i., c^ne de Frugières-le-Pin.

GARE (LA), m. i., c^ne de Mazeyrat-Crispinhac.

GARE (LA), m. i., c^ne de Saint-Julien-des-Chazes.

GARE (LA), m. i., c^ne de Salzuit.

GARE-DE-FIX (LA), m. i., c^ne de Sainte-Eugénie-de-Villeneuve.

GARENDON (MAS-DE-), écart, c^ne de Cussac. — *La Garindoune*, xviii° s. (Cassini).

GARENNE (ILE-DE-LA), formée par la Loire, c^ne de Bas.

GARENNE (LA), mont., c^ne d'Agnat.

GARENNE (LA), affl. de la Senouire près la gare de Frugières-le-Pin.

GARETTES (LES), h., c^ne du Mazet-Saint-Voy.

GARGARIDE, bois, c^ne de Saint-Front. — *Boschus Gargarida*, v. 1000 (cart. du Monastier, n° 255).

GARILLOU, m. i., c^ne du Pertuis.

GARMENTES, l. détr., c^ne d'Ours-Mons. — *Infirmaria sita in calma de Garmentes*, 1321 (Saint-Agrève). — *Malautaria de Papalenga, sita in territ. de Garmentes*, 1333 (idem).

GARNASSE (LA), mont. boisée, c^ne de Mézères.

GARNASSE (LA), m. i., c^ne de Montclard.

GARNASSE (LA), vill., c^ne de Saint-Geneys-près-Saint-Paulien. — *La Garnassa*, 1359 (terrier de P. Ravoux).

GARNASSE (LA), m. i., c^ne de Saint-Hostien.

GARNASSE (LA), écart, c^ne de Saint-Jean-Lachalm. — *Le Suc de Peygros*, 1881 (aff. jud.).

GARNASSE (LA), f., c^ne de Saint-Julien-du-Pinet.

Garnasses (Les), m. i., c⁰ᵉ de Bessamorel.

Garnaux (Les), mᵉˢ détr., près les Bineyres, cⁿᵉ de Bains. — 1401 (hospitaliers du Velay).
Dépendance du membre de Chantoin.

Garnier, h., cⁿᵉ de Collat.

Garniers (Les), dom., cⁿᵉ de Lissac. — 1581 (J. Dolezon, nʳᵉ).

Garnigoule, vill., cⁿᵉ de Lubilhac.

Gascon (Lou), m. i., cᵘᵉ de Saint-Étienne-Lardeyrol.

Gascon (Suc du), mont., cⁿᵉ de Saint-Étienne-Lardeyrol.

Gauchers (Les), f., cⁿᵉ de Saint-Julien-du-Pinet.

Gaud, h., cᵘᵉ de Desges. — Mansus de Goalt, 1460 (Bibl. nat., n. acq., 1222, fᵒ 134 vᵒ). — Gouauld, 1574 (terrier de Meyronne). — Goault, 1588 (terrier d'Auvers). — Goau, 1820 (Deribier). — Le Gaud, 1888 (carte adm.).

Gaud, m. i., cⁿᵉ du Pont-Salomon.

Gaud, m. i., cⁿᵉ de Saint-Ferréol-d'Auroure.

Gaud (Le), f., cⁿᵉ de Pinols. — Pagesia del Galt, 1486 (terrier de Tailhac).

Gaudon, h., cⁿᵉ du Pont-Salomon.

Gaudy (Le), ruiss., affl. du Bertrot, cⁿᵉˢ de Roche-en-Régnier et de Saint-André-de-Chalencon. — Ruiss. d'Orsignac, 1879 (carte adm.).

Gauthier, m. i., cⁿᵉ de Saint-Romain-Lachalm.

Gauthier (Moulin-de-), mᵉ sur le Vourzac, cᵘᵉ de Sanssac-l'Église.

Gavançon, vaine, cⁿᵉ du Bouchet-Saint-Nicolas.

Gavier, m. i., cⁿᵉ de Blavozy.

Gay, m. i., cᵘᵉ de Saint-Julien-Molhesabate. — Gajet, 1820 (Deribier).

Gay (Le), écart, cⁿᵉ de Connangles.

Gazeille (La), ruiss., prend naissance près de Lamouroux, cᵘᵉ des Estables, et se jette dans la Colence au sud de la Besseyrole-Haute, cᵘᵉ du Monastier, après avoir traversé la cⁿᵉ de Freycenet-la-Tour. — Aqua de Stabulis, 1263 (Saint-Chaffre). — Rivus de la Gasella, 1526 (terrier du Monastier). — La Gazelle, 1646 (cad. de Saint-Front).

Gazeille (La), affl. de la Borne au nord-ouest de la Rochelambert, cⁿᵉ de Saint-Paulien, prend sa source dans la cⁿᵉ de Vazeilles-Limandres et traverse celle de Lissac. — Le Chambon ou Ouzou (cad.). — L'Eauzon, 1888 (carte adm.).

Gazelettes (Les), f., cⁿᵉ des Estables.

Gazelle (La), ruiss. qui prend naissance au-dessus d'Hontès-Haut, cⁿᵉ de la Besseyre-Saint-Mary, et se jette dans la Dège, au-dessus d'Hontès-Bas. — Rivus dictus vulgariter de la Gazella, 1373 (la Chaise-Dieu, la Chapelle-Geneste).

Gazelle (La), f., cⁿᵉ de Desges. — Pratum de la Gazela, 1257 (cart. de Pébrac, nᵒ 76).

Gazelle (La), lieu dit, cⁿᵉ du Puy. — Ouchia dicta d'Engazelas sive ouchia Templi, 1343 (J. de Peyre, nʳᵉ).

Gazelle (La), vill., cⁿᵉ de Saint-André-de-Chalencon. — Villa de la Gazela, xiᵉ s. (cart. de Chamalières, nᵒ 214). — La Guazela, 1213 (idem, nᵒ 337).

Gazelle (La), loc. détr., cⁿᵉ de Saint-Front. — xviiiᵉ s. (Cassini).

Gazelle (La), m. i., cⁿᵉ de Saint-Pierre-Eynac.

Gazelle (La), ruiss., affl. de l'Allier, cⁿᵉ de Saint-Préjet-d'Allier.

Gazelle (Moulin-de-la), mᵉ ruiné, sur la Bruère, cⁿᵉ de Roche-en-Régnier.

Geay, écart, cⁿᵉ de Coubon. — Ghail, 1575 (A. Boyer, nʳᵉ). — Le Jal, 1707 (cad. de Bouzols). — Geay, xviiiᵉ s. (Cassini). — Jayx, 1820 (Deribier).

Gendriac, chât. et dom., cⁿᵉ de Coubon. — Jandriacus, v. 1150 (Saint-Georges du Puy). — Jandriac, 1220 (hôtel-Dieu, B. 130). — Fortalicium de Jandriaco, 1274 (Saint-Georges du Puy). — Gendriacus, 1306 (tabl. du Velay, 1875-76, 521). — Gendriac, 1561 (Médicis, I, 501).
Fief vassal de la baronnie de Bouzols.

Genebrades (Les), h., cⁿᵉ de Saint-Hostien.

Genebret, h., cⁿᵉ de Bessamorel.

Genebret, lieu dit, cⁿᵉ de Brives-Charensac. — Territorium de Jenebret sive de Monte Rotundo, 1310 (Saint-Vosy). — Janebret, 1367 (Saint-Agrève).

Genebret (Moulin-de-), mᵉ sur le Truisson, cⁿᵉ de Bessamorel.

Genebrière (La), bois, cⁿᵉ de Siaugues-Saint-Romain.

Genebroux, f., cⁿᵉ du Chambon.

Génébrouze, f., cⁿᵉ du Mas-de-Tence.

Genest (Le), h., cⁿᵉ du Chambon. — Janestum, 1343 (Rhône, H. 1016). — Territorium de Genesto, 1343 (idem). — Lo Jenest ou Genest, 1404 (Rhône, Devesset).

Geneste, m. i., cⁿᵉ d'Yssingeaux.

Genestière (La), m. i., cⁿᵉ de Domeyrat.

Genestoux, h., cⁿᵉ de Champagnac.

Genestoux (Vès-), f., cⁿᵉ de Saint-Front.

Genestouze, vill., cⁿᵉ de Saint-Haon. — Mansus de Genestozas, 1323 (J. de Peyre, nʳᵉ). — Genestoza, 1331 (la Chaise-Dieu, Saint-Paul-de-Tartas). — Jenestoze, 1523 (prieuré d'Alleyras). — Ginestoze, 1551 (idem).

Genestouze (Le), affl. de l'Allier, cⁿᵉ de Saint-Haon.

Genêt (Le), f., cⁿᵉ de Dunières. — Le Genest, 1615

(Rhône, D. 185). — *Les Jenets*, xviii° s. (Cassini). — *Les Genets*, 1860 (état-major). — *Le Géney*, 1879 (carte adm.).

Genève, l. détr., près les Allirols, c⁰ᵉ de Coubon. — *Le domaine de Genève*, 1707 (cad. de Bouzols).

Genève, écart, c⁰ᵉ de Présailles. — *Genera*, 1364 (Thiolent). — *Genere*, 1699 (cad. de Vachères).

Genilhade (La), l. détr., c⁰ᵉ de Connangles. — *Mansus de la Janilhada*, 1462 (la Chaise-Dieu, Connangles). — *La Geniliade*, 1569 (J. Chalvon, n°ᵉ).

Genillade (La), l. détr., c⁰ᵉ de Montclard. — *La Ganilhada*, 1341 (terrier de Charbonnier).

Genne (Le), écart, c⁰ᵉ de Félines. — *Al Genezet*, 1249 (tabl. du Velay, 1875-6, p. 532). — *Mansus del Jaynes*, 1460 (la Chaise-Dieu, doyenné). — *Lou Geynet*, xviii° s. (Cassini). — *Le Jeune*, 1860 (état-major). — *Le Jenne*, 1888 (carte adm.).

Genoirie (La), ruiss. limitant les c⁰ᵉˢ de Saint-Didier-la-Séauve et de Saint-Victor-Malescours, se jette dans la Semène au-dessus de Soleymet. — *Le ruisseau de la Jenoyrie*, 1626 (vis. past. de J. de Serres, f° 73). — *Lagenoirie*, xviii° s. (Cassini). — *La Claire ou Genouire* (cad.). — *Le Clare*, 1879 (carte adm.).

Genzac, h., c⁰ᵉ de la Chomette. — *Genzat*, 1612 (terrier de la Vaudieu). — *Jeinsac* (cad.). — *Gensac*, 1820 (Deribier).

Genzacou, m. i., c⁰ᵉ de la Vaudieu. — 1612 (terrier de la Vaudieu).

Gerbaud, m¹ⁿ sur l'Arzon, c⁰ᵉ de Vorey. — xviii° s. (Cassini). — *Gerbot*, 1880 (carte adm.).

Gerbay (Moulin-de-), m¹ⁿ ruiné sur la Virlange, c⁰ᵉ d'Esplantas.

Gerberie, loc. détr., c⁰ᵉ des Vastres. — *Le domaine de Gerbarie*, 1727 (ét. civ.). — *Gerberie*, xviii° s. (Cassini).

Gerbizon, mont. boisée, c⁰ᵉˢ de Chamalières et de Mézères — *Nemus de Gerbizo*, 1529 (Chamalières). — *Le bois de Gerbisou*, 1605 (cad. d'Artias). — *Gerbuzon, Gerbizon*, 1607 (A. Robert, n°ᵉ).

Gerbizon, lieu dit, c⁰ᵉ de Polignac. — *Territ. de Gerbeso*, 1453 (prieuré de Polignac). — *Gerbezou*, 1609 (idem).

Geré, m. i., c⁰ᵉ du Pont-Salomon. — *Crerest*, 1879 (carte adm.).

Gérentes, f., c⁰ᵉ de Champclause. — 1808 (ét. des succ.).

Gérentes (Moulin-de-), m¹ⁿ sur la Gagne, c⁰ᵉ de Saint-Front.

Gérenton, f., c⁰ᵉ du Chambon.

Gerfagnon, h., c⁰ᵉ de Saint-Maurice-de-Lignon.

Gergière (La), f., c⁰ᵉ de Riotord. — *La Gereseyra*, 1492 (coll. Chaleyer).

Germeyrac, écart, c⁰ᵉ de Rosières. — *Girmayrac*, 1314 (év.). — *Germayrat*, 1342 (coll. C. Falcon). — *Jarmeyrac*, 1364 (homm. de l'év.). — *Germeyrac*, 1880 (carte adm.).

Gérole (La), affl. de la Dore, c⁰ᵉ de Malvières.

Génôme, m. i., c⁰ᵉ de Saint-Hostien.

Gersan, m. i., c⁰ᵉ de Saint-Maurice-de-Lignon.

Gertru, mont. boisée, c⁰ᵉ de Vernassal.

Gervais, h., c⁰ᵉ de Tiranges.

Gervais (La), loc. détr., c⁰ᵉ de Saint-Préjet-Armandon. — *La Gervays*, 1341 (terrier de Charbonnier).

Gervil, écart, c⁰ᵉ de Polignac. — *Gervilh*, 1346 (J. de Peyre, n°ᵉ, reg. D, f° 88). — *Jarvilh*, 1453 (prieuré de Polignac).

Géry (Moulin-de-), m¹ⁿ sur la Gazeille, c⁰ᵉ du Monastier. — *Moulin-de-Giry*, 1872 (Malègue).

Giban, f., c⁰ᵉ du Pertuis. — *La Gitbanda, la Gibanda prope Chalmeylhs*, 1328 (hôtel-Dieu, B. 425). — *La Guitbanda*, 1330 (idem, B. 437). — *La Gibande*, 1549 (Savin, n°ᵉ). — *Gibon*, 1879 (carte adm.).

Giban, h., c⁰ᵉ de Saint-Hostien. — *Le lieu de Giband*, 1567 (Bonneville).

Giberges, chât. détr. et h., c⁰ᵉ de Saugues. — *Castrum de Gisbergas*, 1327 (Lozère, G. 99). — *Gibergiæ*, 1451 (coll. J. Lachenal). — *La tour de Gyberges*, 1574 (terrier de Meyronne). — *Le château de Giberges*, 1724 (L'Ouvreleul, 26).

Gibert, f., c⁰ᵉ des Estables. — 1695 (capitation).

Gibertès (Le), chât. détr. et vill., c⁰ᵉ de Cronce. — *Lo Gibertes*, 1356 (Arch. nat., Z². 54, p. 111). — *Gibertesius*, 1477 (Bibl. nat., ms. lat., n. acq., 1224, f° 160 v°). — *El Gitbertes*, 1486 (Arch. nat., Q. 513, f° 129). — *Gilbertez*, 1511 (coust. d'Auv., f° 79). — *Le Gilbertès*, 1888 (carte adm.).

Gignon, f., c⁰ᵉ de Saint-Julien-d'Ance.

Gimberte (La), l. détr., c⁰ᵉ de Borne. — *Terra de la Guilberta*, 1280 (Rhône, Annecy, I, 1). — *Le mas de la Giberte*, 1343 (homm. de l'év.). — *La Humberta*, 1430 (hospit. du Velay). — *La Dymberte*, 1608 (Robert, n°ᵉ). — *La Gimberte*, 1881 (aff. jud.).

Gionec, h., c⁰ᵉ de Riotord. — *Grangia de Giureto*, 1273 (cart. de Saint-Sauveur-en-Rue). — *Jeuriec*, 1467 (Rivière, n°ᵉ).

Gipeyres (Les), lieu dit, c⁰ᵉ d'Espaly-Saint-Marcel. — *Las Gipeiras*, xiii° s. (coll. C. Falcon). — *Las Gipeyres*, 1710 (cad. d'Espaly).

Girard, f., c⁰ᵉ de Freycenet-Lacuche. — *Giral*, 1820 (Deribier).

Girard, écart, c⁰ᵉ de Présailles. — *Loys Girard del Py*, 1547 (Chaulet, n°ᵉ). — *Girard du Pin*, 1695 (capitation).

Girardons (Les), écart, c⁰ᵉ de Grazac.

Giraude (La), écart, c⁰ᵉ de Malrevers. — *Girauda*, 1479 (Richon, n°ᵉ). — *La Girauda*, 1482 (*ibid.*). — *La Giraude*, 1534 (év.). — *La Girode*, 1888 (Malègue).

Giraude (La), h., c⁰ᵉ de Rosières. — *La Girauda*, 1555 (terrier de Mercœur). — *Lagirande*, 1820 (Deribier).

Giraude (La), écart, c⁰ᵉ de Saint-Pal-de-Murs. — *La l'arrière de la Giraulde*, 1569 (J. Chalvon, n°ᵉ).

Giraudès, h., c⁰ᵉ de Saint-Christophe-d'Allier. — *Mansus de Rigaudana*, 1380 (la Chaise-Dieu, Mende). — *Giraldès*, 1888 (Malègue).

Giraudon, f., c⁰ᵉ de Montregard. — 1556 (terrier de Montregard). — *Girodon*, 1879 (carte adm.).

Giraudon, vill., c⁰ᵉ de Retournac. — *Girondon*, 1553 (terrier de Liques). — *Girodon*, 1820 (Deribier).

Giraudon (Le), affl. de la Semène à la limite nord des c⁰ᵉˢ d'Aurec et de Saint-Ferréol-d'Auroure.

Gire, f., c⁰ᵉ des Estables. — *Catet* (cad.).

Girette, m. i., c⁰ᵉ de Vals-près-le-Puy.

Gironde, ruiss. qui prend sa source au-dessous de Polignac et afflue à la Loire en aval de Bouteyre, c⁰ᵉ de Chadrac. — *Rivus de Gironda*, 1346 (J. de Peyre, n°ᵉ, reg. D, f° 96). — *Le ruisseau de Gironde*, 1587 (Sigaud, n°ᵉ).

Giroux, f. et mⁱⁿ sur l'Ance, c⁰ᵉ de Saint-Julien-d'Ance.

Giroux (Les), h., c⁰ᵉ de Connangles. — *Locus dos Giros, mansus dos Girotz*, 1462 (la Chaise-Dieu, Connangles).

Gitade (La), f., c⁰ᵉ de Freycenet-Lacuche.

Gizac, vill., c⁰ᵉ de Saint-Géron. — *In... vicaria (Brivatensi), in cultura de Gisago*, 964 (cart. de Brioude, ch. 187).

Gizaguet, h., c⁰ᵉ de Saint-Géron.

Glandière (La), dom., c⁰ᵉ de Saint-Jean-de-Nay. — *La Glaudière*, 1820 (Deribier).

Glassat, l. détr., c⁰ᵉ de Thoras. — *Mansus de Glassaco*, 1377 (Thioient). — *Glassat*, 1564 (*idem*).

Glavenas, m. de camp., à Saint-Hostien.

Glavenas, chât. ruin. et vill., c⁰ᵉ de Saint-Julien-du-Pinet. — *Clavenacus*, xiᵉ s. (A. SS. O. S. B., sæc. ii, pars 2, p. 225). — *Glavenas*, 1128 (Gall. chr., II, instr., c. 230). — *Glavenaz*, 1197 (Isère, B. 3517). — *Castrum de Glavenassio*, 1208 (Rhône, Malthe). — *Clavenacius*, 1248 (Bibl. nat., ms., coll. du Languedoc, III, f° 356). — *Clavenacius*, 1285 (év.).

Glavenas, bois, c⁰ᵉ de Saint-Vincent. — *Nemus de Clavenhas*, 1355 (terrier de P. Ravoux). — *Glavenas*, 1714 (cad. de Laval-Emblavès).

Glavenas (Pey-de-), mont., c⁰ᵉ de Saint-Julien-du-Pinet. — *Podium de Glavenas*, v. 1025 (cart. de Chamalières, n° 53).

Glial (Le), h., c⁰ᵉ de Champagnac. — *Le Grial*, 1880 (carte adm.). — *Le Gliat*, 1888 (Malègue).

Glizeneuve, vill., c⁰ᵉ de Lubilhac. — *Villa quæ dicitur Ecclesia Nova*, 1275 (spic. Briv.). — *Prioratus seu capella de Ecclesia Nova*, 1299 (*idem*). — *Gleyza Nova*, 1341 (terrier de Charbonnier). — *Esglise-Neuve*, 1686 (ét. civ.). — *Gleize-Neuve*, 1820 (Deribier).

Vocable : sainte Marie-Magdeleine.

Glutonie (La), loc. détr., c⁰ᵉ de Chomelix. — *Mansus de la Glutonia*, 1404 (terrier de Chomelix). — *La Glitougne*, 1669 (Arch. nat. P., 500¹, cote 37).

Glutonie (La), h., c⁰ᵉ de Saint-Jean-Lachalm. — *Mansus de la Glotonie*, 1250 (Rhône, Marlhes, I, 1). — *La Gloutonie*, 1452 (hôtel-Dieu, B. 571). — *La Gloutonnie*, 1582 (J. Dolezon, n°ᵉ).

Gobert (Le), affl. des Galandres au nord du moulin de la Molle, c⁰ᵉ de Saint-Georges-Lagricol.

Godissare, loc. détr., c⁰ᵉ de Desges. — *Locus de Galdissart*, v. 1130 (cart. de Pébrac, n° 34). — *Prior de Goldissart*, 1476 (Bibl. nat., ms. lat., n. acq. 1224, f° 122). — *Gauldissard*, 1588 (terrier d'Auvers). — *La chapelle de Sainte-Magdeleine de Godissard*, 1750 (terrier des Binières).

Godomarc (La), lieu dit, c⁰ᵉ de Vals-près-le-Puy. — *La Godomarre*, 1561 (Savin, n°ᵉ).

Gombert, tuilerie, c⁰ᵉ de Retournac. — *Gimbert*, 1878 (carte adm.).

Gonnets (Les), h., c⁰ᵉ de Saint-Julien-Chapteuil. — *Les Gounes*, xviiiᵉ s. (Cassini). — *Les Gounets*, 1820 (Deribier).

Gonon-Bas, h., c⁰ᵉ de Tiranges.

Gonon-Haut, écart, c⁰ᵉ de Tiranges.

Gonce (La), h., c⁰ᵉ de Beaux. — *Gorsa*, 1281 (Arch. nat., P. 1397², cote 553). — *La Gorsa*, 1311 (Arch. nat., P. 494¹, cote 14). — *Gorcia*, 1349 (Arch. nat., P. 1397², cote 540). — *Locus de Gorssia*, 1387 (év.). — *Gorce*, 1878 (carte adm.).

Gonce (La), f., c⁰ᵉ de Chomelix. — *La Gorsa*, 1314 (év.). — *Gorcia*, 1404 (terrier de Chomelix). — *Gorces, Gorsses*, 1550 (P. Galien, n°ᵉ). — *Gorce*, 1820 (Deribier).

Gorces (Les), h., c^ne de Montregard. — *Les Gorses*, 1872 (Malègue).

Gorces (Les), affl. du Veyron, c^ne de Montregard.

Gorces (Les), m. i., c^ne de Saint-Bonnet-le-Froid. — *Gorses*, 1888 (Malègue).

Gorge-Badade, rocher, c^ne de Taulhac.

Gorre, m^in sur le Trifoulou, c^ne de Montregard.

Gory, f., c^ne du Chambon.

Got (Le), h., c^ne de Monlet. — *Lego*, xviiie s. (Cassini).

Goubeau, m. i., c^ne de Vals-près-le Puy.

Goubert, mont. et signal, c^ne de Saint-Haon.

Goudard, m. i., c^ne d'Araules.

Goudard, m. i., c^ne d'Yssingeaux.

Goudarel (Le), affl. de l'Auzon à Auzon, formé par la réunion du ravin d'Escolges et du ruisseau de la Lette. — *Le Merdaret*, 1880 (carte adm.).

Goudet, c^on du Monastier. — *Godit*, 870 (Chifflet, hist. de Tournus, 209). — *Cella quæ voc. Godet*, 875 (Juénin, nouv. hist. de Tournus, 93). — *Ecclesia Gothidi*, 877 (*ibid.*, 97). — *Godith monasteriolum*, 915 (*ibid.*, 109). — *Prioratus Trenorchiensis fundatus in honore S. Dei genitricis et B. Filiberti, Godetum nomine*, xe s. (A. SS. O. S. B. sæc. iv, pars I, 564). — *Monasterium Sancti Philiberti*, 1119 (Chifflet, 402). — *Castrum de Godeto*, 1132 (cart. du Monastier, n° 404). — *Godeth*, 1210 (hôtel-Dieu). — *Castrum de Godet*, 1264 (Médicis, I, 80). — *Castrum de Gnodeto*, 1293 (cordeliers). — *Ecclesia parochialis Sancti Petri de Godeto*, 1389 (cordeliers). — *Le prieuré de Godet*, 1506 (Médicis, II, 302). — *Curatus de Gaudeto*, 1516 (Arch. nat., G. 8* 1, f° 445). — *Guodet*, 1587 (Sigaud, n^re).

En 1789, Goudet était compris dans la province du Velay, la subdélégation et sénéchaussée du Puy. Son église paroissiale, diocèse du Puy et archiprêtré de Solignac-sur-Loire, était sous l'invocation de saint Philibert; la présentation à la cure appartenait au prieur, dont le bénéfice relevait de l'abbaye de Tournus.

Goudofre, f., c^ne des Estables. — 1739 (ét. civ.).

Gouffier, bois, c^ne de Lantriac. — *Le bois de Gouffier*, 1598 (Doleson, n^re).

Gougeard, h., c^ne de Rosières.

Goulon, m. i., c^ne de Tence. — xviiie s. (Cassini).

Gour (Le), m. i., c^ne de la Vaudieu.

Gourd (Le-Grand-), h., c^ne du Pertuis.

Gourde, écart, c^ne d'Yssingeaux.

Gourdon, vill., c^ne de Bas. — *Gordo*, 1498 (obit. de Bas).

Gourgayat, côtes boisées sur la Loire, c^ne de Poli-

gnac. — *Nemus de Gort Gayas*, 1381 (tit. de Saint-Vidal). — *Gore Gayas, Gor Gayas*, 1440 (prieuré de Polignac).

Gourgayre (Moulins-de-), sur la Gourgueure, c^ne de Pinols.

Gourgeon (Moulin-de-), m^in sur la Villette, c^ne de Saint-Paul-de-Tartas.

Gourgoux, m^in sur le Courgoux, c^ne de Saint-Just-près-Brioude. — *Villa Jorgiola*, 893 (cart. de Brioude, n° 207).

Gourguaizieux, f., c^ne de la Chapelle-d'Aurec. — *Gourguezieux*, 1879 (carte adm.). — *Gourgaizieux*, 1888 (Malègue).

Gourgueure (La), riv., prend naissance dans le Cantal, entre dans le département de la Haute-Loire par le nord-ouest de la c^ne d'Auvers et se jette dans la Dège entre la Gazelle et Desges. — *La rivière de Gourgoyre*, 1750 (terrier des Binières, f° 125). — *La Gourgayre*, 1888 (carte adm.).

Gourlong, h., c^ne d'Alleyras. — *Gore-Lonc*, 1163 (hospit. du Velay). — *Ecclesia de Gurgite Longo*, 1291 (idem). — *Hospitale S. Johannis de Gurgite Longuo*, 1453 (J. Rocher, n^re). — *Locus dictus Gorgua Longua*, 1454 (idem). — *Præceptoria S. Johannis de Gorlonis*, 1513 (hospit. du Velay). — *Gorlong*, 1598 (Galien, n^re). — *Gourlong*, 1600 (Rhône, Saint-Jean-la-Chevalerie, II, 37).

Gourlong (Le Mas-de-), h., c^ne d'Alleyras. — *Locus de Manso, mandamenti de Gorlonc*, 1482 (Rhône, H. 2749).

Gourmesaume, m. i., c^ne de Céaux-d'Allègre.

Gourmesaume, m. i., c^ne de Saint-Didier-sur-Doulon.

Gournier, m. i., c^ne d'Araules.

Gournier, vill., c^ne de Bas.

Gournier, f., c^ne de Dunières. — *Gornyer*, 1616 (Delafont, n^re).

Gournier, écart, c^ne de Monistrol-sur-Loire. — 1744 (ét. civ.).

Gournier, f., c^ne de Riotord.

Gournier (Le), l'un des deux ruisseaux qui forment la Dunière, c^nes de Saint-Romain-Lachalm et de Dunières. — *Rivus de Gornier*, 1461 (terrier de Marlhe).

Gour-Plat, écart, c^ne de Grazac.

Gousenes, terroir, le long de la Borne, près les Estreys, c^ne de Polignac. — *Pratum ad Dagodenas quod dicitur Graveira*, v. 1074 (Gall. chr., II, inst., c. 229). — *Territ. de Gosenas*, 1453 (prieuré de Polignac). — *Gosenes*, 1484 (idem).

Goussy, f., c^ne de Saint-Julien-Chapteuil. — 1685 (cad. de Chapteuil-Bas).

Gout (Le), vill., c^ne de Chassignolles.

GOUTAILLE (LE MAS-DE-), f., c⁰ⁱ du Monastier.

GOUTAILLES, bois, cⁿᵉ de Montusclat.

GOUTAILLON, m. i., cⁿᵉ de Raucoules.

GOUTAY, m. i., cⁿᵉ du Monastier.

GOUTE (LA), m. i., cⁿᵉ de Riotord.

GOUTELLE (LA), lieu dit, cⁿᵉ de Cussac. — *Guttula rolreus*, v. 889 (cart. du Monastier, n° 67). — *Territorium de Godala*, 1464 (prieuré de Solignac). — *Terroir app. la Gotele*, 1567 (Doleson, nre). — *Le ranc de la Gotole*, 1568 (*idem*).

GOUTERNE, h., cⁿᵉ de Saint-Georges-Lagricol. — *Goternes*, 1543 (terr. de G. de Coysse). — *Gouterne*, 1587 (Mᶜᵉ Leblanc, nre).

GOUTES (LES), m. i., cⁿᵉ de la Chapelle-d'Aurec.

GOUTES (LES), l. détr., cⁿᵉ de Lapte. — *Villa de las Gotas*, 1345 (Arch. nat., P. 1397², cote 552). — *Villa de las Cotas*, 1349 (*idem*, cote 540).

GOUTES (LES), h., cⁿᵉ du Pont-Salomon. — *Les Gouts*, 1879 (carte adm.).

GOUTES (LES), f., cⁿᵉ de Sainte-Sigolène. — 1656 (ét. civ. de Monistrol).

GOUTES (LES), h., cⁿᵉ de Saint-Just-Malmont.

GOUTES (LES), h., cⁿᵉ de Saint-Pal-de-Chalencon. — *Terra de Gutis* ou *de las Gotas*, 1420 (Loire, A. 89, f° 238 v°). — *Les Gouttes*, 1540 (terr. de Saint-Pal).

GOUTES (LES), h., cⁿᵉ de Tence.

GOUTEYRE (MAS-DE-LA-), f., cⁿᵉ de Chadron.

GOUTEYRON, mⁱⁿ sur la Borne, cⁿᵉ d'Aiguilhe. — *Molendinum voc. Gautayro prope Aculeam*, 1272 (Saint-Agrève). — *Molin seiz au terr. d'Agulhe app. Coteyron*. 1587 (Mᶜᵉ Leblanc, nre).

GOUTEYRON, m. i., cⁿᵉ de Beaux.

GOUTEYRON, école, cⁿᵉ du Puy. — *L'Eschadafale*, 1321 (hôtel-Dieu, B. 174). — *L'Eschadafaut Aculeæ*, 1448 (*idem*, B. 203).

GOUTTE (LA), écart, cⁿᵉ de Bellevue-la-Montagne.

GOUTTE (LA), f., cⁿᵉ de Saint-Didier-la-Séauve.

GOUTTE-MYALET, bois, cⁿᵉ de Saint-Jean-d'Aubrigoux.

GOUTTES (LES), affl. de la Méjeanne à la limite des cⁿᵉˢ de Saint-Arcons-de-Barges et d'Arlempdes. — *Ruiss. de Coulombs*, 1888 (carte adm.).

GOUTTE-VACHON (LA), f., cⁿᵉ de Saint-Didier-la-Séauve.

GOUYSE (LA), affl. de l'Arzon, cⁿᵉ de Beaune.

GOUZABEAU, h., cⁿᵉ de Saint-Christophe-d'Allier. — *Gozabant*, 1244 (Saint-Mayol). — *Mansus de Guosabalt*, 1457 (J. Rocher, nre). — *Gosabaud*, 1540 (V. Brunel, nre). — *Gouzabet*, 1820 (Deribier).

GRABILLON, f., cⁿᵉ du Chambon.

GRAILLEIRE, f., cⁿᵉ de Saint-Jeure. — *Le Pin de Graillières*, 1774 (ét. civ.). — *Grailleyre*, 1778 (*idem*). — *Graleire* (cad.).

GRAILLIEN, l. détr., près Crozemarie, cⁿᵉ de Collat.

GRAILLOU, écart, cⁿᵉ d'Yssingeaux.

GRAIS, h., cⁿᵉ de Vals-le-Chastel. — *Grays*, 1516 (Vals-le-Chastel). — *Greys*, 1564 (*idem*). — *Graye*, 1888 (carte adm.).

GRAMAYSE, m. i., cⁿᵉ de Josat.

GRAMMAISE, vill., cⁿᵉ de Salettes. — *Gramaisa de Giourahd*, 1506 (Médicis, II, 305). — *Gramayze*, 1699 (cad. de Vachères).

GRANAT, f., cⁿᵉ de la Vaudieu. — *In comitatu Brivatensi, in eadem vicaria, in villa quæ dicitur Oranago* (*Granago*), 936 (cart. de Brioude, ch. 249). — *Villa quæ dicitur Granag*, v. 1080 (*idem*, ch. 59). — *Granat*, 1669 (spic. Briv.).

GRAND, f., cⁿᵉ de Saint-Georges-Lagricol.

GRAND-CHAMP, h., cⁿᵉ de Bauzac. — *Mansus de Magno Campo*, 1346 (Arch. nat., P. 490³, cote 229). — *Grand-Champ*, 1498 (obit. de Bas).

GRAND-CHAMP, vill., cⁿᵉ de Villeneuve-d'Allier. — *Grant-Champ*, 1234 (cart. de Pébrac, n° 56). — *Grandis Campus*, 1253 (spic. Briv.). — *Mansus de Magno Campo*, 1458 (Arch. nat., ZZ. 359, p. 2). — *Granchamp*, 1462 (*idem*, p. 49).

GRAND-CHAMP, h., cⁿᵉ d'Yssingeaux.

GRAND-CHAMP (LE), m. i., cⁿᵉ d'Araules.

GRAND-CHEMIN (LE), h., cⁿᵉ de la Mothe.

GRAND-DUC, m. i., cⁿᵉ de Saint-Didier-la-Séauve. — *Grand-Suc*, 1879 (carte adm.).

GRANDE-BLOUE (RAVIN-DE-LA), affl. de l'Ance, cⁿᵉˢ de Valprivas et de Bas. — *Ruiss. du Saint-Hablou* (cad.).

GRANDET, écart, cⁿᵉ de la Chapelle-Bertin. — *Grande*, 1820 (Deribier).

GRAND-FAUX, m. i., cⁿᵉ de Saint-Just-Malmont.

GRAND-GOURD, h., cⁿᵉ du Pertuis.

GRAND-PRÉ, m. i., cⁿᵉ de Saint-Julien-d'Ance.

GRANDS-CHAMPS (LES), m. i., cⁿᵉ de Montfaucon.

GRAND-TOURNANT (LE), m. i., cⁿᵉ d'Yssingeaux.

GRANE (MOULIN-DE-LA), mⁱⁿ sur l'Andrable, cⁿᵉ de Boisset. — *Moulin de la Graine*, 1879 (carte adm.).

GRANEBOULE, m. i., cⁿᵉ de Saint-Germain-Laprade.

GRANEGOULES, vill., cⁿᵉ du Monastier. — *Granegolas*, 1501 (Arcis, nre). — *Grenigolles*, 1534 (év.). — *Graneguolas*, 1547 (Chaulet, nre). — *Granegolles*, 1591 (André, nre). — *Grenegoules* (cad.). — *Granigoules*, 1880 (carte adm.).

GRANET, m. i., cⁿᵉ du Pont-Salomon.

GRANET, m. i., cⁿᵉ de Saint-Julien-Molhesabate.

GRANGE (LA), f., cⁿᵉ de Bessamorel.

Grange (La), h., c^ne de Bauzac. — *La Granga*, 1336 (Arch. nat., P. 491³, cote 95). — *La Granghe*, xvi° s. (obit. de Bauzac).

Grange (La), écart, c^ne de Chamalières.

Grange (La), f., c^ne du Chambon. — 1616 (Rhône, H. 2153). — *Lagrange*, 1820 (Deribier).

Grange (La), f., c^ne de Desges. — *La Grangia*, v. 1254 (cart. de Pébrac, n° 75). — *La Grange*, 1588 (terrier d'Auvers).

Grange (La), f., c^ne de Freycenet-Lacuche.

Grange (La), f., c^ne de Mazeyrat-Crispinhac. — *Mansus de la Grange*, 1465 (Bibl. nat., ms. lat., n. acq., 1223, f° 220). — *La Grangha*, 1481 (*idem*, 1224, f° 283).

Grange (La), f., c^ne de Paulhaguet. — 1543 (la Chaise-Dieu, Domeyrat).

Grange (La), h., c^ne de Roche-en-Régnier. — *Grangia*, 1302 (Arch. nat., P. 494¹, cote 11). — *Marchidiaux*, 1744 (Haute-Loire, B. 57). — *Les Granges*, 1880 (carte adm.).

Grange (La), f., c^ne de Saint-Front. — 1695 (capitation).

Grange (La), h., c^ne de Saint-Julien-Chapteuil. — *Locus de Grangia*, 1501 (coll. C. Falcon). — *La Granga*, 1507 (év.).

Grange (La), écart, c^ne de Saint-Pal-de-Murs.

Grange (La), h., c^ne de Tence. — 1507 (év.).

Grange (La), loc. détr., près Brugerolle, c^ne de Vieille-Brioude. — *La Granghe*, 1461 (Bibl. nat., ms. lat., 1149¹, f° 343). — *Les Chezels de la Grange*, 1612 (terrier de la Vaudieu).

Grange (La), écart, c^ne d'Yssingeaux. — *La Grangia de Cussat*, 1430 (Rhône, Bessamorel). — *La Grangha*, 1528 (terrier du Pertuis).

Grange (Mas-de-la), f., c^ne de Salettes. — *Grange-de-Soubrey* (cad.).

Grangeage (La), f., c^ne du Chambon. — *La Granghage*, 1507 (év.).

Grangeasse (La), h., c^ne d'Aurec.

Grangeasse (La), écart, c^ne de Chamalières.

Grangeasse (La), f., c^ne de Saint-Pal-de-Chalencon.

Grange-de-Michel (La), f., c^ne de Saint-Vert. — *La Grange*, 1820 (Deribier).

Grange-des-Bois (La), f., c^ne de Saint-Didier-la-Séauve. — *La Grange dou Bost*, 1571 (coll. Chaleyer). — *La Grange-du-Bois*, 1888 (Malègue).

Grange-de-Selle (La), f., c^ne des Vastres. — 1736 (ét. civ.). — *La Grange*, 1861 (état-major).

Grange-du-Bois (La), f., c^ne de Saint-Victor-Malescours.

Grange-du-Fieu (La), vill., c^ne de Tiranges. — 1614 (coll. C. Falcon). — *La Grange-du-Fieux* (cad.).

Grange-Haute (La), f., c^ne de Saint-Julien-Molhesabate. — *Grangeatte*, 1869 (Malègue).

Grange-Montagne, f., c^ne d'Auzon. — 1640 (terrier de Rilhac).

Grange-Neuve (La), h., c^ne de la Chapelle-d'Aurec.

Grangeneuve (La), h., c^ne de Laptc.

Grangeneuve (La), m. i., c^ne de Montregard.

Grangeneuve (La), f., c^ne de Pinols.

Grange-Neuve (La), f., c^ne de Riotord.

Grange-Neuve (La), f., c^ne de Sainte-Sigolène.

Grange-Neuve-de-la-Fressange (La), h., c^ne de Saint-Didier-la-Séauve.

Grangeon, f., c^ne de Monistrol-d'Allier. — *Granjou*, 1684 (Thiolent).

Grangeon (Le), h., c^ne de Saint-Pal-de-Chalencon.

Grangeon (Moulin-de-), m^in sur la Senouire, c^ne de Connangles.

Granger (Le), f., c^ne d'Yssingeaux.

Grangens (Les), f., c^ne de Champclause. — *Les Grangiers, mand. de Fay*, 1597 (Galien, n^re). — *Lous Grangiers*, 1695 (capitation). — *Les Granges*, xviii° s. (carte dioc. du Puy).

Granges (Les), vill., c^ne d'Auzon.

Granges (Les), h., c^ne de Bas.

Granges (Les), h., c^ne de Bauzac. — *Les Granghes*, xvi° s. (obit. de Bauzac).

Granges (Les), h., c^ne du Brignon.

Granges (Les), vill., c^ne de Cronce. — *Le vilage de la Grange*, 1669 (spic. Brivat.). — *Les Granges*, 1888 (carte adm.).

Granges (Les), f., c^ne de Lubilhac.

Granges (Les), f., c^ne de Montregard. — *Le village app. de la Grange, anciennement de la Bastie*, 1556 (terrier de Montregard).

Granges (Les), h. ruiné, c^ne de Pébrac.

Granges (Les), h., c^ne du Pertuis. — *Las Granghas*, 1451 (Rhône, H. 2633).

Granges (Les), vill., c^ne de Rosières. — *Locus de Grangiis*, 1330 (hôtel-Dieu, B. 438). — *Las Grangas*, 1342 (coll. C. Falcon). — *Las Granges*, 1534 (év.). — *Las Granghas*, 1555 (cad. de Mercœur).

Granges (Les), h., c^ne de Saint-André-de-Chalencon.

Granges (Les), vill., c^ne de Saint-Berain. — *Mansus de Grangiis*, 1320 (J. de Peyre, n^re). — *Granghas*, 1459 (Bibl. nat., ms. lat., n. acq., 1222, f° 107 v°). — *Grange*, 1888 (Malègue).

Granges (Les), h., c^ne de Saint-Didier-sur-Doulon. — 1564 (terrier de Vals-le-Chastel).

Granges (Les), f., c^ne de Saint-Jean-d'Aubrigoux.

GRANGES (LES), vill., cne de Saint-Jean-de-Nay. — *Las Granghas*, 1461 (Bibl. nat., ms. lat., n. acq., 1922, f° 214). — *Mansus de Grangiis*, 1463 (*idem*, 1223, f° 125).

GRANGES (LES), vill., cne de Saint-Quintin-Chaspinhac. — *Locus Grangiarum Chaspinhacii*, 1482 (Richon, nre). — *Les Granges de Chaspinhac*, 1633 (Barret, nre).

GRANGES (LES), l. détr., auj. bois, au-dessous de la mont. de Courandet, cne de Saint-Vincent.

GRANGES-DE-LA-SÉAUVE (LES), h., cne de Saint-Didier-la-Séauve.

GRANGETTE (LA), f., cne de Champclause.

GRANGETTE (LA), f., cne des Estables. — *La Grangette de Borne*, 1766 (ét. civ.).

GRANGETTE (LA), f., cne de Freycenet-Lacuche.

GRANGETTE (LA), f., cne de Monistrol-sur-Loire.

GRANGETTE (LA), f., cne de Saint-Front. — 1695 (capitation).

GRANGETTE (LA), h., cne de Saint-Jeure. — *La Grangeta*, 1343 (Rhône, H. 2632).

GRANGETTE (LE MAS-DE-), m. i., cne de Saint-Didier-d'Allier.

GRANGE-VALAT (LA), vill., cne de Monistrol-sur-Loire. — *La Grangha-Vala*, 1507 (év.). — *Grange-Valla*, 1657 (ét. civ.).

GRANGEYROU, m. i., cne de Vielprat.

GRANGIERS (LES), f., cne de Saint-Ferréol-d'Auroure.

GRANGIERS (LES), f., cne de Saint-Just-Malmont. — *Granger*, 1888 (Malègue).

GRANJOU (MOULIN-DE-), min sur l'Avène, cne de Saint-Austremoine.

GRANOU, vill., cne de Chamalières. — *Boscus de Granosc*, v. 1087 (cart. de Chamalières, n° 26). — *Granos*, 1171 (*idem*, n° 161). — *Granon*, 1534 (év.). — *Granoc*, 1571 (Cl. Girard, nre).

GRANOUILLET, l. détr., cne de Ceyssac. — *Mansus qui dicitur Granoletus juxta castrum Celsiacum*, 1089 (Saint-Georges du Puy).

GRANOUILLET, f., cne de Champagnac.

GRANOUILLET, l. détr., cne de Cubelles. — *Mansus de Granolhet*, 1291 (Thiolent).

GRANOUILLET, vill., cne de Jullianges.

GRANOUILLET, h., cne d'Yssingeaux. — *Homines de Granolheto*, 1344 (J. de Peyre, nre). — *Granoulhet*, 1614 (terrier de Saussac). — *La Granolhette proche Feiterme*, 1635 (terrier de Saussac). — *La Grenouillette*, xviiie s. (Cassini).

GRASSETTE (LA), écart, cne de Saint-Germain-Laprade. — *Le mas de la Garceta*, 1543 (Savin, nre). — *Au terroir de la Garcete app. de la Bourdelle ou des Bourdelles*, 1547 (*idem*).

GRATTADE, f., cne de Saint-Préjet-Armandon. — *Gratada*, 1451 (la Chaise-Dieu, Mazerat-Aurouze). — *Gratade*, 1540 (Vals-le-Chastel).

GRATTE-CHAMP, bois, cne de Freycenet-Lacuche.

GRATTE-PAILLE, f., cne de Saint-Préjet-Armandon. — *Mansus de Grata Palha*, 1464 (Bibl. nat., ms. lat., n. acq., 1223, f° 162 v°). — *Grate-Pailhe*, 1516 (terrier de Vals-le-Chastel). — *Gratepaille*, xviiie s. (Cassini).

GRATTE-SAULE, mont., cne de Saint-Arcons-d'Allier. — *Grata Sola*, 1467 (Bibl. nat., ms. lat., n. acq., 1223, f° 315 v°).

GRATUZE, h., cne d'Ouides. — *Gratuza*, 1310 (la Chaise-Dieu, liasse Bouchet-Saint-Nicolas). — *Locus de Gartusa*, 1500 (Rhône, commrie de Chantoin, I, 8). — *Grathuse*, 1506 (Médicis, II, 303).

GRAVE (LA), écart, cne de Présailles. — *Lagrave*, 1888 (Malègue).

GRAVEYRAS (MOULIN-), min sur l'Allagnon, cne de Lempdes.

GRAVEYRES, min sur le Dolaizon, cne de Vals-près-le-Puy.

GRAVEYRES (LES), m. i., cne d'Espaly-Saint-Marcel.

GRAVIE (MAISON-), écart, cne de Monistrol-sur-Loire.

GRAVIÈRE (LA), bois, cne de Chanteuges.

GRAVIÈRE (LA), min sur la Senouire, cne de Mazerat-Aurouze. — *Molinus qui est ad Graveriam*, 1078 (spic. Briv.). — *La Graveyra*, 1417 (la Chaise-Dieu, Mazerat-Aurouze).

GRAVIÈRE (LA), loc. détr., cne de la Mothe. — *Molendinum de la Graveira*, xiie s. (obit. de Br.).

GRAVIÈRE (LA), f., cne de Saint-Didier-sur-Doulon. — *La Graveyra*, 1516 (Vals-le-Chastel).

GRAVIÈRE (MOULIN-DE-LA-), min sur l'Auzon, à Auzon.

GRAVIÈRES (LES), m. i., cne de Vals-près-le-Puy.

GRAVOZY, f., cne de Lantriac.

GRAVY, min, cne de Rosières. — *Grange*, 1880 (carte adm.).

GRAY, f., cne de Paulhac.

GRAYE, h., cne de Vals-le-Chastel. — *Graly* (cad.).

GRAZAC, h., cne de Loudes.

GRAZAC, vill., cne de Saint-Vidal. — *Locus de Grazaco*, 1385 (terrier de Saint-Vidal). — *Grasacum*, 1520 (Martel, nre). — *Gresac*, 1606 (Mce Leblanc, nre).

GRAZAC, com d'Yssingeaux. — *Sacrosanctæ ecclesiæ Vellavensis quæ est constructa in honore Sancti Petri ad Grazago*, 962 (cart. de Cluny, ch. 1131). — *In loco Graciago*, v. 987 (*idem*, ch. 1753). — *Locus qui appell. Graxedi*, v. 1035 (La Mure, comtes de Forez, éd. Chantelauze, III, pr., n° 20).

—*Ecclesia Sancti Petri de Grazac*, v. 1049 (cart. de Cluny, ch. 3010). — *Grachiagum*, v. 1080 (*idem*, ch. 3568). — *Sanctus Petrus Graciascnsis, monachi Gratiaci, Gradac* (*idem*, ch. 3792, IX, X, XIII). — *Grasac*, 1255 (hôtel-Dieu, B. 613). — *Prioratus de Grasaco*, 1303 (prieuré de Grazac). — *Domus de Gresac*, 1310 (bibl. de l'éc. des chartes, 1877, 12). — *Prioratus de Grazaco prope Lapte*, 1329 (J. de Peyre, n^re).

En 1789, Grazac faisait partie de la province du Velay, de la subdélégation et sénéchaussée du Puy. Son église paroissiale, diocèse du Puy et archiprêtré de Monistrol-sur-Loire, était consacrée à saint Pierre; l'abbé de Cluny présentait à la cure en sa qualité de prieur.

GRAZENGHEON, h., c^ne d'Aubazac. — *Gragenglo*, 1357 (Arch. nat., Z². 54, p. 129). — *Gresengho*, 1360 (Arch. nat., Z². 54, p. 145). — *Grezenjou*, 1625 (terrier du Chambon de Blau). — *Grezengeou*, 1869 (Malègue). — *Grésingheon*, 1880 (carte adm.).

GREISSAC, loc. détr., c^ne de Brioude. — *In aice Brivatensi, in cultura villæ quæ vocatur Graissago*, 894 (cart. de Brioude, ch. 18). — *Territorium de Greyssac*, 1453 (terrier du fordoy. de Br.). — *Grissat*, 1553 (terrier du doy. de Br.). — *Le terroir du Breul sive de Greissat*, 1614 (terrier du chap. de Br.).

GRELET (LE), f., c^ne de Saint-Didier-la-Séauve. — *Le Grely*, 1861 (état-major).

GRENADIER (LE), m. i., c^ne de Salettes.

GRENIER, vill., c^ne de Saint-Ilpize. — *Granieyr*, 1339 (Bibl. nat., ms. fr., 14377, p. 189). — *Mansus de Garneyr*, 1379 (Arch. nat., Z². 4143, p. 21). — *Garneir*, 1475 (Arch. nat., ZZ. 359, p. 150).

GRENIER, f., c^ne de Saint-Julien-des-Chazes. — *Les Graniers*, 1469 (Bibl. nat., ms. lat., n. acq., 1223, f° 362 v°).

GRENIER (MOULIN-), m^in sur la Fioure, c^ne de Varennes-Saint-Honorat. — *Mansus de Granet*, 1461 (Bibl. nat., ms. lat., n. acq., n° 1223, f° 10 v°). — *Moulin-Granet*, 1888 (carte adm.).

GRENIER-MONTGON, c^on de Blesle. — *Graneyrs*, 1350 (spic. Briv.). — *Ecclesia de Graners*, XIVe s. (A. Bruel, reg. de G. Trascol). — *Graniers*, 1401 (spic. Briv.). — *Cura de Graneriis*, XVe s. (pouillé de Saint-Flour, 436).

En 1789, Grenier-Montgon dépendait de la province d'Auvergne, de l'élection et subdélégation de Brioude et du ressort de Riom. Son église paroissiale, diocèse de Saint-Flour et archiprêtré de Blesle, était sous le vocable de saint Grégoire; le

prévôt du monastère de Montsalvy (Cantal) présentait à la cure, en sa qualité de prieur.

GRENOUILLE (LA), f., c^ne de Saint-Pal-de-Chalencon.

GRENOUILLOUX (LES), f., c^ne de Saint-Pal-de-Chalencon. — *Le Mas dos Granouilloux*, 1540 (terrier de Saint-Pal). — *Granoulioux*, 1820 (Deribier).

GRÈS (LE), h, c^ne de Montusclat. — *Le Grez*, 1879 (carte adm.).

GRESSOUX (LE), f., c^ne de Raucoules.

GRÈZES, c^on de Saugues. — *Prior de Gresas*, 1234 (cart. de Pébrac, n° 56). — *Ecclesia Sancti Petri de Grezas*, 1300 (spic. Briv.). — *Gresas*, 1301 (Thiolent). — *S. Petrus de Gredona*, 1306 (*idem*). — *Villa de Grezas prope la Clausa*, 1327 (Lozère, G. 99). — *Grezes de la Clause*, 1724 (l'Ouvreleul, 64). — *Greze-la-Clause*, XVIIIe s. (Cassini).

En 1789, Grèzes était compris dans la province et le bailliage de Gévaudan. Son église paroissiale, diocèse de Mende et archiprêtré de Saugues, était dédiée à saint Pierre; l'abbé de Pébrac présentait à la cure.

GRÈZES (LES), chât. et f., c^ne d'Agnat. — *Las Grezas*, XIVe s. (terrier des Grèzes). — *Les Greises*, 1820 (Deribier).

GRÈZES (LES), écart, c^ne de Saint-Christophe-sur-Dolaison.

GRIFOLLE (LA), vill., c^ne de Malvières. — *Mansus de la Grifol*, 1414 (terrier de Malvières). — *La Grifole*, 1888 (carte adm.). — *La Grisolle*, 1888 (Malègue).

GRIFFOULETTE (LA), affl. du Pissis, c^ne de Monistrol-d'Allier.

GRIFOULEYRE (LA), vill., c^ne de Grèzes. — *Mansus de la Grefoleyra*, 1327 (Lozère, G. 98). — *Locus de la Griffoleyra*, 1527 (A. Besseyre, n^re). — *La Griffoulière*, 1888 (carte adm.).

GRIGUE, écart, c^ne de Vergongheon.

GRIGUE, port de la Taupe sur l'Allier, c^ne de Vézézoux.

GRINIAC, vill., c^ne de Siaugues-Saint-Romain. — *Mansus de Greynhac*, 1453 (Bibl. nat., ms. lat., n. acq., 1222, f° 19). — *Greniac* (cad.). — *Griniat*, 1888 (Malègue).

GRIOULOUX (LES), m. i., c^ne de Lapte. — *Les Grioultoux* (cad.).

GRIS, écart, c^ne de Cistrières. — *Grazi, par. Cistreriarum*, 1316 (la Chaise-Dieu, Saint-Allyre). — *Greys*, 1449 (terrier de Clavelier). — *Graye*, 1625 (Robert, n^re).

GRIS (LE), mont., c^ne de Mézères.

GRISAIL (LE), f., c^ne de Vastres. — *Jacques Charrey*

ron, dit *Grizail*, 1743 (ét. civ.). — *Le Grisail*, xviiie s. (Cassini). — *Le Mas du Grizaly*, 1776 (ét. civ.). — *Le Grisard*, 1888 (Malègue).

GRISAILLOU (RAVIN-DU-), affl. de la Loire à Bas. — *Rivus de Sablet:*, 1519 (obit. de Bas). — *Rivus Basii*, 1526 (*idem*). — *Crisailloux* (cad.).

GRIVE (LA), f., c^{ne} de Sainte-Sigolène.

GRIVEL, m. i., c^{ne} du Pont-Salomon.

GROSMÉNIL, h. et houillère, c^{ne} de Sainte-Florine. — *Grommenier*, 1640 (lièpe de Rilhac).

    Concession des 19 décembre 1798, 4 juin et 4 septembre 1862.

GROMME-SOMME (LA), affl. de la Dore, limite des c^{nes} de Malvières et Bonneval. — *Ruisseau du Gentil-homme* (cad.).

GROS-ROCHER (RAVIN-DU-), affl. de l'Allier, c^{ne} de Monistrol-d'Allier.

GROSSE-PIERRE (LA), m. i., c^{ne} de Montfaucon.

GROSSE-VACHE (LA), affl. de l'Allier, c^{nes} de Saint-Berain et de Prades.

GROSSON, f., c^{ne} de Saint-Jeure. — *Groussou*, 1880 (carte adm.). — *Grossou*, 1888 (Malègue).

GROTTE DE LA REINE (LA), caverne près Sereys, c^{ne} de Chomelix. — (Tabl. du Velay, 1872-73, 65.)

GROULEYRE (LA), f., c^{ne} de Bauzac. — *Grouleria*, 1490 (obit. de Bas).

GROULEYRE (LA), loc. détr., c^{ne} de Monlet. — *Les habitans de la Graulière*, 1453 (la Chaise-Dieu, liasse Barribas).

    Débris de l'époque romaine et ancienne tuilerie.

GROUMAUD (MOULIN-DE-), mⁱⁿ sur la Gourgueure, c^{ne} de Pinols.

GROUMESAUME, mⁱⁿ sur la Borne occidentale, c^{ne} de Céaux-d'Allègre. — *Gourme-Seaume*, 1820 (Deribier). — *Groumessaume*, 1888 (carte adm.).

GROUMESSAUME, m. i., c^{ne} d'Yssingeaux. — *Groumessonne*, 1888 (Malègue).

GROUSSET, f., c^{ne} d'Araules. — *Grosset*, 1559 (R. Maurin, n^{re}).

GROUSSET (LE), affl. du Panis, c^{ne} de Thoras.

GRU (LE), f., c^{ne} de Saint-Just-près-Brioude.

GRUEYRE, loc. détr., c^{ne} de Champclause. — *Grueyra*, 1464 (Ardèche, C. 624).

GUÈDE (RAVIN-DE-LA-), affl. du Céroux à Lugeac, c^{ne} de Saint-Just-près-Brioude.

GUÉ-DE-LA-MOTE, sur l'Allier, près Chazieux, c^{ne} de Saint-Ilpize. — *Gazum de Mota*, 1464 (Arch. nat., ZZ. 359, p. 100).

GUÉ-FRANÇAIS (LE), sur la Loire, à la jonction du Chalan, c^{ne} de Polignac. — *Gasus vulg. nuncup. Frances*, 1475 (Richon, n^{re}).

GUELLE (LA), m. i., c^{ne} de Jullianges.

GUELLE (LA), f., c^{ne} de Saint-Georges-Lagricol.

GUÉRIN, h., c^{ne} d'Aubazac. — *Garene, Guarent*, 1625 (terrier du Chambon de Blau).

GUÉRIN, f., c^{ne} de Pinols. — *Une Mecterie app. Garent*, 1588 (terrier d'Auvers). — *Garain*, xviiie s. (Cassini).

GUÉRINES (LES), m. i., c^{ne} des Villettes.

GUERRE (MOULIN-DE-), mⁱⁿ sur le Lignon, c^{ne} de Lapte.

GUETIAL (LA), l. détr., c^{ne} de Saint-Just-près-Brioude. — *Lhia Gaitilh*, 1339 (Bibl. nat., fr., 14377, f° 189). — *Mansus de la Guaytiel*, 1390 (Arch. nat., Z². 4145, p. 163). — *La Guetyal*, 1462 (Arch. nat., ZZ. 359, p. 48). — *La Guetial*, 1463 (*idem*, p. 74). — *La Quitial*, 1744 (terrier du Mas).

GUEUSES (LES), f., c^{ne} de Saint-Jeure.

GUÈZE (LA), h., c^{ne} de Lapte. — *Calma communis de la Guesa*, 1533 (Rhône, H. 2234). — *La Gueuse*, 1878 (carte adm.).

GUIDE (LA), m. i., c^{ne} d'Yssingeaux.

GUIELLE (LA), écart, c^{ne} de Cistrières.

GUIGNAMANDS, vill., c^{ne} du Pertuis

GUIGOLET, l. détr., c^{ne} de Saint-Julien-Chapteuil. — *Mansus de Guigolet*, 1344 (J. de Peyre, n^{re}).

GUIGONNET, mⁱⁿ sur la Semène, c^{ne} de Saint-Didier-la-Séauve. — *Guigonet*, 1564 (terrier de Saint-Didier). — *Digonnet*, 1820 (Deribier).

GUILHAUMET, f., c^{ne} des Estables. — *Les Souches*, 1741 (ét. civ.). — *Le Mas de Guilhaumet ou las Souches*, 1783 (*idem*).

GUILHOUMET, f., c^{ne} des Estables. — *Guilhoumette*, 1820 (Deribier).

GUILLAUMANCHE, chât. ruiné et h., c^{ne} de Malvières. — *Guillelmus Mancus?* xiie s. (chron. du chap. de Brioude, p. 38). — *Guillelmanchiœ*, xiiie s. (*ibid.*). — *Les Guillomenches*, 1561 (J. Chalvon, n^{re}). — *Les Guilhaumanges*, 1869 (Malègue).

GUILLAUMANCHE, mⁱⁿ sur la Senouire, c^{ne} de Malvières. — *Le Moulin des Guilhaumenches*, 1561 (J. Chalvon, n^{re}).

GUILLAUME (GRAND-), f., c^{ne} de Saint-Maurice-de-Lignon.

GUILLON, f., c^{ne} du Chambon.

GUIMPE (LA), f., c^{ne} de Queyrières. — *Mansus de la Guempa*, 1290 (cart. de Mazan, f° 31 v°). — *La Guempe*, 1561 (Savin, n^{re}).

GUINEBAUDE, m. i., c^{ne} de Dunières. — *Guinebode*, 1879 (carte adm.).

GUINGUETTE (LA), m. i., c^{ne} du Chambon.

GUISSON, ruiss. qui prend sa source au-dessus de

Cacheresse, c^{ne} de Siaugues-Saint-Romain, et se jette dans l'Allier à Vereuge, c^{ne} de Saint-Julien-des-Chazes. — *Rivus de Gisso*, 1387 (Chamblas). — *Rivus de Jusso*, 1454 (Bibl. nat., ms. lat., n. a., 1222, f° 12 v°). — *Jusson*, 1455 (*idem*, f° 23 v°). — *Le Guissac*, (cad.). — *Dissou*, 1861 (état-major). — *Ruiss. de Guisson*, 1880 (carte adm.).

GUITARD (MOULIN-), mⁱⁿ sur le Ceroux, c^{ne} de Vieille-Brioude.

GUITTARD, dom., c^{ne} d'Ours-Mons. — *Chastel Vila, qui est in territorio de Chasende*, 1305 (Saint-Georges du Puy). — *Chastel Villa*, 1313 (év.). — *Mecterie des hoirs de feu Jacques Guitard*, 1580 (Doleson, n^{re}). — *La metterie de Guictard*, 1614 (Duclaux, n^{re}).

GUBAT, loc. détr., c^{ne} d'Azerat. — *In vicaria Brivatensi, in villa Igurago*, v. 1011 (cart. de Brioude, ch. 6). — *Villa Egurag*, v. 1011 (*idem*, ch. 31). — *Gusac*, xiv° s. (obit. de Br.). — *Agurat, Gurat*, xiv° s. (terr. des Grèzes).

H

HAIES (LES), h., c^{ne} de Pébrac. — *La Haïe*, 1820 (Deribier). — *Les Hays*, 1872 (Malègue).

HAMEAU-DE-LA-LOIRE, h., c^{ne} de Saint-Martin-de-Fugères.

HAUTEVIALLE, loc. détr., près Lende, c^{ne} d'Azerat. — *Alta Villa*, xiv° s. (terrier des Grèzes).

HAUTE-VIALLE, h., c^{ne} de Rosières. — *Alta Vila*, 1250 (hôtel-Dieu). — *Auta Vila*, 1269 (év.). — *Aulte-Vile en Vellay*, 1535 (Chamblas). — *Hautaville*, 1561 (Savin, n^{re}). — *Autevialle*, 1632 (Arcis, n^{re}).

HAUTEVILLE, h., c^{ne} de Riotord. — *Haulte-Ville*, 1586 (Delafond, n^{re}).

HÉBRARDS (LES), h., c^{ne} d'Alleyrac. — 1130 (Saint-Georges du Puy, invent.). — *Locus deux Ebracz*, 1472 (*idem*). — *Les Hebrartz*, 1572 (A. Boyer, n^{re}). — *Les Ebrards*, xviii° s. (Cassini).

HÉBRARDS (LES), affl. de l'Holme, c^{nes} d'Alleyrac et Saint-Martin-de-Fugères.

HÉRAUD, f., c^{ne} de Mazeyrat-Crispinhac. — *Territorium de Veireiras*, xiii° s. (terrier de l'hôpital de Langeac). — *Vryreyras*, 1489 (terrier du Cluzel). — *Chambon sive Veyreyres, Chambon alias Eyrault*, 1525 (*idem*). — *Heyrault, près Lanjac*, 1670 (tabl. du Velay, 1870-71, 419). — *Eyraud*, 1869 (Malègue).

HERBERT (L'), m. i., c^{ne} de Saint-Victor-Malescours.

HERBRET (L'), h., c^{ne} de Saint-Just-Malmont. — *L'Herbret, Lerbret, mand. de Fogirolles*, 1569 (terrier de Saint-Didier).

HERBRET (L'), l'un des deux ruiss. qui forment l'Échapré dans la commune de Saint-Just-Malmont.

HERBRET (L'), f., c^{ne} de Saint-Romain-Lachalm.

HERM (L'), vill., c^{ne} de Cayres. — *Homines dell Erm*, 1252 (templiers du Puy). — *Homines dell Herm*, 1271 (la Chaise-Dieu, Bouchet-Saint-Nicolas). — *Ermum*, 1331 (J. de Peyre, n^{re}). — *Heremum*, 1352 (prieuré de Solignac). — *Lerm du Doyenné*, 1572 (Pays, n^{re}). — *L'Herm de Cayres*, 1615 (Duclaux, n^{re}).

HERM (L'), vill., c^{ne} de Laussonne. — *Villa quæ dicitur ad Hermum, in pago Vellaico posita*, 857 (cart. du Monastier, n° 69). — *Locus de Heremo*, 1524 (cad. du Monastier). — *L'Erm-de-Laussonne*, 1546 (Savin, n^{re}). — *L'Air-de-Laussonne*, 1695 (capitation).

HERM (L'), chât. ruiné et f., c^{ne} du Monastier. — *Villa de Hermeto*, 1096 (cart. du Monastier, n° 245). — *Villa de Heremo*, 1386 (homm. de Solignac).

Fief vassal de la baronnie de Solignac-sur-Loire.

HERM (L'), h., c^{ne} du Monastier. — *Villa quæ dicitur Hermus*, v. 1000 (cart. du Monastier, n° 194). — *Villa quæ dicitur Hermum*, 1101 (*idem*, n° 246). — *L'Erm, par. S. Fortunat de Monnestier*, 1569 (A. Boyer, n^{re}). — *L'Herm-lès-Monastier*, 1737 (Haute-Loire, B. 50). — *L'Herm-du-Monestier*, 1785 (Th. Julien, n^{re}).

HERM (L'), vill., c^{ne} du Pertuis. — *Mansus del Herm*, 1299 (cart. de Mazan, f° 128 v°). — *Lerm desuper Chalmeylhs*, 1305 (Hôtel-Dieu, B. 368). — *Heremus*, 1318 (*idem*, B. 402). — *Ler*, 1534 (év.). — *L'Erm de Cholmeilhs*, 1546 (Savin, n^{re}). — *L'Herm, par. de Sainct-Sustien*, 1546 (*idem*).

HERM (L'), h., c^{ne} de Rosières. — *Lerm*, 1278 (lit. de Bronac). — *Mansus del Herm*, 1314 (év.). — *Heremus*, 1342 (coll. C. Falcon). — *L'Air*, 1695 (capitation). — *L'Holme*, 1880 (carte adm.).

Fief vassal de l'évêché et possédé par la maison de Fay.

HERM (L'), h., cⁿᵉ de Saint-Julien-Chapteuil. — *Locus de Heremo*, 1455 (Pradier, nᵉ). — *L'Erm*, 1507 (év.). — *L'Erm de Sainct-Julien*, 1546 (Savin, nᵉ). — *L'Air*, 1685 (cad. de Chapteuil-Bas). — *L'Herme*, 1879 (carte adm.).

HERM (L'), vill., cⁿᵉ de Saint-Pierre-Duchamp. — *Heremus*, 1314 (Arch. nat., P. 1398³, cote 707). — *L'Erm*, 1571 (A. Boyer, nᵉ).

HERM (L'), vill., cⁿᵉ de Salettes. — *Leromitto*, 870 (Chifflet, hist. de Tournus, 210). — *Heremus*, 1331 (Arch. nat., P. 1397², cote 587). — *Affare del Herem*, 1383 (Rhône, E. 9). — *Ler*, 1534 (év.). — *L'Herm de Masclaux*, 1607 (Robert, nᵉ).

HERM (MOULINS-DE-L'), mⁱⁿˢ sur le Ram, cⁿᵉ de Rosières.

HERMENTS (LES), h., cⁿᵉ d'Araules. — 1281 (homm. de l'év.). — *Los Hermentz*, 1323 (cart. de Tence, fᵒ 13 vᵒ). — *Mansus deus Hermencz*, 1346 (Saint-Mayol). — *Lous Ermens*, 1499 (hôtel-Dieu). — *Les Hermans*, 1608 (cad. de Bonnas). — *Les Herments*, xviiⁱᵉ s. (Cassini). — *Les Hermes*, 1861 (état-major).

HERMES (LES), vill., cⁿᵉ de Vielprat. — 1583 (tit. de Surrel). — *Les Herms*, 1860 (état-major).

HERMET (L'), vill., cⁿᵉ d'Aurec. — *Lermet*, 1317 (Arch. nat., P. 1400³, cote 990).

HERMET (L'), h., cⁿᵉ de Chassagnes. — *Terra de Hermo Adriano*, v. 888 (cart. de Brioude, ch. 11). — *In vicaria Brivatensi, in loco ad Illo Ermeto*, 906 (*idem*, ch. 251). — *Villa quæ vulgo vocatur Ermet*, v. 1060 (*idem*, ch. 78).

HERMET (L'), loc. détr., près Fontclave, cⁿᵉ de Pinols. — *Lermet*, 1353 (spic. Briv.).

HERMET (L'), h., cⁿᵉ de Riotord. — *Grangia de Ermeto*, 1273 (cart. de Saint-Sauveur-en-Rue).

HERMET (L'), f., cⁿᵉ de Saint-Berain. — *Locus de Lermeto*, 1444 (Thiolent). — *Lermet*, 1464 (Bibl. nat., ms. lat., n. acq., 1223, fᵒ 156). — *Boria de Hermeto*, 1468 (*idem*, fᵒ 334).

HERMET (L'), f., cⁿᵉ de Saint-Christophe-d'Allier.

HERMET (L'), h., cⁿᵉ de Saint-Hostien. — *Lermet*, 1333 (Arch. nat., R². 39). — *Locus de Lhermeto*, 1468 (Lardeyrol).

HERMET (L'), vill., cⁿᵉ de Saint-Privat-du-Dragon. — *In loco Illo Ermeto*, 924 (cart. de Brioude, ch. 203).

HERMET (L'), h., cⁿᵉ de Varennes-Saint-Honorat. — *Larmet*, xviiⁱᵉ s. (Cassini).

HERMET-BAS (L'), vill., cⁿᵉ du Pont-Salomon.

HERMET-HAUT (L'), h., cⁿᵉ de Saint-Didier-la-Séauve.

— *Locus de Lermeto*, 1328 (coll. Chaleyer). — *Lermet-Hault*, 1645 (capitation).

HERMITAGE (L'), m. i., cⁿᵉ de Boisset. — Établi au xviiᵉ s. par les Hermites de la congrégation de Saint-Jean-Baptiste et habité par Jean Coppin, auteur du *Bouclier de l'Europe ou la Guerre Sainte*.

HERMITAGE (L'), h., cⁿᵉ d'Espaly-Saint-Marcel.

HERMITAGE DE PRADELLES (L'), détruit, cⁿᵉ de Pradelles. — *L'Hermitage*, xviiⁱᵉ s. (Cassini). — *Le rocher de l'Hermitage de Pradelle*, 1778 (Faujas de Saint-Fond, 380).

HERMITAGNE (L'), h., cⁿᵉ de Saint-Didier-sur-Doulon. — *L'Ermytanye*, 1516 (Vals-le-Chastel). — *L'Ermitaigne*, 1523 (*idem*). — *Lermitagne*, xviiⁱᵉ s. (Cassini). — *L'Hermitage*, 1820 (Deribier).

HERS (LES), h., cⁿᵉ de Monistrol-d'Allier. — *Mansus dels Herms*, 1325 (Thiolent). — *Locus de Heremis*, 1359 (*idem*). — *Mansus de Hermis*, 1377 (*idem*). — *Les Herms*, 1684 (*idem*).

HERTIS (L'), écart, cⁿᵉ de Vergongheon.

HEUME, m. i., cⁿᵉ d'Yssingeaux.

HIERBES, vill., cⁿᵉ de Sembadel. — *Irbes*, 1569 (J. Chalvon, nᵉ).

HIERBETTES, h., cⁿᵉ de Sembadel. — *Irbettes*, 1569 (J. Chalvon, nᵉ). — *Erbetas*, 1573 (communication de M. E. Grellet de la Deyte). — *Urbetes*, 1668 (ét. civ.).

HILAIRE (MOULIN-D'), mⁱⁿ sur le Malaval, cⁿᵉ d'Alleyras.

HIVER (L'), bois, cⁿᵉˢ de Saint-Vénérand et de Vabres.

HIVER (L'), bois, cⁿᵉ de Villeneuve-d'Allier.

HIVERNEBOEUF, écart, cⁿᵉ de la Chapelle-d'Aurec.

HIVERNEBOEUF (L'), affl. de la Loire au-dessous du Chambon, cⁿᵉ de Monistrol-sur-Loire. — *Le Dernebiou*, 1626 (vis. past. de J. de Serres, fᵒ 13). — *Le ruisseau des Potences*, 1626 (*idem*, fᵒ 324). — *Le Tranchard*, 1879 (carte adm.).

HIVERNOUX (LES), écart, cⁿᵉ de Monistrol-sur-Loire. — *Locus doux Yvernos*, 1454 (hôtel-Dieu, B. 700). — *Les Yvernoux*, 1695 (capitation). — *Les Hivernaux* (cad.).

HIVERS (LES), h., cⁿᵉ d'Aurec.

HIVERSETS (LES), m. i., cⁿᵉ du Mas-de-Tence.

HIVERSINS (LES), bois, cⁿᵉ de Vorey.

HIVERT (L'), affl. du Doulon, à la limite des communes de Domeyrat et de Saint-Préjet-Armandon. — *Le Vert* (cad.).

HIVERTS (LES), affl. du Ramel à Chazalet, cⁿᵉ d'Yssingeaux, prend sa source au nord de Raucoules, cⁿᵉ de Queyrières. — *Le Merlary* (cad.).

HIVERY, m. i., c^{ne} de Saint-Ferréol-d'Auroure. —
Les Eyverts (cad.).

HOLME (L'), affl. de la Loire à Goudet, arrose la
commune de Salettes. — *Lolme* (cad.).

HOMMES (LES), f., c^{ne} de Raucoules. — *Locus de
Ulmis*, 1449 (Saint-Georges du Puy). — *Les
Olmes*, 1574 (Guèze, n^{re}). — *Les Ormes*, 1625
(Duclaux, n^{re}). — *Les Homes*, XVIIIe s. (Cassini).

HONTÈS-BAS, h., c^{ne} de la Besseyre-Saint-Mary. —
Les Hontels-Soutcyres, 1749 (terrier du Besset).

HONTÈS-HAUT, h., c^{ne} de la Besseyre-Saint-Mary. —
Les Hontels-Soubeyres, 1749 (terrier du Besset).

HÔPITAL (L'), m. i., c^{ne} de Chomelix.

HÔPITAL (L'), m. i., c^{ne} de Sainte-Sigolène.

HÔPITAL (BOIS DE L'), bois, c^{ne} de Saint-Julien-Chapteuil.

HORT (L'), f., c^{ne} des Estables. — *L'Ort*, 1760 (ét.
civ.). — *L'Hort de Chanteloube*, 1767 (*idem*).

HOSPITALET (L'), l. détr., c^{ne} de Chanaleilles. —
Domus de Riu agenos, 1216 (Hôtel-Dieu, B. 303).
— *Ribagenos*, 1298 (*idem*, B. 349). — *Ripa-
genos deus Salvatges*, 1334 (*idem*, B. 464). —
*Ecclesia Sancti Jacobi de Ribaginos, locus Hospi-
talis de Ribaginos*, 1340 (*idem*, B. 472). —
L'Hospitalet, 1501 (*idem*, B. 578). — *Locus de
Hospitaleto*, 1524 (*idem*, B. 586).

Fontaine à pèlerinage pour le mal d'yeux, les
maladies cutanées et la guérison du bétail; dédiée
à saint Roch.

HOSTES (LES), vill., c^{nes} du Mazet-Saint-Voy et de
Saint-Jeure.

HOSTES (LES), h., c^{ne} de Tence. — 1692 (ét. civ.).

HÔTES (LES), m. i., c^{ne} de Grazac. — *L'Hotesson*,
XVIIIe s. (Cassini).

HOUZON (LA), prend sa source à l'ouest de Blaizat,
c^{ne} de Saint-Éble, et se jette dans le Morange,
près de Gagne, c^{ne} de Mazeyrat-Crispinhac. —
Aqua Hihosa, v. 1031 (cart. de Brioude, n° 94).
— *La Louso*, 1490 (terrier du Cluzel, f° 93 v°).

HUCHE-PLATE, mont., c^{ne} de Saint-Étienne-Lardeyrol.

HUCHE-POINTUE, mont., c^{ne} de Saint-Étienne-Lardeyrol. — *Mons d'Ucha*, 1299 (hôtel-Dieu,
B. 351). — *Uche*, 1575 (Chamblas).

HUELLE, h., c^{ne} de Sainte-Sigolène. — *Hueles*, 1553
(ress. de Montfaucon). — *Uelles*, 1606 (Jamon,
n^{re}). — *Huells*, XVIIIe s. (Cassini).

HUELS, h., c^{ne} des Villettes. — *Huelles*, 1695 (capitation). — *Huells*, XVIIIe s. (Cassini).

HURTES, écart, c^{ne} de la Sauvetat. — *Urtas*, 1256
(Rhône, la Sauvetat, I, 5); — 1390 (homm. de
Solignac).

HYVERSETS (LES), m. i., c^{ne} du Mas-de-Tence.

I

IGNES (LES), chât. détr. et vill., c^{ne} de Monlet. —
De Las Inhas, 1293 (Rhône, com^{rie} de Montredon, I, 1). — *Las Ynhas prope Alegrium*,
1461 (Bibl. nat., ms. lat., n. acq., n° 1223,
f° 16). — *Lassimes* (mauv. lec.), 1511 (coust.
d'Auv., f° 81 v°). — *Les Ygnes*, 1576 (Haute-
Loire, E.).

Seigneurie appartenant à la maison d'Allègre,
avant le XVIe siècle, et mouvant en fief du duché
d'Auvergne.

IGNES (MOULIN-DES), mⁱⁿ sur la Borne occidentale,
c^{ne} de Monlet.

ILES (LES), h., c^{ne} de Saint-Maurice-de-Lignon. —
Insula, 1097 (cart. de Chamalières, n° 9). — *Las
Hilhas*, 1390 (év.). — *Les Illes*, 1689 (cad. du
Lignon).

ILES (LES), f., c^{ne} de la Vaudieu. — *La Meterie des
Yz*, 1612 (terrier de la Vaudieu).

IMBASTARDS (RAZAT-DES-), affl. de la Senouire, au nord-
est du Viallard, c^{ne} de Josat.

IMBERTS (LES), f., c^{ne} de Barges. — *Les Imberts de
Barges*, 1740 (Haute-Loire, B. 53).

IMBERTS (LES), f., c^{ne} de Chaudeyrolles. — 1634
(ét. civ.).

IMBOUZADES (L'), affl. de Panis, c^{ne} de Croisance.

INAIRES, h., c^{ne} de Craponne-sur-Arzon. — *Eneyras*,
1522 (Saint-Georges du Puy). — *Uneyres*, 1604
(M^{ce} Leblanc, n^{re}). — *Ineyres*, 1662 (ét. civ.).
— *Yneyres*, 1670 (Arch. nat., P. 502, cote 109).

INAIRES (MOULIN-D'), mⁱⁿ sur l'Arzon, c^{ne} de Craponne-sur-Arzon. — *Moulin-de-Roche*, 1880
(carte adm.).

INJANEYRES (LES), affl. de l'Ance, limite des communes
de Solignac-sous-Roche et Retournac. — *L'Inja-
naire*, 1879 (carte adm.).

INNOCENTS (CHAPELLE DES), c^{ne} de Lorlanges; démolie
en 1743.

INTRANGE, vill., c^{ne} de Connangles. — *Intrangiæ*,
1358 (la Chaise-Dieu, Connangles). — *Entrague,
Entranges*, 1798 (*ibid.*).

IMIEYRE (L'), ruiss., affl. du Javoulx, c^nes de Siaugues-Saint-Romain et de Vissac.

ISSANGES, vill., c^ne d'Agnat. — *Usseiol, Usseuiol*, XIVe s. (terrier des Grèzes). — *Usseuge*, XVIIIe s. (Cassini). — *Issange*, 1820 (Deribier). — *Isseuge*, 1851 (Giraud).

ISSANGES (L'), affl. du Ternivol, c^ne d'Agnat. — *Rivus d'Usseiol*, XIVe s. (terrier des Grèzes).

ISSARTS (LES), m^in sur le Lignon, c^ne d'Yssingeaux.

ISSERVIER (RUISSEAU D'), affl. de la Gourgueure, c^nes d'Auvers et de Desges.

J

JABRIE (LA), gouffre de la Loire, c^ne de Coubon.

JABIEN, vill., c^ne de Saint-Christophe-sur-Dolaison. — *In pago Vellaico, in villa quæ dicitur Gabiane*, v. 1010 (cart. du Monastier, n° 184). — *Gabia*, 1256 (hôtel-Dieu, B. 132). — *Jabia*, 1283 (év.). — *Mansus de Gabiano, de Jabiano*, 1386 (homm. de Solignac). — *Yabia*, 1507 (év.). — *Jabie*, 1549 (Rhône, H. 2478). — *Jabia*, 1614 (Brunel, n^re). — *Gabies*, 1630 (*idem*). — *Jabiou*, 1633 (Arcis, n^re).

JABREL, vill., c^nes de Saint-Geneys-près-Saint-Paulien et de Bellevue-la-Montagne. — *Jabrel*, 1222 (Martène, thes. nov. anecd., I, 897). — *Jabreulh*, 1321 (spic. Briv.). — *Villa de Jabrel*, 1345 (terrier de Pons de Céaux). — *Jabrelh*, 1359 (terrier de Jean de Cereys). — *Ghabreilh*, 1548 (Galien, n^re). — *Jabril*, XVIIIe s. (Cassini). — *Jabreil* (cad.). — *Gabreille*, 1820 (Deribier). — *Jabrelles*, 1860 (état-major).

JABRUZAC, h., c^ne de Beaulieu.

JABRUZAC, vill., c^ne de Moirevers. — *Jabruzac*, 1283 (hôtel-Dieu, B. 332). — *Zabruzacus*, 1331 (*ibid.*, B. 442). — *Jabrusacus*, 1430 (év.).

JACASSI, f., c^ne des Estables. — *Jaquassi*, XVIIIe s. (Cassini). — *Le Mas de Jacassi*, 1759 (ét. civ.).

JACQUARD, m. i., c^ne d'Araules.

JACQUARD (MOULIN-DE-), m^in, c^ne de la Chapelle-Bertin.

JACQUES (LE MOULIN-DE-), m^in sur la Gazeille, c^ne du Monastier.

JACQUES-DE-ZEAN, f., c^ne des Estables. — *Le lieu de Jacques-de-Jean*, 1761 (ét. civ.).

JACQUET, f., c^ne de Montfaucon.

JACQUET, m. i., c^ne du Pertuis.

JACQUET, f., c^ne de Saint-Jeure. — *Jacamet*, 1314 (év.).

JAFFEUR, bois, c^ne de Lantriac. — *Nemus de Jaffeurs*, 1412 (terrier du Moulin-Neuf). — *Le boix app. de Jaffueilh*, 1541 (Savin, n^re).

JAGONAS, l. détr. et bois, c^ne de Bonneval. — *Mansus de Jagonas supra Bonaval*, 1404 (terrier de Chomelix-le-Haut).

JAGONNAS, chât. et vill., c^ne de Rauret. — *Jagonas*, 1285 (homm. de l'év.). — *Jagonassium*, 1382 (év.). — *Jagonacium, Jagunnacium*, 1390 (év.). — *Jagonacum*, 1424 (év.). — *Jagonnas*, 1507 (év.).

Fief vassal de l'évêché du Puy.

Commune supprimée par ordonnance du 27 novembre 1832, et réunie à celle de Rauret.

JAGONZAC, vill., c^ne de Saint-Haon. — *Jagonzacus*, 1289 (Arch. nat., P. 1398¹, c. 652). — *Jagunzac*, 1390 (év.).

JAGOURY, m. i., c^ne de Bessamorel.

JAHON, vill., c^ne de Langeac. — *Iaond*, XIIe s. (cart. de Pébrac, n°s 46-42). — *Iaon*, XIIe s. (idem, n°s 46-45 et 51). — *Yahont*, v. 1250 (spic. Briv.). — *Vahont*, v. 1250 (idem). — *Jaont*, XIIIe s. (terrier de l'hôpital de Langeac). — *Mansus de Jahont*, 1479 (Arch. nat., Q. 513, f° 44).

JALADIF (LE), h., c^nes de Laval et de Saint-Vert. — *Mansus del Jaladiu*, 1307 (la Chaise-Dieu, Saint-Vert).

JALAJOUR, h., c^ne de Saint-Julien-Chapteuil. — *Jalayoc*, 1343 (homm. de l'év.). — *Jalajoc*, 1532 (Dompnin, n^re). — *Jalajouc*, 1685 (cad. de Chapteuil-Bas). — *Jalaghouc*, 1695 (capitation).

JALAJOUX, bois, c^ne de Desges.

JALASSET, h., c^ne de Bains. — *Jalasset*, 1256 (év.). — *Jalassetum*, 1394 (la Chaise-Dieu, Saint-Rémy). — *Jalasset*, 1408 (compois du Puy). — *Gelasset*, 1545 (Médicis, I, 396).

JALAVOUX, m. de camp., c^ne d'Aiguilhe.

JALAVOUX, dom., c^ne de Vergezac. — Divisé autrefois en deux groupes, Jalavoux-Haut et Jalavoux-Bas. — *Jaluos lo Sobeyra*, 1346 (J. de Peyre, n^re). — *Boria de Gelaos lo Sobeira*, 1351 (la Chaise-Dieu, Saint-Rémy). — *Jalaos lo Soteyra*, 1383 (homm.

de l'év.). — *Galavoux* (l'imprimé porte *Gala-noux*), 1511 (coust. d'Auv., f° 79 v°).
Fief vassal de l'évêché du Puy et arrière-fief du duché d'Auvergne.

JALAYOUX (Les), écart, c^ne de Retournac. — *l'illa quæ dicitur ad Gelaitivos*, 986 (cart. de Chama-lières, n° 109). — *Ad Ingelados*, 1175 (*idem*, n° 194). — *Lous Jallaoux*, 1695 (capitation). — *Les Alayous*, XVIII° s. (Cassini).

JALÈS, vill., c^ne de Bains. — *Jales*, 1210 (templiers du Puy). — *Gelletz*, 1633 (Demans, n^re). — *Jaletz*, 1695 (cad. de Ceyssac). — *Jallès*, 1888 (Malègue).

JALLÈS, m. i., c^ne de Brives-Charensac.

JALORE, mont., c^ne de Rosières. — *Nemus de Ja-loure*, 1304 (év.). — *Jeloyre*, 1309 (év.). — *Jaloyre*, 1370 (év.). — *Joaloure*, 1373 (év.). — *Jalore*, 1392 (év.). — *Ghaloure*, 1550 (Cham-blas). — *Jalaure*, 1714 (cad. de Laval-Emblavès). — *Jalaury* (cad.). — *Jalory*, 1876 (aff. jud.).

JAMARAT, m. i., c^ne d'Yssingeaux. — *Jean-Maras*, 1820 (Deribier).

JAME (La), f., c^ne de Queyrières.

JAMETON, écart, c^ne de la Chapelle-Geneste. — *Ja-metaux* (cad.). — *Jambeton*, 1888 (carte adm.).

JAMILLONS (Les), h., c^ne du Mas-de-Tence. — *Jamil-loux*, 1820 (Deribier).

JAMMÉ (MOULIN-DE-), m^in sur la Berlandes, c^ne de Grèzes.

JAMON, f., c^ne de Champclause. — 1808 (ét. des succ.).

JAMON, f., c^ne de Saint-Romain-Lachalm. — *Le lieu de Jamon, jadiz appellé la Sardanenche, et auparavant la Grangoniere*, 1569 (terrier de Saint-Didier).

JAMON, m. i., c^ne d'Yssingeaux.

JAMPO, m. i., c^ne de Saint-Maurice-de-Lignon.

JANDRIAC, m. i., c^ne d'Ours-Mons.

JANILIÈRES, loc. détr., c^ne de Charraix. — *La Me-tayrie de Janilieyres*, 1608 (Thiolent).

JANISSE, m. i. en ruines, c^ne de Roche-en-Régnier. — *Territorium de Ruppe app. de Jani*, 1406 (terrier du Bois).

JANISSE (Le), affl. de la Loire en amont du Cham-bon, arrose les communes de Roche-en-Régnier et de Vorey.

JANSENET, h., c^ne d'Ally. — *In comitatu Arvernico, in vicaria Radicatensi, villa quæ dicitur Gentianedo*, 971 (cart. de Brioude, ch. 185). — *Jansenet*, 1380 (Arch. nat., Z². 4143, p. 63). — *Jancenet*, 1429 (Bibl. nat., ms. fr., 11490, f° 70). — *Jean-cenet*, XVIII° s. (Cassini). — *Jencenet* (cad.).

JAPPE-RENARD, m. i., c^ne de Tence.

JAPRENARD, l. détr., c^ne de Lapte. — XVIII° s. (Cassini.)

JARISSON, loc. détr., c^ne de Chassagnes. — *Mansus de Jarisso, par. de Chassanhiis*, 1376 (la Chaise-Dieu, Mazerat-la-Brequeille).

JARISSON, h., c^ne de Saint-Arcons-d'Allier.

JARLIER, écart, c^ne de Freycenet-Lacuche. — *Ghar-lhier, Jarlhier*, 1528 (cad. du Monastier). — *Ger-lier*, 1695 (capitation). — *Gearllier*, 1785 (Julien, n^re). — *Jarlière*, 1820 (Deribier).

JARNIOU, m. i., c^ne de Sainte-Sigolène. — *Jarniaux*, 1888 (Malègue).

JAROUSSE (La), f., c^ne de Chauiat. — *Terra de la Gerossa*, 1287 (spic. Briv.). — *La Jarrousse*, 1626 (la Chaise-Dieu, Javaugues).

JAROUSSIER, f., c^ne de Paulhaguet. — *Jarrosier*, 1543 (la Chaise-Dieu, Domeyrat). — *Jarrossier*, 1612 (terrier de la Vaudieu).

JAROUSSON, f., c^ne de la Vaudieu. — *Jarrousson*, 1888 (Malègue).

JARRIGE (La), mont., c^ne de Chassagnes.

JARRIGE (La), h., c^ne de Saint-Austremoine.

JARRIGE (La), h., c^ne de Vergongheon. — *Jarrya*, XII° s. (cart. de Sauxillanges, ch. 979). — *La Jarrigha*, 1371 (Arch. nat., P. 1375², cote 2539).

JARNISSON, h., c^ne de Saint-Arcons-d'Allier. — 1455 (Bibl. nat., ms. lat., n. acq., 1222, f° 22).

JARRISSON (Le), affl. de l'Allier, au nord de la c^ne de Saint-Arcons-d'Allier.

JARNOUSSIER (Le), loc. détr., c^ne de Taillhac. — *El Gerrossier*, 1477 (Bibl. nat., ms. lat., n. acq., 1224, f° 170 v°).

JAURENCE, mont. boisée, c^ne de Saint-Julien-du-Pinet. — *Nemus voc. Guirensa*, 1299 (hôtel-Dieu, B. 351). — *Mons de Gieurensa*, 1451 (cart. de Mazan, f° 52 v°). — *Giourand*, 1603 (cad. de Glavenas).

JAUREY, m. i., c^ne d'Aurec. — *Le Geôlier*, 1869 (Malègue).

JAURIA, vill., c^ne d'Azerat. — *In vicaria Bricatensi, in villa... Lauriago (Jauriago)*, XI° s. (cart. de Brioude, ch. 53). — *Villa Jauriag*, XI° s. (*idem*, ch. 67). — *Gauriago* (*idem*, tables, 395, ccxcv). — *Jauriacus*, 1156 (spic. Briv.). — *Jauriac*, 1256 (*idem*). — *Jauriat*, 1439 (la Chaise-Dieu, Azerat). — *Joriat*, 1880 (carte adm.).

JAVAUGUES, c^ne de Brioude. — *Gangetica terra*(?), 819 (bibl. de l'éc. des ch., XXVII, A. Bruel, chron. du cart. de Brioude, 508). — *Prior de Javalge*, 1278 (la Chaise-Dieu, Bouchet-Saint-Nicolas). — *Javalgues*, 1285 (spic. Briv.). — *Gavalgue*,

Galragne. 1287 (*idem*). — *Javalgue*, 1298 (*idem*). — *Jalvaigues*, 1401 (*idem*). — *Jeralgues*, 1494 (la Chaise-Dieu, Javaugues). — *Javaulgue*, 1543 (*idem*). — *Javaugues*, 1669 (spic. Briv.).

En 1789, Javaugues, qui était un fief vassal du duché d'Auvergne, appartenait à la province d'Auvergne, à l'élection et subdélégation de Brioude et au ressort de Riom. Son église paroissiale, diocèse de Saint-Flour et archiprêtré de Brioude, était sous l'invocation de saint Loup; l'abbé de la Chaise-Dieu présentait à la cure.

Javeloux, m. i., c^ne de Bas. — *Javelou*, 1691 (obit. de Bas). — *Javelon*, 1879 (carte adm.).

Javignac, l. détr., près Champagne, c^ne de Saint-Paulien. — *Casalia de Javinhac*, 1497 (Haute-Loire, E.).

Javinières (Les), f., c^ne de Saint-Julien-Molhesabate. — *Les Javignères*, 1879 (carte adm.).

Javoulx (Le), riv., affl. de l'Allier au-dessous de Chanteuges, prend sa source près de Fix-Saint-Geneys, coule sur les communes d'Auteyrac, Vissac et Saint-Arcons-d'Allier. — *Rivus de Javors*, 1463 (terrier de Vissac, f° 8). — *Le rif de Jahors*, 1465 (Bibl. nat., ms. lat., n. acq., n° 1223, f° 215). — *Rivus de Jahours*, 1478 (terrier du Cluzel). — *Javours*, 1495 (terrier de Vissac). — *La Fioule*, 1860 (état-major).

Javoure, gare, c^ne de Fix-Saint-Geneys.

Jax, c^on de Paulhaguet. — *In aico Brivatensi, in vicaria Cantinialica* (sic), *in villa Jax*, 888 (cart. de Brioude, ch. 38). — *Jacs*, 1134 (cart. de Pébrac, n° 31). — *Prior de Jax*, 1365 (spic. Briv.). — *Jaux*, 1379 (compte de B. Flotenc). — *Jaez*, 1398 (*idem* de B. Sannadre). — *Jacx*, 1401 (spic. Briv.). — *Parochia B. Andreæ de Jax*, 1456 (Bibl. nat., ms. lat., n. acq., 1222, f° 18).

En 1789, Jax faisait partie de la province d'Auvergne, de l'élection de Brioude, de la subdélégation de la Chaise-Dieu et du ressort de Riom. Son église paroissiale, diocèse de Saint-Flour et archiprêtré de Langeac, était consacrée à saint André; l'abbé de Pébrac présentait à la cure, en sa qualité de prieur.

Jay (Le), l. détr., c^ne de Saint-Privat-du-Dragon. — 1459 (Arch. nat., ZZ. 359, p. 15).

Jayer, m. i., c^ne d'Yssingeaux.

Jazende, vill., c^ne de Villeneuve-d'Allier. — *In vicaria (Brivatensi), villa Gazende*, 925 (cart. de Brioude, ch. 236). — *Jazemde*, v. 1075 (cart. de Pébrac, n° 7). — *Le Mas de Gezende*, 1421 (Arch. nat., Z^a. 4149, p. 292). — *Jazinde*, 1466 (Arch. nat., ZZ. 359, p. 32). — *Mansus superior de Jazende*, 1466 (*idem*, p. 132).

Jean-Cros, f., c^ne de Champclause.

Jean-Despeyres, m. i., c^ne de Saint-Voy. — *Jean-des-Peyres*, 1888 (Malègue).

Jean du-Moulin, f., c^ne de Saint-Romain-Lachalm.

Jean-François, m. i., c^ne de Malrevers.

Jean-Joly, h., c^ne de Jullianges. — *Jangeoli*, 1696 (L. Devinols, n^re).

Jeanne-Martin, écart, c^ne de Connangles.

Jeannote (La), f., c^ne de Tence.

Jean-Pau, m. i., c^ne d'Yssingeaux.

Jerzat, h., c^ne d'Agnat. — *Jarzaylh*, xive s. (terrier des Grèzes). — *Gerzail*, xviiie s. (Cassini).

Jerzat (Le), affl. du Lindes, c^ne d'Agnat.

Jigade (La), ruiss., affl. de la Loire à l'est de Masclaux, c^ne d'Arlempdes.

Joanel, f., c^ne de Freycenet-Lacuche.

Joanon, f., c^ne des Estables.

Joie (La), m. i., c^ne de Coubon. — *Jayx*, 1820 (Deribier).

Jointes (Les), dom., c^ne de Chaspuzac. — 1232 (Saint-Mayol, invent.). — *Las Junctas*, 1385 (terrier de Saint-Vidal). — *Las Joinctas*, 1466 (Bibl. nat., ms. lat., n. acq., 1223, f° 286 v°).

Joly, écart, c^ne de la Chapelle-Geneste.

Jonchère (La), loc. détr., c^ne de Montusclat. — *La Juncheire*, 1696 (cad. de Montusclat).

Jonchères, chât. ruiné et h., c^ne de Rauret. — *Joncheyras*, 1164 (Médicis, I, 76). — *Juncheiras*, 1283 (év.). — *Castrum de Juncheriis*, 1289 (Arch. nat., P. 1398^1, cote 652). — *Juntgeyras*, 1370 (év.). — *Dominus Jungeriarum*, 1402 (Arch. nat., P. 1399^1, cote 749). — *Vicaria S. Petri infra castrum de Juncheriis*, 1516 (Arch. nat., G^8*. 1, f° 447). — *Jonchières*, 1541 (V. Brunel, n^re).

Fief vassal de l'évêché du Puy.

Commune supprimée par ordonnance du 27 novembre 1832, et réunie à celle de Rauret.

Jonchères (Ravin-de-), affl. de l'Allier à Jonchères, c^ne de Rauret. — *Ruiss. d'Audonnès*, 1622 (coll. Eyraud-Reynier).

Joncherettes, vill., c^ne de Rauret. — *Junchayretas*, 1339 (augustines de Vals). — *Juncheiretes*, 1540 (V. Brunel, n^re). — *Juncheyretes*, 1575 (A. Boyer, n^re). — *Joncherette*, 1888 (carte adm.).

Jorat, h., c^ne de Jullianges. — *Geurane*, 1332 (Arch. nat., P. 1397^2, cote 571). — *Guirazac*, 1333 (Arch. nat., S. 3298). — *Zeurazac*, 1345 (la Chaise-Dieu, Jullianges). — *Giourac*, 1472

(Bibl. nat., ms. lat., n. acq., 1224, f° 52). — *Giourat,* 1670 (Arch. nat., P. 502, cote 109). — *Georat, Jeorat,* 1782 (la Chaise-Dieu, Jullianges).

JOSAN, vill., c^ne de Cerzat. — *Jauzans,* 1379 (Arch. nat., Z². 4143, p. 6). — *Jouzans, Jouzan,* 1625 (terrier du Chambon de Blau). — *Josand,* 1880 (carte adm.).

JOSAN (LE), affl. de l'Allier, c^nes de Cerzat et de la Voûte-Chilhac. — *Le Josant* (cad.).

JOSAT, c^on de Paulhaguet. — *In comitatu Brivatensi, in aice Loiacense (Joiacense),* v. 888 (cart. de Brioude, ch. 11; tables, fragm. I, n° 11). — *Jalzac,* 1344 (Saint-Georges de Saint-Paulien). — *Jaulzac,* 1379 (compte de B. Flotenc). — *Jalzat,* 1401 (spic. Briv.). — *Jauzac,* xviii° s. (Cassini).

En 1789, Josat dépendait de la province d'Auvergne, de l'élection de Brioude, de la subdélégation de la Chaise-Dieu et du ressort de Riom. Son église paroissiale, diocèse de Saint-Flour et archiprêtré de Brioude, était sous le vocable de Notre-Dame.

JOSIAT, écart, c^ne de Saint-Julien-du-Pinet. — *Jausas,* 1297 (homm. de l'év.). — *Jauzas,* 1386 (év.). — *Jausatum,* 1391 (év.). — *Jousac,* 1507 (év.). — *Sosias,* xviii° s. (Cassini). — *Saucias,* 1860 (état-major). — *Jusias,* 1878 (carte adm.).

JOUANET, m. i. détr., c^ne d'Yssingeaux. — xviii° s. (Cassini).

JOUANNE (MOULIN-DE-), m^in sur l'Ance, c^ue de Saint-Georges-Lagricol.

JOUANON, m. i., c^ne de Tence.

JOUBERT, m. i., c^ne de Rosières.

JOUBERT, h., c^ne de Saint-Julien-Molhesabate. — 1618 (Jamon, n^re).

JOUBERT, m. i., c^ne de Saint-Paulien.

JOUBERT (MOULIN-), m^in sur le Javoulx, c^ne de Saint-Arcons-d'Allier. — *Le Molin de Fiola,* 1458 (Bibl. nat., ms. lat., n. acq., 1222, f° 80). — *Molendinum de Fuola,* 1459 (idem, f° 98). — *Le Molin-de-Fiole,* 1495 (terrier de Vissac).

JOUCAGRAY, m. i., c^ne de Moudeyres. — *Jouque-Gray,* 1880 (carte adm.).

JOUMARD, m^in sur l'Allier, c^ne d'Aubazac.

JOUR (LE), affl. du Lignon, au nord-ouest de Rivière, c^ne de Tence. — *L'Alaisson* (cad.).

JOURCHANE, vill., c^ne de Chassignolles. — *Mansus de Jurchanas,* 1358 (spic. Briv.). — *Jorchanas,* 1358 (Arch. nat., J. 1134, cote 7). — *Jourchanes,* 1669 (spic. Briv.). — *Jourchanne,* 1880 (carte adm.).

JOURDAT, m. i., c^ne de Lapte. — *Fournat,* 1878 (carte adm.).

JOURDES (SUC-), mont. boisée, c^ne du Vernet. — *Suc Jorda,* 1282 (hôtel-Dieu, B. 331).

JOURDY, vill., c^ne de Saint-Pal-de-Mons. — *Jurdic,* 1384 (év.). — *Jurdit,* 1391 (év.). — *Juridic,* 1507 (év.). — *Jourdic,* 1695 (capitation).

JOURET, h., c^ne de Champagnac. — *Jourez,* 1888 (Malègue).

JOURNET, lieu dit, c^ne de Saint-Ilpize. — *Jornet,* 1387 (Arch. nat., Z². 4144, p. 228).

JOUSSERAND (LE), ruiss., affl. de la Colense, c^ne de Freycenet-Lacuche. — *Rivus de la Jauseranda,* 1527 (cad. du Monastier). — *Le Josserand* (cad.). — *Ruiss. des Raches,* 1880 (carte adm.).

JOUVE (MOULIN-DE-), m^in sur l'Aquejols, c^ne de Saint-Paul-de-Tartas.

JOUX, h., c^ne de Céaux-d'Allègre. — *Jocz* ou *Jox,* 1218 (templiers du Puy). — *Jour,* 1293 (Rhône, Montredon, I, 1). — *Gure,* xviii° s. (Cassini).

JOUX, h., c^ne de Saint-Didier-sur-Doulon.

JOUX, chât., c^ne de Tence. — *Joxs,* 1258 (Rhône, D. 153). — *Jocz,* 1399 (idem, B. 148).

JOZAT, l. détr., c^ne de Villeneuve-d'Allier. — *Cazalia de Giourat,* 1396 (Arch. nat., Q. 513). — *Territ. de Jouzat sive doz Chezaulx,* 1462 (Arch. nat., ZZ. 359, p. 46).

JUCHET, h., c^ne de Céaux-d'Allègre. — *Juchet,* 1341 (Haute-Loire, E.). — *Juchetz,* 1385 (hôtel-Dieu, B. 690). — *Juchés,* 1820 (Deribier).

JUGE, m. i., c^ne du Mas-de-Tence.

JUILLARD, écart, c^ne de Saint-Pal-de-Murs. — *Juilhard, Juliard,* 1573 (comm^on de M. Emm. Grellet de la Deyte).

JUILLAT, tèn., c^ne du Bouchet-Saint-Nicolas. — *Julhac,* 1256 (év.). — *Terr. de Juillac prope villam prioratus de Bucheto,* 1289 (la Chaise-Dieu, le Bouchet-Saint-Nicolas). — *Mansus de Julhacu,* 1370 (év.). — *Setena Juliacii,* 1424 (év.). — *Lo VIIme de Julliac,* 1507 (év.).

JUILLEC, quartier du vill. de la Mure, c^ne de Bas. — *Julhiec,* 1391 (coll. Chaleyer). — *Julhiet,* 1508 (obit. de Bas). — *Julhec,* 1546 (idem). — *Julhiec lez la Mure,* 1563 (idem).

JUILLET, f., c^ne de Saint-Julien-Molhesabate. — *Julhec,* 1468 (Rivière, n^re). — *Jullet,* 1869 (Malègue).

JULIEN, f., c^ne de Bessamorel.

JULLIANGES, c^on de la Chaise-Dieu. — *Parochia de Jullanias,* v. 1175 (hospitaliers du Velay). — *Villa de Julanges,* v. 1260 (Arch. nat., J. 1031, n° 2). — *Prior de Julhanzas,* 1305 (Arch. nat.,

S. 3297). — *Julhangas*, 1332 (Arch. nat., P. 1397², cote 571). — *Ecclesia B. Andreæ Julian-giarum*, 1345 (la Chaise-Dieu, Jullianges). — *Jullenges*, 1401 (spic. Briv.).

En 1789, Jullianges était compris dans la province d'Auvergne, l'élection d'Issoire, la subdélégation de Saint-Amand-Roche-Savine et le ressort de Riom. Son église paroissiale, diocèse de Clermont et archiprêtré de Livradois, était dédiée aux saints Pierre et André; le sacristain-mage de l'abbaye de la Chaise-Dieu présentait à la cure, comme prieur de cette localité.

JULLIAT, f., cne de la Vaudieu. — *Juliac*, 1139 (cart. de Pébrac, n° 29). — *Julhyac*, 1341 (terrier de Charbounier). — *Julhac*, xve s. (Bibl. nat., fr., 22297, p. 284). — *Julhat, Julliat*, 1612 (terrier de la Vaudieu).

JURINE, h., cne de Saint-Just-Malmont. — *Juruna*, 1525 (coll. Chaleyer). — *Juruyna*, 1556 (idem). — *Juryne*, 1569 (terrier de Saint-Didier).

JUSSAC, vill., cne de Retournac. — *Jussac*, 1163 (cart. de Chamalières, n° 76). — *Jussacum*, 1213 (idem, n° 329). — *Jussat*, 1383 (Rhône, E. 9).

JUSSALABRE, l. détr., sur le mont Chiroux, cne de Cussac. — *Villa de Jussalabre quæ est juxta Mulpas*, v. 1135 (tabl. du Velay, 1870-71, 528).

JUZOUMAL (LE), écart, cne de Présailles. — *Affare del Jusalmal*, 1383 (Rhône, E. 9). — *Loux Mas Julhos*, 1570 (du Villar, nre). — *Le Guizoumal*, 1695 (capitation). — *Le domaine de Gizoumal*, 1699 (cad. de Vachère). — *Le Guizoumas* (cad.). — *L'Inzoumal*, 1820 (Deribier). — *Jugeniat*, 1888 (Malègue).

L

LABADAL, min sur le Javoulx, cne de Siaugues-Saint-Romain.

LABADAL, min sur le Javoulx, cne de Vissac.

LABADENT, loc. détr., cne de Saint-Just-près-Brioude. — *Lapadenc, Laupadent*, 1339 (Bibl. nat., fr., 14377, fos 189 et 197). — *Mansus de Labadent*, 1428 (Bibl. nat., fr., 11490, p. 59).

LABADIER, m. i., cne de Saint-Berain.

LABIEC, vill., cne de Bas. — *Labiec*, 1325 (coll. Chaleyer). — *Labiet*, 1431 (Loire, A. 89, f° 211). — *Labiacum*, 1511 (obit. de Bas).

LABISTOUR, h., cne de la Voûte-sur-Loire. — *Locus de la Bistour*, 1519 (Haute-Loire, E.).

LABLOIE, écart, cne de Bas.

LABOURAT (LE), lieu détr., cne de la Chapelle-Geneste. — *Terræ del Laborat*, 1416 (la Chaise-Dieu, la Chapelle-Geneste).

LABOURIER, h., cne de Riotord. — *Laborier*, 1467 (Rivière, nre). — *La Bourier*, 1879 (carte adm.).

LABOUT, vill., cne de Blassac. — *Mansus de Labot*, 1387 (Arch. nat., Z². 4144, p. 208). — *Labout*, 1476 (Arch. nat., ZZ. 359, p. 153). — *Laboue*, 1888 (Malègue).

LABOUYÈRE, f., cne de Beaulieu.

LABRO, vill., cne de Saint-Vincent. — *Mansus de la Broa*, 1340 (Arch. nat., P. 1397², cote 590). — *La Broha*, 1501 (Chamblas). — *La Brohe*, 1695

(capitation). — *La Broue*, 1714 (cad. de Laval-Emblavès). — *La Broche*, xviiie s. (Cassini). — *Labrot*, 1820 (Deribier). — *Labraud*, 1861 (état-Major).

LABROT, loc. détr., cne de Charraix. — *Mansus de la Bro de Charais*, 1351 (Thiolent).

LABROT, vill., cne de Saint-Vincent. — *Labroue*, 1714 (cad. de Laval-Emblavès).

LAC (LE), m. i., cne de Chadrac. — *Les Lacs*, 1820 (Deribier).

LAC (LE), loc. détr., cne de Cohade. — *Mansus qui vocatur Lacus*, v. 1031 (cart. de Brioude, ch. 105). — *Le terroir del Lac del Prevost*, 1605 (terrier du chap. de Br.).

LAC (LE), bois, cne de Freycenet-la-Tour.

LAC (LE), m. i., cne de Laussonne.

LAC (LE), h., cne de Saint-Front. — *Locus del Lac*, 1521 (Gelet, nre). — *Locus de Lacu*, 1540 (cad. du Monastier).

LAC (LE), lieu détr., cne de Saint-Pal-de-Chalencon. — *Le Lac prope la Monzia*, 1420 (Loire, A. 89, f° 238 v°).

LACAS (MAS-DE-), f., cne de Saint-Martin-de-Fugères.

LACHAMP (MOULIN-DE-), min sur la Seuge, cne de Saugues. — *Le molin du Pinet*, 1564 (chart. du Thiolent).

LACHAT, min, cne de Laval.

LACHAUD, m. i., cne d'Yssingeaux.

Lachaud-de-Cable, vill., c⁰ᵉ d'Araules. — *La Chau-de-Carles*, xviiiᵉ s. (Cassini).

Lachaud-de-la-Croix, h., cⁿᵉ d'Araules. — *La Chaula-Croix*, xviiiᵉ s. (Cassini). — *Lachaud-des-Hermands*, 1820 (Deribier).

Lacombe (Le), affl. de la Borne, cⁿᵉˢ de Vergezac, Chaspuzac et Loudes. — *Rivus qui labitur de molendino de Lode versus lo Charroth*, 1405 (Drôme, terrier de Loudes). — *La Fontaine* (cad.).

Lacombes (Le), affl. de la Méjeanne, cⁿᵉ de Saint-Paul-de-Tartas. — *Lascombes* (cad.).

Lacou (Le), écart, cⁿᵉ de Saint-Front.

Lacs (Les), écart, cⁿᵉ de Sainte-Florine.

Lacs (Les), h., cⁿᵉ de Saint-Quintin-Chaspinhac. — *Locus de Lacis*, 1488 (Richon, nʳᵉ). — *Lou Lac*, 1555 (cad. de Mercœur). — *Lous Lacz*, 1561 (Savin, nʳᵉ).

Lacussol, lieu dit, cⁿᵉ d'Ours-Mons. — *Lacus de Lacussol*, 1296 (Saint-Georges du Puy).

Lacussol, vill., cⁿᵉ de Saint-Vidal. — *Lacussol*, 1256 (év.). — *Territorium lacus de Lacussol, in par. S. Vitalis*, 1305 (Saint-Georges du Puy).

Ladignac, vill., cⁿᵉ de Mercœur. — *In (vicaria) Radicatensi (in) villa Addinaco*, 911 (cart. de Brioude, ch. 37). — *Ladinhac*, 1386 (Arch. nat., Z². 4144, p. 45). — *Mansus de Ladinhaco*, 1451 (Bibl. nat., ms. fr., 11490, p. 482). — *Ladignhac*, 1613 (Mercurial). — *La Digna*, xviiiᵉ s. (Cassini). — *Ladignat*, 1820 (Deribier).

Ladignat, vill., cⁿᵉ de Saint-Just-près-Brioude. → *In villa Cadignaco (Ladignaco), ... in aice Brivatense*, 819 (Bibl. de l'éc. des ch., 27ᵉ année, A. Bruel, chron. du cart. de Brioude, p. 507). — *In vicaria Brivatensi, in villa quæ dicitur Latiniaco*, 912 (cart. de Brioude, ch. 180). — *Ladinhyac*, 1341 (terrier de Charbonnier). — *Ladinhac*, 1429 (terrier du doy. de Br.).

Ladoux, m. i., cⁿᵉ des Vastres.

Ladrait, m. i., cⁿᵉ de Montregard.

Ladrait, m. i., cⁿᵉ de Saint-Romain-Lachalm.

Ladrait (Le), affl. du Pompet, cⁿᵉ de Malvalette.

Ladrait-de-la-Rullière, f., cⁿᵉ de Saint-Didier-la-Séauve.

Ladras, écart, cⁿᵉ de Freycenet-la-Tour.

Ladray, f., cⁿᵉ de Malvalette. — *Ladrait* (cad.). — *Ladrey*, 1888 (Malègue).

Ladray, f., cⁿᵉ de Raucoules.

Ladrettes, m. i., cⁿᵉ d'Araules.

Ladrey, f., cⁿᵉ de Chaudeyrolles.

Ladreyt, f., cⁿᵉ du Chambon.

Ladreyt, m. i., cⁿᵉ de Saint-Julien-Mollhesabate. — *Ladrey*, 1879 (carte adm.).

Ladroit, h., cⁿᵉ de Riotord.

Ladry, m. i., cⁿᵉ de Vals-près-le-Puy.

Lafont, f., cⁿᵉ de Champclause.

Lagarigue, m. i., cⁿᵉ de Langeac.

Lagers (Les), f., cⁿᵉ de Dunières. — *Los Lacgers*, 1363 (coll. Chaleyer). — *Loux Lergiers*, 1553 (ress. de Montfaucon).

Lagrevant, m. i., cⁿᵉ du Chambon.

Lagrevol, f., cⁿᵉ de Saint-Just-Malmont.

Lahouzon, f., cⁿᵉ de Saint-Éble. — *In loco qui vocatur Casa, juxta aquam Hihusa, ... in vicaria de Aurato*, xiᵉ s. (cart. de Brioude, ch. 94). — *In pertinenciis Sancti Ebuli, mezezium de Lalouzu*, 1490 (terrier du Cluzel). — *La Houzou*, 1880 (cart. adm.).

Laigneur (La), loc. détr., cⁿᵉ de Saint-Ferréol-d'Auroure. — 1336 (Arch. nat., P. 492², cote 118).

Laire, h., cⁿᵉ de la Chaise-Dieu. — *Curatus B. Mariæ Casædei*, 1381 (spic. Briv.). — *Locus de Layra*, 1446 (Arch. nat., S. 3298). — *Cura B. Mariæ extra muros*, xviᵉ s. (Pouillé de Clermont, p. 120). — *Le bourg de Nostre-Dame de Laire de la Chaisedieu*, 1665 (la Chaise-Dieu, infirmerie). — *Le bourg de Layre*, 1669 (idem). — *Notre-Dame*, xviiiᵉ s. (Cassini).

Laisse (La), h., cⁿᵉ de Pinols. — *La Laissa*, 1355 (Arch. nat., Z². 54, p. 110). — *Mansus de la Layssa*, 1474 (Bibl. nat., ms. lat., n. acq., 1224, f° 70).

Lalier, m. i., cⁿᵉ d'Yssingeaux.

Lallier, h., cⁿᵉ de Saint-Jeure. — *In aice* (l'imprimé porte *arce*) *quæ dicitur Aligerio*, v. 1020 (cart. du Monastier, n° 254). — *Lalier*, 1390 (év.). — *L'Allier* (cad.).

Lamandy, bois, cⁿᵉ de Cistrières. — *Nemus de Lamandis*, 1400 (Arch. nat., S. 3301, n° 1). — *Le boyr de Lamandy*, 1561 (J. Chalvon, nʳᵉ).

Lamandy (Le), affl. de la Belette, cⁿᵉ de Cistrières.

Lambert, chât., cⁿᵉ du Chambon.

Lambert, écart, cⁿᵉ de la Chapelle-d'Aurec.

Lamouroux, f., cⁿᵉ des Estables. — 1739 (état civ.).

Lampinet, lieu dit, près Chantillac, cⁿᵉ de Ceyssac. — 1564 (Savin, nʳᵉ).

Lanat (Le), affl. de la Voirèze à la limite des cⁿᵉˢ d'Autrac et de Blesle.

Landes (Les), loc. détr., cⁿᵉ de Saint-Privat-d'Allier. — *Mansus de las Landas*, 1323 (hôtel-Dieu, B. 405).

Landos, cⁿⁿ de Pradelles. — *Ecclesia S. Felicis de Landons*, 119 (Chifflet, hist. de Tournus, 402). — *Eccl. S. Felicis de Landos*, 1179 (Juénin, hist.

de Tournus, 175). — *Landoas*, 1225 (hôtel-Dieu, B. 305). — *Feudum de Laudrac, Iniciens. dioc.*, 1283 (Valbonnais, hist. de Dauph., II, 25, col. 1). — *Landocium*, 1373 (év.). — *Landos*, 1464 (Prallavi, n^rr^). — *Landoz*, 1614 (Duclaux, n^re^).

En 1789, Landos appartenait à la province du Velay, à la subdélégation et sénéchaussée du Puy. Son église paroissiale, diocèse du Puy et archiprêtré de Soliguac-sur-Loire, était sous l'invocation de saint Félix; le prieur de Goudet présentait à la cure.

LANGE, m. i., c^ne^ de Lapte.

LANGEAC, arr. de Brioude. — *Illo alode de Laugiaco* (Langiaco), *quod vocant Sancta Affra*, 961 (Mabillon, de re diplom., éd. de Naples, p. 594). — *In vicaria de Aurato, in villa vocabulo Langado*, 994 (cart. de Cluny, n° 2271). — *Ecclesia quæ vocatur proprio nomine Langat*, 1011 (Baluze, mais. d'Auv., II, 49; cart. de Brioude, ch. 331). — *Apud Langiacum, in ecclesia Sancti Galli*, 1142 (cart. de Pébrac, n° 37). — *Lanjat*, v. 1198 (*idem*, n° 49). — *Lanjac*, 1260 (hôtel-Dieu, B. 8). — *Langacum*, xiii° s. (terrier de l'hôp. de Langeac). — *Præpositura de Lengiaco*, 1290 (spic. Briv.). — *Judæi Langiaci*, 1293 (*idem*). — *Domus Dei de Lenjac*, 1294 (*idem*). — *Castellania Langiaci*, 1366 (Baluze, mais. d'Auv., II, 345). — *Ecclesia collegiata Sancti Galli de Lengyaco*, 1375 (spic. Briv.). — *Villa de Langhaco in Arvernia*, 1388 (*idem*). — *Prevostage de Langhat*, 1401 (*idem*). — *Lanjac ou pays d'Auvergne*, 1446 (*idem*). — *Præceptor domus Langiaci S. Joh. Iher.* 1464 (Bibl. nat., ms. lat., n. acq., 1223, f° 181). — *Lengac*, xv° s. (Bibl. nat., fr. 4985, f° 47 v°). — *Langhiacum*, 1489 (terrier du Cluzel).

En 1789, Langeac faisait partie de la province d'Auvergne, de l'élection de Brioude et du ressort de Riom et était le chef-lieu de la subdélégation de ce nom. Son église paroissiale, diocèse de Saint-Flour et chef-lieu d'archiprêtré, était consacrée à saint Gal; l'abbé de la Chaise-Dieu présentait à la cure.

LANGELBEAU, écart, c^ne^ de Laussonne. — *Mansus de Langielbaud*, 1524 (cad. du Monastier). — *Lengralbaud, Lenghalbaud*, 1528 (*idem*). — *Lengrialbaud*, 1570 (Nicolas, n^re^). — *Lanjoulbeau*, 1820 (Deribier).

LANGELIÈRE, m. i., c^ne^ de Saint-Victor-Malescours.

LANGLADE, h., c^ne^ de Céaux-d'Allègre.

LANGLADE, f., c^ne^ de Josat. — *Mansus de Langlada*, 1453 (la Chaise-Dieu, Mazerat-Aurouze).

LANGLADE (MOULIN-DE-), m^in^ sur la Borne orientale, c^ue^ de Céaux-d'Allègre.

LANIAT, vill., c^ne^ de Siaugues-Saint-Romain. — *In aice Cantillanico, in villa quæ dicitur Lamiago* (Lannago?), 894 (cart. de Brioude, ch. 98). — *Lannhacum*, 1453 (Bibl. nat., ms. lat., n. acq., 1222, f° 7). — *Mansus de Lampnhac*, 1457 (*idem*, f° 47 v°). — *Lampnhat*, 1460 (*idem*, f° 139). — *Lampniac*, 1576 (terrier du Cluzel). — *Lagnac*, 1820 (Deribier). — *Laniac*, 1888 (Malègue).

LANIEL, m. i., c^ne^ de Saint-Maurice-de-Lignon.

LANIEL, chât., c^ne^ de Tence. — *Nemus de Laignel*, 1522 (Rhône, D. 153).

LANIER (LE), h., c^ne^ de la Vaudieu. — *Le mas du Lanier*, 1337 (spic. Briv.). — *Les Laniers* (cad.).

LANIERS (LES), h., c^ne^ de Montelard. — *Lo mas dels Laneyrs*, 1341 (terrier de Charbonnier).

LANJALIER, écart, c^ne^ du Monastier. — *Mansus Jaules*, 1257 (Monastier-Saint-Chaffre). — *Nemus de Langhalier*, 1508 (Costavol, n^re^). — *Boys de Lenghalier*, 1621 (André, n^re^). — *L'Enjalier*, 1820 (Deribier).

LANJARIADE, m. i., c^ne^ de Saint-Pierre-Eynac. — *L'Enjarriade*, 1820 (Deribier).

LANLET, m. i., c^ne^ de Saint-Paulien. — *Lanley* (cad.).

LANNAU, vill., c^ne^ de Léotoing. — *Lanau*, 1879 (carte adm.).

LANTHENAS, vill., c^ne^ de Loudes. — *Lentenas*, 1314 (év.). — *Lenthenas*, 1453 (terrier B. du prieur de Polignac). — *Lanthenas*, 1587 (Sigaud, n^re^).

LANTHENAS (MOULIN-DE-), m^in^ sur la Suissesse, c^ne^ de Rosières. — *Moulin-de-Lauthen*, 1880 (carte adm.).

LANTRIAC, c^on^ de Saint-Julien-Chapteuil. — *In pago Vellaico, in vicaria de Sancta Maria, … ubi vocabulum est Carturilago* (*Lanturilacus*), v. 970 (cart. du Monastier, n° 88). — *Catusago* (forme défigurée de *Lanturilacus*), v. 980 (*idem*, n° 111). — *Villa quæ vocatur Lantriacum*, 990 (cart. de Chamalières, n° 190). — *In Vellaico, villa quæ Lanciacus* (*Lantriacus*) *dicitur*, v. 993 (cart. du Monastier, app., n° 416). — *Ecclesia S. Vincentii de Lantriaco*, v. 1080 (*idem*, n° 236). — *Parochia de Lantriac*, v. 1161 (hospit. du Velay). — *Curatus Lantriacii*, 1448 (Monastier).

En 1789, Lantriac dépendait de la province du Velay, de la subdélégation et sénéchaussée du Puy. Son église paroissiale, diocèse du Puy et archiprêtré de Monistrol-sur-Loire, était consacrée à saint Vincent; l'abbé du Monastier présentait à la cure.

LANTRIAC (LE), affl. de la Gagne au nord des Pandraux, c^ne de Lantriac. — *Le ruiss. del Pouzet,* 1707 (cad. de Bouzols).

Lantriac (Le), ruiss. qui prend sa source près Naves, c^ne de Saint-Christophe-sur-Dolaison, et se joint au Dolaison, sous le village de la Roche. — *Le riou de Lantriac,* 1695 (cad. de Ceyssac).

Laparro, tènement communal, c^ne de Saint-Haon.

Lapin, m. i., c^ne du Mas-de-Tence.

Lapra, f., c^ne de Saint-Didier-la-Séauve. — *Laprat,* 1879 (carte adm.). — *Le Prat,* 1888 (Malègue).

Laprat, f., c^ne de Saint-Jeure. — *La Pra,* 1451 (Rhône, H. 2633). — *Las Praas,* 1515 (terrier des Bordes). — *La Praa,* 1553 (ress. de Montfaucon). — *Lapra,* 1777 (état civ.).

Laprat, vill., c^ne de Saint-Julien-d'Ance. — *Pradaas,* 1293 (Arch. nat., P. 491¹, cote 13). — *Pradæ,* 1343 (Arch. nat., P. 1398², cote 651). — *La Praa,* 1423 (Loire, A. 89, f° 242). — *La Prade,* 1540 (terrier de Saint-Pal-de-Chalencon). — *Lapra,* xviii° s. (Cassini). — *Lapras,* 1824 (Deribier, statist., 385).

Lapte, c^on d'Yssingeaux. — *Parochia de Lapte,* v. 1021 (cart. de Chamalières, n° 56). — *Lapthe,* v. 1100 (cart. de Cluny, ch. 3792). — *Labte, Laptus,* v. 1100 (idem, ch. 3896). — *Lapte,* 1229 (idem, ch. 4581). — *Lapte, de monseigneur du Puy, Lapte de Joieuse,* 1506 (Médicis, II, 301 et 303). — *Locus Lattæ,* xvii° s. (A. SS., jun., II, 5). — *Lapte de Chaste,* 1720 (Saugrain, p. 178).

En 1789, Lapte était compris dans la province du Velay, la subdélégation et sénéchaussée du Puy. Son église paroissiale, diocèse du Puy et archiprêtré de Monistrol-sur-Loire, était sous le vocable de saint Jean-l'Évangéliste; l'abbé de Cluny en était collateur.

Laragne, f., c^ne de Saint-Didier-la-Séauve.

Laraigne, m. i., c^ne de Saint-Pal-de-Mons.

Larassac, loc. détr., près Coubladour, c^ne de Loudes. — *Lazassat,* 1321 (spic. Briv.). — *Le mas de Lazassac,* 1379 (compte de B. Flotenc). — *Larassacum,* 1453 (terrier B. du prieur de Polignac). — *Larasat,* 1534 (év.). — *Larassac,* 1608 (Barry, n^re).

Larcanette, f., c^ne de Fay-le-Froid.

Larcenac, c^ne de Saint-Vincent. — *Villa quæ dicitur Altrenacum in Valle Amblavense,* 951 (cart. de Chamalières, n° 272). — *Larcenacum,* 1362 (Baluze, m. d'Auv., II, 440). — *Arsenac,* 1440 (prieuré de Polignac). — *Larcenat,* 1561 (Savin, n^re). — *Larssenac,* 1573 (A. Boyer, n^re).

Larchet, m. i., c^ne de Saint-Julien-Molhesabate.

Lardèche (La), f., c^ne de Chaudeyrolles. — *En Lardescha,* 1464 (Ardèche, C. 624).

Lardeyrol, chât. détr. et vill., c^ne de Saint-Pierre-Eynac. — *Castrum de Lardariolo,* v. 1021 (cart. de Chamalières, n° 189). — *Lardeirol,* 1088 (hôtel-Dieu, A. 1). — *Lardairol,* 1144 (idem, B. 125). — *Feudum de Lardayrol,* 1285 (év.). — *Castrum de Lardeyrol,* 1329 (Bonneville). — *Lardayrolium,* 1354 (la Chaise-Dieu, Saint-Étienne-Lardeyrol). — *Curatus S. Andreæ de Lardeyrolio* (le ms. porte *Lardeybrelio*), 1516 (Arch. nat., G^8. 1, f° 438 v°). — *L'Ardeyroles,* 1824 (Deribier, stat., 289). — *Lardeyrolles,* 1888 (Malègue).

Siège de l'une des 18 baronnies diocésaines de la province du Velay.

Lardons (Les), h., c^ne de Raucoules. — *Locus de Lardo,* 1468 (Rivière, n^re).

Larenas, faubourg d'Yssingeaux, auj. rue du Puy. — 1523 (est. gén. d'Yssingeaux).

Largealier, m. i., c^ne de Josat. — *Largeallier,* xviii° s. (Cassini). — *Larzalier,* 1888 (Malègue).

Largealier, c^ne de Saint-Just-Malmont. — *L'Argelier* (cad.). — *Lazalier,* 1879 (carte adm.).

Largerette, m. i., c^ne de Vals-près-le-Puy.

Largeron, m. i., c^ne de Dunières.

Largien, écart, c^ne de la Farre. — *Larjier,* xviii° s. (Cassini).

Largnac, h., c^ne de Bonneval.

Largne, h., c^ne de Saint-Didier-sur-Doulon.

Lariguet, m. i., c^ne de Saint-Julien-du-Pinet.

Larjelier, vill., c^ne de Cohade.

Larmandon, m. i., c^ne de Vorey.

Laroux, h., c^ne de Mazeyrat-Crispinhac. — *Mansus de Laro,* 1480 (Bibl. nat., ms. lat., n. acq., 1224, f° 26). — *Larou,* 1490 (terrier de Vissac).

Laroux, vill., c^ne de Vorey. — *Laros,* 1288 (prieuré de Vorey). — *La Roux,* xviii° s. (Cassini).

Laroy (Moulin-de-), m^in sur la Semène, c^ne de Saint-Ferréol-d'Auroure.

Larque, h., c^ne de Saint-Didier-sur-Doulon. — *Largue,* xviii° s. (Cassini).

Larzarasse (Ravin-du-), aff. des Taillades, c^ne de Saint-Vénérand.

Lascombes (Ravin-de-), aff. de l'Allier, c^ne d'Alleyras.

Lascourt, h., c^ne de Chamalières. — *Las Cortz,* 1309 (év.). — *Les Courtz,* 1571 (Cl. Girard, n^re). — *Lascours,* 1820 (Deribier).

Lassagne, m. i., c^ne de Saint-Paul-de-Tartas.

Lassagne, écart, c^ne de Saint-Vert.

Lassogne, mont. boisée, c^ne de Loudes.

Lasteires, h., c^ne de Présailles. — *Les Teyres,* 1820 (Deribier).

LAUBIE (LA), f., cⁿᵉ de Champelause. — *Laubia*, 1507 (év.). — *Lalaubie*, 1820 (Deribier).

LAUBIE (LA), m. i., cⁿᵉ de Tence.

LAUBINET, dom., cⁿᵉ de Beaumont. — *Lalbines*, 1453 (terrier du fordoy. de Brioude). — *La metterie de Lonbinet*, 1742 (terrier de Beaumont).

LAUBY (MOULIN-DE-), mⁱⁿ sur l'Auzon, cⁿᵉ de Saint-Hilaire.

LAULAS, m. i., cⁿᵉ de Lapte. — *Decimus de Lausedat*, xiᵉ s. (cart. de Cluny, n° 3029). — *Lo Saulas*, 1326 (év.).

LAURE (LE MOULIN-DE-), mⁱⁿ à vent détr., cⁿᵉ de Saint-Ferréol-de-Cohade. — *Le Molin-de-Laure*, 1609 (terrier du chap. de Brioude).

LAURENSON, f., cⁿᵉ des Estables. — 1739 (état civ.).

LAURENSON, f., cⁿᵉ de Saint-Front.

LAURENSON (MOULIN-DE-), mⁱⁿ sur le Lignon, cᵘᵉ de Chaudeyrolles.

LAURIAT, h., cⁿᵉ de Beaumont. — *Mansus qui vulgo dicitur Lauriago*, v. 1000 (cart. de Brioude, ch. 270). — *Lauriac* (idem, tables, cccxlviiii). — *Lauriacum*, 1453 (terrier du fordoy. de Br.). — *Loriat*, 1511 (coust. d'Auv., f° 70 v°). — *Chasteau de Lauriat*, 1549 (terrier de Lauriat).

LAURILLAUD, h., cⁿᵉ de Saint-Just-près-Brioude. — *Lorillot* (cad.). — *Lorilhot*, 1878 (carte adm.).

LAUSSONNE, cⁿ du Monastier. — *Terra de Lapsonna*, 857 (cart. du Monastier, n° 69). — *Ecclesia S. Petri de Lausona*, v. 1080 (idem, n° 236). — *Villa de Laussone*, xiᵉ s. (idem, n° 29). — *Ecclesia Ausoniæ*, xiᵉ s. (idem, n° 38). — *Ausona*, xiᵉ siècle (idem, n° 38). — *Ecclesia de Lausonna*, 1179 (idem, n° 442). — *Lausono*, 1524 (cad. du Monastier).

En 1789, Laussonne appartenait à la province du Velay, à la subdélégation et sénéchaussée du Puy. Son église paroissiale, diocèse du Puy et archiprêtré de Monistrol-sur-Loire, était dédiée à saint Pierre-aux-Liens; le camérier de l'abbaye du Monastier présentait à la cure.

LAUSSONNE (LA), riv., prend sa source dans la cⁿᵉ de Moudeyres, traverse les cⁿᵉˢ de Laussonne et du Monastier et se jette dans la Loire près de Coubon. — *Rivus Sapsonita* (lire *Lapsonita*), v. 1010 (cart. du Monastier, n° 99). — *Rivulus Ausoniæ*, 1107 (idem, n° 19). — *Aqua de Laussona*, 1257 (Saint-Chaffre). — *Aqua d'Aussona*, 1389 (plum. de Bouzols).

LAUTA, vill., cⁿᵉ de Saint-Romain-Lachalm. — *Mansus de Lauterio*, v. 1095 (cart. de Saint-Sauveur-en-Rue, p. 9). — *Lautarius*, 1363 (coll. Chalayer). — *Louta*, 1467 (Rivière, n°ˢ). — *Laulta*, 1578 (terrier de Saint-Didier). — *Lausta*, 1615 (Rhône, D. 185). — *Laoulta*, 1627 (Delafont, nʳˢ). — *Lhauta*, 1645 (capitation). — *Lautat*, 1860 (état-major).

LAVADOU (LE), h., cⁿᵉ de Malvières. — *Mansus de Lavatore*, 1347 (la Chaise-Dieu, Malvières). — *Mansus del Lavador*, 1360 (ibid.). — *Lavadour* (cad.).

LAVAGNE, écart, cⁿᵉ de Chamalières. — *La Lavagne*, xviiiᵉ s. (Cassini).

LAVAL, cⁿ de la Chaise-Dieu. — *Ecclesia de Valle*, 1120 (Gall. christ., t. II, instr., eccl. Sancti-Flori, col. 133). — *Mansus de Laval*, v. 1260 (Arch. nat., J. 1031, n° 2). — *Lavailh*, 1379 (compte de Bertrand Flotenc). — *Laval*, 1401 (spic. Briv.). — *Curatus B. Mariæ Vallis*, 1414 (la Chaise-Dieu, Malvières).

En 1789, Laval faisait partie de la province d'Auvergne, de l'élection d'Issoire, de la subdélégation de Lempdes et du ressort de Riom. Son église paroissiale, diocèse de Saint-Flour et archiprêtré de Brioude, était sous l'invocation de Notre-Dame; l'infirmier-mage de l'abbaye de la Chaise-Dieu présentait à la cure, en qualité de prieur.

LAVAL, m. i., cⁿᵉ de Raucoules.

LAVAL, m. i., cⁿᵉ de Saint-Jeure.

LAVAL, f., cⁿᵉ de Saint-Maurice-de-Lignon. — *Laval*, v. 1100 (cart. de Cluny, ch. 3764).

LAVAL, vill., cⁿᵉ de Saint-Pal-de-Mons. — *Laval*, v. 1100 (cart. de Cluny, ch. 3764).

LAVAL, dom., cⁿᵉ de Vals-près-le-Puy. — *Vallis del Cros*, 1296 (Saint-Pierre-le-Monastier). — *La Val del Cros*, 1331 (hôtel-Dieu, B. 190). — *Vallis de Croso*, 1387 (Saint-Agrève). — *La Maison-Blanche*, 1855 (aff. jud.). — *La Borie-Blanche*, 1880 (aff. jud.).

LAVAL-BARDIEU, h., cⁿᵉ de Saint-Pal-de-Chalencon. — *Villa voc. Lavall*, 1291 (Arch. nat., P. 492⁴, c. 294). — *Laval-Bardiou*, 1540 (terrier de Saint-Pal).

LAVAL-EMBLAVÈS, contrée comprenant les bassins de la Suissesse et de la Loire, cⁿᵉˢ de Rosières, Beaulieu, la Voûte-sur-Loire, Saint-Vincent et Vorey. — *Vallis Amblavensis*, v. 951 (cart. de Chamalières, n° 269). — *Vallis Amblivina*, 1059 (Juénin, nouv. hist. de Tournus, pr., 127). — *Vallis Amblevensis*, 1309 (hôtel-Dieu, B. 373). — *Vallis Amblava*, 1519 (Haute-Loire, E.). — *Lavalemblavez*, 1714 (cad. de Laval-Emblavès). — *L'Emblavès*, 1823 (Bertrand-Roux, desc. géogr. des env. du Puy).

LAVANCHE (LA), ruiss., affl. de la Rimande, dans le

département de l'Ardèche, prend naissance près de la Grange-de-Selle, c^ne des Vastres.

Lavaux, h., c^ne de Paulhaguet. — *Lavaur*, 1543 (la Chaise-Dieu, Domeyrat).

Lavaux (Moulin-de-), m^in sur l'Orsier, c^ne de Retournac.

Lavée, h., c^ne d'Yssingeaux.

Lavès, écart, c^ne de Connangles. — *Mansus Leveti*, 1343 (la Chaise-Dieu, Belluc). — *Villa de Lavetz*, 1370 (Arch. nat., L. 989). — *Lavectz*, 1585 (la Chaise-Dieu, Belluc). — *Lavèze*, 1888 (carte adm.).

Lavès, vill., c^ne de Venteuges. — *Mansus de Laves*, 1327 (Lozère, G. 98). — *Lavesium*, 1527 (A. Besseyre, n^re). — *Lavéis*, 1820 (Deribier).

Lavet, vill., c^ne de Saint-Jean-d'Aubrigoux. — *Lavez*, v. 1025 (cart. de Chamalières, n° 306). — *Laves, Levez*, 1213 (*idem*, n° 336). — *Lavetz*, 1610 (Rhône, Saint-Antoine-de-Viennois, Saint-Victor).

Lavort, f., c^ne de Saint-Pal-de-Chalencon. — *La seigneurie de la Vorz*, 1540 (terrier de Saint-Pal). — *Lavaur*, 1820 (Deribier).

Lavoux, vill., c^ne de Bas. — *Villa de la Volp*, 1230 (Arch. nat., P. 493¹, cote 59). — *Vulpes*, 1311 (coll. Chaleyer). — *Vulpa*, 1490 (obit. de Bas). — *La Voulpt*, 1720 (Saugrain).

Laya, bois, c^ne de Saint-Just-Malmont.

Layrats, lieu détr., c^ne de Saint-Maurice-de-Lignon. — *Rupes et œdificium voc. Layratz*, 1383 (év.).

Lebrat, h., c^ne de Raucoules. — *Lebratus*, 1468 (Rivière, n^re). — *Locus de Lebrat*, 1469 (*idem*). — *Le Brat*, xviiie s. (Cassini).

Lèche (La), h., c^ne de Lapte. — *La Lecha*, 1507 (év.). — *Lalèche*, 1820 (Deribier).

Lèche (La), lieu détr., c^ne de Saint-Étienne-Lardeyrol. — *Mansus de Locha*, 1309 (év.). — *Homines de Lopcha*, 1355 (év.). — *La Lecho*, 1470 (Chamblas). — *Lalèche*, 1888 (Malègue).

Leclerc, f., c^ne de Lantriac. — *Le Clerc*, 1888 (Malègue).

Ledevin (Le), affl. du Chambeyron au Moulin-Galien, c^ne de Saint-Pierre-Duchamp.

Légal, h., c^ne de Saint-Julien-des-Chazes. — *Mansus qui dicitur Los Egals*, xiie s. (cart. de Pébrac, n° 39). — *Mansus de Legal*, 1458 (Bibl. nat., ms. lat., n. acq., 1222, f° 86 v°). — *Le lieu de Leguau*, 1624 (Brunel, n^re).

Leignat, vill., c^ne de Jullianges. — *Mansus de Laynas*, 1347 (la Chaise-Dieu, Jullianges). — *Laynhas*, 1347 (Arch. nat., S. 3297, n° 14). — *Lagnat*, 1472 (Bibl. nat., ms. lat., n. acq., 1224, f° 52).

— *Les Leignas*, 1561 (J. Chalvon, n^re). — *Laignat*, 1888 (carte adm.).

Lembron (Le), affl. de l'Ance, à Saint-Julien-d'Ance, formé au nord de l'Herm, c^ne de Saint-Pierre-Duchamp, par la jonction du Brantalon et de la Brueyrette. — *Le riou de Lambron*, 1604 (cad. de Chalencon).

Lempdes, c^on d'Auzon. — *In comitatu Telamitensi, villa Landainus*, 901 (cart. de Brioude, ch. 247). — *Ecclesia de Lendano*, xie s. (cart. de Sauxillanges, n° 662). — *Landes*, 1294 (spic. Briv.). — *Lemda*, 1302 (coll. J. Lachenal). — *Lendan*, 1341 (terrier de Charbonnier). — *Lempda*, 1371 (Arch. nat., P. 1375², c. 2539). — *Lende*, 1378 (compte de B. Flotenc). — *Landa*, 1398 (compte de B. Sannadre). — *Lenda*, 1401 (spic. Briv.). — *Le Pont de Lempde*, 1520 (la Chaise-Dieu, Chambezon). — *Lempde*, xviiie s. (Cassini).

En 1789, Lempdes était compris dans la province d'Auvergne, l'élection d'Issoire, le ressort de Montpensier et était le chef-lieu de la subdélégation de ce nom. Son église paroissiale, diocèse de Saint-Flour et archiprêtré de Brioude, était sous le vocable de saint Gérard; le prieur de Sauxillanges présentait à la cure.

Lempèze (La), ruiss. qui prend sa source près des Amargiers, c^ne de Landos, et se jette dans l'Allier au-dessus de Saint-Médard, c^ne de Saint-Haon. — *Le ruisseau de Lempeza*, 1543 (terrier d'Agrain). — *Les Empèzes*, 1861 (état-major). — *Le ruiss. de Jave*, 1883 (aff. jud.). — *Les Empères*, 1888 (carte adm.).

Lende, vill., c^ne d'Azerat. — *Lempde*, xive s. (terr. des Grèzes). — *Lende*, 1410 (*idem*). — *Le batteau de Leinde*, 1640 (lièv. de Rilhat). — *Lindes*, 1880 (carte adm.). — *Linde*, 1888 (Malègue).

Lengouniole (La), ruiss. qui prend naissance en la c^ne de Saint-Cirgues-en-Montagne (Ardèche), et afflue à la Loire au-dessous de Souchon, c^ne de la Farre. — *Aqua de Lengonhola*, 1327 (cart. de Mazan, f° 25 v°). — *Lengoignolle*, 1553 (communication de M. F. Experton). — *Lenganiole*, xviiie s. (Cassini). — *L'Engoniole*, 1824 (Deribier, statist., 303). — *Le Langougnial*, 1888 (carte adm.).

Lentre-Jeune, vill., c^ne de Chaniat. — *Villa quæ dicitur Lantre*, v. 1011 (cart. de Brioude, ch. 300).

Lentre-Vieux, h., c^ne de Chaniat. — *In vicaria Brivatensi, ad Lantre Vallias*, v. 1011 (cart. de Brioude, ch. 103).

Léotoing, chât. ruiné, c^on de Blesle. — *Parochia S. Vincentii de Lauton*, xie s. (cart. de Sauxillanges, n° 662). — *Castellum quod vocatur Leuton*,

1078 (spic. Briv.). — *Castrum de Lauthoin*, 1262
(Baluze, mais. d'Auv., II, 268). — *Lheuton*, 1262
(spic. Briv.). — *Lhauton*, 1264 (*idem*). — *Liau-
ton*, 1269 (Baluze, mais. d'Auv., II, 272). —
Lauthoin (l'impr. porte *Lanthoin*), 1281 (*idem*,
II, 278). — *Leutoynh*, 1350 (spic. Briv.). —
Lautoynh, Leuthoign, 1371 (Arch. nat., P. 1375²,
cote 2539). — *Lauthoin*, 1379 (compte de B. Flotenc). — *Leutoing*, 1401 (spic. Briv.). — *Lu-
thoing*, xvᵉ s. (Arch. nat., P. 1372², cote 2064).
— *Leutoign*, xvᵉ s. (Bibl. nat., ms. fr., 22297,
p. 62). — *Leothoing*, 1511 (coust. d'Auv., fᵒ 69 vᵒ).
— *Loutoign*, 1730 (terrier d'Espalem). — *Leo-
toing*, xviiiᵉ s. (Cassini).
En 1789, Léotoïng dépendait de la province
d'Auvergne, de l'élection d'Issoire, de la subdélégation de Lempdes et du ressort de Montpensier.
Son église paroissiale, diocèse de Saint-Flour et
archiprêtré de Blesle, était consacrée à saint Vincent; comme prieur de cette localité, le prieur de
Sauxillanges présentait à la cure.

Léaèze, lieu détr., cⁿᵉ de Malrevers. — *Leveza, mand.
Mercorii*, 1479 (Richou, nʳᵉ).

Lerveuil, f., cⁿᵉ de Vissac. — *Lermus*, 1078 (spic.
Briv.). — *Lerm-Veilh*, 1404 (terrier du Cluzel).
— *Mansus de Lerm, par. de Vissaco*, 1458 (Bibl.
nat., ms. lat., n. acq., 1222, fᵒ 65). — *Lerm-
Vieilh*, 1502 (Arch. nat., Q. 513, fᵒ 187).

Lescure, h., cⁿᵉ de Saugues. — *Villa de Lescura*,
1259 (Thiolent). — *Scura*, 1527 (A. Besseyre,
nʳᵉ).

Lescure, h., cⁿᵉ d'Yssingeaux. — *L'Escure*, 1878
(carte adm.).

Lespinasse, chât. et h., cⁿᵉ de Saint-Beauzire. — *In
aice Brivatensi, villa Illa Spinatia*, 924 (cart. de
Brioude, ch. 16). — *Domus de Lespinassa*, 1281
(J. Lachenal, l'égl. de Br., 30).

Lespinassou, vill., cⁿᵉ de Bonneval. — *Mansus dels
Epinassos*, 1249 (tabl. du Velay, 1875-76, p. 532).
— *Lespinasso*, 1383 (la Chaise-Dieu, la Chapelle-Bertin). — *Lespinasson*, 1570 (J. Chalvon,
nʳᵉ). — *Espinassou*, 1888 (carte adm.).

Lestagier, m. i., cⁿᵉ de Bas.

Lestigeolet, vill., cⁿᵉ de Cronce. — *Laytoyol*, 1350
(Arch. nat., Z². 54, p. 69). — *Mansus de Leyteughol*, 1456 (Bibl. nat., ms. lat., n. acq., 1222,
fᵒ 38). — *Leytugholet*, 1459 (*idem*, fᵒ 122). —
L'Estigeolet, 1860 (état-major).

Lestrade, h., cⁿᵉ de Loudes. — *Mansus de Strata*,
1453 (terrier B. du prieur de Polignac).

Lestrade, écart, cⁿᵉ de Saint-Privat-d'Allier. — *Lo
Mas Testa*, 1331 (J. de Peyre, nʳᵉ, reg. C., fᵒ 53).

— *Locus de Manso*, 1482 (la Chaise-Dieu, Saint-
Privat-d'Allier). — *Le Mas de l'Estrade*, 1808
(état des succurs.).

Lette (La), h., cⁿᵉ d'Auzon.

Lette (La), l'un des deux ruiss. qui forment le
Goudarel dans la cⁿᵉ d'Auzon.

Leuge (La), loc. détr., entre Azerat et Lende, cⁿᵉ
d'Azerat. — *Mansus de la Logia*, 1156 (spic.
Briv.). — *La Loia*, 1256 (*idem*). — *Logia*, 1397
(*idem*). — *La Leugha*, 1433 (la Chaise-Dieu,
Azerat). — *La Leughe*, 1439 (*idem*).

Leuge (La), affl. de l'Allier, cⁿᵉˢ de Saint-Géron,
Bournoncle-la-Roche, Vergongheon, Sainte-Florine
et Vézézoux. — *Rivus de la Leugha*, 1432 (cart.
d'Azerat. — *Riperia de la Leughe*, 1439 (la
Chaise-Dieu, Azerat).

Levet, f., cⁿᵉ du Mazet-Saint-Voy.

Leydien, f., cⁿᵉ de Saint-Front.

Leygas, vill., cⁿᵉ d'Araules. — *Leyga*, 1455 (Pradier, nʳᵉ). — *Leygua*, 1507 (év.). — *Leigua*,
1608 (cad. de Bonnas).

Leygas, h., cⁿᵉ de Riotord. — *Locus de Leygua*,
1466 (Rivière, nʳᵉ). — *Leugas*, 1879 (carte
adm.).

Leygas, m. i., cⁿᵉ de Saint-Pal-de-Mons.

Leygas, h., cⁿᵉ de Tence. — *Leygat*, 1820 (Deribier).

Leyre, m. i., cⁿᵉ du Monastier.

Leyrelet, f., cⁿᵉ de Saint-Didier-la-Séauve. — *L'Eyrelet*, 1879 (carte adm.).

Leyreloup, m. i., cⁿᵉ d'Auzon.

Leyret, vill., cⁿᵉ de Roche-en-Régnier. — *Villa de
Legeret*, xiiᵉ s. (cart. de Chamalières, nᵒ 135). —
Leyret, 1309 (Arch. nat., P. 1399¹, cote 759).
— *Lheret*, 1820 (Deribier).

Leyricel, vill., cⁿᵉ de Dunières. — *Leyrecel*, 1465
(Rivière, nʳᵉ). — *Leyriceilh*, 1556 (terrier de
Montregard). — *Leyreceil*, 1571 (Imbert, nʳᵉ).
— *Leyricel*, 1615 (Rhône, D. 185). — *Lericel*,
xviiiᵉ s. (Cassini).

Leyris (Le), h., cⁿᵉ de Vielprat. — 1583 (lit. de
Surrel). — *Le Lyris*, 1860 (état-major).

Leyssac, vill., cⁿᵉ de Saint-Pierre-Duchamp. — *Laizac*, 1160 (cart. de Chamalières, nᵒ 73). — *Laisac*, 1173 (*idem*, nᵒ 164). — *Laissac*, 1177 (*idem*,
nᵒ 199). — *Layssac*, xiiiᵉ s. (Arch. nat., P. 1395¹,
cote 154). — *Leysac*, 1311 (Arch. nat., P. 1399¹,
cote 783). — *Leyssac*, 1400 (terrier du Bois). —
Leyssacus, 1461 (Arch. nat., P. 1398², cote 698).

Liac, h., cⁿᵉ de Saint-Christophe-sur-Dolaison. —
Lialhac, 1309 (homm. de l'év.). — *Liacum*, 1454
(Rhône, Chantoin, I, 7 *bis*). — *Lhacum*, 1515

(Haute-Loire, E.). — *Lyac*, 1625 (Duclaux, n^{re}).
— *Liac*, 1652 (Branche, SS. d'Auv.).

Libeyre, écart, c^{ne} de Grazac. — *In pago Vellaico,
in vicaria Bassense, villa Loberias*, 962 (cart. de
Cluny, ch. 1131). — *Lubeyras*, 1507 (év.). —
Lubeyres, 1695 (terrier de Chabrespine). —
Liber, xviiie s. (Cassini).

Lic, h., c^{ne} de Saint-Christophe-sur-Dolaison. —
Lit, 1463 (V. Chauvin, n^{re}). — *Lict*, 1482
(Rhône, H. 2749).

Lichemaille, vill., c^{nes} de Saint-Pal-de-Mons et de
Saint-Romain-Lachalm. — *Licha Mealham*, 1393
(coll. Chaleyer). — *Licha Meailhie*, 1507 (év.). —
Liche-Miailhe, 1553 (ress. de Montfaucon). —
— *Lichemailhe*, 1645 (capitation). — *Lichemialle*,
(cad.).

Lichesol, f., c^{ne} du Chambon.

Licheyre (La), f., c^{ne} de Tence. — *La Lichière*,
1694 (état civ.). — *Lalicheyre*, 1820 (Deribier).

Lichide, lieu dit, c^{ne} de la Sauvetat. — *Territ. quod
dicitur Lechede*, 1252 (Rhône, la Sauvetat, I,
3 bis). — *Lechelde*, 1273 (év.). — *Locus de Lichilde*, 1320 (J. de Peyre, n^{re}). — *Lichide*, 1513
(Servant, n^{re}).

Licoulne (La), mine d'antimoine, c^{ne} d'Ally. — Concession du 19 novembre 1817.

Lideignac, lieu détr., c^{ne} de Jax. — xviiie s. (Cassini).

Lidène (La), affl. de la Senouire, c^{nes} de Jax, Chavagnac-la-Fayette, Saint-Georges-d'Aurat, Couteuges et Paulhaguet. — *Aqua de Lidena*, 1416
(la Chaise-Dieu, Mazerat-la-Brecqueuille). — *Rivus
de Ledene*, 1490 (terr. du Cluzel). — *Rifz de Lidenne*, 1505 (inv. de Vals-le-Chastel). — *Rif de
Lydene*, 1525 (lièvе du Cluzel). — *Ruiss. de Lidènes*, 1669 (Arch. nat., P. 505, n° 134).

Lidenne, f., c^{ne} de Saint-Georges-d'Aurac.

Lignon (Le), ruiss., prend sa source près du Mézenc
et se jette dans la Loire près du Pont-de-Lignon;
coule sur les c^{nes} de Chaudeyrolles, Fay-le-Froid,
des Vastres, du Chambon, du Mazet Saint-Voy,
de Tence, Laple, Grazac et Saint-Maurice-de-Lignon. — *Rivus de Lignio*, v. 1000 (cart. du Monastier, n° 155). — *Aqua de Linhio*, 1273 (Saint-
Chaffre). — *Flumen de Lynho*, 1347 (Bonnefoy).
— *Flumen Linionis*, 1464 (Ardèche, C. 624).
— *Riperia de Linone*, 1529 (A. Sobrier, n^{re}).

Lignon (Moulin-de-), m^{in} sur le Lignon, c^{ne} de Saint-
Maurice-de-Lignon.

Ligogne, lieu détr , c^{ne} de la Chaise-Dieu. — *Locus
de Ligonia*, 1344 (la Chaise-Dieu, la Chapelle-

Geneste). — *Le lieu de Ligonhe, par. SS. Agricol
et Vital de la Chaise-Dieu*, 1561 (J. Chalvon, n^{re}).

Ligouzac, vill., c^{ne} de Bellevue-la-Montagne. — *Mansus de Ligosac*, 1522 (Saint-Georges du Puy). —
Lygozac, 1548 (P. Galien, n^{re}). — *Ligouzat*,
1670 (Arch. nat., P. 502, cote 109). — *Ligouzac*, 1860 (état-major).

Limagne, vill., c^{ne} de Siaugues-Saint-Romain. —
Limania in Montanis, 1213 (coll. P. Le Blanc).
— *Limanias*, 1252 (Saint-Agrève). — *Limanas*,
1256 (év.). — *Mansus de Lhynanhiis, Lhimanhas*,
1330 (Chamblas). — *Mansus de Limanhas*, 1461
(Bibl. nat., ms. lat., n. acq., 1222, f° 180). —
Limaignes, 1465 (idem, 1223, f° 228). — *Ly-
maigne*, 1511 (coust. d'Auv., f° 81 v°). — *Ly-
manyes, Limainhes*, 1525 (terrier du Cluzel). —
Limagne, 1598 (Galien, n^{re}).

Limagne (La), m. i., c^{ne} d'Yssingeaux.

Limagne (Lac de), c^{ne} de Siaugues-Saint-Romain. —
Lacus de Limanhas, 1461 (Bibl. nat., ms. lat.,
n. acq., 1222, f° 210).

Limandre, f., c^{ne} de Vernassal.

Limandres, vill., c^{ne} de Vazeilles-Limandres. — *Li-
mandras*, 1252 (la Chaise-Dieu, Vazeilles). —
Lhimandras, 1347 (idem). — *Lynandres*, 1506
(Médicis, II, 305).

Limas, h., c^{ne} de la Chapelle-Geneste. — *Lo Lymar*,
1373 (la Chaise-Dieu, la Chapelle-Geneste). —
Limars, 1415 (ibid.). — *Lhimar*, 1416 (ibid.). —
Limar, 1416 (ibid.).

Linard, h., c^{ne} de Cronce. — *Lhinars*, 1300 (la
Chaise-Dieu, Champagnac-le-Vieux).

Lindes (Le), ruiss., affl. de l'Allier, c^{nes} de Saint-
Hilaire, Agnat et Azerat. — *Rip. de Chazelas*, 1389
(cart. d'Azerat). — *Les Parettes* (cad.).

Lingoustre, vill., c^{ne} de Retournac. — *Villa quæ vocatur Lingustras*, 1165 (cart. de Chamalières,
n° 81). — *Ligostras*, 1262 (Arch. nat., P. 1397²,
cote 554). — *Lingostras*, 1285 (Arch. nat.,
P. 493², cote 107). — *Ligoutras*, 1472 (Maltrait, n^{re}).

Lisières (Les), écart, c^{ne} de Bellevue-la-Montagne.

Liodounat (Moulin-de-), m^{in} sur le Malaval, c^{ne} d'Alleyras.

Liogier (Baraque-de-), écart, c^{ne} de Bellevue-la-Montagne.

Liobiac, vill., c^{ne} de Bauzac. — *Liurium*, 1101 ?
(cart. de Chamalières, n° 103). — *Laurec*, 1163
(idem, n° 71). — *Mansus de Lhauriaco*, 1346
(Arch. nat., P. 490³, cote 229). — *Lyouriec*,
1490 (obit. de Bas). — *Lhoriacum*, 1511 (idem).
— *Lyouric*, 1552 (ress. de Montfaucon). — *Lion-

riac, 1555 (obit. de Bauzac). — *Lioride*, xviiie s. (Cassini).

Lioubarde, mont., c[ne] de Saint-Ilpize.

Lioumet, h., c[ne] de Riotord. — *Lyounet*, 1879 (carte adm.). — *Lionnet*, 1880 (Malègue).

Lioussac, lieu dit, c[ne] d'Ours-Mons. — *In Leuciaco*, 1089 (Saint-Georges du Puy). — *Comba de Lausac*, 1254 (templiers du Puy). — *Villa de Liausac*, xiiie s. (censier de Saint-Georges du Puy).

Lioussel (Le), affl. du Lignon, c[ne] des Vastres.

Lioutour, vill., c[ne] de Berbezit. — *Domus de Liutoir*, 1281 (spic. Briv.). — *Mansus de Lhioutour*, 1462 (la Chaise-Dieu, Connangles). — *Leotour*, 1583 (Chamblas). — *Lyoutour*, 1585 (J. Dolezon, n[re]). — *Liautour*, 1609 (la Chaise-Dieu, la Chapelle-Geneste). — *Liotour*, 1888 (carte adm.).

Lioutour, m. i., c[ne] de Sembadel.

Liriot (Moulin-de-), sous Châteauneuf, c[ne] du Monastier.

Lissac, c[on] de Saint-Paulien. — *Villa Lisacus;* 1025 (charte de fond. de la Voûte). — *Lissac*, 1225 (hôtel-Dieu, B. 305). — *Lissacus*, 1323 (J. de Peyre, n[re]). — *Lyssac*, 1614 (Brunel, n[re]).

En 1789, Lissac était compris dans la province du Velay, la subdélégation et sénéchaussée du Puy. Son église paroissiale, diocèse du Puy et archiprêtré de Saint-Paulien, était sous le vocable de saint Julien; le chapitre du Puy présentait à la cure.

Listes (Les), m. i., c[ne] de Saint-Bonnet-le-Froid.

Litaux, m. i., c[ne] de Riotord.

Livinhac, h., c[ne] d'Yssingeaux. — 1285 (homm. de l'év.). — *Lavinhac, Levinhac*, 1359 (Rhône, H. 2632). — *Levinhacum*, 1429 (Rhône, Bessamorel). — *Livinhacum*, 1523 (est. gén. d'Yssingeaux). — *Livinhac*, 1600 (M[ce] Leblanc, n[re]).

Lizieux (Pic de), mont. boisée, c[ne] d'Araules. — *Nemus de Lizeuc*, 1373 (év.). — *Nemus voc. Lesio*, 1383 (év.). — *Nemus Lezionis*, 1390 (év.). — *Lesion*, 1392 (év.). — *Nemus Lisionis*, 1455 (Pradier, n[re]). — *Bois de Liziou*, 1608 (cad. de Bonnas). — *Le pic de Lizieux*, 1824 (Deribier, stat.).

Lizieux, vill., c[ne] de Saint-Jeure. — *Liziou*, 1608 (cad. de Bonas).

Lobaresse, m. i., c[ne] de Saint-Bonnet-le-Froid. — *Labaresse*, 1888 (Malègue).

Lodines, h., c[ne] de Saint-Just-près-Brioude.

Logeron (Le), affl. de la Semène, c[ne] du Pont-Salomon.

Loire (La), fleuve, prend naissance au mont Gerbier-des-Joncs (Ardèche), entre dans le département de la Haute-Loire au sud-ouest de Chazeaux, c[ne] de Salettes, et en sort au nord des Perrots, c[ne] d'Aurec, après un parcours total de 138 kilomètres du sud-est au nord-est. — *Fluvium Ligeris*, v. 990 (cart. de Chamalières, n° 341. — *Flumen Litgeris*, 1325 (Arch. nat., P. 494[1], c. 24). — *Aqua de Legeyr*, 1333 (Saint-Pierre-le-Monastier). — *Flumen Licgeris*, 1345 (Arch. nat., P. 493 bis[1], c. 80). — *Leier*, 1408 (compois du Puy). — *Aqua de Leyre*, 1440 (terrier de Polignac). — *La ribeyre de Ley*, 1515 (cad. de Villeneuve). — *Riv., de Loiere*, 1561 (Savin, n[re]). — *[Liger]*... appellaturque... *gallice Loyre, Velaunice Leyry*, 1618 (P. Masson, desc. flum. Galliæ, p. 6). — *Rivière de Louère*, 1627 (Brunel, n[re]). — *Lhoyre*, 1629 (Demans, n[re]).

Lombard (Le), bois, c[ne] de Saint-Jean-Lachalm. — *Nemus de Lombac*, 1255 (Rhône, Chantouin, I, 16). — *Le boys app. del Lombat*, 1545 (terrier d'Agrain). — *Le Lombar*, 1605 (doc. jud.).

Lomenède, vill., c[ne] de Villeneuve-d'Allier. — *Lolmeneda*, 1387 (Arch. nat., Z². 4144, p. 223). — *Laumenede*, 1472 (Arch. nat., Z². 4151, p. 100). — *Lomenede*, xviiie s. (Cassini). — *L'Homenade*, 1855 (état-major).

Lomprat, vill., c[ne] d'Aubazac. — *Villa de Loncprat*, 1314 (Baluze, mais. d'Auv., II, 338). — *Longprat*, 1613 (Mercurial).

Long (Le), f., c[ne] de Chadron.

Long (Le), f., c[ne] des Vastres. — 1746 (état civ.).

Long (Le), h., c[ne] d'Yssingeaux. — *Linon*, 1888 (Malègue).

Longefont, h., c[ne] de Saint-Julien-d'Ance. — *Longus Fons*, 1269 (Arch. nat., P. 1398[1], cote 665). — *Longha Font*, 1522 (Saint-Georges du Puy).

Longeon (Moulin-), m[in] sur la Seuge, c[ne] de Prades.

Longer (Moulin-du-), m[in] sur la Borne occidentale, c[ne] de Vernassal. — *Moulin-Louger*, xviiie s. (Cassini).

Longe-Sagne, écart, c[ne] de Pradelles. — *Mansus de Lona-Sanha*, 1336 (Arch. nat., P. 1398[2], cote 669). — *Longa Sanha*, 1347 (Rhône, E. 8). — *Longha Sanhia*, 1464 (Ardèche, C. 592). — *Longessanhe*, 1598 (Galien, n[re]). — *Longesaignes*, 1668 (état civ.). — *Longesaigne*, 1820 (Deribier). — *Longesagne*, 1888 (carte adm.).

Longetraye, h., c[ne] de Freycenet-Lacuche. — *Longa Troya*, 1484 (Arcis, n[re]). — *Longha Truya*,

1547 (Chaulet, n°). — *Longe-Treüye*, 1671 (év.). — *Longue-Truye*, 1695 (capitation). — *Longe-Treuilhe*, 1785 (Julien, n°). — *Longetrée* (cad.). — *Longe-Truie*, 1820 (Deribier).

LONGEVAL, vill., c^ne de Saugues. — *Villa quæ vocatur Longa Val*, v. 1230 (cart. de Pébrac, n° 25). — *Longa Vallis*, 1279 (Thiolent). — *Longheval*, 1539 (*idem*).

LONGEVIALLE, vill., c^ne de Saint-Vert. — *Lo mas de Longa Vila*, 1341 (terrier de Charbonnier).

LONNAC, vill., c^ne de Sanssac-l'Église. — *Lothnacs*, 1213 (templiers du Puy). — *Lotnac*, 1227 (*idem*). — *Lumpnacum*, 1330 (G. Vériac, n°). — *Lumpniat*, 1364 (Ém. Molinier, vic d'Arn. d'Audrehem, 312). — *Lumpnhacum*, 1477 (Richon, n°). — *Lompnhacum*, 1520 (Martel, n°). — *Lompnac*, 1598 (Galien, n°).

LONNAC (LE), ruiss. affl. du Vourzac, c^nes de Sanssac-l'Église et de Polignac. — *La Barbouteyre* (cad.).

LORANGE, m^in sur les Gorces, c^ne de Montregard.

LORLANGE, c^on de Blesle. — *Villa Luzernanicas*, 959 (cart. de Brioude, ch. 303). — *Luzernangas*, xi° s. (cart. de Sauxillanges, n° 662). — *Ecclesia de Lurlange* (l'impr. porte *Surlange*), 1120 (Gall. ch., II, instr., col. 133). — *Villa de Luzernanias*, 1269 (Baluze, mais. d'Auv., II, 272). — *Ecclesia de Lhuzarnanigas*, 1281 (*idem*, II, 279). — *Ludernanias*, xiii° s. (obit. de Br.). — *Lurlangiæ*, 1352 (spic. Briv.). — *Villa de Lurlangas*, 1366 (Gall. chr., II, col. 486). — *Lurlanges*, 1379 (compte de B. Flotenc). — *Lurlenges*, 1401 (spic. Briv.). — *Lurlanghes, Leurlanghes*, xv° s. (Arch. nat., R^4* 1143, n°s 329 et 341).

En 1789, Lorlange faisait partie de la province d'Auvergne, de l'élection et subdélégation de Brioude et du ressort de Riom. Son église paroissiale, diocèse de Saint-Flour et archiprêtré de Brioude, était sous l'invocation de saint Julien d'Antioche; l'évêque de Saint-Flour en était collateur.

LOSÉGAL, mont. boisée, c^ne du Pertuis. — *Losegaux*, 1879 (carte adm.).

LOSFONS, vill., c^ne de Saint-Vert. — *Les Fons*, xviii° s. (Cassini). — *Osfond*, 1880 (carte adm.). — *Losfonts*, 1888 (Malègue).

LOTS (LES), h., c^ne de Lapte. — *Laulas* (cad.).

LOUBEYRAT, f., c^ne de Jax. — *Mansus de Lobeyrac*, 1416 (la Chaise-Dieu, Mazerat-la-Brequeille). — *Lobayrac*, 1424 (*idem*). — *Laubairat*, xviii° s. (Cassini).

LOUBEYRE (LA), lieu détr., c^ne de Chanaleilles. — *Mansus de la Lobieyra*, 1274 (Lozère, G. 99).

LOUBEYRE (LA), affl. de la Seuge, c^nes de Chanaleilles et de Grèzes.

LOUBEYRE (LA), loc. détr., c^ne de Chassignolles. — *Mansus de la Lobeyra*, 1358 (spic. Briv.).

LOUBEYRE (LA), h., c^ne de Cubelles. — *Mansus de la Lobieyra*, 1327 (Lozère, G. 98). — *La Lobeyra*, 1464 (Bibl. nat., ms. lat., n. acq., 1223, f° 185 v°). — *Loberia*, 1480 (*idem*, 1224, f° 255). — *Lobeyria*, 1499 (Thiolent).

LOUCÉA, vill., c^ne de Saint-Maurice-de-Lignon. — *Castrum de Laucea, abbatis S. Theofredi*, 1366 (Arch. nat., JJ. 97, f° 94 v°; Georges Guigue, les Tard-Venus, 373). — *Lauceacum*, 1455 (Arch. nat., S. 3299). — *Locus de Louceano*, 1529 (terrier du Fraysse-Bas, f° 28). — *La Tour de Loucea*, 1552 (Nicolas, n°). — *Lousea*, 1633 (Barret, n°). — *Loucea*, 1689 (cad. du Lignon). — *L'Oucéa*, 1860 (état-major).

LOUCEL, f., c^ne d'Araules. — 1507 (év.). — *L'Oucel*, 1608 (cad. de Bonnas).

LOUDES, arrond. du Puy. — *Lode*, v. 1087 (cart. de Chamalières, n° 197). — *Lodes*, 1195 (hôtel-Dieu, A. 2). — *Loudde*, 1383 (Haute-Loire, C.). — *Ecclesia de Lodesio*, 1464 (J. Maltrait, n°). — *Loddes*, 1497 (hôtel-Dieu). — *Lodesius*, 1519 (Martel, n°). — *Loude*, 1585 (Johanny, n°). — *Lodde en Vellay*, 1608 (A. Robert, n°).

En 1789, Loudes, qui était le siège de l'une des dix-huit baronnies diocésaines de la province du Velay, dépendait de la subdélégation et sénéchaussée du Puy. Son église paroissiale, diocèse du Puy et archiprêtré de Solignac-sur-Loire, était consacrée à saint Hilaire; l'université Saint-Mayol présentait à la cure.

LOUDES, nom de la part des s^ie et justice de Taillhac passée par mariage, au xv° s., dans la maison de Loudes. — *Lode*, 1511 (coust. d'Auv., f° 81 v°). — *Taillat sive Loude*, 1669 (Arch. nat., P. 449, n° 529). — *Le bois de Loudes*, xix° s. (cad.).

LOUDES (MOULIN-DE-), m^in, c^ne de Loudes. — *Molendinum de Lode*, 1408 (Drôme).

LOUDON, h., c^ne de Bas. — *Loudo*, 1498 (obit. de Bas).

LOUETTES, h., c^ne de Saint-Jeure.

LOURDAU, écart, c^ne de la Chapelle-d'Aurec. — *Lordot*, xviii° s. (Cassini). — *Lourdat*, 1888 (Malègue).

LOUSSEIX, m. i., c^ne de Rosières. — *L'Ousseix*, 1888 (Malègue).

LOUSTALOU, f., c^ne du Monastier.

LOUVADE (LA), bois, c^ne de Chadron.

LOUVÈCHE (LA), écart, c^ne de Saint-Front. — *Mansus de la Laurescha*, 1284 (cart. de Mazan, f° 25 v°).

La *Lulvesegha*, 1458 (Maltrait, n^rc). — *La Luresche*, 1625 (état civ.). — *La Lauvesche*, 1646 (cad. de Bonnefont). — *La Loureche*, xviiie s. (Cassini). — *La Lourèche* (cad.).

LOUVE-PENDUE (LA), lieu dit, c^ne de Villeneuve-d'Allier. — *Loba Penduda*, 1339 (Bibl. nat., ms. fr., 14377, p. 189).

LOUVIGNEAU, m. i., c^ne de Vals-près-le-Puy.

LOUZET (MOULIN-DE-), m^in, c^ue de Coubon. — *Moulin de Louzis*, 1884 (aff. jud.).

LOYE (MOULIN-DE-), m^in sur le Vourzac, c^ne de Sanssac-l'Église.

LOYES (LES), h., c^ne de Léotoing. — *La terre app. du Loyer en la par. d'Espalent*, xve s. (Arch. nat., R⁴.* 1143, n° 332). — *Le Loïs*, xviiie s. (Cassini). — *Les Loyers*, 1820 (Deribier). — *Les Lyos*, 1855 (état-major). — *Les Loys*, 1869 (Malègue).

LOZANGES (LES), lieu détr., c^ne de Connangles. — *Lauvengiæ*, 1390 (la Chaise-Dieu, Connangles). — *Mansus de las Lauzenghas*, 1461 (*ibid.*). — *Les Lauzanges*, 1643 (*idem*, Bellut). — *Les Lozanges*, 1772 (*ibid.*).

LUBERTHE, m. i., c^ne de Saint-Julien-Molhesabate. — *La Berthe*, 1879 (carte adm.).

LUBIÈRE, vill., c^ne de Vergongheon. — *Villa Loberias*, v. 898 (cart. de Brioude, ch. 118). — *In vicaria Brivatensi, curtis indominicata Luberias*, 920 (*idem*, ch. 272). — *Villa Lotberias*, 922 (*idem*, ch. 30). — *Lobeyras*, 1319 (spic. Briv.). — *Lobieres*, 1511 (coust. d'Auv., f° 80 v°). — *Lubieres*, 1640 (lième de Rilhat). — *Lubert*, xviiie s. (Cassini).

Mine de houille concédée le 30 avril 1886.

LUBILHAC, c^on de Blesle. — *In aice Brivatensi, in villa Lubiliaco*, 890 (cart. de Brioude, ch. 184). — *Ecclesia de Lubilhac*, 1299 (spic. Briv.). — *Lubillac*, 1379 (compte de B. Flotenc). — *Ecclesia de Lobilhac*, xive s. (A. Bruel, reg. de G. Trascol, 144). — *Lucbilhac*, 1401 (spic. Briv.).

En 1789, Lubilhac appartenait à la province d'Auvergne, à l'élection et subdélégation de Brioude et au ressort de Riom. Son église paroissiale, diocèse de Saint-Flour et archiprêtré de Blesle, était dédiée à saint Bonnet; le chapitre cathédral de Saint-Flour présentait à la cure.

LUCHADOU, h., c^ne de Saugues. — *Mansus Luchador*, 1327 (Lozère, G. 98). — *Mansus Lutchador*, 1499 (Thiolent). — *Le château de Luchadou*, 1724 (L'Ouvreleul, 26). — *La cascade de Luschadou*, 1824 (Deribier, statist., 82). — *Luchadour*, 1888 (Malègue).

LUGEAC, vill., c^ne d'Auzon. — *Luziac, Lughiac*, xive s. (terrier des Grèzes).

LUGEAC, h., c^ne de Saint-Just-près-Brioude. — *Luciag*, 1011 (cart. de Brioude, ch. 323; Baluze, mais. d'Auv., II, 43). — *Hermum Ludincum*, 1139 (cart. de Pébrac, n° 29).

LUGEAC, chât. détr. et vill., c^ne de la Vaudieu. — *Ecclesia de Luciaco*, v. 1011 (cart. de Brioude, ch. 312; cart. de Sauxillanges, ch. 475). — *Lauziacus*, v. 1148 (Gall. chr., II, instr., col. 107). — *Luzacus*, 1155 (spic. Briv.). — *Ecclesia de Loziaco*, 1177 (Bibl. nat., lat., 12750, p. 200). — *Castrum de Lotsac*, 1237 (spic. Briv.). — *Castrum de Lopzac*, v. 1250 (*idem*). — *Castrum de Lotzac*, 1298 (*idem*). — *Lotzat*, 1341 (terrier de Charbonnier). — *Loupzat*, 1401 (spic. Briv.). — *Loughat*, 1487 (*idem*). — *La vicairie de S. Jehan l'Evangeliste de Lozat*, 1560 (Vals-le-Chastel, inv^re). — *La baronnie de Lughat*, 1612 (terrier de la Vaudieu). — *Lugeac*, xviiie s. (Cassini).

Fief vassal du comté de Montferrand.

Commune supprimée le 24 février 1842, et réunie à celle de la Vaudieu.

LUGEAC (LE MOULIN-DE-), m^in sur le Ceroux, c^ne de Saint-Just-près-Brioude.

LUGEASTRE-BAS, vill., c^ne de Saint-Didier-sur-Doulon. — *Lughastre-Bas*, 1501 (Vals-le-Chastel). — *Lughastre Sobteira*, 1516 (*idem*). — *La Jastre-Basse*, 1820 (Deribier).

LUGEASTRE-HAUT, vill., c^ne de Saint-Didier-sur-Doulon. — *Lughastre Sobeyra*, 1516 (Vals-le-Chastel). — *Lughastre-Hault*, 1522 (*idem*). — *La Jastre-Haute*, 1820 (Deribier).

LUGUENOT, h., c^ne de Saint-Georges-d'Aurac. — *Les Gonnots*, 1646 (terrier du Cluzel). — *Luguot*, xviiie s. (Cassini).

LUITAUD, écart, c^ne de Saint-Martin-de-Fugères. — *Villa de Loytaus*, 1309 (Arch. nat., P. 1398², cote 676). — *Mansus deus Oytaus*, 1344 (Arch. nat., P. 1397², cote 537). — *Luitau*, 1345 (Rhône, E. 8). — *Loytau*, 1377 (Saint-Mayol). — *Villa deus Eytaus*, 1383 (Arch. nat., P. 1399¹, cote 767). — *Villa delz Oytaus*, 1474 (Arch. nat., P. 1362², cote 1115). — *Laytau*, 1510 (Dompnin, n^re). — *Lhoutaud*, 1514 (J. Boyer, n^re). — *Lutaud*, 1679 (Mareschal, n^re).

LUMENESSE, h., c^ne de Dunières. — *Lumenesses*, 1615 (Rhône, D. 185). — *Lumines*, xviiie s. (Cassini). — *Lumesse*, 1879 (carte adm.).

LUPIAT, vill., c^ne d'Agnat. — *Lopiag*, v. 1011 (cart. de Brioude, ch. 300). — *In villa Lupiago, in vicaria Brivatensi* (Bibl. nat., ms. lat., 17078 f° 17 v°). — *Lupiac, Lhupiac,* xiv° s. (terrier des Grèzes).

Lupiat (Le), ruiss., affl. du Ternivol, c^nes de Champagnac et de Chaniat.

Lupiat (Moulin-de-), m^in sur le Lupiat, c^ne de Chaniat.

Luquet, f., c^ne du Chambon.

Lux, h., c^ne d'Auteyrac. — *Decima de Luquo,* 1315 (spic. Briv.). — *Locus de Luxtz,* 1459 (B. Girard, n^re). — *Mansus de Lux,* 1466 (Bibl. nat., ms. lat., n. acq., 1223, f° 138). — *Luc* (cad.).

Luzat, f., c^ne de Saint-Pal-de-Mons.

M

Ma-Campagne, m. i., c^ne d'Espaly-Saint-Marcel.

Machabert, vill., c^ne de Saint-Front. — *Mansus Chatbert,* 1256 (cart. de Mazan, f° 111). — *Locus de Maschaberto,* 1516 (Delaigue, n^re). — *Mas-Chabert,* xviii° s. (Cassini).

Machabert (Le), ruiss., affl. de l'Aubépin, c^ne de Saint-Front. — *Rivus voc. de Maschabert,* 1344 (Saint-Chaffre). — *Le Soleilhac* (cad.).

Machaud (Scie-de-), sur le Cougoussac, c^ne de Pinols.

Machot, écart, c^ne de Saint-Julien-du-Pinet.

Madalet, h., c^ne d'Yssingeaux.

Madard (Le), affl. de la Loire, c^ne de Malvalette.

Madelaine (Croix de la), près Bellevue, c^ne de Brives-Charensac. — *Le grant oratoire qui est en la my voie entre la ville du Puy et la maison de la Maladerie de Brive,* 1522 (Médicis, I, 293). — *Le dévot ymage de la glorieuse Marie-Magdelaine … de l'oratoire qu'est à la my voie entre le Puy et Brive,* 1561 (idem, I, 508). — *La Croix de la Magdalleyne,* 1604 (Saint-Pierre-la-Tour).

Madeleine (La), mont. et chapelle ruinée, c^ne de Retournac. — *Prioratus B. Mariæ Magdalenæ, ord. de Charassio, paroc. de Retornaco,* 1513 (J. Boyer, n^re). — *Prior Montis Ebye Beatæ Mariæ Magdalenæ,* 1516 (Arch. nat., G. 8*1, f° 439 v°).

Madelonet, vill., c^ne de Saint-Jeure. — *Masdolene,* 1314 (év.). — *Masdelone* 1343 (Rhône, II. 1016). — *Mansus de Nole,* 1400 (cart. de Tence, f° 14 v°). — *Mas-de-Nole,* 1507 (év.). — *Mas-de-Nelle,* 1554 (R. Maurin, n^re). — *Mas-de-Noullet,* 1695 (captation). — *Magdelonet,* 1786 (état civ.). — *Madelounettes,* xviii° s. (Cassini). — *Madelonnettes,* 1869 (Malègue).

Madène, vill., c^ne de Chazelles. — *Madenas,* v. 1030 (cart. de Pébrac, xxxiii); — 1458 (Bibl. nat., ms. lat., n. acq., 1222, f° 67 v°). — *Madènes,* 1820 (Deribier).

Madriat, vill., c^ne de Cistrières. — *Madriat,* 1449 (terrier de Clavelier). — *Madriac,* 1564 (terrier de Vals-le-Chastel).

Madriat (Le), affl. du Doulon à la Vernède, c^nes de Cistrières et de Saint-Didier-sur-Doulon.

Madrières, vill., c^ne de Chanaleilles. — *Madrieyras,* 1274 (Lozère, G. 99). — *Madreyras,* 1279 (Thiolent). — *Madrière,* 1820 (Deribier).

Magdelaine (La), anc. maladrerie, c^ne de Chilhac. — *Capella infirmorum quæ est inter Voltam et Chisliacum,* v. 1192 (spic. Briv.). — *La Magdalleyne,* 1625 (terrier du Chambon de Blau).

Magdelaine (La), loc. détr., c^ne de Langeac. — *La Magdalena,* xiii° s. (terrier de l'hôpital de Langeac). — *Ecclesia B. Mariæ Magdalenæ,* 1262 (spic. Briv.). — *Infirmaria Magdalenæ Langiaci, Infirmaria Magdalenensis,* 1315 (coll. J. Lachenal). — *Domus S. Mariæ Magdalenæ infirmariæ Langiaci,* 1327 (spic. Briv.). — *Magdalenes Langiaci,* 1470 (Bibl. nat., ms. lat., n. acq., 1224, f° 3 v°).

Membre de la maladrerie de la Bajasse.

Magnaude (La), affl. de la Loire en amont de Latour, c^ne de Coubon. — *Ruiss. app. Merdant,* 1637 (Brunel, n^re).

Magne, h., c^ne de Salzuit. — *Manhe,* 1543 (la Chaise-Dieu, Domeyrat). — *Magny,* 1820 (Deribier).

Magneret (Le), h., c^ne de Moniet. — *Le Magnaret,* 1888 (Malègue).

Mauuche (La), h., c^ne de Saint-Vénérand. — *Mahuchia,* 1476 (Thiolent). — *La Maüche,* 1607 (idem).

Maigres (Les), h., c^ne de Saint-Julien-du-Pinet. — *Maygra,* 1460 (Rhône, Bessamorel). — *Loux Maigres,* 1580 (coll. C. Falcon).

Maiguezin, vill., c^ne de Salettes. — *Maygasi,* 1462 (Chauvin, n^re). — *Maiguesi,* 1534 (év.). — *Masguezin,* 1570 (Benoît, n^re).

Mailhot, h., c^ne de Pébrac. — *Malhoc,* 1469 (Bibl.

nat., lat., n. acq., 1223, f° 355 v°). — *Mailloc*, 1486 (terrier de Tailhac).

MAILLOUS (LES QUATRE-), m^in, c^ne du Chambon.

MAIN (LA), f., c^ne du Mazet-Saint-Voy.

MAIRE (LA), affl. du Bourboulliou, c^ne de Saint-Geneys-près-Saint-Paulien.

MAISON-BLANCHE, écart, c^ne de la Chapelle-Geneste.

MAISON-BLANCHE (LA), écart, c^ne d'Ally. — 1613 (Mercurial).

MAISON-BLANCHE (LA), m^in sur l'Allier, c^ne de Saint-Haon. — *La Vareyre*, 1888 (aff. jud.).

MAISON-FORESTIÈRE (LA), c^ne des Estables.

MAISONNETTE, vill., c^ne de Fay-le-Froid.

MAISONNETTE, écart, c^ne de Lapte.

MAISONNETTE, écart, c^ne de Mézères.

MAISONNETTE, m. i., c^ne de Tence.

MAISONNETTES, h., c^ne de Dunières. — 1269 (homm. de l'év.). — *Maysonetæ*, 1467 (Rivière, n^re). — *Meysonetes*, 1553 (Rhône, D. 185).

MAISONNETTES, h., c^ne de Fay-le-Froid. — *In villa quæ dicitur Mansionetis, in par. ecclesiæ de Lavastris*, v. 1030 (cart. du Monastier, n° 230). — *Meysonetæ*, 1464 (Ardèche, C. 624). — *Maisonnettes*, 1631 (état civ.). — *Maisonnette*, 1888 (Malègue).

MAISONNETTES, h., c^ne de Montregard. — *Homines de Mayzonetas*, 1322 (cart. de Mazan, f° 133 v°). — *Meysonetas*, 1556 (terrier de Montregard). — *Maisonnette*, 1879 (carte adm.).

MAISONNETTES, h., c^ne de Saint-Pierre-Duchamp. — *Muizonatas*, 1314 (év.). — *Maysonetas, Mayszonetas*, 1352 (Arch. nat., P. 1398², cote 674). — *Maysonetes*, 1571 (A. Boyer, n^re).

MAISONNETTES (LES), affl. du ruisseau du Prat, c^ne de Fay-le-Froid.

MAISONNETTES (LES), f., c^ne de Queyrières.

MAISONNETTES (LES), h., c^ne de Saint-Bonnet-le-Froid.

MAISONNEUVE, près la Bourghea, m. i., c^ne du Chambon. — *Maisonneuve-de-la-Brughéa*, 1888 (Malègue).

MAISONNEUVE, près les Serpeyres, m. i., c^ne du Chambon. — *Maisonneuve-de-la-Grange*, 1888 (Malègue).

MAISONNEUVE, près Romières, m. i., c^ne du Chambon.

MAISONNEUVE, f., c^ne de Chaudeyrolles.

MAISONNEUVE, f., c^ne des Estables. — *Domus Nova*, 1449 (chartreuse de Bonnefoy). — *Boria de la Meyso Nova*, 1508 (Costavol, n^re). — *Grangia de Domo Nova*, 1526 (cad. du Monastier). — *La borye de la Maison-Neufve*, 1568 (Nicolas, n^re).

— *La Maison-Neuve*, 1739 (état civ.). — *Les Maisons-Neuves*, XVIIIe s. (Cassini).

MAISONNEUVE, écart, c^ne du Monastier.

MAISONNEUVE, m. i., c^ne de Monistrol-sur-Loire.

MAISONNEUVE, f., c^ne de Présailles.

MAISONNEUVE, écart, c^ne de Saint-Georges-Lagricol.

MAISONNEUVE, f., c^ne de Saint-Just-près-Brioude. — *Mansus de Domo Nova*, 1460 (Arch. nat., ZZ. 359, p. 24).

MAISONNEUVE (LA), f., c^ne de Fay-le-Froid.

MAISONNEUVE (LA), écart, c^ne de Félines.

MAISONNEUVE (LA), f., c^ne de Grèzes.

MAISONNEUVE (LA), f., c^ne de Raucoules.

MAISONNEUVE (LA), f. et m^in sur le Maisonneuve, c^ne de Saint-Didier-sur-Doulon. — *Le moulin de la Maison-Neufve*, 1669 (Arch. nat., P. 499, c. 114).

Fief mouvant du duché d'Auvergne.

MAISONNEUVE (LA), h., c^ne de Saint-Julien-Chapteuil.

MAISONNEUVE (LA), f., c^ne de Saint-Pal-de-Chalencon.

MAISONNEUVE (LA), f., c^ne des Vastres. — *Le Mas de la Maison-Neufve*, 1785 (état civ.).

MAISONNEUVE (LE), affl. du Doulon à Saint-Didier-sur-Doulon.

MAISONNIAL, écart, c^ne de Saint-Paulien. — *Maizonil*, 1248 (hospit. du Velay). — *Le domaine de Meysoniaux*, 1714 (cad. de Laval-Emblavès).

MAISONNIAL (LE), h., c^ne de Chénéreilles. — *Lo Meysonial*, 1510 (Rhône, D. 161).

MAISONNY, m. i., c^ne de Saint-Jeure. — *Maisonnette*, 1880 (carte adm.).

MAISONNY (LE), h., c^ne de Saint-Georges-Lagricol. — *Mansus del Maysonis*, 1311 (Arch. nat., P. 1398¹, cote 650). — *Lo Meysonis*, 1507 (év.). — *Mayssonny*, 1880 (carte adm.).

MAISONSEULE, h., c^ne de Bonneval.

MAISONSEULE, lieu détr., c^ne de Ceyssac. — *Territorium de Domo Sola*, 1331 (J. de Peyre, n^re). — *Terroir de Chantilhac app. de Maison-Solle*, 1561 (Savin, n^re).

MAISONSEULE, écart, c^ne de Grazac.

MAISONSEULE, lieu détr., c^ne de Lissac. — *Maizo Sola*, 1343 (homm. de l'év.).

MAISONSEULE, h., c^ne d'Ouïdes. — *Mansus de Mayso Sola*, 1453 (J. Rocher, n^re). — *Domus Sola*, 1499 (Rhône, Chantoin, I, 10).

MAISON-SEULE, écart, c^ne de Pradelles. — *Locus de Domo Sola*, 1464 (Ardèche, C. 592). — *Maisonseule*, 1539 (Arch. nat., P. 1446, f° 213).

MAISONSEULE, h., c^ne de Retournac. — *Locus de Domo*

Sola, 1508 (obit. de Bas). — *Meysos Solle*, 1558 (V. Vacharel, n^re).

MAISONSEULE, vill., c^ne de Saint-André-de-Chalencon. — *Maisonsolle, Maisonsoulle*, 1581 (terrier de Frissonnet). — *Meisonsoule, Meysonsoula*, 1604 (cad. de Chalencon). — *Meysos-Solle*, 1614 (coll. C. Falcon).

MAISONSEULE, m. i., c^ne de Solignac-sur-Loire. Ancien fief dont la maison de Veyrac a porté le nom au xviiie siècle.

MAISONSEULE, écart, c^ne d'Yssingeaux. — *Domus Sola*, 1330 (hôtel-Dieu, B. 435). — *Mayzo Sola*, 1359 (Rhône, H. 2632). — *Maiso Sola*, 1408 (compois du Puy, f° 336 v°). — *Meyso Sola*, 1528 (terrier du Pertuis). — *Maisonseulle*, 1614 (terrier de Saussac).

MAISONS-HAUTES (LES), h., c^ne du Chambon.

MAISTON, f., c^ne du Chambon.

MAISTRE-ESTÈVE, lieu dit, près Billiac, c^ne de Polignac. — *Territorium de Mestre-Esteve*, 1452 (prieuré de Polignac).

MAÎTRE-HUGON, lieu dit, c^ne d'Autrac. — *Le terroir app. de Maistre-Hugon*, 1493 (terrier de Blesle).

MAÎTRE-PIERRE (RANG DE), rocher, près Arsac, c^ne de Coubon. — 1707 (cad. de Bouzols).

MALABESSE, lieu détr., c^ne de Saint-Pierre-Duchamp. — *Domus seu fortalicium de Mala Bessa*, 1343 (Arch. nat., P. 494^1, cote 7).

MALABROUSSE, loc. détr., c^ne de Saint-Pierre-Du-champ. — *Mansus de Mala Brocia*, v. 1031 (cart. de Chamalières, n° 221). — *Apud Malabrossam propre castrum de Malivernas*, 1341 (Arch. nat., P. 493^2, cote 97). — *Mansus de Mala Brossa*, 1352 (Arch. nat., P. 1398^2, cote 674).

MALACHELLE, vill., c^ne de Sainte-Sigolène. — *Malas Chaelas*, 1314 (év.). — *Malas Cheylas*, 1384 (idem). — *Malas Chellas*, 1507 (év.). — *Malas Cheles*, 1519 (obit. de Bas). — *Malas Chellas*, 1695 (capitation). — *Malachelle*, xviiie s. (Cassini).

MALACOMBE, m. i., c^ne de Tiranges. — 1695 (capitation).

MALACOMBE (RAVIN-DE-), affl. du Ram, c^ne de Beaulieu.

MALACOURS, f., c^ne du Chambon. — *Malacourt*, 1820 (Deribier).

MALACROZE (LE), l'un des deux ruisseaux qui forment le Courbière, c^ne de Bas.

MALADOURNE, f., c^ne de Saint-Front.

MALAFOSSE, lieu détr., c^ne d'Alleyras. — *Mansus de Mala Fossa*, 1308 (prieuré d'Alleyras).

MALAFOSSE, loc. détr., c^ne de Coubon. — *Villa quæ dicitur Mala Fossa*, v. 889 (cart. du Monastier, n° 67).

MALAGARDE, mont., c^ne de Saint-Étienne-Lardeyrol. — *Mons voc. Mala Garda*, 1343 (Chamblas). — *Mala Guarde*, 1470 (idem).

MALAGAYTE, h., c^ne du Mazet-Saint-Voy. — *Mala Gayta*, 1343 (Rhône, H. 1016). — *Mallagayte*, 1553 (ress. de Montfaucon). — *Malaguette*, 1820 (Deribier).

MALAGUET, étang, c^ne de Monlet. — *L'estanc de Maleguet au seigneur d'Alègre*, 1548 (Rhône, Saint-Antoine-de-Viennois). — *Malagay*, 1888 (carte adm.).

MALAGUETS (LES), écart, c^ne de Félines. — *Les Malaliers*, 1888 (Malègue).

MALARD (LE), f., c^ne de Saint-Front. — *Mollard*, 1888 (Malègue).

MALASAISON, m. i., c^ne de Tiranges.

MALASSOUCHE, écart, c^ne de Laussonne. — *Mansus del Mas la Socha*, 1448 (Monastier). — *Lo Mas la Socha*, 1527 (cad. du Monastier). — *Le Mas-la-Souche*, 1707 (cad. de Bouzols). — *Malassouche*, xviiie s. (Cassini).

MALATAVERNE, vill., c^ne de Beaux. — *Villa de Mala Taverna*, 1300 (év.). — *Mala Taberna*, 1351 (év.).

MALATAVERNE, loc. détr., près Aillhac, c^ne de la Chomette. — *Certains chezaux app. anciennement de Male-Taverne*, 1612 (terrier de la Vaudieu).

MALATAVERNE, h., c^ne de Dunières. — *Mala Taberna*, 1468 (Rivière, n^re). — *Mala Taverna*, 1500 (Rhône, D. 182). — *Male-Taverne*, 1553 (idem, D. 185). — *Malletaverne*, 1553 (ress. de Montfaucon). — *Locus de Malatarerni*, 1579 (idem, D. 183).

MALATRAY, h., c^ne de Saint-Julien-Molhesabate. — *Malatrayt*, 1466 (Rivière, n^re). — *Maletrayt*, 1618 (Jamon, n^re).

MALAURE (LA), ruiss., prend sa source au nord de la c^ne de Chassignoles, sert de limite aux départements du Puy-de-Dôme et de la Haute-Loire et se jette dans l'Auzon au m^in du Mazelet, c^ns de Saint-Hilaire. — *Ruiss. des Poules* (cad.).

MALAVAL, m. i., c^ne de Malvalette. — *Mala Val*, 1317 (Arch. nat., P. 1400^2, c. 990).

MALAVAL, m. i., c^ne du Monastier.

MALAVAL, loc. détr., c^ne de Montusclat. — *Mas de Malaval*, 1343 (homm. de l'év.).

MALAVAL, m. i., c^ne de Saint-Jeure.

MALAVAL (LE), affl. de l'Allier, c^nes du Bouchet-Saint Nicolas, d'Ouïdes et d'Alleyras. — *Le rieu de Malaval*, 1545 (terrier d'Agrain).

MALAVAY, bois, cne de Pinols. — *Nemus app. de Malaval*, 1456 (Bibl. nat., ms. lat., n. acq., n° 1222, fo 38). — *Malavey*, 1876 (état des forêts).

MALAVEILLE, f., cne de Craponne-sur-Arzon. — *Petrus Malavelha*, 1314 (Arch. nat., P. 1398², cote 708). — *Malleveilhe*, 1543 (terrier de G. de Coysse). — *Malaveilhe*, 1695 (capitation).

MALBEC, f., cne de Sainte-Sigolène. — *Malbey*, xviiie s. (Cassini). — *Maubec*, 1820 (Deribier).

MALBOS, sources d'eaux minérales dans le lit de la Loire, cnes d'Arlempdes et de Salettes.

MALBOST, vill., cne de Saint-Pal-de-Chalencon. — *Malbosc*, 1540 (terrier de Saint-Pal). — *Malbos* (cad.).

MALCAP, f., cne de Présailles. — 1699 (cad. de Vachères).

MALCHARER, bois, cne de Montregard. — *Nemus de Mala Charreyra*, 1276 (Gall. christ., XVI, instr., c. 255).

MALCHAREYRE, m. i., cne du Mas-de-Tence.

MAL-CONSEIL, lieu dit, cne de Pébrac. — *Territ. del Mal-Cosselhz*, 1464 (Thiolent).

MALECOURSE (RIF DE), ruiss., affluent de droite de l'Allier, cne de Saint-Arcons-d'Allier. — *Rivus de Mala Corsa*, 1478 (Bibl. nat., ms. lat., n. acq., 1224, fo 185 vo).

MALCROS, vill., cne de Malvières. — *Mascros*, 1324 (la Chaise-Dieu, Malvières). — *Mansus Crozus*, 1360 (idem, la Chapelle-Geneste).

MALCROS, h., cne de Saint-André-de-Chalencon. — *Mancros* (cad.).

MALCROS, h., cne de Solignac-sous-Roche.

MALEBROUSSE, lieu détr., cne de Saint-Pierre-Duchamp. — *Mansus de Mala Brocia*, v. 1040 (cart. de Chamalières, n° 221). — *Apud Malabrossam prope castrum de Malivernas*, 1341 (Arch. nat., P. 493² bis, cote 97).

MALECOSTE, bois, cne de Rosières.

MALEFAYE, lieu détr., cne de Malvières. — *Mansus Malæ Fagiæ*, 1348 (la Chaise-Dieu, Malvières).

MALEMONT (RAZAS-DE-), affl. de la Ramade à Grazengheon, cne d'Aubazac. — 1625 (terrier de Blau).

MALEMONT, lieu dit, cne de Saint-Didier-d'Allier. — *L'azeul de Malle-Morte*, 1784 (terrier de Vabres).

MALEPEYRE, h., cne de Lubilhac. — *Mala Peira*, 1234 (cart. de Pébrac, n° 58). — *Mala Petra*, 1275 (spic. Briv.).

MALEROCHE, lieu dit, cne de Saint-Ilpize. — *Territ. de Mala Rocha*, 1461 (Arch. nat., ZZ. 359, p. 16).

MALESCOT, lieu détr., cne de Bauzac. — *Mansus de Malescot*, 1346 (Arch. nat., P. 490³, cote 229). — xvie s. (obit. de Bauzac).

MALESCOT, m. i., cne de Saint-Germain-Laprade.

MALESCOURS, h., cne de Saint-Victor-Malescours. — *Malas Curtz*, v. 1100 (cart. de Cluny, ch. 3896). — *Malas Corts*, 1269 (homm. de l'év.). — *Malis Curtibus*, 1363 (coll. Chaleyer).

MALET (LE), h., cne d'Allègre. — *Le Mallet*, 1888 (carte adm.).

MALET (LE), h., cne de Saint-Jean-d'Aubrigoux. — *Mazelet*, 1163 (cart. de Chamalières, n° 72).

MALET (MOULIN-DE-), min sur le Lignon, cne d'Yssingeaux.

MALEVIEILLES, h., cne de Saint-Vénérand. — *Locus de Malis Vetulis seu de Malhes Velhas, mand. de Chambone*, 1469 (Thiolent). — *Malles-Veilhes*, 1623 (Cl. Peyret, nre).

MALFANT, h., cne de la Chapelle-Bertin. — *Malfont*, 1820 (Deribier).

MALFOUR, h., cne de Riotord. — *Malus Furnus*, 1363 (coll. Chaleyer). — *Malforn*, 1461 (Rhône, H. 1180).

MALFRAYT, écart, cne de Monistrol-sur-Loire. — *Malfrey*, 1747 (état civ.).

MALFRAYT, h., cne de Retournac. — *Mas-Freyt*, 1293 (Arch. nat., P. 491¹, cote 13). — *Maulfreyt*, 1558 (V. Vacherel, nre). — *Malfrayt*, 1695 (capitation). — *Malfreyt*, xviiie s. (Cassini).

MALGASCON, h., cne de Saint-Georges-d'Aurac. — *Mal Gasco*, 1474 (terrier du Cluzel). — *Maugaçon*, xviiie s. (Cassini).

MALHAC, vill., cne d'Alleyrac. — *Villa de Malhac*, 1309 (Arch. nat., P. 1398², cote 676). — *Malhacum*, 1331 (Arch. nat., P. 1397², cote 587). — *Mailhac*, 1474 (Arch. nat., P. 1362², cote 1115). — *Malliat*, 1534 (év.).

La section de Malhac a été distraite, par une loi du 6 juillet 1862, de la cne de Saint-Martin-de-Fugères et réunie à celle d'Alleyrac.

MALHAGUET, h., cne d'Alleyrac. — *Villa de Malhaguet*, 1309 (Arch. nat., P. 1398², cote 676).

MALIVERNAS, chât. ruiné et vill., cne de Saint-Pierre-Duchamp. — *Villa de Malo Verneto*, v. 1021 (cart. de Chamalières, n° 67). — *Villa de Malos Yvernatis*, v. 1037 (idem, n° 212). — *Mali Ivernati*, 1095 (idem, n° 197). — *Mansus de Malisvernatis*, xiie s. (idem, n° 225). — *A Malos Evernatos*, 1213 (idem, n° 326). — *Malivernas*, 1269 (Arch. nat., P. 1398², cote 674 bis). — *Castrum de Malo Uvernato*, 1394 (Arch. nat., P. 1397¹, cote 528). — *Castrum de Malyvernas*, 1352 (Arch. nat., P. 1398³, cote 674).

MALLAT, h., cne de Mazeyrat-Crispinhac. — *Mansus de Malac*, 1459 (Bibl. nat., ms. lat., n. acq., 1222, f° 120). — *Malacum*, 1489 (terrier du Cluzel).

MALLE (LA), f., cⁿᵉ de Saint-Front.

MALLET, f., cⁿᵉ de Raucoules. — *Malet*, 1879 (carte adm.).

MALLEYS, vill., cⁿᵉ de Beaulieu. — *Maleys*, 1256 (év.). — *Meleys*, 1287 (hôtel-Dieu, B. 631). — *Meleis*, 1408 (compois du Puy). — *Mealeis*, 1506 (Médicis, II, 301). — *Mealeys*, 1512 (Dompnin, nʳᵉ). — *Malla* (cad.). — *Malley*, 1880 (carte adm.).

MALMAISON, lieu détr., près Vernet, cⁿᵉ de Saugues. — Découverte, en 1877, d'antiquités romaines.

MALMARANDE, lieu dit, cⁿᵉ de Saint-Just-Malmont. — *Le terroir du Queyrible, aultrement de Malle-Marande*, 1569 (terrier de Saint-Didier).

MALMONT, vill., cⁿᵉ de Saint-Just-Malmont. — *Vilagium de Malo Monte*, 1312 (mém. de la Diana, VII, 261).

MALMY, h., cⁿᵉ de Villeneuve-d'Allier. — *Malmy*, 1339 (Bibl. nat., ms. fr., 14377, p. 198). — *Mansus de Malmi*, 1433 (Bibl. nat., ms. fr., 11490, p. 143).

MALOSSE, f., cⁿᵉ de Chaudeyrolles.

MALOSSE (LE), affl. de la Gazeille à la Vacheresse, cⁿᵉ des Estables. — *Rivus de Maiossos*, 1359 (Saint-Chaffre). — *Rivus de Maionos*, 1363 (*idem*).

MALOSSE-DE-CHAUMÈNE, f., cⁿᵉ des Estables. — 1782 (état civ.).

MALOSSE-DE-GIBERT, f., cⁿᵉ des Estables. — 1775 (état civ.). — *Malone-de-Gibert*, 1888 (Malègue).

MALOUBRIER, f., cⁿᵉ de Saint-Front. — *Succus de Mal-Obreyr*, 1359 (Rhône, H. 2632).

MALOUTEYRE (LA), lieu détr. à Navogne, cⁿᵉ de Bas. — *Terr. de la Mallouteyre*, 1574 (obit. de Bas).

MALOUTEYRE (LA), lieu détr., cⁿᵉ de Bauzac. — *La Malauteyra*, 1335 (Arch. nat., P. 1398¹, cote 657). — *La Maladière de Bauzac*, XVIᵉ s. (obit. de Bauzac).

MALOUTEYRE (LA), lieu dit, près la Gorce, cⁿᵉ de Beaux.

MALOUTEYRE (LA), anc. léproserie, cⁿᵉ de Brives-Charensac. — *Infirmi de ponte Brivæ*, 1169 (hospit. du Velay). — *Domus leprosorum de Briva*, 1210 (hôtel-Dieu, B. 127). — *Domus infirmorum de Briva*, 1259 (rev. des soc. sav., 6ᵉ série, IV, 1876, 2ᵉ sem., 426). — *Domus infirmariæ Brivæ prope Anicium... ad hon... B. Mariæ Magdalenæ et S. Lazari*, 1291 (Médicis, II, 27). — *Malauteria*, 1314 (Saint-Georges du Puy). — *Infirmi leprosi de Briva*, 1327 (spic. Briv.). — *Las Malauteyras de Briva*, 1408 (compois du Puy). — *La maison maladière de Brive*, 1546 (Savin, nʳᵉ). — *Parochialis ecclesia B. Mariæ Magdalenæ leprosariæ Brivæ prope muros Anicii*, 1585 (Johanny, nʳᵉ).

MALOUTEYRE (LA), lieu dit, cⁿᵉ de Ceyssac. — *Le terroir de Ceissac app. la Malouteyre*, 1596 (Duleson, nʳᵉ).

MALOUTEYRE (LA), lieu détr., cⁿᵉ de la Chapelle-Geneste. — *La Malauteyra*, 1449 (terrier de Clavelier).

MALOUTEYRE (LA), loc. détr., cⁿᵉ de Chomelix. — *La Malouteyra*, 1404 (terrier de Chomelix).

MALOUTEYRE (LA), lieu dit, près Tarreyres, cⁿᵉ de Cussac. — 1582 (terrier du doyenné).

MALOUTEYRE (LA), h., cⁿᵉˢ d'Espaly-Saint-Marcel et de Polignac. — *La Maladière*, 1465 (Médicis, I, 254). — *La Malauteyre du Collet*, 1563 (Coppié, nʳᵉ). — *Lous Guassotz*, 1605 (Leblanc, nʳᵉ). — *Le lieu des Cassotz ou Malladerie lez le Puy, par. de Pollinhac*, 1614 (Duclaux, nʳᵉ). — *La Malauteyre de Polignac*, 1633 (Barret, nʳᵉ). — *Le lieu dous Cassotz, anciennement appellé la Malauteyre*, 1649 (Gérentes, nʳᵉ). — *La Malautaire*, XVIIIᵉ s. (Cassini).

MALOUTEYRE (LA), lieu dit, cⁿᵉ de Freycenet-la-Tour. — *Campus app. de la Malouteyra*, 1523 (cad. du Monastier). — *Le champ app. de la Malouteyre*, 1677 (cad. de Freycenet-la-Tour).

MALOUTEYRE (LA), loc. détr., cⁿᵉ de Montusclat. — (cad., section A).

MALOUTEYRE (LA), lieu dit, cⁿᵉ de Roche-en-Régnier. — *Territorium de la Malauteyra*, 1406 (terrier du Bois).

MALOUTEYRE (LA), lieu dit, près Montferrat, cⁿᵉ de Saint-Étienne-Lardeyrol. — *Territ. de la Mallouteyra*, 1470 (Chamblas).

MALOUTEYRE (LA), lieu dit près Taleyrat, cⁿᵉ de Saint-Just-près-Brioude. — *Territorium de la Malauteyra*, 1429 (arch. mun. de Brioude, G. 38, f° 22 v°). — *Terroir de la Malouteyre*, 1553 (*idem*).

MALOUTEYRE (LA), maladrerie, cⁿᵉ de la Sauvetat. *La Malauteira*, 1267 (Rhône, la Sauvetat, II, 1).

MALOUTEYRE (LA), lieu détr., cⁿᵉ de Thoras. — *Territorium de la Malauteyra*, 1499 (Thiolent). — *Les prés de la Malouteyre*, 1564 (*idem*).

MALOUTEYRE (LA), lieu dit, près le Lanier, cⁿᵉ de la Vaudieu. — *Terroir de la Malauteire sive de las Chaussades*, 1612 (terrier de la Vaudieu).

MALOUTEYRE (LA), lieu détr., cⁿᵉ d'Yssingeaux. — *La Mallauteyra*, 1523 (est. gén. d'Yssingeaux.) — *Territ. de Lalier sive de la Maillauteyre*, 1523 (*idem*).

MALPAS, vill., cⁿᵉ de Cussac. — *Malpas*, v. 1135

(tabl. du Velay, 1870-71, 528). — *Malus Passus*, 1322 (prieuré de Solignac).

MALPAS (LE), écart, c^ne de Saint-Cirgues.

MALPERDUT (TROU-DE-), gorge boisée, c^ne de Saint-Jean-de-Nay. — *Mal-Pertus*, 1282 (hôtel-Dieu, B. 331); — 1466 (Bibl. nat., lat., n. acq., 1223, f° 291).

MALPERTUIS, h., c^ne de Beaux.

MALPERTUIS, lieu détr., c^ne de Jullianges. — *Le village de Malpertus*, 1599 (la Chaise-Dieu, Jullianges). — *Malpertuis*, 1693 (L. Devinols, n^re).

MALPERTUIS (ROC DE), près Servissas, c^ne de Saint-Germain-Laprade. — 1541 (Savin, n^re).

MALPLOTON, vill., c^ne de Saint-Victor-Malescours. — 1645 (capitation).

MALREVERS, c^on nord-ouest du Puy. — *Malreret*, 1390 (év.). — *Malravert*, 1430 (év.). — *Malrevert*, 1458 (Maltrait, n^re). — *Malreverd*, 1555 (cad. de Mercœur). — *Maurevert*, 1679 (Haute-Loire, B. 31).

Succursale érigée le 15 août 1862.

Commune érigée le 27 mai 1865 et démembrée de celles de Chaspinhac et de Rosières.

MALREVERS, h., c^ne de Saint-Front. — *Malrevert*, 1344 (Monastier). — *Malreverd*, 1475 (Arcis, n^re). — *Maurevert*, 1631 (état civ.).

MALSANG, vignoble et m. i., c^ne de Langeac. — *Territ. de Malsaing sive des Crozes*, 1502 (Arch. nat., Q. 513, p. 173). — *Malsant*, 1888 (Malègue).

MALSAURES, h., c^ne de Saint-Victor-Malescours. — *Malas Haures*, 1269 (homm. de l'év.). — *Malas Auras*, 1363 (coll. Chaleyer). — *Le Mas de Males-Aurez*, 1426 (Arch. nat., P. 1400¹, cote 869). — *Malles-Aures*, 1564 (terrier de Saint-Didier). — *Malzore* (cad.). — *Malzaure*, 1879 (carte adm.).

MALTRET, mont. et h., c^ne de Retournac. - *Villa de Marteto*, 1021 (cart. de Chamalières, n° 294). — *Mons de Martheto*, 1021 (idem, n° 295). — *Martret*, 1336 (Arch. nat., P. 494, cote 38). — *Martres*, 1383 (Rhône, E. 9).

MALVALETTE, c^on de Bas. — *Mala Valeta*, 1317 (Arch. nat., P. 1400¹, cote 990). — *Mala Valleta*, 1520 (obit. de Bas).

En 1789, Malvalette était compris dans la province du Forez, la généralité de Lyon et le bailliage de Montbrison. Au spirituel, il relevait de la paroisse de Bas.

Succursale érigée par ordonnance royale du 10 mars 1821.

MALVIEILLE, h., c^ne de Saint-Vénérant. — *Maillevieille*, 1820 (Deribier).

MALVIÈRES, c^on de la Chaise-Dieu. — *Perochia ecclesiæ de Malreriis*, 1277 (la Chaise-Dieu, Malvières). — *Ecclesia de Malveyras, archipres biteratus Libratensis*, 1295 (Arch. nat., L. 989). — *Malveyres*, 1401 (spic. Briv.). — *Malveiras*, 1414 (terrier de Malvières). — *Prioratus S. Petri Malveriarum*, XVIe s. (pouillé de Clermont, par A. Bruel, p. 118).

En 1789, Malvières appartenait à la province d'Auvergne, à l'élection d'Issoire, à la subdélégation de Saint-Amand-Roche-Savine et au ressort de Riom. Son église paroissiale, diocèse de Clermont et archiprêtré de Livradois, était sous le vocable de saint Pierre; l'infirmier de l'abbaye de la Chaise-Dieu, qui était prieur de cette localité, présentait à la cure.

MALZIEU, vill., c^ne de Landos. — *Terra del Melzeu*, 1252 (Rhône, la Sauvetat, I, 3 *bis*). — *Lo Melzieu*, 1377 (ord. des rois de Fr., VI, 268). — *De Melzevio*, 1374 (Bibl. nat., lat., 10,003, f° 41). — *Melzeius*, 1387 (év.). — *Le Malsieu*, 1506 (Médicis, II, 302). — *Le Malzieu*, 1585 (M^ce Leblanc, n^re).

MAMAN (LA), f., c^ne de Saint-Maurice-de-Lignon.

MAMÉA, h., c^ne de Chénéreilles. — *Mas-Meya*, 1290 (Rhône, D. 148). — *Masméa*, 1618 (idem, D. 150). — *Moméa*, 1888 (Malègue).

MAMÉA (LE), affl. du Lignon.

MAMÉAS-BAS, vill., c^ne de Céaux-d'Allègre. — *Masméas-Basses, per. de Venassaulx*, 1571 (la Chaise-Dieu, Mazerat-Aurouze). — *Mamias-Basses*, 1682 (cad. de Polignac). — *Maméas-Basses*, 1759 (tabl. du Velay, 1875-76, 215).

MAMÉAS-HAUT, vill., c^ne de Céaux-d'Allègre. — *Mas Meia circa Bornam*, 1234 (hôtel-Dieu, B. 610). — *Mansus de Mas-Meas*, 1472 (Bibl. nat., ms. lat., n. acq., n° 1224, f° 45 v°). — *Mamias-Hautes*, 1820 (Deribier).

MAMET (MOULIN-), m^in sur le Cougoussac, c^ne de Ferrussac.

MANCHON, f., c^ne de Saint-Victor-Malescours.

MANCHOU, m^in sur le Ramel, c^ne d'Yssingeaux.

MANDAIX, h., c^ne de Jax. — *Mansus de Mandays*, 1407 (la Chaise-Dieu, Mazerat-Aurouze). — *Mandais*, 1431 (idem). — *Mandaille*, XVIIIe s. (Cassini).

MANDARAT, f., c^ne de Chassignolles. — *Mansus de Manderat*, 1358 (spic. Briv.).

MANDARAT, lieu détr., c^ne de Moudeyres. — *Los Chasalx de Mandarat*, 1524 (cad. du Monastier).

MANDARONNE (LA), f., c^ne de Saint-Front. — *La Man-*

daronne dict *Pête-Loup*, xvii° s. (mairie du Monastier, CC⁶.).

MANDARONNE (LA), écart, cᵉ de Saint-Pal-de-Murs.

MANDAROUX, f., cⁿᵉ de Champclause. — *Mansus qui dicitur ad Mandorosum*, 976 (cart. du Monastier, n° 170). — *Mandaros*, 1343 (év.). — *Mandaros*, 1382 (*idem*). — *Les Mandarous*, 1646 (état civ.).

MANDAROUX, f., cⁿᵉ de Chénéreilles.

MANDAROUX, f., cⁿᵉ de Collat. — *Emandalou*, xviii° s. (Cassini).

MANDELLES, écart, cⁿᵉ de Cistrières. — *Mandelas*, 1449 (terrier de Clavelier).

MANDELLES, vill., cⁿᵉ de Laval. — *Mandeles*, v. 1260 (Arch. nat., J. 1031, n° 2). — *Mansus de Mandellas*, 1322 (la Chaise-Dieu, Laval).

MANDELLES (LE), affl. du Doulon à la Vernède, cⁿᵉ de Saint-Didier-sur-Doulon, prend naissance à l'ouest de Mandelles, cⁿᵉ de Cistrières.

MANDES (LES), loc. détr., cⁿᵉ d'Agnat. — *Mansus de las Mandas*, xiv° s. (terrier des Grèzes).

MANDIGOULES, vill., cⁿᵉ de Tence. — *Mendigolas*, 1258 (Rhône, D. 153). — *Mandigolas*, 1314 (év.). — *Mandigoul*, 1820 (Deribier).

MANELLIER, f., cⁿᵉ du Mazet-Saint-Voy. — *Maneille* (cad.). — *Nielle*, 1820 (Deribier).

MANIAURE, lieu dit, cⁿᵉ de Coubon. — *Manhaure*, 1346 (Haute-Loire, E.). — *Vinhale de Manhoure*, 1508 (terrier de Coubladour).

MANIBRAND, vill., cⁿᵉ du Pertuis.

MANIENCELLE, lieu détr., près Mazemblard, cⁿᵉ de Saint-Haon. — *La chasorna de Maenselas*, 1240 (la Chaise-Dieu, Bouchet-Saint-Nicolas). — *Maisoncelas*, 1274 (*idem*).

MANIGANT, vill., cⁿᵉ de Tence.

MANISSEYRE (LA), h., cⁿᵉ de Malrevers. — *La Manescheyra*, 1346 (J. de Peyre, nᵉ, reg., D, f° 101). — *La Manysseire*, 1555 (cad. de Mercœur).

MANISSOLLE, h., cⁿᵉ du Chambon. — *Maniasolle*, 1820 (Deribier).

MANS, écart, cⁿᵉ de Monistrol-sur-Loire. — 1655 (état civ.).

MANS-BAS, quartier de Mans-Haut, cⁿᵉ de Roche-en-Régnier.

MANS-HAUT, chât. ruiné et vill., cⁿᵉ de Roche-en-Régnier. — *Villa de Mannis*, 946 (cart. de Chamalières, n° 168). — *In pago Vellaico, in vicaria de Campo Valarino, in villa Mannos*, 960 (cart. du Monastier, n° 129). — *Mans*, 1158 (cart. de Chamalières, n° 281). — *Villa Imans*, 1246 (Arch. nat., P. 1398¹, cote 738). — *Mansus de Mans*, 1399 (terrier du Bois).

MARADE (LA), dom., cⁿᵉ de Lissac. — *Lo Pescheir de la Boza*, 1294 (Saint-Mayol, invᵉ). — *Domus fortis de Piscario*, 1362 (Baluze, m. d'Auv., II, 459). — *La Marade*, 1511 (coust. d'Auv., f° 79 v°). — *Le chasteau de Pescher, maintenant dit de la Marade*, v. 1620 (Chabron, hist. de Polignac, VIII, 10). — *Les Marades*, 1820 (Deribier).

Fief vassal de la vicomté de Polignac et arr. f. du duché d'Auvergne, 1670 (Arch. nat., P. 500², c. 86).

MARAIRE (LA), m. i., cⁿᵉ de Lapte. — *La Mareyre* (cad.). — *La Muraire* (état-major).

MARAIRES (LES), m. i., cⁿᵉ du Mazet-Saint-Voy.

MARAIS (LE), h., cⁿᵉ de la Chapelle-d'Aurec. — *Lou Maretz*, 1553 (ress. de Montfaucon). — *Le Maresc*, 1569 (terrier de Saint-Didier de Joyeuse). — *Le Maray*, 1879 (carte adm.).

MARAIS (LE), f., cⁿᵉ des Vastres. — *Calma vocata lu Mares-Fornes*, 1343 (Rhône, H. 1016).

MARAIX (LE), écart, cⁿᵉ de Rosières. — *Le Marais*, 1820 (Deribier).

MARANDON (LE), affl. de la Loire au nord de Retournaguet, cⁿᵉˢ de Retournac. — *Riu Merlansson*, 1605 (compois d'Artias). — *Maraoudou* (cad.).

MARANDON (MOULIN-DE-), mⁱⁿ, cⁿᵉ de Retournac.

MARCELINE (LA), f., cⁿᵉ des Estables. — 1761 (état-civ.).

MARCET (LE), h., cⁿᵉ de Salzuit.

MARCHE, m. i., cⁿᵉ de Saint-Maurice-de-Lignou.

MARCHEFIN, m. i., cⁿᵉ de Montusclat. — *Marchefy*, 1820 (Deribier).

MARCHERIE (LA), h., cⁿᵉ de la Chapelle-Geneste. — *La Marcharia*, 1316 (la Chaise-Dieu, Saint-Allyre). — *La Marsseiria*, 1414 (*ibid.*, terrier de Malvières).

MARCHIDIAL (LE), place, à Solignac-sur-Loire. — *Lo Merchadiel*, 1352 (prieuré de Solignac). — *Le Merchadial*, 1586 (Sigaud, nᵉ).

MARCILHAT, lieu dit, cⁿᵉ de Leupdes. — *In Marcillaco*, xi° s. (cart. de Sauxillanges, n° 663). — *Marssilhac*, 1341 (terrier de Charbonnier). — *Marsilhat*, 1429 (terrier du doy. de Br.).

MARCILLAC, vill., cⁿᵉˢ de Saint-Julien-Chapteuil et de Saint-Pierre-Eynac. — *Marcillac*, 1297 (homm. de l'év.). — *Mansus de Marcilhac*, 1309 (Bonneville). — *Marsilhac*, 1324 (la Chaise-Dieu, Saint-Étienne-Lardeyrol). — *Marcilhacum*, 1455 (Pradier, nᵉ). — *Marsilliat*, 1534 (év.).

MARCILLAC, vill., cⁿᵉ de Saint-Paulien. — *Marsilliac*, 1256 (év.). — *Marchiliac*, 1285 (Rhône, la Sauvetat, I, 6). — *Villa de Marcilhiac*, 1348 (Saint-Georges de Saint-Paulien). — *Marsilhacum*,

1392 (*idem*). — *Marsilhac*, 1605 (M^ce Leblanc, n^re).

MARCON, f., c^ne de Fay-le-Froid.

MARCON, lieu détr., c^ne de Moudeyres. — *La metterie de Marcon*, 1626 (vis. pastor. de l'év. Just de Serres).

MARCON, m. i., c^ne du Pont-Salomon. — *Marcon*, 1888 (Malègue).

MARCON, h., c^ne de Saint-Didier-la-Séauve. — 1532 (coll. Chaleyer).

MARCONNAIS (LE), h., c^ne de Saint-Arcons-de-Barges. — *Villa del Marcones*, 1281 (la Chaise-Dieu, Saint-Paul-de-Tartas). — *Le Marconnes*, 1573 (til. de Surrel). — *Les Marconnez*, 1587 (*idem*). — *Le Marconnois*, XVIIIe s. (Cassini). — *Le Marconnès*, 1888 (carte adm.).

MARCOUS, écart, c^ne de Beaulieu. — *Lous Marcous*, 1534 (év.). — *Marcons* (cad.). — *Marcours*, 1888 (Malègue).

MARDANSON, m^in ruiné sur la Borne, c^ne de Saint-Paulien.

MARDENSON, ruiss., affluent de droite de l'Allier, c^ne de Saint-Arcons-d'Allier. — *Rivus de Merdanson*, 1455 (Bibl. nat., ms. lat., n. acq., 1222, f° 24 v°). — *Rivus de Merdanso*, 1458 (*idem*, f° 87 v°).

MARÉCHAL (LE), h., c^ne de Roche-en-Régnier.

MAREL (MOULIN-DE-), m^in, sur l'Arzon, c^ne de Vorey.

MARÉS (LES), m. i., c^ne de Lapte. — *Chasse-Marez*, 1695 (terrier de Chabrespine). — *Marée*, XVIIIe s. (Cassini).

MARET, f., c^ne du Chambon.

MARET, m. i., c^ne d'Yssingeaux. — *Marès*, 1820 (Deribier). — *La Marette*, 1888 (Malègue).

MARGAILLE (LA), écart, c^ne de Bellevue-la-Montagne.

MARGEAIX, vill., c^ne de Beaulieu. — *Marghaix*, 1541 (Chamblas). — *Margais*, 1605 (M^ce Leblanc, n^re).

MARGEALAT, vill., c^ne de Mazeyrat-Crispinhac. — *In comitatu Brivatensi, in vicaria Cantillianensi, in villa quæ vocatur Mageladecus*, 926 (cart. de Brioude, ch. 39). — *Margholat*, 1458 (Bibl. nat., ms. lat., n. acq., 1222, f° 82). — *Marghalacum*, 1464 (*idem*, 1223, f° 199). — *Marghalac*, 1465 (terrier de Vissac). — *Margalac*, 1495 (*idem*). — *Marghealat*, XVIIIe s. (Cassini). — *Marjala*, 1869 (Malègue).

MARGEASSAC, lieu détr. près Arcis, c^ne de Rosières. — *Mansus qui dicitur Margasacs*, 1239 (tabl. du Velay, 1876-77, 386).

MARGOTS (LES), vill., c^ne d'Yssingeaux.

MARGUERIT, f., c^ne de Présailles. — *Le Margary* (cad.).

MARIAC, tour ruinée, c^ne de la Farre. — *La Tour de*

Constance, 1765 (til. de Surrel-de-Saint-Julien). — *Mariac*, XVIIIe s. (Cassini). — *La Tour de la Dame-Blanche*, XIXe s. (dénomination populaire).

MARIAC, f., c^ne de Tence.

MARIJOLS, lieu dit près Roche-Arnaud, c^ne du Puy. — *In Mariolo*, 1089 (Saint-Georges du Puy). — *Territorium de Papalenga sive de Maroiol*, 1315 (Saint-Agrève). — *Malautaria de Papalenga*, 1333 (*idem*).

MARIN (LE), écart, c^ne de Montregard. — *La Maria* (cad.).

MARINE, mont. boisée, c^ne de Queyrières. — *Le boys app. la Maryne, aultrement boys de Bolhol*, 1608 (Robert, n^re). — *Le suc de la Marine*, 1677 (cad. de Queyrières). — *Montagne de Marine*, 1823 (Bertrand-Roux, 224).

MARINGUE, f., c^ne de Saint-Maurice-de-Lignon. — *Marringue*, 1888 (Malègue).

MARIOL, mont. et dom., c^ne de Beaulieu. — *La roche de Marion*, 1714 (cad. de Laval-Emblavès).

MARION, vill., c^ne de Chassignolles.

MARION (MOULIN-DE-), m^in sur l'Auzon, c^ne de Saint-Hilaire.

MARION-LE-PIC, écart, c^ne de Champclause. — *Le lieu de Marion*, 1683 (état civ.). — *Marion-lou-Pic*, 1695 (capitation).

MARIOTTE (LA BONNE-), m. i., c^ne de Saint-Jeure.

MARITON, f., c^ne de Tence. — *Maritton*, 1692 (état civ.). — *Maritone*, 1820 (Deribier).

MARJUS, f., c^ne de Pébrac. — *Mariust*, 1218 (cart. de Pébrac, n° 53). — *Mas-Jus*, 1249 (Saint-Agrève). — *Marjust*, 1478 (Bibl. nat., ms. lat., n. acq., 1224, f° 194 v°). — *Marghust*, 1502 (Arch. nat., Q. 513, p. 169). — *Marlust*, 1888 (Malègue).

MARLANGES, h., c^ne de la Chapelle-Geneste. — *Mansus de Marlangas*, 1252 (Saint-Agrève). — *Marjanges*, 1888 (Malègue).

MARLANGES, lieu dit, c^ne de Monlet.
Débris de l'époque romaine.

MARLHIOUX, f., c^ne de Queyrières. — *Marlheu*, 1311 (cart. de Tence, f° 11 v°). — *Marlho*, 1451 (Rhône, H. 2633). — *Marliou*, 1820 (Deribier).

MARMAILLE (LA), f., c^ne des Estables.

MARMAISSAT, vill., c^ne de Torsiac. — *Mansus Marnayssac*, 1334 (Bibl. nat., ms. lat., 9034, n° 21). — *Marmeissat* (cad.).

MARMEISSE, h., c^ne de Tailhac. — *Mansus Moizet*, v. 1179 (cart. de Pébrac, n° 30). — *Mansus de Marmeyssa*, 1458 (Bibl. nat., ms. lat., n. acq., 1222, f° 74 v°). — *Marmeysse*, 1486 (terrier de

Tailhac). — *Marmesse* (cad.). — *Marmaisse*, 1869 (Malègue).

MARMINHAC, écart, c^ne de Pinols. — *Marminhac de Chaminada*, 1347 (Arch. nat., Z². 54, p. 36).

MARMINHAC, vill., c^ne de Polignac. — *Marminiac, Marminhiac*, 1252 (Saint-Agrève). — *Marminiacus*, 1254 (spic. Briv.). — *Marminhac*, 1369 (coll. César Falcon).

MARMINHAC, f., c^ne de Siaugues-Saint-Romain. — *In comitatu Brivatensi, in vicaria Cantilianica, in villa quæ dicitur Marminiacus*, 909 (cart. de Brioude, ch. 44). — *Mansus de Marminhac*, 1453 (Bibl. nat., ms. lat., n. acq., 1222, f° 9 *bis*). — *Marminiac*, 1820 (Deribier).

MARNAS, vill., c^ne de Saint-Julien-Molhesabate. — 1467 (Rivière, n^re).

MARNAT, loc. détr., c^ne de Lorlange. — *Le Mas de Marnat*, xve s. (Arch. nat., R⁴ 1143, n° 133). — *La pagésie de Marnac*, 1493 (terrier de Blesle).

MARNAT, vill., c^ne de Vézézoux.

MARNHAC, f., c^ne de Chénércilles. — 1553 (ress. de Montfaucon). — *Marnas* (cad.).

MARNHAC, f., c^ne de Monistrol-sur-Loire.

MARNHAC, vill., c^ne de Polignac. — *Marnhac*, 1334 (prieuré de Polignac). — *Mansus de Marnhaco*, 1385 (Drôme). — *Marnhiac-les-Vignes*, 1869 (Malègue).

MARNHAC, vill., c^nes de Saint-Germain-Laprade et de Saint-Pierre-Eynac. — *Marnac*, v. 1160 (hospit. du Velay). — *Marnac juxta Aynac*, 1256 (év.). — *Marnhac*, 1288 (hôtel-Dieu, B. 153). — *Marnhacum*, 1359 (cordeliers). — *Marnihacum*, 1521 (Delaigue, n^re). — *Marnhac de Saint-Germain*, 1627 (Brunel, n^re). — *Margniac*, xviiie s. (Cassini). — *Margnac*, 1820 (Deribier). — *Marnhiac*, 1861 (état-major).

MARNHAC, vill., c^ne d'Yssingeaux. — *Marniacum*, 1027 (cart. de Chamalières, n° 59). — *Marnac*, 1163 (idem, n° 77). — *Villa de Marnihac*, 1314 (év.). — *Marnhacum*, 1455 (P. Pradier, n^re). — *Marnhiac*, 1820 (Deribier).

MARNHIER, h., c^ne de Montregard. — *Marnhec*, 1468 (Rivière, n^re). — *Margnec*, xviiie s. (Cassini).

MARQUANTS (LES), vill., c^ne de Saint-Vert. — *Les Macants*, xviiie s. (Cassini).

MARQUE (LA), m. i., c^ne du Pont-Salomon.

MARQUÈS, h., c^ne de Saint-Vincent. — 1510 (A. Boyer, n^re). — *Marquet*, xviiie s. (Cassini).

MARS, l. détr., près Charbonnier, c^ne de Landos. — *Villa Marsi*, 1210 (templiers du Puy). — *Mansus*

de Mars, 1370 (év.). — *Martz*, 1386 (homm. de Solignac). — *Marz*, 1390 (idem).

MARS, l. détr., c^ne de Malrevers. — *Mansus de Marts*, 1344 (J. de Peyre, n^re). — *Iter quo itur de Galhavelh versus Mart*, 1432 (Haute-Loire, E.).

MARSAL (PEU DE), mont., c^ne de Ferrussac.

MARSANGES, vill. et houillère, c^nes de Langeac et de Tailhac. — *Marçangas*, v. 1130 (cart. de Pébrac, n° 33). — *Marssanghas*, 1458 (Bibl. nat., ms. lat., n. acq., 1222, f° 86). — *Charbonnerie de Marsanghas*, 1461 (idem, 1223, f° 8). — *Marsanges Sobeyranas, Marsanges Soteyranas*, 1477 (idem, 1224, f°s 169 et 170).

Concession des 22 septembre 1831 et 6 avril 1877.

MARSILHAC, éc., c^ne du Bouchet-Saint-Nicolas. — *Marcillac*, 1888 (Malègue).

MARTEL, lieu dit, c^ne de Saint-Privat-du-Dragon. — *Maltel, Martel*, 1339 (Bibl. nat., ms. fr., 14377, p. 189 et 197).

MARTEL (MOULIN-DE-), m^in sur l'Ourbe, c^ne de Champclause.

MARTIN, l. détr., c^ne de Lapte. — xviiie s. (Cassini).

MARTIN, f., c^ne de Raucoules.

MARTIN, h., c^ne de Saint-Julien-Molhesabate. — *Marty près Maletrayt*, 1618 (Jamon, n^re).

MARTIN (MOULIN-), m^in sur la Dège, c^ne de Desges. — 1574 (terr. de Meyronne).

MARTINAS, chât., c^ne de Monistrol-sur-Loire. — *Martinas*, 1308 (homm. de l'év.). — *Martinet*, 1860 (état-major).

MARTINAS (LE), affl. du Cluzel, c^ne de Monistrol-sur-Loire.

MARTINE (LA), f., c^ne de Montregard.

MARTINE (LA), f., c^ne de Saint-Julien-Molhesabate.

MARTINENS (LES), f., c^ne de Saint-Julien-Chapteuil.

MARTINET, f., c^ne de Raucoules.

MARTINET (LE), vill., c^ne de Monlet. — *Mansus del Martines*, 1345 (terrier de Pons de Céaux).

MARTINET (LE), m. i., c^ne de Saint-Georges-Lagricol.

MARTINETS (LES), f., c^ne des Vastres.

MARTINON, f., c^ne de Langeac.

MARTINS (LES), f., c^ne de Sainte-Sigolène. — *Martin*, xviiie s. (Cassini).

MARTORE, lieu dit, sous Brunelet, c^ne de Brives-Charensac.

MARTOURET (LE), écart., c^ne de Berbezit.

MARTOURET (LE), lieu dit, c^ne du Brignon. — *Au terroir de Bisac app. le Martoret*, 1569 (Doleson, n^re).

MARTOURET (LE), lieu dit, c^ne de Coubon. — *Territorium de Rohaco app. del Martoret sive de la*

Chabota, 1509 (terrier de Coubladour). — *Lou Martouret*, 1707 (cad. de Bouzols).

Martouret (Le), lieu dit, près la Terrasse, cne de Coubon. — 1707 (cad. de Bouzols).

Martouret (Le), lieu dit, cne de Cussac. — *Le Martoret*, 1568 (Doleson, nre). — *Le roc du Martouret*, 1650 (prieuré de Solignac).

Martouret (Le), lieu dit, près Mercœur, cne de Malrevers. — *Territ. del Martoret*, 1410 (Haute-Loire, E.). — *Suc de Mathouret*, 1861 (état-major).

Martouret (Le), lieu dit, cne d'Ouïdes. — *Le terroir de Prunet app. lou Martoret*, 1576 (Haute-Loire, E.).

Martouret (Le), lieu dit, cne de Pébrac. — *Terroir app. lou Martoret*, 1774 (terr. de Digons).

Martouret (Le), lieu dit, au-dessous de Tressac, cne de Polignac. — *Pedatgium de Martoreto*, 1341 (Saint-Mayol). — *Lo Martoret*, 1369 (coll. C. Falcon). — *Martouret*, 1740 (Médicis, II, 22, note).

Martouret (Le), bois, près Haute-Vialle, cne de Rosières. — 1714 (cad. de Laval-Emblavès).

Martouret (Le), lieu dit, cne de Saint-Georges-Lagricol. — *Mesesium de Piassaco app. del Martoret*, 1447 (terr. de Piassac).

Martouret (Le), h., cne de Sainte-Sigolène.

Martouret (Le), lieu dit, cne de Taulhac. — *Territorium del Martoret juxta iter de Taulhac versus Charantus*, 1480 (Saint-Agrève).

Martouret (Le), lieu dit, près Pontageon, cne de Venteuges. — 1574 (terr. de Meyronne).

Martouret (Le), lieu dit, cne de Villeneuve-d'Allier. — *In territ. de Marturet, juxta nemus de Granchamp*, 1452 (Bibl. nat., ms. fr., 11490, fo 496).

Martourets (Les), montic., cne de Saint-Julien-Chapteuil. — *Le Serry doux Martouretz*, 1685 (cad. de Chapteuil-Bas).

Martres (Les), vill., cne de Lubilhac.

Martres (Les), lieu dit, cne de Saint-Beauzire. — La dîme de ce lieu appartenait au chapitre de Saint-Julien de Brioude.

Marus, vill., cne de Saint-Jean-d'Aubrigoux. — *Ad Amarucium, Ad Amarus*, 1213 (cart. de Chamalières, nos 318 et 336).

Mas (Le), h., cne de Blassac.

Mas (Le), h., cne de Charraix. — *Mansus*, 1351 (Thiolent). — *Mansus del Mas prope Charassium*, 1476 (Bibl. nat., ms. lat., n. acq., 1224, fo 140 vo). — *Le Maix*, 1820 (Deribier).

Mas (Le), vill., cne de Connangles. — *Lo Mas*, 1462 (la Chaise-Dieu, Connangles). — *Le Mas-Ganhat*, 1561 (J. Chalvon, nre).

Mas (Le), h., cne des Estables. — *Homines de Manso*, 1526 (cad. du Monastier). — *Le Mas*, 1695 (capitation).

Mas (Le), h., cne de Grazac. — *Lou Matz*, 1553 (ress. de Montfaucon).

Mas (Le), h., cne de Laval.

Mas (Le), vill., cne de Malvalette. — *Al Mas-Roussers*, 1317 (Arch. nat., P. 1400[3], c. 990). — *Mansus Rougier*, 1500 (obit. de Bas). — *Le Mas-Roziers*, 1580 (idem).

Mas (Le), h., cne de Monistrol-sur-Loire. — *Lo Mas*, 1491 (obit. de Bas).

Mas (Le), h., cne de Saint-Didier-sur-Doulon.

Mas (Le), h., cne de Saint-Jean-d'Aubrigoux.

Mas (Le), chât., cne de Saint-Just-près-Brioude. — *Mansus*, 1302 (coll. J. Lachenal). — *El Mas*, 1341 (terrier de Charbonnier).

Mas (Le), affl. du Passadoux, cne de Saint-Paul-de-Tartas. — *Le Leyris* (cad.).

Mas (Le), chât. et dom., cne de Sanssac-l'Église. — *Lo Mas*, 1513 (J. Boyer, nre). — *La Metterye du Mas*, 1584 (Maurice Leblanc, nre).

Mas (Le), vill., cne de Siaugues-Saint-Romain. — *Homines de Manso*, v. 1260 (Arch. nat., J. 1031, no 2). — *Mansus del Mas-Richart*, 1456 (Bibl. nat., ms. lat., n. acq., 1222, fo 28 vo). — *Lo Mas*, 1462 (idem, 1223, fo 54).

Mas (Le), h., cne de Vielprat. — *Locus del Mas*, 1521 (Gelet, nre). — *Le Maz*, 1583 (tit. de Surrel). — *Les Mazes*, 1672 (ét. civ.).

Mas (Les), vill., cne de Saint-Pal-de-Mons. — 1285 (homm. de l'év.). — *Lo Mas*, 1328 (Rhône, D. 182). — *Manssus*, 1370, (év.). — *Los Mas*, 1393 (coll. Chaleyer). — *Les Mas*, 1695 (capitation). — *Les Mats*, 1820 (Deribier).

Mas-Alauzenc (Le), l. détr. près Couteaux, cne de Lantriac. — *Mansus Alauzenc*, 1280 (tab. hist. du Velay, 1871-72, p. 36).

Masboyer (Le), écart., cne d'Yssingeaux. — *Mansus Boerii*, 1306 (Gall. christ., t. II, instr., eccl. Anic., col. 239). — *Mansus Boverii*, 1313 (Arch. nat., P. 1398[2], cote 671). — *Mansus Boyerii*, 1441 (Rhône, Bessamorel). — *La Metterie du Malboyer*, 1590 (Maurice Leblanc, nre).

Mas-Chauvet, loc. détr., cne de Chomelix. — *Mas-Chalret*, 1404 (terrier de Chomelix).

Mas-Chauzit, f., cne de Saint-Hostien. — *Fons de Mas-Chauzit*, 1368 (la Chaise-Dieu, Lardeyrol). — *Fons de Maschousit*, 1468 (idem).

Masclaux, h., cne d'Arlempdes. — *Masclaus*, 1267

(Rhône, la Sauvetat, II, 1). — *Mansus Clausus,*
1462 (V. Chauvin, n^re^). — *Mascloz,* 1570
(Benoît, n^re^). — *Le cratère de Masclaux,* 1778
(Faujas de Saint-Fond, 382).

MAS-COUDIOL (LE), l. détr., c^ne^ de Cayres. — *Mas-
Cogul,* 1296 (homm. de l'év.).

MASCOURTET, l. détr., près Ramourouscle, c^ne^ de Bains.
— *Mansus Cortet,* 1150 (hôtel-Dieu, B. 297).

MASCOURTET, vill., c^ne^ de Tence. — *Lo Mas-Cortet,*
1290 (Rhône, D. 148). — *Mansus vocatus Cortet,*
1296 (hospitaliers du Velay). — *Mansus Cortetus,* 1313 (cart. de Tence, f° 19 v°).

MAS-DE-BERGON, m. i., c^ne^ de Champclause.

MAS-DE-BERNARD, m. i., c^ne^ de Chamalières. — *Vineæ
del Mas,* x° s. (cart. de Chamalières, n° 3).

MAS-DE-BOUQUET, f., c^ne^ de Saint-Front.

MAS-DE-L'ESTRADE (LE), m. i., c^ne^ de Saint-Privat-
d'Allier.

MAS-DE-PIS (LE), m. i., c^ne^ de Vabres. — *Mas-de-Pin,*
1888 (carte adm.).

MAS-DE-QUEYRIÈRES (LE), h., c^ne^ de Queyrières. —
Lo Mas, 1333 (Arch. nat., R². 39). — *Locus de
Manso, par. S. Hostiani,* 1525 (Aleil, n^re^). — *Le
Mas-de-Queyrière,* 1614 (Duclaux, n^re^).

MAS-DE-TENCE (LE), c^on^ de Tence. — *Grangia de
Manso,* 1217 (Gall. christ., t. XVI, instr., col.
240). — *Homines del Mas,* 1276 (*idem,* col. 255).
— *Locus vocatus Mansus de Tensano,* 1331
(Rhône, D. 158). — *Mansus,* 1410 (cart. de
Tence, f° 10). — *Lou Mas,* 1556 (terrier de
Montregard).

Église érigée en succursale le 25 février 1829.
La section du Mas-de-Tence a été distraite de
la c^ne^ de Tence et érigée en c^ne^ distincte, par une
loi du 11 mars 1872.

MAS-DES-BOIS (LE), m. i., c^ne^ de Solignac-sur-Loire.

MAS-DOUBLE (LE), lieu détr., près Bessac, c^ne^ de
Monlet. — 1573 (communic. de M. E. Grellet
de la Deyte).

MASFRAYT, h., c^ne^ de Cayres. — *Masfrait,* 1218
(templiers du Puy). — *Affarium de Manso Fracto,*
1386 (hom. de Solignac). — *Masfrayt,* 1585
(Johanny, n^re^).

MAS-GRASSET, l. détr., c^ne^ de Saint-Julien-Chapteuil.
— 1308 (homm. de l'év.). — *Boria de Mas-
Grasset,* 1455 (Pradier, n^re^). — *Le bois de Montgrasset ou las Combes-Basses,* 1685 (cad. de
Chapteuil-Bas).

MAS-MARCHET (LE), vill., c^ne^ de la Chapelle-Geneste.
— *Lo Mas-Marcheyr,* 1360 (la Chaise-Dieu, la
Chapelle-Geneste). — *Lo Mas-Marchieyr,* 1361
(ibid.). — *Mansus Marchern,* 1389 (ibid.).

MASMÉAT, loc. détr., c^ne^ de Bauzac. — *Mansus de
Mas Mega,* v. 1082 (cart. de Chamalières,
n° 107). — *Mansus de Monte Medio sive de
Mont-Meya,* 1318 (Arch. nat., P. 494¹, cote 27).

MASPARET (RONC DE), rocher basalt., c^ne^ d'Arlempdes.
— *Prata de Masperent,* 1462 (Chauvin, n^re^).

MAS-SAINT-JULIEN (LE), loc. détr., c^ne^ de Saint-
Maurice de Lignon. — *Mansus... vocat. Mansus
Sancti Juliani,* 1027 (cart. de Chamalières.
n° 97).

MASSARD, h., c^ne^ de Boisset.

MASSARD, éc., c^ne^ de Rosières.

MASSARD, f., c^ne^ de Sainte-Sigolène.

MASSARDIÈRE (LA), h., c^ne^ de Saint-Just-Malmont. —
Massarderia, 1455 (doc. Theillière). — *Hæreditas
de la Massardera,* 1465 (Rivière, n^re^). — *La
Massardeyra,* 1552 (coll. Chaleyer).

MASSARDIÈRE (LA), affl. de l'Échapré, c^ne^ de Saint-
Just-Malmont.

MASSEJAIL, mont. près Bavat, c^ne^ de Saint-Arcons-
d'Allier. — *Le suc de Masse-Gailh,* 1495 (terrier
de Vissac).

MASSET, h., c^ne^ de Venteuges. — *Mansus de Masset,*
1464 (Bibl. nat., ms. lat., n. acq., 1223, f° 179).
— *Massec,* 1539 (Thiolent).

MASSIAC, lieu dit, c^ne^ de la Vaudieu. — *Maciag,*
v. 1060 (cart. de Brioude, ch. 59). — *Le terroir
de Massiat,* 1612 (terrier de la Vaudieu).

MASSIAC (LE), affl. de la Violette à la Chapoule, c^ne^ de
Grenier-Montgon, prend naissance dans la c^ne^ de
Massiac (Cantal).

MASSIBRAND, vill., c^ne^ de Présailles. — *Villa quæ
dicitur Mansus Sicbrandi,* v. 880 (cart. du Monastier, n° 66). — *Massibram,* 1561 (Savin, n^re^).
— *Massibran,* 1594 (M^ce^ Leblanc, n^re^).

MASSIPUT (LE), affl. de l'Aiguelle, c^ne^ de Saint-Julien-
d'Ance.

MASSON (LE), m^in^ sur le Lacombe, c^ne^ de Loudes.
— 1680 (Surrel, n^re^).

MASSON (LE), m. i., c^ne^ de Montregard. — *Le
Massou,* 1888 (Malègne).

MATAGOT, f., c^ne^ de Chaudeyrolles. — *Matagot-lez-
Chantamerle,* 1633 (ét. civ.). — *Mategot,* 1636
(idem).

MATAGOTS (LES), affl. du Lignon, c^ne^ de Chaudeyrolles. — *Rivus de Chaudeyroletas,* 1320 (cart. de
Mazan). — *Ruiss. de Chaudeyrolles* (cad.).

MATE (LA), m. i., c^ne^ de Riotord.

MATELARDON, f., c^ne^ de Tence.

MATEVET, m. i., c^ne^ de Montfaucon.

MATHE (LA), f., c^ne^ de Saint-Julien-Molhesabate. —
Lamathe, 1820 (Deribier).

MATHE (LA), h., cne d'Yssingeaux. — *Molendinum de
Matella*, 1523 (est. d'Yssingeaux). — *La Matte*,
1635 (terrier de Saussac). — *La Malhe*, 1872
(Malègue).

MATHIAS, écart, cne de Coubon.

MATHIAS, écart, cne d'Espaly-Saint-Marcel. — *Le domaine de Mme de Mathias*, 1695 (capitation). —
*La maison des hoirs de noble (sic) de Chambarl-
hac, seigneur de Mathias et de Fomourettes, app.
de S.-Firmin*, 1710 (cad. d'Espaly).

MATHIAS, f., cne de Fay-le-Froid. — *Magister Guigo
Mathiæ de Fayno*, 1464 (Ardèche, C. 624).

MATHIEU (MOULIN-DE-), min sur l'Andrable, cne de
Boisset.

MATON, m. i., cne de Saint-Bonnet-le-Froid. — *Mattron*, 1869 (Malègue).

MATRAS, f., cne des Estables. — *Vès-Matras*, 1808
(ét. des succ.).

MATS (LES), h., cne de Saint-Didier-la-Séauve. — *Le
Mas*, 1573 (A. Boyer, nre).

MAUBOIS, loc. détr., près Monteils, cne de Saint-
Front. — *Villa quæ dicitur Malus Boschus*,
v. 1000 (cart. du Monastier, n° 195). — *Mansus
de Malbos*, 1284 (cart. de Mazan, f° 25 v°). —
*Mansus voc. Malbosc situs in par. S. Frontonis,
qui confrontatur cum alio manso domus Mansiadæ
similiter voc. Malbosc*, 1292 (Monastier). — *Mat-
bos*, 1526 (cad. du Monastier). — *Maubois*,
1646 (cad. de Bonnefont).

MAUBOURG, chât. et vill., cne de Saint-Maurice-de-
Lignon. — *Turris de Malo Burgo*, 1325 (Arch.
nat., P. 492⁴, c. 230). — *La Tour de Malbourg*,
1420 (Médicis, I, 239). — *La Tor de Malborc*,
1451 (Rhône, H. 2633). — *Turris Mali Burgi*,
1466 (Bibl. nat., ms. lat., n. acq., 1223, f° 295).
Siège de l'une des 18 baronnies diocésaines de
la province du Velay.

MAUDINE, f., cne du Chambon. — *Lo Malguines*,
1343 (Rhône, H. 1016).

MAUNIER, h., cne de Saint-Vincent. — *Le Meunier*
(cad.).

MAUPATEYRE (LA), m. i., cne de Beaux. — *Maupatire*,
1878 (carte adm.).

MAURAS, h. et min, cne de Riotord. — *Maupas*, 1879
(carte adm.). — *Moras*, 1888 (Malègue).

MAURAS (MOULIN-DE-), min sur l'Ourbe, cne de Champclause.

MAURE (LA), f., cne de Saint-Hostien. — *La Mure*,
1879 (carte adm.).

MAURIAC, vill., cne de Chaspuzac. — *Mauriac*, 1348
(homm. de l'év.). — *Locus de Mauriaco*, 1385
(terrier de Saint-Vidal). — *Moriat*, 1401 (spic.

Briv.); — 1511 (coust. d'Auv., f° 79 v°). —
Mouriat, 1531 (Dompnin, nre).

MAURIAC, chât. détr., cne de Saint-Julien-Chapteuil.
— *Locus de Mauriaco*, 1385 (Bonneville). —
Mouriacum, 1468 (Lardeyrol). — *Le chasteau
app. de Mauriac*, 1685 (cad. de Chapteuil-Bas).
Fief mouvant de l'évêché du Puy.

MAURIE (LA), h., cne de Beaumont. — *La Mauria,
Lamauria*, 1445 (terrier de Faugères). — *La
Morye*, 1635 (coll. P. Le Blanc). — *Lamourie*,
1878 (carte adm.). — *Lamaurie*, 1888 (Malègue).

MAURIN, m. i., cne d'Yssingeaux.

MAURY, m. i., cne de Saint-Just-Malmont.

MAUVACHAL, vill., cne de la Chapelle-Geneste. — *Lo
Mont-Vachil*, 1320 (la Chaise-Dieu, Mozun). —
Lo Mon-Vachiel, 1344 (*ibid.*, la Chapelle-Ge-
neste). — *Lo Mont-Vachial*, 1389 (*ibid.*). — *Lo
Mont-Vachel*, 1415 (*ibid.*). — *Movachales*, 1820
(Deribier).

MAUVAGNAT, vill., cne de Saint-Just-près-Brioude. —
Malvanhac, 1339 (Bibl. nat., fr., 14377, f° 189).
— *Malvanhyac*, 1341 (terrier de Charbonnier). —
Malvaniacum, 1389 (Arch. nat., Z². 4145, p. 52).
— *Mansus de Malvanhaco*, 1390 (spic. Briv.).
Malvenhac, 1458 (Arch. nat., ZZ. 359, p. 2). —
Mouvaniat, 1744 (terrier du Mas).

MAUVAGNAGUET, h., cne de Saint-Just-près-Brioude.
— *Malvanhaguet*, 1341 (terrier de Charbonnier).
— *Mansus de Malvenhaguet*, 1461 (Arch. nat., ZZ.
359, p. 36).

MAUX, éc., cne de Beaulieu. — *Motz*, 1535 (Chamblas). — *Meaux* (cad.).

MAUZATS (LES), h., cne de Saint-Préjet-Armandon.
— *Loz Mozatz*, 1570 (J. Chalvon, nre).

MAUZATS (LES), affl. du Montorgue, au nord de la
cne de Saint-Préjet-Armandon.

MAYASSE, f., cne de Brioude. — *In Mayadas*, 939
(cart. de Brioude, ch. 46).

MAYOL, vill., cne de Malvalette. — *Mayoc*, 1317
(Arch. nat., P. 1400³, cote 990). — *Maioc*, 1493
(coll. Chaleyer). — *Mayocum*, 1507 (obit. de
Bas). — *Mayouc*, 1563 (*idem*).

MAZALIBRAND, vill., cne du Mazet-Saint-Voy. — *Villa
de Mas-Alibrant*, 1296 (hospitaliers du Velay).
— *Homines de Masalibrando*, 1404 (Rhône,
H. 1016). — *Mansus Librant*, 1405 (*idem*).
Mas-Alibrand, 1507 (év.). — *Mazilibrant*, 1623
(Rhône, D. 150). — *Mazel-Librand*, 1888 (Ma-
lègue).

MAZALIBRANT, h., cne de Lapte. — *Mazélibrand*, 1878
(carte adm.). — *Mazalibran*, 1888 (Malègue).

MAZAMBLARD, vill., cne de Saint-Haon. — *Mas-

Amblart, 1245 (hôtel-Dieu, B. 311). — *Mansus Amblarts*, 1278 (la Chaise-Dieu, Bouchet-Saint-Nicolas). — *Mansus Amblardus*, 1278 (*idem*). — *Lo Mas Amblart*, 1308 (*idem*). — *Masamblard*, 1540 (V. Brunel, n^re). — *Mazamblard*, 1561 (Savin, n^re).

Mazamblard (Mas-de-), h., c^ne de Saint-Haon.

Mazan, m^in ruiné sur la Courbeyre, c^ne de Malrevers. — *Molendinum Vitalis de Masam*, 1342 (coll. C. Falcon). — *La maison-forte et meul de Mazan, aultrement d'Alzon*, 1587 (Me Leblanc, n^re). — *Ung molin situé au terroir de la rivière de Rodesse, app. de Meynial, sive Mazam*, 1598 (*idem*).

Mazard, vill., c^ne de Lapte. — *Mansus [qui] Arnar vocatur*, v. 1100 (cart. de Cluny, ch. 3792, IV). — *Mazars*, v. 1210 (templiers du Puy, ch. 6). — *Masarst*, v. 1217 (*idem*, ch. 20). — *Masars*, 1507 (év.). — *Mazards*, 1553 (ress. de Montfaucon).

Mazard, f., c^ne de Saint-Jeure.

Mazard, f., c^ne de Saint-Maurice-de-Lignon.

Mazat, écart., c^ne de Beaux. — *Mazot*, 1869 (Malègue).

Mazeaux (Les), ruiss. formé à l'est des Hostes par la réunion de la Ruelle et du Chaudier, c^nes du Mas-de-Tence et de Tence, se jette dans le Lignon à Tence.

Mazeaux (Les), vill., c^ne de Raucoules. — *Mazals*, 1383 (homm. de l'év.). — *Masales Fayartz*, 1467 (Rivière, n^re). — *Mazeaux*, xviiie s. (Cassini).

Mazeaux (Les), vill., c^ne de Riotord. — *Grangia de Mazalis*, 1248 (cart. de Saint-Sauveur-en-Rue). — *Los Mazals*, 1273 (*idem*). — *Les Mazaulx*, 1591 (Delafont, n^re).

Mazeaux (Les), m^in sur la Semène, c^ne de. Saint-Didier-la-Séauve. — *Les molins jadis app. des Mazaulx et à présent de Cacherat*, 1567 (terrier de Saint-Didier de Joyeuse).

Mazeaux (Les), f., c^ne de Saint-Vert. — *Le Mas des Mazals*, 1426 (la Chaise-Dieu, Saint-Vert).

Mazeaux (Les), vill., c^ne de Tence. — *Mazals*, 1285 (homm. de l'év.). — *Illi deus Mascus*, 1343 (Rhône, H. 1016). — *Masales*, 1431 (év.). — *Locus de Macellis*, 1510 (Rhône, D. 161). — *Les Maseaulx*, 1556 (terrier de Montregard).

Mazel (Le), dom., c^ne d'Allègre. — *Domus del Mazel*, 1321 (spic. Briv.).

Mazel (Le), vill., c^ne de Bellevue-la-Montagne. — *Villa del Mazel de Jucs*, 1263 (communic. de M. E. Grellet de la Deyte). — *Lo Masel*, 1404 (terrier de Chomelix).

Mazel (Le), h., c^ne du Brignon. — *Villa quæ Mas-*

sellus vocatur, 962 (Gall. christ., II, 756). — *Lo Mazel juxta Solempniac*, 1256 (év.). — *Macellus*, 1429 (prieuré de Solignac). — *Le Mazel-la-Matte*, 1587 (Sigaud, n^re). — *Le Mazel de Mathe*, 1764 (Haute-Loire, B. 77).

Mazel (Le), m. i., c^ne du Chambon.

Mazel (Le), lieu détr., c^ne de la Chapelle-Geneste. — *Mansus de Macello, situs in parochia Capellæ Genestæ*, 1347 (la Chaise-Dieu, la Chapelle-Geneste).

Mazel (Le), f., c^ne de Couteuges. — *Le Masel*, 1888 (carte adm.).

Mazel (Le), vill., c^ne de Grèzes. — *Macellus*, 1389 (év.). — *Lo Mas del Mazel*, 1396 (Ann. Soc. d'agric., XIV, 179).

Mazel (Le), h., c^ne de Mazerat-Aurouze. — *Mazellus, Masellus*, 1078 (spic. Briv.). — *Mansus-del-Mazel*, 1433 (la Chaise-Dieu, Mazerat-Aurouze).

Mazel (Le), h., c^ne du Monastier. — *Villa quæ dicitur Mazellum*, v. 980 (cart. du Monastier, n° 97). — *Mazellus*, 985 (*idem*, n° 381). — *Le Mazeau*, 1547 (Monastier). — *Le Mazel-du-Monestier*, 1785 (Th. Julien, n^re).

Mazel (Le), h., c^ne de Pradelles. — *Mansus Heremus*, 1289 (Arch. nat., P. 1398¹, cote 652). — *Mansus del Mas-Erm*, 1383 (Rhône, E. 9, f° 117 v°). — *Mas-Herm*, 1539 (Arch. nat., P. 1446, f° 213). — *Le Mazel*, 1692 (ét. civ.). — *Le Mazet*, xviiie s. (Cassini).

Mazel (Le), h., c^ne de Retournac. — *Villa quæ dicitur Masellum, in parr. Retornaci*, 1037 (cart. de Chamalières, n° 296). — *Mazel*, v. 1190 (*ibid.*, n° 150).

Mazel (Le), vill., c^ne de Saint-Didier-sur-Doulon. — *Mazellum, in vicaria Brivatensi* (cart. de Brioude, tables, cxcii). — *Lo Mazel*, 1312 (la Chaise-Dieu, Javaugues).

Mazel (Le), affl. du Ternivol, c^nes de Saint-Didier-sur-Doulon, Javaugues et Fontannes. — *Le Granat* (cad.).

Mazel (Le), h., c^ne de Saint-Haon.

Mazel (Le), f., c^ne de Saint-Julien-Chapteuil. — *Boria del Mazel*, 1344 (J. de Peyre, n^re).

Mazel (Le), vill., c^ne de Saint-Préjet-d'Allier. — *Villa del Mazel*, 1259 (Thiolent). — *Mansus de Masello*, 1291 (*idem*). — *Lo Masel*, 1499 (*idem*). — *Macellus*, 1526 (A. Besseyre, n^re). — *Le Mazel-Saint-Preget*, 1745 (*idem*). — *Le Mazel-Fazendier*, xviiie s. (Cassini).

Mazel (Le), affl. de l'Ance, c^ne de Saint-Préjet-d'Allier. — *Rivus de Malriguet*, 1499 (terrier de Thoras).

MAZEL (LE), éc., cne de Saint-Victor-Malescours. - -
Lo *Masel*, 1363 (coll. Chaleyer).

MAZEL (LE), m. i., cne de Sembadel.

MAZEL (LE), h., cne de Tence. — *Macellus*, 1258
(Rhône, D. 153). — *Locus de Macello prope Tensanum*, 1451 (Dr Charreyre).

MAZEL (LE), h., cne de Vabres. — *Locus del Mazel
Fazendier, par. et mandam. de Vabris*, 1469 (Thio-
lent). — *Locus de Macello Fazenderii*, 1527
(A. Besseyre, nre). — *Le Mazel-de-Canaule*,
XVIIIe s. (Cassini).

MAZEL (LE), h., cne de Venteuges. — *Mansus de
Masello*, 1327 (Lozère, G. 98).

MAZELET (MOULIN DU), min sur l'Auzon, cne de Saint-
Hilaire.

MAZELET (PETIT-), écart., cne de Saint-Hilaire. — *Lo
Mas*, 1400 (la Chaise-Dieu, Azerat).

MAZELETS (LES), écart., cne de Saint-Julien-Chapteuil.
— *Terr. dous Masalers*, 1383 (homm. de l'év.).
— *Loux Mazelletz*, 1685 (cad. de Chapteuil-Bas).
— *Le Mazelet*, 1888 (Malègue).

MAZELGIRARD, vill., cne du Mazet-Saint-Voy. — *Ma-
rellus dous Geralz*, 1327 (Rhône, D. 154). —
Macellum Girardi, 1343 (*idem*, H. 1016). — *Lo
Mazel dous Girardz*, 1343 (homm. de l'év.). —
Lo Mazel-Girard, 1507 (év.). — *Mazel-Giraud*,
1820 (Deribier).

MAZENGAUD, loc. détr., près Pissis, cne de Monistrol-
d'Allier. — *Mansus de Masengalt*, 1327 (Lozère,
G. 98). — *Mansus de Masenguaud*, 1499 (Thiolent).

MAZENGON, dom., cne de Laussonne. — *Mazengo*,
1256 (év.). — *Masengo*, 1330 (J. de Peyre, nre).
— *Mazengon*, 1561 (Savin, nre).

MAZER (LE), h., cne de Chamalières. — *Mansus Herm*,
1268 (prieuré de Chamalières). — *Mansus Heremus*, 1339 (Arch. nat., P. 4941, cote 13 *bis*).
— *Maserm*, 1549 (Chamblas). — *Le Mazel*, 1820
(Deribier).

MAZER? (LE), loc. détr., cne d'Espalem. — *Le Mas-
Herem*, XVe s. (Arch. nat., R4. 1143*, n° 123).

MAZERAT, l. détr., cne de Cohade. — *Villa quæ dicitur
Mazeray*, Xe s. (cart. de Brioude, ch. 20). —
Terroir de Mazerat, 1605 (Arch. mun. de Brioude,
G. 41).

MAZERAT, m. i., cne de Vieille-Brioude. — *Villa quæ
dicitur Mazerag*, XIe s. (cart. de Brioude, ch. 20).
— *In comitatu Arvernico, in vicaria Brivatensi, in
villa quæ dicitur Meseirag*, XIe s. (*idem*, ch. 68).
— *Mazerac, Maserac*, 1281 (J. Lachenal, l'égl. de
Brioude, p. 7 et 9).

MAZERAT-AUROUZE, cone de Paulhaguet. — *Maraziacus*,

Mareziacus, 1078 (spic. Briv.). — *S. Petrus de
Marazac*, 1091 (*idem*). — *Mazerat*, 1284 (Ma-
billon, vet. anal., 339). — *Prior S. Petri de
Mazerac*, 1296 (Gall. christ., II, col. 341). —
Mazarat, 1348 (la Chaise-Dieu, Mazerat-la-Bre-
queille). — *Mazeracs*, 1381 (spic. Briv.). —
Mazerac près de la Berqueulle, 1401 (*idem*). —
Ecclesia S. Petri de Mazaraco, 1407 (obit. de
Mazerat-Aurouze). — *Maseracum*, 1416 (*idem*).
— *Maserat*, 1461 (*idem*). — *Mazerat-la-Bre-
queille*, 1761 (cal. d'Auv.).

En 1789, Mazerat-Aurouze faisait partie de la
province d'Auvergne, de l'élection et subdélégation de Brioude et du ressort de Riom. Son église
paroissiale, diocèse de Saint-Flour et archiprêtré
de Brioude, était dédiée à saint Pierre; en sa
qualité de prieur de ce bourg, l'abbé de la Chaise-
Dieu présentait à la cure.

MAZET, h., cne de Bas. — *Locus de Manso*, 1530
(obit. de Bas).

MAZET, f., cne de Chénéreilles.

MAZET (LE), h., cne de Montfaucon. — *Locus del
Mazel*, 1469 (Rivière, nre).

MAZET (LE), loc. détr., cne des Vastres. — *Mansum
del Mazet quod est in par. S. Theotfredi de Lavastres*, v. 1186 (hospit. du Velay). — *Locus
deus Mazets, la Chalm de Maseto*, 1464 (Ardèche,
C. 624).

MAZET (LE), f., cne de Vernassal. — *Al Mazet*, 1234
(hôtel-Dieu, B. 610).

MAZET (LE), écart., cne d'Yssingeaux. - - *Mansus del
Mazel*, 1314 (év.).

MAZETS (LES), h., cne de Dunières. — *Mansus dals
Mazets*, 1324 (coll. Chaleyer). — *Le Mazet*,
1879 (carte adm.).

MAZET-SAINT-VOY (LE), cne de Tence. — *Lo Mazel*,
1285 (homm. de l'év.). — *Terra de Maseto*,
1343 (Rhône, H. 1016). — *Lo Maset*, 1507
(év.). — *Le Mazet*, 1888 (Malègue).

En 1789, le Mazet dépendait au temporel et
au spirituel de Saint-Voy.

Par décret du 7 juillet 1894, le Mazet a été
créé chef-lieu de cne à la place de Saint-Voy.

MAZEYRAC, écart, cne de Beaulieu. — *In villa Mazeira-
deto, de Valle Amblavense*, v. 980 (cart. du Monastier, n° 167). — *Mazayrat*, 1299 (hôtel-
Dieu, B. 356). — *Mazarac*, 1300 (*ibid.*,
B. 357). — *Mazeyras*, 1306 (tabl. du Velay,
1875-76, 519). — *Maseyrac*, 1421 (év.). —
Mazeyrac, 1555 (cad. de Mercœur). — *Mazeirac*,
1888 (Malègue).

MAZEYRAT-CRISPINHAC, cne de Langeac. — *Capella* . . .

*in honore S. Petri..., sita... in vicaria Canti-
lianico, in villa quæ dicitur Maceriaco,* 907
(Baluze, mais. d'Auv., II, 9; cart. de Brioude,
ch. 228). — *Mazeirac,* 1127 (cart. de Pébrac,
n° 11). — *Ecclesia de Masciras,* 1221 (la Chaise-
Dieu, Mazeyrat-Crispinhac). — *Ecclesia parochialis
de Masayrat,* 1288 (*idem*). — *Prior de Mazayrat,*
1350 (Arch. nat., Z². 54, p. 64). — *Mazeyrac près de Langhat,* 1379 (compte de B. Flo-
lenc). — *Mazerat près de Langhat,* 1401 (spic.
Briv.). — *Masayrac,* 1457 (Bibl. nat., ms. lat., n.
acq., 1222, f° 54 v°). — *Parochia de Maseyraco,*
1458 (*idem*, f° 75). — *Maseyrac,* 1480 (*idem*,
1224, f° 242). — *Ecclesia paroch. B. Petri de
Meseyraco,* 1489 (terrier du Cluzel). — *Mezeyrac
en Auvergne,* 1572 (A. Boyer, n°). — *Maserat,*
1576 (terrier du Cluzel). — *Mazeirac,* xviii° s.
(Cassini).

En 1789, Mazeyrat-Crispinhac dépendait de la
province d'Auvergne, de l'élection et subdélégation
de Brioude et du ressort de Riom. Son église paroissiale, diocèse de Saint-Flour et archiprêtré de
Langeac, était consacrée à saint Pierre; le prieuré
de ce bourg appartenait à l'abbaye de la Chaise-
Dieu.

Maziaux (Les), vill., c° de Saint-Front. — *Masals,*
1370 (év.). — *Masials,* 1392 (*idem*). — *Masialx,*
1507 (*idem*). — *Mazialz,* 1596 (Galien, n°). —
Maziaulx, 1620 (terrier de Chapteuil-Haut). —
Mazioux, 1820 (Deribier).

Mazigon (Le), m. i., c° de Pradelles.

Mazigon (Le), affl. de l'Allier, c° de Pradelles.

Mazilhoux (Le), écart., c° de Présailles. — *Mansus
Silius,* 1311 (Arch. nat., P. 1398¹, cote 650).
— *Mansus del Mas-Julhos,* 1528 (cad. du Mo-
nastier). — *Les Mas-Julhoux,* 1618 (Monastier).
— *Lous Mazilhoux,* 1625 (Duclaux, n°). — *Le
Mas-Julhoux,* 1680 (Surrel, n°). — *Lou Mazillou,*
1888 (Malègue).

Mazonric, h., c° de Pradelles. — *Mansus Landric de
Pratellas,* xi° s. (cart. du Monastier, n° 360). —
Mansus Alvio, 1345 (Rhône, E. 8). — *Lo Mas-
Alricq,* 1437 (Arch. nat., P. 1446, f° 347). —
Mansus Alricus, 1464 (Ardèche, C. 592). — *Le
Mazelric,* 1698 (ét. civ.). — *Le Mazauric,* 1711
(*idem*). — *Le Mas-Henry,* xviii° s. (Cassini). —
Mazonzic, 1820 (Deribier).

Mazonric (Le), affl. du Mazigon, c° de Pradelles.

Mazoyers (Les), lieu détr., c° de Laval. — *Mansus
deus Mazoeyrs,* 1307 (la Chaise-Dieu, Saint-
Vert).

Méalet, vill., c° de Saint-Pal-de-Chalencon. — *Mansus*

de Melcy, 1325 (Arch. nat., P. 492⁴, cote 230). —
Mealet, 1540 (terrier de Saint-Pal). — *Méallet,*
1879 (cart. adm.).

Méallier (Le), h., c° de Saint-Bonnet-le-Froid. —
Mellerius, Lo Melhier, 1465 (Rivière, n°). —
Lou Meallier, 1553 (ress. de Montfaucon).

Méanne (La), h., c° du Pont-Salomon. — *Locus
de Mayana,* 1389 (hist. gén. de Lang., éd.
Privat, X, pr., 1767). — *La Méane* (cad.). —
La Méaune, 1820 (Deribier).

Méas (Les), m. i., c° de Jullianges.

Meaux, tén. boisé, c° de Saint-Jean-de-Nay. — *Le
boix de S. Jehan app. de Meaulx,* 1466 (Bibl.
nat., ms. lat., n. acq., 1223, f° 291).

Mécique, f., c° de Grazac. — *Musique,* xviii° s.
(Cassini). — *Mésique* (cad.).

Méduse (La), f., c° de Saint-Pierre-Eynac. — *La
Méduze* (cad.).

Mées (Les), h., c° de Saint-Didier-la-Séauve.

Mège-Coste, houillère et verrerie, c° de Sainte-
Florine. — *Mège-Coste,* 1640 (lière de Rilhac).
Concession du 13 juin 1827.

Meillades (Les), f., c° de Freycenet-Lacuche. —
La Mealhada, 1352 (Arch. nat., P. 1397², c. 668).

Méjanne (La), ruiss., prend naissance à l'ouest de
Plancherosse et se jette dans le Javoulx au-dessous
du moulin de la Ribeire, c° de Vissac. — *Rivus
de Mexana,* 1481 (Bibl. nat., ms. lat., n. acq.,
n° 1224, f° 283 v°).

Méjeanne (La), ruiss., prend sa source dans la c° de
Vilatte (Ardèche), arrose les c° de Saint-Paul-
de-Tartas et de Saint-Arcons-de-Barges et se jette
dans la Loire près du Vésinat. — *Aqua de Meiana,*
1363 (la Chaise-Dieu, Saint-Paul-de-Tartas). —
Aqua vocata Meghana, 1513 (terrier de Montbel).
— *Le ruisseau de la Mejane,* 1778 (Faujas de
Saint-Fond, p. 380).

Mellet, l. détr., c° de Saint-Haon. — *Villa de
Mellet, par. S. Habundi,* 1283 (hôtel-Dieu,
B. 333).

Ménager (Le), bois, c° de Pinols. — *Territorium
del Malutgier,* 1460 (Bibl. nat., ms. lat., n. acq.,
1222, f° 150). — *Lo Manatgier,* 1486 (terrier de
Taillhac). — *El combal del Malatgier,* 1486 (*idem*).
— *Combeau du Ménage,* 1876 (état des forêts).

Mendarson (Le), affl. de la Borne en aval de
Borne.

Ménérol (Le), l. détr., c° de Saint-Privat-du-Dragon.
— *Meneirol,* 1326 (Bibl. nat., ms. fr., 14377,
p. 12). — *Lo Menerol,* 1339 (*idem*, p. 189). —
Lo Menayrol, 1385 (Arch. nat., Z². 4144, p. 68).

Ménial (Le), vill., c° de Grèzes. — *Mansus del*

Mainil, 1241 (cart. de Pébrac, n° 70). — *Maynil*, 1279 (Thiolent).

MÉNIAL (LE), f., c^ne de Léotoing. — *Lo Maynil*, 1281 (J. Lachenal, l'égl. de Br., 16.) — *Meynial*, 1879 (carte adm.).

MÉNIAL (LE), écart, c^ne de Rosières. — *Villa Mainilium*, xie s. (cart. de Chamalières, n° 188). — *Locus del Maynial*, 1376 (Saint-Agrève). — *Lo Maynihal*, 1427 (idem). — *La borie du Meynial*, 1555 (cad. de Mercœur).

MÉNIAL (LE), vill., c^ne de Saint-Christophe-d'Allier. — *Mansus voc. del Maynil*, 1323 (J. de Peyre, n^re). — *Locus de Minillio*, 1527 (A. Besseyre, n^re). — *Le Meynial*, 1779 (terrier de Vabres).

MÉNIAL (LE), vill., c^ne de Saint-Jean-de-Nay. — *Lo Maynil*, 1333 (hôtel-Dieu, B. 457). — *Lo Maynielh*, 1416 (terrier de Saint-Vidal). — *Mansus de Maynili*, 1432 (Bl. Girard, n^re). — *Mansus del Maynial*, 1460 (Bibl. nat., ms. lat., n. acq., 1222, f° 137 v°). — *Locus de Menillo*, 1517 (Martel, n^re).

MÉNIAL (LE), l. détr., c^ne de Saugues. — *Mansus del Maynil*, 1259 (Thiolent). — *In manso supra mansum de Lescura app. lo Meynial*, 1377 (tabl. du Velay, 1876-7, 300).

MÉNIAL (LE), vill., c^ne de Venteuges. — *Mansus del Mayniel*, 1327 (Lozère, G. 99). — *Lo Meynial*, 1477 (Bibl. nat., ms. lat., n. acq., 1224, f° 165). — *Maynillium*, 1539 (Thiolent). — *Le Maynial-Golfier*, 1574 (terrier de Meyronne). — *Le Meinial*, 1888 (Malègue).

Fief vassal de la s^ie de Saugues.

MÉNICIEUX (RAVIN-DE-), affl. de l'Allier, c^ne de Vabres. — *Ravin-des-Miniriaux* (cad.).

MÉNIS (LES), h., c^ne de Saint-Pal-de-Mons.

MENTEYRES, vill., c^ne d'Allègre. — *Menteiras*, 1259 (hôtel-Dieu). — *Mansus de Menteyras*, 1311 (Arch. nat., P. 1398^1, cote 650). — *Menteriæ*, 1323 (J. de Peyre, n^re, reg. A, f° 127 v°). — *Mentieres*, xviiie s. (Cassini).

Péage supprimé par arrêt du conseil du 26 octobre 1744.

MENTEYRES (MOULIN-DE-), m^in sur la Borne occidentale, c^ne d'Allègre.

MÉRANGES, l. détr. auj. bois, c^ne de Cayres. — *Meranzas*, 1213 (les Chazes). — *Meranciæ vel Moranciæ*, 1236 (tabl. du Velay, 1876-77, 384-385). — *Boria de Meransas*, 1386 (hom. de Solignac). — *La méterie de Mérances*, 1605 (A. Brunel, n^re).

MENCIERS (LES), l. détr., c^ne de Saint-Jeure. — *Locus dels Merciers*, 1359 (Rhône, H. 2632).

MERCŒUR, m. i., c^ne de Boisset. — *Marceur*, 1879 (carte adm.).

MERCŒUR, h., c^ne de Lubilhac.

MERCŒUR, chât. détr. et vill., c^ne de Malrevers. — *Merchorius*, v. 1097 (cart. de Chamalières, n° 10). — *Capella de Castro Mercolio*, 1119 (Chifflet, hist. de Tournus, 402). — *Castrum de Mercorio*, 1229 (tabl. du Velay, 1875-6, 502). — *Mercurius*, 1329 (J. de Peyre, n^re, reg. C, f° 28 v°). — *Le chasteau de Mercuer*, 1555 (cad. de Mercœur).

Église dédiée à saint André.

MERCŒUR, chât. et vill., c^ne de Saint-Privat-d'Allier. — *Mercor*, 1213 (les Chazes). — *Mercueyras*, 1331 (J. de Peyre, n^re). — *Mercuayras*, 1344 (idem). — *Merqueures*, 1439 (spic. Briv.). — *Locus de Mercoriis*, 1461 (Bibl. nat., ms. lat., n. acq., 1222, f° 177 v°). — *Mercueyres*, 1482 (la Chaise-Dieu, Saint-Privat-d'Allier). — *Mercure*, 1693 (idem).

MERCŒUR, c^on de la Voûte-Chilhac. — *In (vicaria) Radi(c)atensi, ecclesia... in hon. S. Stephani, in villa Mercoria*, 911 (cart. de Brioude, ch. 37). — *Locus Mercoria*, 913 (idem, ch. 5). — *Mercoyras*, 1341 (terrier de Charbonnier). — *Mercqueyras*, 1388 (Arch. nat., Z². 4145, p. 8. — *Mercqueures*, 1398 (compte de B. Sannadre). — *Mercures*, 1401 (spic. Briv.). — *Merqueuras*, 1429 (terrier du doy. de Br.). — *Eccl. parochialis S. Stephani Mercoriarum*, 1432 (J. Lachenal, l'égl. de Br., 118). — *Mercueres*, 1437 (Bibl. nat., ms. fr., 11490, p. 182).

En 1789, Mercœur était compris dans la province d'Auvergne, l'élection de Brioude, la subdélégation de la Chaise-Dieu et le ressort de Riom. Son église paroissiale, diocèse de Saint-Flour et archiprêtré de Brioude, était sous le vocable de l'Invention de saint Étienne; la cure était à la présentation du seigneur temporel.

MERCŒURETTE, dom., c^ne de Mercœur. — *In superiori Mercoira*, 911 (cart. de Brioude, ch. 37). — *Mansus de Mercueretes*, 1469 (Arch. nat., ZZ. 359, p. 134). — *Mercueurettes*, 1613 (Mercurial). — *Mercurette*, 1820 (Deribier).

MERCOUX, h., c^ne de Montregard.

MERCOUX (SCIE-DE-), scierie sur le Trifoulou, c^ne de Montregard.

MERCURET, chât., c^ne de Retournac. — *Villa de Mercoiret*, v. 1174 (cart. de Chamalières, n° 95). — *Mercoyret*, 1269 (Arch. nat., P. 1398², cote 674 bis). — *Terra de Mercoyreto*, 1271 (év.). — *Mercoiretum*, 1309 (Arch. nat., P. 1397², cote

566). — *Mercoret*, 1490 (Arch. nat., P. 1397², cote 583).

Mercurol, lieu dit, cⁿᵉ de Chanteuges. — *Mercoirol*, xııᵉ s. (cart. de Pébrac, nᵒˢ 46-54). — *In pertinenciis loci Canthoioli, in territorio de Mercurol*, 1470 (Bibl. nat., lat., n. acq., 1223, fᵒ 372 vᵒ).

Mercury, vill., cⁿᵉ de Saint-Privat-d'Allier. — *Mercuri*, 1378 (Thiolent). — *Mercurinum*, 1458 (Bibl. nat., lat., n. acq., 1222, fᵒ 97). — *Mansus Mercurii*, 1485 (terrier du Cluzel). — *Mercury*, 1657 (la Chaise-Dieu, Saint-Privat-d'Allier). — *Mercuril*, 1693 (*idem*). — *Mercuret*, 1820 (Deribier).

Merdaillac, h., cⁿᵉ de Lapte. — *Mansus de Merdariaco*, 1281 (cart. de Saint-Sauveur-en-Rue, p. 139). — *Mansus de Merdalhac*, 1295 (maladrerie de Brives). — *Merdalhacum*, 1393 (*idem*). — *Merdelhac*, 1553 (ress. de Montfaucon).

Merdans (Le), affl. de la Voirèze à Blesle. — *La Belan*, xvıııᵉ s. (Cassini).

Merdanson (Le), affl. du Ternivol, cⁿᵉ de la Mothe.

Merdanson (Le), affl. de la Colense, cⁿᵉˢ de Présailles et du Monastier. — *Le Charbadeuil*, 1880 (carte adm.).

Merdanson (Le), affl. de l'Auze dans la cⁿᵉ de Torsiac, prend naissance à la limite des départements du Puy-de-Dôme et de la Haute-Loire.

Merdant (Le), affl. du Ramel, cⁿᵉˢ de Saint-Julien-du-Pinet et de Beaux. — *Ruisseau de Veyrines* (cad.).

Merdari (Le), affl. du Riotord à Riotord. — *Rivus de Merdaric*, 1466 (Rivière, nʳᵉ).

Merdarie (La), ruiss. qui prend naissance près de Malbost, cⁿᵉ de Saint-Pal-de-Chalencon, et se jette dans l'Ance, au sud-ouest de Péret, cⁿᵉ de Saint-Julien-d'Ance. — *Le ruisseau de Merdary*, 1540 (terr. de Saint-Pal-de-Chalencon).

Merdary, l. détr., cⁿᵉ de Saint-Romain-Lachalm. — *Mansus voc. de Merdaric*, 1461 (terr. de Marlhes).

Merdos (Le), affl. du Lignon, cⁿᵉˢ du Mazet-Saint-Voy et du Chambon.

Mère Aonès (Grotte de la), près Ribeyroux, cⁿᵉ de Goudet. — Pèlerinage.

Merlager, f., cⁿᵉ de Riotord. — *Merlage*, 1869 (Malègue).

Merlan (Le), ruiss., affl. de la Sumène, cⁿᵉˢ de Queyrières et de Saint-Pierre-Eynac. — *Riv. de Marland*, 1677 (cad. de Queyrières). — *Ruiss. de la Colleyre ou de Merlans*, 1685 (cad. de Chapteuil). — *Le Queyrière*, 1879 (carte adm.).

Merlary (Le), affl. du Ramel au nord de Chazalet, cⁿᵉ de Bessamorel. — *Rivus de Lestiva sive de Merdaric*, 1359 (Rhône, H. 2632). — *Merlaric*, 1503 (*idem*).

Merle, f., cⁿᵉ des Estables.

Merle, l. détr., cⁿᵉ de Grazac. — xvıııᵉ s. (Cassini).

Merle, m. i., cⁿᵉ d'Yssingeaux.

Merle (Le), m. i., cⁿᵉ de Freycenet-la-Tour.

Merles (Les), h., cⁿᵉˢ du Mazet-Saint-Voy. — *Satilhec sive dous Merles*, 1310 (cart. de Tence, fᵒ 15 vᵒ).

Merles (Scie-des-), scierie sur les Merles, cⁿᵉ du Mazet-Saint-Voy.

Merluac, f., cⁿᵉ de Montregard. — *Merlatz*, 1556 (terrier de Montregard).

Mésillec, l. détr., cⁿᵉ de Sainte-Sigolène. — xvıııᵉ s. (Cassini).

Mestays (Ravin-de-), affl. de l'Allier, cⁿᵉ d'Alleyras.

Mestrenac, dom., cⁿᵉ de Loudes. — *Luqua de Mastrenac*, 1342 (J. de Peyre, nʳᵉ).

Métairie (La), f., cⁿᵉ de Saint-Jeure. — 1773 (état civil).

Métairie-Basse (La), m. i., à Lubière, cⁿᵉ de Vergongheon.

Métairie-Haute (La), m. i., cⁿᵉ de Vergongheon.

Métairie-Rouge (La), f., cⁿᵉ de Paulhac. — *La Métairie-Rouge*, xvıııᵉ s. (Cassini). — *Terre-Rouge*, 1855 (état-major). — *Domaine-Rouge*, 1869 (Malègue).

Meton (Le), affl. de l'Allier, cⁿᵉˢ de Sainte-Marie-des-Chazes et de Saint-Julien-des-Chazes.

Meulue (La), h., cⁿᵉ de Saint-Julien-du-Pinet.

Meunières (Les), mⁱⁿ sur l'Arzon, cⁿᵉ de Chomelix. — *Ad Moneiras, molendinum de las Monneyras*, 1404 (terrier de Chomelix).

Meygal (Le), mont., bois et signal, à la limite des cⁿᵉˢ de Queyrières et de Champclause. — *Nemus de Mayegal*, 1312 (év.). — *Nemora de Mayngal*, 1387 (*idem*). — *Forestagium de Maygal*, 1390 (*idem*). — *Nemus de Meygath*, 1451 (cart. de Mazan). — *Nemus de Meigal*, 1481 (Pelisse, nʳᵉ). — *Le Mégal*, 1824 (Deribier, stat.).

Meymac (Moulin-de-), mˡⁱⁿ sur la Gazeille, cⁿᵉ du Monastier. — *Meymacum*, 1523 (cad. du Monastier). — *Le Meymac*, 1588 (André, nʳᵉ).

Meynier, f., cⁿᵉ de Tence. — 1623 (Rhône, D. 150).

Meynis (Le), écart, cⁿᵉ de Saint-André-de-Chalencon. — *Mansus del Mainil*, v. 1065 (cart. de Chamalières, nᵒ 203). — *Le Meynitz*, 1614 (coll. C. Falcon). — *Lou Meynis*, 1695 (capitation).

Meynis (Le), h., cⁿᵉ de Sainte-Sigolène. — *Loux*

Meinitz, 1553 (ress. de Montfaucon). — *Le Meignis*, xviii° s. (Cassini).

Meynac, h., c°° de Bellevue-la-Montagne. — *Mazrairac*, 1222 (Martène, thes. nov. anecd., I, 897). — *Mayrac*, 1359 (terrier de Jean de Cereys). — *Mayras*, 1670 (Arch. nat., P. 502, c. 109). — *Meyrac*, xviii° s. (Cassini). — *Meyrat*, 1860 (état-major).

Meynac, m°° sur l'Arzon, c°° de Craponne-sur-Arzon. — *Ad Meseirachum*, 1213 (cart. de Chamalières, n° 318). — *Mansus de Mezayrac*, 1289 (hôtel-Dieu, B. 632).

Meyrial (Le), f., c°° de Pinols. — *Mirial*, 1588 (terrier d'Auvers). — *Mairia*, xviii° s. (Cassini).

Meyronne (La), afll. de la Dège, c°° de Venteuges. — *Rivus voc. de Mayrona*, 1466 (Bibl. nat., ms. lat., n. acq., 1223, f° 305).

Meyronne, chât. détr. et vill., c°° de Venteuges. — *Mairouna*, 1142 (cart. de Pébrac, n° 37). — *El Tures de Mairona*, xiii° s. (Baluze, m. d'Auv., II, 251). — *Mayrona*, 1241 (spic. Briv.). — *Lo Truc de Mairona*, xiii° s. (hist. gén. de Lang., éd. Privat, X, 269). — *Mairone*, 1377 (idem, X, pr., 1595). — *Capella B. Petri castri de Meyrona*, 1471 (Bibl. nat., ms. lat., n. acq., 1224, f° 14 v°). — *Myronne*, 1511 (coust. d'Auv., f° 81 v°). — *La chapelle de M° de Merroine*, 1516 (Arch. nat., G°° 2, f° 583).

Meisonial (Le), f., c°° de Ferrussac. — *Lo Mayzonil*, 1351 (Arch. nat., Z². 54, p. 80). — *Lo Mayzonial*, 1364 (idem, p. 170). — *Lo Meyzonial*, 1486 (Arch. nat., Q. 513, f° 77). — *Mezonnial*, 1869 (Malègue).

Meysonnial (Le), h., c°° de Mercœur. — *Les Meysonniaulx*, 1613 (Mercurial). — *Le Maisonnial*, 1880 (carte adm.). — *Maizonial*, 1888 (Malègue).

Maysonny (Le), h., c°° de la Chapelle-d'Aurec. — *Meisonitz*, 1553 (ress. de Montfaucon). — *Le Mésonnet* (cad.). — *Maisonny*, 1820 (Derilier).

Meysonny (Le), écart, c°° de Monistrol-sur-Loire. — *Meyzonis*, 1383 (homm. de l'év.). — *Loux Meysonnetz*, 1512 (obit. de Bas). — *Le Maisonny* (cad.).

Meyssignac, vill., c°° de Bessamorel. — *Villa quæ dicitur Maximiacus*, 989 (cart. de Chamalières, n° 50). — *Mayssunhac*, 1343 (Arch. nat., P. 494¹, c. 22). — *Mayssimnhac*, 1359 (Rhône, H. 2632). — *Mayssamhacum*, 1380 (év.). — *Mayssinhac*, 1491 (chartrier de Lardeyrol). — *Meissinhacum*, 1525 (comm°° de M. le D° Charreyre). — *Messinhac* (cad.).

Meyssignac, vill., c°° de Sainte-Sigolène. — *Mayssinhacum*, 1379 (coll. Chaleyer). — *Meysinhiac*, 1553 (ress. de Montfaucon). — *Messigniac*, 1569 (terrier de Saint-Didier de Joyeuse). — *Meyssignac*, 1695 (capitation).

Meyzonie (La), l. détr., c°° de Jullianges. — *Homines de la Mayzonia*, 1323 (Arch. nat., S. 3298, sacristain, n° 1).

Meyzous, vill., c°° du Monastier. — *Mansiones*, 991 (cart. du Monastier, n° 158). — *Maysos*, 1344 (Monastier). — *Meysos, mansus de Domibus*, 1526 (cad. du Monastier). — *Meysous*, 1546 (Savin, n°°). — *Maisoux* (cad.).

Mézard, écart, c°° de Présailles. — *Maycer*, 1311 (Arch. nat., P. 494¹, c. 14).

Mèze (Le), bois, c°° de Saint-Arcons-d'Allier.

Mezeirac, h., c°° de Sanssac-l'Église. — *Mesayrac*, 1285 (J. de Peyre, n°°). — *Mazayracum*, 1323 (idem). — *Mansus de Mezayrat*, 1325 (idem). — *Mezayracum*, 1371 (la Chaise-Dieu, Saint-Rémy). — *Mescyracus*, 1517 (Martel, n°°).

Mezeirolles, écart, c°° d'Yssingeaux. — *Mesairolas*, 1300 (év.). — *Meseroliæ*, 1392 (év.). — *Locus de Meseyrolis*, 1515 (terrier des Bordes).

Mézenc, loc. détr., c°° des Vastres. — *Mezenc*, 1750 (ét. civ.). — *Meseinc*, xviii° s. (Cassini). — *Le Mas de Mezeinc*, 1772 (ét. civ.).

Mézenc (Le), chât. détr., sur les Dents du Mézenc, c°° de Chaudeyrolles. — *Castrum Mezengum*, v. 970 (cart. du Monastier, n° 106). — *Mezenc*, 1094 (idem, n° 239). — *Misencum castrum, Mizencum*, 1096 (idem, n° 398). — *Mezencum*, 1144 (idem, n° 407). — *Mensencum*, 1224 (Bonnefoy). — *Le Chastellas*, xix° s. (nom populaire).

Mézenc (Le), f., c°° des Estables. — *Le domaine de Mezhinc*, 1741 (ét. civ.).

Mézenc (Le), mont., c°° des Estables. — *Montanea de Mesenco*, 1464 (Ardèche, C. 626). — *Le Mézinc*, 1778 (Faujas de Saint-Fond, p. 350).

Mézenc (Le), m. i., c°° de Vorey.

Mézenchou, f., c°° de Chaudeyrolles.

Mézènes (Les), bois, c°° de Vorey.

Mézère (La Grande-), mont., c°° de Saint-Hostien.

Mézère (La Petite-), mont., c°° de Saint-Hostien.

Mézères, f., c°° de Saugues. — 1564 (Thiolent).

Mézènes, c°° de Vorey. — *Meteratis*, v. 990 (cart.

du Monastier, n° 320). — *Miseræ*, v. 1000 (cart. de Chamalières, n° 174). — *Meseras*, 1101 (*idem*, n° 103). — *Mezeras*, 1226 (*idem*, n° 271). — *Miseriæ*, 1257 (hôtel-Dieu, B. 528). — *Castrum de Messeras*, 1271 (év.). — *Castrum de Meseriis*, 1309 (Arch. nat., P. 1399¹, c. 746). — *Castrum de Meseris*, 1345 (J. de Peyre, n^re). — *Meseres*, 1390 (év.). — *Messeriæ*, 1453 (Pradier, n^re). — *Le fort de Mezeres*, 1591 (Burel, 242). — *Alezieres*, 1708 (Corneille, dict. univ. géogr.). — *Mazère*, 1720 (Saugrain). — *Mezère*, xviii° s. (Cassini).

En 1789, Mézères dépendait de la province du Velay, de la subdélégation et sénéchaussée du Puy. Son église paroissiale, diocèse du Puy et archiprêtré de Monistrol-sur-Loire, était sous l'invocation de saint Pierre ; l'évêque du Puy, succédant depuis 1787 aux droits de l'abbé de la Chaise-Dieu, en était collateur.

MÉZEYRAC, vill., c^ne de Présailles. — *Merceriacus*, 870 (Chifflet, hist. de Tournus, 210). — *Locus de Mesayraco*, 1347 (Rhône, E. 8). — *Mezeyracum*, 1383 (*idem*, E. 9). — *Meserat*, 1547 (Chaulet, n^re). — *Mezeyrac*, 1638 (Duclaux, n^re).

MIALAURE, l. dit, c^ne d'Espaly-Saint-Marcel. — *Milauras*, xiii° s. (coll. César Falcon). — *Miallaure*, 1590 (Burel, 230). — *Milhaure*, 1605 (M^se Leblanc, n^re).

MIALAURE, f., c^ne de Saint-Pal-de-Mons. — *Malaury*, 1888 (Malègue).

MIANE (MOULIN-DE-LA-), m^in sur la Semène, c^ne de Saint-Ferréol-d'Auroure.

MIAUNE, mont. et forêt, c^ne de Roche-en-Régnier. - *Mons et nemus de Musona*, v. 1021 (cart. de Chamalières, n° 285). — *Nemus de Meona, alias deus Egals*, 1331 (Arch. nat., P. 1397², c. 587). — *Nemus de Mizona*, 1335 (Arch. nat., P. 1397², c. 548). — *Nemus de Miona*, 1349 (Arch. nat., P. 493¹ bis, c. 86). — *Al bosc de Mionna*, 1476 (Arch. nat., P. 1399¹, c. 792). — *Le bois de Myonne*, 1824 (Deribler, statist., 103). — *La montagne de Miaune*, 1824 (*idem*, 313). — *Mont Miaunes*, 1880 (carte adm.).

MICHALON, m. i., c^ne de Saint-Ferréol-d'Auroure.

MICHON, m. i., c^ne du Mazet-Saint-Voy.

MICOULEAU, écart, c^ne de Saint-Jeure.

MIGNARD (MOULIN-DE-), m^in sur l'Ance, c^ne de Saint-Julien-d'Ance. — *Moulin-Mignaud*, 1880 (carte adm.).

MIGNAUX (LES), écart, c^ne de Rosières.

MIGNON (LE), f., c^ne d'Yssingeaux.

MILHIT (MOULIN-DE-), c^ne de Pradelles. — *Le moulin de Milhet*, 1693 (ét. civ.). — *Moulin de Chantoine*, 1880 (doc. jud.).

MILICIEN (LE), m. i., c^ne de Saint-Pal-de-Chalencon.

MILLIERS (LES), l. détr., c^ne de Beaulieu. — *Locus deux Melhiers*, 1411 (la Chaise-Dieu, liasse Jullianges). — *Locus dous Melhers*, 1519 (Haute-Loire, E.). — *Le lieu doux Meilhers*, 1549 (Chamblas). — *Lous Milliers*, 1714 (cad. de Laval-Emblavès).

MILLON, f., c^ne du Chambon.

MINEIRES (LES), c^ne de Lubilhac. — Mine d'antimoine abandonnée (Legrand d'Aussy, voy. d'Auv., II, 213).

MINES (LES), f., c^ne de Raucoules.

MINSSON, l. détr., c^ne de Lapte. — xviii° s. (Cassini).

MINUTY, f., c^ne des Vastres.

MIOLHET, vill., c^ne de Chomelix. — *Le Mioulet*, 1669 (Arch. nat., P. 500¹, n° 37).

MIRABEL, l. détr., auj. vignoble, près Artias, c^ne de Retournac. - *Villa quæ vulg. Mirabilia nuncupatur*, 986 (cart. de Chamalières, n° 165). — *Vineæ de Meravila*, 1082 (*idem*, n° 113). — *Locus de Mirabello*, 1404 (Arch. nat., P. 1397¹, c. 543).

MIRABEL, chât. détr., auj. bois, c^ne de Saint-Étienne-Lardeyrol. — *Mirabellus*, 1354 (la Chaise-Dieu, Saint-Étienne-Lardeyrol). — *És appart. du Mond et terroir de Mirabel*, 1549 (Chamblas).

MIRABEL, mont. près la Fayette, c^ne d'Yssingeaux. - - *Succus vulg. dictus de Mirabel*, 1504 (terrier de Chailhans).

MIRABELLE, m. i., c^ne de Vieille-Brioude.

MIRAIL (LE), moulinage, c^ne de Dunières.

MIRAMONT, dom., c^ne de Mercœur. — *Miremont*, 1613 (Mercurial). — *Miramon*, 1683 (état civil).

MIRANDES, h., c^ne d'Araules.

MIRIAL (LE), h., c^ne de Saint-Austremoine. — *Meriailh*, 1379 (compte de B. Flotenc).

MIRMANDE, chât. détr., c^ne de Saint-Jean-Lachalm. — *Ecclesia... in honore B. Petri apostoli conservata*, 1025 (spic. Briv.). — *Mirmanda*, 1157 (hospit. du Velay). — *Castrum de Mirmanda*, 1210 (templiers du Puy). — *Castrum de Mirmande juxta Montem Boneti*, 1219 (Baluze, m. d'Auv., II, 86). — *Pedatgium de Mirmanda*, 1320 (J. de Peyre, n^re, reg. A). — *La chapele de Saint-Estiene-de-Miromonde*, 1624 (cloche).

MIRMANDE (LA), affl. de l'Allier, c^ne de Saint-Jean-Lachalm.

Missicelle (La), mont., c^{nes} de Brignon et de Solignac-sur-Loire. — *Locus app. de Mustela*, 1342 (J. de Peyre, n^{re}). — *Mussizilha*, 1352 (prieuré de Solignac). — *Mussezelle*, 1587 (Sigaud, n^{re}). — *Mussazelle*, 1606 (Robert, n^{re}). — *La Missezele*, 1878 (aff. jud.).

Mistoux (Moulin-de-), mⁱⁿ sur l'Ance, c^{ne} de Saint-Georges-Lagricol.

Mizegny, lac, c^{ne} d'Espalem. — *Lou lac Mizegry* ou *Mizery*, 1730 (terrier d'Espalem).

Moines (Les), affl. de la Cave, c^{ne} de Saint-Vincent.

Moinas, m. i., c^{ne} de Saint-Jeure. — *Moieras*, 1880 (carte adm.).

Moïse, f., c^{ne} de Saint-Jeure.

Moiselet, m. i., c^{ne} du Monteil.

Moissac, h., c^{ne} de Monlet. — *Villa de Moyssac*, 1263 (hôtel-Dieu, B. 614). — *Moyssacum*, 1347 (J. de Peyre, n^{re}, reg. D, f° 115 v°).

Moissac-Bas, vill., c^{ne} de Saint-Didier-sur-Doulon. — *Moyssac Soteyra*, 1516 (Vals-le-Chastel).

Moissac-Haut, c^{ne} de Saint-Didier-sur-Doulon. — *Moissat-Nault*, 1561 (J. Chalvon, n^{re}).

Molard (Le), m. i., c^{ne} de Saint-Pal-de-Chalencon. — *Terroir du Molar*, 1540 (terrier de Saint-Pal).

Molenchières, loc. détr., près Mézeyrac, c^{ne} de Présailles. — *Villa de Molencherias*, 944 (cart. du Monastier, n° 78). — *Locus de Molencheriis*, 1345 (Rhône, E. 8). — *La seigneurie de Molenchières*, 1680 (Surrel, n^{re}).

Moles (Les), loc. détr., c^{ne} d'Ours-Mons. — *Mansus de Molas, juxta villam d'Ors*, 1343 (Saint-Georges du Puy).

Molezon, l. dit, c^{ne} de Beaumont. — *Vinea quæ est in monte Moledon*, xie s. (cart. de Brioude, ch. 10). — *Le terroir de Molezon* ou *Moleson sive du Sail*, 1742 (terrier du doy. de Brioude).

Molhasola, loc. détr., c^{ne} de Saint-Didier-sur-Doulon. — *Mansus de Molhasola, par. S. Disderii*, 1310 (Cumiguac).

Molimard, m. i., c^{ne} de Connangles. — *Molinart, perr. Connangliarum*, 1462 (la Chaise-Dieu, Connangles).

Molimard, m. i, c^{ne} de Saint-Pal-de-Murs.

Molines, h., c^{ne} du Monastier. — *Molinas*, 991 (cart. du Monastier, n° 158).

Molinet (Le), mⁱⁿ sur la Gagne, c^{ne} de Saint-Germain-Laprade. — *Molendinum Mey*, 1270 (hôtel Dieu, B. 146). — *Lo Moli-Meya*, 1345 (J. de Peyre, n^{re}). — *Molendinum Mea*, 1389 (plumit. de Bouzols). — *Molendinum Medium*, 1488 (doc.

jud.). — *Moly-Mea*, 1535 (Savin, n^{re}). — *Le Moly-Mé*, 1568 (*idem*). — *Molin-Mé*, 1707 (cad. de Bouzols).

Molle, m. i., c^{ne} du Chambon.

Molle, h., c^{ne} de Saint-Jeure.

Molle (La), ruiss., prend sa source dans la c^{ne} de Chazelles (Cantal) et se jette dans la Cronce en amont du château de la Valette, c^{ne} de Chastel.

Molle (La), h., c^{ne} de Monistrol-d'Allier. — *Mansus de la Mola*, 1324 (Thiolent). — *Lamolle*, 1820 (Deribier).

Molle (La), mⁱⁿ sur les Galendres, c^{ne} de Saint-Georges-Lagricol. — *La Mola*, 1447 (terrier de Piassac).

Molles, l. dit, c^{ne} d'Ours-Mons. — *Mansus de Molas*, 1210 (hôtel-Dieu, B. 127).

Momège, loc. détr., c^{ne} de Frugières-le-Pin. — *In vicaria Brivatensi, in loco Monte Mejano*, 966 (cart. de Brioude, ch. 164). — *Mont-Meja*, 1328 (Vals-le-Chastel).

Momège, f., c^{ne} de Lubilhac. — *Mansus de Mont-Meia*, 1275 (spic. Briv.). — *Montmège*, 1820 (Deribier).

Momège, loc. détr., c^{ne} de Montclard. — *Mont-Megya, lo mas de Mont-Meia, Monmeia* 1341 (terrier de Charbonnier). — *Le village de Momege* ou *Momege*, 1521 (la Chaise-Dieu, Connangles).

Momont (Razat-de-), affl. du Razat-de-Riou, c^{ne} de Josat.

Monachon, f., c^{ne} de Fay-le-Froid. — Ancien fief appelé le Rhulier. — *Rivus alias Ruillier de Fayno*, 1464 (Ardèche, C. 624).

Monas, h., c^{ne} de Tence.

Monastier (Le), f., c^{ne} du Chambon.

Monastier (Le), ruiss., prend sa source près du Mazel (Ardèche) et se jette dans le Lignon près de Maret, c^{ne} du Chambon.

Monastier (Le), arrond. du Puy. — *Monasterium Sancti Petri cui vocabulum est Calmilius, ubi sanctus Theofredus et sanctus Eudo in corpore requiescunt*, 840 (cart. du Monastier, n° 58). — *Villa Monasterii*, 987 (*idem*, n° 156). — *Monasterium Beati Theofredi Calmiliacensis*, v. 992 (*idem*, n° 55). — *Monasterium Sancti Theofredi*, 1105 (*idem*, n° 18). — *Monachi Sancti Teaufredi*, 1118 (terr. Piper. xxiv). — *Monasterium Carmiliacensium*, xiie s. (Bibl. nat., ms. lat., 12587, 18 nov.). — *Monasterium Sancti Theofridi*, 1285 (év.). — *Le Monestier-Saint-Cheffroy*, 1493 (mairie du Puy). — *Le Monastier-Sainct-

Chaffroy, 1549 (Savin, nre). — *Mont-Breysse*, 1793.

En 1789, le Monastier, qui était le siège d'une abbaye bénédictine, fondée vers l'an 570 par saint Carmery, était compris dans la province du Velay, la subdélégation et sénéchaussée du Puy. Cette localité possédait deux églises paroissiales, appartenant au diocèse du Puy et à l'archiprêtré de Solignac-sur-Loire : 1° l'église de Saint-Fortunat, à la collation du sacristain de l'abbaye du Monastier; 2° l'église de Saint-Jean, à la collation du sacristain de la même abbaye, comme succédant aux droits du réfectorier.

MONATTE (LA), h., cne de Craponne-sur-Arzon.

MONCEL (LE), écart, cne de Malvalette. — *Moncellum*, 1500 (obit. de Bas). — *Lou Moutcel*, 1691 (*idem*).

MONCLERGUES, m. i., cne de Saint-Pal-de-Chalencon. — *Monclergue*, 1419 (Loire, A. 89. f° 243 v°).

MONCOUDIOL, h., cne d'Arlempdes. — *Villa de Monte Cogul*, 1236 (templiers du Puy). — *Moncougniol*, 1668 (état civil). — *Montcoudiol*, 1820 (Deribier).

MONDAR (LE), f., cne de Sainte-Sigolène. — XVIIIe s. (Cassini).

MONDASSE, dom., à Fix-Bas, cne de Fix-Saint-Geneys. — *Johannes Artasse, alias Mondasse*, 1467 (comen de M. E. Grellet de la Deyte).

Fief mouvant de la baronnie d'Allègre.

MONDET, h., cne de Tence. — 1692 (état civil). — *Moudet*, 1820 (Deribier).

MONDON, m. i., cne d'Espaly-Saint-Marcel.

MONDOULIOUX, vill., cne de Beaune. — *Montdoleus*, 1286 (Arch. nat., P. 1397², c. 560). — *Mont-Oliou*, 1331 (Arch. nat., P. 1397², c. 587). — *Mons Olivus*, 1334 (Arch. nat., P. 1397², c. 557). — *Monsdaleus*, 1345 (Arch. nat., P. 1397², c. 547). — *Mondoliour*, 1500 (coll. César Falcon). — *Mondolhiour*, 1559 (Vacharel, nre). — *Mondoulion*, 1820 (Deribier).

MONEDEIRES, vill., cne de Queyrières. — *Monedeyras*, 1290 (cart. de Mazan, f° 33). — *Monedeyræ*, 1331 (J. de Peyre, nre). — *Monederiæ*, 1390 (év.).

Distrait, par décret du 24 juillet 1843, de la cne de Saint-Julien-Chapteuil et réuni à celle de Queyrières.

MONET, h., cne de Lantriac. — *In villa Monito quæ est in pago Vellaico*, v. 940 (cart. du Monastier, n° 77). — *In pago Vellaico, in vicaria de Sancta Maria, in villa quæ dicitur Monito, ubi vocabulum est Carturilago (Lanturilago)*, v. 970 (*idem*, n° 88). — *In villa de Monito sice Catusago* (forme défigurée de *Lanturilago*), v. 980 (*idem*, n° 111). — *Villa de Moneto*, v. 1080 (*idem*, n° 48). — *Monet*, 1549 (Savin, nre). — *Monnet*, 1888 (Malègue).

MONGE (LA), h., cne de Bellevue-la-Montagne. — *La Monzia*, 1550 (P. Gallien, nre).

MONGES (LES), l. dit, près Talobre, cne de Saint-Christophe-sur-Dolaizon. — Vestiges d'antiquités romaines.

MONGET, f., cne de Chanteuges. — *Territorium de Monget*, 1461 (Bibl. nat., ms. lat., n. acq., 1222, f° 197). — *Mongi*, 1820 (Deribier).

MONGIE (LA), cne de Saint-Pierre-Duchamp. — *Mansus de la Monzia*, 1345 (Arch. nat., P. 494, c. 19). — *La Monsia*, 1370 (év.). — *La Montzia*, 1507 (év.).

MONIBRAND, h., cne du Pertuis. — *Mont-Ribrand*, 1333 (Arch. nat., R². 39). — *Mons Ribrandus*, 1451 (cart. de Mazan). — *Locus de Morebrant*, 1462 (Maltrait, nre). — *Mont-Ribran*, 1528 (terrier du Pertuis). — *Moulibrand*, 1585 (coll. César Falcon). — *Mollibrand*, 1597 (terrier de la Roche-sur-Coubon). — *Molybran*, 1599 (Doleson, nre). — *Mont-Librand*, 1633 (Rhône, H. 2232).

MONIBRANT, mont., cne du Pertuis. — *Mons voc. de Mont-Riobant*, 1361 (la Chaise-Dieu, doyenné).

MONISTROL-D'ALLIER, chât. détr., con de Saugues. — *Ecclesia de Monastrols*, 1145 (tabl. du Velay, 1877-78, 271). — *Monestrol en riba d'Iler*, 1217 (hôtel-Dieu, B. 304). — *Monistrol*, 1217 (*idem*, B. 304). — *Castrum de Monestrolio*, 1259 (Thiolent). — *Perochia ecclesiæ Sancti Petri de Monestrol*, 1259 (*idem*). — *Prioratus de Monistrolio, Mimatensis dioc.*, 1293 (tabl. du Velay, 1874-75, 219). — *Monestrolium*, 1470 (Bibl. nat., ms. lat., n. acq., 1223, f° 365). — *Capellania S. Martini Monastrolii*, 1499 (Thiolent). — *Le prieur de Saint-Martine de Monistrol*, 1537 (*idem*). — *Monistrol-d'Allier*, 1623 (Peyret, nre).

En 1789, Monistrol-d'Allier faisait partie de la province et du bailliage de Gévaudan. Son église paroissiale, diocèse de Mende et archiprêtré de Saugues, était dédiée à saint Pierre; en sa qualité de prieur de cette localité, l'abbé de la Chaise-Dieu présentait à la cure.

MONISTROL-SUR-LOIRE, arr. d'Yssingeaux. — *Vicus quem Monastrolium vocant indigenæ*, XIe s. (A. SS., april., t. III, p. 316). — *Parochia Sancti Marcelini de Monestrolio*, v. 1080 (cart. de Cluny, ch. 3567). — *Burgus et castrum de Monistrol*,

1164 (Médicis, I, 76). — *Ecclesia B. Mariæ hospitalis Monastrolii*, 1394 (hôtel-Dieu, B. 691).

En 1789, Monistrol-sur-Loire était compris dans la province du Velay, la subdélégation et sénéchaussée du Puy. Son église paroissiale et collégiale, diocèse du Puy et chef-lieu d'archiprêtré, était consacrée à saint Marcellin; l'évêque du Puy en était collateur.

MONLET, chât. détr., cᵒⁿ d'Allègre. — *Monledum*, 1213 (cart. de Chamalières, n° 320). — *Ecclesia B. Mariæ de Monlet*, 1252 (Saint-Agrève). — *Ecclesia de Montleth*, 1267 (hôtel-Dieu, B. 616). — *Molletum*, 1329 (J. de Peyre, nʳᵉ, reg. 7, fᵒ 32). — *Le Monlet*, 1398 (compte de Berthon Sannadre). — *Mollet*, 1453 (la Chaise-Dieu, Barribas). — *Molet*, 1561 (Médicis, I, 507). *Montlet-en-Auvernhe*, 1608 (A. Robert, nʳᵉ).

En 1789, Monlet appartenait à la province d'Auvergne, l'élection de Brioude, la subdélégation de la Chaise-Dieu et le ressort de Riom. Son église paroissiale, diocèse du Puy et archiprêtré de Saint-Paulien, était sous l'invocation de Notre-Dame; comme succédant aux droits de l'abbaye de la Chaise-Dieu, l'évêque du Puy en était collateur.

MONLIOL (LE), écart, cⁿᵉ de Connangles. — *Mansus del Mothol*, 1323 (la Chaise-Dieu, Connangles). — *Montliolh*, 1570 (J. Chalvon, nʳᵉ). — *Le Montliou*, 1693 (la Chaise-Dieu, Connangles). — *Montiol*, 1888 (Malègue).

MONNAC, vill., cⁿᵉ de Saint-Pierre-Eynac. — *Lo Pont de Maunac*, 1256 (év.). — *Maunhac*, 1293 (cordeliers). — *Monnacum*, 1359 (*idem*). — *Maunacum*, 1391 (év.). — *Monnac*, 1507 (év.). — *Monac*, 1879 (carte adm.).

Carrière de trachytes porphyroïdes.

MONNET, h. et mⁱⁿ sur le Bourbouilliou, cⁿᵉ de Saint-Paulien. — *Monnet*, 1306 (tabl. du Velay, 1875-76, 520). — *Molendinum de Monnet*, 1345 (J. de Peyre, nʳᵉ).

MONS, vill., cⁿᵉ d'Aurec. — *Mons, Montes*, 1418 (Loire, A. 89, fᵒˢ 152-3 vᵒ).

MONS, chât. et vill., cⁿᵉ d'Ours-Mons. — *In Moncio*, 1089 (Saint-Georges du Puy). — *Villa quæ Mons app.*, 1148 (*ibid.*). — *Castrum prope civitatem Anicii*, 1342 (J. de Peyre, nʳᵉ). — *Mons, par. de S. Agreve du Puy*, 1547 (Savin, nʳᵉ). — *Montz-lez-le-Puy*, 1628 (Duclaux, nʳᵉ).

MONS, f., à Saint-Geneys-près-Saint-Paulien. — *In vicaria de Civitate Vetula, in villa Monte*, 940 (cart. de Brioude, ch. 265).

Fief possédé, au XVIIIᵉ siècle, par la famille de Chabron.

MONS, chât. détr. et h., cⁿᵉ de Saint-Georges-Lagricol. — *Montes de Montibus*, 1163 (cart. de Chamalières, n° 76). — *Castrum de Mons*, 1390 (év.). — *Montes in Vallaria*, 1459 (Haute-Loire, E.). — *Le chasteau de Montz*, 1695 (capitation).

MONS, chât. détr., cⁿᵉ de Saint-Pal-de-Mons. — *Castrum de Montibus*, 1267 (Médicis, I, 80). — *Terra de Mons*, 1285 (Arch. nat., J. 1086, c. 22). — *Mons-lez-Saint-Pol*, 1506 (Médicis, II, 301).

MONT (LE), vill., cⁿᵉ de Cubelles. — *Mansus de Mundo*, 1259 (Thiolent). — *Mansus del Mon*, 1291 (*idem*). — *Mansus del Mont*, XIVᵉ s. (tabl. du Velay, 1873-74, 390). — *Mansus de Mundo*, 1456 (Bibl. nat., ms. lat., n. acq., 1222, fᵒ 39 vᵒ). — *Lo Mond*, 1467 (*idem*, 1223, fᵒ 313 vᵒ). — *Lo Mon dels Torns*, 1499 (Thiolent). — *Lou Mont de Cubelles*, 1589 (*idem*).

MONT (LE), dom., cⁿᵉ de la Farre. — *Le Mont de la Fare*, 1583 (tit. de Surrel).

MONT (LE), vill., cⁿᵉ de Grèzes. — *Lo Mont*, 1396 (Ann. soc. d'agric., XIV, 179). — *Le Mond*, 1574 (terrier de Meyronne).

MONT (LE), h., cⁿᵉ de Jax. — *Lo Mond*, 1474 (la Chaise-Dieu, Mazerat-Aurouze). — *Lo Mont*, 1498 (*idem*). — *Le Mons*, XVIIIᵉ s. (Cassini).

MONT (LE), vill., cⁿᵉ de Jullianges. — *Lo Mont*, 1332 (Arch. nat., P. 1397², c. 571). — *Mansus de Monte*, 1334 (la Chaise-Dieu, Jullianges).

MONT (LE), vill., cⁿᵉ de Lantriac. — *Lo Mon*, 1343 (tabl. du Velay, 1870-71, 479). — *Mansus de Mundo de Coha Rasa*, 1448 (Monastier). — *Mondus*, 1522 (Sobrier, nʳᵉ). — *Lo Mon de Coarasa*, 1527 (cad. du Monastier). — *Le Mont de Queue-Raze*, 1614 (Duclaux, nʳᵉ). — *Le Mont-de-Coharaze*, 1707 (cad. de Bouzols). — *Le Mont-de-Lantriac*, 1886 (aff. jud.).

MONT (LE), vill., cⁿᵉ du Monastier. — *Villa de Monte sive de Mont*, v. 979 (cart. du Monastier, n° 109). — *Villa Montis*, v. 980 (*idem*, n° 173). — *Mundus, lo Mon*, 1327 (Monastier). — *Le Mond*, 1567 (Nicolas, nʳᵉ).

MONT (LE), vill., cⁿᵉ de Saint-Didier-la-Séauve. — *Mons*, 1376 (coll. Chaleyer). — *Le Mont-Bas*, 1553 (ress. de Montfaucon).

MONT (LE), h., cⁿᵉ de Saint-Préjet-d'Ailler. — *Lo Mon*, 1298 (hôtel-Dieu, B. 349). — *Mundus*, 1527 (A. Besseyre, nʳᵉ). — *Lo Mon de Saint-Pregeyt*, 1499 (Thiolent). — *Le Mond de Saint-Pregect*, 1684 (*idem*).

MONT (LE), vill., cⁿᵉ de Sainte-Sigolène. — *Lo Mont*, 1384 (év.). — *Lou Mont-Poble*, 1553 (ress. de Montfaucon).

Mont (Le), h., cⁿᵉ de Tence. — *Mansus voc. lo Mont Saint-Marti*, 1296 (hospit. du Velay). — *Mundus, Mundus S. Martini, Lo Mont*, 1343 (Rhône, H. 1016).

Mont (Le Mas-du-), vill., cⁿᵉ de Saint-Étienne-Lardeyrol. — *Mansus de Mont*, 1330 (la Chaise-Dieu, Saint-Étienne-Lardeyrol). — *Le Mas-du-Mont*, 1506 (Médicis, II, 302). — *Mundus*, 1518 (G. Maurin, nʳᵉ).

Monta (La), f., cⁿᵉ de Saint-Front. — *La Monta*, 1646 (cad. de Bonnefont). — *La Monta-de-Nouvet*, 1869 (Malègue).

Montaboule (Dents de), rochers, sur la Sumène, cⁿᵉ de Saint-Quintin-Chaspinhac. — *La dent de Montabolle vel Montaboule*, 1306 (tabl. du Velay, 1875-76, 519). — *Le rochas de las Dens*, 1555 (cad. de Mercœur).

Montafa, mont. et loc. détr., cⁿᵉ de Pébrac. — *Mons Affanus*, xiiiᵉ s. (Haute-Loire, Pébrac). — *Montafa*, 1351 (Thiolent). — *Montaffo*, 1608 (idem).

Montagen, vill., cⁿᵉ de Saint-André-de-Chalencon. — *Domus de Montager*, 1293 (Arch. nat., P. 491¹, c. 13). — *Villa de Montagier*, 1334 (Arch. nat., P. 490², c. 153).

Montagnac, vill., cⁿᵉ d'Arlempdes.

Montagnac, dom., cⁿᵉ de Saint-Germain-Laprade. — *Montainac*, 1157 (hospit. du Velay). — *Montaniacus*, 1159 (ibid.). — *Domus fortis de Montanhaco*, 1481 (abb. de Douc). — *La mecterie de Montaignac*, 1533 (ibid.). — *Montanhac-lez-Dohë*, 1624 (Duclaux, nʳᵉ).

Montagnac, vill., cⁿᵉ de Saint-Jean-de-Nay. — *Montanhacum*, 1342 (J. de Peyre, nʳᵉ). — *Montanhac*, 1525 (Martel, nʳᵉ).

Montagnac, h., cⁿᵉ de Solignac-sur-Loire. — *Montaignac*, 1235 (prieuré de Solignac). — *Montanhac*, 1309 (hôtel-Dieu, B. 162). — *Montanhacus*, 1531 (Dompnin, nʳᵉ). — *Montaniac*, 1586 (Sigaud, nʳᵉ).

Montagnac, l. détr., cⁿᵉ de Thoras. — 1499 (Thiolent).

Montagnac, h., cⁿᵉ de Venteuges. — *Mansus de Montainnac*, xiiᵉ s. (cart. de Pébrac, n° 35). — *Mansus de Montegnac*, xiiᵉ s. (idem, xlvi, 39). — *Montanhac*, 1462 (Bibl. nat., ms. lat., n. acq., 1223, f° 87).

Montagnac, vill., cⁿᵉ de Vernassal. — *De Montaniaco Rubeo* (l'impr. porte *Rurio*), v. 950 (cart. du Monastier, n° 124). — *Villa quæ vocatur Montaniacus*, 1025 (spic. Briv.). — *Villa de Montainac*, 1171 (Baluze, mais. d'Auv., II, 67). —

Montaniat, 1234 (hôtel-Dieu, B. 610). — *Montanhac-lo-Rey*, 1256 (év.). — *Montanhacum lo Roy*, 1348 (Saint-Agrève). — *Montanhac-lo-Roy*, 1408 (compois du Puy). — *Montanhac-le-Rey*, 1590 (Mᶜᵉ Leblanc, nʳᵉ).

Montagnac (Lac de), marais, cⁿᵉ de Vernassal. — *Le lac de Montanhac ou las Chans*, 1680 (cad. de la vicomté de Polignac).

Montagnazet, écart, cⁿᵉ de Saint-Jean-de-Nay. — *Montanhaguet*, 1274 (Saint-Mayol, invent.).

Montagne, f., cⁿᵉ de Sainte-Sigolène.

Montagne (La), bois, cⁿᵉˢ de Jax et de Sainte-Eugénie-de-Villeneuve.

Montagne-Courante (La), mont., cⁿᵉ de Pinols.

Montaigu (Suc de), mont., cⁿᵉ d'Agnat.

Montaigut, mont. près Bellecombe, cⁿᵉ d'Yssingeaux. — *Terra de Montagut*, 1269 (Gall. chr., II, c. 774). — *Le suc de Montagud*, 1635 (terrier de Saussac). — *Le suc de Montagu*, 1723 (cad. de Bellecombe).

Montaillet (Le), h., cⁿᵉ de Saugues. — *Mansus del Montelhet*, 1327 (Lozère, G. 99). — *Montalhetum*, 1451 (coll. J. Lachenal). — *Lou Montalhet*, 1564 (Thiolent).

Montalet, montic. et m. i., cⁿᵉ de Saint-Pal-de-Chalencon. — *Montale*, 1540 (terrier de Saint-Pal).

Montalier, f., cⁿᵉ du Chambon.

Mont-Aliu (Suc de), cⁿᵉ de Saint-Quintin-Chaspinhac. — *Montaguet*, 1256 (év.). — *Mons voc. Mons Acutus*, 1306 (tabl. du Velay, 1875-76, 508). — *Montaduc*, 1555 (cad. de Mercœur). — *Montahuc*, 1584 (Guérin, nʳᵉ).

Montalivet, f., cⁿᵉ de Montfaucon. — *La Méterie de Mont-Olyvet*, 1574 (Guèze, nʳᵉ). — *Montalivert* (cad.).

Mont-Armoy, mont., cⁿᵉ de Sainte-Florine.

Montas (Les), écart, cⁿᵉ de Retournac. — *Las Moutas*, v. 1164 (hospit. du Velay). — *Le lieu doux Montas*, 1553 (terrier de Liques). — *Les Moutas*, 1820 (Deribier). — *Le Monta*, 1878 (carte adm.).

Montauri, h., cⁿᵉ de Monistrol-d'Allier. — *Mansus de Monte Auri*, 1259 (Thiolent). — *Montaury*, 1377 (tabl. du Velay, 1876-77, 301). — *Montauri*, 1499 (Thiolent). — *Montaure*, 1820 (Deribier).

Montauroux, f., cⁿᵉ de Saint-Ferréol-d'Auroure. — *Mons Aurosa*, v. 1040 (La Mure, ducs de Bourbon, III, pr., 17). — *Montouroux* (cad.).

Montavit, l. détr., cⁿᵉ de Saugues. — *Mansus de Montavit*, 1327 (Lozère, G. 98). — *Les champs de Montavid*, 1564 (Thiolent).

Mont-Blanc, mont., c^ne de Saint-Just-Malmont.

Montbarnier, montic. et m. de camp., c^ne d'Yssingeaux. — *Mont-Barnier*, 1359 (Rhône, H. 2632). — *Succus de Mont-Barnier*, 1523 (cad. d'Yssingeaux).

Montbel, m. i., c^ne de Rosières.

Montbel, chât., dom. et m^in sur la Méjeanne, c^ne de Saint-Paul-de-Tartas. — *Castrum de Monte Bello*, 1310 (la Chaise-Dieu, Saint-Paul-de-Tartas). — *Castrum de Montbel*, 1513 (tit. de Surrel). Fief vassal de la baronnie de Montlaur.

Montbonnet, chât. détr. et vill., c^ne de Bains. — *Apud Montem Bonetum, ante ecclesiam S. Boneti*, 1213 (hôtel-Dieu, B. 608). — *Mobonet*, 1217 (templiers du Puy). — *Castrum de Monte Boneti*, 1219 (Baluze, m. d'Auv., II, 86). — *Castrum Montis Boniti*, 1239 (Saint-Mayol). — *Monbonet*, 1303 (hôtel-Dieu, B. 361). — *Mons Bonitus*, 1331 (J. de Peyre, n^re). — *Mont-Bonet*, 1408 (compois du Puy). — *Montbonnet*, 1589 (Burel, 133). Chapelle aujourd'hui dédiée à saint Roch. — Siège de l'une des dix-huit baronnies diocésaines de la province du Velay.

Montbort, montic., c^ne de Venteuges. — *Mons de Monbore ubi sunt furcæ castri de Salgue*, 1327 (Lozère, G. 98). — *Affarium de Montbort*, 1377 (Thiolent).

Montbourdet, loc. détr., c^ne de Saint-Just-Malmont. — *Mansus de Montbordet*, 1332 (Arch. nat., P. 491, c. 59). — *Montbourdet*, 1584 (terrier de Saint-Didier).

Montbrac, f., c^ne du Chambon.

Montbrac, vill., c^ne de Saint-Front. — *Villa de Monte Bracho*, v. 987 (cart. du Monastier, n° 157). — *Monbrac*, 1217 (Gall. chr., XVI, instr., col. 240). — *Mansus de Monbrat*, 1284 (cart. de Mazan, f° 25 v°). — *Mons Bracus*, 1408 (év.).

Montbressous, l. détr., c^ne de Venteuges. — *Boria de Montbressos*, 1479 (Bibl. nat., ms. lat., n. acq., 1224, f° 230 v°).

Montbret, m. i., c^ne de Lapte.

Montbrison, h., c^ne de Saint-Didier-la-Séauve. — 1564 (terrier de Saint-Didier-la-Séauve). — *Montbuisson*, 1820 (Deribier).

Montbrison (Le), affl. de la Boyère, c^ne de Venteuges.

Mont-Burel, mont. boisée, c^ne de Landos. — Signal.

Montbuzat, vill., c^ne d'Araules. — *Mansus de Montbusa*, 1314 (év.). — *Monbusa*, 1317 (J. de Peyre, n^re). — *Mons-Buzat*, 1326 (év.). — *Mons Busanus*, 1429 (Rhône, Bessamorel). — *Montbusol*, 1531 (Dompnin, n^re). — *Montbusac*, xviiie s. (Cassini). — *Mont-Buzat*, 1861 (état-major).

Montcendrau, h., c^ne de Saint-Jeure. — *Maz-Andra*, 1264 (homm. de l'év.). — *Mas-Andrau*, 1313 (idem). — *Mons-Andrau*, 1328 (Rhône, D. 154). — *Locus de Mossendrau*, 1529 (idem, D. 169). — *Château de Moussandrau*, xviiie s. (Cassini). — *Moussandrau*, 1820 (Deribier).

Montcenis, h., c^ne de Riotord. — *Terra de Monte Cinis*, v. 1095 (cart. de Saint-Sauveur-en-Rue).

Montcenis, écart, c^ne de Rosières. — *Mont-Chany*, 1714 (cad. de Laval-Emblavès).

Montcervier, f., c^ne de Riotord. — *Montcervier* ou *Pinatelle*, 1820 (Deribier). — *Montservier*, 1869 (Malègue).

Montchabrier, mont. boisée, c^ne de Queyrières. — 1501 (coll. C. Falcon).

Montchamp, fief, c^ne du Bouchet-Saint-Nicolas.

Montchamp, h., c^ne de Laussonne. — *Villa de Monte Calvo*, v. 1020 (cart. du Monastier, n° 254). — *Montchalin*, 1343 (tabl. de la Haute-Loire, 1870-71, 479). — *Montchalm*, 1543 (Savin, n^re).

Montchamp, m. i., c^ne de Queyrières.

Montchamp, plateau, c^ne de Saint-Paul-de-Tartas. — *Locus dictus Monchalm*, 1289 (Arch. nat., P. 1398^1, c. 652). — *Montchault*, 1778 (Faujas de Saint-Fond, 380).

Montchany, mont. boisée et h., c^ne de Saint-Julien-Chapteuil. — *Nemus de Monte Canino*, 1220 (év.). — *Monchani*, 1344 (J. de Peyre, n^re). — *Montchalm*, 1561 (Savin, n^re). — *Montchanis*, 1820 (Deribier).

Montchany, vill., c^ne de Saint-Pal-de-Chalencon. — 1540 (terrier de Saint-Pal). — *Montchanis*, 1820 (Deribier).

Mont-Charel, mont. et carrière de trachytes porphyroïdes, c^nes de Montusclat et de Saint-Julien-Chapteuil.

Montchaud, mont., c^nes d'Allègre et de Monlet.

Montchaud, h., c^ne de Cistrières. — *Montchalm*, 1316 (la Chaise-Dieu, Saint-Allyre). — *Montchaulm*, 1569 (J. Chalvon, n^re). — *Montchau*, 1625 (Robert, n^re).

Montchaud, bois, c^ne de Saint-Berain.

Montchaud, f., c^ne de Saint-Front.

Montchaud, vill., c^ne d'Yssingeaux. — *Mansus qui dicitur Brugaireta Montis Calvi*, 1028 (cart. de Chamalières, n° 48). — *Monchalm*, 1359 (Rhône, H. 2632). — *Mons Calmus*, 1455 (P. Pradier, n^re). — *Montchau*, 1613 (Duclaux, n^re).

Montchaud (Suc-de-), mont., c^ne du Vernet. — *Mon-*

Chalm, 1255 (hôtel-Dieu, B. 314). — *Mons qui dicitur Mons Chalms*, 1271 (*ibid.*, B. 325).

MONTCHALVEL, h., c^{ne} de Chastel.

MONTCHAUVET, h., c^{ne} de Bas. — *Monchalvet*, 1506 (obit. de Bas). — *Montchouvet*, 1691 (*idem*).

MONTCHAUVET, h., c^{ne} de Saint-Romain-Lachalm. — *Mont-Chovet*, 1461 (Rhône, H. 1180). — *Montchouvet*, 1820 (Deribier).

MONT-CHÉRON, mont. et l. détr., c^{ne} de Saint-Hostien. — *Villa de Chayros*, 1271 (év.). — *Suquus de Cheyros*, 1454 (Pradier, n^{re}). — *Locus de Cheiros*, 1468 (Bonneville).

MONT-CHIROUX, mont., c^{ne} de Cussac. — *Mon-Cheyros*, 1352 (prieuré de Solignac). — *En Monchiros*, 1464 (*idem*). — *Mont-Cheirous*, 1567 (Doleson, n^{re}).

MONTCHIROUX, mont. et dom., c^{ne} de Freycenet-Lacuche. — *Mons Cheyros*, xiie s. (cart. du Monastier, n° 360). — *Mansus Montis Chayros*, 1263 (le Monastier-Saint-Chaffre). — *Montchiroux*, 1778 (Faujas de Saint-Fond, 362). — *La Roche du Bachat*, 1861 (état-major).

MONT-CHIROUX, mont., c^{ne} de Saint-Hostien. — *Mont-Chéron*, 1861 (état-major).

MONTCHOUVET, mont., c^{ne} du Bouchet-Saint-Nicolas.

MONTCHOUVET, mont., c^{ne} de Saint-Étienne-Lardeyrol. — *Mont-Cholvet*, 1470 (Chamblas). — *Mont-Chouvet*, 1555 (cad. de Mercœur).

MONTCHOUVET, mont. boisée, c^{ne} de Saint-Julien-Chapteuil. — *La versana de Montchalvet*, 1336 (Saint-Agrève). — *Suchassium de Mont-Chouvet*, 1501 (coll. C. Falcon). — *Montrouge*, 1876 (état forest.).

MONTCHOUVET, mont. et f., c^{ne} de Saugues. — *Mont-Chalvet*, 1235 (cart. de Pébrac, n° 60). — *Montchauvet*, xviiie s. (Cassini).

Près de Montchouvet, vestiges d'un grand village du même nom (communication de M. de la Bilherie).

MONTCLARD, c^{on} de Paulhaguet. — *Prioratus de Monclar* ou *de Monte Claro*, 1280 (spic. Briv.). — *Monclars*, 1381 (*idem*). — *Monclair*, 1398 (compte de B. Sannadre). — *Montclar*, 1401 (spic. Briv.). — *La Chastellenie en la paroisse de Montelart*, 1511 (coust. d'Auv., f° 81 v°).

En 1789, Montclard faisait partie de la province d'Auvergne, de l'élection de Brioude, de la subdélégation de la Chaise-Dieu et du ressort de Riom. Son église paroissiale, diocèse de Saint-Flour et archiprêtré de Brioude, était dédiée à saint Clair; le prieur-mage de l'abbaye de la Chaise-Dieu, prieur de cette localité, présentait à la cure.

MONTCLAUX, loc. détr., c^{ne} de Craponne. — *Mansus, juxta villam Craponæ, qui Monclaos appellatur*. 1180 (cart. de Chamalières, n° 244).

MONTCLAUX; f., c^{ne} de Thoras. — *Mansus de Monclaus*, 1279 (Thiolent). — *Mons Clausus*, 1377 (*idem*).

MONT-CLERGOT, mont., c^{ne} de Saint-Vincent. — *Le suc de Clereglot*, 1714 (cad. de Laval-Emblavès).

MONTCOLONGE, loc. détr., c^{ne} d'Espalem. — *Mansus de Moncolonghe*, 1334 (Bibl. nat., ms. lat., 9084, n° 21). — *Moncolonge*, 1730 (terrier d'Espalem).

MONTCOUDIOL, l. détr., c^{ne} de Présailles. — *Locus de Monte Cocullo*, 1501 (Arcis, n^{re}). — *Montcoguol*, 1547 (Chaulet, n^{re}). — *Montcoudiol*, 1695 (capitation).

MONTCOUDIOL-BAS, h., c^{ne} de Saint-Didier-la-Séauve.

MONTCOUDIOL-HAUT, h., c^{ne} de Saint-Didier-la-Séauve. — *Mont-Cogulh*, 1373 (év.). — *Mont-Coguiol-l'Hault*, 1569 (terrier de Saint-Didier). — *Montcodiol-l'Hault*, 1645 (capit.).

MONTCOULOMB, loc. détr., près Bugeac, c^{ne} de Grèzes. — *Decima de Monte Columbo*, 1237 (Bibl. nat., ms. lat., 12750, p. 17). — *Mansus de Moncolum*, 1327 (Lozère, G. 98).

MONTCOUROUX, mont. et m. i., c^{ne} de Saint-Germain-Laprade. — *Le Suc de Mont-Courro*, 1568 (Savin, n^{re}).

MONT-DERNIER (LE), h. et mⁱⁿ sur le Lignon, c^{ne} de Fay-le-Froid. — *Locus de Mundo Inferiori*, 1532 (Sobrier, n^{re}). — *Le Petit-Mont*, 1626 (ét. civ.).

MONTDÉSIR, bois et f., c^{ne} de Villeneuve-d'Allier. — *Le bois de Mondesi*, 1327 (Bibl. nat., ms. fr., 14377, p. 34). — *Mondazi*, 1379 (Arch. nat., Z². 4143, p. 25). — *Mondezin*, 1421 (Arch. nat., Z². 4149, p. 292). — *Nemus de Mondezi*, 1461 (Arch. nat., ZZ. 359, p. 35). — *Mondazin*, 1472 (Arch. nat., Z². 4151, p. 87).

MONT-DU-CERF, mont., c^{ne} de Saint-Étienne-Lardeyrol.

MONTEBELLO, m. i., c^{ne} de Saint-Victor-Malescours.

MONTEIL (LE), vill., c^{ne} d'Ally.

MONTEIL (LE), vill., c^{ne} de Bauzac. — *Montilium*, 946 (cart. de Chamalières, n° 117). — *Montilium super Bausacum*, 970 (*idem*, n° 115). — *Al Montel*, v. 1040 (*idem*, n° 112). — *Montilium super Bauzacum*, v. 1085 (*idem*, n° 114). — *Lo Monteilh*, 1346 (Arch. nat., P. 490³, c. 229). — *Montelhs*, 1528 (obit. de Bas). — *Montetz*, xvi⁰ s. (obit. de Bauzac). — *Montes*, xviii⁰ s. (Cassini).

Monteil (Le), m. i., cⁿᵉ de Bessamorel.

Monteil (Le), h., cⁿᵉ de Chomelix. — *Lo Monteilh*, 1404 (terrier de Chomelix). — *Le Monteil-de-Chomelis*, 1662 (ét. civ.).

Monteil (Le), h., cⁿᵉ de Cistrières. — *Le Montel*, 1888 (carte adm.).

Monteil (Le), h., cⁿᵉ de Craponne-sur-Arzon. — *Villa dal Montet*, 1289 (la Chaise-Dieu, Marus). — *Mansus de Monteto*, 1219 (*idem*). — *Montilium*, 1471 (terrier de Piassac).

Monteil (Le), h., cⁿᵉ d'Espalem. — *Beaumontel*, 1683 (Arch. nat., P. 503², n° 155). — *Le Montel*, v. 1730 (liève d'Espalem). — *Le Monteil*, xviii⁰ s. (Cassini). — *Le Montal*, 1851 (Giraud). — *Les Bos*, 1855 (état-major).

Monteil (Le), affl. du Lignon au sud-ouest de Piaron, cⁿᵉ de Grazac. — *Le riou app. de Riou-Montelz*, 1528 (terrier de Grazac).

Monteil (Le), vill., cⁿᵉ de Laussonne. — *Mansus del Montet*, 1258 (cart. du Monastier, n° 450). — *Locus de Monteto*, 1514 (Costavol, nʳᵉ). — *Le Montet*, 1695 (capitation).

Monteil (Le), loc. détr., cⁿᵉ de Léoteing. — *Lo Coderc del Monteilh*, 1295 (spic. Briv.).

Monteil (Le), f., cⁿᵉ de Lubilhac.

Monteil (Le), vill., cⁿᵉ de Mazerat-Aurouze. — *Villa Montellius*, 1078 (spic. Briv.). — *Mansus de Montelhs*, 1408 (la Chaise-Dieu, Mazerat-Aurouze). — *Monteilhs*, 1474 (*idem*). — *Le Montel*, (carte adm.).

Monteil (Le), vill., cⁿᵉ de Mazeyrat-Crispinhac. — *Lo Monteilh*, 1458 (Bibl. nat., ms. lat., n. acq., 1222, f° 67). — *Mansus del Montelh*, 1459 (*idem*, f° 117 v°).

Monteil (Le), vill., cⁿᵉ de Monistrol-sur-Loire. — *Montilium prope Monastrolium*, 1333 (év.). — *Lo Monteilh*, 1507 (év.).

Monteil (Le), h., cⁿᵉ de Montregard. — *Lo Montet*, 1468 (Rivière, nʳᵉ). — *Lou Montet*, 1553 (ressort de Montfaucon).

Monteil (Le), cᵒⁿ nord-ouest du Puy. — *Terra del Monteil*, 1223 (Saint-Vosy). — *Villa de Montilio, in par. S. Petri de Turre*, 1279 (Saint-Mayol). — *Montilium*, 1299 (hôtel-Dieu, B. 154). — *Le Monteilh*, 1546 (Savin, nʳᵉ).

En 1789, le Monteil dépendait de la province du Velay, de la subdélégation et sénéchaussée du Puy. Au spirituel, il était rattaché à la paroisse de Saint-Pierre-la-Tour du Puy; sa chapelle de service, qui existait depuis 1742, fut érigée en chapelle vicariale, le 5 septembre 1821, sous l'invocation de saint Jean-François-Régis.

Monteil (Le), h., cⁿᵉ de Riotord. — *Lo Montelh*, 1461 (Rhône, H. 1180).

Monteil (Le), écart, cⁿᵉ de Rosières. — *Villa Montilium*, 992 (cart. de Chamalières, n° 186).

Monteil (Le), vill., cⁿᵉ de Saint-Arcons-de-Barges. — *Mansus del Montes Soteyra*, 1281 (la Chaise-Dieu, Saint-Paul-de-Tartas). — *Homines de Montesio*, 1462 (V. Chauvin, nʳᵉ). — *Le Montet*, 1583 (tit. de Surrel).

Monteil (Le), f., cⁿᵉ de Saint-Austremoine.

Monteil (Le), h., cⁿᵉ de Saint-Didier-la-Séauve. — *Locus dal Monteyl-Roer*, 1328 (coll. Chaleyer). — *Montilium Tardiou*, 1421 (Loire, A. 89, f° 112). — *Le Monteilh-Roys*, 1553 (ress. de Montfaucon). — *Le Monteil*, 1561 (terrier de Saint-Didier de Joyeuse).

Monteil (Le), vill., cⁿᵉ de Saint-Haon.

Monteil (Le), ruiss., affl. de l'Allier, près du mⁱⁿ de la Vareire, cⁿᵉ de Saint-Haon.

Monteil (Le), vill., cⁿᵉ de Saint-Julien-des-Chazes. — *Villa del Monteil*, 1235 (spic. Briv.). — *Montes*, 1462 (*idem*). — *Le Montel des Chazes*, 1560 (Thiolent). — *Le Montel*, xviii⁰ s. (Cassini).

Monteil (Le), f., cⁿᵉ de Saint-Just-près-Brioude.

Monteil (Le), écart, cⁿᵉ de Saint-Pierre-Duchamp. — *Lo Monteylh*, 1311 (Arch. nat., P. 494¹, c. 14). — *Montilium, lo Montelh*, 1402 (Arch. nat., P. 1397², c. 586).

Monteil (Le), vill., cⁿᵉ de Saint-Privat-d'Allier. — *Lo Monteylh*, 1331 (J. de Peyre, nʳᵉ). — *Locus de Montilio*, 1378 (Thiolent). — *Mansus del Monteilh*, 1459 (Bibl. nat., ms. lat., n. acq., 1222, f° 97). — *Lo Monteilh*, 1503 (terrier de Saint-Privat).

Monteil (Le), h., cⁿᵉ de Sainte-Sigolène. — *Hœreditas del Montelh-Chatenc*, 1466 (Rivière, nʳᵉ). — *Le Monteil-Chaten*, 1748 (tabl. du Velay, 1873-74, p. 488).

Monteil (Le), quartier de Solignac-sur-Loire. — *Lo Montelh*, 1425 (Rhône, Saint-Jean-la-Chevalerie). — *Montilium*, 1476 (terrier de Saint-Blaise). — *Le Monteilh-lez-Sollinhac*, 1625 (Duclaux, nʳᵉ).

Monteil (Le), h., cⁿᵉ des Vastres. — *In ricaria Soltronensi, in villa quæ dicitur Montilio*, v. 970 (cart. du Monastier, n° 85). — *Mansus del Montelh*, 1322 (hospit. du Velay). — *Lo Montelh de Fay*, 1343 (Rhône, H. 1016). — *Mansus de Montilio*, 1464 (Ardèche, C. 624). — *Le Monthel*, 1616 (Rhône, H. 2153).

Monteil (Le), vill., c^{ne} de Vergongheon. — *Al Monteil,* xiiie s. (obit. de Brioude). — *Le Montel,* 1880 (carte adm.).

Monteil (Le), f., c^{ne} de Vernassal. — *Monteill,* 1234 (hôtel-Dieu, B. 610). — *Mansus del Montelh,* 1472 (Bibl. nat., ms. lat., n. acq., 1224, f° 45 v°). — *Montel,* xviii^e s. (Cassini). — *Le Monteil,* 1820 (Deribier).

Monteil (Le), vill., c^{ne} de Vieille-Brioude. — *In ricaria Brivatensi, in villa Montilio,* 870 (cart. de Brioude, ch. 57). — *In villa Montiliis,* 912 (*idem,* ch. 209). — *In Illo Montilio,* v. 943 (Baluze, m. d'Auv., II, 27).

Monteil (Le), h., c^{ne} de Vielprat. — *Le Montet,* 1553 (comm. de M. F. Experton).

Monteil (Le), m. i, c^{ne} d'Yssingeaux. — *Mas del Montel,* 1318 (év.).

Monteil (Le Mas-du-), l. détr., c^{ne} de Pradelles. — *Le Mas-du-Monteil, situé en la par. de Saint-Clément,* 1328 (homm. de l'év.).

Monteil-de-Chabriac (Le), écart, c^{ne} du Monastier. — *Montilium juxta positum (Cabriaco),* v. 970 (cart. du Monastier, n° 87). — *In loco qui dicitur Montilio,* v. 970 (*ibid.,* n° 96). — *Le Monteil-de-Chabryac,* 1667 (André, n^{re}).

Monteil-de-Soulage (Le), h., c^{ne} de Craponne-sur-Arzon.

Monteillade (La), f., c^{ne} de Saint-Georges-Lagricol. — *La Montelhada,* 1325 (la Chaise-Dieu, Saint-Georges-Lagricol).

Monteillet, h., c^{ne} de Présailles. — *Villa Montelhiti in pago Vellaico,* v. 1000 (cart. du Monastier, n° 200). — *Mansus de Montelheto,* 1528 (cad. du Monastier). — *Montelhet,* 1547 (Chaulet, n^{re}).

Monteillet (Le), l. détr., c^{ne} de Malvières. — *Apud lo Montelhet, par. Malveriarum,* 1414 (terrier de Malvières).

Monteillet (Le), h., c^{ne} du Mazet-Saint-Voy. — *In villa quæ dicitur Montelletus, in parrochia S. Evodii, in territorio Bonacense,* 1021 (cart. de Chamalières, n° 61). — *Ad Montelietum,* 1021 (*idem,* n° 66). — *Montaliet,* 1300 (év.). — *Montelhet,* 1311 (homm. de l'év.). — *Lo Monteilliet,* 1507 (év.).

Monteillet (Le), mont. et l. détr., c^{ne} d'Yssingeaux. — *Villa de Monteilhet d'Auza,* 1291 (Gall. chr., t. II, eccl. Anic., col. 774). — *Lo Montelhet,* 1359 (Rhône, H. 2632).

Monteils, vill., c^{ne} de Saint-Front. — Ce village se divisait en deux agglomérations, Monteils-Haut et Monteils-Bas, le plus souvent confondues dans une unique dénomination. — *Villa de Montiliis,* 950 (cart. du Monastier, n° 115). — *Montelz,* v. 1180 (*idem,* n° 466). — *Mansus Montilii Inferioris,* 1217 (Gall. chr., XVI, instr., c. 240). — *Villa de Montiliis Superioribus, Montelhs Sobeyras, Montelhs Soteyras, Monteylh lo Soteyra,* 1344 (J. de Peyre, n^{re}). — *Lo Montelh, Montilium,* 1344 (*idem*). — *Monteilz,* 1646 (cad. de Bonnefont).

Montelis, h., c^{ne} de Montregard.

Montellier (Le), m. i., c^{ne} de Saint-Maurice-de-Lignon. — *Montelly* (cad.).

Montestudier, h., c^{ne} de Saint-Pal-de-Murs.

Montet, l. détr., c^{ne} de Saint-Didier-sur-Doulon. — xviiie s. (Cassini).

Monteyremard, h., c^{ne} de Saint-Bonnet-le-Froid. — *Nemus de Montezemat,* 1276 (Gall. chr., XVI, instr., c. 225). — *Locus Montis Aymari,* 1410 (cart. de Tence, f° 10). — *Montereymar,* 1556 (terrier de Montregard).

Mont-Farnier, mont., c^{ne} d'Ouïdes. — *Mont-Farneir,* 1235 (hôtel-Dieu, B. 310). — *Mons de Monfarner,* 1245 (*idem,* B. 312).

Montfaucon, montic. dominant la Vigne, c^{ne} d'Alleyras. — 1779 (terrier de Vabres).

Montfaucon, arr. d'Yssingeaux. — *Mons Falco,* 1291 (Dr Charreyre). — *Capella S. Petri in villa Montis Falconis,* xive s. (Bibl. Cluniac., c. 1756). — *Montfolcon,* 1507 (év.). — *Montfaulcon,* 1556 (terrier de Montregard).

En 1789, Montfaucon appartenait à la province du Velay, à la subdélégation et sénéchaussée du Puy. Son église paroissiale, diocèse du Puy et archiprêtré de Monistrol-sur-Loire, était consacrée à saint Pierre; le prieur de Grazac présentait à la cure.

Jusqu'en 1689, Montfaucon fut l'un des deux sièges du bailliage royal du Velay.

Mont-Fauvat, mont., c^{ne} d'Autrac. — *Mont-Foulat, le suc de Monfaullat,* 1493 (terrier de Blesle).

Montferrat, vill., c^{ne} de Saint-Étienne-Lardeyrol. — *Crux de Monte Ferrato,* 1317 (Lardeyrol). — *Montferrat,* 1333 (Arch. nat., R². 39).

Montfouilloux, bois, c^{ne} de Cayres.

Montfoy, vill., c^{ne} de Malvalette. — *Monfol,* 1317 (Arch. nat., P. 1400³, c. 990). — *Mons Fol,* 1520 (obit. de Bas). — *Montfoal,* 1580 (*idem*). — *Montfois,* 1820 (Deribier).

Montgibroux, mont. et bois, c^{ne} de Saint-Privat-du-Dragon et de Salzuit.

Montgieux, h., c^{ne} de Mercœur. — *De Monte Jove,* 911 (cart. de Brioude, ch. 37). — *In vicaria*

(*Brivatensi*), *villa Montem Jorem*, 964 (*idem*, ch. 177). — *Montgeu*, 1387 (Arch. nat., Z². 4144, p. 180). — *Mansus de Mongieu*, 1464 (Arch. nat., ZZ. 359, p. 75).

MONTGIRAUD, écart, cⁿᵉ de Chadrac. — 1586 (Arnaud, hist. du Velay, I, 423).

MONTGIRAUD, f., cⁿᵉ du Mazet-Saint-Voy. — *In villa quæ dicitur Monte Geraldi*, 1000 (cart. du Monastier, n° 255). — *Mons-Giraut*, 1278 (tit. de Bronac). — *Mongiraut*, 1281 (*idem*). — *Montgiraud*, 1574 (Burel, 35).

MONTGON, chât. détr. et vill., cⁿᵉ de Grenier-Montgon. — *Motgo*, 1161 (spic. Briv.). — *Dominus de Motgonio*, 1439 (la Chaise-Dieu, Azerat). — *La ville de Motguon*, xvᵉ s. (Arch. nat., R⁴*. 1143, n° 390). — *Le chastel de Mongon*, xvᵉ s. (*idem*, n° 165). — *La chastellenie de Mouguon*, 1511 (coust. d'Auv., f° 80 v°).

MONTGONTIER, chât. ruiné, cⁿᵉ de Blesle. — *Mongonteirt*, 1241 (spic. Briv.). — *Mogonterius*, 1286 (*idem*). — *Mongonteyr*, 1306 (terrier de Blesle). — *Mons Gonterius*, 1371 (Arch. nat., P. 1375², cote 2539). — *Mont-Gonteir*, xivᵉ s. (obit. de Brioude). — *Mongontier, Mongomtier*, xvᵉ s. (Bibl. nat., ms. fr., 22297, p. 35 et 37). — *Tour de Mongautier*, xviiiᵉ s. (Cassini).

MONT-GOYON, mont., cⁿᵉ de Tence. — *Mons Godo*, v. 1021 (cart. de Chamalières, n° 64).

MONTGRANAT, chât. détr., auj. mont. boisée, cⁿᵉ de Chastel. — *Mons Granatus*, 1324 (Arch. nat., P. 494¹, cote 39). — *Montgranat*, 1511 (coust. d'Auv., 81 v°).

MONTGRENIER, h., cⁿᵉ de Dunières. — *Locus Montis Granerii*, 1579 (Rhône, D. 183).

MONTGROS, mont. boisée, cⁿᵉ d'Alleyras. — *Podium de Mon-Gros*, 1307 (hôtel-Dieu, B. 372). — *Mont-Gros*, 1327 (prieuré d'Alleyras). — *Nemus de Monte Grosso*, 1453 (J. Rocher, nʳᵉ).

MONTGROS, f., cⁿᵉ d'Auteyrac. — xviiiᵉ s. (Cassini).

MONTGROS, mont. boisée, cⁿᵉ du Pertuis — *Mons Grossus*, 1299 (hôtel-Dieu, B. 351).

MONTGROS, f., cⁿᵉ de Pinols. — *Mons Grossus*, v. 1130 (cart. de Pébrac, n° 34).

MONTHAUT, h., cⁿᵉ de Fay-le-Froid. — *Locus de Mundo Superiori*, 1532 (Sobrier, nʳᵉ). — *Mont-Premier*, 1869 (Malègue).

MONT-HIVERNOUX, mont. boisée, cⁿᵉˢ de Queyrières et d'Yssingeaux. — *Nemus de Mont-Ivernos*, 1457 (Rhône, Bessamorel).

MONTILLON, écart, cⁿᵉ de Bauzac. — *Lou Montelhou*, 1553 (ress. de Montfaucon).

MONTILLON (LE), écart, cⁿᵉ de Sainte-Sigolène. — *Lou Montelhou*, 1553 (ress. de Montfaucon). — *Le Monteillon*, 1695 (capitation).

MONTILLON (LE), m. i., cⁿᵉ des Villettes.

MONTILLY, m. i., cⁿᵉ de Saint-Maurice-de-Lignon.

MONTIVAL, h., cⁿᵉ de Champclause. — *Villa quæ dicitur Montivallo*, v. 990 (cart. du Monastier, n° 176). — *Montivel*, 1179 (hist. gén. de Languedoc, VIII, 1925). — *Mansus de Montival*, 1320 (cart. de Mazan, f° 121). — *Montivar*, 1581 (Boyer, nʳᵉ).

MONTJAUZI, l. détr., cⁿᵉ de Polignac. — *In locum... qui Mons Gaudii vocatur, quod hinc Christi Matris ecclesia spectatur*, xᵉ s. (AA. SS., maii, II, 677). — *Grangia de Moniauzi*, 1266 (léproserie de Brives). — *Mongauzi*, 1369 (coll. César Falcon). — *Mongausi*, 1453 (prieuré de Polignac). — *Mons Gaudium*, 1501 (*ibid.*). — *Montjausi*, 1589 (Burel, 125).

MONTJEUR, lieu dit près Bilhac, cⁿᵉ de Polignac. — *Territorium de Bilhaco app. de Mont-Jeure, Mont-Geuri, Mont-Gori*, 1453 (terrier du prieuré de Polignac). — *Terroir de Montjeurs*, 1689 (tabl. hist. du Velay, 1875-76, p. 391).

MONT-JONET, mont., cⁿᵉ de Coubon. — *Mon-Johannet*, 1412 (hôtel-Dieu, B. 249). — *Mon-Johanet*, 1499 (terrier de Volhac). — *Mont-Jounet*, 1707 (cad. de Bouzols).

MONTJUST, mont. boisée, cⁿᵉ de Vergezac. — *Mont-Just*, 1385 (Saint-Vidal). — *Mounjust*, 1560 (Thiolent).

MONTJUVIN, vill., cⁿᵉ de Lapte. — *Decimus de Mont*, xiᵉ s. (cart. de Cluny, ch. 3029). — *Mont-Jori*, 1281 (hôtel-Dieu, B. 331). — *Mons Juvinus*, 1370 (év.). — *Mons Junius*, 1387 (év.). — *Mons Jury*, 1507 (év.). — *Mons Juvynus, Mont-Jury*, 1533 (Rhône, H. 2234). — *Monjevin*, xviiiᵉ s. (Cassini).

MONTLIMARD, h., cⁿᵉˢ de Connangles et de Saint-Pal-de-Murs. — *Mansus de Molimart*, 1462 (la Chaise-Dieu, Connangles). — *La varrerie de Molymar*, 1561 (J. Chalvon, nʳᵉ). — *Molimard*, 1820 (Deribier).

MONTLIOL (LE), h., cⁿᵉ de Bellevue-la-Montagne. — *Boria de Monliol*, 1522 (Saint-Georges du Puy).

MONTLONG, mont., cⁿᵉ de Saint-Jean-Lachalm. — *Monlonc*, 1274 (hôtel-Dieu, B. 309).

MONT-MAILLOT, mont. boisée, cⁿᵉ de Cayres. — *Mont-Molier*, 1464 (hôtel-Dieu, B. 574).

MONT-MALOUNOUX (LE), mont. dominant le château de Rochebaron, cⁿᵉ de Bas.

MONTMARCHET, montic., cⁿᵉ de Bains. — *Rupes de Mon-Marcher*, 1329 (J. de Peyre, nʳᵉ).

Montmartin, lieu dit, c^ne d'Ours-Mons. — *Lo garait de Montmarti*, 1296 (Saint-Georges du Puy).

Montméa, m. i., c^ne de Riotord.

Montméa, h., c^ne de Saint-Didier-la-Séauve. — *Mansus de Monte Medio*, 1323 (hospitaliers du Velay). — *Montmeya*, 1461 (Rhône, H. 1180). — *Mont-Moyen, le lieu de Montméa*, 1561 (terrier de Saint-Didier de Joyeuse). — *Montméat*, 1879 (carte adm.).

Montméat, h., c^ne de Bas. — *Mons Medius*, 1391 (coll. Chaleyer). — *Mont-Meya*, 1500 (obit. de Bas).

Montméat, écart, c^ne de Mézères. — *In pago Vellaico, in villa Monte Mejano*, v. 1000 (cart. du Monastier, n° 191). — *Mons Meghanus*, 1484 (Pelisse, n^re). — *Mont-Meya*, 1507 (év.). — *Montméa*, 1561 (Savin, n^re).

Mont-Mérel, mont., c^ne de Cayres.

Montmoirac, vill., c^ne d'Autrac. — *Castrum de Montmaira*, 1247 (spic. Briv.). — *Monmayrac*, 1281 (J. Lachenal, l'égl. de Brioude, 37). — *Momnirat*, xve s. (Arch. nat., R^{st}. 1143, n° 135). — *Montmoyrat, Momoyrac, Memoyrac*, 1493 (terrier de Blesle). — *Montmorat*, 1820 (Deribier).

Montmonedier, chât. détr., c^ne de Desges. — *Mons Monedarius*, v. 1250 (spic. Briv.). — *Castrum de Mont-Monedier*, 1479 (Bibl. nat., ms. lat., n. acq., 1224, f° 230 v°). — *Le chasteau de Mont-Monedier*, 1574 (terrier de Meyronne).

Montmouchet, mont. et f., c^ne d'Auvers. — *Montboissier*, 1824 (Deribier, stat., p. 29).

Montmouret, h., c^ne de Cronce. — *Monmauron*, xiie s. (cart. de Pébrac, n°s 46-42). — *Monmaurus*, 1345 (Arch. nat., Z². 54, p. 1).

Montmubat, chât. détr., près Brenat, c^ne de Saint-Just-près-Brioude. — *Feudum de Montmirat*, 1269 (Baluze, mais. d'Auv., II, 272). — *Montmurat*, 1341 (terrier de Charbonnier). — *Les chazeaux du château de Montmurat*, 1748 (terrier de Brenat).

En patois : *Montmurail*.

Fief vassal de la seigneurie de Vieille-Brioude.

Montorgue (Le), affl. de la Senouire, c^nes de Montclard, Saint-Préjet-Armandon et Paulhaguet.

Montorgues, vill., c^ne de Paulhaguet. — *Montorgus*, 1078 (spic. Brivat.). — *Mansus de Montorgue*, 1464 (Bibl. nat., ms. lat., n. acq., 1223, f° 162 v°).

Mont-Orsier, mont., c^ne de Retournac. — *Montorser*, 1328 (Arch. nat., P. 1397¹, c. 527).

Montortier, mont. et h., c^ne de Bauzac. — *Mons*

Torterius, v. 1040 (cart. de Chamalières, n° 110).

Montouan, vill., c^ne de Saint-Pierre-Eynac. — *Montoan*, 1329 (Bonneville). — *Monton*, 1333 (Arch. nat., R². 39). — *Monthon*, 1460 (Lardeyrol). — *Montoam*, 1468 (*idem*). — *Montohan*, 1548 (la Chaise-Dieu, Saint-Étienne-Lardeyrol). — *Montoin*, 1879 (carte adm.).

Montpas, mont. boisée, c^ne de Vorey.

Montpastour, mont., c^ne de Bains. — *Territ. retro Monpastor*, 1450 (Saint-Vidal).

Montpastour, mont. et l. détr., c^nes de Barges et de la Sauvetat. — Anc. m^on de l'hôtel-Dieu du Puy. — *Via qua itur de villa seu burgo de S. Paulo versus ecclesiam et locum dictum Espinas Pastor*, 1282 (la Chaise-Dieu, Saint-Paul-de-Tartas). — *Calma de Montpastor*, 1285 (Rhône, la Sauvetat, I, 6). — *Rector et gubernator capellæ et loci d'Espinas Pastor*, 1321 (hôtel-Dieu, B. 654).

Mont-Pegray, coll., c^ne de Sainte-Florine.

Montpeyroux, chât. détr., auj. bois, c^ne de Chazelles. — *Castrum de Monpeiros*, v. 1250 (cart. de Pébrac, n° 75). — *Castrum de Monte Petrozo*, 1323 (I. de Peyre, n^re). — *Prior Montis Petrosi*, 1458 (Bibl. nat., ms. lat., n. acq., 1222, f° 86). — *Montpeyros*, 1466 (*idem*, 1223, f° 289 v°). — *Castrum de Monte Petrusio*, xve s. (pouillé de Saint-Flour, 307). — *Castrum de Monpeyros*, 1477 (*idem*, 1224, f° 160 v°). — *Montpeyroux*, 1511 (coust. d'Auv., 81 v°).

Montpeyroux, vill., c^ne de Saint-Pierre-Duchamp. — *Mandamentum Montis Petrosi*, v. 1181 (hospit. du Velay). — *Ad Montem Pedorsum*, xiiie s. (cart. de Chamalières, n° 321). — *Monpeyros*, 1311 (Arch. nat., P. 494¹, cote 20). — *Mansus de Monte Petrozo*, 1318 (Arch. nat., P. 494¹, cote 12). — *Montpeyros*, 1507 (év.). — *Montpiroux*, 1880 (carte adm.).

Mont-Pigier, mont., c^ne de Saint-Hostien. — *Le suc de Pigiers*, xviie s. (lième de Foussier). — *Mont-Pidgier*, 1843 (état-major).

Montpignon, mont. boisée, c^ne de Vergezac. — *Monpinos*, 1374 (hôtel-Dieu, B. 352).

Montpinoux, h., c^ne de Mazerat-Aurouze. — *Mansus de Monpinos*, 1432 (la Chaise-Dieu, Mazerat-Aurouze). — *Mont-Pinos*, 1474 (*idem*). — *Monpinoux*, xviiie s. (Cassini).

Montpinoux, écart, c^ne d'Yssingeaux. — *Montpinos, Monpinhos*, 1359 (Rhône, H. 2632). — *Montpinhoux*, 1528 (terrier du Pertuis).

Montplaisir, f., c^ne de Champclause.

Montplaisir, f., c^{ne} des Estables. — 1766 (ét. civ.).

Montplaisir, f., c^{ne} du Monastier.

Mont-Plaux, mont. boisée, c^{ne} de Saint-Pierre-Eynac. — *Podium de Monte Plano*, 1324 (la Chaise-Dieu, liasse Saint-Étienne-Lardeyrol). — *Succus de Monpla*, 1329 (Bonneville). — *Montpla*, 1368 (Lardeyrol). — *Montplo*, 1567 (la Chaise-Dieu, Saint-Étienne-Lardeyrol). — *Montplot*, 1677 (Lardeyrol).

Montplot, f., c^{ne} de Saint-Pierre-Eynac.

Montplot, vill., c^{ne} de Siaugues-Saint-Romain. — *Mansus de Monte Plano*, 1330 (Chamblas). — *Monpla*, 1453 (Bibl. nat., ms. lat., n. acq., 1222, f° 9 bis v°). — *Monple*, 1525 (terrier du Cluzel). — *Mounpla*, 1560 (Thiolent). — *Monplo*, 1561 (homm. de Vissac). — *Monplot*, xviii° s. (Cassini).

Montpret, h., c^{ne} de Saint-André-de-Chalencon. — *Mont-Prahes*, 1293 (Arch. nat., P. 491¹, c. 13). — *Monprahes*, 1406 (terrier du Bois). — *Montpreys*, 1545 (terrier de la Garde). — *Montpreyt*, 1614 (coll. C. Falcon). — *Montpré* (cad.).

Mont-Rassias, montic., c^{ne} de Saint-Julien-Chapteuil. — *La Cham de Mont-Rassias*, 1501 (coll. de C. Falcon).

Montrazon, vill., c^{ne} de Thoras. — *Mansus qui appellatur Morrasso*, 1259 (Thiolent). — *Morreso*, 1274 (idem). — *Morreson*, 1279 (idem). — *Mansus de Morresono*, 1367 (idem). — *Morrason*, 1589 (idem). — *Montrazon*, 1675 (idem).

Montrecours, mont. et bois, c^{ne} de Cayres.

Montrecourt, mont., c^{nes} de Cayres et de Saint-Jean-Lachalm. — *Le Mont-Recours*, 1489 (la Chaise-Dieu, Bouchet-Saint-Nicolas).

Montrecoux, h., c^{ne} de Connangles. — *Mons Rocozus*, 1338 (la Chaise-Dieu, Doranges). — *Castrum Montis Rocosi*, 1370 (Arch. nat., L. 989).

Montrecoux, f., c^{ne} de Saint-Just-près-Brioude. — *Monrecors*, 1389 (Bibl. nat., fr., 14337, f° 190). — *Monroco, Monrocho*, 1341 (terrier de Charbonnier). — *Monrecoux*, 1429 (Bibl. nat., ms. fr., 11490, f° 70). — *Mont Rocos*, 1459 (Arch. nat., ZZ. 359, p. 7). — *Mansus de Mont-Recoux*, 1459 (idem, p. 17). — *Morecon*, 1820 (Deribier). — *Mont-Racoux*, 1878 (carte adm.).

Montredon, vill., c^{ne} de Bellevue-la-Montagne. — Commanderie des Templiers, transférée en 1313 aux Hospitaliers, et devenue membre de la commanderie de Devesset. — *Magister de Mont-Redont*, 1213 (templiers du Puy). — *Ecclesia de Templo*, 1252 (Saint-Agrève). — *Domus militiæ Templi de Monte Rotundo*, 1293 (Rhône, commanderie de Montredon, I, 1). — *Domus Montis Rotundi*, 1345 (terrier de Pons de Céaux). — *La commanderie de Montredon*, 1585 (Johanny, n^{re}). Voc. depuis 1313 : saint Jean-Baptiste. Cure : collateur, le commandeur de Montredon.

Montredon, m. i., c^{ne} de Brives-Charensac.

Montredon, écart, c^{ne} de Freycenet-la-Tour.

Montredon, asile d'aliénés et mont., c^{ne} du Puy. — Asile fondé en 1852 et dirigé par des frères et des sœurs de l'ordre de Sainte-Marie-de-l'Assomption. — *Planum de Monte Rotundo*, 1223 (Saint-Vosy). — *In Monte Redont*, 1305 (censier de Saint-Georges du Puy). — *Mont-Redont*, 1408 (compoix du Puy).

Montregard, c^{on} de Montfaucon. — Autref. *Pailhec*. — *Parochia S. Johannis de Pallegiago*, v. 1020, (cart. de Chamalières, n° 194). — *Parochia de Pallayhvt*, 1322 (cart. de Mazan, f° 133 v°). — *Eccl. S. Johannis Baptistæ*, xiv° s. (bibl. Cluniac., c. 1756). — *Bonafides de Paleyeco sive de Monte Regardo*, 1345 (J. de Peyre, n^{re}). — *Prior de Palaeco*, 1408 (év.). — *Parochia de Palhec*, 1410 (cart. de Tence, f° 10). — *Eccl. B. Luppi de Palheaco*, 1465 (Rivière, n^{re}). — *Prior Pailhacii* (le ms. porte : *Pailhuni*), 1516 (Arch. nat., G⁸*, 1, f° 437 v°). — *Pailhec-lez-Montregard*, 1608 (Jamon, n^{re}). — *Saint-Jean-de-Pailhec*, 1626 (vis. past. de l'év. Just de Serres). — *Montregard*, xviii° s. (Cassini).

En 1789, Montregard était compris dans la province du Velay, la subdélégation et sénéchaussée du Puy. Son église paroissiale, diocèse du Puy et archiprêtré de Monistrol-sur-Loire, était consacrée à saint Jean ; l'évêque du Puy, succédant depuis 1762 aux droits des jésuites qui eux-mêmes avaient remplacé, en 1619, l'abbaye bénédictine de l'Île-Barbe, en était le collateur.

Montregard, chât. détr., c^{ne} de Montregard. — *Castrum de Monte Regard*, 1267 (Médicis, I, 80). — *Castrum de Mont-Regart*, 1276 (Gall. christ., XVI, inst., c. 255).

Montreguerri, vill., c^{ne} de Jullianges. — *In parochia de Julangis, in villa de Montilio*, 1037 (cart. de Chamalières, n° 261). — *Muntel Guari*, v. 1180 (idem, n° 136). — *Montilium Garini*, v. 1212 (idem, n° 319). — *Montraguery*, 1670 (Arch. nat., P. 502, cote 58). — *Montregarit*, 1751 (ét. civ.). — *Montguéry*, 1820 (Deribier). — *Montguerry*, 1888 (carte adm.). — *Montreguerry*, 1888 (Malègue).

Montrogen, mont., c^{ne} de Siaugues-Saint-Romain. — 1467 (Bibl. nat., ms. lat., n. acq., 1223, f° 321 v°).

MONTROME, h., c^ne d'Ally. — *Mont-Roman, Mont-Roma*, 1460 (Arch. nat., ZZ. 359, f° 20). — *Montroume*, 1820 (Deribier).

MONTNOUX, f., c^ne de Saint-Préjet-d'Allier. — *Mons Rubeus*, xii° s. (cart. de Pébrac, xlvi, 39). — *Mons Rogi*, 1327 (Lozère, G. 98). — *Montroz*, 1377 (Thiolent). — *Monrochs*, 1499 (idem).

MONTROYER, h., c^ne de Saint-Didier-la-Séauve. — *Montroyet*, 1645 (capitation). — *Le Montroy*, 1820 (Deribier).

MONT-SAINT-LIANDE, pré, c^ne de Loudes.

MONT-SALÉON, loc. détr., c^ne de Saint-Romain-Lachalm. — *Nemus de Mont Salio*, 1461 (Rhône, H. 1180). — *Le lieu de Mont-Saléon*, 1569 (terrier de Saint-Didier).

MONTSEIGNEUR, f., c^ne de Saint-Pal-de-Mons. — *Monseigneur*, 1695 (capitation). — *Monseignour*, xviii° s. (Cassini). — *Montseignau*, 1820 (Deribier).

MONTSENY, f., c^ne de Sainte-Sigolène.

MONT-SERRE, mont. volcan., c^ne de Saint-Quintin-Chaspinhac. — *Montcers*, 1451 (Chamblas). — *Montsers*, 1475 (idem). — *Le suc de Montserfz*, 1555 (cad. de Mercœur).

MONTSERVIER, h., c^ne de Saint-Just-Malmont. — 1556 (coll. Chaleyer). — *Montcervier*, 1888 (Malègue).

MONT-SOUBEYRE, h., c^ne de Saint-Didier-la-Séauve. — *Le Mont-Sobeyra*, 1561 (terrier de Saint-Didier). — *Montsebeyrat*, 1645 (capitation). — *Montsubeyre*, 1879 (carte adm.).

MONTSUC, écart, c^ne de Monistrol-sur-Loire. — *Succus*, 1333 (év.).

MONTUSCLAT, h., c^ne de la Chapelle-d'Aurec. — *Mons ustus*, 1314 (év.). — *Montusclat*, 1499 (J. Boyer, n^re). — *Montuscla*, 1569 (terrier de Saint-Didier de Joyeuse).

MONTUSCLAT, c^on de Saint-Julien-Chapteuil. — *Villa quæ dicitur de Monte Usclato*, v. 980 (cart. du Monastier, n°s 113 et 114). — *Bruna de Mont-Usclat*, 1238 (hôtel-Dieu, B. 135). — *Fortalicium de Monte Usto*, 1285 (év.). — *Castrum Montis Husti*, 1331 (cart. de Mazan, f° 103). — *Ecclesia Sancti Petri de Monte Usto*, 1389 (cordeliers). — *Mons Usthatus*, 1455 (Pradier, n^re). — *L'église paroissiale S. Pierre et S. Paul de Montusclat*, 1769 (Haute-Garonne, B. 1704, f° 646).

En 1789, Montusclat appartenait à la province du Velay, à la subdélégation et sénéchaussée du Puy. Son église paroissiale, diocèse du Puy et archiprêtré de Monistrol-sur-Loire, était sous le vocable de saint Pierre; la cure était à la présentation de l'aumônerie de l'abbaye du Monastier.

MONTVERT, chât. détr. et vill., c^ne de Champclause. — *Montrert*, 1256 (év.). — *Castrum de Monte Viridi*, 1285 (év.). — *Monrert*, 1323 (J. de Peyre, n^re, reg. A).

MONZIE (LA), vill., c^ne de Saint-Pal-de-Chalencon. — *Monzia*, 1163 (cart. de Chamalières, n° 77). — *Mansus de la Monzie*, 1345 (Arch. nat., P. 494¹, c. 19). — *La Monzea*, 1420 (Loire, A. 89, f° 237). — *La Montzia*, 1540 (terrier de Saint-Pal). — *La Montzie*, 1820 (Deribier).

MORAND, h., c^ne de Bas. — *Mourand*, 1691 (obit. de Bas).

MORAND (LE), affl. de l'Aubaigne, c^ne de Malvalette.

MORANGE (LE), affl. de l'Allier, c^nes de Saint-Eble, Mazeyrat-Crispinhac et Langeac. — *Rif de Saint-Eble*, 1461 (Bibl. nat., ms. lat., n. acq., n° 1223, f° 11). — *Ruiss. de Mallat* (cad.).

MORANGES, vill., c^ne de la Chapelle-Geneste. — *Maurangiæ*, 1316 (la Chaise-Dieu, Saint-Allyre). — *Mauranges*, 1392 (Rhône, Saint-Antoine-de-Viennois, Saint-Victor). — *Mauranghas*, 1449 (terrier de Clavelier). — *Morange*, 1820 (Deribier).

MORANGES, vill., c^ne de Mazeyrat-Crispinhac. — *Terra de Morangias*, v. 980 (cart. de Sauxillanges, ch. 501). — *Villa Morangas*, 994 (cart. de Cluny, n° 2274). — *Moranghas*, 1459 (Bibl. nat., ms. lat., n. acq., 1222, f° 117). — *Mourangiæ*, 1504 (Arch. nat., Q. 513, f° 213).

MOREL, f., c^ne de Rosières. — *Locus de Morel prope lo Partus, par. Roseriarum*, 1519 (G. Maurin, n^re).

MORETS (LES), l. détr., près Fougère, c^ne de Pébrac. — *Boria sive pagesia delz Moretz*, 1459 (Bibl. nat., ms. lat., n. acq., 1222, f° 127).

MORGE (LA), vill., c^nes de Mazeyrat-Crispinhac et de Saint-Georges-d'Aurac. — *Mansus de la Morgha*, 1465 (terrier de Vissac). — *La Morge*, 1470 (Bibl. nat., ms. lat., n. acq., 1224, f° 3 v°).

MORIÈNE (LA), l. détr., c^ne d'Aubazac. — *La Moreyra*, 1486 (Arch. nat., Q. 513, f° 81). — *La Moureyre*, 1613 (Mercurial).

MORISSANGES, f., c^ne de Mercœur. — *Locus Maurincianigas*, 925 (cart. de Brioude, ch. 112). — *Morissanges*, 1613 (Mercurial). — *Mourissange*, 1669 (ét. civ.).

MORISTEL, h., c^ne de Saint-Vert. — *Locus de Moristel*, 1499 (la Chaise-Dieu, Saint-Vert). — *Mouristel*, xviii° s. (Cassini).

MORLIÈRE (LA), h., c^ne de Lapte. — *Les Molières*, 1888 (Malègue).

MORT (LA), m. i., c^ne du Pont-Salomon.

MORT (LE), m. i., c^ne de Riotord.

Morte-Sagne-Bas, h., cne de Saint-Arcons-de-Barges.
— *Morta Saigna Inferior*, 1281 (la Chaise-Dieu,
Saint-Paul-de-Tartas).

Morte-Sagne-Haut, h., cne de Saint-Arcons-de-Barges.
— *Morta Saigna Superior*, 1281 (la Chaise-Dieu,
Saint-Paul-de-Tartas). — *Morta Sanha*, 1513
(tit. de Surrel). — *Mortesainhes*, 1573 (*idem*).

Montesaigne, l. détr., cne de Malvières. — *Mansus
Mortuæ Saniæ*, 1348 (la Chaise-Dieu, Malvières).

Morte-Saigne, vill., cne de Saint-Julien-du-Pinet. —
Mansus de Morta Sanha, 1346 (év.). — *Morta-
sanhe*, 1525 (coll. Dr Charreyre). — *Mortassanhe*,
1561 (Savin, nre).

Montessagne, h., cne de Félines. — *Morte-Sagne*,
1392 (Rhône, Saint-Antoine-de-Viennois, Saint-
Victor). — *Morta-Sanhe*, 1460 (la Chaise-Dieu,
doyenné). — *Mortessaigne*, 1610 (Rhône). —
Morte-Saigne, 1820 (Deribier).

Montevieille, l. détr., cne de Saint-Pierre-Duchamp.
— *Mansus de Morta Veylha prope Arsac*, 1345
(Arch. nat., P. 494¹, cote 19).

Monts (Champ des), lieu dit, cne de Saint-Privat-
d'Allier.

Monts (Suc des), mont., cne d'Agnat.

Moscou, m. i., cne de Saint-Julien-Mollesabate.

Mothe (La), con de Brioude. — *Castrum quod Mota
vocatur*, v. 1075 (cart. de Pébrac, n° 7). — *La
Mote*, 1361 (spic. Brivat.). — *Vicecomitatus Motæ
in Arvernia, dioc. S. Flori*, 1366 (Baluze, mais.
d'Auv., II, 345). — *Le lieu de la Mote sur la
rivière d'Alier*, 1443 (spic. Brivat.). — *La Moute,
visconté*, xvᵉ s. (Bibl. nat., ms. fr., 22297, 169).
— *Mota prope Brivatam*, 1472 (Bibl. nat., ms.
lat., n. acq., 1224, f° 60). — *Mota Canilhaci*,
1490 (la Chaise-Dieu, Mazerat-Aurouze). — *La
Mote-de-Canilhac*, 1511 (coust. d'Auv., f° 81 v°).
— *La Mothe-Canilhac*, 1612 (terrier de la Vaudieu). — *La Motte*, xviiiᵉ s. (Cassini). — *La
Mothe-Barentin*, 1787 (coll. J. Lachenal).

En 1789, la Mothe dépendait de la province
d'Auvergne, de l'élection et subdélégation de
Brioude et du ressort de Riom. Au spirituel, il
relevait de la paroisse de la Vialle, commune de la
Mothe.

Par ordonnance du 11 décembre 1842, les
communes de Cougeac et de la Mothe ont été
réunies en une seule commune.

Motte (La), f., cne de Saint-Georges-Lagricol.

Motte (La), h., cne de Saint-Pal-de-Murs. — 1323
(invre du chartrier de Vals-le-Chastel). — *Lamotte*,
1820 (Deribier).

Motte (La), chât. détr., à Saint-Paulien. — *Motta*,
1191 (Bibl. nat., ms. lat., 17803, p. 36). —
*Mota villæ S. Pauliani ubi sita est ecclesia B.
Mariæ*, 1274 (homm. du victe de Polignac à l'év.
du Puy). — *Locus voc. la Mota existens juxta
ecclesiam B. Mariæ de Alto Solerio*, 1306 (tabl.
du Velay, 1875-76, 520).

Moudeyres, con du Monastier. — *Mansus qui dicitur
Mollinearias*, v. 880 (cart. du Monastier, n° 65).
— *Villa Molnerias*, 985 (*idem*, n° 381). — *Villa
de Molneriis*, xiᵉ s. (*idem*, n° 360). — *Terra de
Moderiis*, 1259 (*idem*, n° 451). — *Molneiras*,
1308 (homm. de l'év.). — *Moudeyras*, 1344
(Monastier). — *Mauderiæ*, 1462 (*idem*). — *Locus
de Mouderiis*, 1529 (Costavol, nre). — *Moudeyres*,
1549 (Savin, nre). — *Modeires*, 1569 (A. Boyer,
nre).

Commune créée le 31 mars 1855 et démembrée
de celles de Laussonne, des Estables et de Freycenet-la-Tour.

Moulard (Le), vill., cne d'Alleyras. — *Terra del
Molar*, 1235 (hôtel-Dieu, B. 310). — *Mansus de
Molario*, 1453 (J. Rocher, nre). — *Le Molard*,
1820 (Deribier).

Moulat, h., cne de Tiranges. — *Le Mollatz*, 1614
(coll. C. Falcon). — *Moulas*, 1879 (carte adm.).

Moulergue, vill. et mine d'antimoine, cne de Chastel.
— *Molergues*, 1350 (Arch. nat., Z². 54, p. 73).
Concession du 7 février 1866.

Mouleyre (La), vill., cne de Saint-Pierre-Eynac. —
Moleria, 1509 (Alcil, nre). — *La Moleyra*, 1547
(Savin, nre). — *La Moleyre*, 1695 (capitation).

Moulhiade (La), vill., cne de Chomelix. — *La Mollada*, v. 1180 (hôtel-Dieu). — *La Monliada*,
1224 (tabl. hist. du Velay, 1870-71, 253).
La Moilliada, 1273 (*ibid.*, 1875-76, 529).
Mansus de la Moulhada, 1311 (Arch. nat.,
P. 1398¹, cote 650). — *La Molhada*, 1404
(terrier de Chomelix). — *La Molhata*, 1488
(hôtel-Dieu). — *La Moulhade*, 1548 (P. Gallien,
nre).

Mouliède (La), h., cne de Lapte. — *La Mouleyre*,
1553 (ress. de Montfaucon). — *Les Molières*,
1820 (Deribier).

Moulin (Le), écart, cne de Bauzac.

Moulin (Le), min, cne de Blanzac.

Moulin (Le), min sur la Dore, cne de Bonneval.

Moulin (Le), min sur le Combre, cne de Chamalières.

Moulin (Le), m. i., cne de la Chapelle-d'Aurec.

Moulin (Le), m. i., cne de Chilhac.

Moulin (Le), m. i., cne de Frugières-le-Pin.

Moulin (Le), min sur le Lignon, cne de Lapte.

MOULIN (LE), m[in] sur le ruiss. de Veyrines, c[ne] de Saint-Julien-du-Pinet.

MOULIN (LE), écart, c[ne] de Saint-Vidal. — *Molendinum S. Vitalis*, 1385 (terrier de Saint-Vidal).

MOULIN (LE GRAND-), m[in] sur la Loire, c[ne] de Chamalières. — *Le Molin-de-Monsieur* (le prieur de Chamalières), 1571 (A. Girard, n[rs]).

MOULIN (LE GRAND-), m[in] sur la Gazeille, c[ne] des Estables. — *Les Musniers*, 1739 (ét. civ.). — *Le Moulin-des-Estables*, 1754 (*idem*). — *Les Moulins*, 1779 (*idem*).

MOULIN (LE VIEUX-), m[in] sur la Semène, c[ne] du Pont-Salomon.

MOULINAS, h., c[ne] de Laussonne.

MOULINAS (LE), affl. de la Loire, limite des communes de la Chapelle-d'Aurec et d'Aurec. — *Le Molinac* (cad.). — *Le Moulina*, 1879 (carte adm.).

MOULINAS (LE), f., c[ne] du Mazet-Saint-Voy. — *Lou Mulinas*, 1608 (cad. de Bonnas). — *Lou Moulinas*, 1745 (homm. de l'év.).

MOULINAS (LE), m. i., c[ne] de Saint-Front.

MOULINAS (LE), m. i., c[ne] de Salettes.

MOULINAS (LE), l. détr., c[ne] d'Yssingeaux. — XVIIIe s. (Cassini).

MOULIN-À-VENT (LE), m. i., c[ne] de Champagnac.

MOULIN-À-VENT (LE), m[in] ruiné, c[ne] de Monistrol-sur-Loire.

MOULIN-À-VENT (LE), m. i., c[ne] de Saint-Didier-sur-Doulon.

MOULIN-BARREYRE (LE), m[in], c[ne] de Vieille-Brioude.

MOULIN-BAS (LE), m[in] sur l'Allagnon, c[ne] de Lempdes.

MOULIN-BAS (LE), m[in] sur la Senouire, c[ne] de Paulhaguet.

MOULIN-BAS (LE), m[in] sur le Guisson, près l'Espitalet, c[ne] de Siaugues-Saint-Romain. — *Molendinum Soteyra*, 1481 (Bibl. nat., ms. lat., n. acq., 1224, f° 282).

MOULIN-BERAUD, lieu dit, c[ne] de Coubon. — *En Moli Beraut*, 1346 (Haute-Loire, E.).

MOULIN-BLANC (LE), m[in] sur le Cereix, c[ne] de Saint-Jean-de-Nay.

MOULIN-BLANC (LE), h., c[nes] de Saint-Romain-Lachalm et Saint-Victor-Malescours. — *Le Molin-Blanc*, 1569 (terrier de Saint-Didier).

MOULIN-BERTRAND, m[in] sur le Dolaison, c[ne] du Puy.

MOULIN-BOUDON (LE), m[in] sur le Céroux, c[ne] de Saint-Just-près-Brioude.

MOULIN-CHEVAL (LE), h., c[ne] de Saint-Victor-Malescours. — *Lo Moli-Chaval*, 1363 (coll. Chaleyer). — *Moly-Chaval*, 1561 (terrier de Saint-Didier). — *Mollin-Cheval*, 1645 (capitation).

MOULIN-COUTAY, m[in] sur l'Étang, c[ne] de Berbezit.

MOULIN-D'ALLIGNON, m[in] sur la Dège, c[ne] de Pébrac.

MOULIN-D'AUROUZE (LE), m[in] sur la Senouire, c[ne] de Mazerat-Aurouze. — *Molendinum Aurozæ*, 1441 (la Chaise-Dieu, Mazerat-Aurouze).

MOULIN-DE-BARBE (LE), m[in], c[ne] de Jax.

MOULIN-DE-BARRANDE (LE), m[in] sur le Pontajou, c[ne] de Saugues. — *Lous Molys Paghos, alias de Barrande*, 1564 (Thiolent).

MOULIN-DE-BAYLE (LE), f., c[ne] du Chambon.

MOULIN-DE-BIASSE (LE), m[in] sur la Virlange, c[ne] d'Esplantas. — *Le Molin-de-Biasse*, 1622 (Thiolent).

MOULIN-DE-BION, m[in] sur le Cros, c[ne] d'Agnat.

MOULIN-DE-BLANCHARD (LE), m[in] sur la Senouire, c[ne] de la Vaudieu.

MOULIN-DE-BLANNAT, m[in] sur la Senouire, c[ne] de Domeyrat.

MOULIN-DE-CELLIER, m[in] sur le Langougnol, c[ne] de la Farre.

MOULIN-DE-CHABANETTES (LE), m[in] sur le Pontajou, c[ne] de Saugues.

MOULIN-DE-CHARDON (LE), m[in] sur la Seuje, c[ne] de Saugues.

MOULIN-DE-CHAUSSE (LE), m[in], c[ne] de Saugues. — *Le Molin-de-Chausser*, 1539 (Thiolent).

MOULIN-DE-COMTE (LE), m[in] sur la Virlange, c[ne] d'Esplantas. — *Le Molin-de-Conte*, 1539 (Thiolent).

MOULIN-DE-COULAU (LE), m[in], c[ne] de Saugues.

MOULIN-DE-DINAT (LE), m[in] détr. près Julliat, c[ne] de la Vaudieu. — *Le Molin-de-Dinat*, 1612 (terrier de la Vaudieu).

MOULIN-DE-GONON (LE), m[in] détr., c[ne] de la Vaudieu. — 1612 (terrier de la Vaudieu).

MOULIN-DE-GORY (LE), m[in], c[ne] de Landos.

MOULIN-DE-LA-BARAQUE (LE), m[in], c[ne] de Vieille-Brioude.

MOULIN-DE-LACHAMP (LE), m[in] sur la Seuje, c[ne] de Saugues.

MOULIN-DE-LA-CHOMETTE (LE), m[in] sur la Vendage, c[ne] de Saint-Beauzire.

MOULIN-DE-LA-VAREIRE (LE), m[in] sur le Monteil, c[ne] de Saint-Haon.

MOULIN-DE-LAYES (LE), m[in], c[ne] de Dunières.

MOULIN-DE-L'HÔPITAL (LE), m[in] sur la Borne, c[ne] d'Aiguilhe. — *Molendina Hospitalis vocata de la Bastida subtus planchas aquæ Bornæ*, 1291 (hôtel-Dieu, B. 155). — *Molendinum Hospitalis vocatum de las Bastidas prope Anicium*, 1331 (*idem*, B. 187). — *Le Molin de la Maison-Dieu en l'esglise cathedralle N.-D. du Puy*, 1597 (Galien, n[rs]).

MOULIN-DE-LUGEAC (LE), m[in] sur la Senouire, c[ne] de la Vaudieu.

Moulin-de-Lumenesse (Le), m^in sur le Veyron, c^ne de Dunières.

Moulin-d'Entremont (Le), m^in sur la Vendage, c^ne de Saint-Laurent-Chabreuges.

Moulin-de-Pierre (Le), m^in sur la Bave, c^ne d'Autrac. — *Le Molin de Pont-de-Tres*, 1493 (terrier de Blesle). — *Moulin du Pont-de-Try*, xviiie s. (Cassini).

Moulin-de-Pontageon (Le), m^in sur la Védrine, c^ne de Venteuges. — *Lo Batyffol*. 1574 (terrier de Meyronne).

Moulin-de-Pouzas (Le), m^in sur la Virlange, c^ne de Saugues.

Moulin-de-Razas (Le), m^in, c^ne de Saugues.

Moulin-de-Roche (Le), m^in sur l'Arquejols, c^ne de Raurel. — *Le Mas de las Salles*, 1296 (homm. de l'év.). — *Le Moulin de la Salle scitué à l'eau d'Arqueje*, 1308 (idem). — *Le Moulin-de-la-Roche*, 1888 (carte adm.).

Moulin-de-Sainthou (Le), m^in sur le Pontajou, c^ue de Saugues.

Moulin-des-Draps (Le), m^in sur la Borne, c^ne de Brives-Charensac. — *Le Molin des Couteaux, qu'est à présent Molin à draps de l'Hostel-Dieu N.-D. du Puy*, 1675 (communication de M. H. Vinay).

Moulin-des-Gaillards (Le), m^in sur l'Arquejols, c^ne de Saint-Étienne-du-Vigan.

Moulin-des-Lagers (Le), m^in, c^ne de Dunières.

Moulin-des-Nautes (Le), m^in sur le Monteil, c^ne de Saint-Haon.

Moulin-de-Soulier (Le), m^in, c^ne de Dunières.

Moulin-de-Vazeilles (Le), m^in sur le Panis, c^ne de Vazeilles-près-Saugues. — *Le Molin-de-Vazelhes*, 1564 (Thiolent).

Moulin-de-Vazeilles (Le), m^in sur le Céroux, c^ne de Vieille-Brioude.

Moulin-d'Héraud, m^in sur le Morange, c^ne de Mazeyrat-Crispinhac. — *Moulin-d'Eyraud*, 1820 (Deribier).

Moulin-d'Ombret (Le), m^in sur la Virlange, c^ue de Saugues.

Moulin-du-Bateau, m^in sur l'Allagnon, c^ne de Léotoing.

Moulin-du-Boucherand (Le), m^in sur la Senouire, c^ue de Mazerat-Aurouze. — *Moulin-de-Bouches* (cad.).

Moulin-du-Cellier (Le), m^in sur la Lengouniole, c^ne de la Farre.

Moulin-du-Cros (Le), m^in sur la Dunières, c^ne de Dunières.

Moulin-du-Mazel (Le), m^in sur la Védrine, c^ue de Venteuges. — *Les Roddes ou Moulin du Mazel*, 1879 (aff. jud.).

Moulin-du-Pont, m^in, c^ne de Jullianges. — *Molendinum Azineriarum*, 1323 (Arch. nat., S. 3298, sacristain, n° 1).

Moulin-du-Pré (Le), m^in sur la Dunières, c^ne de Dunières.

Moulin-du-Pré (Le), h., c^ne de Saint-Pal-de-Mons. — *Molendinum Prati*, 1469 (Rivière, n^re). — *Lo Moly dou Pra*, 1507 (év.). — *Moulin-du-Pic*, 1820 (Deribier).

Moulin-du-Rouve (Le), m^in sur le Pontajou, c^ne de Saugues. — *Molendinum del Rover*, 1477 (Bibl. nat., ms. lat., n. acq., 1224, f° 164).

Moulin-du-Seigneur (Le), à Fay-le-Froid. — *Molendinum Fayni*, 1464 (Ardèche, G. 624).

Moulin-du-Vésinat (Le), m^in sur la Méjeanne, c^ne d'Arlempdes.

Moulines, h., c^ne de Pradelles. — *Territorium de Molinis*, 1328 (Arch. nat., P. 1399¹, c. 768). — *Moulné*, xviiie s. (Cassini).

Moulinet (Le), affl. de l'Ance, c^ne de Boisset.

Moulinet (Le), écart, c^ne de Monistrol-sur-Loire. — *Molinet*, 1691 (ét. civ.).

Moulin-Giroux, m^in sur le Pompet, c^ne de Malvalette.

Moulin-Haut (Le), m^in sur l'Allagnon, c^ue de Lempdes.

Moulin-Haut (Le), m^in sur la Senouire, c^ne de Paulhaguet.

Moulin-Haut (Le), m^in sur le Guisson, près l'Espitalet, c^ne de Siaugues-Saint-Romain. — *Lo Moly Sobeyra*, 1481 (Bibl. nat., ms. lat., n. acq., 1224, f° 282).

Moulin-Misse, m. i., c^ne de Lissac.

Moulin-Neuf, m^in sur l'Ance, c^ne de Boisset.

Moulin-Neuf, m. i., c^ne de Jullianges.

Moulin-Neuf, chât. détr. et vill., c^ue de Saint-Germain-Laprade. — *Castrum voc. Molendinum Novum situm prope civitatem Anicii*, 1335 (Arch. nat. P. 1397², cote 548). — *Lo Moli nou*, 1408 (compois du Puy). — *Hospitium voc. Molendinum [Novum], scitum in riparia de Gompnha*, 1474 (Arch. nat., P. 1362¹, cote 1113). — *Le Molin-Neuf*, 1506 (Médicis, II, 303).

Moulin-Neuf (Le), m^in sur le Lignon, c^ne de Fay-le-Froid. — *Molendinum Norum prope locum de Fayno*, 1464 (Ardèche, C. 624).

Moulin-Neuf (Le), m^in sur la Gourgueure, c^ne de Pinols.

Moulin-Neuf (Le), m^in sur la Seuge, c^ne de Saugues. — *Molendinum Novum*, 1327 (Lozère, G. 98).

Moulin-Perrin, m. i., c^ne de Lissac.

Moulin-Robin (Le), m^in sur le Doulon, c^ne de Saint-Didier-sur-Doulon.

Moulin-Rodier (Le), m^in sur la Seuge, c^ne de Saugues. — *Molendinum Rodeyr*, 1327 (Lozère, G. 99). — *Lo Moly-Rodié*, 1527 (A. Besseyre, n^re). — *Le Molin-Rodier*, 1539 (Thiolent).

Moulins (Les), m^in sur le Lignon, c^ne de Grazac.

Moulins (Les), h., c^ne de Laussonne. — *Los Molens*, 1507 (év.). — *Lous Molentz*, 1541 (Savin, n^re). — *Les Molencz*, 1615 (Robert, n^re). — *Les Mollinez, les Moullinez*, 1667 (André, n^re).

Moulins (Les), vill., c^ne de Saint-Jeure. — *Molendinum*, 1314 (év.). — *Los Molis*, 1390 (év.). — *Los Molys*, 1507 (év.).

Moulins (Les), affl. du Lignon, c^nes de Saint-Jeure et de Chénéreilles. — *Moulin*, xviiie s. (Cassini).

Moulin-Vieux (Le), m^in, c^ne de Collat.

Moulis, f., c^ne de Saint-Front. — *Mansus Molendini de Faurias*, 1528 (cad. du Monastier).

Moulis, f., c^ne de Saint-Julien-d'Ance. — *Moly*, 1572 (A. Boyer, n^re).

Moulis, vill., c^ne de Vernassal. — *Locus de Molis*, 1518 (G. Maurin, n^re). — *Molys,* 1573 (A. Boyer, n^re).

Moulis (Les), h., c^ne de Sembadel. — *Los Molis*, 1570 (J. Chalvon, n^re).

Moulys (Les), m^in sur le Rivaux, c^ne de Champ-clause.

Mounadières, h., c^ne de la Chapelle-Geneste. — *Monedeyras*, 1316 (la Chaise-Dieu, Saint-Allyre). — *Monedeiras*, 1449 (terrier de Clavelier). — *Monadière*, 1888 (carte adm.).

Mouneis, vill., c^ne de Montregard. — *Monneiz*, 1320 (cart. de Mazan, f° 138 v°). — *Monetz*, 1556 (terrier de Montregard). — *Mounet*, 1879 (carte adm.).

Mounès, écart, c^ne de Beaulieu. — *Mounes*, 1474 (Pratlavi, n^re). — *Mones*, 1490 (cad. de Mézères). — *Monneys*, 1635 (Demans, n^re). — *Mounets*, 1888 (Malègue).

Mouneyrou (Moulin-), m^in sur la Roudesse, c^ne de Saint-Etienne-Lardeyrol.

Mounier, mont. et m. i., c^ne de Saint-Jeure.

Mounier, mont., c^nes de Champclause et Saint-Julien-Chapteuil. — *Suchassium de Mounier*, 1501 (coll. C. Falcon).

Mouniers (Les), h., c^ne de Beaulieu. — *Locus doux Monniers*, 1482 (Richon, n^re). — *Loux Mounyers*, 1541 (Chamblas).

Mourennes, h., c^ne de Saugues. — *Mansus de Morenis*, 1327 (Lozère, G. 98). — *Morenes*, 1564 (Thiolent).

Mouret, h., c^ne de Connangles. — *Amorec*, 1323 (la Chaise-Dieu, Connangles). — *Mansus d'Amoret,*

1462 (*ibid.*). — *Le lieu d'Amouret*, 1561 (J. Chalvon, n^re).

Mourgeat, h., c^ne de Saint-Georges-d'Aurac. — *Morghat*, 1459 (Bibl. nat., ms. lat., n. acq., 1222, f° 117 v°). — *Morgheat*, xviiie s. (Cassini). — *Morgeac* (cad.). — *Morgat*, 1820 (Deribier). — *Mourjeac*, 1888 (Malègue).

Mourgue, m. i., c^ne de Présailles.

Mourleyre, h., c^ne de Mercœur. — *In vicaria Brivatensi, in Maurlerias*, v. 957 (cart. de Brioude, ch. 320). — *In vicaria Radicatensi, in Maurlerias*, 986 (idem, ch. 285). — *Morleyras*, 1387 (Arch. nat., Z². 4144, p. 201). — *Morleyres*, 1444 (Bibl. nat., ms. fr., 11490, p. 345). — *Morleyre*, 1549 (Savin, n^re). — *Mourleyres*, 1613 (Mercurial). — *Morlière*, 1683 (ét. civ.). — *Mouleyre*, 1888 (Malègue).

Mournouze (La), affl. de la Senouire en amont de la Vaudieu.

Moussier, écart, c^ne de la Farre.

Moutette (La), h., c^ne du Monastier.

Mouteirne (La), h., c^ne de Croisance. — *La Modieyra*, 1394 (Lozère, G. 414). — *Moteyria*, 1491 (Thiolent). — *Moteria*, 1527 (A. Besseyre, n^re). — *La Moteyre*, 1565 (Thiolent).

Mouteyne (La), vill., c^ne de Landos. — *Moteria*, 1330 (la Chaise-Dieu, Saint-Paul-de-Tartas). — *La Moteyra*, 1377 (Ord. des R. de Fr., VI, 268). — *Mansus de la Matieyra*, 1384 (Bibl. nat., lat., 10003, f° 40). — *La Motiera*, 1506 (Médicis, II, 302). — *La Moteyre*, 1585 (M^cc Leblanc, n^re). — *La Mouteire*, xviiie s. (Cassini).

Mouteyre (La), m. i., c^ne de Lissac.

Mouty, h., c^ne de Saint-Vincent. — *Le Moty*, 1695 (capitation).

Mozun, écart et bois, c^ne de la Chaise-Dieu. — *Nemus de Mausun*, 1271 (spic. Brivat.). — *Nemus de Mauzu*, 1324 (idem). — *Nemus de Mansu*, 1324 (la Chaise-Dieu, Mozun). — *Mausuz*, 1371 (idem, la Chapelle-Geneste). — *Le bois de l'abbé de la Chaise-Dieu, app. de Mosu*, 1561 (J. Chalvon, n^re).

Mude (La), f., c^ne de Charraix. — *Mansus de Lamudat*, 1455 (Bibl. nat., ms. lat., n. acq., 1222, f° 40 v°).

Mule (Moulin-de-la-), m^in sur le Vourzac, c^ne de Sanssac-l'Eglise.

Munit, lieu dit, près Cheyrac, c^ne de Polignac. — Vestiges d'antiquités romaines.

Mure (La), vill., c^ne de Bas. — *Villa de la Mura*, v. 1173 (cart. de Chamalières, n° 123). — *Mura,*

1385 (év.). — *La Mura in Bassio*, 1431 (Loire, A. 89, f° 211). — *Lamure* (cad.).

MURE (LA), m. i., c^ne de Raucoules. — *Lamure*, 1888 (Malègue).

MURE (LA), f., c^ne de Rosières. — *La Mura*, 1256 (év.). — *Las Mures*, 1561 (Savin, n^re). — *Lamure*, 1820 (Deribier).

MURE (LA), vill., c^ne de Saint-Victor-Malescours. — *Lamure* (cad.).

MURES (LES), écart, c^ne de Cistrières. — *Les Murs*, 1888 (carte adm.).

MURET (LE), f., c^ne de Saint-Bonnet-le-Froid. — *Muret*, 1553 (ress. de Montfaucon).

MURETTE (LA), m. i., c^ne de Saint-Bonnet-le-Froid.

MURETTE (LA), h., c^ne de Saint-Didier-la-Séauve. — *Mureta*, 1376 (coll. Chaleyer).

MURS, chât. ruiné et h., c^ne de la Chapelle-Bertin. — *Chastiau de Murs*, 1314 (Baluze, mais. d'Auv., pr., II, 355).

MUSETTE (LA), rivière qui prend sa source à Vazeilles, c^ne de Vazeilles-Limandres, et afflue à la Borne, au m^in de Chazeaux, c^ne de Borne. — *Musa*, 1385 (terrier de Saint-Vidal). — *Aqua de Musa*, 1430 (hospit. du Velay). — *Le Freycenet*, 1888 (carte adm.).

MUSIQUE, m^in sur le Chomeil, c^ne de Rosières.

MUSSIC, h., c^ne de Solignac-sur-Loire. — *Grangia de Mussico*, 1261 (tabl. du Velay, 1874-75, 64). — *Mussic*, 1306 (prieuré de Solignac). — *Mussicum*, 1352 (*idem*). — *Mussicq*, 1586 (Sigaud, n^re).

MUZAC (SUC DE), montic., près Marminhac, c^ne de Polignac. — 1682 (cad. de Polignac).

<h1 style="text-align:center">N</h1>

NANT, vill., c^ne de Monistrol-sur-Loire. — *Villa quæ Nant vocatur*, 1173 (cart. de Chamalières, n° 121); — 1370 (év.).

NANT, h., c^ne de Vorey. — *Nan*, 1288 (bénédictines de Vorey). — *In Nantis*, 1336 (Arch. nat., P. 1494^1, cote 18).

NANT (SUC DE), montic., c^ne de Vorey. — *Collis seu suc de Nant*, 1333 (Arch. nat., P. 1494^1, cote 61).

NANTET, vill., c^ne de Monistrol-sur-Loire. — 1507 (év.). — *Nantel*, 1691 (ét. civ.).

NARCE (LA), m. i., c^ne de Saint-Étienne-du-Vigan.

NARCE (LA), f., c^ne de Saint-Front. — *La Narce-de-Coulteaux*, 1646 (cad. de Bonnefont). — *Sioulac* ou *Narce*, 1820 (Deribier).

NARCETTE (LA), f., c^ne de Freycenet-la-Tour.

NAU, l. détr., c^ne d'Arlempdes. — *Le lieu de Nau*, 1563 (Coppié, n^re). — *Moulin de Naud*, xviiie s. (Cassini).

NAU (LA), l. détr., vis-à-vis Changeac, c^ne de Vorey. — *Mansus de Nave, locus de la Nau*, 1311 (Arch. nat., P. 1399^1, c. 783).

NAU (MOULIN-DE-LA-), m^in sur l'Allagnon, c^ne de Léotoing. — *Le Molin-de-Leotaing*, 1520 (la Chaise-Dieu, Chambezon). — *Moulin-du-Bateau* (cad.).

NAU-DE-PIROCHE (LA), lac sur l'Allier, près Tapon, c^ne de Saint-Ilpize. — *Lo raylet de Peyrocha*, 1380 (Arch. nat., Z^2. 4143, p. 72). — *Territ. Navis de Pirocha*, 1460 (Arch. nat., ZZ. 359, p. 18).

NAUTE (LA), écart, c^ne de Bauzac. — *Mansus de la Nauta*, 1346 (Arch. nat., P. 490^3, cote 229). — *La Naute*, 1553 (ress. de Montfaucon). — *La Note*, 1771 (ét. civ.).

NAUTE (LA), f., c^ne de Montregard.

NAUTELLE (LA), h., c^ne de Bonneval. — 1569 (J. Chalvon, n^re).

NAUTES, h., c^ne de Vernassal. — *Mansus de las Nautas*, 1472 (Bibl. nat., ms. lat., n. acq., n° 1334, f° 45 v°). — *Les Nautes*, xviiie s. (Cassini).

NAVAT, vill., c^ne de Saint-Arcons-d'Allier. — *Villa de Navat*, 1235 (spic. Brivat.).

NAVERTE (LA), h., c^ne d'Aurec. — *Petrus Guigonis, alias de Navasta*, 1418 (Loire, A. 89, f° 153).

NAVES, h., c^ne de Bas. — *Mansus de Navis*, 1295 (coll. Chaleyer). — *Naves secus Lhoriacum*, 1511 (obit. de Bas). — *Nave* (cad.).

NAVES, h., c^ne de Saint-Christophe-sur-Dolaison. — *Navas*, 1163 (hospit. du Velay).

NAVES, m. i., c^ne de Saint-Julien-Chapteuil.

NAVETTE (LA), h., c^ne de Retournac. — *Mansus de Naveta*, 1345 (Rhône, E. 8). — *Portus Naris de Retornaco*, 1514 (obit. de Bas). — *La Navette*, 1695 (capitation).

NAVETTE (LA), usine, c^ne de Saint-Maurice-de-Lignon.

NAVETTET, f., c^ne de Queyrières.

NAVOGNE, h., c^ne de Bas. — *Navennhes*, 1334 (coll.

Chaleyer). — *Narchunhes*, 1340 (Saint-Mayol). —*Naveonhes*, 1420 (tabl. du Velay, 1877-78, 365).

Neyrac, l. détr., cne de Brioude. — *Super flumen Elarii, in cultura quæ dicitur Neiraco*, v. 942 (cart. de Brioude, ch. 36). — *Territorium voc. de Neyrac prope de l'esclusa de Mota*, 1453 (terr. du fordoy. de Brioude).

Neyra-Neut, l. détr., près le bois des Fonts, cne de Freycenet-la-Tour. — *Cazalia de Neira Noit sive Nigræ Noctis*, 1263 (Monastier).

Neyraval, h. et min sur le Cheneville, cne de Varennes-Saint-Honorat. — *Neyraval*, 1373 (hôtel-Dieu, B. 685). — *Nigra Vallis*, 1540 (Pradier, nre). — *Nayraval*, 1576 (communic. de M. E. Grellet de la Deyte). — *Nairaval*, 1820 (Deribier).

Neyraval (Le), affl. du Cheneville, cne de Varennes-Saint-Honorat.

Neyret, f., cne de Saint-Didier-la-Séauve. — *Negret*, 1820 (Deribier). — *Neyrat*, 1888 (Malègue).

Neyrial (Le), vill., cne d'Yssingeaux. — *Linairil*, 1254 (Saint-Georges du Puy). — *Linairils*, 1314 (év.). — *Mansus de Linairial*, 1314 (év.). — *Liniayrils, Leneyrils*, 1359 (Rhône, II. 2632). — *Ligneralum*, 1523 (est. gén. d'Yssingeaux). — *Lineyriaulx*, 1547 (terrier de Verchères). — *Ligneyriaulx*, 1597 (terrier d'Alain de Saint-Ferriol). — *Le Neyrial*, 1714 (terrier de Vertamise).

Neyrolles, vill., cne de Champagnac. — 1539 (Vals-le-Chastel).

Neyron, h., cne de Tence.

Neyzac, vill., cne de Saint-Julien-Chapteuil. — *In arce (aice) de Capitolio, in Villa Naisaco*, v. 1020 (cart. du Monastier, n° 254). — *In pago Vellaico, in manso qui dicitur Neizaco*, v. 1022 (idem, n° 214). — *Mansus d'Anayzac*, 1336 (Saint-Agrève). — *Neyssat*, 1455 (Pradier, nre). — *Neysac*, 1561 (Savin, nre).

Ninirolles, h., cne de Vazeilles-Limandres. — *Linayrolas*, 1309 (homm. de l'év.). — *Mansus de Lineyrolas*, 1479 (Bibl. nat., ms. lat., n. acq., 1224, f° 234). — *Nineyrolles*, 1682 (cad. de Polignac). — *Ninirole*, 1820 (Deribier).

Niolvet, h., cne de Saint-Étienne-Lardeyrol. — *Nihauvia*, 1468 (Lardeyrol). — *Niauvya*, 1470 (Chamblas). — *Nyavhe*, 1549 (idem). — *Nyauvhe*, 1561 (Savin, nre).

Nirandes, dom., cne de Cayres. — *Neyramde*, 1346 (J. de Peyre, nre). — *Nyrandes*, 1352 (prieuré de Solignac). — *Niromdes*, 1464 (idem).

Nizieux, f., cne de Saint-Ferréol-d'Auroure.

Noble, m. i., cne d'Yssingeaux.

Noble (Le), m. i., cne de Saint-Maurice-de-Lignon.

Noilhac, éc., cne de Grazac. — *Mansus Nuailliacus*, v. 1100 (cart. de Cluny, ch. 3792, V). — *Nuillacus*, v. 1100 (idem, ch. 3792, IX). — *Nualiac*, v. 1100 (idem, ch. 3792, XI). — *Nuaillac*, 1244 (idem, ch. 4822). — *Nouhac*, 1878 (carte adm.).

Noix-de-Roudille (La), m. i., cne de Saint-Romain-Lachalm.

Nolhac, vill., cne de Saint-Paulien. — *In... vicaria de Vetula Civitate, in villa de Genoliaco*, v. 951 (cart. du Monastier, n° 123). — *Mansus de Ganulliac*, v. 1150 (Saint-Georges du Puy). — *Noallac*, 1306 (tabl. du Velay, 1875-76, 520). — *Nualhac*, 1319 (Saint-Georges de Saint-Paulien). — *Nohalhacum*, 1344 (hôtel-Dieu, B. 675). — *Noalhac*, 1355 (terr. de P. Ravoux). — *Nulhacum*, 1390 (év.). — *Nohalhat*, 1408 (compois du Puy). — *Nolhiacum*, 1475 (prieuré de Polignac). — *Noulhac*, 1561 (Savin, nre).

Nolhac, vill., cne de Saint-Pierre-Duchamp. — *Mansus de Nualhac*, 1318 (Arch. nat., P. 494¹, cote 12). — *Nulhacus, Nulhac*, 1453 (Pradier, nre). — *Noalhiac*, 1500 (coll. C. Falcon). — *Noailhac*, 1507 (év.). — *Noalhac, Noulliac*, 1569 (A. Boyer, nre).

Nolhac, vill., cne de Saint-Privat-d'Allier. — *Nualhac*, 1331 (J. de Peyre, nre). — *Mansus de Noalhat*, 1469 (Bibl. nat., ms. lat., n. acq., 1223, f° 353). — *Noailhat*, 1485 (terrier du Cluzel). — *Nolhac*, 1513 (terrier de Saint-Privat).

Noluet, h., cne de Montregard. — *Nualhec*, 1318 (tit. de Bronac). — *Nollet*, 1451 (Dr Charreyre) — *Nolhac*, 1556 (terr. de Montregard). — *Neyliec*, xviiie s. (Cassini).

Notre-Dame (Mas-), cne de Brives-Charensac. — *Mansus de Charansac qui voc. Mansus de Sancta Maria*, 1220 (hôtel-Dieu, B. 130).

Notre-Dame-de-Bon-Secours, chapelle, cne d'Aurec.

Notre-Dame-de-Chalencon, chapelle à Chamalières. — Fondée par le vicomte de Polignac, suivant contrat du 9 août 1567.

Notre-Dame-de-la-Grâce, chapelle, au Marcet, cne de Salzuit. — 1633 (coll. J. Lachenal).

Notre-Dame-de-Lorette, chapelle, cne de Saint-Pal-de-Chalencon.

Notre-Dame-d'Estour, chapelle, cne de Monistrol-d'Allier. — *Capella sive ecclesia dels Torns*, 1296 (Lozère, G. 1947). — *Ecclesia seu capella Nostræ Dominæ de Turnis*, 1359 (Thiolent). — *Ecclesia Beatæ Mariæ des Torns*, 1460 (Bibl. nat., ms. lat.,

n. acq., 1222, f° 160 v°). — *Le prieur de Nostre-Dame-de-Tours*, 1516 (Arch. nat., G*2, f° 597). — *Notre-Dame-des-Tours*, 1717 (Thiolent).

Notre-Dame-de-Tout-Pouvoir, chapelle, cne de la Chapelle-d'Aurec. — xviii° s. (Cassini).

Notre-Dame-du-Port, anc. verrerie, cne de Vézézoux.

Noustoulet, vill., cnes de Saint-Germain-Laprade et de Saint-Pierre-Eynac. — *Mansus de Nastol*, 1153 (hospit. du Velay). — *Nastolet*, 1160 (*ibid.*). — *Nastoletum*, 1412 (terrier du Moulin-Neuf). — *Nostollet*, 1539 (*ibid.*). — *Nastoullet*, 1547 (Savin, nre). — *Nastollet*, 1596 (Galien, nre).

Nouveau-Monde (Le), h., cne de Saint-Haon.

Nouvet, h., cne d'Araules. — *Nouyet*, 1888 (Malègue).

Novacelle, l. détr., cne de Vieille-Brioude. — *In aice Brivatensi, in villa quæ nominatur Novacella*, 886 (cart. de Brioude, ch. 175); — 962 (*idem*, ch. 276). — *Novacellas*, v. 1075 (cart. de Pébrac, n° 7). — *Novacela*, 1322 (coll. P. Le Blanc).

Novechaze, h., cne d'Ally. — *Casa Nova*, v. 1075 (cart. de Pébrac, n° 7). — *Mansus de Nova Chaza*, 1460 (Arch. nat., ZZ. 359, p. 26). — *Novechage* (cad.).

Nozeyrolles, h., cne d'Auvers. — *Nozeyroulles*, 1379 (compte de B. Flotenc). — *Rector de Nosairoliis*, 1380 (la Chaise-Dieu, Mende). — *Nozoirolles*, 1401 (spic. Briv.). — *Nozayrolas*, xv° s. (pouillé de Saint-Flour, 320). — *Noseyrolas*, 1459 (Bibl. nat., ms. lat., n. acq., 1222, f° 125 v°). — *Nozeirolæ*, 1505 (Thiolent). — *Nozerolles-d'Auvert*, xviii° s. (Cassini).

En 1789, Nozeyrolles faisait partie de la province d'Auvergne, de l'élection et subdivision de Brioude et du ressort de Riom. Son église paroissiale, diocèse de Saint-Flour et archiprêtré de Langeac, était dédiée à saint Pierre; l'abbé de la Chaise-Dieu présentait à la cure.

Commune transférée à Auvers, par décret du 1er novembre 1900.

Nozeyrolles, vill., cne de Mazeyrat-Crispinhac. — *In aice Cantolianico, villa cui vocabulum est Nazariolas*, 868 (cart. de Brioude, ch. 257). — *Noseyrolas*, 1478 (Bibl. nat., ms. lat., n. acq., 1224, f° 199). — *Nozeyrolles*, 1523 (Arch. nat., Q. 513, f° 178). — *Nozeroles*, 1820 (Deribier).

Nozière, h., cne de Saint-Didier-sur-Doulon. — *Nozières*, 1527 (Vals-le-Chastel).

Nugier (Le), h., cne de Laval.

Nurlet, vill., cne d'Aurec. — *Nuerlet*, 1317 (Arch. nat., P. 1400³, cote 990).

Nurols, vill., cne d'Aurec. — *Nurol*, v. 1100 (cart. de Cluny, n° 3896). — *Nurols*, 1317 (Arch. nat., P. 1400³, cote 990).

O

OEuf (L'), marais, cne de Bains. — *Lieuss*, 1261 (la Chaise-Dieu, Saint-Rémy). — *Lieux*, 1463 (V. Chauvin, nre). — *Lioux*, 1471 (la Chaise-Dieu, Saint-Didier-d'Allier). — *Lyoux*, 1569 (Savin, nre). — *Le Lac de l'OEuf*, 1824 (Deribier, statist., 124).

OEuillet, m. i., cne du Pertuis.

Oie (Moulin-de-l'), min sur l'Andrable, cne de Boisset.

Olagnière (L'), f., cne de Saint-Didier-la-Séauve. — *L'Olanière*, 1879 (carte adm.). — *Ollanières*, 1888 (Malègue).

Olhas, l. détr., cne de Saint-Just-près-Brioude. — 1390 (spic. Briv.).

Olies (Les), h., cne de Bauzac.

Olives (Les), lieu dit, cne de Langeac. — *Las Holivas*, v. 1250 (spic. Briv.). — *Territ. de las Olives*, 1502 (Arch. nat., Q. 513, p. 211).

Olivier, f., cne de Langeac. — xviii° s. (Cassini).

Ollanières, vill., cne d'Aurec. — *In loco qui vocatur Ollaniere* v. 927 (La Mure, ducs de Bourbon, III, pr., 16). — *Villa de Lauleygner*, 1317 (Arch. nat., P. 1400³, c. 990). — *Laulhaner*, 1322 (Arch. nat., P. 494¹, c. 44). — *Aulanherium*, 1399 (homm. de Solignac). — *Aulhanie*, 1553 (ress. de Montfaucon). — *Olaniere*, xviii° (Cassini). — *Aulanières* (cad.).

Ollias, vill., cne de Craponne. — *Villa quæ voc. Oleiras*, 1163 (cart. de Chamalières, n° 77). — *Olhatz*, 1471 (terr. de Piassac). — *Les Olières*, *Las Oleyres*, 1545 (Haute-Loire, E.).

Ollias, l. détr., près Tailler, cne de Rosières. — *Ollacius*, v. 1005 (cart. de Chamalières, n° 172). — *Villa quæ dicitur Olliacius*, v. 1014 (cart. de Chamalières, n° 29). — *Mansus qui vocatur Olas*, 1172 (*idem*, n° 163). — *Mansus dictus d'Olhias*,

1268 (prieuré de Chamalières). — *Aulehac,*
1309 (homm. de l'év.). — *Aulac,* 1366 (*idem*).
— *Oleac,* 1584 (Guérin, n°).

OLLIER, vill., cⁿᵉ de Retournac. — *Olier,* 1820
(Deribier).

OLLIER (L'), h., cⁿᵉ de Fay-le-Froid. — *L'Olier,*
1619 (ét. civ.). — *Lollier,* 1695 (capitation). —
Aulier (cad.).

OLLIÈRES, vill., cⁿᵉ de Monistrol-sur-Loire. — *Oleriæ,*
1431 (év.). — *Ouleyras,* 1507 (év.). — *Ouleyres,* 1656 (ét. civ.). — *Olier,* xviiiᵉ s. (Cassini).

OLLIÈRES (LES), h., cⁿᵉ de Bauzac. — *Locus de
Oleriis secus Bausacum,* 1473 (Richon, n°). —
Las Oleyras, 1503 (obit. de Bas). — *Las Olley-
res,* 1553 (ress. de Montfaucon).

OLLIÈRES (LES), vill., cⁿᵉ d'Yssingeaux. — 1285
(homm. de l'év.). — *Mansus de Oleriis,* 1319
(év.). — *Las Oleyras,* 1331 (J. de Peyre, n°).

OLME (L'), h., cⁿᵉ de Coubon. — 1259 (cart. du
Monastier, app., n° 451). — *Ulmus,* 1294
(hospit. du Velay). — *Grangia de Ulmo,* 1386
(homm. de Solignac). — *L'Oulme,* 1534 (év.).

OLME (L'), quartier de Rosières. — *Locus de Ulmo,*
1342 (coll. C. Falcon). — *L'Olme,* 1714 (cad.
de Laval-Emblavès). — *Lolme,* 1880 (carte
adm.).

OLME (L'), l. détr., cⁿᵉ de Saint-Maurice-de-Lignon.
— *Le lieu de l'Olme,* 1589 (Haute-Loire, E.).

OLMET (L'), lieu dit, cⁿᵉ de Villeneuve-d'Allier. —
Ulmet, L'Olmet, 1339 (Bibl. nat., ms. fr., 14377,
p. 189 et 198).

OLPIGNAC, h., cⁿᵉ de Champagnac. — *Olpignat,*
1880 (carte adm.).

OLPILIÈRE, f., cⁿᵉ de Saint-Voy. — *Vulpilheiras,*
1314 (év.). — *Aupilières,* xviiiᵉ s. (Cassini). —
Haulpilliaire, 1861 (état-major).

OMBRE (L'), l. détr., cⁿᵉ de Siaugues-Saint-Romain.
— *Boria de Lambres,* 1477 (Bibl. nat., ms. lat.,
n. acq., 1224, f° 181).
Métairie du seigneur de Vissac.

OMBRES (LES), mⁱⁿ sur la Senouire, cⁿᵉ de Domeyrat.
— *Les Combres,* 1872 (Malègue).

OMBRES (LES), mⁱⁿ, cⁿᵉ de Paulhaguet.

OMBRES (LES), f., cⁿᵉ de Saint-Germain-Laprade.

OMBRET, chât. et vill., cⁿᵉ de Saugues. — *Mansus
de Umbreto,* 1298 (Thiolent). — *Humbret,* 1327
(Lozère, G. 98). — *Le château d'Ombret,* 1724
(L'Ouvreleul, 27).

ONNAT, m. i., cⁿᵉ de Saint-Just-près-Brioude. — *In
patria Arvernica, in aico Cumicensi, villa quæ
vocatur Vulnatis,* 925 (cart. de Brioude, ch. 112).

— *Homines d'Aolnhac,* 1281 (J. Lachenal, l'égl.
de Brioude, p. 13). — *Donat,* 1341 (terrier de
Charbonnier, f° 88 v°). — *Onnac* (cad.).

ONZILLON, vill., cⁿᵉ de Chadron. — *Unzilio,* 1217
(templiers du Puy). — *Onzillo,* 1257 (hôtel-
Dieu, B. 316). — *Onzilho,* 1408 (compois du
Puy). — *Onzilhon,* 1587 (Sigaud, n°). — *Onzil-
lion,* 1666 (André, n°).

ORANDET, mont., cⁿᵉ de Beaulieu. — *Aurandet,
Aurendet, Aurondet,* 1714 (cad. de Laval-Emblavès). — *Suc d'Orandet* (état-major).

ORCENAC, vill., cⁿᵉ de Saint-Paulien. — *Orcenac,*
1306 (tabl. du Velay, 1875-76, 520). — *Orsenac,*
1355 (terr. de P. Ravoux).

ORCEROLLES, vill., cⁿᵉ de Craponne-sur-Arzon. —
Orsairolas, v. 1021 (cart. de Chamalières, n° 291).
— *Ursairolas,* 1163 (*idem*, n° 77). — *Orceyrolles,*
1543 (terrier de G. de Coysse). — *Arseroles,*
1657 (état civ.).

ORCEROLLES, f., cⁿᵉ de Roche-en-Régnier. — *Villa
d'Orsayrolas,* 1266 (Arch. nat., P. 1397³, cote
597). — *Ursayrolas,* 1269 (év.). — *Orzeyrolles,*
1490 (Arch. nat., P. 1397², c. 583). — *Orceroles,*
1880 (carte adm.).

ORCHER, mont., cⁿᵉ de Mézères.

ORCHEVAL (L'), ruiss., affl. de la Loire, limite les
départements de l'Ardèche et de la Haute-Loire
au sud des cⁿᵉˢ de Freycenet-Lacuche, Présailles
et Salettes. — *Rivus d'Ursival,* 1383 (Rhône,
E. 9). — *Ruesseau d'Orcival,* 1699 (cad. de
Vachères). — *Le Chabanis,* 1880 (carte adm.).

ORCIER, m. i., cⁿᵉ de Saint-Julien-du-Pinet. —
Oursier (cad.).

ORCINE, h., cⁿᵉ de Saint-Pal-de-Mons. — *Orsinas,*
1217 (templiers du Puy). — *Orcinas,* 1370
(év.). — *Orzines,* 1553 (ress. de Montfaucon).
— *Urcynes,* 1574 (Guèze, n°). — *Ourcines,*
xviiiᵉ s. (Cassini). — *Orcines,* 1820 (Deribier).

ORFEUIL, m. i., cⁿᵉ d'Yssingeaux.

ORGUES-D'ESPALY (LES), coulée basaltique à prismes,
cⁿᵉ d'Espaly-Saint-Marcel. — *Rupes vocata Rocha
Corbeyra,* 1314 (hôtel-Dieu, B. 164). — *La
chaussée [de géants] ou les Orgues-d'Expailly.*
1778 (Faujas de Saint-Fond, p. 352).

ORIOL, h., cⁿᵉ d'Aurec. — *Castrum de Auriolo,*
1317 (Arch. nat., P. 1400³, cote 990). — *Auryol,*
1322 (Arch. nat., P. 494², cote 44). — *Grangia
d'Auriol,* 1336 (Arch. nat., P. 492², cote 136). —
Les habitans de Lauriol, 1504 (coll. C. Falcon).
— *Oriolles,* 1820 (Deribier).

ORIOL, l. détr., cⁿᵉ de Saugues. — *Mansus del Auriel,
par. de Salgue,* 1294 (Thiolent).

Oriol (Moulin-d'), min sur la Semène, cne d'Aurec.

Orlac, h., cne de Pébrac. — *Orlat*, v. 1100 (cart. de Pébrac, n° 44). — *Ourlac*, 1774 (terr. de Digons).

Orme (L'), écart, cne de la Chaise-Dieu. — *Ulmus*, 1349 (Gall. christ., t. II, eccl. Clarom., col. 345). — *Le chasteau de Lorme*, 1615 (la Chaise-Dieu, Belluc).

Orme (L'), à Roche-en-Régnier. — *Actum apud Rocham, sub ulmum*, 1269 (Arch. nat., P. 1398[2], cote 674 *bis*).

Orme (L'), à Sénéujols. — *A Senoiol, sos l'olme*, v. 1217 (templiers du Puy).

Orme (L'), lieu dit, cne de Siaugues-Saint-Romain. — *In territorio voc. de l'Orme, subtus castrum Sancti Romani*, 1462 (Bibl. nat., ms. lat., n. acq., 1223, f° 66).

Orme-de-Ferrand (L'), limite des abbayes de Doue et commandie de Pébélit, cne de Saint-Germain-Laprade. — *Olme-de-Ferrand*, 1561 (Savin, nre).

Orme-de-Mal-Conseil (L'), cne de la Mothe. — 1612 (terrier de la Vaudieu).

Orme-de-Notre-Dame (L'), lieu dit, cne de Sainte-Marie-des-Chazes. — *Territ. voc. de Ulmo B. Mariæ*, 1462 (Bibl. nat., ms. lat., n. acq., 1223, f° 47 v°).

Orme-de-Saint-Marcel (L'), cne d'Espaly-Saint-Marcel, sous lequel, d'après la légende, fut décapité saint Marcel. — *Ulmus sancti Marcelli* (brév. goth. du Puy, f° 344 v°).

Orme-du-Coudert (L'), à Blavozy. — *Le coderc desoubz l'Olme à Blavoze*, 1546 (Savin, nre).

Orme-Saint-Hilaire (L'), lieu dit, cne de Loudes. — *Territ. de Lodesio app. l'Olme-Sanct-Alari*, 1517 (Martel, nre).

Orsier (L'), ruiss., affl. de la Loire, cne de Retournac. — *Rivus d'Orscer*, xiie s. (cart. de Chamalières, n° 142). — *Territorium quod vocatur Orseir, quod est inter Retornac et castrum d'Artias*, 1248 (Arch. nat., P. 1398[3] c. 738). — *Rivus de las Vaux*, 1317 (Arch. nat., P. 1397[3], c. 591). — *Rivus d'Ursier*, 1383 (Rhône, E. 9). — *Ruiss. de las Vaulx*, 1622 (compois d'Artias). — *Lavau* (cad.). — *Le Lavaux*, 1878 (carte adm.).

Orsignac, vill., cne de Roche-en-Régnier. — *Ursiniacum, Urciniac*, 1213 (cart. de Chamalières, nos 328 et 334). — *Orssinac*, 1283 (év.). — *Ursinac*, 1302 (Arch. nat., P. 494[1], cote 11). — *Urcinhac*, 1333 (J. de Peyre, nre). — *Orcinhac*, 1558 (Vacharel, nre).

Orsimont, écart, cne de Monistrol-sur-Loire. — *Orsimont*, 1431 (év.). — *Orsimoud*, 1820 (Deribier). — *Arthimont*, 1860 (état-major).

Orzilhac, vill., cne de Coubon. — *In villa Urciliaco*, v. 990 (cart. du Monastier, n° 175). — *In villa Orciliaco*, v. 990 (*idem*, n° 177). — *Urzilac*, v. 1210 (tabl. du Velay, 1876-77, 514). — *Ursiliac*, 1256 (év.). — *Ursulhiacum*, 1303 (hôtel-Dieu, B. 361). — *Ursilhacus, Urzilhac*, 1349 (Saint-Mayol). — *Orcilhac, par. S. Maurisii*, 1511 (Maurin, nre). — *Le Mas d'Orsilhac*, 1561 (Savin, nre). — *Ourzilhac*, 1585 (Doleson, nre).

Os, h., cne de Bas. — *Os*, 1340 (Saint-Mayol). — *Villa d'Oz*, 1411 (Arch. nat., P. 492[2], cote 119). — *Ouls*, 1431 (Loire, A. 89, f° 211). — *Oux*, 1498 (coll. Chaleyer).

Osfont, h., cne de Saint-Just-près-Brioude. — *Los Fans*, 1271 (spic. Briv.). — *Los Faux*, 1380 (Arch. nat., Z[2]. 4143, p. 76). — *Les Fans*, 1744 (terrier du Mas). — *Osfond* (cad.). — *Offous*, 1820 (Deribier).

Ostet, h., cne de Mazerat-Aurouze. — *Mansus d'Ostet*, 1463 (la Chaise-Dieu, Mazerat-Aurouze). — *Hosté*, xviiie s. (Cassini). — *Oustet*, 1820 (Deribier). — *Ostel*, 1888 (Malègue).

Oubeys, h., cne de Lapte. — *Albes*, 1382 (év.). — *Oubeytz*, 1553 (ress. de Montfaucon). — *Oubeis*, 1695 (capitation). — *Oubey*, 1820 (Deribier).

Oubissous, vill., cne de Craponne-sur-Arzon. — *Albusso*, 1164 (Médicis, I, 76). — *Busso*, 1271 (hôtel-Dieu, B. 620). — *Mansus dal Busso*, 1276 (*idem*, B. 622). — *Albussos*, 1327 (Saint-Mayol). — *Albissoux*, 1471 (terr. de Piassac). — *Aubissoux*, 1695 (capitation). — *Aubuisson*, xviiie s. (Cassini).

Ocbois (L'), affl. de la Dunières, cnes de Lapte et de Sainte-Sigolène. — *Riou de la Sucheire ou de Grioulouze*, 1723 (cad. de Bellecombe). — *Le Bouchet* (cad.).

Ouche (L'), f., cne de Saint-Front.

Ouches (Les), f., cne de Chaudeyrolles. — *Mansus de las Aucas*, 1386 (Rhône, H. 1016). — *Locus dictus L'Oucha*, 1464 (Ardèche, C. 624). — *Las Ouchas*, 1618 (ét. civ.).

Ouchoux (Les), l. détr., cne de Saint-Vincent. — *Le village doux Ouchoux*, 1695 (capitation).

Ouffour, vill., cne de Félines. — *Alz Furnz*, v. 1175 (hospitaliers du Velay). — *Mansus de Furnis*, 1460 (la Chaise-Dieu, doyenné). — *Loux Fours*, xviiie s. (Cassini).

Ouides, cn de Cayres. — *Villa Osde*, 1282 (év.). — *Le lieu d'Ode ou pais de Vellay*, 1396 (Vaissete, hist. de Lang., éd. Privat, X, pr., c. 1876).

— *Oyde*, 1506 (Médicis, II, 303). — *Ouyde*, xviiie s. (Cassini).

Succursale créée par ordce du 19 juillet 1826. Une ordonnance du 13 mars 1847 a détaché de la succursale de Saint-Jean-Lachalm sept villages ou hameaux et les a réunis à celle d'Ouïdes. Commune créée par la loi du 18 mai 1858 et distraite des cnes d'Alleyras et de Saint-Jean-Lachalm.

OUILLANDRE, chât. détr. et vill., cne de Coliade. — *Vollandre* (cart. de Brioude, 4e fragm., 405-cccv). — *Castrum de Volhandres*, 1310 (spic. Briv.). — *Ulhandre*, xive s. (obit. de Br.). — *Volhandre*, 1453 (terr. du fordoy. de Br.). — *Vollandre*, 1616 (Rhône, H. 2153). — *Voulhandres*, 1640 (lière de Rilhac). — *Ouliandre*, 1878 (carte adm.). Fief vassal du chapitre Saint-Julien de Brioude.

OUILLAS, vill., cne d'Aurec. — *Olhas*, 1383 (homm. de l'év.). — *Oulhias*, 1553 (ress. de Montfaucon). — *Ouliac* (cad.).

OULIER (LE SUC D'), mont., cne de Roche-en-Régnier. — *Olaria*, 1213 (cart. de Chamalières, n° 324).

OULION, vill., cne de Saint-Hostien. — *Locus de Olivo*, 1462 (Lardeyrol). — *Oliou*, 1468 (*idem*). — *Olieu*, *Ouliou*, 1484 (*idem*). — *Olio*, 1489 (*idem*). — *Ollion*, 1609 (A. Robert, nre). — *Ouillon*, 1879 (carte adm.).

OUMEY, vill., cne de Raucoules. — *Locus de Olmeto*, 1322 (J. de Peyre, nre). — *Olmet*, 1506 (Médicis, II, 304). — *Oulmeit*, 1553 (ress. de Montfaucon). — *Olmeyt*, 1591 (Delafont, nre). — *Houmest*, xviiie s. (Cassini). — *Oumay*, 1820 (Deribier).

OUMEY (MOULIN-D'), min sur la Brossette, cne de Raucoules.

OURBE, vill., cne de Champclause. — *Orba*, 1217 (templiers du Puy). — *Urba*, 1289 (év.). — *Mansus de Urbano*, 1484 (Pelisse, nre). — *Ourbes*, 1888 (carte adm.).

OURBE (L'), ruiss., affl. du Lignon, cnes de Champclause et Saint-Voy. — *Aqua d'Urba*, 1289 (év.). — *Ruiss. des Merles*, 1888 (carte adm.).

OURLHES (LES), affl. de la Méjeanne au nord-est de la cne de Saint-Arcons-de-Barges. — *Les Ourilles*, 1888 (carte adm.).

OUROUZE, f., cne du Monastier.

OURS, chât. et vill., cne d'Ours-Mons. — *In Olcio*, 1089 (Saint-Georges du Puy). — *Ols*, 1137 (*idem*). — *Os*, 1292 (*idem*). — *Villa de Dous*, 1295 (év.). — *Ous*, 1296 (Saint-Georges du Puy). — *Castrum de Ors vel de Ursso*, 1347 (*idem*). — *Hours près le Puy*, 1449 (Arch. nat., JJ. 179, n° 274). — *Ours, par. de S. Agreve de Puy*, 1585 (Johanny, nre).

OURS (SUC DE L'), montic., cne de Saint-Front. — 1620 (cad. de Chapteuil-Haut).

OURSIER, mont., cne de Mézères. — *Orsier*, *Oursier*, 1553 (terr. de Liques).

OURZIE, f., cne de Solignac-sur-Loire. — *Auzic*, 1222 (Saint-Georges du Puy). — *Aurzic*, 1321 (prieuré de Solignac). — *Orzic*, 1347 (J. de Peyre, nre). — *Haursic*, 1386 (homm. de Solignac). — *Orsic*, 1464 (prieuré de Solignac). — *Orzis*, 1820 (Deribier).

OURZIE (L'), ruiss. qui prend sa source à l'Herm, cne de Cayres, et se jette dans la Loire au-dessous de la Baume, cne de Solignac-sur-Loire. — *Riperia d'Orzic*, 1233 (hôtel-Dieu, B. 308). — *Le ruisseau d'Ourzie*, 1582 (Doleson, nre). — *Le ruiss. d'Orzie*, 1586 (Sigaud, nre). — *Le ruiss. du Besson*, 1629 (Demans, nre). — *Ourzie*, xviiie s. (Cassini). — *L'Ourze ou l'Ourzie*, 1824 (Deribier, statist., 52). — *Ruiss. de la Beaume*, 1860 (état-major).

OUSPIS (L'), h., cne de Saint-Julien-d'Ance. — *Ad Pinos*, xiie s. (cart. de Chamalières, n° 327). — *Aus Pis*, 1213 (*ibid.*, n° 334). — *Mansus deus Pis*, 1269 (Arch. nat., P. 1398¹, cote 655). — *Los Pis*, 1400 (terr. du Bois). — *Locus doux Pis*, 1522 (Saint-Georges du Puy). — *Lous Pitz*, 1695 (capitation). — *Louspis*, 1880 (carte adm.).

OUSSOUX, f., cne de Couteuges. — *Loz Esseones*, 1453 (Bibl. nat., ms. fr., 11490, f° 504). — *Les Eschones*, 1463 (Arch. nat., ZZ. 359, p. 65). — *Mansus d'Ossoubz*, 1466 (*idem*, p. 107). — *Oufuus*, 1820 (Deribier).

P

PABIERS (LES), vill., cne de Malrevers. — *Las Colonias*, 1304 (hôtel-Dieu, B. 365). — *Colonias*, 1314 (év.). — *Las Colongas*, 1342 (Coll. César Falcon). — *Colonia*, 1345 (J. de Peyre, nre, reg. D, f° 23). — *Los Pabias*, 1430 (év.). — *Le Papier*, xviiie s. (Cassini). — *Papiers*, 1851 (carte Giraud).

PACALET, éc., cne de Cussac.

PADEAUX (LES), h., cne de la Chapelle-d'Aurec.

Pagaillard (Le), affl. du Cheneville, c^{ne} d'Allègre. — *Le Pragaillard* (cad.).

Pagaillard (Moulin-), mⁱⁿ détruit sur le Pagaillard, c^{ne} d'Allègre. — *Moulin-Pragailhard* (cad.).

Page (La), l. détr., c^{ne} de Saint-Privat-du-Dragon.

Pagnon, f., c^{ne} de Freycenet-Lacurhe.

Paigut, h., c^{ne} de Félines. — *Puy-Agut*, 1392 (Rhône, Saint-Antoine de Viennois, Saint-Victor). — *Peyduc*, 1608 (la Chaise-Dieu, Belluc). — *Peygut*, 1611 (*ibid.*). — *Peugut*, 1670 (Arch. nat., P. 502, cote 58). — *Peydieu*, xviiie s. (Cassini). — *Paigule*, 1860 (état-major). — *Paigat*, 1869 (Malègue).

Pailhaire, vill., c^{ne} de Saint-Étienne-Lardeyrol. — *Paylhayre*, 1408 (Chamblas). — *Palhayre*, 1465 (Maltrait, n^{re}). — *Paliayre*, 1575 (Chamblas). — *Palhaire*, 1879 (carte adm.).

Pailharon, écart., c^{ne} de Beaux. — *Pallaro*, 1507 (év.). — *Pallaron*, xviiie s. (Cassini). — *Palharon*, 1878 (carte adm.).

Paille (La), f., c^{ne} de Grazac. — 1695 (terr. de Chabrespine).

Pailler, h., c^{ne} du Chambon. — *Tenem. deus Palheirs*, 1343 (Rhône, H. 1016). — *Pailhère*, 1888 (Malègue).

Paillette, h., c^{ne} de Retournac. — *Palheta*, 1512 (obit. de Bas). — *Pallete*, xviiie s. (Cassini).

Paillou (Moulin-de-), mⁱⁿ détr., à Meymac, c^{ne} du Monastier.

Paimbard, mont., c^{ne} d'Agnat. — *Podium Imbert*, xive s. (terr. des Grèzes).

Pain-Blanc (Le), affl. du Malaval, c^{ne} d'Ouïdes. — *Rivus dictus de Agreneto*, 1327 (Alleyras). — *Ruyss. d'Agrenet ou d'Agrein app. de la Mayre*, 1536 (*id.*).

Pain-Blanc (Moulin-de-), mⁱⁿ, c^{ne} d'Ouïdes.

Palade (Ravin-de-), affl. du Bos, c^{ne} de Saint-Privat-du-Dragon.

Palantier, f., c^{ne} du Chambon.

Pal-de-la-Sorcière (Le), lieu dit près le Pont-Servier, c^{ne} de Cohade. — En patois : *Lou Pal-de-la-Fachinaire.*

Palet, grange d'Alleret, c^{ne} de Saint-Privat-du-Dragon.

Palhou, éc., c^{ne} de Coubon. — *Palhiou*, 1707 (cad. de Bouzols). — *Palhon* xviiie s. (Cassini).

Palle (La), h., c^{ne} d'Yssingeaux. — *La Pala*, 1359 (Rhône, H. 2632). — *Lou Paly*, 1603 (compois du Chambonnet). — *Pallet* (cad.).

Palle (Moulin-de-la-), mⁱⁿ sur le ruiss. de la Violette, c^{ne} de Lubilhac.

Palles (Les), f., c^{ne} de Sainte-Sigolène.

Pallettes (Les), f., c^{ne} de Saint-Didier-la-Séauve. — *La Palières*, 1888 (Malègue).

Palus, pont sur la Loire à Goudet. — *Ultra pontem maximum qui dicitur Palus*, xe s. (A. O. S. B., sæc. iv, pars I, 564).

Panasseyre (La), terroir, c^{ne} de Beaux. — *Communis de Panasseyra*, 1490 (cad. de Mézères). — *La Panasseyre*, 1605 (cad. d'Artias). Nombreux débris d'antiquités romaines.

Pandraux (Les), f., c^{ne} de Lantriac. — *Pratum Andraldum, Pratum Andrald, Prat-Andrald*, v. 1161 (hospit. du Velay). — *Mansus de Palandrau*, 1306 (id.). — *Los Pandraus*, 1360 (idem). — *Mansus de Pandrau prope Servissas*, 1448 (idem). — *Lous Pandraux*, 1541 (Savin, n^{re}).

Panelier, chât., c^{ne} du Mazet-Saint-Voy.

Panens (Les), h., c^{ne} de Riotord. — *Locus dous Panencz*, 1461 (Rhône, H. 1180). — *Panent*, 1888 (Malègue).

Panens (Les), h., c^{ne} de Saint-Didier-la-Séauve. — *Als Panencs*, 1324 (coll. Chaleyer). — *Les Panens*, 1553 (ress. de Montfaucon). — *Les Parens*, xviiie s. (Cassini). — *Les Panents*, 1860 (état-major).

Paneyrons (Les), f., c^{ne} du Chambon.

Panis (Le), ruiss., affl. de l'Ance, arrose les c^{hes} de Thoras et de Croisance. — *Flumen de Panis*, 1367 (Thiolent). — *Panicz*, 1368 (idem). — *Aqua app. de Panyc*, 1527 (A. Besseyre, n^{re}). — *La rivière de Panic*, 1622 (terr. de Vazeilhes).

Pannessac, h., c^{ne} de Saint-Préjet-d'Allier. — *Panassac*, 1745 (Thiolent).

Pansier, f., c^{ne} de Saint-Pal-de-Chalencon. — *Pansier*, 1419 (Loire, A. 89, f° 240 v°). — *Pancier*, 1540 (terr. de Saint-Pal). — *Pausier*, 1888 (Malègue).

Paon (Le), affl. de la Ribeyre, c^{ne} de Jax.

Papeterie (La), vill., c^{ne} de Saint-Didier-la-Séauve.

Papeterie (La), h., c^{ne} de Tence. — *Les Papeteries d'Apini*, 1696 (ét. civ.). — *La Papeterie de Tence*, 1698 (idem).

Parabesc, f., c^{ne} de Freycenet-Lacuche. — *Parabès* (cad.).

Parade (La), écart, c^{ne} d'Alleyras. — *Nemus de la Parada*, 1513 (prieuré d'Alleyras). — *La Parade*, 1536 (*ibid.*).

Parade (La), vill., c^{nes} de Bauzac et de Retournac. — *Mansus de la Parada*, 1336 (Arch. nat., P. 493², cote 122). — *La Paraa*, 1383 (Rhône, E. 9). — *La Para*, 1771 (ét. civ.). — *Laparade*, 1820 (Deribier).

Paradis, m. i., c^{ne} de Chadron.

Paradis, écart, c^{ne} de Chamalières.

Paradis, m. i., c^{ne} de Chénéreilles.

Paradis, ancienne maison des Frères de la Doctrine chrétienne, c^{ne} d'Espaly-Saint-Marcel. — *Ung champ appelé Paradis proche la rivière de Borne*, 1596 (Galien, n^re). — *Ung beau jardin nommé le Paradis*, 1630 (Hugues Davignon, la Velléyade, 39).

Paradis, m. i., c^ne de Tence.

Paradis (Le), lieu dit, c^ne d'Ours-Mons. — 1598 (Galien, n^re).

Parafit, f., c^ne de Malvalette.

Parat, m. i., c^ne de Saint-Étienne-Lardeyrol.

Paravent (La), vill., c^ne de Saint-Pierre-Eynac. — *La Parevent*, 1561 (Savin, n^re).

Paredon, h., c^ne de Siaugues-Saint-Romain. — *Villa quæ dicitur Pratum Rotundum*, 936 (cart. de Brioude, ch. 337). — *Pratum Redunt*, v. 1250 (spic. Brivat.). — *Mansus de Passu Rotundo, Pas Redont*, 1453 (Bibl. nat., ms. lat., n. acq., 1222, f°s 7 et 8). — *Parredont*, 1525 (terr. du Cluzel). — *Prat-Redond*, 1629 (Duclaux, n^re). — *Parredon* xviiie s. (Cassini).

Pareils (Lous), h., c^ne de Saint-Didier-sur-Doulon. — *Louparel*, xviiie s. (Cassini). — *Louspareils*, 1869 (Malègue).

Parleyres (Les), h., c^ne de Vissac.

Paros, m. i., c^ne de Malvières.

Parquets (Les), h., c^ne de Tence.

Parron, m. i., c^ne de Saint-Julien-du-Pinet.

Parry, h., c^ne de Saint-Georges-d'Aurac. — *Le lieu des Perres*, 1455 (la Chaise-Dieu, Mazerat-la-Broqueille). — *Paris*, xviiie s. (Cassini).

Parson, f., c^ne des Estables. — *La Metterie de Parson*, 1626 (vis. past. de l'év. Just de Serres). — *Parsson*, 1680 (Surrel, n^re). — *Parsouve*, 1888 (carte adm.). — *Parsonne*, 1888 (Malègue).

Pas (Les), quartier de Saint-Georges-Lagricol. — *Les Pasteaux*, 1695 (capitation).

Pasbertrand, loc. détr., c^ne de Malrevers. — *Territorium de Pas-Bertrant*, 1361 (Haute-Loire, E.). — *Locus de Pas-Bertrant*, 1458 (Maltrait, n^re).

Pascal, h., c^ne du Pertuis.

Pascal (Moulin-), m^in sur l'Allier, c^ne de Langeac.

Passa (La), h., c^ne de Montregard. — *La passière appelée la Passaa*, 1556 (terrier de Montregard). — *Les Passas*, 1879 (carte adm.).

Passadoux (Le), affl. de la Méjeanne, c^ne de Saint-Paul-de-Tartas.

Passas (Les), m. i., c^ne de Riotord.

Passebarial, h., c^ne de Saint-Austremoine. — *Passe-Barrial*, 1613 (Mercurial). — *Passebarriat*, xviiie s. (Cassini).

Passe-Biss, loc. détr., c^ne des Estables. — 1740 (ét. civ.).

Passelèbre, f., c^ne de Fay-le-Froid.

Passemard (Moulin-), m^in sur l'Auzon, c^ne de Saint-Hilaire.

Passeran, m^ins détruits, c^ne de Pradelles. — 1285 (homm. de l'év.). — *Passaran*, 1336 (Arch. nat., P. 1398², cote 669). — *Passerant*, 1375 (la Chaise-Dieu, Saint-Paul-de-Tartas). — *Passerand*, 1881 (aff. jud.).

Passet (Le), écart, c^ne de Rosières. — *Le Passel*, 1880 (carte adm.).

Passe-Vite, m. i., c^ne d'Aurec.

Passe-Vite, écart, c^ne de Lantriac. — *Passevéte*, 1888 (Malègue).

Passeyres (Les), vill., c^ne de Saint-Jean-de-Nay. — *Las Passeyras*, 1476 (Bibl. nat., ms. lat., n. acq., 1224, f° 131). — *Passeriæ*, 1519 (Martel, n^re). — *Passeyres*, 1528 (Haute-Loire, E.). — *Les Passayres*, 1888 (Malègue).

Passières (Les), c^ne du Puy. — Passage sur le Dolaison de l'ancienne route du Puy à Solignac-sur-Loire. — *Las Passas de Sollempniaco seu de Dolezo*, 1294 (terr. de Saint-Mayol). — *Las Passas de Dolezo*, 1349 (Saint-Georges du Puy). — *Las Passas de Sollempnhac*, 1334 (hospitaliers du Velay). — *Las Passers de Sollempniaco*, 1386 (homm. de Solignac). — *Passi vulgariter dicti de Sollempniaco*, 1404 (idem).

Passouira (Moulin-de-), m^in sur l'Ance, c^ne de Boisset.

Pataniau, écart, c^ne de Saint-Christophe-sur-Dolaison.

Paternaud, anc. verrerie, c^ne de Desges. — *Paternault*, 1588 (spic. Briv.).

Pâtre (Le), h., c^ne de Saint-Just-Malmont. — *Les Pâtres*, 1888 (Malègue).

Patron, m. i., c^ne du Chambon. — *Poutrant*, 1888 (Malègue).

Pauc (Le), vill., c^ne des Vastres. — *Mansus de Pauco*, 1464 (Ardèche, C. 624). — *Le Pauc*, 1673 (ét. civ.). — *Le Pau*, 1888 (carte adm.).

Paucueville, h., c^ne de Craponne-sur-Arzon. — *Villa de Che i a pauc* (le ms. porte *Cheiapane*), v. 1045 (cart. de Chamalières, n° 245). — *Ad Paucam Villam, Ad Paucham Villam*, 1213 (idem, n°s 322 et 335). — *Paucavilla*, 1417 (Loire, A. 89, f° 63 v°).

Paulet, m. i., c^ne de Montregard.

Paulhac, h., c^ne de Blassac. — *Mansus de Paulhaco*, 1390 (Arch. nat., Z². 4145, p. 152). — *Polhat*, 1428 (Bibl. nat., ms. fr., 11490, f° 45). — *Paulhat*, 1460 (Arch. nat., ZZ. 359, p. 21). — *Paulhac*, 1471 (idem, p. 138).

Paulhac, c^on de Brioude. — *Cultura de Pauliaco*, v. 960 (cart. de Sauxillanges, ch. 85). — *In Paulhago*, xi^e s. (cart. de Brioude, ch. 47). — *Castrum de Paulhac*, 1310 (spic. Briv.). — *Paulhyac*, 1341 (terr. de Charbonnier). — *Poulhac*, 1353 (coll. J. Lachenal). — *Paulhat prope Brivatam*, 1429 (terr. du doy. de Br.). — *Polhac*, 1511 (coust. d'Auv., f° 70 v°). — *Poulhiac*, 1603 (Chanvon, n^re). — *Pauliac*, 1616 (Rhône, H. 2153).

En 1789, Paulhac, qui était un fief vassal de la collégiale de Brioude, était compris dans la province d'Auvergne, l'élection et subdivision de Brioude et le ressort de Riom. Son église paroissiale, diocèse de Saint-Flour et archiprêtré de Brioude, était à la présentation de l'évêque.

PAULHIAC, f., c^ne de Tence. — *Mansus de Paulhiac*, 1296 (hospit. du Velay). — *Paulhac*, 1343 (Rhône, H. 1016).

PAULHAGUET, arr. de Brioude. — *Pauliacum*, v. 888 (cart. de Brioude, ch. 11). — *Villa de Paulageto*, 1148 (Gall. chr., II, inst., col. 107). — *Pauliaguetum*, 1255 (spic. Briv.). — *Prioratus de Paulhaguet*, 1316 (idem). — *Pauleiguet*, 1401 (idem). — *Polhaguetum*, 1444 (Bibl. nat., ms. fr., 11490, f° 341). — *Polhaguet*, 1511 (coust. d'Auvergne, f° 80 v°).

Péage supprimé par arrêt du Conseil du 26 octobre 1744.

En 1789, Paulhaguet dépendait de la province d'Auvergne, de l'élection et subdélégation de Brioude et du ressort de Riom. Son église paroissiale, diocèse de Saint-Flour et archiprêtré de Brioude, était dédiée à saint Étienne; la prieure de la Vaudieu présentait à la cure.

PAULIACHON, f., c^ne de Tence. — *Poulhiachon*, 1693 (ét. civ.). — *Paulinchon*, 1820 (Deribier).

PAULIÈRE (LA), écart, c^ne de Saint-Didier-la-Séauve. — *La Pollière*, 1553 (ress. de Montfaucon). — *La Palière*, xviiie s. (Cassini).

PAULIN, chât. et vill., c^ne de Monistrol-sur-Loire. — *Paulianum*, v. 1096 (cart. de Chamalières, n° 31). — *Pauli*, 1269 (hôtel-Dieu, B. 617). — *Paulinum*, 1346 (J. de Peyre, n^re). — *Paulinh*, 1362 (Arch. nat., P. 491², cote 88). — *Poulinium, Pouli*, 1492 (obit. de Bas). — *Pouly*, 1507 (év.). — *Poulyn*, 1555 (obit. de Bas). — *Polin*, 1614 (M^ce Leblanc, n^re).

PAULINAC, loc. détr., c^ne de Vals-près-le Puy. — *Mansus de Paulinac*, v. 1132 (tabl. du Velay, 1870-1871, p. 528). — *Paulinhac*, 1279 (Saint-Mayol). — *Paulnhat*, 1320 (Saint-Agrève). — *Rancus de Polinhaco*, 1505 (Dompnin, n^re).

PAUTUDS (LES), vill., c^ne de Rosières. — *Pautut*, 1108 (Saint-Georges du Puy). — *Paututs*, 1252 (la Chaise-Dieu, liasse Vazeilles). — *Mansus deux Pautulz*, 1342 (coll. C. Falcon). — *Los Pautus*, 1387 (év.). — *Lous Poutus*, 1555 (cad. de Mercœur). — *Les Potus*, 1714 (cad. de Laval-Emblavès). — *Les Poutads*, 1880 (carte adm.).

PAVEYRE (LA), mont., c^ne d'Agnat.

PAVILLON (LE), m^in à scie, c^ne d'Auvers.

PAYRARD (MOULIN-DE-), m^in sur la Gagne, c^ne de Saint-Germain-Laprade. — *Le Molin-de-la-Palhe*, 1588 (M^ce Leblanc, n^re). — *Le Molin-de-la-Paille*, 1589 (Doleson, n^re). — *Le Molin-de-Peyrard*, 1707 (cad. de Bouzols). — *Perar*, xviiie s. (Cassini).

PAYZAT, f., c^ne de Saint-Éble. — *Villa de Paisac*, 1235 (spic. Brivat.). — *Mansus de Payasaco*, 1457 (Bibl. nat., lat., n. acq., 1222, f° 52). — *Payasac*, 1457 (idem, f° 54 v°). — *Paiasac*, 1463 (terr. de Vissac). — *Payczat*, 1474 (terr. du Cluzel). — *Paysat*, xviiie s. (Cassini).

PAZIENS (LES), h., c^ne de Montregard. — *Lous Pasiers*, 1469 (Rivière, n^re). — *Les Pazeres*, xviiie s. (Cassini).

PEALLEVIALE, vill., c^ne d'Araules. — *Pela Vela*, 1368 (év.). — *Piala Viala*, 1507 (év.). — *Pialle-Vialle*, 1639 (Jacmon, 147). — *Pialeviales*, 1878 (carte adm.).

PÉAURE, f., c^ne du Chambon. — *Mas de Puey-Aures*, 1319 (homm. de l'év.).

PEBELIT, m. i., c^ne du Puy.

PÉBÉLIT, dom., c^ne de Saint-Germain-Laprade. — *Combullit*, 1159 (hospit. du Velay). — *Pebullit*, v. 1161 (idem). — *Villa quæ voc. Cunbulit*, 1164 (id.). — *Fortalicium de Pebulit*, 1306 (idem). — *Domus Pedis Bulhiti Sancti Johannis Jherusalem*, 1321 (id.). — *Pebulhit*, 1349 (Saint-Mayol). — *Puech-Bulhit*, 1476 (Rhône, H. 2749). — *Podium Bulutum*, 1485 (Richon, n^re). — *Peubulit*, 1520 (hôtel-Dieu). — *La commanderie de Piebulit*, 1540 (Savin, n^re). — *Piebelyt*, 1546 (idem). — *Pied-Buly*, 1600 (Rhône). — *Pied-Boli*, 1633 (Barret, n^re). — *Peubeulhect*, 1633 (Rhône). — *Pubelly*, 1664 (idem). — *Pebelier*, 1686 (idem). — *Pebelit*, 1687 (idem).

PÉBRAC, c^on de Langeac. — *B. Maria de Piperaco*, 1072 (cart. de Pébrac, n° 6). — *Pebrac*, 1199 (Baluze, m. d'Auv., II, 257). — *W. de Bebrac*, 1235 (cart. de Pébrac, n° 64). — *Castrum de Pebrac superius*, v. 1254 (idem, n° 75). — *Monasterium de Pebraco*, 1332 (J. de Peyre, n^re). — *Conventus Piperacii*, 1343 (jacobins). — *Pebrat*, 1401 (spic. Briv.).

En 1789, Pébrac appartenait à la province d'Auvergne, à l'élection de Brioude, à la subdélégation de Langeac et au ressort de Riom. Son église paroissiale, diocèse de Saint-Flour et archiprêtré de

Langeac, était sous le vocable de la Nativité de Notre-Dame.

Abbaye de l'ordre de saint Augustin, fondée en 1062 par saint Pierre de Chavanon.

PÉCHAIRE (LA), affl. de la Semène, c^{ne} de Saint-Didier-la-Séauve.

PECHAY, m. i., c^{ne} de Riotord.

PÊCHER (LE), m. i., c^{ne} de Charraix.

PÊCHER (LE), f., c^{ne} de Monistrol-sur-Loire.

PÊCHER (LE), h., c^{ne} de Saint-Hostien. — *Lou Pessier,* 1653 (Lardeyrol).

PÊCHER (LE), h., c^{ne} de Tence. — *Lo Pescher,* 1309 (homm. de l'év.). — *Lo Peschier,* 1328 (cart. de Tence, f° 18 v°). — *Le Peychier,* 1584 (Rhône, D. 153).

PÉCHEYROUX, versant de la montagne de Champlonne, c^{ne} de Cayres.

PÉCHIER (LE), m. i., c^{ne} de Lapte.

PÉCHOIRE (LA), h., c^{ne} de Saint-Didier-la-Séauve. — *Picoyeria,* 1361 (coll. Chaleyer). — *La Picoyeyra,* 1367 (*idem*). — *La Peschoire,* 1470 (terrier de Saint-Didier de Joyeuse).

PÉCHOIRE (LA), h., c^{ne} de Saint-Didier-sur-Doulon.

PÉCHOZET, f., c^{ne} de Saint-Just-près-Brioude. — *Peuh-Auzel,* 1380 (Arch. nat., Z², 4143, p. 86. — *Peuch-Auzel,* 1462 (Arch. nat., ZZ. 359, p. 122). — *Péchauzet* (cad.).

PECHS (Lous), h., c^{ne} de Saint-Didier-sur-Doulon. — *Les Peutz,* 1516 (Vals-le-Chastel). — *Lous Peuchs,* 1532 (*idem*). — *Les Peux,* 1820 (Deribier). — *Louspech,* 1888 (carte adm.).

PÉGOUYOU (Suc DU), mont., c^{ne} de Chassagnes.

PÈDE (LA), h., c^{ne} de Thoras. — *Li Peda,* 1327 (Lozère, G. 98). — *Locus de Peda,* 1499 (Thiolent). — *La Pedde,* 1623 (Peyret, n^{re}). — *Lapède,* 1820 (Deribier).

PÉGEYROLLES, h., c^{ne} de Saint-Privat-du-Dragon. — *Villa Pejairolas,* 1025 (dom Fonteneau, vol. XXVIII). — *Mansus de Pigeyroles,* 1458 (Arch. nat., ZZ. 359, p. 3). — *Pigheyroles,* 1460 (*idem,* p. 21).

PÉGEYROLLES (LE), affl. de l'Allier au-dessus de la Vialette, c^{ne} de Saint-Privat-du-Dragon.

PÉGON (MOULIN-), mⁱⁿ sur la Ramade, c^{ne} d'Aubazac.

PÈGUE (LA), m. i., c^{ne} d'Yssingeaux. — *La Pigne* (cad.).

PEIDIBLES (Les), vill., c^{ne} de Retournac. — *Mons Ibie,* 1167 (cart. de Chamalières, n° 86). — *Juxta Montemdibiam,* XII° s. (*idem,* n° 140). — *Podium Ybie,* 1319 (Arch. nat., P. 494¹, c. 13). — *Lo Puey Debya,* 1328 (Arch. nat., P. 493 bis², c. 103). — *Lo Poy Dibya,* 1335 (Arch. nat., P. 1398¹, c. 657).

PEIGNE-DU-CLERC (LA), m. i., c^{ne} du Chambon.

PEINES (Les), h., c^{ne} des Vastres. — *Las Penas,* 1322 (hosp. du Velay). — *Mansus de Penis,* 1464 (Ardèche, C. 624). — *Les Peines,* 1696 (ét. civ.). — *Les Pennes,* 1888 (carte adm.).

PÉJARESSE (LE), affl. de l'Allier, c^{ne} de Saint-Christophe-d'Allier.

PELATON, m. i., c^{ne} de Saint-Just-Malmont.

PELAVIS, f., c^{ne} de Chassignolles. — *Mansus de Peluvizi,* 1358 (spic. Briv.). — *Pelavie,* 1880 (carte adm.). — *Pellarit,* 1888 (Malègue).

PÉLEGRIN (LE), ruiss., affl. de l'Allier à Saint-Julien-des-Chazes, prend sa source entre le Mas et Darnes, c^{ne} de Charraix. — *Rivus de Pelegri,* 1465 (Bibl. nat., ms. lat., n. acq., n° 1223, f° 212).

PELENS (Les), h., c^{ne} de Boisset. — *Les Pellens, les Pellenctz,* 1540 (terr. de Saint-Pal). — *Les Pelleux,* 1820 (Deribier). — *Despelin,* 1860 (état-major). — *Lespelins,* 1879 (carte adm.).

PELINAC, vill., c^{ne} de Saint-Jeure. — *Pulinhac,* 1294 (cart. de Tence, f° 1 v°). — *Pulynac,* 1310 (Rhône, D. 147). — *Polinacum,* 1343 (*idem,* H. 1016). — *Polinhac,* 1359 (*idem,* H. 2632). — *Pulinhacum,* 1373 (*idem,* D. 148). — *Pulinacum,* 1402 (cart. de Tence, f° 14). — *Pelinhac,* 1451 (Rhône, H. 2633). — *Pelignac,* XVIII° s. (Cassini).

PELINE, écart, c^{ne} de Tiranges.

PÉLISSAC, chât., c^{ne} de Chénéreilles. — *Polissac,* 1264 (Gall. christ., II, instr., col. 236). — *Pelissacum,* 1323 (J. de Peyre, n^{re}). — *Pelhissac,* 1328 (Rhône, D. 159). — *Pellissacum,* 1385 (év.).

PÉLISSIER (MOULIN-), mⁱⁿ sur le Lindes, c^{ne} d'Azerat. — *Moulin-Pélicier,* 1880 (carte adm.).

PÉLISSIERS (Les), h., c^{ne} de Roche-en-Régnier. — *Territorium app. deus Pelissiers,* 1406 (terrier du Bois). — *Locus doux Pelliciers,* 1500 (coll. C. Falcon).

PÉLISSON, m. i., c^{ne} du Chambon.

PELUCHE (LA), h., c^{ne} de Montclard. — Autref. Haute et Basse. — *La Pelluche-Haulte, la Pelluche-Basse,* 1531 (Vals-le-Chastel, inv^{re}).

PENAILLES (MAS-DE-), f., c^{ne} de Présailles.

PENAUX (Les), h., c^{ne} de Saint-Just-Malmont. — *Le lieu de Choraing,* 1569 (terrier de Saint-Didier de Juyeuse). — *Choreing ou les Penaux,* 1644 (Theillière, Not. sur Saint-Just-Malmont, p. 187).

PENDILHÈRES (Les), tèn., c^{ne} de Saint-Vert. — *Las Pendilheyras,* 1614 (la Chaise-Dieu, Saint-Vert).

PÉNIDE (LA), h., c^{ne} de la Chaise-Dieu.

PÉNIDE (LA), f., c^{ne} de Charraix. — *La Pineda,* 1351 (Thiolent). — *La Pinede,* 1467 (Bibl. nat., lat.,

n. acq., 1223, f° 313). — *La Pinede de Giberno*, 1774 (terr. de Digons).

Pénide (La), h., c^ne de Cubelles. — *Mansus de la Pineda Marchet*, 1325 (Thiolent). — *El mas de la Pyneda*, 1396 (Soc. d'agr., XIV, 178).

Pénide (La), vill., c^ne d'Espalem. — *La Pineda*, 1350 (spic. Briv.). — *La chastellenie de la Pinede en la paroisse d'Espalenc*, 1511 (coust. d'Auv., f° 81). — *La Pinide*, 1730 (terr. d'Espalem).

Pénide (La), l. détr., c^ne de Monteclard.

Pénide (La), éc., c^ne de Rauret. — 1296 (homm. de l'év.). — *La Pinede*, 1539 (Arch. nat., P. 1446, f° 213).

Pénide (La), vill., c^ne de Saint-Hostien. — *Villa de la Pineda*, 1271 (év.). — *Locus de Pineda*, 1329 (Bonneville). — *Pineta*, 1483 (Lardeyrol). — *La Pinide*, 1534 (év.).

Pénide (La), f., c^ne de Saint-Just-près-Brioude. — *In aice Brivatense, de villa Pinatense*, 924 (cart. de Brioude, ch. 16). — *Apud Espinedes, homines de Pinedes*, 1281 (J. Lachenal, l'égl. de Brioude, 13 et 21). — *El mas de la Pineda, Pineta*, 1341 (terr. de Charbonnier). — *La Pinede*, xve s. (Bibl. nat., fr., 22297, p. 317). — *La Pinide*, 1744 (terr. du Mas).

Pénide (La), m. i., c^ne de Saint-Martin-de-Fugères.

Pénide (La), écart, c^ne de Saint-Privat-d'Allier. — *Locus de Pinu*, 1482 (la Chaise-Dieu, Saint-Privat-d'Allier).

Pénide (La), bois, c^ne de Saint-Vidal. — *La Pineda, nemus domini S. Vitalis*, 1453 (titres de Saint-Vidal).

Pénide (Moulin-de-la), scierie, c^ne de Saint-Hostien.

Pépinet, h., c^ne de Venteuges. — *Puech Pinet*, 1327 (Lozère, G. 98). — *Podium Pinetum*, 1539 (Thiolent). — *Pepynet*, 1574 (terr. de Meyronne). — *Peupinet*, 1749 (cad. du Bessel).

Pépouget, vill., c^ne de Saint-Vert. — *Le Mas de Puey-Poget*, 1337 (spic. Briv.). — *Mansus de Podio Pogeto*, 1338 (idem). — *Le Pouget*, 1820 (Deribier).

Pérault, f., c^ne de Freycenet-Lacuche. — *Perrot*, xviiie s. (Cassini). — *Peyrot* (cad.).

Perbet (Moulin-de-), m^in sur l'Aubépin, c^ne de Saint-Front.

Percet, éc., c^ne de Saint-Didier-la-Séauve. — 1553 (ress. de Montfaucon).

Père (Bois du), bois, c^ne de Pébrac. — *El bos Saint Peyre*, 1455 (Bibl. nat., lat., n. acq., 1222, f° 24 v°).

Perel, h., c^ne d'Araules. — *Perrel*, 1507 (év.).

Péret, h., c^ne de Saint-Julien-d'Ance. — *Locus de Pereto*, 1326 (J. de Peyre, n^re, reg. A, f° 31). —

Peretum, 1471 (terrier de Piassac). — *Peret*, 1540 (terrier de Saint-Pal-de-Chalencon). — *Perret*, 1888 (Malègue).

Péret (Moulin-de-), m^in sur l'Ance, c^ne de Saint-Julien-d'Ance.

Périer, loc. détr., c^ne de Chassignolles. — *Mansus de Pererz*, 1358 (spic. Briv.).

Périer (Le), l. détr., c^ne d'Alleyras. — *Mansus del Perreyr*, 1313 (Thiolent).

Pérignac, h., c^ne de Saint-Julien-du-Pinet. — *Peyrinhac*, 1325 (év.). — *Peyrinhacum*, 1440 (Rhône, Bessamorel). — *Peirinhacum*, 1525 (comm^on de M. le Dr Charreyre). — *Peyrignac*, 1820 (Deribier).

Perpezoux, h., c^ne de Monistrol-sur-Loire. — *Peyra pesol*, 1461 (Rhône, H. 1180). — *Peyre pesou*, 1656 (ét. civ.). — *Peyrepezon*, 1820 (Deribier).

Perrier (Le), h., c^ne de Saint-André-de-Chalencon. — *Villa Pirarius*, xie s. (cart. de Chamalières, n° 276). — *Villa dicta lo Perer*, 1293 (Arch. nat., P. 491^1, c. 13). — *Lo Pereir*, 1311 (Arch. nat., P. 1397^2, c. 572). — *Le Perier*, 1545 (terr. de la Garde). — *Lou Perier*, 1695 (capitation).

Perrière, h., c^ne de Riotord.

Perrin, m. i., c^ne de Rosières.

Perrots (Les), h., c^ne d'Aurec. — *Les Pérots* (cad.).

Pertuis (Le), m. i., c^ne du Chambon.

Pertuis (Le), c^ne de Saint-Julien-Chapteuil. — *Hospitale del Pertus*, 1284 (Gall. chr., XVI, instr., 260). — *Villa de Pertuzio*, 1329 (Bonneville). — *Prior de Pertusio*, 1353 (Saint-Vosy). — *Lo Partus*, 1518 (G. Maurin, n^re). — *Le Pertuys*, 1561 (Savin, n^re).

Voc. : saint Barthélémy.

Commune créée par la loi du 11 janvier 1852 et démembrée de celle de Saint-Hostien.

Pertuis (Mas-de), f., c^ne de Saint-Haon. — *Le Mas de Voxeur*.

Pertuis (Suc du), mont. boisée, c^ne du Pertuis.

Pertusade, rocher, près la Terrasse, c^ne de Coubon. — *La Rocha Pertusada*, 1389 (plumit. de Bouzols). — *Le rochier de Pertusade*, 1707 (cad. de Bouzols).

Pervanchère (La), m. i., c^ne de Lapte.

Pervanchère (La), f., c^ne de Saint-Pal-de-Mons.

Pervenchère, éc., c^ne d'Yssingeaux. — *Pervencheyres-lez-Bellecombe*, 1559 (R. Maurin, n^re).

Pervenchère (La), h., c^ne de Dunières. — *Pervinchère*, 1879 (carte adm.).

Pervenchère (La), f., c^ne de Raucoules.

Pervenchères, h., c^ne de Cistrières. — *Pervencheyres*, 1570 (J. Chalvon, n^re). — *Pervenchère*, 1888 (carte adm.).

Pesse (La), écart, c^{ne} de Chamalières. — *La Pièce* (cad.).

Pessemesse, f., c^{ne} des Estables.

Pessemesse (Le Mas-de-), l. détr., c^{ne} de Freycenet-la-Tour. — 1677 (cad. de Freycenet-la-Tour).

Pessemezelle, lieu dit, c^{ne} de Saint-Ilpize. — *Pesa Mezel*, 1339 (Bibl. nat., ms. fr., 14377, p. 189). — *Pesse-Mezel*, 1452 (Bibl. nat., ms. fr., 11490, p. 494).

Pesse-Queyrade, lieu dit, c^{ne} d'Espaly-Saint-Marcel. — *Pessa Enchairada*, xiiie s. (coll. César Falcon). — *Pesse-Queyrade*, 1710 (cad. d'Espaly).

Pestre, écart, c^{ne} de Coubon.

Pestre, f., c^{ne} de Saint-Front.

Petarel, m. i., c^{ne} d'Yssingeaux.

Petas, écart, c^{ne} de Chadron. — *Locus deux Truchestz*, 1352 (prieuré de Solignac). — *Lous Truchetz*, 1636 (Demans, n^{re}). — *Truchet*, xviiie s. (Cassini).

Pèteloup, m. i., c^{ne} du Mazet-Saint-Voy.

Pèteloup, f., c^{ne} de Saint-Front.

Petite-Mer, m. i., c^{ne} de Chadrac.

Petit-Marais (Le), écart, c^{ne} de la Chapelle-d'Aurec. — *Petit-Maray*, 1879 (carte adm.).

Petit-Peyre, h., c^{ne} de Sainte-Sigolène.

Peubanchy, loc. détr., c^{ne} de Saint-Vert. — *Mansus de Podio Banches*, 1291 (spic. Briv.). — *Pubanchy*, 1693 (la Chaise-Dieu, lièye).

Peu-Barbu, bois, c^{ne} de Pinols.

Peu-Borlanc, montic., c^{ne} de Lempdes. — *Podium Borlanc*, 1295 (spic. Briv.).

Peuch (Le), f., c^{ne} de Saint-Préjet-d'Allier. — *Ecclesia Sancti Anatolii*, 1145 (tabl. du Velay, 1877-1878, 211). — *Puteus*, 1298 (Thiolent). — *Mansus voc. lo Puch prope Pozas*, 1327 (Lozère, G. 98). — *Podium sive mons Sancti Amatorii*, 1499 (idem). — *Podium Sanctæ Natoriæ*, 1527 (A. Besseyre, n^{re}). — *Le Peutz*, 1565 (Doleson, n^{re}).

Peuchaud, mont., c^{ne} de Céaux-d'Allègre. — *Mansus sive terra vocatus Puez Chalm, quod est a Chambarel*, v. 1181 (hospit. du Velay). — *Le Peuchaud* (cad.).

Peuch-de-Molezon (Le), mont., c^{ne} de Beaumont. — 1543 (terr. de Lauriat).

Peuch-Espaleu, loc. détr., c^{ne} de Saint-Just-près-Brioude. — *Peuh Espaleu*, 1388 (spic. Briv.). — *Mansus de Peuch Espaleu*, 1462 (Arch. nat., ZZ. 359, p. 46).

Peu-de-Chazotte (Le), bois, c^{ne} de Pinols. — En patois : *Le Peu de la Chabonne*.

Peu-du-Ciel, mont., c^{ne} de Pinols.

Peu-du-Cluzel (Le), montic., c^{ne} de Léotoing. — *Lo Puoig del Cluzel*, 1295 (spic. Briv.).

Peu-Marchet, mont., près les Salles, c^{ne} de Saugues. — *Peuts-Marchié*, 1564 (Thiolent).

Peu-Martel, mont., c^{ne} de Langeac. — *La montaigne de Peuch-Martel*, 1568 (Arch. nat., Q. 513, p. 234).

Peu-Maury, mont., près Griniac, c^{ne} de Siaugues-Saint-Romain. — *Pueich-Maury*, 1384 (Chamblas). — *Puey-Moury*, 1444 (idem). — *Mons de Peutz-Maury*, 1462 (Bibl. nat., ms. lat., ii., acq. 1223, f° 87).

Peunier, l. détr., c^{ne} de Thoras. — *Casale de Puech Nier*, 1499 (Thiolent).

Peupara, bois, c^{ne} de Pinols. — *Terra de Poyt-Pellat*, 1348 (Arch. nat., Z². 54, p. 43). — *Peu-Palla* (cad.).

Peyberneng, h., c^{ne} du Chambon. — *Podium Brunenc*, 1343 (Rhône, H. 1016). — *Peu-Brunenc*, 1507 (év.). — *Peu-Brunel*, 1616 (Rhône, H. 2153). — *Peu-Bernenc*, 1695 (capitation). — *Pey-Bernenc*, xviiie s. (Cassini). — *Peyberninc*, 1861 (état-major).

Pey-Bresson, bois, c^{ne} du Chambon.

Pey-Chassagne, loc. détr., c^{ne} de Saint-Vert. — *Mansus de Podio Chassanhes*, 1291 (spic. Briv.).

Pey-de-Chadron (Le), f., c^{ne} de Chadron.

Pey-de-Malleys (Le), mont. boisée, c^{ne} de Beaulieu. — *Mons de Melleys*, 1311 (Arch. nat., P. 1399¹, c. 783). — *Le peu de Maleys, le suc de Maleys*, 1588 (M^{ce} Leblanc, n^{re}).

Pey-de-Montusclat (Le), mont. trachyt., limitant les c^{nes} de Champclause, de Montusclat et de Saint-Julien-Chapteuil. — Nom vulgaire : *la Tortue*.

Pey-du-Prat (Le), écart, c^{ne} de Laussonne. — *Peu-du-Prat* (cad.).

Pey-Girodet, dyke basalt., c^{ne} de Saint-Germain-Laprade. — *Peu-Giraudet*, 1539 (Savin, n^{re}). — *Peu-Giroudet*, 1568 (idem). — *Le suc de Pech-Giraudet*, 1572 (A. Boyer, n^{re}). — *Pierre-Girodet*, 1867 (Lecoq, IV, 199).

Peygou, l. détr., c^{ne} de Saint-Jeure. — 1695 (capitation).

Pey-Gros, mont. boisée, c^{ne} de Bains. — *Peut-Gros*, 1463 (Chauvin, n^{re}).

Peygros, écart, c^{ne} de Monistrol-sur-Loire. — *Peu gros*, 1507 (év.). — *Peygros*, 1657 (ét. civ.).

Pey-Grosset, dyke basalt., c^{ne} de Saint-Germain-Laprade. — *Peu-Grosset*, 1568 (Savin, n^{re}). — *Pierre-Grosset*, 1867 (Lecoq, IV, 199).

Peyleng, mont., c^{ne} de Saint-Pierre-Eynac. — *El garait del Pei lo*, v. 1175 (hospit. du Velay). — *Peulenc*, 1568 (Savin, n^{re}). — *Paylen*, 1879 (carte adm.). — *Peylon*, 1886 (aff. jud.).

PEYMARIE, mont., c^{ne} de Bellevue-la-Montagne.

PEY-MARTIN, m. i., c^{ne} du Chambon.

PEY-MARTIN, bois, c^{ne} du Mazet-Saint-Voy. — *Peu-Martin*, 1616 (Rhône, H. 2153).

PEYMION, h., c^{ne} de Saint-Vert. — *Mansus de Podio Medio*, 1291 (spic. Briv.). — *Le Mas de Poymean ou Peumean*, 1341 (terr. de Charbonnier). — *Peumie*, 1693 (la Chaise-Dieu, lière). — *Peymiant*, 1880 (carte adm.).

PEYNASTRE, mont., c^{ne} de Saint-Germain-Laprade. — *Peu-Nastol*, 1412 (terrier du Moulin-Neuf). — *Peu-Nastoul*, 1568 (Savin, n^{re}). Pèlerinage pour la guérison de la fièvre.

PEYPARAT, mont., c^{ne} de Pinols. — *Puy-Pallat*, 1670 (Arch. nat., P. 502, c. 99).

PEY-PÉNIER, m. i., c^{ne} de Laussonne.

PEY-PERONNE, bois, c^{ne} de Ferrussac.

PEYRACHE, mⁱⁿ et scierie sur le Picat, c^{ne} de Saint-Julien-Molhesabate.

PEYRACHON (MOULIN-DE-), mⁱⁿ, c^{ne} de Laussonne.

PEYRAGROSSE, h., c^{ne} de Bauzac. — *Petra grossa*, 1490 (obit. de Bas). — *Peyra grossa*, 1508 (*idem*). — *Peyre-grosse*, 1553 (ress. de Montfaucon).

PEYRAMONT, mont. volc., c^{ne} de Saint-Geneys-près-Saint-Paulien.

PEYRARD (MOULIN-DE-), mⁱⁿ sur le Vourzac, c^{ne} de Sanssac-l'Église.

PEYRATHÉ (SUC DE), bois, près Janisse, c^{ne} de Roche-en-Régnier.

PEYRE, vill., c^{ne} de Beaux. — *Paira*, v. 1100 (cart. de Cluny, n° 3896). — *Mansus de Peyra*, 1321 (J. de Peyre, n^{re}). — *Petra*, 1322 (*idem*). — *Peire*, 1888 (Malègue).

PEYRE, vill., c^{ne} de Cerzat. — *Peyra*, 1379 (Arch. nat., Z². 4143, p. 52).

PEYRE (LA), f., c^{ne} de Blesle. — *La Peyra*, 1306 (terr. de Blesle).

PEYRE (LA), f., c^{ne} de Freycenet-la-Tour.

PEYRE (LA), f., c^{ne} de Saint-Front. — *Peiremorte*, 1695 (capitation).

PEYRE (LA), vill., c^{ne} de Saint-Jean-de-Nay. — *La Peira*, 1231 (Saint-Pierre-le-Monastier). — *Petra*, 1255 (*idem*). — *La Peyra*, 1477 (Bibl. nat., ms. lat., n. acq., 1224, f° 184 v°). — *Locus de Lapide*, 1519 (Martel, n^{re}).

PEYRE (LE), affl. du Josan, c^{ne} de Cerzat.

PEYRE (LE), affl. de l'Allier en amont de Monistrol-d'Allier, prend sa source au nord-ouest de la Bastide, c^{ne} de Saint-Préjet-d'Allier. — *Ruiss. de Paire*, 1888 (carte adm.).

PEYRE (PETIT-), m. i., c^{ne} de Sainte-Sigolène.

PEYREBADON, f., c^{ne} du Mazet-Saint-Voy.

PEYRE-BAS, écart, c^{ne} de Cerzat.

PEYREBAUD, mont. et m. i., c^{ne} des Villettes. — *Peyleroux*, 1888 (Malègue).

PEYREBEILHE, f., c^{ne} de Saint-Front.

PEYREBILLE, f., c^{ne} du Bouchet-Saint-Nicolas. — *Peyrebsille*, 1820 (Deribier).

PEYREBILLE, éc., c^{ne} de Sanssac-l'Église.

PEYRE-BLANCHE, bois, c^{ne} de Pinols.

PEYREBROUSSON, h., c^{ne} de Tence. — *Peyra-Brosson*, 1694 (ét. civ.).

PEYRE-CHAUDE, m. i., c^{ne} de Sainte-Sigolène.

PEYREDEYRE, vill., c^{ne} de Saint-Quintin-Chaspinhac. — *Peyredeyra*, 1305 (Saint-Georges du Puy). — *Payradayra*, 1344 (J. de Peyre, n^{re}, reg. D. f° 6 v°). — *Peyredeyras*, 1429 (év.). — *Peyrideriæ*, 1501 (J. Boyer, n^{re}). — *Perideriæ*, 1521 (Lardeyrol). — *Peryderes*, 1534 (év.). — *Perideyres*, 1555 (cad. de Mercœur). — *Peyredeyres*, 1561 (Savin, n^{re}). — *Peyreneyre*, XVIIIe s. (Cassini).

PEYREFREYDE, m. i., c^{ne} de Saint-Étienne-près-Allègre. — *Pierre-Froide*, 1888 (carte adm.).

PEYREGROS, mⁱⁿ sur le Lignon, c^{ne} d'Yssingeaux.

PEYRELAS, vill., c^{ne} de Sainte-Sigolène. — *Peyralaa*, 1361 (Saint-Mayol). — *Peyrellas*, 1553 (ress. de Montfaucon). — *Peyrela*, 1695 (capitation). — *Peirelas*, XVIIIe s. (Cassini).

PEYRELOUP, f., c^{ne} de Freycenet-Lacuche.

PEYREMULE, f., c^{ne} de Saint-Pal-de-Mons. — *Peyremole*, 1888 (Malègue).

PEYRES, f., c^{ne} de Sainte-Sigolène.

PEYREYRE (LA), f., c^{ne} de Ceyssac. — *La Peyreyre-lès-Ceyssac*, 1745 (Haute-Loire, B. 58). — *La Payrère*, XVIIIe s. (Cassini).

PEYREYRE (LA), écart, c^{ne} de Monistrol-sur-Loire. — *Une maison seule nommée Peyrière*, 1553 (ress. de Montfaucon). — *La Peyreyre*, 1663 (ét. civ.).

PEYREYRE (LA), vill., c^{ne} de Sainte-Sigolène. — *La Peyreyra*, 1519 (obit. de Bas). — *La Peyreire*, 1695 (capitation). — *La Perrière*, XVIIIe s. (Cassini). — *La Peyrière*, 1820 (Deribier).

PEYREYRE (LA), m. i., c^{ne} de Saint-Georges-d'Aurac.

PEYREYRE (LA), h., c^{ne} de Saint-Pierre-Eynac. — *Peyrier*, 1879 (carte adm.). — *Ferrier*, 1888 (Malègue).

PEYRISEY, f., c^{ne} de Lapte. — *Peirizy*, 1695 (capitation). — *Pérésy* (cad.). — *Peyrisis*, 1888 (Malègue).

PEYROGROS, m. i., c^{ne} de Raucoules.

PEYRÔME, mont., c^{ne} de Rosières. — *Peyre-Rome*,

Peyre-Roume, 1723 (cad. de Bellecombe). — *Suc de Peyrôme*, 1860 (état-major).

Peyron, f., cne des Estables. — *Peyrou*, 1739 (ét. civ.). — *Le Mas de la Grangette de Payron*, 1788 (idem). — *Peyrot*, 1888 (carte adm.).

Peyron (Le), f., cne de Charraix. — *Territorium del Peyro*, 1351 (Thiolent). — *Le Peyrou*, 1608 (idem). — *Le Peiron de Charaix*, 1632 (idem).

Peyron (Le), h., cne de Lapte. — *Peyroux* (cad.).

Peyron (Le), écart, cne de Monistrol-sur-Loire. — *Locus del Peyro*, 1508 (obit. de Bas). — *Le Peyron*, 1657 (ét. civ.). — *Le Péron*, XVIIIe s. (Cassini).

Peyron (Le), h., cne de Saint-Didier-la-Séauve. — *Lo Peyro*, 1310 (coll. Chaleyer). — *Lou Peyron*, 1553 (ress. de Montfaucon).

Peyron (Le), loc. détr., cne de Tailhac. — *Mansus del Peyro*, 1486 (terr. de Tailhac). — *Le Peyron*, 1555 (terr. d'Ant. de Chavanhac).

Peyron-Didier, pierre-limite, cne de Saint-Jean-Lachalm. — *Lapis affixa juxta stratam de Boscheto versus Bayssacum, nuncupata Peyro-Deydier*, 1464 (hôtel-Dieu, B. 574).

Peyronnet, vill., cne de Lapte.

Peyron-Saint-Jean (Le), loc. détr., cne de Saint-Pierre-Duchamp. — *Petra S. Johannis*, 1213 (cart. de Chamalières, n° 325). — *Mansus del Peiro Saint Johan*, 1265 (Arch. nat., P. 494¹, c. 36). — *Lo Peyro Saynt Joan prope mansum de la Monzia*, 1345 (idem, c. 19).

Peyrot, f., cne de Champclause.

Peyrouse (La), h., cne de la Chapelle-d'Aurec.

Distrait de la commune d'Aurec par la loi du 13 mars 1872.

Peyrouse (La), m. i., cne de Sainte-Sigolène.

Peyrouse (La), f., cne de Saint-Front. — *In pago Vellaico, villa de Petrosa*, v. 970 (cart. du Monastier, n° 103). — *La Peyrosa*, 1530 (cad. du Monastier).

Peyrouses (Les), f., cne de Saint-Bonnet-le-Froid.

Peyrousette (La), h., cne de la Chapelle-d'Aurec. — *Perosela*, 1465 (Rivière, n{re}). — *La Peyrozette*, 1569 (terr. de Saint-Didier de Joyeuse).

Peyrousses (Les), m{in} sur les Gorces, cne de Montregard. — *Peyrouses*, 1888 (Malègue).

Peyrusse, chât. détr., cne d'Aubazac. — *Peiruza, Perucia, Petrucia*, XIIe s. (cart. de Pébrac, n{os} 30, 37 et 44). — *Perrucia*, 1142 (idem, n° 37). — *Peirussa*, v. 1198 (idem, n° 49). — *Castrum de Perussa*, 1233 (bibl. de Grenoble, ms., c. 1365, n° 3112). — *Peyrussa*, v. 1250 (spic. Briv.).

Peyrusse, vill., cne d'Aubazac. — *Peruce*, 1379

(compte de B. Flotenc). — *Petrussa*, 1491 (Arch. nat., Q. 513, f° 86). — *Perrosse*, 1511 (coust. d'Auv., f° 81 v°). — *Capellanus de Peyrussa*, XVIe s. (pouillé de Saint-Flour, p. 232).

Commune supprimée les 25-30 mai 1843 et réunie à celle d'Aubazac.

Peyrussette, h., cne d'Aubazac. — *Peyrusseta*, 1361 (Arch. nat., Z² 54, p. 149). — *Peyrucette*, 1649 (Arch. nat., Z² 58).

Peyssanges, vill., cne de Bournoncle-la-Roche. — *In aice Brivatensi, villa quæ dicitur Paciagas*, 857 (cart. de Brioude, ch. 77). — *Paisensangas*, XIIIe s. (obit. de Br.). — *Passaghas*, 1434 (coll. J. Lachenal).

Peyveuy, mont. boisée, cne de Bains. — *Peu-Veulh*, 1572 (prieuré de Bains). — *Peyvey*, 1880 (aff. jud.).

Pèze (La), f., cne de Raucoules. — *La Peza*, 1507 (év.). — *La Peysse*, 1820 (Deribier).

Pezouillou (Ravin-du-), affl. du ravin de la Sapède, cne de Vabres.

Philibert (Moulin-de-), m{in} sur le Vourzac, cne de Sanssac-l'Église.

Philypaux, f., cne de Dunières. — *Fiala Pauc*, 1465 (Rivière, n{re}). — *Philepaut*, 1553 (Rhône, D. 185). — *Fialle-pauc*, 1583 (Imbert, n{re}). — *Fillepauc*, 1598 (Delafont, n{re}). — *Fille-pau*, 1695 (capitation). — *Philpeaux*, XVIIIe s. (Cassini). — *Philypeaux*, 1820 (Deribier). — *Philipot*, 1888 (Malègue).

Pialleprat, loc. détr., cne des Estables. — *Pealleprat*, 1590 (Burel, 185). — *Peleprat*, 1626 (év.).

Pialouneyre (La), m. i., cne de Saint-Just-Malmont.

Piarand, m. i., cne de Moudeyres.

Piaron, m. i., cne de Grazac.

Piassac, vill., cne de Saint-Georges-Lagricol. — *Villa de Piasac*, 1163 (cart. de Chamalières, n° 77). — *Ad Piaciagum*, 1213 (idem, n° 323). — *Pyassac*, 1271 (hôtel-Dieu, B. 620). — *Locus de Piassaco, Piassac*, 1447 (terr. de Piassac). — *Pissac*, 1569 (terr. de N.-D. de Chalencon). — *Piessac*, 1596 (Mre Leblanc, n{re}).

Piat (Le), ruiss., prend naissance dans la commune de Sainte-Sigolène, arrose celle de Monistrol-sur-Loire et se jette dans la Loire au-dessus de Cheucle. — *Les Chazeaux*, 1879 (carte adm.).

Piaure, vill., cne du Chambon.

Piboulet, h. et m{in} sur le Lignon, cne de Lapte. — *Molendinum de Pibolet ou Pigolet*, 1370 (év.). — *Molendinum de Peoble*, 1391 (év.). — *Molendinum de Pipoble*, 1392 (év.). — *Piboulle*, 1553 (ress. de Montfaucon). — *Piboulet*, 1695 (capitation).

Picard, m. i., c^ne de Grazac.

Picard, h., c^ne de Sainte-Sigolène. — *Le Picard ou Solier-Haut*, 1695 (capitation).

Picard (Moulin-), m^in sur la Borne occidentale, c^ne d'Allègre.

Picasses (Les), f., c^ne de Montregard. — *La commune de las Piguassas*, 1556 (terrier de Montregard). — *Les Pigasses de Monregard*, 1695 (capitation).

Picat, m. i., c^ne du Chambon.

Picat, h., c^ne de Saint-Julien-Molhesabate.

Picat (Le), affl. du Veyron, c^ne de Saint-Julien-Molhesabate.

Picatou, m. i., c^ne de Malvalette.

Pichevalat, m. i., c^ne de Boisset. — *Peycheralas*, 1820 (Deribier). — *Picherala*, 1879 (carte adm.).

Picholet, vill., c^ne de Dunières. — *Pichollet*, 1626 (Jamon, n^re). — *Pichoulet*, XVIIIe s. (Cassini). — *Pichoutete*, 1820 (Deribier). — *Pichaulet*, 1860 (état-major). — *Pichoulète*, 1868 (Malègue).

Pichon, m. i., c^ne de Grazac.

Picquet, f., c^ne de Fay-le-Froid.

Piéboudry, m. i., c^ne d'Azerat. — *Picoudrit*, 1820 (Deribier). — *Pied-Bondry*, 1888 (Malègue).

Pièce (La), m. i., c^ne de Chamalières.

Pied (Scie-du-), scierie sur le Voyron, c^ne de Saint-Bonnet-le-Froid.

Pied-de-Monac, h., c^ne de Saint-Pierre-Eynac.

Pied-du-Roi (Le), mont., c^ne de Cerzat. — *Garena nunc illustris regis Franciæ*, 1271 (spic. Briv.). — *Terroir du Deves ou du Bois del Rey*, 1625 (terr. du Chambon de Blau). — *Puis-du-Roy*, XVIIIe s. (Cassini). — *Puy-du-Roi*, 1880 (carte adm.).

Pied-du-Vernet, mont. et m. i., c^ne de Queyrières.

Pières-Bas, h., c^ne de Chamalières. — *Villa Pigerias*, 959 (cart. de Chamalières, n° 24). — *Locus de Pieris*, 1482 (Pelisse, n^re). — *Piers*, 1483 (idem). — *Pieres*, 1534 (év.). — *Pieres-Basses*, 1550 (Chamblas). — *Pieyres-Basses*, 1571 (Cl. Girard, n^re). — *Pierres*, 1820 (Deribier). — *Pieyres*, 1888 (Malègue).

Pières-Haut, quartier de Pières-Bas, c^ne de Chamalières. — *Pieres-Altes*, 1550 (Chamblas). — *Pieyres-Haultes*, 1571 (Cl. Girard, n^re).

Pierre, f., c^ne des Estables.

Pierre-Blancue, m. i., c^ne de Monistrol-sur-Loire.

Pierre de Saint-Georges, à la Coste-de-Palhaire, c^ne de Saint-Étienne-Lardeyrol. — Menhir-cromlech.

Pierre de Saint-Roch, à Bournac, c^ne de Saint-Front.

Pierre-fiche, lieu dit, c^ne de Brives-Charensac. — 1549 (Savin, n^re).

Pierre-Froide, f., c^ne de Saint-Étienne-près-Allègre.

Pierre-Grosse, m. i., c^ne de Raucoules.

Pierre-Plantée (La), lieu dit, c^ne de Brioude. — *In vicina seu suburbio Brivatensi, alodum cui, vetusto vocabulo, latina rusticitas Petra Fixa nomen indidit*, 958 (cart. de Sauxillanges, ch. 17). — *Territorium de la Peira Fichada*, 1453 (terr. du ford. de Br.). — *Le terroir du Fondz du Breul sive de la Peyre Plantade*, 1614 (terr. du chap. de Br.).

Pierres (Les Trois-), lieu dit près Bellevue, c^ne du Puy. — *L'oratoire de Saint-Vosy ou les Trois-Pierres*, 1751 (Saint-Vosy).

Pierre Saint-Chaffre, près les Eygagères, c^ne de Saint-Martin-de-Fugères. — Pierre à empreintes.

Pierres de Saint-Martin, à Malavas, c^ne de Saint-Quintin-Chaspinhac. — Roches à bassins.

Pierres de Saint-Martin, près Vertaure, c^ne de Vorey.

Piers, h., c^ne de Saint-Victor-sur-Arlanc. — *Piers*, 1414 (terr. de Malvières).

Piès, vill., c^ne d'Aurec. — *Peir*, 1317 (Arch. nat., P. 1400³, cote 990). — *Pyer*, 1386 (homm. de Solignac). — *Locum dal Peyro*, 1387 (idem). — *Pier*, 1465 (Rivière, n^re). — *Piere*, 1553 (ress. de Montfaucon). — *Pieds* (cad.).

Pieyres, dom., c^ne de Beaulieu. — *Pieræ*, 1342 (coll. C. Falcon). — *Pieriæ*, 1344 (J. de Peyre, n^re). — *Pieres*, 1549 (Chamblas). — *Pieyres*, 1555 (cad. de Mercœur). — *Peyres-Rouges*, 1638 (Ch. Demans, n^re). — *Pieres-Rouges*, 1714 (cad. de Laval-Emblaves). — *Piègres*, 1880 (carte adm.).

Pieyres, vill., c^ne de Saint-Pal-de-Chalencon. — *Pigerias*, 1163 (cart. de Chamalières, n° 77). — *Pigeiras*, XIIIe s. (idem, n° 315). — *Villa de Pieres, in par. S. Pauli*, 1329 (Arch. nat., P. 491¹, c. 48). — *Pieyres*, 1540 (terr. de Saint-Pal).

Pieyres, f., c^ne d'Yssingeaux. — *Villa de Pigeriis*, 1163 (cart. de Chamalières, n° 77). — *Pigeiras*, XIIIe s. (idem, n° 315).

Pifoy, f., c^ne d'Aurec. — *Pifoid* (cad.).

Pifoy, h., c^ne du Pont-Salomon. — *Pifoix* (cad.). — *Pifoyer*, 1879 (carte adm.).

Pifoy, f., c^ne de Raucoules. — *Lou Py-Fol*, 1695 (capitation). — *Le Pifouel*, XVIIIe s. (Cassini).

Pigeonnier-du-Vicaire (Le), grotte sur la rive gauche de la Loire, c^ne de la Voûte-sur-Loire.

Pigeyre, vill., c^ne de Chomelix. — *Locus de Pigeriis supra Chalmelhes*, 1311 (Arch. nat., P. 1397³, cote 599). — *Mansus de Pigeyras*, 1321 (spic. Briv.). — *Pigeyres*, 1880 (carte adm.).

Pigeyres, vill., c^ne de Bains. — *Pigerias*, 1150 (hôtel-Dieu, B. 297). — *Pieriæ*, 1327 (J. de Peyre, n^re). — *Pigeyras*, 1408 (compois du Puy). — *Pigheyres*, 1572 (prieuré de Bains).

Pigeyres, vill., c^ne de Saint-Arcons-de-Barges.

Divisé en Haut et Bas. — *Pegeriæ*, 1281 (la Chaise-Dieu, Saint-Paul-de-Tartas). — *Pigeyras*, 1513 (tit. de Surrel). — *Pigeres*, 1778 (Faujas de Saint-Fond, 380).

Pigne (La), m. i., c^ne de Saint-Jeure.

Pignols, vill., c^ne de Cistrières. — *Domus de Pinnhol* (le ms. porte *Prunhol*), 1295 (Bibl. nat., ms. lat., 12763, f° 268). — *Pignols*, 1414 (terrier de Malvières). — *Pinhos, Pinhoulx*, 1561 (J. Chalvon, n^re).

Prieuré de l'ordre de Grandmont.

Pignols, f., c^ne de Saint-Just-Malmont.

Pijalet (Suc-), mont., c^ne de Malrevers. — *Le suc de Pigellet*, 1555 (cad. de Mercœur). — *Pyjalet*, 1584 (Guérin, n^re).

Pila, m. i., c^ne de Saint-Romain-Lachalm.

Pilirgues (Ravin-du-), affl. de la Dège près du moulin de Digons, c^ne de Pébrac.

Pillac, h., c^ne de Saint-Julien-d'Ance. — *Pilhiacus*, 1500 (coll. César Falcon). — *Pilhac*, 1569 (A. Boyer, n^re).

Pilles-de-Bauzac (Les), m. i., c^ne de Chadron.

Pimparoux, vill., c^ne de la Voûte-sur-Loire. — *Pimparo*, 1271 (hôtel-Dieu, B. 324). — *Pinparos*, 1331 (*idem*, B. 441). — *Pymparoux*, 1535 (Chamblas). — *Puparoux*, 1536 (Savin, n^re). — *Pimparoux*, 1555 (cad. de Mercœur).

Pimpenelle, m. de vigne, c^ne de Brives-Charensac.

Pin (Le), h., c^ne d'Agnat. — *Lo Pi, lo Pin*, XIVe s. (terr. des Grèzes).

Pin (Le), h., c^ne du Chambon. — 1616 (Rhône, H. 2153).

Pin (Le), vill., c^ne de Chanaleilles. — *Lo Pi Chals*, 1274 (Lozère, G. 99). — *Lo Py*, 1564 (Thiolent).

Pin (Le), h., c^ne de Dunières. — *Pinus*, 1315 (homm. de l'év.). — *Lo Pi*, 1465 (Rivière, n^re). — *Lou Py*, 1553 (Rhône, D. 185).

Pin (Le), f., c^ne de Freycenet-Lacuche. — *Pinus*, 1383 (Rhône, E. 9).

Pin (Le), vill., c^ne de Frugières-le-Pin. — *Lo Py*, 1328 (Vals-le-Chastel).

Pin (Le), h., c^ne de Saint-Germain-Laprade. — *Pinu*, 1108 (Saint-Georges du Puy). — *Johannes del Pi*, 1161 (hospit. du Velay). — *Pinus*, 1412 (terrier du Moulin-Neuf). — *La boria du Pyn*, 1542 (Savin, n^re).

Pin (Le), vill., c^ne de Saint-Hilaire. — *Decima de Pinu*, 1156 (spic. Briv.). — *Mansus del Pis*, 1397 (la Chaise-Dieu, Azerat).

Pin (Le), vill., c^ne de Tence. — *Pinus*, 1275 (homm. de l'év.). — *Mansus de Pinu*, 1322 (cart. de

Mazan, f° 133 v°). — *Lou Pyne*, 1556 (terr. de Montregard).

Pinatelles (Les), f., c^ne de Chanaleilles. — 1608 (Thiolent). — *Pinatelle*, 1888 (carte adm.).

Pinatelles (Les), h., c^ne de Montregard. — 1267 (homm. de l'év.). — *Las Pinatellas*, 1320 (cart. de Mazan, f° 138 v°).

Pinatelles (Les), h., c^ne de Saint-Pal-de-Mons. — *Las Pinatelas*, 1314 (év.). — *Las Pinatelles*, 1576 (Rhône, D. 190). — *La Pinatelle* (cad.).

Pincheneire, m. i., c^ne de Saint-Pal-de-Mons. — *Pinchenière* (cad.).

Pinède (La), lieu dit, près le Villaret, c^ne de Coubon. — *In illa Pineta*, v. 996 (cart. du Monastier, n° 143). — *Villa de Pineta, in pago Vellaico*, v. 1025 (*ibid.*, n° 213). — *Terroir app. la Pinède*, 1707 (cad. de Bouzols).

Pinède (La), écart, c^ne de Salettes. — *Mansus de la Pineda*, 1383 (Rhône, E. 9). — *Le domaine de la Pinède*, 1699 (cad. de Vachères). — *Lapinède*, 1820 (Deribier).

Pinède (Moulin-), m^in sur la Borne, c^ne d'Aiguilhe.

Pinée (La), f., c^ne de Monistrol-sur-Loire. — 1738 (ét. civ.).

Pinet, h., c^ne de Saint-Pierre-Duchamp. — *Mansus de Pinet*, 1266 (Arch. nat., P. 1397³, cote 597). — *Pinetum*, 1339 (Arch. nat., P. 1397³, cote 606).

Pinet (Le), chât. détr. et vill., c^ne de Céaux-d'Allègre. — *Terra del Pinet*, 1256 (év.). — *Pinet-lez-Ceaulx*, 1590 (M^ce Leblanc, n^re).

Pinet (Le), h., c^ne de Chamalières.

Pinet (Le), f., c^ne de Dunières.

Pinet (Le), h., c^ne du Mas-de-Tence. — *Pinetum*, 1331 (cart. de Mazan).

Pinet (Le), vill., c^ne de Monistrol-sur-Loire. — 1296 (homm. de l'év.). — *Pinetum*, 1326 (év.). — *Lo Pinet*, 1344 (J. de Peyre, n^re). — *Lo Pine*, 1507 (év.).

Pinet (Le), f., c^ne de Saint-Berain. — *Pinetum*, 1459 (Bibl. nat., ms. lat., n. acq., 1222, f° 114 v°). — *El Pinet*, 1460 (*idem*, f° 157). — *Pinal*, 1820 (Deribier).

Pinet (Le), f., c^ne de Saint-Christophe-d'Allier. — *Mansus del Pinet*, 1380 (la Chaise-Dieu, Mende).

Pinet (Le), f., c^ne de Saint-Front. — 1637 (ét. civ.).

Pinet (Le), h., c^ne de Saint-Romain-Lachalm. — *Pinetum, lo Pinet*, 1461 (Rhône, H. 1180).

Pinet (Le), vill., c^ne de Sainte-Sigolène. — *Locus de Pineto*, 1466 (Bibl. nat., lat., n. acq., 1223, f° 294 v°).

Pinet (Le), h., c^ne de Saint-Victor-sur-Arlanc.

Pinet (Le), vill., c^{ne} de Saugues. — *Mansus del Pinet prope Salgue*, 1327 (Lozère, G. 98). — *Lo mas dit del Pynet*, 1396 (Ann. Soc. d'agric., XVIII, 179). — *Pinetum*, 1526 (A. Besseyre, n^{re}).

Pineton, écart, c^{ne} de Bellevue-la-Montagne. — *Pinetou*, 1888 (carte adm.).

Pinie (La), h., c^{ne} d'Yssingeaux. — *Pineda, la Pinea*, 1429 (Rhône, Bessamorel). — *La Pigne* (cad.).

Pinols, arr. de Brioude. — *Villa de Pinhols*, 1301 (Arch. nat., J. 1138). — *Pinols*, 1351 (spic. Briv.). — *Pigneux*, 1379 (compte de B. Flotene). — *Pignoulx*, 1398 (compte de B. Sannadre). — *Pinholz*, 1401 (spic. Briv.). — *Ecclesia S. Martini de Pinolis*, 1479 (Gall. chr., II, col. 429).

En 1789, Pinols appartenait à la province d'Auvergne, à l'élection de Brioude, à la subdélégation de Langeac et au ressort de Riom. Son église paroissiale, diocèse de Saint-Flour et archiprêtré de Langeac, était dédiée à saint Martin; l'abbé de la Chaise-Dieu présentait à la cure.

Pinols, h., c^{ne} de la Vaudieu. — *Pinols*, v. 1075 (cart. de Pébrac, n° 7). — *Pignolz*, 1612 (terr. de la Vaudieu).

Piny-Bas (Le), h., c^{ne} d'Yssingeaux. — *Pinetum*, 1515 (terrier des Bordes).

Piny-Haut (Le), écart, c^{ne} d'Yssingeaux. — *Piz-altitz*, v. 1175 (hospit. du Velay).

Piolhier, f., c^{ne} de Bessamorel.

Pionnier (Le), affl. de la Lidène à Flaghac, c^{ne} de Salzuit.

Piouleloup, loc. détr., c^{ne} d'Araules. — *Pioula lop*, 1507 (év.). — *Pioulaloup*, 1608 (cad. d'Araules).

Piouleloup, l. dét., près Montbrac, c^{ne} de Saint-Front. — *Mansus de Piula lop* (l'impr. porte *Pinlalay*), 1217 (Gall. chr., XVI, instr. 240). — *Mansus de Pioula lop*, 1284 (cart. de Mazan, f° 25 v°). — *Pioule-loup, Pioulle-loup*, 1646 (cad. de Bonnefont).

Pioulet, f., c^{ne} du Chambon. — *Piolet*, 1507 (év.). — *Mansus de Pioleto*, 1510 (Rhône, D. 161). — *Pioulet*, 1695 (capitation).

Pioulet, écart, c^{ne} de Rosières. — *Piouly*, 1820 (Deribier).

Pipet (Rocher de), à Goudet, sur lequel s'élevait autrefois le château de Goudet. — Pèlerinage pour les enfants atteints du ver solitaire ou mal de saint Loup (communic. de M. Paul Achard).

Pique (La), bois, c^{ne} de Saint-Just-Malmont.

Piquet, mⁱⁿ ruiné sur la Borne orientale, c^{ne} de Monlet.

Pireyre (La), l. détr., c^{ne} de Paulhaguet. — *Le terroir app. de la Pireyre que souloit estre vilaige*, 1543 (la Chaise-Dieu, Domeyrat).

Pirolles, vill., c^{ne} de Bauzac. — *Villa quæ dicitur Pijairolas*, 1082 (cart. de Chamalières, n° 108). — *Pigairolas*, 1162 (idem, n° 71). — *Pierolas*, 1333 (év.). — *Pirols, Pirolas*, 1346 (Arch. nat., P. 490³, cote 229). — *Piroles*, 1492 (obit. de Bas). — *Piroliæ*, 1496 (idem). — *Pirolles*, 1555 (idem).

Pis (Lous), f., c^{ne} de Champclause.

Pis (Lous), vill., c^{nes} de Saint-Étienne-Lardeyrol et de Saint-Hostien. — *Ad Pinos, in mand. castri de Lardariolo*, v. 1021 (cart. de Chamalières, n° 189). — *Los Pis*, 1503 (Lardeyrol). — *Le lieu dous Pys*, 1575 (Chamblas). — *Loux Pix*, 1653 (idem). — *Ouspis*, 1879 (carte adm.). — *Louspis*, 1888 (Malègue).

Pissavy, vignoble, c^{ne} de Langeac. — *Territ. de Cros-Reynauld alias Pissavy*, 1479 (Arch. nat., Q. 513, p. 9).

Pisse-Chien, m. i., c^{ne} de Saint-Didier-sur-Doulon.

Pissempont, h., c^{ne} de Taulhac.

Pisse-Vieille, ruiss., affl. de la Borne, c^{ne} d'Espaly-Saint-Marcel. — *Pissa Velha*, 1287 (Saint-Georges du Puy). — *Pissanvelha*, 1348 (idem). — *Le riou de Pisseveuille*, 1710 (compois d'Espaly).

Pissis, vill., c^{nes} de Connangles et de Saint-Pal-de-Murs. — *In comitatu Brivatensi, in vicaria Logatensi* (lire *Jogatensi*), *villa ubi vocabulum est Pissinos*, 903 (cart. de Brioude, ch. 231). — *Mansus de Pessis*, 1489 (la Chaise-Dieu, Connangles).

Pissis, vill., c^{ne} de Monistrol-d'Allier. — *Peissis*, 1217 (hôtel-Dieu, B. 304). — *Mansus de Peycis*, 1377 (Thiolent). — *Pessis*, 1444 (Chamblas). — *Peyssis*, 1475 (Bibl. nat., ms. lat., n. acq., 1224, f° 80). — *Locus de Peyssinis*, 1499 (Thiolent). — *Peysis*, 1527 (A. Besseyre, n^{re}).

Pissis (Le), affl. de l'Allier, c^{ne} de Monistrol-d'Allier.

Pissous, m. i., c^{ne} de Jullianges.

Pizet, vill., c^{ne} de Bas. — *Pizeytz*, 1391 (coll. Chaleyer). — *Pisetz*, 1496 (obit. de Bas). — *Pizaietz*, 1558 (idem).

Place (La), écart, c^{ne} de Cussac. — *Platea*, 1389 (plumit. de Bouzols).

Place (La), loc. détr., c^{ne} de Lempdes. — *Locus de la Place, par. de Lendu*, 1471 (la Chaise-Dieu, Chambezon).

Plafay, chât., c^{ne} du Chambon. — *Plafaynum*, 1343 (Rhône, II. 1016). — *Plafay*, 1507 (év.). — *Platfaim*, 1616 (Rhône, H. 2153).

Plaforet, f., c^{ne} de Saint-Pal-de-Chalencon. — *Planfores, Planfourez*, 1540 (terr. de Saint-Pal). — *Plafoury* (cad.).

Plagne, vill., c^{ne} de Félines. — *Planhes*, 1548

(P. Gallien, n⁰ᵉ). — *Plagnes*, 1669 (Arch. nat.,
P. 502, cote 109). — *Plaigne*, 1869 (Malègue).

PLAGNE-BUBIN (LA), m. i., cⁿᵉ de Blesle.

PLAGNE-DURANTON (LA), m. i., cⁿᵉ de Blesle.

PLAGNOL, f., cⁿᵉ de Malrevers. — *Planholz*, 1596
(Galien, n⁰ᵉ). — *Le Planiol*, XVIIIᵉ s. (Cassini).

PLAI (LE), écart, cⁿᵉ de Saint-Victor-Malescours.

PLAIGNE-GAZARD (LA), m. i., cⁿᵉ de Blesle.

PLAIGNE-LAFONT, m. i., cⁿᵉ de Blesle.

PLAIGNE-PEUVERGNE, m. i., cⁿᵉ de Blesle.

PLAIGNE-SABATIER, m. i., cⁿᵉ de Blesle.

PLAIGNE-VIGIÈRE, m. i., cⁿᵉ de Blesle.

PLAIGNE-VOLPET, m. i., cⁿᵉ de Blesle.

PLAIGNES (MOULIN-DE-), mⁱⁿ, cⁿᵉ de Chomelix.

PLAINE, h., cⁿᵉ de Saint-Ferréol-d'Auroure.

PLAINE (LA), plateau, cⁿᵉ de Beaulieu. — *Le serre
de la Plaine*, 1723 (cad. de Bellecombe).

PLAINE (LA), m. i., cⁿᵉ de Lantriac.

PLAINE-DE-VON, m. i., cⁿᵉ de Langeac.

PLAINE-RIBEYRE, écart, cⁿᵉ de Saint-Quintin-Chaspinhac.

PLAISANCE, m. de camp., cⁿᵉ de Paulhaguet.

PLAISANCE, m. i., cⁿᵉ de Saint-Germain-Laprade.

PLANAS (LE), f., cⁿᵉ des Estables. — 1695 (capitation).

PLANCHARD, h., cⁿᵉ de Dunières. — 1267 (homm.
de l'év.). — *Planchas*, 1553 (Rhône, D. 185).

PLANCHE (LA), h., cⁿᵉ de Cussac. — *Planchia de
Malussaco*, 1423 (prieuré de Solignac). — *Malussac*, 1464 (*idem*). — *La Planche de Malussac*,
1597 (Galien, n⁰ᵉ). — *La Planche de Cussac*,
1626 (Brunel, n⁰ᵉ). — *La Planche*, 1635 (*idem*).

PLANCHE (LA), f., cⁿᵉ de Grazac. — 1695 (ét. civ.).

PLANCHE (LA), m. i., cⁿᵉ de Saint-Victor-Malescours.

PLANCHE (MOULIN-DE-LA), mⁱⁿ sur le Villard-Arzac,
cⁿᵉ de Saint-Jean-Lachalm.

PLANCHE (RUIS.-DE-LA), affl. du Lignon, cⁿᵉ de Grazac.
— *Le Rancon*, 1878 (carte adm.).

PLANCHERESSE, vill., cⁿᵉ de Siaugues-Saint-Romain.
— *Planchereces*, v. 1262 (Arch. nat., J. 1031,
n° 2). — *Plancharessæ*, 1461 (Bibl. nat., ms. lat.,
n. acq., 1222, fⁱ 207 v°). — *Le village de Plancharesses*, 1464 (*idem*, 1223, f° 146).

PLANCHE.-REYNAUD (LA), l. détr., cⁿᵉ d'Araules. —
Plancha-Reynaud, 1507 (év.).

PLANCHES (LES), m. i., cⁿᵉ d'Aiguilhe.

PLANCHES (LES), m. i., cⁿᵉ du Chambon.

PLANCHES (LES), h., cⁿᵉ de Lapte.

PLANCHETTE (LA), affl. de l'Allier, cⁿᵉ de Saint-Privat
d'Allier. — *Les Gouttes* (cad.).

PLANCHETTE (LA), affl. des Injaneyres, cⁿᵉ de Solignacsous-Roche.

PLANCHETTES (LES), l. détr., cⁿᵉ d'Auvers.

PLANCHETTES (LES), dom., cⁿᵉ de Chénéreilles.

PLANCHETTES (LES), écart, cⁿᵉ de Grazac.

PLANCHETTES (MOULIN-DES-), mⁱⁿ sur la Gazeille, cⁿᵉ du
Monastier.

PLANÇON (LE), écart, cⁿᵉ de Rosières.

PLANE (LA), m. i., cⁿᵉ de Saint-Berain.

PLANESTY, bois, cⁿᵉ de Saint-Front.

PLANETTE, f., cⁿᵉ de Lantriac.

PLANÈZE, loc. détr., cⁿᵉ d'Espaly-Saint-Marcel.

PLANÈZE, h., cⁿᵉ de Mézères. — *Villa de Planeziis*,
954 (cart. de Chamalières, n° 167). — *De Planezis*, 1172 (*ibid.*, n° 162). — *Planezas*, 1311
(év.). — *Planesas*, 1507 (év.).

PLANIOL (LE), m. i., cⁿᵉ de Queyrières.

PLANTADE (LA), affl. de l'Allagnon, cⁿᵉ de Blesle.

PLANTIN (MOULIN-DE-), mⁱⁿ sur le Panis, cⁿᵉ de
Thoras. — *Le Moulin-de-Jean-Nec*, 1622 (terrier
de Vazeilhes).

PLANTINS (LES), f., cⁿᵉ des Estables. — *La Grangette
de Plantin*, 1741 (ét. civ.).

PLANTON, écart, cⁿᵉ de Lapte.

PLANZOLLE, vill., cⁿᵉ de Léotoing. — *Vierna de
Planzolas*, 1347 (J. de Peyre, n⁰ᵉ). — *Planzolles*,
1520 (la Chaise-Dieu, Chambezon). — *Planzol*,
1879 (carte adm.).

PLAT (LE), h., cⁿᵉ de Bauzac. — *Locus de Plano*,
1501 (obit. de Bas). — *Lo Pla*, XVIᵉ s. (obit. de
Bauzac). — *Le Plot*, 1771 (ét. civ.).

PLAT (MOULIN-DU-), mⁱⁿ sur la Senouire, cⁿᵉ de SaintPal-de-Murs.

PLAT-DE-MOURIER, m. i., cⁿᵉ d'Aurec.

PLATES (LES), l. détr., cⁿᵉ de Montclard.

PLATESPINAS, vill., cⁿᵉ du Mas-de-Tence. — *Homines
de Plat-Espinas*, 1276 (Gall. christ., XVI, inst.,
col. 255). — *Plat-Espynas*, 1276 (cart. de Mazan,
fol. 136), — *Plat-Spinas*, 1331 (*idem*, fol. 184 v°).
— *Plat-Spinatz*, 1410 (cart. de Tence, f° 10).
— *Plat-Espinat*, 1410 (Rhône, D. 154).

PLATEYRE (LA), f., cⁿᵉ de Laussonne. — 1677 (cad.
de Freycenet-la-Tour).

PLATRIÈRE (LA), h., cⁿᵉ d'Aurec. — *Platière* (cad.).

PLATS (LES), m. i., cⁿᵉ d'Yssingeaux.

PLAY (LE), f., cⁿᵉ de Montregard. — *Lou Play*, 1553
(ress. de Montfaucon). — *Le Plais*, XVIIIᵉ s. (Cassini).

PLAY (LE), vill., cⁿᵉ de Saint-Just-Malmont. — *Mansus dal Playn*, 1381 (Arch. nat., P. 494², cote
102). — *Le Play*, 1569 (terrier de Saint-Didier
de Joyeuse).

PLEYNE, h., cⁿᵉ de Saint-Didier-la-Séauve. — *Mansus
de Playne*, 1381 (Arch. nat., P. 494², cote 102).
— *Pleyne*, 1820 (Deribier).

Pleiné, vill., c^ne de Tence. — *Plaenis*, 1320 (cart. de Mazan, f° 138 v°). — *Mansus de Plaoneto*, 1322 (*idem*, f° 133 v°). — *Locus de Playneto*, 1482 (Pelisse n^re). — *Locus de Pleyneto*, 1510 (Rhône, D. 161). — *Pleiné*, 1690 (ét. civ.). — *Pleine*, xviiie s. (Cassini).

Plombières, h., c^ne de Saugues. — *Plumbeyras*, 1279 (cart. de Mazan, f° 28). — *Plombieyras*, 1327 (Lozère, G. 98). — *Pomblières*, 1539 (Thiolent). — *La chapelle de Saint-Roch située à Ponblaire*, 1729 (Lozère, G. 2062).

Plôsset, bois, c^ue de Mézères. — *Le bois app. de Plansset ou Plancet*, 1553 (terrier de Liques). — *Plérisset*, 1876 (stat. forest.).

Plot (Le), f., c^ne de Saint-Front.

Plot (Le), h., c^ne de Tiranges. — *Lou Pla*, 1614 (coll. C. Falcon).

Plot-de-Mourier (Le), h., c^ne d'Aurec.

Piots (Les), h., c^ne de Saint-Didier-la-Séauve.

Poinas, f., c^ne de Sainte-Sigolène.

Poinsac, m^in sur le Javoulx, c^ne d'Auteyrac. — *Poinssac*, 1576 (terrier du Cluzel). — *Ponsac*, 1861 (état-major).

Poinsac, chât., c^ne de Coubon. — *Poensac, Poensacus*, 1330 (J. de Peyre n^re, reg. C., f° 44 v°). — *Pohensac*, 1386 (homm. de Solignac). — *Poynssacus*, 1513 (J. Boyer, n^re). — *Le chasteau de Poinssac*, 1592 (Burel, 332). — *Poinsac*, 1632 (Jacmon, 55).

Poinsac, f., c^ne de Lantriac.

Pointa (La), lieu dit, près Varennes, c^ne de Monlet. — Médailles et nombreux restes d'antiquités romaines.

Pointu (Le), m. i., c^ne de Montclard. — *Le Pointre*, 1888 (carte adm.).

Poirière (Mine de la), houillère, c^ne de Sainte-Florine.

Polagnac, dom., c^ne de Craponne-sur-Arzon. — *Paulignac*, 1306 (Saint-Mayol, inv^re). — *Polignacum*, 1481 (coll. Chaleyer). — *Paulagnac*, 1569 (terr. de N.-D. de Chalencon). — *Poulagnac*, 1769 (Haute-Loire, B. 82).

Polignac, c^on nord-ouest du Puy. — *Castrum quod vocatur Podaniacus*, v. 930 (cart. de Brioude, n° 28). — *Castrum Podomniacus*, v. 1070 (cart. de Pébrac, n° 3). — *Podemniacensis*, v. 1112 (cart. du Monastier, n° 428). — *Podempnac*, 1128 (Gall. chr., II, c. 230). — *Polunniacensis*, v. 1130 (P. Labbe, nova bibl. ms., II, 646; AA. SS. april. III, 330). — *Polemniacum*, 1162 (Puy-de-Dôme, G. 2). — *Polenniacus*, 1163 (Bouquet, XV, 795). — *Polinacum*, 1163 (*idem*, XI, 130). — *Pollemniacus*, v. 1169 (*idem*, XVI, 146). — *Poauniac, lo prior de Podemnac*, v. 1171 (cart. des Templiers). — *Polonnac*, 1173 (Bouquet, XVI, 161). — *Poomnac*, 1197 (Isère, B. 3517). — *Poliniacum*, 1198 (Baluze, mais. d'Auv., II, 251). — *Pollignac*, xiie s. (*idem*, II, 65). — *Poligniac*, 1201 (tabl. hist. d'Auvergne, II, 28). — *Podempniacum*, 1201 (Baluze, mais. d'Auv., II, 64). — *Poemniac*, 1216 (abb. de Doue). — *Pozemniac, Pozemniacensis*, 1213 (coll. P. Le Blanc). — *Polumniacum*, 1226 (cart. de Saint-Sauveur-en-Rue, p. 50). — *Poligniacum*, 1233 (Baluze, mais. d'Auv., II, 251). — *Pollempniacum*, 1233 (bibl. de Grenoble, ms. 1365, c. 3112). — *Podemniacum*, 1255 (spic. Briv.). — *Poloniacum*, 1256 (Arch. nat., JJ. 30^s, 42). — *Posemniac*, 1257 (obit. de Brioude). — *Podompniacum*, 1268 (Baluze, mais. d'Auv., II, 287). — *Pannac* (cri de guerre des vicomtes de Polignac) 1272 (év.). — *Podonniacum*, 1285 (spic. Briv.). — *Polinac, Polonnac*, xiiie s. (Bibl. nat., ms. fr., 854, 78). — *Podomiacum*, 1303 (Arch. nat., J. 478, n° 12). — *Poullegnac*, 1304 (Bouquet, XXIII, 794). — *Polignac*, 1312 (Beugnot, Olim, III, 787). — *Pologniacum*, 1313 (arr. du parl. de Paris, II, n° 4262). — *Podonnacum*, 1313 (Ménestrier, hist. de Lyon, preuves, 87). — *Polongnac*, 1318 (Bouquet, XXIII, 816). — *Pozemniacum*, 1326 (arr. du parl. de Paris, II, n° 7813). — *Polonniacum*, 1340 (Baluze, mais. d'Auv. II, 425). — *Polompnhac*, 1341 (hôtel-Dieu, II.). — *Poleignac*, 1343 (Baluze, mais. d'Auv., II, 196). — *Pompnhat*, 1408 (compois du Puy). — *Parochia Podonhaci*, 1473 (Médicis, II, 247). — *Poulignac*, 1489 (Bibl. nat., cab. des tit., p. or., Polignac, n°s 28 et 29). — *Pamnhac*, 1534 (év.). — *Poliniat*, 1537 (Champier, catal. des villes assises es troys Gaules, 52). — *Panhac*, 1556 (R. Maurin, n^re). — *Mont-Denise*, 1793.

Prononciation patoise : *Pagnac.*

En 1789, Polignac dépendait de la province du Velay, de la sénéchaussée et subdélégation du Puy. Son église paroissiale, diocèse du Puy et archiprêtré de Saint-Paulien, était dédiée à saint Martin; les religieux de Pébrac présentaient à la cure, comme prieurs de cette localité.

Pologne, écart, c^ne de Taulhac. — *Polomgnhe, aultrement lo Pos*, 1549 (Savin n^re).

Pomaret (Le), écart, c^ne de la Chapelle-d'Aurec.

Pomeyrol (Moulin-de-), m^in sur la Gazeille, c^ne du Monastier.

Pomeyroles (Le), affl. de l'Allier au Chambon, c^ne de Blassac.

Pomeyron (Le), h., c^ne de Sainte-Sigolène. — *Le Pomeron*, 1695 (ét. civ.). — *Le Pommeyron*, 1695 (capitation). — *Pomeron*, xviiie s. (Cassini).

Pomme (La), h., c^ne de Tence. — *Le lieu de la Poume*, 1692 (ét. civ.).

Pommier, h., c^ne de Sainte-Marie-des-Chazes. — *Homines Pomariorum*, 1213 (Haute-Loire, les Chazes). — *Boria de Pomiers*, 1461 (Bibl. nat., ms. lat., n. acq., 1222, f° 208 v°).

Pommier (Le), écart, c^ne de Chastel.

Pommier (Le), l. détr., c^ne de Saint-Didier-la-Séauve. — *Mansus del Pomer*, 1310 (coll. Chaleyer). — *Locus de Pomerio*, 1367 (*idem*).

Pompet, m. i., c^ne de Saint-Ferréol-d'Auroure.

Pompet, faubourg d'Yssingeaux, auj. rue de Lyon. — xviiie s. (Cassini).

Pompet (Le), ruiss., prend sa source dans la commune de Rozier (Loire), entre dans le département de la Haute-Loire par l'extrémité Nord de la commune de Malvalette et se jette dans la Loire au-dessus de Frigeon.

Pompeyrin, vill., c^ne de la Besseyre-Saint-Mary. — *De Ponte Lapideo*, 1452 (Lozère, G. 491). — *Mansus de Pompeyrenc* ou *Pontpeyrenc*, 1476 (Bibl. nat., ms. lat., n. acq., 1224, f^s 134 v°, 135). — *Pontpeyratus*, 1501 (hôtel-Dieu, B. 578). — *Pons Pezoencus sive de Pompeirenc*, 1521 (Delaigue, n^re). — *Le seigneur de Pomperant* ou *Pomperanlt*, 1523 (La Mure, hist. des ducs de Bourbon, III, 249, 250). — *Pomperenc*, 1574 (terrier de Meyronne). — *Pompeirent*, 1869 (Malègue).

Ponchardière (La), vill., c^ne de Sainte-Sigolène.

Ponnet, f., c^ne de Monistrol-d'Allier. — *Mansus de Saletis*, 1325 (Thiolent). — *Las Saletas*, 1499 (*idem*). — *Les Sallettes* ou *Ponnet*, 1684 (*idem*).

Ponsot (Moulin-), m^in sur l'Auzon, c^ne d'Auzon.

Pont (Le), écart, c^ne d'Auzon.

Pont (Le), m. i., c^ne de Bas.

Pont (Le), affl. de l'Allagnon, traverse le village de Chambezon.

Pont (Le), m. i., c^ne de Paulhaguet.

Pont (Le), h., c^ne de Raucoules. — *Pont-de-Brossette*, 1888 (Malègue).

Pont (Le), écart, c^ne de Saint-Pal-de-Mons. — *Pons*, 1314 (év.). — *Lo Pont*, 1507 (év.). — *Le Pont de Monts*, 1695 (capitation).

Pont (Le), vill., c^ne de la Voûte-Chilhac. — *Villa de Ponte*, 1288 (spic. Briv.). — *Locus Pontis Voltæ*, 1464 (Bibl. nat., ms. lat., n. acq., 1223, f° 180 v°). — *Le Pont de la Volte*, 1613 (Mercurial).

Pont (Moulin du Grand-), m^in sur l'Allagnon, c^ne de Lempdes.

Pontageon, vill., c^ne de Venteuges. — *Pontago*, 1279 (Thiolent). — *Pontagho*, 1461 (Bibl. nat., ms. lat., n. acq., 1223, f° 18). — *Locus de Pontajo*, 1527 (A. Besseyre, n^re). — *Ponteughol, Pontaghou*, 1574 (terrier de Meyronne).

Pontajou (Le), ruiss., affl. de la Seuge, c^ne de Saugues. — *Rivus d'Ampagho, Ampajio vel Ampajo*, 1499 (terrier de Thoras). — *Pontughou*, 1574 (terrier de Meyrone). — *Ruiss. d'Ampajou*, 1779 (terrier de Vabres).

Pont-Astier, l. détr., c^ne de Saint-Pal-de-Chalencon. — *In Pont-Asteir*, 1163 (cart. de Chamalières, n° 77). — *Ad Pontum Asterii*, 1213 (idem, n° 315). — *En Champeyroux sive Post-Asteir*, 1410 (Loire, A. 89, f° 236 v°).

Pont-Cervier (Le), pont sur la Vendage, c^ne de Cohade. — *Pons Cervel*, 1323 (cart. d'Azerat). — *Le Pont-Servel*, 1605 (terrier du chap. de Br.).

Pont-d'Auze, h., c^ne d'Yssingeaux.

Pont-de-Belon, m. i., c^ne d'Yssingeaux. — *Belon* (cad.).

Pont-de-Bois (Le), chât., c^ne du Pont-Salomon.

Pont-de-Chazalet (Le), m. i., c^ne d'Yssingeaux. — *Pons de Ram*, 1429 (Rhône, Bessamorel).

Pont-de-Chazaux (Le), m. i., c^ne de Sainte-Sigolène. — *Pont-de-Chazeau*, 1888 (Malègue).

Pont-de-Faurie (Le), vill., c^ne de Dunières. — *Pons de Faurias*, 1468 (Rivière n^re). — *Le Pont-de-Fauryes*, 1616 (Delafont, n^re).

Pont-de-la-Chartreuse (Le), pont sur la Loire, c^ne de Brives-Charensac. — *Parvus Pons*, v. 1210 (tabl. hist. du Velay, 1876-77, p. 514). — *Plancherium aquæ Ligeris*, 1367 (Saint-Agrève). — *Lo Planchier*, 1408 (cad. du Puy). — *El Pont-Planchier*, 1487 (cad. de Villeneuve). — *Lou Pont-Plancheir*, 1493 (hospit. du Velay). — *Pont-Planchier, autrement Pont-de-Villeneufve*, 1675 (chartr. de Brives).

Pont-de-la-Grange-Valat, m. i., c^ne de Monistrol-sur-Loire.

Pont-de-l'Enceinte (Le), m. i. et pont sur le Lignon, c^ne d'Yssingeaux. — *Pons voc. de la Saynta*, 1273 (Saint-Chaffre). — *Le Pont-la-Saincte*, 1548 (terrier de Verchères, 5). — *Le Pont-la-Sainte*, 1775 (ét. civ.).

Pont-de-Lignon, h., c^ne de Monistrol-sur-Loire.

Pont-de-Lignon (Le), h., c^ne de Saint-Maurice-de-Lignon.

Pont-de-Luquet (Le), m. i., c^ne du Chambon.

Pont-de-Malsaures (Le), h., c^ne de Saint-Victor-Malescours. — *Le Pont-de-Males-Aures*, 1567 (terrier de Saint-Didier). — *Le Pont-de-Malzore*, 1820 (Deribier). — *Pont-de-Malzaure*, 1888 (Malègue).

Pont-de-Mars (Le), h., c^ne du Chambon. — 1254

(homm. de l'év.). — *Mansus del Pont-de-Martz*, 1314 (év.). — *Pont-de-Mars*, 1507 (év.).

Pont-de-Monas (Le), m. i., c^ne de Tence.

Pont-de-Moulines, h., c^ne de Lantriac.

Pont-de-Ramet (Le), m. i., c^ne de Saint-Vincent.

Pont-de-Rive, m. i., c^ne de Salzuit.

Pont-de-Rochefort, pont sur l'Allier, c^ne d'Alleyras. — *Pons de Rupeforti*, 1345 (la Chaise-Dieu, le Bouchet-Saint-Nicolas).

Pont-de-Rochessac (Le), h., c^nes de Dunières et de Saint-Julien-Mollhesabate.

Pont-de-Semène, h., c^ne d'Aurec.

Pont-des-Rivoilles (Le), m. i., c^ne de Pébrac.

Pont-d'Estaing (Le), écart, c^ne du Monastier. — *Pons del Estayn*, 1329 (Monastier). — *Pons de Stagno*, 1344 (*ibid.*). — *Le Pont-de-l'Estang*, 1501 (Arcis, n^re). — *Lo Poant-del-Estaing*, 1534 (év.). — *Le Pont-de-l'Estaing*, 1547 (Chaulet, n^re). — *Le Pont-de-l'Estain*, 1695 (capitation).

Pont-d'Estrouilhas (Le), vill., c^nes d'Aiguilhe et d'Espaly-Saint-Marcel. — *Pons*, 1245 (hôtel-Dieu, B. 4). — *Pons des Trolas*, 1283 (Saint-Georges du Puy). — *Pons Estrolhas*, 1295 (Saint-Agrève). — *Pons d'Estrolhac*, 1336 (J. de Peyre, n^re). — *Domus recluze Pontis deus Estrolhas*, 1359 (Saint-Vosy). — *Pont deus Strolhars*, 1408 (compois du Puy). — *Locus Pontis Strolhaciorum*, 1481 (Pellisse, n^re). — *Pont des Trolhas*, 1587 (M^ce Leblanc, n^re). — *Pont-Destrouillas*, 1808 (ét. des succurs.). — *Pont-d'Estrouilhac*, 1888 (Malègue).

Pont-de-Sumène, m. i., c^ne de Blavozy. — *Pons de Sumena*, 1359 (Saint-Vosy).

Pont-de-Vabres (Le), vill., c^ne d'Alleyras. — *Locus de Ponte de Vabres*, 1302 (Lozère, G. 154). — *Pons de Vabres*, 1343 (év.). — *Mansus Pontis de Vabris ripæ Aligerii*, 1452 (J. Rocher, n^re). — *Le Pont-de-Vabres*, 1506 (Médicis, II, 303). — *Le Pont*, 1888 (Malègue).

Pont-de-Vals, m. i., c^ne de Monistrol-sur-Loire.

Pont-du-Chaulet (Le), m. i., c^ne du Chambon.

Pont-du-Fieu (Le), pont sur l'Ance, c^ne de Saint-Julien-d'Ance. — *Pons del Fiou*, 1417 (Loire, A. 89, f° 63 v°). — *Le Pont-du-Fieu*, 1540 (terr. de Saint-Pal-en-Chalencon).

Pont-du-Themey, m. i., c^ne de Saint-Jean-d'Aubrigoux.

Ponte (La), f., c^ne de Saint-Pal-de-Mons. — 1695 (capitation).

Ponteil (Le), h., c^ne de Boisset. — *Mansus de Ponteyl*, 1325 (Arch. nat., P. 492^a, c. 230). — *Le Ponteilh*, 1614 (coll. C. Falcon).

Ponteil (Le), l. détr., c^ne de Saint-Pierre-Eynac. — *Villa quæ Ponticulum dicitur, in vicaria de castro Capitoliensi*, v. 1025 (cart. du Monastier, n° 228). — *Pontel*, 1310 (Lardeyrol). — *Lo Poyntel*, 1333 (Arch. nat., R². 39).

Ponteils, vill., c^ne de Saint-Martin-de-Fugères. — 1130 (Saint-Georges du Puy, inv^re). — *Villa de Pontiliis*, 1299 (cart. de Mazan, f° 83 v°). — *Villa de Ponteils*, 1309 (Arch. nat., P. 1398², cote 676). — *Ponteyls*, 1327 (*idem*, P. 1397², cote 588). — *Pontelh*, 1336 (*idem*, P. 1398², cote 669). — *Pontelhs*, 1377 (Saint-Mayol). — *Puintels*, 1399 (Arch. nat., P. 1398¹, cote 640).

Ponteils (Les), l. détr., c^ne de Mercœur. — *Lo Ponteils*, 1326 (Bibl. nat., fr., 14377, p. 14). — *Los Pontelhs*, 1339 (*idem*, p. 189). — *Mansus doz Ponteilhs*, 1437 (Bibl. nat., fr., 11490, p. 186).

Pontempeyrat, vill., c^ne de Craponne-sur-Arzon. — 1285 (homm. de l'év.). — *Pons Enpeyra*, 1311 (Arch. nat., P. 1398¹, cote 650). — *Pons Peyrat*, 1343 (Arch. nat., P. 1398¹, cote 641). — *Pons Empeyratus*, 1347 (J. de Peyre, n^re). — *Pons Hempeyrat*, 1386 (év.). — *Pons Ampeyrat*, 1392 (év.). — *Pons Empeyratz*, 1420 (Loire, A. 89, f° 219 v°). — *Prioratus Pontis Lapidei*, 1505 (Dompnin, n^re). — *Le peaitge du Pohant-Empeyrat*, 1507 (év.). — *Le Pont-Emperat*, 1618 (Papire Masson, flum. Galliæ, 13). — *Pont-d'Emperat*, 1644 (L. Coulon, les riv. de France, 247). — *Pont-de-Lempereur*, v. 1680 (carte de la H^te et B^sse Auv., par le P. Amable de Fretat, jés.). — *Prior S. Mariæ Magdalenæ de Pontempeyrat*, 1715 (nov. Gall. chr., II, c. 770). — *Pont-Imperat*, 1767 (alm. de Lyon). — *Pont-Tempeyrat*, 1820 (Deribier).

Prieuré dépendant de l'abbaye de Doue. Succursale érigée le 31 mai 1840.

Ponternal, m^in sur l'Arzon, c^ne de Craponne-sur-Arzon. — *Pouternal*, 1888 (Malègue).

Pontet (Le), f., c^ne de Montfaucon. — *Ponté*, 1879 (carte adm.).

Pontgibert, vill., c^ne de Saint-Berain. — *Pons Gitbert*, 1343 (Thiolent). — *Pons Guitbertus*, 1444 (Chamblas). — *Mansus de Ponte Giberto*, 1458 (Bibl. nat., ms. lat., n. acq. 1222, f° 92 v°). — *Pontgilbert*, xviiie s. (Cassini).

Pont-Jules, m. i., c^ne de la Chaise-Dieu.

Pont-Jules, écart, c^ne de Laval.

Pont-Jules (Moulin-de-), m^in sur le Doulon, c^ne de Saint-Vert. — *Ponzuille*, 1888 (Malègue).

Pont-Neuf (Le), m. i., c^ne de Monistrol-sur-Loire.

Pont-Neuf (Le), h., c^ne de Polignac. — *Lo Pont-Nou*, 1408 (compois du Puy).

Pont-Neuf (Le), m. i., c^{ne} de Saint-Germain-Laprade.

Pont-Neuf (Le), m. i., c^{ne} de la Voûte-sur-Loire.

Pontournel, m. i., c^{ne} de Saint-Pal-de-Mons.

Pont-Petit (Le), affl. de la Leuge près d'Arvant,
c^{ne} de Vergongheou, arrose le nord des communes
de Saint-Géron et Bournoncle-la-Roche.

Pont-Renard, h., c^{ne} de Saint-Pal-de-Chalencon. —
Villa quæ dicitur Ponrainart, xiie s. (cart. de Cha-
malières, n° 150). — *Pons Raynart*, 1419 (Loire,
A. 89, f° 228). — *Pons Reynart*, 1420 (*idem*,
f° 230). — *Le Pont-Reynard*, 1540 (terrier de
Saint-Pal).

Pont-Rougier, sur l'Arzon, l. et pont détr., c^{ne} de
Chomelix. — *Pont-Rousier*, 1404 (terrier de Chomelix). — *Le vill. de Pont-Rougier*, 1670 (Arch.
nat., P. 502, cote 109).

Pont-Salomon (Le), c^{on} de Saint-Didier-la-Séauve.
— *Pont-Salamon, Pont-Sallamon*, 1563 (terrier
de Saint-Didier).

Commune érigée par une loi du 12 juillet 1865
et distraite des communes d'Aurec, Saint-Didier-
la-Séauve et Saint-Ferréol-d'Auroure.

Pontvianne, h., c^{ne} de Solignac-sous-Roche. — *Pons
Viennæ*, 1293 (Arch. nat., P. 490², cote 153). —
Pont-Vyana, 1333 (Arch. nat., P. 494¹, cote 1).
— *Viana Pons*, 1618 (Papire Masson, desc. flum.
Gall., 13).

Popisse (Ravin-de-la), affl. de la Dège aux Granges,
c^{ne} de Pébrac.

Porcherons (Les), l. détr., c^{ne} de Saint-Didier-sur-
Doulon. — *Pourcheyroux*, 1516 (Vals-le-Chastel).
— *Porcheiroux*, 1532 (*idem*).

Portal (La), mⁱⁿ sur le Doulon, c^{ne} de Vals-le-Chastel.
— *La Pourtalle*, 1516 (Vals-le-Chastel). — *La
Portalle*, 1532 (*idem*). — *La Partal*, 1888 (carte
adm.).

Portal (Le-Moulin-de-), mⁱⁿ sur le ruiss. des Moulins, c^{ne} de Saint-Berain. — *Moulin-de-Porte*,
1851 (Giraud).

Portal (Moulin-), mⁱⁿ sur la Gazeille, c^{ne} de Vazeilles-
Limandres. — *Moulin-d'Ouzou* (cad.)

Portale (La), f., c^{ne} de Saint-Pierre-Eynac.

Pont-Buisson (Le), éc., c^{ne} d'Aurec. — *Farsa Boysson*,
1317 (Arch. nat., P. 1400³, cote 990). — *Le Port-
Bouisson*, 1820 (Deribier).

Porte, h., c^{ne} de Josat.

Porte, m. i., c^{ne} de Paulhac.

Portefaix (Le), m. i., c^{ne} de Saint-Just-Malmont.

Portes (Les), lieu dit, c^{ne} de Roche-en-Régnier. —
Mansus de las Portas prope castrum de Rocha,
1259 (Arch. nat., P. 494¹, cote 10).

Pose (La), écart, c^{ne} de Coubon.

Pot, h., c^{ne} de Saint-Vert. — *Pots*, 1614 (la Chaise-
Dieu, Saint-Vert); — xviiie s. (Cassini). — *Paux*,
1820 (Deribier).

Pot-à-Chand, m. i., c^{ne} de Saint-Étienne-Lardeyrol.
— *Territ. de Potachart ou Botachart*, 1408 (Chamblas).

Potage, f., c^{ne} de Tence. — *Potaget*, 1872 (Malègue).

Potée (La), h., c^{ne} de Riotord. — *La Postée*, 1586
(Delafont, n^{re}). — *La Poutée*, xviiie s. (Cassini).
— *La Pothée*, 1879 (carte adm.). — *Lapotée*, 1888
(Malègue).

Poty (Moulin-de-), mⁱⁿ sur l'Air, c^{ne} de Boisset.

Pouade (La), f., c^{ne} de Saint-Pierre-Eynac.

Pouchardière (La), h., c^{ne} de Sainte-Sigolène. — *La
Pauchardeyre*, 1553 (ress. de Montfaucon). —
La Ponchardière, 1553 (*idem*).

Pouchoux, f., c^{ne} des Estables. — *Pouchou*, 1695
(capitation). — *Les Pouchoux*, 1739 (ét. civ.).

Pouderoux (Moulin-de-), mⁱⁿ sur le Vourzac, c^{ne} de
Sanssac-l'Église.

Poudnière (Moulin-de-la), mⁱⁿ sur le Céroux, c^{ne} de
Saint-Just-près-Brioude. — *Le Molin de la Pou-
dreire*, 1744 (terr. du Mas).

Poudron, f., c^{ne} de Lantriac.

Pouget (Le), vill., c^{ne} de Beaumont. — *Villa quæ
dicitur Poigeto*, xie s. (Bibl. nat., ms. lat., 17078,
p. 60 v°). — *Pogeto, in aize Brivatensi* (cart. de
Brioude, tables, ccccxvi). — *Locus del Poget*, 1453
(terrier du fordoy. de Brioude). — *Le Pouget*,
1549 (terrier de Lauriat).

Pouget (Le), l. détr., c^{ne} de Javaugues. — *Mansus
dictus lo Poget*, 1274 (Cumignac). — *Lo Poyet*,
1285 (spic. Briv.).

Pouget (Le), quartier du Cros-Pouget, c^{ne} de Landos.
— *Pogetum*, 1463 (V. Chauvin, n^{re}).

Pouget (Le), f., c^{ne} de Langeac. — *El Poiet*, xiie s.
(cart. de Pébrac, n° 46-15). — *Al Poet*, v. 1250
(spic. Brivat.). — *Lo Poget*, 1486 (terrier de
Tailhac).

Pouget (Le), h., c^{ne} de Laval. — *Terræ del Poyet*,
1449 (terrier de Clavelier).

Pouget (Le), h., c^{ne} de Thoras. — *Mansus del Poget*,
1274 (Lozère, G. 99).

Pouget (Le), l. détr., c^{ne} de Venteuges. — *Mansus
del Poiet prope Ventueiol*, 1327 (Lozère, G. 98).
— *Mansus de Pogeto*, 1459 (Bibl. nat., ms. lat.,
n. acq., 1222, f° 113 v°).

Pouget (Le), vill., c^{ne} de la Voûte-Chilhac. — *Lo
Poget*, 1326 (Bibl. nat., ms. fr., 14377, p. 16). —
Pogetum, 1331 (Arch. nat., T. 142²).

POUGHEON, m. i., cⁿᵉ de la Mothe. — *Poughon* (cad.). — *Pongheon*, 1820 (Deribier). — *Ponchon*, 1888 (Malègue).

POUILLE (LA), vill., cⁿᵉ de Saint-Vert. — *Lo Mas de la Paulia*, 1341 (terr. de Charbonnier). — *La Poulhie*, 1693 (la Chaise-Dieu, lière).

POUJAT (LE), f., cⁿᵉ de Saint-Pal-de-Mons. — *Le Poujat*, 1879 (carte adm.).

POULAGE (LE), f., cⁿᵉ de Saint-Germain-Laprade. — XVIIIᵉ s. (Cassini). — *Potage* (cad.).

POULAILLE, mont. boisée, cⁿᵉ de Vissac. — *Polilhot*, 1463 (terrier de Vissac). — *Poulhilhot*, 1495 (*ibid.*). — *Polhalhoc*, 1538 (homm. de Vissac). — *La Montaigne app. de Poulalio*, 1670 (Arch. nat., P. 502, cote 99).

POULAIN (MOULIN-DU-), mⁱⁿ sur le Lignon, cⁿᵉ des Vastres.

POULENON, h., cⁿᵉ de Saint-Bonnet-le-Froid. — *Pollenon*, 1553 (ress. de Montfaucon). — *Poulanon* (cad.). — *Poulenou*, 1820 (Deribier).

POULES (LES), anc. mⁱⁿ sur l'Estantole, cⁿᵉ de Vézézoux.

POULES (MOULIN-DES-), mⁱⁿ sur l'Auzon, cⁿᵉ de Chassignolles.

POULET, f., cⁿᵉ de Malrevers.

POULETTE (MOULIN-DE-), mⁱⁿ sur le Cougoussac, cⁿᵉ de Cronce.

POUPENAC, h., cⁿᵉ de Saint-André-de-Chalencon. — *Polpenac*, 1269 (Arch. nat., P. 1398¹, c. 655). — *Poupenac*, 1545 (terrier de la Garde). — *Papenac*, 1557 (terrier de Chalencon).

POUROULÈCHE, f., cⁿᵉ de Freycenet-Lacuche.

POURCHERESSE, forêt, cⁿᵉˢ de Chanteuges, Charraix, Pébrac et Saint-Julien-des-Chazes. — *Silva Canaleillas*, v. 1130 (cart. de Pébrac, nᵒ 38). — *Nemus de Porcharessas*, 1351 (Thiolent). — *Nemus de Porcharessis*, 1460 (Bibl. nat., ms. lat., n. acq., 1222, fᵒ 170).

POURCHERESSE, l. détr., cⁿᵉ de Lempdes. — *In aice Brivatensi, villa Porcarias*, 906 (cart. de Brioude, ch. 330). — *Porcarecias* (*id.*, tables, ccccxlii). — *Porcaricias* (Bibl. nat., ms. lat., 17078, p. 68). — *Porcharessas prope Lenda*, 1272 (Gall. christ., II, instr., col. 142); — 1429 (terr. du doy. de Brioude).

POURCHERESSE, ermit. détr., cⁿᵉ de Pébrac. — *Geraldus heremita*, v. 1130 (cart. de Pébrac, nᵒ 38). — *Heremitagium de Porcharessis*, 1461 (Bibl. nat., ms. lat., n. acq., 1223, fᵒ 5). — *Frater Georgius, heremita de Porcharessis*, 1470 (*idem*, fᵒ 380 vᵒ).

POURCHERESSE, h., cⁿᵉ de Pébrac. — *Porcharessas*, 1351 (Thiolent). — *Mansus de Porcharessis*, 1461

(Bibl. nat., ms. lat., n. acq., 1222, fᵒ 177 vᵒ). — *Porcheresse*, XVIIIᵉ s. (Cassini). — *Porcharesse*, 1774 (terrier de Digons).

POURCHERESSE, h., cⁿᵉ de Vabres. — *Porcharessiæ*, 1449 (Thiolent). — *Porcharessa*, 1469 (*idem*). — *Porcharessæ*, 1526 (A. Besseyre, nʳᵉ).

POURRA, vill., cⁿᵉ de Riotord. — *Pourra lez Rioutort*, 1584 (Guèze, nʳᵉ). — *Pourrat*, 1879 (carte adm.).

POURRAT (LE), affl. du Clavas à Perrière, cⁿᵉ de Riotord.

POURSANGES, vill., cⁿᵉ de Langeac. — *Affarium de Possasanias*, 1271 (spic. Briv.). — *Posassangas*, 1364 (Arch. nat., Zᵃ. 54, p. 166). — *Mansus de Pozassanghas*, 1458 (Bibl. nat., ms. lat., n. acq., 1222, fᵒ 175 vᵒ). — *Porssanges*, 1477 (Thiolent). — *Posassanges, Pozassanges*, 1486 (terr. de Tailhac). — *Porsanghes*, 1568 (Arch. nat., Zᵃ. 56, p. 99). — *Pourssange*, XVIIIᵉ s. (Cassini).

POURTAS (LES), l. détr., auj. bois, cⁿᵉ de la Besseyre-Saint-Mary.

POUSSAC, h., cⁿᵉ de Roche-en-Régnier. — *Pussac*, 1266 (Arch. nat., P. 1397³, cote 597). — *Al Posac*, 1269 (Arch. nat., P. 1398², cote 674 bis). — *Possac*, 1522 (Saint-Georges du Puy). — *Pussacus*, 1532 (Arch. nat., P. 1399¹, cote 756). — *Poussac*, 1651 (év.).

POUTAUD, f., cⁿᵉ de Ceyssac. — *Poutand*, 1820 (Deribier).

POUTÈS, h., cⁿᵉ d'Alleyras. — *Pautetz*, 1316 (la Chaise-Dieu, Saint-Privat-d'Allier). — *Locus de Pautetis*, 1487 (prieuré d'Alleyras). — *Pautès*, 1820 (Deribier).

POUTET, mⁱⁿ, cⁿᵉ de Siaugues-Saint-Romain. — *Molendinum app. de Potet*, 1453 (Bibl. nat., ms. lat., n. acq., 1223, fᵒ 9 vᵒ). — *Poutès*, 1888 (Malègue).

POUTIOU (LE), f., cⁿᵉ de Saint-Ferréol-d'Auroure. — *Mansus voc. ad Puteum*, v. 927 (La Mure, ducs de Bourbon, III, pr., p. 17). — *Le Pounta* (cad.). — *Le Pontiau*, 1879 (carte adm.).

POUTY, h., cⁿᵉ de Saint-Julien-du-Pinet. — *Poutis*, 1878 (carte adm.).

POUVEY, m. i., cⁿᵉ de Saint-Paulien.

POUVIELH, lieu dit, cⁿᵉ de Léotoing. — *Territ. de Polveilh*, 1295 (spic. Briv.).

POUX (LE), h., cⁿᵉ de Connangles. — *Mansus del Polz*, 1462 (la Chaise-Dieu, Connangles).

POUX (LE), h., cⁿᵉ de Malvières. — *Mansus de Puteo*, 1322 (la Chaise-Dieu, Malvières). — *Lo Polz*, 1414 (*ibid.*). — *Le Poutz*, 1570 (J. Chalvon, nʳᵉ).

POUX (LE), vill., cⁿᵉ de Saint-Jean-de-Nay. — *Mansus de Puteo*, 1157 (hospit. du Velay). — *Lo Pos*,

1263 (*idem*). — *Puteus*, 1521 (Martel, n^re). — *Le lieu del Pous*, 1567 (Doleson, n^re).

Poux (Le), l. détr., c^ne de Saint-Julien-d'Ance. — *Lo mas del Pos prope Vacheyrolas*, 1401 (terrier du Bois).

Poux (Le), f., c^ne de Saint-Laurent-Chabreuges. — *Mansus del Po*, 1429 (terrier du doy. de Brioude).

Poux (Le), h., c^ne de Saint-Maurice-de-Lignon. — *Villa del Posc*, v. 1184 (cart. de Chamalières, n° 153). — *Locus de Puteo*, 1516 (obit. de Bas). — *Lou Poux*, 1588 (Haute-Loire, E.).

Poux (Le), h., c^ne de Taillac. — *Mansus del Poux*, 1486 (terrier de Taillac).

Poux (Le), vill., c^ne de Vorey. — *Puteus*, 1311 (Arch. nat., P. 1399^1, cote 783).

Poux (Les), l. détr., c^ne de Cubelles. — *Mansus dels Pogs*, 1301 (Thiolent).

Poux (Le Mas-du-), l. détr., c^ne de Rauret. — 1349 (homm. de l'év.).

Poux-la-Roche (Le), font., au Puy. — *La Font del Poux la Roche en Posarot*, 1544 (Médicis, II, 257).

Pouya (La), f., c^ne de Saint-Bonnet-le-Froid.

Pouya (La), m. i., c^ne de Saint-Pal-de-Mons.

Pouyas (Les), f., c^ne de Riotord. — *Les Poyas*, 1586 (Delafont, n^re). — *Las Poyas*, 1615 (Rhône, D. 185). — *Le Pouya*, 1879 (carte adm.).

Pouzarot (Le), quartier, porte et rue, au Puy. — *Posarot*, 1186 (hospit. du Velay). — *Portale de Posarot*, 1248 (*idem*). — *Carreria voc. Ulmus de Pozarot*, 1343 (*idem*).

Pouzas, vill., c^ne de Saugues. — *Pozans*, 1217 (hôtel-Dieu, B. 304). — *Mansus de Posas*, 1298 (Thiolent). — *Mansus de Posassio*, 1300 (*id.*). — *Pozas*, 1327 (Lozère, G. 98). — *Posacium*, 1478 (Thiolent). — *Pousas*, 1499 (*idem*). — *Posatium*, 1527 (A. Besseyre, n^re).

Pouzat, m. i., c^ne de Cerzat.

Pouzat, f., c^ne de Mazeyrat-Crispinhac. — *In villa Poziaco*, 994 (cart. de Cluny, ch. 2274).

Pouzat (Le), écart, c^ne du Monastier. — *Mansus de Posato*, 1523 (cad. du Monastier). — *Lou Posat*, 154? (Chaulet, n^re). — *Le domaine de Pouzat*, 1785 (Julien, n^re).

Pouzat (Le), l. détr., c^ne de Saint-Haon. — *Territorium del Pozat*, 1278 (la Chaise-Dieu, Bouchet-Saint-Nicolas).

Pouzat (Le), f., c^ne de Saint-Quintin-Chaspinhac. — *Pozas*, 1331 (J. de Peyre, n^re). — *Lou Pouzat*, 1555 (cad. de Mercœur).

Pouzaz-de-Farges, bois, c^ne de Siaugues-Saint-Romain.

Pouzeyre, m. i., c^ne du Chambon.

Pouzols, chât. et f., c^ne de Bellevue-la-Montagne. — *Pozols*, 1265 (Arch. nat., P. 494^1, cote 36). — *Posols, par. S. Justi*, 1440 (Pratlavi, n^re). Fief appartenant depuis le xvie siècle à la famille de Chapteuil de Bonneville.

Pouzols, vill., c^ne de Josat.

Pouzols, vill., c^ne de Loudes. — *Pozols*, 1318 (hôtel-Dieu, B. 647). — *Locus de Posolz-Josserand*, 1532 (Dompnin, n^re). — *Pousolz-Jousserand*, 1585 (Johanny, n^re). — *Pouzols-Jousseran*, xviiie s. (Cassini). — *Pouzols de Loudes*, 1880 (aff. jud.).

Pouzols, h., c^ne de Monistrol-sur-Loire. — *Pozols*, 1346 (J. de Peyre, n^re). — *Pouzols*, 1614 (M^ce Leblanc, n^re). — *Posolz*, 1656 (ét. civ.).

Pouzols, chât. ruiné et vill., c^ne de Monlet. — *Pozols*, 1222 (Martène, thes. nov. anecd., I, 896). — *Pessolas*, 1263 (*ibid.*, I, 1116). — *Posolles*, 1370 (év.). — *Posolx*, 1514 (G. Maurin, n^re). Dom. noble mouvant en fief de la baronnie d'Allègre, 1670 (Arch. nat., P. 502, cote 72), appartenant à la famille de Guérin de Lugeac.

Pouzols, vill., c^ne de Saint-Berain. — *Mansus de Pozols*, 1287 (spic. Brivat.). — *Mansus de Posolis*, 1478 (Bibl. nat., ms. lat., n. acq., 1224, f° 213 v°). — *Pousolz*, 1595 (M^ce Leblanc, n^re).

Pouzols, vill., c^ne de Saint-Jeure. — 1285 (homm. de l'év.). — *Pozols*, 1343 (Rhône, H. 2632). — *Posolz*, 1507 (év.).

Pouzols, f., c^ne de Torsiac. — *Mansus de Pozols*, 1334 (Bibl. nat., ms. lat., 9084, n° 21). — *Pouzoulz*, xve s. (Arch. nat., R^4*. 1143, n° 123).

Pouzols, vill., c^ne de Vernassal. — *Villa quæ vocatur Pozols*, v. 998 (cart. de Brioude, ch. 144). — *Pozoletz*, 1426 (év.). — *Pouzoletz*, 1682 (cad. de la vic. de Polignac). — *Pouzol*, xviiie s. (Cassini).

Pouzols (Le), affl. de la Borne occidentale, c^nes d'Allègre et de Vernassal.

Pouzols-Jeune, f., c^ne de Montusclat.

Pouzols-Vieux, vill., c^ne de Montusclat. — *In villa Pozolis*, v. 980 (cart. du Monastier, n° 250). — *Pozols-Vieulx*, 1546 (Savin, n^re).

Poyet (Le), vill., c^ne de Beaune. — *Mansus del Poyet*, 1334 (la Chaise-Dieu, Jullianges). — *Pogetum*, 1344 (J. de Peyre, n^re).

Poyet (Le), h., c^ne de Chamalières. — *In Poietis*, xe s. (cart. de Chamalières, n° 3). — *Pozaget*, xe s. (*ibid.*, n° 212). — *Villa del Posc*, xiie s. (*ibid.*, n° 153). — *Le Pouit*, 1695 (capitation). — *Le Poyet*, xviiie s. (Cassini). — *Pouy* (cad.).

Poyet (Le), h., c^ne de Saint-Didier-la-Séauve. — *Mansus de Poyeto prope S. Justum in Vallaria*, 1381 (Arch. nat., P. 494^2, cote 102). — *Le Mas de Poyet*, 1426 (Arch. nat., P. 1400^1, cote 869). —

Le Poyet de Sainct-Just, 1569 (terrier de Saint-Didier de Joyeuse). — *Le Pouyet*, 1584 (*idem*).

Poyet (Le), vill., cⁿᵉ de Saint-Victor-Malescours. — *Le Poyet de Males-Aures*, 1567 (terrier de Saint-Didier). — *Poyet-de-Malessaures*, 1645 (capit.).

Poyet (Le), h., cⁿᵉ de Valprivas.

Pra-Barnier, m. i., cⁿᵉ de Saint-Éble.

Pra-Chabreyre, m. i., cⁿᵉ de Chénéreilles.

Praclaux, f., cⁿᵉ des Estables. — 1739 (ét. civ.).

Praclaux, vill., cⁿᵉ de Lundos. — *Pratum Clausum*, 1330 (la Chaise-Dieu, Saint-Paul-de-Tartas). — *Pratclaux*, 1585 (Johanny, nʳᵉ).

Pracros, f., cⁿᵉ de Saint-Julien-Chapteuil. — *Prat-cros*. 1507 (év.).

Prada (La), afll. de la Senouire à la Vaudieu.

Pradal, vill., cⁿᵉ de Blassac. — *Pradals*, 1387 (Arch. nat., Z². 4144, p. 270).

Pradal (Le), vill., cⁿᵉ d'Ally. — *Pradaulx*, 1463 (Arch. nat., ZZ. 359, p. 71). — *Lo Pradal*, 1464 (*idem*, p. 98).— *Mansus de Pradals*, 1471 (*idem*, p. 138).

Pradal (Le), ruiss., prend sa source à Ally et se jette dans l'Allier au-dessous de Villeneuve-d'Allier. — *L'Arson* (cad.). — *Ruiss. de Condros*, 1860 (état-major).

Pradal (Le), afll. de l'Allier à la Voûte-Chilhac, prend naissance dans la commune de Blassac.

Pradas (Le), f., cⁿᵉ de Freycenet-Lacuche.

Pradas (Le), f., cⁿᵉ de Saint-Front. — *Le Pradas*, 1646 (cad. de Bonnefont). — *Le Mas du Pradas ou Bertrand*, xviiᵉ s. (mairie du Monastier, CCᵉ.).

Pradasse (Moulin-de-la), mⁱⁿ ruiné sur la Gazeille, cⁿᵉ de Vazeilles-Limandres. — *Moulin-de-la-Prade* (cad.).

Pradat (La), m. i., cⁿᵉ de Saint-Just-près-Brioude. — *Les Pradas*, 1888 (Malègue).

Pradaux, vill., cⁿᵉ de Saint-Hostien. — *Mansus de Pradals*, 1322 (Bonneville).

Pradaux (Les), écart, cⁿᵉ de la Chapelle-d'Aurec. — *Les Padeaux*, 1820 (Deribier).

Pradaux (Les), écart, cⁿᵉ de Cussac. — *Pradals*, 1255 (Saint-Pierre-le-Monastier). — *Los Pradals*, 1408 (compois du Puy).

Pradavel, l. détr., cⁿᵉ de Paulhac. — *Villa quæ dicitur Septem Pollis sive de Illo Pradavol*, ixᵉ s. (cart. de Brioude, ch. 20). — *El terrador de Pradavhyolh, juxta la via publica que vay de Breyude ves Belmont*, 1341 (terr. de Charbonnier). — *Terroir de Pradavel*. 1742 (terrier du doy. de Brioude).

Prade (La), h., cⁿᵉ d'Alleyrac. — *Laprade*, 1888 (Malègue).

Prade (La), mⁱⁿ sur la Romade, cⁿᵉ d'Aubazac.

Prade (La), lieu dit, cⁿᵉ de Coubon. — *Territorium de la Prada app. vulgariter del Riou de Rohac*, 1508 (terrier de J. de Coubladour).

Prade (La), m. i., cⁿᵉ de Langeac. — *Prada Langiaci*, 1458 (Bibl. nat., ms. lat., n. acq., n° 1222, f° 75 v°).

Prade (La), m. i., cⁿᵉ du Monastier.

Prade (La), ruiss., prend naissance à Charbonnière, cⁿᵉ de Saint-Étienne-près-Allègre, arrose les cⁿᵉˢ de Chassagnes et de Paulhaguet et se jette dans la Senouire au sud-ouest de Censac.

Prade (La), f., cⁿᵉ de Saint-Front. — *La Prada*, 1392 (év.). — *Boria de la Prada*, 1508 (Costavol, nʳᵉ). — *La metterie de la Pra*, 1646 (cad. de Bonnefont). — *La Prade*, 1695 (capitation).

Prade (La), m. i., cⁿᵉ de Saint-Germain-Laprade.

Prade (La), écart, cⁿᵉ de Saint-Pal-de-Murs.

Prade (La), f., cⁿᵉ de Saint-Préjet-Armandon.

Prade (La), m. i., cⁿᵉ de Taulhac.

Prade-Basse (La), vill., cⁿᵉ de Montusclat. — *La Pradette-Basse*, xviiiᵉ s. (Cassini).

Prade-de-l'Hermet (La), m. i., cⁿᵉ de Chassagnes.

Pra-de-Grane, f., cᵐ du Chambon.

Prade-Haute (La), vill., cⁿᵉ de Montusclat. — *Mansus de la Prada*, 1343 (év.). — *Prata*, 1455 (Pradier, nʳᵉ). — *La Prade-de-Chapteul*, 1638 (Barret, nʳᵉ). — *La Pradette-Haute*, xviiiᵉ s. (Cassini).

Pradel, h., cⁿᵉ de Blesle. — *Le Mas de Pradril, Pradaus*, xvᵉ s. (Arch. nat., R¹. 1143*, nᵒˢ 79 et 135). — *Pradeilhs, Pradeul*, 1493 (terrier de Blesle). — *Pradelles*, 1879 (carte adm.).

Pradel (Le), dom., cⁿᵉ de Sainte-Marie-des-Chazes. — *Territorium dell Pradell*, 1256 (Thiolent). — *Pratellum*, 1298 (hôtel-Dieu, B. 352). — *Pradellum*, 1310 (év.). — *Le Pradel*, 1458 (Bibl. nat., ms. lat., n. acq., 1222, f° 79).

Pradel (Le), h., cⁿᵉ de Saint-Vincent. — *Mansus del Pradel*, 1311 (Arch. nat., P. 1399¹, c. 783).

Pradelle (La), h., cⁿᵉ de Saint-Ilpize. — *La Pradela*, 1339 (Bibl. nat., ms. fr., 14377, p. 189). — *Pratella*, 1379 (Arch. nat., Z². 4143, p. 8). — *La Pradella*, 1466 (*idem*, ZZ. 359, p. 107).

Pradelles, arr. du Puy. — *Pratelas*, xiᵉ s. (cart. du Monastier, n° 360). — *Pradelas*, 1204 (Vaissète, hist. gén. de Lang., VIII, c. 518). — *Castrum de Pratelis*, 1267 (Médicis, I, 80). — *Eccl. paroch. S. Petri Villæ de Pratellis, Vivariens. dioc.*, 1453 (Bl. Girard, nʳᵉ). — *Pradelles en Vivarais*, 1575 (Doleson, nʳᵉ).

En 1789, Pradelles faisait partie de la province de Vivarais et du bailliage de Villeneuve-de-Berg.

Son église paroissiale, diocèse de Viviers et archiprêtré de Sablières, était sous l'invocation de saint Pierre.

Prademan, écart, cⁿᵉ de Vorey. — *Decima de Masso Marcii*, 1097 (cart. de Chamalières, n° 14). — *Prademart*, 1333 (Arch. nat., P. 494¹, cote 16). — *Prademarc*, 1334 (Arch. nat., P. 492³, cote 200). — *Boria de Prat-de-Mart*, 1455 (Arch. nat., P. 1399¹, cote 798).

Prades, chât. détr., cᵒⁿ de Langeac. — *Pradas*, v. 1130 (cart. de Pébrac, n° 10). — *Ecclesia de Pratibus*, 1145 (tabl. du Velay, 1877-78, 211). — *Ecclesia de Pratis*, 1179 (cart. du Monastier, app., n° 442). — *Castrum de Prades*, 1257 (Baluze, mais. d'Auv., II, 88). — *Parochia de Pradis in ripa Aligerii*, dioc. Mimatens., 1452 (Bibl. nat., ms. lat., n. acq., 1222, f° 5 v°). — *L'esglize perrochielle Monsieur Saint-Andrieu de Prades*, 1545 (terrier du prieuré de Prades).

Fief vassal de l'év. de Clermont.

En 1789, Prades faisait partie de la province d'Auvergne, de l'élection de Brioude, de la subdélégation de Langeac et du ressort de Riom. Son église paroissiale, diocèse de Mende et archiprêtré de Saugues, était dédiée à saint André. D'après certaines cartes anciennes, le pouillé du diocèse de Saint-Flour comprend l'église paroissiale de ce lieu dans l'archiprêtré de Langeac, diocèse de Saint-Flour.

Prades, vill., cⁿᵉ de Saint-André-de-Chalencon. — *Pradaas, Prades*, 1293 (Arch. nat., P. 491¹, c. 13). — *Pradas*, 1334 (Arch. nat., P. 490², c. 153).

Prades (Las), m. i., cⁿᵉ du Monastier.

Prades (Les), affl. du Bertrot, cⁿᵉ de Saint-André-de-Chalencon.

Pradet (Le), f., cⁿᵉ de Freycenet-Lacuche.

Pradette (La), f., cⁿᵉ de Craponne-sur-Arzon.

Pradette (La), vill. et carrière de trachytes porphyroïdes, cⁿᵉ de Montusclat.

Pradier, écart, cⁿᵉ de Coubon.

Pradier, m. i., cⁿᵉ de Grazac.

Pradinas (Le), affl. des Abaliaires, cⁿᵉ de Présailles.

Pradines, m. i., cⁿᵉ de Saint-Julien-du-Pinet.

Pradoux, écart, cⁿᵉ de Goudet. — *Jean dous Pradous*, 1820 (Deribier). — *Les Pradaux ou le Jay*, 1886 (aff. jud.).

Pra-du-Bois, f., cⁿᵉ de Freycenet-Lacuche.

Pragrand, écart, cⁿᵉ de Saint-Front.

Prailes, vill., cⁿᵉ de Monistrol-sur-Loire. — *Praelas*, 1314 (év.). — *Mas de Praalles*, 1383 (homm. de l'év.). — *Praylas*, 1387 (év.). — *Prayles*, 1569 (terrier de Saint-Didier de Joyeuse).

Prailettes, h., cⁿᵉ de Monistrol-sur-Loire. — *Praheletæ*, 1468 (Rivière, nʳᵉ). — *Prayletas*, 1507 (év.). — *Preyletes*, 1569 (terrier de Saint-Didier de Joyeuse). — *Preslettes*, 1599 (év.).

Prairie (La), m. i., cⁿᵉ de Saint-Paulien.

Praladoux, f., cⁿᵉ de Chaudeyrolles.

Pralas, f., cⁿᵉ de Saint-Front. — *Mansus de Pratlatz*, 1217 (Gall. chr., XVI, instr., col. 240). — *Pratlas*, 1344 (Monastier). — *Pranlas*, xviiiᵉ s. (Cassini).

Pralhac, vill., cⁿᵉ de Loudes. — *Prualiacs sive Pruyliacs*, 1280 (Rhône, Annecy, n° 1). — *Prohalhac*, 1345 (J. de Peyre, nʳᵉ). — *Proalhac*, 1385 (terrier de Saint-Vidal). — *Prolhiacum*, 1408 (Drôme). — *Prolhacum*, 1508 (J. Boyer, nʳᵉ).

Pralong, f., cⁿᵉ du Chambon.

Pralong, vill., cⁿᵉ de Lapte.

Pralong, f., cⁿᵉ de Laussonne.

Pralong, h., cⁿᵉ de Saint-Jean-de-Nay.

Pralong (Moulin-), mⁱⁿ sur la Fioure, cⁿᵉ de Varennes-Saint-Honorat.

Pramajon, m. i., cⁿᵉ de Saint-Martin-de-Fugères.

Pra-Martin, f., cⁿᵉ de Tence.

Pramouly, écart, cⁿᵉ de Lapte.

Praneuf, f., cⁿᵉ de Cussac. — *Pratneuf*, 1714 (Rochette, nʳᵉ). — *Préneuf* (cad.).

Praneuf, f., cⁿᵉ de Présailles.

Praneuf, f., cⁿᵉ de Raucoules. — *Pratum Novum*, 1468 (Rivière, nʳᵉ). — *Pranou*, 1584 (Guèze, nʳᵉ). — *Pranaud*, 1820 (Deribier).

Praneuf, f., cⁿᵉ de Saint-Front.

Praneuf (Le), écart détr., cⁿᵉ de Bonneval.

Praneuf-Brun, f., cⁿᵉ de Saint-Front. — *Le Mas de Préneuf dict Bru*, xviiᵉ s. (mairie du Monastier, CC.). — *Pratneuf*, 1695 (capitation). — *Bru*, xviiiᵉ s. (Cassini).

Pranier, f. détr., cⁿᵉ de Prades. — *Prat-Neir*, 1329 (Thiolent). — *Prat-Nyer*, 1475 (Bibl. nat., ms. lat., n. acq., 1224, f° 80 v°). — *Prat-Ner*, 1478 (*idem*, f° 204). — *Pratum Nigrum*, 1499 (Thiolent). — *Pratniers*, xviiiᵉ s. (Cassini).

Pranlaras, f., cⁿᵉ de Chaudeyrolles.

Pranlary, h., cⁿᵉ de Taulhac. — *Pratlavi*, 1245 (hôtel-Dieu, B. 312). — *Prantlavi*, 1587 (Doleson, nʳᵉ). — *Prantlavy*, 1613 (Duclaux, nʳᵉ). — *Prantlavit*, 1720 (Saugrain).

Pras, h., cⁿᵉ de Saint-Maurice-de-Lignon. — 1589 (Haute-Loire, E.).

Prassalat, h. et mⁱⁿ ruiné, cⁿᵉ de Roche-en-Régnier. — *Villa de Prato Salat*, 1309 (Arch. nat., P. 1399¹, cote 759). — *Prassala*, 1399 (terrier du Bois). — *Prat-Salat*, 1500 (coll. C. Falcon).

PRASSET (MOULIN-DE-), min sur l'Oubois, cne de Lapte.

PRAT (LA), f., cne d'Yssingeaux. — *Laprat*, 1888 (Malègue).

PRAT (LE), f., cne de Chaudeyrolles. — *Mansus de Prato*, 1464 (Ardèche, C. 624). — *Lou Prat*, 1621 (ét. civ.).

PRAT (LE), affl. du Lignon, cnes de Chaudeyrolles et de Fay-le-Froid.

PRAT (LE), h., cne de Saint-Julien-du-Pinet.

PRATALIOU (MOULIN-DE-), min détr. sur l'Auze, près Coste-Borel, cne d'Araules.

PRAT-BESSON, lieu dit, cne de Pébrac. — *Vinea de Prat Breco quæ Clausus vocatur*, v. 1130 (terr. Piperac., XXXII). — *Villa de Prat Bezo*, v. 1179 (*id.*, XXX). — *Prat Besso*, 1222 (*id.*, LXVI). — *Prat-Besson*, 1774 (terrier de Digons).

PRATCLAUX, m. i., cne des Estables.

PRATCLAUX, vill., cne de Landos.

PRATCLAUX, vill., cne de Saint-Privat-d'Allier. — *Prat-Claus*, 1323 (hôtel-Dieu, B. 405). — *Locus de Prato Clauso*, 1519 (Martel, nre).

PRATCLAUX, vill., cne de Tailhac. — *Mansus de Prat-Claux*, 1457 (Bibl. nat., ms. lat., n. acq., 1222, f° 54). — *Charboneriæ de Prat-Claux*, 1461 (*idem*, 1223, f° 8).

PRATCOURT, l. détr., cne de Saint-Privat-du-Dragon. — *Pracort*, 1326 (Bibl. nat., ms. fr., 14377, p. 13). — *Pratcourps*, 1397 (*idem*, p. 189). — *Mansus de Pracorp*, 1443 (Bibl. nat., ms. fr., 11490, p. 296).

PRATCROS, m. i., cne de Saint-Julien-Chapteuil. — 1695 (capit.).

PRAT-D'ALLIER, m. i., cne de Saint-Vénérand.

PRAT-DE-GAVON, m. i., cne de Vals-près-le Puy.

PRAT-DE-L'HORT (LE), h., cne de Saint-Pierre-Eynac.

PRATERNE, écart, cne d'Yssingeaux. — *Provert*, 1888 (Malègue).

PRAT-GROS (LE), ruiss., prend sa source près Pompeyran et se jette dans la Dège au min d'Ally, cne de la Besseyre-Saint-Mary. — 1749 (terrier du Besset).

PRATNEUF, f., cne de Freycenet-Lacuche.

PRAT-NEUF (LE), m. i., cne de Vieille-Brioude.

PRAT-PETIT, min sur le Dolaizon, cne de Vals-près-le Puy.

PRATS (LES), lieu dit, cne de Mézères. — *Le lieu doux Pratz*, 1553 (terrier de Liques).

PRATS (LES), affl. de la Dège à l'Ouest de Nozeyrolles, cne d'Auvers.

PRATS-NEUFS (LES), m. i., cne de Beaulieu. — *Praneuf* (cad.).

PRAUX, vill., cne de Retournac. — *Mansus de Praals*, 1314 (év.). — *Prahals*, 1320 (homm. de l'év.).

— *Praulx*, 1507 (év.). — *Praux*, 1553 (terrier de Liques). — *Preaux*, 1820 (Deribier).

PRAVEL, écart, cne de Sainte-Sigolène. — 1553 (ress. de Montfaucon).

PRAVEL, vill., cne de Tiranges. — *Boariæ de Vetulo Prato*, xie s. (cart. de Chamalières, n° 205). — *Velpra*, xiie s. (*idem*, n° 143). — *Prat-Veilh*, 1614 (coll. C. Falcon).

PRÉ (LE), vill., cne de Saint-Maurice-de-Lignon. — *Locus de Prato*, 1515 (terrier des Bordes).

PRÉAUX, h., cne de Raucoules. — *Pré-Haut*, 1869 (Malègue).

PRÉAUX, f., cne de Saint-Front.

PRÉAUX (LES), h., cne de Bauzac. — *Prahalz*, 1248 (homm. de l'év.). — *Mansus de Praals*, 1314 (év.). — *Loux Preaulx*, xvie s. (obit. de Bauzac). — *Praux*, 1553 (ress. de Montfaucon).

PRÉ-BÉGON (LE), m. i., cne de Saint-Préjet-Armandon.

PRÉBOIS, m. i., cne d'Araules.

PRÉ-CHÂTEAU, écart, cne de Chassignolles.

PRÉCUBARD, écart, cne de Cussac.

PRÉ-DABOL, prairie, cne d'Aiguilhe. — *Pré de l'Hostel-Dieu app. vulgairement Pré-Dabol*, 1591 (Mce Leblanc, nre).

PRÉ-DU-BREUIL (LE), dom., cne de Taulhac. — *Puissant-Ferme*, 1872 (Malègue).

PRÉ-DU-PRIEUR, m. i., cne de Vieille-Brioude.

PRÈGE (LE), vill., cne de Saint-Didier-la-Séauve. — *In parrochia castri de S. Desiderio, villa quæ Prorix nuncupatur*, v. 1040 (cart. de Chamalières, n° 99). — *La Propge*, 1272 (év.). — *Al Propche*, 1285 (év.). — *Locus de Preucghe*, 1461 (Rhône, H. 1180). — *Le Preughe*, 1569 (terrier de Saint-Didier de Joyeuse). — *Le Prège*, xviiie s. (Cassini). — *La Prège*, 1820 (Deribier).

PRÉ-GRAND (LE), f., cne de Charraix.

PRÉ-GUITARD (LE), f., cne de Vieille-Brioude.

PREISSAC, h., cne de Cayres. — *Preyssac*, 1271 (la Chaise-Dieu, Bouchet-Saint-Nicolas).

PREISSAC, écart, cne de Jullianges. — *Preyssat*, 1548 (P. Gallien, nre).

PREISSAC, f., cne de Mazeyrat-Crispinhac. — *Mansus de Preyssac*, 1459 (Bibl. nat., ms. lat., n. acq., 1222, f° 122).

PREISSAT, vill., cne de Chaniat. — *Pressat* (cad.).

PREIX, min sur le Doulon, cne de Saint-Didier-sur-Doulon. — *Praix*, 1820 (Deribier). — *Prey*, 1888 (Malègue).

PREL, écart, cne de Roche-en-Régnier. — *Praelas*, 1333 (Arch. nat., P. 494, cote 41). — *Prahelas*, 1406 (terrier du Bois). — *Prelas*, 1500 (coll. C. Falcon).

Pré-Long (Le), affl. de l'Allier, c^{ue} de Saint-Cristophe-d'Allier.

Preneyrolles, f., c^{ne} de Craponne-sur-Arzon. — *Ad Prunairolas*, 1213 (cart. de Chamalières, n° 335). — *Locus de Prigneyrolis*, 1481 (coll. L. Chaleyer). — *Prénérol*, 1880 (carte adm.). — *Prémerol*, 1888 (Malègue).

Prés (Les), vill., c^{ne} de Saint-Pal-de-Mons.

Prés (Les), m. i., c^{ne} de Saint-Romain-Lachalm.

Prés (Moulin-des-), mⁱⁿ sur la Dunières, c^{ne} de Saint-Pal-de-Mons.

Présailles, c^{on} du Monastier. — *Ecclesia S. Mariæ de Pratalias*, 1119 (Chifflet, hist. de Tournus, 402). — *Eccl. S. Mariæ de Prastasias*, 1179 (Juénin, nouv. hist. de Tournus, 175). — *Parochia B. Mariæ de Prazalis*, 1288 (cart. du Monastier, n° 461). — *Capellanus B. Mariæ de Prazalhis*, 1298 (Saint-Pierre-le-Monastier). — *Parochia de Prahalhas*, 1309 (Arch. nat., P. 1398², cote 676). — *Presallies*, 1534 (év.).

En 1789, Présailles était compris dans la province du Velay, la subdélégation et sénéchaussée du Puy. Son église paroissiale, diocèse du Puy et archiprêtré de Solignac-sur-Loire, était sous l'invocation de la Nativité de Notre-Dame; la cure était à la présentation du prieur de Goudet.

Près-du-Pont, m. i., c^{ne} de Vals-près-le Puy.

Président (Mine du), houillère, c^{ne} de Sainte-Florine.

Presles, h., c^{ne} d'Aurec. — *Praelles*, 1317 (Arch. nat., P. 1400³, cote 990).

Pressac, h., c^{ne} de Saint-Étienne-sur-Blesle. — *Le Mas de Preissat*, xve s. (Arch. nat., R⁴. 1143*, n° 165). — *Preyssac* (cad.). — *Preissac*, 1820 (Deribier).

Prés-Saint-Jean (Les), prairie, c^{ne} de Brives-Charensac. — *Prata de la Chavaleira*, 1276 (cordeliers). — *Loux Pratz Sainct-Jehan*, 1515 (cad. de Villeneuve de Corsac).

Pressat (Moulin-), mⁱⁿ sur l'Auzon, à Auzon.

Prévaudière (La), écart, c^{ne} de Saint-Didier-la-Séauve. — *La Privodière*, 1584 (terrier de Saint-Didier de Joyeuse). — *La Privaudière*, 1614 (M^{ce} Leblanc, n^{re}).

Prieur (Le), bois, c^{ne} de Chanaleilles.

Prince (Le), mⁱⁿ, c^{ne} de Laval.

Prince (Le), écart, c^{ne} de Monistrol-sur-Loire.

Principal (Le), l. détr., c^{ne} de Saint-Jeure. — *La Principal*, 1548 (Rhône, H. 2634). — *Lou Principal*, 1592 (*idem*, Bessamorel).

Printegarde, m. i., c^{ne} de Tence. — *Prentegarde*, 1820 (Deribier).

Priou (Le), f., c^{ne} de Saint-Jeure. — *Locus del Prior*,

1359 (Rhône, H. 2632). — *Le Priour*, 1786 (ét. civ.).

Priouret, h., c^{ne} de Saint-Germain-Laprade. — 1539 (Savin, n^{re}).

Prise-d'Eau (La), m. i., c^{ne} de Vézézoux.

Prison (Le), affl. de l'Allier, c^{ne} d'Alleyras.

Prolhac (Moulin-de-), mⁱⁿ, c^{ne} de Chazelles. — *Moulin des Plantades*, 1886 (aff. jud.).

Promeyrat, f., c^{ne} de Paulhaguet.

Promeyrat, vill., c^{ne} de Saint-Cirgues. — *Primayrac*, 1288 (spic. Briv.). — *Prameyrac, Pratmeyrat*, 1613 (Mercurial). — *Prumeyrac*, 1670 (Arch. nat., P. 502, cote 75).

Mine de plomb et d'antimoine concédée le 21 juin 1877.

Pnoriol, vill., c^{ne} de Bauzac. — *Proriolz*, 1418 (Loire, A. 89, f° 209). — *Prouriol*, 1499 (obit. de Bas). — *Proriolh*, 1555 (*idem*). — *Proriol*, 1820 (Deribier).

Providence (La), m. i., c^{ne} de Monistrol-sur-Loire.

Provincial, écart, c^{ne} de Saint-Vénérand.

Prumet, h., c^{ne} de la Chapelle-Geneste. — *Pyrmet*, 1347 (la Chaise-Dieu, la Chapelle-Geneste). — *Pirmetum*, 1361 (*ibid.*). — *Pirmet*, 1373 (*ibid.*). — *Peremet*, 1462 (*ibid.*, Mazerat-la-Brequeille). — *Prunet*, 1888 (carte adm.).

Prunet, vill., c^{ne} d'Ouïdes. — *Villa de Prunet*, 1282 (hôtel-Dieu, B. 334). — *Mansus de Pruneto*, 1453 (J. Rocher, n^{re}).

Prunet, f., c^{ne} d'Ours-Mons.

Prunet (Moulin-de-), mⁱⁿ sur le Pain-Blanc, c^{ne} d'Ouïdes.

Pruneyre (La), écart, c^{ue} de Laval. — *Mansus de la Prunheyra*, 1307 (la Chaise-Dieu, Saint-Vert).

Pruneyre (La), h., c^{ne} de Vieille-Brioude. — *In vicaria (Brivatensi), in villa quæ dicitur ad Illa Pruneria*, 940 (cart. de Brioude, ch. 35). — *La Prunière* (cad.).

Pruneyrolles, vill., c^{ne} de Villeneuve-d'Allier. — *Prugnirolas*, 1326 (Bibl. nat., ms. fr., 14377, p. 20). — *Prunayrolas*, 1379 (Arch. nat., Z². 4143, p. 25). — *Mansus de Pruneyrolas*, 1380 (*idem*, p. 83). — *Pruneyroles*, 1458 (Arch. nat., ZZ. 359, p. 1).

Pruneyrolles (Le), affl. de l'Allier, c^{ne} de Villeneuve-d'Allier.

Prunière (La), prend sa source au nord-est de la c^{ne} de Laval et se jette dans le Doulon entre le Mas et Joux, c^{ne} de Saint-Didier-sur-Doulon.

Prunières, vill., c^{ne} de Saint-Pal-de-Mons. — *Pruneiras*, 1314 (év.). — *Pruneyras*, 1507 (év.). —

Prunyères, 1561 (terrier de Saint-Didier de Joyeuse).

Puaut-Grand, l. détr., c^ne de la Chapelle-Geneste. — *Mansus de Puaut*, 1347 (la Chaise-Dieu, la Chapelle-Geneste). — *Puaut Magnum*, 1360 (*ibid.*). — *Podium Altum*, *Puy-Hault*, 1462 (*ibid.*).

Puaut-Petit, l. détr., c^ne de la Chapelle-Geneste. — *Puaut-Parvum*, 1360 (la Chaise-Dieu, la Chapelle-Geneste). — *Puy-haut-Petit*, 1449 (terrier de Clavelier). — *Podium Parvum*, 1463 (la Chaise-Dieu, la Chapelle-Geneste).

Pubellier, h., c^ne de la Chapelle-Bertin. — *Pubelier*, 1888 (carte adm.).

Puelle (La), loc. détr., c^ne de Desges. — *La Puelle*, 1588 (spic. Briv.). — *La Pielle*, 1750 (terr. des Binières).

Pugnier, vill., c^ne de Bellevue-la-Montagne. — *Podium Nigrum*, xiie s. (cart. de Chamalières, n° 332). — *Peunyer*, 1616 (Rhône, H. 2153, f° 970). — *Pugner*, xviiie s. (Cassini). — *Prugnier* (cad.). — *Pugnet*, 1820 (Deribier).

Puissant (Le), f., c^ne du Chambon.

Puits-de-l'Abime (Le), ruiss., affl. des Matagots, c^ne de Chaudeyrolles.

Pulvény, bois et ruiss., affl. de gauche de l'Allier, c^ne de Monistrol-d'Allier. — *Nemus de Polveric*, 1307 (Thiolent). — *Le bois de Pulveric*, 1745 (*id.*).

Puy (Creux du), vallée qui entoure la ville du Puy. — *Vallis Podii*, 1213 (Saint-Mayol). — *Infra oratoria civitatis Aniciensis*, 1236 (*idem*). — *Vallis Anicii*, 1253 (hospit. du Velay). — *Le creux du Puy*, 1778 (Feujas de Saint-Fond, 380).

Puy (Le), ch.-l. du département. — *Ad locum quem Anicium vocitant*, 591 (Greg. Turon., hist. Fr., X, 25). — Anicio, viie s. (triens mérovingien). — *Altare Sanctæ Mariæ Anitiensis ecclesiæ*, v. 920 (Bibl. nat., ms. lat., 1452, f° 2). — *Ecclesia Aniciensis seu Vallarensis*, 924 (Bouquet, IX, 964). — *Sancta Maria de Anicio*, 961 (*idem*, IX, 725). — *Civitas Vallavorum*, 998 (*idem*, X, 535). — *Est civitas famosissima quæ ab antiquis Annicium, a modernis vero Podium Beatæ Mariæ nuncupatur*, xe s. (A. SS. O. S. B., sæc. iv, pars I, 172-3). — *Urbs Anitium*, xe s. (Richeri, hist., lib. I, vi). — Anito chivit, xe s. (denier du roi Raoul). — *Podium Sanctæ Mariæ*, 1077 (Bouquet, XIV, 603). — *Civitas Vellavorum*, 1102 (*id.*, XV, 119). — *Beata*

Maria de Podio, 1163 (*idem*, XVI, 68). — *Au Poi Sancta Maria*, 1208 (H. Duplès-Agier, chr. de Saint-Martial de Limoges). — *Civitas Podii*, 1220 (Bouquet, XIX, 703). — *Lo Pey*, xiiie s. (*idem*, XIX, 121). — *Sancta Maria de Podio in Alvernia*[1], xiiie s. (*id.*, XXIII, 216). — *Poics del Puci*, xiiie s. (monnaies du Puy). — *L'evesquat, la siutat del Puci Nostra Domna*, xiiie s. (Bibl. nat., ms. fr., 854, p. 78 et 164). — *La cort del Puoi Santa Maria*, xiiie s. (Vaissète, hist. de Lang., X, 269). — *L'evesque du Pui*, 1317 (Bouquet, XXIII, 811). — *Podium Nostræ Dominæ*, xive s. (P. Labbe, nova bibl. ms. lib., II, 265). — *Podium in Vallavia* (Vaissète, hist. de Lang., IV, 592). — *Le Puy Nostre-Dame*, xve s. (C. d'Orville, chron. du bon duc L. de Bourbon, éd. Chazaud). — *Lo Peu*, 1501 (Arcis, n^re). — *La cité du Puis-en-Velay*, 1537 (G. Corrozet et C. Champier, cat. des villes et cités, 52). — *Le Puy d'Anis*, xvie s. (Médicis). — *Nostre-Dame du Puy*, 1644 (L. Coulon, riv. de France, 246).

En 1789, le Puy était le chef-lieu de la province et du comté de Velay et le siège d'un évêché, d'une sénéchaussée, d'une maréchaussée et d'une cour commune non ressortissante. Outre son église cathédrale, dédiée à Notre-Dame, cette ville avait cinq églises paroissiales : 1° l'église collégiale de Saint-Vosy, à la nomination de l'évêque; 2° l'église de Saint-Georges, à la nomination du supérieur du séminaire; 3° l'église de Saint-Pierre-le-Monastier, à la nomination du prieur de Saint-Pierre-le-Monastier; 4° l'église de Saint-Pierre-la-Tour, à la nomination de l'abbé de la collégiale de ce nom; 5° l'église de Saint-Jean-de-Jérusalem, à la nomination du grand bailli de Lyon.

Puy-Baudry, chât., c^ne d'Azerat. — *In Podio Baldrico*, 1156 (spic. Briv.). — *Poi Baldric*, 1256 (*idem*). — *Mansus de Podio Baudry*, 1434 (la Chaise-Dieu, Azerat). — *Peuch-Boudric*, 1453 (terrier du ford. de Br.). — *Le château de Puy-Boudry*, 1669 (Arch. nat., P. 499, cote 12). — *Peiboudry*, xviiie s. (Cassini). — *Picoudrit*, 1820 (Deribier). — *Pied-Boudry*, 1851 (carte Giraud). — *Picondrit*, 1855 (état-major). — *Pied-Bondry*, 1869 (Malègue). — *Piéboudry*, 1880 (carte adm.).

Seigneurie relevant en fief du prieuré d'Azerat et en arrière-fief du duché d'Auvergne.

Puy-Bénaud, l. détr., c^ne de la Vaudieu. — *Ung mas*

---

[1] «Rien n'est plus faux, en géographie comme en histoire, que cette confusion qui a fait dire à quelques auteurs: *Le Puy en Auvergne*, de deux pays entièrement distincts, et dont l'autonomie respective depuis l'ère gallo-romaine n'a pas cessé un seul jour.» (T. du Molin, *Bar. de Bouzols*, p. 61.)

app. de Peu-Berauld, 1612 (terr. de la Vaudieu). — *Pubereau*, xviiie s. (Cassini).

Puy-Buisson, l. détr., c^{ne} de Mercœur. — *Pe Boysso*, 1339 (Bibl. nat., ms. fr., 14377, p. 198). — *Metterie app. de Pui-Buisson*, 1613 (Mercurial).

Puy-Chevalar (Le), mont., c^{ne} de Chaniat. — *Sucus voc. de Puet-Chevalar*, 1424 (la Chaise-Dieu, Javaugues).

Puy-de-Carmentrand (Le), mont., c^{ne} d'Agnat. — *Podium de Caramantrant*, xive s. (terrier des Grèzes).

Puy-du-Feu (Le), h., c^{ne} de Vergongheon.

Puy-Gros, loc. détr., c^{ne} de Domeyrat. — *Peutz Gros, mansus de Puy-Gros*, 1464 (Bibl. nat., ms. lat., n. acq., 1223, f° 157 r° et v°).

Puy-Rouge (Le), mont., c^{ne} de Craponne-sur-Arzon.

Q

Quaréo (Le), affl. de la Senouire au nord de Domeyrat.

Quatre-Chemins (Les), m. i., c^{ne} de Saint-Germain-Laprade.

Queille (La Grande-), f., c^{ne} du Monastier. — *La Cueulha, La Cuelha*, 1523 (cad. du Monastier).

Queuille (La Petite-), f., c^{ne} du Monastier.

Queyre (La), m. i., c^{ne} de Prades.

Queyrie (La), lieu dit, c^{ne} de Langeac. — *Decima de la Caria*, 1237 (Bibl. nat., lat., 12750, p. 17). — *Territ. de la Queyria*, 1502 (Arch. nat., Q. 513, f° 214).

Queyrières, c^{on} de Saint-Julien-Chapteuil. — *Castellum quod dicitur Quadreria, in pago Vellaico*, v. 1020 (cart. du Monastier, n° 223). — *Castrum de Cayreria*, 1333 (Arch. nat., R². 39). — *Cayrayra*, 1344 (J. de Peyre, n^{re}). — *Cayreyra*, 1361 (La Chaise-Dieu, doyenné). — *Queyreyra*, 1451 (cart. de Mazan, f° 55). — *La chapellenie de S. Dompnin de Querière*, 1684 (Roche, n^{re}).

En 1789, Queyrières qui était le siège de l'une des dix-huit baronnies diocésaines de la province du Velay, dépendait de la subdélégation et sénéchaussée du Puy. Cette localité ne possédait pas d'église paroissiale, mais seulement une chapelle seigneuriale enclavée dans le château et dédiée à saint Dominique.

Quinabelle (La), m. i., c^{ne} de Malvières.

Quioc (Maison-), m. i., c^{ne} de Monistrol-sur-Loire.

Quoande (La), f., c^{ne} de Saint-Front. — *La Couarde*, 1888 (carte adm.).

R

Rabanières, mont., c^{ne} d'Agnat.

Rabassac, f., c^{ne} de Chassignolles. — *Mansus de Rebrassac*, 1538 (spic. Br.). — *Rabbassart*, 1379 (compte de B. Flotenc).

Rabassac (Ravin-de), affl. de l'Auzon, c^{ne} de Chassignolles.

Rabes (Deux-), h., c^{ne} de Freycenet-Lacuche. — *Duas Rabas*, xie s. (cart. du Monastier, n° 360). — *Villa de Duabus Rabbis*, xi^e s. (idem., n° 29). — *Mansus delz Bertrandencs de Doas Rabas*, 1222 (tabl. du Velay, 1876-1877, 359). — *Communitas Duarum Rapparum*, 1472 (Bonnefoy). — *D'Erabe* (cad).

Rabeyre (La), bois, c^{ne} de Saint-Julien-des-Chazes.

Rabeyrines, vill., c^{ne} de Saint-Hostien. — *Mansus de Rabayrinas*, 1346 (Lardeyrol). — *Rabeyrinas*, 1468 (idem). — *Ryberines*, 1534 (év.). — *Ribeyrines*, 1604 (Galien, n^{re}).

Rabide (La), h., c^{ne} de Chassignolles. — 1670 (Arch. nat., P. 500¹, cote 1).

Rabisson, m. i., c^{ne} de Grazac.

Rachassac, h., c^{ne} de Saint-Germain-Laprade. — *Reschassat*, 1389 (plumitif de Bouzols). — *Raschassac*, 1412 (terr. du Moulin-Neuf.) — *Rechassac*, 1516 (Maurin, n^{re}). — *Rachassacum*, 1523 (Aleil, n^{re}). — *Rochassac*, 1539 (terrier du Moulin-Neuf). — *Rachassac*, 1544 (Savin, n^{re}). — *Rachassat*, 1820 (Deribier).

RACHAT, vill., c^ne de Blanzac. — *Mansus de Rachacu*, 1362 (titres de Saint-Vidal). — *Rachapt*, 1433 (*ibid.*). — *Rachat*, 1453 (prieuré de Polignac). — *Rapchacum*, 1511 (J. Boyer, n^re). — *Rachac*, 1638 (Barret, n^re).

RACHAT, h., c^ne de Craponne-sur-Arzon. — *Rapchat*, 1327 (Saint-Mayol). — *Rapchacum*, 1447 (terr. de Piassac). — *Raschacum*, v. 1450 (Arch. nat., P. 1397², cote 582). — *Rachac*, 1569 (terr. de Notre-Dame-de-Chalencon). — *Rachap*, 1695 (capitation).

RACHES (LES), h., c^ne de Freycenet-Lacuche. — *Villa des Raschas*, xie s. (cart. du Monastier, n° 360). — *Mansus de las Raschas*, 1352 (Arch. nat., P. 1398², cote 668).

RACHES (MOULIN-DES-), m^in sur le Josseraud, c^ne de Freycenet-Lacuche.

RADEMAIS, m. i., c^ne de Vorey.

RAËL (LE), loc. détr., c^ne de Saint-Éble. — *Le Mas du Reel*, 1379 (homm. de Vissac). — *Mansus de Rahyel*, 1465 (terr. de Vissac). — *Rahel*, 1495 (*idem*).

RAFAYET, f., c^ne de la Chomette. — *Rafaeli*, 1139 (cart. de Pébrac, n° 29). — *Rafael*, v. 1140 (*idem*, n° 13). — *Raphael*, 1392 (Arch. nat., Z². 4145, p. 220). — *Raphaellum*, 1427 (Bibl. nat., ms. fr., 11490, p. 24). — *Raffayel*, 1612 (terr. de la Vaudieu). — *Raffaye*, xviiie s. (Cassini).

RAFFET, f., c^ne des Estables. — *Rafet*, 1759 (ét. civ.). — *Rafy*, xixe s. (cad.).

RAFFEYROUX, montic. rocheux, c^ne de Bains. — *Rupes voc. del Rifayro*, 1329 (J. de Peyre, n^re).

RAFFEYROUX, f., c^ne de Lempdes. — *La Metterye de Rufferon*, 1640 (lièv. de Rilhac). — *Roufeyroux*, *Rafeyroux*, 1730 (terrier d'Espalem). — *Rouffeyroux*, 1880 (carte adm.).

RAFFIE (MOULIN-DE-), m^in sur la Senouire, c^ne de Connangles.

RAFFY, vill., c^ne de Queyrières. — *Locus de Raffino*, 1457 (Rhône, Bessamorel). — *Raphy*, 1507 (év.). — *Raffi*, 1542 (Chamblas).

RAFFY (MOULIN-DE-), m^in sur la Cronce, c^ne de Cronce.

RAFY, m. i., c^ne des Estables.

RAGEASSE, lieu détr., c^ne de Saint-Front. — *In pago Vellaico, villa quæ dicitur Ragatias*, v. 970 (cart. du Monastier, n° 106). — *Mansus de Ratiassas*, 1284 (cart. de Mazan, f° 25 v°). — *Ung chazal de maison app. de Rageasse*, 1646 (cad. de Bonnefont).

RAJUS, h., c^ne de Pinols. — *Rasus*, 1355 (Arch. nat., Z². 54, p. 105). — *Razus*, 1457 (Bibl. nat., ms. lat., n. acq., 1222, f° 56 v°).

RALIADE (RAVIN-DU-), affl. de l'Allier, c^ne de Saint-Christophe-d'Allier.

RAM (LE), affl. de la Loire, c^ne de Beaulieu. — *Aqua de Rams*, 1265 (hôtel-Dieu, B. 317). — *Le ruisseau app. de Rans et de Peyre frese*, 1605 (M^ve Leblanc, n^re). — *Le Rang*, 1880 (carte adm.).

RAMA (LA), écart, c^ne de la Chapelle-d'Aurec.

RAMA (LA), h., c^ne de Tence.

RAMADE (LA), m^in, c^ne de Langeac. — *Molendinum situm in riperia de Posassanges, in territorio de la Ramada*, 1486 (terr. de Tailhac).

RAMADE (LA), ruiss., prend sa source au nord de Pinols et se jette dans l'Allier au nord-est d'Escalier, c^ne d'Aubazac. — *Le Briançon* (cad.). — *Ruiss. de Peyrusse*, 1880 (carte adm.).

RAMBAUD, m. i., c^ne de Saint-Jeure.

RAMBERT, h., c^ne de Saint-Just-Malmont.

RAMEL (LE), riv., prend sa source au nord de la c^ne de Queyrières, arrose les c^nes d'Yssingeaux, de Bessamorel et de Beaux et se jette dans la Loire à la limite sud-ouest des c^nes de Bauzac et de Saint-Maurice-de-Lignon. — *Rivus de Ram*, 1504 (terr. de Chailhans). — *Aqua de Ramel*, 1528 (terr. du Fraysse-Bas, f° 126). — *Ruiss. de Rang*, 1605 (compois d'Artias). — *Ruiss. de Ranc* (cad.).

RAMENAC, f., c^ne de Monistrol-d'Allier. — *Locus de Remenhaco*, 1526 (A. Besseyre, n^re).

RAMET, écart, c^ne de Montregard.

RAMET (LE), affl. de la Loire, c^nes de Saint-Geneys-près-Saint-Paulien et de Saint-Vincent.

RAMET (LE), affl. du Riboules, c^ne de Saint-Voy. — *Rivus de Rametz*, 1287 (prieuré de Polignac). — *Rivus de Ramets*, 1317 (Arch. nat., P. 493 bis², c. 101).

RAMOUROUSCLE, vill., c^ne de Bains. — *Remodoscle*, 1150 (hôtel-Dieu, B. 297). — *Ramodoscle*, 1162 (hospit. du Puy). — *Remoroscle*, 1225 (hôtel-Dieu, B. 305). — *Ramoroscle*, 1280 (*idem*, B. 330). — *Romoroscle*, 1324 (*idem*, B. 408). — *Roumourouscle*, 1618 (Brunel, n^re).

RANC, m^in sur le Ramel, c^ne de Bauzac.

RANC, h., c^ne de Saint-Maurice-de-Lignon. — *Villa quæ dicitur Ram*, 1163 (cart. de Chamalières, n° 74).

RANC, h., c^ne d'Yssingeaux. — *Locus de Ram*, 1528 (terrier du Pertuis).

RANC (LE), f., c^ne de Freycenet-Lacuche.

RANC (MOULIN-DE-), m^in sur le Ramel, c^ne de Saint-Maurice-de-Lignon.

Ranc-de-Babiol, écart, c^{ne} de Freycenet-la-Tour.

Ranc-de-Malsezer (Le), rocher près Fourmagne, c^{ne} de Saint-Paul-de-Tartas. — *Rancus de Malseser* ou *Malsiser*, 1513 (terrier de Montbel).

Ranc-de-Saint-Pierre, rocher, c^{ne} du Monastier. — *Au terroir du Monastier app. la Coste du ranc de Sainct-Peyre*, 1565 (Nicolas, n^{re}).

Ranc-des-Triouleyres (Le), coulée basaltique, près le Riou, c^{ne} de Taulhac. — *Le ranc de las Triouleyres*, 1549 (Savin, n^{re}).

Ranc-du-Tabourien (Le), rocher près les Badioux, c^{ue} de Laussonne. — *Nemus et chierium del Taborlayre*, 1508 (terrier de Coubladour). — *Rancus app. de Taborier*, 1520 (idem). — *Le Chier-de-Tabourier*, 1707 (cad. de Bouzols, f° 403).

Ranche, h., c^{ne} de Beaux.

Ranchet (Le), f., c^{ne} de Saint-Front.

Ranchevoux, vill., c^{ne} de Bas. — *Mansus de Roncha Volp*, 1340 (Saint-Mayol). — *Rouchia Volp*, 1366 (Arch. nat., P. 494², cote 80). — *Ronchia Volp*, 1411 (Arch. nat., P. 492², cote 119). — *Rancha Volp*, 1498 (coll. Chaleyer). — *Ranchavolx*, 1522 (obit. de Bas). — *Ranchevolpt*, 1558 (idem).

Ranchon, m. i., c^{ne} d'Araules.

Ranchoux, vill., c^{ne} de Craponne-sur-Arzon. — *Ronchavolp*, 1213 (cart. de Chamalières, n° 335).— *Ranchoup*, 1695 (capitation). — *Randcheu*, xviiie s. (Cassini). — *Ranchout*, 1820 (Deribier).

Rancon (Le), affl. du Lignon, c^{nes} des Villettes et de Monistrol-sur-Loire.

Rand (Le), mont. boisée, c^{ne} de Queyrières. — *Ranchus de Vesola*, 1290 (cart. de Mazan, f° 31 v°).

Randa-de-Lègue (Le), mont., c^{ne} d'Auvers.

Randon, f., c^{ne} de Présailles.

Randon, f., c^{ne} de Saint-Didier-la-Séauve.

Randon (Le), f., c^{ne} de Saint-Julien-d'Ance. — xviiie s. (Cassini).

Ranquet (Le), h., c^{ne} de Blesle. — *Le Rauquet*, 1888 (Malègue).

Rapine, h., c^{ne} de Saint-Jean-de-Nay. — *Rapina, al mandament de Sereis*, 1408 (compois du Puy).

Rapine (Moulin-de-), mⁱⁿ, sur le Cougoussac, c^{ne} de Ferrussac.

Rapite (La), f., c^{ne} de Saint-Pierre-Eynac.

Rapoints (Les), mont., c^{ne} d'Yssingeaux. — *Succus doux Respans, lous Respons sive las rochas de Mont-de-Rochet, las rochas de Monte Rocheti*, 1523 (est. d'Yssingeaux).

Raralias (Ravin-du-), affl. du Malaval, c^{ne} d'Alleyras.

Raschambon, lieu dit, c^{ne} de Pradelles. — *Rasus*

Cambo, 1289 (Arch. nat., P. 1398¹, cote 652).
— *Raschambon*, 1774 (Faujas de Saint-Fond, 379).

Rascle, m. i., c^{ne} d'Yssingeaux.

Rascles, l. détr., c^{ne} de Mercœur. — *In loco Raseles* (Rascles), v. 957 (cart. de Brioude, ch. 320);— 986 (idem, ch. 285). — *Rascles*, (idem, tables, ccccxxv). — *Rascles*, 1613 (Mercurial).

Rascoux (Les), h., c^{ne} du Monastier. — *Mansus de Rascoso*, xie s. (cart. du Monastier, n° 35). — *Al Rescos*, 1344 (Monastier). — *Lo Rascos*, 1353 (idem). — *Le Rescouz*, 1561 (Savin, n^{re}). — *Loux Rascoux*, 1593 (André, n^{re}). — *Les Rascous*, 1880 (carte adm.).

Rases (Les), m. i., c^{ne} de Dunières. — *La Rase*, 1872 (Malègue).

Rassac, f., c^{ne} de Mazeyrat-Crispinhac. — *Mansus de Rassaco*, 1458 (Bibl. nat., ms. lat., n. acq., 1222, f° 84). — *Rassat*, 1820 (Deribier).

Rassasset, dom., c^{ne} de Polignac.

Rat (Le), m. i., c^{ne} de Sembadel.

Rat-Piala, m. i., c^{ne} d'Yssingeaux. — *Rat-Péala*, 1820 (Deribier).

Rats (Ruisseau des), qui prend sa source en la c^{ne} de Monlet et afflue à la Senouire, en aval de Saint-Pal-de-Murs.

Raucoules, c^{on} de Montfaucon.— *Parochia S. Stephani de Rocolas*, 1024 (cart. de Chamalières, n° 192). — *Ecclesia S. Stephani de Rocolis*, xie s. (cart. de Cluny, ch. 3010). — *Ecclesia de Roculas*, xie s. (idem, ch. 3029). — *Villa de Recolis*, 1303 (prieuré de Grazac). — *Ecclesia de Raucolis* (l'impr. porte *Rancolis*), xive s. (bibl. Cluniac., c. 1756). — *Parochia de Roucolis*, 1393 (maladrerie de Brives). — *Rocoules*, 1879 (carte adm.).

En 1789, Raucoules faisait partie de la province du Velay, de la subdélégation et sénéchaussée du Puy. Son église paroissiale, annexe de celle de Montfaucon, était sous l'invocation de saint Etienne; le prieur de Grazac présentait à la cure.

Raucoules, h., c^{ne} de Queyrières. — *Villa quæ dicitur Rocolas*, v. 1020 (cart. du Monastier, n° 223). — *Roucoules*, 1879 (carte adm.).

Raucoules, f., c^{ne} de Vorey. — *Villa de Rocolis*, 1309 (Arch. nat., P. 1399¹, c. 759). — *Roucoul*, 1869 (Malègue).

Rauret, c^{on} de Pradelles. — *Ecclesia de Rouret*, 1270 (hôtel-Dieu, B. 145). — *Eccl. B. Mariæ de Roureto*, 1348 (J. de Peyre, n^{re}). — *Rouretus Superior*, 1390 (H^{te}-Loire, E.). — *Paroisse Nostre-Dame de Rauret*, 1569 (A. Boyer, n^{re}). — *Rouret-*

Sobeyre, 1571 (*idem*). — *Rauret-l'Église*, 1574 (*idem*).

En 1789, Rauret était compris dans la province du Velay, la subdélégation et sénéchaussée du Puy. Son église paroissiale, diocèse du Puy et archiprêtré de Solignac-sur-Loire, était sous le vocable de l'Assomption; le chapitre cathédral du Puy présentait à la cure.

Rauret-Bas, vill., cne de Rauret. — *Roret Inferior*, 1270 (hôtel-Dieu, B. 145). — *Rauzet lo Soteyra*, *Rouzet lo Soteyra*, 1313 (Arch. nat., J. 1057, cote 11).—*Rouzetus Inferior*, 1390 (Hte-Loire, E.). — *Rauret-Inférieur*, 1541 (V. Brunel, nre). — *Rouret Soteyra*, 1543 (terr. d'Agrain).

Rauze, vill., cne de Tence. — *Rauzet*, 1296 (homm. de l'év.). — *Mansus de Rauzeto*, 1324 (cart. de Tence, fo 2 vo). — *Locus de Rouzeto*, 1510 (Rhône, D. 161). — *Rouze*, 1556 (terrier de Montregard). — *Rose*, xviiie s. (Cassini). — *Reauze*, 1861 (état-major).

Ravanel, vaine, cne des Estables.

Ravarines, h., cne de Riotord. — *Ravarinas*, 1251 (cart. de Saint-Sauveur-en-Rue). — *Ravazine*, 1869 (Malègue).

Ravel, loc. détr., cne de Javaugues. — *Le chezal de Ravel*, 1544 (Cumignac).

Ravel, f., cne de Raucoules.

Ravel (Moulin-de-), min sur la Senouire, cne de la Chapelle-Bertin. — *Moulin-de-Ravet* (cad.).

Ravel (Moulin-de-), min sur la Dunières, cne de Raucoules.

Ravel (Moulin-), min, cne de Saint-Just-Malmont.

Ravenet, f., cne des Estables. — 1739 (ét. civ.). — *Revenet*, 1779 (*idem*).

Ravenet, f., cne de Saint-Préjet-Armandon. — *Rovenet*, 1281 (spic. Br.). — *Lo Mas de Rovanet*, *Roanet*, *Rovanac*, 1341 (terr. de Charbonnier).

Raves (Les Deux-), f., cne de Saint-Jeure. — *Deux-Raves*, 1773 (ét. civ.). — *Les Deux-Rabes*, 1820 (Deribier).

Raveyres (Les), m. i., cne de Retournac.

Rayol (Le), m. i., cne de Saint-Paul-de-Tartas.

Raze (La), m. i., cne de Saint-Maurice-de-Lignon.

Raze (Moulin-de-), min sur la Borne occidentale, cne de Céaux-d'Allègre.

Raze (Moulin-de-), min sur la Borne occidentale, cne de Vernassal. — *Moulin-de-Razes* (cad.).

Raze-du-Coin (La), affl. du Saut-de-la-Jument-Borgne, cne des Estables.

Razes (Les), m. i., cne de Monistrol-sur-Loire.

Razes (Les), m. i., cne de Saint-Julien-Mollesabate.

Razes-Brûlées (Les), m. i., cne de Monistrol-sur-Loire.

Razette (La), f., cne de Desges. — *La Razeta*, 1479 (Bibl. nat., ms. lat., n. acq., 1224, fo 230 vo).

Razonnet, vill., cne de Vernassal. — *Rezonet*, 1300 (év.). — *Rozonet*, 1344 (hôtel-Dieu, B. 675). — *Rasonet*, 1472 (Bibl. nat., ms. lat., n. acq., no 1224, fo 45 vo).

Réal (Le), h., cne de Chassignolles. — *Mansus del Real*, 1358 (spic. Br.). — *Réalle*, 1888 (Malègue).

Reboulet, h., cne de Langeac. — *Mansus de Reboule*, 1305 (Arch. nat., T. 142²). — *Reboul*, 1670 (Arch. nat., P. 502, no 99). — *Roboulet*, xviiie s. (Cassini). — *Raboulet*, 1869 (Malègue).

Rebuzat, f., cne de Saint-Étienne-Lardeyrol.

Recharenge, vill., cne d'Araules. — *Richarenchas*, 1314 (év.). — *Mansus de Richaran*, 1346 (év.). — *Locus de Racherengiis*, 1481 (Pelisse, nre). — *Recharengas*, 1507 (év.). — *Recharenges*, 1585 (Johanny, nre). — *Recharanges*, *Recharangue*, 1608 (cad. de Bonnas). — *Rocherenges* (cad.).

Rechausseyre, mont., cne des Estables. — *Rupes Urseria*, 1179 (hist. gén. de Lang., VIII, 1925). — *Rocham Uscyre*, 1263 (Monastier-Saint-Chaffre). — *Roche-Aussayre*, 1778 (Faujas de Saint-Fond, 362).

Rechimas, f., cne de Craponne-sur-Arzon.

Recluse (La), loc. détr., à Fay-le-Froid. — *Locus de la Reclusa*, 1464 (Ardèche, C. 624).

Recolle, h., cne de Saint-Vert. — *Rocolas*, 1341 (terr. de Charbonnier). — *Recolles*, 1693 (la Chaise-Dieu, lièv.). — *Recol*, 1888 (Malègue).

Recoules, vill., cne de Saugues. — *Rocolas*, 1274 (Lozère, G. 99). — *Reculæ*, 1301 (Thiolent). — *Raucolæ*, 1519 (G. Maurin, nre). — *Recolas*, 1564 (Thiolent). — *Rocoulles*, 1574 (terr. de Meyronne).

Recoumène (Moulin-de-), min sur la Gazeille, cne du Monastier. — *Molendinum de Ricomena* (l'impr. porte *Ricorveria*), xie s. (cart. du Monastier, no 28). — *Molendinum de Ricomena*, 1353 (Monastier). — *Recomene*, 1547 (*idem*). — *Recommene*, 1621 (André, nre).

Recours, chât. détr. et vill., cne de Beaulieu. — *Rochos*, 1082 (cart. de Chamalières, no 101). — *Capella de castro Rocos*, 1119 (Chifflet, hist. de Tournus, 402). — *Recos*, v. 1160 (hospit. du Velay). — *Castrum de Rocous*, 1287 (hôtel-Dieu, B. 337). — *Recosium*, 1512 (Saint-Georges du Puy). — *Recourts*, 1605 (Mme Leblanc, nre). Chapelle dédiée à saint Jean-Baptiste.

Seigneurie de la maison de Polignac.

RECOUX, vill., c^{ne} de Saugues. — *Roquos*, 1297
(Thiolent). — *Mansus dels Rocos*, 1327 (Lozère,
G. 98). — *Rocos*, 1377 (Thiolent). — *Roquones*,
1453 (J. Rocher, n^{re}). — *Rocones*, 1499 (Thiolent).
— *Requos*, 1537 (A. Besseyre, n^{re}).

RECULADE (LE MAS-DE-LA), f., c^{ne} de Salettes. —
1699 (cad. de Vachères). — *Lareculade*, 1820
(Deribier).

RECULAS, mⁱⁿ détr., c^{ne} de Collat.

REDONDE (LA), écart, c^{ne} de Céaux-d'Allègre. — *Les
Redondes* (cad.).

REDONDE (LA), f., c^{ne} de Saint-Front. — *Retunda*,
1326 (cart. de Mazan, f° 112). — *Mansus de la
Redonda*, 1526 (cad. du Monastier). — *La Reddonde*, 1633 (ét. civ.).

REDONDE (LA), mⁱⁿ sur l'Allier, c^{ne} de Saint-Ilpize.
— *Nemora de la Redonda*, 1380 (Arch. nat., Z².
4143, p. 82). — *La Reddonda*, 1460 (Arch. nat.,
ZZ. 359, p. 11).

REFOURGAN, h., c^{ne} de Chomelix. — *Refolgon*, 1317
(Arch. nat., P. 493², cote 101). — *Guill. de Re-
fulgons*, 1322 (hospit. du Velay). — *Refolgons*,
1381 (spic. Br.). — *Refolgoux*, 1404 (terr. de
Chomelix). — *Refforgans*, 1551 (P. Galien, n^{re}).
— *Refourgans*, XVIIIe s. (Cassini).

REGARD (LE), vill., c^{ne} de Monistrol-sur-Loire. — *Lo
Regart*, 1354 (hôtel-Dieu). — *Regartz*, 1391
(év.). — *Regardum*, 1499 (obit. de Bas). — *Lo
Regard*, 1507 (év.).

REGARDS (LES), m. i., c^{ne} de Beaulieu.

RÉGNIER, m. i., c^{ne} de Raucoules. — *Reynier*, 1879
(carte adm.).

REIGNAIRANT, f., c^{ne} de Chaudeyrolles. — *Masatgium
de Relharant*, 1343 (Rhône, H. 1016). — *Mansus
de Rilharant*, 1386 (*ibid.*). — *Renharant, Reynharant, Rinharant*, 1464 (Ardèche, C. 624). —
Reignarand, 1646 (cad. de Bonnefont). — *La
grange de Reniarand*, 1668 (ét. civ.). — *Reynerand*, 1888 (Malègue).

REILHAC, c^{on} de Langeac. — *In vicaria Auriacense,
in villa quæ vocatur Reliacus*, 954 (cart. de Cluny,
n°s 873 et 876). — *In comitatu Brivatensi et
vicaria de Cantola, villa... Reilliacus..., cum
ecclesia... in honore S. Privati*, v. 963 (*idem*,
n° 1164). — *Villa quæ dicitur Ridiliacus, in
vicaria de Cantoiole*, xe s. (cart. de Sauxillanges,
n° 493). — *In villa... Rialiaco*, 990 (cart. de
Cluny, n° 1858). — *Riailago, in cice Cantilanico,
ecclesia S. Privati* (cart. de Brioude, tables,
CCCXXIII). — *Ecclesia de Riliaco*, 1244 (bibl.
Cluniac., 1512). — *Ralhiac*, v. 1260 (Arch. nat.,

J. 1031, n° 2). — *Affarium de Rialhac*, 1271
(spic. Br.). — *Rilhat*, 1401 (*idem*). — *Relhacum*,
1502 (Arch. nat., Q. 513, f° 166). — *Relhac*,
1504 (*idem*, f° 214). — *Rilhac*, XVIIIe s. (Cassini).

En 1789, Reilhac faisait partie de la province
d'Auvergne, de l'élection de Brioude, de la subdélégation de Langeac et du ressort de Riom. Son
église paroissiale, diocèse de Saint-Flour et archiprêtré de Langeac, était dédiée à saint Privat; le
prieur présentait à la cure.

REILHAC (LE), affl. de l'Allier, c^{nes} de Langeac et de
Reilhac.

REILLA, m. i., c^{ne} de Saint-Maurice-de-Lignon.

REILLADE (LA), m. i., c^{ne} de Chassagnes. — *La
Relliade*, 1888 (Malègue).

REILLADE (LA), m. i., c^{ne} de Laussonne.

REJALE, mⁱⁿ sur la Siaume, c^{ne} d'Yssingeaux. —
Rejully (cad.).

RELUSES (LES), f., c^{ne} de Sainte-Sigolène. — *Les
Reluzes*, 1695 (capitation).

REMARDEYRA, m. i., c^{ne} de Chadron. — 1879 (aff.
jud.).

REMÈGE, écart, c^{ne} de Roche-en-Régnier.

REMIGÈRE (LA), h., c^{ne} d'Ouïdes.

REMISE (LA), m. i., c^{ne} de Raucoules.

REMONDIÈRES, h., c^{ne} du Pont-Salomon. — *Reymon-
dière* (cad.).

RENARD, dom., c^{ne} du Puy.

RENOUX (LES), h., c^{ne} de Collat. — *Leyrenoux*, 1860
(état-major).

RENTES, f., c^{ne} des Vastres. — *Nemus quercoris de
Rintes, nemus de Rantes*, 1464 (Ardèche,
C. 624).

REPLAT (LE), h., c^{ne} de Bonneval. — *Le Replathault*,
1561 (J. Chalvon, n^{re}).

REPLAT (LE), mont., c^{ne} de Chomelix. — *Locus del
Replat*, 1323 (J. de Peyre, n^{re}). — *Arbre du
Replat*, 1860 (état-major).

RÉPUBLIQUE (LA), h., c^{ne} de Riotord.

RÉSERVE (LA), h., c^{ne} de Chastel.

RÉSERVES (LES), h., c^{ne} de Raucoules. — *La Réserve*,
1879 (carte adm.).

RETAILLADE (LA), m. i., c^{ne} de Saint-Julien-du-
Pinet.

RETOURNAC, c^{on} d'Yssingeaux. — *Parrochia Sancti
Johannis de Retornaco*, v. 1025 (cart. de Chamalières, n° 278). — *Castrum de Retornac*, 1271
(év.). — *Ecclesia Sancti Johannis Baptistæ de
Retornaco*, 1319 (Arch. nat., P. 494¹, c. 13). —
Retornatius, 1472 (Maltrait, n^{re}). — *Retornacius*,
1482 (év.). — *Retournat*, 1486 (Arch. nat.,

P. 1397[3], c. 624). — *Parroisse de Saint-Jehan de Retornat*, 1490 (Arch. nat., P. 1397[2], c. 583). — *Retournac*, 1641 (Jacmon, 173).

En 1789, Retournac dépendait de la province du Velay, de la subdélégation et sénéchaussée du Puy. Son église collégiale et paroissiale, diocèse du Puy et archiprêtré de Monistrol-sur-Loire, était sous l'invocation de saint Jean-Baptiste; l'évêque en était collateur.

RETOURNAGUET, vill., cne de Retournac. — *Retornaget*, 1172 (cart. de Chamalières, n° 92). — *Villa de Retornaguet*, 1281 (Arch. nat., P. 1397[2], cote 553). — *Retornaguetum*, 1328 (Arch. nat., P. 493[2], cote 103).

RETZOUSSEIRE (Le), affl. de la Cronce à la Valette, cne de Chastel.

REVENDUS (Les), écart, cne de Monistrol-sur-Loire. — *Revengut*, 1326 (év.). — *Loux Revengus*, 1553 (ress. de Montfaucon). — *Les Revendus de Beaux*, 1695 (capitation).

REVENET, m. i., cne des Estables.

REVÈNES (Les), écart, cne de Bauzac. — *La Roveyre*, 1309 (homm. de l'év.). — *Mansus de la Reveyra*, 1346 (Arch. nat., P. 490[3], cote 229).

REVEURE (La), lieu dit, cne d'Espaly-Saint-Marcel. — *La Rovoira*, 1261 (Saint-Agrève). — *Novum pedagium in loco qui dicitur la Rovoyra, inter Spaletum et castrum de Seyssac*, 1272 (tab. du Velay, 1875-1876, 524). — *La Roveyra*, 1273 (ibid., 530). — *La Roveura*, xvie s. (Médicis, II, 13). — *La Reveure*, 1620 (Brunel, nre).

REVEURE (La), l. détr., cne de Retournac. — *Mansus de la Rovoyra*, 1314 (év.). — *Rovoure*, 1333 (Arch. nat., P. 494[1], c. 1). — *Boria de Roveria*, 1386 (év.). — *La Ruveyra, la Roveyra*, 1387 (idem). — *Locus de Revoure*, 1401 (terr. de P. du Bois).

REVEURE (La), f., cne de Vorey. — *Tenementum de Rouveyra*, 1311 (Arch. nat., P. 1399[1], c. 783). — *La Ruveyra*, 1333 (Arch. nat. P. 494[1], c. 61). — *La Roureda*, 1333 (idem, c. 1). — *Rouveyre*, 1714 (cad. de Laval-Emblavès). — *Lareveure*, 1820 (Deribier).

REVEYROLLES, écart, cne de Monistrol-sur-Loire. — *Rovayrolas*, 1309 (év.). — *Reveyrolles*, 1553 (ress. de Montfaucon). — *Reveyrolles-Brulés*, 1691 (ét. civ.). — *Reverolles*, xviiie s. (Cassini).

REVEYROLLES, vill., cne de Sainte-Sigolène. — *Villa de Rovayrolas*, 1384 (év.). — *Rouvairolles de Maires*, 1506 (Médicis, II, 305). — *Reverolles*, 1888 (Malègue).

REVICOLE (La), m. i., cne de Saint-Romain-Lachalm. — *Revicotte*, 1879 (carte adm.).

REVISCOLES, f., cne de Chaudeyrolles.

RÉVOLTE (La), vill., cne de Venteuges. — *La Revolta*, 1482 (Bibl. nat., ms. lat., n. acq., 1224, fo 310 vo). — *Larévolte*, 1820 (Deribier).

REYMONDS (Les), l. dét., cne de Saint-Julien-Chapteuil. — *Les Reymondz lez Bar*, 1685 (cad. de Chapteuil-Bas).

REYMONDS (Les), chât., cne de Tence. — *Los Reymons*, 1343 (Rhône, H. 1016). — *Les Raymons*, 1546 (commun°° de M. Péala).

RENAISSANCE (La), m. i., cne de Chadrac.

REYNALDÈS, h., cne de Thoras. — *Mansus de Raynaldes*, 1276 (Thiolent). — *Reynaldes*, 1279 (idem). — *Reynaldesium*, 1363 (idem). — *Lo Raynaldes*, 1377 (idem).

REYNAUD, écart, cne de Brives-Charensac. — *Grangia Bertrandi Raynaudi*, 1305 (Saint-Georges du Puy). — *La granga deus Raynautz*, 1408 (compois du Puy). — *La Renaude*, 1808 (cad.). — *Les Reynaudes*, 1879 (aff. jud.).

REYNAUD, écart, cne de Champclause. — *Domus Raynaudi de Pies*, 1320 (cart. de Mazan, fo 121). — *Terræ Martini Raynaudi de Pies*, 1321 (ibid., fo 103).

REYNAUD (MOULIN-DE-), min sur l'Avène, cne de Saint-Austremoine.

REYNAUD (SCIE-DE-), sur le Cougoussac, cne de Pinols.

REYNAUDÈS, h., cne de Présailles. — *Mansus de Raynaudesio*, 1299 (cart. de Mazan, fo 93 vo). — *Lo Reynaudes*, 1482 (Pelisse, nre). — *La Reynaudez*, 1888 (Malègue).

REYNIER, h., cne d'Araules. — 1608 (cad. de Bonnas).

REYNIER, f., cne de Raucoules.

REYNIER (Le), l'un des trois ruisseaux qui forment l'Ulmet, cne de Raucoules.

REYRAC, h., cne de Freycenet-la-Tour. — *Rairacus villa*, v. 1094 (cart. du Monastier, n° 239). — *Reyac*, 1304 (Monastier). — *Reyracus*, 1508 (Costavol, nre).

REYROLLES, h., cne de Connangles. — *Roayroles*, v. 1262 (Arch. nat., J. 1031, n° 2). — *Locus de Reyroliis*, 1462 (la Chaise-Dieu, Connangles).

REZÈS, loc. détr., cne de Blesle. — *In vicaria de Huriacensi, in villa Radisco*, 958 (cart. de Brioude, ch. 301). — *Mansus de Radesc*, xie s. (cart. de Sauxillanges, n° 662). — *Territorium de Rezest situm in par. Capellæ Alanhonis*, 1350 (spic. Br.).

RIAILLE (La), près les Eyrauds, f., cne du Chambon.

RIAILLE (LA), m. i., c^{ne} de Lapte. — *La Rialle*, 1878 (carte adm.).

RIAILLE (LA), m. i., c^{ne} de Raucoules.

RIAILLE (LA), f., c^{ne} de Riotord. — *La Riallie*, 1879 (carte adm.).

RIAILLE (LA), m. i., c^{ne} de Saint-Julien-du-Pinet.

RIAILLES (LES), m. i., c^{ne} de Bessamorel.

RIAILLES (LES), f., c^{ne} des Vastres.

RIAILS (LES), f., c^{ne} de Saint-Julien-Chapteuil. — *Locus de Railha*, 1501 (coll. C. Falcon). — *Le lieu de Ralhie*, 1685 (cad. de Chapteuil-Bas). — *Les Réals*, XVIIIe s. (Cassini). — *Les Rails*, 1879 (carte adm.).

RIALLE, près les Brières, m. i., c^{ne} du Chambon.

RIALLE (LA), m. i., c^{ne} de Beaulieu.

RIALLE (LA), affl. de la Loire à Maux, c^{ne} de Beaulieu.

RIALLE (LA), près les Barandons, m. i., c^{ne} du Chambon.

RIALLE (LA), f., c^{ne} de Saint-Julien-Molhesabate. — *Laréalle*, 1869 (Malègue).

RIALLES (LES), f., c^{ne} de Montregard.

RIAUX (LES), f., c^{ne} du Chambon. — *Los Rueaulx*, 1454 (terrier de Saint-Julien de Châteauneuf). — *Los Rualx*, 1507 (év.). — *Loux Ruaulx*, 1553 (ress. de Montfaucon). — *Les Réaux*, 1888 (Malègue).

RIAYS (LE), m. i., c^{ne} de Moudeyres.

RIBAINS, h., c^{ne} de Landos. — 1291 (homm. de l'év.). — *Ribens*, 1506 (Médicis, II, 303).

RIBE (LA), m. i., c^{ne} d'Araules.

RIBE (LA), h., c^{ne} de Saint-Julien-Chapteuil.

RIBE (LA), affl. du Saint-Julien, c^{ne} de Saint-Julien-Chapteuil.

RIBE (LA), m. i., c^{ne} de Saint-Pal-de-Mons.

RIBE (LA), f., c^{ne} des Vastres. — *Les Ribbes du Pauc*, 1672 (ét. civ.). — *Les Ribbes du Cros*, 1676 (idem). — *La Ribe du Cros*, 1736 (idem). — *La Ribe*, XVIIIe s. (Cassini). — *Laribe*, 1820 (Deribier).

RIBE-BASSE, écart, c^{ne} de Chamalières.

RIBE-DE-L'ARBRE (LA), f., c^{ne} de Vorey. — *Ribes-de-l'Arbre*, 1880 (carte adm.).

RIBES, écart, c^{ne} de Chamalières.

RIBES, chât., c^{ne} de Retournac. — *Rippæ*, 1246 (Arch. nat., P. 1398³, cote 738). — *Ripæ*, 1269 (Arch. nat., P. 1398², cote 674 bis). — *Ribas*, 1302 (Arch. nat., P. 494¹, cote 1196).

RIBES (MOULIN-DE-), mⁱⁿ sur l'Ance, c^{ne} de Bas.

RIBETTE-BASSE (LA), f., c^{ne} de Freycenet-la-Tour. — 1667 (André, n^{re}).

RIBETTE-HAUTE (LA), f., c^{ne} de Freycenet-la-Tour. —

Ribeta, 1523 (cad. du Monastier). — *La Ribette-N'haulte*, 1677 (cad. de Freycenet-la-Tour).

RIBEYRE, m. i., c^{ne} du Chambon. — *Ribeyres*, 1888 (Malègue).

RIBEYRE, h., c^{ne} de Raucoules. — *Ribeyres*, 1888 (Malègue).

RIBEYRE, h., c^{ne} de Saint-Ilpize. — *Riberas*, 1339 (Bibl. nat., ms. fr., 14377, p. 189). — *Mansus de Ribeyras*, 1387 (Arch. nat., Z².4144, p. 145). — *Mansus de Riperiis*, 1460 (Arch. nat., ZZ. 359, p. 15). — *Ribeyres*, 1460 (idem, p. 21). — *Riperia*, 1468 (idem, p. 120).

RIBEYRE, h., c^{ne} de Saint-Jean-d'Aubrigoux. — *Mansus Ripperiæ*, 1406 (Haute-Loire, E.).

RIBEYRE (LA), vill., c^{ne} de Céaux-d'Allègre. — 1633 (Barret, n^{re}).

RIBEYRE (LA), h., c^{ne} de Chaudeyrolles. — *Mansus de la Ribeyra*, 1301 (Bonnefoy). — *Ripperia de Mesenco*, 1320 (cart. de Mazan, f° 131). — *Mansus de Riperia*, 1464 (Ardèche, C. 626). — *La Ribeyre*, 1616 (ét. civ.). — *La Ribbeyre de Mésenc*, 1673 (idem).

RIBEYRE (LA), h., c^{ne} de Dunières. — *Laribeyre*, 1888 (Malègue).

RIBEYRE (LA), affl. du Chavagnac, c^{nes} de Jax et de Chavagnac-Lafayette.

RIBEYRE (LA), vignoble, près Vouloumas, c^{ne} de Langeac. — *Territ. de Comba de Nyole, alias de la Ribeyra*, 1479 (Arch. nat., Q. 513, p. 10).

RIBEYRE (LA), affl. de l'Allier à Langeac. — *Rivus de la Ribeyra*, 1502 (Arch. nat., Q. 513, f° 175).

RIBEYRE (LA), f., c^{ne} de Saint-Jeure.

RIBEYRE (LA), h., c^{ne} de Saint-Vincent. — *Lo mas de la Ribeyra*, 1408 (compois du Puy).

RIBEYRE (LA), h., c^{ne} de Saugues. — *Mansus de Ripperia*, 1327 (Lozère, G. 98). — *Mansus de la Ribeyra*, 1465 (Bibl. nat., ms. lat., n. acq., 1223, f° 221). — *Laribeyre*, 1820 (Deribier).

RIBEYRE (LA), mⁱⁿ sur le Javoulx, c^{ne} de Vissac.

RIBEYRE (LE PETIT-), f., c^{ne} de Saint-Jean-d'Aubrigoux.

RIBEYRE (MOULIN-DE-LA-), mⁱⁿ sur l'Arzon, c^{ne} de Beaune.

RIBEYRE (MOULIN-DE-LA-), mⁱⁿ sur l'Auzon, c^{ne} de Saint-Hilaire.

RIBEYRES, f., c^{ne} de Freycenet-Lacuche.

RIBEYROUX, h., c^{ne} de Goudet. — *Los Ribeyros*, 1462 (Chauvin, n^{re}). — *Les Ribeyroux*, 1570 (Benoit, n^{re}).

RIBEYROUX (LE), f. détr. entre la Prade et la Peyre, c^{ne} de Saint-Front.

RIDEYROUX (LES), f., cⁿᵉ des Vastres. — *Les Ribey-rous*, xviiiᵉ s. (Cassini).

RIBOULLES (LE), affl. du Lignon, à l'ouest de Panelier, cⁿᵉ du Mazet-Saint-Voy. — *La Chaise* (cad.).

RIBOULET, m. i., cⁿᵉ de Tence.

RICARD (MOULIN-DE-), mⁱⁿ, cⁿᵉ de Siaugues-Saint-Romain. — *Molendinum vocatum de Ricart*, 1462 (Bibl. nat., ms. lat., n. acq., 1223, f° 53). — *Molendinum de Riquart*, 1478 (terr. du Cluzel, f° 85).

RICHARD (MOULIN-DE-), mⁱⁿ sur la Villette, cⁿᵉ de Saint-Paul-de-Tartas.

RICHIER, l. détr., cⁿᵉ de Saint-Julien-Chapteuil. — *Locus de Rechier*, 1501 (coll. C. Falćon). — *Le lieu de Rechier, par. de Sᵗ Andeol de Chapteulh en Vellay*, 1542 (Savin, nʳᵉ). — *Richier*, 1685 (cad. de Chapteuil-Bas).

RICHOND (MOULIN-DE-), mⁱⁿ sur la Loire, cⁿᵉ de la Voûte-sur-Loire.

RICOULES, vill., cⁿᵉ de Léotoing. — *Roculas*, xiᵉ s. (cart. de Sauxillanges, n° 662). — *Liberi de Rocolis*, 1281 (insc. tum. de l'égl. de Charbonnier). — *Rocolas*, 1295 (spic. Br.). — *Requolæ*, xivᵉ s. (obit. de Br.). — *Raucolas*, 1410 (terr. des Grèzes). — *Rocoles*, xvᵉ s. (Arch. nat., Rᵗ. 1143*, n° 361). — *Ricoulle*, xviiiᵉ s. (Cassini).

RIF (LE), h., cⁿᵉ de Saint-Etienne-près-Allègre. — *Lo Riouf*, 1443 (La Chaise-Dieu, Mazerat-Au-rouze). — *Rivus*, 1477 (*idem*).

RIFFARD, éc., cⁿᵉ de Connangles. — *Chaminada, alias Riphart*, 1400 (Arch. nat., S. 3301, n° 1).

RIF-PETIT (LE), affl. du Ternivol au nord-ouest de Preissat, cⁿᵉ de Chaniat.

RIGNAC, loc. détr., cⁿᵉ de Vieille-Brioude. — *In aice Brivatensi, in villa... Rignago*, 847 (cart. de Brioude, ch. 190); — 891 (*idem*, ch. 60). — *Pons qui dicitur Riniacus*, ixᵉ s. ? (*idem*, ch. 20). — *Riniac*, 1223 (Haute-Loire, Pébrac).

RIGNON, f., cⁿᵉ de Champclause.

RIGOLIÈNES, loc. détr., cⁿᵉ de Léotoing. — *Le Mas de Rigolieres*, xvᵉ s. (Arch. nat., Rᵗ. 1143*, n° 362).

RIGON, h., cⁿᵉ de Monlet. — *Villa de Regons*, 1285 (spic. Br.). — *Rigon*, xviiiᵉ s. (Cassini). — *Rigoud*, 1820 (Deribier). — *Rigou*, 1851 (Giraud). — *Rigond*, 1869 (Malègue).

RIGOUX, h., cⁿᵉ d'Azerat. — *Rogo*, 1156 (spic. Br.). — *Villa de Regos*, 1276 (cart. d'Azerat). — *Reguo*, 1439 (*idem*). — *Roguo*, 1440 (*idem*).

RIGUEUR (LA), écart, cⁿᵉ de Lapte.

RILHAC, vill., cⁿᵉ de Sainte-Marie-des-Chazes. — *Villa quæ dicitur Rivacus (Rilacus)*, 936 (cart. de Brioude, ch. 337). — *In vicaria Cantoiole, in*

villa quæ dicitur Bislago (Rislago), 947 (cart. de Cluny, n° 704). — *Bilhac (Rilhac)*, v. 1250 (spic. Br.). — *Mansus de Rilhaco*, 1458 (Bibl. nat., ms. lat., n. acq., 1222, f° 60 v°). — *Rilhac*, 1468 (*idem*, f° 334). — *Reilhac, Reillac*, 1475 (*idem*, 1224, f° 90).

RILHAC, vill., cⁿᵉ de Vergongheon. — *In aice Briva-tensi, in cultura Ruillacensi*, 817 (cart. de Brioude, ch. 252). — *In villa Rilago*, 895 (*idem*, ch. 277). — *In villa Rialago*, v. 957 (*idem*, ch. 320). — *Riliacum*, xiᵉ s. (cart. de Sauxillanges, n° 89). — *Rihilac*, 1112 (*idem*, n° 685). — *Reillac*, 1206 (spic. Br.). — *Rilhac*, v. 1250 (*idem*). — *Castrum de Rialiat*, 1258 (Arch. nat., J. 190ᵇ, n° 61, f° 62 v°). — *Ryalhac*, 1274 (spic. Br.). — *Castrum de Rialhac*, 1319 (*idem*). — *Reylhacum*, 1453 (terr. du ford. de Br.). — *Rylhat*, 1511 (const. d'Auv., f° 80 v°). — *Reilhac*, xviiiᵉ s. (Cassini).

Fief vassal du chap. Saint-Julien-de-Brioude. Mine de houille concédée le 30 avril 1886.

RILHAT, loc. détr., cⁿᵉ de Vals-près-le Puy. — *Terri-torium de Rialliac*, 1255 (Saint-Agrève). — *Rialhac*, 1291 (Saint-Mayol). — *La granga de Rialhat*, 1408 (compois du Puy).

RILLON, h., cⁿᵉ de Montfaucon.

RIMANDE (LA), affl. de l'Érieu près de Saint-Julien-Boutières (Ardèche), prend sa source à Darbon, cⁿᵉ de Chaudeyrolles. — *Aqua de Rigmanda*, 1455 (terr. de Châteauneuf).

RIMANDIÈRE (LA), h., cⁿᵉ de Riotord. — *La Rimau-dière*, 1879 (carte adm.).

RIMANDINE (LA), mⁱⁿ sur l'Aubépin, cⁿᵉ de Saint-Front.

RINGUE, mont., cⁿᵉ d'Allègre. — *Champ ès appart. de Menteyres app. de Ringue*, 1588 (commun. de M. E. Grellet de la Deyte).

RIOMARTIN, h., cⁿᵉ de Saint-Géron. — *Rivo Martino*, v. 1031 (cart. de Brioude, ch. 321). — *Rivus Martini*, 1445 (terr. de Faugères). — *Rioumartin*, 1549 (terr. de Lauriat).

RIO-MARTIN (LE), affl. de la Leuge, cⁿᵉˢ de Saint-Géron et de Bournoncle-la-Roche.

RIOMONT, h., cⁿᵉ de Jullianges.

RIONDET, f., cⁿᵉ du Chambon.

RIOPAILLE, écart, cⁿᵉ de Saint-Didier-la-Séauve. — *Rupalhe*, 1553 (ress. de Montfaucon).

RIOTORD, cᵒⁿ de Montfaucon. — *Ecclesia de Rivo Torto*, 1061 (cart. de Saint-Sauveur-en-Rue). — *Rieutort*, 1267 (Médicis, I, 211); — Gall. chr., II, inst., c. 236). — *Castrum de Rivo Torto*, 1332 (Arch. nat., P. 491¹, c. 343). — *Rioutort,*

1461 (Rhône, H. 1180). — *Parochia S. Philiberti de Rivo Torto*, 1715 (Gall. chr., II, c. 780). — *La paroisse de S.-Jean de Riotort*, 1735 (factum).

En 1789, une partie de Riotord dépendait de la province du Velay, de la subdélégation et sénéchaussée du Puy, et l'autre de la province de Forez et de l'élection de Saint-Etienne. Son église paroissiale, diocèse du Puy et archiprêtré de Monistrol-sur-Loire, était consacrée à saint Jean-Baptiste; le prieur de Saint-Sauveur-en-Rue présentait à la cure.

Riotord, f., cne du Mazet-Saint-Voy.

Riotord, m. i., cne de Saint-Jeure.

Riotord *ou* Dunerette, l'un des deux ruisseaux qui forment la Dunières, prend naissance dans la cne de Saint-Sauveur-en-Rue (Loire), entre dans le département de la Haute-Loire, près du château de Duby et arrose la cne de Riotord. — *Aqua de Dunareta*, 1262 (cart. de Saint-Sauveur-en-Rue, p. 72). — *Aqua Rivi Torti*, 1324 (Rhône, D. 148). — *Ruiss. de Rioutort*, 1608 (cad. de Bonnas). — *La Duneyrette* (cad.).

Riou (Le), m. i., cne du Chambon. — *Rios*, 1880 (carte adm.).

Riou (Le), vill., cne du Mazet-Saint-Voy. — *Lo Riu*, 1314 (év.). — *Homines de Rivo*, 1343 (Rhône, H. 1016). — *Lo Riou*, 1507 (év.).

Riou (Le), f., cne de Saint-Front. — *Rivus*, 1347 (Bonnefoy). — *Lou Riou*, 1626 (ét. civ.).

Riou (Le), affl. du Pionnier, cne de Salzuit.

Riou (Le), h., cne de Taulhac. — *Al Riu*, 1213 (tabl. du Velay, 1876-1877, 351). — *Rivus, par. Sancti Agripani Anicii*, 1390 (év.). — *Les Rioux*, 1888 (Malègue).

Riou (Le), h., cne des Villettes. — *Le lieu dou Riou*, 1606 (Jamon, nre). — *Le Rieu*, 1657 (ét. civ. de Monistrol). — *Lou Riou*, 1689 (cad. du Lignon).

Riou (Razat-du-), affl. de la Senouire au nord-ouest du Viallard, cne de Josat.

Rioube (Le), affl. de l'Allier, cne de Sainte-Marie des Chazes. — *Rivus voc. Rioubes*, 1459 (Bibl. nat., ms. lat., n. acq., n° 1222, f° 125). — *Rivus del Pradel, voc. Riou-Bes*, 1462 (idem, n° 1223, f° 32).

Rioubert (Le), affl. de la Lengouniole, cne de la Farre.

Riou-Cros (Le), affl. de la Loire à Goudet, arrose les cnes de la Sauvetat, de Landos et du Brignon. — *Le ruisseau de Rioucros*, 1582 (J. Doleson, nre). — *Fouragettes* (état-major).

Riou-Estremien, ruiss., affl. de droite de l'Allier, cne de Saint-Arcons-d'Allier. — *Rivus app. le Riou Estremer*, 1456 (Bibl. nat., ms. lat., n. acq., 1222, f° 30 v°).

Rioufreit, écart, cne du Pertuis. — *Mansus de Rivo Frigido*, 1299 (cart. de Mazan, f° 128 v°). — *Riouefrey* (cad.). — *Rioufrait*, 1888 (Malègue).

Rioufrey, f., cne des Estables. — 1221 (hist. gén. de Lang., VIII, 1927). — *Mansus de Riu Freyt*, 1352 (Arch. nat., P. 1398², cote 668). — *Domus de Rivo Frigido*, 1445 (Bonnefoy). — *Rioufreyt*, 1739 (ét. civ.).

Rioufreyt, h., cne de Collat. — *Riufreyt*, 1341 (terr. de Charbonnier). — *Reiufreyt*, 1341 (idem). — *Locus de Rioufreyt*, 1469 (Bibl. nat., ms. lat., n. acq., 1223, f° 352). — *Riausfris*, xviiie s. (Cassini). — *Raifray*, 1869 (Malègue).

Riougrand, h., cnes de Beaux et de Retournac.

Riougrand (Le), affl. de la Loire à l'ouest de la Bourange, sépare les cnes de Beaux et de Retournac. — *Rivus Grand*, 1490 (cad. de Mézères). — *Riou-Grand*, 1530 (terrier de Fraysse-Bas, f° 127 v°). — *Ruiss. de Chanebeyres*, 1878 (carte adm.).

Rioulouses, m. i., cne du Chambon.

Rioumarais (Le), affl. de la Gagne, cne de Saint-Front.

Rioumarquis (Le), affl. de l'Allier en amont d'Auzat, cnes de Blassac et de Villeneuve-d'Allier. — *Rivus de Riomarti*, 1461 (Arch. nat., ZZ. 359, p. 43).

Rioumastre (Le), affl. de la Sumène, cne de Saint-Pierre-Eynac. — *Rivus de Nastol*, 1357 (terr. de Pébelit). — *Le Riou-Nastel*, 1596 (Galien, nre).

Rioumazel, f., cne de Saint-Jeure.

Rioumort (Le), affl. de l'Ance, limite au nord la cne de Saint-Georges-Lagricol et celle de Craponne-sur-Arzon.

Rioumourant, f., cne des Vastres. — 1808 (ét. des succ.).

Rioumourant (Le), ruiss., affl. de droite du Lignon, cnes des Vastres et de Fay-le-Froid. — *Rivus de Rio Maurant*, 1444 (év.). — *Aqua rivi de Riou-Mourant*, 1404 (Ardèche, C. 624). — *La Combaneyre du Riou-Mourant* (cad.).

Rioupaille, f., cne de Saint-Just-Malmont. — *Riopaille*, 1888 (Malègue).

Riou-Petit, écart, cne d'Aurec. — 1383 (homm. de l'év.).

Riou-Petit (Le), écart, cne de Bauzac.

Riou-Pezouliou (Le), affl. de la Borne, cne d'Espaly-Saint-Marcel. — *Rivus Peolios*, 1280 (Haute-Loire, E.). — *Rivus Pezolios*, xiiie s. (censier de Saint-Marcel). — *Riu Peolhos*, 1304 (hôtel-Dieu, B. 157). — *Rivus Peszolhos*, 1331 (Saint-Mayol).

— *Riu Pezolos*, 1332 (hôtel-Dieu, B. 188). — *Riu Pezolhos*, 1344 (*idem*, B. 224). — *Lo Rieu Peholios*, 1501 (Saint-Mayol). — *Riou-Pezelhos*, 1551 (Maurin, nʳᵉ). — *Riou-Pezolioux*, 1591 (Mⁱˢˢ Leblanc, nʳᵉ) — *Riou-Pezoulloux*, 1630 (la Velleyade, 30). — *Riou-Pezoulioux*, 1710 (cad. d'Espaly). — *Riou-Pezzoulio*, 1778 (Faujas de Saint-Fond).

RIOU-SALAMON (LE), ruiss., prend naissance près Escombelle, cⁿᵉ de Desges, et se jette dans la Dège, à Desges. — 1750 (terr. des Binières, f⁰ 39).

RIOUSSET, m. i., cⁿᵉ de Coubon. — *Riousset ou Gory*, 1847 (dict. des postes).

RIOUSSET, écart, cⁿᵉ de Cussac. — *En Riou-Sec*, 1464 (prieuré de Solignac). — *Riousset ou Vallat*, 1824 (Deribier).

RIOUTORD (LE), ruiss., affl. de la Borne, à la Bernarde, cⁿᵉ d'Espaly-Saint-Marcel, prend sa source dans la cⁿᵉ de Sanssac-l'Église. — *Rivus voc. Rioutort*, 1345 (J. de Peyre, nʳᵉ). — *Ruiss. Fontade*, 1861 (état-major).

RIOUX, vill., cⁿᵉ de Malrevers. — *Villa de Rivis*, 1306 (tabl. du Velay, 1875-1876, 519). — *Rius*, 1398 (Saint-Vosy). — *Ryous*, 1507 (év.). — *Rioux*, 1555 (cad. de Mercœur).

RIOUX (LE), ruiss., prend sa source dans la cⁿᵉ de la Chomette, sépare les cⁿᵉˢ de Saint-Privat-du-Dragon et de Vieille-Brioude et se jette dans l'Allier en aval du moulin de la Redonde, cⁿᵉ de Saint-Ilpize. — *Rivus nuncupatus doz Rioux*, 1461 (Arch. nat., ZZ. 359, p. 149). — *Le Bachassou*, 1880 (carte adm.).

RIOUX (LE), m. i., cⁿᵉ d'Yssingeaux.

RIOUX (LES), écart, cⁿᵉ de Bauzac. — *Los Rious*, 1530 (obit. de Bas). — *Rioux de Pichon*, 1788 (ét. civ.).

RIOUX (LES), f., cⁿᵉ de Lantriac. — *Le Riou*, 1888 (Malègue).

RIOUX (MAS-DES-), lieu détr., cⁿᵉ de Monlet. — *Le Mas doux Rioufz ez appert. du vill. de Fronteilhs*, 1418 (communic. de M. E. Grellet de la Deyte).

RIPPES (LES), m. i., cⁿᵉ de Saint-Pal-de-Chalencon. — *Les Ripes*, 1820 (Deribier).

RISOLLE, vill., cⁿᵉ d'Auzon. — *Rizolas*, XIVᵉ s. (terr. des Grèzes). — *Risolles*, 1880 (carte adm.).

RISPE (LA), lieu détr., cⁿᵉ d'Ally. — *Mansus de la Rispa, par. d'Ali*, 1476 (Arch. nat., ZZ. 359, p. 158).

RISPE (LA), affl. du Pradal au Pradal, cⁿᵉ d'Ally.

RITOURAIN (LE), affl. du Freycenet, cⁿᵉ d'Arlempdes. — *Ravin de Retourin*, 1888 (carte adm.).

RIVAL (LE), écart, cⁿᵉ de Solignac-sur-Loire.

RIVALIÈRE (LA), h., cⁿᵉ de Saint-Romain-Lachalm. — *Larivalière*, 1820 (Deribier).

RIVALOUS (LE), affl. de la Planchette, cⁿᵉ de Solignac-sous-Roche.

RIVAUDEL ou SIMOULE, cⁿᵉ de Vernassal, ruiss., affl. de droite de la Borne occidentale.

RIVAUX (LE), affl. de la Gagne, cⁿᵉˢ de Champclause, de Montusclat et de Saint-Front.

RIVAUX (LES), affl. du Lignon, près du moulin de Chanet, cⁿᵉ de Chaudeyrolles.

RIVAUX (LES), m. i., cⁿᵉ de Malrevers. — *Les Riveaux*, 1888 (Malègue).

RIVAUX (LES), m. i., cⁿᵉ de Riotord. — *Les Riveaux*, 1888 (Malègue).

RIVAUX (VÈS-), m. i., cⁿᵉ de Saint-Hostien. — *Domus del Rival*, 1469 (Lardeyrol). — *Le Ryval, par. de Sⁱ-Hestien*, 1585 (Johany, nʳᵉ).

RIVE (LA), m. i., cⁿᵉ d'Yssingeaux. — *Larive*, 1820 (Deribier).

RIVE (MOULIN-DE-LA), mⁱⁿ sur le Lignon, cⁿᵉ d'Yssingeaux. — *Moulin de Larive*, 1820 (Deribier).

RIVET, f., cⁿᵉ de Couteuges. — *Rive*, 1888 (carte adm.).

RIVET (LE), mⁱⁿ, cⁿᵉ de Saint-Christophe-d'Allier.

RIVET (LE), vill., cⁿᵉ de Saint-Pierre-Eynac. — *Mansus del Rivet*, 1160 (hospit. du Velay). — *Rivetum*, 1528 (Aleil, nʳᵉ). — *Lo Ryvet*, 1568 (Savin, nʳᵉ).

RIVETS, vill., cⁿᵉ de Cayres. — *Rivetz*, 1346 (J. de Peyre, nʳᵉ). — *Riveti, Rivestz*, 1352 (prieuré de Solignac).

RIVEY (LE), h., cⁿᵉ de Montfaucon.

RIVIER (LE), h., cⁿᵉ de Lapte. — *Cabanaria del Revest*, v. 1100 (cart. de Cluny, ch. 3764). — *Mansus vocatus Reviestz*, 1349 (Arch. nat., P. 1397², cote 540). — *Le Riviet*, 1695 (capitation). — *La Rivier*, XVIIIᵉ s. (Cassini). — *Le Raviet*, 1820 (Deribier).

RIVIER (LE), écart, cⁿᵉ d'Yssingeaux. — *Lo Reviest*, 1359 (Rhône, II. 2632).

RIVIÈRE, h., cⁿᵉ de Tence.

RIVIÈRE (LA), h., cⁿᵉ d'Aurec.

RIVIÈRE (LA), m. i., cⁿᵉ de Grenier-Montgon.

RIVOIRE (LA), h., cⁿᵉ de Saint-Pal-de-Mons. — *Villa de Rovoyra*, 1314 (coll. Chaleyer). — *La Roveura*, 1507 (év.). — *La Rovoyre*, 1553 (ress. de Montfaucon). — *Lariroire*, 1820 (Deribier).

RIVOIRE-BASSE (LA), h., cⁿᵉ de Monistrol-sur-Loire.

RIVOIRE-HAUTE (LA), écart, cⁿᵉ de Monistrol-sur-Loire. — *Roveria Superior*, 1431 (év.). — *La Reveura Alte*, 1507 (év.). — *Le domaine de la Rivoire-Haute*, 1614 (Mⁱˢˢ Leblanc, nʳᵉ).

Rizolles, l. détr., c^{ne} de Frugières-le-Pin. — 1328 (Vals-le-Chastel, inv^{re}).

Rizolles, l. détr., c^{ne} de Mercœur. — *Mansus de Rizolles*, 1429 (Bibl. nat., ms. fr., 11490, p. 76). — *Une metterie sise pagésie app. de Rizolles*, 1613 (Mercurial).

Robecque (Grand-), f., c^{ne} de Montregard. — *Robeca*, 1465 (Rivière, n^{re}). — *Le Grand-Robequa*, 1556 (terr. de Montregard). — *Grandrobec*, xviiie s. (Cassini).

Robecque (Le), affl., de la Brossette, c^{ne} de Montregard. — *Ruiss. de la Blonde* (cad.).

Robecque (Le Petit-), f., c^{ne} de Montregard. — *Le lieu app. le Petit-Robecqua, alias doux Masuers*, 1556 (terr. de Montregard). — *Petit-Robec*, xviiie s. (Cassini).

Robert, écart, c^{ne} de Bauzac.

Robert, h., c^{ne} de Montregard. — *Robert*, 1553 (ress. de Montfaucon). — *Roubert*, 1556 (terr. de Montregard).

Robert, m. i., c^{ne} de Présailles.

Robert, m. i., c^{ne} de Saint-Didier-la-Séauve.

Robertin, l. dit, près Saint-Clément, c^{ne} de Pradelles. — *Mansus Roitbertenc*, 1289 (Arch. nat., P. 1398¹, cote 652). — *Mansus Rotbertenc*, 1383 (Rhône, E. 9).

Roberts (Les), f., c^{ne} de Bauzac. — *Loux Rotbertz*, 1346 (J. de Peyre, n^{re}). — *Loux Robertz*, xvie s. (obit. de Bauzac).

Roberts (Les), f., c^{ne} du Chambon.

Robion, écart, c^{ne} de Vézézoux.

Rochain (Le), vill., c^{nes} du Pont-Salomon et de Saint-Ferréol d'Auroure. — *Lo Rochayn*, 1337 (comm. de M. Testenoire-Lafayette). — *Lo Rochaynh*, 1363 (coll. Chaleyer). — *Le Rouchin*, xviiie s. (Cassini).

Rochain (Le), h., c^{ne} de Saint-Jeure. — *Lo Rochan*, 1359 (Rhône, H. 2632). — *Locus del Rochaynh*, 1451 (idem, H. 2633). — *Rochamum*, 1515 (terr. des Bordes).

Rochan (Le), f., c^{ne} de Chaudeyrolles. — *La grange du Rochan ou du baron de Mezenc*, 1631 (ét. civ.).

Rocharlet (Le), affl. de la Cronce, en aval de Cronce.

Rochassac, m. i., c^{ne} de Montregard.

Rochassac, h., c^{ne} d'Yssingeaux. — *Rachessac*, 1820 (Deribier).

Rochaubert, vill., c^{ne} de Lantriac. — *Villa quæ dicitur Rocha, juxta villam quæ dicitur Hermum*, v. 1000 (cart. du Monastier, n° 194). — *Villa de Rocha Catb*, v. 1080 (idem, n° 28). — *Villa de Rochalbern*, 1248 (hospit. du Velay). — *Villa de Rocha Albert*, 1327 (Saint-Agrève). — *Rechalbert*, 1330 (J. de Peyre, n^{re}). — *Locus de Ruppe Alberto*, 1524 (Alcil, n^{re}). — *Rouchoubert* (cad.). — *Roche-Aubert*, 1888 (Malègue).

Roche (Étang de), auj. desséché, c^{ne} de Chomelix. — xviiie s. (Cassini).

Roche (La), h. et mⁱⁿ sur la Loire, c^{ne} de Bas. — *Molendinum de Rupe*, 1497 (obit. de Bas). — *Rupes sive la Rocha de Beroard* (du nom d'André Beroard, meunier), 1516 (idem.). — *Le Mollin de la Roche*, 1563 (idem).

Roche (La), chât. ruiné et vill., c^{ne} de Bournoncle-la-Roche. — *Illa Roca*, 983 (cart. de Brioude, ch. 299). — *Castrum de Ruppe prope Brivatam*, 1291 (spic. Briv.). — *La Roche près Borloncle*, 1511 (coust. d'Auv., f° 80 v°). — *La Roche-Chabreughol*, 1606 (coll. J. Lachenal). — *La Roche-Vernassal*, 1742 (idem).

Par ordonnance du 18 avril 1842, la commune de la Roche a été supprimée et réunie à celle de Bournoncle-Saint-Pierre, pour prendre le nom de Bournoncle-la-Roche.

Roche (La), mⁱⁿ détr. sur l'Allier, c^{ne} de Brioude. — *Molendinum de la Rocha*, xiiie s. (obit. de Br.). — *Feodum de Rupe*, 1269 (Baluze, mais. d'Auv., II, 272). — *Molendinum de Ruppe*, 1429 (terr. du doy. de Brioude). — *Le Molin de la Roche*, 1605 (Mre Leblanc, n^{re}).

Roche (La), affl. de la Virlange, c^{ne} de Chanaleilles.

Roche (La), écart, c^{ne} de la Chapelle-Geneste. — *Appendaria de Ruppe*, 1320 (la Chaise-Dieu. Mozun). — *Mansus de la Rocha*, 1449 (terr. de Clavelier).

Roche (La), m. i., c^{ne} de Chaudeyrolles.

Roche (La), loc. détr., c^{ne} de Chomelix. — *La Rocha*, 1404 (terr. de Chomelix).

Roche (La), chât. ruiné et h., c^{ne} de Coubon. — *La Rocha*, 1347 (J. de Peyre, n^{re}, reg. G, f° 112). — *Rupes prope Cobo*, 1460 (augustines de Vals). — *La Roche de Cobo*, 1497 (Haute-Loire, E.). — *Rupes supra Cobonem*, 1499 (terr. de Volhac). — *La Roche soubre Cobon*, 1540 (Savin, n^{re}). — *Le fort de la Roche, la Roche sus Coubon*, 1707 (cad. de Bouzols).

Roche (La), f., c^{ne} de Fay-le-Froid. — *Locus qui dicitur Rocha*, v. 1000 (cart. du Monastier, n° 181). — *Rocha Fornia*, 1343 (Rhône, H. 1016). — *Locus de Rocha prope Faynum*, 1532 (A. Sobrier, n^{re}). — *Laroche*, 1888 (Malègue).

Roche (La), m. i., c^{ne} de Loudes.

Roche (La), c⁵ᵉ de Montregard. — *La Rocha*, 1556 (terr. de Montregard).

Roche (La), f., cᵐᵉ de Montusclat.

Roche (La), f., cᵐᵉ de Queyrières. — *La Rocha*, 1333 (Arch. nat., R². 39). — *La Roche-Girard*, 1869 (Malègue).

Roche (La), m. i., cᵐᵉ de Rosières.

Roche (La), chât. détr. et f., cᵐᵉ de Saint-Berain. — *Rupes*, 1255 (hôtel-Dieu, B. 314). — *Castrum de la Rocha dicta Nidi Aquilini*, 1287 (spic. Briv.). — *Ruppes Niaygli*, 1316 (Chamblas). — *Ruppes Nidi Ayglini*, 1395 (*idem*). — *Mansus de la Roche*, 1454 (Bibl. nat., ms. lat., n. acq., 1222, fᵒ 13 vᵒ).

Roche (La), vill., cᵐᵉ de Saint-Christophe-sur-Dolaison. — *La Rocha*, 1331 (J. de Peyre, nʳᵉ). — *La Rocha Sauncyra*, 1408 (comp. du Puy). — *Rupes Sauneria*, 1490 (chap. Notre-Dame). — *Roche-Sonneyre*, 1561 (Savin, nʳᵉ). — *La Roche des Sauniers*, 1592 (Blanc, nʳᵉ). — *Roche-Sauneyre*, 1598 (*idem*). — *La Roche-Sonnière*, 1737 (Haute-Loire, B. 50). — *Laroche*, 1820 (Deribier).

Roche (La), m. i., cᵐᵉ de Saint-Didier-sur-Doulon.

Roche (La), mⁱⁿ sur la Senouire, cᵐᵉ de Saint-Étienne-près-Allègre.

Roche (La), h., cᵐᵉ de Saint-Ferréol-d'Auroure.

Roche (La), f., cᵐᵉ de Saint-Front. — *Territorium de Mezenco app. de la Rocha*, 1464 (Ardèche, C. 624). — *La Roche de Mezenc*, 1605 (A. Robert, nʳᵉ).

Roche (La), h., cᵐᵉ de Saint-Hilaire. — *La Rocha*, xivᵉ s. (terrier des Grèzes).

Roche (La), vill., cᵐᵉ de Saint-Just-Malmont. — *Rupes Rebout*, 1455 (doc. Theillière). — *Ruppes Robodi*, 1482 (coll. Chaleyer). — *La Roche-Reboust*, 1566 (terrier de Saint-Didier). — *La Roche-Reboud*, 1569 (*idem*). — *Rocherebourd*, xviiiᵉ s. (Cassini).

Roche (La), écart, cᵐᵉ de Saint-Pal-de-Mons. — *Ruppes prope S. Paulum*, 1329 (év.).

Roche (La), mⁱⁿ sur le Doulon, cᵐᵉ de Saint-Vert. — *Le Molin de la Roche de Sainct-Ver*, 1516 (la Chaise-Dieu, Saint-Vert).

Roche (La), chât. détr. et vill., cᵐᵉ de Saugues. — *La Rocha*, xiiᵉ s. (cart. de Pébrac, XLVI, 41). — *La Rocha Matfre*, 1235 (*idem*, nᵒ 58). — *Castrum Rupis Matfredi*, 1281 (Thiolent). — *Castrum de la Rocha*, 1327 (Lozère, G. 98). — *Le château de la Roche*, 1724 (L'Ouvreleul, 26). — *Laroche*, 1820 (Deribier).

Roche (La), vill., cᵐᵉ de Sembadel. — *La Roche, parr. de Sainct-Badel en Auvergne*, 1585 (Johany, nʳᵉ).

Roche (La), vill., cᵐᵉ de Tence. — *Ruppes*, 1415 (cart. de Tence, fᵒ 15). — *La Roche*, 1693 (ét. civ.).

Roche (La), affl. de l'Allagnon, limite les cⁿᵉˢ de Torsiac et de Chambezon et prend sa source dans la cⁿᵉ d'Apchat (Puy-de-Dôme).

Roche (La), h., cᵐᵉ des Vastres. — *Locus qui dicitur Rocha*, v. 1000 (cart. du Monastier, nᵒ 181). — *Rocha Fornia*, 1343 (Rhône, H. 1016). — *Las Rochas*, 1454 (terrier du prieur de Châteauneuf, fᵒ 125 vᵒ). — *Mansus de Ruppe*, 1464 (Ardèche, C. 624).

Roche (La), h., cᵐᵉ de Villeneuve-d'Allier. — *La Roche*, 1326 (Bibl. nat., ms. fr., 14377, p. 12). — *La Rocha*, 1339 (*idem*, p. 189). — *Mansus de Ruppe*, 1379 (Arch. nat., Z². 4143, p. 11).

Roche (La), écart, cᵐᵉ de la Voûte-sur-Loire. — *Rocha*, 1276 (Saint-Mayol). — *La Roche lez Ceyssaguet*, 1596 (Doleson, nʳᵉ). — *La Roche du Tour*, 1888 (Malègue).

Roche (La), f., cᵐᵉ d'Yssingeaux. — 1548 (terrier de Verchères).

Roche (Moulin-de-la), mⁱⁿ sur le Lignon, cⁿᵉ de Fay-le-Froid.

Roche (Moulin-de-la), mⁱⁿ sur la Borne, cⁿᵉ de Saint-Paulien. — *Molendinum domini Hugonis Lamberta*, 1306 (tabl. du Velay, 1875-76, 520).

Roche (Moulin-de-), mⁱⁿ sur l'Arquejols, cⁿᵉ de Saint-Étienne-du-Vigan.

Roche-Aigline, rocher, cⁿᵉ de Saint-Vidal. — *Rocha Eyglina*, 1385 (Saint-Vidal). — *Roch Ayglina*, 1413 (*idem*).

Roche-Arnaud, dom., cⁿᵉ du Puy. — *Territorium de Rocha Arnaudi*, 1236 (tabl. hist. du Velay, 1876-1877, p. 381). — *Rocharnaut*, 1296 (Saint-Vosy). — *Vinetum de Roche-Arnaut*, 1315 (Saint-Agrève). — *Rocharnaud, aultrement soubz Papelengue*, 1561 (Savin, nʳᵉ).

Roche-Aubert, f., cⁿᵉ des Estables. — *Terra de Rochalbern*, 1284 (Bonnefoy).

Rochebaron, chât. ruiné et h., cⁿᵉ de Bas. — *Castrum Rocha Baronis*, v. 1173 (cart. de Chamalières, nᵒ 193). — *Rochabaro*, 1175 (hospit. du Velay). — *Rocabaro*, 1179 (*idem*). — *Rochibaron*, 1230 (Arch. nat., P. 493¹, cote 59). — *Rupes Baronis*, 1290 (Baluze, mais. d'Auv., II, 334). — *Rouchabaron*, 1411 (Arch. nat., J. 1057, cote 17). — *Le seigneur de Rochabaron de Forests*, 1419 (Médicis, I, 235). — *Castrum Ruppis Baronis*, 1419 (tabl. du Velay, 1877-1878, 50). — *Roichebaron*, 1431 (*idem*, 39). — *La place de Rochebaron*,

xv⁰ s. (Cousinot de Montreuil, *chron. de la Pu-*
celle, éd. Vallet de Viriville, 210). — *Capella S.*
Antonii in castro de Rupe Barone, 1516 (Arch.
nat., G.⁸* 1, f° 440).

Rochebaron, dom., cⁿᵉ de Saint-Julien-Chapteuil. —
Rechabaro, 1259 (Saint-Chaffre).

Roche-Basse, quartier de Roche-Haute, cⁿᵉ de Frey-
cenet-Lacuche. — *Mansus del Bachas*, 1352
(Arch. nat., P. 1398², cote 668). — *La Roche-*
Basse, 1618 (Haute-Loire, E.).

Roche-Brocard (La), h., cⁿᵉ de Saint-Didier-la-
Séauve. — *Ruppes superior*, 1310 (coll. Chaleyer). — *La Roche, mand. de S. Deidier*, 1584
(terrier de Saint-Didier de Joyeuse). — *Roche-*
Brocard, 1888 (Malègue).

Roche-Chabreyre, mont., cⁿᵉ de Chaudeyrolles. —
Locus de Rocha Chabreyra, 1327 (doc. jud.).

Roche-Chevalar, rocher, près Chazalet, cⁿᵉ de Saint-
Pierre-Eynac. — *Rupes voc. Chavalar*, 1324 (la
Chaise-Dieu, Saint-Étienne-Lardeyrol).

Roche-Colombeyre, rocher, cⁿᵉ de Saint-Vidal. —
Cherium de Rocha Colombeyre, 1385 (Saint-Vidal).

Roche-Constant, vill., cⁿᵉ de Lorlange. — *Roche-*
Constans, 1493 (terrier de Blesle). — *Roche-*
Constant, 1640 (lième de Rilhac).

Roche-Corbeyre, rocher, cⁿᵉ de Loudes. — *Rancus*
de Rocha Corbeyra, 1414 (Drôme).

Roche-Courbeyre, écart, cⁿᵉ de Montregard.

Roche-de-Couteaux (La), dom. à Couteaux, cⁿᵉ de
Lantriac. — *Villa de la Rocha*, 1280 (tabl. du
Velay, 1871-1872, 36). — *Locus de la Rocha de*
Cotualz, 1455 (Dʳ Charreyre). — *Boria de Ruppe*
de Coutealx, 1525 (Aleil, nʳᵉ). — *La Roche-de-*
Couteaulx, 1547 (Savin, nʳᵉ).

Roche-de-Glops (La), montic. à Rochelimagne,
cⁿᵉ de Polignac. — *Rupes voc. de Glops*, 1453
(prieuré de Polignac). — Auj. *la Roche de Hiu*
(*Hibou*).

Roche-de-la-Fayolle, m. i., cⁿᵉ du Chambon.

Roche-de-la-Halle (La), rochers, cⁿᵉ de Desges. —
1750 (terrier des Binières).

Roche-de-l'Aigle, rocher, cⁿᵉ de Desges. — *Le ser-*
rail de la Roche-de-l'Aigle, 1749 (terrier du Besset, f° 264 v°).

Roche-de-Servel (La), rocher, cⁿᵉ de Beaulieu. —
1714 (cad. de Laval-Emblavès).

Rochedix, vill., cⁿᵉ de Montregard. — *Rochaduys*,
1410 (cart. de Tence, f° 9 v°). — *Rocheduys*,
1556 (terrier de Montregard). — *Rocheduis*,
1574 (Guèze, nʳᵉ). — *Rochedis de Monregard*,
1695 (capitation). — *Rochedise*, xvⁿⁱ⁰ s. (Cassini).

Roche-du-Blau (La), chât. détr., cⁿᵉ de Cerzat. —
Rupes Blavi, 1358 (Arch. nat., Z². 54, p. 137).
— *La Rocha del Blaut*, 1471 (Arch. nat., ZZ.
359,p. 138). — *La Roche-du-Blau*, 1625 (terrier du Chambon de Blau).

Roche-Dumas (La), écart, cⁿᵉ de Coubon. — *La Rocha*
Bertrandi Dalmacii, 1257 (Monastier-Saint-
Chaffre). — *Ruppes deus Dalmas*, 1330 (J. de
Peyre, nʳᵉ, reg. G, f° 44 v°). — *Los Dalmas*,
1389 (plumit. de Bouzols). — *La Roche de Dol-*
mas ou *Dommas*, 1561 (Savin, nʳᵉ). — *La Roche*
dou Mas, 1707 (cad. de Bouzols).

Roche-du-Palais (La), rochers, cⁿᵉ de Desges. —
1750 (terrier des Binières).

Roche-en-Régnier, cⁿⁿ de Vorey. — *Capella de Rocha*,
1095 (cart. de Chamalières, n° 197). — *Roca*,
1163 (*idem*, n° 77). — *Castrum de Rocha*, 1258
(Arch. nat., P. 1397³, cote 613). — *Le sieur de*
Roiche, 1317 (rec. des hist. de Fr., XXIII, 811).
— *Capella S. Michaelis castri de Ruppe*, 1348
(Saint-Vosy). — *Terra de Rochis, Anic. dioc.*, 1380
(Arch. nat., P. 1397², cote 549). — *Rouche*,
1381 (Arch. nat., P. 1398³, cote 699). — *Roche-*
en-Reynier, 1474 (Arch. nat., P. 1362¹, cote 1019).
— *Baronia Rupis in Reynerio*, 1481 (Arch. nat.,
P. 1396¹, cote 435). — *Dominus Rupis Rigniaci*,
1484 (Arch. nat., P. 1360², cote 864). — *Rupes*
Regnerii. 1513 (*idem*). — *Roche-en-Regnier, à pré-*
sent de Nerestang, 1677 (Bibl. nat., lat., 12749,
f° 214). — *Roche-Marat*, 1793.

En 1789, Roche-en-Régnier était l'une des 18
baronnies diocésaines de la province du Velay et
était compris dans la subdélégation et sénéchaussée
du Puy. Dans le château se trouvait une chapelle
seigneuriale dédiée à saint Michel et qui relevait
de la paroisse de Saint-Maurice-de-Roche.

Rochefolle, m. i., cⁿᵉ du Chambon.

Rochefolle, h., cⁿᵉ de Connangles. — *Rocha fola*,
1330 (la Chaise-Dieu, Mozun). — *Mansus de*
Rochas folas, 1370 (Arch. nat., L. 989). —
Roches-folles-Basses, 1561 (J. Chalvon, nʳᵉ).

Rochefolle, f., cⁿᵉ de Montregard. — *Tèn' app. de*
Roche-Folle, 1556 (terrier de Montregard).

Rochefort, chât. détr., cⁿᵉ d'Alleyras. — *Rocha*
Fortis, 1164 (Médicis, I, 76). — *Castrum de*
Rocaforti, 1226 (Baluze, mais. d'Auv., II, 87).
— *Castrum de Rochafort*, 1235 (hôtel-Dieu,
B. 310). — *Rupes fortis*, 1245 (*idem*, B. 311).
— *La place de Rochefort au pays de Velay*, 1447
(Arch. nat., JJ. 179, n° 15). — *Capellania ob hon.*
b. Vincentii prope castrum de Ruppeforti fundata,
1523 (prieuré d'Alleyras).

ROCHEFORT, m. de vigne, c^ne de Vals-près-le Puy. — *La Roche-forte*, 1633 (Barret, n^re).

ROCHE-FOULETEYRE (LA), m. i., c^ne de Saint-Julien-Chapteuil. — *La Roche-Folleteyre*, 1685 (cad. de Chapteuil-Bas).

ROCHE-FOURCHADE, rocher, c^ne de Bains. — *Rupes de Rocha Forchada*, 1274 (hôtel-Dieu, B. 309). — *Furchæ erectæ in monte de Rocha Forchada*, 1296 (*idem*, B. 346). — *Ruppes Forchata*, 1414 (*idem*, B. 551).

ROCHE-FOURCHADE, mont. à cratère, c^ne de Saint-Paul-de-Tartas.

ROCHEFOY. f., c^ne de Dunières.

ROCHE-FRÉZIT, loc. détr., c^ne de Saint-Just-près-Brioude. — *Rocha Frayrit, Rocha Frizit*, 1339 (Bibl. nat., fr., 14377, f°s 189 et 197). — *Mansus de Rocha Freyrit*, 1380 (Arch. nat., Z². 4143, p. 71). — *Rocha Frezic*, 1385 (Arch. nat., Z². 4144, p. 4).

ROCHEGUDE, chât. ruiné et vill., c^ne de Saint-Privat-d'Allier. — *Castrum de Rocha Aguda*, 1225 (hôtel-Dieu, B. 305). — *Rochaguda*, 1230 (Gall. chr., II, 712). — *Rupes Accuta*, 1317 (la Chaise-Dieu, Saint-Privat-d'Allier). — *Roche Aigude*, 1448 (spic. Briv.). — *Castrum Rupis Acutæ*, 1463 (Bibl. nat., ms. lat., n. acq., 1223, f° 130). — *La chastellenie de Roche-Agude*, 1511 (coust. d'Auv., f° 79 v°). — *Vicarius S. Jacobi Rupis Acutæ*, 1516 (Arch. nat., G^8* 1, f° 444).

ROCHE-HAUTE, vill., c^ne de Freycenet-Lacuche. — *Mansus de la Rocha*, 1263 (Saint-Chaffre). — *Mansus de Duobus Rupibus*, 1344 (*ibid.*). — *La Rocha del Bachas*, 1466 (Maltrait, n^re). — *Mansus de Ruppe del Bachas*, 1528 (cad. du Monastier). — *La Roche del Bachas*, 1561 (Savin, n^re). — *La Roche-Haulte*, 1626 (visite de l'év. Just de Serres).

ROCHE-JEAN, h., c^ne de Josat. — *Roche-Joan*, XVIII° s. (Cassini). — Fief vassal de la s^ie de Murs.

ROCHE-LAMBERT (LA), chât., c^ne de Saint-Paulien. — *Rupes Lamberti*, 1250 (Bibl. nat., ms. lat., 17803). — *Lamberta de Rocha*, 1300 (Saint-Agrève). — *La Rocha*, 1315 (Saint-Georges de Saint-Paulien). — *Rupes Lamberta*, 1370 (Haute-Loire, E.). — *Rupes prope Sanctum Paulhanum*, 1439 (nov. Gall. chr., II, instr. 345). — *La Rocha Lamberte*, 1546 (Saint-Chaffre). — *La Rouche-Sainct-Poulian*, 1566 (Arch. nat., JJ. 264, n° 189). — *La Roche*, 1605 (Leblanc, n^re). — *La Roche-Sainct-Palien*, 1616 (Rhône, H. 2153, f° 968). Fief immédiat de la couronne, 1670 (Arch. nat., P. 503¹, cote 81).

ROCHELAURE, chât. détr., c^ne de Charraix. — *Castrum Rupis Lauræ*, 1281 (Thiolent). — *Rochia Laura*, 1351 (*idem*). — *Rocha Laura*, 1456 (Bibl. nat., lat., n. acq., 1222, f° 37). — *Rocha Lauro*, 1456 (*idem*). — *La chastellenie de Roque-Laire*, 1511 (coust. d'Auv., f° 80). — *Roquelaure*, 1555 (Vals-le-Chastel). — *Le lieu de Rochelaure*, 1675 (Thiolent).

ROCHELIMAGNE, vill., c^ne de Polignac. — *Rocha Limanhas*, 1368 (Drôme). — *Racha Limainha*, 1453 (prieuré de Polignac). — *Rupes Limanha*, 1511 (J. Boyer, n^re). — *Roche-Limanhie*, 1586 (Sigaud, n^re).

ROCHE-LIOTARD, lieu dit, c^ne de Vorey. — *Terra de Rocha Lhautart*, 1325 (Arch. nat., P. 494¹, cote 61).

ROCHE-LONGUE, rochers et bois, c^ne de Saint-Jean-Lachalm. — *Nemus de Rocha Longa*, 1256 (Thiolent).

ROCHEMAURE, f., c^ne de Saint-Geneys-près-Saint-Paulien. — *Rocha Moeira*, 1160 (hospit. du Velay). — *Rochemaure*, 1766 (Haute-Loire, B. 79).

ROCHEMEZELLE, m. i., c^ne de Saint-Hostien. — *Rochenezelle*, 1820 (Deribier).

ROCHE-MOULEYRE (LA), carrière, près la Boriette, c^ne de Pinols.

ROCHE-MOULIN, m. i., c^ne de Saint-Just-Malmont.

ROCHEPAILLE, m. i., c^ne de Monistrol-sur-Loire.

ROCHE-PERTUS, coulée basaltique, c^ne de Salettes.

ROCUÉPITRE?, l. détr., c^ne de Mercœur. — *Rocha Pistola*, 1339 (Bibl. nat., ms. fr., 14377, p. 189). — *Mansus de Rochespistolla*, par. *Mercoriarum*, 1461 (Arch. nat., ZZ. 359, p. 61).

ROCHE-PLATE (LA), rocher, c^ne de Beaulieu. — *La Roche-Platte*, 1714 (cad. de Laval-Emblavès).

ROCHE-POINTUE (LA), rocher, c^ne de Beaulieu. — *La Roche-Pontude*, 1714 (cad. de Laval-Emblavès).

ROCHER, loc. détr., c^ne de Bauzac. — *Mansus qui dicitur A Rocher*, v. 1082 (cart. de Chamalières, n° 107).

ROCHER, f., c^ne de Mercœur. — *Mansus de Rochiers*, 1461 (Arch. nat., ZZ. 359, p. 35). — *Ronchey, Rochey*, 1613 (Mercurial). — *Rochay*, 1820 (Deribier).

ROCHER (LE), loc. détr., c^ne de Chassignolles. — *Mansus del Rochet*, 1358 (spic. Briv.).

ROCHER (MOULIN-DE-), m^in sur l'Holme, c^ne de Saint-Martin-de-Fugères.

ROCHER-DU-DUC, c^ne de Salettes. — (Faujas de Saint-Fond, 403).

ROCHER-DU-MIDI, c^ne de Goudet. — (Faujas de Saint-Fond, 382).

Roche-Robert (La), m. de camp., c⁹ⁿ de la Voûte-sur-Loire.

Rocherols (Les), vill., cⁿᵉ de Saint-Julien-Chapteuil. — *Mansus deus Rochayrols*, 1344 (J. de Peyre, nʳᵉ). — *Locus deux Rocheyrolx*, 1454 (Pradier, nʳᵉ). — *Locus de Rocheyroliis*, 1501 (coll. C. Falcon). — *Loux Rocheyroux*, 1633 (Barret, nʳᵉ). — *Les Rocherols*, xviiiᵉ s. (Cassini). — *Rocherol*, 1888 (Malègue).

Roche-Rouge, dyke volcanique, sur la Gagne, cⁿᵉ de Saint-Germain-Laprade. — 1604 (cad. de Fay-la-Triouleyre).

Roches (Les), m. i., c⁹ⁿ de Boisset.

Roches (Les), h., cⁿᵉ de Chassagnes.

Roches (Les), h., cⁿᵉ de Sainte-Sigolène.

Roches (Les), m. i., cⁿᵉ de Saint-Julien-Chapteuil.

Roches (Les), h., cⁿᵉ de Saint-Romain-Lachalm.

Roches (Les), m. i., cⁿᵉ de Vals-le-Chastel.

Roches (Les Deux), f., cⁿᵉ de Freycenet-Lacuche.

Roche-Saint-Barthélemy, lieu dit, cⁿᵉ de Saint-Privat-du-Dragon. — *Le commung app. la Roche-Sainct-Barthellemi*, 1625 (terrier du Chambon de Blau).

Roche-Saint-Paulès (La), m. i., cⁿᵉ de Saint-Pal-de-Chalencon.

Rochesauve, h., cⁿᵉ de Saint-Just-près-Brioude. — *Rocha Salva*, 1210 (hôtel-Dieu, B. 607); — 1380 (Arch. nat., Z². 4143, p. 71).

Roche-Servière, l. détr., cⁿᵉ d'Alleyras. — *Mansus de Rocha Serveyra*, 1377 (Thiolent). — *Roche-Servière*, 1627 (idem).

Roche-Servière, rocher, cⁿᵉ de Prades. — *Rocha Serveyra*, 1476 (Bibl. nat., ms. lat., n. acq., 1224, f° 139).

Roches Girbes, bois, cⁿᵉ de la Besseyre-Saint-Mary.

Rochesoule, loc. détr., cⁿᵉ de la Vaudieu. — *La Métherie de Mᵐᵉ la prieuse de la Vaudieu, app. de Rochesoule*, 1612 (terrier de la Vaudieu).

Rochesquiou, m. i., cⁿᵉ de Saint-Maurice-de-Lignon. — *Roucheytiou*, 1689 (cad. de Lignon).

Roches-Royes, grottes autrefois habitées du versant sud de la mont. de Peylenc, cⁿᵉ de Saint-Pierre-Eynac. — *Rochas Royas*, 1359 (cordeliers). — *Roches-Royes*, 1607 (A. Robert, nʳᵉ).

Rocheton, m. i., cⁿᵉ de Laussonne.

Rochetons (Les), h., cⁿᵉ des Villettes.

Rochette, vill., cⁿᵉ de Craponne-sur-Arzon. — *Villa de la Rocheta*, v. 1030 (cart. de Chamalières, n° 291).

Rochette (La), h., cⁿᵉ de Boisset. — 1540 (terrier de Saint-Pal).

Rochette (La), vill., cⁿᵉ de Chaniat. — *Ad Illa Roqueta*, v. 1000 (cart. de Brioude, ch. 48). — *Villa quæ dicitur Rocheta*, xiᵉ s. (idem, ch. 329). — *Rupeta*, xivᵉ s. (terrier des Grèzes). — *Mansus de la Rocheta*, 1429 (terrier du doy. de Brioude).

Commune supprimée le 11 décembre 1842 et réunie à celle de Chaniat.

Rochette (La), f., cⁿᵉ de Chapelle-Bertin.

Rochette (La), écart, cⁿᵉ de la Chapelle-d'Aurec. — *La Rocheta*, 1374 (év.). — *La Rouchette*, 1553 (ress. de Montfaucon).

Rochette (La), loc. détr., cⁿᵉ de Chassignolles. — *Mansus de Rocheta*, 1358 (spic. Briv.).

Rochette (La), l. détr., cⁿᵉ de Cubelles. — Prieuré fondé par la famille de la Roche-du-Blau près Cerzat, et dont le patronage avait passé aux Saunier, de Mercœur près Saint-Privat-d'Allier. — *Capellania de Ruppe Blavi, par. de Clubellis*, 1428 (Lozère, G. 1866). — *Capellania S. Petri Rupis del Blau*, 1530 (idem). — *Le terroir de S. Pierre de la Rochete*, 1539 (Thiolent). — *La chapellanye app. le Prieuré de la Roche-Bleau, aultrement S. Pierre de la Rochete*, 1574 (Lozère, G. 1866).

Rochette (La), écart, cⁿᵉ de Cussac.

Rochette (La), m. i., cⁿᵉ de Dunières.

Rochette (La), f., cⁿᵉ d'Espaly-Saint-Marcel.

Rochette (La), h., cⁿᵉ de Pébrac. — *Mansus de la Rocheta*, xiiᵉ s. (cart. de Pébrac, n° XLVI, 16). — *La Rochata* (l'impr. porte Rocheta), xiiᵉ s. (idem, n° XLVI, 31). — *La Rochete*, 1464 (Bibl. nat., ms. lat., n. acq., 1223, f° 141 v°).

Rochette (La), f., cⁿᵉ de Raucoules.

Rochette (La), m. i., cⁿᵉ de Rosières.

Rochette (La), f., cⁿᵉ de Saint-Bonnet-le-Froid.

Rochette (La), affl. du Veyron, cⁿᵉ de Saint-Bonnet-le-Froid. — *Ruiss. de la Frachette ou de Cancade* (cad.).

Rochette (La), écart, cⁿᵉ de Saint-Didier-la-Séauve. — *Locus de Rocha Ferranti*, 1393 (coll. Chaleyer). — *Ruppis Ferrandi*, 1398 (idem). — *La Rochette, jadiz Roche-Ferrand*, 1561 (terrier de Saint-Didier de Joyeuse).

Rochette (La), affl. du Mazel, cⁿᵉˢ de Saint-Didier-sur-Doulon, Chaniat et Fontannes. — *Ruiss. de Boissière*, xviiiᵉ s. (Cassini).

Rochette (La), h., cⁿᵉ de Saint-Front. — 1205 (hist. gén. de Lang., VIII, 1926). — *La Rocheta*, 1507 (év.). — *La Rouchette*, 1646 (cad. de Bonnefont). — *La Rochette*, 1695 (capitation).

Rochette (La), h., cⁿᵉ de Saint-Jeure. — *Villa quæ dicitur Rocheta* (l'impr. porte *Rorheta*), in arce (*aice*) *Bonacense*, v. 1000 (cart. du Monastier, n° 252). — *Ruppeta, la Rocheta*, 1419 (cart. de Tence, f° 11).

ROCHETTE (LA), loc. détr., c^ne de Saint-Préjet-d'Allier. — *Mansus de la Rocheta*, 1297 (Thiolent). — *Le lieu de la Rochette de Verdun*, 1589 (idem).

ROCHETTE (LA), chât., c^ne de Villeneuve-d'Allier. — *La Rocheta*, 1241 (tit. de la Rochette). — *La Rochete*, 1327 (Bibl. nat., ms. fr., 14377, p. 24). — *La Rocheta*, 1380 (Arch. nat., Z². 4143, p. 78).

ROCHETTE (MOULIN-DE-LA), m^in sur la Rochette, c^ne de Chaniat.

ROCHETTE (MOULIN-), m^in sur le Robec, c^ne de Montregard.

ROCHETTES (LES), mont., c^ne de Saint-Germain-Laprade.

ROCHE-VISAGE, rocher, c^ne de Polignac. — *Territ. de Champroy, voc. vulg. a Rocha Visatge*, 1453 (prieuré de Polignac).

ROCIPON, écart, c^ne de Jullianges. — *Rocipo*, 1314 (la Chaise-Dieu, Jullianges). — *Recipon*, 1888 (carte adm.).

RODDE (LA), affl. de l'Allier au sud-ouest de Grenier, c^ne de Saint-Ilpize.

RODDE (SUC DE LA), mont., c^ne d'Agnat.

RODDE (SUC DE LA), mont., c^ne de Chassagnes.

RODE (LA), h., c^ne d'Ally.

RODE (LA), h., c^ne de Saint-Just-près-Brioude. — *La Roda*, 1339 (Bibl. nat., fr., 14377, f° 189). — *Mansus de la Rodda*, 1462 (Arch. nat., ZZ. 359, p. 50).

RODE (LA), chât. ruiné et vill., c^ne de Saugues. — *Castrum de la Roda*, 1282 (Thiolent). — *Castrum de Rota*, 1327 (Lozère, G. 98). — *Locus de la Roda in Gabalitano*, 1499 (Rhône, Chantoin, I, 10). — *La Rodde en Jevaldan*, 1585 (Johany, n^re). — *Le château de la Rode*, 1724 (L'Ouvreleul, 26).

RODERIE, l. dit, c^ne d'Aiguilhe. — *La Rodaria*, 1437 (Saint-Vosy). — *En Roderie*, 1606 (A. Robert, n^re).

RODETTE (LA), loc. détr., c^ne de Saint-Just-près-Brioude. — *Pagesia de la Roddete*, 1446 (Bibl. nat., fr., 11490, f° 378).

RODIER, m^in sur le Pontajou, c^ne de Saugues.

RODIER (LE), m^in, c^ne de Paulhaguet.

RODIER (MOULIN-DE-), m^in sur la Voirèze, c^ne de Blesle. — *Lo Rodeyr*, 1350 (spic. Briv.).

RODIER (MOULIN-DU-), m^in sur l'Ance, c^ne de Saint-Julien-d'Ance. — *Molendinum Roserium, situm in loco qui dicitur Aspraloita*, 1213 (cart. de Cha-

malières, n° 155). — *Le Roddier, le Rodier*, 1540 (terrier de Saint-Pal-en-Chalencon).

ROFFIAC, vill., c^ne de Saint-Front. — *Rufiacus*, v. 1000 (cart. du Monastier, n° 155). — *Rophiac*, v. 1190 (templ. du Puy). — *Ruffiacum*, 1322 (hospit. du Velay). — *Rophihac*, 1359 (Rhône, H. 2632). — *Mansus de Rophiaco*, 1445 (Rhône, H. 1945). — *Balmæ sive Rupes de Roffiaco*, 1529 (Sobrier, n^re). — *Roffiac*, 1546 (Savin, n^re). — *Rouffiac*, 1820 (Deribier).

ROGNAC, loc. détr., c^ne d'Agnat. — *Mansus de Ronnac*, xive s. (terrier des Grèzes).

ROGNAC, vill., c^ne de Saint-Arcons-d'Allier. — *Ruinac*, 1222 (cart. de Pébrac, n° 66). — *Runniac*, v. 1362 (Gall. chr., II, col. 453). — *Mansus de Ronhac*, 1453 (Bibl. nat., ms. lat., n. acq., 1222, f° 6 v°). — *Runhac*, 1458 (idem, f° 65 v°). — *Ronhacum*, 1458 (idem, f° 73). — *Rougniat*, xviiie s. (Cassini).

ROGNAC, vill., c^ne de Saugues. — *Mansus de Runhac*, 1305 (Thiolent). — *Mansus de Chambono sive de Riaunhac*, 1307 (idem). — *Ronhat*, 1327 (Lozère, G. 98). — *Runhacum*, 1527 (A. Besseyre, n^re).

ROGNAGUET, quartier de Rognac, c^ne de Saint-Arcons-d'Allier. — *Boria de Ronhaguet*, 1459 (Bibl. nat., ms. lat., n. acq., 1222, f° 130 v°). — *Runhaguet*, 1465 (idem, 1223, f° 208 v°).

ROHAC, vill., c^ne de Coubon. — *Roac*, 1346 (Haute-Loire, E.). — *Roacus*, 1389 (plumit. de Bouzols). — *Rohacus*, 1509 (terrier Coubladour). — *Rouac*, 1607 (M^ce Leblanc, n^re).

ROHAC (RUISSEAU-DE-), affl. de la Magnaure, c^ne de Coubon. — *Rivus del Teuloani tendente de Rohacu apud terr. del Teuloani*, 1508 (terrier de Coubladour, f° 10).

ROI (SCIE-DU-), usine, c^ne de Saint-Arcons-de-Barges.

ROIDON, f., c^ne du Chambon.

ROINON, vill., c^ne de Rosières. — *Royro*, 1553 (terrier de Liques). — *Royron*, 1572 (A. Boyer, n^re).

ROIS, dom., c^ne de Brignon. — *Reges*, 1495 (mairie du Puy). — *Roys*, 1568 (Doleson, n^re).

ROIS (LES), f., c^ne de Tiranges.

ROLAND, f., c^ne de Freycenet-la-Tour.

ROLAND (COMBE DE), l. dit, c^ne de Pinols. — *La Comba de Rollant*, 1369 (Arch. nat., Z². 54, p. 207).

ROLLANDESSE (LA), l. détr., c^ne de Présailles. — *In pago Vellaico, in loco qui dicitur Ratbodisca ou Ratbodisca* (mot défiguré), xe s. (cart. du Monastier, n° 101). — *B. de la Roclandescha*, 1222

(tabl. du Velay, 1876-1877, 360). — *La Rolland-
disse*, 1534 (év.). — *La Rollandesche*, 1607
(Robert, n°).

ROMAGNAC, h., c^ne de Saint-Vénérand. — *Romanhac*,
1279 (Thiolent). — *Romanhacum*, 1527 (A. Besseyre, n°). — *Romaignhac*, 1561 (Savin, n°). —
Romagnac, 1782 (cad. de Vabres). — *Roumagnac*,
1820 (Deribier).

Justice indivise entre le baron de Vabres et le
seigneur du Chambon.

ROMAGNAGUET, h., c^ne de Saint-Vénérand. — *Romanaghetum*, 1527 (A. Besseyre, n°). — *Romanhaguet*, xviii° s. (Cassini). — *Le Mas de Romagnaguet*, 1780 (cad. de Vabres). — *Roumagnaguet*,
1820 (Deribier).

ROMAGNAGUET (LE), affl. de l'Allier, c^ne de Saint-Vénérand. — *Ravin-de-l'Hivert* (cad.).

ROMANELLE (LA), f., c^ne de Siaugues-Saint-Romain.
— *La Romanela*, 1462 (Bibl. nat., ms. lat., n. acq.,
1223, f° 53). — *Mansus de la Romanelle*, 1493
(terrier du Cluzel). — *Romanelle* (cad.). — *La
Roumanelle*, 1820 (Deribier).

ROMANET, h., c^nes du Mas-de-Tence et de Montregard.
— *Romanetus*, 1191 (Bibl. nat., ms. lat., 17803,
p. 125). — *Romanet*, 1556 (terrier de Montregard).

ROME, f., c^ne d'Aiguilhe. — *La Metterie de Chauchat*, 1632 (Ch. Demans, n°). — *La metterye
de Françoys Chauchat, advocat, sise en la plaine
de Chausson*, 1660 (Espanhon, n°). — *Le domaine de Pierre Mozac, avocat, app. de Rome, au
terroir de Chousson (affermés à J. et T. Rome, du
Monteil)*, 1722 (Alirol, n°).

ROME (PLAINE DE), plateau, c^nes de Chadrac et Poli-
gnac. — *Calma de Chausso*, 1379 (Saint-Agrève).
— *Calma de Choussone*, 1505 (Dompnin, n°). —
La Chalm de Chousson, 1625 (Duclaux, n°).

ROMEYER, écart, c^ne de Roche-en-Régnier.

ROMIER, m. i., c^ne de Saint-Jeure.

ROMIÈRES, vill., c^ne du Chambon. — *Romigeirias*,
1179 (hist. gén. de Lang., éd. Privat, VIII,
col. 1925). — *Romegeiras*, 1256 (Gall. christ.,
II, eccl. Anic., col. 774). — *Romieiras*, 1258
(Rhône, D. 153). — *Romigeriæ*, 1262 (év.). —
Romieres de Giourand, 1506 (Médicis, II,
305).

ROMIGÈRE (LA), h., c^ne d'Ouïdes. — *La Romigeira*,
1245 (hôtel-Dieu, B. 311). — *La Romegeira*,
1256 (idem, B. 315). — *Romegeriæ*, 1391
(idem, B. 535). — *La Romigeyra*, 1408 (compois du Puy). — *La Ramigiere*, 1506 (Médicis,
II, 303).

ROMIOU, écart, c^ne de Brives-Charensac. — *Romieu*,
1584 (Guérin, n°). — *Romieu-lès-Charanssac*,
1707 (cad. de Bouzols).

RONC (LE), m. i., c^ne de Taulhac.

RONC-DE-MALEMORT, coulée basalt., c^ne d'Arlempdes.
— *Rancus de Mala Mort*, 1462 (Chauvin, n°).

RONC-PANTI, blocs basaltiques entre lesquels la Borne
s'est frayé passage, c^ne de Saint-Vidal (Deribier,
stat., 294).

ROND (LE), h., c^ne de Desges. — *Mansus del Ranc*,
1460 (Bibl. nat., ms. lat., n. acq., 1222, f° 134 v°).
— *Le Romp*, xviii° s. (Cassini).

RONDACHE, écart, c^ne de Valprivas.

ROND-DE-LA-DONZELLE (LE), rocher, près Mazemblard,
c^ne de Saint-Haon. — *Rancus voc. vulg. lo Ranc
de la Donzella*, 1278 (la Chaise-Dieu, Bouchet-
Saint-Nicolas).

RONSAVAUX, chât., c^ne du Mazet-Saint-Voy. — *Roussaveaux*, 1820 (Deribier).

RONZADE, plateau, c^ne de Vals-près-le Puy. — *Terr.
de Rosada*, 1246 (Saint-Pierre-le-Monastier). —
Rozada, 1283 (év.). — *Territ. de Rossada quod
est in Valle Aniciensi*, 1283 (Valbonnais, hist. du
Dauph., II, 25, c. 1). — *Rozade*, 1565 (Doleson, n°).

RONZET, dom., c^ne de Séneujols. — *Domus de Rauzet*,
1289 (hôtel-Dieu, B. 634). — *Villa de Rauzeto*,
1312 (Haute-Loire, E.). — *La borie de Rouzet*,
1535 (Chamblas). — *La Chapelle de S. François
de Rouset*, 1659 (pet. éphém. vell., 341).

RONZIER (MOULIN-DE-), m^in sur la Ramade, c^ne de Pinols. — *Moulin-de-Rougier*, 1888 (carte adm.).

RONZIÈRE (LA), écart, c^ne de Lorlange.

RONZIÈRE (LA), f., c^ne de Saint-Préjet-Armandon. —
Lo mas de la Rongeyra, 1341 (terrier de Charbonnier).

RONZON, colline, c^ne du Puy. — Fourches patibulaires
du Puy. — *Rezonzio*, 1089 (Saint-Georges du
Puy). — *Rezonzo*, xiii° s. (idem). — *Reonso*,
1253 (Saint-Agrève). — *Roenzo*, 1279 (Saint-
Mayol). — *Ronzo*, xiii° s. (coll. G. Falcon). —
Le gibet de Ronson, xvi° s. (Médicis, I, 227).

ROSADES, m. i, c^ne de Vals-près-le-Puy.

ROSA-DES-FANGÉAS (RAVIN-DE-), affl. de l'Allier, c^ne
d'Alleyras.

ROSE, loc. détr., près Sarniaguet, c^ne d'Agnat. —
Div. en Haut et Bas. — *Mansus de Rosa Sobey-
rana, Rosa Soteyrana*, xiv° s. (terrier des
Grèzes).

ROSIÈRES, c^on de Vorey. — *Ecclesia S. Martini in
villa quæ dicitur Roserias*, v. 940 (cart. du Monastier, n° 75). — *Eccl. de Roseriis in hon. S.*

Johannis consecrata, v. 1096 (cart. de Chamalières, n° 31). — *Altare S. Martini de Rosariis*, 1097 (*idem*, n° 6). — *Rozeyras*, 1285 (hôtel-Dieu, B. 336). — *Rosserias*, 1311 (Arch. nat., P. 1399[1], cote 783). — *Roseyras*, 1408 (compois du Puy). — *Roseires*, 1534 (év.). — *Rouzières*, 1629 (Demans, n^re). — *Rozières*, XVIIIe s. (Cassini).

En 1789, Rosières appartenait à la province du Velay, à la subdélégation et sénéchaussée du Puy. Son église paroissiale, diocèse du Puy et archiprêtré de Monistrol-sur-Loire, était sous le vocable de saint Martin; la cure était à la présentation du prieur de Chamalières.

Rosiers (Les), f., c^ne de Saint-Front. — *Roziers*, 1552 (Nicolas, n^re). — *Les Rosiers*, 1630 (ét. civ.).

Rossanges (Les Grandes-), f., c^ne de Saint-Didier-la-Séauve. — *Les Rossenches*, 1527 (coll. Chaleyer). — *Locus de Ressenchiis*, 1533 (*idem*). — *Les Grandz-Roussenches*, 1560 (*idem*).

Rossanges (Les Petites-), h., c^ne de Saint-Didier-la-Séauve. — *Locus de Parvis Rosenchiis*, 1525 (coll. Chaleyer). — *Les Petites-Rossanghes*, 1551 (*idem*). — *Les Petites-Roussenches*, 1560 (*idem*).

Rossard (Le), m. i., c^ne de Bas. — *Les Prossards*, 1879 (carte adm.).

Rossignol, écart, c^ne du Monastier. — *Lo Rossinhol*, 1475 (Arcis, n^re). — *Rossinhol*, 1547 (Chaulet, n^re). — *Le Rossinhol, mand. de Chasteauneuf*, 1618 (Monastier). — *Lou Rossignol*, 1619 (ét. civ.). — *Roussinhol*, 1695 (capit.).

Rossignol, vill., c^ne du Pont-Salomon.

Rossignol, h., c^ne de Saint-Jean-Lachalm. — *Villa de Jurchalm*, 1236 (templiers du Puy). — *Rocinhol*, 1303 (hôtel-Dieu, B. 361). — *Mansus de Rocinhol*, 1335 (hospit. du Velay). — *De Rossinholis*, 1493 (Rhône, comm^rie de Chantoin, I, 10). — *Roussinholz*, 1558 (A. Boyer, n^re).

Rotte (La), h., c^ne d'Aurec. — *La Raosta, la Riosta*, 1317 (Arch. nat., P. 1400[3], cote 990).

Rouard, m. i., c^ne de Sainte-Sigolène.

Rouchaire (La), h., c^ne de Montregard. — *Laroucheyre*, 1820 (Deribier).

Rouchas, m^in sur la Gazeille, c^ne du Monastier.

Rouchas (Le), bois, c^ne de Cayres.

Rouchas (Le), m. i., c^ne de Saint-Hostien.

Rouchasset, mont. boisée, c^ne de Cayres. — *Territ. vulg. nuncup. de las Triuleyras sive de Rochasset*, 1464 (hôtel-Dieu, B. 574). — *Rechasset*, 1489 (la Chaise-Dieu, le Bouchet-Saint-Nicolas).

Rouchassoux, m. i., c^ne de Rosières.

Rouchaud, h., c^ne de Riotord.

Rouchon, f., c^ne de Chaudeyrolles. — 1617 (ét. civ.).

Rouchon, f., c^ne de Montclard. — 1539 (Vals-le-Chastel).

Rouchon (Moulin-de-), m^in sur l'Andrable, c^ne de Valprivas. — *Moulin-de-l'Andrichon*, 1879 (carte adm.).

Rouchon (Scie-de-), scierie sur le Riotord, c^ne de Riotord.

Rouchouse (La), h., c^ne de Sainte-Sigolène. — 1655 (ét. civ. de Monistrol).

Rouchousse (Ravin-de-), affl. de l'Allier, c^ne d'Alleyras.

Rouchoux (Le), ruiss., affluent de droite de l'Allier, c^ne de Saint-Privat-d'Allier. — *Rivus dictus de S. Privato*, 1307 (la Chaise-Dieu, Saint-Privat-d'Allier). — *La Faye*, 1888 (carte adm.).

Roudaix, h., c^ne de Saint-Didier-sur-Doulon. — *Roudeix*, 1888 (carte adm.).

Roudesse (La), affl. du Beaulieu, c^nes du Pertuis, de Saint-Étienne-Lardeyrol, Rosières et Beaulieu. — *Riperia de Rodessa*, 1313 (hôtel-Dieu, B. 392). — *L'eau de Rodesses*, 1575 (terrier de Chamblas). — *La riv. de Rodesse app. de Meymal sive Mazame*, 1598 (M^ce Leblanc, n^re). — *Ruiss. de Planhol* ou *de Rodèze* (cad.).

Roudet, plateau, c^ne de Reilhac. — *Mons Roderius*, v. 970 (cart. de Sauxillanges, n° 505).

Roudon, h., c^ne du Mazet-Saint-Voy.

Roue (La), f., c^ne de Chaudeyrolles. — *Le Riou*, 1888 (Malègue).

Roue (La), f., c^ne de Dunières. — *La Roue de Freuge*, 1576 (Rhône, D. 190). — *Laroue*, 1879 (carte adm.).

Roue (La), chât., c^ne du Mazet-Saint-Voy. — *Laroue*, 1820 (Deribier).

Roue (La), vill., c^ne de Sainte-Sigolène. — *La Roü*, 1660 (ét. civ. de Monistrol). — *Laroue*, 1820 (Deribier).

Roue-de-la-Chanal (La), f., c^ne des Villettes.

Rouène, f., c^ne des Estables. — *Roane*, 1765 (ét. civ.).

Rouffiage (La), h., c^ne de Pébrac. — *La Roffiagha*, 1463 (Bibl. nat., ms. lat., n. acq., 1223, f° 118 v°). — *Mansus de la Roffiage*, 1469 (*idem*, f° 351).

Rouge (Le), f., c^ne de Fay-le-Froid.

Rouge (Le), f., c^ne de Lubilhac.

Rougeac, vill., c^ne de Rosières. — *Roghac*, 1309 (cart. de Chamalières, éd. Fraisse, p. 131). — *Rogat*, 1342 (coll. C. Falcon). — *Rugeac*, 1534 (év.). — *Rouchac*, 1571 (A. Boyer, n^re).

Rougeac, vill., c^{ne} de Saint-Éble. — *Le Mas de Roiac,* 1379 (homm. de Vissac). — *Roghac,* 1461 (Bibl. nat., ms. lat., n. acq., 1223, f° 11). — *Rogiacum,* 1490 (terrier du Cluzel). — *Rougehac,* xviii° s. (Cassini).

Rougeac, vill., c^{ne} de Saint-Privat-d'Allier. — *Villa de Royac,* 1257 (Baluze, mais. d'Auv., II, 88). — *Roiac,* 1261 (la Chaise-Dieu, Saint-Rémy). — *Roiacum,* 1331 (J. de Peyre, n^{re}). — *Rocgacum, Rotgac,* 1347 (la Chaise-Dieu, Saint-Privat-d'Allier). — *Rogiacum,* 1348 (*idem*). — *Roghacum,* 1517 (Martel, n^{re}). — *Roghac,* 1575 (A. Boyer, n^{re}).

Rougeac, vill., c^{ne} de Villeneuve-d'Allier. — *In aice Brivatensi, in villa Royago,* 897 (cart. de Brioude, ch. 215). — *In vicaria Brivatensi, villa Rogiacus,* 909 (*idem*, ch. 298).— *In villa Ropago (Rogago),* 920 (*idem*, ch. 148). — *In villa Roiago,* 963 (*idem*, ch. 290); — 1012 (*idem*, ch. 117). — *Rogat,* 1339 (Bibl. nat., ms. fr., 14377, p. 189). —*Mansus de Roghaco,* 1385 (Arch. nat., Z¹. 4144, p. 44). —*Rochacum,* 1458 (Arch. nat., ZZ. 359, p. 12). — *Roughacum,* 1459 (*idem*, p. 27). — *Roughat,* 1462 (*idem*, p. 47).

Rougeac (Le), affl. de la Roudesse au sud des Pautuds, c^{ne} de Rosières.

Rouillier, écart, c^{ne} de Chamalières. — *Mansus de Rulhier,* 1268 (prieuré de Chamalières). — *Rullier,* 1695 (capitation).—*Roulier,* 1820 (Deribier).

Rouillières (Les), ruiss., prend naissance au nord-ouest de la c^{ne} de Saint-Austremoine et se jette dans l'Avène au sud-ouest de Traignac, c^{ne} de Saint-Cirgues.

Roulande (La), écart, c^{ne} de Bauzac.

Roulhac, vill., c^{ne} de Saint-Etienne-Lardeyrol. — *Rulhacum,* 1343 (Chamblas).— *Rutlhat, Ruilhat, Ruyllhacum,* 1408 (*idem*). —*Rolhacum,* 1465 (Maltrait, n^{re}). — *Roulhac,* 1541 (Savin, n^{re}). — *Rolhac,* 1546 (*idem*). — *Raulhac,* 1879 (carte adm.).

Roulier, m. i., c^{ne} de Malrevers. — *Ruylherium,* 1344 (J. de Peyre, n^{re}). — *Roulhes,* 1888 (Malègue).

Roulle (La), h., c^{ne} de Présailles. — 1695 (capitation). — *Laroule,* 1820 (Deribier). — *Laroue,* 1888 (Malègue).

Roullière (La), loc. détr., près Brugeyroux, c^{ne} de Langeac. — *Mansus de la Rolheyra,* 1459 (Bibl. nat., ms. lat., n. acq., 1222, f° 116).— *Pagesia de la Rolheyra,* 1486 (terrier de Tailhac). — *La Rolheyre,* 1505 (Thiolent).

Roullys (Les), m. i., c^{ne} d'Yssingeaux. — *Les Rouler,* 1888 (Malègue).

Roumiou, f., c^{ne} de Brives-Charensac.

Rouratte (La), m. i., c^{ne} de Malvalette. — *Rourate,* 1879 (carte adm.).

Roure (Le), vill., c^{ne} de Bas. — *Villa del Rourc,* 1411 (Arch. nat., P. 492², cote 119). — *Quercus,* 1508 (obit. de Bas).

Roure (Le), loc. détr., c^{ne} de Frugières-le-Pin. — *Robur,* 1328 (Vals-le-Chastel).

Roure (Le), vill., c^{nes} de Lantriac et de Saint-Germain-Laprade. — *Locus del Roure,* 1345 (J. de Peyre, n^{re}). — *Locus de Ruvere,* 1522 (Sobrier, n^{re}).

Roure (Le), m. i., c^{ne} de Lapte.

Roure (Le), vill., c^{ne} de Malrevers. —1362 (homm. de l'év.). — *Lou Roure,* 1555 (cad. de Mercœur).

Roure (Le), h., c^{ne} de Saint-Bonnet-le-Froid. — *Lou Roure,* 1553 (ress. de Montfaucon).

Roure (Le), f., c^{ne} de Saint-Georges-Lagricol. — *Locus del Roure,* 1323 (J. de Peyre, n^{re}). — *Locus del Rore vel de Quercu,* 1500 (coll. César Falcon).

Roure (Le), h., c^{ne} de Saint-Julien d'Ance. — 1540 (terrier de Saint-Pal-en-Chalencon).

Roure (Le), vill., c^{ne} de Saint-Maurice-de-Lignon. — 1588 (Haute-Loire, E.).

Roure (Le), h., c^{ne} de Saint-Pal-de-Mons. — *Lo Roure,* 1314 (év.). — *Quercus,* 1393 (coll. Chaleyer).

Roure (Le), f., c^{ne} de Saint-Vincent. — *Lo Roure,* 1288 (bénédictines de Vorey).

Roure (Le Grand-), vill., c^{ne} de Saint-Didier-la-Séauve. — 1645 (capit.).

Roure (Le Petit-), h., c^{ne} de Saint-Just-Malmont. — *Locus de Parva Quercore,* 1493 (coll. Chaleyer). — *Le Petit-Roure,* 1556 (*idem*).

Roure (Suc-du-), h., c^{ne} de Saint-Just-Malmont.

Rouret, h., c^{ne} de Champagnac. — *In vicaria Brivatensi, villa Roured,* xi° s. (cart. de Brioude, ch. 90). — *Rovereto* (*idem*, tables, xcii).

Rouseille (Le), affl. de gauche de l'Allier, c^{ne} de Vieille-Brioude.

Rousille, écart, c^{ne} de Freycenet-la-Tour.

Roussac, écart, c^{ne} de la Chaise-Dieu. — *Mansus de Roassaco,* 1371 (Arch. nat., S. 3300, n° 1). — *Roussat,* 1888 (carte adm.).

Rousse (La), m. i., c^{ne} de Brives-Charensac.

Roussel, m. i., c^{ne} du Chambon. — *Les Roussets,* 1888 (Malègue).

Rousselle (La), f., c^{ne} du Monastier.

Rousselle (La), f., c^{ne} de Saint-Hostien. — *Las*

Rocellas, 1460 (Lardeyrol). — *Las Rosellas*, 1464 (*idem*). — *Locus de la Rossela*, 1515 (J. Boyer, n⁰ˢ). — *Le lieu de la Rocelle*, 1567 (Bonneville).

ROUSSERIE (LA), m^in, c^ne de Cistrières. — *Prata de la Rossaria*, 1449 (terrier de Clavelier).

ROUSSET (LE), l. détr., c^ne de Monlet. — *Les habitans del Rousset*, 1531 (la Chaise-Dieu, Barribas).

ROUSSILLE, h., c^ne de Roche-en-Régnier. — *Rossilias*, 1366 (Arch. nat., P. 493² *bis*, cote 104). — *Rossilha*, 1406 (terrier du Bois). — *Rocilha*, 1522 (Saint-Georges du Puy).

ROUSSILLE (LA), rocher, c^ne de Saint-Paul-de-Tartas. — *Rancus de la Rocilha, nominatus A Rocha Clausa*, 1363 (la Chaise-Dieu, Saint-Paul-de-Tartas). — *La Roussille sous Saint-Paul-de-Tartas*, 1778 (Faujas de Saint-Fond, 380).

ROUSSILLON, écart, c^ne de Beaux. — *Roussilloux* (cad.).

ROUSSON, mont., c^ne de Mézères.

ROUSSON, m. i., c^ne de Saint-Maurice-de-Lignon. *Rouzou* (cad.).

ROUSSON (LE), h., c^ne de Bauzac. — *Le Rousson*, 1661 (obit. de Bauzac).

ROUSSOUNA, écart, c^ne d'Yssingeaux.

ROUSSOUX, h., c^ne de Mercœur. — *Mansus de Resso*, 1379 (Arch. nat., Z². 4143, p. 39). — *Roso, Rosso*, 1387 (*idem*, p. 242 et 253). — *Rousson*, 1613 (Mercurial). — *Rousoux*, 1687 (ét. civ.).

ROUTISSE (LA), h., c^ne de Saint-Julien-du-Pinet. — *La Rotisse*, 1878 (carte adm.).

ROUTISSES (LES), écart, c^ne de Vergongheon.

ROUTISSOUX, m. i., c^ne de Javaugues.

ROUVE (LE), vill., c^ne de Saugues. — *Lo Rover*, 1248 (cart. de Pébrac, n° 73). — *Mansus del Roure*, 1327 (Lozère, G. 98). — *Le Rouve*, 1574 (terrier de Meyronne).

ROUVELET, vill., c^ne de Chastel. — *Rourellet*, 1820 (Deribier).

ROUVENET, h., c^ne de Chavagnac-Lafayette. — *Mansus de Rovenet*, 1469 (Bibl. nat., ms. lat., n. acq., 1223, f° 381).

ROUVEYRE (LA), vill., c^ne de Chassignolles.

ROUVEYRE (LA), f., c^ne de Saugues. — *Mansus de Roreria*, 1327 (Lozère, G. 98). — *La Rouveyre*, 1564 (Thiolent). — *La Roveure*, 1618 (*idem*).

ROUVEYRE (LA), h., c^ne d'Yssingeaux. — *La Rouveuse*, 1888 (Malègue).

ROUX (LE), f., c^ne du Mazet-Saint-Voy.

ROUX (LE), f., c^ne de Saint-Front.

ROUX (MAISON-), m. i., c^ne de Monistrol-sur-Loire.

ROUX (MOULIN-DE-), m^in sur la Gagne, c^ne de Saint-Front.

ROUZAIRETS, h., c^ne de Saint-Préjet-d'Allier. — *Mansus de Rosayretis*, 1291 (Thiolent). — *Rosayretz*, 1340 (hôtel-Dieu, B. 472). — *Roseyrette*, 1526 (A. Besseyre, n⁰ˢ). — *Rozeyrettes*, 1589 (Thiolent). — *Rozeirets*, xviiie s. (Cassini). — *Rouzeyres*, 1888 (Malègue).

ROUZE (LE), affl. de la Senouire, c^nes de la Chomette et de Paulhaguet.

ROUZEAUX (LES), h., c^ne de Beaulieu. — *Lous Rouzeaur*, 1541 (Chamblas). — *Lous Ronzeaulx*, 1611 (Leblanc, n⁰ˢ). — *Les Ronzeaux*, 1888 (Malègue).

ROUZET (LE), h., c^ne de Pinols. — *Lo Rauzet*, 1353 (Arch. nat., Z². 54, p. 199). — *Lo Rouzet*, 1492 (terrier du Cluzel).

ROUZEYROUX (LES), h., c^ne de Beaulieu. — *Locus deux Roseyros*, 1451 (Pradier, n⁰ˢ). — *Los Rozeyros*, 1507 (év.). — *Les Rozeyroux*, 1555 (cad. de Mercœur). — *Les Rouzeyrons*, 1820 (Deribier).

ROYON, m. i., c^ne du Pont-Salomon.

ROZIER (LE), affl. de la Vendage, c^nes de Saint-Beauzire et Beaumont. — *Laprade* (cad.).

ROZIÈRES, l. dit, près Blache-Redonde, c^ne des Estables. — *Prata de Rotgeyras*, 1376 (Bonnefoy).

ROZIÈRES (LES), vill., c^ne du Brignon. — *Las Rotgeiras*, 1233 (hôtel-Dieu, B. 308). — *La Rogeyra*, 1344 (J. de Peyre, n⁰ˢ). — *Las Rogeyras*, 1352 (prieuré de Solignac). — *Las Rotgeyras, Rogeriæ*, 1386 (hom. de Solignac). — *Les Rougeyres*, 1587 (Sigaud, n⁰ˢ). — *Les Rougières*, xviiie s. (Cassini).

ROZIERS, vill., c^ne de Saugues. — *Mansus de Rosseriis*, 1282 (Thiolent). — *Rosiers*, 1294 (*idem*). — *Mansus de Roseriis*, 1295 (*idem*). — *Rosers, Rozers*, 1298 (*idem*). — *Mansus de Roseyriis*, 1499 (*idem*).

ROZIERS (LES), h., c^ne de Beaumont. — *In aice Brivatensi, in villa quæ dicitur Roserios*, 869 (cart. de Brioude, ch. 56). — *Villa quæ vocatur Rosarios* (*idem*, ch. 62). — *Rosers*, 1282 (la Chaise-Dieu, Saint-Gervais). — *Roseyrs*, 1353 (coll. J. Lachenal). — *Nemus et locus de Roziers*, 1445 (terrier de Faugères). — *Rozers*, 1635 (coll. P. Le Blanc). - - *Rosier* (cad.). — *Rozière*, 1820 (Deribier).

RUCHES (LES), f., c^ne des Estables. — *Les Rusches*, 1695 (capitation). — *Le Mas des Ruches*, 1784 (ét. civ.).

RUCHES (LES), affl. de la Veyradeyre près Tombarel, c^ne des Estables. — *Rivus de Ruschiis*, 1410 (Rhône, cart. de Tence).

RUCHES (LES), h., c^ne du Mazet-Saint-Voy. — *Las Ruschas*, 1343 (Rhône, H. 1016).

Ruches-Basses (Les), f., cne des Estables.

Ruelle (La), l'un des deux ruisseaux qui forment les Mazeaux, cne du Mas-de-Tence. — *Ruiss. de Crouzet* (cad.).

Ruisseau-de-Verne, m. i., cne de Monistrol-sur-Loire.

Ruisseau-de-Verne (Petit-), m. i., cne de Monistrol-sur-Loire.

Rulhier, f., cne de Chamalières. — *Mansus de Rulhier*, 1268 (prieuré de Chamalières). — *Foragas de Ruylherio*, 1342 (coll. C. Falcon). — *Rullier*, 1695 (capitation).

Rulletières (Les), f., cne de Saint-Didier-la-Séauve.

Rullière (La), vill., cne de Saint-Didier-la-Séauve. — *Ruylheria*, 1394 (coll. Chaleyer). — *La Ruylheyria per. S. Desiderii*, 1396 (hom. de Solignac). — *Reueleria*, 1482 (coll. Chaleyer). — *La Rulhere-en-Velay*, 1501 (coll. C. Falcon).

Ruillières (Les), h., cne de Saint-Julien-du-Pinet. — *Las Riouleyras*, 1320 (év.). — *Las Ruyleyras*, 1507 (év.). — *Las Rolheyres*, 1606 (A. Robert, nre). — *Roulières*, 1878 (carte adm.).

Rullières, h., cne de Saint-Romain-Lachalm. — *Rulière*, 1820 (Deribier).

S

Sabadel, m. i., cne de Saint-Germain-Laprade. — *Sabadel* ou *Maisonneuve*, 1847 (dict. des postes).

Sabatier, écart, cne de Rosières. — *Sabattier*, 1714 (cad. de Laval-Emblavès).

Sabatier, m. i., cne de Saint-Maurice-de-Lignon.

Sabatou, m. i., cne de Montusclat.

Sables (Les), f., cne du Chambon.

Sablon (Le), h., cne d'Yssingeaux. — *Le Molin del Sable d'Erem*, 1296 (homm. de l'év.). — *Le Molin de Sablon*, 1308 (idem). — *La borie du Sablon*, 1548 (terrier de Verchères).

Sabot, m. i., cne de Lapte.

Sabot, m. i., cne de Saint-Didier-la-Séauve.

Sabot (Le), f., cne de Saint-Maurice-de-Lignon. — 1689 (cad. du Lignon).

Sadourcey, mine d'antimoine abandonnée, cne de Lubilhac. — 1795 (Legrand d'Aussy, voy. d'Auv., II, 215).

Saduit (Le), affl. de l'Allagnon à l'ouest de Bionsac, cne de Léotoing.

Sagnard, f., cne du Mazet-Saint-Voy.

Sagne (La), f., cne de Boisset.

Sagne (La), écart, cne de Coubon. — *La Sanie*, 1707 (cad. de Bouzols). — *Sagnas* (cad.).

Sagne (La), m. i., cne de Croisance. — *Les Saignes*, 1872 (Malègue).

Sagne (La), affl. de la Loire, cnes de Malvalette et d'Aurec. — *La Sagne des Eyversions* (cad.).

Sagne (La), f., cne de Saint-Jeure.

Sagne (La), f., cne de Saint-Pierre-Eynac. — *La Sanhe*, 1555 (cad. de Mercœur). — *La Sagne*, XVIIIᵉ s. (Cassini). — *La Sogne*, 1861 (état-major).

Sagne-Bouchard, m. i., cne de Chassignolles.

Sagne-Bouret (La), m. i., cne de Lapte.

Sagne-d'Azoux, f., cne du Monastier.

Sagne-de-la-Naverte (La), h., cne d'Aurec.

Sagne-Foucher, l. détr., près la Roche-Haute, cne de Freycenet-Lacuche. — *Casale de Sania Foucher*, 1263 (Monastier).

Sagne-Première, écart, cne de Freycenet-la-Tour. — *Sanha Prumeyra*, 1523 (cad. du Monastier). — *Sanha Premyere*, 1565 (Nicolas, nre).

Sagnère (La), f., cne de Champclause.

Sagne-Redonde, h., cne de Mercœur. — *Sanha Redonda*, 1339 (Bibl. nat., ms. fr., 14377, p. 190). — *Saigne-Redonde*, 1613 (Mercurial).

Sagne-Richard, écart, cne d'Alleyrac.

Sagne-Rousseine, m. i., cne de Saint-Martin-de-Fugères.

Sagnes (Les), f., cne du Chambon. — 1343 (homm. de l'év.). — *Les Saignes*, 1618 (Rhône, D. 150). — *La Sagne*, 1861 (état-major).

Sagnes (Les), l. détr., près Montgiraud, cne du Mazet-Saint-Voy. — *Territorium de Sanis*, 1281 (tit. de Bronac). — *Las Sanhas*, 1608 (cad. de Bonas).

Sagnes (Les), m. i., cne de Monistrol-sur-Loire. — *Les Saignes*, 1872 (Malègue).

Sagnes (Les), h., cne de Saint-Just-Malmont. — *Mansus de Sanhiis prope S. Justum in Vallaria*, 1381 (Arch. nat., P. 494², cote 102). — *Les Sagnies*, 1541 (coll. Chaleyer). — *Les Sanhes*, 1547 (idem). — *Les Saignes*, 1645 (capitation).

Sagnes (Moulin-des-), min sur l'Herbret, cne de Saint-Just-Malmont.

Sagnes-de-Paulin (Les), m. i., c^{ne} de Monistrol-sur-Loire.

Sagnet (Le), mⁱⁿ sur la Cronce, c^{ne} d'Aubazac. — *In villa Salliente?* cart. de Brioude (Bibl. nat., ms. lat., 17078, p. 45). — *Le Sanhenc*, 1356 (Arch. nat., Z², 54, p. 113). — *Lo Senhenc*, 1364 (*idem*, p. 166). — *Le Sanhet, Saniet, Sanhyet*, 1625 (terrier du Chambon-de-Blau). — *Le Sagny*, 1858 (état-major).

Sagnette (La), bois, c^{ne} de Pinols. — *Bois de Messagnet*, xviii° s. (Cassini).

Sagnette (La), f., c^{ne} de Présailles. — *La Sanhette*, 1699 (cad. de Vachères).

Sagnimaud, h., c^{ne} de Vorey. — *Sanimaux*, 1880 (carte adm.).

Sagnol (Moulin-de-), mⁱⁿ sur le Lavaux, c^{ne} de Retournac.

Sagnoles (Les), h., c^{ne} de Saint-Julien-du-Pinet. — *Las Sanholas*, 1507 (év.). — *Las Sanholles*, 1553 (terrier de Liques). — *Les Sagnols*, xviii° s. (Cassini). — *Les Saignolles*, 1888 (Malègue).

Sagnoux (Moulin-de-), mⁱⁿ sur le Doulon, c^{ne} de Saint-Vert.

Sahuc, dom., c^{ne} de Vals-près-le Puy.

Sahuc-la-Débauche, f., c^{ne} de Fay-le-Froid.

Saigneclause, l. détr., près la Garde, c^{ne} de Monistrol-d'Allier. — *Mansus de Sanha Clausa*, 1327 (Lozère, G. 98). — *Saigne-Clause*, 1532 (Thiolent).

Saigne-Redonde, lieu dit, c^{ne} de Laussonne. — *In loco qui dicitur Sania Rotunda, in aice de villa de Engeolis*, v. 1000 (cart. du Monastier, n° 199). — *Nemus app. de Julharo, olim app. de Sanha Redonda*, 1526 (cad. du Monastier).

Saignes, vill., c^{ne} de Retournac. — *Locus quem vocant Sainas*, 1173 (cart. de Chamalières, n° 93). — *Prata de Sainnaz*, xii° s. (*idem*, n° 142). — *Sanias*, 1262 (Arch. nat., P. 1397², cote 554). — *Sanhas*, 1323 (Arch. nat., P. 494¹, cote 59). — *Sanhes*, 1553 (terrier de Liques). — *Sagnes*, xviii° s. (Cassini).

Saignes (Les), vill., c^{ne} d'Araules. — *Les Sanhes*, 1608 (cad. de Bonnas). — *Les Sagnes*, xviii° s. (Cassini).

Saignes (Les), affl. de la Loire au sud-est de Bransac, c^{ne} de Bauzac. — *Le rif de las Saignes sur l'estrade de Vaures à Beauzac*, 1689 (cad. du Lignon).

Saignes (Les), f., c^{ne} de Chomelix.

Saignes (Les), m. i., c^{ne} de Croisance.

Saignes (Les), h., c^{ne} de Grazac.

Saignes (Les), h., c^{ne} de Saint-Julien-Molhesabate.

Saignes-Basses (Les), affl. de la Rimande au sud-ouest de la Bière, c^{ne} des Estables.

Saignes-Besses, f., c^{ne} des Vastres. — *Mansus de Sanhas Bessas*, 1464 (Ardèche, C. 624). — *Sanhes-Besses*, 1517 (Soc. d'agric., XVIII, 523). — *Sanhies-Besses*, 1673 (ét. civ.). — *Saignebesses*, xviii° s. (Cassini). — *Seignes-Besses*, 1888 (carte adm.).

Saignes-de-Culpéroux (Les), f., c^{ne} de Saint-Pal-de-Mons.

Sailhens, l. détr., c^{ne} de Saint-André-de-Chalencon. — *Villa de Assalenz*, xi° s. (cart. de Chamalières, n° 202). — *Villa de Sayllents*, 1293 (Arch. nat., P. 491¹, c. 13). — *Villa de Saillent*, 1334 (Arch. nat., P. 490², c. 185).

Saillus (Le), ruiss., prend sa source dans la c^{ne} de Leyvaux (Cantal), entre dans le département de la Haute-Loire à la limite des c^{nes} d'Autrac et de Saint-Étienne-sur-Blesle et se jette dans la Voirèze au Cheylat.

Sainaire, écart, c^{ne} de Freycenet-la-Tour. — *Mansus de las Sanieiras*, 1220 (tabl. du Velay, 1876-7, 358).

Saint-Agrève, collégiale et paroisse, au Puy. — *S. Agrippanus*, 985 (cart. du Monastier, n° 139). — *Capitulum S. Egripani Anicii*, 1324 (St Agrève).

Saint-Albe, lieu dit, c^{ne} d'Espaly-Saint-Marcel. — *Vinea Sancti Albani*, xiii° s. (coll. C. Falcon). — *Saint Alba*, 1408 (compois du Puy). — *Terroir app. Saint-Albe*, 1710 (cad. d'Espaly).

Saint-André, montic. sur lequel était bâti le château de Mercœur, c^{ne} de Malrevers. — *Sainct-Andriou*, 1555 (cad. de Mercœur).

Saint-André (Côte), lieu dit, c^{ne} de Prades. — *Terr. app. la Coste Sainct-Andrieu*, 1545 (terr. de Prades).

Saint-André (Le), affl. de la Senouire au-dessous de la Vaudieu.

Saint-André-de-Chalencon, c^{on} de Bas. — *Ecclesia S. Andreæ de Feschalcs*, v. 1040 (cart. de Chamalières, n° 202). — *Ad Fescalcos*, 1213 (*idem*, n° 325). — *Parochia S. Andreæ deus Felcos* ou *deus Felchos* ou *deus Felchols*, xiii° s. (*idem*, n° 155, 202 et 204 [rubr.]). — *Parochia S. Andreæ Chalanconii*, xiii° s. (*idem*, n° 203 [rubr.]). — *Parochia S. Andreæ de Chalanconio*, 1341 (Arch. nat., P. 493², cote 97). — *Capellanus S. Andreæ de Chalencon*, xv° s. (Médicis, II, 171). — *Saint-André-en-Chalencon*, 1697 (Devinols, n^{re}). — *André-sur-Ance*, 1793.

En 1789, Saint-André-de-Chalencon était compris dans la province du Velay, la subdélégation et sénéchaussée du Puy. Son église paroissiale, diocèse du Puy et archiprêtré de Saint-Paulien, était sous le vocable de saint André; le prieur de Chamalières présentait à la cure.

Saint-Arcons-d'Allier, chât. détr., c⁰ⁿ de Langeac. —*Sanctus Archontius*, 1078 (spic. Brivat). — *Ecclesia S. Petri de Sancto Arcontio, et ecclesia ipsius Sancti Arcontii*, 1262 (*idem*). — *Sanctus Arconcius*, 1309 (*idem*). — *Castrum et villa Sancti Arcontii*, 1335 (Gall., chr., II, instr., col. 94). — *Cura Sancti Arcontii secus Elaverim*, 1406 (*idem*, II, col. 427). — *Le chastel de Saint-Arcons*, 1478 (Bibl. nat., ms. lat., n. acq., 1224, f° 198 v°). — *Sainct-Arcomps*, 1570 (terr. de Vissac). — *Saint-Alcons*, 1683 (Arch. nat., P. 503¹, cote 25). — *Arcons-sur-Allier*, 1793.

En 1789, Saint-Arcons-d'Allier dépendait de la province d'Auvergne, de l'élection de Brioude, de la subdélégation de Langeac et du ressort de Riom. Son église paroissiale, diocèse de Saint-Flour et archiprêtré de Langeac, était sous l'invocation de saint Loup; l'abbesse des Chazes présentait à la cure.

Saint-Arcons-de-Barges, c⁰ⁿ de Pradelles. — *Parochia S. Arconcii*, 1234 (la Chaise-Dieu, St-Paul-de-Tartas). — *S. Arcontius, prior secularis ecclesiæ S. Arconsii, Vivariens. dioc.*, 1459 (B. Girard, nʳᵉ). — *S. Arcons*, 1563 (Raph. Maurin, nʳᵉ). — *Arcons-Méjanne, Arcons-de-Barges*, 1793.

En 1789, Saint-Arcons-de-Barges appartenait à la province de Vivarais et au bailliage de Villeneuve-de-Berg. Son église paroissiale, diocèse de Viviers et archiprêtré de Sablières, était consacrée à saint Arcons.

Saint-Austremoine, c⁰ⁿ de la Voûte-Chilhac. — *S. Austremoini, S. Austremoni*, 1379 (compte de B. Flotenc). — *Sainct-Austremoyne*, 1613 (Mercurial). — *Saint-Austremoines*, 1689 (ét. civ. de Mercœur). — *Austremoine-d'Avesnes*, 1793.

En 1789, Saint-Austremoine était compris dans la province d'Auvergne, l'élection de Brioude, la subdélégation de Langeac et le ressort de Riom. Son église paroissiale, diocèse de Saint-Flour et archiprêtré de Langeac, était sous le vocable de la sainte Croix; le prieur de la Voûte-Chilhac présentait à la cure.

Saint-Beauzire, c⁰ⁿ de Brioude. — *Cariaco Vico*, vii° s. (triens mérovingien). — *In comitatu Brivatensi, in vicaria Hieracensi*, 919 (cart. de Brioude, ch. 287). — *In aice Brivatensi, in vicaria Cheriacensi*, 924 (*idem*, ch. 16). — *In comitatu Brivatensi et in vicaria de Horiacensi*, 958 (*idem*, ch. 301).

— *In comitatu Arvenico, in vicaria de Heriacensi*, 962 (*idem*, ch. 69). — *Vicaria Chiriacensis*, x° s. (cart. de Sauxillanges, n° 603). — *Sanctus Baudelius*, 1281 (Lacheual, l'égl. de Brioude, I, 13). — *Saint-Bausire*, 1379 (compte de B. Flotenc). — *Sainct-Bauzille, Sainct-Bouzille*, 1401 (compte de B. Sannadre). — *Beauzire-l'Union*, 1793.

En 1789, Saint-Beauzire appartenait à la province d'Auvergne, à l'élection et subdélégation de Brioude et au ressort de Riom. Son église paroissiale, diocèse de Saint-Flour et archiprêtré de Brioude, était sous l'invocation de saint Bausille; l'abbé de la collégiale de Brioude présentait à la cure.

Saint-Benoit, écart, c⁰ᵉ de Vals-près-le Puy. — *Sanctus Benedictus*, 1373 (hôtel-Dieu, B. 60). — *Saynt-Beneyt*, 1408 (compois du Puy). — *Capella Sancti Benedicti supra Vallem*, xv° s. (Médicis, II, 73). — *Præceptor Sancti Benedicti secus locum Vallis*, 1511 (J. Boyer, nʳᵉ). — *Prior Sancti Benedicti*, 1516 (Arch. nat., G⁸*, 1, f° 435). — *Saint-Benoyt-de-Val*, 1561 (R. Maurin, nʳᵉ).

Saint-Berain, c⁰ⁿ de Langeac. — *Sanctus Berein*, 1208 (hôtel-Dieu). — *Parochia ecclesiæ Sancti Benigni*, 1320 (J. de Peyre, nʳᵉ). — *Prior Sancti Benigni, Aniciens. dyoc.*, 1365 (spic. Br.). — *Saint-Bereign*, 1379 (compte de B. Flotenc). — *Parochia Sancti Bereynh*, 1384 (Chamblas). — *Saint-Beraing*, 1398 (compte de B. Sannadre). — *Saint-Buurraing*, 1401 (spic. Br.). — *Sainct-Bereing*, 1483 (Bibl. nat., ms. lat., n. acq., 1224, f° 331). — *Sainct-Beren*, 1525 (terr. du Cluzel). — *Sainct-Benign*, 1547 (év.). — *Sainct-Bringn*, 1561 (R. Maurin, nʳᵉ). — *Saint-Verin*, 1596 (Doleson, nʳᵉ). — *La Roche-Berain*, 1793.

En 1789, Saint-Berain appartenait à la province d'Auvergne, à l'élection de Brioude, à la subdélégation de Langeac et au ressort de Riom. Son église paroissiale, diocèse du Puy et archiprêtré de Solignac-sur-Loire, était consacrée à saint Benigne; l'évêque du Puy en était collateur.

Saint-Berain (Le), affl. de l'Allier, c⁰ᵉ de Saint-Berain. — *Riu Bereynh*, 1316 (chartr. de Chamblas). — *Les Moulins* (cad.).

Saint-Blaise, dom., c⁰ᵉ de Cussac. — *Prior de Genzac*, v. 1135 (tabl. du Velay, 1870-1, 528). — *Ecclesia de Gensac*, 1238 (St-Vosy). — *Domus de Genssac*, 1310 (bibl. de l'éc. des ch., 1877, A. Bruel, visit. des mon. de Cluny, 121). — *S. Blazius*, 1321 (J. de Peyre, nʳᵉ). — *S. Blasius de Genzaco*, 1390 (év.). — *Prioratus S.*

Blasii de Genssaco, 1476 (terrier de S‘-Blaise). — *Prior S. Blasii de Gensacio subtus Sollempniacum*, 1514 (Maurin, n^re). — *S.-Blaise*, 1568 (Doleson, n^re). — *S.-Blaize de Jansac*, 1571 (A. Boyer, n^re). — *S.-Bleze*, 1637 (Brunel, n^re).

Prieuré dépendant de l'ordre de Cluny.

SAINT-BONNET-LE-FROID, c^on de Montfaucon. — *Saint-Bonet-lo-Freit*, 1282 (bull. d'hist. eccl. des dioc. de Valence, etc., 1880, p. 53). — *S. Bonitus Frigidus*, 1328 (cart. de Tence, f° 4 v°). — *Bonnet-Libre*, 1793.

En 1789, Saint-Bonnet-le-Froid faisait partie de la province du Velay, de la subdélégation et sénéchaussée du Puy. Son église paroissiale, diocèse du Puy et archiprêtré de Monistrol-sur-Loire, était dédiée à saint Bonnet; l'évêque du Puy en était collateur.

SAINT-CHARTEL, lieu dit, près Laniac, c^ue de Siaugues-Saint-Romain. — *Mesesium de Saint-Chartel vel Saint-Chardel*, 1477 (Bibl. nat., ms. lat., n. acq., 1224, f°s 181 et 229).

SAINT-CHRISTOPHE-D'ALLIER, c^on de Saugues. — *Ecclesia Sancti Christofori*, 1145 (tabl. du Velay, 1877-8, 211). — *Prior S. Christofori*, 1278 (la Chaise-Dieu, Bouchet-S‘-Nicolas). — *Parrochia Sancti Christophori*, 1445 (év.). — *Christophe-d'Allier*, 1793.

En 1789, Saint-Christophe-d'Allier dépendait de la province et du bailliage de Gévaudan. Son église paroissiale, diocèse de Mende et archiprêtré de Saugues, était sous l'invocation de saint Christophe; le prieur présentait à la cure.

SAINT-CHRISTOPHE-SUR-DOLAISON, c^on de Solignac-sur-Loire. — *Parochia S. Christofori*, 1163 (hospit. du Velay). — *La gleisa de S.-Cristofol*, v. 1204 (templiers du Puy). — *Crumiliac*, 1238 (S‘-Vosy). — *S.-Chrestofol*, 1408 (compois du Puy). — *Territorium S. Christofori, alias de Crumilhac*, 1470 (chap. N.-D.). — *Turris S. Christofori*, 1510 (J. Boyer, n^re). — *Vicaria S. Preiecti in ecclesia S. Christofori*, 1516 (Arch. nat., G^8*, 1, f° 447 v°). — *S.-Christofou*, 1534 (év.). — *La Tour de S.-Christophe*, 1594 (Burel, 376). — *Christophe-la-Montagne, Montpelé*, 1793.

En 1789, Saint-Christophe-sur-Dolaison était compris dans la province du Velay, la subdélégation et sénéchaussée du Puy. Son église paroissiale, diocèse du Puy et archiprêtré de Solignac-sur-Loire, était consacrée à saint Christophe; l'évêque du Puy en était collateur.

SAINT-CIRE, lieu dit, c^ue d'Araules. — *Terre app. de Saint-Cire*, 1608 (cad. de Bonnas).

SAINT-CIRGUES, h., c^ue de la Mothe. — *Sanctus Ciricus*, XIVe s. (terr. des Grèzes).

SAINT-CIRGUES, chât. détr., c^on de la Voûte-Chilhac. — *Ecclesia in hon. S. martyris Cyrici consecrata*, 1025 (spic. Br.). — *Sanctus Cericius*, 1281 (Thiolent). — *San Cergue*, 1286 (Mabillon, vet. anal., 342). — *Sanctus Ciricus*, 1288 (spic. Br.). — *Castrum de S. Syrico*, 1314 (Baluze, mais. d'Auv., II, 338). — *Saynt-Cyrgue*, 1341 (terr. de Charbonnier). — *Saint-Cierge*, 1395 (Baluze, mais. d'Auv., II, 341). — *Saint-Cirgue*, 1401 (spic. Br.). — *Cirgues-d'Allier*, 1793.

En 1789, Saint-Cirgues appartenait à la province d'Auvergne, à l'élection et subdélégation de Brioude et au ressort de Riom. Son église paroissiale, diocèse de Saint-Flour et archiprêtré de Langeac, était sous le vocable de saint Cirgues.

SAINT-CLAIR, chapelle funéraire, à Aiguilhe. — *Capellanus S. Clari*, 1274 (S‘-Pierre-le-Monastier). — *Capella S. Clari Aculeæ prope Anicium, membrum hospitalis*, 1408 (hôtel-Dieu, B. 245). — *Le Temple de Diane*, 1778 (Faujas de S‘-Fond, 334).

SAINT-CLAUDE (FAUBOURG-), à Montfaucon.

SAINT-CLÉMENT, f., c^ne de Pradelles. — *Ecclesia S. Clementis juxta fluvium Ilerium*, XIe s. (cart. du Monastier, n° 273). — *Ecclesia S. Clementis*, 1179 (idem, n° 442). — *Prioratus secularis S. Clementis subtus villam Pratellarum*, 1453 (Bl. Girard, n^re). — *Par. S. Clementis subtus Pratellas*, 1464 (Ardèche, C. 592). — *Prioratus S. Clementi[s] Pratellarum*, 1516 (Arch. nat., G^8*, 1, f° 283 v°). — *S. Clément soubz Pradelles*, 1585 (J. Doleson, n^re). — *La chaussée [de géants] de S. Clément sous Pradelles*, 1778 (Faujas de S‘-Fond, 399). — *Robertin*, 1793.

Saint-Clément, avant 1790, dépendait du diocèse de Viviers et de l'archiprêtré de Sablières.

Commune supprimée par ordonnance du 28 octobre 1832 et réunie à celle de Pradelles.

SAINT-DIDIER (LE), affl. de l'Allier, c^nes de Saint-Jean-Lachalm et de Saint-Didier-d'Allier.

SAINT-DIDIER-D'ALLIER, c^on de Cayres. — *Gavarret(?)*, v. 1161 (hospit. du Velay). — *S. Desiderius*, 1217 (hôtel-Dieu, B. 304). — *Castrum sive munitio de S. Desiderio*, 1257 (Baluze, mais. d'Auv., II, 88). — *Castrum S. Desiderii in riperia Alerii*, 1331 (J. de Peyre, n^re). — *S. Desdier-lez-Alier*, 1506 (Médicis, II, 303). — *Didier-d'Allier*, 1793.

En 1789, Saint-Didier-d'Allier, qui était un prieuré annexe de celui de Saint-Privat-d'Allier, dépendait de la province du Velay, de la subdélégation et sénéchaussée du Puy. Son église paroissiale, diocèse du Puy et archiprêtré de Solignac-sur-Loire, était dédiée à saint Didier; l'abbaye de la Chaise-Dieu présentait à la cure.

Saint-Didier-la-Séauve, arr. d'Yssingeaux. — *Parochia castri de S. Desiderio*, xie s. (cart. de Chamalières, n° 99). — *Sant-Deyder*, v. 1140 (cart. de St-Sauveur-en-Rue, p. 31). — *S. Desiderius, Aniciensis dioc.*, 1265 (*idem*, p. 151). — *Saint-Leidier, San-Leidier*, xiiie s. (Bibl. nat., ms. fr., 854, p. 78 et 142). — *Sain Lesdier*, xiiie s. (K. Bartsch, chrest. prov., 2e édit., p. 298). — *S. Dederius*, 1303 (Vaissète, hist. de Lang., X, pr., c. 441). — *S. Desiderius in Vallavia*, 1335 (Arch. nat., P. 490³, c. 262). — *Sainct Desdier de Joyeuse*, 1506 (Médicis, II, 303). — *La ville de Sainct-Didier au bailliage de Vellay*, 1553 (coll. Chaleyer). — *Sainct-Deidier*, 1561 (terr. de Joyeuse). — *Oppidum S. Desiderii Vallavensis*, 1715 (Gall. chr., II, c. 780). — *Saint-Didier-de-Narestan*, 1720 (Saugrain). — *Sainct-Didier-Nérestang*, 1737 (H^{te}-Loire, B. 49). — *Sainct-Didier-la-Ville*, 1737 (*idem*, B. 50). — *Mont-Franc*, 1793.

En 1789, Saint-Didier-la-Séauve, qui était le siège de l'une des 18 baronnies diocésaines de la province du Velay, appartenait à la subdélégation et sénéchaussée du Puy. Son église paroissiale, diocèse du Puy et archiprêtré de Monistrol-sur-Loire, était consacrée à saint Didier; l'évêque en était collateur.

Saint-Didier-sur-Doulon, c^{on} de Paulhaguet. — *Parochia S. Desiderii*, 1300 (la Chaise-Dieu, Champagnac-le-Vieux). — *S. Disdeyr*, 1379 (compte de B. Flotenc). — *S. Disdier*, 1401 (spic. Br.). — *S. Desdier*, 1669 (*idem*). — *S. Didier*, xviiie s. (Cassini). — *Didier-les-Côtes*, 1793.

En 1789, Saint-Didier-sur-Doulon était compris dans la province d'Auvergne, l'élection et la subdélégation de Brioude et le ressort de Riom. Son église paroissiale, diocèse de Saint-Flour et archiprêtré de Brioude, était sous l'invocation de saint Jean; comme prieure de cette localité, l'abbesse de la Vaudieu présentait à la cure.

Saint-Domnin, lieu dit, c^{ne} de Beaulieu. — *Terroir de Maleys app. Sainct-Dompny*, 1549 (Savin, n^{re}).

Saint-Domnin, lieu dit, c^{ne} de Queyrières. — *Le pré Saint-Dony*, 1677 (cad. de Queyrières).

Saint-Douly, écart, c^{ne} de la Chapelle-Geneste. — *Mansus de Sandelis*, 1316 (la Chaise-Dieu, St-Allyre). — *Sandeli*, 1325 (St-Vosy). — *Sandolis*, 1373 (la Chaise-Dieu, la Chapelle-Geneste). — *Saindoli*, 1416 (*ibid.*). — *Sandoli*, 1449 (terrier de Clavelier).

Sainte-Anne, loc. détr., c^{ne} de Polignac. — *La chapple de Saincte-Anne*, 1524 (hôtel-Dieu).

Prieuré dépendant de l'abbaye de la Chaise-Dieu.

Sainte-Apollonie (Sucs-de-), lieu dit, c^{ne} de Vals-près-le-Puy. — *Terroir de Val app. aux Sucs-Saincte-Apologne*, 1591 (M^{ce} Leblanc, n^{re}). — *Sainte-Poloigne*, 1607 (Robert, n^{re}).

Saint-Éble, c^{ne} de Langeac. — *Santeble*, 1214 (Paoli, cod. dipl., C.). — *Centebla*, xiiie s. (obit. de Br.). — *Parochia de Senteble*, 1310 (Cumignac). — *Sainct-Eble*, 1340 (Baluze, mais. d'Auv., II, 317). — *Saint-Teble*, 1379 (compte de B. Flotenc). — *Saint-Euble*, 1398 (compte de B. Sannadre). — *Saint-Heble*, 1401 (spic. Br.). — *Locus Sancti Ebuli, dioc. S. Flori*, 1458 (Bibl. nat., ms. lat., n. acq., 1222, f° 75). — *La chastellenie du chapitre de S. Flour en la parroisse de Saint-Ebble*, 1511 (coust. d'Auv., f° 81). — *Coupet*, 1793.

En 1789, Saint-Éble appartenait à la province d'Auvergne, à l'élection de Brioude, à la subdélégation de Langeac et au ressort de Riom. Son église paroissiale, diocèse de Saint-Flour et archiprêtré de Langeac, était dédiée à saint Maurice; le prieur de la Voûte-Chilhac présentait à la cure.

Sainte-Catherine (Moulin-), mⁱⁿ sur la Borne, c^{ne} du Puy. — *Molendinum Sancti Agrippani*, 1295 (hospit. du Velay). — *Molendinum voc. de Saint-Agreve*, 1466 (Maltrait, n^{re}). — *Le Molin des religieuzes Saincte-Catherine de Sienne*, 1624 (Duclaux, n^{re}).

Sainte-Croix, chapelle, c^{ne} d'Aurec.

Sainte-Croix, m. i., c^{ne} de Saint-Just-Malmont. — *Goute-Engelée*, 1869 (abbé Theillère, St-Just-Malmont, 24).

Sainte-Eugénie-de-Villeneuve, c^{on} de Paulhaguet. — *Villa Nova*, 1222 (Martène, thes. nov. anecd., I, 897). — *Mansus de Villa Nova, par. S. Juliani de Fis*, 1461 (Bibl. nat., ms. lat., n. acq., 1223, f° 18). — *Viala Nova*, 1491 (Arch. nat., Q. 513, f° 98). — *Villeneufve*, 1511 (coust. d'Auv., f° 81 v°). — *Sainte-Reine-de-Villeneuve*, 1762 (cal. d'Auv., 64). — *Villeneuve-de-Fix*, xviiie s. (Cassini). — *Fix-Villeneuve*, 1820 (Deribier).

En 1789, Sainte-Eugénie-de-Villeneuve appartenait à la province d'Auvergne, à l'élection de Brioude, à la subdélégation de Langeac et au ressort de Riom. Au spirituel, il relevait de la paroisse de Fix-le-Bas.

Une loi du 21 mai 1858 donna à cette commune le nom de Villeneuve, et un décret du 18 février

1860 l'autorisa à porter celui de Sainte-Eugénie-de-Villeneuve.

Sainte-Florine, c^on d'Auzon. — *In cultura de Sancta Florina, in vicaria de Alson, in villa de Seveirag*, xi° s. (cart. de Sauxillanges, n° 677). — *Ecclesia de S. Florina*, xi° s. (*idem*, n° 689). — *Capellanus de S. Fludina*, v. 1110 (*idem*, n° 909). — *Villa de S. Flurina*, 1220 (spic. Br.). — *Conventus monacharum S. Florinæ*, 1293 (*idem*). — *Priorat del Saynta Florina*, 1341 (terr. de Charbonier). — *Sainte-Flourine*, 1401 (spic. Br.). — *Prieuré de S. Fleurine*, 1516 (A. Bruel, pouillés de Cl. et S^t-Fl., p. 271). — *Sainte-Florine*, xviii° s. (Cassini). — *Florine-le-Charbon*, 1793.

En 1789, Sainte-Florine faisait partie de la province d'Auvergne, de l'élection d'Issoire, de la subdélégation de Brioude et du ressort de Riom. Son église paroissiale, diocèse de Saint-Flour et archiprêtré de Brioude, était dédiée à saint Jacques; les religieuses de l'ordre de Fontevrault de Sainte-Florine présentaient à la cure.

Sainte-Luce, lieu dit, au sud de Brunelet, c^ne de Brives-Charensac. — *Las Vignes* ou *Sainte-Luce*, 1760 (communic. de M. Boulangier, avocat). — *Sainte-Luce*, 1778 (Faujas de St-Fond, 413).

Sainte-Magdelaine, chapelle, c^ne de Monistrol-d'Allier. — *Le roc ou couvert de la chapelle Sainte-Magdelaine*, 1717 (Thiolent).

Sainte-Marguerite de la Séauve (**Pierre de**), pèlerinage, à la Brosse, c^ne de Tence.

Sainte-Marie (**Ruisseau de**), affl. de gauche de l'Allier, c^ne de Langeac.

Sainte-Marie-des-Chazes, c^on de Langeac. — *Las Chasas*, 1199 (Baluze, mais. d'Auv., pr. II, 257). — *Parochia B. Mariæ de Rilhaco*, 1398 (carmes du Puy). — *Sainte-Marie*, 1401 (spic. Br.). — *Ecclesia B. Mariæ supra Casas*, 1460 (Bibl. nat., ms. lat., n. acq., 1222, f° 160 v°). — *Le prieuré de S. Marie près le lieu des Chases, dépend. du monast. des Chases*, 1461 (*idem*, f° 204). — *Marie-Pénible*, 1793.

En 1789, Sainte-Marie-des-Chazes était une collecte de la paroisse de Saint-Julien-des-Chazes. Son église paroissiale, diocèse de Saint-Flour et archiprêtré de Langeac, était consacrée à Notre-Dame; on ignore la qualité du présentateur.

Église érigée en succursale, le 20 février 1846.

Sainte-Reine, chapelle à pèlerinage, c^ne de Craponne-sur-Arzon.

Sainte-Reine, m. i., c^ne de Retournac.

Sainte-Sigolène, c^on de Monistrol-sur-Loire. — *Ecclesia S. Segolenæ*, 1164 (Médicis, I, 76). — *Sancta Seglona*, xv° s. (*idem*, II, 167). — *Saincte-Sigolesne*, 1595 (tabl. du Velay, 1873-4, p. 74). — *Sainte-Segolene*, 1695 (capitation). — *Sigolène-les-Bois*, 1793.

En 1789, Sainte-Sigolène faisait partie de la province du Velay, de la subdélégation et sénéchaussée du Puy. Son église paroissiale, diocèse du Puy et archiprêtré de Monistrol-sur-Loire, était dédiée à saint Barthélemy; l'évêque en était collateur.

Sainte-Sigolène (**Fontaine-**), près Sainte-Sigolène. — Pèlerinage pour l'hydropisie et les fièvres.

Saint-Étienne, chapelle, c^ne de Monistrol-d'Allier. — *Ecclesia de Duobus Canibus*, 1145 (tabl. du Velay, 1877-8, 211). — *La chapelle Sainct-Estienne des Deux-Chiens*, 1516 (Arch. nat., G^8*, 2, f° 582 v°). — *Sanctus Stephanus de Duobus Canibus*, 1527 (A. Besseyre, n^re). — *Saint-Étienne*, 1780 (cad. de Vabres).

Saint-Étienne-du-Vigan, c^on de Pradelles. — *Ecclesia S. Stephani*, xi° s. (cart. du Monastier, n° 273). — *Eccl. de S. Stephano de Vigano*, 1348 (J. de Peyre, n^re). — *Villa S. Stephani del Viga*, 1370 (év.). — *Sainct-Estienne-de-Viguan en Vellay, dioc. de Vyvyers*, 1563 (R. Maurin, n^re). — *Vigan-d'Allier*, 1793.

Prieuré dépendant de l'abbaye du Monastier.

En 1789, Saint-Étienne-du-Vigan faisait partie de la province de Vivarais et du bailliage de Villeneuve-de-Berg. Son église paroissiale, diocèse de Viviers et archiprêtré de Sablières, était sous le vocable de saint Étienne; le chapitre cathédral de Viviers nommait à la cure.

Saint-Étienne-Lardeyrol, c^on de Saint-Julien-Chapteuil. — *Parochia S. Stephani de Combroilio*, v. 1010 (cart. de Chamalières, n° 189). — *Capella S. Stephani de Lardeyrol*, 1167 (Gall. chr., II, c. 335). — *Ecclesia S. Stephani prope castrum de Lardayrol*, 1329 (Bonneville). — *S. Stephanus prope Lardayrolium*, 1343 (la Chaise-Dieu, St-Étienne-Lardeyrol). — *Prioratus S. Estephani*, 1470 (Chamblas). — *Sainct-Esteve-de-Lardeyrol*, 1534 (év.). — *Sainct-Stienne*, 1555 (cad. de Mercœur). — *Paroisse de Sainct-Estienne-lès-Montferrat*, 1584 (état civil d'Yssingeaux). — *Freysselier*, 1793.

En 1789, Saint-Étienne-Lardeyrol, qui était un prieuré dépendant de l'abbaye de la Chaise-Dieu, faisait partie de la province du Velay, de la subdélégation et sénéchaussée du Puy. Son église paroissiale, diocèse du Puy et archiprêtré de Monistrol-sur-Loire, était dédiée à saint Étienne; le prieur présentait à la cure.

SAINT-ÉTIENNE-PRÈS-ALLÈGRE, c⁰ⁿ de Paulhaguet. — *Saint-Estienne-près-d'Auroze,* v. 1370 (compte des arrérages du fouage). — *Parochia Sancti Stephani,* 1375 (Arch. nat., S. 3299, n° 2). — *Saint-Estienne,* 1401 (compte de B. Sannadre). — *La paroisse de Saint-Estienne-sur-Aurouze, alias de Sainte-Marguerite,* 1714 (Arch. nat., S. 3300). — *La Vizade,* 1793.

En 1789, Saint-Étienne-près-Allègre, qui était un prieuré dépendant de l'abbaye de la Chaise-Dieu, était compris dans la province d'Auvergne, l'élection de Brioude, la subdélégation de la Chaise-Dieu et le ressort de Riom. Son église paroissiale, diocèse de Saint-Flour et archiprêtré de Brioude, était sous le vocable de sainte Marguerite; la cure était à la présentation du prieur de Mazerat-Aurouze.

Succursale érigée le 12 mars 1826.

SAINT-ÉTIENNE-SUR-BLESLE, c⁰ⁿ de Blesle. — *Ecclesia S. Stephani,* 1185 (sp. Br.). — *Ecclesia S. Stephani prope Blasiliam,* XIV° s. (A. Bruel, reg. de G. Trascol, 155). — *Sainct-Estienne,* 1401 (spic. Brivat.). — *Mont-Étienne,* 1793.

En 1789, Saint-Étienne-sur-Blesle dépendait de la province d'Auvergne, de l'élection et subdélégation de Brioude et du ressort de Riom. Son église paroissiale, diocèse de Saint-Flour et archiprêtré de Blesle, était sous l'invocation de saint Étienne; l'abbesse du monastère de Blesle présentait à la cure.

SAINTE-TRINITÉ (LA), chapelle détr., c⁰ᵉ de Pradelles. — XVIII° s. (Cassini).

SAINT-FERRÉOL, h., c⁰ᵉ de Brioude. — *In loco qui Vinicella voc.,* VI° s. (Greg. Turon., de passione S. Juliani mart.). — *Ad basilicam S. Ferreoli,* VI° s. (idem). — *In loco illo quo b. martyr [Ferreolus] percussus est, fons habetur... in quo et a persecutoribus caput amputatum est, de quibus aquis multæ sanitates tribuuntur infirmis* (idem, de mirac. S. Juliani). — *Vincella,* 920 (cart. de Brioude, ch. 206). — *Ecclesia S. Ferrioli,* XI° s. (idem, ch. 20). — *Villa Sancti Ferreoli,* 1228 (spic. Brivat.). — *S.-Feriol,* 1379 (compte de B. Flotenc). — *Parr. de S. Ferriol,* 1401 (spic. Brivat.). — *S.-Ferreol-les-Minimes,* XVIII° s. (Cassini).

Église paroissiale, à la collation du chapitre de Brioude, réunie, en 1760, à celle de Cohade, sous le nom de Saint-Ferréol de Cohade.

SAINT-FERRÉOL, lieu dit, c⁰ᵉ de Roche-en-Régnier. — *Terra S. Ferreoli juxta ortos villæ de Ursinhac,* 1302 (Arch. nat., P. 494¹, cote 11). — *Mansus de S. Ferriol,* 1333 (Arch. nat., P. 494¹, cote 1).

SAINT-FERRÉOL (LE), affl. de la Vendage, c⁰ᵉˢ de Saint-Laurent-Chabreuges, Brioude et Cohade. — *Les Portes* (cad.).

SAINT-FERRÉOL-D'AUROURE, c⁰ⁿ de Saint-Didier-la-Séauve. — *Villa Sancti Ferreoli,* 1322 (Arch. nat., P. 494¹, cote 44). — *Capellanus S. Ferreoli,* XV° s. (Médicis, II, 167). — *Saint-Ferriol,* XVI° s. (idem, II, 344). — *Saint-Fereol,* XVIII° s. (Cassini). — *Saint-Ferreol,* 1767 (Alm. de Lyon). — *Mont-Sec,* 1793.

En 1789, Saint-Ferréol-d'Auroure était compris dans la province du Forez, la généralité de Lyon et l'élection de Saint-Étienne. Son église paroissiale, diocèse du Puy et archiprêtré de Monistrol-sur-Loire, était sous le vocable de saint Ferréol; le prieur de Firminy nommait à la cure.

SAINT-FORTUNAT, église au Monastier. — *Ecclesia Sancti Fortunati,* XII° s. (cart. du Monastier, n° 42).

SAINT-FRONT, c⁰ⁿ de Fay-le-Froid. — *In pago Vellaico, in arce Sancti Frontonis,* 987 (cart. du Monastier, n° 157). — *Ecclesia de Sancto Frontone,* v. 1095 (ibid., n° 17). — *Prior Sancti Frontonis,* 1255 (ibid., app., n° 449). — *Sanctus Frunto,* 1263 (Monastier-S¹-Chaffre). — *Parochia Sancti Fronti,* 1345 (J. de Peyre, nʳᵒ, reg. D., f° 24 v°). — *Mansus Sancti Frontis,* 1530 (cad. du Monastier). — *Saint-Froant,* 1534 (év.). — *Ardenne-la-Montagne,* 1793.

En 1789, Saint-Front dépendait de la province du Velay, de la subdélégation et sénéchaussée du Puy. Son église paroissiale, diocèse du Puy et archiprêtré de Monistrol-sur-Loire, était sous l'invocation de saint Front; depuis l'année 1096, l'abbé du Monastier présentait à la cure, comme succédant aux droits des seigneurs de Mazengon.

SAINT-FRONT (LAC DE), c⁰ᵉ de Saint-Front. — *Lacus d'Arcona,* 1344 (S¹-Chaffre).

SAINT-FRONT (PEYRON), vaste éboulis de rocs trachytiques, au nord d'Alambre, c⁰ᵉ de Saint-Front. — *Al Peyro S. Fruntonis,* 1263 (Monastier). — *Locus dictus Peyro Frontes,* 1344 (idem).

SAINT-GENEST, m. i., c⁰ᵉ d'Aurec.

SAINT-GENEYS-PRÈS-SAINT-PAULIEN, c⁰ⁿ de Saint-Paulien. — *Parochia S. Genesii de Jaliaco,* 1038 (cart. de Chamalières, n° 235). — *Castrum et eccl. S. Genesii,* 1164 (Médicis, I, 77). — *S. Genezius,* 1331 (J. de Peyre, nʳᵉ, reg. C, f° 65). — *Ecclesia S. Bartholomæi de S. Genesio,* 1336 (S¹-Georges de S¹-Paulien). — *S.-Genès sur S.-Paulain,* 1379 (compte de B. Flotenc). — *S.-Genez de S.-Paulha,* 1401 (spic. Br.). — *Par. S. Genesii secus S. Paulhanum,* 1511 (J. Boyer, nʳᵉ). — *Par. de*

S.-Gineys en Auvergne, 1610 (Robert, n°°). — *S.-Genix*, 1616 (Rhône, H. 2153, f° 967 v°). — *Peyramont*, 1793.

En 1789, Saint-Geneys-près-Saint-Paulien appartenait à la province d'Auvergne, à l'élection de Brioude, à la subdélégation de la Chaise-Dieu et au ressort de Riom. Son église paroissiale, diocèse du Puy et archiprêtré de Saint-Paulien, était consacrée à saint Genès; le chapitre cathédral du Puy présentait à la cure.

Saint-George, lieu dit, c°° de Beaulieu. — *La Varenne de Saint-George*, 1714 (cad. de Laval-Emblavès).

Saint-George, lieu dit, c°° d'Ours-Mons. — *Lo pradal de Saint-Jorge*, 1222 (S¹-Georges du Puy).

Saint-Georges, chapelle, c°° de Saint-Georges-Lagricol.

Saint-Georges-d'Aurac, c°° de Paulhaguet. — *In comitatu Brivatensi, in vicaria de Aurato*, 927 (cart. de Brioude, ch., 174). — *In vicaria Auriacense*, 954 (cart. de Cluny, ch. 876). — *In vicaria de Aurado*, 994 (cart. de Cluny, ch. 2274). — *Aurath, Aurach*, 1078 (spic. Br.). — *Mansus de Aurat*, 1142 (cart. de Pébrac, n° 37). — *Ecclesia S. Georgii de Aurato*, 1289 (spic. Br.). — *Pedagium de S. Georgio de Dorato*, 1366 (Baluze, mais. d'Auv., II, 345). — *S.-George d'Aurat*, 1379 (compte de B. Flotenc). — *S.-George-le-Daurat*, 1398 (compte de B. Sannadre). — *S.-George-le-Dorat*, 1401 (spic. Br.). — *Parochia S. Georgii Deaurati*, 1455 (Bibl. nat., ms. lat., n. acq., 1222, f° 23). — *Aurac*, 1793.

En 1789, Saint-Georges-d'Aurac, qui était un prieuré uni à l'abbaye de Pébrac, appartenait à la province d'Auvergne, à l'élection de Brioude, à la subdélégation de Langeac et au ressort de Riom. Son église paroissiale, diocèse de Saint-Flour et archiprêtré de Langeac, était consacrée à saint Georges; l'abbé de Pébrac en était collateur.

Péage supprimé par arrêt du 26 octobre 1744 au préjudice du seigneur d'Allègre.

Saint-Georges de Saint-Paulien, chapitre collégial et église paroissiale à Saint-Paulien. — *S. Georgius Vetulæ Civitatis*, 1274 (S¹-Agrève). — *Ecclesia S. Georgii de S. Pauliani, Aniciens. dyoc.*, 1331 (J. de Peyre, n°°).

Saint-Georges-Lagricol, c°° de Craponne-sur-Arzon. — *Ecclesia dedicata in honore SS. martirum Agricolæ et Vitalis*, 1098 (cart. de Chamalières, n° 236). — *Sanctus Agricola*, 1213 (*idem*, n° 334). — *Mansus S. Agricolæ*, 1327 (S¹-Mayol). — *Capellanus S. Georgii Agricol*, xv° s. (Médicis, II, 171). — *S. Agricola Craponæ*, 1473 (Richon, n°°). — *La paroisse de Sainct-George près Craponne*, 1481 (Bibl. nat., ms. lat., n. acq., 1224, f° 296 v°). — *Parochia S. Georgii Agricolæ*, 1505 (J. Boyer, n°°). — *La cure de Sainct-Agricolle*, 1554 (la Chaise-Dieu, S¹-G.-Lagricol). — *Saint-Gorge*, 1569 (terr. de N.-D. de Chalencon). — *Saint-George-la-Gricolle*, xviii° s. (Cassini). — *George-l'Agricol*, 1793.

En 1789, Saint-Georges-Lagricol était compris dans la province du Velay, la subdélégation et sénéchaussée du Puy. Son église paroissiale, diocèse du Puy et archiprêtré de Saint-Paulien, était sous le vocable de saint Georges; la cure était à la présentation du prieur de Chamalières.

Saint-Germain-Laprade, c°° sud-est du Puy. — *Prata Sancti Germani prope Podium*, v. 990 (chr. S. Petri de Mon. Anic.). — *Parochia S. Germani*, 1164 (hospit. du Velay). — *Ecclesia et villa S. Germani*, 1164 (Médicis, I, 76). — *S. Jermanus*, 1271 (hôtel-Dieu, B. 146). — *Castrum de Sancto Germano*, 1349 (S¹-Mayol). — *Parochia S. Germani la Prada*, 1477 (Richon, n°°). — *Sainct-Germa*, xv° s. (Médicis, II, 168). — *Sainct-Germe*, 1534 (év.). — *Sainct-Germain-la-Prade en Vellay*, 1539 (Savin, n°°). — *S. Germanus de Pratis*, 1715 (nov. Gall. chr., II, 710). — *Prior S. Germani Pratensis*, 1715 (*ibid.*, II, 770). — *Germain-Laprade*, 1793.

En 1789, Saint-Germain-Laprade faisait partie de la province du Velay, de la subdélégation et sénéchaussée du Puy. Son église paroissiale, diocèse du Puy et archiprêtré de Monistrol-sur-Loire, était dédiée à saint Germain; l'abbé de Doue présentait à la cure.

Saint-Géron, c°° de Brioude. — *Terra S. Gereon*, v. 970 (cart. de Sauxillanges, n° 91). — *S. Geron*, 1281 (J. Lachenal, l'église de Brioude, 16). — *S.-Girom*, 1379 (compte de B. Flotenc). — *S.-Giron*, 1401 (spic. Br.). — *S.-Geron*, 1669 (*idem*). — *Roche-Geron*, 1793.

En 1789, Saint-Géron dépendait de la province d'Auvergne, de l'élection de Brioude, de la subdélégation de Langeac et du ressort de Riom. Son église paroissiale, diocèse de Saint-Flour et archiprêtré de Brioude, était sous l'invocation de saint Géréon; l'évêque en était collateur.

Église érigée le 22 mars 1826 en chapelle vicariale et, le 31 mai 1840, en succursale.

Saint-Giraud (Croix), près Eynac, c°° de Saint-Pierre-Eynac.

Saint-Grimaud, lieu dit, près Pouzas, c°° de Saugues. — *Champs de Saint-Grimald*, 1499 (Thiolent).

Saint-Haon, c^on de Pradelles. — *In patria Vellavensi, in aice qui dicitur Chalmes Ellarias*, 825 (cart. de Brioude, n° 341). — *In Calmesclarias, cum ipsa ecclesia in honore S. Abundi*, 927 (Baluze, mais. d'Auv., II, 20). — *Castrum S. Habundi*, 1164 (Médicis, I, 76). — *S.-Aont*, 1208 (hôtel-Dieu, B. 301). — *Ecclesiæ S. Habundi et S. Katerinæ prope castrum S. Habundi*, 1348 (J. de Peyre, n^re). — *S.-Ahond*, 1506 (Médicis, II, 303). — *S. Habondus*, 1526 (A. Besseyre, n^re). — *S.-Ahon*, 1530 (H^te-Loire, E.). — *S.-Tavung*, 1585 (J. Doleson, n^re). — *Laparro*, 1793.

En 1789, Saint-Haon appartenait à la province du Velay, à la subdélégation et sénéchaussée du Puy. Son église paroissiale, diocèse du Puy et archiprêtré de Solignac-sur-Loire, était consacrée à saint Haon; le chapitre cathédral du Puy présentait à la cure.

Saint-Haon, lieu dit, c^ne de Prades. — *Terroir de Saint-Ahom*, 1545 (terrier de Prades).

Saint-Haon (Le), affl. de l'Allier, c^ne de Saint-Haon.

Saint-Hilaire, c^on d'Auzon. — *Ecclesia S. Hilarii*, xie s. (cart. de Brioude, ch. 8). — *Sainct-Alary*, 1379 (compte de B. Flotenc). — *Prior S. Ilarii supra Alzonium*, 1397 (la Chaise-Dieu, Azerat). — *Saint-Alire*, 1398 (compte de B. Sannadre). — *Saint-Alaire près d'Auzon*, 1401 (spic. Brivat.). — *S. Ylerus*, 1480 (Bibl. nat., ms. lat., n. acq., 1224, f° 242 v°). — *Mont-Hilaire*, 1793.

En 1789, Saint-Hilaire était compris dans la province d'Auvergne, l'élection d'Issoire, la subdélégation de Saint-Amand-Roche-Savine et le ressort de Riom. Son église paroissiale, diocèse de Saint-Flour et archiprêtré de Brioude, était sous le vocable de saint Hilaire; la cure était à la présentation du prieur, dont le bénéfice était possédé par l'abbaye de la Chaise-Dieu.

Saint-Hippolyte, lieu dit, c^ne de Vals-près-le Puy. — *Las Crozas sive Sanctus Apollitrus*, 1337 (St-Georges du Puy).

Saint-Hostien, c^ne de Saint-Julien-Chapteuil. — *Parochia S. Ustiani*, 1224 (Bibl. nat., ms. lat., n. acq., 12745, f° 405). — *Prior S. Sustiani*, 1310 (Lardeyrol). — *Prior S. Hostiani prope castrum de Lardayrol*, 1319 (Lardeyrol). — *Saint-Sustia*, 1468 (idem). — *Sainct-Sustie*, 1534 (év.). — *Sainct-Sustien en Vellay*, 1547 (Savin, n^re). — *Sainct-Heustien*, 1549 (idem). — *Sainct-Hestien*, 1585 (Johany, n^re). — *Sainct-Hustion*, [1633

(Barret, n^re). — *Saint-Ostien*, xviiie s. (Cassini). — *Mont-Pigier*, 1793.

En 1789, Saint-Hostien, qui était un prieuré appartenant à l'abbaye de la Chaise-Dieu, faisait partie de la province du Velay, de la subdélégation et sénéchaussée du Puy. Son église paroissiale, diocèse du Puy et archiprêtré de Mouistrol-sur-Loire, était dédiée à saint Barthélemy; le prieur présentait à la cure.

Sainthou (Moulin-de-), m^in sur le Pontajou, c^ne de Saugues.

Saintignac, vill., c^ne de Retournac. — *Sanctinac*, v. 1085 (cart. de Chamalières, n° 331). — *Villa quæ vocatur Sentiniacus*, v. 1158 (idem, n° 69). — *Sanctinacum*, 1213 (idem, n° 329). — *Santinhac*, 1323 (Arch. nat., P. 494^1, cote 59). — *Sanctinhac*, 1333 (Arch. nat., P. 494^1, cote 2). — *Sainct-Tyniac, Sainct-Thyniac*, 1514 (obit. de Bas). — *Saint-Ignac*, 1860 (état-major).

Saintignac, m. i., c^ne de Saint-Didier-la-Séauve. — *Sainte-Ignace*, 1879 (carte adm.).

Saint-Ilpize, c^on de la Voûte-Chilhac. — *Castrum S. Illidii (Ilpidii)*, 1238 (Baluze, mais. d'Auv., II, 260). — *Castrum de S. Ilpidiu*, 1262 (idem, II, 268). — *S. Alpisius*, 1262 (spic. Br.). — *Seint-Ulpise*, 1327 (Bibl. nat., ms. fr., 14377, p. 21). — *Sent-Olpizi, Saint-Eolpizi*, 1339 (idem, p. 189 et 197). — *Castrum de S. Ulpisio*, 1362 (Arch. nat., JJ. 91, n° 307). — *Prioratus S. Ylpidii*, 1365 (spic. Brivat.). — *S.-Ulplise*, 1379 (compte de B. Flotenc). — *Le Chastel de S.-Ylpide en Auvergne*, 1380 (Arch. nat., JJ. 117, n° 117). — *Ecclesia B. Mariæ Magdalenæ S. Ylpidii*, 1387 (Arch. nat., Z^2. 4144, p. 229). — *Castrum S. Ulpidii*, 1392 (idem, 4145, p. 278). — *S.-Ulpize*, 1401 (spic. Br.). — *S.-Aupize*, xve s. (Bibl. nat., ms. fr., 22297, p. 285). — *Ecclesia B. Mariæ Magdalenæ villæ S. Ilpidii*, 1467 (Arch. nat., ZZ. 359, p. 91). — *S.-Ilpise*, 1511 (coust. d'Auv., f° 81 v°). — *S.-Aulpige en Alvergnhe*, 1566 (R. Maurin, n^re). — *S.-Elpize*, 1699 (état civ. de Mercœur). — *Roc-Libre*, 1793.

En 1789, Saint-Ilpize, qui était une seigneurie appartenant aux dauphins d'Auvergne et relevant en fief des chanoines comtes de Brioude et en arrière-fief du duché d'Auvergne, dépendait de la province d'Auvergne, de l'élection et subdélégation de Brioude et du ressort de Riom. Son église paroissiale, diocèse de Saint-Flour et archiprêtré de Brioude, était sous l'invocation de sainte Marie-Madeleine; l'abbé de Pébrac présentait à la cure.

Saint-Ilpize (Moulin-de-), m^in sur l'Allier, c^ne de

Saint-Ilpize. — *Molendina S. Ylpidii*, 1335 (Arch. nat., T. 142³). — *Les Molins de Monseigneur*, 1476 (Arch. nat., Z². 4151, p. 836).

Saint-Jean, lieu dit, à Pouzols, cⁿᵉ de Saint-Berain. — *Codercus vocat. de Sancto Johanne*, 1393 (Chamblas).

Saint-Jean (Le), affl. de l'Arzon, cⁿᵉˢ de Saint-Jean-d'Aubrigoux et de Craponne-sur-Arzon.

Saint-Jean (Moulin-), mⁱⁿ sur le Dolaizon, cⁿᵉ du Puy. — *Molendinum pauperum hospitalis Hierusalem juxta hospitale Aniciense Sancti Sepulcri*, 1162 (cart. des hospitaliers). — *Molendinum S. Johannis*, 1332 (*idem*).

Saint-Jean (Peyron-), l. détr., cⁿᵉ de Saint-Pierre-Duchamp. — *Petra S. Johannis*, xiiiᵉ s. (cart. de Chamalières, n° 325). — *Mansus del Peyro S.-Johan*, 1265 (Arch. nat., P. 494¹, cote 36). — *Lo Peyro S.-Joan prope mansum de la Monzia*, 1345 (Arch. nat., P. 494¹, cote 19).

Saint-Jean (Ravin de), affl. de l'Allier, cⁿᵉ de Saint-Jean-Lachalm.

Saint-Jean-d'Aubrigoux, cᵒⁿ de Craponne-sur-Arzon. — *Ecclesia S. Johannis deus Bracos*, 938 (cart. de Chamalières, n° 253). — *In pago Arvernico, in vicaria Livratensi, in villa quæ dicitur S. Johannis ad Braconos*, 940 (cart. du Monastier, n° 54). — *Villa S. Johannis de Bracos*, 1163 (cart. de Chamalières, n° 72). — *Ecclesia S. Johannis de Bracas*, 1179 (cart. du Monastier, app., n° 442). — *Ad Brachones*, 1213 (cart. de Chamalières, n° 317). — *Ecclesia S. Johannis de Bracoa*, v. 1343 (cart. du Monastier, app., n° 452). — *S.-Jehan des Bregoux*, 1401 (spic. Brivat.). — *S.-Jehan deus Bregos*, 1406 (Hᵗᵉ-Loire, E.). — *S.-Jehan dous Bregoux*, 1511 (coust. d'Auv., f° 78 v°). — *S. Jean lous Brigous*, 1670 (Arch. nat., P. 502, cote 58). — *S.-Jean-Daubrigoux*, 1740 (calend. d'Auv.). — *S.-Jean des Brigoux*, 1762 (*idem*). — *Ous Brigoux*, 1793.

En 1789, Saint-Jean-d'Aubrigoux était compris dans la province d'Auvergne, l'élection d'Issoire, la subdélégation de Saint-Amand-Roche-Savine et le ressort de Riom. Son église paroissiale, diocèse de Clermont et archiprêtré de Livradois, était sous le vocable de saint Jean; la cure était à la présentation du prieur de Chamalières.

Saint-Jean-de-Nay, cᵒⁿ de Loudes. — *Ecclesia Nai*, 1179 (cart. du Monastier, app., n° 442). — *Ecclesia de Nai*, 1262 (spic. Br.). — *La paroisse de Nay*, 1401 (ibid.). — *De Nayo*, 1513 (J. Boyer, nⁱʳᵉ). — *S.-Jean-de-Nay*, 1733 (Hᵗᵉ-Loire, B. 45). — *Nay-la-Montagne*, 1793.

En 1789, Saint-Jean-de-Nay faisait partie de la province d'Auvergne, de l'élection de Brioude, de la subdélégation de Langeac et du ressort de Riom. Son église paroissiale, diocèse du Puy et archiprêtré de Saint-Paulien, était dédiée à saint Jean; l'abbé du Monastier présentait à la cure.

Saint-Jean-Lachalm, cᵒⁿ de Cayres. — *Parochia in honore S. Johannis Domini præcursoris consecrata*, 1025 (spic. Br.). — *Parochia S. Johannis de Mirmanda*, 1163 (hospit. du Velay). — *S. Johannes*, 1225 (hôtel-Dieu, B. 305). — *S. Johannes à la Chalm*, 1256 (Thiolent). — *S. Johannes de la Chalm*, 1288 (Arch. nat., P. 1376¹, cote 2631). — *Ecclesia S. Johannis de Calma*, 1293 (cordeliers). — *Prioratus de Calmo*, xivᵉ s. (bibl. Cluniac., 1739). — *S. Jean-la-Chalin*, 1587 (Sigaud, nʳᵉ). — *Prieuré de S.-Jean-de-Lachaut*, v. 1660 (fact. jud.). — *Lachalm-la-Montagne*, 1793.

En 1789, Saint-Jean-Lachalm dépendait de la province du Velay, de la subdélégation et sénéchaussée du Puy. Son église paroissiale, diocèse du Puy et archiprêtré de Solignac-sur-Loire, était sous l'invocation de saint Jean; le prieur, qui relevait de l'abbaye de la Voûte-Chilhac, présentait à la cure.

Saint-Jean-la-Chevalerie, anc. commʳⁱᵉ de l'O. S. J. J., au Puy. — *Domus Aniciensis Hospitalis Jherusalem*, 1153 (hospit. du Velay). — *Domus Podiensis Hospitalis Hierusalem*, 1159 (*idem*). — *Hospitale Podii*, 1163 (*idem*). — *Domus Hospitalis S. Johannis*, 1215 (*idem*). — *Hospitale S. Johannis Jherosolimitani Aniciensis*, 1248 (*idem*). — *Domus ordinis S. Johannis Jherosolymitani Anicii*, 1347 (*idem*). — *Un lieu lez la ville du Puy, nommé S.-Jehan de la Chevalerie, ouquel lieu est l'église de S.-Jehan*, 1388 (*idem*). — *Domus S. Johannis Anicii vocata la Chavalaria prope Anicium*, 1424 (*idem*). — *La place de S.-Jehan-la-Chevalerie hors les murs de la ville du Puy*, 1493 (mairie du Puy). — *Domus S. Johannis de Militia secus Anicium*, 1513 (hospit. du Velay). — *La commandarie de S.-Jehan de Jherusalem, desdiée à l'honneur de S. Jehan-Baptiste, que est perroisse*, 1544 (Médicis, II, 276).

Membre, depuis 1313, de la commanderie de Devesset.

Saint-Jeure, cᵒⁿ de Tence. — *Parrochia S. Georgii*, v. 1020 (cart. de Chamalières, n° 57). — *Ecclesia de S. Georgio*, 1153 (gr. cart. d'Ainay, p. 50). — *Villa S. Jori* ou *S. Jueri*, 1314 (év.). — *Parochia de S. Jeurio*, 1324 (cart. de Tence, f° 2 v°). — *S. Jeorius*, 1368 (év.). — *Locus S. Jeorii de*

Bonassio, 1455 (Pradier, n°). — *Sainct-Jeure*, 1507 (év.). — *Sainct-Juyre de Bonas*, 1550 (Rhône, D. 150). — *Sainct-Jeury*, 1595 (Galien, n°). — *Sainct-Jurre*, 1713 (Rhône, D. 150). — *Mounier*, 1793.

En 1789, Saint-Jeure appartenait à la province du Velay, à la subdélégation et sénéchaussée du Puy. Son église paroissiale, diocèse du Puy et archiprêtré de Monistrol-sur-Loire, était consacrée à saint Jeure, *alias* saint Georges; comme succédant aux droits du collège des jésuites de Lyon, depuis 1762, l'évêque du Puy en était collateur.

Saint-Julia, loc. détr., c° de Saint-Maurice-de-Lignon. — *Mansus Sancti Juliani*, 1027 (cart. de Chamalières, n° 97). — *Mansus Sancti Julhani*, 1383 (év.). — *Saint-Julia*, 1505 (tabl. du Velay, 1874-5, p. 332).

Saint-Julien, vill., c° de Bas. — *Prior S. Juliani de Bas*, 1259 (cart. de S'-Sauveur-en-Rue, p. 120). — *Prioratus S. Juliani prope Bas*, 1329 (J. de Peyre, n°). — *Prior S. Julhani*, 1516 (Arch. nat., G°*, 1, f° 440). — *S.-Julhien ou mand. de Rochebaron*, 1538 (obit. de Bas).

Prieuré dépendant de l'abbaye de la Chaise-Dieu et uni à celui de Saint-Sauveur-en-Rue.

Chapelle de N.-D. de Bon-Secours.

Saint-Julien, m° sur la Gazeille, c° du Monastier.

Saint-Julien (Le), ruiss., affl. de la Sumène, c° de Montusclat et de Saint-Julien-Chapteuil. — *Le Fraysse* (cad.).

Saint-Julien (Ravin-du-), affl. de la Loire, c° de Bas.

Saint-Julien (Scie-de-), scierie sur le Picat, c° de Saint-Julien-Mollesabate.

Saint-Julien-Chapteuil, arr. du Puy. — *Domus S. Juliani*, 1220 (év.). — *Ecclesia S. Juliani de Captolio*, 1223 (S'-Vosy). — *S. Julianus de Capitolio*, 1281 (la Chaise-Dieu, S'-Paul-de-Tartas). — *Chapteuls*, 1381 (spic. Br.). — *Pedagium S. Juliani prope Captolium*, 1385 (év.). — *S. Julianus de Captholio*, 1390 (év.). — *Sainct-Julhen*, 1507 (év.). — *Sainct-Jollie de Chapteulh*, 1534 (év.). — *Sainct-Julhen de Chapteulh en Vellay*, 1544 (Savin, n°). — *Mont-Mégal*, 1793.

En 1789, Saint-Julien-Chapteuil était compris dans la province du Velay, la subdélégation et sénéchaussée du Puy. Son église paroissiale, diocèse du Puy et archiprêtré de Monistrol-sur-Loire, était sous le vocable de saint Julien; le prieur, dont le bénéfice relevait de l'abbaye de la Chaise-Dieu, présentait à la cure.

Saint-Julien-d'Ance, c° de Craponne-sur-Arzon. — *Parochia Sancti Juliani*, v. 1021 (cart. de Chama-

lières, n° 233). — *Parochia Sancti Juliani d'Ansa*, 1311 (Arch. nat., P. 1397², cote 572). — *Sant-Jolia-d'Anse*, 1507 (év.). — *Par. de Sanct-Julien-d'Ansa en Vellay*, 1545 (Savin, n°). — *Sainct-Julien-d'Ansse*, 1572 (A. Boyer, n°). — *Ecclesia Sancti Juliani de Ansa*, 1715 (Gall. christ., II, 770). — *Montdance* (1793).

En 1789, Saint-Julien-d'Ance faisait partie de la province du Forez, de la généralité de Lyon et de l'élection de Montbrison. Son église paroissiale, diocèse du Puy et archiprêtré de Saint-Paulien, était dédiée à saint Paulien; comme prieur de cette localité, l'abbé de Doue présentait à la cure.

Saint-Julien-des-Chazes, c° de Langeac. — *La paroisse des Chazes*, 1401 (spic. Br.). — *Saint-Jolia*, 1455 (Bibl. nat., ms. lat., n. acq., 1222 f° 23 v°). — *Parochia S. Juliani de Casis*, 1456 (idem, f° 31 v°). — *S.-Julhien-des-Chases*, 1463 (spic. Br.). — *S.-Julhien en Auvergne*, 1587 (J. Doleson, n°). — *Les Chazes-sur-Allier*, 1793.

En 1789, Saint-Julien-des-Chazes dépendait de la province d'Auvergne, de l'élection de Brioude, de la subdélégation de Langeac et du ressort de Riom. Son église paroissiale, diocèse de Saint-Flour et archiprêtré de Langeac, était sous l'invocation de saint Julien; la cure était à la présentation de l'abbé de la Chaise-Dieu.

Saint-Julien-du-Pinet, c° d'Yssingeaux. — *Prior S. Juliani de Pineto*, 1303 (Gall. christ., II, eccl. Anic., col. 721). — *Parochia S. Juliani al Pinet*, 1451 (Rhône, H. 2633). — *Prior S. Julhani de Pineto*, 1516 (Arch. nat., G°*, 1, f° 439 v°). — *Mont-Alibert*, 1793.

En 1789, Saint-Julien-du-Pinet appartenait à la province du Velay, à la subdélégation et sénéchaussée du Puy. Son église paroissiale, diocèse du Puy et archiprêtré de Monistrol-sur-Loire, était consacrée à saint Julien; comme succédant aux droits du prieur, après 1626, l'évêque du Puy en était collateur.

Saint-Julien-la-Tourrette, h., c° de Saint-Pal-de-Mons. — *Prior Turretæ*, 1258 (cart. de S'-Sauveur-en-Rue). — *Sanctus Julianus de Turreta*, 1381 (spic. Br.). — *Saint-Julhen*, 1695 (capitation). — *S.-Julien-de-la-Torette*, 1762 (calend. d'Auv., p. 10).

Prieuré dépendant de la Chaise-Dieu.

Saint-Julien-Mollesabate, c° de Montfaucon. — *S. Julianus Molhassabata*, 1408 (év.). — *Parochia S. Juliani de Molhasabata*, 1466 (Rivière, n°). — *Curatus de Molia Sabatha*, 1516 (Arch.

nat., G⁸*, 1, f° 437). — *Sainct-Julien*, 1553 (ress. de Montfaucon). — *Saint-Julien-Mo-lhesabatte*, xviiiᵉ s. (Cassini). — *Molhesabate* (1793).

En 1789, Saint-Julien-Molhesabate faisait partie de la province du Velay, de la subdélégation et sénéchaussée du Puy. Son église paroissiale, diocèse du Puy et archiprêtré de Monistrol-sur-Loire, était dédiée à saint Julien; le collège du Puy qui présentait à la cure, avait remplacé comme présentateur, en 1762, les jésuites.

Saint-Just-Malmont, cᵒⁿ de Saint-Didier-la-Séauve. — *Ecclesia Sancti Justi in Jaresio*, 1213 (la Mure, hist. eccl. du dioc. de Lyon, p. 213). — *Ecclesia S. Justi en Vellay*, xiiiᵉ s. (cart. de Savigny, II, 904). — *Domus S. Justi en Velay*, 1290 (Arch. nat., P. 493, cote 45). — *Villa S. Justi supra Ferminio*, 1314 (Arch. nat., P. 492³, cote 179). — *Domus S. Justi in Vellavia*, 1318 (Arch. nat., P. 491¹, cote 49). — *Parochia S. Justi prope Valleviam*, 1539 (coll. Chaleyer). — *S. Just-lez-Velais*, xviiiᵉ s. (cart. de Savigny, II, 1034). — *S. Just-lès-Velay*, xviiiᵉ s. (Cassini). — *Mont-Blanc*, 1793.

En 1789, Saint-Just-Malmont dépendait de la province du Forez, de la généralité de Lyon et de l'élection de Saint-Étienne. Son église paroissiale, diocèse de Lyon et archiprêtré de Jarez, était sous l'invocation de saint Just; l'archevêque de Lyon en était collateur.

Saint-Just-près-Brioude, cᵒⁿ de Brioude. — *In vicaria Brivatense, ecclesia quæ ab incolis vocitatur Luciag, quæ est in honore S. Justi fundata*, 1011 (cart. de Brioude, ch. 323). — *Ecclesia S. Justi*, 1139 (cart. de Pébrac, n° 29). — *La vila de Saynt-Justz*, 1341 (terr. de Charbonnier). — *Just-l'Égalité*, 1793.

En 1789, Saint-Just-près-Brioude était compris dans la province d'Auvergne, l'élection et subdélégation de Brioude et les ressorts de Riom et de Montpensier. Son église paroissiale, diocèse de Saint-Flour et archiprêtré de Brioude, était sous le vocable de saint Just; la cure était à la présentation de l'abbé de Pébrac.

Saint-Laurent-Chabreuges, cᵒⁿ de Brioude. — *Parrochia Sancti Laurentii prope Brivatam*, 1429 (terr. du doyenné de Brioude, f° 48). — *Sainct-Laurent-près-Brioude*, 1670 (spic. Br.). — *Chabreuge*, 1793.

En 1789, Saint-Laurent-Chabreuges était compris dans la province d'Auvergne, l'élection et subdélégation de Brioude et le ressort de Riom.

Son église paroissiale, diocèse de Saint-Flour et archiprêtré de Brioude, était sous le vocable de saint Blaise.

Saint-Léger, écart, cⁿᵉ de Sainte-Sigolène. — *Saint-Lagier*, 1695 (capitation).

Saint-Léger, h., cⁿᵉ de Sembadel. — *Ecclesia Sancti Liautgerii*, 1252 (Sᵗ-Agrève). — *Locus S. Leodegurii*, 1324 (J. de Peyre, nʳᵉ). — *S.-Liegier, S.-Litgier, S.-Lutgier*, 1379 (compte de Bertrand Flotenc). — *S.-Ligier*, 1401 (spic. Brivat.). — *Curatus S. Ligerii*, 1506 (Arch. nat., G⁸*, 1, f° 441 v°). — *Sainct-Lagier*, 1561 (J. Chalvon, nʳᵉ). — *Léger-les-Côtes*, 1793.

Commune supprimée les 25-30 mai 1843 et réunie à celle de Sembadel.

Saint-Marcel, h., cⁿᵉ d'Espaly-Saint-Marcel. — *Ecclesia S. Marcelli*, 1256 (év.). — *Sainct-Marcel lez la ville du Puy*, 1549 (R. Maurin, nʳᵉ). — *Saint-Marsel*, 1638 (Demans, nʳᵉ). — *Marcel* (1793).

En 1789, Saint-Marcel possédait une église paroissiale, diocèse du Puy et archiprêtré de Saint-Paulien, sous le vocable de saint Marcel; le chapitre cathédral du Puy en était collateur.

Saint-Marsal, vill., cⁿᵉ de Saint-Julien-Chapteuil. — *Mansus de Saynt-Marsal*, 1343 (év.). — *Mansus S. Marcialis*, 1372 (Sᵗ-Agrève). — *S.-Marssal*, 1568 (Savin, nʳᵉ). — *S.-Marcial*, 1596 (Mᶜᵉ Leblanc, nʳᵉ).

Saint-Martial, m. i., cⁿᵉ de Grazac.

Saint-Martin, h., cⁿᵉ de Saint-Pal-de-Mons.

Saint-Martin, lieu dit, cⁿᵉ de Siaugues-Saint-Romain. — *Iter quo itur de Fargiis ad territorium vocat. de Saint-Marti*, 1464 (Bibl. nat., ms. lat., n. acq., 1223, f° 168 v°).

Saint-Martin (L'Étable), lieu-dit, près Planzolle, cⁿᵉ de Léotoing. — 1756 (cad. de Léotoing).

Saint-Martin (Le Pas-), lieu dit, cⁿᵉ de Séneujols. — *Pratum situm in territorio de Bonofonte, appellatum Pratum de Passu S. Martini*, 1346 (J. de Peyre, reg. D, f° 90 v°).

Saint-Martin (Pierre de), près l'Herbret, cⁿᵉ de Saint-Just-Malmont. — Roche à bassins, où les nourrices apportent en pèlerinage leurs enfants trop lents à marcher.

Saint-Martin (Suc-), montic., cⁿᵉ de Beaulieu. — *Lo Suc S. Martini*, 1299 (hôtel-Dieu, B. 355). — *Lo Suc S.-Marti*, 1330 (idem, B. 433). — *Le Suc S.-Martin*, 1555 (cad. de Mercœur).

Saint-Martin-de-Fugères, cᵒⁿ du Monastier. — *Villa quæ dicitur Falgerias, in pago Vellaico*, v. 1000 (cart. du Monastier, n° 187). — *Parochia S. Martini de Feugeriis*, 1268 (Monastier). — *Sanctus Martinus de Feugeyras*, 1377 (S*t*-Mayol). — *Saynt-Marti de Feugeyras*, 1408 (compois du Puy). — *Parrochia S. Martini de Frugeriis*, 1472 (Maltrait, n*re*). — *Sanctus Martinus de Frugeiras*, xv° s. (Médicis, II, 171). — *Sanctus Martinus de Fougeyras*, 1510 (G. Maurin, n*re*). — *Peroche de Sainct-Marty*, 1518 (hôtel-Dieu). — *Prioratus regularis S. Martini Frugeriarum deppen. a monasterio Doœ*, 1520 (Gelet, n*re*). — *Sanctus Martinus Feugeriarum*, 1530 (J. Nicolas, n*re*). — *Sainct-Martin-Faugeyres*, 1534 (év.). — *Sainct-Martin-de-Faugières*, 1580 (A. Boyer, n*re*). — *Saint-Martin-de-Feugières*, 1602 (A. Robert, n*re*). — *Sainct-Martin-de-Fugères*, 1680 (Surrel, n*re*). — *Prior S. Martini de Fugeriis*, 1715 (Gall. chr., II, 770). — *Martin-de-Fugères*, 1793.

En 1789, Saint-Martin-de-Fugères faisait partie de la province du Velay, de la subdélégation et sénéchaussée du Puy. Son église paroissiale, diocèse du Puy et archiprêtré de Solignac-sur-Loire, était dédiée à saint Martin; l'abbé de Doue présentait à la cure, comme prieur de cette localité.

Saint-Maurice, mont. et église ruinée, c*ne* de Coubon. — *Ecclesia S. Mauricii*, 1179 (cart. du Monastier, app., n° 442). — *Eccl. S. Mauricii secus Bousolium, membrum dependens a prioratu S. Petri de Monasterio Anicii*, 1484 (S*t*-Pierre-le-Monastier). — *Le roc app. de S.-Mourice*, 1547 (Savin, n*re*). — *La chapelle S.-Maurice*, 1707 (cad. de Bouzols).

Saint-Maurice, chât., c*ne* de la Voûte-Chilhac.

Saint-Maurice-de-Lignon, c*on* de Monistrol-sur-Loire. — *Villa de Podenciago, in territorio Bassensi*, 940 (cart. de Chamalières, n° 106). — *Parrochia Sancti Mauricii de Proenciaco*, 1027 (*idem*, n° 97). — *Parrochia Sancti Mauricii de Poenzac*, v. 1163 (hospitaliers du Velay). — *Prioratus Sancti Mauricii en Poensac*, 1285 (la Chaise-Dieu, S*t*-Maurice-de-Lignon). — *Ecclesia Sancti-Mauricii de Linhone*, 1329 (J. de Peyre, n*re*). — *Curatus Sancti Maurizi de Lhinone*, 1408 (év.). — *Capellanus Sancti Mauricii de Linho*, xv° s. (Médicis, II, 168). — *Saint-Mourisy*, 1507 (év.). — *Maurice-de-Lignon* (1793).

En 1789, Saint-Maurice-de-Lignon était compris dans la province du Velay, la subdélégation et sénéchaussée du Puy. Son église paroissiale, diocèse du Puy et archiprêtré de Monistrol-sur-Loire, était sous le vocable de saint Maurice; le prieur, dont le bénéfice relevait de l'abbaye de la Chaise-Dieu, présentait à la cure.

Saint-Maurice-de-Roche, vill., c*ne* de Roche-en-Régnier. — *Ecclesia S. Mauricii*, 1087 (cart. de Chamalières, n° 195). — *Eccl. S. Mauricii de Roca*, 1179 (cart. du Monastier, app., n° 442). — *Prior S. Mauricii prope Rocham*, 1268 (Arch. nat., P. 493*bis*, cote 104). — *Capellanus S. Mauricii de Rupe*, xv° s. (Médicis, II, 171). — *S. Mauricius Rupis*, 1514 (J. Boyer, n*re*). — *Prior S. Mauricii de Rocha*, 1516 (Arch. nat., G*8*, 1, f° 443 v°). — *Locus S. Mauricii Ruppis en Reynier*, 1559 (Vacharel). — *Maurice-de-Roche-Marat*, 1793.

En 1789, Saint-Maurice-de-Roche possédait une église paroissiale, dédiée à saint Maurice et dépendant de l'archiprêtré de Saint-Paulien; le prieur présentait à la cure.

Saint-Médard, h., c*ne* de Saint-Haon. — *Ecclesia S. Medardi*, 1348 (J. de Peyre, n*re*). — *Curatus S. Medardi prope Aligerim*, 1516 (Arch. nat., G*8*, 1, f° 444). — *Prieur de S.-Mezard d'Alyer*, 1546 (Monastier).

Prieuré dépendant de l'abbaye du Monastier-Saint-Chaffre.

Saint-Méga, lieu dit, c*ne* de Saugues. — *Lo Sochas de Saint-Méga*, 1499 (Thiolent).

Saint-Mérat (Le), ruiss., prend naissance dans le département de la Loire, entre dans celui de la Haute-Loire près de Tracol et se jette dans le Riotord au nord-ouest de Riotord.

Saint-Meyrat, vill., c*ne* de Riotord. — *Sanctus Mayras*, v. 1095 (cart. de S*t*-Sauveur-en-Rue). — *Sanctus Mœranus*, 1265 (*idem*). — *Sant-Meyras*, 1267 (*idem*).

Saint-Michel, m*on* de camp., c*ne* de Brives-Charensac.

Saint-Pal, m. i., c*ne* de Vieille-Brioude. — *In comitatu Brivatense, in eadem vicaria, in cultura de Septem Pollas*, 964 (cart. de Sauxillanges, ch. 87). — *Villa quæ dicitur Septem Pollis*, xi° c. (cart. de Brioude, ch. 16).

Saint-Pal-de-Chalencon, c*on* de Bas. — *Parochia S. Pauli*, 1037 (cart. de Chamalières, n° 208). — *Castrum de S. Paulo*, 1264 (Arch. nat., P. 492², c. 160). — *Le Chastel de S.-Pal*, 1472 (Arch. nat., P. 1400¹, c. 847). — *Capellanus S. Pauli de Chalenco*, xv° s. (Médicis, II, 170). — *S. Pal-de-Chalencon*, xvi° s. (*idem*, II, 343). — *Prioratus S. Pauli de Chalanconio*, 1516 (Arch. nat., G*8*, 1, f° 442 v°). — *S.-Paul-en-Chalencon*, 1540 (terr. de S*t*-Pal). — *Montalet*, 1793.

En 1789, Saint-Pal-de-Chalencon dépendait de la province du Forez, de la généralité de Lyon, de l'élection et bailliage de Montbrison. Son église paroissiale, diocèse du Puy et archiprêtré de Saint-Paulien, était sous l'invocation de saint Paul; comme succédant aux droits de l'abbé de la Chaise-Dieu, depuis 1787, l'évêque en était collateur.

SAINT-PAL-DE-MONS, c⁰ⁿ de Saint-Didier-la-Séauve. — *Ecclesia S. Pauli*, 1167 (Gall. chr., II, c. 335). — *S. Paulus juxta Montes*, 1251 (cart. de S'-Sauveur-en-Rue, p. 70). — *Capellanus S. Pauli juxta Montz*, 1251 (la Chaise-Dieu, S'-Sauveur-en-Rue). — *Terra de Saynt-Paules*, 1285 (Arch. nat., J. 1086, c. 22). — *S. Paulus prope Mons*, 1390 (év.). — *Pal-de-Mons*, 1793.

En 1789, Saint-Pal-de-Mons appartenait à la province du Velay, à la subdélégation et sénéchaussée du Puy. Son église paroissiale, diocèse du Puy et archiprêtré de Monistrol-sur-Loire, était consacrée à saint Paul; l'abbé de la Chaise-Dieu présentait à la cure.

Prieuré appartenant à l'abbaye de la Chaise-Dieu.

SAINT-PAL-DE-MURS, c⁰ⁿ de la Chaise-Dieu. — *Ecclesia S. Pauli de Murs*, 1252 (S'-Agrève). — *Parochia S. Pauli prope castrum de Murs, Aniciensis dioc.*, 1275 (spic. Br.). — *Saint-Paul*, 1379 (compte de Bertrand Flotenc). — *Saint-Poul*, 1401 (spic. Br.). — *Pal-Sénoire*, 1793.

En 1789, Saint-Pal-de-Murs était compris dans la province d'Auvergne, l'élection de Brioude, la subdélégation de la Chaise-Dieu et le ressort de Riom. Son église paroissiale, diocèse du Puy et archiprêtré de Saint-Paulien, était sous le vocable de saint Paul; l'abbé de la Chaise-Dieu présentait à la cure.

Prieuré appartenant à l'abbaye de la Chaise-Dieu.

SAINT-PAUL-DE-TARTAS, c⁰ⁿ de Pradelles. — *S. Paulus*, 1234 (la Chaise-Dieu, S'-Paul-de-Tartas). — *S. Paulus de Tartassio*, 1282 (*idem*). — *Prior S. Pauli de Turtascio*, 1304 (*idem*). — *Parochia S. Pauli de Tartacio*, 1402 (Arch. nat., P. 1399¹, c. 751). — *Le Tartas*, 1567 (Doleson, n⁰ˢ). — *Sainct-Pol-de-Tartas*, 1569 (A. Boyer, n⁰ˢ). — *S.-Pal-de-Tartas*, 1591 (tit. de Surrel). — *Mont-Tartas*, 1793.

En 1789, Saint-Paul-de-Tartas faisait partie de la province du Vivarais et du bailliage de Villeneuve-de-Berg. Son église paroissiale, diocèse de Viviers et archiprêtré de Sablières, était dédiée à saint Paul; l'abbé de la Chaise-Dieu présentait à la cure.

Prieuré appartenant à l'abbaye de la Chaise-Dieu et uni à la mense abbatiale.

SAINT-PAULIEN, arrond. du Puy. — Πόλις Ρουέσσιον v. 140 (Ptolémée, liv. II, 6). — *CIVITAS VELLAVORVM LIBERA*, III⁰ s. (inscr. d'Etruscille à S'-Paulien). — *Revessione* (table Théodosienne). — *Civitas Vellavorum, Vallavorum, Ballavorum, Bellavorum, Vellatiorum*, v⁰ s. (not. prov. Gall., éd. Guérard). — *Ribision, Ribiseon*, VII⁰ s. (Anon. Ravenn., éd. Pinder et Parthey). — *Vicaria de Civitate Vetula*, 940 (cart. de Brioude, ch. 265). — *Civitas quæ dicitur Vetula in pago Vellavorum* (brev. S. Barnardi, éd. 1518, f⁰ 397). — *Castrum et burgus et ecclesiæ S. Pauliani*, 1164 (Médicis, I, 76). — *Sant Paula*, 1181 (cart. des hospitaliers). — *Sain Paulia*, v. 1187 (*idem*). — *Civitas Vetula, mutato postmodum nomine, hodie nuncupatur villa S. Pauliani, a nomine dicti sancti qui fuit episcopus ibidem*, XIII⁰ s. (B. Gui, sanctorale, Bibl. nat., ms. lat., 7731, f⁰ 215). — *Mensura Saynt Paulhaneza*, 1323 (J. de Peyre, n⁰ˢ). — *Saint-Paulhain*, 1379 (compte de B. Flotenc). — *Saynt-Paulha*, 1408 (compois du Puy). — *Sanctus Poulhanus*, 1521 (J. Gelet, n⁰ˢ). — *Saint-Paulhen en Auvergne*, 1598 (Gallien, n⁰ˢ). — *Ladicte ville..., ainsi que j'ay sceu par curieuse investigation, se nommoyt premiérement Chastel-Fornel*, XVI⁰ s. (Médicis, I, 33). — *Saint-Poulhen en Aulvergne*, 1631 (A. Brunel, n⁰ˢ). — *Velaune*, 1793.

En 1789, Saint-Paulien était compris dans la province d'Auvergne, l'élection de Brioude, la subdélégation de la Chaise-Dieu et le ressort de Riom. Il y avait dans cette ville, chef-lieu d'un des trois archiprêtrés du diocèse du Puy, deux églises paroissiales : la première, dédiée à saint Georges, était à la collation de l'évêque, la seconde, connue sous le nom de Saint-Paulien-hors-les-Murs et consacrée à saint Paul, était à la collation du chapitre collégial de Saint-Paulien.

SAINT-PAULIEN (LES FAUBOURGS DE), à Saint-Paulien. — *Les faulxbourgs Sainct-Paulhen*, 1585 (Johany, n⁰ˢ).

SAINT-PIERRE, champ, près Veyrac, c⁰ᵉ d'Yssingeaux. — *Terroir dou champ Sainct-Peire*, 1635 (cad. de Saussac).

SAINT-PIERRE (MAS-), à Dolaison, c⁰ᵉ de Saint-Christophe-sur-Dolaison. — *Mansus voc. Sancti Petri*, 1305 (S'-Georges du Puy).

SAINT-PIERRE-DUCHAMP, c⁰ⁿ de Vorey. — *Villa de*

Campo, 958 (cart. de Chamalières, n° 218). — *In pago Vellaico, in vicaria de Campo Valarino*, 960 (cart. du Monastier, n° 129). — *Ecclesia S. Petri de Campo*, 1096 (cart. de Chamalières, n° 210). — *Eccl. de Campo*, 1172 (S'-Georges du Puy). — *S.-Pierre-du-Chalm-en-Vellay*, 1607 (Robert, n°°). — *Pierre-Duchamp* (1793).

En 1789, Saint-Pierre-Duchamp dépendait de la province du Velay, de la subdélégation et sénéchaussée du Puy. Son église paroissiale, diocèse du Puy et archiprêtré de Saint-Paulien, était sous l'invocation de saint Pierre; le prieur de Chamalières présentait à la cure.

Saint-Pierre-Eynac, c°° de Saint-Julien-Chapteuil. — *Prior S. Petri d'Aynac*, 1316 (la Chaise-Dieu, S'-Allyre). — *S. Petrus de Aynaco*, 1381 (spic. Br.). — *Prior d'Eynaco*, 1516 (Arch. nat., G°*. 1, f° 438 v°). — *Montplo* (1793).

En 1789, Saint-Pierre-Eynac appartenait à la province du Velay, à la subdélégation et sénéchaussée du Puy. Son église paroissiale, diocèse du Puy et archiprêtré de Monistrol-sur-Loire, était consacrée à saint Pierre; l'abbé de la Chaise-Dieu présentait à la cure.

Prieuré uni à la mense abbatiale de l'abbaye de la Chaise-Dieu.

Saint-Pierre-la-Tour, abbaye séculière et ancienne paroisse du Puy. — *Monasterium Sancti Petri*, 876 (cart. du Monastier, n° 71). — *Ecclesia Sancti Petri in suburbio Aniciensi*, 993 (*idem*, n° 140). — *Monasterium Beati Petri Podiensis*, 1158 (*idem*, n° 439). — *Abbas Sancti Petri de Turre*, 1242 (Saint-Georges du Puy). — *Prior Sancti Petri Aniciensis*, 1255 (cart. du Monastier).

Saint-Pierre-le-Monastier, prieuré conventuel et paroisse, au Puy. — Prieuré fondé en 993 et dépendant de l'abbaye de Saint-Chaffre. — *Ecclesia S. Petri in suburbio Aniciensi*, 993 (cart. du Monastier, n° 140). — *Prior S. Petri de Podio*, 1172 (S'-Georges du Puy). — *Ecclesia S. Petri de Monasterio Aniciensis*, 1253 (hospit. du Velay).

Saint-Pierre-le-Vieux, église, au Puy. — *Ecclesia S. Petri Veteris*, 1213 (tabl. du Velay, 1876-77, 351).

Saint-Préjet-Armandon, c°° de Paulhaguet. — *Ecclesia S. Prejecti*, 1204 (spic. Briv.). — *Ecclesia S. Preiecti, pertinens domui Baiassæ*, 1281 (*idem*). — *Saynt-Pregeyt*, 1341 (terr. de Charbonnier). — *S.-Pregeit*, 1379 (compte de B. Flotenc). — *S.-Priget*, 1401 (spic. Brivat.). — *S.-Preiect*,

1564 (Vals-le-Chastel). — *Saint-Preject*, xviii° s. (Cassini). — *Mont-Prégeix*, 1793. — *Saint-Préjet-Armandon*, 1802 (état officiel des c°°°).

En 1789, Saint-Préjet-Armandon, qui était un prieuré dépendant de la maladrerie de la Bajasse, était compris dans la province d'Auvergne, l'élection et subdélégation de Brioude et le ressort de Riom. Son église prieurale, diocèse de Saint-Flour et archiprêtré de Brioude, était sous le vocable de saint Préjet.

Saint-Préjet-d'Allier, c°° de Saugues. — *Ecclesia Sancti Prejeti*, 1145 (tabl. du Velay, 1877-78, 211). — *S. Prejectus, Mimat. dioc.*, 1280 (la Chaise-Dieu, Thoras). — *S. Prejectus d'Anssa*, 1280 (Lozère, G. 570). — *Parochia S. Pregecti*, 1291 (*idem*). — *Parochia S. Preiecti*, 1460 (Bibl. nat., ms. lat., n. acq., 1222, f° 140 v°). — *Luminariæ S. Anthonii et S. Georgii ecclesiæ S. Pregecti*, 1528 (A. Besseyre, n°°). — *Sainct-Preject-en-Gevaudan*, 1565 (Doleson, n°°). — *S. Prejetus prope Aligerim*, 1587 (la Chaise-Dieu, S'-Préjet-d'Allier). — *S.-Préjet*, xviii° s. (Cassini). — *Rive-d'Ance*, 1793.

En 1789, Saint-Préjet-d'Allier faisait partie de la province et bailliage de Gévaudan. Son église paroissiale, diocèse de Mende et archiprêtré de Saugues, était dédiée à saint Préjet; la cure était à la présentation du prieur.

Saint-Privat, l. détr., c°° de Bauzac. — *Ecclesia consecrata in honore Sancti Privati martiris*, 1021 (cart. de Chamalières, n° 119). — *Ecclesia Sancti Privati*, 1179 (cart. du Monastier, app., n° 442). — *Mansus Sancti Privati*, 1346 (Arch. nat., P. 490³, cote 229).

Cette localité, située près du Monteil, c°° de Bauzac, fut détruite par la Loire au xv° siècle; en temps de sécheresse, la baisse des eaux en met à nu les vestiges dans le lit du fleuve.

Saint-Privat-d'Allier, c°° de Loudes. — *S. Privatus*, xi° s. (vita S. Roberti, AA. SS. april., III, 330). — *Oppidum S. Privati*, v. 1170 (hospit. du Velay). — *Castrum de S. Privato*, 1257 (Baluze, mais. d'Auv., II, 88). — *S. Privatus prope Alerium*, 1345 (J. de Peyre, n°°). — *S.-Privat de Vellaic*, 1379 (compte de B. Flotenc). — *S. Privat-de-Vellay*, 1401 (spic. Brivat.). — *Privat-la-Roche*, 1793.

En 1789, Saint-Privat-d'Allier, qui était un prieuré uni à la mense conventuelle de l'abbaye de la Chaise-Dieu, dépendait de la province d'Auvergne, de l'élection de Brioude, de la subdélégation de Langeac et du ressort de Riom. Son

33.

église paroissiale, diorèse du Puy et archiprêtré
de Solignac-sur-Loire, était sous l'invocation de
saint Privat; l'abbé de la Chaise-Dieu présentait à
la cure.

Cette localité se régissait par le droit écrit.

Saint-Privat-du-Dragon, c⁰ⁿ de la Voûte-Chilhac. —
Sanctus Privatus, 1078 (spic. Br.). —*S. Privatus
du Drahos*, 1288 (*idem*). — *S.-Privat-du-Drahon*,
1379 (compte de B. Flotenc). — *S.-Privat-du-
Draiguon*, 1398 (compte de B. Sannadre). —
S.-Privat-du-Dragon, 1401 (spic. Br.). — *Coteau-
Libre*, 1793.

En 1789, Saint-Privat-du-Dragon appartenait
à la province d'Auvergne, à l'élection et subdélégation de Brioude et au ressort de Riom. Son
église paroissiale, diocèse de Saint-Flour et archiprêtré de Langeac, était consacrée à saint Privat;
le prieur de la Voûte-Chilhac présentait à la cure.

Saint-Quintin, loc. détr., c⁰ᵉ de Desges. — *Ecclesia
Sancti Quintini*, 1262 (spic. Br.). — *Prioratus
S. Quintini*, 1288 (*idem*). — *Saint-Quintin*, 1574
(terr. de Meyronne).

Saint-Quintin, loc. et chât. détr., c⁰ᵉ de Saint-
Quintin-Chaspinhac. — *Sanctus Quintinus*, v. 1090
(la Chaise-Dieu, Usson). — *Ecclesia S. Quintini*,
1119 (Chifflet, hist. de Tournus, 402). — *Castellum S. Quintini*, 1171 (Baluze, mais. d'Auv.,
II, 67). — *Saint-Quintin*, 1173 (hist. de
Languedoc, VII, 297). — *Saint-Quinti*, 1191
(S¹-Georges du Puy). — *Saint-Quintin de Mons*,
1506 (Médicis, II, 304). — *Sainct-Quiquin*,
xvi° s. (év.). — *Mont-Quinquin*, 1793.

En 1789, Saint-Quintin possédait une église
paroissiale, diocèse du Puy et archiprêtré de Monistrol-sur-Loire, consacrée à saint Quintin; le
prieur de la Voûte-sur-Loire, succédant aux droits
de celui de Saint-Quintin, en était collateur.

Saint-Quintin-Chaspinhac, c⁰ⁿ nord-ouest du Puy. —
Formée par la réunion des c⁰ᵉˢ de Saint-Quintin
et de Chaspinhac (loi du 22 décembre 1866).

En 1789, ces deux localités dépendaient de la
province du Velay, de la subdélégation et sénéchaussée du Puy, et étaient l'une et l'autre le
siège d'une église paroissiale du diocèse du Puy
et de l'archiprêtré de Monistrol-sur-Loire.

Saint-Remy, h., c⁰ᵉ de Vergezac. — *Prior S. Remigii*,
1235 (sp. Brivat.). — *S. Ramey*, 1534 (év.). —
S.-Remey, 1585 (J. Doleson, nᵉˢ). — *Mont-Pignon*,
1793.

En 1789, Saint-Remy possédait une église paroissiale, dédiée à saint Remy et appartenant au
diocèse du Puy et à l'archiprêtré de Solignac-sur-

Loire; l'abbaye de la Chaise-Dieu, à laquelle était
uni le prieuré de Saint-Remy, présentait à la cure.

Par ordonnance royale, du 25 septembre 1833,
l'église de la section de Saint-Remy fut érigée en
annexe vicariale.

Saint-Roch, chapelle, c⁰ᵉ d'Aurec.

Saint-Roch, chapelle à pèlerinage, c⁰ᵉ de Craponne-
sur-Arzon.

Saint-Roch, chapelle détr., c⁰ᵉ de Langeac. — *Mons
sive puech de Rocos*, 1502 (Arch. nat., Q. 513,
p. 201). — *La Montaigne de Racoux*, 1568
(*idem*, p. 118).

Saint-Roch, chapelle et font., c⁰ᵉ de Laussonne.

Saint-Roch, chapelle, c⁰ᵉ de Saint-Didier-la-Séauve.

Saint-Roch, chapelle, c⁰ᵉ de Saint-Just-Malmont. —
1744 (Theillière, St-Just-Malmont, 83).

Saint-Romain, vill., c⁰ᵉ de Sainte-Sigolène. —
Sanctus Romanus, 1347 (J. de Peyre, nᵉˢ). —
Saint-Romain, 1553 (ress. de Montfaucon).

Saint-Romain, dom., c⁰ᵉ de Saint-Jean-de-Nay. —
*Ecclesia S. Romani inter montes, juxta Ceresium
castrum*, v. 1090 (cart. du Monastier, n° 236).
— *Prior de S. Romano*, xi° s. (*idem*, n° 39). —
S. Romanus la Mongia, 1321 (spic. Br.). —
S.-Romain-la-Monghe, 1511 (coust. d'Auv., f° 79
v°). — *S.-Rome*, 1880 (aff. jud.).

Saint-Romain, chât. ruiné, c⁰ᵉ de Siaugues-Saint-
Romain. — *Castrum Sancti Romani*, 1210 (templiers du Puy). — *Ecclesia Sancti Romani*,
v. 1250 (spic. Br.). — *Sanctus Romanus lo
Chastel*, 1320 (J. de Peyre, nᵉˢ). — *Le Chastel
de Saint-Roinans*, 1362 (Arch. nat., JJ. 93,
n° 142). — *Castrum de Saint-Roma*, 1384
(Chamblas). — *Saint-Rome le Chastel*, 1462
(spic. Br.). — *Sainct-Romain le Chasteau*, 1597
(A. Robert, nᵉˢ). — *Saint-Romain de Siaugues*,
1789 (Chabrol, cout. d'Auv., IV, 557).

Saint-Romain-Lachalm, c⁰ⁿ de Saint-Didier-la-Séauve.
— *Sant Roma*, v. 1190 (cart. de Saint-Sauveur-
en-Rue, p. 38). — *S. Romanus a la Cham*, 1265
(*idem*, p. 152). — *Ecclesia Sancti Romani de la
Chau*, 1266 (*idem*, p. 122). — *Ecclesia Sancti
Romani de Chalma*, 1281 (*idem*, p. 139). —
S. Romanus la Chalm, 1328 (Rhône, D. 182). —
Curatus S. Romani de Calma, 1516 (Arch. nat.,
Gᵉˣ. 1, p. 437). — *Sainct-Rome-la-Chalm*, 1534
(év.). — *Sainct-Romans-la-Chaulx*, 1537 (Rhône,
Marlhes-le-Temple). — *Sainct-Romain-la-Chalin*,
1613 (coll. Chaleyer). — *Romain-la-Chalm*, 1793.

En 1789, Saint-Romain-Lachalm était compris
dans la province du Velay, la subdélégation et sénéchaussée du Puy. Son église paroissiale, diocèse

du Puy et archiprêtré de Monistrol-sur-Loire, était sous le vocable de saint Romain; l'évêque en était collateur.

SAINT-ROME, l. détr., c^{ne} de Retournac. — *In territorio Bassense, villa Sancti Romani*, xie s. (cart. de Chamalières, n° 129). — *Ad Sanctum Romanum*, 1213 (*idem*, n° 330). — *Territorium de S. Romano*, 1343 (Arch. nat., P. 1398², cote 661).

SAINT-ROSAIRE, chapelle, c^{ne} de la Chapelle-d'Aurec.

SAINT-SATURNIN, lieu dit, c^{ne} de Lantriac. — *Au terroir de Rochalbert app. Sainct-Sodroing*, 1549 (Savin, n^{re}). — *Saint-Sodornin*, 1707 (cad. de Bouzols).

SAINT-SAUVEUR, m^{on} de camp., c^{ne} du Monteil. — *La metterie de Beaurepaire*, 1607 (Robert, n^{re}). — *Beaurepère*, 1695 (capitation). — *Saint-Sauveur*, xviiie s. (Cassini).

SAINT-SÉBASTIEN, anc. hôpital des pestiférés, c^{ne} du Puy, construit en 1526, démoli en 1794. — *Le Cloz S.-Sebastien*, 1526 (Médicis, II, 203). — *Clausus S. Sebastiani*, 1530 (*idem*, II, 215).

SAINT-SIMON, m. i. et tunnel, c^{ne} de la Voûte-sur-Loire.

SAINTS-INNOCENS, chapelle, près la Fraisse, c^{ne} de Bauzac. — xviiie s. (Cassini).

SAINT-UXORI, lieu dit, c^{ne} de Vals-près-le Puy. — *Campus app. de Saint-Uxori in territorio Sancti Benedicti*, 1373 (hôtel-Dieu, B. 60).

SAINT-VÉNÉRAND, c^{on} de Saugues. — *Villa S. Venerandi*, 1302 (Lozère, G. 154). — *Vénérand-la-Garde*, 1793.

En 1789, Saint-Vénérand appartenait à la province et au bailliage du Gévaudan. Son église paroissiale, diocèse de Mende et archiprêtré de Saugues, était consacrée à saint Vénérand; le prieur présentait à la cure.

Succursale érigée le 12 mars 1826.

SAINT-VERT, c^{on} d'Auzon. — *Villa Sancti Veri quœ fuit comitis Alverniæ*, v. 1260 (Arch. nat., J. 1031, n° 2). — *Prioratus Sancti Veri*, 1291 (spic. Br.). — *Saint-Ver*, 1379 (compte de B. Flotenc). — *Saint-Vée*, 1398 (compte de B. Sannadre). — *Saint-Voir*, 1401 (spic. Briv.). — *Sainct-Vairn*, 1614 (la Chaise-Dieu, St-Vert). — *Saint-Vairi*, 1720 (Saugrain). — *Saint-Ver*, xviiie s. (Cassini). — *Vert-les-Eaux*, 1793.

En 1789, Saint-Vert était compris dans la province d'Auvergne, l'élection d'Issoire, la subdélégation de Lempdes et le ressort de Montpensier. Son église paroissiale, diocèse de Saint-Flour et archiprêtré de Brioude, était sous le vocable de

saint Ver; l'infirmier de l'abbaye de la Chaise-Dieu présentait à la cure.

SAINT-VICTOR, vill., c^{ne} du Monastier. — *Villa Sancti Victoris*, 999 (cart. du Monastier, n° 144). — *Sainct-Victour*, 1547 (Chaulet, n^{re}).

SAINT-VICTOR-MALESCOURS, c^{on} de Saint-Didier-la-Séauve. — *Ecclesia Sancti Victoris*, 1224 (Bibl. nat., lat., 12745, f° 405). — *Parochia S. Victoris, Aniciensis dioc.*, 1265 (cart. de St-Sauveur-en-Rue, p. 151). — *Parochia S. Victoris de Malis Curtibus*, 1398 (coll. Chaleyer). — *Parochia S. Victoris de Malas Courtz*, 1461 (Rhône, H. 1180). — *Sainct-Victour-de-Malescours*, xvie s. (év.). — *Victor, Victor-de-Malescours*, 1793.

En 1789, Saint-Victor-Malescours faisait partie de la province du Velay, de la subdélégation et sénéchaussée du Puy. Son église paroissiale, diocèse du Puy et archiprêtré de Monistrol-sur-Loire, était dédiée à saint Victor; comme succédant aux droits du prieur de Dunières, l'évêque en était collateur.

SAINT-VICTOR-SUR-ARLANC, c^{on} de la Chaise-Dieu. — *Ecclesia... fundata in honore S. Victoris, et est sita in patria Arvernica. in comitatu Tollornensi, in vicaria Libratensi, in loco qui dicitur Sanctus Victor*, 940 (cart. de Brioude, ch. 86). — *Domus S. Victoris, Claromontensis dioc. et ord. S. Anthonii*, 1383 (Rhône). — *La maison de S.-Viteur*, 1392 (*ibid.*). — *S.-Victour*, 1400 (compte de B. Sannadre). — *Victor-la-Montagne*, 1793.

En 1789, Saint-Victor-sur-Arlanc dépendait de la province d'Auvergne, de l'élection d'Issoire, de la subdélégation de Saint-Amand-Roche-Savine et du ressort de Riom. Son église paroissiale, diocèse de Clermont et archiprêtré de Livradois, était consacrée à saint Victor; le commandeur de cette localité, ordre de Saint-Antoine de Viennois, présentait à la cure.

SAINT-VIDAL, c^{on} de Loudes. — *Sanctus Vitalis*, 1208 (Rhône, Malte). — *Sainct-Vital*, 1572 (H^{te}-Loire, B.). — *La Pinide, la Pénide*, 1793.

En 1789, Saint-Vidal faisait partie de la province du Velay, de la subdélégation et sénéchaussée du Puy. Son église paroissiale, diocèse du Puy et archiprêtré de Saint-Paulien, était dédiée à saint Vidal; la cure était à la présentation de l'université Saint-Mayol.

Saint-Vidal était le siège de l'une des 18 baronnies diocésaines de la province du Velay.

SAINT-VIDAL (MOULIN-DE-), mⁱⁿ sur la Borne, c^{ne} de Saint-Vidal.

SAINT-VINCENT, c^{on} de Saint-Paulien. — *Ecclesia S.*

Vincentii, 1119 (Chifflet, hist. de Tournus, 402).
— *Prioratus S. Vincencii in Vallavia*, 1449 (H^{te}-Loire, E.). — *Parochia S. Vincentii Vallis Amblarensis*, 1481 (Richon, n^{re}). — *Mont-Clergot*, 1793.

En 1789, Saint-Vincent dépendait de la province du Velay, de la subdélégation et sénéchaussée du Puy. Son église paroissiale, diocèse du Puy et archiprêtré de Saint-Paulien, était sous l'invocation de saint Vincent; le prieur de la Voûte-sur-Loire en était collateur.

Saint-Vosy, anc. abb. sécul., collégiale et paroisse, au Puy. — *Ecclesia in hon. S. Evodii ædificata*, 1082 (Gall. chr., II, c. 758). — *L'abbaye S.-Vosi*, 1513 (Médicis, I, 170). — *S.-Voyse du Puy*, 1542 (Daurier, n^{re}). — *S.-Vozy*, 1630 (Jacmon, 37).

Saint-Voy, vill., c^{ne} du Mazet-Saint-Voy. — *Parochia S. Evodii Bonacensis*, 1021 (cart. de Chamalières, n° 61). — *Ecclesia S. Evodii*, 1256 (év.). — *Ecclesia Sancti Evodii prope Bonas*, 1342 (J. de Peyre, n^{re}). — *Sainct-Voy*, 1507 (év.). — *Sainct-Vozi-de-Bonnas*, 1554 (R. Maurin, n^{re}). — *Sainct-Voy-de-Bonas*, 1594 (Mre Leblanc, n^{re}). — *Mont-Lizieu*, 1793.

En 1789, Saint-Voy dépendait de la province du Velay, de la sénéchaussée et subdélégation du Puy. Son église paroissiale, dédiée à saint Vosy, était du diocèse du Puy et de l'archiprêtré de Monistrol-sur-Loire; le chapitre du Puy présentait à la cure.

Succursale érigée, le 19 mars 1829, en cure de 2e classe.

Commune transférée au Mazet par décret du 7 juillet 1894.

Salabrine, f., c^{ne} de Chaudeyrolles.

Salavert, h., c^{ne} de Bellevue-la-Montagne. — *Salarer. Salavertz*, 1345 (terrier de Pons de Céaux). — *Salavert*, 1359 (terrier de Jean de Cereys).

Salayre (La), f., c^{ne} de Saint-Front.

Salazar, lieu dit, c^{ne} de Saint-Germain-Laprade. — *La prada de Piebulit app. de Salasard*, 1546 (Savin, n^{re}).

Salce, h., c^{ne} d'Araules. — *La Salsa*, 1507 (év.). — *La Salse*, 1549 (Savin, n^{re}). — *La Saulce*, 1723 (cad. de Bellecombe). — *Le Salse*, XVIIIe s. (Cassini). — *Lasalce*, 1820 (Deribier).

Salces, f., c^{ne} du Monastier. — *Villa quæ dicitur Salsas*, 889 (cart. du Monastier, n° 68). — v. 970 (*ibid.*, n° 90). — *Mansus de Salsas*, 1528 (cad. du Monastier). — *Saulses*, 1618 (ét. civ.). — *Sousses* (cad.).

Salcreux, f., c^{ne} de Saint-Vert. — *Mansus de Solacrup*, 1307 (la Chaise-Dieu, St-Vert). — *Salerut*, 1880 (carte adm.).

Salcrux, écart, c^{nes} de Beaulieu et de Chamalières. — *Mansus de Solacru*, 1314 (év.). — *Salecrut*, 1888 (Malègue).

Salacrup, fabrique, c^{ne} de Dunières. — *Salacrup*, 1469 (Rivière, n^{re}).

Salacrup, vill., c^{ne} de Saint-Jeure. — *Solacru*, 1309 (év.). — *Salacrup*, 1419 (cart. de Tence, f° 12). — *Sallecrup*, 1554 (R. Maurin, n^{re}). — *Sallacreu*, 1695 (capitation).

Salacrup, vill., c^{ne} d'Yssingeaux. — *Mansus de Solacru*, 1314 (év.). — *Salacrup*, 1507 (év.). — *Sollacreut-lès-Bellecombe*, 1660 (Espanhon, n^{re}).

Salecrut, m. i., c^{ne} de Chamalières.

Salettes, h., c^{ne} d'Allègre.

Salettes, h., c^{ne} du Mazet-Saint-Voy. — *Villa Salellas*, v. 1000 (cart. du Monastier, n° 255). — *Mansus de Salelas*, 1272 (Gall. chr., II, c. 774). — *Locus de Saletis*, 1343 (Rhône, H. 1016). — *Sallettes*, XVIIIe s. (Cassini).

Salettes, c^{ne} du Monastier. — *Sellita, cum ecclesia in honore Sancti Petri dedicata*, 870 (Chifflet, hist. de Tournus, 210). — *Ecclesia S. Petri de Salitas*, 1119 (*ibid.*, 402). — *Ecclesia S. Petri de Saletas*, 1179 (Juénin, nouv. hist. de Tournus, 175). — *Sainct-Peyre de Saletas*, 1517 (hôtel-Dieu). — *Sainct-Peyre de Salletes*, 1534 (év.). — *S.-Pierre de Celates*, 1546 (Savin, n^{re}).

En 1789, Salettes dépendait de la province du Velay, de la subdélégation et sénéchaussée du Puy. Son église paroissiale, diocèse du Puy et archiprêtré de Solignac-sur-Loire, était sous l'invocation de saint Pierre; la cure était à la présentation du prieur de Goudet.

Salettes, h., c^{ne} de Montregard. — *Salletas*, 1556 (terrier de Montregard). — *Salettes de Monregard*, 1695 (capitation). — *Salette*, 1879 (carte adm.).

Salettes, f., c^{ne} de Raucoules. — *Salette*, 1879 (carte adm.).

Salettes, m. i., c^{ne} de Saint-Didier-la-Séauve.

Salettes, f., c^{ne} de Saint-Martin-de-Fugères. — *Le Petit-Salettes*, 1879 (aff. jud.).

Salettes, vill., c^{ne} de Tence. — *Saletas*, 1294 (cart. de Tence, f° 2). — *Saletas prope Tensanum*, 1324 (chartr. de Lardeyrol).

Salettes (Le), l'un des trois ruisseaux qui forment l'Ulmet, c^{ne} de Raucoules.

Salettes (Les), f., c^{ne} de Saint-Christophe-d'Allier.

Salettes (Les), h., c^{ne} de Saugues. — *Mansus Sale-*

tarum, 1451 (coll. J. Lachenal). — *Le château de Sallettes*, 1724 (L'Ouvreleul, 27).

Saleyron, loc. détr., c^ne de Chomelix. — *Saleyron-lez-Chomelis*, 1548 (P. Galien, n^re).

Salgotier, h., c^ne de Saint-Didier-la-Séauve. — *Sagotier*, 1869 (Malègue).

Saliens (Les), f., c^ne de Saint-Préjet-Armandon. — *Essalans*, 1078 (spic. Br.). — *Mansus de Salhens*, 1464 (Bibl. nat., ms. lat., n. acq., 1223, f° 162 v°).

Salinc (Le), vill., c^ne de Blavozy. — *Lo Sanhenc*, 1305 (St-Georges du Puy). — *Villa de Sanienc*, 1306 (tabl. du Velay, 1875-76, 518). — *Lo Sailhenc*, 1459 (Bl. Girard, n^re). — *Le Salinc*, 1543 (Savin, n^re). — *Lo Salhenc*, 1555 (cad. de Mercœur).

Saliques (Les), h., c^ne du Chambon.

Salle (La), écart, c^ne de Beaulieu. — *La Salsa*, 1346 (J. de Peyre, n^re). — *La Salce en Laval-Amblavès*, 1541 (Chamblas).

Salles (Les), h., c^ne de Bas. — *Ecclesia de Salis*, 1153 (grand cart. d'Ainay). — *Prior de Salas*, 1283 (év.). — *Les Sales*, 1691 (obit. de Bas). — *Le prieuré de Saint-Pierre des Salles*, 1767 (alm. de Lyon).

Ce prieuré dépendait de celui de Saint-Romain-le-Puy en Forez.

Salles (Les), vill., c^ne du Brignon. — *Las Salas*, 1327 (hôtel-Dieu, B. 417). — *Salæ*, 1386 (homm. de Solignac). — *Les Sales*, 1568 (Doleson, n^re). — *Les Salles d'Outre (-Loire)*, 1680 (Surrel, n^re au Monastier).

Salles (Les), f., c^ne de Ceyssac. — 1561 (Savin, n^re).

Salles (Les), vill., c^ne de Saint-Martin-de-Fugères. — *Villa quæ dicitur Salas*, v. 970 (cart. du Monastier, n° 85). — *Salas Monzils*, 1268 (Monastier). — *Territorium de Salis*, v. 1343 (cart. du Monastier, app., n° 452). — *Locus de Salis Mongials*, 1523 (cad. du Monastier). — *Les Salles-Mongiaulx*, 1561 (Savin, n^re). — *Les Salles-Moniaux*, 1680 (Surrel, n^re). — *Les Salles-Monjau*, xviii^e s. (Cassini).

Salles (Les), vill., c^ne de Sembadel. — *Las Salas*, 1331 (J. de Peyre, n^re).

Salles (Les), mont. et f., c^ne de Tence. — *Territorium de Salis*, 1258 (Rhône, D. 153). — *Mansus de Salis*, 1290 (Gall. christ., II, instr., eccl. Anic., col. 238). — *Las Salas*, 1293 (Rhône, D. 153). — *Succus seu garda de Salis*, 1294 (cart. de Tence, f° 2).

Salles-Jeunes (Les), vill., c^ne de Saugues. — *Les Sales-Jones*, 1539 (Thiolent).

Salles-Vieilles (Les), h., c^ne de Saugues. — *Mansus de Salis*, 1327 (Lozère, G. 98). — *Las Salas*, 1499 (Thiolent). — *Les Salles-Vieilles*, 1564 (idem).

Salzède (La), h., c^ne de Saint-Georges-d'Aurac. — *In vicaria de Aurato, ad Salquedunum*, 927 (cart. de Brioude, ch. 111). — *Salgueda*, xiie s. (cart. de Pébrac, n° xlvi-5). — *La Sauseda*, 1309 (spic. Brivat). — *Mansus de la Solzede*, 1490 (terr. du Cluzel).

Salzuit, c^on de Paulhaguet. — *Solazuit*, 1181 (Gall. chr., II, inst., c. 135). — *Castrum de Salazuit*, 1198 (Baluze, mais. d'Auv., II, 251). — *Solezoit*, 1201 (idem, II, 64). — *Solesuit*, 1223 (idem, II, 251). — *Castrum de Solazoit*, 1285 (spic. Br.). — *Solazueret*, 1324 (J. de Peyre, n^re). — *Solezuet*, 1328 (Arch. nat., X^ia, 21, f° 303). — *Sollezeuit*, 1379 (compte de B. Flotenc). — *Solazeuttum*, 1388 (Arch. nat., Z^2, 4145, p. 8). — *Soulazuit*, 1401 (spic. Briv.). — *Solezeust*, 1444 (idem). — *Solazoptum*, 1459 (B. Girard, n^re). — *Solazeut*, 1464 (Bibl. nat., ms. lat., n. acq., 1223, f° 197 v°). — *Solazuyt*, 1487 (spic. Br.). — *Soplazuit*, 1543 (la Chaise-Dieu, Domeyrat). — *Solezuict*, 1612 (terr. de la Vaudieu). — *Saleshuit*, 1720 (Saugrain). — *Salzuit*, xviiie s. (Cassini).

En 1789, Salzuit appartenait à la province d'Auvergne, à l'élection et subdélégation de Brioude et au ressort de Riom. Son église paroissiale, diocèse de Saint-Flour et archiprêtré de Brioude, était consacrée à saint Pierre; l'évêque en était collateur.

Succursale érigée le 6 octobre 1843.

Samard, m. i., c^ne de Saint-Julien-du-Pinet. — *Jamard*, 1878 (carte adm.).

Sameyre (Le), m. i., c^ne de Freycenet-la-Tour. — *Saleyre* (cad.).

Saniaux (Les), h., c^ne de Saint-Front. — *Ansanials*, 1392 (év.). — *Los Sanials*, 1507 (év.).

Sanioulouse, écart. c^ne de Mézères.

Sanis, h., c^ne de Vabres. — *Mansus de Sanheur*, 1452 (J. Rocher, n^re). — *Sanhens*, 1499 (Thiolent). — *Sanhyncs*, 1585 (Johany, n^re). — *Saignens*, 1622 (Thiolent). — *Sanhuens*, xviiie s. (Cassini). — *Sagnens*, 1779 (cad. de Vabres). — *Sanhis*, 1888 (Malègue).

Sannac, vill., c^ne d'Allègre. — *Villa de Sacnac*, 1263 (Martène, thes. nov. anecd., I, 1115). — *Sannhac en Auvergne*, 1565 (Doleson, n^re). — *Saunat* (état-major). — *Saunac*, 1888 (Malègue).

Sannay, f., c^ne de Chomelix. — *Sennetum*, 1213

(cart. de Chamalières, n° 320). — *Sanneyt*, 1507 (év.).

Sannay (Moulin-de-), m^in sur l'Arzon, c^ne de Chomelix.

Sansac, vill., c^ne de Saint-Jean-Lachalm. — *Sensac*, 1331 (J. de Peyre, n^re). — *Sansacum*, 1391 (hôtel-Dieu, B. 535).

Sansaguet, h., c^ne de Saint-Jean-Lachalm. — *Sansaguetum*, 1453 (J. Rocher, n^re). — *Sensaguet*, 1820 (Deribier).

Sanson, h., c^ne de Torsiac.

Sanssac-l'Église, c^on de Loudes. — *Villa de Sansac*, 1231 (St-Vosy). — *Sanssacum*, 1346 (J. de Peyre, n^re). — *Parochia Sansacii*, 1477 (Richon, n^re). — *Parochia Sanssacii*, 1513 (J. Boyer, n^re). — *L'esglise parochiale de S.-Simphorien et S.-Anthoine de Sansac en Vellay*, 1548 (coll. C. Falcon). — *Le lieu de Sansac S.-Simphorien*, 1566 (idem). — *Sansac-l'Esglize*, 1634 (Jacmon, 70). — *Sansac-la-Montagne*, 1793.

En 1789, Sanssac-l'Église était compris dans la province du Velay, la subdélégation et sénéchaussée du Puy. Son église paroissiale, diocèse du Puy et archiprêtré de Solignac-sur-Loire, était sous le vocable de saint Symphorien; le prévôt du chapitre cathédral du Puy présentait à la cure.

Sans-Souci, écart, c^ne de Champclause.

Sans-Souci, m. i., c^ne de Saint-Vincent.

Sans-Soucis, m. i., c^ne de Saint-Romain-Lachalm.

Sap (Le), vill., c^ne de Saint-Pal-de-Chalencon. — *Lo Sap*, 1419 (Loire, A. 89, f° 244). — *Le Sapt*, 1540 (terr. de St-Pal).

Sap (Le), h., c^ne de Saint-Pal-de-Murs. — *Sap*, 1569 (J. Chalvon, n^re).

Sap (Moulin-du-), m^in sur le Chandieu, c^ne de Saint-Pal-de-Chalencon. — *Le Moulin doz Peyretz*, 1540 (terr. de Saint-Pal).

Sapariot (Ravin-du-), affl. de la Loire, c^ne de Bas.

Sapède (Ravin-de-la), affl. de l'Allier, c^ne de Vabres.

Sapet (Le), vill., c^ne du Mazet-Saint-Voy. — *Mansus del Sab*, 1163 (hospitaliers du Velay). — *Mansus del Sapet*, 1296 (idem). — *Locus de Sapeto, lo Sape*, 1343 (Rhône, H. 1016). — *Lou Sappe*, 1608 (cad. de Bonnas). — *Le Sappet*, 1820 (Deribier).

Sapet (Le), h., c^ne de Saint-Jeure.

Sapet (Le), bois, c^ne de Varennes-Saint-Honorat. — *Le boys nommé du Sappet*, 1538 (Arch. nat., JJ. 254, n° 44). — *Le Sapet*, 1682 (cad. de Polignac).

Sapet-Bas (Le), m^in et dom., c^ne de Saint-Jean-Lachalm. — *Molendini de Mirmanda*, 1256 (Thiolent).

Sapet-Haut (Le), dom., c^ne de Saint-Jean-Lachalm. — *Al Sapet de Mirmanda*, 1256 (Thiolent). — *Sab*, 1286 (J. de Peyre, n^re, reg. A). — *Lo Sap*, 1288 (hôtel-Dieu, B. 341). — *Sappus*, 1344 (ibid., B. 482).

Sapine (La), bois, c^ne de Croisance.

Sarcenat, loc. détr., c^ne de Chambezon. — *Mansus de Sarsenat*, 1330 (la Chaise-Dieu, Chambezon).

Sardat, m. i., c^ne de Lapte.

Sardat, f., c^ne du Pertuis. — *Le lieu de las Clauselles, aultrement Sarda*, 1602 (A. Robert, n^re).

Sargnac (Ravin-du-), affl. des Vesseyres, c^ne de Saint-Christophe-d'Allier.

Sarlanges, vill., c^ne de Retournac. — *Villa de Issarlangas*, 986 (cart. de Chamalières, n° 109). — *In pago Vellaico, in vicaria Bassense, [villa] quæ dicitur Sarliangas*, v. 1000 (cart. du Monastier, n° 209). — *Sarlangas*, 1167 (cart. de Chamalières, n° 88). — *Sarlanjas*, 1215 (abb. de Doue). — *Sorlanges*, 1334 (Arch. nat., P. 490², cote 185).

Sarlis, vill., c^ne d'Yssingeaux. — *Issarlhes*, 1300 (év.). — *Mansus d'Essarlhes*, 1314 (év.). — *Homines d'Essarlheus*, 1355 (év.). — *Sarlis*, 1507 (év.).

Sarniaguet, vill., c^ne d'Agnat. — *Villa de Sarnhaguet*, xvie s. (terr. de Grèzes). — *Sarniguet*, 1820 (Deribier).

Sarniat, vill., c^ne d'Agnat. — *In vicaria Brivatensi, ad Sirnac*, v. 1011 (cart. de Brioude, ch. 106). — *Sarnhac*, xive s. (terr. des Grèzes).

Sarralier, l. détr., près Aunas, c^ne de Chamalières. — *Villa Lingurinas*, 1032 (cart. de Chamalières, n° 101). — *Mansus de Lingurinis*, v. 1087 (idem, n° 23). — *Lengurinas*, 1400 (terr. du Bois). — *Langorinas*, 1490 (cad. de Mézères). — *Sarralier*, 1695 (capitation).

Sarrazine, f., c^ne de Saint-Germain-Laprade. — *Le Coudert-Sarrasin*, xviiie s. (Cassini).

Sarrazines (Les), lieu dit, près Bouzols, c^ne de Coubon. — 1707 (cad. de Bouzols).

Sarrazines (Pierres-), lieu dit, c^ne d'Espaly-Saint-Marcel. — *Le chemin tendant à Arboussel app. Peyres-Sarrasines*, 1710 (cad. d'Espaly).

Sarrazins (Caves-des-), à Mazeyrac, c^ne de Beaulieu. — Grottes creusées de main d'homme.

Sarrazins (Château-des-), au-dessus du tunnel de Saint-Simon, c^ne de la Voûte-sur-Loire. — Roches à bassins.

Sartre (La), m. i., cⁿᵉ de Lapte. — *La Sarte* (cad.).
— *La Satre,* 1878 (carte adm.).

Sarzien, m. i., cⁿᵉ du Chambon.

Sarzol, h., cⁿᵉ d'Allègre. — *Cerzols,* 1263 (Martène, thes. nov. anecd., I, 1116). — *Sarzols,* 1820 (Deribier).

Sassac, vill., cⁿᵉ d'Allègre. — *Sassac,* 1222 (Estiennot, fragm. hist. Aquit., IV, 169). — 1263 (Martène, thes. nov. anecd., I, 1116).

Sassac, h., cⁿᵉ de Chomelix. — *Ad Sazacum,* 1213 (cart. de Chamalières, n° 321). — *Cessac,* 1311 (Arch. nat., P. 1398¹, cote 650). — *Sassac,* 1548 (P. Galien, nᵣᵉ).

Sassac, h., cⁿᵉ de Félines. — *Sassat-la-Tour,* 1669 (Arch. nat., P. 502, cote 109). — *Sasac,* 1888 (Malègue).

Sassenac, bois, cⁿᵉ de Vorey.

Sauce (La), l. détr., cⁿᵉ de Vorey. — *La Salsa,* 1288 (bénédictines de Vorey). — *La Saulce,* mand. de *Seneul,* 1593 (A. Boyer, nᵣᵉ).

Sauces (Les), vill., cⁿᵉ de Chassagnes. — *Terra de Salsas,* v. 888 (cart. de Brioude, ch. 11). — *Las Salces,* 1490 (terrier du Cluzel). — *Sausses,* 1888 (carte adm.).

Sauces (Les), h., cⁿᵉ de Mazerat-Aurouze.

Sauces (Les), h., cⁿᵉ de Saint-Pierre-Eynac. — *Mansus voc. las Salsas,* 1285 (év.). — *Grangia de Salsis,* 1389 (cordeliers du Puy).

Sauciat, l. détr., cⁿᵉ d'Azerat. — *Villa Satiag,* v. 1011 (cart. de Brioude, ch. 31). — *Saciago,* (Bibl. nat., ms. lat., 17078, p. 17). — *Salsiacum,* 1156 (spic. Briv.). — *Salciac,* 1256 (*idem*). — *Sauciat,* 1439 (la Chaise-Dieu, Azerat).

Saugues, f., cⁿᵉ des Estables. — *Salgues,* 1516 (év.).

Saugues, arr. du Puy. — *Salga,* xiiᵉ s. (cart. de Pébrac, n° xlvi, 18). — *Ecclesia S. Mesardi de Salgue,* 1259 (Thiolent). — *Le chastiau de Salgues,* 1314 (Baluze, mais. d'Auv., II, 335). — *Curia Salguiacii,* 1334 (hôtel-Dieu, B. 463). — *Castrum de Salge,* 1343 (Lozère, G. 99). — *Ecclesia B. Medardi de Salgues,* 1365 (tabl. du Velay, 1876-77, 298). — *Villa de Salgue,* 1377 (Haute-Loire, E.). — *La Gleyza de S.-Mezart de Salgue, en l'evesquat de Mende en Gavalda,* 1396 (Ann. Soc. d'agric., XIV, 177). — *La ville de Saulgue,* xvᵉ s. (Bibl. nat., ms. fr., 22297, 69). — *Terra Salguarum,* 1450 (Baluze, mais. d'Auv., II, 391). — *Villa Salguiaci,* 1456 (Bibl. nat., ms. lat., n. acq., 1222, f° 34). — *Castrum Salguiaci,* 1490 (Haute-Loire, E.). — *Salvia vel Salices,* 1675 (Had. de Valois, not. Gall., 214). — *Saugues-la-Montagne,* 1793.

Avant 1790, Saugues était la capitale du Haut-Gévaudan. Cette ville, qui dépendait de la sirerie de Mercœur, mouvait en fief de l'évêché de Mende; mais, au xivᵉ siècle, les dauphins d'Auvergne, devenus sires de Mercœur, prétendirent que ce fief mouvait immédiatement de la couronne et l'hommagèrent au Roi. Son église paroissiale, diocèse de Mende et chef-lieu d'archiprêtré, était dédiée à saint Médard; l'évêque en était collateur.

Saumières, vill., cⁿᵉ de Retournac. — *Sommaires,* 1872 (Malègue).

Sauron, écart, cⁿᵉ de Berbezit.

Sauron, h., cⁿᵉ du Chambon.

Saussac, chât. détr., cⁿᵉ d'Yssingeaux. — *Celsac, Chalzac* (l'imprimé porte *Chatzac*), v. 1049 à 1109 (cart. de Cluny, ch. 3029). — *Castrum Sexagum,* 1079 (*idem,* ch. 3544). — *Celsac, Salsac,* v. 1100 (*idem,* ch. 3764). — *Celsiacum,* v. 1100 (*idem,* ch. 3792, VII). — *Salsacum,* 1303 (prieuré de Grazac). — *Curiales de Salssaco,* 1370 (év.). — *Sausac,* 1602 (Jacmon, p. 8).

Siège de l'une des dix-huit baronnies diocésaines du Velay.

Sausse, m. i., cⁿᵉ de Saint-Didier-la-Séauve.

Sausse (La), écart, cⁿᵉ de Retournac. — *Salsa prope Retornac,* 1343 (Arch. nat., P. 1398², cote 661). — *La Sauce,* 1695 (capitation).

Sausses (Les), f., cⁿᵉ de Mazerat-Aurouze. — *Las Salsas,* 1445 (la Chaise-Dieu, Mazerat-Aurouze). — *Les Sauces* (cad.).

Saut (Le), m. i., cⁿᵉ de Saint-Maurice-de-Lignon.

Saut (Ravin-du-), affl. de l'Allier, cⁿᵉ de Saint-Vénérand.

Saut-de-Bauzit (Le), f., cⁿᵉ de Vals-près-le-Puy.

Saut-de-la-Jument-Borgne, affl. de la Veyradeyre, cⁿᵉ des Estables.

Saut-de-la-Vache (Le), m. i., cⁿᵉ de Raucoules.

Sauterat, m. i., cⁿᵉ de Laussonne.

Sauvage (Le), f., cⁿᵉ de Chanaleilles. — *Villa dels Salvatges,* 1217 (hôtel-Dieu, B. 304). — *Grangia vulg. appellata de Ribagenos sive del Salvatge,* 1329 (J. de Peyre, nᵣᵉ). — *Lo Salvatges de Ripagenos,* 1334 (hôtel-Dieu, B. 464). — *Capella in loco del Salvaghe dicta Saint-Jacme,* 1446 (*idem,* B. 546). — *Le Solvaighe,* 1523 (*idem*). — *Le Souvage,* 1537 (*idem.* B. 303).

Sauvage (Le), f., cⁿᵉ de Saint-Pierre-Eynac.

Sauvagère (La), f., cⁿᵉ d'Aurec. — *La Souvareire* (cad.).

Sauvages (Les), chât. détr. et vill., cⁿᵉ d'Aurec. — *Als Salvatges,* 1325 (coll. Chaleyer). — *Une forte maison app. O Sauvages*, 1379 (hist. gén. de Lang., éd. Privat, X, pr., c. 1629). — *La Tour des Sauvages*, XVIII° s. (Cassini).

SAUVAGES (LES), h., c^ne de la Farre. — *Les Salvaiges*, 1571 (A. Boyer, n^re).

SAUVAGES (LES), f., c^ne de Queyrières. — *Villa quæ dicitur ad Salvatico, Salvaticis*, v. 952 (cart. du Monastier, n° 119).

SAUVAGET, h., c^ne de Josat. — *Souvayer* (cad.).

SAUVAGNAC, écart, c^ne de Chavagnac-Lafayette. — *Sauvaniac*, XVIII° s. (Cassini).

SAUVAGNAT, h., c^ne d'Agnat. — *Salvanhac*, XIV° s. (terrier des Grèzes).

SAUVAGNAT, f., c^ne de Saint-Just-près-Brioude. — *Salveignac*, 1281 (J. Lachenal, l'égl. de Brioude, 11). — *Salvanhac*, 1392 (Arch. nat., Z². 4145, p. 227). — *Mansus de Sauvenhac*, 1459 (Arch. nat., ZZ. 359, p. 17). — *Sauvagnat-Haut*, 1888 (Malègue).

SAUVAGNAT, f., c^ne de la Vaudieu. — *Sauvaignat, Souvaignat*, 1612 (terrier de la Vaudieu).

SAUVAGNAT (LE), affl. du Criolat, c^ne d'Agnat. — *Rivus de Salvanhac*, XIV° s. (terrier de Grèzes).

SAUVAGNY, vill., c^ne de Lubilhac. — *Mansus de Salvigniaco*, 1426 (Bibl. nat., ms. fr., 11490, f° 12). — *Salveynhet*, 1428 (*idem*, f° 64). — *Sauvannet*, 1603 (Chanvon, n^re). — *Sauvigny*, 1690 (ét. civ.). — *Souvagni*, 1820 (Deribier).

SAUVANT, m. i., c^ne de Cubelles.

SAUVAYER, h., c^ne de Josat. — *Souvayer* (cad.).

SAUVE (MOULIN-DE-), m^in sur le Doulon, c^ne de Saint-Vert.

SAUVETAT (LA), c^on de Pradelles. — Ancienne comm^rie de l'O. du Temple qui passa, en 1313, à l'O. de S. J. de Jérusalem et devint un membre de la comm^rie de Devesset ou le Bailliage. — *Villa et ecclesia quæ dicitur Salvitas*, 1164 (Médicis, I, 77). — *La Salvetat*, 1236 (templiers du Puy). — *Juxta domum de la Salvetat, capella in hon. B. Mariæ*, 1270 (Gall. christ., II, instr., c. 236). — *Pedagium villæ Salvitatis*, 1331 (J. de Peyre, n^re). — *La Salvete ou bailliage de Velay*, 1376 (Vaissète, hist. gén. de Lang., X, pr., c. 1530). — *La Sauvetat*, 1720 (Saugrain).

En 1789, la Sauvetat était compris dans la province du Velay, la subdélégation et sénéchaussée du Puy. Au spirituel, il relevait de la paroisse de Landos.

SAUVETON, l. détr., c^ne de Saint-Pierre-Eynac. — XVIII° s. (Cassini).

SAUZE (LE), vill., c^ne d'Aurec. — *Lo Sauze*, 1317 (Arch. nat., P. 1400³, cote 990). — *Lo Sauzer*, 1387 (comm^on de M. Testenoire-Lafayette). — *Lo Salse*, 1389 (hist. gén. de Lang., éd. Privat, X, c. 1767).

SAUZE (LE), f., c^ne de Raucoules.

SAUZE (LE), f., c^ne de Salettes.

SAUZE (LE), m. i., c^ne d'Yssingeaux.

SAUZET, h., c^ne d'Aubazac.

SAUZET, dom., c^ne de Vazeilles-Limandres. — *Mansus... villulæ (Forsanguis) contiguus, qui vocatur Plania*, 1025 (AA. SS. O. S. B., sæc. VI, pars 1, 635; spic. Brival.; cart. de Cluny). — *Plaigne*, 1809 (ét. civ.). — *Sauzet-Chamaux* (lire : *Hameau*), 1820 (Deribier). — *Vès-Sauzet*, 1866 (aff. jud.).

SAUZET, vill., c^ne de Venteuges. — *Mansus de Salzetz*, 1327 (Lozère, G. 98). — *Salzet*, 1479 (Bibl. nat., ms. lat., n. acq., 1294, f° 231).

SAUZET, dom. et m^in détr., c^ne de Vernassal. — *Sauzet*, 1210 (hôtel-Dieu, B. 607). — *Grangia dell Sauzet*, 1257 (*idem*, B. 316). — *La Saussette*, 1759 (tabl. hist. du Velay, 1874-1875, 215).

SAUZET (LE), h., c^ne d'Yssingeaux.

SAVEL, l. détr., c^ne d'Yssingeaux. — XVIII° s. (Cassini).

SAVENNE (LA), affl. du Lignon, c^nes de Champclause et du Mazet-Saint-Voy. — *Ris de Grueyre*, 1696 (cad. de Montusclat). — *Ruiss. de Gruaire* (cad.). — *Ruiss. de Sarenne*, 1880 (carte adm.).

SAVIGNAC, l. détr., c^ne de Cayres. — *Savinhac, par. de Cayres*, 1325 (Saint-Agrève). — *Savinhacum*, 1340 (J. de Peyre, n^re).

SAVIGNAC, h., c^ne de Thoras. — *Mansus de Saviniaco*, 1276 (Thiolent). — *Savignac*, 1279 (*idem*). — *Savinhac*, 1499 (*idem*). — *Savinhacum*, 1526 (A. Besseyre, n^re).

SAVIN (MOULIN-DE-), m^in, c^ne du Monastier.

SAVY (MOULIN-DE-), m^in sur le ruiss. de Gourgayre, c^ne d'Auvers.

SAY (LE), ruiss. qui prend naissance dans les prairies du Vernet et se jette dans la Musette, en amont du Charrouil, c^ne de Loudes. — *Rivus de Sal*, 1385 (terrier de Saint-Vidal). — *Riperia Salhis, rivus de Salh*, 1405 (Drôme). — *Lo riu del moli del Teulene*, 1411 (terrier de Saint-Vidal). — *Rivus de Salli*, 1447 (*ibid.*).

SÇAY (LE), m^ins sur l'Estantole, c^ne de Vézézoux.

SCEYTHE (SCIE-DE-LA), scierie sur le Fultin, c^ne de Saint-Julien-Molhesabate.

SCIE (LA GRANDE-), h., c^ne de Saint-Julien-Molhesabate. — *Grand-Scie*, 1879 (carte adm.).

SCIE-DE-BOUTE (LA), c^ne de Saint-Just-Malmont. —

Le Moulin de Couillard, 1658 (Theillère, Saint-Just-Malmont, 185).

Scie-de-Leyricel (La), c⁣ᵉ de Dunières.

Scie-de-Rouchon (La), c⁣ᵉ de Dunières.

Scie-des-Panens (La), c⁣ᵉ de Riotord.

Scies (Les), h., c⁣ᵉ de Saint-Julien-Molhesabate.

Séauve (La), vill., c⁣ⁿᵉ de Saint-Didier-la-Séauve. — *In Vellaico, in loco qui dicitur Sylva Lugdunense,* v. 970 (cart. du Monastier, n° 85). — *In loco ubi appellatur ad Silvam Lucdunensem,* xiᵉ s. (cart. de Chamalières, n° 129). — *Domus Silvæ,* 1226 (Guigue, obit. eccl. Lugd., p. 203). — *Domus de la Selve,* 1239 (tabl. du Velay, 1871-72, p. 297). — *Silva Monialium,* xiiiᵉ s. (anecd. hist. d'Ét. de Bourbon, p. 269). — *Sanctimoniales de Sylva,* 1270 (Lamure, hist. des ducs de Bourbon, III, p. 63). — *Conventus de Cilva,* 1279 (Arch. nat., P. 1399², cote 821). — *Nostra Domina de Lassova, la Saula,* 1310 (Mᵉᵉ de Boissieu, mais. de Saint-Chamond, p. 278-9). — *Monasterium Silvæ Benedictæ,* 1359 (cordeliers). — *Cilva Benedicta,* 1387 (év.). — *La Selva,* 1408 (compois du Puy). — *L'abbaye de la Serve-Benoiste,* 1426 (Arch. nat., P. 1400¹, cote 869). — *La Salve-Benoiste,* 1506 (Médicis, II, 302). — *La Seaulve-Benoiste lès S.-Didier,* 1597 (tabl. du Velay, 1870-71, p. 209). — *La Séauve-Bénite,* 1710 (Vernière, voy. hist. de Dom J. Boyer).

Ancienne abbaye de Cisterciennes, fondée au commencement du xii s., détruite à la Révolution.

Séauve (Chapelle de la), sous le vocable de Sainte-Marguerite de la Séauve, à la Séauve, construite en 1825; chapelle à pèlerinage.

Secreste (La), f., c⁣ⁿᵉ de Freycenet-la-Tour.

Seignazerd, m. i., c⁣ᵉ de Tiranges. — *Saygnasart,* 1293 (Arch. nat., P. 491¹, c. 13). — *Saignasart,* 1334 (Arch. nat., P. 490², c. 153).

Séjallières, vill., c⁣ⁿᵉ de Saint-Jean-Lachalm. — *Segeleiras,* 1227 (hôtel-Dieu, B. 307). — *Segaleyras,* 1274 (idem, B. 309). — *Seghalieres,* 1476 (Bibl. nat., ms. lat., n. acq., 1224, f° 128). — *Seghalieras,* 1506 (Médicis, II, 303). — *Scialeyras,* 1299 (la Chaise-Dieu, Séjallières). — *Sezalières,* 1820 (Deribier).

Séjallières (La), affl. du Malaval, c⁣ⁿᵉˢ de Saint-Jean-Lachalm et d'Alleyras. — *Ruiss. de Séghalières,* 1614 (Duclaux, n⁣ʳᵉ).

Séjas (Le), bois, c⁣ⁿᵉ de Saugues.

Séjasset (Le), bois, c⁣ⁿᵉ de Saugues.

Sélerot (Moulin-de-), m⁣ⁱⁿ sur le Lignon, c⁣ⁿᵉ de Saint-Maurice-de-Lignon.

Selle (La), h., c⁣ⁿᵉ de Montregard. — *La Sella,* 1320 (cart. de Mazan, f° 138 v°). — *La Celle,* 1556 (terrier de Montregard). — *Laselle,* 1820 (Deribier).

Sembadel, c⁣ᵒⁿ de la Chaise-Dieu. — *Ecclesia de Saint-Badel,* 1252 (Saint-Agrève). — *Parochia de Sambadel,* 1275 (la Chaise-Dieu, Saint-Allyre). — *Parochia Sancti Badelli,* 1331 (J. de Peyre, n⁣ʳᵉ). — *Parochia de Sambadello,* 1459 (idem, Vazeilhes). — *Sambadal,* 1548 (Rhône, Saint-Antoine-de-Viennois, Saint-Victor). — *Sembadel-Saint-Léger,* xixᵉ s. (nomencl. des postes).

Ancien péage des seigneurs d'Allègre supprimé par arrêt du Conseil du 26 octobre 1744.

En 1789, Sembadel faisait partie de la province d'Auvergne, de l'élection de Brioude, de la subdélégation de la Chaise-Dieu et du ressort de Riom. Son église paroissiale, diocèse du Puy et archiprêtré de Saint-Paulien, était dédiée à saint Roch; l'abbé de la Chaise-Dieu en était collateur.

Seubadou (Le), affl. de la Gampille, c⁣ⁿᵉˢ de Saint-Didier-la-Séauve et de Saint-Just-Malmont. — *Le Saint-Just* (cad.).

Semène, vill., c⁣ⁿᵉ d'Aurec. — *Semena,* 1386 (hom. de Solignac). — *Semena,* 1500 (obit. de Bas).

Semène (La), riv., prend naissance dans les montagnes de Saint-Genest-Malifaux (Loire), entre dans le département de la Haute-Loire par la Fayette, c⁣ⁿᵉ de Saint-Victor-Malescours, arrose les c⁣ⁿᵉˢ de Saint-Didier-la-Séauve, du Pont-Salomon et de Saint-Ferréol-d'Auroure et se jette dans la Loire au nord de la c⁣ⁿᵉ d'Aurec. — *Ripperia de Semena,* 1336 (Arch. nat., P. 492², c. 136).

Senat, vill., c⁣ⁿᵉ de Saint-Didier-sur-Doulon. — *Villa Semenago, in aice Brivatensi,* 819 (Bibl. de l'éc. des ch., XXVII, A. Bruel, chron. du cart. de Brioude, 508). — *Senac,* v. 1260 (Arch. nat., J. 1031, n° 2). — *Senat,* 1310 (Cumignac). — *Cenac,* 1888 (carte adm.).

Sénéol, vill., c⁣ⁿᵉ de Queyrières. — *Sonolium,* 1310 (Lardeyrol). — *Seneolum,* 1325 (Saint-Agrève). — *Cenoylh,* 1333 (Arch. nat., B². 89) — *Seneoulh,* 1534 (év.).

Séneujols, c⁣ᵒⁿ de Cayres. — *Senolium,* v. 1160 (cart. des hospitaliers). — *Ecclesia de Senoiolo,* 1178 (cart. du Monastier, n° 442). — *Senogol,* v. 1213 (cart. des templiers). — *Seneiolum,* v. 1266 (cart. du Monastier, n° 452). — *Senoiol,* 1267 (hôtel-Dieu, B. 612). — *Senueiol,* 1313 (Vals). — *Sennuyol,* 1315 (hôtel-Dieu, B. 645). — *Senneiol, Senneyol,* 1342 (J. de Peyre, n⁣ʳᵉ). — *Perrochia de Senoyolio,* 1346 (hôtel-Dieu, B. 677). — *Cenoyelh,* 1349 (idem, 682). —

Senueylh, 1357 (cart. des hospitaliers). — *Locus de Senholio*, 1383 (év.). — *Senulogium*, 1391 (*idem*). — *Senegol*, 1408 (compois du Puy). — *Cenologium*, 1419 (Saint-Mayol). — *Sennegol*, 1448 (Arch. nat., JJ. 179, n° 187). — *Senegulium*, 1449 (cart. des hospitaliers). — *Senogholium*, 1462 (V. Chauvin, n^{re}). — *Senegholium*, 1505 (Dompnin, n^{re}). — *Ceneujol*, 1507 (év.). — *Senejolium*, 1531 (Saint-Mayol). — *Senegouth*, 1534 (év.). — *Seneghol*, 1535 (Chamblas). — *Seneujol*, 1567 (Doleson, n^{re}). — *Senajon, Sanajon, Cenajon*, 1590 (Burel, 240, 296 et 312). — *Seneughol*, 1607 (A. Robert, n^{re}). — *Seneuiol*, 1635 (cad.). — *Seneuge*, 1780 (terrier de Vabres, f° 348).

En 1789, Séneujols était compris dans la province du Velay, la subdélégation et sénéchaussée du Puy. Son église paroissiale, diocèse du Puy et archiprêtré de Solignac-sur-Loire, était sous le vocable de sainte Anne; l'abbé du Monastier en était collateur.

Senèze, vill., c^{ne} de Domeyrat. — *Senezes*, 1445 (la Chaise-Dieu, Mazerat-Aurouze). — *Senèse*, (cad.).

Senglaranets, l. détr., c^{ne} de Chassignolles. — *Mansus de Senglaranetz*, 1358 (spic. Briv.).

Séniautre, f., c^{ne} de Saint-Geneys-près-Saint-Paulien. — *Mansus de Sumentres*, 1408 (Drôme). — *Soumeautre*, 1507 (év.). — *Chemeautre*, 1584 (terrier de la Rochelambert). — *Syniautres*, 1695 (capitation). — *Simiautre*, xviiie s. (Cassini).

Sénicrose, h., c^{ne} de Fay-le-Froid. — *Locus de Sancta Croza*, 1464 (Ardèche, C. 624). — *Sanhe-Croze*, 1620 (Soc. d'agric., XVIII, 533). — *Sanie-Croze*, 1639 (ét. civ.). — *Sénicroze*, 1673 (*idem*). — *Senicros*, xviiie s. (Cassini).

Sénicrose, f., c^{ne} de Présailles.

Sénilhac, vill., c^{ne} de Ceyssac. — *Senilhac*, 1343 (J. de Peyre, n^{re}, reg. 3, f° 163). — *Cenilhiac*, 1587 (Sigaud, n^{re}). — *Cinilhac*, 1613 (Brunel, n^{re}). — *Cenilhac*, 1695 (cad. de Ceyssac).

Séniquette, vill., c^{ne} de Saint-Ilpize. — *Sanha Ceuta*, 1339 (Bibl. nat., ms. fr., 14377, p. 189). — *Senha Céuyta*, 1357 (*idem*, p. 206). — *Sanha Queuyta*, 1386 (Arch. nat., Z². 4144, p. 60). — *Mansus de Sanhe Queuta*, 1444 (Bibl. nat., ms. fr., 11490, p. 338). — *Sanhe Queta*, 1460 (Arch. nat., ZZ. 359, p. 10). — *Saigne-queute*, 1612 (terrier de la Vaudieu). — *Seniqueute*, 1820 (Deribier).

Sénouire (La), riv., prend sa source près de la Chaise-Dieu, dans le bois du Breuil, arrose les c^{nes} de la Chapelle-Geneste, Connangles, Saint-Pal-de-Mura, Saint-Étienne-près-Allègre, Mazerat-Aurouze, Paulhaguet, Domeyrat, Frugières-le-Pin, la Vaudieu et Vieille-Brioude et se jette dans l'Allier près du pont de la Bajasse. — *Fluviolus qui dicitur Sinus Aureus*, v. 1148 (Gall. christ., II, col. 107). — *Aqua de Senoire*, 1252 (spic. Briv.). — *Senoyre*, 1279 (*idem*). — *Aqua Sinus Auri*, 1324 (la Chaise-Dieu, Mozun). — *Sirenueyra, Sirenieyra*, 1338 (Arch. nat., R⁴. 1143*, n° 114). — *Cenoyre*, 1359 (la Chaise-Dieu, bois de Mozun). — *Flumen Cynus Auri*, 1371 (*idem*, la Chapelle-Geneste). — *Cynioures*, 1373 (*idem*). — *La riv. de Sonoyre*, 1561 (Chalvon, n^{re}).

Senous, écart, c^{ne} de Saint-Germain-Laprade. — *Synoms*, 1256 (Arch. nat., P. 491², cote 113). — *Territorium de Senoms*, 1412 (terrier du Moulin-Neuf). — *Cenomps*, 1568 (Savin, n^{re}).

Sentenac, h., c^{ne} de Chomelix. — *Ad Sentennachum*, 1213 (cart. de Chamalières, n° 320). — *Mansus de Sentenato*, 1404 (terrier de Chomelix).

Septsols, h., c^{ne} de la Besseyre-Saint-Mary. — *Mansus de Sept-Sols*, 1476 (Bibl. nat., ms. lat., n. acq., 1294, f° 135). — *Cessol*, 1749 (terrier du Besset). — *Sepsol*, 1820 (Deribier). — *Sept-Sols*, 1888 (carte adm.).

Seraille, mⁱⁿ sur la Musette, c^{ne} de Vazeilles-Limandres. — *Saraye*, 1888 (carte adm.).

Serand, écart, c^{ne} de la Chapelle d'Aurec. — 1692 (ét. civ.). — *Serrand*, xviiie s. (Cassini). — *Saran*, 1860 (état-major). — *Seran*, 1888 (Malègue).

Serasacre, mont., près Vialette, c^{ne} de Saint-Paulien. — *Serasacre*, 1355 (terr. de P. Ravoux).

Sereys, chât., c^{ne} de Chomelix. — *Ex oppido quod Ceresium nominatur*, xie s. (AA. SS. O. S. B., vi sæc., vita S. Roberti, II, 13). — *Cereseum*, 1164 (Médicis, I, 76). — *Castrum de Cereis*, 1173 (lay. du trés. des ch., I, 105). — *Sereys*, 1507 (év.). — *Le chasteau de Sereix en Languedoc*, 1669 (Arch. nat., P. 499, cote 20).

Sériès, l. détr., c^{ne} de Coubon. — *In pago Vellaico, in villa Cedrirs, in vicaria de Bolziol*, v. 1031 (cart. du Monastier, n° 249). — *Ceiriers*, 1244 (Saint-Mayol). — *Vinetum de Seyreys*, 1326 (Saint-Agrève). — *Seyriers*, 1389 (plumit. de Bouzols). — *Ceyriès*, 1707 (cad. de Bouzols). — *Le Seriès*, xviiie s. (Cassini).

Sermone (La), f., c^{ne} de Vals-près-le-Puy. — *Pratum de la Salamona*, 1448 (hôtel-Dieu, B. 203). — *Le ranc de la Salamonna*, 1587 (Doleson, n^{re}).

Serpeyres (Les), f., c⁰ᵉ du Chambon. — *Las Serpeyras*, 1616 (Rhône, H. 2153). — *Les Sarpeyres*, xviiiᵉ s. (Cassini). — *Les Serpières*, 1820 (Deribier).

Serpolaires, lieu dit, c⁰ᵉ de Taulhac. — *Cerpoleyres*, 1549 (Savin, nʳᵉ).

Serpoller, terroir, c⁰ᵉ de Chadrac. — *Sarpollerius*, v. 1187 (hosp. du Velay). — *Prata de Sarpoler* ou *Sarpolyer subtus Chausso*, 1294 (terrier de Saint-Mayol). — *Pratum voc. Serpolheyr*, 1334 (hosp. du Velay).

Serre, l. détr., c⁰ᵉ d'Alleyrac. — *Serrum*, 1331 (Arch. nat., P. 1397², cote 587).

Serre, vill., c⁰ᵉ d'Ally. — 1613 (Mercurial).

Serre (Le), affl. de l'Avène au sud-est de Saint-Austremoine; prend sa source près de Freycenet, c⁰ᵉ d'Ally.

Serre (Le), h., c⁰ᵉ de Léotoing. — *Le lieu de Serre*, 1520 (la Chaise-Dieu, Chambezon). — *Le Serre*, xviiiᵉ s. (Cassini). — *Les Serres*, 1820 (Deribier).

Serre (Le), f., c⁰ᵉ de Raucoules.

Serre (Le), dom., c⁰ᵉ de Saint-Arcons-de-Barges. — *Blanc del Serre*, 1225 (hôtel-Dieu, B. 305). — *Villa del Serre*, 1281 (la Chaise-Dieu, Saint-Paul-de-Tartas).

Serre (Le), m. i., c⁰ᵉ de Saint-Maurice-de-Lignon.

Serre (Le), f., c⁰ᵉ des Vastres.

Serre (Moulin-de-), mⁱⁿ à vent, c⁰ᵉ d'Ally.

Serre-d'Ardenne (Le), m. i., c⁰ᵉ de Fay-le-Froid.

Serre-du-Pin (Le), h., c⁰ᵉ de Tence.

Serre-Rouge (Le), mont., c⁰ᵉ d'Alleyras. — *Mons voc. Teuleynh*, 1327 (prieuré d'Alleyras).

Serres, vill., c⁰ᵉ de Céaux-d'Allègre. — *R. de Serro de Castronovo*, 1288 (hôtel-Dieu, B. 341). — *Serre*, xviiiᵉ s. (Cassini).

Serres, h., c⁰ᵉ de Félines. — *Serres*, 1249 (tabl. du Velay, 1875-76, p. 532).

Serres, l. dét., c⁰ᵉ de Rauret. — 1285 (homm. de l'év.). — *Serras, par. de Roureto*, 1340 (J. de Peyre, nʳᵉ).

Serres, vill., c⁰ᵉ de Saint-Pal-de-Murs. — 1573 (commᵒⁿ de M. E. Grellet de la Deyte).

Serres (Les), h., c⁰ᵉ de Saint-Pal-de-Mons.

Serret (Le), m. i., c⁰ᵉ de Bessamorel.

Serret (Le), bois, c⁰ᵉ de Saint-Just-Malmont.

Serry (Le), m. i., c⁰ᵉ d'Alleyras.

Serry (Le), affl. de l'Allier, c⁰ᵉ de Monistrol-d'Allier. — *Le ruisseau de Gratesol*, 1780 (terrier de Vabres, fᵒ 259 vᵒ).

Serry-de-l'Ouche (Le), rocher, c⁰ᵉ des Estables.

Serves (Les), ravin et ruiss., affl. de droite de l'Arzon et limitant les c⁰ᵉˢ de Bellevue-la-Montagne, de Saint-Geneys-près-Saint-Paulien et de Vorey.

Servey (Le), m. i., c⁰ᵉ d'Araules. — *Le Servey-du-Mégal*, 1878 (carte adm.). — *Le Cervey*, 1888 (Malègue).

Servezeyres, h., c⁰ᵉ de Rosières. — *Villa de Cerviseriis* (le ms. porte *Cerinseriis*), 985 (cart. de Chamalières, n° 185). — *Serveserie*, 1507 (Saint-Mayol). — *Servesières* ou *Moret*, 1820 (Deribier). — *Serrezeyres*, 1880 (carte adm.).

Servières, vill., c⁰ᵉ de Blesle. — *Mansus de Serveyra*, 1364 (spic. Briv.). — *Servière*, 1730 (terr. d'Espalem).

Servières, chât., c⁰ᵉ de Saint-Didier-sur-Doulon. — *Castrum de Servera*, v. 1250 (spic. Briv.). — *Cerveira* ou *Serveira*, xiiiᵉ s. (obit. de Br.). — *Cervière*, xviiiᵉ s. (Cassini). — *Servière* (cad.).

Servières, chât. et vill., c⁰ᵉ de Saugues. — *Cerveira*, 1216 (hôtel-Dieu, B. 303). — *Serveira*, 1241 (cart. de Pébrac, n° 70). — *Castrum de Serveyra* (Lozère, G. 98). — *Le prieur de Serverye*, 1516 (Arch. nat., Gˢ*. 2, fᵒ 597 vᵒ). — *Serveyras*, 1539 (Thiolent). — *Serreyres*, 1574 (terrier de Meyronne). — *Servières de Saugues*, 1734 (L'Ouvreleul, 26).

Succursale érigée le 21 mai 1826.

Servières (Le Mas-de-), l. détr., c⁰ᵉ de Rauret. — 1349 (homm. de l'év.).

Servillange, vill., c⁰ᵉ de Venteuges. — *Servilhangas*, 1327 (Lozère, G. 98). — *Servilongas*, 1499 (Thiolent). — *Servilanghes*, 1539 (idem).

Servillange (Le), affl. du Pontajou, c⁰ᵉˢ de Saugues et de Venteuges. — *Ruiss. de Vysson*, 1574 (terr. de Meyronne).

Serville, source d'eaux minérales, c⁰ᵉ de Beaulieu.

Servissas, chât. détr. et vill., c⁰ᵉ de Saint-Germain-Laprade. — *Serviszac*, 1161 (hosp. du Velay). — *Servissas*, 1164 (Médicis, I, 76). — *Cervisas*, 1191 (Saint-Georges du Puy). — *Cervissaz*, 1210 (hôtel-Dieu). — *Sirvissas*, 1256 (Arch. nat., P. 491², cote 113). — *Cervissas*, 1274 (Saint-Georges du Puy). — *Servissacium*, 1389 (plumit. de Bouzols).

Fief vassal de l'év. du Puy.

Seigneurie possédée en pariage par trois coseigneurs, le baron de Bouzols, le baron de Solignac (depuis le xivᵉ s., le vᵗᵉ de Polignac) et le seigneur de Mazengon.

Chapelle du château, sous le vocable de saint Sulpice.

Senzat, l. détr., c⁰ᵉ de Mercœur. — *Metterie app. Sarazat où y a chazaulx*, 1613 (Mercurial).

Sétoux (Les), vill., cne de Riotord. — *Grangia des Sotons*, 1273 (cart. de Saint-Sauveur-en-Rue). — *Les Souttous*, 1606 (Jamon, nre).

Seuge (La), riv., prend naissance dans la cne de Chanaleilles et se jette dans l'Allier, à Prades, après avoir arrosé les cnes de Grèzes et de Saugues. — *Aqua de Suega*, 1377 (Thiolent). — *Rivus de Seugha*, 1464 (Bibl. nat., ms. lat., n. acq., n° 1223, f° 185 v°). — *Le rif de Seuge*, 1465 (idem, f° 226 v°). — *Aqua Seugiæ*, 1477 (Bibl. nat., ms. lat., n. acq., n° 1224, f° 166). — *Le ruisseau de Seujoles*, 1857 (hist. de Langeac, par Lagrave, p. 133).

Seuils (Les), f., cne de Chauderolles. — *Mansus deus Soyls et Sohyls*, 1301 (Bonnefoy). — *Mansus deus Soylhs*, 1309 (idem). — *Mansus de Soliis*, 1330 (idem). — *Los Seulhs*, 1387 (idem). — *Boria deus Sueylhs*, 1455 (Pradier, nre). — *Les Sueilx*, 1624 (ét. civ.).

Seuils (Les), mont., loc. détr., près le Bouchet, cne de Saint-Georges-Lagricol. — *In Soils*, 1163 (cart. de Chamalières, n° 77). — *El suc dous Solz*, 1447 (terr. de Piassac).

Seuils (Les), l. dét., cne de Saint-Pal-de-Chalencon. — *Villa quæ dicitur ad Solos*, xiie s. (cart. de Chamalières, n° 209).

Seveyrac, vill., cne d'Yssingeaux. — *Seveirachum*, 1213 (cart. de Chamalières, n° 330). — *Castrum de Seveyrac*, 1267 (Médicis, I, 80). — *Sevayrac*, 1327 (Guy Veriac, nre). — *Severacum lo Fromentail*, 1377 (Ord. des Rois de Fr., VI, 267; Ménard, hist. de Nîmes, III, pr., 85). — *Civeyrac*, 1506 (Médicis, II, 302). — *Ceveyrac*, 1548 (terrier de Verchères).

Siaugues-Saint-Romain, cne de Langeac. — *Ecclesia de Selgue*, 1315 (spic. Briv.). — *Celgue*, 1330 (Chamblas). — *Ceulgues*, 1379 (compte de B. Flotenc). — *Ceaulgues*, 1398 (compte de B. Sannadre). — *Cealgues*, 1401 (spic. Briv.). — *Ecclesia parochialis B. Petri de Selgue*, 1465 (Bibl. nat., ms. lat., n. acq., 1223, f° 237 v°). — *Le bourg de Seaulgue en Auvergne*, 1472 (spic. Briv.). — *Sealgue*, 1475 (Bibl. nat., lat., n. acq., 1224, f° 99). — *Scalgues*, 1495 (terrier de Vissac). — *Parochia Sialgii*, 1510 (Dompnin, nre). — *Siaugue*, 1561 (Savin, nre). — *Sialgue*, 1568 (Arch. nat., Q. 513, f° 212). — *Seaulgues*, 1597 (A. Robert, nre). — *Cyaugues-Sainct-Rome en Auvergne*, 1629 (Duclaux, nre). — *Siaulgues*, 1669 (spic. Briv.). — *Siaugues-Saint-Romain*, xviiie s. (Cassini). — *Siaugnes-le-Romain*, 1793.

En 1789, Siaugues-Saint-Romain dépendait de la province d'Auvergne, de l'élection de Brioude, de la subdélégation de Langeac et du ressort de Riom. Son église paroissiale, diocèse de Saint-Flour et archiprêtré de Langeac, était sous l'invocation de saint Pierre; comme prieuré de cette localité, l'abbesse du monastère des Chazes présentait à la cure.

Siaume (La), riv., prend sa source à l'ouest de Granouillet, cne d'Yssingeaux, et se jette dans le Lignon, près du Pont de l'Enceinte. — *Aqua de Silna*, 1359 (Rhône, H. 2632). — *Sialna*, 1504 (terrier de Chailhans, f° 20). — *Riparia de Siolme*, 1523 (est. d'Yssingeaux, f° 11 v°). — *La Siaume*, 1600 (Mme Leblanc, nre). — *Le ruisseau de Syolme*, 1646 (terrier de Chailhans, f° 127). — *Les Tanneries*, 1878 (carte adm.).

Siberot (Moulin-de-), min sur la Borne occidentale, cne de Monlet. — *Moulin-Soubeyrot*, xviiie s. (Cassini). — *Moulin-Sibeyrot*, 1888 (carte adm.). — *Sibeyrat*, 1888 (Malègue).

Sicart (Moulin-de-), min sur la Dège, cne de la Besseyre-Saint-Mary. — 1749 (terr. du Besset). Min bannier de la sie du Besset.

Sigaud, h., cne de Chadron. — *Sigaud*, 1561 (Savin, nre). — *Siguaud*, 1579 (prieuré de Solignac).

Sigaud, f., cne de Saint-Arcons-de-Barges.

Signaube, f., cne du Chambon. — *Le Signon*, 1888 (Malègue).

Signauves (Raza-des-), affl. de la Senouire, limite les cnes de Collat et de Saint-Étienne-près-Allègre.

Signe (Le), min détruit, cne d'Allègre. — *Le Signe*, xviiie s. (Cassini). — *Moulin de Fix*, 1851 (Giraud).

Signolles (Les), f., cne de Riotord.

Signon, mont. et carrière de lauzes, cne de Chaudeyrolles. — *Sinho*, 1469 (Rivière, nre). — *La montagne de Signon*, 1764 (tabl. du Velay, 1877-78, 515). — *La mont. de Chignor*, 1867 (Lecoq, IV, 335).

Silcuzin, vill., cne de Siaugues-Saint-Romain. — *Salgusii*, v. 1250 (spic. Briv.). — *Salcuzi*, 1320 (J. de Peyre, nre). — *Celcuzi*, 1384 (Chamblas). — *Mansus de Selcuzi*, 1453 (Bibl. nat., ms. lat., n. acq., 1222, f° 9 v°). — *Sealcusi*, 1476 (idem, 1224, f° 140). — *Scaulcuzy*, 1495 (terrier de Vissac). — *Sealcuzin*, 1525 (terr. du Cluzel). — *Celcuzin en Auvernhe*, 1621 (Brunel, nre). — *Ciaulxcouzy*, 1660 (Espanhon, nre). — *Silcuzin*, xviiie s. (Cassini). — *Silusin*, 1820 (Deribier).

Sillards (Les), h., cne de Saint-Jeure.

Siméon, f., cne de Saint-Victor-Malescours.

Simet, m. i., cne de Tiranges. — *Simets* (cad.).

Simondon, f., cne du Chambon. — *Simodon*, 1888 (Malègue).

Simonet, f., cne de Saint-Haon.

Single (Le), f., cne de Montusclat. — *Lou Sengle*, 1696 (cad. de Montusclat). — *La Sengle*, xviiie s. (Cassini). — *Le Singe*, 1879 (carte adm.).

Sinzelles, h., cne de Blavozy. — *Sinzelæ*, 1305 (Saint-Georges du Puy). — *Sinzelas*, 1325 (hôtel-Dieu, B. 179). — *La borie de Sinzelles*, 1561 (Savin, nre). — *Cinzeles*, xviiie s. (Cassini).

Domaine de l'ancienne maladrerie de Brives.

Sinzelles, h., cne de Polignac. — *Cinzelas prope grangiam de Moniauzi*, 1266 (léproserie de Brives). — *Cinselas*, 1374 (Saint-Agrève). — *Scinzelhas*, 1453 (prieuré de Polignac). — *Sinzelas*, 1510 (J. Boyer, nre). — *Cinzelles*, 1585 (Johany, nre).

Sionne (La), rivière qui prend sa source dans les montagnes de Cézallier (Cantal), entre dans le département de la Haute-Loire par le nord de la cne de Blesle et se jette dans l'Allagnon au-dessus de Babory. — *Rif de Syone*, 1493 (terrier de Blesle). — *La Sianne*, 1879 (carte adm.).

Siougue, bois, cne de Charraix. — *La Silva*, 1351 (Thiolent). — *Nemus de la Selva*, 1459 (Bibl. nat., ms. lat., n. acq., 1222, fᵒ 119).

Sitron (Le Mas-de-), l. détr., cne de Saint-Maurice-de-Lignon. — *Le Mas-de-Sytron*, 1589 (Haute-Loire, E.).

Soddes, vill., cne de Saint-Paulien. — *Sosde*, xe s. (cart. de Chamalières, n° 222). — *Sodde*, 1306 (tabl. du Velay, 1875-76, 520). — *Sode*, 1345 (terrier de P. de Céaux). — *Sodes*, 1820 (Deribier).

Soleil (Le), h., cne de Laval. — *Mansus de Solerio*, 1307 (la Chaise-Dieu, Saint-Vert). — *Le Solier*, 1570 (J. Chalvon, nre).

Soleil (Le), h., cne de Saint-Didier-sur-Doulon.

Soleilhac, h., cne de Saint-Front. — *Mansus de Sollelat*, 1217 (Gall. christ., XVI, instr., col. 240). — *Mansus Solelhat*, 1256 (cart. de Mazan, fᵒ 111). — *Selelhat*, 1392 (év.). — *Mansus de Solelhaco*, 1398 (cart. de Mazan, fᵒ 106). — *Soleilhac*, 1507 (év.).

Soleymet, f., cne de Saint-Pal-de-Mons. — *Souleymey* (cad.).

Soleymet, f., cne de Saint-Victor-Malescours. — *Soleymec*, 1388 (coll. Chaleyer). — *Solimet* (cad.). — *Solaymet*, 1820 (Deribier).

Soleyrol, l. détr., près l'Estang, cne de Saint-Christophe-d'Allier.

Soleyrol, f., cne de Saint-Didier-sur-Doulon. — *Lo Soleyrol*, 1516 (Vals-le-Chastel). — *Solerolle*, xviiie s. (Cassini). — *Soleyrolles* (cad.). — *Solérol*, 1888 (carte adm.).

Soleyrol, f. et mᵢⁿ sur l'Ance, cne de Saint-Georges-Lagricol. — *Solayrol*, 1271 (hôtel-Dieu, B. 620). — *Lo Soleyrol*, 1447 (terrier de Piassac). — *Le Solleyrol*, 1569 (terrier de N.-D. de Chalencon). — *Solleyrol*, 1695 (capitation).

Solier (Le), vill., cne de Saint-Hilaire.

Solignac, l. détr. et mont., cne de Rosières. — *Villa de Sollempniaco*, 986 (cart. de Chamalières, n° 201). — *Mansus de Sollemniaco*, v. 1180 (idem, n° 131). — *Sollempnhac*, 1342 (col. C. Falcon).

Solignac, f., cne de Saint-Étienne-sur-Blesle.

Solignac, f. détr., cne de Saint-Georges-d'Aurac. — *Solompnhat*, 1416 (la Chaise-Dieu, Mazeral-la-Brequeille). — *Sollempnhac*, 1465 (terrier du Cluzel). — *La metterie de Solegnac*, 1670 (Arch. nat., P. 502, n° 112).

Solignac, vill., cne de Tence. — *Solempnhac*, 1308 (homm. de l'év.). — *Sollempniacum*, 1314 (év.). — *Sollampnhac*, 1327 (Rhône, D. 154). — *Sollempnhac*, 1328 (cart. de Tence, fᵒ 18). — *Sollempnac*, 1507 (év.).

Solignac (Le Grand-), dom., cne de Monistrol-sur-Loire. — *Solempnec*, 1370 (év.). — *Domus de Solumpnhec*, 1431 (év.). — *Le Grand-Sollignac*, 1732 (ét. civ.).

Solignac (Le Petit-), f., cne de Monistrol-sur-Loire.

Solignac-sous-Roche, cne de Bas. — *Villa de Sollempniaco*, 986 (cart. de Chamalières, n° 201). — *Ecclesia S. Juliani Sollempniacensis*, v. 1082 (idem, n° 200). — *Prior de Solyniac prope Rocham*, 1302 (Arch. nat., P. 494, c. 11). — *Prioratus S. Juliani de Sollempniaco prope Ruppem*, 1429 (Saint-Mayol). — *Capellanus de Sollempnhac-Charais*, xve s. (Médicis, II, 171). — *Prieur de S.-Julien-de-Solemieu*, 1490 (Arch. nat., P. 1397², c. 583).

Membre dépendant du prieuré de Saint-Michel de Charais en Vivarais, chef d'ordre.

En 1789, Solignac-sous-Roche appartenait à la province du Velay, à la sénéchaussée et subdélégation du Puy.

Solignac-sur-Loire, arr. du Puy. — *Vicaria de Solemniaco, in pago Vellaico*, 996 (cart. du Monastier, n° 141). — *Ecclesia S. Vincentii de Solemniaco*, 1080 (idem, n° 235). — *Sollempnia-*

cum, 1150 (hôtel-Dieu, B. 297). — *Solamnac*, v. 1160 (hosp. du Velay). — *Sollamniac*, 1173 (*idem*). — *Sollonac*, 1174 (*idem*). — *Solempnac*, v. 1179 (*idem*). — *Lo prior de Solamniac*, v. 1217 (templiers du Puy). — *Solannac*, 1227 (*idem*). — *Soligniacum*, 1256 (Arch. nat., JJ. 30⁸, f° 42). — *Solempniac*, 1256 (év.). — *Solempnyacum*, 1278 (la Chaise-Dieu, Bouchet-Saint-Nicolas). — *Soleingnac*, 1299 (Ar. du parl. de Paris, II, n° 3026). — *Soulognac*, 1318 (Baluze, II. 150). — *Sollompnhac*, 1331 (J. de Peyre, n^re). — *Sollompnac*, 1363 (Haute-Loire, E.). — *Sollompniacum*, 1390 (év.). — *Villa de Solemnhaco*, 1450 (tabl. du Velay, 1875-76, 53). — *Solinhac*, 1506 (Médicis, II, 302). — *Sollempnhacum*, 1514 (Maurin, n^re). — *Sollinac*, 1551 (R. Maurin, n^re). — *Solignhac*, 1561 (Savin, n^re). — *Solleignac*, 1574 (Haute-Loire, C.). — *Solignac*, 1589 (Burel, 133). — *Soliniach*, 1594 (tabl. du Velay, 1875-76, 55). — *Sollenhac*, 1602 (Jacmon, 7). — *Solenihac*, 1632 (*idem*, 54).

En 1789, Solignac-sur-Loire était compris dans la province du Velay, la subdélégation et sénéchaussée du Puy. Son église paroissiale, diocèse du Puy et chef-lieu d'archiprêtré, était sous le vocable de saint Vincent; l'évêque, qui avait la collation de la cure, avait remplacé comme collateur, en 1762, les jésuites du Puy, qui eux-mêmes avaient succédé, à partir de 1588, à l'abbé du Monastier.

SOLILHAC, chât. et dom., c^ne de Blanzac. — *Soleillac*, 1245 (Saint-Georges de Saint-Paulien). — *Villa de Soleliac*, 1272 (tabl. du Velay, 1875-76, 524). — *Soleilhac*, 1306 (*idem*, 513). — *Seleliacum*, 1306 (*idem*, 510).

SOLLIER (LE), m. i., c^ne de Josat.

SOLRECOUX, m^in sur la Seuge, c^ne de Cubelles. — *Solrocos*, 1233 (cart. de Pébrac, n° 59). — *Le molin de Solrocos*, 1539 (Thiolent).

SOMMES (SUC DES), mont., c^ne d'Agnat.

SONNAC, vill., c^ne de Malrevers. — *Seunhac*, 1288 (hôtel-Dieu, B. 342). — *Saunhac*, 1300 (*idem*, B. 358). — *Saunac*, 1314 (év.). — *Sonnacus*, 1470 (Chamblas). — *Sonacus*, 1476 (Richon, n^re). — *Sonac*, 1820 (Deribier).

SONNE (LA), f., c^ne de Monlfaucon. — *La Sone*, 1574 (Guèze, n^re).

SONLHAC, vill., c^ne d'Auteyrac. — *Villa quam vocant Sortiacum (Sorliacum)*, 999 (cart. de Cluny, n° 2482). — *Sorliac*, 1134 (cart. de Pébrac, n° 31). — *Sorlac*, XII⁰ s. (*idem*, n° XLVI, 53). — *Mansus de Sorlhac*, 1461 (Bibl. nat., ms. lat.,

n. acq., 1222, f° 192 v°). — *Sourliac*, 1587 (Sigaud, n^re).

SOUBEYROS, m. i., c^ne de Saint-Pierre-Eynac.

SOUBRE-MONS, m. i., c^ne de Taulhac.

SOUBREY, vill., c^ne de Salettes. — *Subregio*, 870 (Chifflet, hist. de Tournus, 210). — *Castrum sive fortalicium de Sobrey*, 1463 (la Chaise-Dieu, la Chapelle-Graillouse). — *Castrum de Soubrey*, 1559 (Vacherel, n^re). — *Le domaine de Soubrey*, 1666 (André, n^re).

SOUBREY (LE), affl. de la Loire, c^ne de Salettes.

SOUCHAIRE (LA), h., c^ne de Félines. — *Sucheria*, 1347 (la Chaise-Dieu, Jullianges). — *Le Mas de la Souchière*, 1401 (spic. Briv.). — *La Soucheyre*, 1888 (carte adm.).

SOUCHE, m. i., c^ne de Taulhac.

SOUCHE (LA), h., c^ne du Chambon.

SOUCHE (LA), h., c^ne de Lapte. — *Feudum de la Zocha*, v. 1100 (cart. de Cluny, ch. 3764). — *La comanda de la Çucha*, v. 1100 (*idem*, ch. 3896). — *Villa de la Socha*, 1349 (Arch. nat., P. 1397², cote 540).

SOUCHE (LA), affl. de la Dunières, c^nes de Lapte et de Sainte-Sigolène.

SOUCHE (LA), écart, c^ne de Saint-Just-Malmont. — *Souchia Mali Montis*, 1455 (comm^on de l'abbé Theillière). — *Sochia*, 1465 (terr. de Saint-Just Malmont, f° 6).

SOUCHERRES, h., c^ne d'Yssingeaux.

SOUCHEYRE (LA), vill., c^ne de la Besseyre-Saint-Mary. — *Mansus de Socheria*, 1327 (Lozère, G. 98). — *La Socheyra*, 1479 (Bibl. nat., ms. lat., n. acq., 1224, f° 231). — *La Souchière*, 1574 (terrier de Meyronne).

SOUCHEYRE (LA), l. détr., c^ne de Laval. — *Mansus de la Socheyra*, 1307 (la Chaise-Dieu, Saint-Vert).

SOUCHON, h., c^ne d'Araules, 1723 (cad. de Bellecombe).

SOUCHON, m. i., c^ne de Saint-Pierre-Eynac.

SOUCHON (LE MAS-DE-), écart, c^ne de la Farre. — *Hospitium Stephani Sochonis, mand. de Fara*, 1383 (Rhône, E. 9). — *Sochon*, 1553 (comm^on de M. F. Experton).

SOUCHONNE (LA), h., c^ne de Monistrol-sur-Loire. — *La Suchonne*, 1553 (ress. de Monfaucon).

SOUDAN, écart, c^ne de Mézères. — *Soudard*, 1820 (Deribier).

SOUFLEIX, h., c^ne de Bellevue-la-Montagne. — *Mansus del Sofflart*, 1321 (spic. Briv.). — *Souffley*, 1670 (Arch. nat., P. 502, cote 109).

SOUHAIT (LE GRAND-), f., c^ne de Riotord. — *Podium Sotis*, 1277 (cart. de Saint-Sauveur-en-Rue). — *Le Grand-Seut*, XVIII⁰ s. (Cassini).

Souhait (Le Petit-), f., cᵉ de Riotord.

Souils, vill., cᵉ de Saint-Haon. — *Villa Solios, in pago Vellaico*, 947 (cart. du Monastier, n° 79). — *Villa Soilz*, v. 1015 (*idem*, n° 218). — *Solhez, Soils*, 1540 (V. Brunel, nʳᵉ).

Souils (Les), vill., cᵉ d'Arlempdes. — *Los Solx*, 1462 (V. Chauvin, nʳᵉ). — *Les Souls*, xviiiᵉ s. (Cassini).

Soulage, l. détr., près Farigoules, cᵉ de Bains. — *Solatge, par. d'Esbayns*, 1335 (J. de Peyre, nʳᵉ).

Soulage, vill., cᵉ de Chavagnac-Lafayette. — *Solegas*, 1078 (spic. Briv.). — *Solatges*, v. 1260 (Arch. nat., J. 1031, n° 2). — *Soleghas*, 1474 (la Chaise-Dieu, Mazerat-Aurouze). — *Soleges*, 1490 (terrier du Cluzel).

Soulage, vill., cᵉ de Craponne-sur-Arzon. — *Villa de Solaticis*, 938 (cart. de Chamalières, n° 256). — *Solatjes*, 1213 (*idem*, n° 336). — *Solatges*, 1289 (la Chaise-Dieu, Marus).

Soulage, loc. détr., cᵉ de Saint-Hilaire. — *Soladge*, v. 1011 (cart. de Brioude, ch. 33).

Soulage, l. détr., cᵉ de Saint-Préjet-d'Allier. — *Mansus de Solatges*, 1273 (Lozère, G. 412). — *Factum vulg. dictum de Solatgas*, 1325 (Thiolent).

Soulisset, loc. détr., cᵉ de Mazerat-Aurouze. — *Solasset*, 1424 (la Chaise-Dieu, Mazerat-Aurouze).

Soulège (La), loc. détr., cᵉ de Charraix. — *La Solegia*, 1351 (Thiolent). — *La Solegy*, 1608 (*idem*).

Souleyte, écart, cᵉ de Saint-Privat-du-Dragon. — *Mansus de Solutet*, 1464 (Arch. nat., ZZ. 359, p. 88). — *Souliette*, 1820 (Deribier).

Soulhac, vill., cᵉ de Bellevue-la-Montagne. — *Sollac*, 1201 (Saint-Mayol). — *Feudum de Solemniaco, Solempniac*, 1222 (Martène, thes. nov. anecd., I, 896 et 897). — *Soulliat*, 1670 (Arch. nat., P. 502, cote 109).

Soulhac, vill., cᵉ de Saint-Cirgues. — *Soulhat*, 1613 (Mercurial). — *Soliat*, 1670 (Arch. nat., P. 502, c. 75). — *Soulia*, xviiiᵉ s. (Cassini).

Soulhac (Moulin-de-), h., cᵉ de Bellevue-la-Montagne.

Soulier (Le), écart, cᵉ de Bonneval.

Soulier (Le), f., cᵉ de Dunières. — *Lo Solier*, 1469 (Rivière, nʳᵉ). — *Le Sollier*, 1615 (Rhône, D.185).

Soulier-Bas (Le), h., cᵉ de Sainte-Sigolène. — *Lo Solet*, 1384 (év.). — *Le Solier-Bas*, 1695 (capitation). — *Le Soulier-Bas*, 1697 (ét. civ. de Monistrol). — *Le Soleil-Bas*, 1706 (*idem*).

Soulière, h. et mⁱⁿ sur le Doulon, cᵉ de Saint-Didier-sur-Doulon. — *Le Solier*, 1522 (Vals-le-Chastel).

Soulier-Haut (Le), f., cᵉ de Sainte-Sigolène. — *Le Solier-Haut*, 1695 (capitation).

Soulombres (Les), loc. détr., cᵉ des Estables. — *Prata de las Solombras*, 1376 (Bonnefoy). — *Le lieu des Soulombres, par. des Estables*, 1633 (Brunel, nʳᵉ).

Soura (Ravin-du-), aff. de la Trioule, cᵉ de Saint-Vénérand.

Sourde (Moulin-de-la-), mⁱⁿ sur le Ramel, cᵉ d'Yssingeaux.

Sous-le-Calvaire, h., cᵉ de Queyrières.

Sous-le-Theil(?), l. détr., cᵉ de Bauzac. — *Sostellas*, 1162 (cart. de Chamalières, n° 71).

Souteyros, vill., cᵉ de Saint-Front. — *Locus de Soteyros*, 1524 (cad. du Monastier). — *Los Soteiros*, 1534 (év.).

Soutoun (Le), h., cᵉ des Vastres. — *Aicis Soltronensis*, v. 860 (cart. du Monastier, n° 71). — *Vicaria Soltronensis*, v. 970 (*idem*, n° 85). — *Lo Sotol*, 1330 (J. de Peyre, nʳᵉ). — *Locus de Sotulo*, 1464 (Ardèche, C. 624). — *Soutrou*, 1627 (ét. civ.). — *Soutou*, 1672 (*idem*). — *Soutoul*, xviiiᵉ s. (Cassini).

Souvanirgues, vill., cᵉ de Saint-Privat-du-Dragon. — *In vicaria de Cantilio, villa Silvianicus*, 903 (cart. de Brioude, ch. 275). — *Villa Silvignanicus, in aice Cantolianico*, 906 (*idem*, ch. 294). — *Salvinargues*, 1241 (tit. de la Rochette). — *Salvynihierguers*, 1420 (Bibl. nat., ms. fr., 11490, p. 3). — *Mansus de Salvegniergues*, 1460 (Arch. nat., ZZ. 359, p. 25). — *Sauveniergues*, 1464 (Bibl. nat., ms. fr., 11491, p. 366). — *Souveniergues*, 1625 (terrier du Chambon de Blau). — *Sauvaningues*, 1880 (carte adm.).

Souves (Les), h., cᵉ de Collat. — *Les Souvets*, 1860 (état-major).

Souveyrand, dom., cᵉ de Bessamorel. — *Souverand*, (cad.). — *Jouverand*, 1878 (carte adm.).

Souvignet, vill., cᵉ de Saint-Julien-Molhesabate. — *Salvinhec*, 1467 (Rivière, nʳᵉ). — *Souvinhec*, 1553 (rôle de Montfaucon). — *Sovinhet*, 1574 (Guèze, nʳᵉ).

Souvoux, f., cᵉ de Boisset. — *Souvous*, 1614 (coll. C. Falcon).

Souvy, h., cᵉ de Saint-Didier-sur-Doulon. — *Solvia*, 1516 (Vals-le-Chastel). — *Solvye*, 1564 (*idem*). — *Sauye*, xviiiᵉ s. (Cassini). — *Souye*, 1888 (carte adm.).

Soye, écart, cᵉ de Polignac. — *M. Guiberni, alias Soya*, 1461 (prieuré de Polignac). — *Soye*, 1695 (capitation).

Suc (Le), h., cᵉ d'Arlempdes. — *Lo Suc*, 1220

(hôtel-Dieu, B. 129). — *Le Suc*, 1570 (Benoit, n^re).

Suc (Le), vill., c^ne de Bauzac. — *Lo Suc*, xvie s. (obit. de Bauzac).

Suc (Le), loc. détr., près la Ribeyre, c^ne de Chaudeyrolles. — *Mansus del Suc*, 1301 (Bonnefoy).

Suc (Le), h., c^ne de Collat.

Suc (Le), h., c^ne de Sainte-Sigolène. — 1695 (capitation).

Suc (Le), vill., c^ne de Saint-Georges-d'Aurac. — *In vicaria de Aurato, in loco qui dicitur Illo Poio*, 955 (cart. de Brioude, ch. 139). — *Le Suc*, 1669 (Arch. nat., P. 499, cote 568). Fief vassal de la baronnie d'Aubusson.

Suc (Le), f., c^ne de Saint-Georges-Lagricol.

Suc (Le), écart, c^ne de Saint-Victor-Malescours.

Suc (Le), h., c^ne de Tence. — *Mon-Suc*, 1264 (homm. de l'év.). — *Lo Suc*, 1328 (cart. de Tence, f° 19 v°).

Suc (Le-Grand-), f., c^ne de Saint-Didier-la-Séauve.

Suc (Ravin-du-), affl. de l'Allier, c^ne d'Alleyras.

Sucard (Le), m. i., c^ne de Saint-Julien-du-Pinet.

Sucalard, m. i., c^ne du Chambon.

Suc-Blanc, écart, c^ne de Chamalières.

Suc-Blanc (Le), mont., c^ne de Rosières. — 1714 (cad. de Laval-Emblavès).

Suc-Cramat (Le), bois, c^ne de Mazeyrat-Aurouze.

Suc-d'Achon (Le), écart, c^ne d'Yssingeaux. — *In pede d'Apcho*, 1357 (Rhône, H. 2632). — *Lo Suc d'Apcho*, 1459 (*idem*, H. 2633). — *Achon* (cad.).

Suc-d'Amavis (Le), h., c^ne d'Yssingeaux.

Suc-d'Arnaud (Le), m. i., c^ne de Montregard.

Suc-de-Bard (Le), mont., c^ne de Saint-Julien-Chapteuil.

Suc-de-Chazalet (Le), h., c^ne d'Yssingeaux.

Suc-de-Claret (Le), mont., c^ne d'Araules. — *Le Suc-de-Clarel*, 1451 (Pradier, n^re). — *Mont-Clarel*, 1824 (Deribier, stat., p. 352).

Suc-de-Fournel (Le), m. i., c^ne de Saint-Romain-Lachalm.

Suc-de-Juge (Le), h., c^ne d'Yssingeaux.

Suc-de-Marnhac (Le), h., c^ne d'Yssingeaux.

Suc-de-Ribes, écart, c^ne de Coubon.

Suc-des-Perdrix (Le), m. i., c^ne de Montregard.

Suc-du-Carrat (Le), m. i., c^ne de Riotord.

Suc-du-Flot (Le), m. i., c^ne de Dunières.

Suc-du-Lac (Le), m. i., c^ne de Lapte. — *Le Lac*, xviiie s. (Cassini).

Suchas (Le), f., c^ne de Champclause. — *Le Suchas* ou *Suc-de-Blanc* (cad.).

Suchas (Le), f., c^ne de Montusclat. — *Lou Suchas*, 1696 (cad. de Montusclat).

Suchas (Le), m. i., c^ne de Saint-Didier-sur-Doulon. — *Le Suschal*, 1667 (chart. de Cumignac).

Suchas (Le), m. i., c^ne de Saint-Julien-Chapteuil.

Suchas (Le), f., c^ne des Vastres. — *Locus de Suchassio*, 1464 (Ardèche, C. 624).

Suchère (La), vill., c^ne du Chambon. — *Mansus de la Socheira*, 1314 (év.). — *La Socheyre*, 1324 (Gall. christ., II, instr., eccl. Anic., col. 242). — *La Sucheyra*, 1507 (év.). — *Sucheria*, 1510 (Rhône, D. 161). — *La Suchère*, 1616 (*idem*, H. 2153). — *La Suchière*, 1695 (capitation).

Suchère (La), écart, c^ne de Lapte. — *Sucheria*, 1504 (terrier de Chailhans). — *La Sucheyra*, 1507 (év.). — *La Souchère*, 1878 (carte adm.).

Suchère (La), f., c^ne de Saint-Romain-Lachalm.

Suchers (Les), h., c^ne de Montfaucon. — *Locus de Sucheriis*, 1465 (Rivière, n^re). — *Les Chuchères*, xviiie s. (Cassini).

Sucheyre (La), écart, c^ne de la Farre.

Sucheyre (La), h., c^ne de Tiranges. — *La Suchère*, (cad.).

Sucheyron (Le), écart, c^ne de Roche-en-Régnier. — *Lo Sochayro*, 1323 (Arch. nat., P. 1397², cote 550). — *Lo Sucheyro*, 1406 (terrier du Bois).

Suc-Pelé, montic., près Ramourouscle, c^ne de Bains. — *Mons voc. Suc Pelat*, 1332 (hôtel-Dieu, B. 467).

Suc-Rouge (Le), montic., c^ne de Rosières. — *Le Suc-Rouge*, 1714 (cad. de Laval-Emblavès). — *Les Sucs-Rouges*, 1861 (état-major).

Suc-Rousset (Le), écart, c^ne d'Yssingeaux. — *Fons de Suc-Rosset*, 1359 (Rhône, H. 2632). — *Suc-Rousset*, 1635 (terrier de Saussac).

Sucs (Les), m. i., c^ne de Vorey. — *Lasseur*, 1880 (carte adm.).

Suc-Saint-Étienne (Le), montic., c^ne de Saint-Jean-Lachalm. — *Lo Suc Sancti Stephani*, 1274 (hôtel-Dieu, B. 309).

Suissesse (La), rivière qui prend sa source près Glavenas, c^ne de Saint-Julien-du-Pinet, arrose les c^nes de Rosières et de Beaulieu, et afflue à la Loire au-dessous de Conches. — *Aqua de Soyceza*, 1265 (hôtel-Dieu, B. 320). — *Soycea*, 1269 (*idem*, B. 323). — *Soiceza*, 1272 (*idem*, B. 326). — *Soysseza*, 1273 (*idem*, B. 327). — *Seyssessa*, 1310 (*idem*, B. 384). — *La riv. de Soicezes*, 1714 (cad. de Laval-Emblavès). — *Rivière de Beaulieu*, xviiie s. (Cassini; ét.-maj.).

Sumène (La), riv., prend sa source près de Monedeyres et se jette dans la Loire, au-dessus de Peyredeyre; coule sur les c^nes de Queyrières, Saint-Julien-Chapteuil, Saint-Pierre-Eynac, Blavosy et Saint-Quintin-Chaspinhac. — *Pons de Sumera*, 1254 (cart. des templiers). — *Aqua de Sumena*, 1305 (Saint-Georges du Puy). — *La rivière de Sumene*, 1546 (Savin, n^{re}). — *La rivière de Symène*, 1597 (A. Robert, n^{re}). — *Le ruisseau de Smiène ou de Sumine*, 1604 (cad. de Fay-la-Triouleyre, f° 18). — *Ruiss. de Sumenne*, 1685 (cad. de Chapteuil).

Sumène-Basse, h., c^{ne} de Saint-Julien-Chapteuil. — 1610 (Duclaux, n^{re}).

Sumène-Haute, vill., c^{ne} de Saint-Pierre-Eynac. — *Le Mas de Sumena*, 1318 (homm. de l'év.). — *Le lieu de Sumena Haulte*, 1547 (Savin, n^{re}). — *Semène*, 1695 (capitation). — *Sumène*, xviiie s. (Cassini).

Suquérant, h., c^{ne} de Vorey. — *Suquirant*, 1880 (carte adm.).

Suquet, écart, c^{ne} de Berbezit. — *Suguet* (cad.).

Suquirand, écart, c^{ne} de Chamalières. — *Sucus Ayraut*, 1400 (terrier du Bois). — *Sucq-Eyraud*, 1571 (Cl. Girard, n^{re}). — *Suqueyraut*, 1695 (capitation).

Surgère, h., c^{ne} de Malvières. — *Surgeiras*, 1414 (terrier de Malvières).

Surrel, h., c^{ne} de Retournac. — *Surellus*, 1212 (cart. de Chamalières, n° 156). — *Locus doux Surreaulx*, 1550 (terrier de Mons-Saint-Quintin).

Surrel (Moulin-), m^{in} sur la Méjeanne, c^{ne} de Saint-Paul-de-Tartas.

T

Tabard (Moulin-), m^{in} sur l'Ance, c^{ne} de Saint-Julien-d'Ance. — *Le Molin de Jacques Tabard*, 1540 (terrier de Saint-Pal-de-Chalençon).

Tabouret (Moulin-de-), m^{in}, c^{ne} de Grenier-Montgon.

Tachon, h., c^{ne} d'Aurec.

Tachon (Le), h., c^{ne} de Saint-Maurice-de-Lignon.

Tailhac, chât. détr., c^{on} de Pinols. — *Tagllac*, xie s. (cart. de Pébrac, n° 45). — *Eccl. et castrum de Tautlac*, v. 1078 (*idem*, n° 18). — *Prior Tauliaci*, v. 1118 (*idem*, n° 25). — *Tautliacus*, v. 1130 (*idem*, n° 41). — *Taulliacus*, xiie s. (*idem*, n° 10). — *Tautlag*, xie s. (*idem*, n° xlvi-7). — *Tatlac*, 1218 (*idem*, n° 53). — *Talliacus*, 1222 (*idem*, n° 66). — *Tallac*, 1224 (*idem*, n° 55). — *Tallhac*, v. 1254 (*idem*, n° 75). — *Talhac*, v. 1260 (spic. Briv.). — *Talliac*, 1266 (*idem*). — *Talhiacus*, 1275 (*idem*). — *Taillat*, 1377 (hist. gén. de Lang., éd. Privat, X, pr. 1595). —*Tailhat*, 1401 (*idem*).

En 1789, Tailhac faisait partie de la province d'Auvergne, de l'élection de Brioude, de la subdélégation de Langeac et du ressort de Riom. Son église paroissiale, diocèse de Saint-Flour et archiprêtré de Langeac, était dédiée à saint Jean-Baptiste; comme prieur de cette localité, l'abbé de Pébrac présentait à la cure.

Tailla (La), m. i., c^{ne} de Lapte. — *La Cailla*, 1878 (carte adm.). — *Taillas*, 1888 (Malègue).

Taillade (La), m. i., c^{ne} de Lapte.

Taillade (La), tèn. près l'Espitalet, c^{ne} de Siaugues-Saint-Romain. — Dîmerie de l'abb. des Chazes. — *Decima bladorum de la Talhada*, 1461 (Bibl. nat., ms. lat., n. acq., 1222, f° 204).

Taillades, chât. détr., c^{ne} de Saint-Vénérand. — 1724 (L'Ouvreleul). — *La Taillide* (cad.).

Taillades (Les), ruiss., limite des c^{nes} de Chanaleilles et Thoras, se jette dans le Panis au-dessus de la Fajolette. — *Aqua app. Meyris veniens de las Talhadas*, 1499 (Thiolent).

Taillades (Les), bois, c^{ne} de Desges. — 1574 (terr. de Meyronne).

Fief dont la famille Brun a porté le nom au xvie s.

Taillades (Les), affl. de l'Allier, c^{ne} de Saint-Vénérand.

Tailladisse (La), f., c^{ne} de Javaugues. — *Mansus de la Talhiadissa*, 1274 (Cumignac). — *La Taliadissa*, 1285 (spic. Briv.). — *La Tailhadisse*, 1544 (Cumignac).

Tailladisse (La), affl. du Cumignat, c^{ne} de Javaugues.

Taillas (Les), vill., c^{ne} de Sainte-Sigolène. — *Les Talhas*, 1514 (obit. de Bas). — *Las Tailhas*, 1553 (ress. de Montfaucon). — *Les Taillas*, 1695 (capitation). — *Le Tailla*, xviiie s. (Cassini).

Taillas (Las), f., c^{ne} de Tence.

Taillas (Les), m. i., c^{ne} de Tiranges.

Taillas (Scie-de-), scierie sur le Picat, c^{ne} de Saint-Julien-Molhesabate.

Taillas (Scies-de-), scierie, c^{ne} de Riotord.

TAILLE (LE), bois, c^ne de Pinols.

TAILLECHAUSSE, f., c^ne de Saint-Beauzire. — *In vicaria (Brivatensi), in loco cujus vocabulum est ad Illo Masale*, 956 (cart. de Brioude, ch. 61). — *Talha Chassa*, 1429 (terr. du doy. de Br.). — *Lo Mazal*, 1458 (terr., factum Fabre c. Tartel, 1759). — *Tailhechausse sive lo Mazal*, 1533 (terr., *idem*). — *Tailhechausse*, 1612 (terr., *idem*). — *Taille-Chausse*, 1635 (coll. P. Le Blanc).

TAILLER, écart, c^ne de Rosières. — *Lo Talher*, 1550 (Chamblas). — *Talher*, 1695 (capitation). — *Taillier* (cad.).

TAILLÈRES, f., c^ne de Thoras. — *Tailleyras*, 1301 (Thiolent). — *Talhieyras*, 1499 (Thiolent). — *Talheyriæ*, 1527 (A. Besseyre, n^re). — *Les Tailheires*, 1624 (Peyret, n^re).

TAILLEYSSE, h., c^ne du Chambon, — *Nemus de Talhaessa*, 1343 (Rhône, H. 1016).

TALAGRANE, lieu dit, c^ne de Malrevers.

TALAIRAT, vill., c^ne de Saint-Just-près-Brioude. — *Villa Tarrazat*, 1120 (Gall. chr., II, instr., col. 133). — *Talairac*, 1247 (spic. Briv.). — *Mansus de Talayrac*, 1406 (Arch. nat., Z². 4148, p. 7).

TALEYRAC, loc. détr., près Rioux, c^ne de Malrevers. — *Talayzac*, 1271 (hôtel-Dieu, B. 324). — *Thalayzac*, 1288 (*idem*, B. 153). — *Talayssac*, 1313 (év.) — *Talleysac*, 1555 (cad. de Mercœur).

TALHAC, vill., c^ne de Bellevue-la-Montagne. — *Boria vocata Riu-Talhac*, 1344 (J. de Peyre, n^re, reg. D, f° 6). — *Boria de Talhiaco*, 1439 (év.). — *Talhac*, 1507 (év.). — *Talhiac*, 1559 (Vacherel, n^re). — *Talhac*, 1695 (capitation). — *Taliac*, xviiie s. (Cassini).

TALLOBRE, vill., c^ne de Saint-Christophe-sur-Dolaison. — *Talobre*, v. 1180 (hôtel-Dieu). — *Talosbre*, 1386 (hom. de Solignac). — *Homines de Talobrio*, 1513 (J. Boyer, n^re).

TALLODE, vill., c^ne de Saint-Christophe-sur-Dolaison. — *Talode*, 1308 (homm. de l'év.).

TALOBRE, h., c^ne de Chadron. — *Locus deus Talobres*, 1389 (plumit. de Bouzols). — *Tallobre*, 1820 (Deribier).

TANAÜS, h., c^ne de Saint-Pierre-Duchamp. — *Tanoiyolh*, 1311 (Arch. nat., P. 494¹, cote 14). — *Tanneol*, 1314 (Arch. nat., P. 1397³, cote 708). — *Tanneyol*, 1325 (Arch. nat., P. 493¹ bis, cote 81). — *Homines de Tanolio*, 1406 (terrier du Bois). — *Tuneoux, Tannoux*, 1500 (coll. C. Falcon). — *Taneaux*, 1522 (Saint-Georges du Puy). — *Tanayoux*, 1695 (capitation). — *Tanahus*, 1820 (Deribier).

TANLAS, m. i., c^ne de Saint-Pal-de-Chalencon.

TANNERIES (LES), sur le Dolaizon, quartier du Puy. — *Mansus de la Pelisseria*, 1313 (év.). — *Territorium Dolezonis sive Obrador*, 1383 (év.). — *Les Ouvroirs*, 1564 (Burel, 17). — *Les Ouvreurs*, 1593 (*idem*, 357).

TANNERIES (LES), faubourg d'Yssingeaux. — *Villa quæ dicitur ad Illas Cocherias*, v. 960 (cart. du Monastier, n° 125). — *La Chocheira*, 1314 (év.). — *Las Chaucheyras*, 1523 (est. gén. d'Yssingeaux). — *Chaucheries*, 1820 (Deribier). — *Soucherres*, 1861 (état-major).

TANON, m. i., c^ne de iotord.

TANY, h., c^ne de Lubilhac. — 1687 (ét. civ.). — *Tani*, 1820 (Deribier).

TAPON, vill., c^ne de Saint-Ilpize. — *Tapon*, 1339 (Bibl. nat., ms. fr., 14377, p. 189). — *Domus de Tapons*, 1361 (Baluze, mais. d'Auv., II, 439). — *Mansus de Tapponio*, 1459 (Arch. nat., ZZ. 359, p. 5). — *Tappont*, 1464 (Bibl. nat., ms. fr., 11491, p. 405). — *Tappon*, 1466 (Arch. nat., ZZ. 359, p. 31). — *Tapoan*, 1669 (ét. civ.).

TAPON (MOULIN-DE-), m^in sur l'Allier, c^ne de Saint-Ilpize. — *Molendinus de Tapponio*, 1459 (Arch. nat., ZZ. 359, p. 15). — *Molendinum de Ulmeneta sive de Tappon*, 1463 (*idem*, p. 72).

TAPONNET, h., c^ne de Saint-Privat-du-Dragon. — *Villa Taponetus* (Bibl. nat., ms. lat., 17078, f° 25 v°). — *Mansus de Tapponet*, 1469 (Arch. nat., ZZ. 359, p. 136).

TARDY, m. i., c^ne de Saint-Pal-de-Mons.

TARRET, h., c^ne du Brignon. — [*Ter*]*rito ?* 870 (Chifflet, hist. de Tournus, 210). — *De Terreto*, 1352 (prieuré de Solignac). — *Terret*, 1386 (homm. de Solignac).

TARREYRES, h., c^ne de Cussac. — *Terreiras*, 1231 (Saint-Pierre-le-Monastier). — *Tarreyras*, 1309 (hôtel-Dieu, B. 162). — *Terreriæ*, 1352 (prieuré de Solignac). — *Terreyras*, 1386 (homm. de Solignac). — *Tareyras*, 1490 (Servant, n^re). — *Tarreyres*, 1569 (Doleson, n^re). — *Terreyres*, 1587 (Sigaud, n^re).

TARRIER, h., c^ne de Retournac.

TARROS, m. i., c^ne des Villettes.

TARROT (LE), m. i., c^ne de Lapte.

TARROT (LE), écart, c^ne de Raucoules.

TARTARY, écart, c^ne de Bonneval.

TARTAS, mont., c^ne de Saint-Paul-de-Tartas. — *Tartas*, 1267 (la Chaise-Dieu, liasse Saint-Paul-de-Tartas). — *Tartassium*, 1282 (*idem*). — Signal.

Tartet, m. i., c^{ne} de Saint-Maurice-de-Lignon.

Tatevin, f., c^{ne} de Chanteuges. — *Tastevi*, xviiie s. (Cassini). — *Taste-Vin* ou *la Nau*, 1820 (Deribier).

Taulhac, c^{on} sud-est du Puy. — *Villa de Tauliaco*, v. 993 (chron. Sancti Petri de Mon. Anic.). — *Taolac*, 1252 (tabl. du Velay, 1876-1877, 520). — *Tauliac*, 1252 (Saint-Agrève). — *Taulyac*, 1277 (hôtel-Dieu, B. 149). — *Taulhiac*, 1318 (Saint-Mayol). — *Taolhiac*, 1324 (Saint-Agrève). — *Fortalicium de Taulhac*, 1347 (Saint-Vosy). — *Tenolhac* (l'impr. porte *Cenolhac*), 1364 (Em. Molinier, vie d'Arn. d'Audrehem, 314). — *Toulhac*, par. de Sainct-Agrève du Puy, 1549 (Savin, n^{re}). — *Tolhac*, 1566 (R. Maurin, n^{re}). — *Thaullac*, 1629 (Demans, n^{re}).

En 1789, Taulhac dépendait de la province du Velay, de la subdélégation et sénéchaussée du Puy. Au spirituel, il relevait de la paroisse de Saint-Agrève du Puy.

Taulhac, m. i., c^{ne} d'Yssingeaux.

Taupe (Mine de la), houillière, c^{nes} de Vergongheon et de Vézézoux. — Découverte en 1774 par les souterrains d'une taupe (Legrand d'Aussy, voy. en Auv., II, 248; H. Mosnier, voy. de Monnet dans la Haute-Loire, 63).

Concession des 13 septembre 1820 et 12 mars 1870.

Tauriac, f., c^{ne} de Saint-Julien-d'Ance. — *Domus domini Arrivi, militis, quæ Tauriac vocatur*, 1264 (Arch. nat., P. 492², cote 160). — *Thaurias*, 1293 (cordeliers). — *Tauriec, Thauriec*, 1540 (terr. de Saint-Pal-de-Chalencon). — *Tauria*, 1820 (Deribier).

Tavas (Les), chât., c^{ne} du Chambon. — *Locus deus Tavanos*, 1343 (Rhône, H. 1016). — *Lous Thavas*, 1616 (idem, H. 2153).

Tavernat, vill., c^{ne} de Chanteuges. — *Tivernat*, 1443 (spic. Briv.). — *Touvernac*, 1464 (Bibl. nat., lat., n. acq., 1223, f° 191 v°). — *Mansus de Tovernaco*, 1465 (idem, f° 218).

Taverne (La), h., c^{ne} du Pertuis. — *La Taverne du Pertuis*, 1695 (capitation).

Tavernolle, vill., c^{ne} de Saint-Didier-sur-Doulon. — *Tavernoliæ*, 1462 (la Chaise-Dieu, Connangles). — *Tavernolles*, 1506 (Vals-le-Chastel). — *Tavernol*, xviiie s. (Cassini).

Teil (Le), l. dét., c^{ne} de Saint-Maurice-de-Lignon. — *Lou Teilh lez Sainct-Maurice*, 1588 (H^{te}-Loire E.).

Teinat, h., c^{ne} de Saint-Hilaire. — *Caismago* (*Taisnago*), xie s. (cart. de Brioude, ch. 53). — *Villa quæ vocatur Talnag* (Bibl. nat., ms. lat., 17078,

p. 71). — *Taynac*, xive s. (terr. des Grèzes). — *Teynat*, 1420 (cart. d'Azerat). — *Mansus de Taynat*, 1421 (la Chaise-Dieu, Azerat).

Teix, h., c^{ne} de Champagnac. — *Le Tain*, 1888 (Malègue).

Télégraphe (Le), m. i., c^{ne} de Sainte-Sigolène.

Tempère, écart, c^{ne} de Malrevers. — *Locus de Tempera*, 1482 (Richon, n^{re}).

Temple (Les Prés du), prairie à Solignac-sur-Loire. — *Pratum voc. del Temple, aux Pratz del Temple*, 1424 (Rhône, H. 2233).

Temple (Moulin-du-), à Solignac-sur-Loire. — *Molendinum domus Templi*, 1233 (Rhône, Chantouin).

Tence, arr. d'Yssingeaux. — *In pago Vallavense, in vicaria Tencianense*, v. 970 (cart. du Monastier, n° 89). — *Vicaria Tansianensis*, 998 (ibid., n° 193). — *Parochia B. Mariæ Tencianensis*, 999 (cart. de Chamalières, n° 65). — *Ecclesia de Tençanis*, 1153 (gr. cart. d'Ainay, p. 50). — *Prioratus de Tençans*, 1250 (idem, p. 11). — *Prior de Tenza*, 1258 (Rhône, D. 148). — *Prior domus de Tenciano*, 1273 (Rhône, D. 149). — *Parochia de Tensa*, 1276 (Gall. christ., XVI, inst., col. 255). — *Prior Sainct-Martini de Tensa*, 1294 (idem, II, inst., c. 1238). — *Prioratus de Tensano*, 1331 (cart. de Mazan). — *Tenssa*, 1507 (év.). — *Tense*, 1565 (Doleson, n^{re}). — *Tance*, 1720 (Saugrain). — *Tence*, xviiie s. (Cassini).

En 1789, Tence appartenait à la province du Velay, à la subdélégation et sénéchaussée du Puy. Son église paroissiale, diocèse du Puy et archiprêtré de Monistrol-sur-Loire, était consacrée à saint Martin; l'évêque du Puy, succédant aux droits des Jésuites de Lyon, depuis 1762, était collateur de la cure.

Ténézaire (La), bois, c^{ne} d'Auvers.

Ténezin (Le), bois, c^{ne} de Pinols. — *Boscus del Tenezenc*, 1347 (Arch. nat., Z². 54, p. 36). — *Nemus domini de Langiaco voc. Lo Tenezenc*, 1463 (Bibl. nat., ms. lat., n. acq., 1223, f° 121). — *Bois de Tenezan*, xviiie s. (Cassini).

Tenson (Mas-de-), m. i., c^{ne} de Moudeyres.

Téoule (La), m. i., c^{ne} d'Araules. — *La Thoula*, 1608 (cad. de Bonnas). — *Ecoule*, 1820 (Deribier).

Terle, f., c^{ne} de Saint-Étienne-près-Allègre.

Termes (Les), l. détr., c^{ne} de Freycenet-Lacuche. — *Villa quæ dicitur Checrino vel Chexcrino*, 1094 (cart. du Monastier, n° 240). — *Villa des Termins*, xie s. (ibid., n° 360). — *Mansus deus Termes*, 1263 (Monastier).

Ternes (Les), h., c^{ne} de Chaspuzac. — 1348 (homm.

de l'év.). — *Locus de las Ternas*, 1385 (terr. de Saint-Vidal). — *Les Ternes*, 1401 (spic. Briv.).

TERNIVOL (LE), affl. de l'Allier, prend sa source dans la cⁿᵉ de Champagnac et traverse celles de la Mothe et de Fontannes. — *Terranivol*, 1338 (Arch. nat., R⁴. 1143*, n° 114). — *Le Breuil* (cad.).

TÉRONDEL, m. i., cⁿᵉ de Riotord. — *Thérondel*, 1879 (carte adm.).

TERRASSE (LA), h. et mᶦⁿ sur la Dore, cⁿᵉ de Bonneval. — 1484 (la Chaise-Dieu, Malvières).

TERRASSE (LA), vill., cⁿᵉ de Coubon. — *La Terrasse*, 1333 (Saint-Vosy). — *La Terrasse*, 1561 (Savin, nʳᵉ).

TERRASSE (LA), h., cⁿᵉ d'Yssingeaux. — *La Terrassa*, 1359 (Rhône, H. 2632). — *Molendinum de la Terrassa*, 1430 (Rhône, Bessamorel). — *La Terrasse d'Yssinghaux*, 1617 (Duclaux, nʳᵉ).

TERRASSES (LES), f., cⁿᵉ du Mazet-Saint-Voy.

TERRASSES (LES), h., cⁿᵉ de Saint-Pierre-Duchamp. — *Terracias*, 1213 (cart. de Chamalières, n° 326). — *Las Terrassas*, 1352 (Arch. nat., P. 1398², cote 674).

TERRASSES (LES), vill., cⁿᵉ de Vorey. — *La Terrasse*, 1880 (carte adm.).

TERRASSON (MOULIN-DE-), mᶦⁿ sur le Montorgue, cᵘˢ de Montclard.

TERRELONGE, f., cⁿᵉ de Saint-Julien-Chapteuil. — *Locus de Teyra Longha*, 1455 (Pradier, nʳᵉ). — *Teirelonge*, 1685 (cad. de Chapteuil-Bas).

TERRE-ROUGE, f., cⁿᵉ de Paulhac. — *Le Domaine-Rouge*, 1888 (Malègue).

TERRES (LES), m. i., cⁿᵉ de Saint-Pal-de-Chalencon.

TERRET, vill., cⁿᵉ de Blesle. — *Mansus de Terreyr*, 1306 (terr. de Blesle). — *Terrès*, 1493 (*idem*). — *Tarré*, 1820 (Deribier). — *Terre*, 1888 (Malègue).

TERRIÈRES, h., cⁿᵉ de Saint-Pal-de-Mons. — *Terrerias*, 1326 (év.). — *Terreyras*, 1507 (év.).

TERRISSE (LA), loc. détr., près la Boissonneyre, cⁿᵉ de Pinols. — *Pagesia de la Terrisse*, 1486 (terr. de Tailhac).

TERRISSES (LES), h., cⁿᵉ de Saint-Georges-d'Aurac. — *Mansus de las Terrissas*, 1458 (Bibl. nat., ms. lat., n. acq., 1222, f° 63 v°). — *L'Esterisse*, 1888 (carte adm.).

Fief vassal de Saint-Mayol du Puy.

TERSON (SUC-DE-), mont., cⁿᵉ de Saint-Paulien. — *Mons Terso*, 1245 (Saint-Georges de Saint-Paulien). — *Le cratère éteint de Tarsou*, 1866 (Malègue, guide).

TESSIER, m. i., près le Pin, cⁿᵉ de Dunières.

TESTON, l. détr., cⁿᵉ de Saint-Didier-d'Allier. — *Testou*, xviiiᵉ s. (Cassini).

TESTUD (LE MAS-DE-), f., cⁿᵉ de Vielprat. — *Testut*, 1820 (Deribier).

TÉTONS DE L'ABBESSE (LES), surnom des Sucs d'Achon et des Ollières, près Bellecombe, cⁿᵉ d'Yssingeaux.

TÈVE, h., cⁿᵉ d'Yssingeaux.

TEYRES (LES), h., cⁿᵉ de Champclause. — 1298 (homm. de l'év.). — *Las Teyras*, 1480 (év.).

TEYSSIER, f., cⁿᵉ de Lissac.

TEYSSONNEYRE (LA), h., cⁿᵉ de Saint-Front.

TEYSSONNEYRES (LES), lieu dit, cⁿᵉ d'Espaly-Saint-Marcel. — *La Tersoneira*, xiiiᵉ s. (coll. C. Falcon). — *Las Teyssonneyres*, 1710 (cad. d'Espaly).

THALATEY, h., cⁿᵉ de Saint-Just-Malmont. — *Tallatier*, 1569 (terr. de Saint-Didier). — *Tallatay*, xviiiᵉ s. (Cassini). — *Thallatey*, 1860 (état-major). — *Tarathé*, 1869 (Malègue).

THAUNAT, vill., cⁿᵉ de Chassignolles. — *Caisnago*, xiᵉ s. (cart. de Brioude, n° 53). — *Toenat*, xiiᵉ s. (tabl. de la Haute-Loire, 1870-1871, p. 7). — *Taynat, Teynat*, 1420 (la Chaise-Dieu, Azerat). — *Thonnat*, 1888 (Malègue).

THEIL (LE), vill., cⁿᵉ de Bauzac. — *Villa de Tellas*, xiiᵉ s. (cart. de Chamalières, n° 145). — *Lo Teyl*, 1293 (Arch. nat., P. 491¹, cote 13). — *Mansus de Tillio*, 1346 (Arch. nat., P. 490³, cote 229). — *Teilh*, 1499 (obit. de Bas). — *Tholinum*, 1618 (Papire Masson, desc. flum. Galliæ, p. 14).

THEMEYS, vill., cⁿᵉ de Bellevue-la-Montagne. — *Temci*, 1222 (Martène, thes. nov. anecd., I, 897). — *Thelemay*, xviiiᵉ s. (Cassini). — *Thumeix* (cad.). — *Themey*, 1888 (carte adm.).

THÉOULES (LES), f., cⁿᵉ de Saint-Martin-de-Fugères.

THÉOULLE (LA), vill., cⁿᵉ de la Farre. — *Villa quæ dicitur Teula*, xiiᵉ s. (du Cange, v° *Meisonegs*). — *Tegula*, 1363 (la Chaise-Dieu, Saint-Paul-de-Tartas). — *La Teülle*, 1553 (communicᵒⁿ de M. F. Experton). — *La Teoule*, 1583 (tit. de Surrel). — *La chaussée [de géants] de la Toulle*, 1778 (Faujas de Saint-Fond, 389). — *La Théoule*, 1888 (carte adm.).

THERMES (LES) ou LA VIGNE, mont., cⁿᵉ de Mézères.

THEUIL (LE), f. et mᶦⁿ sur la Gazeille, cⁿᵉ des Estables. — *Mansus del Teule*, 1263 (Monastier-Saint-Chaffre).

THEUX, h., cⁿᵉ de Saint-Georges-Lagricol. — *Villa de Astodiis*, v. 1100 (cart. de Chamalières, n° 245). — *In Atuis*, 1163 (*idem*, n° 72). — *Ad Atudios*, xiiᵉ s. (*idem*, n° 334). — *Ad Astogios, Atois*, 1213 (*idem*, n° 372). — *Atoys*, 1327 (Saint-Mayol). — *Theulx*, 1543 (terr. de G. de Coysse).

Theux (Moulin-de-), m^{in} sur l'Arzon, c^{ne} de Craponne-sur-Arzon. — *Theux-Petit*, 1820 (Deribier).

Thève, m. i., c^{ne} d'Yssingeaux. — *Tère*, 1888 (Malègue).

Thève (La), écart, c^{ne} de la Chapelle-d'Aurec.

Thézand, chât., c^{ne} du Mazet-Saint-Voy.

Thézenac, vill., c^{ne} de Bas. — *Tesenacum*, 1494 (obit. de Bas). — *Tesinacum*, 1503 (*idem*). — *Thesinacum*, 1513 (*idem*). — *Thézinac*, 1820 (Deribier). — *Thezenat*, 1888 (Malègue).

Thiolas (Le), écart, c^{ne} de Saint-Pal-de-Chalencon.

Thiolent (Le), chât. et vill., c^{ne} de Vergezac. — *Lo Teolyn*, 1300 (hôtel-Dieu, B. 358). — *Lo Teuleynh*, 1344 (J. de Peyre, n^{re}). — *Mas del Teulenc*, 1348 (homm. de l'év.). — *Locus de Tegulo vel Theulen*, 1371 (la Chaise-Dieu, Saint-Rémy). — *Teullenc*, 1379 (compte de B. Flotenc). — *Le Tiolenc*, 1398 (compte de B. Sannadre). — *Mansus de Ticulenco*, 1476 (Bibl. nat., lat., n. acq., 1224, f° 126 v°). — *Capella fundata in domo de Teulenco ob honorem S. Christofori*, 1496 (Thiolent). — *Le Théolain*, xviie s. (la Chaise-Dieu, Saint-Rémy).

Tholence, h., c^{ne} de la Voûte-sur-Loire. — *Tolenssa*, 1410 (Dr Charreyre).

Thomarget, h., c^{ne} de Saint-Julien-Molhesabate. — *Thoumarget*, 1626 (év.). — *Thomarjet*, 1820 (Deribier).

Thomas (Les), loc. détr., c^{ne} de Saint-Préjet-Armandon. — 1534 (Vals-le-Chastel).

Thomas (Moulin-), m^{in} sur la Seuge, c^{ne} de Saugues.

Thor (Le), vill., c^{ne} de Saint-Haon. — *Lo Tor*, 1240 (la Chaise-Dieu, le Bouchet-Saint-Nicolas). — *Lo Tor de S. Habundo*, 1274 (*idem*). — *Lo Thor de S. Habundo*, 1278 (*idem*). — *Le Tor*, 1540 (V. Brunel, n^{re}). — *Le Thord*, 1888 (carte adm.).

Thoras, c^{on} de Saugues. — *Ecclesia de Thoras*, 1238 (spic. Briv.). — *Parochia ecclesiæ S. Johannis de Torascio*, 1159 (Thiolent). — *Ecclesia de Thoracio*, 1272 (la Chaise-Dieu, Thoras). — *Toracium*, 1280 (*idem*). — *Toras*, 1298 (hôtel-Dieu, B. 349). — *Castrum de Thoracio*, 1377 (tabl. du Velay, 1876-1877, 299). — *Torassium*, 1398 (Haute-Loire, E.). — *Thorassium*, 1400 (la Chaise-Dieu, Chanaleilles). — *Baronia Thoracii*, 1490 (Haute-Loire, E.). — *L'Esglize parrochielle Monsieur Saint-Jean-de-Thouras*, 1624 (Peyret, n^{re}).

En 1789, Thoras était compris dans la province et le bailliage de Gévaudan. Son église paroissiale,

diocèse de Mende et archiprêtré de Saugues, était sous le vocable de saint Jean-Baptiste ; l'abbé de la Chaise-Dieu présentait à la cure.

Thonasset, l. détr., c^{ne} de Thoras. — *Mansus de Thorasset*, 1279 (Thiolent).

Thony, m^{in} sur la Borne, c^{ne} de Lissac.

Thybur, m. i., c^{ne} de Monistrol-sur-Loire.

Tialle, écart, c^{ne} de Chaudeyrolles.

Tignaux (Les), loc. détr., c^{ne} d'Auzon. — xviiie s. (Cassini).

Tignoux (Les), loc. détr., près le Bouchat, c^{ne} du Mazet-Saint-Voy. — *In loco qui dicitur Tignolos*, v.1000 (cart. du Monastier, n° 255). — *Le ruisseau dous Tinioux*, 1723 (cad. de Bellecombe).

Tillon, m. i., c^{ne} d'Aurec. — *Quilloux* (cad.).

Timouneyre (La), bois, c^{ne} de Pinols.

Tinarelle (La), écart, c^{ne} de Malvières. — *La Tynarela*, 1316 (la Chaise-Dieu, Saint-Allyre). — *La Tyranelle*, 1570 (J. Chalvon, n^{re}). — *La Tinarelle*, 1616 (la Chaise-Dieu, Belluc). — *La Quinarelle*, 1860 (état-major).

Tines, f., c^{ne} des Vastres. — *Le lieu d'Esquine*, 1688 (ét. civ.). — *La Maison de Tine*, 1775 (*idem*).

Tintamard, m. i., c^{ne} de Rosières.

Tiranges, c^{on} de Bas. — *Tirunias*, xiie s. (cart. de Chamalières, n° 143, rubrique). — *Tiranges*, 1293 (Arch. nat., P. 491^{1}, cote 13). — *Tirangas*, 1313 (Arch. nat., P. 1398^{2}, cote 671). — *Tyranges*, 1691 (obit. de Bas).

En 1789, Tiranges était compris dans la province de Forez, l'élection et bailliage de Montbrison. Son église paroissiale, diocèse du Puy et archiprêtré de Saint-Paulien, était sous le vocable de saint Martin-de-Tours; le prieur de Saint-Rambert-en-Forez présentait à la cure.

Tireboeuf (La Montée de), lieu dit, c^{ne} de Brives-Charensac. — *Campus de Tirabou*, 1185 (hospit. du Velay). — *Ulmus de Tirabeu*, 1279 (Saint-Georges du Puy). — *Arbor de Tirabueu*, 1316 (Saint-Vosy). — *Ulmus de Tyrabeu*, 1322 (Saint-Agrève). — *L'arbre de Tirebiou*, 1675 (comm^{on} de M. H. Vinay).

Tirebouras, h., c^{ne} du Mazet-Saint-Voy.

Tirepeyre, écart, c^{ne} de Monistrol-sur-Loire. — 1553 (ress. de Montfaucon). — *Tirebeyres*, 1888 (Malègue).

Tirevolet, vill., c^{ne} de Saint-Pal-de-Mons. — *Tirabolays*, 1390 (év.). — *Tira Valoys*, 1507 (év.). — *Tiravoloix*, 1564 (terrier de Saint-Didier). — *Tirevouley*, 1695 (capitation). — *Tirevoley*, xviiie s. (Cassini). — *Tirevolay*, 1820 (Deribier).

Tissac, vill., c^{ne} de Saint-Géron. — *Locus de Cheyssaco, Cheyssac*, 1445 (terrier de Faugères).

Titaud, f., c^{ne} de Chaudeyrolles. — *Titaudus*, 1347 (Chartreuse de Bonnefoy). — *Locus de Titaut*, 1464 (Ardèche, C. 626). — *Titaud*, 1619 (ét. civ.). — *Le domaine de Quitaud*, 1732 (ét. civ.).

Titulat (Moulin-de-), mⁱⁿ sur la Borne orientale, c^{ne} de Monlet. — *Moulin-de-Titulet* (cad.).

Tiveyrat, vill., c^{ne} de Vieille-Brioude. — *In villa Vertrago*, 870 (cart. de Brioude, ch. 57). — *Tivayrat*, 1387 (Arch. nat., Z². 4144, p. 204). — *Trayveras*, 1418 (Arch. nat., Z². 4149). — *Mansus de Tiveyrat*, 1452 (Bibl. nat., fr., 11490, f° 496). — *Mansus de Tiveyraco*, 1459 (Arch. nat., ZZ. 359, p. 7).

Tizoux (Le), affl. de l'Arzon à Vorey, prend naissance au sud-ouest de Chanvers, c^{ne} de Saint-Geneys-près-Saint-Paulien.

Toirat, h., c^{ne} de Champagnac.

Tombarel, f., c^{ne} des Estables. — *Lo Tumbarel*, 1300 (Arch. nat., P. 1399², cote 828). — *Prata doux claux del Tombarel*, 1445 (Bonnefoy).

Tori, mⁱⁿ sur la Borne, c^{ne} de Lissac. — *Thory* (cad.).

Tors (Les), h., c^{ue} d'Araules. — *Les Tors*, 1314 (év.). — 1507 (év.). — *Les Torts*, 1861 (état-major).

Torsiac, c^{on} de Blesle. — *Ecclesia de Torsiac*, xive s. (A. Bruel, reg. de G. Trascol, 114). — *La paroisse d'Estoursiac*, 1401 (spic. Briv.). — *Toursiac*, xve s. (Bibl. nat., ms. fr., 22297, p. 57). — *Tourciac*, 1493 (terrier de Blesle). — *Cura S. Saturnini de Torciat*, xvie s. (pouillé de Clermont, 793). — *Torciat*, 1511 (coust. d'Auv., f° 69 v°). — *Torciac, Torssiac*, 1635 (coll. P. Le Blanc).

En 1789, Torsiac faisait partie de la province d'Auvergne, de l'élection d'Issoire, de la subdélégation de Lempdes et du ressort de Montpensier. Son église paroissiale, diocèse de Clermont et archiprêtré d'Ardes, était dédiée à saint Saturnin; la cure était à la présentation du seigneur temporel.

Torte (La), h., c^{ne} de Montusclat. — *Villa quæ dicitur Ad Illa Torta*, v. 970 (cart. du Monastier, n° 94). — *La Tourte*, 1624 (Duclaux, n^{re}). — *La Torte*, 1696 (cad. de Montusclat). — *La Totte*, 1888 (Malègue).

Tortes (Les), écart, c^{ne} de Laussonne. — *Las Tortas, las Tourtas*, 1528 (cad. du Monastier). — *Les Tortes*, xviie s. (mairie de Monastier, CC⁶.).

Touchard, f., c^{ne} de Raucoules. — *Touschard*, 1591 (Delafont, n^{re}).

Touche (La), f., c^{ne} du Chambon.

Touche (La), m. i., c^{ne} de Dunières.

Toucheronde, loc. détr., c^{ne} d'Auzon.

Touches (Les), f., c^{ne} de Saint-Romain-Lachalm.

Toulin, écart, c^{ne} de Saint-Just-Malmont. — *Touly*, 1569 (terrier de Saint-Didier). — *Thollin*, 1645 (capit.).

Toulouse, mⁱⁿ sur le Lignon, c^{ne} de Saint-Jeure.

Toulouse, écart, c^{ne} de la Voûte-sur-Loire. — *Homines de la Cour*, 1519 (Haute-Loire, E.). — *Tholouze*, 1606 (A. Robert, n^{re}). — *Tholose la Court*, 1606 (idem).

Toulouse (Moulin-de-), mⁱⁿ sur le Lignon, c^{ne} de Lapte.

Toupy, m. i., c^{ne} de Saint-Maurice-de-Lignon. — *Touly* (cad.).

Tour (La), chât., c^{ne} d'Aurec. — *Une forte maison app. O Sauvages*, 1379 (Vaissète, hist. de Lang., éd. Privat, X, pr., cote 1629). — *Turris de Salvagiis*, 1447 (hôtel-Dieu). — *La Tour des Sauvages*, xviiie s. (Cassini).

Tour (La), mⁱⁿ, c^{ne} de Brioude. — *Molendinum Turris*, 1453 (terr. du fordoy. de Br.). — *Le Molin de la Tour*, 1605 (Mme Leblanc, n^{re}).

Tour (La), écart, c^{ne} de la Chaise-Dieu. — 1569 (J. Chalvon, n^{re}).

Tour (La), chât. et vill., c^{ne} de Coubon. — *Turris del Niel*, 1282 (Saint-Georges du Puy). — *Turris Nielli*, 1347 (év.). — *Turris Nuelli*, 1394 (Saint-Agrève). — *La tor del Nyel*, 1408 (compois du Puy). — *Turris Danielis*, 1419 (Arch. nat., P. 492², cote 129). — *La Tour-Danyel*, 1549 (Savin, n^{re}). — *La Tour-de-Loire*, 1684 (Haute-Loire, B. 31). — *La-Tour-sur-Loire*, 1737 (ibid., B. 49).

Tour (La), chât. ruiné et h., c^{ne} de Sainte-Sigolène. — *La Tor*, v. 1100 (cart. de Cluny, ch. 3764). — *Castrum de Turre*, 1164 (Médicis, I, 77). — *Castrum deus Maletz*, 1349 (Arch. nat., P. 1397¹, cote 540). — *La Tor de Malborc*, 1451 (Rhône, H. 2633). — *La Tour*, 1553 (ress. de Montfaucon).

Fief vassal de l'év. du Puy.

Chapelle dédiée à saint Laurent.

Tour (La), f., à Saint-Paulien.

Fief possédé au xviiie s. par la famille de Chabron.

Tourchon, h., c^{ne} de Saint-Didier-sur-Doulon. — *Torchon*, xviiie s. (Cassini).

Toureille (La), écart, c^{ne} de Saint-Julien-du-Pinet. — *Turricula*, 1238 (chartrier de Bonneville). — *La Torrelha*, 1525 (comm^{on} de M. le Dr Charreyre). — *La Torville*, 1553 (terrier de Liques).

Touret (Le), écart, cne de Beaux. — *Lo Toreyl*, 1271
(év.). — *Lo Torreilh*, 1300 (év.). — *Mansus del
Torrelh*, 1314 (év.).

Tourette, h., cne de Léotoing.

Tourette (La), écart, cne de la Chaise-Dieu. — *Tourettes* (cad.).

Tourette (La), loc. détr., cne de Chomelix. — *Torreta subtus Fronnat*, 1404 (terr. de Chomelix).

Tourette (La), l. détr., cne de Cubelles. — *Mansus
de Turreta*, 1327 (Lozère, G. 98). — *Mansus de
la Torreta*, 1499 (Thiolent).

Tourette (La), h., cne de Laussonne. — *Mansus de
la Torreta*, 1258 (cart. du Monastier, n° 450); —
1524 (cad. du Monastier).

Tourette (La), lieu dit, cne de Mercœur. — *Terroir
de la Tourette*, 1613 (Mercurial).

Tourette (La), chât. détr., cne de Pébrac. — *Le Suc
du château de la Tourette*, 1774 (terr. de Digons).

Tourettes (Les), lieu dit, cne de Rosières. — *Las
Torretes*, 1596 (coll. C. Falcon). — *Les Tourettes*,
XVIIIe s. (Cassini).

Tournecol, vill., cne de Saint-Pierre-Eynac. — *Tor-
nacot*, 1544 (Savin, n{re}), — *Tournequot*, 1570
(Benoît, n{re}). — *Tournecol*, 1618 (Brunel, n{re}).
— *Tournecotte*, 1695 (capitation).

Tournelle (La), mont., cne d'Auvers.

Tournementon, m. i., cne de Riotord.

Touron, h., cne de Raucoules. — *Toron*, 1465 (Rivière, n{re}). — *Thouron*, 1553 (ress. de Montfaucon). — *Thoron*, 1609 (Jamon, n{re}).

Tourrette (La), f., cne de Josat. — *Locus de Torreta*, 1469 (Bibl. nat., ms. latin n. acq., 1223,
f° 352). — *La Tourette*, 1888 (carte adm.).

Tourrette (La), h., cne de Saint-Victor-Malescours.

Tourte (La), mont., cne de Freycenet-Lacuche. —
Cleriat, 1179 (hist. gén. de Lang., éd. Privat,
VIII, 1925). — *Mons de Cleyrat*, 1263 (Monas-
tier). — *Clariat, Clergeat*, 1344 (*idem*). — *Cler-
geacius*, 1618 (Papire Masson, flum. Gall., 3).
— *Clergeac*, 1644 (L. Coulon, les riv. de France,
I, 245). — *Rocher-Tourte*, 1861 (état-major).

Tourterd (Le), affl. du Lignon à l'est de la Basse-
Vialle, cne de Saint-Maurice-de-Lignon. - *Rif de
Tourtourel*, 1685 (cad. du Lignon).

Tourteries (Les), tènement, cne de Pinols. — *Les
Tourtories*, 1588 (terr. d'Auvers).

Tourtinhac, h., cne du Brignon. — *Turtuniacus*, 870
(Chifflet, hist. de Tournus, 210). — *Tortinhac*,
1386 (homm. de Solignac). — *Tortinhat*, 1408
(compois du Puy). — *Trotinhac*, 1489 (Saint-
Georges du Puy). — *Torthiniac*, 1571 (A. Boyer,
n{re}). — *Tortiniac*, 1586 (Sigaud, n{re}).

Tourton, écart, cne de Monistrol-sur-Loire. — *Tortos*,
1333 (év.).

Touzel, écart, cne de Rosières. — *Tozel*, 1320 (hôtel-
Dieu, B. 404). — *Touzel, Thouzel*, 1614 (Brunel, n{re}).

Trabesson, vill., cne de Montclard. — *Tresbesson*,
1502 (la Chaise-Dieu, Connaugles). — *Trebesson*, 1521 (*idem*). — *Trabusson* (cad.). — *Trabessou*, 1888 (Malègue).

Tracol (Le), h., cne de Riotord. — *Ecclesia hospitalis
Sancti Maximi*, 1265 (cart. de Saint-Sauveur-en-
Rue). — *Beatus Maximinus*, 1277 (*idem*). —
Tracollum Sancti Maximi, 1331 (*idem*).

Traignac, vill., cne de Saint-Cirgues. — *Mansus de
Triamnhiac situs juxta Sanctum Ciricum*, 1285
(spic. Briv.). — *Triannhac*, 1288 (*idem*). —
Triahanhac, 1353 (Arch. nat., Z². 54, p. 91). —
Triempnhac, 1355 (*idem*, p. 106). — *Trinhat*,
1428 (Bibl. nat., fr., 11490, f° 63). — *Trai-
gnhac*, 1613 (Mercurial). — *Treniat*, 1670
(Arch. nat., P. 502, cote 75). — *Treignac*, 1880
(carte adm.).

Tranchard, vill., cne de Monistrol-sur-Loire. —
Trancharderia, 1391 (év.). — *Locus de Tranchardeira*, 1491 (obit. de Bas). — *La Transchardière*, 1553 (ress. de Montfaucon). — *Tranchard*,
1695 (capitation).

Tranchebourse, loc. détr., cne de Saint-Georges-Lagricol. — *Trencha Borsa*, 1160 (cart. de Chamalières, n° 73). — *Trenca Borsa*, 1213 (*idem*,
n° 322). — *La Chau de Tranche-Bource*, 1569
(terr. de N.-D. de Chalencon). — *La Malouteyre*
(cad.).

La Chapelle de la Maladrerie de Tranche-
Bourse est citée dans une reconn{ce} de 1497 (communic. de M. Paul Le Blanc).

Tranchebourse, lieu dit, cne de Saint-Germain-
Laprade. — *Territ. de Peyres-Albes, aultrement de
Tranchebource*, 1561 (Savin, n{re}). — *Trenche-
Bource*, 1568 (*idem*).

Tranchesol, l. détr., cne de Saint-Cirgues. — *Le
Mas app. de Trenchesolle*, 1613 (Mercurial).

Trapontin, m{in} sur le Lamandy, cne de Cistrières.

Trappe (La), h., cne de Saint-Pal-de-Mons.

Trau (Le), l. détr., cne d'Auteyrac. — *Mansus quem
vocant Trucium*, 999 (cart. de Cluny, n° 2482). —
El Mas del Trauc, XIIe s. (cart. de Pébrac, n° XLVI-
53).

Traverse (La), bois, cne de Sainte-Eugénie-de-Villeneuve.

Traverses (Les), bois, cne de Beaulieu. — *Nemus
voc. de las Traversas*, 1265 (hôtel-Dieu, B. 317).

TRAVENSES (LES), h., c^{ne} de Blassac. — *Locus de las Traversas*, 1410 (spic. Briv.). — *Traverses*, 1511 (coust. d'Auv., f° 81, v°).

TRAVERSIER (LE), f., c^{ne} de Freycenet-Lacuche.

TRÉDOS, vill., c^{ne} de Saint-Bonnet-le-Froid. — *Tresdos*, 1465 (Rivière, n^{re}). — *Tresdoux*, 1553 (ress. de Montfaucon). — *Tresdotz*, 1597 (Guèze, n^{re}).

TREICHES, vill., c^{ne} de Raucoules. — *Grangiæ de Treschas*, 1295 (maladrerie de Brives). — *Treiches*, 1606 (Jamon, n^{re}). — *Triche*, XVIII° s. (Cassini). — *Treche*, 1860 (état-major). — *Treyches*, 1879 (carte adm.).

TRÉJEAN, écart, c^{ne} de Bellevue-la-Montagne.

TRELINS, l. détr. près la Chapuze, c^{ne} de Saint-Julien-Chapteuil. — *Le Mas de Trelis*, 1308 (homm. de l'év.). — *Mansus de Trelhins*, 1344 (J. de Peyre, n^{re}). — *Le commun de Treslins*, 1685 (cad. de Chapteuil-Bas).

TRÉMOUL (LE), vill., c^{ne} de Saint-Christophe-d'Allier. — *Trémont* (cad.).

TREMOULÈDES (LES), f., c^{ne} de Montclard. — *Las Tremoledas*, 1561 (J. Chalvon, n^{re}). — *Les Tremouillades*, XVIII° s. (Cassini).

TRÉMOULEYRE (LA), vill., c^{ne} de Chassignolles. — *La Trémoulière*, 1888 (Malègue).

TRÉMOULEYRE (LA), affl. de la Malaure, c^{ne} de Chassignolles.

TRENDON, h., c^{ne} de Bournoncle-la-Roche.

TRESLEMONT, écart, c^{ne} d'Yssingeaux. — *Dominus de Retro Mundo*, 1523 (est. gén. d'Yssingeaux). — *Tres-lou-Serre*, 1523 (*idem*). — *Tres-le-Mond*, 1523 (*idem*). — *Tres-lo-Mond*, 1549 (terrier de Verchères).

TRESPEUIX, h., c^{ne} de Saint-Jean-Lachalm. — *Tres Pois*, 1235 (hôtel-Dieu, B. 310). — *De Tribus Podiis*, 1280 (*ibid.*, B. 329). — *Tres-Pueys*, 1286 (*ibid.*, B. 160). — *Tres-Puys*, 1310 (*ibid.*, B. 377). — *Tropoys*, 1310 (la Chaise-Dieu, Bouchet-Saint-Nicolas). — *Tres-Peus*, 1391 (hôtel-Dieu, B. 536). — *Mansus de Trege Pis*, 1476 (Bibl. nat., lat., n. acq., 1224, f° 131 v°).

TRESPEYRES, vill., c^{ne} de Saint-Pal-de-Chalencon. — *Trespeyras*, 1540 (terr. de Saint-Pal). — *Trespeyres*, 1616 (Rhône, H. 2153).

TRES-RUAS, loc. détr., c^{ne} de Saint-Front. — *Mansus de Tres Ruas*, 1284 (cart. de Mazan, f° 25 v°). — *Tres Rivi de Bonofonte*, 1326 (*idem*, f° 112).

TRESSAC, vill., c^{ne} de Polignac. — *Tressac*, 1256 (év.). — *Tressacus*, 1330 (J. de Peyre, n^{re}, reg. C, f° 55). — *Trezac*, 1364 (Ém. Molinier, vie d'Arn. d'Audrehem, 312).

TRESSAC, h., c^{ne} de Saint-Paulien. — *Mansus de Tressac*, 1497 (Haute-Loire, E.). — *Tressac* ou *Verday* (cad.).

TRÉTONCEL (LE), l. détr., c^{ne} de Malvières. — *Mansus del Trotoncel*, 1351 (la Chaise-Dieu, Malvières). — *Mansus del Tretonssel*, 1414 (*ibid.*).

TREUIL (LE), affl. de la Loire, à l'est de Dambois, c^{ne} d'Aurec.

TREUIL (LE), vill., c^{ne} de Mazeyrat-Crispinhac. — *Homines de Trolhio*, 1308 (Arch. nat., T. 142²). — *Mansus de Trolio*, 1458 (Bibl. nat., ms. lat., n. acq., 1222, f° 75). — *Mansus del Treulh*, 1459 (*idem*, f° 120).

TREUIL (LE), h., c^{ne} de Paulhac. — *La Costa de Trieu, de Triou*, 1445 (terr. de Faugères). — *Le Treil* (cad.).

TREUIL-DE-DOUE (LE), m. de vigne, c^{ne} de Brives-Charensac. — 1752 (communic. de M. H. Vinay).

TREVAS, vill., c^{ne} des Villettes. — 1296 (homm. de l'év.).

TRÈVE, m. i., c^{ne} du Pont-Salomon.

TRÈVE (LE), h., c^{ne} de Saint-Victor-Malescours. — *Le Treyre*, 1569 (terrier de Saint-Didier). — *Le Traive*, 1820 (Deribier).

TRÉVIS, vill., c^{ne} de Saint-Jean-d'Aubrigoux. — *In pago Arvernico, locus qui dicitur Trivico* (l'impr. porte *Trinico*), 996 (cart. du Monastier, n° 387). — *Tresrics*, 1201 (Saint-Mayol). — *Triric*, 1209 (tabl. du Velay, 1876-1877, 350). — *A Tres Vicos*, 1213 (cart. de Chamalières, n° 317). — *Trevix, Trevis*, 1217 (Saint-Agrève). — *Trivis*, 1880 (cart. adm.).

TRÉVIS (MOULIN-DE-), mⁱⁿ sur le Javouix, c^{ne} d'Auteyrac. — *Moulin-de-Trevisse*, 1880 (carte adm.).

TRIADOUR (LE), h., c^{ne} de Saint-Hostien. — *Al Triador de Bonavilla*, 1329 (Bonneville). — *Lou Triadour*, 1653 (*idem*).

TRIDOULON, h., c^{ne} d'Agnat. — *Tredolo*, XIV° s. (terr. des Grèzes). — *Trioudoulon*, 1820 (Deribier).

TRIFOULON, vill., c^{ne} de Tence.

TRIFOULON (LE), affl. du Lignon, c^{nes} de Montregard et Tence. — *L'eau de Cherm*, 1556 (terr. de Montregard, f° 175). — *Chefs*, XVIII° s. (carte du dioc. du Puy). — *La Ribeyre* (cad.).

TRIMOUX, m. i., c^{ne} de Saint-Julien-du-Pinet. *Les Trémoux* (cad.).

TRINIAC, écart, c^{ne} de Beaulieu. — *Al Roure de Trinac*, 1265 (hôtel-Dieu, B. 317). — *Trinhac*, 1541 (Chamblas). — *Treniac*, 1474 (cad. de Laval-Emblavès). — *Trinac*, 1880 (carte adm.).

Trinité (La), chapelle, c^{ne} d'Ally. — xviiie s. (Cassini).

Trinité (La), chapelle à pèlerinage, c^{ne} de Montclard. — *Ecclesia de Cussa*, 1204 (spic. Briv.). — *Prior de Cussa, monasterii Bajassiœ*, xvie s. (pouillé de Saint-Flour, p. 236). — *Le prieuré de Cusse ou la Trinité*, 1539 (coll. J. Lachenal). — *L'esglize Sainte Aguatte soubz Cusse, alias de la Sainte-Trinité*, 1610 (*idem*). — *Le prieur de Sainte Agathe de la Trinité*, 1623 (Puy-de-Dôme, E. Montboissier).

  Prieuré dépendant de la Bajasse.
  Fief vassal de Vals-le-Chastel.

Trinité (La), affl. du Doulon, à l'ouest de Bousserolles, c^{nes} de Montclard et de Saint-Didier-sur-Doulon. — *La Cussette* (cad.).

Trintignac, vill., c^{ne} de Saint-Georges-d'Aurac. — *In villa Trintiniaco*, 888 (cart. de Brioude, ch. 38). — *Trentinhac*, 1310 (Cumignac). — *Trintinhac*, 1455 (Bibl. nat., ms. lat., n. acq., 1222, f° 23). — *Trintiniac*, xviiie s. (Cassini).

Trintinhac (Le Mas-de-), f., c^{ne} de Cayres. — 1296 (homm. de l'év.).—*Trintinhaccum, Trintiniacum*, 1346 (év.). — *Trentinhacum*, 1353 (*ibid.*) — *Molendinum de Trintinaco*, 1528 (Saint-Vosy).

Triollares (Le), affl. du Malaval, c^{ne} d'Alleyras.

Trioule (La), affl. de l'Allier, c^{ne} de Saint-Vénérand.

Trioulet, f., c^{ne} de Saint-Jean d'Aubrigoux. — *Ad Teuletum*, 1213 (cart. de Chamalières, n° 318).

Triouley (Le), f., c^{ne} de Frugières-le-Pin.

Triouleyre, vill., c^{ne} de Saint-Jean-d'Aubrigoux. — *Ad Tres Olerias*, 938 (cart. de Chamalières, n° 256). — *Villa de Tres Oleriis*, 1014 (*idem*, n° 257). — *Theoleyre*, 1543 (terr. de G. de Coysse). — *Trioulayre*, 1820 (Deribier).

Triouleyre, h., c^{ne} de Saint-Julien-d'Ance. — *La Tryoleyre, Teoleyre, Theoleyre parr. de Sainct-Julhen-d'Ansa, Teoleyra*, 1545 (terr. de la Garde). — *Teouleyre, Teoulleyre*, 1604 (cad. de Chalencon). — *Trioulayre*, 1657 (ét. civ.).

Triouleyre (La), tuileries détruites, près Fay-la-Triouleyre, c^{ne} de Saint-Germain-Laprade. — *La Treulleyra*, 1547 (Savin, n^{re}).

Triozon, f., c^{ne} d'Azerat. — *Villa de Treazone*, xie s. (cart. de Brioude, ch. 53). — *Treuzo*, 1156 (spic. Briv.). — *Truizo*, 1256 (*idem*).

Trivalas (Les), m. i., c^{ne} d'Yssingeaux. — *Les Triviales*, 1878 (carte adm.).

Tronc (Le), l. détr., c^{ne} de Saint-Préjet-d'Allier. — *Mansus del Trun*, 1297 (Thiolent). — *Mansus del Tron*, 1339 (*idem*).

Tronchère, f., c^{ne} de Saint-Préjet-Armandon. — *Tronchières*, 1505 (Vals-le-Chastel). — *Troncheyres*, 1516 (*idem*).

Tronchère (La), f., c^{ne} de Mazeyrat-Crispinhac. — *Le Mas de la Troncheyre*, 1379 (homm. de Vissac). — *La Truncheyra*, 1458 (Bibl. nat., ms. lat., n. acq., 1222, f° 84 v°). — *La Troncheira*, 1463 (terr. de Vissac).

Tronchère (Moulin-de-la), mⁱⁿ sur la Gagne, c^{ne} de Cayres.

Tronchères (Les), f., c^{ne} de la Vaudieu. — *Les Tronchayres*, 1820 (Deribier).

Troncs (Les), lieu dit, c^{ne} de Blavozy. — *Les Troncs*, 1256 (Arch. nat., P. 491², cote 113); — 1318 (homm. de l'év.). — *Territorium dous Troncs*, 1418 (terrier du Moulin-Neuf). — *Le terroir de Servissas app. doux Tronc sive de Peu-Nastol*, 1539 (*idem*).

Trota, écart, c^{ne} de Chamalières.

Troubas (Les), h., c^{ne} du Mazet-Saint-Voy. — *Los Trobas*, 1507 (év.). — *Les Trobatz*, 1585 (Johany, n^{re}). — *Loux Troubas*, 1608 (cad. de Bonnas).

Trou de l'Oule, vallon, c^{ne} d'Auvers. — En patois : *Le Traü de l'Oure*.

Troupenat, h., c^{ne} de Saint-Just-près-Brioude. — *In aice Brivatensi, de villa Tropennaco*, 924 (cart. de Brioude, ch. 16). — *Tropenat*, 1429 (terr. du doy. de Br.).

Trousseyre, écart, c^{ne} de Champclause.

Truchefau, lieu dit, c^{ne} de Villeneuve-d'Allier. — *Trucha Fau*, 1339 (Bibl. nat., ms. fr., 14377, p. 190).

Truguet, m. i., c^{ne} de Saint-Geneys-près-Saint-Paulien. — 1820 (Deribier). — *Chabatou*, 1888 (carte adm.).

Truchon, vill., c^{ne} de Reilhac. — *Mansus de Trucho*, 1470 (Bibl. nat., ms. lat., n. acq., 1223, f° 377).

Truisson, mⁱⁿ, c^{ne} de Bessamorel. — *Troisso, Molendinum de Troysso*, 1359 (Rhône, H. 2632).

Truisson, vill., c^{ne} d'Yssingeaux. — *Troysson*, 1635 (cad. de Saussac).

Truisson (Le), affl. du Ramel, c^{nes} du Pertuis et de Bessamorel.— *Aqua de Troyssonet*, 1359 (Rhône, H. 2632). — *Aqua de Trossonnet*, 1451 (cart. de Mazan). — *La rivière de Troysonet*, 1549 (terr. de Verchères, f° 99). — *Ruiss. de Troisson*, 1603 (cad. de Glavenas).

Tsablat, lieu dit, c^{ne} de Saint-Éble. — Découverte, en 1897, d'antiquités romaines.

Tubeys (Le), m. i., c^{ne} de Monistrol-d'Allier.

Tuilerie, h., c^{ne} d'Auzon. — *La Thuillière*, 1820 (Deribier).

Tuilerie, m. ruinée, c⁰ᵉ de Berbezit. — *Tuilière*, 1880 (carte adm.).

Tuilerie (La), m. i., cⁿᵉ de Beaune.

Tuilerie (La), écart, cⁿᵉ de Domeyrat. — *Mansus de Treuleyras*, 1464 (Bibl. nat., ms. lat., n. acq., 1223, f° 162 v°). — *Le villaige des Triouleyres*, 1516 (Vals-le-Chastel).

Tuilerie (La), m. i., cⁿᵉ de Fontannes.

Tuilerie (La), m. i., cⁿᵉ de Saint-Georges-Lagricol.

Tuilerie (La), m. i., cⁿᵉ de Saint-Paulien.

Tuilerie (La), m. i., cᵘᵉ de Vergongheon.

Tuilerie de Chape, tuil., cⁿᵉ d'Auzon. — 1880 (carte adm.).

Tuilerie de Mezire (La), écart, cⁿᵉ de Vergongheon.

Tuileries (Les), m. i., cⁿᵉ de Blesle.

Tuilière (La), m. i., cⁿᵉ de Collat.

Tuilière (La), m. i., cⁿᵉ de la Mothe. — *La Tuilerie* (cad.).

Tuilière (La), tuilerie, cⁿᵉ de Sainte-Sigolène.

Tuilière-Basse (La), m. i., cⁿᵉ de Couteuges. — *Tuileries-de-Coudert* (cad.)

Tuillière (La), m. i., cⁿᵉ de Raucoules.

U

Uclas (Les), h., cⁿᵉ de Grazac. — *Les Uclas*, 1820 (Deribier).

Uclas (Les), m. i., cⁿᵉ du Mas-de-Tence. — *Les Vilas*, 1880 (carte adm.). — *Les Uclos*, 1888 (Malègue).

Uffarges, vill., cⁿᵉ de Saint-Julien-d'Ance. — *Ufargœ*, 1163 (cart. de Chamalières, n° 77). — *Usfaurgiœ*, *Ufargiœ*, xiiiᵉ s. (idem, n°ˢ 324 et 334). — *Usfargiœ*, 1343 (J. de Peyre, nʳᵉ). — *Uffarges*, *Usfaiges*, *Usfarges*, 1545 (terrier de la Garde). — *Ufarges*, 1604 (cad. de Chalencon). — *Uffarge*, 1820 (Deribier).

Uffernets (Les), vill., cⁿᵉ de Saint-Paul-de-Tartas. — *Los Ufrunits*, 1282 (la Chaise-Dieu, Saint-Paul-de-Tartas). — *Usfrinitz*, *Usfreneti*, 1330 (idem). — *Los Uffrunitz*, 1408 (comp. du Puy). — *Ufferneti*, 1462 (V. Chalvon, nʳᵉ). — *Locus de Uffrenetis*, 1464 (Ardèche, C. 569). — *Les Uffernetz*, 1513 (tit. de Surrel). — *Les Infernets*, 1770 (Faujas de Saint-Fond, 380).

Uffour, vill., cⁿᵉ de Bellevue-la-Montagne. — *Commanda d'Usforns* (l'imprimé porte *Usfortis*), 1222 (Martène, thes. nov. anecd., I, 897). — *Usforns*, 1285 (templiers du Puy). — *Uffors*, 1584 (terrier de Louis de la Rochelambert). — *Lous Fours*, 1616 (Rhône, H. 2153, f° 968). — *Les Fours*, 1670 (Arch. nat., P. 502, cote 109). — *Huifous*, xviiiᵉ s. (Cassini). — *Ufour* (cad.).

Ulmet, h., cⁿᵉ de Raucoules. — *Ulmetum*, 1303 (prieuré de Grazac). — *Terra d'Olmes*, 1308 (tit. de Bronac). — *Castrum Ulmeti*, 1468 (Rivière, nʳᵉ). — *Hulmet*, 1820 (Deribier).

Ulmet (L'), affl. de la Dunières, formé par la réunion à Ulmet des ruisseaux de Reynier, Chazalet et Salettes, cⁿᵉ de Raucoules.

Usclas (Les), h., cⁿᵉ du Chambon.

Usine (L'), m. i., cⁿᵉ de la Chapelle-Geneste.

Ussel, vill., cⁿᵉ du Brignon. — *Uscel*, 1386 (homm. de Solignac). — *Ucell*, 1390 (idem). — *Ucellus*, *Ussel*, 1441 (terrier de Solignac).

Ussel, f., cⁿᵉ de Laussonne. — 1695 (capitation).

Usson, f., cⁿᵉ de Chassignolles. — *In aice Brivatensi*, villa Icio, 843 (cart. de Brioude, ch, 199); — 926 (idem, ch. 155).

Usufruit (L'), h., cⁿᵉ d'Agnat. — *Mansus del Usfrustz*, xivᵉ s. (terrier des Grèzes).

Utiac, vill., cⁿᵉ de Tence. — *Utiac*, 1294 (cart. du prieuré de Tence, f° 1). — *Mansus de Utiacu*, 1324 (idem, f° 4). — *Uthiac*, 1693 (état civil). — *Hutiac*, 1694 (idem).

Uveyres, vill., cⁿᵉ de Saint-Geneys-près-Saint-Paulien. — *Oveyras?*, 1285 (homm. de l'év.). — *Uveyras*, 1323 (J. de Peyre, nʳᵉ). — *Dureyras*, 1373 (Haute-Loire, E.). — *Uveres*, 1616 (Rhône, H. 2153).

V

Vabres, cⁿ de Saugues. — *Castrum de Vabres*, 1219 (Baluze, mais. d'Auv., II, 86; — Vaissète, hist. de Lang., éd. Privat, VIII, c. 728). — *Feudum de Vabris*, 1266 (Lozère, év.). — *Parochia de Vabris Ripæ Aligerii*, 1452 (J. Rocher, nʳᵉ). — *S. Gregorius de Vabris*, 1527 (A. Besseyre, nʳᵉ).

— *La paroisse de Saint-Grégoire de Vabres en Gevauldan*, 1585 (Johany, n^re).

Fief vassal de l'évêque de Mende.

En 1789, Vabres dépendait de la province et bailliage de Gévaudan. Son église paroissiale, diocèse de Mende et archiprêtré de Saugues, était sous l'invocation de saint Grégoire; l'évêque en était collateur et le chapitre collégial de Marvéjols prieur et nominateur.

VABRÈTES, h., c^ne de Saint-Jean-Lachalm. — *Affar de Vabretis*, 1281 (Thiolent). — *Vabretas*, 1506 (Médicis, II, 303).

VABRÈTES (LA), affl. de l'Allier, c^ne de Saint-Jean-Lachalm.

VACHELERIES, h., c^ne de Saugues. — *Mansus de Bachalarias*, 1282 (Thiolent). — *Bachalarias prope castrum de Rota*, 1327 (Lozère, G. 99). — *Vachalaries*, 1537 (Thiolent). — *Vacheleries*, 1745 (*idem*). — *Vachelaries*, 1820 (Deribier).

VACHÈNES, h., c^ne de Monistrol-sur-Loire. — *Vacheyras*, 1394 (hôtel-Dieu, B. 691). — *Vachières*, 1657 (ét. civ.).

VACHÈRES, chât. et vill., c^ne de Présailles. — 1130 (Saint-Georges du Puy, inv^re). — *Castrum et villa de Vacheriis*, 1327 (Arch. nat., P. 1397², cote 588). — *Vacheyras*, 1331 (Arch. nat., P. 1397², cote 587). — *Vachières*, 1666 (André, n^re).

VACHÈRES (LE), affl. du Chabanis, c^ne de Présailles.

VACHERESSE, vill., c^ne de Félines.

VACHERESSE, vill., c^ne du Mazet-Saint-Voy. — *Vacheressas*, 1507 (év.). — *Vacharesses*, 1608 (cad. de Bonnas).

VACHERESSE, vill., c^ne de Saint-Julien-d'Anse. — *Vacharecias*, 1213 (cart. de Chamalières, n° 327). — *Vacheressas*, 1269 (Arch. nat., P. 1398¹, cote 655). — *Vacharessas*, 1311 (Arch. nat., P. 494¹, cote 14). — *Vacharessiæ*, 1400 (terrier du Bois).

VACHERESSE, vill., c^ne de Siaugues-Saint-Romain. — *Mansus de Vacaritias*, 999 (cart. de Cluny, n° 2482). — *Vicharessas*, v. 1250 (spic. Br.). — *Vacharessas*, 1459 (Bibl. nat., lat., n. acq., 1222, f° 126). — *Vacharessæ*, 1460 (*idem*, f° 171). — *Vacheyressas in Alvernha*, 1491 (Rhône, Chantoin, I, 10).

VACHERESSE (LA), vill., c^ne des Estables. — *Terra de Vacharessis*, 1224 (Bonnefoy). — *La Vacharessa*, 1263 (Monastier-Saint-Chaffre). — *Vacheressia*, 1484 (Arcis, n^re). — *La Vacheresse*, 1561 (Savin, n^re). — *La Vacheresse*, 1695 (capitation).

VACHERESSE (LA), f., c^ne de Venteuges. — *La Vacha-*

ressa, 1235 (cart. de Pébrac, n° 60). — *La Vacharesse*, 1539 (Thiolent). — *Lavacheresse*, 1820 (Deribier).

VACHERESSON, h., c^ne de Bellevue-la-Montagne. — *Vacharessa*, 1507 (év.). — *Vacharesson*, 1548 (P. Gallien, n^re).

VACHEROLLES, chât., c^ne de Saint-Julien-d'Ance. — *Ad Vachairolas*, 1213 (cart. de Chamalières, n° 327). — *Villa de Vacheyrolas*, 1293 (Arch. nat., P. 491¹, cote 13). — *Vachiroles*, 1334 (Arch. nat., P. 490², cote 153). — *Vachyrolæ*, 1343 (la Chaise-Dieu, Saint-Étienne-Lardeyrol). — *Vacheirolles*, 1581 (terr. de Frissonnet).

VACHERS (LES), h., c^ne de Rosières. — *Los Vachiers*, 1550 (Chamblas).

VACHES, h., c^ne de Thoras. — *Mansus de Vacha*, 1276 (Thiolent). — *La Vacha prope Caslarium d'Anse*, 1327 (Lozère, G. 99). — *Vaca*, 1499 (*idem*). — *Vache*, 1623 (Peyret, n^re).

VAILHAC, vill., c^ne de Vissac. — *In loco vocabulo Valiaco*, 936 (cart. de Brioude, ch. 337). — *Mansus de Valhac*, 1471 (Bibl. nat., ms. lat., n. acq., 1224, f° 11). — *Vailhacum*, 1478 (terr. du Cluzel).

VAISSAIRE (LA), m. i., c^ne de Montregard.

VAISSE (LA), mont., c^ne de Chassagnes.

VAISSE (LA), f., c^ne de Saint-Georges-Lagricol.

VAISSE (LA), f., c^ne de Saint-Préjet-Armandon. — *Mansus de la Vayssa*, 1464 (Bibl. nat., ms. lat., n. acq., 1223, f° 158). — *La Vaysse*, 1820 (Deribier).

VAISSIÈRE (LA), l. détr., c^ne de Saint-Didier-sur-Doulon. — *Mansus de la Besseyra*, 1347 (Baluze, mais. d'Auv., II, 197). — *La Besseire*, 1539 (Vals-le-Chastel). — *La Vaissière-Pin*, 1855 (état-major). — Signal.

VALA, h., c^ne de Saint-Romain-Lachalm.

VALAT (LE), m. i., c^ne de Domeyrat.

VALATS (LES), h., c^ne de Montregard. — *Locus dour Valas*, 1468 (Rivière, n^re). — *Loux Vallatz*, 1553 (ress. de Montfaucon). — *Les Valas*, 1879 (carte adm.).

VALENTIN, m^in sur l'Étang, c^ne de Berbezit. — *Vallantin*, 1593 (la Chaise-Dieu, Belluc). — *Le Mollin-de-Valentin*, 1626 (*ibid.*).

VALENTIN, m. i., c^ne de Saint-Jeure.

VALENTIN (MOULIN-DE-), m^in sur la Senouire, c^ne de Connangles.

VALENTINE (LA), écart, c^ne de Chadrac.

VALENTINS (LES), h., c^ne d'Yssingeaux.

VALÉRY, f., c^ne de Queyrières. — *Lous Valeris*, 1528 (terr. du Pertuis).

Valet (Lou), h., c^ne de Mézères. — *Le lieu doux Valis*, 1553 (terrier de Liques).

Valette, f., c^ne de Chaudeyrolles. — *Los Valetz*, 1347 (chartreuse de Bonnefoy). — *Locus de Valeta*, 1464 (Ardèche, C. 626). — *Valete*, 1639 (ét. civ.). — *Vallette*, 1646 (cad. de Bonnefont).

Valette (La), f., c^ne de Bauzac. — *La Valeta*, 1179 (hospitaliers du Velay). — *Valeta*, 1318 (Arch. nat., P. 494¹, cote 27). — *Les Valettes*, 1869 (Malègue).

Valette (La), écart, c^ne de Beaux.

Valette (La), dom., c^ne de Chadron. — *Valeta*, 1346 (J. de Peyre, n^re, reg. D, f° 137). — *La Valeta*, 1389 (plumit. de Bouzols). — *Locus de Valleta*, 1390 (spic. Br.). — *Lavalette*, 1820 (Deribier).

Valette (La), f., c^ne du Chambon. — *Lavalette*, 1820 (Deribier).

Valette (La), chât., c^ne de Chastel. — *La Valeta*, v. 1250 (spic. Br.). — *La Valete*, 1511 (coust. d'Auv., f° 81 v°).

Valette (La), vill., c^ne de Chénéreilles. — *La Valeta*, 1290 (Rhône, D. 148). — *Villa de la Valeta Uner*, 1309 (év.). — *La Vallette*, 1553 (ress. de Montfaucon). — *La Vallette-Eynier*, 1615 (év.). — *Lavalette*, 1888 (Malègue).

Valette (La), h., c^ne de Laval.

Valette (La), h., c^ne de Monistrol-d'Allier. — *Mansus de Valeta prope Alerium*, 1327 (Lozère, G. 98). — *La Valeta*, 1377 (Thiolent). — *Lavalette*, 1820 (Deribier).

Valette (La), loc. détr., c^ne de Saint-Arcons-d'Allier. — *In villa Valeta*, 909 (cart. de Brioude, ch. 44). — *In pertinenciis loci S. Arconii, in territorio voc. de la Valeta, juxta rivum de Jahors*, 1457 (Bibl. nat., ms. lat., n. acq., 1222, f° 52 v°).

Valette (La), écart, c^ne de Saint-Didier-la-Séauve. — *La Valeta*, 1321 (hospitaliers du Velay). — *Valleta*, 1377 (coll. Chaleyer). — *Lavalette*, 1888 (Malègue).

Valette (La), chât. et dom., c^ne de Saint-Paulien. — *La Valeta*, 1325 (J. de Peyre, n^re, reg. A, f° 117). — *La Vallette-lez-Saint-Paulhen*, 1621 (Haute-Loire, E.).

Valette (La), affl. du Doulon, c^nes de Saint-Préjet-Armandon et Domeyrat. — *Le Coureuge* (cad.).

Valette (La), f., c^ne de Saint-Préjet-d'Allier. — *Mansus de la Valeta*, 1317 (la Chaise-Dieu, Saint-Préjet-d'Allier). — *Valeta*, 1470 (Bibl. nat., ms. lat., n. acq., 1223, f° 365). — *Lavalette*, 1820 (Deribier).

Valette (La), vill., c^ne de Tence. — *La Valeta*, 1294 (cart. du prieuré de Tence, f° 1). — *Grange de la Valette*, 1694 (ét. civ.). — *Lavalette*, 1820 (Deribier).

Valette (La), loc. détr., c^ne de Torsiac. — *Mansus de Valeta*, 1334 (Bibl. nat., ms. lat., 9084, n° 21).

Valette (Moulin-de-la-), sur la Dège, c^ne d'Auvers. — 1588 (terr. d'Auvers). — *Lavalette*, 1888 (Malègue).

Valeyre, m. i., c^ne de Retournac.

Valiop, écart, c^ne de Saint-Pal-de-Murs. — *Baliop*, 1573 (communication de M. E. Grellet de la Deyte). — *Vailop*, 1820 (Deribier).

Valiorgues (Les), h., c^ne de Chavagnac-Lafayette. — *Lou Valhiorgue, les Valhorgues*, 1576 (terr. du Cluzel).

Valivier, h., c^ne de Saint-Hilaire. — *Valivers*, xiv° s. (terr. des Grèzes). — *Valliviert*, 1406 (coll. de M. le marquis de Polignac).

Seigneurie relevant en fief de celle de Saint-Bonnet-de-Novacelle et en arrière-fief du duché d'Auvergne.

Valla-Plance (La), affl. de la Virlange, c^ne de Chanaleilles.

Vallenie (La), loc. détr., c^ne de Saint-Vert. — *Le Mas de la Vallenie*, 1426 (la Chaise-Dieu, Saint-Vert).

Vallet, h., c^ne de la Farre. — *La Vallette*, 1583 (tit. de Surrel). — *Valetz*, 1820 (Deribier).

Vallette (La), écart, c^ne de Bains. — *La Baraque-de-Montbonnet*, 1808 (ét. des succurs.). — *La Baraque* (cad.).

Vallis Angusta, nom de la vallée de la Loire, à Goudet. — *Cella quæ vocatur Godith, in pago Vallavensi, in loco qui dicitur Vallis Angusta*, 877 (Juénin, nouv. hist. de Tournus, pr., 97).

Valogières, vill., c^ne de Saint-Hostien. — *Val Augeria*, 1310 (Lardeyrol). — *Vallis Augeria*, 1329 (id.). — *Valaugeyras*, 1533 (Rhône, H. 2234). — *Vallaugeyre*, 1610 (Duclaux, n^re). — *Vallougières*, 1653 (Lardeyrol). — *Valauzières*, xviii° s. (Cassini). — *Valogères*, 1879 (carte adm.).

Valongean, h., c^ne d'Araules. — *Valonjon*, 1696 (capitation). — *Valaujon*, xviii° s. (Cassini). — *Valaugeon*, 1878 (carte adm.).

Valory, écart, c^ne de Coubon. — *Valauria*, 1256 (év.). — *Vallauria*, 1315 (Haute-Loire, E.). — *Valaurie*, 1585 (Leblanc, n^re). — *Valaoury*, 1820 (Deribier).

Valpilière, f., c^ne de Queyrières. — *La Vulpilheyra*, 1333 (Arch. nat., R². 39). — *La Voulpillière*, 1534 (év.).

Val-Ponson (La), lieu dit près les Salles, c^{ne} de Saint-Martin-de-Fugères. — *Vallis Ponso*, 1390 (homm. de Solignac). — *La Val-Ponsson*, 1561 (Savin, n^{re}).

Valprivas, chât. ruiné, c^{on} de Bas. — *In vicaria Bassiensi, in pago Vellaico, in villa quæ dicitur Vallis Privata*, v. 990 (cart. du Monastier, n° 163). — *Valpryvas*, 1563 (obit. de Bas). — *Vauprivas*, 1580 (*idem*). — *Vaulprivas*, 1597 (Galien, n^{re}).

En 1789, Valprivas appartenait à la province du Forez, à l'élection et bailliage de Montbrisson. Au spirituel, il relevait de la paroisse de Bas.

Vals-le-Chastel, c^{on} de Paulhaguet. — *Villa quæ vocatur Vallis*, 1078 (spic. Br.). — *Capella de Valle*, 1204 (*idem*). — *Castrum de Val*, v. 1250 (*idem*). — *Castellania de Valle prope Cussa*, 1310 (coll. J. Lachenal). — *Valh-le-Chastel*, 1379 (compte de B. Flotenc). — *Locus Vallis Castri*, 1466 (Maltrait, n^{re}). — *La vicairie de Sainte-Catherine à Val-le-Chastel*, 1549 (coll. J. Lachenal). — *Anval-le-Chastel*, 1669 (Arch. nat., P. 499, c. 79). — *Vailh-le-Chastel*, 1670 (Arch. nat., P. 500², c. 104).

En 1789, Vals-le-Chastel, qui était une seigneurie relevant en fief de la baronnie d'Aubusson et en arrière-fief du duché d'Auvergne, était compris dans la province d'Auvergne, l'élection et subdélégation de Brioude et le ressort de Riom. Son église paroissiale, diocèse de Saint-Flour et archiprêtré de Brioude, était sous le vocable de saint Pierre.

Succursale érigée le 13 décembre 1836.

Vals-près-le Puy, c^{on} sud-est du Puy. — *Domus infirmarum Vallis*, 1223 (tabl. de la Haute-Loire, 1870-1871, 197). — *Domus leprosarum de Valle*, 1232 (tabl. du Velay, 1876-1877, 370). — *Prior domus de Valle prope Anicium*, 1264 (Pébrac). — *Domus pontis de Valle*, 1306 (tabl. de la Haute-Loire, 1870-1871, 50). — *Monasterium Sanctæ Mariæ Magdelenæ de Valle prope Anicium*, 1330 (J. de Peyre, n^{re}). — *En Val*, 1364 (É. Molinier, vie d'A. d'Audrehem, 314). — *Vals*, 1720 (Saugrain).

En 1789, Vals faisait partie de la province du Velay, de la subdélégation et sénéchaussée du Puy. Au spirituel il relevait de la paroisse de Saint-Vosy du Puy.

Église érigée en succursale, par ordonnance royale du 7 février 1821.

Valtaillet (La), vill., c^{ne} de Valprivas. — *Valles*, 1321 (J. de Peyre, n^{re}). — *Mansus de Valle Ambrunia*, 1411 (Arch. nat., P. 492², cote 119). — *Vallis*,

1501 (obit. de Bas). — *Vallis Embruna*, 1514 (*idem*). — *La Val*, 1516 (*idem*). — *Laval-Tailhier*, 1555 (*idem*). — *Lavaltaillez* (cad.).

Varan, vill., c^{ne} de Saint-Ferréol-d'Auroure. — *Varens*, 1387 (homm. de Solignac). — *Varau*, 1820 (Deribier).

Varcenac, l. détr., auj. terroir, c^{ne} de Retournac. — *Varscenac, Varsennac*, 1160 (cart. de Chamalières, n° 73). — *Vaicenac*, 1166 (*idem*, n° 84).

Vareilles, h., c^{ne} de Lapte. — *La cabanaria de Vallielas*, v. 1100 (cart. de Cluny, ch. 3764). — *Mansus de Valelhas*, 1349 (Arch. nat., P. 1397², cote 540). — *Las Valhelhas*, 1465 (Rivière, n^{re}). — *Les Varilles*, 1695 (capitation). — *Les Vareils*, xviiie s. (Cassini). — *Les Vareilles*, 1878 (carte adm.).

Vareilles, vill., c^{ne} de Saint-Jeure. — *Villa de Vadiliis*, v. 1145 (cart. de Chamalières, n° 47). — *Villa de Vazeillas*, 1256 (Gall. chr., II, c. 774). — *Valelhas*, 1402 (cart. de Tence, f° 14). — *Varelhas*, 1451 (d^r Charreyre). — *Vareilhas*, 1507 (év.). — *Varelhes*, 1553 (ress. de Montfaucon).

Vareilles (Moulin-de-), mⁱⁿ sur l'Auze, c^{ne} de Saint-Jeure. — *Molendinum in villa de Vadiliis*, v. 1145 (cart. de Chamalières, n° 47).

Vareillettes, h., c^{ne} d'Yssingeaux. — *Mansus de Valelhetas*, 1359 (Rhône, H. 2632). — *Valhelheta*, 1445 (Rhône, Bessamorel). — *Varilites*, 1615 (Rhône, H. 2153).

Varenne (La), m. i., c^{ne} d'Araules. — *Lavarenne*, 1888 (Malègue).

Varenne (La), h., c^{ne} d'Auteyrac. — Jadis div. en Haute et Basse. — *La Varena*, 1134 (cart. de Pébrac, n° 31). — *La Varena Sobeirana, el mas de la Varena Soteirana*, xiie s. (*idem*, n° xlvi-53). — *Varenas, in par. d'Auteyrac*, 1256 (év.). — *Mansus de la Varena*, 1467 (Bibl. nat., ms. lat., n. acq., 1223, f° 322 v°).

Varenne (La), vill., c^{ne} de Bauzac. — *Mansus de Varenis de Bausaco*, 1082 (cart. de Chamalières, n° 113). — *Ad Verenas*, xiiie s. (*idem*, n° 329). — *Mansus de la Varena*, 1346 (Arch. nat., P. 490³, cote 229). — *La Varena*, xvie s. (obit. de Bauzac). — *Lavarenne*, 1820 (Deribier).

Varenne (La), m. i., c^{ne} de Bessamorel. — *Lavarenne*, 1820 (Deribier).

Varenne (La), f., c^{ne} de Chadron. — *Lavarenne*, 1888 (Malègue).

Varenne (La), h., c^{ne} de Chavagnac-Lafayette. — *Mansus Varenæ*, 1428 (la Chaise-Dieu, Mazerat-Aurouze).

VARENNE (LA), f., c⁰ᵉ de Laussonne. — *Mansus de Varena, in arce (aice) Monasterii,* v. 990 (cart. du Monastier, n° 159). — *Mansus de la Varena,* 1258 (Monastier). — *Lavarenne,* 1820 (Deribier).

VARENNE (LA), affl. de la Laussonne, près de Laussonne. — *Rivus d'Ermante aliter de la Varena,* 1528 (ét. civ.).

VARENNE (LA), vill., cⁿᵉ du Mazet-Saint-Voy. — *Varena,* 1000 (cart. du Monastier, n° 255). — *La Varena,* 1343 (Rhône, H. 1016). — *Lavarenne,* 1820 (Deribier).

VARENNE (LA), vill., cⁿᵉ de Queyrières. — *La Varena,* 1333 (Arch. nat., R². 39).

VARENNE (LA), h., cⁿᵉ de Saint-Julien-du-Pinet. — *Lavarenne,* 1888 (Malègue).

VARENNES, vill., cⁿᵉ de Chamalières. — *Mansus de Varenis,* 1490 (cad. de Mézères). — *Varenes,* 1561 (Savin, nʳᵉ).

VARENNES, vill., cⁿᵉ de Ferrussac. — *Varenas,* 1479 (Bibl. nat., ms. lat., n. acq., 1224, f° 215 v°). — *Varenes,* 1486 (Arch. nat., Q. 513, f° 80).

VARENNES, f., cⁿᵉ de Laussonne. — *Villa de Varenas, in pago Vellaico,* x° s. (cart. du Monastier, n° 104). — *Villa quæ dicitur Varenas,* v. 1010 (idem, n° 196). — *Mansus de Varenis,* 1344 (Monastier). — *Varenes,* 1544 (Savin, nʳᵉ).

VARENNES, vill., cⁿᵉ de Monlet. — *Varenæ,* 1324 (J. de Peyre, nʳᵉ, reg. A, f° 97).

VARENNES, f., cⁿᵉ de Saint-Préjet-d'Allier. — *Affare de Varenis,* 1307 (Lozère, G. 757).

VARENNES, vill., cⁿᵉ de Saint-Privat-d'Allier. — *Varenas,* v. 1170 (hospit. du Velay). — *Varena,* 1263 (idem). — *Varennæ,* 1470 (Bibl. nat., ms. lat., n. acq., 1223, f° 371). — *Varenæ,* 1520 (Martel, nʳᵉ).

VARENNES (LES), m. i., cⁿᵉ de Saint-Romain-Lachalm.

VARENNES (LES), h., cⁿᵉ d'Yssingeaux. — *La Varenne* (cad.).

VARENNES-SAINT-HONORAT, c⁰ⁿ d'Allègre. — *Ecclesia S. Honorati,* 1252 (Saint-Agrève). — *Varennes,* 1401 (spic. Br.). — *Locus de Varenas,* 1456 (Bibl. nat., lat., n. acq., 1222, f° 18). — *Ecclesia parochialis S. Honorati de Varenis,* 1464 (idem, 1223, f° 181). — *Parochia de Varenis S. Honorati,* 1466 (idem, 1223, f° 284). — *Varennes-la-Raison,* 1793.

En 1789, Varennes-Saint-Honorat appartenait à la province d'Auvergne, à l'élection de Brioude, à la subdélégation de Langeac et au ressort de Riom. Son église paroissiale, diocèse du Puy et archiprêtré de Saint-Paulien, était consacrée à saint Honorat ; l'abbesse des Chazes présentait à la cure.

Succursale érigée par ordonnance royale du 12 mars 1826.

VAREYROUX, écart, cⁿᵉ de Montregard. — *Vareyron,* 1879 (carte adm.).

VARREYBOUZE (LA), f., cⁿᵉ de Fay-le-Froid.

VASSEL (MOULIN-), mⁱⁿ sur l'Arzon, cⁿᵉ de Vorey.

VASTRES (LES), c⁰ⁿ de Fay-le-Froid. — *In villa quæ dicitur Lavastris,* v. 1000 (cart. du Monastier, n° 181). — *Ecclesia Sancti Theotfredi de Vastris,* xi° s. (idem, n° 17). — *Parochia S. Theoffredi de Lavastres,* v. 1186 (hospit. du Velay). — *Ecclesia de las Vastres,* v. 1343 (cart. du Monastier, app., n° 452). — *Las Vastras,* 1454 (terr. de Saint-Julien de Châteauneuf).

En 1789, les Vastres était compris dans la province du Vivarais et le bailliage de Villeneuve-de-Berg. Son église paroissiale, diocèse de Viviers et archiprêtré de Boutières, était sous le vocable de saint Théofred.

VASTRETS (LES), h., cⁿᵉ des Vastres. — *Mansus de Vastretis, Lavastretz,* 1464 (Ardèche, C. 634). — *Vastretes,* 1517 (Soc. d'agric., XVIII, 523).

VAUBARLET, h., cⁿᵉ de Sainte-Sigolène. — *Valbarlet,* 1469 (Rivière, nʳᵉ). — *Vauburlet,* 1507 (év.).

VAUBARLET (MOULIN-DE-), mⁱⁿ sur la Dunières, cⁿᵉ de Grazac.

VAUCANSON, m. i., cⁿᵉ de Lapte.

VAUCENGE (LA), affl. de la Voirèze, cⁿᵉ de Saint-Étienne-sur-Blesle. — *La Ribeyre* (cad.).

VAUDIEU (LA), c⁰ⁿ de Brioude. — *In aice Cumicensi,* 909 (cart. de Brioude, ch. 204). — *Ecclesia Sancti Andreæ de Comps,* 1052 (Gall. chr., II, instr., c. 104). — *In territorio Brivatensi, ecclesia de Coms,* 1052 (spic. Br.). — *Vallis de Cumis,* v. 1148 (Gall. chr., II, instr., c. 107). — *Villa de Cumps,* 1177 (Bibl. nat., ms. lat., 12750, p. 200). — *Cums,* 1199 (Baluze, mais. d'Auv., pr., II, 257). — *Moniales de Coms,* 1213 (coll. P. Le Blanc). — *Perochia de Cons,* 1250 (spic. Br.). — *Domus de Comps,* 1262 (Baluze, mais d'Auv., II, 269). — *Combs,* 1272 (Bibl. nat. ms. lat., 12766, f° 463). — *Couz,* 1284 (Mabillon, vet. anal., 339). — *Le prieuré de Vaudieu,* 1487 (spic. Br.). — *Le convent de la Val-Dieu, dict de Combs,* 1494 (la Chaise-Dieu, Javougès). — *Comps aultrement La Vauldieu,* 1511 (coust. d'Auv., f° 80). — *Lavaudieu,* 1820 (Deribier).

Par lettres patentes (Laval, 9 octobre 1487), Charles VIII, sur la prière de l'abbé de la Chaise-

Dieu, ordonna que le prieuré de Comps s'appellerait dorénavant le prieuré de la Vaudieu, «pour ce que le nom de Cons est vil et deshonneste à nommer aux religieuses» (spic. Br.).

En 1789, la Vaudieu, qui était le siège d'une abbaye bénédictine de femmes dépendant de celle de la Chaise-Dieu, appartenait à la province d'Auvergne, à l'élection et subdélégation de Brioude et au ressort de Riom. Son église paroissiale, diocèse de Saint-Flour et archiprêtré de Brioude, était consacrée à saint André; la prieure de l'abbaye présentait à la cure.

Vaugelas, f. et mⁱⁿ sur la Dunières, c^{ne} des Villettes. — *Vallis Gelata*, 1415 (cart. de Tence, f° 15 v°). — *Vagelas*, 1456 (Arch. nat., P. 1396², c. 460).

Vaumaison, m. i., c^{ne} de Saint-Maurice-de-Lignon. — *Vaulmeysos, Vaulmeysoux*, 1529 (terr. de Saint-Maurice-de-Lignon). — *Vaulmeysons*, 1539 (*idem*). — *Vomaison* (cad.).

Vaunac, chât. et vill., c^{ne} d'Yssingeaux. — *Villa quæ dicitur Volnac*, 985 (cart. de Chamalières, n° 39). — *Villa de Volnaco*, 993 (*idem*, n° 41). — *A Vonac*, v. 1174 (*idem*, n° 95). — *Mansus de Vounac*, 1314 (év.). — *Vonnac, par. d'Essiniau*, 1346 (J. de Peyre, n^{re}). — *Vaunacum*, 1370 (év.). — *La Tour-Vaunac*, xviii° s. (Cassini).

Vaunat, h., c^{ne} de Sainte-Marie-des-Chazes. — *Villa quæ nuncupatur Volnatius*, 936 (cart. de Brioude, ch. 337). — *Mansus de Vaunas*, 1455 (Bibl. nat., ms. lat., n. acq., 1222, f° 23 v°). — *Volnas*, 1467 (*idem*, 1223, f° 308 v°). — *Vonac*, xviii° s. (Cassini). — *Vaunac*, 1857 (Lagrave, hist. de Langeac, 127).

Vauneyre, m. i., c^{ne} d'Yssingeaux. — 1296 (homm. de l'év.). — *Vouneyre*, 1548 (terrier de Verchères). — *Vaunaire* (cad.)

Vaur (Le), affl. de la Gourgueure, près du Villaret, c^{ne} de Desges. — 1477 (Bibl. nat., ms. lat., n. acq., 1224, f° 167).

Vaure (La), écart, c^{ne} de Saint-Just-Malmont. — *La Vaura*, 1543 (coll. Chaleyer).

Vaureilles, h., c^{ne} d'Auzon. — *Vaurellæ*, 1155 (spic. Br.). — *Vaurelhas, Vaureylhas*, xiv° s. (terr. des Grèzes). — *Vauzeilles*, 1880 (carte adm.).

Vaures, vill., c^{ne} de Bauzac. — *Vaure*, 1162 (cart. de Chamalières, n° 71). — *Locus de Vaures*, 1271 (év.). — *De Vauro*, 1433 (Arch. nat., P. 1398¹, cote 653). — *Locus de Vauris*, 1532 (terr. du Fraysse-Bas, f° 166). — *Vaure*, 1820 (Deribier).

Vaures, vill., c^{ne} de Loudes. — *Vaures*, 1245

(hôtel-Dieu, B. 4). — *Vauræ*, 1470 (la Chaise-Dieu, Vazeilles).

Vaux, chât., c^{ne} de Saint-Julien-du-Pinet. — *Locus vocatus Vaus*, 1269 (Arch. nat., P. 1398¹, cote 655). — *Valles, locus de Vaux*, 1383 (Rhône, E. 9). — *Vaulx-en-Vellay*, 1585 (Johany, n^{re}).

Vaux (Les), m. i., c^{ne} de Moudeyres.

Vaux-Bas, f., c^{ne} de Saint-Julien-du-Pinet.

Vauzelle, vill., c^{ne} de Josat.

Vauzelles, loc. détr., c^{ne} de Fontannes. — *In... vicaria (Brivatensi), in villa quæ dicitur Valdezella*, 934 (cart. de Brioude, n° 2). — *Villa Vallezella*, 936 (*idem*, ch. 249). — *Valzella* (*idem*, p. 6). — *Vauzelles*, 1612 (terr. de la Vaudieu). — *Vouzeles*, xviii° s. (Cassini).

Vayon (Le), vaine, c^{ne} de Champclause.

Vaysse (La), f., c^{ne} de Présailles.

Vaysse (La), écart, c^{ne} de Saint-Paul-de-Tartas. — *Vayssia*, 1464 (Ardèche, C. 592). — *La Vayse*, 1585 (Mre Leblanc, n^{re}).

Vazeilles, écart, c^{ne} du Brignon. — *Vazeillias*, 1232 (hôtel-Dieu, B. 133). — *Vaselias*, 1233 (*idem*, B. 308). — *Vazeillas*, 1238 (*idem*, B. 135). — *Vazelhas, par. del Brunho*, 1348 (J. de Peyre, n^{re}).

Vazeilles, loc. détr., c^{ne} de Saint-Éble. — *Mansus de Vazelhas*, 1462 (Bibl. nat., ms. lat., n. acq., 1223, f° 38 v°). — *Molendinum de Vaseilhas desuper rivum defluentem de Chamaleriis a la Morgha*, 1490 (terr. du Cluzel).

Vazeilles, vill., c^{ne} de Vieille-Brioude. — *In vicaria (Brivatensi), in villa quæ dicitur Wallilias*, 867 (cart. de Brioude, ch. 150). — *Villa Vallilias*, 911 (*idem*, ch. 267). — *Valelhas*, 1476 (Arch. nat., ZZ. 359, p. 154).

Vazeilles-Bas, quartier de Vazeilles-Limandres, c^{on} de Loudes. — *Villa inferior de Vazelhas*, 1347 (la Chaise-Dieu, Vazeilles). — *Vazelhas Inferiores*, 1459 (*idem*). — *Las Vaselhas Bassas*, 1538 (Saint-Mayol).

Vazeilles-Haut, quartier de Vazeilles-Limandres, c^{on} de Loudes. — *Villa Superior de Vazelhas*, 1347 (la Chaise-Dieu, Vazeilles). — *Vazelhas Sobeyranas*, 1457 (*idem*). — *Vazelhas Superiores*, 1459 (*idem*).

Vazeilles-Limandres, c^{on} de Loudes. — *In pago Vellaico, in vicaria de Vetula Civitate, in villa quæ dicitur Vallilias*, 969 (cart. de Brioude, ch. 88). — *Vazeilhas Veteres*, 1252 (la Chaise-Dieu, Vazeilles). — *Prior ecclesiæ S. Petri de Vazelhas*, 1252 (*idem*). — *Vazelhæ*, 1321 (spic. Br.). — *Parochia de Vasillis*, 1470 (la Chaise-Dieu

Vazeilles). — *Vazaleiz*, 1511 (coust. d'Auv., f° 79 v°).

En 1789, Vazeilles-Limandres faisait partie de la province d'Auvergne, de l'élection de Brioude, de la subdélégation de la Chaise-Dieu et du ressort de Riom. Son église paroissiale, diocèse du Puy et archiprêtré de Saint-Paulien, était dédiée à saint Pierre-aux-Liens; comme prieur de cette localité, l'aumônier de la Chaise-Dieu présentait à la cure.

VAZEILLES-PRÈS-SAUGUES, cne de Saugues. — *Vaseillas*, XIIe s. (cart. de Pébrac, n° 35). — *Ecclesia de Valleias*, 1238 (spic. Br.). — *Fortalitia de Valzellas*, 1257 (Baluze, mais. d'Auv., II, 88). — *Castrum de Valhelhas*, 1274 (Lozère, G. 99). - *Castrum de Vaselhas*, 1279 (Thiolent). — *Locus de Vazelhis*, 1398 (Haute-Loire, E.). — *Locus de Vazellas, par. de Thorassio*, 1461 (Bibl. nat., ms. lat., n. acq., 1222, f° 193 v°). — *Capella S. Blasii de Vasellis*, 1527 (A. Besseyre, nre).

En 1789, Vazeilles-près-Saugues dépendait de la province et du bailliage de Gévaudan. Au spirituel, il relevait de la paroisse de Thoras.

VAZEILLETTE, h., cne de Saint-Beauzire. — *In aice Brivatensi, villa Valilia*, 924 (cart. de Brioude, ch. 16). — *Vazelhas*, 1281 (J. Lachenal, l'égl. de Br.). — *Vazeilhes*, 1533 (terr., factum Fabre c. Tartel, 1759). — *Vazeilhettes*, 1603 (terr., idem). — *Vazellette*, 1636 (coll. P. Le Blanc). — *Vaseliette* (cad.).

VÉAC, h., cne de Craponne-sur-Arzon. — 1695 (capitation). — *Via*, XVIIIe s. (Cassini). — *Viac* (cad.).

VEAUX (LE), affl. de la Loire au min du Vert, cne de Retournac. — *La Sert* (cad.).

VÈCE (LA), m. i., cne d'Araules.

VÉDIÈRE-BASSE, h., cne de Saint-Pal-de-Murs. — *Verderiæ Bassæ*, 1504 (la Chaise-Dieu, Saint-Pal-de-Murs).

VÉDIÈRE-HAUTE, chât. ruiné et h., cne de Saint-Pal-de-Murs. — *Vederiæ*, 1386 (B. Maynier, nre). — *Vedeyres*, 1511 (coust. d'Auv., f° 81 v°). — *Vedières*, 1543 (la Chaise-Dieu, Saint-Pal-de-Murs).

VÉDRINE (LA), f., cne de Chassagnes. — *Locus de Vedrinas*, 1469 (Bibl. nat., ms. lat., n. acq., 1223, f° 352).

VÉDRINE (LA), affl. du Pontajou, cnes de Venteuges et de Saugues. — *Le Rieuclar*, 1574 (terr. de Meyronne). — *Le Mazel* (cad.).

VÉDRINES, h., cne de Chaniat. — *Villa Vedrinas*, v. 1011 (cart. de Brioude, ch. 300). — *Vidrinas*, XIVe s. (terr. des Grèzes).

VÉDRINES, f., cne de Lorlange. — *Vidrinas*, XIe s. (cart. de Sauxillanges, n° 662). — *Le Mas app. de Veudrines*, XVe s. (Arch. nat., Rt. 1143*, n° 183).

VÉDRINES, h., cne de Saint-Étienne-sur-Blesle.

VÉDRINES, h., cne de Thoras. — *Vedrenac*, 1244 (hôtel-Dieu). — *Vidrinac*, 1245 (idem, B. 311). — *Mansus de Vedrinas*, 1276 (Thiolent). — *Vidrinas*, 1499 (idem). — *Vedrines de Thoras*, 1564 (idem).

VÉDRINES, f., cne de Venteuges. — *Vedrenac*, XIIe s. (cart. de Pébrac, XLVI-44). — *Mansus de Vedrinas*, 1327 (Lozère, G. 99). — *Vedrinæ*, 1464 (Bibl. nat., ms. lat., n. acq., 1223, f° 185). — *Vedrines de Venteuges*, 1564 (Thiolent).

VÉDRINES, vill., cne de Vieille-Brioude. — *Villa Vedrinas*, Xe s. ? (Bibl. nat., lat., 17078, f° 36). — *Vedrinas*, 1139 (cart. de Pébrac, n° 29). — *La vila de Vidrinas*, 1341 (terr. de Charbonnier). — *Mansus de Vedrynes*, 1459 (Arch. nat., ZZ. 359, p. 7).

Commune supprimée le 4 juin 1845 et réunie à celle de Vieille-Brioude.

VÉDRINES-LE-CERF, f., cne de Saint-Hilaire. — *Mansus de Vedrinas*, 1397 (la Chaise-Dieu, Azerat).

VEDRINETTES, f., cne de Cubelles. — *Mansus de Vedrinettas*, XIIe s. (cart. de Pébrac, n° XLVI-43).

VÀGE, min détruit, cne de Saint-Jean-Lachalm. — *Le molin de Veghe*, 1609 (A. Robert, nre).

VEILHAS, h., cne de Jullianges. — *Veylias*, 1554 (la Chaise-Dieu, Jullianges). — *Veillac*, 1888 (carte adm.).

VELAY, l. détr., cne de Saint-Privat-du-Dragon. — *Mansus de Vellay*, 1467 (Arch. nat., ZZ. 359, p. 112); — 1612 (terr. de la Vaudieu).

VELAY (MONT-), mont. boisée, cne de Cayres. — *Mons voc. vulgariter de Monte Velayc*, 1353 (év.). — *Mon-Vellayc*, 1370 (év.). — *Mon-Velayt*, 1482 (Pelisse, nre). — *Mont-Vellaye*, 1558 (A. Boyer, nre).

VELAY (PAYS DE). — Ancienne province formant la partie principale du département de la Haute-Loire. — *Vellavæ urbis terminus, Vellavum, Vellavum territorium*, VIe s. (Greg. Turon. hist. Fr., IV, 27; X, 25, mir. S. Jul., 7). — VELLAVOS, VELLAUS, VIIe s. (triens mérovingiens). — *Vallagia*, IXe s. (Bouquet, VI, 88). — *Pagus Vellaicus*, 845 (idem, VIII, 357). — *Pagus Vallavensis*, 870 (idem, VIII, 631). — *Pagus Valagius*, 875 (Juénin, nouv. hist. de Tournus, 93). — *Pagus Vallaicus*, 985 (cart. du Monastier, n° 136). — *Pagus Vallavorum*, Xe s. (AA. SS. O. S. B., sæc. IV, part. I, 588). — *Episcopatus Vellavensis*, 1025 (spic. Br.). — *Aniciensis pagus*, 1090 (cart. du Monastier, n° 16). — *In Vallavio*, 1173 (lay. du trés. des ch., I, 105). — *Vallavia*, 1282 (év.). — *Veilhac, evesquat de Veillac*, XIIIᵉ s. (Bibl. nat., ms. fr., 854, fᵒˢ 78, 142, 164). — *Velai, Velay*, 1335 (Arch. nat., P. 1398¹, c. 658). — *Vellait, Vellayt, Velleyt*, 1379 (comptes de B. Flotenc). — *Patria de Vallayo*, 1404 (Drôme, terr. de Loudes, fᵒ 37 vᵒ). — *Velayct*, 1405 (Arch. nat., P. 1399¹, c. 785). — *El pays de Vellaic*, 1418 (Médicis, I, 240). — *La comté de Velay*, 1463 (Arch. nat., P. 1398³, c. 697). — *Le pais Velaunois, terroir Velaunien*, 1620 (Odo de Gissey, I, 1). — *La Vellavie*, 1826 (M. de la Lande, ant. de la Haute-Loire).

Velay (Peuples du). — *Vellavii, Vellavi, Vellauni, Velauni* (Cæsar, de bello Gall., VII). — Ουέλαυνοι, IIᵉ s. (Strabon et Ptolémée, Bouquet, I, 71). — *Vellaus*, vᵉ ou vιᵉ s. (not. tiron., ann. de la Soc. des ant. de Fr., 1851, p. 279). — *Vellavi*, vιᵉ s. (Greg. Tur., Gl. conf., 35). — *Vallaricus*, vιιιᵉ s. (brév. goth. du Puy, 376 vᵒ). — *Veilleyen, les Vellaunois*, 1630 (la Velleyade). — *Le Velaisien*, (G. Sand, marquis de Villemer).

Vendage, vill., cⁿᵉ de Saint-Beauzire. — *In aice Brivatensi, villa Vendagia*, 924 (cart. de Brioude, ch. 16). — *Vendaia* (Bibl. nat., ms. lat., 17078, p. 49).

Vendage (La), ruiss., prend sa source au sud-est de Troupenat et se joint à l'Allier dans la cⁿᵉ de Cohade; coule sur les cⁿᵉˢ de Saint-Just-près-Brioude, Saint-Laurent-Chabreuges, Paulhac et Beaumont. — *Rivus de Vendagia*, 1323 (cart. d'Azerat). — *La Vendagha*, 1402 (*idem*). — *Rivus de Vendage*, 1445 (terr. de Faugères). — *Rif de Vendaige*, 1607 (terr. du chap. de Brioude, fᵒ 294 vᵒ).

Vendets, vill., cⁿᵉ de Grazac. — 1695 (terr. de Chabrespine).

Vendillon, h., cⁿᵉ de Connangles. — *Vendoliu*, 1319 (la Chaise-Dieu, Marus). — *Vin-de-Lion*, 1820 (Deribier).

Vendos, vill., cⁿᵉ de Loudes. — *Petrus Vendos*, 1244 (Saint-Mayol). — *Vendoas*, 1334 (prieuré de Polignac). — *Vemdos, Vendons*, 1431 (év.).

Veneyre, écart, cⁿᵉ de Cussac. — *Veneyde*, 1352 (prieuré de Solignac). — *Veneyres*, 1568 (Doleson, nʳᵉ). — *Veneires*, 1585 (*idem*).

Ventadour, f., cⁿᵉ des Estables.

Ventajols, vill., cⁿᵉˢ de Thoras. — *Mansus de Ventagols*, 1275 (Thiolent). — *Ventaiol*, 1279 (*idem*).

— *Mansus de Ventaiolo*, 1301 (Thiolent). — *Ventagolium*, 1499 (*idem*). — *Ventogolium*, 1526 (A. Besseyre, nʳᵉ). — *Ventologium*, 1527 (*idem*).

Ventebrenc, f., cⁿᵉ des Estables. — *Ventabren*, 1739 (ét. civ.).

Ventecul, terroir, près Chavagnac, cⁿᵉ de Saint-Paulien. — *Campus voc. Ventacul*, 1340 (J. de Peyre, nʳᵉ). — *Ventatiou*, 1880 (aff. jud.).

Venteuges, cᵒⁿ de Saugues. — *Ecclesia de Ventoiol*, 1298 (tabl. du Velay, 1874-1875, p. 222). — *Ventueiol*, 1320 (J. de Peyre, nʳᵉ). — *Parochia S. Johannis de Ventuejol*, 1377 (tabl. du Velay, 1876-1877, p. 300). — *Venthoiolium*, 1458 (Bibl. nat., ms. lat., n. acq., 1222, fᵒ 79). — *Eccl. paroch. b. Johannis Ventologii*, 1466 (Bibl. nat., ms. lat., n. acq., 1223, fᵒ 304). — *Ventueghol*, 1471 (*idem*, 1224, fᵒ 14 vᵒ). — *Ventalogium*, 1527 (A. Besseyre, nʳᵉ). — *Venteughol*, 1574 (terr. de Meyronne). — *Venteujou*, 1618 (Thiolent). — *Ventuejols* (L'Ouvreleul, 26).

En 1789, Venteuges était compris dans la province et bailliage de Gévaudan. Son église paroissiale, diocèse de Mende et archiprêtré de Saugues, était sous le vocable de saint Jean; l'abbesse des Chazes présentait à la cure.

Ventrenier, f., cⁿᵉ du Chambon.

Ventrenier, vill., cⁿᵉ de Montfaucon. — *Venter Niger*, 1468 (Rivière, nʳᵉ). — *Ventrenyer*, 1695 (capitation).

Ventressac, chât. et vill., cⁿᵉ de Chamalières. — *Ventreciacus*, 937 (cart. du Monastier, n° 53). — *Ventrasac*, XIIᵉ s. (*idem*, n° 141). — *Ventresac*, XIIᵉ s. (*idem*, n° 132). — *Ventressac*, 1571 (A. Girard, nʳᵉ).

Vénac (Le), m. i., cⁿᵉ du Chambon.

Verchères, vill., cⁿᵉ d'Yssingeaux. — *Vercherias*, v. 1100 (cart. de Cluny, n° 3896). — *Vercheriæ*, 1523 (est. gén. d'Yssingeaux). — *Verchières-lez-Masboier*, 1574 (assiette du dioc.).

Verde (La), f., cⁿᵉ de Montusclat. — 1696 (cad. de Montusclat).

Verdeyer (Le), h., cⁿᵉ de Bessamorel. — *Verdeiarium*, 1359 (Rhône, H. 2632). — *Viridarium*, 1441 (Rhône, Bessamorel). — *Locus del Verdier*, 1526 (terrier du Pertuis). — *Lou Verdeyer*, 1635 (terrier de Saussac). — *Les Verdeyers*, 1869 (Malègue). — *Verdoyers*, 1878 (carte adm.).

Verdeyer (Le), mⁱⁿ sur le Lignon, cⁿᵉ de Saint-Maurice-de-Lignon. — *Moulin-Verdier*, XVIIIᵉ s. (Cassini).

Verdiange, l. détr., près Ombret, cⁿᵉ de Saugues. — *Præceptoria de Verdianges*, 1499 (Thiolent). —

La chappelle Sainct-Anthoine, 1516 (Arch. nat., G**2, f° 597 v°).

Commanderie de l'O. de Saint-Antoine-de-Viennois.

Verdier (Le), h., c^ne de Céaux-d'Allègre.

Verdier (Le), m. i., c^ne de Saint-Didier-la-Séauve.

Verdier (Le), h., c^ne de Saint-Didier-sur-Doulon. — *Le Verdyer*, 1564 (Vals-le-Chastel). — *La Verdier*, 1888 (carte adm.).

Verdier (Le), écart, c^ne de la Voûte-sur-Loire. — *Lo Verdier prope Voutam in Valle Amblavense*, 1288 (bénédictines de Vorey). — *Viridarium*, 1480 (Richon, n^re). — *Le Verdier-lez-la-Volte*, 1571 (A. Boyer, n^re).

Verdoyer, m. i., c^ne du Pertuis.

Verdun, chât. détr. et vill., c^ne de Saint-Préjet-d'Allier. — *Castrum de Verduno*, 1259 (Thiolent). — *Verdu*, 1298 (hôtel-Dieu, B. 349). — *Virdunum*, 1526 (A. Besseyre, n^re).

Vereuge, m^in sur le Guisson, c^ne de Saint-Julien-des-Chazes. — *Verueyol, Verueghol*, 1369 (Thiolent). — *Vereughol*, 1458 (Bibl. nat., ms. lat., n. acq., 1222, f° 73).

Vergeat, f., c^ne de Saint-Arcons-d'Allier. — *Lo Claux de Verghat*, 1455 (Bibl. nat., ms. lat., n. acq., 1222, f° 17 v°).

Vergeure (La), mont., c^ne de Saint-Just-près-Brioude. — *La Vergeure*, 1553 (terr. du doy. de Br.).

Vergezac, c^on de Loudes. — *Vergedac*, v. 1161 (hospit. du Velay). — *Verjazac*, 1210 (templiers du Puy). — *Verjezac*, 1213 (les Chazes). — *Veriazac*, 1222 (Saint-Georges du Puy). — *Vergezac*, 1326 (J. de Peyre, n^re). — *Veriesacum*, 1370 (év.). — *Vergezat*, 1401 (spic. Br.). — *Vergasac*, 1408 (compois du Puy). — *Vergesacum*, 1466 (spic. Br.). — *Verghasac*, 1506 (Médicis, II, 304).

En 1789, Vergezac faisait partie de la province du Velay, de la subdélégation et sénéchaussée du Puy. Au spirituel il relevait de la paroisse de Saint-Remy.

Par ordonnance du 13 mai 1818, le chef-lieu de commune fut transféré de Saint-Remy à Vergezac, dont la chapelle rurale, autorisée par décret du 30 septembre 1807, prit le titre de succursale au lieu et place de Saint-Remy, en vertu d'une autre ordonnance du 18 mai 1820.

Vergnaux (Les), m. i., c^ne de Saint-Jeure.

Vergne (La), m. i., c^ne de Paulhac.

Vergonges, vill., c^ne de Saint-Jean-de-Nay. — *Mansus de Vergonguis*, 1432 (Bl. Girard, n^re). — *Ver-gonges*, 1469 (Bibl. nat., ms. lat., n. acq., 1223, f° 350 v°). — *Vergonghes*, 1517 (Martel, n^re).

Vergongheon, c^on d'Auzon. — *Ecclesia Sanctæ Mariæ de Vergumici*, xi° s. (cart. de Sauxillanges, n° 679). — *Ecclesia de Vergungo*, xi° s. (idem, n° 680). — *Villa de Burgundione*, 1220 (spic. Br.). — *Vergonio*, xiii° s. (idem, n° 951). — *Vergonjo*, 1320 (J. de Peyre, n^re). — *Ecclesia B. Mariæ de Vergongione*, 1323 (spic. Br.). — *Vergongho*, 1371 (Arch. nat., P. 1375², c. 2539). — *Vergonhon*, 1398 (compte de B. Sannadre). — *Vergonghon*, 1401 (spic. Br.). — *Verguonghon*, 1511 (coust. d'Auv., f° 80 v°).

En 1789, Vergongheon dépendait de la province d'Auvergne, de l'élection d'Issoire, de la subdélégation de Lempdes et du ressort de Riom. Son église paroissiale, diocèse de Saint-Flour et archiprêtré de Brioude, était sous l'invocation de l'Assomption; l'évêque en était collateur.

Vergonzac, vill., c^ne de Sainte-Marie-des-Chazes. — *Mansus de Vergongac*, 1252 (Saint-Agrève). — *Vergonzac*, 1351 (Thiolent). — *Verganzacum*, 1465 (Bibl. nat., ms. lat., n. acq., 1223, f° 236 v°). — *Vergonsat*, 1857 (Lagrave, hist. de Langeac, 127).

Distrait, le 9 août 1847, de la commune de Siaugues-Saint-Romain et réuni à celle de Sainte-Marie-des-Chazes.

Vergoux, lieu dit, c^ne de la Sauvetat. — *Vergos*, 1229 (Rhône, la Sauvetat, I, 1).

Vergue, chât. détr. et vill., c^ne de Saint-Berain. — *Castrum de Vergue*, 1320 (J. de Peyre, n^re). — *Locus de Virgo*, 1531 (Thiolent). — *Vergne*, 1820 (Deribier).

Vérignac, écart, c^ne de Saint-Paulien. — *Verinhac*, 1497 (Haute-Loire, E.). — *Verenhac*, 1605 (Mc Leblanc, n^re).

Verjac, l. détr., c^ne de Beaune. — *Vergezac*, 1289 (hôtel-Dieu, B. 634). — *Vergezacum*, 1334 (la Chaise-Dieu, Jullianges). — *Vergheac*, 1551 (terr. de Louis de la Salle).

Vermoyal, vill., c^ne de Saint-Pierre-Duchamp. — *Ad Verchmoialium*, 1213 (cart. de Chamalières, n° 321). — *Villa de Vermoals*, 1254 (Arch. nat., P. 1397², cote 610). — *Vermoial*, 1266 (Arch. nat., P. 1397², cote 597). — *As Vermoyal*, 1269 (Arch. nat., P. 1398², cote 674 bis). — *Vermoyalh*, 1311 (Arch. nat., P. 1398¹, cote 650).

Vernassal, chât. détr., c^on d'Allègre. — *In villa quæ Venasals a vulgo appellatur*, 969 (cart. de Chamalières, n° 193). — *Ecclesia S. Victoris de Venassals*, 1234 (hôtel-Dieu, B. 610). — *Castrum* de *Vernasalis*, 1267 (Médicis, I, 80). — *Ecclesia de Venarsals*, 1329 (J. de Peyre, n^re, reg. C, f° 32 v°). — *Vernassals*, 1331 (*idem*, reg. C, f° 66 v°). — *Varnassals*, 1373 (hôtel-Dieu, B. 60). — *Vernassalx*, 1477 (terrier A du prieuré de Polignac). — *Ecclesia parochialis S. Victoris de Vernassaulx*, 1565 (Doleson, n^re). — *Vernassaux*, 1669 (spic. Br.). — *Vernasseaux*, xviii° s. (Cassini).

En 1789, Vernassal, qui était un fief mouvant de la vicomté de Polignac, était compris dans la province du Velay, la subdélégation et sénéchaussée du Puy. Son église paroissiale, diocèse du Puy et archiprêtré de Saint-Paulien, était sous le vocable de saint Victor; la cure avait pour collateurs les deux maîtres de l'hôtel-Dieu du Puy.

VERNASSAL, chât. et vill., c^ne de Léotoing. — *Dominus de Vernassal*, 1377 (Gall. chr., II, col. 486). — *Le Mas de Vernasal* ou *Vernassaul*, xv° s. (Arch. nat., R^4. 1143*, n°s 323 et 362). — *Venaulx*, 1511 (coust. d'Auv., f° 81). — *Vernassaulx*, 1517 (la Chaise-Dieu, Chambezon).

Fief vassal de la seigneurie de Léotoing.

VERNE, l. détr., c^ne du Chambon. — *Locus de Verneto, par. de Chambonis*, 1481 (Pelisse, n^re).

VERNE, vill., c^ne de Lapte. — *Decimum de Vernei*, xi° s. (cart. de Cluny, ch. 3029). — *Mansus del Vernet*, 1314 (év.). — *Vernetum*, 1347 (maladrerie de Brives). — *Locus de Verne*, 1469 (Rivière, n^re).

Église érigée en succursale le 5 avril 1862.

VERNE, h., c^ne de Monistrol-sur-Loire. — *Verne*, 1507 (év.). — *Locus de Verneto, par. Monastrolii*, 1513 (obit. de Bas).

VERNÈDE (LA), m. i., c^ne de Chassagnes.

VERNÈDE (LA), m. i., c^ne de Monistrol-d'Allier.

VERNÈDE (LA), vill., c^ne de Saint-Didier-sur-Doulon. — *In vicaria Brivatensi, in loco Illa Verneda*, 957 (cart. de Brioude, ch. 250). — *La Vernede*, 1564 (Vals-le-Chastel).

VERNÈDE (LA), vill., c^ne de Sembadel.

VERNELLE, vill., c^ne de Chavagnac-Lafayette. — *Varnellœ*, 1078 (spic. Br.). — *Vernelhas*, 1321 (*idem*). — *Varnelas*, 1331 (Arch. nat., T. 142²). — *Vernelas*, 1448 (la Chaise-Dieu, Mazerat-Aurouze). — *Varnelles*, 1646 (terr. du Cluzel).

VERNELLE (LA), f., c^ne de Dunières. — 1586 (Delafont, n^re). — *Lavernelle*, 1820 (Deribier).

VERNELLES, m. i., c^ne de Lapte.

VERNET, vill., c^ne de Saugues. — *Mansus de Verneto*, 1282 (Thiolent).

VERNET (LE), vill., c^ne de Craponne-sur-Arzon. — *In villa Vernetis*, v. 990 (cart. du Monastier, n° 174). — *Vernetum prope Crapponam*, 1481 (coll. Chaleyer).

VERNET (LE), écart, c^ne de Goudet.

VERNET (LE), c^on de Loudes. — *El Vernet*, v. 1170 (hospit. du Velay). — *Grangia de Verneto quœ est hospitalis B. M. Aniciensis*, 1244 (hôtel-Dieu).

En 1789, le Vernet faisait partie de la province d'Auvergne, de l'élection de Brioude, de la subdélégation de Langeac et du ressort de Riom. Au spirituel, il relevait de la paroisse de Saint-Jean-de-Nay.

Succursale érigée le 12 mars 1826.

VERNET (LE), h., c^ne du Pertuis. — *Vernetum*, 1290 (cart. de Mazan, f° 33 v°).

VERNET (LE), h., c^ne de Saint-Jean-d'Aubrigoux. — *Le Vernet-le-Pirache*, 1670 (Arch. nat., P. 502, cote 58).

VERNET (LE-PETIT-), bois, c^ne de Vieille-Brioude.

VERNET-CHABRE, vill., c^ne de Craponne-sur-Arzon. — *Terra dal Vernet*, 1289 (la Chaise-Dieu, Marus). — *Homines de Verneto Chabra*, 1289 (hôtel-Dieu, B. 632). — *Le Vernet-Chabre*, 1553 (Haute-Loire, E.).

VERNET-CHABRE (LE), affl. de l'Arzon, c^ne de Craponne-sur-Arzon.

VERNETOUX, m. i., c^ne de Lapte. — *Vierneton*, 1878 (carte adm.).

VERNETTE (LA), affl. de la Dunières, c^ne de Dunières.

VERNEUGES, vill., c^ne de Saint-Just-près-Brioude. — *Vernogoc*, 1271 (spic. Br.). — *Homines de Vernojols*, 1281 (J. Lachenal, l'égl. de Brioude, 12). — *Mansus de Verneughol*, 1429 (terr. du doy. de Br.). — *Verneugeol*, 1744 (terrier du Mas).

VERNIÈRES, f., c^ne de Craponne-sur-Arzon.

VERNIÈRES, chât. et vill., c^ne de Lubilhac. — *Verneyras*, 1262 (spic. Br.). — *Varinieres*, xv° s. (Bibl. nat., ms. fr., 22297, p. 184). — *Varneyras*, 1453 (terrier du ford. de Br.).

VERNINES, vill., c^ne d'Ally. — *Mansus de Vernynes*, 1438 (Bibl. nat., ms. fr., 11490, f° 191).

VERNOUX, l. détr., c^ne d'Alleyras. — *Mansus de Vernonis*, 1295 (prieuré d'Alleyras). — *Vernom*, 1308 (*idem*).

VERNUSSE, vill., c^ne de Malrevers. — *Vernussas*, 1288 (hôtel-Dieu, B. 342). — *Vernissas*, 1549 (Chamblas). — *Vernusses*, 1555 (cad. de Mercœur). — *Vernisses*, 1597 (Gallien, n^re).

VÉRON (MOULIN-), m^in sur le Veyron, c^ne de Saint-Bonnet-le-Froid.

VÉNOS, vill., c^ne de Grazac. — *In arce (aice) Bassensi*,

in villa Veracio ou *Verocio*, v. 1000 (cart. du Monastier, n° 185). — *Veros*, v. 1100 (cart. de Cluny, n° 3764). — *Ad Averot*, v. 1100 (*idem*, n° 3896). — *Vérots*, 1695 (terr. de Chabrespine). — *Vérot*, 1878 (carte adm.).

Vénot, h., cⁿᵉ de Beaulieu. — *Feodum de Verotz*, 1282 (Nov. Gall. chr., II, 774). — *Vérotz*, 1605 (Mᵉᵉ Leblanc, nʳᵉ).

Verreyroles, vill., cⁿᵉ de Croisance. — *Ecclesia de Vairaroles*, 1145 (Bibl. nat., ms. lat., 12766, 224). — *Le prieur de la Magdelaine de Verreyrolles*, 1516 (Arch. nat., G. 8*2, f° 602). — *Prior B. Mariæ Magdalenes de Vereyrolis*, 1527 (A. Besseyre, nʳᵉ). — *Vereyroles*, 1622 (terrier de Vazeilles).

Prieuré dépendant de l'abbaye de la Chaise-Dieu.
Commune supprimée le 3 juillet 1846 et réunie à celle de Croisance.

Verreyrolles (Le), prend sa source près de Veyrière, cⁿᵉ de Saint-Symphorien (Lozère), et se jette dans le Panis près de Chouvel, cⁿᵉ de Croisance.

Verrières(?), l. détr., près Servillange, cⁿᵉ de Venteuges. — *Veireiras*, 1248 (cart. de Pébrac, n° 73). — *Mansus de Veyrieyras*, 1327 (Lozère, G. 99). — *Veyreyras*, 1477 (Bibl. nat., ms. lat., n. acq., 1224, f° 165 v°).

Versailles (Petit-), mⁿ de camp., cⁿᵉ de Chadrac.

Versanne (La), écart, cⁿᵉ de Beaux.

Versanne (La), h., cⁿᵉ de Lubilhac. — *Les Versannes*, 1879 (carte adm.).

Versas (Les), h., cⁿᵉ du Chambon.

Versilhac, vill., cⁿᵉ d'Yssingeaux. — *Villa Vesciliacipti*, 1079 (cart. de Cluny, ch. 3535). — *Versiliacum*, v. 1100 (*idem*, ch. 3792, XII). — *Verselliacum*, v. 1100 (*idem*, ch. 3896). — *Mansus Versiliaci*, 1142 (cart. de Chamalières, n° 22). — *Villa de Versilhac*, 1306 (Gall. christ., II, eccl. Anic., col. 759). — *Verselhac*, 1309 (hôtel-Dieu, B. 374). — *Versilhiac*, 1309 (Saint-Vosy). — *Castrum de Virgiliaco, gallice de Versilhac*, 1372 (la Chaise-Dieu, Versilhac). — *Vercelhacum*, 1515 (terrier des Bordes). — *Verreilhacum*, 1523 (est. gén. d'Yssingeaux). — *Verzillac*, 1720 (Saugrain, nouv. dénombr. du royaume). — *Versilliac*, xviiiᵉ s. (Cassini).

Prieuré dépendant de la Chaise-Dieu.
Église érigée en succursale le 9 mars 1838.

Vert (Le), vill., cⁿᵉ de Bas. — *Lo Vern*, 1321 (J. de Peyre, nʳᵉ). — *Locus de Verno*, 1498 (obit. de Bas).

Vert (Le), mⁱⁿ sur le Veaux, cⁿᵉ de Retournac. —

— *Tenementum del Vern*, 1219 (cart. de Chamalières, n° 231). — *Mansus del Vern*, 1262 (Arch. nat., P. 1397², cote 554). — *Vernus*, 1343 (Arch. nat., P. 1398², cote 661).

Vert (Le), m. i., cⁿᵉ de Saint-Just-Malmont.

Vert (Le), f., cⁿᵉ de Saint-Préjet-Armandon. — *Lo Vern*, 1281 (spic. Br.). — *La Seigneurie du Ver*, 1670 (Arch. nat., P. 500², n° 104). — *L'Hiver*, 1820 (Deribier).

Fief vassal de la seigneurie de Vals-le-Chastel.

Vertamise, mⁱⁿ sur la Loire, cⁿᵉ de Malvalette.

Vertamise, chât. ruiné et h., cⁿᵉ d'Yssingeaux. — *Vertamisis*, v. 1049 (cart. de Cluny, ch. 3029). — *Castrum Vertamisiæ*, v. 1100 (*idem*, ch. 3792, XII). — *Capellanus Vertamisiæ*, v. 1100 (*idem*, ch. 3792, IV). — *Vertemise*, 1506 (Médicis, II, 304). — *Verthamiza*, 1523 (estime d'Yssingeaux). — *Vertamise*, 1591 (Burel, 280).

Fief dépendant de la baronnie de Saussac.

Vertanède, lieu dit, cⁿᵉ d'Espaly-Saint-Marcel. — *Vertenede*, 1259 (invᵉ de Saint-Pierre-le-Monastier). — *Vertanede*, 1710 (cad. d'Espaly).

Vertaure, vill., cⁿᵉ de Vorey. — *Vertaude*, 1256 (év.). — *Villa de Verthaure*, 1258 (Arch. nat., P. 1397³, cote 613). — *Vertaure*, 1311 (Arch. nat., P. 1399¹, cote 783).

Vésinat (Le), h., cⁿᵉ d'Arlempdes. — *Le Voisinat*, xviiiᵉ s. (Cassini).

Vésolle (La), h., cⁿᵉ du Pertuis. — *La Visolle* (cad.).

Vésolle (La Grande-), bois, cⁿᵉ du Pertuis. — *Nemus de Vesola*, 1290 (cart. de Mazan, f° 31).

Vésolle (La Petite-), bois, cⁿᵉ du Pertuis et de Saint-Hostien.

Vessayre (La), affl. de la Virlange, cⁿᵉ de Chanaleilles.

Vesseyre (La), ruiss., prend sa source à l'ouest de Prassalat, cⁿᵉ de Roche-en-Régnier et se jette dans la Loire au sud de Flaceleyre, cⁿᵉ de Vorey.

Vesseyres (Les), affl. de l'Allier, cⁿᵉ de Saint-Christophe-d'Allier.

Vestias (Les), f., cⁿᵉ d'Araules. — *Las Vesties*, 1633 (Barret, nʳᵉ). — *La Vestie* (cad.).

Veyrac, h., cⁿᵉ de Fix-Saint-Geneys. — *Veyrac*, 1461 (Bibl. nat., ms. lat., n. acq., n° 1222, f° 193). — *Veyracum*, 1474 (terrier du Cluzel).

Veyrac, h., cⁿᵉ de la Voûte-sur-Loire. — *Mansus de Veyrac*, 1460 (Bibl. nat., ms. lat., n. acq., 1222, f° 135).

Veyrac, vill., cⁿᵉ d'Yssingeaux. — *Voiriac*, 1300 (év.). — *Mansus de Veirac*, 1359 (Rhône, H. 2632). — *Veyrac*, 1614 (terr. de Saussac).

Veyrac (Le), affl. de la Siaume, au sud de la Prat,

c⁰ᵉ d'Yssingeaux. — *Rivus de Tarabol*, 1451 (Rhône, H. 2633). — *Rivus de Tarebol*, 1504 (terr. de Chailhans). — *Le Tarraboulh*, 1655 (terr. de Saussac, f° 350).

VEYRADEYRE (LA), riv., c⁰ᵉ des Estables, limite des départements de l'Ardèche et de la Haute-Loire, se jette dans la Loire, à Ventalon, c⁰ᵉ de la Chapelle-Graillouze (Ardèche). — *La Veyradère*, XVIIIᵉ s. (Cassini). — *Veradeyre*, 1888 (carte adm.).

VEYRIEN, bois, c⁰ᵉ de Desges.

VEYRINES, h., c⁰ᵉ de Chomelix. — *Mansus de Verenis, lo mas de Verenas supra Chalmelhes*, 1311 (Arch. nat., P. 1397³, cote 599). — *Veyrinas*, 1404 (terr. de Chomelix). — *Verines*, 1669 (Arch. nat., P. 500¹, cote 37).

VEYRINES, loc. détr., c⁰ᵉ de la Vaudieu. — *Le villaige de Verrines*, 1337 (spic. Br.). — *Mansus de Veirinis*, 1338 (*idem*).

VEYRINES, h., c⁰ᵉ de Monistrol-sur-Loire. — *Veirinas*, 1175 (cart. de Chamalières, n° 124). — *Veyrines*, 1614 (Mᵉᵉ Leblanc, nʳˢ).

VEYRINES, vill., c⁰ᵉ de Saint-André-de-Chalencon. — *Virinas*, XIIIᵉ s. (cart. de Chamalières, n° 324). — *Verenas*, XIIIᵉ s. (*idem*, n° 329). — *Veyrinas*, 1341 (Arch. nat., P. 493², cote 97). — *Vérines*, (cad.).

VEYRINES, vill., c⁰ᵉ de Sainte-Sigolène.

VEYRINES, vill., c⁰ᵉ de Saint-Julien-du-Pinet. — *Veyrinas*, 1271 (év.). — *Vérines*, 1878 (carte adm.).

VEYRINES, l. détr., c⁰ᵉ de Saint-Préjet-d'Allier. — *Los chasals de Veyrinas*, 1499 (Thiolent).

VEYRINES, loc. détr., près Champlong, c⁰ᵉ de Vieille-Brioude. — *Cazales de Verines*, 1470 (Arch. nat., ZZ. 359, p. 144).

VEYRON (LE), ruiss., prend naissance au sud-ouest de Saint-Bonnet-le-Froid, traverse la c⁰ᵉ de Saint-Julien-Molhesabate et se joint au Clavas à l'ouest de Leyricel, c⁰ᵉ de Dunières. — *Ruiss. de Saint-Bonnet* (cad.).

VEYSSEYRE (LA), m. i., c⁰ᵉ d'Araules.

VEYSSEYRE (LA), l. détr., c⁰ᵉ de Bains. — *Villa de la Vaysseira*, 1329 (J. de Peyre, nʳˢ). — *Mansus de la Vaysseyra vel de la Vayceira*, 1335 (hospit. du Velay). — *La Veysseyre de Montbonnet*, 1879 (aff. jud.).

VEYSSEYRE (LE), mont. boisée, c⁰ᵉ de Bains. — *La Vesseyre de Fayt*, 1880 (aff. jud.).

VEYSSEYRE (LA), mont., c⁰ᵉ de Chassagnes.

VEYSSEYRE (LA), h., c⁰ᵉ de Cussac.

VEYSSEYRE (LA), f., c⁰ᵉ de Freycenet-Lacuche.

VEYSSEYRE (LA), h., c⁰ᵉ de Saint-Hostien. — *Territ. voc. de la Vayseyra prope mansum voc. Foasser*, 1329 (Lardeyrol). — *La Vaysseyra*, 1463 (*idem*). — *La Veyssere*, 1879 (carte adm.).

VEYSSEYRE (LA), affl. de l'Allier, au nord de la commune de Saint-Privat-du-Dragon.

VEYSSEYRE (LA), vill., c⁰ᵉ de Saugues. — *Mansus de Vayceria*, 1327 (Lozère, G. 98). — *La Vaysseyre*, 1564 (Thiolent). — *Laveysseire*, 1820 (Deribier).

VEYSSEYRE (LA), lieu dit, c⁰ᵉ de Séneujols. — *La Vaisseira*, v. 1213 (templiers du Puy).

VEYSSIER, f., c⁰ᵉ des Estables. — *Veychier*, XVIIIᵉ s. (Cassini). — *Veyssier*, 1757 (ét. civ.).

VÈZE (LA), affl. du Doulon à l'est d'Auchamp, c⁰ᵉˢ de Champagnac et de Saint-Didier-sur-Doulon.

VÈZE (LA), l. détr., c⁰ᵉ de Roche-en-Régnier. — *Locus de la Vesa*, 1500 (coll. C. Falcon). — *La Veza prope Rupem*, 1504 (J. Boyer, nʳˢ).

VÈZE (LA), h., c⁰ᵉ de Saint-Didier-sur-Doulon. — *Mansus de la Veza*, 1347 (Baluze, mais. d'Auv., II, 197). — *La Vèze*, 1516 (Vals-le-Chastel).

VÉZÉZOUX, c⁰ⁿ d'Auzon. — *In vicaria Brivatensi, in villa Vezedoni*, v. 1033 (cart. de Brioude, ch. 328). — *Ecclesia Vesedoni*, XIᵉ s. (cart. de Sauxillanges, n° 683). — *Parochia eccl. Vesedonensis*, XIᵉ s. (id., n° 682). — *Vesezon*, XIᵉ s. (id., n° 686). — *Veseon*, 1096 (id., n° 472). — *Vesunnum*, 1112 (id., n° 685). — *Vesedo*, XIIᵉ s. (id., n° 909). — *Capellanus de Veezo*, v. 1260 (Arch. nat., J. 1031, n° 2). — *Vezezon*, 1379 (compte de B. Flotenc). — *Vezasoux*, 1401 (spic. Briv.). — *Veizezou*, XVIIIᵉ s. (Cassini). — *Vézézoux-Haut* (cad.).

En 1789, Vézézoux faisait partie de la province d'Auvergne, de l'élection d'Issoire, de la subdélégation de Lempdes et du ressort de Riom. Son église paroissiale, diocèse de Saint-Flour et archiprêtré de Brioude, était dédiée à saint Préjet; le prieur présentait à la cure.

VÉZÉZOUX-BAS, vill., c⁰ᵉ de Vézézoux.

VEZY (LE), quartier du vill. des Vialles, c⁰ᵉ de Céaux-d'Allègre. — 1244 (homm. de l'év., Allègre). — *Vizin*, 1285 (templiers du Puy). — *Mansus del Vezi*, 1345 (terrier de Pons de Céaux). — *Le Vesy* (l'impr. porte *Le Vosq*), 1759 (tabl. hist. du Velay, 1875-76, 215).

VIABEYSSES, h., c⁰ᵉ de Tiranges. — *Les Vias-Bessas*, 1820 (Deribier). — *Viabeissas*, 1879 (carte admin.).

VIADUC (LE), m. i., c⁰ᵉ de Brives-Charensac.

VIAFOURCHE, m. i., c⁰ᵉ de Saint-Jeure.

VIAL, h. et mⁱⁿ, c⁰ᵉˢ de Saint-Pal-de-Mons et de Saint-Victor-Malescours. — *Villa la Viala*, 1461 (Rhône,

H. 1180). — *Le molin de Vial*, 1549 (terrier de Saint-Didier).

VIALARD (LE), vill., cne de Bauzac. — *Villa del Vilar juxta Montem Dibiam*, xiie s. (cart. de Chamalières, n° 140). — *Mansus del Vilar*, 1336 (Arch. nat., P. 493², cote 95). — *Vilarium*, 1498 (obit. de Bas). — *Lo Viallar*, xvie s. (obit. de Bauzac). — *Le Villar*, 1563 (obit. de Bas). — *Le Vialar*, xviiie s. (Cassini).

VIALARD (LE), f., cne de Mazeyrat-Crispinhac. — *In comitatu Brivatensi, in vicaria de Aurato, in villa quæ dicitur Vilario*, 955 (cart. de Brioude, ch. 139). — *Mansus del Vialar*, 1523 (Arch. nat., Q. 513, f° 185).

VIALARON, f., cne de Saint-Pal-de-Chalencon. — *La Goutte-Montchany, alias Vialaron*, 1540 (terr. de Saint-Pal).

VIALATTE (LA), f., cne de Saint-Pal-de-Mons.

VIALETTE, f., cne de Champclause.

VIALETTE, vill., cne de Saint-Paulien. — *Vileta*, 1347 (J. de Peyre, nre). — *Vialeta*, 1504 (J. Boyer, nre).

VIALETTE (LA), vill., cne de Moudeyres. — *La Vila*, 1259 (Monastier). — *Villeta, la Vialeta*, 1524 (cad. du Monastier). — *La Vialleta*, 1571 (A. Boyer, nre).

VIALETTE (LA), f., cne de Saint-Jeure.

VIALETTE (LA), vill., cne de Villeneuve-d'Allier.

VIALETTES, h., cne de Cayres. — *Vileta*, 1209 (hôtel-Dieu, B. 300). — *Vileta prope Cayres*, 1331 (J. de Peyre, nre). — *Vialetas*, 1507 (év.).

VIALLARD (LE), h., cne de la Chapelle-Geneste. — *Vilare, Vilarium, lo Vialar*, 1371 (la Chaise-Dieu, la Chapelle-Geneste). — *Le molin du Vialard*, 1570 (J. Chalvon, nre).

VIALLARD (LE), vill., cne de Josat. — *Vialars*, 1571 (J. Chalvon, nre). — *Vialard*, xviiie s. (Cassini).

VIALLARD (LE), chât. ruiné et h., cne de Laval. — *Le Vialard*, 1528 (la Chaise-Dieu, Laval).

VIALLARD (LE), h., cne de Saint-Didier-sur-Doulon. — *Le Vialard* (cad.).

VIALLE, l. détr., cne d'Espaly-Saint-Marcel. — *Vinea... sobre Vila*, 1217 (Saint-Agrève). — *In quadam vico sex fere miliariis a Civitate Vetula seposito, quem, situm juxta fluvium Bornæ, vulgaris lingua Villam nuncupat antiquitus*, xive s. (Bibl. nat., ms. lat., 9783, f° 214). — *Territorium de Viala*, 1456 (idem).

VIALLE (LA), h., cne de Chanteuges.

VIALLE (LA), vill., cne de la Mothe. — *In aice Brivatensi, in loco qui dicitur Villa*, 925 (cart. de Brioude, ch. 112). — *Ecclesia de Villa*, v. 1011 (idem, ch. 106). — *Ecclesia S. Saturnini quæ vul-*

gari lingua dicitur Villa, 1072 (cart. de Pébrac, n° 6). — *Villa supra Motam*, xiie s. (spic. d'Achery, II, 699). — *Ad Ville, prioratum de Piperaco*, 1284 (Mabillon, vet. anal., 339). — *Prioratus Villæ supra Motam*, 1365 (spic. Briv.). — *Viala supra Motam*, 1429 (terrier du doy. de Br.).

En 1789, la Vialle possédait une église paroissiale, faisant partie du diocèse de Saint-Flour et de l'archiprêtré de Brioude et consacrée à saint Saturnin; la cure était à la présentation de l'abbé de Pébrac.

VIALLE (LA), vill., cne de Saint-Étienne-sur-Blesle. — *Le Mas de la Ville*, xve s. (Arch. nat., R⁴. 1143*, n° 165). — *Lavialle*, 1888 (Malègue).

VIALLE (LA), h., cne de Saint-Romain-Lachalm. — *Lavialle*, 1820 (Deribier).

VIALLE (LA), h., cne de Saugues. — *Mansus de Villa*, 1327 (Lozère, G. 99). — *La Viale*, 1539 (Thiolent). — *Lavialle*, 1820 (Deribier).

VIALLE (LA), h., cne de Tailhac. — *Mansus de Villa supra Talliacum*, 1458 (Bibl. nat., ms. lat., n. acq., 1222, f° 175 v°). — *La Viale sobre Talliac*, 1486 (terrier de Tailhac).

VIALLE (LA), h., cne de Vissac. — *Mansus de Villa*, 1459 (Bibl. nat., ms. lat., n. acq., 1222, f° 110 v°). — *La Viala*, 1463 (idem, 1223, f° 91). — Ce lieu formait deux mas, l'un : *Mansus de la Viala Chardonal*, 1478 (terrier du Cluzel) et l'autre : *La Vialle Chauchadis, le Mas del Chauchadis*, 1495 (terrier de Vissac).

VIALLE (LA BASSE-), vill., cne de Saint-Maurice-de-Lignon. — 1689 (cad. du Lignon).

VIALLE (RAVIN-DE-LA), affl. de la Vaucenge, cne de Saint-Étienne-sur-Blesle.

VIALLE-D'ESTOUR (LA), chât. détr. et vill., cne de Monistrol-d'Allier. — *Los Tornz*, 1105 (cart. de Conques, n° 475). — *Castrum dels Torns*, 1259 (Thiolent). — *Tornes*, 1259 (id.). — *Castrum de Turnis*, 1281 (idem). — *Mansus de Villa castri de Turnis*, 1377 (idem). — *La Viala dels Tours*, 1499 (idem). — *La Viale-des-Tours*, xviiie s. (Cassini). — *Lavialle-d'Estour*, 1888 (Malègue).

VIALLES (LES), vill., cne de Céaux-d'Allègre. — *Las Viallas*, 1464 (J. Maltrait, nre). — *Vialles-lès-Visi*, 1656 (état civ. de Monistrol-sur-Loire). — *Les Viales*, 1759 (tabl. hist. du Velay, 1875-76, 215).

VIALLETONS (LES), vill., cne de Saint-Romain-Lachalm. — 1645 (capitation).

VIALLEVIEILLE, l. détr., cne de la Besseyre-Saint-Mary. — *Vialle-Veilhe*, 1574 (terrier de Meyronne).

VIALLEVIEILLE, f., cne de Saugues. — *Villa Vetus,*

1481 (Bibl. nat., ms. lat., n. acq., 1224, f° 291 v°).
— *Viala veille*, 1564 (Thiolent).

Vialle-Vieille, h., c^ne de Varennes-Saint-Honorat.
— *Mansus de Villa Veteri*, 1466 (Bibl. nat., ms.
lat., n. acq., n° 1223, f° 284). — *La Vialle-veille*,
1576 (communic. de M. E. Grellet de la Deyte).

Viallevieille (La), lieu dit, c^ne de Croisance.

Viallevieille (La), h., c^ne de Pinols. — *Vilha Velha*,
1351 (Arch. nat. Z², 54, p. 84). — *Viala Velha*,
1367 (*ibid.*, p. 186). — *Viale-Veilhe*, 1588
(terrier d'Auvers).

Viallevieille (La), h., c^ne de Saint-Didier-sur-Doulon.

Vialon (Le Mas-de-), l. détr., c^ne de Saint-Maurice-de-
Lignon. — 1589 (H^te-Loire, E.).

Vias (Les), m. i., c^ne de Saint-Pal-de-Mons.

Viaspre (Le), affl. de la Loire au sud-ouest de la
commune de Roche-en-Régnier.

Viasse (La), m. i., c^ne de la Chapelle-Geneste.

Viaye-le-Château, m. i., c^ne de Saint-Vincent. —
Vialle-le-Château (cad.). — *Haute-Viaye*, 1888
(carte adm.).

Viaye-les-Moines, abbaye d'hommes de l'ordre de
Grandmont fondée, vers 1162, par Héracle II,
vicomte de Polignac, et supprimée en 1772, c^ne de
Saint-Vincent. — *Domus Viaiæ*, 1223 (Saint-
Vosy). — *Domus de Via*, v. 1232 (*id.*). — *Viayha*,
1325 (Saint-Agrève). — *Vialle-les-Moines* (cad.).
— *Viaye-les-Momes*, 1888 (Malègue).

Victoriacus castrum, chât. édifié sur l'emplacement
qu'occupe l'hôtel de ville actuel de Brioude. —
Castrum Victoriacus? v. 532 (Grégoire de Tours,
hist. Franc., III, xiv). — *Castrum Victuriacum*
(Aimoin, gest. Franc., II, viii). — *Castro Victu-
riaco*, 817 (cart. de Brioude, ch. 252). — *Ecclesia ubi S. Julianus martyr in corpore requiescit,
quæ est constructa in vico Brivatensi, non procul a
castro Victoriaco*, 825 (*id.*, ch. 339). — *Victoriacus
in vicaria Brivatensi* (*idem*, tables, cccxxxiii).
— *Locus in quo turris et aliæ domus nostræ quon-
dam fuerunt, qui appellatur vulgariter Comtalia*,
1223 (Baluze, mais. d'Auv., II, 255). — *Domus
seu locus fortis capituli (ecclesiæ B. Juliani) in
villa Brivatensi existens, vocata Palatium*, 1375
(spic. Briv.).

Vidalet (Moulin-), m^in sur la Vidourne, c^ne de Varennes-Saint-Honorat.

Vidalle (La), f., c^ne de Riotord.

Vidalle (La), f., c^ne de Saint-Front. — *Le domaine
de la Vidalle-d'Eyglet*, 1680 (Surrel, n^re).

Vidalou (Moulin-), m^in sur la Gagne, c^ne de Montusclat.

Vidourne (La), écart, c^ne de Roche-en-Régnier. —
Vidorna, 1333 (Arch. nat., P. 494¹, cote 16). —
La Vidonne, 1851 (carte Giraud).

Vidourne (La), prend naissance au Sud de la c^ne de
Varennes-Saint-Honorat qu'elle délimite avec celle
de Jax, et se jette dans la Senouire à l'ouest
d'Ostet, c^ne de Mazerat-Aurouze. — *Le Fioure*,
1888 (carte adm.).

Vidourne (Moulin-de-la), m^in, c^ne de Roche-en-Régnier.

Vieille-Brioude, c^on de Brioude. — *Ecclesia...
vocabulo Vetus Brivate*, 833 (Gall. christ., II, inst.,
col. 108). — *Vetulæ Brivate*, v. 1000 (cart. de
Brioude. ch. 237). — *Vetusta Brivate*, 1064
(Justel, mais. d'Auv., II, pr. 23). — *Ecclesia S.
Vincencii et eccl. S. Mariæ de Vetula Brivate*, xiie s.
(cart. de Pébrac, n° 45). — *Veila Briude*, v. 1200
(spic. Briv.). — *Frater Vetus Brivata*, 1241 (J. De-
laville-le Roulx, les arch. de l'O.S.J.J. à Malte,
176). — *Veille-Bride*, 1241 (*idem*, 211). — *Castrum de Veteri Brivata*, 1269 (Baluze, mais. d'Auv.,
II, 272). — *Veli Briude*, 1271 (spic. Briv.). —
Vielle-Briode, 1327 (Bibl. nat., fr., 14377, f° 21).
— *El castel de Velhya Breyude*, 1341 (terrier de
Charbonnier). — *Velha Brieude*, 1353 (spic. Briv.).
— *Vielle-Brioude*, 1401 (*idem*). — *Veille-Brioude*,
1511 (coust. d'Auv., f° 80).

En 1789, Vieille-Brioude dépendait de la province d'Auvergne, de l'élection et subdélégation de
Brioude et du ressort de Montpensier. Son église
paroissiale, diocèse de Saint-Flour et archiprêtré
de Brioude, était sous l'invocation de saint Vincent; l'abbé de Pébrac présentait à la cure.

Une loi, du 4 juin 1845, a réuni à cette commune celle de Védrines.

Vieille-Espesse, loc. détr., c^ne de Saint-Vert. — *Lo Mas
de Vila Esparssa*, 1341 (terrier de Charbonnier).

Vieilleguerre, écart, c^ne de Connangles. — *Vella-
guerra*, v. 1190 (fragm. hist. Aquit., par D. Estiennot, t. IV, p. 44; cart. de Sauxillanges, ch. 954).
— *Veilhe-guerre*, 1516 (terrier de Vals-le-Chastel).

Vielhermas, chât. détr., près Beaujeu, c^ne du Chambon. — *Mœnia antiqua castri Veteris Armati*, 1328
(cart. de Tence, f° 4 v°). — *Veilherma*, 1343
(Rhône, H. 1016). — *Vielharmat de Fay, Vielharmat de la Tour*, 1506 (Médicis II, 304). —
Villierma, 1616 (Rhône, H. 2153).

Vielprat, c^on de Pradelles. — *Vielprat*, 1225 (hôtel-
Dieu, B. 305.) — *Vetus Paratum*, 1290 (cart. de
Mazan, f° 33 v°). — *Vetus Pratum*, 1298 (Arch.
nat., P. 1397², cote 574). — *Ecclesia parochialis
S. Martini de Veteri Prato. — Parochia Belli Prati*,

1484 (Arcis, n^re). — *Velprat*, 1521 (Gelet, n^re). — *Vilprat*, 1583 (tit. de Surrel).

En 1789, Vielprat appartenait à la province du Vivarais et au bailliage de Villeneuve-de-Berg. Son église paroissiale, diocèse de Viviers et archiprêtré de Sablières, était consacrée à saint Martin.

Vigerie (Moulin-de-la), m^in sur l'Allier, à Langeac.

Vigeyre (La), affl. de la Gagne, c^nes de Lantriac et de Coubon. — *Le ruceau de Lantriac app. la Vigeyre*, 1546 (Savin, n^re).

Vigiers (Les), f., c^ne de Saint-Front. — *Locus de Vigeriis*, 1387 (Bonnefoy). — *Les Vigiers*, 1628 (ét. civ.).

Vignal (Le), l. détr., c^ne de Saint-Vincent. — 1695 (capit.).

Vignancourt, m. i., c^ne de Vieille-Brioude.

Vignaud, m^in sur le Dolaizon, c^ne de Vals-près-le Puy.

Vignaux (Les), vill., c^ne de Saint-André-de-Chalencon. — *Vinhalh*, 1406 (terr. du Bois). — *Les Vignaulx*, 1581 (terr. de Frissonnet).

Vignaux (Moulin-de-), m^in sur l'Ance, c^ne de Saint-André-de-Chalencon.

Vigne (La), m. i., c^ne d'Alleyras. — *La Coste de la Vigne*, 1779 (terrier de Vabres).

Vigne (La), h., c^ne de Montregard. — *Lavigne*, 1879 (carte adm.).

Vigne (La), f., c^ne de Raucoules.

Vigne (La), f., c^ne de Saint-Didier-la-Séauve.

Vigne (La), h., c^ne de Saint-Pierre-Eynac. — *La Vinha*, 1333 (Arch. nat., R^s. 39). — *Vinea*, 1468 (Lardeyrol). — *La Vinhe lez Montferrat*, 1607 (A. Robert, n^re).

Vigne-de-Laigne, m^in sur le Dolaizon, c^ne de Vals-près-le Puy.

Vigne-du-Soldat (La), m. i., c^ne de Cussac. — *La Reyne du soldat*, 1888 (Malègue).

Vignes (Les), m. i., c^ne d'Aurec.

Vignes (Les), h., c^ne de Champclause.

Vignes (Les), écart, c^ne de Chaudeyrolles.

Vignes (Les), m. i., c^ne de Dunières.

Vignettes (Les), m. i., c^ne de Saint-Julien-Chapteuil.

Vignon (Le), ruiss., prend sa source dans le canton de Saint-Germain-l'Herm (Puy-de-Dôme), entre dans le département de la Haute-Loire par le moulin de la Faye, c^ne de Saint-Vert, et se jette dans le Doulon à Saint-Vert.

Villar (Le), chât., c^ne de Saint-Germain-Laprade. — *Castrum de Vilari*, 1285 (év.). — *Fortalicium del Villard*, 1343 (tabl. de la Haute-Loire, 1870-1871, 479). — *Capella castri de Vilario ad hon. B. Catherinæ*, 1389 (cordeliers). — *Capellanus de Villario*, xve s. (Médicis, II, 168). — *Le chas-

teau du Vilar de Mr de Sainct-Vidal*, 1499 (mairie du Puy).

Villard (Le), h., c^ne de Chénéreilles. — *Locus del Vialar*, 1451 (Rhône, H. 2633). — *Locus de Villario*, 1510 (Rhône, D. 161). — *Lou Viallar*, 1553 (ress. de Montfaucon). — *Le Villar-Juny*, 1615 (év.). — *Le Villar-Juvy*, 1695 (capitat.). — *Vilar*, xviiie s. (Cassini).

Villard (Le), h., c^ne de Grazac. — *Le Villar de Grazac*, 1553 (ress. de Montfaucon).

Villard (Le), h., c^ne du Monastier. — *In villa Vilario*, v. 990 (cart. du Monastier, n° 153). — *Villa quæ nominatur Villare*, xie s. (ibid., n° 28). — *Locus del Vialar*, 1344 (Monastier-Saint-Chaffre). — *Le Villar du Monastier*, 1546 (Savin, n^re). — *Le Villar-lès-Monestier*, 1680 (Surrel, n^re). — *Le Viclard*, xviiie s. (Cassini).

Villard (Le), chât. et vill., c^ne de Saint-Arcons-de-Barges. — *Villa del Vilar*, 1281 (la Chaise-Dieu, Saint-Paul-de-Tartas). — *Vilarium*, 1456 (idem). — *Villarium*, 1510 (J. Boyer, n^re).

Découverte, en 1888, de 113 monnaies romaines en argent.

Villard (Le), chât., c^ne de Sainte-Sigolène. — *Villa del Villar*, 1233 (év.). — *Lo Vilar*, 1330 (G. Vériac, n^re). — *Le Villard du Chambon*, 1720 (Saugrain).

Villard (Le), vill., c^ne de Saint-Jean-Lachalm. — *Lo Vilar*, 1274 (hôtel-Dieu, B. 309). — *Vilarium*, 1345 (la Chaise-Dieu, Bouchet-Saint-Nicolas). — *Locus del Vialar*, 1423 (Saint-Agrève). — *Le Vilar d'Agrain*, 1641 (Robert, n^re).

Villard (Le), vill., c^ne de Saint-Pal-de-Chalencon. — *Le Mas du Vialar*, 1540 (terrier de Saint-Pal).

Villard (Le), vill., c^ne de Saint-Privat-d'Allier. — *Lo Vilar*, 1331 (J. de Peyre, n^re). — *Lo Vialar*, 1347 (la Chaise-Dieu, Saint-Privat-d'Allier). — *Locus de Vilario*, 1447 (id.). — *Villarium*, 1519 (Martel, n^re).

Villard (Le), écart, c^ne de Séneujols. — *Mansus del Vilar*, 1212 (hôtel-Dieu, B. 608). — *Lo Vilar prope Senneyol*, 1331 (J. de Peyre, n^re, reg. C. f° 64 v°). — *Territorium del Vialar*, 1531 (Saint-Mayol).

Villard (Le), vill., c^ne de Tence.

Villard (Le), l. détr., c^ne de Thoras. — *Mansus de Vilar*, 1274 (Lozère, G. 99). — *Mansus de Vilari*, 1275 (Thiolent). — *Pasturalia del Vialar*, 1499 (idem).

Villard (Moulin-du-), m^in sur le Villard-Arzac, c^ne de Saint-Jean-Lachalm. — *Moulin-d'Arzac*, 1888 (carte adm.).

Villard-Arsac (Le), affl. de l'Allier, c⁰⁰ˢ de Saint-Jean-Lachalm et d'Alleyras.

Villar-des-Grises (Le), vill., cⁿᵉ de Saint-Germain-Laprade. — *Villa de Villars*, 1240 (Bibl. nat., ms. lat., 12745, p. 415). — *Villa del Vilar*, 1285 (év.). — *Lo Vialar*, 1408 (compois du Puy). — *Villarium*, 1522 (Sobrier, nʳᵉ). — *Le Mas du Villar*, 1543 (Savin, nʳᵉ). — *Le Villar-des-Gresses*, 1624 (Duclaux, nʳᵉ). — *Le Vilard*, xviiiᵉ s. (Cassini). — *Le Villar-les-Grises*, 1785 (Julien, nʳᵉ).

Villaret (Le), h., cⁿᵉ de Coubon. — *In Vilareto*, 985 (cart. du Monastier, n° 137). — *Villa Vilareto*, v. 996 (*ibid.*, n° 143). — *Le Villaret*, 1547 (Savin, nʳᵉ).

Villaret (Le), vill., cⁿᵉ de Desges. — *Lo Vilaret*, v. 1130 (terr. Piper., xxxiii). — *Vilaretum*, 1142 (*id.*, xxxvii). — *Mansus de Vilareto*, par. Degie, 1457 (Bibl. nat., ms. lat., n. acq., n° 1222, f° 58 v°). — *Le Villeret*, 1461 (*idem*, f° 224). — *Le Vialaret*, 1574 (terrier de Meyronne).

Villaret (Le), vill., cⁿᵉ de Saint-Jeure. — *Decimum de Gunaleto (Vilareto)*, v. 1100 (cart. de Cluny, ch. 3792, X). — *Villaretum*, 1515 (terr. des Bordes).

Villaret (Le), vill., cⁿᵉ de Saint-Julien-Chapteuil. — *Mansus del Vilaret*, 1336 (Saint-Agrève). — *Lo Vialaret*, 1455 (Pradier, nʳᵉ).

Villatelle (La), vill., cⁿᵉ de Salettes. — *La Vilatela*, 1255 (tabl. du Velay, 1871-72, 133). — *Vialletelle*, 1546 (Savin, nʳᵉ). — *La Viallatelle*, 1569 (A. Boyer, nʳᵉ). — *Lavillatelle*, 1888 (Malègue).

Ville, vill., cⁿᵉ de Dunières. — *Mansus de Villa*, 1363 (coll. Chaleyer). — *Vialle*, 1553 (Rhône, D. 185). — *La Vialle*, 1553 (ress. de Montfaucon).

Ville-de-Mons, vill., cⁿᵉ de Saint-Pal-de-Mons. — *Villa de Mons*, 1314 (év.). — *Viala de Mons*, 1507 (év.). — *Ville-de-Montz*, 1576 (Rhône, D. 190).

Villedemont, vill., cⁿᵉ de Grazac. — *La Villa de Mont, Villa de Munt*, v. 1100 (cart. de Cluny, n° 3896). — *Villa de Mons*, 1303 (prieuré de Grazac). — *Viala de Mons*, 1507 (év.).

Villedieu, dom., cⁿᵉ de Roche-en-Régnier. — *Villa Dei*, 1325 (Arch. nat., P. 1397³, cote 603). — *La mestairie de Villedieu*, 1571 (A. Boyer, nʳᵉ).

Villedieu, dom., cⁿᵉ de Saint-Julien-Chapteuil.

Villelonge, vill., cⁿᵉ des Vastres. — *Mansus de Vila Longha*, 1322 (hosp. du Velay). — *Villa Longa, Villa Longia, Villa Lonja*, 1343 (Rhône, II. 1016). — *Mansus de Villa Longua*, 1464 (Ar-

dèche, C. 624). — *Vialle-Longe*, 1616 (Rhône, H. 2153). — *Villelonge*, xviiiᵉ s. (Cassini).

Villemarché, f., cⁿᵉ de Montregard. — *Veui Marcha*, 1553 (ress. de Montfaucon). — *Velh Marcha*, 1584 (Guèze, nʳᵉ). — *Villemarche*, 1879 (carte adm.).

Villeneuve, f., près la Chartreuse, cⁿᵉ de Brives-Charensac. — *Villanova prope Brivam*, 1346 (J. de Peyre, nʳᵉ). — *Mansus Villæ Novæ qui est prope Plancherium aquæ Litgeris*, 1397 (Saint-Agrève). — *Viala Nova*, 1408 (compois du Puy). — *Villenova lès le Puy*, xviᵉ s. (Médicis, II, 313). — *Villeneufve de Courssac lez le Puy*, 1549 (Savin, nʳᵉ). — *La chartreuze Nostre-Dame de Villeneufve-de-Courssac*, 1707 (cad. de Bouzols).

Villeneuve, h., cⁿᵉ de Riotord. — *Villanova*, 1328 (coll. Chaleyer).

Villeneuve, chât. et f., cⁿᵉ de Saint-Ferréol-d'Auroure. — *Villanova*, 1337 (commᵒⁿ de M. Testenoire-Lafayette).

Villeneuve, vill. cⁿᵉ de Saint-Pierre-Duchamp. — *Vila-Nova*, 1213 (cart. de Chamalières, n° 326). — *Mansus de Villa Nova*, 1269 (Arch. nat., P. 1398², cote 674).

Villeneuve, h., cⁿᵉ de Saint-Pierre-Eynac. — *Villanova*, v. 1175 (hospit. du Velay). — *Vilanova*, 1220 (hôtel-Dieu, B. 2). — *Villeneufve-d'Eynac*, 1568 (Savin, nʳᵉ).

Villeneuve, h., cⁿᵉ de Saugues. — *Mansus Villæ Novæ*, 1327 (Lozère, G. 98).

Villeneuve, h., cⁿᵉ de Tailhac. — *Villeneuve*, 1458 (Bibl. nat., ms. lat., n. acq., 1222, f° 64). — *Mansus de Villanova*, 1459 (*idem*, f° 109 v°). — *Le village de Villeneufve-sur-Taillac*, 1465 (*idem*, 1223, f° 221 v°). — *Vialenove*, 1486 (terrier de Tailhac).

Villeneuve, h., cⁿᵉ de Venteuges. — *Mansus Villæ Novæ*, 1327 (Lozère, G. 99). — *Villanova*, 1464 (Bibl. nat., ms. lat., n. acq., 1223, f° 177 v°).

Villeneuve, vill., cⁿᵉ d'Yssingeaux. — *Villa Nova*, 1028 (cart. de Chamalières, n° 48). — *Villa-Nova Yssinghacii*, 1511 (J. Boyer, nʳᵉ). — *Locus Villanovæ secus Yssinghacium*, 1528 (terrier du Pertuis). — *Villeneufve*, 1614 (terrier de Saussac).

Villeneuve-d'Allier, cᵒⁿ de la Voûte-Chilhac. — *Villa Nova Sancti Ilpidii*, 1459 (Arch. nat., ZZ. 359, p. 18). — *Villenove*, 1464 (Bibl. nat., ms. fr., 11491, f° 397). — *Mansus Villænovæ S. Ilpidii*, 1470 (Arch. nat., ZZ. 359, p. 120).

Vocable : la Sainte Vierge (Nativité).

Eglise érigée en succursale le 25 janvier 1829.

Commune créée par ordonnance du 30 décembre 1844 et distraite de celle de Saint-Ilpize.

Villeret (Le), chât. détr. et vill., cⁿᵉ de Chanaleilles. — *Capella de Vilareto*, 1179 (cart. du Monastier, n° 442). — *Villaretum*, 1257 (Baluze, mais. d'Auv., II, 88). — *Castrum de Vilareto*, 1274 (Thiolent). — *Capellanus B. Petri de Vilareto*, 1291 (tabl. du Velay, 1374-75, 218). — *La chapelle S. Pierre de Villaret*, 1516 (Arch. nat., G³*2, f° 601). — *Le Villaret d'Apchier*, 1602 (A. Robert, nʳᵉ). — *Le Villeret d'Apcher*, 1614 (Duclaux, nʳᵉ).

Villeret (Le), h., cⁿᵉ de Saint-Préjet-d'Allier. — *Villa de Villareto*, 1259 (Thiolent). — *Mansus de Vilareto*, 1294 (idem). — *Le Villaret*, 1779 (cad. de Vabres).

Villeret (Le), h., cⁿᵉ de Saugues. — *Mansus de Vilareto Marcheti*, 1327 (Lozère, G. 98). — *Mansus de Vilareto Folco*, 1327 (idem). — *Vilaretum, par. Salguiacii*, 1461 (coll. J. Lachenal). — *Le Villaret-Marchet*, 1564 (Thiolent). — *Le Villeret de Saugues*, 1724 (L'Ouvreleul, 27).

Villette (La), vill., cⁿᵉ de Dunières. — *Vialeta*, 1465 (Rivière, nʳᵉ). — *Villeta*, 1500 (Rhône, D. 182). — *La Viallete*, 1553 (idem, D. 185).

Villette (La), vill., cⁿᵉ de Saint-Paul-de-Tartas. — *Mansus de Vileta*, 1363 (la Chaise-Dieu, Saint-Paul-de-Tartas). — *La Vialeta*, 1513 (tit. de Surrel). — *La Villete*, 1573 (idem). — *La Viallette*, 1583 (idem). — *Lavillette*, 1820 (Deribier).

Villette (La), affl. de la Méjeanne, cⁿᵉ de Saint-Paul-de-Tartas.

Villette (La), écart, cⁿᵉ de Saint-Romain-Lachalm. — *La Viallete, jadis Vialle Vielhe*, 1584 (terrier de Saint-Didier). — *Lavillette*, 1820 (Deribier).

Villette (La), h., cⁿᵉ de Tiranges. — *La Vileta*, 1179 (hospit. du Velay). — *La Viallette*, 1614 (coll. C. Falcon).

Villettes (Les), cᵒⁿ de Monistrol-sur-Loire. — *La Vialeta*, 1507 (év.). — *La Viallette*, 1553 (ress. de Montfaucon). — *La Villette*, 1656 (ét. civ.).

Commune érigée par une loi du 9 mai 1860 et distraite des communes de Monistrol-sur-Loire, Sainte-Sigolène et Grazac.

Villevieille, lieu dit, cⁿᵉ d'Ally. — *Territorium de Villevielha*, 1460 (Arch. nat., ZZ. 359, p. 26).

Villevieille, mine d'antimoine abandonnée, cⁿᵉ de Lubilhac. — *Vieillereile*, 1795 (Legrand d'Aussy, voy. d'Auv., II, 215).

Villevieille, vill., cⁿᵉ du Pertuis. — *Viala Veylha*,

1408 (Chamblas). — *Mansus de Villa Veteri*, 1451 (cart. de Mazan, f° 52 v°).

Vincent (Moulin-de-), mⁱⁿ sur le Montorgue, cⁿᵉ de Montclard.

Vincentes (Les), l. détr., près Montorgue, cⁿᵉ de Paulhaguet. — *Locus de las Vincentas*, 1464 (Bibl. nat., ms. lat., n. acq., 1223, f° 159).

Vinçon, écart, cⁿᵉ de Saint-Romain-Lachalm. — *Vinson*, 1587 (Delafont, nʳᵉ). — *Vinçoux* (cad.).

Vins, h., cⁿᵉ de Saint-Didier-sur-Doulon. — *In vicaria (Brivatensi), in villa Avexenco*, 898 (cart. de Brioude, ch. 231). — *Villa Avencus*, 912 (idem, ch. 205). — *Vens*, 1461 (la Chaise-Dieu, Connangles). — *Vain*, XVIIIᵉ s. (Cassini). — *Vinzé*, 1820 (Deribier).

Vioche, h., cⁿᵉ de Mézères. — *Veauche*, 1507 (év.). — *Veaucha*, 1553 (terrier de Liques). — *Viauche*, 1628 (Duclaux, nʳᵉ).

Vio-des-Morts (La), cⁿᵉ de Saint-Arcons-d'Allier. — *Iter publicum voc. la Via des Mortz, quo itur de S. Arconcio versus Barat*, 1461 (Bibl. nat., ms. lat., n. acq., 1222, f° 216 v°).

Vio-du-Breuil (La), m. i., cⁿᵉ de Saint-Julien-Chapteuil.

Violet, f., cⁿᵉ de Saint-Victor-Malescours.

Violette (La), ruiss., prend sa source au nord-est de Momège, cⁿᵉ de Lubilhac, et se jette dans l'Allagnon à Grenier-Montgon. — *Le Montgon*, 1879 (carte adm.).

Violette (La), mⁱⁿ, cⁿᵉ de Saint-Beauzire. — *In vicaria Cheriacensi, in Violarias*, 946 (cart. de Brioude, ch. 281).

Violon (Le), mⁱⁿ sur le Truisson, cⁿᵉ de Bessamorel.

Vio-Merchadeyre (La), route de Saint-Privat à Monistrol-d'Allier. — *Via voc. la Merchadeyra*, 1374 (Saint-Georges du Puy). — *Via Mercatoria*, 1411 (Saint-Vosy).

Viras (Les), m. i., cⁿᵉ de Raucoules.

Viras (Les), f., cⁿᵉ de Saint-Bonnet-le-Froid.

Virat (Moulin-), mⁱⁿ sur le Lindes, cⁿᵉ d'Azerat.

Virinettes (Les), f., cⁿᵉ de Saint-Maurice-de-Lignon.

Virlange (La), riv., prend sa source dans le plateau de la Margeride (Lozère) et se jette dans l'Ance, au moulin de Pouzas, après avoir arrosé les communes de Chanaleilles, Esplantas et Saugues. — *Aqua de Verdianges vel de Verdienge*, 1499 (Thiolent). — *La rivière de Verdianges*, 1618 (idem). — *La Virlange ou Verdicange*, 1824 (Deribier).

On pêche dans cette rivière des coquillages renfermant des perles fines.

Visade (La), vill., c^ne de Saint-Étienne-près-Allègre. — 1469 (Bibl. nat., ms. lat., n. acq., 1223, f° 352).

Péage supprimé par arrêt du Conseil du 26 octobre 1744.

Visade (La), h., c^ne de Saint-Pierre-Eynac.

Visinetou, m. i., c^ne de Lapte.

Vissac, chât. ruiné, c^on de Langeac. — *In patria Arvernica, in vicaria Cantilianico, in villa cui vocabulum est Niziaco (Viziaco)*, v. 900 (cart. de Brioude, ch. 274). — *Vizac*, xie s. (cart. du Monastier, app., n° 425). — *Viciacus*, 1078 (spic. Briv.). — *Vitiacus*, 1134 (cart. de Pébrac, n° 31). — *Senoria de Vissac*, xiie s. (*idem*, n° xlvi, 53). — *Vizac*, 1161 (spic. Briv.). — *Castrum de Vissac*, 1269 (*idem*). — *Monsieur Estienne dou Vissac*, 1321 (Baluze, mais. d'Auv., II, 313). — *Vissat*, 1401 (spic. Briv.). — *Luminaria S. Juliani de Vissaco*, 1474 (terrier du Cluzel). — *L'esglise Monsieur Sainct-Jullien de Vissac*, 1537 (terrier de Vissac).

En 1789, Vissac, qui était un fief vassal de l'évêché du Puy, dépendait de la province d'Auvergne, de l'élection de Brioude, de la subdélégation de Langeac et du ressort de Riom. Son église paroissiale, diocèse de Saint-Flour et archiprêtré de Langeac, était sous l'invocation de saint Julien; le prieur de la Voûte-Chilhac présentait à la cure.

Péage supprimé par arrêt du conseil du 21 octobre 1738.

Église érigée en succursale le 12 mars 1826.

Vissac (Moulin-de-la), m^in détr., c^ne de Brioude.

Vissacs (Les), h., c^ne de Chassagnes. — *Le Vissat*, xviiie s. (Cassini).

Vissaguet, chât. détr., c^ne de Vissac. — *Vissaguet*, 1458 (Bibl. nat., ms. lat., n. acq., 1222, f° 75). — *Vissaguetum*, 1474 (terrier du Cluzel).

Vistre (Le), m. i., c^ne de Saint-Maurice-de-Lignon.

Vivant, écart, c^ne de Rosières.

Vivas (Les), dom., c^ne de Bauzac. — *Vivatz*, v. 1180 (cart. de Chamalières, n° 131). — *Vivacius*, v. 1180 (*idem*, n° 154). — *Lous Vivaitz*, xvie s. (obit. de Bauzac). — *Les Vivasses*, xviiie s. (Cassini).

Vivier (Le), h., c^ne de Monistrol-d'Allier. — *Molendinum del Viver prope castrum Sancti Privati*, 1331 (J. de Peyre, n^re).

Vivier (Le), m. i., c^ne de Saint-Pal-de-Mons.

Viza (La), écart, c^ne de Malvalette.

Voirac, vill., c^ne de Saint-Julien-d'Ance. — *Vosairas*, v. 1143 (cart. de Chamalières, n° 215).

— *Villa de Vosairaco*, v. 1145 (*idem*, n° 234). — *Vosairac*, 1163 (*idem*, n° 77). — *Vozayrac*, 1316 (Arch. nat., P. 493², cote 116). — *Vosayrac*, 1343 (Arch. nat., P. 1398², cote 661). — *Voyrat*, 1419 (Loire, A. 89, f° 240). — *Voirac*, 1540 (terr. de Saint-Pal-de-Chalencon). — *Vairac*, 1888 (Malègue).

Voirèze (La), riv., affl. de l'Alagnon au-dessous de Babory; prend naissance dans les montagnes du Cezallier (Cantal), entre dans le département de la Haute-Loire à l'ouest de Chérèze, et arrose les communes de Saint-Étienne-sur-Blesle et de Blesle. — *Aqua de Voyresa*, 1306 (terrier de Blesle). — *Le Rarthau*, 1879 (carte adm.).

Volhac, chât. et vill., c^ne de Coubon. — *Voliacus*, 1097 (cart. du Monastier, n° 243). — *Voliac*, xie s. (*idem*, n° 360). — *Fortalicium de Volhiac citra Ligerim*, 1320 (Chamblas). — *Vouliac*, 1466 (H^te-Loire, E.). — *Voulhac*, 1607 (M^ce Leblanc, n^re).

Volmat, m. i., c^ne d'Aubazac.

Volpilière (La), h., c^ne de la Chapelle-Geneste. — *Volpilieras*, 1252 (spic. Briv.). — *Volpilheyras*, 1361 (la Chaise-Dieu, la Chapelle-Geneste). — *Voulpilheres*, 1462 (*idem*).

Volpilière (La), dom., c^ne de Mazeyrat-Crispinhac. — *La Volpilheyra*, 1482 (Bibl. nat., lat., n. acq., 1224, f° 318 v°). — *La Volpiliere*, 1593 (Arch. nat., Q. 513, f° 190).

Volvige, f., c^ne de Lorlange. — *In vicaria Iheriacense, nomine Vulvigitis villa*, v. 930 (Baluze, maison d'Auv., II, 26). — *Voulviges*, xve s. (Arch. nat., R⁴. 1143*, n° 336). — *Hauvige*, xviiie s. (Cassini). — *Valvige*, 1879 (carte adm.).

Von, vill., c^ne de Langeac. — *Mansus de Vonc*, 1459 (Bibl. nat., ms. lat., n. acq., 1222, f° 121). — *Vont*, 1515 (Arch. nat., Q. 513, f° 224).

Vorey, arr. du Puy. — Ancien prieuré de femmes de l'ordre de Saint-Benoît, dépendant de l'abbaye des Chazes. — *Territorium de Vourei*, xiie s. (cart. de Chamalières, n° 147). — *Sorores de Voirey*, 1250 (Saint-Agrève). — *Vourey*, 1266 (Arch. nat., P. 1397³, c. 597). — *Villa Vouroi*, 1272 (tabl. hist. du Velay, 1875-76, p. 254). — *Conventus de Valle Regia*, 1300 (Gall. christ., II, 453). — *Parochia ecclesiæ Sancti Synforiani de Vourey, Anic. dyoc.*, 1312 (Arch. nat., P. 494¹, c. 1220). — *Sanctus Saturninus de Vourei*, 1347 (J. de Peyre, n^re). — *Vaurey*, 1392 (év.). — *Parochia Vouresii*, 1442 (hôtel-Dieu). — *Ecclesia prioratus conventualis Beati Saturnini de Vaurey*, 1466 (Bibl. nat., ms. lat., n. acq., 1223, f° 276).

En 1789, Vorey était compris dans la province
du Velay, la subdélégation et sénéchaussée du
Puy. Son église paroissiale, diocèse du Puy et
archiprêtré de Saint-Paulien, était dédiée à saint
Symphorien; la prieure présentait à la cure.

VOULOUMADET, vill., c^{ne} de Langeac. — *Volamadet*,
1367 (Arch. nat., Z² 54, p. 192). — *Volo-
madet*, 1535 (Arch. nat., Q. 513, f° 171). —
Voulmadet, 1857 (Lagrave, hist. de Langeac,
83).

VOULOUMAS, h., c^{ne} de Langeac. — *In pago Alvernico,
in comitatu Brivatensi..., in vicaria de Cantoiole,
in... villa quæ dicitur Volamata majore*, 939
(cart. de Cluny, n° 501). — *De villa Volomato majore*, 942 (idem, n° 547). — *Affarium de Volamat*,
1371 (spic. Briv.). — *Vouloumat*, xviiiᵉ s. (Cassini). — *Voulmas*, 1857 (Lagrave, hist. de
Langeac, 83). — *Volmat*, 1858 (état-major).

VOURETTE, mine de houille, c^{ne} de Chanteuges. —
Territorium de Vauretas, 1327 (la Chaise-Dieu,
Chanteuges). — *Le bois de Vaurette*, xviiiᵉ s.
(idem).

VOURLHAC, vill., c^{ne} de Frugières-le-Pin. — *Vorlhac*,
1492 (Vals-le-Chastel). — *Vourlhat*, 1612 (terrier
de la Vaudieu).

VOURZAC, vill., c^{ne} de Sanssac-l'Église. — *Vorzas*,
1326 (templiers du Puy). — *Vourzas*, 1453
(coll. C. Falcon).

VOURZAC (LE), prend sa source aux Bœufs, c^{ne} de
Bains, traverse la commune de Sanssac-l'Église et
se jette dans la Borne près des Estreys, c^{ne} de Polignac.

VOURZE, dom., c^{ne} de Bauzac. — *Vorzet*, 1318
(homm. de l'év.). — *Voze*, 1346 (Arch. nat.,
P. 490³, cote 229). — *Lou Vorze*, 1553 (ress.
de Monfaucon).

VOURZE, vill., c^{ne} d'Yssingeaux. — *Vorzet*, 1296
(homm. de l'év.). — *Vorze*, 1309 (idem). —
Vorzetum, 1523 (compois d'Yssingeaux). —
Vorzas, 1523 (est. gén. d'Yssingeaux). — *Vourse*,
1820 (Deribier).

VOURZE (LE), écart, c^{ne} de Saint-Pal-de-Mons. — *Le
Vorze*, 1645 (capit.).

VOURZET, f., c^{ne} des Estables. — *Le lieu doux
Vorzes*, 1570 (Nicolas, n^{re}). — *Vourzet*, 1748
(ét. civ.).

VOUSSE, vill., c^{ne} de Retournac. — *Villa de Vouce*,
990 (cart. de Chamalières, n° 280). — *Voucer*,
1158 (idem, n° 281). — *Ad Voucium*, 1213
(idem, n° 328). — *Molendinum scitum subtus
castrum d'Artias, supra flumen Ligeris, vulg.
app. de Voucer*, 1317 (Arch. nat., P. 1397³,

c. 591). — *Vouzer*, 1335 (Arch. nat., P. 1398¹,
c. 655). — *Voser*, v. 1450 (Arch. nat., P. 1397²,
c. 582).

VOÛTE (LA), h., c^{ne} de Grazac.

VOÛTE (LA), f., c^{ne} du Pertuis. — *Vouta*, 1533
(Rhône, H. 2234). — *Volte*, 1633 (idem,
H. 2232). — *Lavoûte*, 1888 (Deribier).

VOÛTE (LA), h., c^{ne} de Saint-Julien-Molhesabate. —
Voulta, 1467 (Rivière, n^{re}). — *Lavoûte*, 1820
(Deribier).

VOÛTE (MOULIN-DE-LA), mⁱⁿ sur le Lignon, c^{ne} de
Grazac.

VOÛTE (SCIE-DE-LA-), scierie sur le Clavas, c^{ne} de
Saint-Julien-Molhesabate.

VOÛTE-CHILHAC (LA), arr. de Brioude. — Prieuré
de l'ordre de Saint-Benoît, fondé en 1025 par
Béraud de Mercœur, son frère saint Odilon, abbé
de Cluny, et leur neveu Étienne, évêque du Puy.
— *In... monticulo, qui Volta vocatur, eo quod,
præterfluentibus aquis Hylaris fluminis, partibus
ex tribus concluditur, et... quasi sinuatim in-
volvitur*, 1025 (ch. de fond. de la Voûte). —
La Vouta, 1262 (spic. Briv.). — *Prioratus de
Volta in Alvernia*, 1314 (Baluze, mais. d'Auv.,
II, 337). — *La Voulte*, 1379 (compte de
B. Flotenc). — *La Volte*, 1401 (spic. Briv.). —
Prioratus Voutæ de Chilhac, 1447 (hôtel-Dieu).
— *Locus de Volta, par. S. Cirici*, 1463 (Bibl.
nat., ms. lat., n. acq., 1223, f° 127).

En 1789, la Voûte-Chilhac dépendait de la
province d'Auvergne, de l'élection et subdélégation de Brioude et du ressort de Riom. Son
église paroissiale, diocèse de Saint-Flour et archiprêtré de Langeac, était sous l'invocation de saint
Cirgues; le prieur présentait à la cure.

VOÛTE (LA), chât. ruiné, c^{ne} de la Voûte-sur-Loire.
— *Volta*, 1239 (Saint-Mayol). — *Castrum de
Volta*, 1267 (Médicis, I, 80). — *Castrum de
Vouta*, 1274 (homm. du vicomte de Polignac à
l'év. du Puy). — *Castrum de la Volta de Laval
en Blanès*, 1389 (Baluze, mais. d'Auv., II, 405).
— *Le chasteau de la Voulte en l'Amblavoys*, 1493
(mairie du Puy). — *Capella B. Mariæ Magdalenæ infra castrum de Volta*, 1516 (Arch. nat.,
G⁸*1, f° 439). — *La Volte de Polignac*, 1645
(pet. éphém. Vellav.). — *Château de Polignac*,
xviiiᵉ s. (Cassini).

VOÛTE-SUR-LOIRE (LA), c^{on} de Saint-Paulien. —
Locus S. Mauricii Vallis Amblivinæ, 1059 (Juénin,
nouv. hist. de Tournus, 127). — *Ecclesia S.
Mauricii Amblavensis*, 1119 (Chifflet, hist. de
Tournus, 402). — *Ecclesia S. Mauricii Vallam-*

blavensis, 1179 (Juénin, *idem*, 175). — *Vouta in Valle Amblaves*, 1239 (tabl. du Velay, 1876-77, 388). — *Domus de la Vouta in Valle Amblavensi*, 1252 (templiers du Puy). — *La Vouta*, 1408 (compois du Puy). — *Le prieur de la Voulte*, 1506 (Médicis, II, 302). — *La Volte-en-l'Amblavez*, 1561 (Savin, n°°). — *La Volte en Vellay*, 1635 (A. Brunel, n°°). — *La Volte-de-Poligniac-sur-Loire*, 1642 (pet. éphém. Vellav.). — *La Volte-Basse*, 1645 (*idem*). — *Volta Podem-niacensis*, 1681 (Gallia christ., II, c. 751). — *La Voute-de-Polignac*, xviiiᵉ s. (Cassini). — *La Voute-sur-Loire*, 1793.

En 1789, la Voûte-sur-Loire faisait partie de la province du Velay, de la subdélégation et sénéchaussée du Puy. Son église paroissiale, diocèse du Puy et archiprêtré de Monistrol-sur-Loire, était dédiée à saint Maurice; le prieur présentait à la cure.

Voxeur, écart, cⁿᵉ du Bouchet-Saint-Nicolas.

Y

Yssacroux, bois, cⁿᵉˢ de Mézères et de Saint-Julien-du-Pinet.

Yssamas, vill., cⁿᵉ de Bellevue-la-Montagne. — *Ad Issamas* (l'imprimé porte *Illamas*), 1222 (Martène, thes. nov. anecd., I, 897). — *Ayssamas*, 1355 (terrier de Pons Ravoux). — *Yssamas*, 1359 (terrier de Jean de Cereys). — *Yssamat*, 1888 (carte adm.).

Yssingeaux, ch.-l. d'arrond. — *Parochia de Issinguaudo*, 985 (cart. de Chamalières, n° 39). — *Vicaria de Issingaudo*, v. 1000 (cart. du Monastier, n° 206). — *Territorium Singaudense*, 1079 (cart. de Cluny, ch. 3535). — *Ecclesia de Isingiaco*, 1106 (gr. cart. d'Ainay, 6). — *Ecclesia de Ysingiaco*, 1153 (*idem*, 50). — *Parrochia de Isingaudo*, 1163 (cart. de Chamalières, n° 77). — *Villa d'Essiniau*, 1233 (év.). — *Issiniau*, 1259 (Rhône, D. 149). — *Essyngau*, 1273 (*idem*). — *Castrum de Ysingiau*, 1314 (év.). — *Parochia de Syniau*, 1331 (J. de Peyre, n°°). — *Parrochia Essingiacii*, 1368 (cart. des Hospit.). — *Yssingiau*, 1383 (év.). — *Yssingiacus*, 1390 (*idem*). — *Parrochia Yssingiacii*, 1402 (hôtel-Dieu, B. 540). — *Locus Yssingassii*, 1421 (év.). — *Yssinghacus*, 1438 (coll. Charreyre). — *Yssinghiacius*, 1453 (P. Pradier, n°°). — *Oppidum Yssingachii*, xvᵉ s. (J. Barbier, viator. juris). — *Perrochia Yssingualensis*, 1504 (terrier de Chailhans). — *Sincgeaulx*, 1552 (Ménard, hist. de Nîmes, IV, 210). — *Issinghaulx*, 1567 (Doleson, n°°). — *Essinghaulx*, 1570 (A. Boyer, n°°). — *Cure de Sainct-Pierre d'Yssinghaulx*, 1584 (ét. civ.). — *La ville de Cingaulx*, 1591 (Burel, 307). — *Sainct-Jaulx*, 1615 (Rhône, H. 2153). — *Esseingeaux*, 1621 (Burel, 517). — *Ensingeausium*, *Enseingeau*, 1661 (M. Zeiller, top. part. Gall., XI, 28). — *Issigeau*, *Issignaux* ou *Issingeaux*, 1740 (Br. de la Martinière, gr. dict. géogr.). — *Issigneaux*, 1774 (Denis, guide royal, I, 255).

En 1789, Yssingeaux était compris dans la province du Velay, la subdélégation et sénéchaussée du Puy. Son église paroissiale, diocèse du Puy et archiprêtré de Monistrol-sur-Loire, était sous le vocable de saint Pierre; l'université Saint-Mayol, qui en avait la collation, avait remplacé comme collateur, en 1413, l'abbaye d'Ainay de Lyon, laquelle avait succédé, vers 1087, aux droits de l'évêque.

Yverras (Les), h., cⁿᵉ de Saint-Maurice-de-Lignon. — *Lous Eyverratz*, 1560 (R. Maurin, n°°). — *Les Eyverras*, 1695 (capitation). — *Les Eyveras*, xviiiᵉ s. (Cassini). — *Yvarras*, 1860 (état-major).

Yverset (L'), écart, cⁿᵉ de Grazac. — *Les Versseil*, xviiiᵉ s. (Cassini).

Z

Zigas (Les), m. i., cⁿᵉ de Saint-Pal-de-Mons.

Zigaza *ou* Zizaga, h., cⁿᵉ de Monistrol-d'Allier.

Zubarlon (Le), affl. de la Loire, cⁿᵉ d'Arlempdes.

TABLE DES FORMES ANCIENNES.

A

Abadessa (L'). *Les Chastres.*
Abauzit. *Bauzic.*
Ablanzac. *Blanzac.*
Abousit. *Bauzit.*
Abre (L'). *L'Arbre*, c^{nes} de Chanteuges, de la Chapelle-Bertin, de Montusclat, de Saint-Just-près-Brioude et de la Voûte-sur-Loire.
Abres (Lous). *Les Arbres*, c^{ne} de Monlet.
Abrias, Abrigas, Abriges-Hautes. *Abriès-Haut.*
Abreuvoir. *Les Abreuvoirs.*
Abrigiæ Subteriores. *Abriès-Bas.*
Abrigiæ Superiores. *Abriès-Haut.*
Acculea. *Aiguilhe.*
Acgii. *Les Ages-Hauts.*
Achau. *Achaud.*
Acuillia. *Aiguilhe.*
Aculea, Acus. *Aiguilhe, Aiguille-Saint-Michel.*
Addinaco. *Ladignac*, c^{ne} de Mercœur.
Adiacum, Adiat. *Adiac.*
Adinhac *Dignac.*
Adjuzos. *Agizoux.*
Adreyts (Los). *L'Adret.*
Adyacum. *Adiac.*
Aenac. *Eynac.*
Ængeolis. *Les Engouyoux.*
Æquales. *Les Égaux*, c^{ne} de Freycenet-Lacuche.
Æstivales, Æstivalis. *L'Estival*, c^{ne} de Saint-Front.
Aggula. *Aiguilhe.*
Aghas, Agii. *Les Ages-Hauts.*

Agirel. *Aguiret.*
Agisosc, Agisoux, Agissoux, Agitzaus, Agitzaux. *Agizoux.*
Agnhac, Agniac. *Agnat.*
Agran. *Agrain*, c^{ne} d'Ouïdes.
Agreilh. *Agrain*, c^{ne} de Moudeyres.
Agrein. *Agrain*, c^{ne} d'Ouïdes.
Agrein (Ruyss. d'). *Le Pain-Blanc.*
Agrel. *Agrain*, c^{ne} de Moudeyres.
Agren. *Agrain*, c^{ne} d'Ouïdes.
Agrenet (Ruyss. d'), Agreneto (Rivus de). *Le Pain-Blanc.*
Agrenium, Agrennium, Agrennum, Agrenum. *Agrain*, c^{ne} d'Ouïdes.
Aguas (Las). *Corsac.*
Aguilhe. *Aiguilhe.*
Aguillac. *Aguilac.*
Aguirellus. *Aguiret.*
Agulea. *Aiguilhe.*
Agulha. *Aguilac.*
Agulhe, Agulhie, Agulia. *Aiguilhe.*
Agurat. *Gurat.*
Aguzoux. *Agizoux.*
Ahenac, Aienac. *Eynac.*
Aigageires (Les). *Les Eygagères.*
Aiglinet. *Aiglet*, c^{ne} de Saint-Front.
Aignac. *Agnat.*
Aiguacum. *Eynac.*
Aigue-Sallade (L'). *L'Aigue-Salade.*
Aiguille. *Aiguilhe.*
Ailegnon. *L'Allagnon*, ruiss.
Ailhat. *Ailhac.*
Aillier. *L'Allier.*
Ainiacum. *Eynac.*
Air (L'). *L'Herm*, c^{ne} de Saint-Julien-Chapteuil.
Air-de-Laussonne. *L'Herm*, c^{ne} de Laussonne.
Aires (Les). *Les Eyres.*

Ajusos. *Agizoux.*
Alagnon. *L'Allagnon*, ruiss.
Alaigre. *Allègre.*
Alairac, Alairas. *Alleyras.*
Alaisson (L'). *Le Jour.*
Alamances, Alamanciæ, Alamansas. *Allemance*, c^{ne} de Félines.
Alamansetas. *Allemancette.*
Alamansiæ. *Allemance*, c^{ne} de Félines.
Alambra. *Alambre.*
Alambre. *Braye-d'Alambre.*
Alan. *Allot.*
Alanho, Alanio, Alanihyo. *L'Allagnon*, ruiss.
Alantel, Alantelh, Alanten, Alantenium. *Allentin.*
Alaret, Alaretum. *Alleret.*
Alarum (Nemus), Alas de Meygal (Las). *Les Ailes du Mégal.*
Alau. *Allot.*
Alayous (Les). *Les Jalayoux.*
Alayrac. *Alleyrac.*
Alayracum. *Alleyrac, Alleyras.*
Albagnat, Albaigniat, Albaninco. *Aubagnat.*
Albaro. *Aubaron.*
Albas Peiras, Albas Petras. *Albes-Peyres.*
Albazacum. *Aubazac.*
Albenas. *Aubenas.*
Albenas (Las). *Les Aubènes.*
Albenaz. *Aubenas.*
Albenes (Las). *Les Aubènes.*
Albennas (Los). *Les Aubenas.*
Albepinetum. *L'Aubépine.*
Albes. *Oubeys.*
Albespi (L'), Albespinus. *L'Aubépin.*
Albiac. *Aubiat.*

Albignac. *Aubignac*, c^ne de Rauret.
Albinac. *Aubignac*, c^ne de Bellevue-la-Montagne.
Albinhac. *Aubignac*, c^ne de Rauret.
Albinhacum. *Aubignac*, c^ne de Monlet.
Albinhat, Albiniac. *Aubignac*, c^ne de Bellevue-la-Montagne.
Albissoux. *Oubissoux*.
Albucio, Albuso. *Aubusson*.
Albusso. *Oubissous*.
Albusson, Albussonium. *Aubusson*.
Albussos. *Oubissous*.
Albutio. *Aubusson*.
Aldagerii. *Les Augiers*.
Alegre, Alegrium, Aleigre. *Allègre*.
Aleirac. *Alleyrac*.
Aleiras. *Alleyras*.
Aleisson. *Alleysson*.
Alemances. *Allemances*.
Alenten. *Allentin*.
Aler. *L'Allier*, rivière.
Aleras. *Alleyras*.
Aleret. *Alleret*.
Aleris, Alerius. *L'Allier*, rivière.
Alevier. *Alvier*.
Alexis, Aleyr. *L'Allier*, rivière.
Aleyrac. *Alleyrac*.
Aleyracium. *Alleyras*.
Aleyracum. *Alleyrac*.
Aleyrassium, Aleyratum. *Alleyras*.
Aleysso. *Alleyson*.
Alhac, Alhat. *Ailhac*.
Alheres (Les). *Les Allières*.
Ali. *Ally*.
Aliac. *Ailhac*.
Alier. *L'Allier*, rivière.
Alières (Les). *Les Allières*.
Alierus. *L'Allier*, rivière.
Alieyras (Las). *Les Allières*.
Aliger. *L'Allier*, rivière.
Aligerio. *L'Allier*, c^ne de Dunières.
Aligerius. *L'Allier*, rivière.
Alignac, Alinhac, Alinhacum, Aliniac. *Alinhac-Bas*.
Alirolz (Les). *Les Allirols*.
Alis. *Ally*.
Alis (Nemus de). *Les Ailes du Mégal*.
Alivier. *Alvier*.
Allamanses. *Allemances*.
Allaux (Ruiss. d'). *La Freyde*.
Allegrium. *Allègre*.
Allemansses. *Allemance*.
Allemanssites. *Allemancette*.
Allemences. *Allemance*.
Alliat. *Ailhac*.
Alliger, Alligerius. *L'Allier*, rivière.
Almayrac. *Domeyrat*.

Alpinhac, Alpinhacum, Alpinnac. *Aupinhac*.
Alpis. *Ardenne*, c^ne de Saint-Front.
Also (Rivus d'). *L'Alzon*.
Also, Alson, Alsonensis (adjectif), Alsos. *Auzon*.
Altairac. *Auteyrac*, c^on de Langeac et c^ne de Saint-Martin-de-Fugères; *Le Mas-d'Auteyrac*.
Altariaco. *Auteyrac*, c^ne de Cohade.
Alta Villa. *Hautevialle*, c^nes d'Azerat et de Rosières.
Altayrac. *Auteyrac*, c^ne de Sembadel; *Le Mas-d'Auteyrac*.
Altchamp. *Auchamp*.
Alteirac. *Auteyrac*, c^ne de Cohade.
Alteracum. *Auteyrac*, c^on de Langeac; *Le Mas-d'Auteyrac*.
Alteriacum. *Auteyrac*, c^on de Langeac.
Alteyrac. *Auteyrac*, c^on de Langeac et c^nes de Saint-Martin-de-Fugères et de Venteuges.
Alteyraco (Rivus de). *Le Chantuzier*.
Alteyracum. *Auteyrac*, c^on de Langeac et c^nes de Saint-Julien-Chapteuil et de Venteuges.
Altrenacum. *Larcenat*.
Alveir, Alver, Alverius. *Alvier*.
Alvernago. *Auvernat*.
Alvers. *Auvers*.
Alveyr, Alveyrius. *Alvier*.
Aly (Moulin d'). *Ally* (*Moulin d'*).
Alyer. *L'Allier*, rivière.
Alyrols (Les). *Les Allirols*.
Alzo. *Auzon*.
Alzon. *Auzon, Moulin-de-Mazan*.
Alzonium. *Auzon*.
Amalgerii. *Amargiers*.
Amans. *Mans-Haut*.
Amargerii, Amargers. *Amargiers*.
Amarucium, Amarus. *Marus*.
Amarziès. *Amargiers*.
Amberg. *Ambert*.
Ambessiez (Les). *Croix-de-la-Gardelle*.
Amblards (Les). *Amblard*.
Amblaves. *Emblaves*.
Ambre (L'). *Alambre*.
Amorec, Amoret, Amouret. *Mouret*.
Ampagho, Ampajio, Ampajo, Ampajou, rivus. *Le Pontajou*.
Ampilhacum, Ampillac. *Ampilhac*, c^ne de Vernassal.
Amveyac. *Anviac*.
Anasac. *Anazac*.
Anayzac. *Neyzac*.
Ance-d'Arabon. *Araby*.

Anceta. *Ancette*, c^ne de Bas.
Ancia. *Ancette*, c^nn de Saint-Julien-d'Ance; *L'Ance*, rivière.
Andable, Andrable. *L'Andrable*, ruiss.
Andregoli, Andrejouls, Andreuje. *Andreujols*.
André-sur-Ance. *Saint-André-de-Chalencon*.
Andreughol. *Andruejolet*.
Audrichon (Moulin de l'). *Rouchon* (*Moulin de*).
Androgeletz. *Andruejolet*.
Androiol, Androiols, Andruciol, Andrucjols. *Andreujols*.
Andrugolet, Andruiolet. *Andruejolet*.
Andunisa, Anduniza. *Denise*, montagne.
Aneria. *Dunières*.
Anesacum, Anezac. *Anazac*.
Angelars. *Angelard*.
Anglada. *L'Inglade*.
Anglari. *Anglard*, c^ne d'Alleyras.
Anglars. *Anglard*, c^nes d'Alleyras, Chavagnac-Lafayette et Venteuges.
Anglata. *L'Inglade*.
Angoillis, Angoyalx, Angoyaulx. *Les Engouyoux*.
Anguli. *Les Angles*.
Aniciensis (adjectif), Anicio, Anicium, Anitiensis (adjectif), Anitium, Anito. *Le Puy*.
Anjanaire (L'). *Les Injancyres*.
Annhanc. *Agnat*.
Annicium. *Le Puy*.
Anpilhac. *Ampilhac*, c^ne de Langeac.
Ansa. *L'Anse*, rivière.
Ansa Blancha. *Ance-la-Blanche*.
Ansa d'Arbo. *Araby*.
Ansa la Major. *Ance-la-Blanche*.
Anseta. *Ancette*, c^nes de Bas et de Saint-Julien-d'Ance.
Ansse (L'). *L'Ance*, rivière.
Anterius, Anterivest. *Antérif*.
Anthonianas, Antonianne, Antouniannes. *Antonianes*.
Antremons. *Entremons*.
Antreulx, Antreulz, Antreux. *Antreuil*, c^ne de Craponne-sur-Arzon.
Antrolhium, Antrolium, Antrollyum, Antruls. *Antreuil*, c^ne d'Yssingeaux.
Anval-le-Chastel. *Vals-le-Chastel*.
Anveac. *Anviac*.
Anvers. *Auvers*.
Aolnhac. *Onnat*.
Aorsacum. *Arsac*, c^ne de Saint-Jean-Lachalm.
Aozac. *Auzat*.

Apcho, Apchon (L'). *Achon*, mont. et ruiss.

Apilac, Apilhat, Apiliacum, Apilias, Apillac, Apilliac, Appilhacum, Appiliacs. *Apilhac.*

Apsacum. *Arssac*, cᵐ de Saint-Jean-Lachalm.

Arago. *Arzon.*

Araulas. *Araules.*

Arbocel. *L'Arbousset.*

Arbor. *L'Arbre*, cᵐˢ de Chanteuges, Montusclat et Saint-Just-près-Brioude.

Arbor de Monte Rogi, Arbor de Montroz. *L'Arbre de Montroux.*

Arbor de Sancto Jacobo. *Arbre-Saint-Jacques.*

Arborenc, Arboret (L'). *L'Arbre*, cᵘᵉ de Saint-Just-près-Brioude.

Arbor Sancti Evodii. *L'Arbre-Saint-Vosy.*

Arbor Sancti Jacobi. *Arbre-Saint-Jacques.*

Arbosel, Arbotsel. *L'Arbousset.*

Arbre-Saint-Jacme (L'). *Arbre-Saint-Jacques.*

Arcellet. *Arcelet.*

Arceroles. *Orcerolles.*

Archalm, Archamp, Archaulm, Archault. *Archaud.*

Archimond. *Bois-d'Orcimond.*

Archinauc, Archinault, Archinaut. *Archinaud.*

Arciaco. *Arsac*, cⁿᵉ de Coubon; *Arzac.*

Arcicii. *Les Arcis.*

Arcogiæ, Arcojas. *Arquejols.*

Arcona (Lacus d'). *Lac de Saint-Front.*

Arcons-de-Barges, Arcons-Mejanne. *Saint-Arcons-de-Barges.*

Arcons-sur-Allier. *Saint-Arcons-d'Allier.*

Ardeinere. *Ardemès*, mont.

Ardena. *Ardenne*, cᵉˢ de Coubon et Pradelles; *Ardennes.*

Ardenne la Montagne. *Saint-Front.*

Ardeyroles (L'). *Lardeyroles.*

Ardonessa, Ardonesse. *Ardonèze.*

Arestes. *Areste.*

Arfeulhie, Arfolha. *Arfeuille.*

Argelier (L'). *Largealier.*

Argentayres, Argenterias, Argenteyras. *Argentières.*

Argenteyre (L'). *L'Argentière.*

Argenteyres. *Argentières.*

Argentoleyras, Argentoulleyras. *Argentoleyras.*

Arlande. *Arlempdes.*

Arlate. *Arlet.*

Arlemde, Arlemdi, Arlempde, Arlempdiacum, Arlempdium, Arlende, Arlendus. *Arlempdes.*

Arletum. *Arlet.*

Armenault. *Armenauds.*

Arnassac, Arnhassac. *Arnissac.*

Arnaud. *Les Arnauds*, cⁿˢ de Tiranges.

Arnaudz (Lous), Arnaultz (Lous). *Les Arnauds*, cⁿᵉ de Beaulieu.

Arnissacum. *Arnissac.*

Arnolt, Arnoltus. *Arnould.*

Arnos, Arnosc, Arnouc. *Arnoux.*

Aroles. *Araules.*

Arquejas. *Arquejols.*

Arresta Soyra. *Bonnefont*, cⁿˢ de Saint-Front.

Arret. *Arlet.*

Arsac. *Arzac.*

Arsacum. *Arsac*, cⁿᵉ de Coubon; *Arzac.*

Arsenac. *Larcenac.*

Arsiaco. *Arsac*, cⁿˢ de Chaudeyrolles.

Arsilhac, Arsilhacum. *Arsilhac.*

Arso. *Arzon*, *l'Arzon*, rivière.

Arson (L'). *L'Arzon, Le Pradal.*

Arssac. *Arsac*, cⁿˢ de Coubon.

Arssacum, Arssat. *Arsac*, cⁿᵉ de Chaudeyrolles.

Artasse. *Mondasse.*

Artault. *Artaud*, cⁿᵉ du Monastier.

Artaut. *Artaud*, cⁿˢˢ de Bauzac et de Tence.

Arthaud. *Artaud*, cⁿᵉ du Monastier.

Arthias. *Artias.*

Arthietas. *Artites.*

Arthimont. *Orsimont.*

Artiac, Articas, Artiers, Arties. *Artias.*

Artietas. *Artites.*

Artiga. *Artiges.*

Artigas. *Artias, Artiges.*

Artigetas. *Artites.*

Artighas. *Artiges.*

Artigiæ. *Artias.*

Artigietas. *Artites.*

Artijas. *Artiges.*

Artis. *Artias.*

Artitiæ, Artitle. *Artites.*

Artizias. *Artias.*

Artuc, Artus, Artut. *Artucs.*

Artyas. *Artias.*

Artytas. *Artites.*

Aruzum. *Arzon.*

Arvée (L'). *La Criselle*, ruiss.

Arzilarium. *L'Arzalier*, cⁿᵉ de Saint-Julien-du-Pinet.

Arzilerium. *L'Arzalier*, cⁿˢ de Saint-Front.

Arzo, Arzon. *L'Arzon*, rivière.

Arzonium. *Arzon.*

Aseneras. *Azinières.*

Aseracum, Aserat. *Azerat.*

Asinaires, Asiueriæ, Asinerias. *Azinières.*

Asineyras. *Azanières.*

Assalenz. *Sailhens.*

Astier. *Les Astiers.*

Astodii, Astogii. *Theux.*

Astorgues (Los), Astors (Los). *Les Astorgs.*

Aszineyras. *Azanières.*

Atodii, Atois, Atoys, Atui. *Theux.*

Aubaziacum. *Aubazac.*

Aubeines (Les), Aubennes (Les). *Les Aubènes.*

Auberas. *Aubérat.*

Aubigna, Aubigniat. *Aubignac*, cⁿᵉ de Bellevue-la-Montagne.

Aubinhac. *Aubignac*, cⁿᵉ de Monlet.

Aubiniat. *Aubignac*, cⁿᵉ de Rauret.

Aubissoux. *Oubissous.*

Aubornac. *Aubournac.*

Aubouzat. *Aubazac.*

Aubuisson. *Oubissous.*

Aubunhacum. *Aubignac*, cⁿᵉ de Bellevue-la-Montagne.

Aucas (Las). *Les Ouches.*

Aucteirat. *Auteyrac*, cⁿˢ de Saint-Martin-de-Fugères.

Aucteyrac. *Auteyrac*, cⁿᵉ de Saint-Julien-Chapteuil.

Audo. *L'Audon*, ruiss.

Audonnès (L'). *L'Audonès*, ruiss.

Audounès (Ruisseau d'). *Ravin-de-Jonchères.*

Audus. *L'Audi*, ruiss.

Audy. *Audi.*

Auflossac. *Fiossac.*

Aughac, Aughacum. *Augeac.*

Augnhac. *Agnat.*

Augrein. *Agrain*, cⁿᵉ d'Ouïdes.

Aulac. *Ollias.*

Aulagnères (Les). *Les Aulagnières.*

Aulagny. *Aulanys.*

Aulainhes (Los), Aulanetis. *Les Aulanais.*

Aulanhe. *Aulanys.*

Aulanher (L'). *L'Aulanier.*

Aulanheris (Las). *Les Aulagnières.*

Aulanherium. *L'Aulagnier-Grand, Ollanières.*

Aulanhes (Lous). *Les Aulanais*

Aulanhetum. *Aulanys.*
Aulanhiers. *Les Aulagnières.*
Aulanières. *Ollanières.*
Aulannis. *Les Aulanais.*
Aulberas. *Aubérat.*
Aulbiniat. *Aubignac,* cne de Monlet.
Aulehac. *Ollias.*
Aulhaneys (Los). *Les Aulanais.*
Aulhunie. *Ollanières.*
Aulier. *L'Ollier.*
Aullanes (Los). *Les Aulanais.*
Aultayrac. *Auteyrac,* cn de Langeac.
Aulteyrac. *Auteyrac,* cne de Saint-Martin-de-Fugères.
Aulteyrat. *Auteyrac,* cn de Langeac et cne de Cohade.
Aulzon. *Auzon.*
Aunhac. *Agnac.*
Aupilières. *Olpilière.*
Aurac, Aurach, Auradus. *Saint-Georges-d'Aurac.*
Aurandet. *Orandet.*
Aurat, Auratus. *Saint-Georges-d'Aurac.*
Auraulas. *Araules.*
Aureac. *Auriac,* cne de Saint-Front.
Aureacum. *Aurec; Auriac,* cne de Saint-Front.
Aurea Vallis. *La Borie-Darles.*
Aurec-Nérestang, Aurecyum. *Aurec.*
Aurendet. *Orandet.*
Aurfolia. *Doulioux.*
Auriacensis (adjectif). *Saint-Georges-d'Aurac.*
Auriacum, Auriec. *Aurec.*
Auriel. *Oriol,* cne de Saugues.
Auriffoleum, Aurifolium. *Arfeuille.*
Auriol. *Oriol,* cne d'Aurec.
Auriola. *L'Éculerie.*
Auriolum. *Oriol,* cne d'Aurec.
Aurondet. *Orandet.*
Aurosa, Auroza, Auroze. *Aurouze.*
Auryol. *Oriol,* cne d'Aurec.
Aurzic. *Ourzie.*
Aurzum. *Arzon.*
Ausa. *L'Auze,* ruiss.
Ausac. *Auzat.*
Ausepy. *Les Auzepis.*
Ausona, Ausonia. *Laussonne.*
Ausoniæ (Rivulus). *La Laussonne.*
Aussa. *L'Auze,* ruiss.
Aussacus. *Aussac.*
Aussona (Aqua d'). *La Laussonne.*
Austremoine-d'Avesne. *Saint-Austremoine.*
Autariacum. *Auteyrac,* cn de Langeac.

Auta Vila. *Haute-Vialle,* cne de Rosières.
Autayrac. *Auteyrac,* cne de Pradelles; *Le Mas-d'Auteyrac.*
Autayracum. *Auteyrac,* cnes de Pradelles et de Saint-Martin-de-Fugères.
Autevialle. *Haute-Vialle,* cne de Rosières.
Auteyracus. *Auteyrac,* cne de Saint-Martin-de-Fugères.
Auteyrat. *Auteyrac,* cne de Cohade.
Autgeyrs (Los). *Les Augiers.*
Autinhac. *Autinac.*
Auvercium. *Auvers.*
Auvergne, Auvergny (Les). *Les Auvergnes.*
Auvier. *Alvier.*
Auza. *L'Auze,* ruiss.
Auzac. *Auzat.*
Auzé. *L'Auze.*
Auzic. *Ourzie.*
Avencus. *Vins.*
Averot. *Véros.*
Avexenco. *Vins.*
Avezacum. *Baissac.*
Avitz (Lous). *Les Avits.*
Avoac, Avoacum, Avohac, Avojacum. *Avouac.*
Avytz (Lous). *Les Avits.*
Aycellas. *Les Essiales.*
Aygles, Ayglet, Ayglos, Aygluet. *Aiglet.*
Aymaron. *Eymarou.*
Aymes (Ravin-des-). *Ravin-des-Agnès.*
Aynac, Aynacum. *Eynac.*
Ayrat, Ayraut. *Chastel-Ayraut.*
Ayravas. *Eyravas.*
Ayssac, Ayssacum. *Eyssac.*
Ayssamas. *Yssamas.*
Aysselas. *Les Essiales.*
Ayssenac. *Eycenac.*
Azeneriæ, Azeneyras, Azeneyres. *Azanières.*
Azenières, Azenyères. *Azinières.*
Azerac, Azeracus. *Azerat.*
Azineriœ. *Azinières.*
Azorag. *Azerat.*
Azuzos. *Agizour.*

B

Babones, Babonesium, Babonets, Babonnet. *Babonnès.*
Baborie, Baboris. *Babory.*
Bacconet. *Baconnet.*
Bacelles. *Basselles.*

Bacha (Le). *Le Bachas,* cne de Sainte-Sigolène.
Bachalarias. *Vacheleries.*
Bachas. *Roche-Basse.*
Bachassou (Le). *Le Rioux,* ruiss.; *Le Bachassou.*
Bacon. *Bacou.*
Baconet, Baconnay. *Baconnet.*
Badia (La). *La Badie.*
Badinenc, Badineus. *Les Badinens.*
Badiui. *Les Badioux.*
Badynenc. *Les Badinens.*
Baghasse (La). *La Bajasse.*
Bahibaud. *Balibaud.*
Bahits. *Bayt.*
Baiasse (La). *La Bajasse.*
Baings. *Bains.*
Bairuel. *Les Barriols.*
Baisac, Baisacum. *Baissac,* cne de Craponne-sur-Arzon.
Baisam. *Beaulieu.*
Baissac. *Beyssac,* cne de Saint-Jean-de-Nay.
Baissacum. *Baissac,* cne de Craponne-sur-Arzon.
Bajassa, Bajassia. *La Bajasse.*
Bajou. *Bajour.*
Balay. *Balais.*
Balayas (Las). *Les Balayes,* cne de Tence; *Les Balayes-de-Marnhier.*
Balays (Les). *Balais.*
Baldeirac. *Baldeyrac.*
Balestre. *Balistre.*
Baleyr. *Balier.*
Baliop. *Valiop.*
Balioutier. *Baloutier.*
Balistrousse. *Balistroux.*
Ballavorum civitas. *Saint-Paulien.*
Balma (La). *La Baume,* cnes de Solignac-sur-Loire et de Thoras.
Balmat, Balmatus. *Beaumat.*
Balme (La). *La Baume,* cnes d'Alleyras, de Saint-Arcons-d'Allier, de Solignac-sur-Loire et de Thoras.
Balne. *Beaune.*
Balneæ. *Bains.*
Balsac, Baissac, Balziacus. *Balzac.*
Banat. *Bannat.*
Bancel. *Le Bancel,* cne de Dunières.
Banchillon. *Bancillon, Le Bancillon,* ruiss.
Bancilho (Lo), Bancilion (Le). *Le Bancillon.*
Bancillou (Le). *Le Bos,* ruiss.
Banhieyres, Bannière. *Banières.*
Bansel (Lou). *Le Bancel,* cne de Dunières.
Bansilho (Lo). *Le Bancillon.*

Bansillon. *Bancillon.*

Banssilion (Le). *Le Bancillon.*

Bar. *Bard*, c^nes de Bournoncle-la-Roche et de Saint-Julien-Chapteuil.

Baraque (La). *La Baraque-Basse, Baraque-de-Barthomeuf; Les Baraques*, c^nes de Domeyrat et du Mazet-Saint-Voy; *La Vallette.*

Baraque-Baganet. *La Baraque-Sabatier.*

Baraque-de-Bayon (La). *La Baraque-de-la-Bomberie.*

Baraque-de-Chaumat. *La Baraque-de-Choumas.*

Baraque-de-Dignac (La). *La Baraquette.*

Baraque-de-la-Fagette. *Baraque-de-la-Champ*

Baraque-de-Lanthenas. *La Baraque-de-Jacarou.*

Baraque-de-Montbonnet. *La Vallette.*

Baraque-de-Ratapey. *La Baraque-du-Maréchal.*

Baraque-de-Retournac. *La Baraque*, c^ne de Roche-en-Régnier.

Baraque-de-Saint-Arcons (La). *Bac-de-Saint-Arcons.*

Baraque-de-Saint-Victor (La). *La Baraque*, c^ne de Pébrac.

Baraque-de-Sénat. *La Baraque-de-Cénac.*

Baraque-de-Vigouroux (La). *La Baraque-de-Cordes.*

Baraque-du-Breuil (La). *La Baraque*, c^ne de Saint-Vincent.

Baraque-du-Lougé (La). *Baraque-Journet.*

Baraque-Francolon. *La Baraque-Ostalier.*

Baraques (Les). *La Baraque*, c^nes de la Mothe, de Saint-Paulien, de Saint-Vénérand et de Valprivas.

Baraques-de-Malpas (Les). *La Baraque*, c^ne de Cussac.

Baraques-de-Touzet (Les). *La Baraque*, c^ne de Bellevue-la-Montagne.

Baraud. *Barrot.*

Barbasta. *Barbaste.*

Barbathe (La). *La Barbatte.*

Barbesit. *Barbezit.*

Barbouteyre (Lo). *Le Lonnac*, ruiss.

Bard (La montagne de). *Bar.*

Bardinenc. *Les Badinens.*

Bardissoux (Les). *Les Bardissons.*

Bardz. *Bard*, c^ne de Bournoncle-la-Roche.

Baret. *Barret*, c^nes du Pont-Salomon et de Saint-Georges-d'Aurac.

Bargas. *Barges.*

Bargelioux. *Brugelioux.*

Bargeta (La). *La Bargette.*

Bargetas, Bargetes. *Bargettes.*

Bargiæ. *Barges.*

Bargier. *Berger.*

Bargitas. *Bargettes.*

Baria (La). *La Barge.*

Barias. *Barges.*

Bariba, Baribac, Baribas. *Barribas.*

Baries. *Barges.*

Barietæ, Bariettas, Barjitas. *Bargettes.*

Barle. *Barlet.*

Barleyras. *Barlières*, c^ne de Bournoncle-la-Roche.

Barlhot. *Barthol*, c^ne de Domeyrat.

Barlière. *Barlières*, c^nes de Connangles et de Bournoncle-la-Roche.

Barnaldus, Barnauts (Los). *Les Bernauds.*

Barouillet. *Bois-Royer.*

Barquantou. *Bafoulet.*

Barrals (Lous), Barras (Lous), Barreaux (Les). *Les Barraux.*

Barreira (La). *La Barrière.*

Barret (Le). *La Conque.*

Barretum. *Barret*, c^ne de Sanssac-l'Église.

Barrey. *Barray.*

Barri (Lo). *Les Barris*, c^ne d'Yssingeaux.

Barribac, Barribacum, Barribat. *Barribas.*

Barriol. *Les Barriols.*

Barrits (Les). *Les Bordes*, ruiss.

Barro. *Bard*, c^ne de Bournoncle-la-Roche.

Barruol. *Les Barriols.*

Barrus. *Bard*, c^ne de Bournoncle-la-Roche.

Barry. *Les Barris*, c^ne de Saint-Maurice-de-Lignon.

Bars. *Bard*, c^ne de Bournoncle-la-Roche.

Barsenda. *Barsende.*

Bartas (Las). *Les Barthes*, c^ne de Moudeyres.

Barte (La). *La Barthe*, c^ne de la Besseyre-Saint-Mary.

Bartes (Les). *Les Barthes*, c^ne des Vastres.

Bartha (La). *La Barthe*, c^ne de la Besseyre-Saint-Mary.

Bartha pavoroze (La). *La Barthe*, c^ne de Saint-Germain-Laprade.

Barthes (Les). *La Barthe*, c^ne de Jullianges.

Baruol. *Les Barriols.*

Basac. *Beaulieu.*

Bascelas. *Basselles.*

Basfourn. *Baffour.*

Basii (Rivus). *Ravin-du-Grisaillou.*

Basila, Basilla. *Blesle.*

Bas-Oubrus. *Petits-Brus.*

Bassa. *Bas.*

Basseales, Basseailes, Basselli. *Basselles.*

Bassensis (adjectif). *Bas.*

Bassetum. *Basset*, c^ne de Bas.

Bassiailes. *Basselles.*

Bassiensis (adjectif). *Bas.*

Bassii (Rivus). *Ravin-du-Grisaillou.*

Bassius, Bassus. *Bas.*

Basthie (La). *La Bastie.*

Bastia (La). *La Bastie; La Bastide*, c^ne de Retournac; *La Batie*, c^ne de Sainte-Sigolène.

Bastias (Las). *La Bastie.*

Bastida (La). *La Bastide*, c^nes d'Azerat, de Céaux-d'Allègre, de Chambezon, de Fix-Saint-Geneys, de Retournac, de Saint-Paulien, de Saint-Préjet-d'Allier, de Venteuges, de Vielprat et de Vorey; *La Bastie; Les Bastides*, c^ne de Saint-Pierre-Eynac; *La Bâtie*, c^ne de Chaudeyrolles.

Bastidæ. *Les Bastides*, c^ne de Saint-Pierre-Eynac.

Bastidde (La). *La Bastide*, c^ne de Léotoing.

Bastide (La). *La Bastie; Les Bastides*, c^nes de Saint-Front et de Saint-Pierre-Eynac.

Bastideta (La). *La Bastidette.*

Bastie (La). *La Batie*, c^ne de Sainte-Sigolène; *Les Granges*, c^ne de Montregard.

Basties (Les), Bastyes. *Les Bastides*, c^ne de Saint-Front.

Bataihe (La). *La Bataille*, c^ne d'Araules.

Bataillet. *Bataillet*, c^ne de Valprivas.

Batailla. *La Bataille*, c^ne d'Araules.

Batailleu. *Bataillet*, c^ne de Valprivas.

Batalha (La). *La Bataille*, c^ne de la Mothe.

Batalher, Batalheyr. *Bataillet*, c^ne de Mazeyrat-Crispinhac.

Batalheyra (La). *La Bataillère.*

Batalhia (La). *La Bataille*, c^ne d'Araules.

Batalhiet. *Bataillet*, c^ne de Valprivas.

Batarellis, Battarel. *Batarel.*

Bateaux (Les). *Le Bateau,* c^ne de Léotoing.

Bateliers (Les). *Le Batelier.*

Bathalieyra (La), Bathallieyres (Las). *La Bataillière.*

Bathaloux (Lous). *Batailloux.*

Bathalyer. *Bataillet,* c^ne de Valprivas.

Batpalmas. *Bapaumes.*

Battau (Le). *Le Bateau,* c^ne de Solignac-sur-Loire.

Batusaco, Batusat, Batuzac. *Batuzat.*

Batyffol (Lo). *Le Moulin-de-Pontageon.*

Baubas. *Baubac.*

Baucha, Bauche, Bauchia. *La Bauche,* c^ne de Vergezac.

Baudous (Lous). *Les Boudour.*

Baulhie. *Baulie.*

Baulme (La). *La Baume,* c^nes d'Alleyras et de Solignac-sur-Loire.

Baume de Vahres. *La Baume,* c^ne d'Alleyras.

Bausac, Bausachium, Bausacum. *Bauzac.*

Bausic. *Bauzit.*

Bauzacum. *Bauzac.*

Bauzic. *Bauzit.*

Bauzolet. *Boussoulet-Haut.*

Bayban. *Balibaud.*

Baygua (Rivus dou). *L'Aubaigne.*

Bayns. *Bains, Bayt.*

Bayoneria. *La Chifletière.*

Baysac. *Baissac,* c^ne de Malvières.

Bayssac. *Beyssac,* c^nes de Monlet et de Saint-Jean-de-Nay.

Bayssacum. *Baissac,* c^ne de Malvières; *Beyssac,* c^nes de Saint-Jean-de-Nay et d'Yssingeaux.

Bayssat. *Beyssac,* c^ne de Saint-Jean-de-Nay.

Baystz. *Bayt.*

Bazau. *Bazan.*

Bazensis (adjectif). *Bas.*

Beallis. *Beaux.*

Beals. *Beaux, Les Beaux.*

Beanes. *Beaune,* c^on de Craponne-sur-Arzon.

Beata Maria Casæ Dei. *Laire.*

Beata Maria de Rilhaco. *Sainte-Marie-des-Chazes.*

Beata Maria des Torns. *Notre-Dame-d'Estour.*

Beata Maria extra muros. *Laire.*

Beata Maria Magdalenæ. *La Madeleine,* c^ne de Retournac.

Beata Maria supra Casas. *Sainte-Marie-des-Chazes.*

Beatus Egidius. *Chamalières.*

Beatus Maximinus. *Le Tracol.*

Beau. *Beaux.*

Beaubac. *Baubac.*

Beauche. *La Bauche,* c^ne de Vergezac.

Beaudac, Beaudéac. *Baudéac.*

Beaudet. *Baudet.*

Beaulaigua. *Beaulaigue.*

Beaulieu (Rivière de). *La Suissesse.*

Beaulio. *Baulie.*

Beaulmont. *Beaumont,* c^on de Brioude.

Beaulne. *Beaune,* c^on de Craponne-sur-Arzon et c^ne de Saint-Arcons-d'Allier.

Beaulx. *Beaux.*

Beaume (La). *La Baume,* c^ne de Solignac-sur-Loire; *l'Ourzie,* ruiss.

Beaumes (Les), Beaumes-de-Veyssier (Les). *Les Baumes.*

Beaumontel. *Le Monteil,* c^ne d'Espalem.

Beaunes. *Beaune,* c^on de Craponne-sur-Arzon.

Beaurepaire, Beaurepère. *Saint-Sauveur.*

Beauvezer. *Belvezet.*

Beauzac. *Bauzac.*

Beauzic. *Bauzit.*

Beauzire-l'Union. *Saint-Beauzire.*

Beay (Le). *Le Bief.*

Bebrac. *Pébrac.*

Becei Sobeiram (Lo). *Le Besset,* c^ne de Valprivas.

Beceria. *La Besseyre,* c^ne de Chassignolles; *La Besseyre-Basse, La Besseyre-Haute, Grosse-Besseyre.*

Becet. *Le Besset,* c^ne d'Yssingeaux.

Beceyra (La). *La Besseyre,* c^ne de Saint-Préjet-d'Allier.

Béchamp. *Belchamp.*

Becha Soleih. *Bêche-Soleil.*

Bechay. *Bichaix.*

Bechoux. *Le Bessioux.*

Becindellus. *Le Bessatel.*

Beciaria. *La Besseyre,* c^ne de Saint-Georges-d'Aurac.

Beciatellus. *Le Bessatel.*

Becieria. *La Besseyre-Haute.*

Bedals. *Beaux.*

Begnaco. *Bénac.*

Begoux (Loz). *Les Bégons.*

Beiller. *Belair,* c^ne de Saint-Julien-Molhesabate.

Beissac. *Baissac,* c^ne de Malvières; *Beyssac,* c^ne de Monlet.

Beissat. *Baissat.*

Belabre-lez-Bonnefoy. *Belarbre.*

Belacumba. *Bellecombe.*

Bela Val. *Belval.*

Bel-Estar. *Belistar.*

Belfort. *Beaufort.*

Belhoc. *Beaulieu,* c^ne de Vorey.

Beliacus. *Bilhac.*

Belijoc. *Beaujeu.*

Bel-Istar, Belistard, Belistat. *Belistar.*

Beljoc. *Beaujeu.*

Bellacomba, Bellacumba. *Bellecombe.*

Bellaire. *Bel-Air,* c^ne de Saint-Pal-de-Mons.

Bella Vallis. *Belval.*

Bellavorum civitas. *Saint-Paulien.*

Bellecumbe. *Bellecombe.*

Belleoc. *Beaulieu,* c^ne de Saint-Ilpize.

Bellerue. *Bellevue,* c^ne de Vieille-Brioude.

Belleval. *Belval.*

Bellevue. *Bel-Air,* c^ne d'Yssingeaux.

Bellins (Les). *Esbelin.*

Bellioc. *Beaulieu,* c^ne de Saint-Ilpize et c^ne de Vorey.

Bellistar. *Belistar.*

Belloc. *Beaulieu,* c^ne de Vorey.

Bellon. *Belon.*

Belluc. *Bellut.*

Bellum Pratum. *Velprat.*

Belluoc. *Beaulieu,* c^on de Vorey.

Bellus Campus, Belchamp, c^ne de Chanteuges.

Bellusfortis, Bellusfortis de Godeto vel Godeti. *Beaufort.*

Bellus Jocus. *Beaujeu.*

Bellus Locus. *Beaulieu,* c^nes de Saint-Ilpize et de Saugues et c^on de Vorey.

Bellus Mons. *Beaumont,* c^on de Brioude et c^ne de Saint-Victor-sur-Arlanc.

Bellus Regardus. *Beauregard,* c^ne de Vazeilles-Limandres.

Bellus Visus. *Beauvoir, Belvezet.*

Bellvezer. *Belvezet.*

Belmond. *Beaumont,* c^on de Brioude; *Belmont.*

Belmont. *Beaumont,* c^on de Brioude et c^ne de Saint-Victor-sur-Arlanc.

Belna. *Beaune,* c^on de Craponne-sur-Arzon.

Belon. *Pont-de-Belon.*

Bel Regar, Belregard. *Beauregard,* c^ne de Vazeilles-Limandres.

Belregarda. *Beauregard,* c^ne des Estables.

Bel-Regart. *Beauregard,* c^nes de Chassignolles et de Lempdes.

Bel-Regartz. *Beauregard,* c^ne de la Voûte-Chilhac.

Bel-Reguart. *Beauregard*, cne de Lempdes.
Beltortel, Beltoustel. *Beltourtel.*
Beluc. *Bellut.*
Belurut. *Bellerut.*
Belut. *Moulin-de-la-Crotte.*
Belvezer. *Belvezet.*
Bel-Ystar. *Belistar.*
Benago, Benagum, Benat. *Bénac.*
Benaud. *Benot*, cne de Bonneval.
Benedictus, Beneseyt, Beneyt, Benezit. *Benezet.*
Benistan, Benistand, Benistans. *Bénistant.*
Beuna. *Beaune*, cne de Saint-Étienne-du-Vigan.
Benne. *Beaune*, cne de Craponne-sur-Arzon et cne de Saint-Arcons-d'Allier.
Benol (Petit-). *Benot*, cne de Bonneval.
Beo Laygua, Beoulaigue. *Beaulaigue.*
Beouria. *Bourgeat*, cne de Tence.
Berberin, Berbesis, Berbesit, Berbezi, Berbezin, Berbezinus, Berbezy. *Berbezit.*
Bercaric. *Bercary.*
Bercenda. *Barsende.*
Berchou. *Berchon.*
Bercolia, Bercolius, Bercueghol (Lo), Bercueiol (La), Bercueulle, Bercuiol (La). *La Brequeille.*
Bercus. *Berg.*
Berengayres. *Brangeirets.*
Bereynh (Riu). *Le Saint-Berain.*
Bergnaco. *Brenat.*
Bergnias. *Bénac.*
Bergoade. *Bergouade.*
Bergogesetum, Bergoghas, Bergoias, Bergoiatum, Bergojaset. *Bergougeac.*
Bergolde. *Bergouade.*
Bergonhios, Bergonho, Bergonios, Bergoniosium. *Bergougnoux.*
Bergoughas, Bergoujac, Bergoyhas, Berjuias. *Bergougeac.*
Berle. *Barlet.*
Berleriæ. *Barlières*, cne de Connangles.
Berlerias. *Barlières*, cne de Bournoncle-la-Roche.
Berleyras. *Barlières*, cne de Connangles.
Bernago. *Brenat.*
Bernati, Bernaux (Les). *Les Bernauds.*
Bernaz. *Brenas.*
Berne. *La Bière.*

Berneaulz (Les). *Les Bernauds.*
Berngnias. *Bénac.*
Bernocz (Lous). *Les Bernauds.*
Bernoncel (Le). *Le Brunoncel.*
Berq. *Berg.*
Berqueiol (La), Berquelhe (La). *La Brequeille.*
Bertaut. *Bertaud.*
Berte (La). *Luberthe.*
Bertellat. *Le Bartaillat.*
Bertescha (La). *La Bertèche.*
Berteyras, Berteyres. *Bertier.*
Berthal. *Barthol*, cne de Saint-Préjet-Armandon.
Berthe (La). *Luberthe.*
Berthozu. *Bertouzis.*
Bertiuhac. *Bertignat.*
Bertlenus, Bertlle. *Barlet.*
Bertoleyras. *Bertolet.*
Bertozic. *Bertouzis.*
Bertrand. *Bertrand-Bas*; *Le Pradas*, cne de Saint-Front.
Bertrand de la Faye. *Moulin-Bertrand.*
Bertrot (Le). *La Bruère.*
Bertynhacum. *Bertignat.*
Bes (Lo). *Le Betz*, cnes de Lapte et Saint-Pal-de-Chalencon; *Le Bez.*
Besayreta (La). *Beysserette.*
Besayrola (La). *La Beysserolle.*
Besilla. *Blesle.*
Besis. *Le Suc de Bésy.*
Besonghe. *Le Mas-de-Bayon.*
Bessa. *Besse*, cne de Lempdes; *La Grande-Besse.*
Bessac. *Beyssac*, cnes de Monlet et d'Yssingeaux.
Bessæ. *Besse*, cne de Saint-Pierre-Duchamp.
Bessaille. *Bayssaille.*
Bessamaurel, Bessa Maurell, Bessamoreau, Bessamorellus, Bessamourel, Bessamourella. *Bessamorel.*
Bessanio (Mansus de). *Le Mas-de-Bayon.*
Bessarieus, Bessarious, Bessarius. *Bessarioux.*
Bessas. *Besses*, cne d'Allègre.
Bessayre (La). *La Besseyre*, cne de La Farre.
Bessayrola (La). *La Besseyrole-Haute, La Besseyrolle.*
Besse. *Besses*, cnes d'Allègre et de Solignac-sous-Roche; *Le Besset*, cnes de Malvalette, de Tence et d'Yssingeaux; *Le Betz*, cne de Saint-Pal-de-Chalencon.

Bessée (La). *La Besséa.*
Bessegetum. *Besseget.*
Besseira. *La Besseyre*, cne de Blesle.
Besseire (La). *La Besseyre*, cne de Chassignolles; *La Besseyre-Saint-Mary, La Vaissière.*
Besseire de Sainct-Mary. *La Besseyre-Saint-Mary.*
Besserargues. *Bousselargues.*
Besserette (La). *Besseyrette.*
Besseria. *La Besseyre*, cne de Saint-Georges-d'Aurac; *La Besseyre-Haute, La Besseyre-Saint-Mary.*
Besseria in Alvernia. *La Besseyre-Saint-Mary.*
Besserioux. *Bessarioux.*
Besses (Los). *Le Besset*, cne de Valprivas.
Besset-Moret (Le). *Bessamorel.*
Bessetum. *Le Besset*, cnes de la Besseyre-Saint-Mary, de Laussonne, de Malvalette, de Saint-Julien-Molhesabate et d'Yssingeaux.
Besseum. *Le Bez.*
Besseyra (La). *La Besseyre*, cnes de Blesle et Saint-Georges-d'Aurac; *La Besseyre-Saint-Mary, La Vaissière.*
Besseyre-Haulte. *La Besseyre-Haute.*
Besseyre-Nivôse. *La Besseyre-Saint-Mary.*
Besseyres (Les). *La Besséa*, cne de Saint-Jeure.
Besseyreta (La). *Besseyrette.*
Besseyria (La). *La Besseyre*, cne de Saint-Préjet-d'Allier.
Besseyrola (La). *La Besseyrole-Haute, La Besseyrolle.*
Besseyrole (La). *La Besseyrolle.*
Besseyroux. *Chambusclade.*
Bessière (La). *La Besseyre*, cnes de Blesle et de la Voûte-Chilhac.
Bessiere-Saint-Mary (La). *La Besseyre-Saint-Mary.*
Bessiou (Le). *Le Bessioux.*
Bessium. *Le Bez.*
Besso. *Le Besson.*
Besson (Le). *L'Ourzie*, ruiss.
Bessonière (La). *La Bessonnière.*
Bessoux. *Bessous.*
Bessum. *Le Betz*, cne de Saint-Pal-de-Chalencon; *Le Bez.*
Best (Le). *Le Bets*, cne de Saint-Julien-d'Ance; *Le Betz*, cne de Saint-Pal-de-Chalencon.
Beste. *Béthe.*
Betenedo. *Bedenet.*
Beterra. *La Besseyre-Basse.*

Bethoue. *Bêthe.*
Bethz (Le). *Le Betz.*
Betoa. *Bêthe.*
Betz (Lo). *Le Bets*, c^ne de Monistrol-sur-Loire; *Le Bez.*
Beulmont. *Beaumont.*
Beulz. *Bœuz.*
Beuna. *Beaune*, c^me de Saint-Étienne-du-Vigan.
Beune. *Beaune*, c^on de Craponne-sur-Arzon, c^nes de Saint-Arcons-d'Allier et de Saint-Étienne-du-Vigan.
Beux. *Bœuz.*
Bex (Lo). *Le Bels*, c^ne de Monistrol-sur-Loire.
Beysac. *Beyssac*, c^ne d'Yssingeaux; *Le Blaizat.*
Beyssac. *Baissac*, c^ne de Craponne-sur-Arzon.
Beyssache (La). *Bayssaille.*
Beyssacum. *Baissac*, c^ne de Craponne-sur-Arzon.
Beysseyra. *La Besseyre*, c^ne de Chastel.
Bezæ. *Besse*, c^ne de Saint-Pierre-Du-champ.
Bezairolæ. *La Besseyrolle.*
Bezanho, Bezanjon. *Le Mas-de-Bayon.*
Bezis. *Le Suc de Bézy.*
Bichais, Bichays. *Bichaix.*
Biéla (La). *La Béala.*
Bigorra, Bigoura, Biguorra. *Bigorre.*
Bilhac. *Rilhac.*
Bilhangii. *Billanges.*
Bilhard. *Billard.*
Bilhiac. *Bilhac.*
Bilho, Bilhon. *Billon.*
Billiacus. *Bilhac.*
Billiange. *Billanges.*
Binaset. *Buniazet.*
Bineriæ. *Les Binières.*
Bineyras (Las). *Les Bineyres, Les Binières.*
Binhac (Del). *Aubignac*, c^ne de Belle-vue-la-Montagne.
Binlhac. *Bilhac.*
Bintis. *Bains.*
Bisa. *Bize.*
Bisac. *Bizac.*
Bise. *Bize.*
Bislago. *Bilhac.*
Bisliacus. *Bilhac.*
Bissioux (Le). *Le Bessioux.*
Bistour (La). *Labistour.*
Bithlacus. *Bilhac.*
Bitirites. *Brioude.*
Biza. *Bize.*
Bizacum. *Bizac.*

Bize (La). *La Fioure.*
Blacha (La). *La Blache*, c^nes de Malrevers et de Saint-Front.
Blachaira (La). *La Blachère.*
Blacha Redonda. *Blache-Redonde.*
Blachas (Les). *Les Blaches.*
Blacheira (La), Blacheyra (La). *La Blachère.*
Blachia. *La Blache*, c^ne de Malrevers.
Blaciac, Blaciago. *Blassac.*
Bladenavas, Bladenave. *Bladenaves.*
Blaelle. *Blesle.*
Blaiose. *Blavozy.*
Blaisac, Blaisat. *Blaizat.*
Blalhac, Blallac. *Blanlhac.*
Blanat. *Blannat.*
Blanchier. *Blanchet.*
Blanhac. *Blanlhac.*
Blannac. *Blannat.*
Blansacum, Blansat. *Blanzac.*
Blaoser, Blaoze, Blaozer. *Blavozy.*
Blasilia, Blasilis, Blasilla. *Blesle.*
Blassacum, Blassat, Blassiat. *Blassac.*
Blatlhac, Blatulago, Blatusago. *Blanlhac.*
Blavoser, Blavosium, Blavoze, Blayoser. *Blavozy.*
Blayssac. *Blaizat.*
Blazella, Blazilia, Bleelle, Bleille. *Blesle.*
Blelhac. *Blanlhac.*
Blelle, Bleolle, Blere. *Blesle.*
Blesacum. *Blassac.*
Blesilia. *Blesle.*
Blessacum. *Blaizat.*
Blevozy. *Blavozy.*
Bleyla, Bleyle, Bleylle. *Blesle.*
Bleyose, Bleyoze. *Blavozy.*
Bleysac, Bleyzac. *Blaizat.*
Blius. *Bleu*, c^ne de Saint-Vidal.
Blivus. *Bleu*, c^ne de Polignac.
Blonde (Ruiss. de la). *Le Robecque.*
Blozer. *Blavozy.*
Boaria (La). *La Borie*, c^nes du Monastier, de Pébrac et de Pradelles.
Boaria Sollempniaci. *La Borie*, c^ne de Solignac-sur-Loire.
Boayros (Los). *Lous Boiroux.*
Bobeiras, Boberias. *Boubaire.*
Bochats (Lo). *Le Bouchat*, c^ne du Mazet-Saint-Voy.
Bochet (Le). *Le Bouchet*, c^ne de Dunières; *Le Bouchet-Saint-Nicolas.*
Bochet (Le lac). *Lac-du-Bouchet.*
Bocinaricus. *Bousselargues.*
Boc Navat. *Bonnavat.*
Bocs-Huon. *Bostigon.*
Bocz. *Bosc.*

Bodos (Los). *Les Boudoux.*
Bognavat. *Bonnavat.*
Boheria (La). *La Borie*, c^ne de Saint-Privat-du-Dragon.
Boheyra (Rivus de la). *La Boyère.*
Boicetum. *Boisset.*
Bois-Bonparent (Le). *Le Bos-Bom-parent.*
Bois-d'Arbiou (Le). *Le ruiss. du Cros.*
Bois-de-Fruge. *Le Bois-de-Fruges.*
Bois-de-Géa. *Le Bois-de-Jas.*
Bois-de-Genat, Bois-de-Genest. *Le Bois-du-Genest.*
Bois-de-Jeu. *Le Bois-de-Jean.*
Bois-de-la-Moule (Le). *Le Bois-de-la-Moure.*
Bois-de-Lau (Lou). *Bois-de-l'Eau.*
Bois del Rey. *Le Pied-du-Roi.*
Bois-des-Botes. *Le Bois-de-Lirat.*
Bois-d'État (Le). *L'Échapré*, rivière.
Bois-du-Chazeaux. *Le Bois-de-Chazaux.*
Boiseiras. *Boissière*, c^ne de Pinols.
Boisoletum. *Boisset-Bas.*
Boisolum. *Boisset-Haut.*
Boisonade (La). *La Buissonnade.*
Bois-Roux. *Lous Boiroux.*
Bois-Rulher. *Bois-Roger.*
Boissariolas. *Bousscrolles.*
Boissayretas. *Boisserette.*
Boisseau-Bas. *Boisset-Bas.*
Boisseira, Boisseiras. *Boissière*, c^ne de Vernassal.
Boissel-Bas. *Boisset-Bas.*
Boisserargues. *Bousselargues.*
Boisseuge. *Boisseuges.*
Boisseughol. *Boisseuge.*
Boissi-du-Mas. *Boissy-du-Mas.*
Boissière (Ruiss. de). *La Rochette.*
Boisson (Le). *Le Buisson*, c^ne de Vieille-Brioude.
Boissonnade. *La Buissonnade.*
Boissonnière (La). *La Boissonneyre.*
Boissou. *Le Buisson*, c^nes de Fay-le-Froid et de Vieille-Brioude.
Boiteux (Le), Boitoux. *Boitout.*
Boizol. *Bouzols.*
Bolba (La). *La Boube.*
Bolbas. *Boubas.*
Bolbayrac. *Baubeyrac.*
Bolceyraud. *Bousserolles.*
Bolziol, Bolzol. *Bouzols.*
Bomat. *Beaumat.*
Bomba. *Bombe.*
Bombarye (La). *La Bomberie.*
Bonacensis (adjectif), Bonaciensis (adjectif), Bonacius. *Bonnas.*

Bona Foan. *Bonnefont*, c^ne de Saint-Front.

Bona Foant. *Mas-de-Bonnefont.*

Bona Fons. *Bonnefont*, c^nes de Fontannes et de Saint-Georges-Lagricol.

Bonafont. *Bonnefont*, c^nes de Chassignoles, de Saint-Georges-Lagricol, de Saint-Martin-de-Fugères et de Séneujols.

Bona Nox. *Bonnenuit.*

Bonarme. *Bonharmes.*

Bonas, Bonascius. *Bonnas.*

Bonaud. *La Chabane*, c^ne de Saint-Germain-Laprade.

Bonaval, Bona Vallis. *Bonneval.*

Bonavila. *Bonneville.*

Bonavilla. *Bonnevialle*, c^ne de Rosières.

Bonba. *Bombe.*

Bonbarie (La). *La Bomberie.*

Boneta (La), Bonete-les-Monbonet. *La Bonnette.*

Boneti (Molendinum), Boneto (Monnerius de). *Moulin de Bonnet.*

Boneval. *Bonnavat.*

Bonjorn. *Bonjour.*

Bonnafont. *Bonnefont*, c^ns de Saint-Jeure.

Bonnarme. *Bonharmes.*

Bonnassous. *Bonnassou.*

Bonna Viale. *Bonnevialle.*

Bonnefond. *Bonnefont*, c^nes de Chassagnes et de Saint-Georges-Lagricol.

Bonnet. *Les Bonnettes, Fauries.*

Bonnet-Libre. *Saint-Bonnet-le-Froid.*

Bonnevial. *Bonnevialle*, c^ne de Saint-Romain-Lachalm.

Bonus Fons. *Bonnefont*, c^nes du Mazet-Saint-Voy, de Saint-Front, de Saint-Pal-de-Mons et de Séneujols; *Mas-de-Bonnefont.*

Boquelarie (La). *La Bouquelerie.*

Borange (La), Borangha (La), Borangia. *La Bourange.*

Borbolhion, Borbolo. *Le Bourbouillou*, ruiss.

Bordœ. *Les Bordes*, c^ne d'Yssingeaux.

Bordas. *Les Bordes*, c^ne de Saint-Beauzire.

Bordel. *Bourdeille.*

Bordellum. *Bordel.*

Bordeyracum. *Bourdeyrac.*

Bordis (Rivus de). *Les Bordes.*

Borengia. *La Bourange.*

Borga (La). *La Bourghea.*

Borget-Nou, Borgetum Novum. *Bour-*

geneuf, c^nes de Saint-Julien-Chapteuil et d'Yssingeaux.

Borghada (La), Borghade (La). *La Bourgeade.*

Borghat (Le). *Bourgeat*, c^ne de Saint-Ferréol-d'Auroure.

Borghetum Novum. *Bourgeneuf*, c^ne de Saint-Julien-Chapteuil.

Boria (La). *La Borie*, c^nes de Beaulieu, de Coubon, du Monastier, de Monistrol-d'Allier, de Monistrol-sur-Loire, de Pébrac, de Pradelles et de Saint-Privat-du-Dragon; *La Borie-du-Fau.*

Boria de Chambarel. *La Borie*, c^ne de Céaux-d'Allègre.

Borias (Las). *Les Boires.*

Boria Sollempniaci (La). *La Borie*, c^ne de Solignac-sur-Loire.

Borie (La). *Les Bories.*

Borie-Blanche (La). *Laval*, c^ne de Vals-près-le-Puy.

Borie-Chambarel (La). *La Borie*, c^ne de Céaux-d'Allègre.

Borie de Saint-Jeure (La). *La Borie*, c^ne de Chénereilles.

Borie-du-Faux (La). *La Borie-du-Fau.*

Borie-lez-Solinac. *La Borie*, c^ne de Solignac-sur-Loire.

Boritte (La). *La Boriette*, c^ne d'Aiguilhe.

Borlada (La). *La Bourlade.*

Borlaiche (La). *La Bourlèche.*

Borleria, Borleriæ, Borleyras, Borleyres. *Bourleyre.*

Borlho. *Bourlione.*

Borlhoncle Sancti Juliani. *Bournoncle-Saint-Julien.*

Borlières. *Bourleyre.*

Borloncle, Borloncrum. *Bournoncle-la-Roche.*

Born. *Borne, Bourg.*

Borna. *Borne, La Borne*, rivière.

Bornac, Bornacum. *Bournac*, c^ne de Saint-Front.

Bornacx. *Bournac*, c^ne de Solignac-sur-Loire.

Borna la Mura. *Bornette.*

Bornat. *Bournac*, c^ne de Solignac-sur-Loire.

Borne-la-Mure, Borneta. *Bornette.*

Bornette (Moulin de). *Bournette.*

Bornhoncle. *Bournoncle-la-Roche.*

Borrengia. *La Bourange.*

Borvet. *Bourvain.*

Borye (La). *La Borie*, c^nes de Chénereilles, de Coubon, du Monas-

tier, de Monistrol-sur-Loire et de Saint-Privat-du-Dragon; *les Crozes*, ruiss.

Borytte (La). *La Cocoulogne.*

Bos (Lo). *Le Bois*, c^ne de la Voûte-Chilhac; *Le Bos-d'Orchinon.*

Bos (Les). *Le Monteil*, c^ne d'Espalem.

Bosac (Molendinum de). *Les Piles-de-Bauzac.*

Bos-Alichier (Lo). *Boscaliger.*

Bos-Bomparant, Bos-Bonparent. *Le Bos-Bomparent.*

Bosc (Lo). *Lous Bau; Le Bos*, c^ne de Bas.

Boscalichet, Bosc-Allichier. *Boscaliger.*

Bosc-Buisson. *Bost-Buisson.*

Bosc del Cros. *Le Bois-du-Cros.*

Bosc-d'Eytac. *Bois-d'État.*

Bosc-Geofroy (Lo). *Le Bois-Geoffre.*

Boscha (La). *La Bauche*, c^ne de Tence.

Boschage (Lo). *Le Bouchage*, c^ne de Félines.

Boschaghe (Lo). *Le Bouchage*, c^ne de Chomelix.

Boscharain (Lo). *Le Boucherand.*

Boscharenc (Lo). *Le Boucharine.*

Boschas (Le). *Le Bouchas*, c^nes de Retournac et de Saint-Hostien; *Le Bouchat*, c^ne du Mazet-Saint-Voy.

Boschassium. *Le Bouchas*, c^ne de Saint-Hostien.

Boschat (Lo). *Le Bouchat*, c^nes du Mazet-Saint-Voy et de Saint-Pal-de-Mons.

Boschatges (La). *Le Bouchage*, c^ne de Chomelix.

Boschats. *Le Bouchas*, c^ne de Retournac.

Bos-Chau, Bos-Chaud. *Boichaud.*

Boschaylo (Lo). *Le Boussillon.*

Boschayrolas. *Boucherolle.*

Boscheran (Lo), Boscherent (Lo). *Le Boucherand.*

Boscherolles. *Boucherolle.*

Boschet (Lo). *Le Boisset; Bouchet*, c^nes de Lapte et de Raucoules; *Le Bouchet*, c^nes de Chanteuges, de Mazerat-Aurouze, de Présailles, de Queyrières, de Riotord, de Saint-Berain, de Saint-Jeure, de Saint-Laurent-Chabreuges, de Saint-Vincent et de Thoras; *Le Bouchet-Haut, Le Bouchet-Saint-Nicolas, Le Boussit, Le Boussy.*

Boschet (Lacus del). *Lac-du-Bouchet.*

Boschet-de-Queyrières (Le). *Le Bouchet*, cne de Queyrières.

Boschet-Jelya, Boschet-la-Masche. *Le Bouchet*, cne de Présailles.

Boschet-Mahenc. *Le Bouchet-Mahenc.*

Boscheto. *Le Bouchet-Haut.*

Boschet-Telleyres. *Le Bouchet*, cne de Valprivas.

Boschetum. *Auli; Bouchet*, cnes de Lapte et de Raucoules; *Le Bouchet*, cnes de Beaux, de Chanteuges, de Lissac, de Présailles, de Queyrières, de Saint-Berain, de Saint-Jeure, de Saint-Just-Malmont, de Saint-Maurice-de-Lignon, de Saint-Vincent et de Thoras; *Le Bouchet-Mahenc.*

Boschetum Salzada. *Le Boussy.*

Boschetum Sancti Nicolai. *Le Bouchet-Saint-Nicolas.*

Boschilhonum. *Boussilon.*

Boschillo. *Boussillon, Le Boussillon.*

Boschit. *Bouchet*, cne de Lapte; *Le Bouchet*, cne de Thoras.

Boschito. *Le Bouchet*, cne de Présailles.

Boschus. *Le Bos*, cne de Blesle.

Bosc-Long. *Bois-Long.*

Bosc-Mea, Boscmeia. *Bosméa.*

Bos-Comtal (Al). *Le Bois-Comtal.*

Boscus. *Le Bois*, cnes de Roche-en-Régnier et de la Voûte-Chilhac; *Le Bos*, cnes de Blesle, de Pébrac et de Saint-Julien-Chapteuil; *Boscaliger, Le Bos-Bomparent, Bost-Buisson.*

Boscus Bomparent, Boscus Boni Parentis. *Le Bos-Bomparent.*

Boscus Gaufridi, Boscus Jauffre, Boscus Jauffrey. *Le Bois-Geoffre.*

Boscus Magnus. *Le Bos-Grand.*

Boscus Medius. *Bosméa.*

Boscusses. *Boscusse.*

Bos-d'Eytac. *Bois-d'État.*

Bose. *Bosc.*

Boserium. *Boissier.*

Bosgernas. *Bougerne.*

Bos-Grant (Lo). *Le Bos-Grand.*

Bos-Jehan (Le). *Le Bois-Jean.*

Bos Major, Bos-Majour. *Bois-Majour.*

Bos-Monparant (Le). *Le Bos-Bomparent.*

Bos Montium. *Le Bos*, cne de Saint-Julien-Chapteuil.

Bosol, Bosolium, Bosolum. *Bouzols.*

Bosquetum. *Le Bouchet*, cne de Thoras.

Bos-Redon, Bos-Redond. *Bois-Redond.*

Bussac. *Boussac.*

Bos Saint-Peyre. *Bois-du-Père.*

Bosser, Bosserium, Bossers. *Boissier.*

Bosseyragus, Bosseyrargues. *Bousselargues.*

Bossier, Bossiers. *Boissier.*

Bossiet (Lo). *Le Bouchet*, cne de Mazerat-Aurouze.

Bossit. *Le Bouchet*, cne de Queyrières.

Bossit-Saint-Nicolau. *Le Bouchet-Saint-Nicolas.*

Bossol, Bossole, Bossolel, Bossolet, Bossolhetum. *Boussoulet-Haut.*

Bost. *Le Bos*, cne de Bas.

Bostredon. *Bois-Redond.*

Bostz (Lo). *Le Bois*, cne de Roche-en-Régnier.

Bostz-Bon-Parenc. *Le Bos-Bomparent.*

Botachart. *Pot-à-Chard.*

Botaressa (La). *La Boutaresse.*

Botayrolæ, Botayrolas, Botayrolles. *Bouteyrolles.*

Boteyre. *Bouteyre*, cne de Riotord.

Botho (Lo). *Le Bouton.*

Botieyra (Rivus). *La Boyère.*

Boto. *Le Bouton.*

Bots. *Bosc.*

Botte. *Boute.*

Botz. *Bosc.*

Boubeyrac. *Baubeyrac.*

Boubières. *Boubaire.*

Boucharine. *Le Boucharinc.*

Boucheirolles. *Boucherolle.*

Boucherain. *Le Boucharinc.*

Bouchet (Le). *Le Bouchat, Le Bouchet-Mahenc, l'Oubois*, ruiss.

Bouchet-le-Lac. *Le Bouchet-Saint-Nicolas.*

Bouchetum. *Le Bouchet*, cnes de Saint-Georges-Lagricol et de Valprivas.

Bouchilhon. *Bancillon.*

Bouchit (Le). *Le Bouchet*, cnes de Chanteuges et de Queyrières.

Bouchy (Le). *Le Boussy.*

Boudeac. *Baudéac.*

Boudons (Los). *Les Boudoux.*

Boudor. *Baudor.*

Boufelore. *Bouffelaure*, cne d'Allègre.

Bouffelore. *Bouffelaure*, cne de Berbezit.

Bouffevent. *La Chuusse.*

Bougère (La). *La Brayre.*

Bougernas. *Bougerne.*

Bougic. *Bauzit.*

Bouisset. *Boisset.*

Bouissonnade (La). *La Buissonnade.*

Boujernas. *Bougerne.*

Boulant. *Bouland.*

Boulbas. *Boubas.*

Boulheu. *Beaulieu.*

Bouneffont. *Bonnefont*, cne de Beaulieu.

Bouquellerie (La), Bouqueterie (La). *La Bouquelerie.*

Bourbonloncle. *Bournoncle-la-Roche.*

Bourbouillion. *Le Bourbouillou*, ruiss.

Bourc-l'Oncle. *Bournoncle-la-Roche.*

Bourdel. *Bordel.*

Bourdelle (La), Bourdelles (Les). *La Grassette*, ruiss.

Bourdelles. *Bourdeille.*

Bourga (La). *La Bourghea.*

Bourgada (La), Bourgade (La). *La Bourgeade.*

Bourgeneufs, Bourget-Nou. *Bourgeneuf*, cne de Saint-Julien-Chapteuil.

Bourghaa (La). *La Bourghea.*

Bourghade (La). *La Bourgeade.*

Bourghéar (La). *La Bourghea.*

Bourguade. *Bergouade.*

Bouriane. *Les Bouriannes.*

Bourie (La). *La Borie*, cne de Céaux-d'Allègre.

Bourier (La). *Labourier.*

Bourite (La). *La Boriette*, cne d'Aiguilhe.

Bourja (La). *Bourgeat*, cnes de Saint-Victor-Malescours.

Bourlarette. *Bourlaratte.*

Bourleyche (La). *La Bourlèche.*

Bourlloncle. *Bournoncle-la-Roche.*

Bourloncle-Sainct-Julhien. *Bournoncle-Saint-Julien.*

Bourloncle-Saint-Pierre. *Bournoncle-la-Roche.*

Bournacz. *Bournac*, cne de Solignac-sur-Loire.

Bournette. *Bornette.*

Bouroyer. *Bois-Royer.*

Bourrianne. *Bourianne*, cne de Saint-Julien-d'Ance.

Boursier. *Brossier.*

Bourzai (Le), Bourzès, Bourzeys. *Bourzey.*

Bouschaige (Le). *Le Bouchage*, cne de Chomelix.

Bouschal (Le), Bouscham (Lo). *Le Boissial.*

Bouscharenc, Bouscharent. *Le Boucharinc.*

Bouschatel. *Bouchetel.*

Bouschet (Le). *Le Bouchet*, cnes de Lissac, de Saint-Georges-Lagricol et de Valprivas; *Le Bouchet-Haut, Bouchet-Pilhac, Le Bouissit.*

Bouschet-la-Masche (Le). *Le Bouchet*, cne de Présailles.

Bouschet-Mahenc. *Le Bouchet-Mahenc.*

Bouschatum. *Le Bouchet*, c^{ne} de Saint-
Georges-Lagricol.
Bouschial (Le). *Le Boissial.*
Bouserol. *Bousserolles.*
Bousic, Bousicum. *Bauzit.*
Bousmea. *Bosméa.*
Bousos. *Bouzols.*
Bousseraignes. *Bousselargues.*
Bousseroles. *Bousserolles.*
Boussi. *Le Bouchet*, c^{ne} de Chan-
teuges.
Boussias. *Le Bouchas*, c^{ne} de Saint-
Hostien.
Boussilhon. *Boussillon.*
Boussit (Le). *Le Bouchet*, c^{ne} de
Saint-Berain.
Boussolet. *Boussoulet-Haut.*
Boussy. *Le Bouchet*, c^{ne} de Mazerat-
Aurouze.
Boutherolle. *Bouteyrolles.*
Boutte. *Boute.*
Bouvais. *Borvet.*
Bouyer. *Boyer.*
Bouys (Les). *Les Bouis.*
Bouzac. *Bauzac.*
Bouzai. *Bourzey.*
Bouziol. *Bouzols.*
Bouzit. *Bauzit.*
Bouzol, Bouzouls. *Bouzols.*
Bovaria. *La Borie*, c^{ne} du Monastier.
Boyceol Sobeyra. *Boisset-Haut.*
Boycet. *Boisset.*
Boyceux. *Boissieux.*
Boyceyras. *Boissière*, c^{ne} de Pinols.
Boyciels. *Boissieux.*
Boyes. *Bains.*
Boyros, Boyroux (Lous). *Lous Boi-
roux.*
Boys (Le). *Le Bois-de-Fruges.*
Boys-Montparent (Le). *Le Bos-Bom-
parent.*
Boyson (Lo). *Le Buisson*, c^{ne} de Cer-
zat.
Boysoneyra (La). *La Boissoneyre.*
Boysseau-Bas. *Boisset-Bas.*
Boysseghol. *Boisseuges.*
Boysseires. *Boissières.*
Boysseol, Boysseolz. *Boisset-Haut.*
Boysserargues. *Bousselargues.*
Boysseretas. *Boisserette.*
Boysseriæ. *Boisseyre.*
Boysset. *Boisset, Le Boisset.*
Boyssetum. *Boisset.*
Boysseughol. *Boisseuges.*
Boysseyras. *Boissière*, c^{ne} de Pinols;
Boissières.
Boysseyre. *Boissière*, c^{ne} de Pinols.
Boysseyretas. *Boisserette.*

Boysseyria. *La Boisserie.*
Boyssiel Sobeyre. *Boisset-Haut.*
Boyssiols. *Boissieux.*
Boysso. *Le Buisson*, c^{nes} de Fay-le-
Froid, de Loudes et de Saint-Pal-
de-Mons.
Boysson (Le). *Bost-Buisson; Le Buis-
son*, c^{ne} de Saint-Pal-de-Mons.
Boyssoneria, Boyssoneyra (La). *La
Boissoneyre.*
Boyssonia (La). *La Boissonnie.*
Boyssouneyres. *La Boissoneyre.*
Boz (Le). *Le Bos*, c^{ne} de Saint-
Étienne-près-Allègre.
Boza (Le). *Le Boutaya.*
Bozac. *Boussac.*
Bos-Bomparant. *Le Bos-Bomparent.*
Bozeyrargues. *Bousselargues.*
Bozo, Bozol, Bozolium, Bozolum.
Bouzols.
Brachinac, Brachinhac, Brachinhat.
Bréchiniac.
Bracones. *Saint-Jean-d'Aubrigoux.*
Bragayère. *Bragayre.*
Brahonac. *Bronac*, c^{ne} du Mazet-
Saint-Voy.
Bramar. *Brame (Moulin-de-).*
Branchade (La). *Ébranchade*, c^{ne} de
Saint-Georges-Lagricol.
Branchades (Les). *Ébranchade*, c^{ne} des
Estables.
Branchata. *Ébranchade*, c^{ne} de Saint-
Georges-Lagricol.
Branchinac. *Bréchiniac.*
Branciacum. *Bransac.*
Brancolium. *La Brequeille.*
Brandi, *Brandy-Bas, Brandy-Haut.*
Brandic, Brandi-Haut. *Brandy-
Haut.*
Brandis-Bas. *Brandy-Bas.*
Brandis-Haut. *Brandy-Haut.*
Brandty-Bas. *Brandy-Bas.*
Brangeires. *Brangeirets.*
Branle. *Les Branles.*
Brannacum. *Brenat.*
Bransa (Nemus de la). *La Branse.*
Branssac. *Bransac.*
Brantallon (Rif de). *Le Brantalon.*
Brantalo. *Brantalon.*
Branti, Branti-Bas. *Brandy-Bas.*
Branzac. *Bransac.*
Braonac. *Bronac*, c^{ne} du Mazet-Saint-
Voy.
Brasselz. *Brassel*, ruiss.
Brassey. *Brassay.*
Brat (Le). *Lebrat.*
Braunac, Braunacum. *Bronac*, c^{ne} du
Mazet-Saint-Voy.

Braye (La), Braye-de-Lambre. *Braye-
d'Alambre.*
Brechignac. *Brechiniac.*
Brecolia. *La Brequeille.*
Bregelioux. *Bargelioux.*
Bregnon (Le). *Le Brignon*, c^{ne} de
Chomelix.
Bregnou. *Brignon.*
Breignhon (Le). *Le Brignon*, c^{nes} de
Chomelix et de Saint-Romain-La-
chalm.
Breinho (Lo). *Le Brignon*, c^{ne} de
Tailhac.
Breisas, Breiza. *Breysse.*
Brenati, Brenatus, Brenatz. *Brenas.*
Brengeyres. *Brangeirets.*
Brenho (Lo), Brenhou (Lou). *Le
Brignon*, c^{ne} de Solignac-sur-Loire.
Brennacum, Brennago, Brennhac.
Brenat.
Brenoncel. *Le Brunoncel.*
Brenssac. *Bransac.*
Brequeughol. *La Brequeille.*
Bressac. *Brassac.*
Brestilhacus, Brestiliac. *Brestillac.*
Bretagnol (La), Bretagnola (La),
Bretagola (La), Bretanhola (La),
Bretaniola (La), Bretanola (La).
La Bretagnolle.
Bretmat. *Brame (Moulin-de-).*
Bretoinhelle (La). *La Bretagnolle.*
Bretonia (La). *La Bretogne.*
Breude. *Brioude.*
Breuere (La). *La Bruère*, ruiss.
Breuil (Lo). *Le Ternivol*, ruiss.
Breul. *Le Breuil*, c^{ne} de Chomelix.
Breulh. *Le Breuil*, c^{ne} de la Chaise-
Dieu; *Breuil*, c^{ne} de Saint-Pierre-
Duchamp.
Breuls (Les), Breulx (Los). *Les
Breux.*
Breyde, Breyude. *Brioude.*
Breyras (Le), Breyres (Le). *Le
Breyre.*
Breyssa, Breyssoux. *Breysse.*
Briançon (Lo). *La Ramade*, ruiss.
Brianso. *Briançon.*
Briat. *Bruac.*
Bricasol, Bricoiol, Bricusol. *La Bre-
queille.*
Brida, Bridda, Bride, Brieude.
Brioude.
Brigeyre (La). *La Bruyère*, c^{ne} de
Saint-Victor-sur-Arlanc.
Brighonne (La). *La Bretogne.*
Brignols. *Brigols.*
Brignou (Le). *Le Brignon*, c^{ne} de
Chomelix.

Brigoux (Ous). *Saint-Jean-d'Aubrigoux.*

Brinhu (Lo), Brinio (Lo), Brinion (Le). *Le Brignon,* c^{ne} de Solignac-sur-Loire.

Brinho Soteyra (Lo). *Brignon-Bas.*

Briniereta. *La Brugerette.*

Brinioux. *Le Brignon,* c^{ne} de Tailhac.

Briode, Brioudes. *Brioude.*

Briqueille (La). *La Brequeille.*

Bristilhac, Bristiliac. *Brestillac.*

Britonia. *La Bretogne.*

Briude. *Brioude.*

Briuiereta. *La Brugerette.*

Briva. *Brives.*

Brivas. *Brioude, Brives.*

Brivata, Brivate. *Brioude.*

Brivatensis (adjectif). *Brioude, Brives.*

Brivatim, Brivices. *Brioude.*

Bro (La). *Labrot,* c^{ne} de Charraix.

Broa (La). *La Broë,* c^{nes} d'Azerat et de Saint-Berain.

Broc (La). *La Broë,* c^{ne} de Saint-Berain.

Broche (La). *Labro.*

Brochers (Les). *Brocher.*

Brocia. *La Brosse; La Brousse,* c^{nes} de Chaniat, de Mazerat-Aurouze et de Retournac.

Bro de Charais (La). *Labrot,* c^{ne} de Charraix.

Broha (La), Brohe (La). *Labro.*

Broilhac. *Brouilhac.*

Brolhac, Brolhacus. *Brouilhac, Brouillac.*

Brolhiac. *Brouilhac.*

Brolhet. *Broullit.*

Brolhiet. *Les Broulis.*

Brolhium. *Breuil.*

Brolia. *Les Breux.*

Brolium. *Breuil; Le Breuil,* c^{ne} de la Chaise-Dieu.

Bronnac. *Bronac,* c^{ne} du Mazet-Saint-Voy.

Brossa (La). *La Bourse, La Brosse; La Brousse,* c^{nes} de Mazerat-Aurouze, de Retournac et de Saint-Quintin-Chaspinhac.

Brossetas, Brossettes. *Brossette.*

Brossia. *La Brosse; La Brousse,* c^{ne} de Saint-Quintin-Chaspinhac.

Brossac, Brossacum, Brossat. *Broussat.*

Brosse (La). *La Brousse,* c^{nes} de Chaniat et de Saint-Quintin-Chaspinhac.

Brostalsiz. *Bertouzis.*

Brotas (Les). *Les Brottes,* c^{ne} du Chambon.

Brottas (Las). *Les Brottes,* c^{ne} du Mazet-Saint-Voy.

Broue (La). *Labro.*

Brouillet (Le). *Les Broulis.*

Broulhet, Broulhit. *Broullit.*

Brouly (Le). *Les Broulis.*

Brousse (La). *La Bourse.*

Broussette (La). *Brossette.*

Broutousitz. *Bertouzis.*

Brozy. *La Broze.*

Bru. *Le Brus, Praneuf-Brun.*

Bruallhes, Brualhiac. *Bruaille.*

Bruatz. *Bruas.*

Bruayreta (La). *La Brugerette, La Bruyerette.*

Brucher. *Bruchers.*

Bruchet. *Bruge.*

Brucz (Lo). *Le Brus.*

Brude. *Brioude.*

Bru-de-Chanteloube. *Bru.*

Brueilh. *Le Breuil,* c^{ne} de Saint-Pal-de-Mars.

Brueira (La), Brueria. *La Bruyère,* c^{ne} du Chambon.

Brueyra (La). *La Brueyrette; La Bruyère,* c^{nes} du Chambon et de Lapte; *Moulin-de-Bruyère.*

Brueyre (La). *La Bruyère,* c^{nes} d'Araules et de Lapte; *Moulin-de-Bruyère.*

Brueyreta. *La Brugerette, La Brueyrette.*

Brueyrette (La). *La Brugerette,* ruiss.

Brueyria. *La Bruyère-Basse.*

Brugaireta (La). *La Brugerette.*

Brugayreta. *La Brugeirette.*

Brugeille. *Brugeilles.*

Brugeira. *La Brugeire; La Brugère,* c^{ne} de Saint-Arcons-de-Barges.

Brugeire (La). *La Brugère,* c^{ne} de Saint-Arcons-de-Barges.

Brugeireta. *La Brugeirette.*

Brugeirolles. *Brugerolle.*

Brugeles, Brugelhas. *Brugeilles.*

Brugeria. *La Breure, La Brugeire; La Brugère,* c^{ne} de Saint-Arcons-de-Barges; *Les Bruyères.*

Brugerias. *Les Brières.*

Brugerolle (La). *La Brugerette.*

Brogeyra. *La Breure, La Brugeire; La Brugère,* c^{ne} de Saint-Arcons-de-Barges.

Brugeyre (La). *La Bruyère,* c^{ne} de Saint-Arcons-de-Barges.

Brugeyrolas. *Brugerolle.*

Brugeyros. *Brugeyroux.*

Brugière (La). *La Bruyère,* c^{ne} de Saint-Arcons-de-Barges.

Brugiroux. *Brugeyroux.*

Bruias (Lo), Bruiatz. *Bruas.*

Bruilhac. *Brouillac.*

Bruino (Lo). *Le Brignon,* c^{ne} de Solignac-sur-Loire.

Brujairolas. *Brugerolle.*

Brujairos. *Brugeyroux.*

Brulhac. *Brouilhac.*

Brun. *Bru.*

Bruneaulx (Lous). *Les Breniaux.*

Brunelle, Brunellet, Brunellet. *Brunelet.*

Brunencel (Le). *Le Brunoncel.*

Brunbiou. *Le Brignon,* c^{ne} de Saint-Romain-Lachalm.

Brunho (Lo). *Le Brignon,* c^{nes} de Chomelix et de Tailhac, et c^{ne} de Solignac-sur-Loire.

Brunho Soteyra (Lo). *Brignon-Bas.*

Brunio (Lo). *Le Brignon,* et c^{ne} de Solignac-sur-Loire.

Brunoncel (Le). *Le Brunoncel.*

Brun-Praneuf. *Brun.*

Brusachum, Brusacum. *Bruac.*

Brusc (Lo), Bruscum. *Le Brus.*

Bruschet (La). *Le Brus, Ravin-du-Bouchet.*

Bruso. *Brison.*

Brusq (Le). *Le Brus.*

Brussac. *Broussac.*

Brustilhacus. *Brestillac.*

Brux (Los). *Grands-Brus.*

Bruyals (Lo). *Le Bruas.*

Bruyera (Lo). *La Bruyère,* c^{ne} du Chambon.

Bruyère (La). *La Brugère,* c^{ne} de Cistrières.

Bruyères (Les). *La Bruyère,* c^{nes} de Dunières et de Riotord.

Bruyerette. *La Brueyrette.*

Buchez (Moulin-de-). *Moulin-de-Buchet.*

Buco Navato. *Bonnavat.*

Buesoiolensis (adjectif). *Boissouges.*

Bueynhacum. *Buniac.*

Bueys. *Bœux.*

Bufanos. *Buffamès.*

Buftac. *Buffat.*

Buffanez. *Buffamès.*

Buffard. *Buffat.*

Bufetis, Buffetis. *Les Buffets.*

Bughona (La). *La Bujone.*

Bugniac. *Buniac.*

Bugniazet. *Buniazet.*

Buiac, Bujiacum. *Bugeac.*

Buildoira (La). *La Bidoire.*

Cancade (Ruiss. de). *La Rochette*, c^ne de Saint-Bonnet-le-Froid.

Cancolas. *Cancoules.*

Candit. *Gandil.*

Caneleyra (La). *La Canclière.*

Cannabarias. *Chanebeyres*, c^ne de Retournac.

Cantaduco. *Chanteduc*, c^ne de Laval.

Cantalopa. *Chanteloube*, c^ne de Valprivas.

Canta Lupa. *Chanteloube*, c^ne de la Farre.

Canta Luppa. *Chanteloube*, c^ne de Chaudeyrolles.

Canteniacum. *Chassignolles*, c^on d'Auzon.

Canthiolum, Canthogolium, Canthogolum, Cantilanicum, Cantilianicum, Cantinalicum. *Chanteuges.*

Cantodière (La). *Contodières, La Coutaudière.*

Cantogilium, Cantogilla, Cantogilum, Cantoiol, Cartoiolensis (adjectif), Cantoiolis, Cantoiolo, Cantoiolum, Cantola. *Chanteuges.*

Cantus Lupæ. *Chanteloube*, c^ne de Chaudeyrolles.

Capalat. *Capala.*

Capdolium, Capduelh, Capduoill. *Chapteuil.*

Capel. *Capet.*

Capella. *La Chapelette, La Chapelle-Allagnon, La Chapelle-Bertin, La Chapelle-Geneste.*

Capella Alanhonis. *La Chapelle-Allagnon.*

Capella Berti, Capella Bertini. *La Chapelle-Bertin.*

Capella d'Alanho. *La Chapelle-Allagnon.*

Capella de la Ganesta, Capella de la Janesta, Capella de las Genestas. *La Chapelle-Geneste.*

Capellæ. *Les Chapelles.*

Capella Genesta, Capella Ghanesta, Capella Janesta, Capella Jenesta. *La Chapelle-Geneste.*

Capella prope Monastrolium. *La Chapelle-d'Aurec.*

Capella Sancti Andeoli. *Chapteuil.*

Capiliacum. *Ampilhac*, c^ne de Vernassal.

Capitalium, Capitoliensis (adjectif), Capitolium. *Chapteuil.*

Capperière (La). *La Caperière.*

Caprariæ, Caprarias. *Chabreyres.*

Caprespina. *Chabrespine.*

Caprologium. *Saint-Laurent-Chabreuges.*

Capso. *Chausson.*

Captholium, Captolium. *Chapteuil.*

Capuchet, Capuchier. *Capussier.*

Carasium, Carazium. *Charraix.*

Carbonerii. *Charbonnier.*

Carbonerius mons. *Suc nord de Breysse.*

Carbonesii. *Charbonnier.*

Carbonosa. *Charbounouse.*

Cardaillac. *Gardaillac.*

Cardazetum. *Cordaget.*

Cardonaa. *Cardona.*

Cares. *Cayres*, arrond. du Puy.

Caria (La). *La Queyrie.*

Cariaco vico. *Saint-Bauzire.*

Carlet. *Chier-Blanc*, c^ne de Coubon.

Carmes (Les). *Brignon, Le Carme.*

Carreria. *La Charreyre.*

Corriela (La), Carrière (La). *La Carrielle.*

Carres. *Cayres*, arrond. du Puy.

Carteyre (La). *La Curtaire.*

Cartiva. *Les Cartives.*

Carturilago, Cartusago. *Lantriac.*

Cary-du-Fay (Le). *Le Carry.*

Casa. *Lahouzon.*

Casa Dei. *La Chaise-Dieu.*

Casæ. *Les Chazes*, c^ne de Saint-Julien-des-Chazes.

Casaleus. *Les Chazaloux*, c^ne de Saint-Front.

Casalellas. *Chazelles*, c^ne d'Azerat.

Casales. *Chazaux*, c^nes de Borne, de Chanaleilles et d'Yssingeaux; *Les Chazaux*, c^nes de la Chapelle-Geneste, de Saint-Jeure et des Vastres; *Chazeaux*, c^ne de Salettes.

Casales inferiores, Casales superiores. *Chazeaux*, c^ne de Coubon.

Casaletto. *Le Chazellet*, c^ne de Vieille-Brioude.

Casali. *Chazaux*, c^ne de Lapte.

Casalia. *La Chazalie*, c^ne d'Yssingeaux.

Casalis. *Chazaux*, c^ne de Saint-Germain-Laprade.

Casallestis. *Chales.*

Casa Nova. *Chaiseneuve, Novechaze.*

Casellas. *Chazelles*, c^ne d'Azerat.

Caseneufve. *Caseneuve.*

Caslucium. *Chalus*, c^ne de Laval.

Casota. *La Chazotte*, c^ne de Retournac.

Caspiniacum. *Chaspinhac.*

Cassa Dei. *La Chaise-Dieu.*

Cassanea. *La Chassagne*, c^ne de Malvières.

Cassanias. *Chassagnes*, c^on de Paulhaguet.

Cassanyolas. *Chassagnolles*, c^ne de Saint-Just-près-Brioude.

Casse-Dieu. *La Chaise-Dieu.*

Cassellas. *Chazelles*, c^ne d'Azerat.

Casoled. *Chassoulet.*

Cassotz (Lous). *La Malouteyre*, c^ne d'Espaly-Saint-Marcel.

Castanarius. *Chataignier.*

Castellæ. *Le Châtelard*, c^ne de Saint-Maurice-de-Lignon.

Castel-la-Ville. *Château-la-Ville.*

Castellum Vilanum. *Chastel-Volle.*

Castra. *Les Chastres.*

Castra Duneriæ. *Les Châteaux.*

Castris. *Château-la-Ville.*

Castrum. *Chastel*, c^on de Pinols.

Castrum Ayrat. *Chastel-Ayraud.*

Castrum de Lignono, Castrum de Linhone. *Le Châtelard*, c^ne de Saint-Maurice-de-Lignon.

Castrum de Stabulis. *Le Château.*

Castrum Duneriæ. *Les Châteaux.*

Castrum Noel, Castrum Novellum. *Chastenuel.*

Castrum Novum. *Chastenuel; Châteauneuf*, c^nes d'Allègre et du Monastier.

Castrum supra Piperacum. *Le Chastelet.*

Castrum Vilanum. *Chastel-Volle.*

Castrum Villæ. *Château-la-Ville.*

Catet. *Gire.*

Catolium. *Chapteuil.*

Catonis. *Les Chatons.*

Cauce. *Le Chausse*, c^ne de Blesle.

Cauceniolo, Caucinogile, Caucinogilo, Caucinogolo, Caucionogile. *Chassignolles*, c^on d'Auzon.

Caunacum. *Connac*, c^ne de Lissac.

Causo, Causso. *Chausson.*

Cavaniaco. *Chavagnac-Lafayette.*

Cayrayra. *Queyrières.*

Cayre (Lou). *Le Caire.*

Cayreria. *Queyrières.*

Cayres. *Caire.*

Cayrolles (Les). *Coirolles.*

Cazalendis. *Les Chazelets.*

Cazales. *Chazeaux*, c^nes de Salettes et des Vastres.

Cazales de Fayeto. *Chazaux*, c^ne de Saint-Germain-Laprade.

Cazaletis. *Les Chazelets.*

Cazalos. *Les Chazaloux*, c^ne de Saint-Front.

Cazas (Las). *Les Chazes*, c^ne de Saint-Julien-des-Chazes.

Cazeneuve. *Caseneuve.*

Cazota. *La Chazotte*, c^ne des Vastres.

Cealgues, Ceaulgues. *Siaugues-Saint-Romain.*
Ceaulx. *Céaux*, c^{ne} de Saint-Étienne-Lardeyrol; *Céaux-d'Allègre.*
Ceaux-d'Ebde. *Céaux*, c^{ne} de Saint-Étienne-Lardeyrol.
Cedrirs, Ceireirs. *Sériès.*
Ceissac. *Ceyssac; Cissac*, c^{ne} de Saint-Just-près-Brioude.
Ceissous (Lous). *Le Ceyssoux.*
Celates. *Salettes*, c^{on} du Monastier.
Celcuzi, Celcuzin. *Silcuzin.*
Celeyras, Celleriæ, Celleyras, Celleyres. *Cellières.*
Celgue. *Siaugues-Saint-Romain.*
Celier (Le). *Le Cellier.*
Celiers (Los). *Cellier*, c^{ne} du Chambon.
Cella (La). *La Celle, Celles.*
Cellariæ. *Cellière.*
Cellarius. *Cellier*, c^{ne} de Saint-Jeure.
Celle (La). *La Selle.*
Celsac, Celsiacum. *Saussac.*
Celtos. *Céaux-d'Allègre.*
Cenajon, Ceneujol. *Séneujols.*
Cenilhiac. *Sénilhac.*
Cenita (La). *L'Enceinte.*
Cenoil. *Ceneuil.*
Cenologium. *Séneujols.*
Cenomps. *Senous.*
Cenon. *Cenoux.*
Cenoyelh. *Séneujols.*
Cenoyre. *La Senouire*, ruiss.
Censac-Lavaux, Censat, Censsac. *Censac.*
Centebla. *Saint-Éble.*
Ceraizet. *Cereyzet.*
Cerassac. *Cerzat*, c^{on} de la Voûte-Chilhac.
Cerazac. *Cerzat*, c^{ne} de Saint-Privat-du-Dragon et c^{on} de la Voûte-Chilhac.
Cerazacum, Cerazat. *Cerzat*, c^{ne} de Saint-Privat-du-Dragon.
Cercenacius. *Cercenas.*
Cereis. *Cereix, Sereys.*
Ceresac, Ceresacum. *Cerzat*, c^{ne} de Saint-Privat-du-Dragon.
Cereseum. *Sereys.*
Ceresiacum. *Cerzat*, c^{on} de la Voûte-Chilhac.
Ceresium. *Cereix, Sereys.*
Cereys. *Cereix.*
Cereyset. *Cereyzet.*
Cerigola. *La Cérigoules*, ruiss.
Cerinseriæ. *Sorvezeyres.*
Cero (Rivus de). *Le Céroux.*
Cerpoleyres. *Serpolaires.*

Cerveira. *Servières*, c^{nes} de Saint-Didier-sur-Doulon et de Saugues.
Cervey (Le). *Le Servey.*
Cervière. *Servières*, c^{ne} de Saint-Didier-sur-Doulon.
Cervisas, Cervissas, Cervissaz. *Servissas.*
Cerviseriæ. *Servezeyres.*
Cerzat-de-Drols, Cerzat-du-Dragon. *Cerzat*, c^{ne} de Saint-Privat-du-Dragon.
Cerzols. *Sarzol.*
Cesilhas. *Cézilles.*
Cessac. *Sassac.*
Cessacum. *Cyssac.*
Cesse-de-Chère (La). *La Cesse.*
Cessereda. *Cizière.*
Cessol. *Septsols.*
Cestrouse (La). *La Cistrouse.*
Ceulgues. *Siaugues-Saint-Romain.*
Ceux. *Céaux*, c^{nes} de Saint-Étienne-Lardeyrol et de Saint-Privat-d'Allier; *Céaux-d'Allègre.*
Ceyriès. *Sériès.*
Ceyroux (Le). *Le Céroux*, ruiss.
Ceyssac. *Cissac*, c^{nes} de Saint-Ilpize et de Saint-Just-près-Brioude.
Ceyssacium, Ceyssacum. *Ceyssac.*
Ceyssoux (Les). *La Béthe.*
Cezerat. *Cerzat*, c^{on} de la Voûte-Chilhac.
Cezilhas. *Cézilles.*
Chaaletz. *Challe, Challes.*
Chaanova. *Chanove.*
Chabaceneles, Chabacenelles. *Chabassenelle.*
Chabana (La). *La Chabane*, c^{ne} de Saint-Germain-Laprade; *La Chabanne*, c^{ne} de Chomelix.
Chabanaa (La). *La Chabane*, c^{ne} de Dunières.
Chabanæ. *Chabanes.*
Chabanaries (Les). *Les Chabanneries.*
Chabanas (Las). *Chabonnes.*
Chabane. *Chabannes*, c^{ne} de Moudeyres; *Chabonnes.*
Chabanelas, Chabanellæ. *Chabanelles.*
Chabaneriæ. *Les Chabanneries.*
Chabanerie (La). *La Chabannerie.*
Chabanerie-Narbete (La). *Les Chabanneries.*
Chabanis (Le). *L'Orcheval*, ruiss.
Chabannariæ. *Les Chabanneries.*
Chabannas. *Chabannes*, c^{ne} de Saint-Paul-de-Tartas; *Les Chabannes*, ruiss.

Chabanne. *Chabannes*, c^{ne} d'Allègre.
Chabannolas, Chabannolles. *Chabanoles.*
Chabanolas. *Chabanoles*, c^{nes} de Grazac et de Retournac.
Chabasse (La). *La Chabane*, c^{ne} de Dunières.
Chabassola (La). *La Chabassole.*
Chabatou. *Truchet.*
Chabaut. *Chabaud.*
Chabazanellas. *Chabassenelle.*
Chabertes, Chabertos. *Le Chabertès.*
Chabesseyre, Chabessière. *Chavissière.*
Chabestral, Chabestras. *Chabestrat.*
Chabeyron. *Chapeyron.*
Chabin. *Mas-Chaben.*
Chabotes (Les). *La Chabote.*
Chabrac. *Chabriac.*
Chabraighol. *Chabreuges.*
Chabraria (La). *La Chèvrerie.*
Chabre (Molin-de-la). *Moulin-de-la-Chèvre.*
Chabreghol. *Chabreuges.*
Chabreriæ. *Chabreyres.*
Chabrespina. *Chabrespine.*
Chabreuge, Chabreughol, Chabreughoul, Chabreuiols. *Chabreuges.*
Chabreyras. *Chabreyres.*
Chabriacus. *Chabriac.*
Chabrueghol. *Chabreuges.*
Chadacole, Chadacolt. *Chadecol.*
Chadaire. *Chadaix.*
Chadarnac. *Chadernac*, c^{nes} de Céaux-d'Allègre et de Langeac.
Chadarnacum. *Chadernac*, c^{nes} du Brignon et de Langeac.
Chadarssac. *Chadarsac.*
Chadecold, Chadecole. *Chadecol.*
Chadernacum. *Chadernac*, c^{ne} de Langeac.
Chadernas. *Chadernac*, c^{ne} de Brignon.
Chadersac. *Chadarsac.*
Chadoars, Chadoart. *Chadouart.*
Chadrat. *Chadrac.*
Chadriac. *Chadriat.*
Chadro. *Chadron.*
Chadussias, Chaduziac, Chaduzias, Chaduziat. *Chadusias.*
Chaene, Chaenet. *Cheyne*, c^{ne} du Chambon.
Chaese-Dieu (La). *La Chaise-Dieu.*
Chagels, Chagielz. *Chazieux.*
Chagniolz. *Chaniaux.*
Chagny. *Les Chagnes.*
Chaias (Las). *Les Chazes*, c^{ne} de Saint-Julien-des-Chazes.
Chaila. *Chaylot.*

Chailas. *Le Cheylard.*
Chailho. *Le Cheylon.*
Chaillar (Lo). *Le Chailas.*
Chailo. *Chaylot.*
Chairac. *Cheyrac,* cne de Saint-Victor-sur-Arlanc.
Chairet. *Chirel.*
Chairiac. *Cheyrac,* cne de Saint-Vincent.
Chaisac. *Cheyssac.*
Chaise (La). *Les Chaizes, Le Riboules,* ruiss.
Chaissac. *Cheyssac.*
Chaize-Dieu (La). *La Chaise-Dieu.*
Chajourne (La). *La Chasorne.*
Chal (La). *La Chaud,* cne de Champagnac.
Chalage (La). *La Chalaye.*
Chalamandier. *Galamandier.*
Chalanc. *Le Chalan,* ruiss.
Chalanchonium, Chalanco, Chalancolium, Chalanco. *Chalencon.*
Chalanconeria. *La Chalenconnière.*
Chalanconium. *Chalencon.*
Chalançonnière (La). *La Chalenconnière.*
Chaland. *Le Chalan,* ruiss.
Chalantic, Chalanticum. *Charenti.*
Chalar (Lo). *Le Chailas; Le Chaylat,* cne de Pinols.
Chalar (Suc du). *Suc du Chalat.*
Chalas. *Le Chalat.*
Chalbertos. *Le Chalbertès.*
Chalce (Lo). *Chausse, Le Chausse.*
Chalcornac, Chalcornacum, Chalcournac. *Chacornac.*
Chaldeirac. *Chaudeyrac,* cnes de Cayres.
Chaldernac. *Chadernac,* cne du Brignon.
Chaleda (La). *La Chalède.*
Chalenco, Chaleuconium. *Chalencon.*
Chalendard. *Chalendar,* cne de Saint-Front.
Chalendars (Los). *Chalendar,* cne de Mézères.
Chales. *Challe.*
Chaletz. *Challe, Challes.*
Chalhergue (Le). *Le Chaliergue.*
Chalignac, Chalinac. *Chalignac.*
Chalinach. *Chalagnat.*
Chalin-de-Baud. *Chambe-de-Baud.*
Chalinhac, Chalinhacum, Chaliniac, Chalinhac. *Chalignac.*
Challaignat. *Chalagnat.*
Challan. *Le Chalan,* ruiss.
Challantic. *Charenti.*
Challat (Le). *Le Chalat.*
Challectz. *Chales.*

Challiers (Les). *Escalier.*
Chalm. *La Chaud,* cnes d'Autrac, de Champagnac et de la Chapelle-Geneste.
Chalm (La). *La Chaud,* cnes de Lapte et de Vissac; *La Chaud-de-Fay, La Chaud-de-Mézères, La Chaud-du-Pertuis.*
Chalma de Baut. *Chambe-de-Baud.*
Chalmæ. *La Chomette,* cne de Craponne-sur-Arzon.
Chalmagest. *Chomaget.*
Chalmairac. *Chambeyrac,* cne de Polignac.
Chalmar. *Chaumard.*
Chalmargays, Chalmarghays, Chalmariays. *Chaumargeais.*
Chalmaro, Chalmaros, Chalmaroux. *Choumouroux.*
Chalmars, Chalmart. *Chaumard.*
Chalmassas (Las). *Les Chaumasses.*
Chalmasts (Los). *Les Chaumats.*
Chalmatz (Loux). *Les Chomats.*
Chalmayracum. *Chambeyrac,* cnes d'Alleyras.
Chalm-de-Baut. *Chambe-de-Baud.*
Chalm del Pertus. *La Chaud-du-Pertuis.*
Chalm del Pi. *La Champ-du-Pin,* cne de Vals-près-le-Puy.
Chalm del Puey (La). *La Chalm-du-Puy.*
Chalm d'Oys. *La Chaud-de-Rougeac.*
Chalmeana. *Chaumène.*
Chalmeil, Chalmeils. *Chomeil,* cne de Rosières.
Chalmelhac. *Chomeil,* cne de Bains.
Chalmelhes lo Soteyra. *Chomelix-le-Bas.*
Chalmelhis. *Chomelix-le-Haut.*
Chalmelhis inferior sive lo Sotra. *Chomelix-le-Bas.*
Chalmelhs. *Chomeil,* cne de Rosières.
Chalmelhys. *Chomelix-le-Bas, Chomelix-le-Haut.*
Chalmelis. *Chomelix-le-Haut.*
Chalmenne. *Chaumène.*
Chalmes Ellarias. *Saint-Haon.*
Chalmeta (La). *La Chomette,* cnes de Craponne-sur-Arzon, du Pertuis et de Saint-Jeure; *Chomettes.*
Chalmetæ. *Chomettes.*
Chalmetas. *La Chomette,* cne des Villettes; *Chomettes.*
Chalmeylh. *Chomeil,* cnes de Rosières.
Chalmeyllis. *Chomelix-le-Bas.*
Chalmoyls. *Chomeil,* cnes de Rosières.
Chalmeys (Los). *Les Chomets.*

Chalm-Forestier. *Champ-Forestier.*
Chalmier. *Chaumier.*
Chalmilis, Chalmillis. *Chomelix-le-Haut.*
Chalm Meiana. *Chaumène.*
Chalmont. *Chaumont.*
Chalm-Plaine, Chalm Plana. *Champlonne.*
Chalms (Las). *La Champ,* cne de Saint-Pierre-Eynac; *La Champ-des-Bruyères; Les Champs,* cne de Saint-Pal-de-Mons.
Chalm Usclada, Chalm Uscladas. *Chambusclade.*
Chalm-Velha. *Champriel.*
Chalo. *Chalon.*
Chalonc. *Le Chalan,* ruiss.
Chalons. *Chalon.*
Chalos (Los). *Les Chaloux.*
Chalser. *Chausse.*
Chalssabrot. *Cherchabrot.*
Chalut. *Chalus,* cne de Laval.
Chalvel. *Chauvel, Chouvel.*
Chalvellus. *Chouvel.*
Chalvels. *Chauvel.*
Chalvenes. *Chauvains.*
Chalzac. *Saussac.*
Chalzel (Rif de). *Ravin-du-Chausse.*
Cham (La). *La Chaud,* cne de Vissac.
Chamaleira. *Chamalière,* cne d'Azerat.
Chamaleriæ. *Chamalière,* cne de Saint-Éble.
Chamaleyra (La). *La Chamalière,* bois.
Chamaleyras. *Chamalière,* cnes d'Azerat et de Saint-Éble.
Chamalières. *Chamalière,* cne d'Azerat.
Chamaras. *Chamard.*
Chamarecha (La), Chamarèche (La), Chamarescha (La), Chamaresche (La), Chamareschia (La). *La Chamalèche.*
Chamareux. *Chamercix.*
Chamars, Chamarz. *Chamard.*
Chamasse (La). *La Chaumasse.*
Chemayrac. *Chambeyrac,* cne de Céaux-d'Allègre.
Chamba. *Chambe.*
Chambairacum. *Chambeyrac,* cne de Polignac.
Chambaireu, Chambairo. *Chambeyron.*
Chambaleva. *Chambelère,* cnes de Chanteuges et de Charraix.
Chambareil. *Le Chambarel,* ruiss., *Chambarel-le-Vieux.*
Chambareilh. *Chambarel-le-Vieux.*

Chambarelh. *Le Chambarel*, ruiss.

Chambarelh-lo-Velh. *Chambarel-le-Vieux.*

Chambarellum. *Le Chambarel*, ruiss.

Chambareyl. *Chambarel-le-Vieux.*

Chambareylh. *Chambarel.*

Chambareyl-lo-Jone. *Chambarel-le-Jeune.*

Chambau, Chambaud. *Chambeau.*

Chambayracum. *Chambeyrac*, cne de Polignac.

Chambayro. *Chambeyron, Le Chambeyron*, ruiss.

Chambe-de-Bos. *Chambe-de-Baud.*

Chambelevette. *Chambelève*, cne de Chanteuges.

Chambera. *Chambeyrac*, cne de Céaux-d'Allègre.

Chamberand. *Chambercaud.*

Chamberon. *Chambeyron.*

Chambertes. *Le Chabertès.*

Chamberteyra (La), Chamberteyre (La), Chamberteyria. *La Chambertière-Haute.*

Chambertie. *Chamberty.*

Chambeyracum. *Chambeyrac*, cnes de Céaux-d'Allègre et de Polignac.

Chambeyrat. *Chambeyrac*, cne de Céaux-d'Allègre.

Chambilacus, Chambilhac, Chambillat. *Chambillac.*

Chamblanc. *Champ-Blanc*, cnes de Saint-Didier-la-Séauve et d'Yssingeaux.

Chamblars. *Chamblard.*

Chamblas (Ruiss. de). *La Fouragette.*

Chamblassium. *Chamblas.*

Chambo. *Le Chambon*, cnes de Cerzat, de la Chapelle-d'Aurec, de Chastel, de Cohade, de Coubon, de Saint-Victor-sur-Arlanc, de Solignac-sur-Loire et de Vorey; *La Faye*, cne de Vorey.

Chambo del Cros. *David.*

Chamboles. *Chamboules.*

Chambolivæ, Chambolivas. *Chambou-live.*

Chambon (Le). *La Gazeille, Héraud.*

Chambonal del Cros. *David.*

Chambon-de-Blau, Chambon-de-Blaut. *Le Chambon*, cne de Cerzat.

Chambon de Labot, Chambon de Labout. *Chambon.*

Chambon-de-Laigue. *Chambon-de-l'Aigue.*

Chambon-de-Peyre. *Le Chambon*, cne de Cerzat.

Chambonet. *Chambonnet*, cne de Saint-

Préjet-d'Allier; *Le Chambonnet*, cnes de Retournac, de Vorey et d'Yssingeaux.

Chambonetum. *Chambonnet*, cnes de Retournac et d'Yssingeaux.

Chambon-Gompnha. *David.*

Chambonus. *Rognac*, cne de Saugues.

Chambos (Los). *Les Chambons*, cnes de Monistrol-d'Allier, de Saint-Arcons-d'Allier et de Saugues.

Chamboles. *Chamboules.*

Chambovet. *Chambouvet.*

Chambusetot. *Chambusclat.*

Chamclausa. *Champclause.*

Chamcros. *Champcros.*

Cham-de-Pie. *La Champ-du-Pin*, cne de Champclause.

Chamellum. *Chomelix-le-Haut.*

Chameyrat. *Chambeyrac*, cne de Céaux-d'Allègre.

Chamfourrestier. *Champ-Forestier.*

Chamgac. *Changeac.*

Chamgas (Los). *Les Changeas.*

Chamgat, Chamiac, Chamiacus. *Changeac.*

Chamias (Los). *Les Changeas.*

Chamiat. *Changeac.*

Chamilhac. *Chambilhac.*

Chaminac. *Cheminiac.*

Chaminada. *La Cheminade, Riffard.*

Chamlas. *Chamblas.*

Chammayrac. *Chambeyrac*, cne d'Alleyras.

Chammayrat. *Chambeyrac*, cne de Céaux-d'Allègre.

Chamnhac. *Chaniat*, cn de Brioude.

Chamnove. *Chanove.*

Chamonteilz. *Agrain*, cne de Moudeyres.

Chamoroux. *Choumouroux.*

Champ (La). *Les Champs*, cne de Tiranges.

Champaignac, Champaignac-le-Viel. *Champagnac*, cn d'Auzon.

Champaigne. *Champagnes.*

Champaignhac. *Champagnac*, cne de Mercœur.

Champal. *Champlonne.*

Champanha. *Champagne.*

Champanhac. *Champagnac*, cne de Saint-Préjet-d'Allier; *Le Grand-Champagnac.*

Champanhac-lo-Velh. *Champagnac*, cn d'Auzon.

Champanhacum. *Champagnac*, cne de Saint-Préjet-d'Allier.

Champanhacus Vetus. *Champagnac*, cne d'Auzon.

Champanhas. *Champagnes.*

Champanhat. *Champagnac*, cne de Mercœur.

Champaniac, Champaniacum. *Champagnac*, cne de Saint-Préjet-d'Allier.

Champharé. *Chambarel-le-Vieux.*

Champ Cealva, Champceauve, Champ-Celve. *Champscauve.*

Champces. *Champse.*

Champ-Chani. *Champcheny, Chancheni.*

Champ-Chany. *Chancheni.*

Champclausa. *Champclause.*

Champ-Cunis. *Champ-Cunis.*

Champ-d'Appe, Champ-d'Appy. *Champdappe.*

Champ-de-Cayres (La). *Le Champ*, cne de Beaux.

Champ-de-Davo. *Champ-de-Davon.*

Champ-de-Faet. *La Chaud-de-Fay.*

Champ-del-Forn (Lo). *Le Champ-du-Four.*

Champ-de-Loste. *La Champ-de-l'Hoste.*

Champ-Dieu. *Chandieu.*

Champ-d'Oys. *La Chaud-de-Rougeac.*

Champ-du-Pâ. *Le Champ-du-Pal.*

Champeaulx. *Champaux, Champot.*

Champel. *Champaix.*

Champellæ. *Champels.*

Champ-Embarbe. *Chantebarbe.*

Champestlières. *Champetières.*

Champeux. *Champaux.*

Champ-Gala. *Changala.*

Champias (Los). *Les Changeas.*

Champis. *Champaix.*

Champlas. *Chamblas.*

Champmeses. *Gamon.*

Champnacum. *Channat.*

Champnhac. *Chaniat*, cn de Brioude.

Champ-Palm, Cham-Plana. *Champlonne.*

Champ-Ravy. *La Champravie.*

Champrigauld. *Champrigaud.*

Champrivas, Cham Privat. *Champrivat.*

Champs. *Achaud.*

Champs (Las). *La Champ*, cnes de Brioude et de Retournac; *La Champ-des-Bruyères.*

Champs (Les). *La Champ*, cne de Saint-Pierre-Eynac; *Le Champ*, cne de Malvières.

Champ-Saint-Johan. *Le Garay-Saint-Jean.*

Champseux. *Chanceaux.*

Champssas. *Champse.*

Champsseauve. *Champseauve.*
Champt-en-Barbe, Champthubarbe. *Chantebarbe.*
Champtilhac. *Chantilhac.*
Champtogel. *Chante-Oiseau.*
Champtuel. *Chaptenil.*
Champus Clausus. *Champclause.*
Champverns, Champvers. *Chanvers.*
Champveysseyre. *Chavissière.*
Champvieille. *Champviel,* c^ne de la Chapelle-Geneste.
Chamrigau. *Champrigaud.*
Chams (Las). *Les Champs,* c^ne de Tence.
Chams Verns. *Chanvers.*
Chamusclade. *Chambusclade.*
Chamvern. *Chanvers.*
Chana. *Chaniat,* c^ne d'Auzon.
Chanaberias. *Chanebeyres,* c^ue de Retournac.
Chanac. *Chanat.*
Chanal. *La Chanale.*
Chanaleilas, Chanaleilhe. *Chanaleilles.*
Chanaleilles. *Chanalettes.*
Chanalelhæ. *Chanaleilles.*
Chanalelns. *Chénéreilles.*
Chanales. *Chanalez, Les Chanaux.*
Chanalestes (Las). *Chanelettes.*
Chanaleta (La). *La Chanalète.*
Chanalets, Chanaletz. *Chaaalez.*
Chanalhelhas, Chanalilhas. *Chanaleilles.*
Chanalis (La). *Les Chanaux.*
Chanalletes. *Chanalettes.*
Chanallez. *Chanalez.*
Chananilhes. *Chanaleilles.*
Chanat. *Channat.*
Chanavilhes. *Cheneville.*
Chanbo, Chanbon. *Le Chambon,* c^ne de Cerzat.
Chance (Al). *Le Chausse.*
Chancellade. *Chansselade.*
Chances. *Champse.*
Chanceux. *Chanceaux.*
Chancheny. *Champceny.*
Chancheny-lez-Espaly. *La. Bernarde.*
Chanclausa, Chanclause, Chanclauza. *Champclause.*
Chandaile (La). *La Chaudeyre,* ruiss.
Chandeou (Rivus de). *Le Chandieu.*
Chandeus. *Chandieu.*
Chandeus (Rivus de). *Le Chandieu.*
Chandiou, Chandyou (Rif de). *Le Chandieu.*
Chaneberiæ. *Les Chenebiers.*
Chanebeyre. *Chanebeyres,* c^ne de Beaux.

Chanebeyres (Ruiss. de). *Le Riou-grand.*
Chanebiere, Chanebiers (Les). *Les Chenebiers.*
Chaneira. *Chaneire.*
Chanelette. *Chenelette.*
Chanelets. *Chanalez.*
Chanenchas. *Chenenches.*
Chanetum. *Chanet.*
Chanfrontier. *Moulin-de-Champ-Forestier.*
Changhac. *Changeac.*
Changhas (Los). *Les Changeas.*
Changhat, Changiacus. *Changeac.*
Chanhat. *Chaniat,* c^on de Brioude.
Chania (La). *La Chaigne.*
Chanialx. *Chaniaux.*
Chaninhyac. *Chalagnat.*
Chanlhont, Chanlonc. *Champlong.*
Chanmoyracum. *Chamboyrac,* c^ne de Céaux-d'Allègre.
Channacum. *Channat.*
Channat (Moulin-de-). *Moulin-de-Fouillouse.*
Channax. *Channat.*
Chanuhac. *Chaniat,* c^on de Brioude.
Chanocz. *Chanou.*
Chanoia. *Chanove.*
Chanon, Chanosc. *Chanou.*
Chanovo. *Chanove.*
Chans (Lac de las). *Lac de Montagnac.*
Chansas. *Champse.*
Chanse (La). *La Chance.*
Chanseaulve. *Champseauve.*
Chanseus. *Chanceaux.*
Chanta-Aucel. *Chante-Oiseau.*
Chantaduc. *Chanteduc,* c^nes de Bauzac et de Laval.
Chanta-Ghail. *Chantejail.*
Chantagre. *Chantegris,* c^ne de Vorey.
Chantagrel, Chantagrelh, Chantagrell. *Chantegris,* c^ne de Vernassal.
Chantagret. *Chantegris,* c^ne de Tiranges.
Chantaloba. *Chanteloube,* c^nes de Chaudeyrolles, des Estables, de Saint-Pal-de-Mons et de Valprivas.
Chantalobe. *Chanteloube,* c^ne de Saint-Pal-de-Mons.
Chantalopa. *Chanteloube,* c^ne de Valprivas.
Chantaloube. *Chanteloube,* c^nes de Chaudeyrolles, de Saint-Pal-de-Mons et de Valprivas.
Chantamerle. *Chantemerle.*
Chantaront, Chantaroux. *Chanteroux.*
Chantaussel. *Chantoiseau.*

Chantean. *Chantoin.*
Chante-en-Barbe. *Chantebarbe.*
Chanteghol. *Chanteuges.*
Chanteguy. *Chantegris,* c^ne de Vernassal.
Chantejol. *Chanteuges.*
Chantemulle, Chante-Myolle. *Chantemule.*
Chante-Ouzel. *Chante-Oiseau.*
Chanteughol, Chanteugholh. *Chanteuges.*
Chantilhangas. *Chantillanges.*
Chantoen, Chantoenc, Chantoent. *Chantoin.*
Chantogolium. *Chanteuges.*
Chantohenc. *Chantoin.*
Chantoine (Moulin-de-). *Moulin-de-Milhit.*
Chantoiol, Chantoiolum, Chantojol. *Chanteuges.*
Chantor. *Chadouard.*
Chantoreia, Chantoreyra. *Chantoreyre.*
Chantotoen. *Chantoin.*
Chantouzel. *Chante-Oiseau.*
Chantres. *Chantre.*
Chantueiol, Chantueiols, Chantuol. *Chanteuges.*
Chantusias, Chantusier, Chantuzias. *Chantuzier.*
Chanverns, Chanvert. *Chanvers.*
Chapairolas, Chapayrolas. *Chapayrolles.*
Chapdarot. *Chadecol.*
Chapela (La), Chapela de Saint-Marsal. *La Chapelette.*
Chapelaude. *Chappelaude.*
Chapelle (La). *La Chapelette.*
Chapelle-Alaignon (La), Chapelle-Alanhon (La). *La Chapelle-Allagnon.*
Chapelle-d'Auriec (La). *La Chapelle-d'Aurec.*
Chapelle-de-Loude (La). *La Chapelette.*
Chapelle-Nostre-Dame, *Beaulieu,* c^ne de Saugues.
Chapelo. *Chapelon-de-Maisonneuve.*
Chapelou. *Chapelon.*
Chapely. *La Chapelue.*
Chapeucha. *La Chapuze.*
Chapial (Lo), Chapiel (Lo). *Le Chépial.*
Chaplats. *Chapelas.*
Chapona, Chaponas, Chaponat, Chaponhac. *Chaponac.*
Chapotte (La). *La Chapelue.*
Chappelauda. *Chappelaude.*

Chappelle-Berti (La). *La Chapelle-Bertin.*

Chappelle-de-Lode (La). *La Chapelette.*

Chappelle-Geneste (La). *La Chapelle-Geneste.*

Chapponacum, Chapponnac. *Chaponac.*

Chappoux (Lous). *Les Chapoux.*

Chappuze (La). *La Chapuze.*

Chaprès (Le). *L'Échapré*, rivière.

Chaptholium, Chaptol. *Chapteuil.*

Chapusa (La), Chapusia, Chapussa (La). *La Chapuze.*

Chapussonetz (Los), Chapuzonet (Los). *Les Chapuzonets.*

Chapuzos (Los). *Les Chapuzons.*

Charailhs, Charais. *Charraix.*

Charaisach, Charaisago. *Cheyrac*, cne de Saint-Victor-sur-Arlanc.

Charraiz. *Charraix.*

Charaizac. *Cheyrac*, cne de Saint-Victor-sur-Arlanc.

Charansac, Charanssac. *Charensac.*

Charantus, Charantusium. *Charentus.*

Charassium, Charays. *Charraix.*

Charbadeulh, Charbadueyl, Charbaduil, Charbadulh, Charbedeulh. *Charbadeuil.*

Charboneiras (Las). *Charbonnière*, cne de Saint-Étienne-près-Allègre.

Charboner, Charbonerii, Charbonerius. *Charbonnier*, cne de Landos.

Charboneuse. *Charbounouse*, cne de Varennes-Saint-Honorat.

Charboneyr. *Charbonnier*, cne de Malrevers.

Charboneyras. *Charbonnière*, cne de Saint-Jeure; *Les Charbonnières.*

Charbonnerie (La). *La Chabannerie.*

Charbonneyrette. *Charbonnerette.*

Charbonniers. *Charbonnier*, cne de Landos.

Charbonnouses. *Charbounouse*, cnes de Varennes-Saint-Honorat.

Charbonnouzes, Charbonosas. *Charbounouse.*

Charbouyer. *Charbonnier*, cne de Malrevers.

Charbounouze. *Charbounouse*, cnes de Saint-Front et de Varennes-Saint-Honorat.

Charbounozas. *Charbounouse*, cne de Saint-Front.

Charchabrol, Charchebrol. *Cherchabrot.*

Chardac. *Chardas.*

Chardassac. *Chadarsac.*

Chardats. *Chardas.*

Chardayre. *Chardaire.*

Chardernacum. *Chadernac*, cne du Brignon.

Chardom. *Chardon.*

Chareæ, Chareas. *Charrées*, cne de Retournac.

Charées. *Charrées*, cne de Malrevers.

Charel. *Chirel.*

Charencon. *Chalencon.*

Charendarou. *Chalandaroux.*

Charenssac. *Charensac.*

Charentic. *Charenti.*

Chareyas. *Charrées*, cnes de Malrevers et de Retournac.

Charincoya. *La Bertèche.*

Charinssac. *Charensac.*

Chariol (Le). *Le Charriol.*

Chariolh. *Le Charrouil.*

Charles. *Charlas.*

Charleti. *Charlette-Basse.*

Charmant. *Charnaud.*

Charmelhes. *Chomelix-le-Bas.*

Charners. *Charnier.*

Charolh. *Le Charrouil.*

Charraix. *Charrées*, cne de Malrevers.

Charrals (Las). *Les Charraux.*

Charrayrols. *Charreyrols.*

Charreas. *Charrées*, cne de Malrevers.

Charreyrat. *Charreyraud.*

Charreyrolum. *Charreyrols.*

Charreyrot. *Charreyraud.*

Charril-Velh. *Les Charraux.*

Charriots (Les). *Charriaux.*

Charrioulx (Les). *Le Charriol.*

Charroilh, Charrolium, Charroyl. *Le Charrouil.*

Charryolz (Les). *Le Charriol.*

Chartris. *Château-la-Ville.*

Charval, Charvols. *Charvol.*

Chasa Dei, Chasa Deu (La). *La Chaise-Dieu.*

Chasagnes. *Chassagnes*, cne de Paulhaguet.

Chasala (La). *La Chazalie*, cne d'Yssingeaux.

Chasalæ. *Chazaux*, cne d'Yssingeaux.

Chasalea (La). *La Chazalie*, cne d'Yssingeaux.

Chasales. *Le Chazalet; Chazaux*, cne d'Yssingeaux.

Chasalet. *Chazalet*, cnes de Bessamorel et d'Yssingeaux; *Chazelet*, cne de Raucoules.

Chasalets. *Chazaletz.*

Chasaletz. *Challe; Chazalet*, cnes de Bessamorel et de Montregard; *Le Chazalet, Les Chazalets; Chazellet*, cnes de Bauzac et de Valprivas.

Chasalia (La). *La Chazalie*, cne d'Yssingeaux.

Chasalis. *Chazaux*, cne de Lapte.

Chasalletz. *Les Chazalets.*

Chasallie (La). *La Chazalie*, cne d'Yssingeaux.

Chasalon. *Chazalon.*

Chasalos (Los). *Chazaloux; Les Chazaloux*, cnes de Cussac et de Saint-Jean-de-Nay.

Chasaloul. *Chassaleuil.*

Chasals. *Chazaux*, cnes de Chanaleilles et d'Yssingeaux; *Les Chazaux*, cnes de Desges, Saint-Berain, Saint-Jeure et Sainte-Sigolène; *Chazeaux*, cnes de Coubon, de Salettes et de Séneujols.

Chasalx. *Chazaux*, cne de Lapte; *Les Chazaux*, cne de Saint-Jeure.

Chasalx de Mandarat (Los). *Mandarat.*

Chasalz. *Chazaux*, cne d'Yssingeaux; *Les Chazaux*, cne de Vastres.

Chasanescha (La). *La Chasonesche.*

Chasanhas, Chasanias. *Chassagnes*, cne de Paulhaguet.

Chasanova. *Chazeneuve.*

Chasas (Las). *Les Chazes*, cne de Saint-Julien-des-Chazes; *Sainte-Marie-des-Chazes.*

Chasaulx. *Chazaux*, cnes de Borne et d'Yssingeaux; *Les Chazaux*, cnes de Saint-Jeure et de Sainte-Sigolène.

Chasaux. *Les Chazaux*, cne de Desges; *Chazeaux*, cne de Salettes.

Chasedieu (La). *La Chaise-Dieu.*

Chaselæ. *Chazelles*, cne de Monistrol-sur-Loire.

Chaselas. *Chazelles*, cne de Pinols et cnes de Saint-Vidal et de Thoras.

Chaseletz. *Chazalet.*

Chaselie. *La Chazalie*, cne d'Yssingeaux; *Chazelie.*

Chasellœ. *Chazelles*, cne de Thoras.

Chaselles. *Chazelles*, cne de Monistrol-sur-Loire.

Chaseloux. *Chazalous.*

Chases-Viailles. *Chazevielles.*

Chaseto (La). *La Chazette.*

Chasette (La). *Les Chazettes.*

Chasia. *La Chièse.*

Chasia. *Chaylot.*

Chaslar (Succus del). *Suc-de-Chalat.*

Chasles. *Challes.*

Chaslo. *Le Cheylon, La Croix-de-Paille.*

Chasloux (Los). *Les Chaloux.*

Chaslus. *Chalus*, cnes de Bauzac et de Saint-Vert.

Chaslutz. *Chalus*, cne de Bauzac.

Chasonescha. *La Chasonesche.*

Chasorna (La). *La Chasourne.*

Chasota (La). *La Chazotte*, cnes de Borne et de Sainte-Marie-des-Chazes.

Chasotæ. *Chazotte.*

Chasote. *Chazottes*, cne de Saint-Romain-Lachalm.

Chasote (La). *La Chazotte*, cnes de Borne et de Sainte-Marie-des-Chazes.

Chasottes. *Chazotte.*

Chaspinac, Chaspiniac, Chaspiniacum, Chaspinnac. *Chaspinhac.*

Chaspounac. *Chaponac.*

Chaspusac, Chaspusacum. *Chaspuzac.*

Chassaignes. *Chassagnes*, cne de Paulhaguet.

Chassaignoles. *Chassignolles*, cne de Ferrussac.

Chassaignolles. *Chassignolles*, con d'Auzon.

Chassaletz. *Chazelet*, cne de Beauzac.

Chassaleus, Chassaleutz, Chassaleux, Chassaloy. *Chassaleuil.*

Chassanas, Chassanhas, Chassanhes. *Chassagnes*, con de Paulhaguet.

Chassang. *Chassaing*, *Chassant.*

Chassanba (La). *La Chassagne*, cnes de Laval, de Malvières et de Saint-Just-près-Brioude.

Chassanhas. *Chassagnes*, cne de la Chapelle-Geneste.

Chassanhe (La). *La Chassagne*, cne de Malvières.

Chassanhia (Lo). *La Chassagne*, cne de Saint-Just-près-Brioude.

Chassanho (Lo). *Le Chassagnon*, cnes de Mazeyrat-Crispinhac et de Saint-Georges-d'Aurac.

Chassanholæ. *Chassagnolles*, cne du Brignon; *Chassignoles.*

Chassanholas. *Chassagnolles*, cnes du Brignon et de Saint-Just-près-Brioude; *Chassignolles*, con d'Auzon et cnes de Blesle et de Ferrussac.

Chassanholes. *Chassignoles.*

Chassanholles. *Chassagnolles*, cne du Brignon; *Chassignolles*, con d'Auzon et cnes de Blesle et de Ferrussac.

Chassanioles. *Chassagnolles*, cne de Saint-Paulien.

Chassaniolles. *Chassagnolles*, cne du Brignon; *Chassignoles.*

Chasseignes. *Chassagnes*, con de Paulhaguet.

Chasse-Marez. *Les Marées.*

Chassemde. *Chassende*, *Farnier.*

Chassempde. *Chassende.*

Chassendc. *Farnier.*

Chassenholles. *Chassignolles*, con d'Auzon.

Chassier (Le). *Les Chassiers.*

Chassignon. *Le Chassagnon*, cne de Saint-Georges-d'Aurac.

Chassinholles. *Chassignolles*, con d'Auzon.

Chassolet. *Chassoulet.*

Chassolieu. *Chassaleuil.*

Chassore, Chassoure. *Chassaure.*

Chastaignier. *Chatagnier*, *Chataigner.*

Chastaneuil. *Chastonuel.*

Chastanheyr (Lo). *Chataignier.*

Chastanhier (Lo). *Chatagner.*

Chastanier. *Chatagnier*, *Chataignier.*

Chastanuel. *Chastonuel.*

Chasteau-la-Ville, Chastel. *Château-la-Ville.*

Chastelar (Le). *Le Châtelard*, cnes de Lapte et de Montregard.

Chastel-Ayraut. *Chastel-Ayraut.*

Chastel-Borrianes. *Chastel-Bourrianne.*

Chasteletum, Chastellet (Lo). *Le Chastelet.*

Chastel-Eyraud. *Chastel-Eyraut.*

Chastel-Fornel. *Saint-Paulien.*

Chastel-la-Dieu-Grace. *Chastel*, cne de Rosières.

Chastellar (Lou). *Le Châtelard*, cne de Montregard.

Chastellas (Le). *Le Mézenc.*

Chastel-la-Viale, Chastel-la-Ville. *Château-la-Ville.*

Chastel-Malazeit. *Chastel-Malaisé.*

Chastel-Noel, Chastel-Novel. *Chastelnuel.*

Chastel-Vela. *Chastel-Volle.*

Chastel Vila, Chastel Villa. *Guittard.*

Chastillac. *Chatilhac.*

Chastras (Las). *Les Chastres.*

Chastretas. *Chastrette.*

Chatagner. *Chataigner.*

Chatain-Barbe. *Chantebarbe.*

Chatanier. *Chatagnier.*

Chatbertesium. *Le Chabertès.*

Châteauviel. *Beaufort.*

Chatelar. *Le Châtelard*, cne de Montregard.

Chateur. *Chapteuil.*

Chatilhacum. *Chatilhac.*

Chatilhangas. *Chatillanges.*

Chatilhat, Chatiliac, Chatillac, Chatilliac. *Chatilhac.*

Chatiso. *Chatison.*

Chatmairacum. *Chambeyrac*, cne d'Alleyras.

Chatoner. *Chatonet.*

Chatones. *Les Chatons.*

Chatonnet. *Chatonet.*

Chatout. *Les Chatons.*

Chatrac. *Chadrac.*

Chatuzanges. *Chaturanges.*

Chatuzo, Chatuzou. *Chatison.*

Chatzac. *Saussac.*

Chau. *Chaux.*

Chau (La). *La Chaud*, cnes de Saint-Etienne-près-Allègre et de Vissac.

Chauce (La). *La Chausse.*

Châuce (Lo). *Chausse*, *Le Chausse*, cne d'Yssingeaux.

Chaucer (Lo). *Le Chausse*, cne d'Yssingeaux.

Chauchadis. *La Vialle.*

Chauchadis (Lo). *Chaussadis*, cnes de Saint-Front et de Saint-Paul-de-Tartas.

Chaucheries, Chaucheyras (Las). *Les Tanneries*, cne d'Yssingeaux.

Chauchon. *Chausson.*

Chaud (La). *La Chau*, cnes de la Chaise-Dieu et de Chamalières; *Chaux.*

Chaud (Moulin-de-la-). *Moulin-de-la-Champ.*

Chauda Aurelha. *Chaude-Oreille.*

Chaudairac. *Chaudeyrac*, cne de Cayres.

Chaudappe. *Champdappe.*

Chaudarac. *Chaudeyrac*, cne de Saint-Front.

Chaudarachon, Chaudarachou. *Chaudeyrachon.*

Chaudaurel, Chaudaurelhe. *Chaude-Oreille.*

Chaudayrac. *Chaudeyrac*, cne de Saint-Front.

Chaudayracum. *Chaudeyrac*, cne de Cayres.

Chaudayrolæ, Chaudayrolas. *Chaudeyrolles.*

Chaud-de-Moulin. *La Chaud-de-Talamont.*

Chaud-de-Paux (La). *La Chaud-de-Pot.*

Chau-de Carles. *Lachaud-de-Carle.*

Chaudeet. *Chaulier.*

Chaudeirac. *Chaudeyrac*, cne de Cayres.

Chauderac. *Chaudeyrac*, cne de Saint-Front.

Chaudeyrolariæ. *Chaudeyrolles.*
Chaudeyroletas, rivus, Chaudeyrolles, ruiss. *Les Matagots.*
Chaudier. *Choudier.*
Chaudoreilhe, Chaudoreille, Chaudorelhe. *Chaude-Oreille.*
Chaufaige (Le). *Le Chauffage.*
Chauforn. *Le Chauffour.*
Chaugne. *Les Chagnes.*
Chaulac. *Chaulhac.*
Chau-la-Croix (La). *Lachaud-de-la-Croix.*
Chaulet. *Choulet.*
Chauletum. *Le Chaulet.*
Chaulhiac. *Chaulhac.*
Chaulière (La). *Le Chaulaire.*
Chaulin, Chaulm. *Achaud.*
Chaulm (Lo). *La Chau,* cne de la Chaise-Dieu.
Chaulmaroux. *Choumouroux.*
Chault-Forn. *Chauffour,* cnes de Bauzac et de Saint-Jean-de-Nay.
Chaumador (La). *Le Choumadou.*
Chaumaget. *Chassoulet.*
Chaumain, Chaumaine. *Chaumène.*
Chaumassaz (Las). *Les Chaumasses.*
Chaumat (Le). *Les Chaumats.*
Chaumeles, Chaumelis. *Chomelix-le-Haut.*
Chaumelis-le-Bas. *Chomelix-le-Bas.*
Chaumelis-l'Hault. *Chomelix-le-Haut.*
Chaumellys-le-Soubzterin. *Chomelix-le-Bas.*
Chaumette. *La Chomette,* cne de Paulhaguet.
Chaumilhy. *Chomelix-le-Haut.*
Chaumyene. *Chaumène.*
Chaunes (Les), Chaunies. *Les Chagnes.*
Chauplate. *La Chaux-Plate.*
Chauras. *Chouras.*
Chausac. *Chaussac, Chouras.*
Chause (La). *La Chausse.*
Chauser. *Chausse; Le Chausse,* cne de Blesle.
Chaussa (La). *Le Chausse,* cne d'Yssingeaux.
Chaussade (La). *La Chaussa.*
Chaussades (Las). *La Malouteyre,* cne de la Vaudieu.
Chaussée (La). *Les Orgues-d'Espaly.*
Chaussempde. *Chassende.*
Chausser (Lo). *Le Chausse,* cnes de Blesle et de Domeyrat.
Chausset (Lo). *La Chausse,* cne de Blesle.
Chaussiol. *Chausiol.*

Chaussis (Le). *Le Chausse,* cne de Paulhaguet.
Chausso. *Chausson.*
Chaussonet. *Chaussonnet.*
Chaussy. *Le Chausse,* cne de Blesle.
Chausunescha (La). *La Chasonesche.*
Chaut. *Chaux.*
Chautforn. *Chauffour,* cne de Bauzac.
Chauvéa. *Chouvéa.*
Chaux (La). *La Chaud,* cnes de Chassagne, de Lapte, de Saint-Étienne-près-Allègre et de Saint-Julien-Molhesabate.
Chaux-de-Fay (La). *La Chaud-de-Fay.*
Chaux-de-Paux (La), Chaux-de-Pot (La). *La Chaud-de-Pot.*
Chauzac. *Chouras.*
Chauzcer (Lo). *Le Chausse,* cne d'Yssingeaux.
Chauzo. *Chausson.*
Chava (La). *La Chave,* cnes de Montuclat et de Saint-Bonnet-le Froid.
Chavagnac. *Chavagnac-Lafayette.*
Chavaignac. *Charagnac,* cne de Saint-Paulien.
Chavaignat. *Charagnac,* cne de Salzuit.
Chavail-Marc. *Chavalmard.*
Chavalar. *Roche-Chevalar.*
Chavolaria (La). *Saint-Jean-la-Chevalerie,* au Puy.
Chavaletz. *Le Chazalet.*
Chavalier. *Chevalet.*
Chavalinard. *Chavalmard.*
Chavallier. *Chevalier,* cne de Bauzac.
Chavalmarc. *Chalimard, Chavalmard.*
Chavana (La). *La Chabane,* cne de Dunières.
Chavanac. *Chavagnac,* cne de Saint-Paulien.
Chavanes (Les). *La Chabane,* cne de Dunières.
Chavanhac. *Chavagnac,* cnes de Saint-Paulien et de Salzuit; *Chavagnac-Lafayette.*
Chavanlac. *Charagnac-Lafayette.*
Chavannacum. *Charagnac,* cne de Saint-Paulien.
Chavany. *Chavagny.*
Chavaynhac. *Chavagnac,* cne de Léotoing.
Chavaynhac (Rivus de). *Le Chavagnac.*
Chavaysseyra, Chavaysseyre. *Charisière.*
Chave-d'Ourbe (La). *La Chave,* cne de Champclause.

Chavogiou, Chavojot. *Chavozon.*
Chayenetum. *Cheyne,* cne du Chambon.
Chaylar (Le). *Le Cheylat,* cnes de Charraix et de Saint-Étienne-sur-Blesle.
Chaynetum. *Cheyne,* cne du Chambon.
Chayrac. *Cheyrac,* cne de Polignac; *Chirac.*
Chayracus. *Cheyrac,* cne de Polignac.
Chayrat. *Cheyrac,* cne de Saint-Vincent.
Chayriac, Chayriacus. *Chiriac.*
Chayros. *Chéron.*
Chaysilhac. *Chassilhac.*
Chayssa. *La Cheuse,* ruiss.
Chaza (La). *La Chance.*
Chaza Deu. *La Chaise-Dieu.*
Chazaleas (Las), Chazaleias (Las). *Les Chazalies.*
Chazalest. *Challes; Chazalet,* cne de Bessamorel.
Chazalet. *Chazalet,* cnes de Bauzac et de Raucoules; *Chazellet,* cne de Valprivas.
Chazaleti. *Chazalet,* cne d'Yssingeaux.
Chazaletz. *Challes; Chazalet,* cnes de Bauzac et de Raucoules.
Chazaletz lo Sobeyra, Chazaletz lo Soteyra. *Chazalet,* cne d'Yssingeaux.
Chazalez. *Chazalet,* cne de Montregard.
Chazalezas (Las). *Les Chazalies.*
Chazalbetz (Los). *Le Chazellet,* cne de Mercœur.
Chazalia (La). *La Chazalie,* cne d'Yssingeaux.
Chazalis. *Les Chazalies.*
Chazalle. *La Chazalie,* cne d'Yssingeaux.
Chazallets (Les). *Les Chazalets.*
Chazalletz, Chazallez. *Chazalet,* cne de la Chapelle-d'Aurec.
Chazallis. *La Chazalie,* cne du Pont-Salomon.
Chazalloux (Les). *Les Chazaloux,* cne de Saint-Front.
Chazaloux. *Champ-de-Davon, Les Chazalies.*
Chazals. *Chazaux,* cne d'Yssingeaux; *Les Chazaux,* cnes de la Chapelle-Geneste et de Saint-Berain; *Chazeaux,* cne de Coubon.
Chazals Sobeyras. *Chazeaux,* cne de Coubon.
Chazalx. *Chazeaux,* cne de Séneujols.

Chazalz. *Chazaux*, cne de Chana-leilles.
Chaza Nova. *Chanove.*
Chazar. *Chazal.*
Chazas Vielhas. *Chazes-Vieilles.*
Chazaulx. *Chazaux*, cne de Lapte.
Chazaute. *Chazotte*, cne de Champ-clause.
Chazaux. *Chazeaux*, cne de Coubon.
Chaze (La). *Les Chazes*, cne de Saint-Hostien.
Chazeau. *Chazaux*, cnes de Chana-leilles et de Lapte.
Chazeaux. *Chazaux*, cne de Lapte.
Chazeaux (Les). *Les Chazaux*, cnes de Desge et de Sainte-Sigolène; *Les Chazeaux*, cne de la Chapelle-Geneste; *Le Piat.*
Chaze-Dieu (La). *La Chaise-Dieu.*
Chazeler. *Chazelles*, cne de Pinols.
Chazelas. *Chazelles*, cne de Pinols et cnes de Monistrol-sur-Loire et de Saint-André-de-Chalencon; *Chazelles-Bas.*
Chazelas (Molendinum de). *Chazelles-Haut.*
Chazelas (Riperia de). *Le Lindes.*
Chazelet. *Chazellet*, cne de Valprivas.
Chazelettes (Les). *Bonnefont*, cne de Coubon.
Chazellœ. *Chazelles*, cne de Pinols et cnes de Saint-André-de-Chalencon, de Saint-Didier-la-Séauve et de Saint-Vidal.
Chazellas. *Chazelle*, cne de Rosières; *Chazelles*, cne d'Azerat.
Chazelles (Les). *Cluzelles.*
Chazellet. *Chazelet*, cnes de Bauzac, de la Chapelle-d'Aurec et de Raucoules.
Chazellets (Les). *Le Chazellet*, cne de Mercœur.
Chazellettes. *Les Chazettes.*
Chazes (Les), Chazes-sur-Allier. *Saint-Julien-des-Chazes.*
Chazes-Vieilhes. *Chazes-Vieilles.*
Chazeta (La), Chazetas (Las). *La Chazette.*
Chazete (La). *Bonnefont*, cne de Coubon.
Chazevieille. *Chazevieilles.*
Chazorne (La). *La Chasorne.*
Chazota. *Chazotte*, cne de Champ-clause; *La Chazotte*, cnes de Montclar et des Vastres.
Chazote-Olaninche. *Chazottes*, cne de Saint-Romain-Lachalm.
Chazotte (La). *Chasotte.*

Chazottes. *Chazotte*, cne de Montre-gard.
Chazottes (La). *La Chazotte*, cne de Retournac.
Chazottes-Oulanienches. *Chazottes*, cne de Saint-Romain-Lachalm.
Cheerino. *Les Termes.*
Chefs. *Le Trifoulou*, ruiss.
Che i a pauc. *Paucheville.*
Cheillo. *Le Cheylon.*
Cheir. *Chirac.*
Cheir (Lo). *Le Chier*, cne d'Allègre.
Cheirac. *Cheyrac*, cne de Saint-Vincent; *Chiriac, Chyrac.*
Cheirneir. *Charnier.*
Cheiros. *Mont-Chéron.*
Cheirosa. *Chirac.*
Cheisac. *Cissac.*
Cheissac. *Ceyssac, Cheyssac.*
Cheissilhac. *Chassilhac.*
Cheize-Dieu (La). *La Chaise-Dieu.*
Chelaret. *La Clare.*
Chemaresche (La). *La Chamalèche.*
Chembeirac. *Chambeyrac*, cne d'Alleyras.
Chemeautre. *Séniautre.*
Chenebeyre. *Chanebeyres*, cne de Beaux.
Chenevier. *Chenevières.*
Chenevilles. *Cheneville.*
Chenils. *Chaniaux.*
Cheppial (Lo). *Le Chépial.*
Cher (Lo). *Le Chez; Le Chier*, cnes d'Allègre, de Saint-Didier-d'Allier et d'Yssingeaux.
Cher-Blanc. *Chier-Blanc*, cne de Brives-Charensac.
Cherchebro, Cherchebrot. *Cherchabrot.*
Cherèze. *Chirel.*
Cheriacensis (adjectif). *Saint-Beauzire.*
Cherius. *Le Chier*, cnes de Saint-Didier-d'Allier et de Solignac-sur-Loire.
Cherm. *Le Trifoulou*, ruiss.
Chers (Los). *Le Cher*, cne de Présailles.
Cher Sancti Petri. *Chier-Saint-Pierre.*
Chesa-Deu (La), Chesadieu (La). *La Chaise-Dieu.*
Chesanova. *Chaiseneuve, Chizeneuve.*
Chesas (Las). *Les Chazes*, cne de Saint-Julien-des-Chazes.
Chèse (La). *La Chaise.*
Chesia. *La Chièse.*
Cheval-de-Mars. *Chalimard.*
Chevalier. *Chevalet.*

Chevaliers. *Chevalier*, cne de Bauzac.
Chevallier. *Chevalier*, cne d'Araules.
Chevalmare. *Chalimard.*
Chevissières (Les). *Charissière.*
Chexerino. *Les Termes.*
Cheycilhac. *Chassilhac.*
Cheyla. *Chaylot.*
Cheylar (Lo). *Le Cheylat*, cnes de Charraix et de Pinols.
Chaylaret (Lou). *Chilaret.*
Cheylas (Lo). *Le Chailas.*
Cheyllo. *Le Cheylon.*
Cheylo. *Chaylot.*
Cheylon. *La Croix-de-Paille.*
Cheynenches (Las). *Chenenches.*
Cheynes (Lous). *Les Chênes.*
Cheynet. *Cheyne*, cne du Chambon.
Cheyrac. *Cheyrac-l'Aigue, Chiriac.*
Cheyrac-Laigue. *Moulin-de-Cheyrac.*
Cheyrac-Laygue. *Cheyrac-l'Aigue.*
Cheyrat. *Cheyrac*, cne de Saint-Victor-sur-Arlanc; *Cheyrac-l'Aigue.*
Cheyrat-Laygue. *Cheyrac-l'Aigue.*
Cheyret. *Chirel.*
Cheyriac, Cheyriacus. *Chiriac.*
Cheyros. *Mont-Chéron.*
Cheyssa. *La Choisse*, ruiss.
Cheyssac, Cheyssacus. *Tissac.*
Cheyssilhacus. *Chassilhac.*
Chez (Le). *Le Chier*, cne d'Allègre.
Chezadeu (La), Chezadeuf (La). *La Chaise-Dieu.*
Chezalis (Les). *Les Chazalies.*
Chezaulx (Los). *Joat.*
Chezaux de la Bastide (Los). *La Bastide*, cne de la Vaudieu.
Chèze (La). *La Chaise, Les Chaizes, La Chièze.*
Chezelets (Los). *Le Chazellet*, cne de Vieille-Brioude.
Chezeneuve. *Chaiseneuve.*
Chèzes (Les). *Les Chaises*, cne de Dunières.
Chez Sancti Petri. *Chier-Saint-Pierre.*
Chiasa (La). *La Chièze.*
Chicabonet. *Chicabonel.*
Chieliæ. *Chelles.*
Chier (Le). *Le Cher*, cnes de Présailles et de Tence; *Les Chiers.*
Chier-Albeu. *Chier-Blanc*, cne de Brives-Charensac.
Chier-Blanc. *Le Cher-Blanc.*
Chier-Cortansenc. *Le Cher*, cne de Présailles.
Chier-de-Neyzac. *Les Chiers.*
Chier de Tabourier, Chieriu de Tabourier. *Le Roc-de-Tabourier.*

Chierium Sancti Johannis. *Chier-Saint-Jean.*

Chiers (Les). *Le Cher,* cne de Présailles.

Chier-Sainct-Peyre (Le). *Chier-Saint-Pierre.*

Chiesa (La). *La Chaise, La Chièse.*

Chiesa Nova. *Chaiseneuve.*

Chiesas (Las). *Les Chaises,* cne de Saint-Romain-Lachalm.

Chièse (La). *La Chaise, La Chèze.*

Chiese-Dieu (La). *La Chaise-Dieu.*

Chièses (Les). *Les Chaises,* cne de Saint-Romain-Lachalm.

Chiesiæ. *Les Chaises,* cne de Dunières.

Chieze-Neufve. *Chaiseneuve.*

Chiffleteria, Chifleteyra (La). *La Chiffletière.*

Chignor. *Signon.*

Chigros. *Cheygros.*

Chilhacum. *Chilhac.*

Chilhaguet, Chilhaguetum. *Chillaguet.*

Chilhiacum, Chiliat, Chillac, Chilliac. *Chilhac.*

Chilliaguet. *Chillaguet.*

Chinelleyra (La). *La Canelière.*

Chirac, Chiracum, Chirat. *Cheyrac,* cne de Saint-Vincent.

Chiriacensis (adjectif). *Saint-Beauzire.*

Chirobos. *Chirabos.*

Chirosa. *La Chirouze, Les Chirouzes.*

Chirouse, Chirouses (Les). *Les Chirouzes.*

Chirus. *Le Cher,* cne de Présailles; *Le Chier,* cne des Vastres.

Chiseneuve. *Chaiseneuve.*

Chislac. *Chilhac.*

Chislaguet. *Chillaguet.*

Chisliacus. *Chilhac.*

Chistrouze (La). *La Cistrouze.*

Chivalier. *Chevalier,* cne de Bauzac.

Chivallier. *Chevalet.*

Chizanova. *Chaiseneuve.*

Chocheira (La). *Les Tanneries,* cne d'Yssingeaux.

Cholet (Le), Choletum. *Le Chaulet.*

Cholmette (La). *La Chomette,* cne de Saint-Beauzire.

Cholmyer. *Chaumier.*

Cholvens. *Chaurains.*

Chomador (Lo). *Le Choumadou.*

Chomaguet. *Chomaget.*

Chomargeys. *Chaumargeais.*

Chomasse (La). *La Chausse.*

Chomat. *Les Chomets.*

Chomats. *Chaumas.*

Chomats (Les). *La Chomette,* cne de Montregard.

Chomatz (Los). *Les Chomats.*

Chomazel. *Gamon.*

Chomeilh (Le), Chomeilh-lès-Vissac. *Chomeil,* cne de Vissac.

Chomelz. *Chomeil,* cne de Rosières.

Chomet. *Chomel.*

Chomette (La). *La Chaumette, Chomettes.*

Chomettes (Les). *Les Chaumettes.*

Chommazes. *Gamon.*

Chomond. *Chaumont, Chomont.*

Chonavilhas. *Chenceville.*

Choraing, Choreing. *Les Penaux.*

Chossac. *Chaussac.*

Chossenet. *Chaussonet.*

Chouchatz (Lou). *Chaussac.*

Choudier. *Chaudier.*

Choulet. *Chaulet.*

Choulet (Lo). *Le Chaulet.*

Choulhac. *Chaulhac.*

Choumageais. *Chaumargeais.*

Choumard, Choumard-Bas, Choumard-Nhault. *Chaumard.*

Choumargeais. *Chaumargeais.*

Choumeil. *Le Chomeil,* cne de Chamalières; *Chomel.*

Choumeilh (Lo). *Chomeil,* cne de Mézères.

Choumeilhs. *Chomel.*

Choumeilz (Les). *Les Chomeils.*

Choumel (Lou). *Chomeil,* cne du Brignon.

Choumelys (Lous). *Chomelix,* cne de Malrevers.

Choumelys-le-Hault. *Chomelix-le-Haut.*

Choumene, Choumeyna. *Chaumène.*

Choumette. *La Chomette,* cne de Paulhaguet.

Choumetz (Loux). *Les Chomets.*

Choumond, Choumondus. *Chomont.*

Choussiols. *Chousiol.*

Chousson (Cham de), Choussone (Calma de). *Plaine-de-Rome.*

Choussuol. *Chousiol.*

Chouvée. *Chouvéa.*

Chouveilh. *Chouvel.*

Chouvel. *Chaurel.*

Chouvens. *Chauvains.*

Chouvet. *Chouvel.*

Chouvette. *Bouteyre,* cne de Coubon.

Chouzac. *Chouras.*

Chovaniac. *Chavagnac,* cne de Salzuit.

Christophe-d'Allier. *Saint-Christophe-d'Allier.*

Christophe-la-Montagne. *Saint-Christophe-sur-Dolaison.*

Chuchères (Les). *Les Suchers.*

Chyer (Lo). *Le Chier,* cne de Saint-Romain-Lachalm.

Chyèses (Les). *Les Chaises,* cne de Dunières.

Chyfleteyra (La). *La Chiffletière.*

Ciaulxcouzy. *Silcuzin.*

Cilva. *La Séauve.*

Cineta (La). *L'Enceinte.*

Cingaulx. *Yssingeaux.*

Cinilhac. *Sénilhac.*

Cinq-Fontaines. *Moulin-de-Courbière.*

Cinselas. *Sinzelles,* cne de Polignac.

Cinta (La). *L'Enceinte.*

Cinzelas. *Sinzelles,* cne de Polignac.

Cinzeles. *Sinzelles,* cne de Blavosy.

Cinzellas. *Sinzelles,* cne de Polignac.

Cirgues-d'Allier. *Saint-Cirgues.*

Cirigola, Cirigolas. *La Cérigoules,* ruiss.

Cisde. *Ceyde.*

Ciseria, Ciseyras, Cisière. *Cizière.*

Cisterre. *Cistère.*

Cistreriæ. *Cistrières.*

Cistres. *Citre.*

Cistreyas, Cistreyres. *Cistrières.*

Cistrière. *La Cistrière.*

Civeirac. *Civeyrat.*

Civeirat. *Civérac.*

Civeyrac. *Seveyrac.*

Civeyracus. *Civérac.*

Civeyrat. *Civeyrac.*

Cizeyre (Ruiss. de). *La Cisière.*

Claire (La). *La Genoirie,* ruiss.

Clamensat, Clamenssat. *Clémensat.*

Clamo, Clamonensis (adjectif), Clamont. *Clamon.*

Clare (Le). *La Genoirie,* ruiss.

Claret. *La Clare.*

Clariat. *La Tourte.*

Claris. *Clary.*

Clarrel. *Clarel.*

Clarsanges. *Clersange.*

Clastres (Les). *Les Claustres.*

Clastreyre (La), Clastrier. *Chantemerle.*

Claudelle. *Claudettes.*

Clausa (La). *La Clause.*

Clausæ. *Les Clauses,* cnes de Mazerat-Aurouze et de Raucoules.

Clausellas. *Clauzelles.*

Clausellas (Las). *Sardat.*

Clauses-Niaille (Les). *Les Clauses,* cne de Raucoules.

Claustra (Molendinum de la). *Moulin-de-la-Claustre.*

Claustras (Las). *Les Clastres*, c^ne de Mazeyrat-Crispinhac.

Claustra Sanctæ Mariæ. *Le Cloître*, au Puy.

Claustres (Las). *Les Clastres*, c^ne de Pinols.

Clausus Sancti Sebastiani. *Clos-Saint-Sébastien*, au Puy.

Claux (Lou). *Les Clos*.

Clauze (La). *La Clause*.

Clauzel (Le). *Le Cluzel*, c^nes de Coubon et de Saint-Martin-de-Fugères.

Clauzelas. *Clauzelles*.

Clauzes. *Les Clauses*, c^ne de Raucoules.

Clava. *Clavas*.

Clavac, Clavacii (Rivus). *Le Clavas*, ruiss.

Clavacium. *Clavas*.

Clavaretæ, Clavarettes. *Clavarette*.

Clavarine (La). *Le Clavas*, ruiss.

Clavasius, Clavata, Clavay. *Clavas*.

Clavenacius, Clavenacus, Clavenhas. *Glavenas*.

Claveres. *Clavières*.

Claveretes. *Clavarette*.

Claveyras. *Clavières*.

Clayssacum. *Cleyssac*.

Cleda (La), Cledde (La). *La Clède*.

Cledde (Molin-de-la). *Moulin-de-la-Clède*.

Cleisac. *Cleyssac*.

Clemensac, Clementiag. *Clémensat*.

Clemonet. *Clamonet*.

Clemont. *Clamon*.

Clerc (Le). *Leclerc*.

Clereglot. *Mont-Clergot*.

Clergat, Clergeac, Clergeacius, Cleriat. *La Tourte*.

Clerssanghas. *Clerssange.*

Cleyrat. *La Tourte*.

Cleysacum. *Cleyssac*.

Cleyssac. *La Clède*.

Clioux (Lous). *Lous Clos*.

Clissac. *Cleyssac*.

Clodz (Lous). *Les Clos*.

Clostres (Les). *Les Claustres*.

Clotz (Lo). *Lous Clos*.

Clotz (Loux), Cloz (Louz). *Les Clos*.

Clubellæ, Clubelles. *Cubelles*.

Clusel (Lo). *Le Cluzel*, c^nes de Chénereilles, d'Ouïdes, de Saint-Éble, de Saint-Martin-de-Fugères et de Saint-Pal-de-Mons.

Cluselhi. *Le Cluzel*, c^ne de Saint-Éble.

Clusellœ. *Escluzel*.

Clusellus. *Le Cluzel*, c^nes de Chéne-

reilles, de Saint-Éble et de Saint-Martin-de-Fugères.

Clusels (Les). *Le Cluzel*, c^ne de Saint-Éble; *Escluzel*.

Cluzel (Le). *Cluzelles*.

Cluzel-de-Coumarcès. *Le Cluzel*, c^ne de Saint-Martin-de-Fugères.

Cluzel de la Terrasse, Cluzel-lès-les-Alirols. *Le Cluzel*, c^ne de Coubon.

Cluzellus. *Le Cluzel*, c^nes de Saint-Martin-de-Fugères et de Saint-Pal-de-Mons.

Cluzels (Los). *Le Cluzel*, c^ne de Saint-Éble.

Co (La). *Les Cots*.

Coade. *Cohade*.

Coain (Le). *Le Coin*, c^ne de Dunières.

Coairolles (Las). *Coirolles*.

Coaraza. *Coraze*.

Coarda (La). *La Coharde*.

Coardi. *Cordes*, c^ne de Saint-Julien-Chapteuil.

Cobchac. *Couchat*.

Cobenus. *Coubon*.

Coblador, Cobledeur. *Coubladour*.

Coblelas. *Cubelles*.

Coblesolas. *Cubizoles*.

Coblezas. *Cublaise*.

Coblezolas. *Cubizoles*.

Cobo, Cobon. *Coubon*.

Cocaulonie (La). *La Cocoulogne*.

Çocha (La). *La Souche*, c^ne de Lapte.

Cocherias (Illas). *Les Tanneries*, c^ne d'Yssingeaux.

Cochoux. *Cochon*.

Cocologne. *La Cocoulogne*.

Cocoro, Cocoron. *Coucouron*.

Cocossanges. *Cossanges*, c^ne de Salettes.

Cocunhyo. *Cucuniou*.

Coderc. *Les Couderts*.

Coderc (Molendinum de). *Moulin-de-Couder*.

Coderc desoubz l'Olme. *L'Orme-du-Coudert*.

Coderchet. *Couderchet*.

Codercus. *Les Couderts*.

Codoignoux (Les). *Coudinioux*.

Codonho. *Le Cougny*.

Codonhos (Lous), Codonhoux (Lous), Codonnios (Los), Codoyner (Lo). *Coudiniour*.

Coffolencium. *Confolent*, c^ne de Bauzac.

Coffolenx-Ladreix. *Confolent*, c^ne de Saint-Hilaire.

Coffors, Coffortz, Cofoles. *Les Couffours*.

Cofolens, Cofolent. *Confolent*, c^ne de Saint-Hilaire.

Cofores. *Les Couffours*.

Coghac. *Cougeat*, c^ne de La Mothe; *Coujac*.

Coghat. *Cougeat*, c^ne de La Mothe; *La Cougeat*.

Cogiacos. *Cougeat*, c^ne de La Mothe.

Cognaguet. *Connaguet*.

Cogne (La). *La Coque*.

Cogociago. *Cougoussac*, c^ne de Mercœur.

Cogolongnie. *La Cocoulogne*.

Cogoreughol. *Coureuge*.

Cogossac. *Cougoussac*, c^ne de Charraix.

Cogossacum. *Cougoussac*, c^ne de Saint-Front.

Cogossacum (Molendinum). *Moulin-de-Cougoussac*.

Cogossangas, Cogossanias. *Cossanges*, c^ne de Salettes.

Cogossat. *Cougoussac*, c^nes de Charraix et de Saint-Front; *le Cougoussac*, ruiss.

Cogoussac. *Cougoussac*, c^ne de Pinols.

Cogoussat. *Cougoussat*, c^ne de Charraix.

Cogulonha (La), Cogulonia (La). *La Cocoulogne*.

Coguossanges. *Cossange*, c^ne de Laval.

Coguossanghas. *Cossanges*, c^ne de Salettes.

Cogyac. *Cougeat*, c^ne de la Mothe.

Cohada. *La Cohade*.

Cohandres. *Cordes*, c^ne de Bains.

Coharasa, Coharase, Coharaze. *Carase*.

Cohardes. *Cordes*, c^ne de Saint-Julien-Chapteuil.

Coiac. *Cougeat*, c^ne de la Mothe.

Coilde. *Cohade*.

Coindres. *Cordes*, c^ne de Bains.

Coign (Lo). *Le Coin*, c^ne de la Vaudieu.

Coing (Le). *Le Coin*, c^nes de Berbezit et de la Vaudieu.

Coingn (Lo). *Le Coin*, c^ne de Berbezit.

Coino. *Le Coin*, c^ne de la Vaudieu.

Coiriers (Les). *Les Coudiers*.

Coiloiol. *Cotéol*.

Cojac (La). *La Cougeat*.

Cojiaco. *Cougeat*, c^ne de la Mothe.

Col. *Le Collet*.

Cola (La). *Coula*.

Colagnet. *Colany.*
Colampce. *Colance.*
Colampdes, Colampdres, Colandes, Colandres. *Collandre.*
Colangas. *Colange.*
Colangia. *La Collange.*
Colat. *Collat.*
Colempce. *Colance, la Colence, ruiss.*
Colence. *Colance.*
Colencia. *Colence.*
Colencia (Riperia), Colencie. *La Colence.*
Colendres. *Collandre.*
Colen:a. *Colance, Colence, la Colence, ruiss.*
Colensola. *Colence.*
Colentia. *Colance, Colence; la Colence, ruiss.*
Colentiola. *Colence.*
Colet (Lo), Coletum. *Le Collet.*
Coleyras (Las). *La Couleyre,* cne d'Yssingeaux.
Coleyre (La). *La Couleyre,* cne de Saint-Vincent.
Coleyres (Las). *Les Couleyres.*
Colgorato. *Chagourla.*
Colhde, Colide. *Cohade.*
Collange (La). *La Colange.*
Coliatum. *Collat.*
Collempce (La), Collence (La). *La Colence, ruiss.*
Colletum. *Le Collet.*
Coloange (La). *La Collange.*
Coloignet. *Colany.*
Coloinde. *Collandre.*
Coloing. *Coloin.*
Collence (La). *La Colence, ruiss.*
Colleti (Capella). *Hermitage-du-Collet.*
Collombiers. *Colombier.*
Colmicetus, Colmisset. *Counis.*
Coloange (La). *La Collange.*
Colombarii. *Colombier.*
Colombet (Le), Colombetz (Les). *Les Colombets.*
Colombs. *Coulombs.*
Colomde, Colompde. *Collandre.*
Colomps. *Coulombs.*
Colon. *Coloin.*
Colonga, Colongæ. *Collange.*
Colongas. *Colange, Collange, Collanges, Les Pabiers.*
Colonge (La). *La Collange.*
Colongha (La). *La Collange.*
Colonghas. *Collange.*
Colongiæ. *Colange.*
Colonh. *Coloin.*
Colonhac. *Coloniat.*

Colonia, Colonias. *Les Pabiers.*
Coloynh. *Coloin.*
Coltejolo. *Couteaux,* cne de Lantriac.
Colteughol. *Couteuges.*
Coltigulus. *Couteaux,* cne do Lantriac.
Coltoughol. *Couteuges.*
Columberia. *Colombier.*
Columbetum. *Colombet.*
Columde. *Collandre.*
Columpnhac. *Coloniat.*
Colungia (La). *La Collange.*
Colyn (Le Mas-de-). *Le Mas-de-Colin.*
Comarces. *Coumarcès.*
Comba. *La Combe,* cnes de Chanteuges et de Fay-le-Froid.
Comba Amblavensis. *Caraby.*
Combabou. *Combabaures.*
Combacimet. *Combe-Chemin.*
Comba de Nyole. *La Ribeyre,* cne de Langeac.
Combadisme. *Combadine.*
Combæ. *Les Combes,* cnes d'Espaly-Saint-Marcel et de Saint-Haon.
Comba Girard. *Combe-Girard.*
Combalaire. *Combeneire.*
Combaloux. *Escombaloux.*
Combas (Las). *Les Combes,* cnes de Saint-Haon et de Saint-Vert.
Combassinet. *Combe-Chemin.*
Combauria, Combaurie. *Comborie.*
Combaveilbe, Combavielle. *Combeveille.*
Combe (La). *Les Combes,* cne de Raucoules.
Combeau-du-Ménage. *Le Ménager.*
Combe-de-Queyrière. *Les Combes,* cne de Queyrières.
Combedixme. *Combadine.*
Combe-Géral. *Combe-Girard.*
Combelas. *Les Combelles.*
Combellade. *Combelade.*
Combellas. *Les Combelles.*
Combemard. *Combomard.*
Combenaire. *Combeneire.*
Combeneire. *Combaneyre.*
Combeneyre. *Combeneire.*
Combes. *Caruby; La Combe,* cne de Bas; *La Garde,* cne d'Auvers.
Combes-Basses (Les). *Mas-Grasset.*
Combeulh. *Combeuil.*
Combe-Veilhe, Combevielle, Combeveuilhe. *Combeveille.*
Combinal. *Combemale.*
Combledeur. *Coubladour.*
Combomat, Combosmard. *Combomard.*
Combræ. *Combre.*
Combre. *Combret,* cne de Jullianges.

Combreaulz. *Combreaux.*
Combrecum. *Combret,* cne de Saint-Berain.
Combrens. *Combreus.*
Combreol. *Combriol.*
Combres (Les). *Les Ombres,* cne de Domeyrat.
Combret. *Bergerat.*
Combretum. *Combret,* cnes de Saint-Berain, de Saint-Just-près-Brioude et de Venteuges.
Combreulx. *Combreus.*
Combreuol. *Combriol.*
Combreuss. *Combreus.*
Combri. *Combré.*
Combrials, Combrialz, Combriols, Combriolz. *Combriaux.*
Combriot. *Combreaux.*
Combroilium, Combruolh, Combruolhium. *Combriol.*
Combrus. *Combré.*
Combs. *La Vaudieu.*
Combullit. *Pébélit.*
Comenac, Comenacum. *Communac.*
Commarces, Commarcos. *Coumarcès.*
Commenac, Commenacum. *Communac.*
Como. *Le Coin,* cne de la Vaudieu.
Comps. *La Vaudieu.*
Comptal (Lo). *Le Condal.*
Coms. *La Vaudieu.*
Comtalia. *Victoriacus.*
Conaguet. *Connaguet.*
Conangles, Conangliæ. *Connangles.*
Conarguetum. *Connaguet.*
Conbacinet. *Combe-Chemin.*
Conbæ. *Les Combes,* cne d'Espaly-Saint-Marcel.
Conbreol. *Combriol.*
Conbres. *Combres,* cne de Roche-en-Régnier.
Conbret. *Combres,* cne de Saint-Just-près-Brioude.
Conbretum. *Combret.*
Conbrus. *Combre.*
Concas. *Conches,* cne de Saint-Pal-de-Chalencon.
Conchæ, Conchas. *Conches,* cne de Beaulieu.
Conchia. *La Conche,* cnes de Bas, de Malrevers et de Rosières.
Conchiæ. *Conches,* cne de Beaulieu.
Conchis, Conchy. *Couchy.*
Conchy (La). *La Conche,* cnes de Malrevers et de Saint-Pierre-Eynac.
Concolas, Concoles, Concolhas. *Caucoules.*
Concon. *Coucou.*

Concores, Concorres, Concoures. *Concourret.*

Condado. *Confolent*, cne de Saint-Hilaire.

Condalis. *Le Condal.*

Condamina (La). *La Condamine*, au Puy.

Condamina Langiaci (La). *La Condamine*, cne de Langeac.

Condounioux. *Condinioux.*

Condres. *Condros*, cne de Saint-Étienne-Lardeyrol; *Cordes.*

Condros (Ruiss. de). *Le Pradal.*

Condroux. *Condros*, cne de Saint-Étienne-Lardeyrol.

Confolencium, Confolencum, Confolentis. *Confolent*, cne de Bauzac.

Confy. *Le Coufy.*

Congay. *Couquet.*

Conhac. *Connac*, cne de Lissac.

Conilhetz. *Conilis.*

Conilhs. *Conil.*

Conillitz. *Conilis.*

Conilx. *Conil.*

Connacum. *Connac*, cnes de Lissac et de Saint-Privat-d'Allier.

Connhac. *Connac*, cne de Lissac.

Conquist (Le). *Le Compty.*

Conraux. *Condros*, cne de Villeneuve-d'Allier.

Conros. *Condros*, cnes de Saint-Étienne-Lardeyrol et de Villeneuve-d'Allier.

Conrous, Conroux. *Condros*, cne de Villeneuve-d'Allier.

Cons. *Comps, La Vaulieu.*

Consis. *Concis.*

Constance. *Mariac.*

Constanso, Constansson. *Coutansson.*

Cousteughol, Conteughol. *Couteuges.*

Conti. *Le Compty.*

Contodières. *La Coutaudière.*

Contuoiol. *Couteuges.*

Conventus. *Couvent.*

Conz. *La Vaulieu.*

Copa (La). *La Coupe.*

Copangho. *Le Compagnon.*

Copchac. *Couchat, Coujat.*

Copeil, Coppel, Coppet. *Coupet.*

Copulatorium. *Coubladour.*

Coquoro. *Coucouron.*

Corant. *Courant.*

Corba Gerret. *Courbe-Jarret.*

Corbeira, Corberia. *Courbière.*

Corbo. *Courbon.*

Corcet (Lo). *Le Corset.*

Corcolas. *Courcoules.*

Corcozes. *Les Coussouzes.*

Cordacus. *Cordac.*

Cordajet, Cordaset. *Cordaget.*

Cordatis. *Cordes*, cne de Bains.

Cordazet. *Cordaget.*

Corde. *Cordes.*

Cordes (Ruiss. de). *La Ceysse.*

Cordre (Le). *Le Cordu.*

Corein, Coreinh, Coren, Corenc. *Courent.*

Corentz (Lo). *Courant.*

Corcolas. *Courcoules.*

Coreughol. *Coureuge*, cnes de Charraix, de Saint-Préjet-Armandou et de Siauges-Saint-Romain.

Coreyn, Coreynh. *Courent.*

Corgo, Corgon, Corguo (Rivus de). *Le Courgoux.*

Cormacès, Cormacetum. *Courmacès.*

Corna. *Cornut.*

Cornar. *La Cornas.*

Cornde. *Cordes*, cne de Bains.

Corneilhe, Cornelia, Cornelium. *Corneille.*

Cornesac. *Cornassac.*

Corneton. *Le Petit-Cornet.*

Cornilha. *Corneille.*

Cornilhia. *Cornille.*

Cornilia, Cornille. *Corneille.*

Cornossac. *Cornassac.*

Correrios (Illos). *Les Coudiers.*

Corrossoses, Corrossozas. *Les Coussouses.*

Corscet (Lo). *Le Corset.*

Corssac. *Le Peyron-de-Corsac.*

Corteughol. *Courteuge.*

Corthiac. *Cortial.*

Cortial-Haut. *Le Cortial*, cne de Bauzac.

Cortiel. *Cortial.*

Cortil. *Le Cortial*, cnes de Bauzac et de Retournac.

Cortilhas, Cortilias. *Courtille.*

Cortilis. *Cortial; Le Cortial*, cnes de Bauzac et de Retournac.

Cortilium. *Cortial.*

Cortoiol, Cortojol, Cortugul. *Courteuge.*

Cortz (Las). *Lascourt.*

Cossac. *Coujac.*

Cossanges. *Cossange*, cne de Saint-Pal-de-Chalencon.

Costa (La). *La Coste*, cnes de Blavosy, de Bonneval, de Champclause, de Saint-Étienne-Lardeyrol et de Saint-Just-près-Brioude; *La Côte.*

Costa Borel. *La Coste-Borel.*

Costa Calida, Costa Chalda, Costa Chaudu. *Coste-Chaude.*

Costa Ciergue. *Coste-Cirgues.*

Costa d'Orba (La). *La Coste*, cne de Champclause.

Costæ Rubeæ. *Costaros.*

Costa Pelada. *Côte-Pelade.*

Costa Rossa. *Coste-Rousse.*

Costas (Las). *Les Côtes*, cnes de Mazerat-Aurouze, de Saint-Jeure et de Villeneuve-d'Allier.

Costa Sarge. *Coste-Cirgues.*

Costas del Bes (Las). *Les Côtes-du-Bès.*

Costas Roas. *Costaros.*

Coste (La). *Les Costes.*

Coste-Barral, Coste-Barrauld. *Coste-Barraud.*

Coste-Boret, Coste-Bourret. *Coste-Borel.*

Coste-Chaude. *Côte-Chaude.*

Coste de Chapella (La). *La Côte-de-Chapelon.*

Coste-d'Ourbe (La), Coste-d'Urbe (La). *La Coste*, cne de Champclause.

Costelle. *Costette.*

Coste-Rousse. *Côterousse.*

Costes (Las). *Les Côtes*, cne de Villeneuve-d'Allier.

Costes (Les). *Les Cots.*

Costete (La). *La Cotète.*

Costirgues. *Coste-Cirgues.*

Cot (La). *Les Cots.*

Cotarel, Cotarellus, Cotarels. *Coutarel.*

Cotas (Las). *Les Goutes*, cne de Lapte.

Côte (La). *La Côte-des-Biots, Les Cots.*

Coteau-Libre. *Saint-Privat-du-Dragon.*

Coteaulx. *Couteaux*, cne de Lantriac.

Cote-de-Chapelain. *La Côte-de-Chapelon.*

Côte-de-Farre. *La Côte-du-Fauve.*

Côte-de-Malhon (La). *La Côte-de-Maton.*

Cotegoly. *Couteuges.*

Coteire. *Coteyre.*

Cotel. *Cotéol.*

Cotelle (La). *La Cotète.*

Cotey (Ruiss. de). *L'Éroutay.*

Coteyrou. *Gouteyron*, cne d'Aiguilhe.

Cotoys, Cothais. *Coutaix.*

Cothuol. *Le Four-de-Cotuol.*

Coti. *Coty.*

Cotonna. *Le Cotonat.*

Cottais. *Coutaix; l'Étang*, ruiss.

Cottaix. *Coutaix.*

Cotte (La). *Les Côtes*, cne de Saint-Julien-Molhesabate.

Cotteaux. *Couteaux*, c^ne de Saint-Front.
Cottonas, Cottonal. *Le Cotonat.*
Cotueyol. *Cotéol.*
Cotuols. *Couteaux*, c^ne de Saint-Front.
Coualoup. *Conaloup.*
Couarda (La). *La Coharde.*
Couarde (La). *La Coharde, La Quoarde.*
Couayte (La). *La Couyte*, ruiss.
Couchac. *Couchat, Coujac.*
Coucologne. *La Cocoulogne.*
Coucoussanges. *Cossanges*, c^ne de Saint-Romain-Lachalm.
Coucoussat (Le). *Le Cougoussac*, ruiss.
Couder, Couderc (Le). *Coudert.*
Couderc-de-Queyrière (Lou). *Le Coudert-de-Queyrières.*
Couderchoux. *Couderchon.*
Couderes (Loux). *Les Couderts.*
Couders. *Les Couderts.*
Coudert-Sarrasin (Le). *Sarrazine.*
Coudiniox, Coudougnoux (Les). *Coudinioux.*
Coudres. *Cordes*, c^ne de Bains.
Coudroffre. *Goudoffre.*
Coueytte. *Moulin-de-Couyte.*
Couffous (Lous). *Les Couffours.*
Couffy. *Le Coufy.*
Couforz. *Les Couffours.*
Coufours. *Les Couffours, Le Coufour*, ruiss.
Coufous (Lous). *Les Couffours.*
Cougeac. *Cougeat*, c^ne de la Mothe; *Coujac.*
Coughat. *Cougeat*, c^ne de la Mothe; *La Cougeat.*
Cougoussat. *Cougoussac*, c^ne de Mercœur.
Couiac. *Cougeat*, c^ne de Vorey; *Coujac.*
Couiacum. *Coujac.*
Couillard. *La Scie-de-Boute.*
Coujac. *Cougeat*, c^ne de Vorey.
Coujat (Le). *La Cougeat.*
Coujeat. *Cougeat*, c^ne de Vorey.
Couland. *Coulon.*
Couletum. *Le Collet.*
Coullat. *Collat.*
Coulomhet. *Colombet.*
Coulombs (Le). *Le Barlet*, ruiss.; *les Gouttes*, ruiss.
Coulons. *Coulombs.*
Coulteaux. *Couteaux*, c^ne de Saint-Front.
Coulteughol. *Couteuges.*
Coumys. *Coumis.*

Coupeilh. *Coupet*, mont.
Coupet. *Saint-Éble.*
Couppe (La). *La Coupe.*
Cour (La). *Toulouse.*
Courand. *Courant.*
Courba Gharret. *Courbe-Jarret.*
Courbeau (Moulin-de-). *Moulin-Cour.*
Courbevaysse. *Courbevaisse.*
Courbeyre. *Escourbeyre.*
Courbiart. *Moulin-de-Courbière.*
Courbières. *Corbière.*
Gourcet (Le). *Le Corset.*
Courcou. *Courcon.*
Courdac. *Cordac.*
Gourdaget. *Cordaget.*
Courdes. *Cordes*, c^nes de Bains et de Saint-Julien-Chapteuil.
Coureghol. *Coureuge*, c^ne de Saint-Préjet-Armandon.
Couren. *Courent.*
Coureuge (Le). *La Valette*, ruiss.
Coureuges. *Coureuge*, c^ne de Saint-Préjet-Armandon.
Courioles. *Courcoules.*
Cournadouire. *Cornadouire.*
Courset. *Le Corset.*
Coursouzes. *Les Coussouzes.*
Courtel. *Courtet.*
Courtet. *Courtet.*
Courtial (Le). *Le Cortial*, c^nes de Bauzac et de Grazac.
Courtil. *Le Cortial*, c^ne de Bauzac.
Courtilles. *Courtille.*
Courtz (Les). *Lascourt.*
Coussanges. *Cossange*, c^ne de Saint-Pal-de-Chalencon.
Cousta Borrel. *La Coste-Borel.*
Cousta Chalda. *Coste-Chaude.*
Goustanson. *Coutanson.*
Cousta Porreta. *La Coste-Borel.*
Coustaros. *Costaros.*
Cousta Rossa, Cousta Roussa. *Coste-Rousse.*
Couste (La). *La Coste*, c^nes d'Aubazac, de Blavozy et de Saint-Étienne-Lardeyrol.
Cousteta. *La Cotète.*
Coutarret. *Coutarel*, c^ne de Bellevue-la-Montagne.
Couteal, Coutealx. *Couteaux*, c^ne de Saint-Front.
Coutealz. *Couteaux*, c^ne de Lantriac.
Couteaulx. *Couteaux*, c^nes de Lantriac et de Saint-Front.
Couteaux (Rivus de). *L'Écoutay.*
Coutelli. *Couteaux*, c^ne de Lantriac.
Coutelou. *Coutelon.*
Coutelx. *Couteaux*, c^ne de Saint-Front.

Couteol, Couteualz, Couteyol. *Couteaux*, c^ne de Lantriac.
Couvert. *Convert.*
Covent. *Couvent.*
Coyacum. *Coyac.*
Coylde. *Cohade.*
Coymegha. *Coymège.*
Coyng (Le). *Le Coin*, c^ne de La Vaudieu.
Coyrers (Les), Coyriers (Les). *Les Coudiers.*
Coyrolas. *Coirolles.*
Coyta. *Moulin-de-Couyte.*
Coytcol. *Couteaux*, c^ne de Lantriac.
Cozealgue rivus. *Le Chadriat.*
Cracholles, Crachoulas, Crachoulles. *Crachoules.*
Crances (Les). *Les Granges*, c^ne de Cronce.
Crapona, Craponensis vicaria, Craponne. *Craponne-sur-Arzon.*
Crapou (Lo). *Le Crépoux.*
Crappone. *Craponne-sur-Arzon.*
Crassoule. *Crachoules.*
Crauchetis, Crauchetz (Los). *Les Crochets*, c^ne de Laussonne.
Cré (Le). *Les Crets.*
Créaus. *Créaux.*
Crébasset. *Crébassy.*
Cremayrolas, Crémeroles. *Crémérolles.*
Cremerolles. *Crémerol.*
Cremeyroles. *Crémérolles.*
Cremeyrolles. *Crémerol.*
Crémiliac, Créminac, Crenilhac, Crenilhacum, Creniliac. *Crénillac.*
Crepinac. *Crespignac.*
Crepo. *Le Crépon.*
Crépon. *Le Crépoux.*
Crerest. *Geré.*
Crescela (Aqua de). *La Griselle.*
Crespi. *Crespin.*
Crespiac, Crespiat. *Crispiac.*
Crespin. *Crespy.*
Crespinac. *Crespignac.*
Crespinhac. *Crespignac, Crispinhac.*
Crespinhacum, Crespiniac. *Crespignac.*
Crespon (Lou). *Le Crépon.*
Cresselle. *Criscelle.*
Cresti Subteriores, Cresti Superiores. *Le Crest*, c^ne de Saint-André-de-Chalencon.
Creux. *Créaux.*
Creux-de-Lavoute. *Creux-du-Loup.*
Creuze-Mouton. *Crouse-Mouton.*
Creycela, Creycele, Creysela. *La Griselle*, ruiss.
Creysele. *Criscelle.*

Creyssela. *La Criselle*, ruiss.
Cricinago. *Crochiniat.*
Cri-du-Devès (Le), Crin (Le). *Le Cri.*
Crisailloux. *Ravin-du-Grisaillou.*
Crispiago, Crispiat. *Crispiac.*
Crispinac, Crispinhac. *Crespignac.*
Crispinhacum. *Crispinhac.*
Crixailloux. *Crisailloux.*
Criziacus. *Crochiniat.*
Croance. *Cronce; la Cronce*, ruiss.
Croanseta. *Cronsette.*
Croanssa, Crocansia. *Cronce.*
Crochetz (Lous). *Les Crochets*, c^ne de Laussonne.
Crohense. *Cronce.*
Croiset (Le). *Le Croizet*, c^nes de Bonneval et de Saint-Beauzire; *Le Crouzet*, c^ne de Chanaleilles.
Croisette (La). *La Crouzette.*
Croix-de-Boutière (La), Croix-de-Boutières (La). *La Croix-des-Boutières.*
Croix-de-la-Magdalleyne. *Croix-de-la-Madelaine.*
Croix-de-la-Paille (La). *La Croix-de-Paille.*
Croix-deux-Couderez. *La Croix-des-Couders.*
Croizet (Le). *Le Crouzet*, c^nes de Chanaleilles et de Craponne-sur-Arzon.
Crojozole. *Crouziols.*
Crolantia. *Cronce.*
Cromarie. *Cros-Marie.*
Cromce-Lorbe. *Cronce-Lorbe.*
Cronce. *Crance.*
Crone-l'Orbe. *Cronce-Lorbe.*
Cronsa. *Cronce.*
Cronse (Rivus de). *La Cronce.*
Cronseta, Cronsettes. *Croncette.*
Cros. *Cros-de-la-Grange.*
Cros (La). *La Croix*, c^nes de Malvières et de Sainte-Marie-des-Chazes.
Cros (Le). *Le Cros-de-Béraudon, Cros-de-Brives, Le Cros-de-Mortesagne, Le Cros-de-l'Îne, Le Cros-de-Montroy, Les Cros.*
Cros (Les). *Cros-de-Brives.*
Cros (Lous). *Le Ducrau.*
Crosæ. *Les Crozes*, c^ne de Saint-Jeure.
Crosances. *Croisance.*
Crosancia. *Cronce.*
Crosanciæ, Crosansa, Crosantia. *Croisance.*
Crosanza. *Cronce.*

Cros Ardana, Cros-Ardenne. *Le Cros-Pouget.*
Crosas (Las). *Les Crozes*, c^ne de Saint-Jeure.
Cros-Borel (Le), Cros-Bourel. *Les Cros.*
Cros Chanuda. *Le Cros-Chanude.*
Cros-Conguet (Le). *Le Cros*, c^ne de Bonneval.
Cros-d'Araules. *Le Cros-de-Beraudon.*
Cros-d'Ardenne. *Le Cros-Pouget.*
Cros-de-Beaune. *Le Cros*, c^ne de Saint-Étienne-du-Vigan.
Cros-de-Brandoux (Le). *Le Cros-de-Beraudon.*
Cros-de-Gaches. *Le Cros*, c^ne de Saint-Bonnet-le-Froid.
Cros-de-l'Aze (Lou), Cros-de-l'Azi. *Le Cros-de-l'Îne.*
Cros del lop pendut (La). *La Croix-du-loup-pendu.*
Cros del Pouget (Lo). *Le Cros-Pouget.*
Cros de Mal-Sane (La). *La Croix-de-Malsang.*
Cros-de-Mortessagnes. *Le Cros-de-Mortesagne.*
Cros-de-Peyredeyre. *Le Cros*, c^ne de Saint-Quintin-Chaspinhac.
Cros-de-Saint-Martin. *Le Cros*, c^ne de Saint-Martin-de-Fugères.
Cros-Dos. *Le Crosdo.*
Cros dous Jails, Cros doux Gaits, Cros doux Jailz. *Cros-du-Jay.*
Cros-du-Poget (Le), Cros-du-Pouget. *Le Cros-Pouget.*
Crosences. *Croisance.*
Croset. *Crouset; Le Crouzet*, c^ne de Thoras.
Croset (Lo). *Le Croizet*, c^ne de Mercœur; *Le Crouzet*, c^ne de Dunières; *Crouzet-de-Meyzous, Le Crouzet-de-Ranc, Le Crouzet-de-Ruelle.*
Croset-de-Langlade. *Le Crouzet*, c^ne de Thoras.
Croset-de-Madrieyras. *Le Crouzet*, c^ne de Chanaleilles.
Croset-de-Taillières, Crosets. *Le Crouzet*, c^ne de Thoras.
Crosets. *Le Crouzet*, c^ne de Thoras.
Crosetum. *Le Croizet*, c^nes de Mercœur et de Saint-Privat-du-Dragon; *Le Croz*, c^ne de Saint-Geneys-près-Saint-Paulien; *Crouset; Le Crouzet*, c^nes de Chadron et de Thoras; *Le Crouzet-de-Ranc, Le Crouzet-de-Ruelle, Le Grand-Crouzet.*

Crosetum d'Anglada. *Le Crouzet*, c^ne de Thoras.
Crosetus, Crosetus de Ultra Aquam. *Le Crouzet*, c^ne de Chadron.
Crosetus Neymi. *Le Crozet.*
Cros-Gelier. *Le Cros-Jallier; les Engayaux*, ruiss.
Crosioux. *Crouziols.*
Cros-Jalhier. *Le Cros-Jallier.*
Cros-Juzeu (Lo). *Le Cros*, c^ne d'Azerat.
Croslocum. *Le Cros*, c^ne de Ferrussac.
Cros-Marcet. *Courmacès.*
Cros Maria. *Cros-Marie.*
Cros-Mezire. *Le Cros-Mesire.*
Cros N'Avifos. *Le Cros-de-Montroy.*
Cros-Neymi (Le). *Le Crozet.*
Cros-Reynauld. *Pissavy.*
Cros Romaldi. *Le Cros-de-Montroy.*
Croseac. *Le Peyron-de-Corsac.*
Crosso (Illo). *Le Cros*, c^ne d'Azerat.
Crosteil, Crosteilhs, Crostel, Crostelhs. *Crouset.*
Crosum. *Le Cros*, c^nes de Mercœur, de Saint-Geneys-près-Saint-Paulien et de Saint-Haon.
Crosuolx. *Crouziols.*
Crosus. *Le Cros*, c^nes de Chomelix, de Dunières, de Ferrussac, de Laval, de Monistrol-sur-Loire, de Saint-Martin-de-Fugères et de Saugues.
Crosus Do. *Le Crosdo.*
Crosus dous Jays. *Cros-du-Jay.*
Crosus Farant. *Le Cros*, c^ne de la Farre.
Crosus Montis Rubei. *Le Cros-de-Montroy.*
Crosus subtus Vulpem. *Les Cros.*
Crosus Yaler. *Le Cros-Jallier.*
Cros-Verdier. *Le Cros*, c^ne de la Farre.
Cros-Vezo. *Le Cros*, c^ne d'Azerat.
Crotas (Las). *Les Crottes.*
Crotes, Crottæ, Crottes. *Moulin-de-la-Crotte.*
Crouchetz (Lous). *Les Crochets*, c^ne de Laussonne.
Croue. *Le Cros*, c^ne de Ferrussac.
Crouense. *Cronce.*
Crous-de-Montrouy (Lo). *Le Cros-de-Montroy.*
Crouset-de-Madrières. *Le Crouzet*, c^ne de Chanaleilles.
Crouset-Langlade (Le). *Le Crouzet*, c^ne de Thoras.
Croussac. *Crossac.*

Croux (Lo). *Le Cros,* c^{nes} de Ferrussac et de Monistrol-sur-Loire.
Croux-Chanude. *La Cros-'Chanude.*
Croux-Velha (La). *La Croix,* c^{ne} de Malvières.
Crouze-Mouton. *Crouse-Mouton.*
Crouzers (Les). *Crouzace.*
Crouzet. *Crouzet-de-Meyzous.*
Crouzet (Le). *Crouse-Mouton, Crouzet-de-Meyzous, Le Crouzet-de-Ranc, Le Crouzet-de-Ruelle, Le Crozet; la Ruelle,* ruiss.
Crouzet-de-Chadron (Le), Crouzet-de-Lalau (Le), *Le Crouzet,* c^{ne} de Chadron.
Crouzet-de-la-Leau (Le). *Le Crouzet,* c^{ne} de Chadron.
Crouzet-de-Litaud. *Le Crouzet,* c^{ne} de Saint-Front.
Crouzet-de-Maisoux, Crouzet-de-Mejou. *Crouzet-de-Meyzous.*
Crouzet-de-Ranci. *Le Crouzet-de-Ranc.*
Crouzette (La). *Le Crouzet,* c^{ne} du Chambon.
Crouziols (Le). *La Colence,* rivière.
Croz. *Le Cros,* c^{ne} de Mercœur.
Crozailler, Crozallier. *Cros-Jallier.*
Crozansas. *Croisance.*
Crozas (Las). *Saint-Hippolyte.*
Croze-Marie. *Cros-Marie.*
Croze-Mouton. *Crouse-Mouton.*
Crozes (Les). *Le Cheneville,* ruiss.; *Malsang.*
Crozes (Lo). *Le Croizet,* c^{ne} de Saint-Privat-du-Dragon.
Crozes-petits. *Le Petit-Crouzet.*
Crozet (Lo). *Le Croizet,* c^{nes} de Bonneval, de Saint-Beauzire et de Saint-Privat-du-Dragon; *Crouzet; Le Crouzet,* c^{nes} de Dunières et de Saint-Front; *le Crouzet,* ruiss.; *Le Crouzet-de-Ranc.*
Crozet-de-Madreyres. *Le Crouzet,* c^{ne} de Chanaleilles.
Crozet-de-Ranc. *Le Crouzet-de-Ranc.*
Crozet-de-Ruel (Le). *Le Crouzet-de-Ruelle.*
Crozet-Mouton. *Crouse-Mouton.*
Crozetum. *Le Crouzet,* c^{nes} de Jax, de Saint-Front et de Thoras.
Crozetus. *Crouzet-de-Meyzous, Le Crozet.*
Crozetz. *Les Crochets, Crouzet; Le Crouzet,* c^{nes} de Chadron, de Chanaleilles, de Saint-Didier-la-Séauve et de Saint-Pierre-Eynac.
Crozilhac (Las), Crozilhes (Les). *Les Crouzilles.*

Croz-Joly-lez-Colombet. *Crozoly.*
Croz-Marcet. *Courmacès.*
Crozojole. *Crouziols.*
Crozolat. *Criolat.*
Crozus. *Le Cros,* c^{nes} de Chomelix, de Dunières, de la Farre, de Ferrussac, de Saint-Étienne-du-Vigan et de Saint-Martin-de-Fugères.
Crozus Ardena. *Le Cros-Pouget.*
Crozus Do. *Le Crosdo.*
Crubizolles. *Cubrizolles.*
Crucineras. *Crussinières.*
Crumairolas. *Crémerol, Crémérolles.*
Crumayrolas. *Crémerol.*
Crumeyrolas, Crumeyroles. *Crémérolles.*
Crumilac. *Crumilhac.*
Crumilhac. *Saint-Christophe-sur-Dolaison.*
Crumilhacum. *Curmilhac.*
Crumiliac. *Saint-Christophe-sur-Dolaison.*
Crumiliacum. *Curmilhac.*
Cruseol, Crusolum, Crusseol. *Crouziols.*
Crussyneyres. *Crussinières.*
Crux. *La Croix,* c^{nes} de Malvières et de-Sainte-Marie-des-Chazes.
Crux Beati Marcialis. *Croix-Saint-Martial.*
Crux Boteriœ. *La Croix-des-Boutières.*
Crux Canuta, Crux Chanuda. *La Cros-Chanude.*
Crux dels Treylhs. *La Croix-des-Treilhs.*
Crux de Mal-Tochy. *La Croix-du-Mauvais-Tuchin.*
Cruzeuols, Cruziols. *Crouziols.*
Cry (Le), Cry-lès-Chantemerle (Le). *Le Cri.*
Cubairolas, Cubayrolas, Cubeirolas. *Cuberolles.*
Cubel, Cubellœ. *Cubelles.*
Cubelles. *Cubelle.*
Cubesolas. *Cubizoles.*
Cubeyrolles. *Cuberolles.*
Cubisolles, Cubizole. *Cubizoles.*
Cublelw. *Cubelles.*
Cublelas. *Cubelle, Cubelles; Cublaise,* c^{ne} des Villettes.
Cublesas. *Cublaise,* c^{nes} de Saint-Maurice-de-Lignon et des Villettes.
Cubleses, Cubleses-de-Sicard, Cublezas. *Cublaise,* c^{ne} des Villettes.
Cublezas. *Cublaise,* c^{ne} de Dunières.
Cubonus. *Coubon.*

Cubresolas, Cubressolas, Cubrisolas, Cubrisolles. *Cubrizolles.*
Cucia. *Cusse.*
Cuciacus. *Cussac,* c^{on} de Solignac-sur-Loire.
Cucugniou. *Cucuniou.*
Cuelha, Cueulha. *La Grande-Queille.*
Cugulonia (La). *La Cocoulogne.*
Cuinas. *Cunes.*
Culerie (La). *L'Écurlerie.*
Culetum, Culhetum, Culletum. *Choulet.*
Culpéron, Culpérouse, Culpeyroux. *Culpéroux.*
Cultoiolis villa. *Couteuges.*
Cumæ. *La Vaudieu.*
Cumas. *Cunes.*
Cumba (La). *La Combe,* c^{ne} de Bas; *Grand-Combe.*
Cumbæ. *Les Combes,* c^{ne} de Saint-Vert.
Cumbas. *Les Combes,* c^{nes} de Bournoncle-la-Roche, d'Espaly-Saint-Marcel et de Saint-Hilaire.
Cumbes (Las). *Les Combes,* c^{ne} de Saint-Vert.
Cumbriol. *Combriol.*
Cumbulit. *Pébélit.*
Cumeaulx. *Cumiaux.*
Cumicensis (adjectif). *La Vaudieu.*
Cumieaulx. *Cumiaux.*
Cumignat, Cuminhac, Cuminiac, Cumininiacus. *Cumignac.*
Cuminiaux. *Cumiaux.*
Cumps, Cums. *La Vaudieu.*
Cumynhat. *Cumignac.*
Cunet. *Cancl.*
Cuoq (Riou de). *Le Communac.*
Curelarie (La). *L'Écurlerie.*
Curmillac. *Curmilhac.*
Cursons, Cursous. *Cursoux.*
Curtemarcis villa. *Coumarcès.*
Curtile. *Le Cortial,* c^{nes} d'Aurec et de Bauzac.
Curtilias, Curtillas. *Courtille.*
Curtimercis villa. *Coumarcès.*
Cusa. *Cusse.*
Cussa. *Cusse, La Trinité.*
Cussacius. *Cussac,* c^{on} de Solignac-sur-Loire.
Cussacum. *Cussac,* c^{on} de Solignac-sur-Loire et c^{nes} de Bessamorel et de Polignac.
Cusse. *La Trinité.*
Cussete. *La Cussette,* ruiss.
Cussette (La). *La Trinité,* ruiss.
Cussia. *Cusse.*
Cussus. *Cusson.*

Cutia. *Cusse.*

Cuynas, Cuynes. *Cunes.*

Cuzac. *Cussac.*

Cyaugues – Sainct – Rome. *Siaugues-Saint-Romain.*

Cyaux. *Céaux-d'Allègre.*

Cyndrat. *Cindrat.*

Cynioures, Cynus Auri. *La Senouire, ruiss.*

Cyvairac, Cyvayrac. *Civérac.*

D

Dabenot. *Benot.*

Dahu. *Daü.*

Dail (Le). *Daille.*

Dolacium, Dalas. *Dallas.*

Dalmas (Los). *La Roche-Dumas.*

Dalmaso, Dalmasonus. *Dolmazon.*

Dalmayrac, Dalmayracs, Dalmeyrac. *Domeyrat.*

Dame-Blanche (La). *Mariac.*

Daniela (La), Daniella (La). *La Danielle.*

Danis. *Denise, mont.*

Darbon. *Le Cri.*

Dardelenc (Molendinum), Dardellent (Le). *Moulin-du-Dardelin.*

Darna (La). *La Darne; Darnes, c^ne de Charraix.*

Darna pessa, Darna pessaa, Darna pessada. *Darnapsal,* c^ne d'Yssin-geaux.

Darnapessat. *Darnapsal,* c^ne du Mazet-Saint-Voy.

Darnas. *Darnes,* c^ne de la Besseyre-Saint-Mary.

Darnebessa. *Darnapsal,* c^ne d'Yssin-geaux.

Darnes. *Darne.*

Darssac. *Darsac.*

Darssac (Molendinum de). *Moulin-de-Biasse.*

Dasrois. *Desrois.*

Daublet. *Doublet.*

Daunas. *Donaze.*

Daveine. *Davagne.*

Dega. *Desges.*

Deganhac. *Jayaut.*

Dege. *Desges.*

Deghe. *La Dège, rivière; Desges.*

Degia. *Desges.*

Degie. *La Dège, rivière.*

Degrand (Scie-de-). *Scie-de-Deyraud.*

Deia. *La Dège, rivière.*

Dembois. *Dambois.*

Dempère. *Dempeyre.*

Deneyroles-Basses. *Deneyrolles-Basses.*

Deneyroles-Hautes. *Deneyrolles-Hautes.*

Deneyroliæ. *Deneyrolles-Basses.*

Denize. *Denise, mont.*

Dens (Las). *Dents de Montaboule.*

Denyse. *Denise, mont.*

Derlho. *Le Dourlion, ruiss.*

Dernebiou (Le). *L'Hivernebœuf, ruiss.*

Desbregati. *Breysse, mont.*

Desghe, Desja. *Desges.*

Despelin. *Les Pelens.*

Dessayres. *Eyres (Les).*

Desteilh (Lo). *Le Destal.*

Destorba (La). *La Détourbe, c^nes d'Araules, de Raucoules et de Vernassal.*

Destourbe (La). *La Détourbe, c^nes d'Araules et de Raucoules.*

Deu gracia, Deu gratia. *Chastel,* c^ne de Rosières.

Deumas. *Farges,* c^ne de Coubon.

Deux-Chanetz, Deux-Chiens. *Douchanet.*

Devès. *Le Devez, Le Pied-du-Roi.*

Deves Hospitalis. *Devèze.*

Devesium. *Le Devez.*

Devest (Le). *Le Devès.*

Didier-d'Allier. *Saint-Didier-d'Allier.*

Didier-les-Côtes. *Saint-Didier-sur-Doulon.*

Diège. *La Dège, rivière.*

Dieu gracia (La). *Chastel,* c^ne de Rosières.

Digna (La). *Ladignac.*

Digon (Moulin-de-). *Moulin-de-Digons.*

Digoncius. *Digons.*

Digonneir (La). *La Digonnière.*

Digonnet. *Guigonnet.*

Digonz, Diguons. *Digons.*

Dimiengeat. *Dimengeal.*

Dinac. *Dignac,* c^ne de Roche-en-Régnier.

Dinementz (Lous). *Dinamand.*

Dinhac. *Dignac,* c^nes de Roche-en-Régnier et de Sembadel.

Dintilhac. *Dintillat.*

Dio gracia. *Chastel,* c^ne de Rosières.

Diot. *Diat.*

Dioudounat. *Dioudonnat.*

Dirandes. *La Durande, mont.*

Dissou. *Guisson.*

Doa. *Doue.*

Doas Rabas. *Deux-Rabes.*

Doe, Doensis (adjectif), Dohe. *Doue.*

Dolazo, Doledo. *Le Dolaizon, rivière.*

Doleso. *Dolaison; le Dolaizon, rivière; Les Tanneries, au Puy.*

Dolesonus. *Le Dolaizon, rivière.*

Doleu, Doleus, Doleus-Dorat, Doleus-la-Chalm, Doleus-lo-Coper, Doleuys. *Douliour.*

Dolezo. *Dolaison, le Dolaizon, rivière.*

Dolezon. *Dolaison.*

Doliou-Dourat. *Douliour.*

Dollezo. *Le Dolaizon, rivière.*

Dolmarget. *Domarget.*

Dolo, Dolon. *Le Doulon, ruiss.*

Dolozo. *Le Dolaizon, rivière.*

Domaine-Rouge. *La Métairie-Rouge, Terre-Rouge.*

Domaison, Domeso, Domesonum. *Domezon.*

Domeyrac. *Domeyrat.*

Dompeyre, Dompierre. *Dempeyre.*

Domus. *Meyzous.*

Domus infirmorum (vel) leprosorum de Briva. *La Malouteyre,* c^ne de Brives-Charensac.

Domus Nova. *Maisonneuve,* c^ne des Estables et de Saint-Just-près-Brioude.

Domus Sola. *Maisonseule,* c^nes de Ceyssac, d'Ouïdes, de Pradelles, de Retournac et d'Yssingeaux.

Donasacum. *Donazac.*

Donasius. *Donaze.*

Donassac. *Donazac.*

Donat. *Onnat.*

Donazaeris, Donazer, Donazeris. *Donaze.*

Donezac. *Donazac.*

Donnat (Le). *Le Donat.*

Don Peire, Don Peyre. *Dempeyre.*

Dorillere. *La Dorlière.*

Dorlhares (Les). *La Dorlière.*

Dorlhio, Dorlho. *Le Dourlion, ruiss.*

Doschanetz, Doschas. *Douchanet.*

Dona. *Doue.*

Doubra. *Doubrac.*

Douchanetz, Douchanez. *Douchanet.*

Douhe. *Doue.*

Doulbioux, Douliouse, Doulioux-Dourat. *Doulioux.*

Dounaze. *Donaze.*

Dourelhière (La), Dourleyre (La). *La Dorlière.*

Dourlhon. *Le Dourlion, ruiss.*

Dous. *Ours.*

Douspix. *Douspis.*

Drages (Les). *Les Draves.*

Dragoneyre (La). *Dargonnier.*

Drahos. *Le Dragon, rivière; Suc-du-Dragon, Drols.*

Draocangas. *Drossanges.*

Escoubeyras. *Escoubeyre.*
Escoursonge. *Les Coussouses.*
Escroc, Escros-Ladreyt, Escros-lo-Versanh. *Escros.*
Escubla. *Escublas.*
Escublac. *Estublat,* cne de Monlet.
Escublacum. *Escublac.*
Escublaset. *Escublazet.*
Escuplac. *Escublac; Estublat,* cne de Monlet.
Escupliac. *Escublac.*
Escure (L'). *Lescure,* cne d'Yssingeaux.
Esfruitz (Les), Esfrus (Los). *Les Effruits.*
Esgaux (Les). *Les Égaux,* cne de Freycenet-Lacuche.
Esglise-Neuve. *Glizeneure.*
Esmeral. *Eymeran.*
Espailly. *Espaly-Saint-Marcel.*
Espala. *Espale.*
Espaladon. *Espaladour.*
Espole, Espalede, Espali. *Espaly-Saint-Marcel.*
Espalieu. *Espaliou.*
Espalla. *Espale.*
Espallion. *Espaliou.*
Espally, Espaly. *Espaly-Saint-Marcel.*
Espanadou. *Espaladour.*
Espanhac. *Espagnac.*
Espavi. *Espaly-Saint-Marcel.*
Espeleu. *Espaliou.*
Espellucas, Espeluchas. *Espeluches.*
Esperenc (Rivus del). *L'Espérin.*
Esperens. *Baraque-des-Esperens.*
Espétavit. *Espeitavy.*
Espigol. *L'Espigour.*
Espinaces. *Espinasse,* cne de Cayres.
Espinas Pastor. *Montpastour.*
Espinassas. *Espinasse,* cnes de Cayres et de Saint-Pal-de-Mons.
Espinasses. *Espinasse,* cne de Monistrol-sur-Loire.
Espinatzolas. *Espinasolle.*
Épinedes. *La Pénide,* cne de Saint-Just-près-Brioude.
Espoutus. *Arcis.*
Espytavys. *Espeitavy.*
Esquine. *Tinès.*
Esquivaulx (Les). *L'Estival,* cne de Saint-Front.
Essalans. *Les Saliens.*
Essarlhes, Essarlheus. *Surlis.*
Esseingeaux. *Yssingeaux.*
Esseones (Los). *Oussoux.*
Essials. *Les Essialles.*
Essinghaulx, Essingiacus, Essiniau, Essyngau. *Yssingeaux.*

Estabila. *Les Estables.*
Estampes. *Étampe.*
Esticu. *Estiou.*
Estigeolet (L'). *Lestigeolet.*
Estival (Moulin-d'). *Moulin-du-Chambon,* cne de Cerzat.
Estivalelhas. *Estivareille.*
Estivalis. *L'Estival,* cne de Saint-Front.
Estivarel. *Estivareille.*
Estivaulx. *L'Estival,* cne de Saint-Front.
Estivus. *Estiou.*
Estords. *Le Mas-d'Estors.*
Estrata. *L'Estrade,* cne de Beaux.
Estrectz, Estreytz (Lous). *Les Estreys.*
Estublac. *Escublac.*
Eszineyras. *Azanières.*
Étienne-Fils. *Étiennefy.*
Euchastrade (L'). *L'Enchastrade.*
Excleunii, Exclunes. *Esclunes.*
Expaille. *Espale.*
Expailly. *Espaly-Saint-Marcel.*
Exploctz. *Esplot.*
Extors. *Le Mas-d'Estors.*
Eybranquassy. *Brancassy.*
Eycenacium, Eycenacum, Eycenat. *Eycenac.*
Eycialles. *Les Essialles.*
Eyde. *Ebda.*
Eygaux (Les). *Les Égaux,* cne de Freycenet-Lacuche.
Eygles, Eyglet. *Aiglet.*
Eymaroux (Moulin-d'). *Moulin-d'Eymarou.*
Eymerail, Eymeral. *Eymeran.*
Eynacum. *Eynac, Saint-Pierre-Eynac.*
Eyras (Las). *Les Eyres.*
Eyraud. *Héraud.*
Eyrauds (Les). *Les Eygrets.*
Eyrault. *Heraud.*
Eyravaset. *Eyravazet.*
Eyrelet (L'). *Leyrelet.*
Eyrols (Les). *Les Allirols.*
Eysealas. *Les Essialles.*
Eyssacum. *Eyssac.*
Eysseales. *Les Essialles.*
Eyssenac. *Eycenac.*
Eylaus (Los). *Luitaud.*
Eyvaras (Les). *Les Eyrauds.*
Eyvarrats, Eyveras, Eyverras. *Les Yverras.*
Eyverts (Les). *Hivery.*

F

Fa. *Le Fô.*
Fabia. *Fay-le-Froid.*

Fabri. *Les Fabres,* cne de Tirenges.
Fabrica. *La Farge.*
Fabricas. *Farges,* cnes de Coubon et de Siaugues-Saint-Romain; *Fauries,* cne de Malrevers.
Fabrigas. *La Faurie,* cne de Saint-Maurice-de-Lignon.
Fachis (Les), Facys (Los). *Esfacy.*
Fadaise. *Fadesse.*
Fadas (Las). *Pré-des-Fades.*
Fadas (Peyras dey las). *Les Pierres des Fées.*
Fadas (La Tombe de las), Fades (Trioulas de la). *Tuile des Fées.*
Faet. *Fay, Fay-la-Triouleyre.*
Faeta (La). *La Fayette,* cne de Saint-Ferréol-d'Auroure.
Faetum. *Fay-la-Triouleyre.*
Fage (La). *Le Besque,* ruiss.
Fages (Les). *Les Farges,* cne de Josat.
Fageta (La). *La Fagette,* cnes de Saint-Paul-de-Tartas, de Thoras et de Venteuges; *La Fayette,* cne d'Yssingeaux.
Fageta superior. *La Faye-Haute.*
Fagete (La). *La Fagette,* cne d'Yssingeaux.
Fagha (La). *La Fage,* cne de Lubilhac.
Fagha Longua. *Fagelongue.*
Faghe (La). *La Fage,* cne de Saint-Étienne-sur-Blesle.
Faghette (Haute et Basse). *La Fagette,* cne de Saint-Didier-sur-Doulon.
Fagia. *La Faye,* cne de Freycenet-Lacuche.
Faginus. *Fay-le-Froid.*
Fagoleta Sobeyrana, Fagoleta Soteyrana. *La Fajolette.*
Fagus. *Le Faux.*
Fagus Volesi, Fagus Voloza. *Le Fau,* cne de Saint-Just-Malmont.
Fahetum. *Fay-la-Triouleyre.*
Fai. *Fay-le-Froid.*
Faia (La). *La Faye,* cnes de Landos et de Saint-Front.
Faix. *Les Fayes.*
Faiet. *Fay, Fay-la-Triouleyre.*
Fain, Fainus. *Fay-le-Froid.*
Faiola (La). *La Fageolle; La Fayolle,* cne de Chamalières.
Fajeta (La). *La Fagette,* cne de Venteuges; *La Fayette,* cne d'Yssingeaux.
Fajola (La). *La Fageolle.*
Falcouy, Falcoy. *Faucouy.*

Falgeras. *Faugères.*
Falgeriæ. *Fougère.*
Falgerias. *Fugères, Saint-Martin-de-Fugères.*
Falgeyras. *Fougère.*
Falgeyre. *Faugères.*
Falgeyrelas. *Fougeirette.*
Falgos. *Fiaugoux.*
Falourdon (Lo). *Le Foulourdon.*
Falsimanias. *Faussemagne.*
Falzets, Falzetum. *Le Falzet.*
Fangat (Lo). *Le Fangeat.*
Fangeriæ. *Les Fangères.*
Fangette. *Fanget.*
Fans (Los). *Osfont.*
Fara. *La Farre,* cᵒⁿ de Pradelles.
Fardou (Moulin de). *Moulin-d'Ally.*
Fare (La). *La Farre,* cᵒⁿ de Pradelles.
Fareyrolas. *Farreyroles.*
Fargeta (La). *La Fargette.*
Fargetas. *Fargette.*
Farghas. *Farges,* au Puy et cⁿᵉ de Siaugues-Saint-Romain.
Farghe (La). *La Farge.*
Farghetas. *Fargette.*
Fargia (La). *La Farge.*
Fargiæ. *Farges,* cⁿᵉ de Siaugues-Saint-Romain.
Farias. *Farges,* au Puy et cⁿᵉ de Saint-Pal-de-Murs; *Les Farges,* cⁿᵉ de Saint-Vert.
Faridoï, Faridoie, Faridoix, Faridoue. *Faridouaix.*
Farrayre. *Farreyre,* cⁿᵉ de Mazerat-Aurouze.
Farreyre (La). *La Ferrière.*
Farreyrolæ. *Farreyroles.*
Farsa Boysson. *Port-Buisson.*
Fassis, Fassy. *Esfacy.*
Fau (Lo). *Le Faux; Les Faux,* cⁿᵉ de Chaudeyrolles; *Le Fô.*
Fauc (Lou). *Chalimard.*
Fauchiers (Les). *Les Fauchers,* cⁿᵉ de Saint-Préjet-Armandon.
Faucony. *Faucouy.*
Faud (Le). *Le Fau,* cⁿᵉ de Cistrières.
Faugeirettes. *Fougeirette.*
Faugère. *Faugères.*
Faugères. *Fougères,* cⁿᵉˢ de Montregard et de Saint-Étienne-Lardeyrol.
Faugerias. *Fougères,* cⁿᵉ de Montregard.
Faugeyras. *Fougère; Fougères,* cⁿᵉ de Saint-Étienne-Lardeyrol.
Faugeyroles. *Fougerolles.*
Faugières. *Fugères.*
Faugiroles. *Fougerottes.*
Faulcon (Le). *Faucon.*

Faulgeyres. *Fougères,* cⁿᵉ de Saint-Cirgues.
Faulgière. *Fougère.*
Faulsimainhe (La). *Faussemagne.*
Faulx (Les). *Les Faux,* cⁿᵉ de Connangles.
Fau-Montchau (Le). *Le Fau,* cⁿᵉ de Cistrières.
Faure (Molin del). *Moulin-du-Fauron.*
Fauregolas. *Farigoules.*
Faurges. *Farges,* cⁿᵉ de Siaugues-Saint-Romain.
Faurghas. *Farge; Les Farges,* cⁿᵉ d'Arlet.
Fauria. *La Faurie,* cⁿᵉˢ de Connangles et de Montregard; *Fauries,* cⁿᵉ de Saint-Front.
Fauriæ. *Fauries,* cⁿᵉ de Dunières.
Faurias. *Fauries,* cⁿᵉˢ d'Araules, de Dunières, de Malrevers, du Mazet-Saint-Voy et de Saint-Front.
Faurie. *Fauries,* cⁿᵉ de Dunières.
Faurietas. *Fauriettes.*
Faurigolas, Faurigolles. *Farigoulles.*
Fauriot. *Fauries,* cⁿᵉ de Saint-Front.
Faurison. *Fauresson.*
Faurites. *Fauries,* cⁿᵉ d'Araules; *Les Fauriettes.*
Fauritos. *Fauriettes.*
Faus (Les). *Les Faux,* cⁿᵉ de Connangles; *Osfont.*
Faussier. *Foussier.*
Faussimagne, Faussimagnes, Faussimanhe. *Faussemagne.*
Fauvet (Lo). *Le Fouret.*
Fau-Voloux. *Le Fau,* cⁿᵉ de Saint-Just-Malmont.
Faux (Les). *Le Fau,* cⁿᵉ de Saint-Just-Malmont; *Osfont.*
Favairiolas, Favairolias, Favayroles. *Faveyrolles.*
Favenc (Lo). *Le Faval.*
Favetum. *Le Fauvet,* cⁿᵉ de la Chapelle-Geneste.
Faveyrolas. *Faveyrolles.*
Favus. *Le Fau,* cⁿᵉ de Saint-Christophe-d'Allier; *Le Fauvet,* cⁿᵉ de Félines; *Le Fô.*
Fay. *Fay-le-Froid.*
Fay (La). *La Fage,* cⁿᵉ de Saint-Didier-sur-Doulon.
Faya (La). *Le Fayat; La Faye,* cⁿᵉˢ de Boisset, de Landos, de Saint-Maurice-de-Lignon, des Vastres, de Vorey et d'Yssingeaux; *La Faye-Haute.*
Fayaa (Lo). *Le Fayat.*
Faya Borrelli. *La Faye-Bourret.*

Faya Escura. *Fau-Escure.*
Faya Monsial, Faya Monzil. *La Faye-Leygras.*
Fayard (Le). *Les Faux,* cⁿᵉ de Saint-Romain-Lachalm.
Fayas (Las). *Les Fayes.*
Fayat (Le), Fayatz (Le). *Le Fayard.*
Faye-Bourrel (La). *La Faye-Bourret.*
Faye-la-Vaisse. *Fay.*
Faye-les-Gras (La), Faye-Montzial. *La Faye-Leygras.*
Fayes (Les). *La Faye,* cⁿᵉ de Saint-Julien-Molhesabate.
Fayet. *Fay, Fay-la-Triouleyre.*
Fayeta (La). *La Fayette,* cⁿᵉˢ de Saint-Ferréol-d'Aurouse et d'Yssingeaux.
Fayetum. *Fay, Fay-la-Triouleyre, Fey.*
Fayias (Las). *Les Fayes.*
Fayiolette (La). *La Fayolette.*
Fay-la-Teulière, Fay-la-Trioulière. *Fay-la-Triouleyre.*
Fay-la-Vaisse. *Fay.*
Fay-le-Freit, Fay-le-Froit, Faynesa, Faynus. *Fay-le-Froid.*
Fayola (La). *La Fayolle,* cⁿᵉˢ de Montregard, de Saint-Pal-de-Mons, de Saint-Préjet-Armandon et de Sembadel.
Fayole (La). *La Fayolle,* cⁿᵉ de Montregard.
Fayolles (Les). *La Fayolle,* cⁿᵉ de Saint-Front.
Fay pauc. *Fuypau.*
Fays. *Fay-le-Froid.*
Fayt. *Fay, Fay-le-Froid.*
Fayt-en-l'Élection, Fayt-en-Montagne. *Fay-le-Froid.*
Fayt-la-Theuleyre, Fayt-la-Tuylière. *Fay-la-Triouleyre.*
Fayt-Saint-Nicolas. *Fay-le-Froid.*
Fealgoux. *Le Cumignat,* ruiss.; *Fiaugoux.*
Felgeiras. *Fougère.*
Felgerlas. *Faugères.*
Felgeyras. *Fougère.*
Felgos, Felgous. *Fiaugoux.*
Feliciago, Feliciano. *Fiossac.*
Felieiras. *Fougère.*
Felinas. *Félines.*
Felzet, Felzetum. *Le Falzet.*
Fenayrols. *Féneyrolles,* cⁿᵉ de Saint-Privat-du-Dragon.
Feneiroulx, Fénérol. *Féneyrolles,* cⁿᵉ de Cistrières.
Fénérolles. *Féneyrolles,* cⁿᵉ de Saint-Privat-du-Dragon.

Feneyrols. *Féneyrolles*, cne de Cistrières.

Feneyrolx, Feneyros, Feneyroulx. *Féneyrolles*, cne de Saint-Privat-du-Dragon.

Fenins, Feniss, Fenys. *Bellevue*, cne du Puy.

Feo (Lo). *Le Feuil; Le Fiou*, cne de Mazerat-Aurouse; *Le Fioux*, cne de Saint-Vert.

Feoux (Le). *Le Fioux*, cne d'Agnat.

Ferapy. *Ferrapie.*

Fercire. *Furreyre*, cne de Mazerat-Aurouze.

Feriers. *Plaine de Ferrières.*

Fernier. *Farnier.*

Fernis. *Bellevue*, cne du Puy.

Ferrainhe, Ferranhe. *Ferraigne.*

Ferrapia. *Ferrapie.*

Ferrayrolas. *Farreyroles.*

Ferreire. *Farreyre*, cne de Vorey.

Ferreirolas. *Farreyroles.*

Ferrete (La). *La Ferrette.*

Ferret-le-Meunier. *Ferret.*

Ferreyras. *Farreyre.*

Ferreyrolas. *Farreyroles.*

Ferrier. *La Peyreyre*, cne de Saint-Pierre-Eynac.

Ferriol. *Ferréol.*

Ferriolo. *Mas-Ferriol.*

Ferroussac, Ferrusac, Ferrusacum, Ferrussat, Ferussat. *Ferrussac.*

Fescalcos. *Saint-André-de-Chalencon.*

Fescla (Rivus de la). *Les Côtes.*

Fespecles, Fespescles. *Fespesche.*

Feu (Lo). *Le Favet*, cne de la Chapelle-Geneste; *Le Fiou*, cne de Mazerat-Aurouze et de Saint-Germain-Laprade; *Le Fioux*, cne d'Agnat, de Saint-Vert et de Tence.

Feudum. *Le Fieu*, cne de Saint-Julien-d'Ance.

Fougeras, Feugères. *Fugères.*

Feugeriæ. *Fougères*, cne de Montregard et de Saint-Étienne-Lardeyrol; *Fugères.*

Feugeyras. *Fougères*, cne de Saint-Étienne-Lardeyrol.

Feugières. *Fougères*, cne de Saint-Étienne-Lardeyrol; *Fugères.*

Feuil (Le). *Le Feu.*

Feuillaval. *La Chaudeyre.*

Feus (Lo), Fevet (Lo), Fevum. *Le Fieu*, cne de Saint-Julien-d'Ance.

Feypau. *Faypau.*

Feypescle. *Fespescle.*

Feypot. *Faypau.*

Feyri. *Fery.*

Feys. *Fey.*

Feytermes (Les), Feyterne. *Feyterme.*

Fiala pauc. *Philypaux.*

Fiala Trama. *Filletrame.*

Fialit. *Fialet.*

Fialle pauc. *Philypaux.*

Fica. *Ficat.*

Ficalma. *La Champ*, cne de Retournac.

Fieu (Le). *Le Fiou*, cne de Saint-Germain-Laprade; *Le Fioux*, cne de Tence.

Fieuf (Le). *Le Fiou*, cne de Saint-Germain-Laprade.

Fieufz (Le). *Le Fieu*, cne de Saint-Julien-d'Ance.

Fifaliou, Fiffaillhou. *Fifailloux.*

Figheon. *Figeon.*

Fila Trama. *Filletrame.*

Filayre. *Chapeau-Dugone.*

Filciago. *Fiossac.*

Filis. *Fougères*, cne d'Yssingeaux.

Fille-pau, Fillepauc. *Philypaux.*

Filletrasme. *Filletrame.*

Fillinas. *Félines.*

Fimes, Fimum Canis, Fini. *Fix-le-Bas.*

Fiola. *Moulin-Joubert.*

Fio-la-Fan. *Fieu-le-Feu.*

Fiolsat, Fiolssat. *Fiossac.*

Fiossat. *Le Cumignat*, ruiss.; *Fiossac.*

Fiou (Lou). *Le Fieu*, cne de Saint-Julien-d'Ance et des Vastres; *Les Fioux*, cne de Tence.

Fiougoux. *Fiaugoux.*

Fioule (La). *Le Jaroulx*, ruiss.

Fioullayre (Le). *Le Fioulayre.*

Fioulssac. *Fiossac.*

Fioure (Le). *La Vidourne.*

Fioussat. *Fiossac.*

Firmi. *Frimas.*

Fis. *Fix-le-Bas, Fix-Saint-Geneys.*

Fiusac. *Fiossac.*

Fix. *Fix-le-Bas, Fix-Saint-Geneys.*

Fix-d'Auvergne. *Fix-le-Bas.*

Fix-de-Velay, Fix-la-Montagne, Fix-le-Haut. *Fix-Saint-Geneys.*

Fix-Villeneuve. *Fix-le-Bas.*

Fiz. *Fix-le-Bas, Fix-Saint-Geneys.*

Flaceleyras. *Flaceleyre.*

Flacelier, Flacellier. *Freysselier.*

Flachac, Flachatz (Lo). *Le Flachat.*

Flache. *Flachet.*

Flacheria. *La Flachère*, cne de Rosières.

Flachetum. *Flachet.*

Flacheyra (La). *La Flachère*, cnes de Rosières et de Saint-Julien-Molhesabate.

Flacheyria. *La Flachère*, cne de Rosières.

Flagago, Flageat. *Flaghac.*

Flaghac, Flaghacum. *Flageac.*

Flaghat. *Flageac, Flaghac.*

Flagiacus, Flaiac. *Flaghac.*

Flamangas, Flamangiæ, Flamiangas, Flamianges, Flamienchas, Flaminghas. *Flaminges.*

Flaschatz (Lo). *Le Flachat.*

Flasseleyras. *Flaceleyre.*

Flasselher, Flasselier, Flasseilher. *Freysselier.*

Flaute (La). *La Flotte.*

Flaviacum. *Flaviac.*

Flaxadier. *Freysselier.*

Flaxelleriæ. *Flaceleyre.*

Flaya, Flayac, Flayacum. *Flayat.*

Flérieux. *Fleurieux.*

Fleuret. *Fleury.*

Fleurit, Fleury-de-Maisonnette. *Mas-de-Fleury.*

Fleurival. *Florival.*

Fleytisse (La). *La Frétisse.*

Floiracum. *Florac.*

Floriacus vicus. *Fleurac.*

Florimon, Florimond. *Florimont.*

Flota (La). *La Flotte.*

Flourdon. *Le Foulourdon.*

Floyrac. *Fleurac, Florat.*

Floyrat. *Florac.*

Flumiangas. *Flaminges.*

Fluyracum. *Fleurac.*

Fluyrat. *Florac.*

Foan del Arbre. *La Font-de-l'Arbre.*

Foans nemus. *Les Fonts*, cne de Freycenet-la-Tour.

Foant-Argenteyra. *L'Argentière.*

Foant Freyde. *Fontfreide*, cne du Monastier.

Foasser, Foasseyr, Foassier. *Foussier.*

Fociers. *Les Funchers*, cne de Chomelix.

Fogoleyras (Las). *Fougoulliers.*

Foilbioza (La). *La Fouillouse*, cne de Malrevers.

Foita. *La Foyte.*

Folcoy (Le). *Faucouy.*

Folestier. *Foletier.*

Folgeras. *Faugères.*

Folharada, Folherada (La). *La Feuillarade.*

Folhetu (La). *Le Bouchet-Haut.*

Folhiosa (La). *La Fouillouse*, cne d'Auteyrac.

Folhosa. *Fouillouse; La Fouillouse*, cne de Chaudeyrolles.

Folhoux. *Fouilloux.*

Folhoza (La). *La Fouillouse*, c^{ne} d'Au-
teyrac.
Folias (Las). *Les Feuilles.*
Folletier. *Foletier.*
Follie (La). *Les Feuilles.*
Follioza (La). *La Fouillouse*, c^{ne} de
Malrevers.
Folordon, Folordont. *Le Foulourdon.*
Foltier. *Foletier.*
Fomoreta. *Foumourette.*
Fonchava. *Fonchave.*
Fonchiers. *Les Fauchers*, c^{ne} de Cho-
melix.
Fondefaux (La). *La Font-de-Fau.*
Fonds (Les). *Les Fons.*
Fonds-de-Blein. *Font-Bleins.*
Fondz-du-Breul (Le). *La Pierre-
Plantée.*
Fons (Las). *Les Fons; Les Fonts,*
c^{ne} de Freycenet-la-Tour.
Fons (Les). *Losfons.*
Fons Argenteira, Fons Argenteria.
L'Argentière.
Fons Beati Theoffredi. *Font-Saint-
Chaffre.*
Fons Borzes. *La Font-Bourzès.*
Fons Daniel. *Font-Daniel.*
Fons de Arbore. *La Font-de-l'Arbre.*
Fons de Fago. *La Font-du-Fau.*
Fons de la Chayrosa. *Fontaine de
Montchiroux.*
Fons del Fau. *La Font-du-Fau.*
Fons Frenaldus. *Font-Frenant.*
Fons Frigidus. *Fontfreide*, c^{nes} du Mo-
nastier et de Saint-Jean-Lachalm.
Fons Montis Boniti. *Font-Sainte*, c^{ne}
de Bains.
Fons Prati. *La Font-du-Prat.*
Fons Sancti Evodii. *Font-Saint-Vosy.*
Fons Sancti Johannis. *Fontaine Saint-
Jean.*
Fons Sancti Marcelli. *Fontaine Saint-
Firmin.*
Fons Sancti Martini. *Fontaine Saint-
Martin.*
Fons Sancti Petri. *Font-Saint-Pierre.*
Fons Sancti Prejecti. *Fontaine Saint-
Préjet.*
Fons Ugo. *Fontugon.*
Font (La). *Les Fons.*
Fontade (Ruiss. de). *Le Rioutord.*
Fontagier, Fontagiers. *La Barbeyre.*
Fontaine (La). *Le Lacombe*, ruiss.
Fontanæ. *Fontanes*, c^{ne} du Brignon;
Fontannes, c^{on} de Brioude.
Fontanas. *Fontanes*, c^{nes} du Brignon,
de Chaspuzac et de Monistrol-d'Al-
lier; *Fontannes*, c^{on} de Brioude.

Fontanas (Las). *Fontanes*, c^{ne} de Re-
tournac.
Fontanel. *Fontenay.*
Fontanelhes. *Les Fontanilles.*
Fontanes. *Fontannes*, c^{on} de Brioude
et c^{ne} de Jullianges.
Fontanet. *Fontenay.*
Fontaneyres. *Fontaraby.*
Fontannes. *Fontanes*, c^{nes} du Brignon
et de Chaspuzac.
Fontannet. *Fontenay.*
Fontannette. *Fontanette.*
Font-Arabie, Font-Arabye. *Fonta-
raby.*
Fontarida. *Fontaride.*
Fontasenta, Fontaxent, Fontazentus.
Font-Sainte, c^{ne} de Bains.
Fontbleus. *Font-Bleins.*
Font bonna, Fontbonne. *Fonbonne.*
Fontbouchard. *Faubouchard.*
Font-Chapelle, Font-Chappela (La).
Cacheresse.
Fontchava. *Fonchave.*
Font-del-Fau (La). *La Font-du-Fau.*
Font-del-Rat (La). *La Font*, c^{ne} de
Freycenet-Lacuche.
Font-de-Saint-Jean (La). *Fontaine-
Saint-Jean.*
Font-du-Faux (La). *La Font-du-Fau.*
Font-du-Lac (La). *La Font-de-l'Arbre.*
Fonte (Nemus de). *Les Fonts*, c^{ne} de
Freycenet-la-Tour.
Fontemauro. *Fontmaure.*
Fontenaco. *Fournat.*
Fonteniauro. *Fontmaure.*
Fontes. *Les Fons, La Fontaine; Fon-
tannes*, c^{on} de Brioude.
Fontes (Les). *Les Fonts*, c^{ne} d'Es-
palem.
Fonteulada. *Fonteulade.*
Fontfrède. *Fontfreide*, c^{ne} du Monas-
tier.
Font-Frenalt. *Font-Frenant.*
Fontfreyda. *Fontfreide*, c^{ne} de Saint-
Jean-Lachalm.
Fonthanilles (Les). *Les Fontanilles.*
Font-Hugo, Font-Hugon. *Fontugon.*
Fontilhas (Las). *Les Fontilles.*
Font Maura. *Fontmaure.*
Font Moreta. *Foumourette.*
Fontrioulade. *Fonteulade.*
Fonts (Les). *Les Fons.*
Font-Saincte (La). *Font-Sainte*, c^{ne} de
Saint-Germain-Laprade.
Forchaet. *Fourchet.*
Forcharetum. *Fourcherit.*
Forchas (Las). *Suc des Fourches.*
Fores. *Fouret*, c^{ne} d'Azerat.

Forge. *Farge.*
Forghes. *Porte des Farges*, au Puy.
Forisius. *Forès.*
Formaignes, Formanhas. *Fourmagne.*
Fornac. *Fournac*, c^{ne} de Chomelix.
Forn del Veyro (Lo). *Le Four-des-
Veyres.*
Forn du Poisson. *Le Four-du-Pois-
son.*
Forne-Alvergne. *Forn-Alvergne.*
Fornel (Rivus del). *Ravin-de-Fournet.*
Fornella (La), Fornelle (La). *La
Fournelle.*
Fornelli. *Fournels.*
Fornet (Lo). *Fournat; Le Fournet,*
c^{ne} de Saint-Julien-Molhesabate.
Forneta (La). *La Fournette.*
Fornetz (Les). *Fournet.*
Forneux. *Fourneaux.*
Forniel (Lo). *Le Fournial.*
Fornier. *Fournier.*
Fornil (Lo). *Le Fournial.*
Forns (Los). *Les Fours*, c^{ne} de Vas-
tres.
Fornyl (Lo). *Le Fournial.*
Fornz (Alz). *Ouffour.*
Forsangnæ. *Fressange-Haut.*
Fort-du-Pré (Le). *Le Faure-du-Pré.*
Fossiers. *Les Fauchers*, c^{ne} de Cho-
melix; *Foussier.*
Fouant (La). *La Font-du-Bès.*
Fouant-del-Bos (La). *La Font-del-Bos.*
Fouant-Vieille. *Fontvieille.*
Foucherii grangia, Fouchiers. *Les
Fauchers*, c^{ne} de Chomelix.
Fougère. *Fougères*, c^{nes} de Montre-
gard, de Saint-Cirgues et d'Yssin-
geaux.
Fougerette. *Fougeirette.*
Fougeriæ, Fougeyras. *Fougères*, c^{ne}
d'Yssingeaux.
Fougeyres. *Fugères.*
Fougières. *Fougères*, c^{ne} de Montre-
gard.
Fougouleyre (La), Fougoulier. *Fou-
goulliers.*
Fouillara (La). *La Feuillara.*
Fouletenc (Lo). *Foultier.*
Foulhetz (Los). *Les Fouillets.*
Fouilhouze (La). *La Fouillouse*, c^{ne} de
Chaudeyrolles.
Fouliara (La). *La Feuillara.*
Fouliouze (La). *La Fouillouse.*
Foulordou. *Le Foulourdon.*
Foumet. *Fournet*, c^{ne} de Tence.
Four. *Les Fours*, c^{ne} de Montregard.
Fouragettes. *Le Riou-Cros*, ruiss.
Fourchayet. *Fourchet.*

Fourcherit. *Fourcherie.*
Four-del-Veyre (Lou). *Le Four-des-Veyres.*
Fourhes. *Suc des Fourches.*
Fourigolas, Fourigolles. *Farigoules.*
Fourmagnes. *Fourmagne.*
Fournat. *Jourdat.*
Fourneaulx. *Fourneaux.*
Fournels. *Fournel.*
Fourneries (Les). *Fournerie (La).*
Fournetz. *Fournet, cne de Tence; Les Fournets.*
Fourns (Lous). *Les Fours, cne des Vastres.*
Fourrès. *Fouret.*
Fours (Lous). *Uffour.*
Fourlon. *Foureton.*
Fourzon (Le). *Fauresson.*
Fouvel. *Fauret.*
Fouvinière (La). *La Fauvinière.*
Fovetum. *Le Fouret.*
Fovyneyre (La). *La Fauvinière.*
Foyassier. *Foussier.*
Foyers (Les). *Les Foyes.*
Foyssuers. *Foussier.*
Fraccius. *Le Fraysse, cne de Saint-Georges-Lagricol.*
Fracheire (La). *La Flachère, cne de Saint-Julien-Molhesabate.*
Frachette (Ruiss. de la). *La Rochette, cne de Saint-Bonnet-le-Froid.*
Fracsenetum. *Freycenet, cne d'Yssingeaux.*
Fracsinus. *Le Fraysse, cne de Saint-Georges-Lagricol.*
Fragsinetum. *Freycenet, cne de Saint-Hilaire.*
Fraice. *Le Fraysse, cne de Saint-Georges-Lagricol.*
Fraicenet. *Freissenet; Freycenet, cnes de Saint-Christophe-sur-Dolaison et de Saint-Vénérand.*
Fraicenetum. *Freycenet-la-Tour.*
Fraicinet-la-Lebouze. *Freissenet.*
Fraise. *Le Fraysse, cne de Saint-Georges-Lagricol.*
Fraisenet. *Le Freycenet, cne de Riotord.*
Fraisenet lo Cuja. *Freycenet-Lacuche.*
Fraisenetum. *Freycenet, cne de Rauret; Freycenet-la-Tour.*
Fraiser. *Le Fraysse, cnes de Chanaleilles et de Saint-Georges-Lagricol.*
Fraisse. *Le Fraysse, cnes de Chanaleilles, de Cubelles, de Laussonne et de Saint-Georges-Lagricol.*
Fraisse-Fordoyen (Le). *Le Fraysse, cne de Laussonne.*

Fraissene. *Freycenet, cne de Saint-Jeure.*
Fraissenet. *Freycenet, cne de Céaux-d'Allègre; Freyssenet, cnes d'Arlempdes et de Saint-Jean-de-Nay; Frissonet, cne de Cistrières.*
Fraissenet-des-Mazes. *Freycenet, cne de Saint-Arcons-de-Barges.*
Fraissenetum. *Freycenet, cne de Saint-Christophe-sur-Dolaison.*
Fraisser (Lo). *Le Fraysse, cne de Saint-Julien-Chapteuil.*
Fraisses (Los). *Le Fraysse, cne de Laussonne.*
Fraisset-Bas. *Le Fraysse-Bas.*
Fraisset-Haut. *Le Fraysse-Haut.*
Fraissinet. *Freycenet, cne de Tence.*
Fraissinetum. *Freycenet, cne de Monistrol-d'Allier.*
Fraissonnet. *Frissonnet, cnes de Cistrières et de Saint-Pal-de-Chalencon.*
Fraissonet lo Sobra. *Freycenet, cne de Saint-Hilaire.*
Fraixe. *Le Fraysse, cnes du Monastier et de Saint-Georges-Lagricol; Le Fraysse-Bas.*
Fraixe-de-Laussonne. *Le Fraysse, cne de Laussonne.*
Fraixe-de-Loucéa, Fraixe-de-Monestier. *Le Fraysse-Haut.*
Fraixe-du-Fortdoyen (Lo). *Le Fraysse, cne de Laussonne.*
Fraixe-lès-Chapteulh. *Le Fraysse, cne de Saint-Julien-Chapteuil.*
Fraixer. *Le Fraysse, cne de Saint-Georges-Lagricol.*
Français (Moulin-). *Moulin-François.*
Franceis. *Les Français.*
Francia. *La France.*
Françoy (Moulin). *Moulin-François.*
Franeillon. *Francillon.*
Frappier. *Ferrapie.*
Frassengha (La). *La Fressange.*
Frau (Le). *La Boyère.*
Fraunac. *Fournac, cne de Cayres.*
Fraust (Lo). *Le Mas-du-Frau.*
Fraxenetum. *Freycenet, cnes d'Ally et de Saint-Hilaire.*
Fraxinetum. *Freycenet, cne de Retournac, de Saugues et de Tence; Freycenet-la-Tour.*
Fraxinum. *Le Fraisse, cne de Lubilhac.*
Fraxinus. *Le Fraisse, cne du Chambon; Le Fraysse, cnes de Chanaleilles, de Cubelles, de Dunières, de Laussonne, du Monastier, de*

Saint-Georges-Lagricol et de Saint-Julien-Chapteuil; *Le Fraysse-Haut.*
Frayce. *Le Fraysse, cnes de Chanaleilles et de Saint-Julien-Chapteuil.*
Fraycenet. *Freycenet, cnes de Monistrol-d'Allier, de Saint-Christophe-sur-Dolaison et de Saugues.*
Frayceneto (La). *La Freycenède.*
Fraycenetum. *Freycenet, cne de Céaux-d'Allègre; Freyssenet, cnes d'Arlempdes et de Borne; Freycenet-la-Tour.*
Fraycenetum de Arbore. *Freycenet, cne de Rauret.*
Fraycenetum d'Auza. *Freycenet, cne d'Yssingeaux.*
Fraycenetum de Benne. *Freycenet, cne de Rauret.*
Fraycenetum la Cucha. *Freycenet-Lacuche.*
Fraycenetum la Torre, Fraycenetum Turris. *Freycenet-la-Tour.*
Fraycer (Lo), *Le Fraisse, cne de Lubilhac; Le Fraysse, cnes de Cubelles, de Laussonne, de Saint-Georges-Lagricol et de Saint-Jeure; Le Fraysse-Haut.*
Fraycer Lestrada. *Le Fraysse, cne de Chanaleilles.*
Fraycet. *Le Fraysse-Haut.*
Fraycinetum. *Froissenet.*
Fraysenetum. *Freycenet-la-Tour.*
Fraysse. *Le Fraisse, cnes du Chambon, de la Chapelle-Bertin et de Lubilhac; Le Saint-Julien, ruiss., cne de Montusclat.*
Frayssec (Lo). *Le Fraysse, cne de Saint-Julien-Chapteuil.*
Fraysse-d'Avoac. *Le Fraysse, cne du Monastier.*
Frayssenet. *Freycenet, cnes de Monistrol-d'Allier, de Saint-Georges-d'Aurac et de Saint-Hilaire; Frissonet, cne de Cistrières.*
Frayssenet-de-Salgue. *Freycenet, cne de Saugues.*
Frayssenet Superior. *Freycenet, cne de Saint-Hilaire.*
Frayssenetum. *Freycenet, cne de Saint-Arcons-de-Barges; Freycenet-la-Tour; Freyssenet, cnes d'Arlempdes et de Borne.*
Frayssenghas. *Fressange-Haut.*
Fraysser. *Le Fraysse, cne du Monastier.*
Fraysset-Bas. *Le Fraysse-Bas.*
Frayssinet. *Freycenet, cne de Monistrol-d'Allier.*

Frayssinus. *Le Fraysse*, cne de Laussonne.

Frayssonet-l'Hôpital. *Freycenet*, cne de Saint-Hilaire.

Fraytessa (La). *La Frétisse.*

Fraytis (Lo). *Les Freytis.*

Fraytissa (La). *La Frétisse.*

Fraytitz (Lo). *Les Freytis.*

Fredeira (La). *La Freydeyre*, cne de Monistrol-d'Allier.

Freicenet. *Freycenet*, cne de Tence.

Freicenet-la-Cruche. *Freycenet-Lacuche.*

Freicenetum. *Freycenet*, cne de Monistrol-d'Allier.

Freicenetum a Turre. *Freycenet-la-Tour.*

Freicinet-de-Braunac (Le). *Freycenet*, cne de Saint-Jeure.

Freidera (La). *La Freydeyre*, cne de Monistrol-d'Allier.

Freissenet. *Freycenet*, cne de Saint-Arcons-de-Barges.

Freissenet-le-Monestier. *Freycenet*, cne de Rauret.

Freissones. *Frissonnet*, cne de Saint-Pal-de-Chalencon.

Freissonet. *Freycenet*, cne de Saint-Georges-d'Aurac; *Frissonnet*, cne de Cistrières.

Frentennago. *Fournat.*

Frespecle. *Fespescle.*

Fressalher. *Freysselier.*

Fresse (Le). *Le Fraisse*, cne de Saint-Étienne-sur-Blesle.

Fressenet. *Freycenet*, cnes d'Ally et de Céaux-d'Allègre; *Freycenet-la-Tour.*

Fressengia. *La Fressange.*

Fresset-Bas. *Le Fraysse-Bas.*

Fresset-Haut. *Le Fraysse-Haut.*

Fressinet. *Freycenet*, cne de Céaux-d'Allègre.

Fressonet. *Freycenet*, cne de Saint-Hilaire.

Fretis (Lo). *Les Freytis.*

Fretisse (La). *La Freytisse.*

Frexenet-la-Tour. *Freycenet-la-Tour.*

Freycené. *Freycenet*, cne de Tence.

Freyceneda (La). *La Freycenède.*

Freycenet. *Freissenet; Freyssenet*, cnes de Borne et de Saint-Jean-de-Nay; *Frissonet*, cne de Cistrières.

Freycenet-d'Arlempdes. *Freyssenet*, cne d'Arlempdes.

Freycenet-d'Auze. *Freycenet*, cne d'Yssingeaux.

Freycenet-de-l'Arbre, Freycenet-de-Rauret. *Freycenet*, cne de Rauret.

Freycenet-des-Mazes. *Freycenet*, cne de Saint-Arcons-de-Barges.

Freycenet juxta Sereyzet. *Freycenet*, cne de Saint-Christophe-sur-Dolaison.

Freycenet-la-Cucha. *Freycenet-Lacuche.*

Freycenet-le-Conil. *Freycenet*, cne de Saint-Christophe-sur-Dolaison.

Freycenetum. *Freycenet*, cnes de Saint-Arcons-de-Barges, de Saint-Jeure et de Saint-Vénérand; *Freycenet-la-Tour; Freyssenet*, cne de Borne.

Freycinède (La). *La Freycenède.*

Freycinet. *Freycenet*, cne de Saint-Arcons-de-Barges; *Le Freycenet*, cne de Riotord.

Freyda (La). *La Freyde.*

Freydamaisons. *Freide-Maison.*

Freydeira (La). *La Freydeyre*, cne de Saint-Hostien.

Freydeyra (La). *La Freydeyre*, cnes de Moudeyres et de Saint-Hostien.

Freydières. *Fridières.*

Freysselier. *Saint-Étienne-Lardeyrol.*

Freyssenet à l'Arbre. *Freycenet*, cne de Rauret.

Freyssenet-la-Lebouze. *Freissenet.*

Freyssenet-le-Conil. *Freycenet*, cne de Saint-Christophe-sur-Dolaison.

Freyssenetum. *Freyssenet*, cne de Saint-Jean-de-Nay.

Freyssenges, Freyssengiæ. *Fressange-Haut.*

Freysser. *Le Fraysse*, cne de Saint-Georges-Lagricol.

Freytissa (La). *La Frétisse, La Freytisse.*

Freytisse (La). *La Frétisse.*

Freytitz (Le). *Le Freytis.*

Frideville, Frigiavilla. *Freideville.*

Frigidæ Domus. *Freide-Maison.*

Frimatz. *Frimas.*

Frissenet. *Freycenet*, cne de Saint-Georges-d'Aurac.

Fritils (Les). *Les Freytis.*

Frocze. *Fruges.*

Frodegarias. *Frugières-le-Pin.*

Frodiairolas. *Frugerolles.*

Frogeras. *Frugières-le-Pin.*

Frogerias. *Frugères-les-Mines.*

Froidemaison. *Freide-Maison.*

Fromatget. *Fromaget.*

Fromentailh (Le). *Le Fromental.*

Fromentinum, Fromenty. *Fromenti.*

Froneilhs. *Frontès.*

Fronnac. *Fournac*, cne de Chomelix; *Fournat.*

Fronnacum. *Fournac*, cne de Cayres.

Fronteelhs, Fronteilhs. *Frontès.*

Frontenago. *Fournat.*

Fronteyls. *Frontès.*

Frontilhas (Las). *Les Frontilles.*

Front-Veilh. *Fronvel.*

Frotge. *Fruges.*

Frotgeres. *Frugières-le-Pin.*

Frotgeriæ. *Frugères-les-Mines.*

Frotgerias. *Frugières-le-Pin.*

Frotgeyrolas. *Frugerolles.*

Froucze. *Fruges.*

Froulayre (Le). *Le Fioulayre.*

Frounhac. *Fournac*, cne de Cayres.

Froute. *Frontès.*

Frouvelle (La). *Fronvel.*

Fructus. *Les Effruits.*

Frugeirolles, Frugerol, Frugerolas. *Frugerolles.*

Frugières. *Frugères-les-Mines.*

Frugy. *Fruges.*

Frussachum. *Ferrussac.*

Frutgeres. *Frugières-le-Pin.*

Frutgeriæ, Frutgeyras. *Frugères-les-Mines.*

Fulherada (La). *La Feuillarade.*

Fulhias (Las). *Les Feuilles.*

Fulletin (Le). *Fultin.*

Fultin. *Folletin.*

Funtanæ. *Fontanes*, cne de Monistrol-d'Allier.

Funtanas. *Fontanes*, cne de Chaspuzac; *Fontannes*, cne de Brioude.

Fuola. *Moulin-Joubert.*

Furchæ, Furchiæ. *Fourches.*

Furni. *Les Fours*, cnes de Montregard et des Vastres; *Ouffour.*

Furnus Inferior. *Le Four-de-Cotuol.*

Furnus Vitreus. *Le Four-des-Veyres.*

Fys. *Fix-Saint-Geneys.*

G

Gabia, Gabiane, Gabier, Gabies. *Jabier.*

Gabreille. *Jabrel.*

Gachas. *Gaches.*

Gaday. *Gadaix.*

Ga Frances. *Le Gué-Français.*

Gagaires (Les). *Les Gagères.*

Gaigne. *Gagne*, cnes de Mazeyrat-Crispinhac et de Saint-Germain-Laprade.

Gailharde (La). *La Gaillarde.*

Gaillardou. *Gaillardou.*

Gainhe. *Gagne*, cne de Saint-Germain-Laprade.

Gaitilh (Lhia). *La Guetial.*

Gajet. *Gay.*

Galamandeschas. *Galamandier.*

Galandes. *Les Galendres*, ruiss.

Galandeys. *Les Galandres; Les Galendres*, ruiss.

Galanoux. *Jalavour.*

Galateiros (Les), Galateyre (La). *Galatier.*

Galavellum. *Galavel.*

Galavoux. *Jalavour.*

Galdissart. *Godissart.*

Galendes. *Les Galandres.*

Galhardes (Las). *Les Gaillardes.*

Galhardo. *Guillardon.*

Galhardos (Los), Galhardz. *Guillard.*

Galhartz (Los), Galhiars (Lous). *Les Gaillards.*

Galiardoux. *Guillardon.*

Gallaudes. *Les Galendres*, ruiss.

Gallateyra (La). *Galatier.*

Gallavel. *Galavel.*

Galliarde (La). *La Gaillarde.*

Galt (Lo). *Le Gaud*, cne de Pinols.

Galvague. *Javaugues.*

Galy (Le). *Le Gally.*

Gambonnet. *Le Doux*, ruiss.; *Gamounet.*

Gamonet. *Gamounet.*

Gamoux. *Gamon.*

Gampilhie. *La Gampille*, ruiss.

Gampnha. *Gagne*, cne de Saint-Germain-Laprade.

Gampylhie (Rieu de). *La Gampille.*

Gangetica. *Javaugues.*

Ganha. *Gagne*, cne de Saint-Germain-Laprade.

Ganhe. *La Gagne*, rivière.

Ganhillo. *Ganillon.*

Ganilhada (La). *La Genillade*, cne de Montclard.

Ganilho, Ganillo, Ganillou. *Ganillon.*

Ganulliac. *Nolhac*, cne de Saint-Paulien.

Garain. *Guérin*, cne de Pinols.

Garait (Le). *Le Garay.*

Garait-Saint-Jehan (Le). *Le Garay-Saint-Jean.*

Garamentes. *Garde-d'Ours.*

Garat (Le). *Le Garait.*

Garayt (Lo). *Le Garay*, cnes de Coubon et de Rosières.

Garayt la Rocha. *Le Garayt-la-Roche.*

Garaytz (Lous). *Le Garay*, cne de Rosières.

Garceta (La), Garcete (La). *La Grassette.*

Garda (La). *La Garde*, cnes d'Espalem, de Monistrol-d'Allier, de Saint-Vert et de Tailhac.

Garda de Lampnhac (La). *La Garde-de-Laniat.*

Garda de Montanhaco. *La Garde-de-Montagnac.*

Gardalhacum, Gardaliac, Gardallac. *Gardaillac.*

Gardata (La). *La Gardette*, cne de Saint-Didier-la-Séauve.

Garde (La). *La Garde-d'Eyrenac.*

Garde de Breisse. *La Garde*, cne de Présailles.

Gardes. *Suc de Garde.*

Gardès (Les). *Les Gardes.*

Gardeta (La). *La Gardette*, cne de Saint-Didier-la-Séauve.

Gardia. *La Garde*, cne de Saint-André-de-Chalencon.

Gardilias. *Gardaillac.*

Gardille (La), Gardilles (Les). *Croix-de-la-Gardelle.*

Garena regis Franciæ. *Le Pied-du-Roi.*

Garenc. *Guérin*, cne d'Aubazac.

Gargarida. *Gargaride.*

Garindonne (La). *Mas-de-Garendon.*

Garmentes. *Garde-d'Ours.*

Garnassa (La). *La Garnasse*, cne de Saint-Geneys-près-Saint-Paulien.

Garnaudz (Les). *Les Bineyres.*

Garneil (Rivus de). *Le Clary.*

Garneir, Garneyr. *Grenier*, cne de Saint-Ilpize.

Gartusa. *Gratuze.*

Gasella. *La Gazeille*, ruiss., cne des Estables.

Gaud (Le). *Gaud.*

Gaude (La). *La Garde*, cne d'Espalem.

Gaudetum. *Goudet.*

Gauldissard. *Godissard.*

Gaulz. *Les Eygoles.*

Gauriago. *Jauria.*

Gautayro. *Gouteyron*, cne d'Aiguilhe.

Gautz. *Les Eygoles.*

Gavalgue. *Javaugues.*

Gavarret. *Saint-Didier-d'Allier.*

Gazela (La). *La Gazelle*, cnes de Desges et de Saint-André-de-Chalencon.

Gozella (Rivus de la). *La Gazelle.*

Gazelle (La). *La Gazeille*, ruiss., cne des Estables.

Gazende. *Jazende.*

Gazum de Mota. *Gué-de-la-Mote.*

Gearllier. *Jarlier.*

Gelaitivos. *Les Jalayoux.*

Gelaos. *Jalavour.*

Gelasset. *Jallasset.*

Gelletz. *Jalès.*

Gendriacus. *Gendriac.*

Genecense. *Chassignolles.*

Genest (Le). *Le Genêt.*

Genestoza, Genestozas. *Genestouze.*

Genestum. *Le Genest.*

Genets (Les). *Le Genêt.*

Geneva. *Genève.*

Géney (Le). *Le Genêt.*

Genezet (Al). *Le Genne.*

Geniliade (La). *La Genilhade*, cne de Connangles.

Genoliacus. *Nolhac*, cne de Saint-Paulien.

Genouire (La). *La Genoirie*, ruiss.

Gensac. *Genzac, Saint-Blaise.*

Genssac. *Saint-Blaise.*

Gentianedo. *Jausenct.*

Gentilhomme (Ruiss. du). *La Gromme-Somme.*

Genzac. *Saint-Blaise.*

Genzat. *Genzac.*

Geôlier (Le). *Jaurey.*

Georat. *Jorat.*

Georce. *La Gorce*, cne de Chomelix.

George-L'Agricol. *Saint-Georges-Lagricol.*

Gerbarie. *Gerberie.*

Gerbeso, Gerbezou. *Gerbizon*, cne de Polignac.

Gerbiso, Gerbisou. *Gerbizon*, cne de Chamalières.

Gerbot. *Gerbaud.*

Gerbuzon. *Gerbizon*, cne de Chamalières.

Gereseyra (La). *La Gergière.*

Gerlier. *Jarlier.*

Germayrat, Germeyrac. *Germeyrac.*

Gerossa (La). *La Jarousse.*

Gerrossier (El). *Le Jarroussier.*

Gervays (La). *La Gervais.*

Gervilh. *Gervil.*

Gerzail. *Jerzat.*

Geuraac. *Jorat.*

Geynet (Lou). *Le Genne.*

Gezende. *Jazende.*

Ghabreilh. *Jabrel.*

Ghail. *Geay.*

Ghaloux. *Jalore.*

Gharlier. *Jarlier.*

Giband. *Giban*, cne de Saint-Hostien.

Gibanda (La), Gibande (La). *Giban*, cne du Pertuis.

Gibergiæ. *Giberges.*
Giberte (La). *La Gimberte.*
Gibertesius. *Le Gibertès.*
Gibon. *Giban*, c⁰ˢ du Pertuis.
Gieurensa. *Jaurence.*
Gilbertès (Le), Gilbertez. *Le Gibertès.*
Gimbert. *Gombert.*
Ginestoze. *Genestouze.*
Gineys de Fix. *Fix-Saint-Geneys.*
Giourac. *Jorat.*
Giourand. *Jaurence.*
Giourat. *Jorat.*
Giouzat. *Jozat.*
Gipeyras. *Les Gipeyras.*
Giral, *Girard*, c⁰ᵉ de Freycenet-La-cuche.
Giraldès. *Giraudès.*
Girauda. *La Giraude*, c⁰ᵉˢ de Malrevers et de Rosières.
Giraudenc, Giraudencs (Les). *Les Chapaux.*
Giraulde (La). *La Giraude*, c⁰ᵉ de Saint-Pal-de-Murs.
Girmayrac. *Germeyrac.*
Girodo (La). *La Giraude*, c⁰ᵉ de Malrevers.
Girodon. *Giraudon*, c⁰ᵉˢ do Montregard et de Retournac.
Gironda. *La Gironde*, ruiss.
Girondon. *Giraudon*, c⁰ᵉ de Retournac.
Giros (Los), Girotz (Los). *Les Giroux.*
Giroudencs (Los). *Les Chapaux.*
Giry (Moulin-de-). *Moulin-de-Géry.*
Gisago. *Gizac.*
Gisbergas. *Giberges.*
Gisso. *Guisson*, ruiss.
Gitbanda (La). *Giban*, c⁰ᵉ du Pertuis.
Gitbertes (El). *Le Gibertès.*
Girodon. *Giraudon.*
Giuretum. *Giorec.*
Gizos. *Agizoux.*
Gizoumal. *Le Juzoumal.*
Glassacum. *Glassat.*
Glaudière (La). *La Glandière.*
Glavenacius. *Glavenas.*
Glavenas (Podium de). *Pey-de-Glavenas.*
Glavenassus, Glavenaz. *Glavenas.*
Gleyza Nova, Gleyze-Neuve. *Glizeneuve.*
Gliat (Le). *Le Glial.*
Glitougne (La). *La Glutonie*, c⁰ᵉ de Chomelix.
Glotonia (La), Gloutonie (La), Gloutonnie (La). *La Glutonie*, c⁰ᵉ de Saint-Jean-Lachalm.
Goalt, Goault, Goau. *Gaud*, c⁰ᵉ de Desges.
Godala. *La Goutelle.*

Godet, Godeth, Godetum, Godit, Godith, Godithus. *Goudet.*
Godomarre (La). *La Godomare.*
Goldissart. *Godissart.*
Golonteyres. *Galontière.*
Gomha, Gomias. *La Gagne*, rivière.
Gomnia. *Gagne*, c⁰ᵉ de Saint-Germain-Laprade.
Gompnha. *La Gagne*, rivière.
Gompnhe, Gonha. *Gagne*, c⁰ᵒ de Saint-Germain-Laprade.
Gonhe. *La Gagne*, rivière.
Gonnots (Les). *Luguenot.*
Gontaldes. *Contaldès.*
Gorces. *La Gorce*, c⁰ᵉ de Chomelix.
Gorcia. *La Gorce*, c⁰ᵉˢ de Beaux et de Chomelix.
Gorc-Lonc. *Gourlong.*
Gordarel, Gordaret. *Coutarel*, c⁰ᵉ de Bellevue-la-Montagne.
Gordo. *Gourdon.*
Gor-Gayas. *Gourgayat.*
Gorgua Longua, Gorlo. *Gourlong.*
Gorlonc. *Le Mas-de-Gourlong.*
Gorlong. *Gourlong.*
Gornier. *Le Gournier*, ruiss.
Gornyer. *Gournier.*
Gorsa (La). *La Gorce*, c⁰ᵉˢ de Beaux et de Chomelix.
Gorses. *Les Gorces*, c⁰ᵉˢ de Montregard et de Saint-Bonnet-le-Froid.
Gorsses. *La Gorce*, c⁰ᵉ de Chomelix.
Gorssia. *La Gorce*, c⁰ᵉ de Beaux.
Gortaret, Gortarret. *Coutarel*, c⁰ᵉ de Bellevue-la-Montagne.
Gort-Gayas. *Gourgayat.*
Gort Terret. *Coutarel*, c⁰ᵉ de Bellevue-la-Montagne.
Gory. *Rioussel*, c⁰ᵒ de Coubon.
Gosabaud. *Gouzabeau.*
Gosenas, Gosenes. *Gousenes.*
Gotus (Las). *Les Goutes*, c⁰ᵉˢ de Lapte et de Saint-Pal-de-Chalencon.
Gotele (La). *La Goutelle.*
Goternes. *Gouterne.*
Gotmla. *Gagne*, c⁰ᵒ de Saint-Germain-Laprade.
Gotolet (La). *La Goutelle.*
Gouauld. *Gaud*, c⁰ᵉ de Desges.
Gouderts (Les). *Les Couderts.*
Gounes (Les), Gounets (Les). *Les Gonnets.*
Gourgaizieux. *Gourguaizieux.*
Gourgayre (La), Gourgoyre (La). *La Gourgueure*, ruiss.
Gourguezieux. *Gourguaizieur.*
Gourmesaume. *Groumesaume.*

Goutaret. *Coutarel*, c⁰ᵉ de Bellevue-la-Montagne.
Goutay (Moulin-). *Coutair.*
Goute-Engelée. *Sainte-Croix.*
Gouterme. *Gouterne.*
Gouts (Les). *Les Goutes*, c⁰ᵉ du Pont-Salomon.
Gouttaret. *Coutarel*, c⁰ᵒ de Bellevue-la-Montagne.
Goutte-Montchany. *Vialaron.*
Gouttes (Les). *Les Goutes*, c⁰ᵉˢ de Saint-Pal-de-Chalencon ; *La Planchette.*
Gouzabet, Gozabaut. *Gouzabeau.*
Gozealgue. *La Bastide*, ruiss.
Grachiagum, Graciago, Graciensis (adjectif). *Grazac*, c⁰ⁿ d'Yssingeaux.
Gradac. *Allègre; Grazac*, c⁰ⁿ d'Yssingeaux.
Gragengho. *Grazengheon.*
Grailleyre, Graillières. *Grailleire.*
Graine (Moulin-de-). *Moulin-de-la-Grane.*
Graissago. *Greissac.*
Graleire. *Grailleire.*
Graly. *Graye.*
Gramaisa de Giourande, Gramayze. *Grammaise.*
Granag, Granago. *Granat.*
Granat (Le). *Le Mazel*, c⁰ᵉ de Saint-Didier-sur-Doulon.
Granchamp. *Grand-Champ*, c⁰ᵉ de Villeneuve-d'Allier.
Grande. *Grandet.*
Grand-Freycenet. *Freycenet-la-Tour.*
Grandis Campus. *Grand-Champ*, c⁰ᵉ de Villeneuve-d'Allier.
Grandrobec. *Le Grand-Robecque.*
Grand-Scie. *La Grande-Scie.*
Grand-Sollignac (Le). *Le Grand-Sollignac.*
Grand-Sue. *Grand-Duc.*
Granegeolas, Granegolles, Graneguolas. *Granegoules.*
Granet (Mansus de). *Moulin-Grenier.*
Granga (La). *La Grange*, c⁰ᵉˢ de Bauzac et de Saint-Julien-Chapteuil.
Grangas (Las). *Les Granges*, c⁰ᵉ de Rosières.
Grange (La). *La Grange-de-Michel, La Grange-de-Selle; Les Granges*, c⁰ᵉˢ de Cronce, de Montregard et de Saint-Berain; *Gravy.*
Grangeatte. *La Grange-Haute.*
Grange-de-Soubrey. *Mas-de-la-Grange.*
Grange-dou-Bost (La), Grange-du-Bois (La). *La Grange-des-Bois.*

Grange-du-Fieux (La). *La Grange-du-Fieu,*

Granger. *Les Grangiers.*

Granges (Les). *Le Chastan; La Grange,* cne de Roche-en-Régnier; *Les Grangers,* cne de Champclause.

Grangeta (La). *La Grangette,* cne de Saint-Jeure.

Grangette-de-Doublet (La). *Doublet.*

Grangette-de-Joanou (La). *La Grangette-de-Camageon.*

Grange-Valla. *La Grange-Valat.*

Grangha (La). *La Grange,* cnes de Mazeyrat-Crispinhac et d'Yssingeaux; *La Crangcade.*

Granghas (Las). *Les Granges,* cnes du Pertuis, de Rosières, de Saint-Berain et de Saint-Jean-de-Nay.

Granghe (La). *La Grange,* cnes de Bauzac et de Vieille-Brioude.

Granghes (Les). *Les Granges,* cne de Bauzac.

Grangia. *La Grange,* cnes de Desges, de Roche-en-Régnier et de Saint-Julien-Chapteuil.

Grangia de Cussac. *La Grange,* cne d'Yssingeaux.

Grangiæ. *Les Granges,* cnes de Rosières, de Saint-Berain et de Saint-Jean-de-Nay.

Grangiæ Chaspinhacii. *Les Granges,* cne de Saint-Quintin-Chaspinhac.

Grangiers (Les). *Les Grangers,* cne de Champclause.

Grangoniere (La). *Jamon.*

Graniers (Les). *Grenier,* cne de Saint-Julien-des-Chazes.

Granieyr. *Grenier,* cne de Saint-Ilpize.

Granigoules. *Granegoules.*

Granjou. *Granjcon.*

Granoc. *Granou.*

Granoletus. *Granouillet,* cne de Ceyssac.

Granolhet. *Granouillet,* cne de Cubelles.

Granolhette (La), Granolhetum. *Granouillet,* cne d'Yssingeaux.

Granon, Granos, Granosc. *Granou.*

Granouilloux. *Les Grenouilloux.*

Grant-Champ. *Grand-Champ,* cne de Villeneuve-d'Allier.

Grasac. *Allègre; Grazac,* cne d'Yssingeaux.

Grasacum. *Allègre; Grasac,* cne de Saint-Vidal et con d'Yssingeaux.

Gralada, Gratade. *Grattade.*

Grata l'alha. *Gratte-Paille.*

Grata Sola. *Gratte-Saule.*

Grate-Pailhe, Gratepaille. *Gratte-Paille.*

Gratesol (Ruiss. de). *Le Sorry.*

Grathuse. *Gratuze.*

Gratiacus. *Grazac,* con d'Yssingeaux.

Gratia Dei. *Chastel,* cne de Rosières.

Gratuza. *Gratuze.*

Grauliere (La). *La Grouleyre,* cne de Monlet.

Graveira. *Gousenes; La Gravière,* cne de la Mothe.

Graveria, Graveyra (La). *La Gravière,* cne de Mazerat-Aurouze.

Graveyre (La). *La Gravière,* cne de Saint-Didier-sur-Doulon.

Graxedi. *Grazac,* con d'Yssingeaux.

Graye. *Gris.*

Grays. *Grais.*

Grazacum. *Allègre; Grazac,* cnes de Saint-Vidal et d'Yssingeaux.

Grazat. *Allègre.*

Grazi. *Gris.*

Gredona. *Grèzes.*

Grefoleyra (La). *La Grifouleyre.*

Greises (Les). *Les Grèzes.*

Greissat. *Greissac.*

Grely (Lo). *Le Grelet.*

Greniac. *Griniac.*

Grenigolles. *Granegoules.*

Grenouillete (La). *Granouillet,* cne d'Yssingeaux.

Gresac. *Grazac,* cne de Saint-Vidal et con d'Yssingeaux.

Gresas. *Grèzes.*

Gresengho, Grésingheon. *Grazengheon.*

Greynhac. *Griniac.*

Greys. *Gris.*

Greyssac. *Greissac.*

Grez (Le). *Le Grès.*

Grezas. *Grèzes, Les Grèzes.*

Greze. *Grèzes.*

Grezengeou, Grezenjou. *Grazengheon.*

Grial (Le). *Le Glial.*

Griffoleyra (La), Griffoulière (La). *La Grifouleyre.*

Grifol (La), Grifole (La). *La Grifolle.*

Grimat. *Griniac.*

Grioutoux (Les). *Les Grioulour.*

Grioutouze (La). *L'Oubois,* ruiss.

Grisard (Le). *Le Grisail.*

Grisolle (Lo). *La Grifolle.*

Grissat. *Greissac.*

Grizail, Grizaly. *Le Grisail.*

Grommenier. *Grosménil.*

Grosologus. *Le Cros,* cne de Saint-Geneys-près-Saint-Paulien.

Grossa Bessera. *Grosse-Besseyre.*

Grosset. *Groussel.*

Grossou. *Grosson.*

Grostalum. *Crouzeraille.*

Grouleria. *La Grouleyre,* cne de Bauzac.

Groumessaume, Groumessonne. *Groumesaume.*

Gruaire. *La Savenne,* ruiss.

Grueyra. *Grueyre.*

Grueyre (Rif de). *La Savenne.*

Guachepoux. *Cachepour.*

Gualandes. *Les Galandres; les Galendres,* ruiss.

Guallavel. *Galavel.*

Guamonnel. *Gumounet.*

Guaraytum. *Le Garay.*

Guarda (La). *La Garde,* cne de Monistrol-d'Allier.

Guardette (La). *La Gardette,* cne de Saugues.

Guarent. *Guérin,* cne d'Aubazat.

Guassotz (Lous). *La Malouteyre,* cne d'Espaly-Saint-Marcel.

Guaytiel (La). *La Guetial.*

Guazela (La). *La Gazelle,* cne de Saint-André-de-Chalencon.

Guempa (La), Guempe (La). *La Guimpe.*

Guesa (La). *La Guèze.*

Guelyal (Le). *La Guetial.*

Gueuse (La). *La Guèze.*

Gueytial (La). *La Guetial.*

Guictard. *Guittard.*

Guignamands, Guignamaux (Les). *Dinamand.*

Guigonet. *Guigonnet.*

Guilberta (La). *La Gimberte.*

Guilhaumanges (Les), Guilhaumenches (Les), Guillelmanchiæ, Guillelmus Mancus, Guillomenches (Les). *Guillaumanche.*

Guilhoumette. *Guilhoumet.*

Guinebode. *Guinebaude.*

Guirandes. *La Durande,* mont.

Guirazacz. *Jorat.*

Guirensa. *Jaurence.*

Guissac (Le). *Le Guisson,* ruiss.

Guitard. *Guittard.*

Guitbanda (La). *Giban,* cne du Pertuis.

Guizoumal (Le), Guizoumas (Le). *Le Juzoumal.*

Gulanetum. *Le Villaret,* cne de Saint-Jeure.

Guntaldes. *Contaldès.*

Guodet, Guodetum. *Goudet.*
Guosabalt. *Gouzabeau.*
Gurges Longus, Gurges Longuus. *Gourlonc.*
Gusac. *Gurat.*
Gutæ. *Les Goutes,* cne de Saint-Pal-de-Chalencon.
Guttula. *La Goutelle.*
Guynhamans (Los). *Dinamand.*
Guyrandas, Guyrandelas. *La Durande,* mont.
Guxe. *Joux,* cne de Céaux-d'Allègre.
Gyberges. *Giberges.*

H

Habasanelas. *Chabassenelle.*
Habolinc. *Aboulin.*
Habriès-Bas. *Abriès-Bas.*
Haïe (La). *Les Haies.*
Halerius. *L'Allier,* rivière.
Hallat. *Allot.*
Harnempde. *Arlempdes.*
Haulpilliaire. *Olpilière.*
Haulte-Ville. *Hauteville.*
Hautaville. *Haute-Vialle.*
Haute-Viaye. *Viaye-le-Château.*
Haut-Oubrus. *Grands-Brus.*
Hauvige. *Volvige.*
Hebdes. *Ebde.*
Hebrartz (Les). *Les Hébrards.*
Heras (Las). *Les Eyres.*
Herem. *L'Herm,* cne de Salettes.
Heremi. *Les Hers.*
Heremum. *L'Herm,* cne de Cayres.
Heremus. *L'Herm,* cnes du Monastier, du Pertuis, de Rosières, de Saint-Julien-Chapteuil, de Saint-Pierre-Duchamp et de Salettes.
Heriacensis (adjectif). *Saint-Beauzire.*
Herm (L'). *L'Air,* cnes d'Auvers et de Boisset.
Hermœ. *Les Hers.*
Hermans (Les). *Les Herments.*
Herm-de-Masclaux (L'). *L'Herm,* cne de Salettes.
Herm-du-Monastier (L'). *L'Herm,* cne du Monastier.
Herme (L'). *L'Herm,* cne de Saint-Julien-Chapteuil.
Herme-Hault, Hermenaud. *Armenauds.*
Hermencz (Los), Hermentz (Los), Hermes (Les). *Les Herments.*
Hermetum. *L'Herm,* cne du Monastier; *L'Hermet,* cne de Saint-Berain.
Hermitage (L'). *L'Hermitagne.*

Hermis (Les). *Les Hermes, Les Hers.*
Hermum. *L'Herm,* cne du Monastier.
Hermum Adrianum. *L'Hermet,* cne de Chassagnes.
Hermus. *L'Herm,* cnes de Laussonne et du Monastier.
Hertaud. *Bertaud.*
Hespaly. *Espaly-Saint-Marcel.*
Heyrault. *Héraud.*
Heyseales. *Les Essialles.*
Hibdes. *Ebde.*
Hieracensis (adjectif). *Saint-Beauzire.*
Hihosa (Aqua). *Le Houzon.*
Hileris. *L'Allier,* rivière.
Hilhas (Las). *Les Iles,* cne de Saint-Maurice-de-Lignon.
Hirusalem (Molendinum hospitalis). *Moulin-Saint-Jean.*
Hispali. *Espaly-Saint-Marcel.*
Hiver (L'). *Le Vert,* cne de Saint-Préjet-Armandon.
Hivernaux (Les). *Les Hivernour.*
Holivas (Las). *Les Olives.*
Holme (L'). *L'Herm,* cne de Rosières.
Homenade (L'). *Lomenède.*
Homes (Les). *Les Hommes.*
Honnas. *Aunas.*
Hontels-Soubeyres (Les). *Hontès-Haut.*
Hontels-Souteyres. *Hontès-Bas.*
Horiacensis (adjectif). *Saint-Beauzire.*
Hospitale de Limanias. *L'Espitallet.*
Hospitale Hierusalen, Hospitale Jherusalem, Hospitale Podii, Hospitale Sancti Jobannis, Hospitale Sancti Johannis Jherosolimitani. *Saint-Jean-la-Chevalerie.*
Hospitaletum. *L'Hospitalet.*
Hospitallet (L'). *L'Espitallet.*
Hosté. *Ostet.*
Hotesson (L'). *Les Hôtes.*
Houmest. *Oumey.*
Hours. *Ours.*
Houzou (La). *Lahouzon.*
Hueles. *Huelle.*
Huelles. *Huels.*
Huells. *Huelle, Huels.*
Huifous. *Uffour.*
Hulmet. *Ulmet.*
Humbret. *Ombret.*
Humiliou. *Émilleux.*
Hutiac. *Utiac.*
Hylaris. *L'Allier,* rivière.

I

Iabrel. *Jabrel.*
Iaon, Iaond. *Jahon.*
Icio. *Usson.*

Igurago. *Gurat.*
Iharanciacus. *Charensac.*
Ihassendus. *Chassende.*
Iheretum. *Chirel.*
Ilario. *L'Allier,* rivière.
Illes (Les). *Les Iles,* cne de Saint-Maurice-de-Lignon.
Ineyres. *Inaires.*
Infangati. *Les Changeas.*
Infernets (Les). *Les Uffernets.*
Infirmaria Magdalenæ, Infirmaria Magdalenensis, Infirmaria Langiaci. *La Magdelaine,* cne de Langeac.
Infirmi de ponte Brivæ. *La Malouteyre,* cne de Brives-Charensac.
Ingelados. *Les Jalayoux.*
Inhas (Las). *Les Ignes.*
Inpilhac. *Ampilhac,* cne de Langear.
Insula. *Les Iles,* cne de Saint-Maurice-de-Lignon.
Inter Montes, Intermonts. *Entremont.*
Intrangiæ. *Intrange.*
Inzoumal (L'). *Le Juzoumal.*
Irbes. *Hierbes.*
Irbettes. *Hierbettes.*
Isingaudus, Isingiacus. *Yssingeaux.*
Ispalidus, Ispalius. *Espaliou.*
Ipaly. *Espaly-Saint-Marcel.*
Issamas. *Yssamas.*
Issauge. *Issanges.*
Issarlangas. *Sarlanges.*
Issarlhes. *Sarlis.*
Isseuge. *Issanges.*
Issigeau, Issignaux, Issigneaux, Issiniau, Issingaudus, Issingeaux, Issinghaulx, Issinguaudus. *Yssingeaux.*
Iter Romeu. *Chemin-Romieu.*

J

Jabia, Jabianus, Jabie, Jabio, Jabiou. *Jabier.*
Jabreil, Jabrelh, Jabrelles, Jabreulh, Jabril. *Jabrel.*
Jabrusacus. *Jabruzac.*
Jacamet. *Jacquet.*
Jacassi. *Jacassy.*
Jacques-de-Jean. *Jacques-de-Zean.*
Jacs, Jacx, Jacz. *Jax.*
Jaffeurs, Jaffueilh. *Jaffeur.*
Jagonacium, Jagonacum, Jagonas, Jagonassium. *Jagonnas.*
Jagonzacus. *Jagonzac.*
Jagunnacium. *Jagonnas.*
Jagunzac. *Jagonzac.*

Jahont. *Jahon.*
Jahors, Jahours. *Le Javoulx,* ruiss.
Jal (Le). *Geay.*
Jaladiu. *Le Jaladif.*
Jalaghouc, Jalajoc, Jalajouc. *Jalajour.*
Jalaos. *Jalavoux.*
Jalassetum. *Jalasset.*
Jalaure, Jalaury. *Jalore.*
Jalayoc. *Jalajour.*
Jalesset. *Jalasset.*
Jaletx. *Jalès.*
Jalinieyres. *Jalinières.*
Jallaoux (Lous). *Les Jalayoux.*
Jallès. *Jalès.*
Jalory, Jaloure, Jaloyre. *Jalore.*
Jalvaigues. *Javaugues.*
Jalzac, Jalzat. *Josat.*
Jamard. *Samard.*
Jambe-de-Bois. *Chambe-de-Baud.*
Jambeton. *Jameton.*
Jamilloux. *Les Jamillons.*
Janallelles. *Chanaleilles.*
Jaucenet. *Jansenet.*
Jandriac, Jandriacus. *Gendriac.*
Janebret. *Genebret.*
Janestum. *Le Genest.*
Jangeoli. *Jean-Joly.*
Jani. *Janisse.*
Janilhada (La). *La Genilhade.*
Janilieyres. *Janilières.*
Jaont. *Jahon.*
Jaquassi. *Jacassy.*
Jarisso. *Jarisson.*
Jarlhier, Jarlière. *Jarlier.*
Jarmeyrac. *Germeyrac.*
Jarniaux. *Jarniou.*
Jarrigha (La), Jarrija. *La Jarrige.*
Jarrisson (Suc de). *Chouty.*
Jarrosier, Jarrossier. *Jarroussier.*
Jarrousse (La). *La Jarousse.*
Jarroussou. *Jarousson.*
Jarvilh. *Gervil.*
Jarzaylh. *Jerzat.*
Jastre-Basse (La). *Lugeastre-Bas.*
Jastre-Haute (La). *Lugeastre-Haut.*
Jaules. *Lanjalier.*
Jaulzac. *Josat.*
Jauriac, Jauriacus, Jauriag, Jauriago, Jauriat. *Jauria.*
Jausas, Jausatum. *Josiat.*
Jauseranda (La). *Le Jousserand,* ruiss.
Jaux. *Jax.*
Jauzac. *Josat.*
Jauzans. *Josan.*
Jauzas. *Josiat.*
Javaiac. *Chavagnac-Lafayette.*
Javalgue, Javaigues, Javaulgue. *Javaugues.*

Jave (Le). *La Lempèze,* ruiss.
Javelon, Javelou. *Javeloux.*
Javignères (Les). *Les Javignières.*
Javinhac. *Javignac.*
Javois, Javours. *Le Javoulx,* ruiss.
Jay (Le). *Pradoux.*
Jaynes (Lo). *Le Genne.*
Jayx. *Geay, La Joie.*
Jazemde, Jazinde. *Jazende.*
Jeancenet. *Jansenet.*
Jean-Maras. *Jamarat.*
Jean-Nec (Moulin-de-). *Moulin-de-Plantin.*
Jeinsac. *Genzac.*
Jeloyre. *Jalore.*
Jencenet. *Jansenet.*
Jenebret. *Genebret.*
Jenest. *Le Genest.*
Jenestoze. *Genestouze.*
Jenets (Les). *Le Genêt.*
Jenne (Le). *Le Genne.*
Jenoyrio (La). *La Genoirie,* ruiss.
Jeorat. *Jorat.*
Jeune (Le). *Le Genne.*
Jeuriec. *Gioroc.*
Jevalgues. *Javaugues.*
Joaloure. *Jalore.*
Jocz. *Jour,* cnes de Céaux-d'Allègre et de Tence.
Joiacensis (adjectif). *Josat.*
Joinctas (Les). *Les Jointes.*
Jonchères (Ravin-de-). *L'Audonès,* ruiss.
Joncherette. *Joncherettes.*
Joncheyras, Jonchières. *Jonchères.*
Jorda. *Six-Jourdes.*
Jorgoiola. *Gourgoux.*
Joriat. *Jauria.*
Jornal. *Le Besson.*
Jornet. *Journet.*
Josand. *Josan.*
Josant. *Le Josan,* ruiss.
Josias. *Josiat.*
Josserand (Le). *Le Jousserand,* ruiss.
Jouque-Gray. *Joucagray.*
Jourchanes, Jourchanne. *Jourchane.*
Jourdic. *Jourdy.*
Jourez. *Jouret.*
Jousac. *Josiat.*
Jouverand. *Souveyrand.*
Jouzan, Jouzans. *Josan.*
Jouzat. *Jozat.*
Jox. *Jour,* cnes d'Allègre et de Tence.
Juchès, Juchetz. *Juchet.*
Jugenial. *Le Juzoumal.*
Juilhac. *Juillat.*
Juilhard. *Juillard.*
Julanges. *Jullianges.*

Julhac. *Juillat, Julliat.*
Julhacum. *Juillat.*
Julhangas, Julhanzas. *Jullianges.*
Julharo (Nemus de). *Saigne-Redonde.*
Julhat, Julhyac. *Julliat.*
Julhec. *Juillec, Juillet.*
Julhiec, Julhiec-lez-la-Mure. *Juillec.*
Juliac. *Julliat.*
Juliacium. *Juillat.*
Juliangiæ. *Jullianges.*
Juliard. *Juillard.*
Jullanias, Jullenges. *Jullianges.*
Jullet. *Juillet.*
Julliac. *Juillat.*
Jumetaux. *Jameton.*
Junchayretas. *Joncherettes.*
Juncheiras. *Jonchères.*
Juncheire (La). *La Jonchère.*
Juncheiretes. *Joncherettes.*
Juncheriæ. *Jonchères.*
Juncheyretes. *Joncherettes.*
Junctas (Las). *Les Jointes.*
Jungeriæ, Juntgeyras. *Jonchères.*
Jurchalm. *Rossignol,* cne de Saint-Jean-Lachalm.
Jurchanas. *Jourchane.*
Jurdic, Jurdit, Juridic. *Jourdy.*
Juruna, Juruyna, Juryne. *Jurine.*
Jusalmal. *Le Juzoumal.*
Jussacum, Jussat. *Jussac.*
Jusso, Jusson. *Guisson,* ruiss.
Just-l'Égalité. *Saint-Just-près-Brioude.*

K

Kagilis. *Charieux.*
Kamalariæ, Kamalariensis (adjectif). *Chamalières.*
Karaisacum, Karasiachum. *Cheyrac,* cne de Saint-Victor-sur-Arlanc.
Karolium. *Le Charrouil.*

L

Labadial. *La Badial.*
Labadier. *La Badie.*
Labaresse. *Lobaresse.*
Labatie. *La Bastie; La Bâtie,* cnes d'Araules, de Chaudeyrolles et de Sainte-Sigolène.
Labatie-de-Chesne. *La Bastie.*
Labauche. *La Bauche,* cne de Tence.
Laberche. *La Berche.*
Labetrit. *La Bétrix.*
Labiacum, Labiet. *Labiec.*
Laborat (Lo). *Le Labourat.*
Laborier. *Labourier.*

Laborithe. *Cocoulogne.*
Labot, Laboue. *Labout.*
Labraud. *Labro.*
Labrict, Labrie. *La Brie.*
Labrot. *Labro.*
Labroue. *Labrot,* c^{ne} de Saint-Vincent.
Labrousse. *La Brousse,* c^{ne} de Retournac.
Labrugerete, Labrugerette. *La Brugerette,* c^{ne} de Saint-Jeure.
Labruyère. *La Bruyère,* c^{nes} de Lapte et de Saint-Victor-Malescours.
Labry. *La Brie.*
Labsède. *La Bessède.*
Labte. *Lapte.*
Lac (Le). *Le Suc-du-Lac.*
Lac del Prevost. *Le Lac,* c^{ne} de Cohade.
Lacelle. *La Celle,* c^{ne} du Chambon.
Lacgers (Les). *Les Lagers.*
Lachabanne. *La Chabanne.*
Lachalm-la-Montagne. *Saint-Jean-Lachalm.*
Lachamp. *Les Champs,* c^{ne} de Tiranges.
Lachampravy. *La Champravie.*
Lachamps. *La Champ,* c^{ne} de Saint-Pierre-Eynac.
Lachaud. *Achaud; La Chaud,* c^{nes} d'Autrac, de Champagnac, de la Chapelle-d'Aurec, de Lapte et de Saint-Julien-Molhesabate.
Lachaud-de-Carle. *La Chaud-de-Carle.*
Lachaud-de-Mézères. *La Chaud-de-Mézères.*
Lachaud-des-Hermands. *La Chaud-de-la-Croix.*
Lachaud-du-Pertuis. *La Chaux-du-Pertuis.*
Lachaux. *La Chau,* c^{ne} de la Chaise-Dieu.
Lachazotte. *La Chazotte,* c^{nes} de Lapte et de Retournac.
Laci. *Les Lacs.*
Lacombe. *La Combe,* c^{nes} de Fay-le-Froid, de Lapte, du Pont-Salomon et de Tence.
Lacombes. *La Combe,* c^{ne} de Bas.
Lacoste. *La Coste,* c^{nes} d'Arlempdes et d'Aubazac.
Lacouleyre. *La Couleyre,* c^{nes} de Saint-Vincent et d'Yssingeaux.
Lacs (Les). *Le Lac,* c^{ne} de Chadrac.
Lacus. *Le Lac,* c^{nes} de Cohade et de Saint-Front.
Lacz (Lous). *Les Lacs.*
Ladignaco. *Ladignat.*

Ladignat, Ladignhac. *Ladignac.*
Ladinhac. *Ladignac, Ladignat.*
Ladinhacum. *Ladignac.*
Ladinhyac. *Ladignat.*
Ladrait. *Ladray.*
Ladreit. *Billard.*
Ladrey. *Ladray; Ladreyt,* c^{ne} de Saint-Julien-Molhesabate.
Ladunière. *La Dunière.*
Lafagette. *La Fagette,* c^{ne} de Venteuges.
Lafarge. *La Farge.*
Lafarre. *La Farre,* c^{ne} de Cussac.
Lafaurie. *La Faurie,* c^{ne} de Saint-Maurice-de-Lignon.
Lafaye. *La Faye,* c^{nes} de Boisset, du Chambon, de Saint-Maurice-de-Lignon, de Saint-Romain-Lachalm, des Vastres et de Vielprat; *La Faye-Leygras.*
Lafayette. *La Fayette,* c^{nes} de Saint-Ferréol-d'Auroure et d'Yssingeaux.
Lafayolle. *La Fayolle,* c^{nes} du Chambon et de Saint-Pal-de-Mons.
Lafayollette. *La Fayolette.*
Lafleur. *La Fleur,* c^{nes} de Saint-Maurice-de-Lignon et de Saint-Pal-de-Chalencon.
Lafont-de-Faux. *La Font-de-Fau.*
Lafont-de-Trédos. *La Font-de-Trédos.*
Lafovinière. *La Fauvinière.*
Lafrache. *La Frache.*
Lagarde. *La Garde,* c^{nes} de Monistrol-d'Allier et de Saint-André-de-Chalencon.
Lagenoirie. *La Genoirie,* ruiss.
Lagirande. *La Giraude,* c^{ne} de Rosières.
Lagnac. *Laniat.*
Lagrange. *La Grange,* c^{ne} du Chambon.
Lagrave. *La Grave.*
Laignat. *Leignat.*
Laignel. *Laniel.*
Laignon (Le). *L'Allagnon,* rivière.
Lair. *L'Air,* c^{nes} d'Auvers et de Ferrussac.
Laisac. *Leyssac.*
Laissa (La). *La Laisse.*
Laissac, Laizac. *Leyssac.*
Lalamanda. *L'Allemande.*
Lalaubie. *La Laubie,* c^{ne} de Champclause.
Lalbines. *Laubinet.*
Lalèche. *La Lèche,* c^{nes} de Lapte et de Saint-Étienne-Lardeyrol.
Lalicheyre. *La Licheyre.*

Lalier. *L'Allier,* rivière; *Lallier; La Malouteyre,* c^{ne} d'Yssingeaux.
Laligier. *Alligier.*
Lalouzo. *Lahouzon.*
Lamandis. *Lamandy.*
Lamathe. *La Mathe,* c^{ne} de Saint-Julien-Molhesabate.
Lamauria. *La Maurie.*
Lamberta (Molendinum). *Moulin-de-la-Roche.*
Lamberta de Rocha. *La Roche-Lambert.*
Lambre. *Alambre.*
Lambres. *L'Ombre.*
Lambron (Le). *Le Lembron,* ruiss.
Lamiago. *Laniat.*
Lamnugol. *Les Fabres,* c^{ne} de Mazeyrat-Crispinhac.
Lamolle. *La Molle,* c^{ne} de Monistrol-d'Allier.
Lamotte. *La Motte,* c^{ne} de Saint-Pal-de-Murs.
Lamourie. *La Maurie.*
Lampnhac, Lampnhat, Lampniac. *Laniat.*
Lampnighoulh, Lampnigol. *Les Fabres,* c^{ne} de Mazeyrat-Crispiniac.
Lamudat. *La Mude.*
Lamure. *La Mure,* c^{nes} de Bas, de Raucoules, de Rosières et de Saint-Victor-Malescours.
Lanau. *Lannau.*
Landa, Landainus. *Lempdes.*
Landas (Las). *Les Landes.*
Landes. *Lempdes.*
Landoas, Landocium, Landons, Landoz. *Landos.*
Laneyres (Los). *Les Laniers.*
Langacum, Langado, Langat, Langhacum. *Langeac.*
Langhalier. *Lanjalier.*
Langhat, Langhiacum, Langiacum. *Langeac.*
Langielbeau. *Langelbeau.*
Langlada. *L'Anglade, Langlade.*
Langorinas. *Sarralier.*
Langougnial (Le). *La Lengouniole,* ruiss.
Laniac. *Laniat.*
Laniers (Les). *Le Lanier.*
Lanjac, Lanjat. *Langeac.*
Lanjoulbeau. *Langelbeau.*
Lanley. *Lanlet.*
Lannago, Lannhacum. *Laniat.*
Lanpadent. *Labadent.*
Lanten. *Allentin.*
Lanthenas. *Font-Chaude.*
Lantin. *Allentin.*

44.

Lantre. *Lentre-Jeune.*
Lantre-Vallias. *Lentre-Vieux.*
Lantriacium, Lantriacum. *Lantriac.*
Laoulta. *Lauta.*
Lapadenc. *Labadent.*
Laparade. *La Parade*, c⁰ᵉ de Bauzac.
Laparro. *Saint-Ilaon.*
Lapède. *La Pède.*
Lapinède. *La Pinède*, c⁰ᵉ de Salettes.
Lapis. *La Peyre*, c⁰ᵉ de Saint-Jean-de-Nay.
Lapotée. *La Potée.*
Lapra. *Laprat*, c⁰ᵉˢ de Saint-Jeure et de Saint-Julien-d'Ance.
Laprade. *La Prade*, c⁰ᵉ d'Alleyrac; *Le Rozier*, ruiss.
Lapras. *Laprat*, c⁰ᵉ de Saint-Julien-d'Ance.
Laprat. *Lapra, La Prat.*
Lapsonna. *Laussonne.*
Lapthe, Laptus. *Lapte.*
Larasat, Larassacum. *Larassac.*
Larbertescha. *La Bertèche.*
Larbousset. *L'Arbousset.*
Larboutel. *L'Arboulet.*
Larcenac (Le). *Le Décis.*
Larcenat. *Larcenac.*
Larcisse. *Les Arcisses.*
Lardairol, Lardarolium, Lardayrol, Lardayrolium, Lardeirol. *Lardeyrol.*
Lardene. *Ardennes.*
Lardescha. *La Lardèche.*
Lardeybrelium, Lardeyrolium, Lardeyrolles. *Lardeyrol.*
Lardo. *Les Lardons.*
Laréalle. *La Rialle.*
Lareculade. *La Reculade.*
Lareveure. *La Reveure*, c⁰ᵉ de Vorey.
Larévolte. *La Révolte.*
Largeallier. *Largealier*, c⁰ᵉ de Josat.
Largier (Le). *Le Besset*, ruiss.
Largiers (Loux). *Les Lagers.*
Largue. *Larque.*
Laribe. *La Ribe*, c⁰ᵉ des Vastres.
Laribeyre. *La Ribeyre*, c⁰ᵉˢ de Dunières et de Saugues.
Larivalière. *La Rivalière.*
Larive. *La Rive.*
Larivoire. *La Rivoire.*
Larjier. *Largier.*
Larmet. *L'Hermet*, c⁰ᵉ de Varennes-Saint-Honorat.
Laro. *Larour*, c⁰ᵉ de Mazeyrat-Crispiniac.
Laroche. *La Roche*, c⁰ᵉˢ de Fay-le-Froid, de Saint-Christophe-sur-Dolaison et de Saugues.

Laros. *Larour*, c⁰ᵉ de Vorey.
Larou. *Larour*, c⁰ᵉ de Mazeyrat-Crispiniac.
Laroucheyre (La). *La Rouchaire.*
Laroue. *La Roue*, c⁰ᵉˢ de Dunières, de Sainte-Sigolène et de Saint-Voy; *La Roulle.*
Laroule. *La Roulle.*
Larssenac. *Larcenac.*
Larzalier. *L'Arzalier*, c⁰ᵉˢ de Prades et de Saint-Julien-du-Pinet; *Largealier*, c⁰ᵉ de Josat.
Larzilher, Larziller. *L'Arzalier*, c⁰ᵉ de Saint-Julien-du-Pinet.
Lasagnat. *Corsac.*
Lasalce. *Salce.*
Lascombes. *Le Lacombes*, ruiss.
Lascourbes. *Les Courbes*, c⁰ᵉ de Freycenet-la-Tour.
Lascours. *Lascourt.*
Laselle. *La Selle.*
Lasseux. *Les Sucs.*
Lassimes. *Les Ignes.*
Lassistrouze. *La Cistrouse.*
Lassova. *La Séauve.*
Latiniaco. *Ladignat.*
Latta. *Lapte.*
Laubairat. *Loubeyrat.*
Laubia. *La Laubie*, c⁰ᵉ de Champclause.
Laucea, Lauceacum. *Loucéa.*
Laudrac. *Landos.*
Laugiacum. *Langeac.*
Laulagnier. *L'Aulagnier*, c⁰ᵉ de Riotord.
Laulanher-Grand. *L'Aulagnier-Grand.*
Laulanhier-Petit. *L'Aulagnier-Petit.*
Laulas. *Les Lots.*
Lauleygner, Laulhaner. *Ollanières.*
Laulta. *Lauta.*
Laumenede. *Lo_meniéde.*
Lausta, Lautarius, Lautat, Lauterius. *Lauta.*
Lauthen (Moulin-de-). *Moulin-de-Lanthenas.*
Laurec. *Liorlac.*
Lauriac, Lauriacum. *Lauriat.*
Lauriago. *Jauria, Lauriat.*
Lauriol. *Oriol*, c⁰ᵉ d'Aurec.
Lausac. *Lioussac.*
Lausedat. *Laulas.*
Lausona, Lausonna, Lausono. *Laussonne.*
Laussona. *La Laussonne*, rivière.
Lauvengnæ. *Les Lozanges.*
Lauvesche (La). *La Louvèche.*
Lauzanges (Les), Lauzenghas (Les). *Les Lozanges.*

Lauziacus. *Lugeac.*
Lavacheresse. *La Vacheresse*, c⁰ᵉ de Venteuges.
Lavador, Lavadour. *Le Lavadou.*
Lavailh. *Laval*, c⁰ᵉ de la Chaise-Dieu.
Laval-Bardiou. *Laval-Bardieu.*
Lavalemblavez. *Laval-Emblavés.*
Lavalette. *La Valette*, c⁰ᵉˢ d'Auvers, de Chadron, du Chambon, de Chénereilles, de Monistrol-d'Allier, de Saint-Didier-la-Séauve, de Saint-Préjet-d'Allier et de Tence.
Lavall. *Laval-Bardieu.*
Laval-Tailhier, Lavaltaillez. *La Valtaillet.*
Lavarenne. *La Varenne*, c⁰ᵉˢ d'Araules, de Bauzac, de Bessamorel, de Chadron, de Laussonne, du Mazet-Saint-Voy et de Saint-Julien-du-Pinet.
Lavastres. *Les Vastres.*
Lavastretz. *Les Vastrets.*
Lavastris. *Les Vastres.*
Lavator. *Le Lavadou.*
Lavau. *L'Orsier*, ruiss.
Lavaudieu. *La Vaudieu.*
Lavaur. *Lavaux, Lavort.*
Lavaux (Le). *L'Orsier*, ruiss.
Lavectz. *Lavés*, c⁰ᵉ de Connangles.
Lavée (Ruiss. de). *La Criselle.*
Laveis. *Lavés*, c⁰ᵉ de Venteuges.
Lavernelle. *La Vernelle.*
Laves. *Lavet.*
Lavesium. *Lavés*, c⁰ᵉ de Venteuges.
Lavetz. *Lavés*, c⁰ᵉ de Connangles; *Lavet.*
Laveysseire. *La Veysseyre*, c⁰ᵉ de Saugues.
Lavez. *Lavet.*
Lavèze. *Lavés*, c⁰ᵉ de Connangles.
Lavialle. *La Vialle*, c⁰ᵉˢ de Saint-Étienne-sur-Bleslo, de Saint-Romain-Lachalm et de Saugues.
Lavialle-d'Estour. *La Vialle-d'Estour.*
Lavigne. *La Vigne*, c⁰ᵉ de Montregard.
Lavillatelle. *La Villatelle.*
Lavillette. *La Villette*, c⁰ᵉˢ de Saint-Paul-de-Tartas et de Saint-Romain-Lachalm.
Lavinhac. *Livinhac.*
Lavoûte. *La Voûte*, c⁰ᵉˢ du Pertuis et de Saint-Julien-Molhesabate.
Laynas, Laynhas. *Leignat.*
Layratz. *Layrats.*
Layre. *Laire.*
Layssa (La). *La Laisse.*
Layssac. *Leyssac.*

Laytuyol. *Lestigeolet.*
Lazalier. *Largealier,* cne de Saint-Just-Malmont.
Lazassac, Lazassat. *Larassac.*
Lebratus. *Lebrat.*
Lebrayre, Lebreyre. *Le Breyre.*
Lebreyres, Lebrière. *Les Brières.*
Lecha (La). *La Lèche,* cne de Lapte.
Lechede, Lechelde. *Lichide.*
Lecho (La). *La Lèche,* cne de Saint-Étienne-Lardeyrol.
Lecurlerie. *L'Écurlerie.*
Ledene. *La Lidène,* ruiss.
Legeret. *Leyret.*
Léger-les-Côtes. *Saint-Léger.*
Legeyr. *La Loire,* fleuve.
Lego. *Le Got.*
Leguau. *Légal.*
Leier. *La Loire,* fleuve.
Leiga. *Leygas,* cne d'Araules.
Leignas (Les). *Leignat.*
Leigua. *Leygas,* cne d'Araules.
Leinde. *Lende.*
Lembron (Le). *L'Imbron,* ruiss.
Lemda. *Lempdes.*
Lemnegeol. *Les Fabres,* cne de Mazeyrat-Crispinhac.
Lempda. *Lempdes.*
Lempde. *Lempdes, Lende.*
Lempeza. *La Lempèze,* ruiss.
Lenda. *Beauregard,* cne de Lempdes; *Lempdes.*
Lendan, Lendanus, Lende. *Lempdes.*
Leneyrils. *Le Neyrial.*
Lengac. *Langeac.*
Lengalbaud. *Langelbeau.*
Lenganiole. *La Lengouniole,* ruiss.
Lenghalbaud. *Langelbeau.*
Lenghalier. *Lanjalier.*
Lengiacum. *Langeac.*
Lengialbaud. *Langelbeau.*
Lengoignolle, Lengonhola. *La Lengouniole,* ruiss.
Lengurinas. *Sarralier.*
Lengyacum, Lenjac, Lenjacum. *Langeac.*
Lentenas, Lenthenas. *Lanthenas.*
Lentilac, Lentilhat, Lentillac. *Dintillat.*
Leotour. *Lioutour.*
Ler. *L'Air,* cne de Bauzac; *L'Herm,* cnes du Pertuis et de Salettes.
Lerbret. *L'Herbret.*
Lereza. *Lérèze.*
Lericel. *Leyricel.*
Lerm. *L'Air,* cnes d'Auvers, de Boisset, de Ferrussac, de Langeac, de Laval, de Pébrac et de Siaugues-

Saint-Romain; *Lerveuil; L'Herm,* cnes du Pertuis et de Rosières.
Lerm-du-Doyenné. *L'Herm,* cne de Cayres.
Lermet. *L'Hermet,* cnes d'Aurec, de Pinols, de Saint-Berain et de Saint-Hostien.
Lermet-Hault. *L'Hermet-Haut.*
Lermetum. *L'Hermet-Haut; L'Hermet,* cne de Saint-Berain.
Lermitagne. *L'Hermitagne.*
Lerm-Jone. *L'Air,* cne de Siaugues-Saint-Romain.
Lermp. *L'Air,* cne de Ferrussac.
Lermum. *L'Air,* cnes d'Auvers et de Ferrussac.
Lermus, Lerm-Veilh, Lerm-Vieille. *Lerveuil.*
Lermytanie. *L'Hermitagne.*
Lern. *L'Air,* cne d'Auvers.
Leromitto. *L'Herm,* cne de Salettes.
Lerp, Lerpm. *L'Air,* cne de Boisset.
Lesbinières. *Les Binières.*
Lescarcelle. *L'Escarcelle.*
Lescluzel. *Escluzel.*
Lescombelles. *Les Combelles.*
Lescondier. *Les Coudiers.*
Lescorchet. *L'Écorché.*
Lescoussouzes. *Les Coussouses.*
Lescoydiers. *Les Coudiers.*
Lescura. *Lescure,* cne de Saugues.
Lesio, Lesion. *Pic de Lizieux.*
Lesquival. *L'Estival,* cne de Saint-Front.
Lespelins. *Les Pelens.*
Lespigoux. *L'Espigoux.*
Lespinassa. *Lespinasse.*
Lespinasse. *Espinasse,* cne de Malrevers; *L'Espinasse,* cne d'Araules.
Lespinasso, Lespinasson. *Lespinassou.*
Lespital, Lespitalet. *L'Espitalet.*
Lestang. *L'Étang,* cnes de Montfaucon, de Raucoules et de Saint-Christophe-d'Allier; *Le Mas-de-l'Étang.*
Lestande. *L'Estandot,* ruiss.
Lestiva. *L'Estival,* cnes de Langeac et de Saint-Front.
Lestival sobre Jahont. *L'Estival,* cne de Langeac.
Lestival-sur-Desghe. *L'Estival,* cne de Desges.
Lestrade. *L'Estrade,* cne de Beaune.
Leuciacum. *Lioussac.*
Leugas. *Leygas,* cne de Riotord.
Leugha (La), Leughe (La). *La Leuge; La Leuge,* ruiss.
Levez. *Lavet.*
Levinhac, Levinhacum. *Livinhac.*

Ley. *La Loire,* fleuve.
Leygat. *Leygas,* cne de Tence.
Leygua. *Leygas,* cne de Riotord.
Leyre. *La Loire,* fleuve.
Leyreceil, Leyrecel. *Leyricel.*
Leyrenoux. *Les Renoux.*
Leyri. *La Loire,* fleuve.
Leyriceilh. *Leyricel.*
Leyris (Le). *Le Mas,* ruiss.
Leysac, Leyssacus. *Leyssac.*
Leyteughol, Leytugholet. *Lestigeolet.*
Lhacum. *Liac.*
Lhauriacum. *Lioriac.*
Lhauta. *Lauta.*
Lher. *L'Air,* cne d'Auvers.
Lheret. *Leyret.*
Lhermetum. *L'Hermet,* cne de Saint-Hostien.
Lhimandras. *Limandres.*
Lhimanhas. *Limagne.*
Lhimar. *Limas.*
Lhinars. *Linard.*
Lhintilhiacus. *Dintillat.*
Lhioutour. *Lioutour.*
Lhoriacum. *Lioriac; Naves,* cne de Bas.
Lhoutaud. *Luitaud.*
Lhoyre. *La Loire,* fleuve.
Lhupiac. *Lupiat.*
Lhymaniæ. *Limagne.*
Liacum, Lialhac. *Liac.*
Linusac. *Lioussac.*
Liautour. *Lioutour.*
Liber. *Libeyre.*
Licha Meailhie, Licha Mealham, Lichemailhe, Liche-Miailhe, Lichemailhe. *Lichemaille.*
Lichière (La). *La Licheyre.*
Lichilde. *Lichide.*
Lict. *Lic.*
Lidena, Lidènes, Lidenne. *La Lidène,* ruiss.
Lieuss, Lieux. *L'Œuf.*
Liger. *La Loire,* fleuve.
Lignac. *Alignac-Bas.*
Ligneralum, Ligneyriaulx. *Le Neyrial.*
Lignio. *Le Lignon,* rivière.
Ligno, Lignon. *Le Châtelard,* cne de Saint-Maurice-de-Lignon.
Ligonhe, Ligonia. *Ligogne.*
Ligonzac, Ligosac. *Ligouzac.*
Ligostras, Ligoustres. *Lingoustre.*
Ligouzat. *Ligouzac.*
Limaignes, Limainhes, Limanas. *Limagne.*
Limandras. *Limandres.*
Limanhas. *Limagne, Lac de Limagne.*

Limania in montanis. *Limagne.*
Limanias. *L'Espitalet, Limagne.*
Limar, Limars. *Limas.*
Linairial, Linairil, Linairils. *Le Neyrial.*
Linayrolas. *Ninirolles.*
Lindes. *Lende.*
Lineyriaulx. *Le Neyrial.*
Lineyrolas. *Ninirolles.*
Lingostras. *Lingoustre.*
Lingurinœ, Lingurinas. *Sarralier.*
Lingustras. *Lingoustre.*
Linhiac. *Alinhac-Bas.*
Linhio. *Le Châtelard,* cne *de Saint-Maurice-de-Lignon; le Lignon, rivière.*
Linho. *Le Châtelard,* cne *de Saint-Maurice-de-Lignon.*
Liniayrils. *Le Neyrial.*
Linio, Lino. *Le Lignon, rivière.*
Linon. *Le Long.*
Lionnet. *Lioumet.*
Lioride. *Lioriac.*
Liotour. *Lioutour.*
Liouriac. *Lioriac.*
Lioux. *L'Œuf.*
Lisacus. *Lissac.*
Lisio. *Lizieux.*
Lissacus. *Lissac.*
Lit. *Lic.*
Litger. *La Loire, fleuve.*
Liuteir. *Lioutour.*
Livinhacum. *Livinhac.*
Lizeuc, Liziou. *Lizieux.*
Loba Penduda. *La Louve-Penduc.*
Lobayrac. *Loubeyrat.*
Loberia. *La Loubeyre,* cne *de Cubelles.*
Loberias. *Libeyre, Lubière.*
Lobeyra (La). *La Loubeyre,* cnes *de Chassignolles et de Cubelles.*
Lobeyrac. *Loubeyrat.*
Lobeyras. *Lubière.*
Lobeyria. *La Loubeyre,* cne *de Cubelles.*
Lobières. *Lubière.*
Lobieyra (La). *La Loubeyre,* cnes *de Chanaleilles et de Cubelles.*
Locha. *La Lèche,* cne *de Saint-Étienne-Lardeyrol.*
Lodde, Loddes. *Loudes, arr. du Puy.*
Lode. *Loudes,* cne *de Tailhac.*
Lode (Molendinum de). *Moulin-de-Loudes.*
Lodes, Lodesius. *Loudes, arr. du Puy.*
Logia (La), Loia (La). *La Leuge.*
Loiacensis (adjectif). *Josat.*

Loiere. *La Loire, fleuve.*
Lolanhier, Lolalier. *L'Aulagnier,* cne *de Riotord.*
Lolier, Lollier. *L'Ollier,* cne *de Fay-le-Froid.*
Lolme. *L'Holme; L'Olme,* cne *de Rosières.*
Lolmeneda. *Lomenède.*
Lolvesegha (La). *La Louvèche.*
Lombac, Lombar, Lombat. *Le Lombard.*
Lompnac, Lompnhacum. *Lonnac.*
Loncprat. *Lomprat.*
Long. *Farreyre,* cne *de Vorey.*
Longa Sanha. *Longe-Sagne.*
Longa Troya. *Longetraye.*
Longa Val, Longa Vallis. *Longeval.*
Longa Vila. *Longevialle.*
Longuesaigne, Longesaignes, Longesanhe. *Longe-Sagne.*
Longetrée, Longe-Treuilhe, Longe-Treüye, Longe-Truie. *Longetraye.*
Longha Font. *Longefont.*
Longha Sania. *Longe-Sagne.*
Longha Truya. *Longetraye.*
Longheval. *Longeval.*
Longiroux. *Le Croizet, ruiss.*
Longprat. *Lomprat.*
Longua Rivieyra, Longue. *Farreyre,* cne *de Vorey.*
Longue-Truye. *Longetraye.*
Longus Fons. *Longefont.*
Lonia Sanha. *Longe-Sagne.*
Lopcha. *La Lèche,* cne *de Saint-Étienne-Lardeyrol.*
Lopiag. *Lupiat.*
Lopzac. *Lugeac,* cne *de la Vaudieu.*
Lordo. *Lourdau.*
Loriat. *Lauriat.*
Lorilhot, Lorillot. *Laurillaud.*
Lorme. *L'Orme,* cne *de la Chaise-Dieu.*
Losegaux. *Loségal.*
Losfonts. *Losfons.*
Lotherias. *Lubière.*
Lothnacs, Lotnac. *Lonnac.*
Lotzac, Lotzat. *Lugeac,* cne *de la Vaudieu.*
Loubet. *Le Betz,* cnes *du Chambon et d'Yssingeaux.*
Loubinet. *Laubinet.*
Louceanus. *Loucéa.*
Louclos. *Le Clos,* cne *de Saint-André-de-Chalencon.*
Loudde. *Loudes, arr. du Puy.*
Loude. *Loudes, arr. du Puy et* cne *de Tailhac.*
Loudo. *Loudon.*

Louere. *La Loire, fleuve.*
Loughat. *Lugeac,* cne *de la Vaudieu.*
Loulagner. *L'Aulagnier,* cne *d'Araules.*
Loulanier. *L'Aulagnier-Grand.*
Louparel. *Lous Pareils.*
Loupzat. *Lugeac,* cne *de la Vaudieu.*
Lourda. *Lourdau.*
Lourèche (La). *La Louvèche.*
Lousea. *Loucéa.*
Louso (La). *La Houzon.*
Louspareils. *Lous Pareils.*
Louspis. *L'Ouspis, Lous Pis.*
Lousseissoux. *Les Ceyssoux.*
Louta. *Lauta.*
Louxfours. *Ouffour.*
Louzis (Moulin de). *Louzet.*
Lovescha (La), Lovesche (La). *La Louvèche.*
Loyre. *La Loire, fleuve.*
Loytau, Loytaus. *Luitaud.*
Luberias, Lubert. *Lubière.*
Lubeyras, Lubeyres. *Libeyra.*
Lubieres. *Lubière.*
Luc. *Lux.*
Luchador, Luchadoux. *Luchadou.*
Luciacus. *Lugeac,* cne *de la Vaudieu.*
Luciag, Ludiacum. *Lugeac,* cne *de Saint-Just-près-Brioude.*
Lughastre-Bas. *Lugeastre-Bas.*
Lughastre-Haut, Lughastre-Sobeyra. *Lugeastre-Haut.*
Lughastre-Sobteira. *Lugeastre-Bas.*
Lughiac. *Lugeac,* cne *d'Auzon.*
Lugnot. *Luguenot.*
Luitau. *Luitaud.*
Lumenesses, Lumesse, Lumines. *Lumenesse.*
Lupiac, Lupiago. *Lupiat.*
Lumpnacum, Lumpnhacum, Lumpniat. *Lonnac.*
Luqus, Luquus. *Lux.*
Lurlanges (Rivus de). *L'Espalem.*
Luschadou. *Luchadou.*
Lutaud. *Luitaud.*
Lutchador. *Luchadou.*
Luxtz. *Lux.*
Luytan. *Mas-de-Fleury.*
Luytau. *Luitaud.*
Luzacus. *Lugeac,* cne *de la Vaudieu.*
Luziac. *Lugeac,* cne *d'Auzon.*
Lyac. *Liac.*
Lygozac. *Ligouzac.*
Lymaigne. *Limagne.*
Lymandres. *Limandres.*
Lymanyes. *Limagne.*
Lymar. *Limas.*
Lynho. *Le Lignon, rivière.*
Lyounet. *Lioumet.*

Lyouric, Lyouriec. *Lioriac.*
Lyoutour. *Lioutour.*
Lyoux. *Le lac de l'Œuf, l'Œuf.*
Lyssac. *Lissac.*

M

Macants (Les). *Les Marquants.*
Macelli. *Les Mazeaux*, cⁿᵉ de Tence.
Macellum Girardi. *Mazelgirard.*
Macellus. *Le Mazel*, cⁿᵉˢ du Brignon,
de la Chapelle-Geneste, de Grèzes,
de Saint-Préjet-d'Allier et de Tence.
Macellus dous Geralz. *Mazelgirard.*
Macellus prope Tensanum. *Le Mazel*,
cⁿᵉ de Tence.
Maceriaco, Maceriacum. *Mazeyrat-
Crispinhac.*
Maciag. *Massiac.*
Madelonnettes, Madelounettes. *Made-
lonet.*
Madenas, Madènes. *Madènc.*
Madreyras. *Madrières.*
Madriac. *Madriat.*
Madrière, Madrieyras. *Madrières.*
Maenselas. *Maniencelle.*
Magdalena. *La Madeleine; La Magde-
laine*, cⁿᵉ de Langeac.
Magdalenensis (adjectif), Magdalenes.
La Magdelaine, cⁿᵉ de Langeac.
Magdalleyne (La). *La Magdelaine*,
cⁿᵉ de Chilhac.
Magdelonet. *Madelonet.*
Mageladecus. *Margealat.*
Magnaret (Le). *Le Magneret.*
Magnus Campus. *Grand-Champ*, cⁿᵉˢ
de Bauzac et de Villeneuve-d'Al-
lier.
Magny. *Magne.*
Mahuchia. *La Mahuche.*
Maiguesi. *Maiguezin.*
Maillac. *Malhac.*
Maillevieille. *Malvicille.*
Mailloc. *Mailhot.*
Mainil (Lo). *Le Ménial*, cⁿᵉ de Grèzes;
Le Meynis, cⁿᵉ de Saint-André-de-
Chalencon.
Mainilium. *Le Ménial*, cⁿᵉ de Rosières.
Maioc. *Mayol.*
Maionos, Maiossos. *Le Malosse*, ruiss.
Mairia. *Le Meyrial.*
Mairona, Mairone, Maironna. *Mey-
ronne.*
Maison-Blanche (La). *Laval*, cⁿᵉ de
Vals-près-le-Puy.
Maisoncelas. *Maniencelle.*
Maison-d'Orvy. *La Boriette.*

Maisonnette. *Maisonnettes*, cⁿᵉˢ de
Fay-le-Froid et de Montregard;
Maisonny.
Maison-Neufve (La). *Maisonneuve*,
cⁿᵉ des Estables; *La Maisonneuve*,
cⁿᵉˢ de Saint-Didier-sur-Doulon et
des Vastres.
Maisonneuve. *Sabadel.*
Maisonneuve-de-la-Brugea, Maison-
neuve-de-la-Grange. *Maisonneuve*,
cⁿᵉ du Chambon.
Maisonnial (Le). *Le Meysonnial.*
Maisonny. *Le Meysonny*, cⁿᵉˢ de la
Chapelle-d'Aurec et de Monistrol-
sur-Loire.
Maisons-Neuves (Les). *Maisonneuve*,
cⁿᵉ des Estables.
Maisonsolle. *Maisonscule*, cⁿᵉˢ de Ceys-
sac et de Saint-André-de-Chalencon.
Maisonsoulle. *Maisonscule*, cⁿᵉ de Saint-
André-de-Chalencon.
Maiso Sola. *Maisonscule*, cⁿᵉ d'Yssin-
geaux.
Maisoux. *Meyzous.*
Maistre-Hugon. *Maître-Hugon.*
Maix (Le). *Le Mas*, cⁿᵉ de Charraix.
Maizonetas. *Maisonnettes*, cⁿᵉ de Saint-
Pierre-Duchamp.
Maizonial. *Le Meysonnial.*
Maizonil. *Maisonnial.*
Maizo Sola. *Maisonscule*, cⁿᵉ de Lissac.
Mala Bessa. *Malabesse.*
Mala Brocia, Malabrossa. *Malabrousse,
Malebrousse.*
Malac. *Mallat.*
Mala Charreyra. *Malcharer.*
Mala Corsa. *Rif de Malecourse.*
Malacourt. *Malacours.*
Malader (Le). *La Chapelle*, ruiss.
Maladière (La). *La Malouteyre*, cⁿᵉ de
Bauzac.
Malæ Curtes. *Malescours.*
Mala Fagia. *Malefaye.*
Malafossa. *Malafosse*, cⁿᵉˢ d'Allègre et
de Coubon.
Malafosse (Riv. de la). *Le Croizet*,
ruiss.
Mala Garda. *Malagarde.*
Malagay. *Malaguet.*
Mala Gayta. *Malagayte.*
Mala Guarda. *Malegarde.*
Malaguette. *Malagayte.*
Malaliers (Les). *Les Malaguets.*
Mala Peira, Mala Petra. *Malepeyre.*
Malas Auras. *Malsaures.*
Malas Chaelas, Malas Cheles, Malas
Chellas, Malas Cheylas. *Mala-
chelle.*

Malas Corts, Malas Curtz. *Malescours.*
Mala Taberna, Mala Taverna. *Mala-
taverne*, cⁿᵉˢ de Beaux et de Du-
nières.
Malatavernus. *Malataverne*, cⁿᵉ de
Dunières.
Malatgier (Le). *Le Ménager.*
Malatrayt. *Malatray.*
Malaury. *Mialaure*, cⁿᵉ de Saint-Pal-
de-Mons.
Malautaire (La). *La Malouteyre*, cⁿᵉ
de Polignac.
Malauteira (La). *La Malouteyre*, cⁿᵉˢ
de Brives-Charensac et de la Sau-
vetat.
Malauteire (La). *La Malouteyre*, cⁿᵉ
de la Vaudieu.
Malauteyra (La). *La Malouteyre*, cⁿᵉˢ
de Bauzac, de la Chapelle-Geneste,
de Roche-en-Régnier, de Saint-
Just-près-Brioude et de Thoras.
Maulauteyras. *La Malouteyre*, cⁿᵉ de
Brives-Charensac.
Malauteyre (La). *La Malouteyre*, cⁿᵉ
de Polignac.
Mala Val. *Malaval.*
Mala Valeta, Mala Valleta. *Malvalette.*
Malaveilha, Malavelha. *Malaveille.*
Mala Vetula. *Malevieilles.*
Malavey. *Malavay.*
Malbey. *Malbec.*
Malbos, Malbosc. *Malbost, Maubois.*
Malboyer. *Le Masboyer.*
Mal-Cosselhe, Mal-Cosselhz. *Mal-
Conseil.*
Maleguet. *Malaguet.*
Mala Rocha. *Maleroche.*
Malas-Aurez. *Malsaures.*
Malet. *Mallet.*
Male-Taverne. *Malataverne*, cⁿᵉˢ de
la Chomette et de Dunières.
Maletrayt. *Malatray.*
Maletz (Loux). *La Tour*, cⁿᵉ de Sainte-
Sigolène.
Maleval. *Malavay.*
Maleys. *Malleys.*
Maleys (Le Peu de). *Le Pey-de-Mal-
leys.*
Malfont. *Malfant.*
Malforn. *Malfour.*
Malfrey. *Malfrayt*, cⁿᵉ de Monistrol-
sur-Loire.
Malfreyt. *Malfrayt*, cⁿᵉ de Retournac.
Mal-Gasco. *Malgascon.*
Malguines (Lo). *Maudine.*
Malguy. *Chasotte.*
Malhacum. *Malhac.*

Malhe (La). *La Mathe.*

Malhes-Velhas. *Malcreilles.*

Malhoc. *Mailhot.*

Malissernati, Mali Isvernati, Malisvernati. *Malivernas.*

Mali Vetuli. *Malevieilles.*

Malla. *Malleys.*

Mallagayte. *Malagayte.*

Mallat (Ruiss. de). *Le Morange.*

Mallauteyra (La), Mallauteyre (La). *La Malouteyre,* cne d'Yssingeaux.

Malle-Marande. *Malmarande.*

Malle-Morte. *Malemort.*

Malles-Aures. *Malsaures.*

Mallet (Le). *Le Malet,* cne d'Allègre.

Malletaverne. *Malataverne,* cne de Dunières.

Malleveilhe. *Malaveille.*

Malley. *Malleys.*

Malliat. *Malhac.*

Mallouteyra (La). *La Malouteyre,* cne de Saint-Étienne-Lardeyrol.

Mallouteyre (La). *La Malouteyre,* cne de Bas.

Malmi. *Malmy.*

Mal-Obreyr. *Maloubrier.*

Malone-de-Gibert. *Malosse-de-Gibert.*

Malos Evernatos, Malos Yvernatis. *Malivernas.*

Malouteyra (La). *La Malouteyre,* cnes de Chomelix et de Freycenet-la-Tour.

Malouteyre (La). *Tranchebourse,* cne de Saint-Georges-Lagricol.

Mal-Pertus. *Malperdut.*

Malpertus. *Malpertuis.*

Malravet. *Malrevers,* cne du Puy.

Malreverd, Malrevert. *Malrevers,* cne du Puy et cne de Saint-Front.

Malriguet (Rivus de). *Le Mazel,* cne de Saint-Préjet-d'Allier.

Malsaing, Malsant. *Malsang.*

Malsion. *Malzieu.*

Maltel. *Martel.*

Maltraicte. *Le Fieu,* cne de Taulhac.

Malum Uvernatum, Malum Vernetum. *Malivernas.*

Malus Boschus. *Maubois.*

Malus Furnus. *Malfour.*

Malus Mons. *Malmont.*

Malus Passus. *Malpas.*

Malussac. *La Planche.*

Malvanhac, Malvanhacum. *Mauvagnat.*

Malvanhaguet. *Mauvagnaguet.*

Malvanhyac, Malvaniacum. *Mauvagnat.*

Malveiras. *Malvières.*

Malvenhac. *Mauvagnat.*

Malvenhaguet. *Mauvagnaguet.*

Malveriæ, Malveyras, Malveyres. *Malvières.*

Mal-Yvern. *Le Bouchet,* cne de Mazerat-Aurouze.

Malyvernas. *Malivernas.*

Malzaure, Malzore. *Malsaures.*

Maméas (Moulin-de-). *Moulin-de-Breuve.*

Maméas-Basses, Mamias-Basses. *Maméas-Bas.*

Mamias-Hautes. *Mamias-Haut.*

Manatgier (Lo). *Le Ménager.*

Mancros. *Malcros,* cne de Saint-André-de-Chalencon.

Mandaille, Mandais. *Mandaix.*

Mandaros, Mandarous. *Mandaroux,* cne de Champclause.

Mandas (Las). *Les Mandes.*

Mandays. *Mandaix.*

Mandelas. *Mandelles,* cne de Cistrières.

Mandeles, Mandellas. *Mandelles,* cne de Laval.

Manderat. *Mandarat.*

Mandigolas, Mandigoul. *Mandigoules.*

Mandorosus. *Mandaroux,* cne de Champclause.

Maneille. *Manellier.*

Manescheyra (La). *La Manisseyre.*

Manhaure. *Maniaure.*

Manhe. *Mugne.*

Manhoure. *Maniaure.*

Maniasolle. *Manissolle.*

Manni, Mans. *Mans-Haut.*

Mansiones. *Meyzous.*

Mansionetis. *Maisonnettes,* cne de Fay-le-Froid.

Mansus. *Lestrade,* cne de Saint-Privat-d'Allier; *Le Mas,* cne de Charraix, des Estables, de Saint-Just-près-Brioude et de Siaugues-Saint-Romain; *Les Mas, Le Mas-de-Gourlong, Le Mas-de-Queyrières, Le Mas-de-Tence, Mazet, Mozun.*

Mansus Alauzenc. *Le Mas-Alauzenc.*

Mansus Alric, Mansus Alricus. *Mazonric.*

Mansus Amblardus, Mansus Amblarts. *Mazamblard.*

Mansus Armar. *Mazard.*

Mansus Boerii, Mansus Boverii, Mansus Boyerii. *Le Masboyer.*

Mansus Chatbert. *Machabert.*

Mansus Clausus. *Masclaux.*

Mansus Cortet. *Mascourtet,* cnes de Bains et de Tence.

Mansus Cortetus. *Mascourtet,* cne de Tence.

Mansus Crozus. *Malcros,* cne de Malvières.

Mansus del Mas Richart. *Le Mas,* cne de Siaugues-Saint-Romain.

Mansus de Nole. *Madelonet.*

Mansus de Tensano. *Le Mas-de-Tence.*

Mansus Ferriolus. *Mas-Ferriol.*

Mansus Fractus. *Masfrayt.*

Mansus Heremus. *Le Mazel,* cne de Pradelles; *Le Mazer,* cne de Chamalières.

Mansus Herm. *Le Mazer,* cne de Chamalières.

Mansus Landric. *Mazonric.*

Mansus Librant. *Mazalibrant.*

Mansus Marcherii. *Le Mas-Marchet.*

Mansus Moizet. *Marmeisse.*

Mansus Rougier. *Le Mas,* cne de Malvalette.

Mansus Sancti Juliani. *Le Mas-Saint-Julien.*

Mansus Sicbrandi. *Massibrand.*

Mansus Silius. *Le Mazilhour.*

Manysscire (La). *La Manisseyre.*

Marades (Les). *La Marado.*

Marais (Le). *Le Maraix.*

Maraoudou. *Le Marandon,* ruiss.

Maray (Lo). *Le Marais,* cne de la Chapelle-d'Aurec.

Marazac, Maraziacus. *Mazerat-Aurouze.*

Marçangos. *Marsanges.*

Marcel. *Saint-Marcel.*

Marceur. *Mercœur,* cne de Boisset.

Marcharia (La). *La Marcherie.*

Marchefy. *Marchefin.*

Marchidiaux. *La Grange,* cne de Roche-en-Régnier.

Marchiliac. *Marcillac,* cne de Saint-Paulien.

Marcilhac, Marcilhacum. *Marcillac,* cne de Saint-Julien-Chapteuil.

Marcilhiac. *Marcillac,* cne de Saint-Paulien.

Marcillac. *Marsilhac.*

Marcillacus. *Marcilhat.*

Marcones (Le), Marconnes (Le), Marconnez (Le), Marconnois (Le). *Le Marconnais.*

Marcons. *Marcous.*

Marcou. *Marcon,* cne du Pont-Salomon.

Marcours. *Marcous.*

Marcyol. *Saint-Martial.*

Marée. *Les Marés.*

Marel (Moulin-de-). *Moulin-Maret.*

Marès. *Maret.*

Maresc (Le). *Le Marais,* cⁿᵉ de la Chapelle-d'Aurec.

Marcs-Fornes. *Le Marais,* cⁿᵉ des Vastres.

Marette (La). *Maret.*

Maretz (Lou). *Le Marais,* cⁿᵉ de la Chapelle-d'Aurec.

Mareyre (La). *La Maraive.*

Mareziacus. *Mazerat-Aurouze.*

Margais. *Margeaix.*

Margary (Le). *Marguerit.*

Margasacs. *Margeassac.*

Margelac. *Margealat.*

Marghaix. *Margeaix.*

Marghalac, Marghalacum, Marghalat, Marghcalat. *Margealat.*

Marghust. *Marjus.*

Margnac. *Marnhac,* cⁿᵉˢ de Saint-Germain-Laprade et de Saint-Pierre-Eynac.

Margnec. *Marnhier.*

Margniac. *Marnhac,* cⁿᵉˢ de Saint-Germain-Laprade et de Saint-Pierre-Eynac.

Maria (La). *Le Marin.*

Marie-Pénible. *Sainte-Marie-des-Chazes.*

Marion. *Mariol, Marion-le-Pic.*

Maritone, Maritton. *Mariton.*

Mariust. *Marjus.*

Marjala. *Margealat.*

Marjanges. *Marlanges.*

Marjust. *Marjus.*

Marland (Rivus de). *Le Merlan.*

Marlangas. *Marlanges.*

Marlhieu, Marlho, Marliou. *Marlhioux.*

Marlust. *Marjus.*

Marmaisse. *Marmeisse.*

Marmeissat. *Marmaissat.*

Marmesse, Marmeyssa, Marmeysse. *Marmeisse.*

Marminhiac, Marminiac. *Marminhac,* cⁿᵉ de Polignac.

Marminiacus. *Marminhac,* cⁿᵉˢ de Polignac et de Siaugues-Saint-Romain.

Marnac. *Marnat; Marnhac,* cⁿᵉˢ de Saint-Germain-Laprade et d'Yssingeaux.

Marnas. *Marnhac,* cⁿᵉ de Chénereilles.

Marnayssac. *Marmaissat.*

Marnhacum. *Marnhac,* cⁿᵉˢ de Polignac, de Saint-Germain-Laprade et d'Yssingeaux.

Marnhec. *Marnhier.*

Marnhiac. *Marnhac,* cⁿᵉˢ de Saint-Germain-Laprade et d'Yssingeaux.

Marnhiac-les-Vignes. *Marnhac,* cⁿᵉ de Polignac.

Marniacum, Marnihac. *Marnhac,* cⁿᵉ d'Yssingeaux.

Marnihacum. *Marnhac,* cⁿᵉ de Saint-Germain-Laprade.

Maroiol, Maroiolum. *Marijols.*

Marquet. *Marquès.*

Marringue. *Maringue.*

Marsanghas. *Marsanges.*

Marsilhac. *Marcilhat; Marcillac,* cⁿᵉˢ de Saint-Paulien et de Saint-Pierre-Eynac.

Marsilhacum, Marsillac. *Marcillac,* cⁿᵉ de Saint-Pierre-Eynac.

Marsilliat. *Marcillac,* cⁿᵉ de Saint-Paulien.

Marsi villa. *Mars,* cⁿᵉ de Malrevers.

Marssanghas. *Marsanges.*

Marsseiria (La). *La Marcherie.*

Marssilhac. *Marcilhat.*

Mart. *Mars.*

Martetum, Marthetum. *Maltret.*

Marthouret. *Le Martouret,* cⁿᵉ de Malrevers.

Martin. *Les Martins.*

Martin-de-Fugères. *Saint-Martin-de-Fugères.*

Martines. *Le Martinet.*

Martinet. *Martinas.*

Martoret (Le). *Le Martouret,* cⁿᵉˢ du Brignon, de Coubon, de Cussac, de Malrevers, d'Ouïdes, de Pébrac, de Polignac, de Saint-Georges-Lagricol et de Taulhac.

Martoretum. *Le Martouret,* cⁿᵉ de Polignac.

Martouretz (Lous). *Les Martourets.*

Martres, Martret. *Maltret.*

Marts. *Mars,* cⁿᵉ de Malrevers.

Marturet. *Le Martouret,* cⁿᵉ de Villeneuve-d'Allier.

Marty. *Martin.*

Martz *Mars,* cⁿᵉ de Landos.

Maryne (La). *Marine.*

Marz. *Mars,* cⁿᵉ de Landos.

Mas (Le). *Le Mas-de-Bernard, Le Mas-de-Queyrières, Le Mas-de-Tence, Les Mats, Lou Matz, Le Petit-Mazelet.*

Masairat. *Mazeyrat-Crispinhac.*

Masalers (Lous). *Les Mazelets.*

Masales. *Les Mazeaux,* cⁿᵉ de Tence.

Masales-Fayartz. *Les Mazeaux,* cⁿᵉ de Raucoules.

Mas-Alibrand, Masalibraudus, Mas-Alibraut. *Mazalibrant.*

Mas-Alricq. *Mazonric.*

Masals. *Mazaux.*

Masamblard, Mas-Amblart. *Mazamblard.*

Mas-Andrau. *Montcendreau.*

Masars, Mas Arst. *Mazard.*

Masayrac, Masayrat. *Mazeyrat-Crispinhac.*

Maschabert. *Le Machabert,* ruiss.; *Mas-Chaben.*

Mas-Chabert, Machabertum. *Machabert.*

Mas-Chalvet. *Mas-Chauvet.*

Maschousit. *Mas-Chauzit.*

Masclau, Mascloz. *Masclaux.*

Mas-Cogul. *Le Mas-Coudiol.*

Mas-Cortet (Lo). *Mas-ourtet,* cⁿᵉ de Tence.

Mascros. *Malcros,* cⁿᵉ de Malvières.

Masdalounet. *Bel-Air,* cⁿᵉ du Mazet-Saint-Voy.

Mas-de-Boissi (Le). *Boissy-du-Mas.*

Mas-de-la-Salle (Le). *Moulin-de-Roche.*

Mas-de-l'Estrade. *Lestrade,* cⁿᵉ de Saint-Privat-d'Allier.

Masdelone, Mas-de-Nelle, Mas de Nole, Mas-de-Noullet. *Madelonet.*

Mas-de-Pin. *Le Mas-de-Pis.*

Mas-de-Voxcur. *Mas-de-Pertuis.*

Masdolene. *Madelonet.*

Maseaulx (Les). *Les Mazeaux,* cⁿᵉ de Tence.

Masciras. *Mazeyrat-Crispinhac.*

Masel (Le). *Le Mazel,* cⁿᵉˢ de Bellevue-la-Montagne, de Couteuges, de Saint-Préjet-d'Allier et de Saint-Victor-Malescours.

Masel-Girard (Lo). *Mazelgirard.*

Masellum. *Le Mazel,* cⁿᵉ de Retournac.

Masellus. *Le Mazel,* cⁿᵉˢ de Mazerat-Aurouze, de Saint-Préjet-d'Allier et de Venteuges.

Masengalt. *Mazengaud.*

Masengo. *Mazengon.*

Masenguaud. *Mazengaud.*

Maserac. *Mazerat,* cⁿᵉ de Vieille-Brioude.

Maseracum. *Mazerat-Aurouze.*

Maserat. *Mazerat-Aurouze, Mazeyrat-Crispinhac.*

Maserm. *Le Mazer,* cⁿᵉ de Chamalières.

Mas-Erm (Le). *Le Mazel,* cⁿᵉ de Pradelles.

Maset (Lou). *Le Mazet,* cⁿᵉ du Mazet-Saint-Voy.

Masetum. *Le Mazet,* cnes du Mazet-Saint-Voy et des Vastres.

Maseus (Los). *Les Mazeaux,* cne de Tence.

Maseyrac. *Mazeyrac, Mazeyrat-Crispiniac.*

Maseyracum. *Mazeyrat-Crispiniac.*

Mas-Feriol. *Mas-Ferriol.*

Masfrail. *Masfrayt.*

Mas-Freyt. *Malfrayt,* cne de Retournac.

Mas-Ganhat (Le). *Le Mas,* cne de Connangles.

Masguezin. *Maiguezin.*

Mas-Henry. *Mazonric.*

Mas-Herem (Le). *Le Mazer,* cne d'Espalem.

Mas-Herm. *Le Mazel,* cne de Pradelles.

Masials, Masialx. *Les Maziaux.*

Mas-Julhos. *Le Guizoumas, Le Mazilhoux.*

Mas-Julhoux. *Le Mazilhoux.*

Mas-Jus. *Marjus.*

Mas-la-Socha (Lo), Mas-la-Souche. *Malassouche.*

Mas-Marcheyr (Lo), Mas-Marchieyr (Lo). *Le Mas-Marchet.*

Masméa. *Maméa.*

Mas-Meas. *Maméas-Haut.*

Masmeas-Basses. *Maméas-Bas.*

Mas-Mega. *Masméat.*

Mas-Meia. *Maméas-Haut.*

Mas-Meya. *Maméa.*

Masperent. *Roc-de-Masparet.*

Mas-Richart. *Le Mas,* cne de Siaugues-Saint-Romain.

Mas-Rousers, Mas-Roziers. *Le Mas,* cnes de Malvalette.

Massardera (La), Massarderia, Massardeyra (La). *La Massardière.*

Massec. *Masset.*

Masse-Gailh. *Massejail.*

Massellus. *Le Mazel,* cnes du Brignon et de Venteuges.

Massiat. *Massiac.*

Massibram, Massibran. *Massibrand.*

Massou (Le). *Le Masson.*

Massus Marcii. *Prademar.*

Mas Testa (Lo). *Lestrade,* cne de Saint-Privat-d'Allier.

Mastrenac. *Mestrenac.*

Matagot-lez-Chantamerle, Mategot. *Matagot.*

Matetta. *La Mathe.*

Matieyra (La). *La Mouteyre,* cne de Landos.

Mals (Les). *Les Mas.*

Mats-de-Bayon (Les). *Le Mas-de-Bayon.*

Matte (La). *La Mathe.*

Mattron. *Maton.*

Matussac. *Estiou.*

Matz (Lou). *Le Mas,* cne de Grazac.

Maubec. *Malbec.*

Maubourg (Bois de). *Bois de Crouzilhac.*

Maüche (La). *La Mahuche.*

Mauderiæ. *Moudeyres.*

Maugaçon. *Malgascon.*

Maulfreyt. *Malfrayt,* cne de Retournac.

Maunac, Maunacum, Maunhac. *Monnac.*

Maupas. *Mauras.*

Maupatere. *La Maupateyre.*

Mauranges, Mauranghas, Maurangiæ. *Moranges,* cne de la Chapelle-Geneste.

Maurevert. *Malrevers,* cne du Puy et cne de Saint-Front.

Mauria (La). *La Maurie.*

Mauriacum. *Mauriac,* cnes de Chaspuzac et de Saint-Julien-Chapteuil.

Maurice-de-Lignon. *Saint-Maurice-de-Lignon.*

Maurice-de-Roche-Marat. *Saint-Maurice-de-Roche.*

Maurincianigas. *Morissanges.*

Maurlerias. *Mourleyre.*

Mausun, Mausuz, Mauzus. *Mozun.*

Maximiacus. *Meyssignac,* cne de Bessamorel.

Mayadas. *Mayasse.*

Mayana. *La Méanne.*

Maycer. *Mézard.*

Mayegal, Maygal. *Le Meygal,* mont.

Maygasi. *Maiguezin.*

Maygra. *Les Maigres.*

Mayngbal. *Le Meygal,* mont.

Maynial (Lo). *Le Ménial,* cnes de Rosières et de Saint-Jean-de-Nay.

Maynial-Golfier (Le), Mayniel (Lo). *Le Ménial,* cne de Venteuges.

Maynihal (Lo). *Le Ménial,* cne de Rosières.

Maynil. *Le Ménial,* cnes de Grèzes, de Saint-Christophe-d'Allier, de Saint-Jean-de-Nay et de Saugues.

Maynilis. *Le Ménial,* cne de Saint-Jean-de-Nay.

Maynillum. *Le Ménial,* cne de Venteuges.

Mayoc, Mayocum, Mayouc. *Mayol.*

Mayrac, Mayras. *Meyrac,* cne de Bellevue-la-Montagne.

Mayre (Rivus de). *Le Pain-Blanc.*

Mayrona (Rivus de). *La Meyronne.*

Mayso. *La Baraque,* cne de Pébrac.

Maysonetæ. *Maisonnettes,* cne de Dunières.

Maysonetas, Maysonetes. *Maisonnettes,* cne de Saint-Pierre-Duchamp.

Maysonis. *Le Maisonny.*

Maysos. *Meyzous.*

Mayso Sola. *Maisonseule,* cnes de Ceyssac, d'Ouïdes et d'Yssingeaux.

Mayssanbacum, Mayssimnhac, Mayssinhac. *Meyssignac,* cne de Bessamorel.

Mayssinhacum. *Meyssignac,* cne de Sainte-Sigolène.

Mayssonny. *Le Maisonny.*

Mayssunhac. *Meyssignac.*

Mayzayrat. *Mazeyrat-Crispinhac.*

Mayzonetas. *Maisonnettes,* cnes de Montregard et de Saint-Pierre-Duchamp.

Mayzonia (La). *La Meyzonie.*

Mayzonial (Le), Mayzonil (Lo). *Le Meysonial.*

Maz (Le). *Le Mas,* cne de Vielprat.

Mazairac. *Meyrac,* cnes de Bellevue-la-Montagne.

Mazal (Lo), Mazale (Illo). *Taillechausse.*

Mazali. *Les Mazeaux,* cne de Riotord.

Mazalibron. *Mazalibrant.*

Mazals. *Les Mazeaux,* cnes de Raucoules, de Riotord, de Saint-Vert et de Tence.

Mazam. *Mazan.*

Mazame (Rivière de). *La Roulesse.*

Maz-Andra. *Montcendrau.*

Mazanric (Le). *Mazonric.*

Mazarac. *Mazeyrac.*

Mazaracum, Mazarat. *Mazerat-larouze.*

Mazards, Mazars. *Mazard.*

Mazaulx (Les). *Les Mazeaux,* cnes de Riotord et de Saint-Didier-la-Séauve.

Mazayracum. *Mazeirat.*

Mazayrat. *Mazeirac.*

Mazeau (Le). *Le Mazel,* cne du Monastier.

Mazeirac. *Mazeyrac, Mazeyrat-Crispinhac.*

Mazeiradetum. *Mazeirac.*

Mazel (Le). *Le Mazet,* cnes du Mazet-Saint-Voy, de Montfaucon et d'Ys-

singeaux; *Le Mazer*, c^{ne} de Cha-
malières; *La Védrine*, ruiss.
Mazel-de-Jucs. *Le Mazel*, c^{ne} de Belle-
vue-la-Montagne.
Mazel-de-Mathe. *Le Mazel*, c^{ne} du
Brignon.
Mazel dous Girardz. *Mazelgirard*.
Mazelet. *Le Malet*, c^{ne} de Saint-Jean-
d'Aubrigoux; *Les Mazelets*.
Mazel-Fazendier. *Le Mazel*, c^{nes} de
Saint-Préjet-d'Allier et de Vabres.
Mazel-Giraud. *Mazelgirard*.
Mazelibrand. *Mazalibrant*.
Mazel-la-Matte. *Le Mazel*, c^{ne} du Bri-
gnon.
Mazelletz (Loux). *Les Mazelets*.
Mazel-Librand. *Mazalibrand*.
Mazellum. *Le Mazel*, c^{ne} du Monas-
tier.
Mazellus. *Le Mazel*, c^{nes} de Mazerat-
Aurouze, du Monastier et de Saint-
Didier-sur-Doulon.
Mazelric (Lo). *Mazouvic*.
Mazengo. *Mazengon*.
Mazerac. *Mazerat*, c^{ne} de Vieille-
Brioude; *Mazerat-Aurouze*.
Mazeracs. *Mazerat-Aurouze*.
Mazerag. *Mazerat*, c^{nes} de Cohade et
de Vieille-Brioude.
Mazerat. *Mazeyrat-Crispinhac*.
Mazerat-la-Brequeille. *Mazerat-Au-
rouze*.
Mazere. *Mézères*.
Mazes (Les). *Le Mas*, c^{ne} de Vieil-
prat.
Mazet (Le). *Le Mazel*, c^{ne} de Pra-
delles; *Les Mazets*.
Mazets (Los). *Le Mazet*, c^{ne} des Vas-
tres.
Mazeyrac. *Mazeyrat-Crispinhac*.
Mazeyras. *Mazeyrac*.
Mazeyrat-Chrispinhac. *Mazeyrat-Cris-
pinhac*.
Mazialz, Maziaulx. *Les Maziaux*.
Mazilibrant. *Mazalibrand*.
Mazillou (Lou). *Le Mazilhoux*.
Mazioux. *Les Maziaux*.
Mazoeyrs (Les). *Les Mazoyers*.
Mazonzic. *Mazonvic*.
Mazot. *Mazat*.
Mealeis, Mealeys. *Malleys*.
Mealhada (La). *Les Meillades*.
Méallet. *Méalet*.
Méane (La). *La Méanne*.
Meaulx. *Meaux*.
Méaune (La). *La Méanne*.
Meaux. *Maux*.
Meduze (La). *La Méduse*.

Mégal. *Le Meygal*, mont.
Megnis (Le). *Le Meynis*, c^{ne} de
Sainte-Sigolène.
Meigal. *Le Meygal*, mont.
Meilhers (Lous). *Les Milliers*.
Meinial (Le). *Le Ménial*, c^{ne} de Ven-
teuges.
Meinitz (Loux). *Le Meynis*, c^{ne} de
Sainte-Sigolène.
Meisonitz. *Le Meysonny*, c^{ne} de la
Chapelle-d'Aurec.
Meisonsoule. *Maisonseule*, c^{ne} de Saint-
André-de-Chalencon.
Meisou (La). *La Baraque*, c^{ne} de Pé-
brac.
Meissinhacum. *Meyssignac*, c^{ne} de
Bessamorel.
Meleis. *Malleys*.
Meley. *Méalet*.
Meleys. *Malleys*.
Melhers (Lous). *Les Milliers*.
Melhier (Lo). *Le Méallier*.
Melhiers (Los). *Les Milliers*.
Mellerius. *Le Méallier*.
Melleys (Mons de). *Le Pey-de-Mal-
leys*.
Melzeius, Melzeu (Lo), Melzevius,
Melzieu (Lo). *Malzieu*.
Memoyrac. *Montmoirac*.
Ménage (Le). *Le Ménager*.
Menayrol (Lo). *Le Ménérol*.
Mendigolas. *Mandigoules*.
Meneirol, Menerol (Lo). *Le Menerol*.
Menillum. *Le Ménial*, c^{ne} de Saint-
Jean-de-Nay.
Mensencum. *Le Mézenc*, c^{ne} de Chau-
deyrolles.
Menteiras, Menteriæ, Menteyras,
Mentières. *Menteyres*.
Meona. *Miaune*.
Meraly (Lo). *Eymeran*.
Meranciæ, Meransas, Meranzas. *Mé-
rances*.
Meravila. *Mirabel*, c^{ne} de Retour-
nac.
Merceriacus. *Mézeyrac*.
Merchorius. *Mercœur*, c^{ne} de Mal-
revers.
Mercoira Superior. *Mercœurette*.
Mercoiret, Mercoiretum. *Mercuret*.
Mercoirol. *Mercurol*.
Mercolius. *Mercœur*, c^{ne} de Malre-
vers.
Mercor. *Mercœur*, c^{ne} de Saint-Privat-
d'Allier.
Mercoret. *Mercuret*.
Mercoria, Mercoriæ. *Mercœur*, c^{ne} de
Saint-Privat-d'Allier.

Mercorius. *Mercœur*, c^{nes} de Malre-
vers et de Saint-Privat-d'Allier.
Mercoyret, Mercoyretum. *Mercuret*.
Mercqueyras, Mercuayras. *Mercœur*,
c^{ne} de Saint-Privat-d'Allier.
Mercuer. *Mercœur*, c^{ne} de Malrevers.
Mercueretes, Mercueurettes, Mercu-
rette. *Mercœurette*.
Mercueyras, Mercueyres, Mercure.
Mercœur, c^{ne} de Saint-Privat-d'Al-
lier.
Mercuret. *Mercury*.
Mercuri, Mercuril, Mercurinum,
Mercurium. *Mercury*.
Mercurius. *Mercœur*, c^{ne} de Malre-
vers.
Merdalhac, Merdalhacum. *Merdail-
lac*.
Merdanso, Merdanson. *Le Murden-
son*, ruiss.
Merdant. *La Magnaure*, ruiss.
Merdaret (Le). *Le Goudarel*.
Merdariacum. *Merdaillac*.
Merdaric (Rivus de). *Le Merdarj*,
Le Merlary.
Merdary (Ruiss. de). *La Merdarie*.
Merdelhac. *Merdaillac*.
Meriailh. *Le Mirial*.
Merlage. *Merlager*.
Merlans (Le). *Le Merlan*, ruiss.
Merlansson (Riu). *Le Marandon*.
Merlaric (Rivus de). *Le Merlary*.
Merlary (Le). *Les Hiverts*.
Merlatz. *Merlhac*.
Merles (Les). *L'Ourbe*, ruiss.
Merqueuras, Merqueures. *Mercœur*,
c^{ne} de Saint-Privat-d'Allier.
Merroine. *Meyronne*.
Mesairolas. *Mezeirolles*.
Mesayrac. *Mézeirac*.
Mesayracum. *Mézeyrac*.
Meseinc. *Mézenc*.
Meseirachum. *Meyrac*, c^{ne} de Cra-
ponne-sur-Arzon.
Meseiracum. *Mazeyrat-Crispinhac*.
Meseirag. *Mazerat*, c^{ne} de Vieille-
Brioude.
Mesencus. *Le Mézenc*, mont.
Meseræ, Meseras. *Mézères*.
Meserat. *Mézeyrac*.
Meseres, Meseriæ. *Mézères*.
Meseroliæ. *Mezeirolles*.
Meseyracum. *Mazerat-Crispinhac*.
Meseyracus. *Mezeirat*.
Meseyrolæ. *Mezeirolles*.
Mesique. *Mécique*.
Mésonnet (Le). *Le Meysonny*, c^{ne} de
la Chapelle-d'Aurec.

Messagnet. *La Sagnette.*
Messeras, Messeriæ. *Mézères.*
Messigniac. *Meyssignac,* c^{ne} de Sainte-Sigolène.
Messinhac. *Meyssignac,* c^{ne} de Bessamorel.
Mestre-Esteve. *Maistre-Estève.*
Métairie-Blanche (La). *La Borie-Blanche.*
Meteratis. *Mézères.*
Metterye-de-Chauchat. *Rome.*
Meunier (Le). *Maunier.*
Meygalh. *Le Meygal,* mont.
Meymacum. *Moulin-de-Meymac.*
Meymal (Rivière de). *La Roudesse.*
Meynial. *Mazan.*
Meynial (Le). *Le Ménial,* c^{nes} de Léotoing, de Rosières, de Saint-Christophe-d'Allier, de Saugues et de Venteuges.
Meynis (Lou), Meynitz (Le). *Le Meynis,* c^{ne} de Saint-André-de-Chalencon.
Meyrat. *Meyrac,* c^{ne} de Bellevue-la-Montagne.
Meyris (Aqua). *Les Taillades.*
Meyrona. *Meyronne.*
Meysinhiac. *Meyssignac,* c^{ne} de Sainte-Sigolène.
Meysonetæ. *Maisonnettes,* c^{ne} de Fay-le-Froid.
Meysonetas. *Mas-de-Fleury; Maisonnettes,* c^{ne} de Montregard.
Meysonetes. *Maisonnettes,* c^{ne} de Dunières.
Meysonial. *Le Maisonnial,* c^{ne} de Chénereilles.
Meysoniaux. *Maisonnial,* c^{ne} de Saint-Paulien.
Meysonis. *Le Maisonny.*
Meyso Nova (La). *Maisonneuve,* c^{ne} des Estables.
Meysonsoula. *Maisonseule,* c^{ne} de Saint-André-de-Chalencon.
Meysos. *Meyzous.*
Meyso Sola. *Maisonseule,* c^{ne} d'Yssingeaux.
Meysos Solle. *Maisonseule,* c^{nes} de Retournac et de Saint-André-de-Chalencon.
Meisou. *La Baraque,* c^{ne} de Pébrac.
Meysouniaulx (Les). *Le Meysonnial.*
Meysous. *Meyzous.*
Meyssonnetz (Lous). *Le Meysonny,* c^{ne} de Monistrol-sur-Loire.
Meyzonial (Le). *Le Meyzonial.*
Meyzonis. *Le Meysonny,* c^{ne} de Monistrol-sur-Loire.

Meyzonnettes. *Mas-de-Fleury.*
Mezana (Rivus de). *La Méjanne.*
Mezayrac. *Meyrac,* c^{ne} de Craponne-sur-Arzon.
Mezayrat. *Mezeirac.*
Mèze (La). *La Chamalière,* ruiss.
Mezeinc. *Mézenc.*
Mezencum, Mezengum. *Le Mézenc,* c^{ne} de Chaudeyrolles.
Mezeras, Mézère. *Mézères.*
Mezeyrac. *Mazeyrat-Crispinhac.*
Mezeyracum. *Mazerat-Crispinhac, Mezeirac, Meyzrac.*
Mezhinc. *Le Mézenc,* c^{ne} des Estables.
Mezieres. *Mézères.*
Mézinc. *Le Mézenc,* mont.
Mezonnial. *Le Meysonial.*
Miallaure. *Mialaure,* c^{ne} d'Espaly-Saint-Marcel.
Miaunes. *Miaune.*
Mignaud (Moulin-). *Moulin-de-Mignard.*
Milauras, Milhaure. *Mialaure,* c^{ne} d'Espaly-Saint-Marcel.
Milhet (Molin-de-). *Moulin-de-Milhit.*
Milheu. *Émilleux.*
Minillium. *Le Ménial,* c^{ne} de Saint-Christophe-d'Allier.
Miniriaux. *Ménicieux.*
Miona, Mionna. *Miaune.*
Mioulet. *Miolhet.*
Mirabellus, Mirabilia. *Mirabel,* c^{ne} de Retournac.
Miramon, Miremont. *Miramont.*
Mirial. *Le Meyrial.*
Mirmanda, Miromonde. *Mirmande.*
Misencum. *Le Mézenc,* c^{ne} de Chaudeyrolles.
Miseræ, Miscriæ. *Mézères.*
Missezele (La). *Missicelle.*
Mizencum. *Le Mézenc,* c^{ne} de Chaudeyrolles.
Mizery. *Misegry.*
Mizona. *Miaune.*
Mobonet. *Montbonnet.*
Modeires, Moderiæ. *Moudeyres.*
Modieyra (La). *La Mouteyre,* c^{ne} de Croisance.
Moieras. *Moiras.*
Moilliada (La). *La Moulhiade.*
Moissat-Nault. *Moissac-Haut.*
Mola (La). *La Molle,* c^{nes} de Monistrol-d'Allier et de Saint-Georges-Lagricol.
Molar (Le). *Le Molard, Le Moulard.*
Molard (Le), Molarium. *Le Moulard.*
Molas. *Les Moles, Molles.*

Moledon. *Moleson.*
Molencheriæ. *Molenchières.*
Molencz (Les). *Les Moulins,* c^{ne} de Laussonne.
Molendina Hospitalis. *Le Moulin-de-l'Hôpital.*
Molendinum. *Les Moulins,* c^{ne} de Saint-Jeure.
Molendinum Aurozæ. *Le Moulin-d'Aurouze.*
Molendinum Azineriarum. *Moulin-du-Pont.*
Molendinum Beraudum. *Moulin-Béraud.*
Molendinum de Bouzolio. *La Darne.*
Molendinum de Bretmat. *Moulin-de-Brame.*
Molendinum de Croso. *Moulin-du-Cros.*
Molendinum de Faurias. *Moulis.*
Molendinum de Fuola. *Moulin-Joubert.*
Molendinum de la Bastida. *Moulin-de-l'Hôpital.*
Molendinum de la Malauteyra. *Belle-Onde.*
Molendinum del Rover. *Le Moulin-du-Rouve.*
Molendinum de Mirmanda. *Le Sapet-Bas.*
Molendinum de Peyrederiis. *Moulin-d'Aurelle.*
Molendinum deux Streytz. *Moulin-de-Chouvon.*
Molendinum de Vacharessis. *Moulin-de-Bernardon.*
Molendinum Fayni. *Le Moulin-du-Seigneur.*
Molendinum Giri. *Moulin-de-la-Chabane.*
Molendinum Hospitalis. *Le Moulin-de-l'Hôpital.*
Molendinum Infirmorum. *Belle-Onde.*
Molendinum Mea, Molendinum Medium, Molendinum Mey. *Le Molinet.*
Molendinum Novum. *Moulin-Neuf; Le Moulin-Neuf,* c^{nes} de Fay-le-Froid et de Saugues.
Molendinum Prati. *Le Moulin-du-Pré.*
Molendinum Rodeyr. *Le Moulin-Rodier.*
Molendinum Sancti Arconcii. *Moulin-Crouzet.*
Molendinum Sancti Johannis. *Moulin-Saint-Jean.*
Molendinum Sancti Juliani. *Ferret.*

Molendinum Sancti Vitalis. *Le Moulin*, cⁿᵉ de Saint-Vidal.

Molendinum Sancti Ylpidii. *Moulin-Saint-Ilpize.*

Molendinum Soteyra. *Le Moulin-Bas.*

Molendinum Vetus Doœ. *Audinet.*

Molendinum vicecomitatus, Molendinum vicecomitis Podompuhiaci. *Moulin-de-Chouvon.*

Molens (Los), Molentz (Lous). *Les Moulins*, cⁿᵉ de Laussonne.

Molergues. *Moulergue.*

Moleria. *La Mouleyre.*

Moleson. *Molezon.*

Molet. *Monlet.*

Moleyra (La), Moleyre (La). *La Mouleyre.*

Molhada (La), Molhata (La). *La Moulhiade.*

Molhesabate, Molia Sabatha. *Saint-Julien-Molhesabate.*

Moli-Beraut. *Moulin-Beraud.*

Moli-Chaval (Lo). *Le Moulin-Cheval.*

Molières (Les). *La Morlière, La Moulière.*

Moli-Giri (Lo). *Moulin-de-la-Chabane.*

Molimard, Molimart. *Montlimard.*

Moli-Meya. *Le Molinet.*

Molinac (Le). *Le Moulinas*, ruiss.

Molin-à-draps. *Moulin-des-draps.*

Molinæ. *Moulines.*

Molinas. *Molines; Le Moulinas*, ruiss.

Molin-Blanc (Le). *Le Moulin-Blanc.*

Molin-de-Biasse (Le). *Le Moulin-de-Biasse.*

Molin-de-Bonnet. *Moulin-de-Bonnet.*

Molin-de-Brame. *Moulin-de-Brame.*

Molin-de-Chausser (Le). *Le Moulin-de-Chausse.*

Molin-de-Cheyrac-Laigue. *Moulin-de-Cheyrac.*

Molin-de-Conte. *Le Moulin-de-Comte.*

Molin-de-Dinat. *Le Moulin-de-Dinat.*

Molin de Fiola, Molin-de-Fiole. *Moulin-Joubert.*

Molin-de-la-Cledde (Le). *Moulin-de-la-Cledde.*

Molin-de-la-Maison-Dieu. *Moulin-de-l'Hôpital.*

Molin-de-la-Maison-maladiere-de-Brive. *Belle-Onde.*

Molin-de-la-Pailhe, Molin-de-la-Palhe. *Moulin-de-Payrard.*

Molin-de-Monsieur. *Le Grand-Moulin*, cⁿᵉ de Chamalières.

Molin-de-Pont-de-Tres. *Le Moulin-de-Pierre.*

Molin-des-couteaux. *Moulin-des-draps.*

Molin-de-Vazelhes. *Le Moulin-de-Vazeilles.*

Molinet. *Le Moulinet.*

Molin-Gire. *Moulin-de-la-Chabane.*

Molin-Mé. *Le Moulinet.*

Molin-Neuf, Moli-Nou. *Moulin-Neuf.*

Molin-Rodier. *Le Moulin-Rodier.*

Molins-de-Monseigneur (Les). *Moulin-de-Saint-Ilpize.*

Molins-des-Estreytz, Molins-des-Streitz. *Moulin-de-Chouvou.*

Molinum de Bramar. *Moulin-de-Brame.*

Molin-Vieulx-de-Doe. *Audinet.*

Molis. *Les Moulins*, cⁿᵉ de Saint-Jeure; *Moulis*, cⁿᵉ de Vernassal; *Les Moulis.*

Mollada (La). *La Moulhiade.*

Mollard. *Le Malard.*

Mollatz (Le). *Moulat.*

Mollet, Molletum. *Monlet.*

Mollibrand. *Monibrand.*

Mollin Cheval. *Le Moulin-Cheval.*

Mollinearias. *Moudeyres.*

Mollinez (Les). *Les Moulins*, cⁿᵉ de Laussonne.

Molneriæ, Molnerias. *Moudeyres.*

Moly. *Moulis*, cⁿᵉ de Saint-Julien-d'Ance.

Molybran. *Monibrand.*

Moly-Chaval (Le). *Le Moulin-Cheval.*

Moly-de-Doe (Le). *Audinet.*

Moly dou Pra (Lo). *Le Moulin-du-Pré.*

Molymar. *Montlimard.*

Moly-Mé, Moly-Mea. *Le Molinet.*

Moly-Rodié (Lo). *Le Moulin-Rodier.*

Molys. *Les Moulins*, cⁿᵉ de Saint-Jeure; *Moulis*, cⁿᵉ de Vernassal.

Moly-Sobeyra (Lo). *Le Moulin-Haut.*

Molys-Paghos (Lous). *Le Moulin-de-Barrande.*

Momairat, Momayrac. *Montmoirac.*

Moméa. *Maméa.*

Mon (Lo). *Le Mont*, cⁿᵉˢ de Cubelles, de Lantriac, du Monastier et de Saint-Préjet-d'Allier.

Monac. *Monnac.*

Monadière. *Mounadières.*

Monasterium, Monasterium Beati Theofredi, Monasterium Carmiliacensium, Monasterium Sancti Theofredi, Monasterium Sancti Theofridi, Monastier-Sainct-Chaffroy. *Le Monastier.*

Monastrolium. *Monistrol-d'Allier, Monistrol-sur-Loire.*

Monastrols. *Monistrol-d'Allier.*

Monbonet. *Montbonnet.*

Monbrac, Monbrat. *Montbrac.*

Monbusa. *Montbuzat.*

Moncellum. *Le Moncel.*

Monchalm. *Montchamp*, cⁿᵉ de Laussonne; *Montchaud*, cⁿᵉ d'Yssingeaux.

Mon-Chalm, Mon-Chalms. *Sus-de-Montchaud.*

Monchalvet. *Montchauvet*, cⁿᵉ de Bas.

Monchani. *Montchany*, cⁿᵉ de Saint-Julien-Chapteuil.

Mon-Cheyros, Monchiros. *Mont-Chiroux*, cⁿᵉ de Cussac.

Moncius. *Mons*, cⁿᵉ d'Ours-Mons.

Monclair. *Montclard.*

Monclaos. *Montclaux*, cⁿᵉˢ de Craponne-sur-Arzon.

Monclar, Monclars. *Montclard.*

Monclaus. *Montclaux*, cⁿᵉ de Thoras.

Monclergue. *Monclergues.*

Moncolonge, Moncolonghe. *Montrolonge.*

Moncolum. *Montroulon.*

Moncouguiol. *Moncoudiol.*

Mond (Lo). *Le Mont*, cⁿᵉˢ de Cubelles, de Grèzes, de Jax, de Lantriac et du Monastier.

Mondazi, Mondazin. *Montdésir.*

Mond-de-Saint-Pregect (Le). *Le Mont*, cⁿᵉ de Saint-Préjet-d'Allier.

Mou-de-Coarasa (Lo). *Le Mont*, cⁿᵉ de Lantriac.

Mon-de-Saint-Pregeyt (Lo). *Le Mont*, cⁿᵉ de Saint-Préjet-d'Allier.

Mondesi, Mondezi, Mondezin. *Montdésir.*

Mondolhioux, Mondolioux, Moudoulion. *Mondoulioux.*

Mondus. *Le Mont*, cⁿᵉˢ de Cubelles et de Lantriac.

Monedeiras. *Mounadières.*

Monederiæ, Monedeyræ. *Monedeyres.*

Monedeyras. *Monedeyres, Mounadières.*

Moneiras. *Les Meunières.*

Mones. *Mounès.*

Monestier-Saint-Cheffroy (Le). *Le Monastier.*

Monestrol. *Monistrol-d'Allier.*

Monestrolium. *Monistrol-d'Allier, Monistrol-sur-Loire.*

Monet (Le). *Le Couteaux*, ruiss.

Monetz. *Mouneis.*

Monfarner. *Mont-Farnier.*

Monfaullat. *Mont-Faurat.*

Monfol. *Montfoy.*
Mongausi. *Montjauzi.*
Mongautier. *Montgontier.*
Mongavillo. *Ganillon.*
Mongi. *Monget.*
Mongieu. *Montgieux.*
Montgiraut. *Montgiraud.*
Mongomtier. *Montgontier.*
Mongon. *Montgon.*
Mongonteirt, Mongonterius, Mongonteyr, Mongontier. *Montgontier.*
Mon-Gros, Mons Grossus. *Montgros,* cne d'Alleyras.
Moniauzi. *Montjauzi.*
Monistrolium. *Monistrol-d'Allier.*
Monito. *Monet.*
Monjevin. *Montjurin.*
Mon-Johanet, Mon-Johannet. *Mont-Jonet.*
Monledum, Monleth. *Monlet.*
Monlhada (La), Monliada (La). *La Moulhiade.*
Monliol. *Le Montliol.*
Monlonc. *Montlong.*
Monmarcher. *Montmarchet.*
Monmauron, Monmaurus. *Montmouret.*
Monmayrac. *Montmoirac.*
Monmege, Monmeia. *Momège,* cne de Montclard.
Monnacum. *Monnac.*
Monnet. *Monet.*
Monnetz. *Mouncis.*
Monneyras (Las). *Les Meunières.*
Monneys. *Mounès.*
Monniers (Loux). *Les Mouniers.*
Monpastor. *Montpastour,* cne de Bains.
Monpeiros, Monpeyrose. *Montpeyroux,* cne de Chazelles.
Monpinhos. *Montpinoux,* cne d'Yssingeaux.
Monpinos. *Montpignon; Montpinoux,* cne de Mazerat-Aurouze.
Monpinoux. *Montpinoux,* cne de Mazerat-Aurouze.
Monpla. *Mont-Plaux, Montplot.*
Monple, Monplo, Monplot. *Montplot.*
Monprahes. *Montpret.*
Monrecors, Monrecoux, Monrocho. *Montrecoux.*
Monrochs. *Montroux.*
Monroco. *Montrecoux.*
Mons. *Le Mont,* cnes d'Aurec, de Jullianges, de Lantriac et de Saint-Didier-la-Séauve.
Mons (Le). *Le Mont,* cne de Jax.
Mons Acutus. *Mont-Aliu.*

Mons Affanus. *Montafa.*
Mons Andrau. *Montrendrau.*
Mons Auri. *Montauri.*
Mons Aurosa. *Montauroux.*
Mons Aymari. *Monteyremard.*
Mons Bellus. *Montbel.*
Mons Bonetus, Mons Bonitus. *Montbonnet.*
Mons Brachus, Mons Bracus. *Montbrac.*
Mons Busanus, Mons-Buzat. *Montbuzat.*
Mons Calmus. *Monchaud,* cne d'Yssingeaux.
Mons Calvus. *Monchaud,* cne d'Yssingeaux; *Montchamp,* cne de Laussonne.
Mons Caninus. *Montchany,* cne de Saint-Julien-Chapteuil.
Mons Carbonerius. *Choulet.*
Mons Chayros, Mons Cheyros. *Montchiroux,* cne de Freycenet-Lacuche.
Mons Cinis. *Montcenis,* cne de Riotord.
Mons Clarus. *Montclard.*
Mons Clausus. *Montclaux,* cne de Thoras.
Mons Cocullus. *Montcoudiol.*
Mons Cogul. *Muncoudiol.*
Mons Columbus. *Montcoulomb.*
Monsdaleus. *Mondoulioux.*
Monsdibia. *Les Peidibles.*
Monseigneur, Monseignour. *Montseigneur.*
Mons Falco. *Montfaucon.*
Mons Ferratus. *Montferrat.*
Mons Fol. *Montfoy.*
Mons Fractus. *La Garde-de-Mons.*
Mons Gaudii, Mons Gaudium. *Montjauzi.*
Mons Geraldi, Mons Geraut. *Montgiraud.*
Mons Godo. *Mont-Goyon.*
Mons Gonterius. *Montgontier.*
Mons Granatus. *Montgranat.*
Mons Grancrii. *Montgrenier.*
Mons Grossus. *Montgros,* cnes du Pertuis et de Pinols.
Mons Hustus. *Montusclat.*
Monsia (La). *La Mongie.*
Mons Ibie. *Les Peidibles.*
Mons Jovis. *Montgieux.*
Mons Junius, Mons Juvinus, Mons Juvy, Mons Juvynus. *Montjuvin.*
Mons-lez-Saint-Pol. *Mons,* cne de Saint-Pal-de-Mons.
Mons Medius. *Masméat, Montméa; Montméat,* cne de Bas.

Mons Meghanus. *Montméat,* cne de Mézères.
Mons Mejanus. *Momège,* cne de Frugières-le-Pin; *Montméat,* cne de Mézères.
Mons Monedarius. *Montmonedier.*
Mons Olivus. *Mondoulioux.*
Mons Pedorsus. *Montpeyroux,* cne de Saint-Pierre-Duchamp.
Mons Petrosus, Mons Petrozus. *Montpeyroux,* cnes de Chazelles et de Saint-Pierre-Duchamp.
Mons Petrusius. *Montpeyroux,* cne de Chazelles.
Mons Planus. *Mont-Plaux, Montplot.*
Mons Redont. *Montredon,* cne du Puy.
Mons Regardus. *Montregard.*
Mons Ribrandus. *Monibrand.*
Mons Rocheti. *Les Rapoints.*
Mons Rocosus, Mons Rocozus. *Montrecoux.*
Mons Rogi. *Montroux.*
Mons Rotondus. *Montredon,* cne de Bellevue-la-Montagne.
Mons Rotundus. *Genebret; Montredon,* cnes de Bellevue-la-Montagne et du Puy.
Mons Rubeus. *Montroux.*
Monssandrau, Moussendrau. *Montcendrau.*
Mon-Suc. *Le Suc,* cne de Tence.
Mons Torterius. *Montortier.*
Mons Usclatus, Mons Usthatus. *Montusclat,* cne de Saint-Julien-Chapteuil.
Mons Ustus. *Montusclat,* cne de la Chapelle-d'Aurec et cne de Saint-Julien-Chapteuil.
Mons Velayc. *Mont-Velay.*
Mons Viridis. *Montvert.*
Mont. *Montjuvin.*
Monta (Le). *Les Montas.*
Montabolle. *Dents-de-Montaboule.*
Montaduc. *Mont-Aliu.*
Montaffo. *Montafa.*
Montagier. *Montager.*
Montagu, Montagud. *Montaigut.*
Montaguet. *Mont-Aliu.*
Montagut. *Montaigut.*
Montahuc. *Mont-Aliu.*
Montaignac. *Montagnac,* cnes de Saint-Germain-Laprade et de Solignac-sur-Loire.
Montainac. *Montagnac,* cne de Vernassal.
Montainnac. *Montagnac,* cne de Venteuges.

Montal (Le). *Le Monteil*, cⁿᵉ d'Espalem.

Montale. *Montalet.*

Montalet. *Saint-Pal-de-Chalencon.*

Montalhet (Lou), Montalhetum. *Montaillet.*

Mont-Alibert. *Saint-Julien-du-Pinet.*

Montaliet. *Le Montcillet*, cⁿᵉ du Mazel-Saint-Voy.

Montalivert. *Montalivet.*

Montanhac. *Montagnac*, cⁿᵉˢ de Saint-Jean-de-Nay, de Solignac-sur-Loire et de Venteuges.

Montanhac (Lac de). *Lac de Montagnac.*

Montanhac-lo-Rey. *Montagnac*, cⁿᵉ de Vernassal.

Montanhac-lez-Dolë. *Montagnac*, cⁿᵉ de Saint-Germain-Laprade.

Montanhacum. *Montagnac*, cⁿᵉ de Saint-Jean-de-Nay.

Montanhacum lo Roy. *Montagnac*, cⁿᵉ de Vernassal.

Montanhacus. *Montagnac*, cⁿᵉˢ de Saint-Germain-Laprade et de Solignac-sur-Loire.

Montanhaguet. *Montagnazet.*

Montaniac. *Montagnac*, cⁿᵉ de Solignac-sur-Loire.

Montaniacus. *Montagnac*, cⁿᵉ de Saint-Germain-Laprade.

Montaniacus Rubeus, Montaniat. *Montagnac*, cⁿᵉ de Vernassal.

Montaure, Montaury. *Montauri.*

Montavid. *Montavit.*

Mont-Banc. *Saint-Just-Malmont.*

Mont-Bas (Lo). *Le Mont*, cⁿᵉ de Saint-Didier-la-Séauve.

Montboissier. *Montmouchet.*

Montborc. *Montbort.*

Montbordet. *Montbourdet.*

Montbrat. *Montbrac.*

Montbressos. *Montbressous.*

Mont-Breysse. *Le Monastier.*

Montbuisson. *Montbrison.*

Mont-Busa, Montbusac, Mont-Buzat, Montbusol. *Montbuzat.*

Montcel (Lou). *Le Moncel.*

Montcers. *Mont-Serre.*

Montcervier. *Montservier.*

Montchalin. *Montchamp*, cⁿᵉ de Laussonne.

Montchalm. *Montchamp*, cⁿᵉ de Saint-Paul-de-Tartas; *Montchany*, cⁿᵉ de Saint-Julien-Chapteuil; *Montchaud*, cⁿᵉ de Cistrières.

Montchalvet. *Montchouvet*, cⁿᵉˢ de Saint-Julien-Chapteuil et de Saugues.

Montchanis. *Montchany*, cⁿᵉˢ de Saint-Julien-Chapteuil et de Saint-Pal-de-Chalencon.

Mont-Chany. *Montcenis*, cⁿᵉ de Rosières.

Montchau. *Montchaud*, cⁿᵉˢ de Cistrières et d'Yssingeaux.

Montchaulm. *Montchaud*, cⁿᵉ de Cistrières.

Montchault. *Montchamp*, cⁿᵉ de Saint-Paul-de-Tartas.

Montchauvet. *Montchouvet*, cⁿᵉ de Saugues.

Mont-Cheiroux. *Mont-Chiroux*, cⁿᵉ de Cussac.

Mont-Chérou. *Mont-Chiroux*, cⁿᵉ de Saint-Hostien.

Mont-Cholvet. *Montchouvet*, cⁿᵉ de Saint-Étienne-Lardeyrol.

Montchouvel. *Montchauvet*, cⁿᵉˢ de Bas et de Saint-Romain-Lachalm.

Mont-Chovel. *Montchauvet*, cⁿᵉ de Saint-Romain-Lachalm.

Montclar. *Montclard.*

Mont-Clarel. *Le Suc de Claret.*

Mont-Clergeot. *Saint-Vincent.*

Montcodiol-l'Hault, Mont-Cogniol-l'Hault, Mont-Cogulh. *Montcoudiol-Haut.*

Montcoguol. *Montcoudiol.*

Montcoudiol. *Moncoudiol.*

Mont-Courro. *Montcourroux.*

Montdance. *Saint-Julien-d'Ance.*

Mont-de-Coharaze (Le), Mont-de-Lantriac (Le). *Le Mont*, cⁿᵉ de Lantriac.

Mont-Denise. *Polignac.*

Mont-de-Queue-Raze (Le). *Le Mont*, cⁿᵉ de Lantriac.

Mont-de-Rochet. *Les Rapoints.*

Montdoleus. *Mondoulioux.*

Montegnac. *Montagnac*, cⁿᵉ de Venteuges.

Monteil-Chaten (Le). *Le Monteil*, cⁿᵉ de Sainte-Sigolène.

Monteil-de-Chomelix. *Le Monteil*, cⁿᵉ de Chomelix.

Monteilh (Le). *Le Monteil*, cᵒⁿ du Puy.

Monteilh (Lo). *Le Monteil*, cⁿᵉˢ de Bauzac, de Chomelix, de Léotoing. de Mazeyrat-Crispinhac, de Monistrol-sur-Loire et de Saint-Privat-d'Allier.

Monteilhet-d'Auza. *Le Monteillet*, cⁿᵉ d'Yssingeaux.

Monteilh-lez-Sollinhac. *Le Monteil*, cⁿᵉ de Solignac-sur-Loire.

Monteilh-Roys (Le). *Le Monteil*, cⁿᵉ de Saint-Didier-la-Séauve.

Monteill. *Le Monteil*, cⁿᵉ de Vernassal.

Monteilliet (Lo). *Le Monteillet*, cⁿᵉ du Mazet-Saint-Voy.

Monteillo (Le). *Le Montillon.*

Monteilz. *Monteils.*

Montel (Lo). *Le Monteil*, cⁿᵉˢ de Bauzac, de Cistrières, d'Espalem, de Mazerat-Aurouze, de Saint-Julien-des-Chazes, de Vergongheon, de Vernassal et d'Yssingeaux.

Montelart. *Montclard.*

Montelh. *Le Monteil*, cⁿᵉˢ de Mazeyrat-Crispinhac, de Riotord, de Saint-Pierre-Duchamp, de Solignac-sur-Loire, des Vastres et de Vernassal; *Monteils.*

Montelhada (La). *La Monteillade.*

Montelh-Chatenc (Lo). *Le Monteil*, cⁿᵉ de Sainte-Sigolène.

Montelhet. *Monteillet.*

Montelhet (Lo). *Le Montaillet; Le Monteillet*, cⁿᵉˢ de Malvières et d'Yssingeaux.

Montelhetum, Montelhitum. *Monteillet.*

Montelhon (Lou). *Montillon, Le Montillon.*

Montelhs. *Le Monteil*, cⁿᵉˢ de Bauzac et de Mazerat-Aurouze.

Montelhs Sobeyras. *Monteils.*

Montelietum, Montelletus. *Le Monteillet*, cⁿᵉ du Mazet-Saint-Voy.

Montellius. *Le Monteil*, cⁿᵉ de Mazerat-Aurouze.

Montelly. *Le Montellier.*

Montels Soteyras. *Monteils.*

Montelz. *Le Monteil*, ruiss., cⁿᵉ de Grazac; *Montcils.*

Monteremat, Montereyma. *Monteyremard.*

Montes. *Mons*, cⁿᵉˢ d'Aurec, d'Ours-Mons et de Saint-Georges-Lagricol; *Le Monteil*, cⁿᵉˢ de Bauzac, de Saint-Arcons-de-Barges et de Saint-Julien-des-Chazes.

Montet (Le). *Le Monteil*, cⁿᵉˢ de Craponne-sur-Arzon, de Laussonne, de Montregard, de Saint-Arcons-de-Barges et de Vielprat.

Montet-Conchia. *Beauregard*, cⁿᵉ de Laussonne.

Montetum. *Le Monteil*, cⁿᵉˢ de Craponne-sur-Arzon et de Laussonne.

Montetz. *Le Monteil*, c^ne de Bauzac.
Monteylh (Lo). *Le Monteil*, c^ne de Saint-Pierre-Duchamp.
Monteylh lo Soteyra. *Monteils*.
Montoyl-Roer. *Le Monteil*, c^ne de Saint-Didier-la-Séauve.
Mont-Farneir. *Mont-Farnier*.
Montfaucon (Ruiss. de). *La Brossette*.
Montfaulcon. *Montfaucon*.
Montferrat. *Champ-de-Bard*.
Montfoal, Montfois. *Montfoy*.
Montfolcon. *Montfaucon*.
Mont-Foulat. *Mont-Fauvat*.
Montfraicl. *La Garde-de-Mons*.
Mont-Franc. *Saint-Didier-la-Séauve*.
Montfrays. *La Garde-de-Mons*.
Montgou. *Montgieux*.
Mont-Geuri. *Montjeur*.
Montgon (Le). *La Violette*, ruiss.
Mont-Gori. *Montjeur*.
Montgrasset. *Mas-Grasset*.
Montguerry, Montguéry. *Montreguerri*.
Monthel (Le). *Le Monteil*, c^ne des Vastres.
Mont-Hilaire. *Saint-Hilaire*.
Monthon. *Montouan*.
Montilia, Montilia superiora, Montilii, Montilii superiores. *Monteils*.
Montiliis. *Le Monteil*, c^ne de Vieille-Brioude.
Montilio. *Le Monteil*, c^nes des Vastres et de Vieille-Brioude.
Montilium. *Le Monteil*, c^on du Puy et c^nes de Bauzac, de Craponne-sur-Arzon, de Monistrol-sur-Loire, de Rosières, de Saint-Pierre-Duchamp, de Saint-Privat-d'Allier et de Solignac-sur-Loire; *Le Monteil-de-Chabriac, Monteils, Montreguerri*.
Montilium Inferior. *Monteils*.
Montilium Tardiou. *Le Monteil*, c^ne de Saint-Didier-la-Séauve.
Montiol. *Le Monliol*.
Montivallo, Montivar, Montivel. *Montival*.
Mont-Ivernos. *Mont-Hivernoux*.
Montjausi. *Montjauzi*.
Montjeurs. *Montjeur*.
Montjoie. *Champ-de-Bard*.
Mont-Jounct. *Mont-Jonct*.
Mont-Jovy, Mont-Juvy. *Montjuvin*.
Montlibrand. *Monibrand*.
Montliolh, Montliou (Le). *Le Monliol*.
Mont-Lizieu. *Saint-Voy*.
Montmaira. *Montmoirac*.
Montmarti. *Montmartin*.
Montméa. *Montméat*, c^ne de Mézères.

Montméat. *Montméa*.
Mont-Mégal. *Saint-Julien-Chapteuil*.
Montmège. *Momège*, c^ne de Lubilhac.
Mont-Megya. *Momège*, c^ne de Montclard.
Mont-Meia. *Momège*, c^nes de Lubilhac et de Montclard.
Mont-Meja. *Momège*, c^ne de Frugières-le-Pin.
Montmeya. *Masmeat, Montméa; Montméat*, c^nes de Bas et de Mézères.
Montmirail, Montmirat. *Montmurat*.
Mont-Molier. *Mont-Maillot*.
Montmorat. *Montmoirac*.
Montmoyen. *Montméa*.
Montmoyrat. *Montmoirac*.
Montoam, Montoan, Montohan, Montoin. *Montouan*.
Mont-Oliou. *Mondoulioux*.
Mont-Olyvet. *Montalivet*.
Monton. *Montouan*.
Montorgue, Montorgus. *Montorgues*.
Montorser. *Mont-Orsier*.
Montouroux. *Montauroux*.
Montpastor. *Montpastour*, c^ne de Barges.
Mont-Pelé. *La Garde-d'Eyconac, Saint-Christophe-sur-Dolaison*.
Montpeyros. *Montpeyroux*, c^nes de Chazelles et de Saint-Pierre-Duchamp.
Mont-Pidgier. *Mont-Pigier*.
Mont-Pigier. *Saint-Hostien*.
Mont-Pignon. *Saint-Remy*.
Montpinhoux, Montpinos. *Montpinoux*, c^ne d'Yssingeaux.
Mont-Pinos. *Montpinoux*, c^ne de Mazerat-Aurouze.
Montpiroux. *Montpeyroux*, c^ne de Saint-Pierre-Duchamp.
Montpla, Montplo, Montplot. *Mont-Plaux*.
Mont-Poble (Lou). *Le Mont*, c^ne de Sainte-Sigolène.
Mont-Prahes, Montpré. *Montpret*.
Mont-Pregeix. *Saint-Préjet-Armandon*.
Mont-Premier. *Monthaud*.
Montpreys, Montpreyt. *Montpret*.
Mont-Quintin. *Saint-Quintin*.
Mont-Racoux. *Montrecoux*.
Montreguery. *Montreguerri*.
Mont-Recours. *Montrecourt*.
Mont-Redont. *Montredon*, c^nes de Bellevue-la-Montagne et du Puy.
Mont-Regart. *Montregard*.
Montreguerry. *Montreguerri*.
Mont-Ribran, Mont-Ribrand. *Monibrand*.

Mont-Riobant. *Monibrant*, mont.
Mout-Rocos. *Montrecoux*.
Mont-Roma, Mont-Roman. *Montrome*.
Montrouge. *Montchouvet*, c^ne de Saint-Julien-Chapteuil.
Montroume. *Montrome*.
Montroy (Le), Montroyet. *Montroyer*.
Montroz. *Montroux*.
Mont Saint-Marti. *Le Mont*, c^ne de Tence.
Mont-Salio. *Mont-Saléon*.
Montsebeyrat. *Mont-Soubeyre*.
Mont-Sec. *Saint-Ferréol-d'Auroure*.
Montseignau. *Montseigneur*.
Montserfz, Montsers. *Mont-Serre*.
Montservier. *Montcervier*.
Mont-Sobeyra (Le), Montsubeyre. *Mont-Soubeyre*.
Mont-Tartas. *Saint-Paul-de-Tartas*.
Montuscla. *Montusclat*, c^ne de la Chapelle-d'Aurec.
Mont-Vachel (Lo), Mont-Vachiul (Lo), Mont-Vachiel (Lo), Mont-Vachil (Lo). *Mauvarhal*.
Mont-Vellaye. *Mont-Velay*.
Montz. *Mons*, c^nes d'Ours-Mons et de Saint-Georges-Lagricol.
Montzia (La), Montzie (La), Montzea (La). *La Monzie*.
Mon-Velayt, Mon-Vellaye. *Mont-Velay*.
Monzia (La). *La Monge, La Monzie*.
Moranciæ. *Mérances*.
Morandes. *Eymourandes*.
Morangas, Moranghas, Morangias. *Moranges*, c^ne de Mazeyrat-Crispinhac.
Moras. *Mauras*.
Morehrant. *Monibrand*.
Morecon. *Montrecour*.
Morenæ, Morenos. *Mourennes*.
Moret. *Serezeyres*.
Moretz (Els). *Les Morets*.
Moreyra (La). *La Morière*.
Morgat. *Mourgeat*.
Morge (La). *La Chamalière*, ruiss.
Morgeac. *Mourgeat*.
Morgha (La). *La Chamalière*, ruiss.; *La Morge*.
Morghat, Morgheal. *Mourgeat*.
Morgue (Nemus del). *L'Église*.
Moriat. *Mauriac*, c^ne de Chaspuzac.
Morleyre, Morleyres, Morlière. *Mourleyre*.
Morrasso, Morrason, Morreso, Morreson, Morresonus. *Montrazon*.
Morta Saigna Inferior. *Morte-Sagne-Bas*.

Morta Saigna Superior. *Morte-Sagne-Haut.*

Morta Sanha. *Morte-Sagne-Haut, Morte-Saigne.*

Morta-Sanhe. *Morte-Saigne, Mortes-sagne.*

Mortassanhe. *Morte-Saigne.*

Morta Veylha. *Mortevieille.*

Morte-Sagne, Morte-Saigne. *Mortes-sagne.*

Mortesainhes. *Morte-Sagne-Haut.*

Mortessaigne. *Mortessagne.*

Mortua Sana. *Mortesaigne.*

Morye (La). *La Maurie.*

Mosu. *Mozun.*

Mota. *La Mothe, La Motte.*

Mota Canilhaci, Mote (La). *La Mothe.*

Moteria. *La Mouteyre,* c^{nes} de Croisance et de Landos.

Motetz. *Garde-de-Motet.*

Moteyra (La), Moteyre (La). *La Mouteyre,* c^{nes} de Croisance et de Landos.

Motgo, Motgonius, Motguon. *Mont-gon.*

Mothe–Barentin (La), Mothe-Canilhac (La). *La Mothe.*

Motiere (La). *La Mouteyre,* c^{ne} de Landos.

Motlhol (Lo). *Le Monliol.*

Motta. *La Motte.*

Moty (Le). *Mouty.*

Motz. *Maux.*

Mouderiæ. *Moudeyres.*

Moudet. *Mondet.*

Moudeyras. *Moudeyres.*

Mouguon. *Montgon.*

Moulas. *Moulat.*

Moulet (Le). *Moulet.*

Mouleyre. *La Moulière, Mourleyre.*

Moulhade (La). *La Moulhiade.*

Moulibrand. *Monibrand.*

Moulin (Le). *Les Moulins,* ruiss.

Moulina (Le). *Le Moulinas,* ruiss.

Moulin-Barreyre. *Moulin-de-Barreyre.*

Moulin-Blanc. *Moulin de Brews.*

Moulin-d'Arzac. *Moulin-du-Villard.*

Moulin-de-Bouches. *Le Moulin-de-Boucherand.*

Moulin-de-Chantoine. *Moulin-de-Milhit.*

Moulin-de-Fix. *Le Signe.*

Moulin-de-la-Salle (Le). *Le Moulin-de-Roche.*

Moulin-de-Razes. *Moulin-de-Raze.*

Moulin-des-Estables (Le). *Le Grand-Moulin.*

Moulin-de-Titulet. *Moulin-de-Titulat.*

Moulin-d'Eyraud. *Moulin-d'Héraud.*

Moulin-du-Pic. *Le Moulin-du-Pré.*

Moulin-du-Pont-de-Try. *Le Moulin-de-Pierre.*

Moulin-Louger. *Moulin-du-Longer.*

Moulin-Pragailhard. *Moulin-Pagaillard.*

Moulins (Les). *Le Grand-Moulin,* c^{ne} des Estables; *le Saint-Berain,* ruiss.

Moulin-Soubeyrot. *Moulin-de-Siberot.*

Moulin-Verdier. *Le Verdeyer.*

Moullinez (Les). *Les Moulins,* c^{ne} de Laussonne.

Moulmé. *Moulines.*

Mounet. *Monnet, Mouneis.*

Mounets. *Mounès.*

Mounier. *Saint-Jeure.*

Mounjust. *Monjust.*

Mounpla. *Montplot.*

Mounyers (Loux). *Les Mouniers.*

Mourand. *Morand.*

Mourandes. *Eymourandes.*

Mourangiæ. *Moranges,* c^{ne} de Mazeyrat-Crispinhac.

Moureyre (La). *La Morière.*

Mouriacum. *Mauriac,* c^{ne} de Saint-Julien-Chapteuil.

Mouriat. *Mauriac,* c^{ne} de Chaspuzac.

Mourissange. *Morissanges.*

Mouristel. *Moristel.*

Mourjeac. *Mourgeat.*

Mourleyres. *Mourleyre.*

Moussandrau. *Montcendrau.*

Moutas (Les). *Les Montas.*

Moute (La). *La Mothe.*

Mouteire (La). *La Mouteyre,* c^{ne} de Landos.

Mouvaniat. *Mauragnat.*

Mouvert. *Montvert.*

Movachales. *Mauvachal.*

Moyssac. *Moissac.*

Moyssac-Soteyra. *Moyssac-Bas.*

Moyssacum. *Moissac.*

Mozatz (Loz). *Les Mauzats.*

Mundaros. *Mandaroux,* c^{ne} de Champ-clause.

Mundus. *Le Mas-du-Mont; Le Mont,* c^{nes} de Cubelles, du Monastier, de Saint-Étienne-Lardeyrol, de Saint-Préjet-d'Allier et de Tence.

Mundus de Coha Rasa. *Le Mont,* c^{ne} de Lantriac.

Mundus Inferior. *Le Mont-Dernier.*

Mundus Sancti Martini. *Le Mont,* c^{ne} de Tence.

Mundus Superior. *Monthaut.*

Muntel-Guari. *Montreguerri.*

Mura (La). *La Mure,* c^{nes} de Bas et de Rosières.

Muraire (La). *La Maraire.*

Mure (La). *La Maure.*

Mures (Las). *La Mure,* c^{ne} de Rosières.

Mureta. *La Murette.*

Murs (Les). *Les Mures.*

Musa. *Chazaux,* c^{ne} de Borne; *la Musette,* ruiss.

Musique. *Mécique.*

Musnier (Lou). *Ferret.*

Musniers (Les). *Le Grand-Moulin,* c^{ne} des Estables.

Musona. *Miaune.*

Mussazelle, Mussezelle. *Missicelle.*

Mussicq. *Mussic.*

Mussicum. *L'Audi,* ruiss.; *Mussic.*

Mussie (La). *L'Audi,* ruiss.

Mussizilha, Mustela. *Missicelle.*

Mutafosse (Le). *Le Croizet,* ruiss.

Muza. *La Musette.*

Mylio, Myliou. *Émilleux.*

Myonne. *Miaune.*

Myronne. *Meyronne.*

N

Nabinariæ. *Les Binières.*

Nabineiras. *Les Bineyres, Les Binières.*

Nabineyras, Nabyneiras. *Les Bineyres.*

Nadaud (Mas de). *Les Clauses,* c^{ne} de Chadron.

Nai. *Saint-Jean-de-Nay.*

Nairaval. *Neyraval.*

Naisaco. *Neyzac.*

Naiva. *Le Bellecombe,* ruiss.

Nan. *Nant,* c^{ne} de Vorey.

Nantel. *Nantet.*

Nanti. *Nant,* c^{ne} de Vorey.

Narce (La). *Moulin-d'Augier.*

Narce-de-Coulteaux (La). *La Narce.*

Nasat. *Anazat.*

Nastol. *Noustoulet; le Riounastre,* ruiss.

Nastolet, Nastoletum, Nastollet, Nastoullet. *Noustoulet.*

Nau (La). *Tatevin.*

Naud. *Nau.*

Nauta (La). *La Naute.*

Nautas (Las). *Les Nautes.*

Navas. *Naves,* c^{ne} de Saint-Christophe-sur-Dolaison.

Navasta. *La Naverte.*

Nave. *Naves,* c^{ne} de Bas.

Navehunhes, Naveonhes. *Navogne.*
Naveta. *La Navette.*
Naveunhes. *Navogne.*
Navi. *Naves*, c^{ne} de Bas.
Navis. *La Nau.*
Navis de Pirocha. *La Nau-de-Pi-*
roche.
Nay. *Saint-Jean-de-Nay.*
Nayraval. *Neyraval.*
Nayum. *Saint-Jean-de-Nay.*
Nayva. *Le Bellecombe*, ruiss.
Nazariolas. *Nozeyrolles*, c^{ne} de Ma-
zeyrat-Crispinhac.
Negret. *Neyret.*
Neiraco. *Neyrac.*
Neira Noit. *Neyra-Neut.*
Neizaco. *Neyzac.*
Nemus. *Le Bois*, c^{ne} de Roche-en-
Régnier.
Nemus de Pies. *La Champ-du-Pin*,
c^{ne} de Champelause.
Nemus Sancti Petri. *Le Bois-du-Père.*
Neyramde. *Nirandes.*
Neyrat. *Neyret.*
Neyromde. *Chancel.*
Neysac, Neyssat. *Neyzac.*
Niauvya. *Niouvet.*
Nielle. *Manellier.*
Nigra Nox. *Neyra-Neut.*
Nigra Vallis. *Neyraval.*
Nihauvia. *Niouvet.*
Nineyrolles, Ninirole. *Ninirolles.*
Nirompdes. *Nirandes.*
Nixiaco. *Vissac.*
Noailhac. *Nolhac*, c^{ne} de Saint-Pierre-
Duchamp.
Noailhat. *Nolhac*, c^{ne} de Saint-Privat-
d'Allier.
Noalhac. *Nolhac*, c^{ne} de Saint-Pau-
lien.
Noalhat. *Nolhac*, c^{ne} de Saint-Privat-
d'Allier.
Noalhiac. *Nolhac*, c^{ne} de Saint-Pierre-
Duchamp.
Noallac, Nohalhac, Nohalhacum, No-
halhat. *Nolhac*, c^{ne} de Saint-Pau-
lien.
Nolhec. *Nolhet.*
Nolhiacum. *Nolhac*, c^{ne} de Saint-
Paulien.
Nosairoliæ, Noseyrolas. *Nozeyrolles*,
c^{ne} d'Auvers.
Nostollet. *Noustoulet.*
Nostra Domina de Turnis. *Notre-*
Dame-d'Estour.
Note (La). *La Naute.*
Notre-Dame. *Laire.*
Nouhac. *Noilhac.*

Nouilhac. *Nolhac*, c^{ne} de Saint-Pau-
lien.
Noulliac. *Nolhac*, c^{ne} de Saint-Pierre-
Duchamp.
Nouyet. *Nouvet.*
Novacela, Novacella, Novacellas. *No-*
vacelle.
Nova Chaza, Novechage. *Novechaze.*
Noyliec. *Nolhet.*
Nozayrolas, Nozeirolæ. *Nozeyrolles*,
c^{ne} d'Auvers.
Nozeroles. *Nozeyrolles*, c^{ne} de Ma-
zeyrat-Crispinhac.
Nozerolles-d'Auvers, *Nozeyrouilles.*
Nozeyrolles, c^{ne} d'Auvers.
Nozières. *Nozière.*
Nozoirolles. *Nozeyrolles*, c^{ne} d'Auvers.
Nuaillac, Nuailliacus. *Noilhac.*
Nualhac. *Nolhac*, c^{ne} de Saint-Pierre-
Duchamp et de Saint-Privat-d'Al-
lier.
Nualhec. *Nolhet.*
Nualiac. *Noilhac.*
Nuerlet. *Nurlet.*
Nuillacus. *Noilhac.*
Nulhac. *Nolhac*, c^{ne} de Saint-Pierre-
Duchamp.
Nulhacum. *Nolhac*, c^{ne} de Saint-Pau-
lien.
Nulhacus. *Nolhac*, c^{ne} de Saint-
Pierre-Duchamp.
Nurol. *Nurols.*
Nyauvhe, Nyavhe. *Niouvet.*
Nyole. *La Ribeyre*, c^{ne} de Langeac.
Nyrandes. *Chancel, Nirandes.*
Nyrondes. *Chancel.*

O

Obazac. *Aubazac.*
Obradors (Les). *Les Tanneries*, au
Puy.
Obrazacum. *Aubazac.*
Obrigas. *Abriès-Haut.*
Ode. *Ouïdes.*
Odinetus. *Aulinet.*
Offons. *Osfont.*
Oianière. *L'Olagnière, Ollanières.*
Olanières (Les). *Les Aulagnières.*
Olany. *Aulanys.*
Olaria. *Le Suc d'Oulier.*
Olas. *Ollias*, c^{ne} de Rosières.
Olcius. *Ours.*
Oleac. *Ollias*, c^{ne} de Rosières.
Oleiras. *Ollias*, c^{ne} de Craponne-sur-
Arzon.

Oleriæ. *Ollières; Les Ollières*, c^{nes} de
Bauzac et d'Yssingeaux.
Oleyras (Las). *Les Ollières*, c^{nes} de
Bauzac et d'Yssingeaux.
Oleyres (Las). *Ollias*, c^{ne} de Cra-
ponne-sur-Arzon.
Olhas. *Ouillas.*
Olhatz. *Ollias*, c^{ne} de Craponne-sur-
Arzon.
Olhias. *Ollias*, c^{ne} de Rosières.
Olier. *Ollier, L'Ollier, Ollières.*
Olières (Les). *Ollias*, c^{ne} de Cra-
ponne-sur-Arzon.
Olieu, Olio, Oliou, Olivus. *Oulion.*
Olizo, Olizon (L'). *Le Dolaizon*, ri-
vière.
Ollacius. *Ollias*, c^{ne} de Rosières.
Ollæ Nigræ. *Les Aulagnières.*
Ollaneis (Les). *Les Aulanais.*
Ollaniere. *Ollanières.*
Ollanières. *L'Olagnière.*
Olleyres (Les). *Les Ollières*, c^{ne} de
Bauzac.
Olliacius. *Ollias*, c^{ne} de Rosières.
Ollion. *Oulion.*
Olme (L'). *L'Orme*, c^{nes} de Séneu-
jols et de Siaugues-Saint-Romain.
Olme-de-Ferrand. *L'Orme-de-Fer-*
rand.
Olmes. *Les Hommes, Ulmet.*
Olme-Saint-Alari (L'). *L'Orme-Saint-*
Hilaire.
Olmet, Olmetum, Olmeyt. *Oumey.*
Olpignat. *Olpignac.*
Ols. *Ours.*
Ombres (Les). *Les Combres.*
Ompinhac. *Aupinhac.*
Onac, Onas. *Aunas.*
Onnac. *Onnat.*
Onnas. *Aunas.*
Onzilho, Onzilhon, Onzillio, On-
zillo. *Onzillon.*
Opinhac. *Aupinhac.*
Oranago. *Granat.*
Orba. *Ourbe.*
Orceroles. *Orcerolles*, c^{ne} de Roche-
en-Régnier.
Orceyrolles. *Orcerolles*, c^{ne} de Cra-
ponne-sur-Arzon.
Orciliac, Orciliacum. *Orzilhac.*
Orcinas, Orcines. *Orcines.*
Orcinhac. *Orsignac.*
Orcival (L'). *L'Orcheval*, ruiss.
Orgues-d'Expailly. *Les Orgues-d'Es-*
paly.
Oriolles. *Oriol.*
Orival. *La Borie-Darles.*
Orlat. *Orlac.*

Ormes (Les). *Les Hommes.*
Ors. *Ours.*
Orsairolas. *Orcerolles,* c^{ne} de Craponne-sur-Arzon.
Orsayrolas. *Orcerolles,* c^{ue} de Roche-en-Régnier.
Orscer (L'), Orseir (L'). *L'Orsier,* ruiss.
Orsenac. *Orcenac.*
Orsic. *Ourzie.*
Orsier. *Oursier.*
Orsignac (L'). *Le Gaudy,* ruiss.
Orsilhac. *Orzilhac.*
Orsimond. *Orsimont.*
Orsinas. *Orcine.*
Orsival (L'). *Le Chazau,* ruiss.
Orssinac. *Orsignac.*
Ort (L'). *L'Hort.*
Oryval. *La Borie-Darles.*
Orzerolles. *Orcerolles,* c^{ne} de Roche-en-Régnier.
Orzic. *Ourzie.*
Orzie. *L'Ourzie,* ruiss.
Orzines. *Orcine.*
Orzis. *Ourzie.*
Os. *Ours.*
Osde. *Ouïdes.*
Osfond. *Losfons, Osfont.*
Oson. *Auzon.*
Ospital (L'). *L'Espitalet.*
Ossoubz. *Oussoux.*
Ostel. *Ostet.*
Olbazac, Onbazac, Oubbazac. *Aubazac.*
Oubeis, Oubey, Oubeytz. *Oubeys.*
Oubournas. *Aubournac.*
Oucéa (L'). *Loucéa.*
Oucel (L'). *Loucel.*
Oucha (L'), Ouchas (L'). *Les Ouches.*
Oudinet-lès-Charensac. *Audinet.*
Oudy. *Audi; l'Audy,* ruiss.
Ὀυέλαυυοι. *Peuples du Velay.*
Oufous. *Oussoux.*
Oughac. *Aujeac.*
Ougiers (Les). *Les Augiers.*
Ouillon. *Oulion.*
Oulanais (Les). *Les Aulanais.*
Oulany. *Aulanys.*
Ouleyras, Ouleyres. *Ollières.*
Oulhias, Ouliac. *Ouillas.*
Ouliandre. *Ouillandre.*
Ouliou. *Oulion.*
Oulme (L'). *L'Olme,* c^{ne} de Coubon.
Oulneit. *Oumey.*
Ouls. *Os.*
Oumay. *Oumey.*
Ounac. *Aunac.*

Ounas. *Aunas.*
Ourbes. *La Courbeyre,* ruiss.; *Ourbc.*
Ourcines. *Orcine.*
Ourier. *Aurec.*
Ourilles (Les). *Les Ourlhes,* ruiss.
Ourlac. *Orlac.*
Ourouze (L'). *L'Aurouze.*
Oursier. *Orcier.*
Ourze (L'). *L'Ourzie.*
Ourzilhac. *Orzilhac.*
Ous. *Ours.*
Ouspis. *Lous Pis.*
Ousseix (L'). *Lousseix.*
Oussoubz. *Oussoux.*
Oustet, Outet. *Ostet.*
Outignat, Outinhac-les-Arzac. *Autinac.*
Ouvreurs (Les), Ouvroirs (Les). *Les Tanneries,* au Puy.
Oux. *Os.*
Ouyde. *Ouïdes.*
Ouzou. *Moulin-d'Eauzon, Moulin-Portal.*
Ouzou (L'). *La Gazeille,* c^{ne} de Saint-Paulien.
Oveyras. *Uveyres.*
Oyde. *Ouïdes.*
Oytaus. *Luitaud.*
Oz. *Os.*
Ozon, Ozun. *Auzon.*

P

Pabias (Los). *Les Pabiers.*
Paciagas. *Peyssanges.*
Pacqueyreyre (La). *La Caperière.*
Padeaux (Les). *Les Pradaux,* c^{ne} de la Chapelle-d'Aurec.
Pagnac. *Polignac.*
Paiassac. *Payzat.*
Paigat, Paigule. *Paigut.*
Pailhacium, Pailhanum, Pailhec. *Montregard.*
Pailhère. *Pailler.*
Paire. *Peyre,* c^{ne} de Beaux.
Paire (Ruiss. de). *Le Peyre.*
Paisac. *Payzat.*
Paisensanges. *Peyssanges.*
Pala (La). *La Palle.*
Palaecum. *Montregard.*
Palandrau. *Les Pandraux.*
Palatium. *Victoriacus.*
Pal-de-la-Fachinaire. *Le Pal-de-la-Sorcière.*
Pal-de-Mons. *Saint-Pal-de-Mons.*
Paleyecum. *Montregard.*
Palhaire. *Pailhaire.*

Palharon. *Pailharon.*
Palhayre. *Pailhaire.*
Palheacum, Palhec. *Montregard.*
Palheirs (Los). *Pailler.*
Palheta. *Paillette.*
Palhiou, Palhon. *Palhou.*
Paliayre. *Pailhaire.*
Palière (La). *La Paulière.*
Palières (La). *Les Pallettes.*
Pallaro, Pallaron. *Pailharon.*
Pallayhet, Pallegiagum. *Montregard.*
Pallet. *La Palle.*
Pallete. *Paillette.*
Pal-Sénoire. *Saint-Pal-de-Murs.*
Paly (Lou). *La Palle.*
Pammac, Pamnac. *Polignac.*
Panassac. *Pannessac.*
Panasseyra. *La Panasseyre.*
Panaveyra. *Panavaire.*
Pancier. *Pansier.*
Pandrau, Pandros (Los). *Les Pandraux.*
Panencs (Als). *Les Panens,* c^{ne} de Saint-Didier-la-Séauve.
Panencz (Lous), Panent. *Les Panens,* c^{ne} de Riotord.
Panents (Les). *Les Panens,* c^{ne} de Saint-Didier-la-Séauve.
Panhac. *Polignac.*
Panic, Panicz, Panyc. *Le Panis.*
Papelenga. *Marijols.*
Papelengue (Soubz-). *Roche-Arnaud.*
Papeteries-d'Apini (Les). *La Papeterie.*
Papier, Papiers. *Les Pabiers.*
Para (La), Paraa (La). *La Parade,* c^{ne} de Bauzac.
Parabès. *Parabesc.*
Parada (La). *La Parade,* c^{nes} d'Alleyras et de Bauzac.
Paradis. *Champ-de-Bard.*
Parens (Les). *Les Panens,* c^{ne} de Saint-Didier-la-Séauve.
Parevent (La). *Le Paravent.*
Paris. *Parry.*
Parredon, Parredont. *Paredon.*
Parsonne, Parsouve, Parsson. *Parson.*
Partal (La). *Le Portal.*
Partus (Lo). *Le Pertuis.*
Parvus Pons. *Le Pont-de-la-Chartreuse.*
Pas-Bertrant. *Pasbertrand.*
Pasiers (Lous). *Les Paziers.*
Pas-Redont. *Paredon.*
Passaa (La). *Le Passa.*
Passaghas. *Peyssanges.*
Passaran, *Passeran.*
Passas (Les). *Le Passa.*
Passas de Dolezo, Passas de Sol-

lempnhac (Las), Passas de Sol-lempniaco. *Les Passières.*
Passayres (Les). *Les Passeyres.*
Passe-Barrial, Bassebarrial. *Passebarial.*
Passel (Le). *Le Passet.*
Passerand, Passerant. *Passeran.*
Passeriæ. *Les Passeyres.*
Passers de Sollempniaco (Les). *Les Passières.*
Passevète. *Passe-Vite.*
Passeyras (Las). *Les Passeyres.*
Passi de Sollempniaco. *Les Passières.*
Passus Rotundus. *Paredon.*
Passus Sancti Martini. *Le Pas-Saint-Martin.*
Pasteaux (Les). *Les Pas.*
Paternault. *Paternaud.*
Pâtres (Les). *La Pâtre.*
Pau (Le). *Le Pauc.*
Pauca Villa. *Paucheville.*
Pauchardeyre (La). *La Pouchardière.*
Paucha Villa. *Paucheville.*
Paucus. *Le Pauc.*
Paulagetum. *Paulhaguet.*
Paulagnac. *Polagnac.*
Paulciguet. *Paulhaguet.*
Paulhacum, Paulhat. *Paulhac*, c⁰ᵉ de Blassac.
Paulhagum, Paulhat. *Paulhac*, cᵒⁿ de Brioude.
Paulhiac. *Paulhac*, cⁿᵉ de Tence.
Paulhyacum. *Paulhac*, cᵒⁿ de Brioude.
Pauli. *Paulin.*
Paulia (La). *La Pouille.*
Pauliac. *Paulhac*, cᵒⁿ de Brioude.
Pauliacum. *Paulhac*, cᵒⁿ de Brioude; *Paulhaguet.*
Pauliaguetum. *Paulhaguet.*
Paulianum. *Paulin.*
Paulignac. *Polagnac.*
Paulinchon. *Pauliachon.*
Paulinh. *Paulin.*
Paulinhac. *Paulinac.*
Paulinum. *Paulin.*
Paulnhat. *Paulinac.*
Pausier. *Pansier.*
Pautès, Pauteti, Pautetz. *Poutès.*
Pautus (Los), Pautut, Paututs, Pau-tutz. *Les Pautuds.*
Paux. *Pot.*
Pavettes (Les). *Le Lindes*, ruiss.
Payasac, Payasacum, Payezat. *Paysat.*
Paylen. *Peylenc.*
Paylhayre. *Pailhaire.*
Payradayra. *Peyredeyre.*
Payrère (La). *La Peyreyre*, cⁿᵉ de Ceyssac.

Payron. *Peyron*, cⁿᵉ des Estables.
Pazeres (Les). *Les Paziers.*
Pealleprat. *Pialleprat.*
Pebelier. *Pébélit.*
Pe Boysso. *Puy-Buisson.*
Pebracum, Pebrat. *Pébrac.*
Pebulhit, Pebulit, Pebullit. *Pébélit.*
Péchauzet. *Péchozet.*
Pech-Giraudet. *Pey-Girodet.*
Peda, Pedde (La). *La Pède.*
Pedes Bulhitus. *Pébélit.*
Pegeriæ. *Pigeyres*, cⁿᵉ de Saint-Arcons-de-Barges.
Peiboudry. *Puy-Baudry.*
Pei lo. *Peylenc.*
Peir. *Pies.*
Peira. *La Peyre*, cⁿᵉ de Saint-Jean-de-Nay.
Peira Fichada. *La Pierre-Plantée.*
Peire. *Peyre*, cⁿᵉ de Beaux.
Peirelas. *Peyrelas.*
Peiremorte. *La Peyre*, cⁿᵉ de Saint-Front.
Peirinhacum. *Pérignac.*
Peirizy. *Peyrisey.*
Peiron. *Le Peyron*, cⁿᵉ de Charraix.
Peiro Saint-Johan (Lo). *Le Peyron-Saint-Jean.*
Peirussa, Peiruza. *Peyrusse.*
Peissis. *Pissis*, cⁿᵉ de Monistrol-d'Allier.
Pejairolas. *Pegeyrolles.*
Pela Vela. *Pealleviale.*
Pelavie, Pelavizi. *Pelavis.*
Pelegri (Rivus de). *Le Pélegrin.*
Peleprat. *Pialleprat.*
Pelhissac. *Pélissac.*
Pélicier (Moulin-). *Moulin-Pélissier.*
Pelignac, Pelinhac. *Pélinac.*
Pelisacum, Pelissacum. *Pélissac.*
Pelisseria (La). *Les Tanneries*, au Puy.
Pelissier. *La Petite-Cesse.*
Pellarit. *Pelavis.*
Pellenctz (Les), Pellens (Les), Pelleux (Les). *Les Pelens.*
Pelliciers (Lous). *Les Pélissiers.*
Pelluche (Haulte et Basse). *La Peluche.*
Penæ, Penas. *Peines.*
Pendilheyras (Las). *Les Pendilhères.*
Pénide (La). *Saint-Vidal.*
Pennes (Les). *Peines.*
Peoble. *Piboulet.*
Pepynet. *Pépinet.*
Perar. *Moulin-de-Payrard.*
Pereir (Lo). *Le Perrier.*
Peremet. *Prumet.*

Perer (Lo). *Le Perrier.*
Pererz. *Périer.*
Pérésy. *Peyrisey.*
Peretum. *Péret.*
Perideriæ, Perideyres. *Peyredeyre.*
Perier (Lou). *Le Perrier.*
Péron (Le). *Le Peyron*, cⁿᵉ de Monistrol-sur-Loire.
Peroseta. *La Peyrousette.*
Pérois (Les). *Les Perrots.*
Perrel. *Perel.*
Perres (Les). *Parry.*
Perret. *Péret.*
Perreyr (Lo). *Le Périer.*
Perrière (La). *La Peyreyre*, cⁿᵉ de Sainte-Sigolène.
Perrosse. *Peyrusse.*
Perrot. *Perault.*
Perrucia. *Peyrusse.*
Pertus (Lo). *Le Pertuis.*
Pertusada. *Pertusade.*
Pertusium, Pertuys (Lo), Pertuzium. *Le Pertuis.*
Peruce, Perucia, Perussa. *Peyrusse.*
Pervenchère. *Pervenchères.*
Pervencheyres. *Pervenchère, Pervenchères.*
Pervinchère. *La Pervenchère.*
Peryderes. *Peyredeyre.*
Pesa Mezel. *Pessemezelle.*
Pes Bulhitus. *Pébélit.*
Pescheir de la Boza (Lo), Pescher. *La Marade.*
Pescher (Lo), Peschier (Lo). *Le Pécher*, cⁿᵉ de Tence.
Peschoire (La). *La Péchoire.*
Pes d'Apcho. *Le Suc-d'Achon.*
Pessa Enchairada. *Pesse-Quoyrade.*
Pesse-Mezel. *Pessemezelle.*
Pessier (Lou). *Le Pécher*, cⁿᵉ de Saint-Hostien.
Pessis. *Pissis*, cⁿᵉˢ de Connangles et de Monistrol-d'Allier.
Pessolas. *Pouzols*, cⁿᵉ de Monlet.
Pestelh, Pestellum. *Cacheresso.*
Pète-Loup. *La Mandaronne*, cⁿᵉ de Saint-Front.
Petit-Devesset (Le). *Devesset.*
Petit-Freycenet (Le). *Freycenet-Lacuche.*
Petit-Maray. *Le Petit-Marais.*
Petit-Mont (Le). *Le Mont-Dernier.*
Petit-Moulin (Le). *Chyère.*
Petit-Salettes. *Salettes*, cⁿᵉ de Saint-Martin-de-Fugères.
Petra. *Peyre*, cⁿᵉ de Beaux; *La Peyre*, cⁿᵉ de Saint-Jean-de-Nay.
Petra Fixa. *La Pierre-Plantée.*

Petra Grossa. *Peyragrosse.*
Petra Sancti Johannis. *Le Peyron-Saint-Jean.*
Petrosa. *La Peyrousse.*
Petrucia. *Peyrusse.*
Petrus Auvernhe. *Les Auvergnes.*
Petrussa. *Peyrusse.*
Peu-Berault. *Puy-Beraud.*
Peu-Bernenc. *Peybernenc.*
Peubeulhect. *Pébélit.*
Peu-Brunel, Peu-Brunenc. *Peybernenc.*
Peubulit. *Pébélit.*
Peuch-Auzel. *Pechozet.*
Peuch-Boudric. *Puy-Baudry.*
Peuch-Espaleo. *Peuch-Espaleu.*
Peuch-Martel. *Peu-Martet.*
Peuchs (Lous). *Lous Pechs.*
Peu-de-la-Chabonne. *Le Peu-de-Chazotte.*
Peu-de-Maleys (Le). *Le Peu-de-Malleys.*
Peu-du-Prat. *Pey-du-Prat.*
Peu-Giraudet, Peu-Giroudet. *Pey-Girodet.*
Peu-Gros. *Peygros.*
Peu-Grosset. *Pey-Grosset.*
Peugut. *Paigut.*
Peuh-Auzel. *Pechozet.*
Peuh-Espaleu. *Peuch-Espaleu.*
Peulenc. *Peylenc.*
Peu-Martin. *Pey-Martin.*
Peumean, Peumie. *Peymion.*
Peu-Nastol. *Peynastre, Les Troncs.*
Peu-Nastoul. *Peynastre.*
Peunyer. *Pugnier.*
Peu-Palla. *Peupara.*
Peupinet. *Pépinet.*
Peut-Gros. *Pey-Gros.*
Peuts-Marchié. *Peu-Marchet.*
Peutz (Le). *Le Peuch.*
Peutz (Les). *Lous Pechs.*
Peutz-Gros. *Puy-Gros.*
Peutz-Maury. *Peu-Maury.*
Peu-Veulh. *Peyveux.*
Peux (Les). *Lous Pechs.*
Pey (Lo). *Le Puy.*
Pey-Berninc. *Peybernenc.*
Peychevalas. *Pichevalat.*
Peychier (Le). *Le Pécher, cⁿᵉ de Tence.*
Peycis. *Pissis, cⁿᵉ de Monistrol-d'Allier.*
Peydieu, Peyduc. *Paigut.*
Peygros. *La Garnasse, cⁿᵉ de Saint-Jean-Lachalm.*
Peygut. *Paigut.*
Peyleroux. *Peyrebaud.*
Peylon. *Peylenc.*

Peymiant. *Peymion.*
Peyra. *Peyre, cⁿᵉˢ de Beaux et de Corzat.*
Peyra (La). *La Peyre, cⁿᵉˢ de Blesle et de Saint-Jean-de-Nay.*
Peyra-Brosson. *Peyrebrousson.*
Peyra Grossa. *Peyragrosse.*
Peyralaa. *Peyrelas.*
Peyramont. *Saint-Geneys-près-Saint-Paulien.*
Peyra-Pesol, Peyra-Pesou. *Perpezoux.*
Peyrard. *Moulin-de-Payrard.*
Peyras de las Fadas (Las). *Les Pierres-des-Fées.*
Peyrebeille. *Peyrebille.*
Peyredeyra, Peyredeyras. *Peyredeyre.*
Peyre frese (Ruiss. de). *Le Rain.*
Peyre-Grosse. *Peyragrosse.*
Peyreire (La). *La Peyreyre, cⁿᵉ de Sainte-Sigolène.*
Peyrela, Peyrellas. *Peyrelas.*
Peyremole. *Peyremule.*
Peyreueyre. *Peyredeyre.*
Peyrepezon. *Perpezoux.*
Peyre-Plantada. *La Pierre-Plantée.*
Peyre-Rome, Peyre-Roume. *Peyrôme.*
Peyres (Jean-des-). *Jean-Despeyres.*
Peyres-Albes. *Tranchebourse, cⁿᵉ de Saint-Germain-Laprade.*
Peyres-Rouges. *Pieyres, cⁿᵉ de Beaulieu.*
Peyres-Sarrasines. *Pierres-Sarrazines.*
Peyretz (Molin doz). *Moulin-du-Sap.*
Peyreyra (La). *La Peyreyre, cⁿᵉ de Sainte-Sigolène.*
Peyrideriæ. *Peyredeyre.*
Peyrier. *La Peyreyre, cⁿᵉ de Saint-Pierre-Eynac.*
Peyrière. *La Peyreyre, cⁿᵉ de Monistrol-sur-Loire.*
Peyrière (La). *La Peyreyre, cⁿᵉ de Sainte-Sigolène.*
Peyrignac, Peyrinhac, Peyrinhacum. *Pérignac.*
Peyrisis, Peyrisey.
Peyro (Lo). *Le Peyron, cⁿᵉˢ de Charraix, de Monistrol-sur-Loire, de Saint-Didier-la-Séauve et de Tailhac; Piès.*
Peyro-Deydier. *Peyron-Didier.*
Peyro-Frontes. *Peyron-Saint-Front.*
Peyron-de-Coursac. *La Chartreuse.*
Peyrosa (La). *La Peyrousse.*
Peyro Sancti Fruntonis. *Peyron-Saint-Front.*
Peyro-Saynt-Joan (Le). *Le Peyron-Saint-Jean.*

Peyrot. *Perault; Peyron, cⁿᵉ des Estables.*
Peyrou. *Peyron, cⁿᵉ des Estables.*
Peyrou (Le). *Le Peyron, cⁿᵉ de Charraix.*
Peyrouses. *Les Peyrousses.*
Peyroux. *Le Peyron, cⁿᵉ de Lapte.*
Peyrozette (La). *La Peyroussette.*
Peyrucette. *Peyrussette.*
Peyrussa. *Peyrusse.*
Peyrusse (Ruiss. de). *La Ramade.*
Peyrusseta. *Peyrussette.*
Peysis, Peyssini, Peyssis. *Pissis, cⁿᵉ de Monistrol-d'Allier.*
Peyvey. *Peyveuy.*
Peza (La). *La Pèze.*
Phenix. *Bellevue, cⁿᵒ du Puy.*
Phila Trama. *Filletrame.*
Philepaut, Philipot, Philpeaux, Philypeaux. *Philypaux.*
Pi (Lo). *Le Pin, cⁿᵉˢ d'Agnat, de Dunières et de Saint-Germain-Laprade.*
Piaciagum. *Piassác.*
Piala. *La Béala.*
Piala Viala, Pialeviales, Pialle-Vialle. *Péallevialle.*
Piasac, Piassacum. *Piassac.*
Pibolet, Piboulle. *Piboulet.*
Pi Chals (Lo). *Le Pin, cⁿᵉ de Chanaleilles.*
Pichaulet. *Picholet.*
Pichevala. *Pichevalat.*
Pichollet, Pichoulet, Pichoulète, Pichoutete. *Picholet.*
Picondrit. *Puy-Baudry.*
Picoudrit. *Piéboudry, Puy-Baudry.*
Picoyeria, Picoyeyra (La). *La Pichoire.*
Piebelyt, Pébulit. *Pébélit.*
Piéboudry. *Puy-Baudry.*
Pièce (La). *La Pesse.*
Pied-Boli. *Pébélit.*
Pied-Bondry. *Puy-Baudry.*
Pied-Boudry. *Piéboudry, Puy-Baudry.*
Piodu. *Piès.*
Piègres. *Pieyres, cⁿᵉ de Beaulieu.*
Pielle (La). *La Puelle.*
Pier. *Piès.*
Pieræ. *Pières-Bas; Pieyres, cⁿᵉ de Beaulieu.*
Piere. *Piès.*
Pieres. *Pières-Bas; Pieyres, cⁿᵉˢ de Beaulieu et de Saint-Pal-de-Chalencon.*
Pieres-Altes. *Pières-Haut.*
Pieres-Rouges. *Pieyres, cⁿᵉ de Beaulieu.*

Pieriæ. *Pieyres*, cne de Beaulieu; *Pigeyres*, cne de Bains.

Pierolas. *Pirolles*.

Pierre-Auvergne. *Les Auvergnes*.

Pierre-Duchamps. *Saint-Pierre-Duchamp*.

Pierre-Froide. *Peyrefreyde*.

Pierre-Girodet. *Pey-Girodet*.

Pierre-Grosset. *Pey-Grosset*.

Pierres. *Pières-Bas*.

Piessac. *Piassac*.

Picula-Lop. *Piouleloup*, cne de Saint-Front.

Pieyres, Pieyres-Basses. *Pières-Bas*.

Pieyres-Haultes. *Pières-Haut*.

Pifoid. *Pifoy*, cne d'Aurec.

Pifoix. *Pifoy*, cne du Pont-Salomon.

Pifouel (Le). *Pifoy*, cne de Raucoules.

Pifoyer. *Pifoy*, cne du Pont-Salomon.

Pigairolas. *Pirolles*.

Pigasses (Les). *Les Picasses*.

Pigeiras. *Pieyres*, cnes de Saint-Pal-de-Chalencon et d'Yssingeaux.

Pigellet. *Pijalet*.

Pigeres. *Pigeyres*, cne de Saint-Arcons-de-Barges.

Pigeriæ. *Pières-Bas, Pigeyre*.

Pigerias. *Pieyres*, cne de Saint-Pal-de-Chalencon; *Pigeyres*, cne de Bains.

Pigeyras. *Pigeyre; Pigeyres*, cnes de Bains et de Saint-Arcons-de-Barges.

Pigeyres. *Pigeyre*.

Pigeyroles. *Pégeyrolles*.

Pigheyres. *Pigeyres*, cne de Bains.

Pigheyroles. *Pégeyrolles*.

Pigiers. *Mont-Pigier*.

Pigne (La). *La Pègue, La Pinie*.

Pigneux. *Pinols*, arr. de Brioude.

Pignolz. *Pinols*, cne de la Vaudieu.

Pignoulx. *Pinols*, arr. de Brioude.

Pigolet. *Piboulet*.

Pigols (Les). *L'Espigoux*.

Piguasses (Les). *Les Picasses*.

Pijairolas. *Pirolles*.

Pilhac, Pilhiacus. *Pillac*.

Pimparo. *Pimparoux*.

Pinassolles. *Espinassolle*.

Pinat. *Le Pinet*, cne de Saint-Berain.

Pinatelas (Las). *Les Pinatelles*, cne de Saint-Pal-de-Mons.

Pinatellas (Las). *Les Pinatelles*, cne de Montregard.

Pinatelle. *Montcervier; Les Pinatelles*, cne de Chanaleilles.

Pinatelle (La). *Les Pinatelles*, cne de Saint-Pal-de-Mons.

Pinatensis (adjectif). *La Pénide*, cne de Saint-Just-près-Brioude.

Pinchenière. *Pincheneire*.

Pine (Lo). *Le Pinet*, cne de Monistrol-sur-Loire.

Pinea, Pineda. *La Pinie*.

Pineda (La). *La Pénide*, cnes de Charraix, d'Espalem, de Saint-Hostien, de Saint-Just-près-Brioude et de Saint-Vidal; *La Pinède*, cne de Salettes.

Pineda Marchet. *La Pénide*, cne de Cubelles.

Pinede (La). *La Pénide*, cnes de Charraix, d'Espalem, de Rauret et de Saint-Just-près-Brioude.

Pinedes. *La Pénide*, cne de Saint-Just-près-Brioude.

Pinet (Lo). *Coureuge*, cne de Siaugues-Saint-Romain.

Pinet (Molin-de-). *Moulin-de-Lachamp*.

Pineta. *La Pénide*, cnes de Saint-Hostien et de Saint-Just-près-Brioude; *La Pinède*, cne de Coubon.

Pinet-lez-Céaulx. *Le Pinet*, cne de Céaux-d'Allègre.

Pinetou. *Pineton*.

Pinetum. *Le Pinet*, cnes du Mas-de-Tence, de Monistrol-sur-Loire, de Saint-Berain, de Sainte-Sigolène, de Saint-Pierre-Duchamp, de Saint-Romain-Lachalm et de Saugues; *Le Piny-Bas*.

Pinhols, Pinholz. *Pinols*, cne de la Vaudieu.

Pinhos, Pinhoulx. *Pignols*.

Pini. *L'Ouspis, Lous Pis*.

Pinide (La). *La Pénide*, cnes d'Espalem, de Saint-Hostien, de Saint-Just-près-Brioude et de Saint-Vidal.

Pinlaloy. *Piouleloup*, cne de Saint-Front.

Pinlhacum. *Ampilhac*, cne de Vernassal.

Pinnhol. *Pignols*.

Pinoli. *Pinols*, arr. de Brioude.

Pinparos. *Pimparoux*.

Pinus. *La Pénide*, cne de Saint-Privat-d'Allier; *Le Pin*, cnes de Dunières, de Freycenet-Lacuche, de Saint-Germain-Laprade et de Tence.

Piolet, Pioletum. *Pioulet*, cne du Chambon.

Pioula Lop. *Piouleloup*, cnes d'Araules et de Saint-Front.

Pioulaloup. *Piouleloup*, cne d'Araules.

Pioulleloup. *Piouleloup*, cne de Saint-Front.

Piouly. *Pioulet*, cne de Rosières.

Piperacius, Piperacum. *Pébrac*.

Pipoble. *Piboulet*.

Pippalhon. *Fifailloux*.

Pirarius. *Le Perrier*.

Pirmet, Pirmetum. *Prumet*.

Pirolas, Piroles, Piroliæ, Pirols. *Pirolles*.

Pis (Lo). *Le Pin*, cne de Saint-Hilaire.

Pis (Los). *L'Ouspis*.

Piscarium. *La Marade*.

Piselz. *Pizet*.

Pissac. *Piassac*.

Pissanvelha, Pissa Velha, Pisseveuille. *Pisse-Vieille*.

Pissinos. *Pissis*, cne de Connangles.

Pitz (Lous). *L'Ouspis*.

Pitz-Attitz. *Le Piny-Haut*.

Piula Lop. *Piouleloup*, cne de Saint-Front.

Pix (Loux). *Lous Pis*.

Pizaictz. *Pizet*.

Piz-Attitz. *Le Piny-Haut*.

Pizeytz. *Pizet*.

Pla (Lo). *Le Plat, Le Plot*.

Plaenis. *Pleyné*.

Plafaynum. *Plafay*.

Plafoury. *Plaforet*.

Plagnes. *Plagne*.

Plaigne. *Plagne; Sauzet*, cne de Vazeilles-Limandres.

Plaine-de-Doue. *Breuil-de-Doüe*.

Plais (Le). *Le Play*, cne de Montregard.

Planca de Borna. *Les Planches-de-Borne*.

Planchareces, Plancharessæ, Plancharesses. *Plancheresse*.

Plancha-Reynaud. *La Planche-Reynaud*.

Planchas. *Planchard*.

Planchas de Borna (Las). *Les Planches-de-Borne*.

Planche (La). *Le Rancon*, ruiss.

Planche-de-Cussac (La), Planche-de-Malussac (La). *La Planche*.

Planchereces. *Plancheresse*.

Plancherium. *Le Pont-de-la-Chartreuse*.

Planchet. *Plôssct*.

Planchia de Malussac. *La Planche*.

Planchier (Lo). *Le Pont-de-la-Chartreuse*.

Planesas, Planezæ, Planezas, Planeziæ. *Planèze*.

Planfores, Planfourex. *Plaforet*.

Planhes. *Plagne*.

Pons Strolaciorum. *Le Pont-d'Estrouilhas.*

Pons Viennæ. *Pontvianne.*

Pons Voltæ. *Le Pont,* cne de la Voùte-Chilhac.

Pont (Le). *Le Pont-de-Vabres.*

Pontagho, Pontaghou, Pontajo. *Pontageon.*

Pont-Asteir. *Pont-Astier.*

Pont-Aubert. *Le Pont-des-Cendres.*

Pont-de-Brossette. *Le Pont,* cne de Raucoules.

Pont-de-Chazeau. *Le Pont-de-Chazaux.*

Pont-de-Fauryes (Le). *Le Pont-de-Faurie.*

Pont-de-la-Cendres. *Le Pont-des-Cendres.*

Pont-de-Lempereur. *Pontempeyrat.*

Pont-de-l'Enceinte. *L'Enceinte.*

Pont-de-l'Estang, Pont-de-l'Estain, Pont-de-l'Estaing. *Le Pont-d'Estaing.*

Pont-de-Males-Aures (Le), Pont-de-Malzaure, Pont-de-Malzore. *Le Pont-de-Malsaures.*

Pont-de-Murtz. *Le Pont-de-Mars.*

Pont-d'Emperat. *Pontempeyrat.*

Pont-de-Reynaud. *Font-de-Reynaud.*

Pont-des-Candres. *Le Pont-des-Cendres.*

Pont-de-Solignac. *Les Piles-de-Bauzac.*

Pont-des-Trolhas, Pont-d'Estrouilhac, Pont-Destrouilias, Pont-deus-Strolhars. *Le Pont-d'Estrouilhas.*

Pont-de-Villeneuve. *Le Pont-de-la-Chartreuse.*

Ponté. *Le Pontet.*

Ponteilh. *Le Ponteil,* cne de Boisset.

Ponteilhs (Los). *Les Ponteils.*

Pontel. *Le Ponteil,* cne de Saint-Pierre-Eynac.

Pontelh, Pontelhs. *Ponteils.*

Pontelhs (Los). *Les Ponteils.*

Pont-Empeyrat. *Pontempeyrat.*

Ponteughol. *Pontageon.*

Ponteyl. *Le Ponteil,* cne de Boisset.

Ponteyls. *Ponteils.*

Pontgilbert. *Pontgibert.*

Pontiau (Le). *Le Poutiou.*

Ponticulum. *Le Ponteil,* cne de Saint-Pierre-Eynac.

Pontilia. *Ponteils.*

Pont-Imperat. *Pontempeyrat.*

Pont-la-Sainte (Le). *Le Pont-de-l'Enceinte.*

Pont-Nou. *Le Pont-Neuf,* cne de Polignac.

Pontpeyratus, Pontpeyrenc. *Pompeyrin.*

Pont-Plancheir (Lou), Pont-Planchier (El). *Le Pont-de-la-Chartreuse.*

Pontrainart, Pont-Reynard (Le). *Pont-Renard.*

Pont-Rousier. *Pont-Rougier.*

Pont-Salamon, Pont-Sallamon. *Le Pont-Salomon.*

Pont-Servel (Le). *Le Pont-Cervier.*

Pont-Tempeyrat. *Pontempeyrat.*

Pontughou. *Le Pontajou,* ruiss.

Pontus Asterii. *Pont-Astier.*

Pont-Vyana. *Pontvianne.*

Ponzuille. *Pont-Jules.*

Poomnac. *Polignac.*

Popenac. *Poupenac.*

Porc.rias, Porcarerias, Porcaricias. *Pourcheresse,* cne de Lempdes.

Porcharessa. *Pourcheresse,* cne de Vabres.

Porcharessæ. *Pourcheresse,* cnes de Chanteuges, de Pébrac et de Vabres.

Porcharessas. *Pourcheresse,* cnes de Chanteuges, de Lempdes et de Pébrac.

Porcharesse. *Pourcheresse,* cne de Pébrac.

Porcharessiæ. *Pourcheresse,* cne de Vabres.

Porcheiroux. *Les Porcherons.*

Porsanghes, Porssanges. *Poursanges.*

Porta Decanatus. *Jayant.*

Portaile (La). *La Portal.*

Portas (Las). *Les Portes.*

Port-Bouisson (Le). *Le Port-Buisson.*

Porte (Moulin-de-). *Le Moulin-de-Portal.*

Portes (Les). *Le Saint-Ferréol,* ruiss.

Portus Navis. *La Navette.*

Pos (Lo). *Pologne; Le Poux,* cnes de Saint-Jean-de-Nay et de Saint-Laurent-Chabreuges.

Pos (Mas del). *Le Poux,* cne de Saint-Julien-d'Ance.

Posac. *Poussac.*

Posacium. *Pouzas.*

Posarot. *Le Pouzarot.*

Posas. *Pouzas.*

Posassangas, Posassanges. *Poursanges.*

Posassium. *Pouzas.*

Posat (Lou). *Le Pouzat,* cne du Monastier.

Posatium. *Pouzas.*

Posatum. *Le Pouzat,* cne du Monastier.

Posc (Lo). *Le Poux,* cne de Saint-Maurice-de-Lignon; *Le Poyet,* cne de Chamalières.

Posemniac. *Polignac.*

Posoli. *Pouzols,* cne de Saint-Berain.

Posolles. *Pouzols,* cne de Monlet.

Posols. *Pouzols,* cnes de Bellevue-la-Montagne et de Saint-Jeure.

Posolx. *Pouzols,* cne de Monlet.

Posolz. *Pouzols,* cnes de Bellevue-la-Montagne, de Loudes et de Monistrol-sur-Loire.

Possac, Possacus. *Poussac.*

Possasanias. *Poursanges.*

Post-Asteir. *Pont-Astier.*

Postée (La). *La Potée.*

Potachart. *Pot-à-Chard.*

Potage. *Le Poulage.*

Potaget. *Potage.*

Potences (Ruiss. des). *L'Hivernebœuf.*

Potet. *Poutet.*

Pothée (La). *La Potée.*

Pots. *Pot.*

Potus (Les). *Les Pautuds.*

Potz (Lo). *Le Poux,* cne de Malvières.

Pouchou. *Pouchoux.*

Poudreire (La). *Moulin-de-la-Poudrière.*

Pouget (Le). *Pépouget.*

Poughon. *Pougheon.*

Pouit (Le). *Le Poyet,* cne de Chamalières.

Poulagnac. *Polagnac.*

Poulalio. *Poulaille.*

Poulanon, Poulenou. *Poulenon.*

Poules (Ruiss. des). *La Malaure.*

Poulhac, Poulhiac. *Paulhac,* cne de Brioude.

Poulhiachon. *Pauliachon.*

Poulhie (La). *La Pouille.*

Poulbilhot. *Poulaille.*

Pouli. *Paulin.*

Poulignac. *Polignac.*

Poulinum, Pouly, Poulyn. *Paulin.*

Poume (La). *La Pomme.*

Pounta (Le). *Le Poutiou.*

Pourcheyroux. *Les Porcherons.*

Pourrat. *Pourra.*

Pourssange. *Poursanges.*

Pourtalle (La). *La Portal.*

Pous (Lo). *Le Poux,* cne de Saint-Jean-de-Nay.

Pousas. *Pouzas.*

Pousolz. *Pouzols,* cne de Saint-Berain.

Pousolz-Jousserand. *Pouzols,* cne de Loudes.

Poutads (Les). *Les Pautuds.*
Poutand. *Poutaud.*
Poutée (La). *La Potée.*
Pouternal. *Ponternal.*
Poutès. *Poutet.*
Poutis. *Pouty.*
Poutrant. *Patron.*
Poutus (Lous). *Les Pautuds.*
Poutz (Le). *Le Poux,* cⁿᵉ de Malvières.
Pouy. *Le Poyet,* cⁿᵉ de Chamalières.
Pouya (Le). *Les Pouyas.*
Pouyat (Le). *Le Poujat.*
Pouyet. *Le Poyet,* cⁿᵉ de Saint-Didier-la-Séauve.
Pouzet (Lo). *Le Lantriac,* ruiss.
Pouzol, Pouzoletz. *Pouzols,* cⁿᵉ de Vernassal.
Pouzols-de-Loudes, Pouzols-Jousserand. *Pouzols,* cⁿᵉ de Loudes.
Pouzoulx. *Pouzols,* cⁿᵉ de Torsiac.
Poyas (Las). *Les Pouyas.*
Poy Dibya. *Les Peidibles.*
Poyet (Lo). *Le Pouget,* cⁿᵉˢ de Javaugues et de Laval.
Poyet-de-Males-Aures, Poyet-de-Malessaures. *Le Poyet,* cⁿᵉ de Saint-Victor-Malescours.
Poyetum. *Le Poyet,* cⁿᵉ de Saint-Didier-la-Séauve.
Poymean. *Peymion.*
Poynssacus. *Poinsac,* cⁿᵉ de Coubon.
Poyntel (Lo). *Le Ponteil,* cⁿᵉ de Saint-Pierre-Eynac.
Poyt-Pellat. *Peupara.*
Pozaget. *Le Poyet,* cⁿᵉ de Chamalières.
Pozans. *Pouzas.*
Pozarot. *Le Pouzarot.*
Pozas. *Pouzas; Le Pouzat,* cⁿᵉ de Saint-Quintin-Chaspinhac.
Pozassanges, Pozassanghas. *Pouzsanges.*
Pozat (Lo). *Le Pouzat,* cⁿᵉ de Saint-Haon.
Pozemniac, Pozemniacensis (adjectif), Pozeniacum. *Polignac.*
Poziaco. *Pouzat.*
Pozolis. *Pouzols-Vieux.*
Pozols. *Pouzols,* cⁿᵉˢ de Bellevue-la-Montagne, de Loudes, de Monistrol-sur-Loire, de Monlet, de Saint-Berain, de Saint-Jeure, de Torsiac et de Vernassal.
Pozols-Vieux. *Pouzols-Vieux.*
Pra (La). *La Prade,* cⁿᵉ de Saint-Front; *Laprat,* cⁿᵉ de Saint-Jeure.

Praa (La). *Laprat,* cⁿᵉˢ de Saint-Jeure et de Saint-Julien-d'Ance.
Praalles. *Prailes.*
Praals. *Praux, Les Préaux.*
Praas. *Laprat,* cⁿᵉ de Saint-Jeure.
Pracorp, Pracort. *Pratcourt.*
Prada. *Prades,* cⁿ de Langeac.
Prada (La). *La Prade,* cⁿᵉˢ de Coubon et de Saint-Front; *La Prade-Haute.*
Pradaas. *Laprat,* cⁿᵉ de Saint-Julien-d'Ance; *Prades,* cⁿᵉ de Saint-André-de-Chalencon.
Prada Langiaci. *La Prade,* cⁿᵉ de Langeac.
Pradals. *Pradal, Le Pradal, Pradaux.*
Pradals (Los). *Les Pradaux,* cⁿᵉ de Cussac.
Pradas. *Prades,* cⁿ de Langeac.
Pradas (Les). *Le Pradat.*
Pradaulx. *Le Pradal.*
Pradaus. *Pradel.*
Pradaux (Les). *Pradoux.*
Pradavhyolb, Pradavol (Illo). *Pradavel.*
Prade (La). *Gamon; Laprat,* cⁿᵉ de Saint-Julien-d'Ance.
Prade (Moulin-de-la-). *Moulin-de-la-Pradasse.*
Prade-de-Chapteuil (La). *La Prade-Haute.*
Pradeils, Pradeilz. *Pradel.*
Pradel (Le). *Le Rioube,* ruiss.
Pradela (La). *La Pradelle.*
Pradelas. *Pradelles.*
Pradell (Lo). *Le Pradel.*
Pradella (La). *La Pradelle.*
Pradelles. *Pradel.*
Pradellum. *Le Pradel.*
Prademac, Prademart. *Prademar.*
Pradette-Basse (La). *La Prade-Basse.*
Pradette-Haute (La). *La Prade-Haute.*
Pradeul. *Pradel.*
Pradous (Lous). *Pradoux.*
Praelus. *Prailes, Prel.*
Praeiles. *Presles.*
Pragaillard. *Le Pagaillard,* ruiss.
Prahalhas. *Présailles.*
Prahals. *Praux.*
Prahalz. *Les Préaux.*
Prahelas. *Prel.*
Praheletæ. *Prailettes.*
Pr..ix. *Preix.*
Prameyrac. *Promeyrat.*
Pranaud. *Praneuf,* cⁿᵉ de Raucoules.
Praneuf. *Les-Prats-Neufs.*
Pranlas. *Pralas.*

Pranou. *Praneuf,* cⁿᵉ de Raucoules.
Prantlavi, Prantlavit, Prantlavy. *Pranlary.*
Prassala. *Prassalat.*
Prastalias. *Présailles.*
Prat (Le). *Lapra.*
Prata. *La Prade-Haute; Prades,* cⁿ de Langeac.
Prata de la Chevaleira. *Prés-Saint-Jean.*
Pratalias. *Présailles.*
Prat-Andrald. *Les Pandraux.*
Prat-Besso, Prat-Bezo, Prat-Breco. *Prat-Besson.*
Prat-Claus. *Pratclaux,* cⁿᵉ de Saint-Privat-d'Allier.
Pratclaux. *Praclaux.*
Pratcourps. *Pratcourt.*
Prat-Cros. *Pracros.*
Prat-de-Mart. *Prademar.*
Pratelas. *Pradelles.*
Pratella. *La Pradelle.*
Pratellæ. *Pradelles.*
Pratellum. *Le Pradel,* cⁿᵉ de Sainte-Marie-des-Chazes.
Prates. *Prades,* cⁿ de Langeac.
Pratlas, Pratlatz. *Pralas.*
Pratlavy. *Pranlary.*
Pratmeyrat. *Promeyrat.*
Prat-Neir, Prat-Ner. *Pranier.*
Pratneuf. *Praneuf,* cⁿᵉ de Cussac; *Praneuf-Brun.*
Pratniers, Prat-Nyer. *Pranier.*
Prat-Redond. *Paredon.*
Prat-S.lat. *Prassalat.*
Pratum. *Le Prat,* cⁿᵉ de Chaudeyrolles; *Le Pré.*
Pratum Andrald, Pratum Andraldum. *Les Pandraux.*
Pratum Clausum. *Praclaux; Pratclaux,* cⁿᵉ de Saint-Privat-d'Allier.
Pratum Nigrum. *Pranier.*
Pratum Novum. *Praneuf,* cⁿᵉ de Raucoules.
Pratum Redunt, Pratum Rotundum. *Paredon.*
Pratum Salat. *Prassalat.*
Prat-Veilh. *Pravel.*
Pratz (Loux). *Les Prats.*
Pratz-Sainct-Jehan (Loux). *Les Prés-Saint-Jean.*
Praulx. *Praux.*
Praux. *Les Préaux.*
Praylas, Prayles. *Prailes.*
Prayletas, Prayletes. *Prailettes.*
Prazalæ, Prazalhæ, Prazalhas. *Présailles.*
Preaulx (Loux). *Les Préaulx, Praux.*

Rairacus, villa. *Reyrac.*
Raisin. *Espaly-Saint-Marcel.*
Ralhiac. *Reilhac.*
Ralhie. *Les Riails.*
Ram. *Moulin-de-Chaurel; Le Ramel,* ruiss.; *Ranc,* cⁿᵉˢ de Saint-Mau-rice-de-Lignon et d'Yssingeaux.
Ramada (La). *La Romanelle.*
Ramets, Rametz. *Le Rumet,* ruiss.
Ramigière (La). *La Romigière.*
Ramodoscle, Ramoroscle. *Ramou-rouscle.*
Rams. *Le Ram,* ruiss.
Ranc. *Le Ramel,* ruiss.; *Le Rond.*
Ranc (Molin-de-). *Moulin-de-Chaurel.*
Ranc-de-la-Donzella (Lo). *Le Rond-de-la-Donzelle.*
Ranc-de-las-Triouleyres(Le). *Le Ranc-des-Triouleyres.*
Ranc-de-Prallavi (Lo). *L'Allemande.*
Ranc-de-Sainct-Peyre. *Ranc-de-Saint-Pierre.*
Rancha Volp, Rauchavolx, Ranche-volpt. *Ranchevoux.*
Ranchoup, Ranchout. *Ranchoux.*
Ranchus de Vesola. *Le Rand.*
Rancolæ. *Raucoules,* cᵒⁿ de Mont-faucon.
Rancon (Le). *Ruiss. de La Planche.*
Rancus del Taborlayre. *Le Roc-de-Tabourin.*
Rancus de Mala Mort. *Ranc-de-Male-mort.*
Raucus de Malseser, Raucus de Mal-siser. *Le Ranc-de-Malsezer.*
Rang (Ruiss. de). *Le Ram, Le Ramel.*
Rans (Ruiss. de). *Le Ram.*
Rantes. *Rentes.*
Raosta. *La Rotte.*
Rapchacum, Rapchat. *Rachat,* cⁿᵉ de Craponne-sur-Arzon.
Raphael, Raphaellum. *Rafayet.*
Raphy. *Raffy.*
Rapina. *Rapine.*
Rarthau (Le). *La Voirèze,* ruiss.
Raschacum, *Rachat,* cⁿᵉ de Craponne-sur-Arzon.
Raschas. *Les Ruches.*
Raschassac. *Rachassac.*
Rascos (Lo), Rascosus, Rascous (Les), Rascoux (Loux). *Les Rascours.*
Rase (La). *Les Rases.*
Raseles. *Rascles.*
Rasonet. *Razonnet.*
Rassacum, Rassat. *Rassac.*
Rasus. *Rajus.*
Rasus Cambo. *Raschambon.*
Rat (Le). *Duchet.*

Ratbodisca, Ratbosdisca. *La Rollan-desse.*
Ratiassas. *Ragcasse.*
Rat-Péala. *Rat-Piala.*
Raucolæ. *Recoules.*
Raulhac. *Roulhac.*
Rauquet (Le). *Le Ranquet.*
Rauret-Inférieur. *Rauret-Bas.*
Rauzet. *Rauze, Ronzet.*
Rauzet (Lo). *Le Rouzet.*
Rozet-lo-Soteyra. *Rauret-Bas.*
Rauzetum. *Rauze, Ronzet.*
Ravarinas, Ravazine. *Ravarines.*
Ravet (Moulin-de-). *Moulin-de-Ravel.*
Raviet (Le). *Le Rivier,* cⁿᵉ de Lapte.
Ravin-de-l'Hiver (Le). *Le Romagna-guet,* ruiss.
Raymons (Les). *Les Reymonds,* cⁿᵉ de Tence.
Raynaldes. *Reynaldès.*
Raynaudesius. *Reynaudès.*
Raynaudi Grangia. *Reynaud,* cⁿᵉ de Brives-Charensac.
Raynaudus de Pies. *Reynaud,* cⁿᵉ de Champclause.
Razeta (La). *La Razette.*
Razus. *Rajus.*
Réalle. *Le Réal.*
Réals (Les). *Les Riails.*
Réaux (Les). *Les Riaux.*
Reauze. *Rauze.*
Rebol, Rebole, Reboul, Reboule. *Reboulet.*
Rebrassac. *Rabassac.*
Rechabaro. *Rochebaron,* cⁿᵉ de Saint-Julien-Chapteuil.
Rechalbert. *Rochaubert.*
Recharanges, Recharangue, Recha-rengas, Recharenges. *Recharenge.*
Rechassac. *Rachassac.*
Rechasset. *Rouchasset.*
Rechier. *Richier.*
Recipon. *Rocipon.*
Recol. *Recolle.*
Recolæ. *Raucoules,* cⁿᵃ de Montfaucon.
Recolas. *Recoules.*
Recolles. *Recolle.*
Recomene, Recommene. *Moulin-de-Recoumène.*
Recos, Recosium, Recourts. *Recours.*
Recoux (Moulin-de-). *Moulin-Dumas.*
Reddonda (La). *La Redonde,* cⁿᵉ de Saint-Ilpize.
Reddonde (La). *La Redonde,* cⁿᵉ de Saint-Front.
Redonda (La). *La Redonde,* cⁿᵉˢ de Saint-Front et de Saint-Ilpize.

Redondes (Les). *La Redonde,* cⁿᵉ de Céaux-d'Allègre.
Reel. *Le Raël.*
Refforgons, Refolgon, Refolgons, Re-folgoux, Refourgans, Refulgons. *Refourgans.*
Regardum, Regart (Lo), Regartz. *Le Regard.*
Reges. *Rois.*
Regons. *Rigon.*
Regos, Reguo. *Rigoux.*
Reignarand. *Reignarant.*
Reilhac, Reillac. *Rilhac,* cⁿᵉˢ de Sainte-Marie-des-Chazes et de Vergon-gheon.
Reilliacus. *Reilhac.*
Reiufreyt. *Rioufreyt.*
Rejully. *Rejale.*
Relhac, Relhacum. *Reilhac.*
Relharant. *Reignarant.*
Reliacus. *Reilhac.*
Relliade. *La Reillade.*
Reiuzes (Les). *Les Reluses.*
Remenhacus. *Ramenac.*
Remodoscle, Remoroscle. *Ramou-rouscle.*
Renaude (La). *Reynaud,* cⁿᵉ de Brives-Charensac.
Renharant, Reniarand. *Reignairant.*
Reonso. *Ronzon.*
Requos. *Recoux.*
Reschassat. *Rachassac.*
Rescoux (Le). *Les Rascours.*
Réserve (La). *Les Réserves.*
Respans (Lous), Respons (Lous). *Les Rapoints.*
Ressenchiæ. *Les Grandes-Rossanges.*
Resso. *Roussour.*
Retornac, Retornacius, Retornacus. *Retournac.*
Retornaget, Retornaguetum. *Retour-naguet.*
Retornat, Retornatius. *Retournac.*
Retourin (Ravin-de-). *Le Ritourain.*
Retournat. *Retournac.*
Retro Mundus. *Treslemont.*
Retunda. *La Retonde,* cⁿᵉ de Saint-Front.
Reveleria. *La Rullière.*
Revenet. *Ravenet,* cⁿᵉ des Estables.
Revengus (Loux), Revengut. *Les Revendus.*
Reverolles. *Rereyrolles,* cⁿᵉˢ de Mo-nistrol-sur-Loire et de Sainte-Sigo-lène.
Revessione. *Saint-Paulien.*
Revest (Lo). *Le Rivier,* cⁿᵉ de Lapte.
Reveura (La). *La Rivoire-Haute.*

Reveyra (La). *Les Revères.*

Revicotte. *La Revicole.*

Reviest (Lo). *Le Rivier,* cⁿᵉ d'Yssingeaux.

Reviestz. *Le Rivier,* cⁿᵉ de Lapte.

Revolta (La). *La Révolte.*

Revoure (La). *La Reveure,* cⁿᵉ de Retournac.

Reyac. *Reyrac.*

Reylhacum. *Rilhac,* cⁿᵉ de Vergongheon.

Reymons (Los). *Les Reymonds,* cⁿᵉ de Tence.

Reynaldesium. *Reynaldès.*

Reynaudes (Les). *Reynaud,* cⁿᵉ de Brives-Charensac.

Reynaudez (La). *Reynaudès.*

Reyne-du-Soldat (La). *La Vigne-du-Soldat.*

Reynerand, Reynharant. *Reignarant.*

Reynier. *Régnier.*

Reyracus. *Reyrac.*

Reyroliæ. *Reyrolles.*

Rezonet. *Razonnet.*

Rezonzio, Rezonzo. *Ronzon.*

Riailago. *Reilhac.*

Rialhac. *Reilhac; Rilhac,* cⁿᵉ de Vergongheon; *Rilhat.*

Rialhat. *Rilhat.*

Rialiaco. *Reilhac.*

Rialiat. *Rilhac,* cⁿᵉ de Vergongheon.

Rialle (Le). *La Riaille,* cⁿᵉ de Lapte.

Rialliac. *Rilhat.*

Riaillie (La). *La Riaille,* cⁿᵉ de Riotord.

Riaunhac. *Rognac,* cⁿᵉ de Saugues.

Riausfris. *Rioufreyt.*

Ribagenos, Ribaginos. *L'Hospitalet.*

Ribas. *Ribes.*

Ribbes-du-Cros, Ribbes-du-Pauc. *La Ribe.*

Ribbeyre (La). *La Ribeyre,* cⁿᵉ de Chaudeyrolles.

Ribe. *La Ribeyre,* cⁿᵉ de Dunières.

Ribens. *Ribains.*

Riberas. *Ribeyre,* cⁿᵉ de Saint-Ilpize.

Ribeta. *Les Chabannes, La Ribette-Haute.*

Ribette-N'haulte (La). *La Ribette-Haute.*

Ribeyra (La). *La Ribeyre,* cⁿᵉˢ de Chaudeyrolles, de Langeac, de Saint-Vincent et de Saugues; *La Ribeyre,* ruiss.

Ribeyras. *Ribeyre,* cⁿᵉ de Saint-Ilpize.

Ribeyre (La). *La Croze,* cⁿᵉ de Vissac;

le *Trifoulon,* ruiss.; la *Vaucenge,* ruiss.

Ribeyres. *Ribeyre,* cⁿᵉˢ du Chambon, de Raucoules et de Saint-Ilpize.

Ribeyrines. *Rabeyrines.*

Ribeyros (Los). *Ribeyroux.*

Ribeyrous (Les). *Les Ribeyroux.*

Ribiseon, Ribission. *Saint-Paulien.*

Ricart. *Ricard.*

Ricart (Molendinum de). *Moulin-de-Ricard.*

Richaran, Richarenchas. *Recharenge.*

Richier. *Chanat.*

Ricomena (Molendinum de). *Moulin-de-Recoumène.*

Ricomène (La). *La Colence,* ruiss.

Ridiliacus. *Reilhac.*

Rieu (Le). *Le Riou,* cⁿᵉ des Villettes.

Rieuclar. *La Védrine,* ruiss.

Rieu Peholios (Lo). *Le Riou-Pezouliou,* ruiss.

Rieutort. *Rieutord.*

Rifayro. *Raffeyroux,* cⁿᵉ de Baius.

Rigaudana. *Giraudès.*

Rigmanda (Aqua de). *La Rimande.*

Rignago. *Rignac.*

Rigond, Rigou, Rigoud. *Rigon.*

Rihilac. *Rilhac,* cⁿᵉ de Vergongheon.

Rilacus. *Rilhac,* cⁿᵉ de Sainte-Marie-des-Chazes.

Rilago. *Rilhac,* cⁿᵉ de Vergongheon.

Rilhac. *Reilhac.*

Rilhacus. *Rilhac,* cⁿᵉ de Sainte-Marie-des-Chazes.

Rilharant. *Reignairant.*

Rilhat. *Reilhac.*

Riliacum. *Reilhac; Rilhac,* cⁿᵉ de Vergongheon.

Rimaudière (La). *La Rimandière.*

Rinharant. *Reignairant.*

Riniac, Riniacus. *Rignac.*

Rintes. *Rentes.*

Riomarti (Le). *Le Rioumarquis,* ruiss.

Riopaille. *Rioupaille.*

Rios. *Le Riou,* cⁿᵉ du Chambon.

Riosta (La). *La Rotte.*

Riotort. *Riotord.*

Riou (Le). *Le Dourlion,* ruiss.; *La Roue,* cⁿᵉ de Chaudeyrolles; *Les Rioux,* cⁿᵉ de Lantriac.

Rioubes, Riou-Bes. *Le Rioube,* ruiss.

Riou-Estremer. *Riou-Estremier.*

Riouf (Lo). *Le Rif.*

Rioufrait, Rioufrey. *Rioufreit.*

Rioufreyt. *Rioufrey.*

Riouftz (Mas-doux-). *Mas-des-Rioux.*

Riouleyras (Las). *Les Ruillières.*

Rioumartin. *Riomartin.*

Rioumastel. *Le Rioumastre,* ruiss.

Riou-Pezelhos, Riou-Pezolioux, Riou-Pezoulioux, Riou-Pezoulloux, Riou-Pezzoulio. *Le Riou-Pezouliou,* ruiss.

Rious (Los). *Les Rioux,* cⁿᵉ de Bauzac.

Riou-Sec. *Riousset.*

Rioutort. *Riotord; le Rioutord,* ruiss.

Rioux (Les). *Le Riou,* cⁿᵉ de Taulhac.

Rioux-de-Pichon. *Les Rioux,* cⁿᵉ de Bauzac.

Ripæ. *Ribes.*

Ripagenos. *L'Hospitalet.*

Riperia, Riperiæ. *Ribeyre,* cⁿᵉ de Saint-Ilpize.

Ripes (Les). *Les Rippes.*

Riphart. *Riffard.*

Rippæ. *Ribes.*

Ripperia. *Ribeyre,* cⁿᵉ de Saint-Jean-d'Aubrigoux; *La Ribeyre,* cⁿᵉˢ de Chaudeyrolles et de Saugues.

Riquard. *Ricard.*

Riquard (Molendinum de). *Moulin-de-Ricard.*

Rislago. *Rilhac,* cⁿᵉ de Sainte-Marie-des-Chazes.

Risolles. *Risolle.*

Rispa (La). *La Rispe.*

Riu (Le). *Le Riou,* cⁿᵉˢ du Mazet-Saint-Voy et de Taulhac.

Riu-Agenos. *L'Hospitalet.*

Riu-Freyt. *Rioufrey.*

Riufreyt. *Rioufreyt.*

Riu-Peolhos, Riu-Pezolhos, Riu-Pezolos. *Le Riou-Pezouliou.*

Rius. *Rioux.*

Riu-Talhac. *Talhac.*

Rivacus. *Rilhac,* cⁿᵉ de Sainte-Marie-des-Chazes.

Rival (Lo). *Vès-Rivaux.*

Rivallière (La). *L'Écoutay,* ruiss.

Riveaux (Les). *Les Rivaux,* cⁿᵉˢ de Malrevers et de Riotord.

Rive-d'Ance. *Saint-Préjet-d'Allier.*

Rivestz, Riveti. *Rivets.*

Rivetum. *Le Rivet.*

Rivetz. *Rivets.*

Rivi. *Rioux.*

Riviet (Le). *Le Rivier,* cⁿᵉ de Lapte.

Rivi Torti (Aqua). *Le Riotord.*

Rivo Martino. *Riomartin.*

Rivus. *Monachon, Le Rif; Le Riou,* cⁿᵉˢ de Saint-Front et du Mazet-Saint-Voy.

Rivus de Sancto Privato. *Le Rouchoux,* ruiss.

Rivus Frigidus. *Rioufreit, Rioufrey.*

Rivus Grand. *Le Riougrand,* ruiss.

Rivus Martini. *Riomartin.*
Rivus Peolios, Rivus Peszolhos, Rivus Pezolios. *Le Riou-Pezouliou*, ruiss.
Rivus Tortus. *Riotord.*
Rizolas. *Risolle.*
Roac, Roacus. *Rohac.*
Roane. *Rouêne.*
Roanet. *Ravenet*, cne de Saint-Préjet-Armandon.
Roassacum. *Roussac.*
Roayroles. *Reyrolles.*
Robec (Petit-). *Le Petit-Robecque.*
Robeca. *Le Grand-Robecque.*
Robecqua (Le Petit-). *Le Petit-Robecque.*
Robecqua (Le Grand-). *Le Grand-Robecque.*
Robertin. *Saint-Clément.*
Robertz (Loux). *Les Roberts.*
Roboulet. *Reboulet.*
Robur. *Le Roure*, cne de Frugières-le-Pin.
Roca. *La Roche*, cne de Bournoncle-la-Roche; *Roche-en-Régnier.*
Rocabaro. *Rochebaron*, cne de Bas.
Rocafortis. *Rochefort*, cne d'Alleyras.
Roc-du-Martouret. *Le Martouret*, cne de Cussac.
Rocellas (Las), Rocelle (La). *La Rousselle.*
Rocgacum. *Rougeac*, cne de Saint-Privat-d'Allier.
Rocha. *Rochaubert; La Roche*, cnes de Fay-le-Froid, des Vastres et de la Voûte-sur-Loire; *Roche-en-Régnier.*
Rocha (La). *La Roche*, cnes de Brioude, de la Chapelle-Geneste, de Chomelix, de Coubon, de Montregard, de Queyrières, de Saint-Christophe-sur-Dolaison, de Saint-Front, de Saint-Hilaire, de Saugues et de Villeneuve-d'Allier; *La Roche-de-Couteaux, Roche-Haute, La Roche-Lambert.*
Rocha (Molendinum de). *La Roche*, cne de Bas.
Rocha Aguda. *Rochegude.*
Rocha Albert. *Rochaubert.*
Rocha Arnaudi. *Roche-Arnaud.*
Rochabaro, Rocha Baronis. *Rochebaron*, cne de Bas.
Rocha Buffeyra. *La Condamine*, cne de Langeac.
Rocha Catb. *Rochaubert.*
Rocha Chabreyra. *Roche-Chabreyre.*
Rocha Clausa. *La Rousseille.*
Rocha Colombeyre. *Roche-Colombeyro.*

Rocha Corbeyra. *Les Orgues-d'Espaly, Roche-Corbeyre.*
Rochacum. *Rougeac*, cne de Villeneuve-d'Allier.
Rocha Dalmatii. *La Roche-Dumas.*
Rocha de Beroard. *La Roche*, cne de Bas.
Rocha de Cotualz. *La Roche-de-Couteaux.*
Rocha del Bachas. *Roche-Haute.*
Rocha del Blauf. *La Roche-du-Blau.*
Rochaduys. *Rochedix.*
Rochæ. *Roche-en-Régnier.*
Rocha Eyglina. *Roche-Aigline.*
Rocha Ferrandi. *La Rochette*, cne de Saint-Didier-la-Séauve.
Rocha Fola. *Rochefolles*, cne de Connangles.
Rocha Forchada. *Roche-Fourchade.*
Rocha Fornia. *La Roche*, cnes de Fay-le-Froid et des Vastres.
Rochafort, Rochafortis. *Rochefort*, cne d'Alleyras.
Rocha Frayrit, Rocha Freyrit, Rocha Frezic, Rocha Frizit. *Roche-Frézit.*
Rochaguda. *Rochegude.*
Rocha Lamberte (La). *La Roche-Lambert.*
Rocha Laura, Rocha Lauro. *Roche-laure.*
Rochalbern. *Rochaubert; Roche-Aubert*, cne des Estables.
Rocha Lhautart. *Roche-Liotard.*
Rocha Limainha, Rocha Limanhas. *Rochelimagne.*
Rocha Longa. *Roche-Longue.*
Rocha Matfre (La). *La Roche*, cne de Saugues.
Rocha Moeira. *Rochemaure.*
Rochamun, Rochan (Lo). *Le Rochain*, cne de Saint-Jeure.
Rocha Nidi Aquilini. *La Roche*, cne de Saint-Berain.
Rocha Pertusada. *Pertusade.*
Rocha Pistola. *Rochépitre.*
Rocharnaud, Rocharnaut. *Roche-Arnaud.*
Rochas (Las). *La Roche*, cne des Vastres.
Rocha Salva. *Rochesauve.*
Rocha Sauneyra (La). *La Roche*, cne de Saint-Christophe-sur-Dolaison.
Rocha Serveyra. *Roche-Servière*, cnes d'Alleyras et de Prades.
Rochas Folas. *Rochefolles*, cne de Connangles.
Rochas Royas. *Roches-Royes.*

Rochassac. *Rachassac.*
Rochasset. *Rouchasset.*
Rochata (La). *La Rochette*, cne de Pébrac.
Rocha Useyre. *Rechausscyre.*
Rocha Visatge. *Roche-Visage.*
Rochay. *Rocher*, cne de Mercœur.
Roch Ayglina. *Roche-Aigline.*
Rochayn (Lo). *Le Rochain*, cne du Pont-Salomon.
Rochayuh (Lo). *Le Rochain*, cnes du Pont-Salomon et de Saint-Jeure.
Rochayrols (Los). *Les Rocherols.*
Roche. *La Grangette-de-Camageou.*
Roche (La). *La Roche-Brocard, La Roche-Lambert.*
Roche (Moulin-de-). *Moulin-d'Inaires: La Roche*, cne de Bas.
Roche-Agude, Roche-Aigude. *Rochegude.*
Roche-Arnaut. *Roche-Arnaud.*
Roche-Aubert. *Rochaubert*, cne de Lantriac.
Roche-Aussayre. *Rechausscyre.*
Roche-Berain (La). *Saint-Berain.*
Roche-Bleau. *La Rochette*, cne de Cubelles.
Roche-Brocart. *La Roche-Brocard.*
Roche-Chabreughol (La). *La Roche*, cne de Bournoncle-la-Roche.
Roche-de-Cobo. *La Roche*, cne de Coubon.
Roche-de-Dolmas, Roche-de-Dommas. *La Roche-Dumas.*
Roche-de-Hiu. *La Roche-de-Glops.*
Roche-des-Sauniers. *La Roche*, cne de Saint-Christophe-sur-Dolaison.
Rochedis, Rochedise. *Rochedix.*
Roche-du-Bachat. *Montchiroux*, cne de Freycenet-la-Cuche.
Rocheduis. *Rochedix.*
Roche-du-Tour (La). *La Roche*, cne de la Voûte-sur-Loire.
Rocheduys. *Rochedix.*
Roche-Ferrand. *La Rochette*, cne de Saint-Didier-la-Séauve.
Roche-Folleteyre (La). *La Roche-Fouleteyre.*
Roche-Forte (La). *Rochefort*, cne de Vals-près-le-Puy.
Roche-Geron. *Saint-Géron.*
Roche-Girard (La). *La Roche*, cne de Queyrières.
Roche-Joan. *Roche-Jean.*
Roche-Limanhie. *Rochelimagne.*
Roche-Marat. *Roche-en-Régnier.*
Rochenezelle. *Rochemezelle.*
Roche-Platte (La). *La Roche-Plate.*

Roche-Pontude (La). *La Roche-Pointue.*

Roche-Reboud, Roche-Rebout, Rocherebourd. *La Roche*, cne de Saint-Just-Malmont.

Rocherenges. *Recharenge.*

Rocherol. *Les Rocherols.*

Roche-Sainct-Polien. *La Roche-Lambert.*

Roche-Sauneyre. *La Roche*, cne de Saint-Christophe-sur-Dolaison.

Roches-Folles-Basses. *Rochefolle*, cne de Connangles.

Roche-Sounneyre. *La Roche*, cne de Saint-Christophe-sur-Dolaison.

Roche-Soubre-Cubon. *La Roche*, cne de Coubon.

Rochespistolla. *Rochépitre.*

Rochet (Lo). *Le Rocher.*

Rocheta. *La Rochette*, cnes de Chaniat et de Saint-Jeure.

Rocheta (La). *La Rochette*, cnes de Chaniat, de la Chapelle-d'Aurec, de Chassignolles, de Craponne-sur-Arzon, de Pébrac, de Saint-Front, de Saint-Jeure, de Saint-Préjet-d'Allier et de Villeneuve-d'Allier.

Rochete (La). *La Rochette*, cnes de Cubelles et de Pébrac.

Rochette-de-Verdun (La). *La Rochette*, cne de Saint-Préjet-d'Allier.

Rochey. *Rocher*, cne de Mercœur.

Rocheyrolii, Rocheyrolx (Los), Rocheyroux (Loux). *Les Rocherols.*

Rochia Laura. *Rochelaure.*

Rochibaron. *Rochebaron*, cne de Bas.

Rochiers. *Rocher*, cne de Mercœur.

Rochos. *Recours.*

Rocilha. *Roussille, La Roussille.*

Rocinhol. *Rossignol*, cne de Saint-Jean-Lachalm.

Rocipo. *Rocipon.*

Roclandescha. *La Rollandesse.*

Rocolæ. *Raucoules*, cnes de Montfaucon et de Vorey.

Rocolas. *Raucoules*, cnes de Montfaucon et de Queyrières; *Recoules.*

Rocones. *Recoux.*

Rocos. *Recours, Recoux, Saint-Roch.*

Rocoules. *Raucoules*, cne de Montfaucon.

Rocoulles. *Recoules.*

Rocous. *Recours.*

Roculæ. *Recoules.*

Roculas. *Raucoules*, cne de Montfaucon.

Roda (La). *La Rode*, cnes de Saint-Just-près-Brioude et de Saugues.

Rodaria. *Roderie.*

Rodda (La). *La Rode*, cne de Saint-Just-près-Brioude.

Rodde (La). *La Rode*, cne de Saugues.

Roddes (Les). *Le Moulin-du-Mazel.*

Roddete (La). *La Rodette.*

Roddier (Le). *Moulin-du-Rodier.*

Roderius. *Roudet.*

Rodessa, Rodesse, Rodesses, Rodèze. *La Roudesse*, ruiss.

Roë (La). *La Roue*, cne de Sainte-Sigolène.

Roenzo. *Ronzon.*

Roffiacum. *Roffiac.*

Roffiage (La), Roffiagha (La). *La Rouffiage.*

Rogago. *Rougeac*, cne de Villeneuve-d'Allier.

Rogat. *Rougeac*, cnes de Rosières et de Villeneuve-d'Allier.

Rogeac. *Rougeac*, cne de Rosières.

Rogeiras (Las), Rogeyra (La). *Les Rozières.*

Roghac. *La Chamalière*, ruiss.; *Rougeac*, cnes de Rosières, de Saint-Éble et de Saint-Privat-d'Allier.

Roghacum. *Rougeac*, cnes de Saint-Privat-d'Allier et de Villeneuve-d'Allier.

Rogiacum. *Rougeac*, cnes de Saint-Éble et de Saint-Privat-d'Allier.

Rogiacus. *Rougeac*, cne de Villeneuve-d'Allier.

Rogo, Roguo. *Rigoux.*

Rohac (Riou de). *La Prade*, cne de Coubon.

Rohacus. *Rohac.*

Roiac. *Rougeac*, cnes de Saint-Éble et de Saint-Privat-d'Allier.

Roiacum. *Rougeac*, cne de Saint-Privat-d'Allier.

Roiago. *Rougeac*, cne de Villeneuve-d'Allier.

Roiche. *Roche-en-Régnier.*

Roichebaron. *Rochebaron*, cne de Bas.

Roithertenc. *Robertin.*

Rolhac, Rolhacum. *Roudhac.*

Rolheyra (La), Rolheyre (La). *La Roullière.*

Rolheyres (Las). *Les Ruillières.*

Rollandesche (La), Rollandisse (La). *La Rollandesse.*

Rollant (Comba de). *Combe-de-Roland.*

Romaignhac. *Romagnac.*

Romain-la-Chalm. *Saint-Romain-La-chalm.*

Romanaghetum. *Romagnaguet.*

Romanela (La). *La Romanelle.*

Romanetus. *Romanet.*

Romanhac, Romanhacum. *Romagnac.*

Romanhaguet. *Romagnaguet.*

Romegeira, Romegeriæ. *La Romigière.*

Romegerias. *Romières.*

Romieiras. *Romières.*

Romieu, Romieu-lès-Charensac. *Romiou.*

Romigeira. *La Romigière.*

Romigeriæ, Romigerias. *Romières.*

Romigeyra. *La Romigière.*

Romoroscle. *Ramourouscle.*

Romp (Le). *Le Rond.*

Roncha Volp. *Rancheroux, Ranchour.*

Ronchia Volp. *Rancheroux.*

Rongeyra (La). *La Rouzière.*

Rongier (Moulin-de-). *Moulin-de-Rouzier.*

Ronhac, Ronhacum. *Rognac*, cne de Saint-Arcons-d'Allier.

Ronhaguet. *Rognaguet.*

Ronhat. *Rognac*, cne de Saugues.

Ronnac. *Rognac*, cne d'Agnat.

Ronson. *Ronzon.*

Ronzeaux (Lous). *Les Rouzeaux.*

Ropago. *Rougeac*, cne de Villeneuve-d'Allier.

Rophiac, Rophiacum, Rophilhac. *Roffiac.*

Roquelaire, Roquelaure. *Rochelaure.*

Roqueta. *La Rochette*, cne de Chaniat.

Roquoues, Roquos. *Reroux.*

Rore (Lo). *Le Roure*, cne de Saint-Georges-Lagricol.

Roret Inferior. *Rauret-Bas.*

Rorheta. *La Rochette*, cne de Saint-Jeure.

Rosada. *Ronzade.*

Rosariæ. *Rosières.*

Rosarios. *Les Roziers.*

Rosa Sobeyrana, Rosa Soteyrana. *Rose.*

Rosayretæ, Rosayretz. *Rouzairets.*

Roscaliche (Le). *Roscaliger.*

Rose. *Rauze.*

Roseires. *Rosières.*

Roseiros (Los). *Les Rouzeyroux.*

Roseriæ. *Roziers.*

Roserias. *Rosières.*

Roserios. *Les Roziers.*

Roserium (Molendinum). *Moulin-du-Roddier.*

Rosers. *Roziers, Les Roziers.*
Roseyriæ. *Roziers.*
Roseyrs, Rosier. *Les Roziers.*
Rosiers. *Roziers.*
Roso. *Roussoux.*
Rossada. *Ronzade.*
Rossanghes (Les Petits-). *Les Petites-Rossanges.*
Rossaria (La). *La Rousserie.*
Rossella (La), Rossellas (Las). *La Rousselle.*
Rossenges (Les). *Les Grandes-Rossanges.*
Rossengiæ Parvæ. *Les Petites-Rossanges.*
Rosseriæ. *Roziers.*
Rosilha, Rossilias. *Roussille,* c^{ne} de Roche-en-Régnier.
Rossinhol. *Rossignol,* c^{ne} du Monastier.
Rossinholæ. *Rossignol,* c^{ne} de Saint-Jean-Lachalm.
Rosso. *Roussoux.*
Rota. *La Rode,* c^{ne} de Saugues.
Rotbertenc. *Robertin.*
Rotbertz (Loux). *Les Roberts.*
Rotgac. *Rougeac,* c^{ne} de Saint-Privat-d'Allier.
Rotgeiras (Las). *Les Roziers.*
Rotgeyras. *Rozières,* c^{ne} des Estables; *Les Roziers.*
Rotisse (La). *La Routisse.*
Rouac. *Rohac.*
Roubert. *Robert.*
Rouchabaro. *Rochebaron,* c^{ne} de Bas.
Rouchac. *Rougeac,* c^{ne} de Rosières.
Rouche-Sainct-Poulian. *La Roche-Lambert.*
Rouchette (La). *La Rochette,* c^{nes} de la Chapelle-d'Aurec et de Saint-Front.
Rouchey. *Rocher,* c^{ne} de Mercœur.
Roucheytiou. *Rochesquiou.*
Rouchia Volp. *Ranchevoux.*
Rouchin (Le). *Le Rochain,* c^{ne} du Pont-Salomon.
Rouchoubert. *Rochaubert.*
Rouchoux (Le). *La Faye,* ruiss.
Roucolæ. *Raucoules,* c^{ne} de Montfaucon.
Roucoul. *Raucoules,* c^{ne} de Vorey.
Roucoules. *Raucoules,* c^{ne} de Queyrières.
Πουέσσιου. *Saint-Paulien.*
Roufeyroux, Rouffeyroux. *Raffeyroux,* c^{ne} de Lempdes.
Rouffiac. *Roffiac.*
Rougehac. *Rougeac,* c^{ne} de Saint-Éble.

Rougeyres (Les). *Les Rozières.*
Roughacum, Roughat. *Rougeac,* c^{ne} de Villeneuve-d'Allier.
Rouler (Les). *Roullys (Les).*
Rougières (Les). *Les Rozières.*
Rougniat. *Rognac,* c^{ne} de Saint-Arcons-d'Allier.
Roulhes. *Roulier.*
Roulier. *Rouillier.*
Roulières. *Les Rullières.*
Roumagnac. *Romagnac.*
Roumagnaguet. *Romagnaguet.*
Roumanelle (La). *La Romanelle.*
Roumourouscle. *Ramourouscle.*
Roure (Lo). *Le Roure.*
Roured. *Rouret.*
Roureda (La). *La Reveure,* c^{ne} de Vorey.
Rourate. *La Rouratte.*
Rouret, Rouret-Sobeyre. *Rauret.*
Rouret-Soteyra. *Rauret-Bas.*
Rouretum. *Rauret.*
Rouretus Inferior. *Rauret-Bas.*
Rouretus Superior. *Rauret.*
Rouset. *Ronzet.*
Rouseyretæ. *Rouzairets.*
Rousinholz. *Rossignol,* c^{ne} de Saint-Jean-Lachalm.
Rousoux. *Roussoux.*
Roussat. *Roussac.*
Roussaveaux. *Ronsavaux.*
Roussenches (Les Grandz-). *Les Grandes-Rossanges.*
Roussenches (Les Petites-). *Les Petites-Rossanges.*
Roussets (Les). *Roussel.*
Roussilloux. *Roussillon.*
Roussinhol. *Rossignol,* c^{ne} du Monastier.
Rousson. *Roussoux.*
Roussou (Le). *Le Rousson.*
Rouveirolles-de-Mavres. *Reveyrolles,* c^{ne} de Sainte-Sigolène.
Rouvellet. *Rouvelat.*
Rouveuse (La). *La Rouveyre,* c^{ne} d'Yssingeaux.
Rouveyra (La), Rouveyre. *La Reveure,* c^{ne} de Vorey.
Roux (La). *Laroux,* c^{ne} de Vorey.
Rouze. *Rauze.*
Rouzet. *Ronzet.*
Rouzet-lo-Soteyra. *Rauret-Bas.*
Rouzetum. *Rauze.*
Rouzeyres. *Rouzairets.*
Rouzeyrons (Les). *Les Ronzeyroux.*
Rouzières. *Rosières.*
Rouzou. *Rousson.*

Rovanec, Rovanet. *Ravenet,* c^{ne} de Saint-Préjet-Armandon.
Rovayrolas. *Reveyrolles,* c^{nes} de Monistrol-sur-Loire et de Sainte-Sigolène.
Rovenet. *Rouvenet; Rovenet,* c^{ne} de Saint-Préjet-Armandon.
Rover (Lo). *Le Roure.*
Rovereto. *Rouret.*
Roveria. *Le Reveure,* c^{ne} de Retournac; *La Rouveyre,* c^{ne} de Saugues.
Roveria Superior. *La Rivoire-Haute.*
Roveura (La). *La Reveure,* c^{ne} d'Espaly-Saint-Marcel; *La Rivoire.*
Roveure (La). *La Rouveyre,* c^{ne} de Saugues.
Roveyra (La). *La Reveure,* c^{nes} d'Espaly-Saint-Marcel et de Retournac.
Roveyre (La). *Les Revères.*
Rovoira (La). *La Reveure,* c^{ne} d'Espaly-Saint-Marcel.
Rovoure. *La Reveure,* c^{ne} de Retournac.
Rovoyra. *La Rivoire.*
Rovoyra (La). *La Reveure,* c^{nes} d'Espaly-Saint-Marcel et de Retournac.
Rovoyre (La). *La Rivoire.*
Royac. *Rougeac,* c^{ne} de Saint-Privat-d'Allier.
Royago. *Rougeac,* c^{ne} de Villeneuve-d'Allier.
Royro, Royron. *Roiron.*
Roys. *Rois.*
Rozada, Rozade. *Ronzade.*
Rozeirets. *Rouzairets.*
Rozers. *Roziers, Les Roziers.*
Rozeyras. *Rosières.*
Rozeyrettes. *Rouzairets.*
Rozeyros (Los). *Les Rouzeyroux.*
Rozière. *Les Roziers.*
Rozières. *Rosières.*
Roziers. *Les Rosiers.*
Rozonet. *Razonnet.*
Rualx (Los), Ruaulx (Lous). *Les Riaux.*
Rucherengiæ. *Recharenge.*
Rueaulx (Los). *Les Riaux.*
Rufferon. *Raffeyroux,* c^{ne} de Lempdes.
Rufiacus. *Roffiac.*
Ruilhat. *Roulhac.*
Ruillacensis (adjectif). *Rilhac,* c^{ne} de Vergongheon.
Ruillier. *Monachon.*
Ruinac. *Rognac,* c^{ne} de Saint-Arcons-d'Allier.
Rulhacum. *Roulhac.*
Rulhere-en-Velay. *La Rulhière.*
Rulhier. *Rouillier.*

Rulière. *Rullières.*
Rullier. *Rouillier, Rulhier.*
Runhac. *Rognac,* cnes de Saint-Arcons-d'Allier et de Saugues.
Runhacum. *Rognac,* cne de Saugues.
Runhaguet. *Rognaguet.*
Runniac. *Rognac,* cne de Saint-Arcons-d'Allier.
Rupalhe. *Riopaille.*
Rupes. *La Roche,* cnes de Bas, de Brioude et de Saint-Berain.
Rupes Accuta, Rupes Acuta. *Roche-gude.*
Rupes Baro, Rupes Baronis. *Roche-baron,* cne de Bas.
Rupes Blavi. *La Roche-du-Blau.*
Rupes Fortis. *Rochefort,* cne d'Alleyras.
Rupes in Reynerio. *Roche-en-Régnier.*
Rupes Lamberta, Rupes Lamberti. *La Roche-Lambert.*
Rupes Limanha. *Rochelimagne.*
Rupes prope Cobo. *La Roche,* cne de Coubon.
Rupes prope Sanctum Paulhanum. *La Roche-Lambert.*
Rupes Reboul. *La Roche,* cne de Saint-Just-Malmont.
Rupes Regnerii, Rupes Rignaci. *Roche-en-Régnier.*
Rupes Sauneria. *La Roche,* cne de Saint-Christophe-sur-Dolaison.
Rupes supra Cobonem. *La Roche,* cne de Coubon.
Rupes Urseria. *Rechausseyre.*
Rupeta. *La Rochette,* cne de Saint-Jeure.
Rupis del Blau. *La Rochette,* cne de Cubelles.
Rupis Lauræ. *Rochelaure.*
Rupis Matfredi. *La Roche,* cne de Saugues.
Ruppes. *La Roche,* cnes de Brioude, de la Chapelle-Geneste, de Tence, des Vastres et de Villeneuve-d'Allier; *Roche-en-Régnier.*
Ruppes Albertus. *Rochaubert.*
Ruppes Baro. *Rochebaron,* cne de Bas.
Ruppes Blavi. *La Rochette,* cne de Cubelles.
Rupes de Couteau. *La Roche-de-Couteaux.*
Ruppes del Bachas. *Roche-Haute.*
Ruppes deux Dalmas. *La Roche-Dumas.*
Ruppes Ferrandi. *La Rochette,* cne de Saint-Didier-la-Séauve.
Ruppes Forchata. *Roche-Fourchade.*

Ruppes Fortis. *Rochefort,* cne d'Alleyras.
Ruppes Niaygli, Ruppes Nidi Ayglini. *La Roche,* cne de Saint-Berain.
Ruppes prope Brivatam. *La Roche,* cne de Bournoncle-la-Roche.
Ruppes prope Sanctum Paulum. *La Roche,* cne de Saint-Pal-de-Mons.
Ruppes Robodi. *La Roche,* cne de Saint-Just-Malmont.
Ruppes Superior. *La Roche-Brocard.*
Ruppeta. *La Rochette,* cne de Saint-Jeure.
Ruschas (Las). *Les Ruches,* cne du Mazet-Saint-Voy.
Rusches (Les). *Les Ruches,* cne des Estables.
Ruschiis (Rivus de). *Les Ruches.*
Rutlhat. *Roulhac.*
Ruvere. *Le Roure,* cne de Lantriac.
Ruveyra (La). *La Roueure,* cnes de Retournac et de Vorey.
Ruyleyras. *Les Rullières.*
Ruylhacum. *Roulhac.*
Ruylheria. *La Rullière.*
Ruylherium. *Roulier.*
Ruylheyria (La). *La Rullière.*
Ryalhac. *Rilhac,* cne de Vergongheon.
Ryberines. *Rabeyrines.*
Rylhat. *Rilhac,* cne de Vergongheon.
Ryous. *Rioux.*
Ryval (Le). *Vès-Rivaux.*
Ryvet (Lo). *Le Rivet.*

S

Sab (Lo). *Le Sapet,* cne du Mazet-Saint-Voy; *Le Sapet-Haut.*
Sabattier. *Sabatier.*
Sable-d'Érem (Lo). *Le Sablon.*
Sabletz (Rivus de). *Ravin-de-Grisallou.*
Sachinolles. *Chassignoles.*
Saciago. *Sauciat.*
Sacnac. *Sannac.*
Sacsiacus. *Ceyssac.*
Sagnas. *La Sagne,* cne de Coubon.
Sagne (La). *Les Sagnes,* cne du Chambon.
Sagne-des-Eyversions (La). *La Sagne,* ruiss.
Sagnens. *Sanis.*
Sagnes. *Saignes.*
Sagnes (Les). *Les Saignes,* cne d'Araules.
Sagnies (Les). *Les Sagnes,* cne de Saint-Just-Malmont.

Sagnols (Les). *Les Sagnoles.*
Sagny (Le). *Le Sagnet.*
Sagotier. *Salgotier.*
Saignasart. *Seignazerd.*
Saignebesses. *Saignes-Besses.*
Saignens. *Sanis.*
Saignequeute. *Séniquette.*
Saigne-Redonde. *Sagne-Redonde.*
Saignes (Les). *La Sagne,* cne de Croisance; *Les Sagnes,* cnes du Chambon, de Monistrol-sur-Loire et de Saint-Just-Malmont.
Saignolles (Les). *Les Sagnoles.*
Sailhenc. *Le Saline.*
Saillent. *Sailhens.*
Sainas, Sainnaz. *Saignes.*
Saindoli. *Saint-Douly.*
Saint. — Nota. Pour la facilité des recherches, on a réuni, dans un ordre alphabétique unique, les noms de lieux anciens commençant par les mots Sainct et Saint.
Saint-Agrève (Molendinum). *Moulin-Sainte-Catherine.*
Sainct-Agricolle. *Saint-Georges-Lagricol.*
Saint-Ahom. *Saint-Haon,* cne de Prades.
Saint-Ahon, Saint-Ahond. *Saint-Haon,* cne de Pradelles.
Saint-Alaire, Sainct-Alary. *Saint-Hilaire.*
Saint-Alba. *Saint-Albe.*
Saint-Alcons. *Saint-Arcons-d'Allier.*
Saint-Alire. *Saint-Hilaire.*
Sainct-Andrieu (La Coste-). *Côte-Saint-André.*
Saint-Andriou. *Saint-André.*
Sainct-Anthoine. *Verdiange.*
Saint-Aont. *Saint-Haon,* cne de Pradelles.
Sainct-Arcomps. *Saint-Arcons-d'Allier.*
Saint-Arcons. *Saint-Arcons-de-Barges.*
Saint-Aulpige, Saint-Aupize. *Saint-Hpize.*
Saint-Austremoini, Saint-Austremoni, Sainct-Austremoyne. *Saint-Austremoine.*
Saint-Badel. *Sembadel.*
Saint-Bausire, Sainct-Bauzille. *Saint-Beauzire.*
Sainct-Benign. *Saint-Berain.*
Saint-Benoyt-de-Val. *Saint-Benoit.*
Saint-Beraing, Saint-Bereign, Sainct-Bereing, Sainct-Beren. *Saint-Berain.*
Saint-Blaise-de-Jansac, Saint-Bleze. *Saint-Blaise,* cne de Cussac.

Saint-Bonet-lo-Freit. *Saint-Bonnet-le-Froid.*

Saint-Bonnet (Ruiss. de). *Le Veyron.*

Saint-Bourraing. *Saint-Berain.*

Sainct-Bouzille. *Saint-Beauzire.*

Sainct-Bringn. *Saint-Berain.*

Saint-Bruno. *La Chartreuse.*

Saint-Chardel. *Saint-Chartel.*

Saint-Cierge. *Saint-Cirgues,* cⁿᵒ de la Voûte-Chilhac.

Saint-Claude. *La Gardette,* cⁿᵉ de Saugues.

Saint-Cristofou. *Saint-Christophe-sur-Dolaison.*

Sainct-Deidier. *Saint-Didier-la-Séauve.*

Saint-Desdier. *Saint-Didier-sur-Doulon.*

Saint-Desdier-de-Joyeuse. *Saint-Didier-la-Séauve.*

Saint-Desdier-lez-Alier. *Saint-Didier-d'Allier.*

Saint-Didier-de-Narestan, Sainct-Didier-la-Ville, Saint-Didier-Nérestang. *Saint-Didier-la-Séauve.*

Saint-Disdeyr, Saint-Disdier. *Saint-Didier-sur-Doulon.*

Sainct-Dompny. *Saint-Domnin,* cⁿᵉ de Beaulieu.

Saint-Dony. *Saint-Domnin,* cⁿᵉ de Queyrières.

Saint-Ebble. *Saint-Éble.*

Saint-Éble (Rif de). *Le Morange.*

Saint-Eolpizi. *Saint-Ilpize.*

Saint-Estève-de-Lardeyrol. *Saint-Étienne-Lardeyrol.*

Sainct-Estienne. *Saint-Étienne-près-Allègre.*

Sainct-Estienne-de-Viguan. *Saint-Étienne-du-Vigan.*

Saint-Estienne-lès-Montferrat. *Saint-Étienne-Lardeyrol.*

Sainct-Étienne-des-Deux-Chiens. *Saint-Étienne.*

Saint-Estienne-près-d'Auroze, Saint-Estienne-sur-Aurouze. *Saint-Étienne-près-Allègre.*

Saint-Euble. *Saint-Éble.*

Saint-Fereol. *Saint-Ferréol-d'Auroure.*

Saint-Feriol. *Saint-Ferréol,* cⁿᵉ de Brioude.

Saint-Fermin. *Fontaine-Saint-Firmin.*

Sainct-Ferreol. *Saint-Ferréol-d'Auroure.*

Saint-Ferreol-de-Cohade. *Cohade.*

Saint-Ferreol-les-Minimes. *Saint-Ferréol,* cⁿᵉ de Brioude.

Saint-Ferriol. *Saint-Ferréol,* cⁿᵉˢ de Brioude et de Roche-en-Régnier; *Saint-Ferréol-d'Auroure.*

HAUTE-LOIRE.

Saint-Firmin. *Mathias.*

Saint-Froant. *Saint-Front.*

Saint-Generde, Saint-Genès. *Saint-Geneys-près-Saint-Paulien.*

Saint-Genès-de-Fix. *Fix-Saint-Geneys.*

Saint-Geuix. *Saint-Geneys-près-Saint-Paulien.*

Sainct-George-Agricol, Saint-George-la-Gricolle, Sainct-George-près-Craponne. *Saint-Georges-Lagricol.*

Saint-Georges-le-Daurat, Saint-Georges-le-Dorat. *Saint-Georges-d'Aurac.*

Saint-Gereon. *Saint-Géron.*

Sainct-Germa, Sainct-Germain-la-Prade, Sainct-Germe. *Saint-Germain-Laprade.*

Saint-Gineys. *Saint-Geneys-près-Saint-Paulien.*

Saint-Girom, Saint-Giron. *Saint-Géron.*

Saint-Gorge. *Saint-Georges-Lagricol.*

Saint-Grimald. *Saint-Grimaud.*

Saint-Hablou (Ruiss. de). *Ravin-de-la-Grande-Bleu.*

Saint-Heble. *Saint-Éble.*

Sainct-Hestieu, Sainct-Heustien, Sainct-Hustion. *Saint-Hostien.*

Saint-Ignace. *Saintignac,* cⁿᵉ de Retournac.

Sainct-Jaulx. *Yssingeaux.*

Saint-Jean. *Le Chambon,* cⁿᵉ de Cohade.

Saint-Jean-Daubrigoux. *Saint-Jean-d'Aubrigoux.*

Saint-Jean-de-Lachant. *Saint-Jean-Lachalm.*

Saint-Jean-des-Brigoux. *Saint-Jean-d'Aubrigoux.*

Saint-Jean-la-Chalin. *Saint-Jean-Lachalm.*

Saint-Jean-lous-Brigoux. *Saint-Jean-d'Aubrigoux.*

Saint-Jehan-de-Jhérusalem, Saint-Jehan-la-Chevalerie. *Saint-Jean-la-Chevalerie.*

Sainct-Jehan-des-Bregoux, Sainct-Jehan-deus-Bregos, Sainct-Jehandoux-Breguoux. *Saint-Jean-d'Aubrigoux.*

Sainct-Jeury. *Saint-Jeure.*

Saint-Joan-Peyro. *Peyron-Saint-Jean.*

Saint-Jolia. *Saint-Julien-des-Chazes.*

Sainct-Jollie-de-Chapteulh. *Saint-Julien-Chapteuil.*

Saint-Jorge. *Saint-George.*

Saint-Jori. *Saint-Jeure.*

Saint-Julhen. *Saint-Julien-Chapteuil, Saint-Julien-la-Tourrette.*

Saint-Julhen-de-Chapteulh. *Saint-Julien-Chapteuil.*

Saint-Julhien. *Saint-Julien, Saint-Julien-des-Chazes.*

Sainct-Julien. *Saint-Julien-Molhesabate.*

Sainct-Julien-d'Ansse. *Saint-Julien-d'Ance.*

Sainct-Julien-de-Chapteuil. *Saint-Julien-Chapteuil.*

Sainct-Julien-de-Filx, Sainct-Julien-de-Fis, Sainct-Julien-de-Fix. *Fix-le-Bas.*

Saint-Julien-de-la-Torette. *Saint-Julien-la-Tourrette.*

Saint-Julien-des-Chases. *Saint-Julien-des-Chazes.*

Saint-Julien-de-Solemieu. *Solignac-sous-Roche.*

Saint-Julien-en-Auvergne. *Saint-Julien-des-Chazes.*

Saint-Julien-Molhesabatte. *Saint-Julien-Molhesabate.*

Sainct-Jurre. *Saint-Jeure.*

Saint-Just. *Bellevue-la-Montagne; Le Sembadou, ruiss.*

Saint-Just-près-Chomelix. *Bellevue-la-Montagne.*

Sainct-Juyre. *Saint-Jeure.*

Sainct-Lagier. *Saint-Léger,* cⁿᵉˢ de Sainte-Sigolène et de Sembadel.

Sainct-Laurent-près-Brioude. *Saint-Laurent-Chabreuges.*

Saint-Liegier, Saint-Ligier, Saint-Litgier, Saint-Lutgier. *Saint-Léger,* cⁿᵉ de Sembadel.

Saint-Marcial. *Saint-Marsal.*

Saint-Marsel. *Saint-Marcel.*

Saint-Marssal. *Saint-Marsal.*

Saint-Marti. *Saint-Martin.*

Sainct-Martin-de-Faugières, Saint-Martin-de-Feugières, Sainct-Martin-Faugeyres, Sainct-Marty. *Saint-Martin-de-Fugères.*

Saint-Mezard-d'Allier. *Saint-Medard.*

Saint-Michel. *Aiguille-Saint-Michel.*

Saint-Mourice. *Saint-Maurice.*

Saint-Mourisy. *Saint-Maurice-de-Lignon.*

Saint-Olpize. *Saint-Ilpize.*

Saint-Ostien. *Saint-Hostien.*

Saint-Pal. *Saint-Pal-de-Chalencon.*

Saint-Pal-de-Tartas. *Saint-Paul-de-Tartas.*

Saint-Paul. *Saint-Pal-de-Mars.*

Saint-Paul-en-Chalencon. *Saint-Pal-de-Chalencon.*

Saint-Paulhen, Sain-Paulia. *Saint-Paulien.*

Saint-Peire. *Saint-Pierre.*

Saint-Pierre-des-Anjallas. *Les Eujalas.*

Sainct-Pol-de-Tartas. *Saint-Paul-de-Tartas.*

Saint-Poul. *Saint-Pal-de-Murs.*

Saint-Poulheu. *Saint-Paulien.*

Saint-Pregeit, Saint-Preiect, Saint-Preject. *Saint-Préjet-Armandon.*

Sainct-Preject-en-Gevoudan. *Saint-Préjet-d'Allier.*

Saint-Priget. *Saint-Préjet-Armandon.*

Saint-Privat-de-Vellaic, Saint-Privat-de-Vellay. *Saint-Privat-d'Allier.*

Saint-Privat-du-Drahon, Saint-Privat-du-Draiguon. *Saint-Privat-du-Dragon.*

Sainct-Quin'ti, Sainct-Quiquin. *Saint-Quintin*, cne de Saint-Quintin-Chaspinhac.

Saint-Ramey, Saint-Remey. *Saint-Rémy.*

Saint-Roimans. *Saint-Romain*, cne de Siaugues-Saint-Romain.

Saint-Roma. *Saint-Romain*, cnes de Saint-Jean-de-Nay et de Siaugues-Saint-Romain.

Sainct-Romain-la-Chalin, Sainct-Romans-la-Chaulx. *Saint-Romain-Lachalm.*

Saint-Romain-la-Monghe. *Saint-Romain*, cne de Saint-Jean-de-Nay.

Saint-Rome. *Saint-Romain*, cnes de Saint-Jean-de-Nay et de Siaugues-Saint-Romain.

Sainct-Rome-la-Chalm. *Saint-Romain-Lachalm.*

Saint-Sac. *Censac.*

Sainct-Sodornin, Sainct-Sodroing. *Saint-Saturnin.*

Sainct-Stienne. *Saint-Étienne-Lardeyrol.*

Saint-Sustia, Sainct-Sustie, Sainct-Sustien. *Saint-Hostien.*

Saint-Tavung. *Saint-Haon*, cou de Pradelles.

Saint-Teble. *Saint-Éble.*

Sainct-Thyniac, Saint-Tyniac. *Saintignac*, cne de Retournac.

Saint-Ulpise, Saint-Ulpize, Saint-Uplise. *Saint-Ilpize.*

Saint-Vairi, Saint-Vairin, Saint-Vée. *Saint-Vert.*

Saint-Verin. *Saint-Berain.*

Saint-Victour. *Saint-Victor, Saint-Victor-sur-Arlanc.*

Sainct-Victor-de-Malescours. *Saint-Victor-Malescours.*

Sainct-Vital. *Saint-Vidal.*

Saint-Viteur. *Saint-Victor-sur-Arlanc.*

Saint-Voir. *Saint-Vert.*

Saint-Vosi. *Saint-Vosy.*

Saint-Vosy (Oratoire de). *Les Trois-Pierres.*

Saint-Voyse. *Saint-Vosy.*

Sainct-Vozi-de-Bonnas. *Le Mazet-Saint-Voy.*

Saint-Ylipide. *Saint-Ilpize.*

Saincte (La). *L'Enceinte.*

Saincte-Apologne (Sucs). *Sucs-de-Sainte-Appolonie.*

Sainte-Fleurine, Sainte-Flourine. *Sainte-Florine.*

Sainte-Ignace. *Saintignac*, cne de Saint-Didier-la-Séauve.

Sainte-Marguerite. *Saint-Étienne-près-Allègre.*

Sainte-Marie, Sainte-Marie-des-Chases. *Sainte-Marie-des-Chazes.*

Sainte-Poloigne. *Sainte-Apollonie.*

Sainte-Reine-de-Villeneuve. *Sainte-Eugénie-de-Villeneuve.*

Sainte-Segolene, Saincte-Sigolesne. *Sainte-Sigolène.*

Saisac, Saissac. *Ceyssac.*

Saisso. *Les Ceyssoux.*

Sal. *Le Say*, ruiss.

Salacrup. *Salecrup*, cnes de Dunières, de Saint-Jeure et d'Yssingeaux.

Salæ. *Les Salles*, cnes de Bas, du Brignon, de Saint-Martin-de-Fugères et de Tence; *Les Salles-Vieilles.*

Salæ Mongials. *Les Salles*, cne de Saint-Martin-de-Fugères.

Salamona, Salamonna. *La Sermone.*

Salas. *Les Salles*, cnes de Bas et de Saint-Martin-de-Fugères.

Salas (Las). *Les Salles*, cnes du Brignon, de Sembadel et de Tence; *Les Salles-Vieilles.*

Salasard. *Salazar.*

Salas Monzils. *Les Salles*, cne de Saint-Martin-de-Fugères.]

Salaver, Salavertz. *Salavert.*

Salazuit. *Salzuit.*

Salce (La). *La Salle.*

Salciat. *Sauciat.*

Salcuzy. *Sileuzin.*

Salecrut. *Salcrux.*

Salelas. *Salettes*, cne du Mazet-Saint-Voy.

Salerut. *Salcroux.*

Sales (Les). *Les Salles*, cne du Brignon.

Saleshuit. *Salzuit.*

Sales-Jones (Les). *Les Salles-Jeunes.*

Saletæ. *Ponnet; Salettes*, cnes du Mazet-Saint-Voy et de Saugues.

Saletas. *Salettes*, con du Monastier.

Saletas (Las). *Ponnet.*

Saletas prope Tensanum. *Salettes*, cne de Tence.

Salette. *Salettes*, cne de Raucoules.

Saleyre. *Le Sancyre.*

Saleyron-lez-Chomelix. *Saleyron.*

Salga, Salge, Salguæ, Salgue. *Saugues*, arr. du Puy.

Salgueda. *La Salzède.*

Salgues. *Saugues*, arr. du Puy et cne des Estables.

Salguiacius, Salguiacus. *Saugues*, arr. du Puy.

Salgusius. *Sileuzin.*

Salh. *Le Say*, ruiss.

Salhenc. *Le Saline.*

Salhens. *Les Saliens.*

Salicem (Ad). *Le Faux.*

Salices. *Saugues*, arr. du Puy.

Salitas. *Salettes*, con du Monastier.

Sallac. *Celhar.*

Sallacreu. *Salecrup*, cne de Saint-Jeure.

Salle (La). *Le Moulin-de-Roche.*

Sallellas. *Salettes*, cne du Mazet-Saint-Voy.

Salles (Las). *Le Moulin-de-Roche.*

Salles-d'Outre (Les). *Les Salles*, cne du Brignon.

Salles-Mongiaulx (Les), Salles-Moniaux (Les), Salles-Monjau (Les). *Les Salles*, cne de Saint-Martin-de-Fugères.

Salletas. *Salettes*, cne de Montregard.

Salletes. *Salettes*, con du Monastier et cne du Mazet-Saint-Voy.

Salli. *Le Say*, ruiss.

Salliens. *Le Sagnet.*

Salquedunum. *La Salzède.*

Salsa. *La Sausse.*

Salsa (La). *La Salle, Salces, La Sauce.*

Salsac, Salsacum. *Saussac.*

Salsæ. *Les Sauces*, cne de Saint-Pierre-Eynac.

Salsas. *Salces; Les Sauces*, cne de Chassagnes.

Salsas (Las). *Les Sauces*, cne de Saint-Pierre-Eynac; *Les Sausses.*

Salse (La). *Salces.*

Salse (Lo). *Le Sauze.*

Salses (Las). *La Bujone; Les Sauces*, cne de Chassagnes.

Salsiacum. *Sauciat.*

Salssacum. *Saussac.*

Salvaghe. *Le Sauvage.*

Salvaiges (Les). *Les Sauvages*, cⁿᵉ de la Farre.

Salvanhac. *Sauvagnat*, cⁿᵉˢ d'Agnat et de Saint-Just-près-Brioude.

Salvatge. *Le Sauvage.*

Salvatges. *Le Sauvage; Les Sauvages*, cⁿᵉ d'Aurec.

Salvatgiis (Turris de). *La Tour*, cⁿᵉ d'Aurec.

Salvaticis, Salvatico. *Les Sauvages*, cⁿᵉ de Queyrières.

Salve-Benoiste (La). *La Séauve.*

Salvegniergues. *Souvanirgues.*

Salveignac. *Sauvagnat*, cⁿᵉ de Saint-Just-près-Brioude.

Salvetat (La), Salvete (La). *La Sauvetat.*

Salveynhet. *Sauvagny.*

Salvia. *Saugues*, arr. du Puy.

Salvigniacus. *Sauvagny.*

Salvinargues. *Souvanirgues.*

Salvinhec. *Souvignet.*

Salvitas. *La Sauvetat.*

Salvynihierguers. *Souvanirgues.*

Salzet, Salzetz. *Sauzet*, cⁿᵉ de Venteuges.

Sambadal, Sambadel, Sambadellus. *Sembadel.*

Sanæ. *Les Sagnes*, cⁿᵉ du Mazet-Saint-Voy.

Sanajon. *Sénéujol.*

San-Cergue. *Saint-Cirgues.*

San-Crestofol, San-Cristofol. *Saint-Christophe-sur-Dolaison.*

Sancsacum. *Censac.*

Sancta Florina, Sancta Fludina, Sancta Flurina. *Sainte-Florine.*

Sancta Maria (Mansus de). *Mas-de-Notre-Dame.*

Sancta Seglona, Sancta Segolena. *Sainte-Sigolène.*

Sancti Agrippani molendinum. *Moulin-Sainte-Catherine.*

Sancti Clari capella. *Saint-Clair.*

Sancti Honorati ecclesia. *Varennes-Saint-Honorat.*

Sancti Johannis molendinum. *Moulin-Saint-Jean.*

Sancti Johannis petra. *Peyron-Saint-Jean.*

Sancti Martini passus. *Le Pas-Saint-Martin.*

Sancti Martini Suc. *Suc-Saint-Martin.*

Sanctinac, Sanctinacum, Sanctinhac. *Saintignac*, cⁿᵉ de Retournac.

Sancti Petri mansus. *Mas-Saint-Pierre.*

Sancti Philiberti monasterium. *Goudet.*

Sancti Romani castrum. *Saint-Romain*, cⁿᵉ de Siaugues-Saint-Romain.

Sancti Ylpidii molendina. *Moulin-de-Saint-Ilpize.*

Sanct-Julien-d'Ansa. *Saint-Julien-d'Ance.*

Sancto Johanne (Codercus de). *Saint-Jean.*

Sanctus Abundus. *Saint-Haon*, cⁿⁿ de Pradelles.

Sanctus Agricola, Sanctus Agricola Craponæ. *Saint-Georges-Lagricol.*

Sanctus Agrippanus. *Saint-Agrève, Moulin-de-Sainte-Catherine.*

Sanctus Albanus. *Saint-Albe.*

Sanctus Alpisius. *Saint-Ilpize.*

Sanctus Anatolius. *Le Peuch.*

Sanctus Andreas Chalanconii, Sanctus Andreas de Chalaucon, Sanctus Andreas de Chalanconio, Sanctus Andreas de Feschales, Sanctus Andreas deus Felchos, Sanctus Andreas deux Felchols. *Saint-André-de-Chalencon.*

Sanctus Antonius. *Antoniannes.*

Sanctus Apolitus. *Saint-Hippolyte.*

Sanctus Archontius. *Saint-Arcons-d'Allier.*

Sanctus Arconcius. *Saint-Arcons-d'Allier, Saint-Arcons-de-Barges.*

Sanctus Arconsius. *Saint-Arcons-de-Barges.*

Sanctus Arcontius. *Saint-Arcons-d'Allier, Saint-Arcons-de-Barges.*

Sanctus Badellus. *Sembadel.*

Sanctus Baudelius. *Saint-Beauzire.*

Sanctus Benedictus. *Saint-Benoît.*

Sanctus Bereign, Sanctus Berein, Sanctus Bereynh. *Saint-Berain.*

Sanctus Blasius de Gensacio, Sanctus Blasius de Genzaco. *Saint-Blaise*, cⁿᵉ de Cussac.

Sanctus Bonitus Frigidus. *Saint-Bonnet-le-Froid.*

Sanctus Cericius. *Saint-Cirgues*, cⁿⁿ de la Voûte-Chilhac.

Sanctus Christoforus. *Saint-Christophe-d'Allier, Saint-Christophe-sur-Dolaison.*

Sanctus Christophorus. *Saint-Christophe-d'Allier.*

Sanctus Ciricius. *Saint-Cirgues*, cⁿᵉ de la Mothe.

Sanctus Clemens. *Saint-Clément.*

Sanctus Cyricus. *Saint-Cirgues*, cⁿⁿ de la Voûte-Chilhac.

Sanctus Dederius. *Saint-Didier-la-Séauve.*

Sanctus Desiderius. *Saint-Didier-d'Allier, Saint-Didier-la-Séauve, Saint-Didier-sur-Doulon.*

Sanctus Ebulus. *Saint-Éble.*

Sanctus Egidius. *Chamalières.*

Sanctus Egripanus. *Saint-Agrève.*

Sanctus Estephanus. *Saint-Étienne-Lardeyrol.*

Sanctus Evodius. *Le Mazet-Saint-Voy, Saint-Vosy.*

Sanctus Evodius Bonacensis, Sanctus Evodius prope Bonnas. *Le Mazet-Saint-Voy.*

Sanctus Ferreolus. *Saint-Ferréol*, cⁿᵉˢ de Brioude et de Roche-en-Régnier; *Saint-Ferréol-d'Auroure.*

Sanctus Ferriolus. *Saint-Ferréol*, cⁿᵉ de Brioude.

Sanctus Fortunatus. *Saint-Fortunat.*

Sanctus Frunto. *Peyron-Saint-Front.*

Sanctus Fruntus. *Saint-Front.*

Sanctus Genesius, Sanctus Genesius de Juliaco, Sanctus Genezius. *Saint-Geneys-près-Saint-Paulien.*

Sanctus Georgius. *Saint-Jeure.*

Sanctus Georgius Agricol. *Saint-Georges-Lagricol.*

Sanctus Georgius Deaurati, Sanctus Georgius de Aurato, Sanctus Georgius de Dorato. *Saint-Georges-d'Aurac.*

Sanctus Georgius Sancti Pauliani, Sanctus Georgius Vetulæ Civitatis. *Saint-Georges-de-Saint-Paulien.*

Sanctus Germanus, Sanctus Germanus de Pratis, Sanctus Germanus la Prada, Sanctus Germanus Pratensis, Sanctus Germanus prope Podium. *Saint-Germain-Laprade.*

Sanctus Guabriel. *Saint-Gabriel.*

Sanctus Habundus, Sanctus Habundus. *Saint-Haon*, cⁿⁿ de Pradelles.

Sanctus Hilarius. *Saint-Hilaire.*

Sanctus Honoratus de Varenis. *Varennes-Saint-Honorat.*

Sanctus Hostianus. *Saint-Hostien.*

Sanctus Iermanus. *Saint-Germain-Laprade.*

Sanctus Ilarius. *Saint-Hilaire.*

Sanctus Illidius. *Saint-Ilpize.*

Sanctus Jeorius, Sanctus Jeurius. *Saint-Jeure.*

Sanctus Johannes. *Saint-Jean, Saint-Jean-Lachalm.*

Sanctus Johannes ad Braconos. *Saint-Jean-d'Aubrigoux.*

Sanctus Johannes a la Chalm. *Saint-Jean-Lachalm.*

Sanctus Johannes Baptista. *Montregard.*

Sanctus Johannes de Bracas, Sanctus Johannes de Bracoa, Sanctus Johannes de Bracos. *Saint-Jean-d'Aubrigoux.*

Sanctus Johannes de Calma, Sanctus Johannes de la Chalm. *Saint-Jean-Lachalm.*

Sanctus Johannes de Militia. *Saint-Jean-la-Chevalerie.*

Sanctus Johannes de Mirmanda. *Saint-Jean-Lachalm.*

Sanctus Johannes deus Bracos. *Saint-Jean-d'Aubrigoux.*

Sanctus Johannes Jherosolymitanus. *Saint-Jean-la-Chevalerie.*

Sanctus Julhanus. *Saint-Julia, Saint-Julien.*

Sanctus Julhanus de Pineto. *Saint-Julien-du-Pinet.*

Sanctus Julianus. *Saint-Julia, Saint-Julien-Chapteuil, Saint-Julien-d'Anse.*

Sanctus Julianus al Pinet. *Saint-Julien-du-Pinet.*

Sanctus Julianus d'Ansa, Sanctus Julianus de Ansa. *Saint-Julien-d'Anse.*

Sanctus Julianus de Capitolio, Sanctus Julianus de Captholio, Sanctus Julianus de Captolio. *Saint-Julien-Chapteuil.*

Sanctus Julianus de Casis. *Saint-Julien-des-Chazes.*

Sanctus Julianus de Finis. *Fix-le-Bas.*

Sanctus Julianus de Molhasabata. *Saint-Julien-Molhesabate.*

Sanctus Julianus de Pineto. *Saint-Julien-du-Pinet.*

Sactus Julianus de Sollempniaco. *Solignac-sous-Roche.*

Sanctus Julianus de Turreta. *Saint-Julien-la-Tourrette.*

Sanctus Julianus Molhassabata. *Saint-Julien-Molhesabate.*

Sanctus Julianus prope Bas. *Saint-Julien.*

Sanctus Julianus Sollempniacensis. *Solignac-sous-Roche.*

Sanctus Justus. *Bellevue-la-Montagne, Saint-Just-Malmont, Saint-Just-près-Brioude.*

Sanctus Laurentius prope Brivatam. *Saint-Laurent-Chabreuges.*

Sanctus Leodegarius, Sanctus Liautgerius, Sanctus Ligerius. *Saint-Léger, cⁿᵉ de Sembadel.*

Sanctus Marcellus. *Saint-Marcel.*

Sanctus Marcialis. *Saint-Marsal.*

Sanctus Martinus, Sanctus Martinus de Feugeriis, Sanctus Martinus de Feugeyras, Sanctus Martinus de Fougeyras, Sanctus Martinus de Frugeiras, Sanctus Martinus de Frugeriis, Sanctus Martinus de Fugeriis, Sanctus Martinus Feugeriarum, Sanctus Martinus Frugeriarum. *Saint-Martin-de-Fugères.*

Sanctus Mauricius. *Saint-Maurice, Saint-Maurice-de-Roche.*

Sanctus Mauricius Amblavensis. *La Voûte-sur-Loire.*

Sanctus Mauricius de Lhinone, Sanctus Mauricius de Linho, Sanctus Mauricius de Linhone, Sanctus Mauricius de Poensac, Sanctus Mauricius de Poenzac, Sanctus Mauricius de Proenciaco. *Saint-Maurice-de-Lignon.*

Sanctus Mauricius de Rupe, Sanctus Mauricius prope Rocham, Sanctus Mauricius Rupis, Sanctus Mauricius Ruppis. *Saint-Maurice-de-Roche.*

Sanctus Mauricius Vallamblavensis. *La Voûte-sur-Loire.*

Sanctus Maximus. *Le Tracol.*

Sanctus Mayras. *Saint-Meyrat.*

Sanctus Medardus. *Saint-Médard.*

Sanctus Mœranus. *Saint-Meyrat.*

Sanctus Paulianus. *Saint-Paulien.*

Sanctus Paulus. *Saint-Pal-de-Chalencon, Saint-Pal-de-Mons, Saint-Paul-de-Tartas.*

Sanctus Paulus de Chalanco, Sanctus Paulus de Chalanconio. *Saint-Pal-de-Chalencon.*

Sanctus Paulus de Murs. *Saint-Pal-de-Murs.*

Sanctus Paulus de Tartacio, Sanctus Paulus de Tartasrio, Sanctus Paulus de Tartassio. *Saint-Paul-de-Tartas.*

Sanctus Paulus prope Mons. *Saint-Pal-de-Mons.*

Sanctus Petrus. *Saint-Pierre-le-Monastier, Saint-Pierre-la-Tour.*

Sanctus Petrus d'Aynac. *Saint-Pierre-Eynac.*

Sanctus Petrus de Arenis. *Les Enjalas.*

Sanctus Petrus de Aynaco. *Saint-Pierre-Eynac.*

Sanctus Petrus de Campo. *Saint-Pierre-Duchamp.*

Sanctus Petrus de Monasterio, Sanctus Petrus de Podio. *Saint-Pierre-le-Monastier.*

Sanctus Petrus de Sollempnaco. *Les Enjalas.*

Sanctus Petrus de Turre. *Saint-Pierre-la-Tour.*

Sanctus Petrus Vetus. *Saint-Pierre-le-Vieux.*

Sanctus Poulhanus. *Saint-Paulien.*

Sanctus Pregectus. *Saint-Préjet-d'Allier.*

Sanctus Preiectus, Sanctus Projectus. *Saint-Préjet-Armandon, Saint-Préjet-d'Allier.*

Sanctus Projetus. *Saint-Préjet-d'Allier.*

Sanctus Privatus. *Saint-Privat, Saint-Privat-d'Allier, Saint-Privat-du-Dragon.*

Sanctus Privatus del Drahos, Sanctus Privatus du Drahos. *Saint-Privat-du-Dragon.*

Sanctus-Quintinus. *Saint-Quintin, cⁿᵉ de Saint-Quintin-Chaspinhac et de Desges.*

Sanctus Remigius. *Saint-Rémy.*

Sanctus Romanus. *Saint-Romain, cⁿᵉˢ de Sainte-Sigolène, de Saint-Jean-de-Nay et de Siaugues-Saint-Romain; Saint-Rome.*

Sanctus Romanus a la Chalm, Sanctus Romanus de Calma, Sanctus Romanus la Chalm. *Saint-Romain-Lachalm.*

Sanctus Romanus la Mongia. *Saint-Romain, cⁿᵉ de Saint-Jean-de-Nay.*

Sanctus Romanus lo Chastel. *Saint-Romain, cⁿᵉ de Siaugues-Saint-Romain.*

Sanctus Sebastianus. *Saint-Sébastien.*

Sanctus Stephanus. *Saint-Étienne-du-Vigan, Saint-Étienne-près-Allègre.*

Sanctus Stephanus de Combriolo. *Saint-Étienne-Lardeyrol.*

Sanctus Stephanus de duobus Canibus. *Saint-Étienne.*

Sanctus Stephanus de Lardayrol. *Saint-Étienne-Lardeyrol.*

Sanctus Stephanus del Viga, Sanctus Stephanus de Vigano. *Saint-Étienne-du-Vigan.*

Sanctus Sustianus. *Saint-Hostien.*

Sanctus Teaufredus. *Le Monastier.*

Sanctus Ustianus. *Saint-Hostien.*
Sanctus Venerandus. *Saint-Vénérand.*
Sanctus Verus. *Saint-Vert.*
Sanctus Victor. *Saint-Victor, Saint-Victor-Malescours.*
Sanctus Victor de Malas Courtz, Sanctus Victor de Malis Curtibus. *Saint-Victor-Malescours.*
Sanctus Vincencius, Sanctus Vincentius. *Saint-Vincent.*
Sanctus Vitalis. *Saint-Vidal.*
Sanctus Ylarius, Sanctus Ylerius. *Saint-Hilaire.*
Sandeli, Sandelis, Sandoli, Sandolis. *Saint-Douly.*
Sanha Ceuta. *Séniquette.*
Sanha Clausa. *Saigneclause.*
Sanha Croza. *Sénicroze.*
Sanha deux Eschampeulx. *Champot.*
Sanha Premyere, Sanha Prumeyra. *Sagne-Première.*
Sanha Queuyta. *Séniquette.*
Sanha Redonda. *Sagne-Redonde, Saigne-Redonde.*
Sanhas. *Saignes.*
Sanhas (Las). *Les Sagnes, cne du Mazet-Saint-Voy.*
Sanhas Bessas. *Saignes-Besses.*
Sanhe (La). *La Sagne, cne de Saint-Pierre-Eynac.*
Sanhe-Croze. *Sénicroze.*
Sanhenc. *Le Sagnet, Le Saline.*
Sanhens. *Sanis.*
Sanhe-Queta, Sanhe-Queuta. *Séniquette.*
Sanhes. *Saignes.*
Sanhes (Les). *Les Sagnes, cne de Saint-Just-Malmont; Les Saignes, cne d'Araules.*
Sanhes-Besses. *Saignes-Besses.*
Sanhet. *Le Sagnet.*
Sanhette (La). *La Sagnette.*
Sanheux. *Sanis.*
Sanhiæ. *Les Sagnes, cne de Saint-Just-Malmont.*
Sanhies-Besses. *Saignes-Besses.*
Sanhis, Sanhnens. *Sanis.*
Sanholas (Las), Sanholles (Las). *Les Sagnolles.*
Sanhyns. *Sanis.*
Sania Foucher. *Sagne-Foucher.*
Sanials (Les). *Les Saniaux.*
Sania Rotunda. *Saigne-Redonde.*
Sanias. *Saignes.*
Sanie (La). *La Sagne, cne de Coubon.*
Sanie-Croze. *Sénicroze.*
Sanieiras (Las). *Sainaire.*

Sanienc. *Le Saline.*
Saniet. *Le Sagnet.*
Sanimaux. *Sagnimaud.*
San-Leidier, San-Lesdier. *Saint-Didier-la-Séauve.*
Sanneyt. *Saunay.*
Sannhac. *Sannac.*
Sansac. *Censac, Sanssac-l'Eglise.*
Sansac-la-Montagne. *Sanssac-l'Église.*
Sansacum. *Sansac, Sanssac-l'Église.*
Sansaguetum. *Sansaguet.*
Sans-Crainte. *Scie-des-Crozes.*
Sansiacum. *Censac.*
Sanssacum. *Sanssac-l'Église.*
Sant-Deyder. *Saint-Didier-la-Séauve.*
Santeble. *Saint-Éble.*
Santerra. *Cistère.*
Santinhac. *Saintignac, cne de Retournac.*
Sant-Johan-Peyro. *Peyron-Saint-Jean.*
Sant-Jolia-d'Ance. *Saint-Julien-d'Ance.*
Sant-Meyras. *Saint-Meyrat.*
Sant-Paula. *Saint-Paulien.*
Sant-Roma. *Saint-Romain-Lachalm.*
Sanyet (Le). *Le Sagnet.*
Sap (Lo). *Le Sapet-Haut.*
Sape (Lo). *Le Sapet, cne de Mazet-Saint-Voy.*
Sapet-de-Mirmande (Al). *Le Sapet-Haut.*
Sapetum, Sappe (Lou). *Le Sapet, cne du Mazet-Saint-Voy.*
Sappet (Le). *Le Sapet, cnes du Mazet-Saint-Voy et de Varennes-Saint-Honorat.*
Sappus. *Le Sapet-Haut.*
Sapsonita (Rivus). *La Laussonne.*
Sapt (Le). *Le Sap.*
Saran. *Seran.*
Saraye. *Seraille.*
Sarazacus, Sarazagus. *Cerzat, cne de la Voûte-Chilhac.*
Sarazat. *Serzat.*
Saraziacellus. *Cersaguet.*
Saraziacus. *Cerzat, cne de la Voûte-Chilhac.*
Sarcenas. *Cercenas.*
Sarda. *Sardat.*
Sardanenche (La). *Jamon.*
Sarennes (Ruiss. de). *La Savenne.*
Sarigolas, Sarigoulas (La). *La Cérigoules, ruiss.*
Sarlangas, Sarlanjas, Sarliangas. *Sarlanges.*
Sarnhac. *Sarniat.*
Sarnhaguet, Sarniguet. *Sarniaguet.*
Sarpeyres (Les). *Les Serpeyres.*

Sarpoler, Sarpolheyr, Sarpollerius, Sarpolyer. *Serpoller.*
Sarsac. *Cerzat, cne de la Voûte-Chilhac.*
Sarsenat. *Sarcenat.*
Sarte (La). *La Sartre.*
Sarzaguet. *Cerzaguet.*
Sarzier (Lo). *Cérigiers.*
Sarzols. *Sarzol.*
Sasac, Sassat-la-Tour. *Sassac, cne de Félines.*
Satiag. *Sauciat.*
Satilhec. *Les Merles.*
Satre (La). *La Sartre.*
Sauce (La). *La Sausse.*
Saucès (Les). *Les Sausses.*
Saucias. *Josiat.*
Saugues-la-Montagne. *Saugues, arr. du Puy.*
Saula (La). *La Séauve.*
Saulas (Lo). *Laulas.*
Saulce (La). *Salce, La Sauce.*
Saulgue. *Saugues, arr. du Puy.*
Saulses. *Salces.*
Sault-de-Laygua. *Coymège.*
Saulx. *Céaux, cne de Saint-Étienne-Lardeyrol.*
Saunac. *Sannac, Sonnac.*
Saunat. *Sannac.*
Saunhac. *Sonnat.*
Sausac. *Saussac.*
Sauseda (La). *La Salzède.*
Sausses. *Les Sauces, cne de Chassagnes.*
Saussette (La). *Sauzet, cne de Vernassal.*
Sauvagnat-Haut. *Sauvagnat, cne de Saint-Just-près-Brioude.*
Sauvaignat. *Sauvagnat, cne de la Vaudieu.*
Sauvaniac. *Sauvagnar.*
Sauvaningues. *Souvanirgues.*
Sauvannet. *Sauvagny.*
Sauvenhac. *Sauvagnat, cne de Saint-Just-près-Brioude.*
Sauveniorgues. *Souvanirgues.*
Sauvigny. *Sauvagny.*
Sauye. *Souvy.*
Sauzer (Lo). *Le Sauze.*
Sauzet-Chamaux. *Sauzet, cne de Vazeilles-Limandres.*
Savinhac, Savinhacum. *Savignac, cnes de Cayres et de Thoras.*
Saviniacum. *Savignac, cne de Thoras.*
Sayesacus. *Ceyssac.*
Saygnasard. *Seignazerd.*
Sayllents. *Saillens.*
Saynt-Beneyt. *Saint-Benoît.*

Saynt-Cirgue. *Saint-Cirgues*, con de la Voûte-Chilhac.
Saynt-Juslz. *Saint-Just-près-Brioude*.
Saynt-Marti de Fougeyras. *Saint-Martin-de-Fugères*.
Saynt-Paules. *Saint-Pal-de-Mons*.
Saynt-Paulha, Saynt-Paulhancza (adjectif). *Saint-Paulien*.
Saynt-Pregeyt. *Saint-Préjet-Armandon*.
Saysac. *Cissac*, cne de Saint-Just-près-Brioude.
Sazacum. *Sassac*, cne de Chomelix.
Schabracum. *Eschabrac*.
Scie (La). *Scie-des-Crozes*.
Scie-de-l'Hermet. *Cherrat*.
Scie-de-Rouchon (La). *Scie-des-Crozes*.
Scingeaulx. *Yssingeaux*.
Scinzelhas. *Sinzelles*, cne de Polignac.
Sciveyracum. *Civeyrac*.
Scobaretas, Scobeyras. *Escoubeyre*.
Scublac, Scublacum. *Escublac*.
Scupliat. *Estublat*, cne de Monlet.
Scura. *Lescure*, cne de Saugues.
Sealcusi, Sealcuzin. *Silcuzin*.
Scalgue, Scalgues. *Siaugues-Saint-Romain*.
Seaulcuzy. *Silcuzin*.
Seaulgue, Seaulgues. *Siaugues-Saint-Romain*.
Séaulve-Benoiste (La). *La Séauve*.
Seaulx. *Céaux*, cnes de Saint-Étienne-Lardeyrol et de Saint-Privat-d'Allier; *Céaux-d'Allègre*.
Séauve-Bénite (La). *La Séauve*.
Seaux. *Céaux*, cne de Saint-Privat-d'Allier.
Soçat. *Cissac*, cne de Saint-Ilpize.
Sechalie. *Seychalles*.
Segaleyras. *Séjallières*.
Segalier. *Les Farges*, cne de Tailhac.
Segeleiras, Seghalieras. *Séjallières*.
Seghalieres. *La Séjaillière*, ruiss.; *Séjallières*.
Seguys. *Fougerolles*.
Seialeyras. *Séjallières*.
Seignes-Besses. *Saignes-Besses*.
Seilhac. *Celhac*.
Selcuzi. *Silcuzin*.
Selelhat. *Solcilhac*.
Seleliacum. *Solilhac*.
Selgues. *Siaugues-Saint-Romain*.
Selhac. *Celhac*.
Sella (La). *La Selle*.
Sellerias. *Cellière*.
Sellier (Le). *Cellier*, cne du Chambon.
Sellita. *Sallettes*, cne du Monastier.

Selva (La). *La Séauve, Siougue*.
Selve (La). *La Séauve*.
Sembadel-Saint-Léger. *Sembadel*.
Semena. *Semène; La Semène*, ruiss.
Semenago. *Senat*.
Semène. *Sumène-Haute*.
Senac. *Senat*.
Senajon, Seneghol, Senegholium, Senegol, Senegolium, Senegoulh, Seneiolum, Senejolium. *Séneujols*.
Senenches. *Chenenches*.
Seneolium, Seneolum, Seneoulh. *Sénéol*.
Senèse. *Senèze*.
Seneuge, Seneughol, Seneuiol, Seneujol. *Séneujols*.
Seneulh. *Ceneuil*.
Senezes. *Senèze*.
Sengle (Lou). *Le Single*.
Senha-Ceuyta. *Séniquette*.
Senhenc (Lo). *Le Sagnet*.
Senholium. *Séneujols*.
Senicros, Sénicroze. *Sénicrose*.
Seniqueute. *Séniquette*.
Senneiol. *Séneujols*.
Sennetum. *Sannay*.
Senneyol, Sennuyol. *Séneujols*.
Senoculium, Senoculum. *Ceneuil*.
Senogol, Senogholium. *Séneujols*.
Senoil, Senoilh. *Ceneuilh*.
Senoiol, Senoiolum. *Séneujols*.
Senoire. *La Senouire*, ruiss.
Senolium. *Ceneuil, Séneujols*.
Senomlium. *Ceneuil*.
Senoms. *Senour*.
Senoups, Senoux. *Cenoux*.
Senouylh, Senoyl. *Ceneuil*.
Senoyolium. *Séneujols*.
Senoyre. *La Senouire*, ruiss.
Sensac. *Sansac*.
Sensaguet. *Sansaguet*.
Senteblo. *Saint-Éble*.
Sentenatum, Sentennachum. *Sentenac*.
Sentiniacus. *Saintignac*, cne de Retournac.
Senuegol, Senueiol, Senueylh, Senulogium. *Séneujols*.
Sepsol. *Septsols*.
Septem Pollas, Septem Pollis. *Saint-Phal*.
Sept-Sols. *Septsols*.
Seran. *Serand*.
Serazis, Serayset. *Cereyset*.
Serazac. *Cerzat*, cne de Saint-Privat-du-Dragon.
Serce. *Cerces*.
Sercenas. *Cercenas*.

Serces. *Cerces*.
Sereis. *Cercix*.
Sereix. *Sereys*.
Seresio (Rivus de). *Ruisseau de Cercix*.
Sereys. *Cercix*.
Sereyzet. *Cereyzet*.
Serezac. *Cerzat*, cne de Saint-Privat-du-Dragon.
Serezat. *Cerzat*, cne de la Voûte-Chilhac.
Serezium. *Cercix*.
Sérigoule (La), Sérigoules (La). *La Cérigoules*, ruiss.
Sérisiers. *Cérigiers*.
Serpeyras (Las), Serpières (Les). *Les Serpeyres*.
Serrand. *Serand*.
Serras. *Serres*, cne de Rauret.
Serre. *Serres*, cne de Céaux-d'Allègre.
Serre-de-Chaumaget. *Chassoulet*.
Serres. *Le Serre*.
Serrezeyres. *Servezeyres*.
Serroilz. *Farouil*.
Serrum. *Serre*.
Serrum de Castronovo. *Serres*, cne de Céaux-d'Allègre.
Sert (La). *Le Veaux*, ruiss.
Serve (Le). *Le Serre*.
Serve-Benoiste (La). *La Séauve*.
Serveira. *Serrières*, cnes de Saint-Didier-sur-Doulon et de Saugues.
Servera. *Serrières*, cne de Saint-Didier-sur-Doulon.
Serverye. *Serrières*, cne de Saugues.
Servesorie, Servesières. *Servezeyres*.
Servey-du-Mégal. *Le Servey*.
Serveyra. *Serrières*, cnes de Blesle et de Saugues.
Serveyras, Serveyres. *Serrières*, cne de Saugues.
Servière. *Serrières*, cne de Blesle.
Servilanghes, Servilhangas, Servilongas. *Servillange*.
Servissacium, Serviszac. *Servissas*.
Serzaguet. *Cerzaguet*.
Serzier (Le). *Cérigiers*.
Sesterra. *Cistère*.
Seugha, Seugia. *La Seuge*, ruiss.
Seuilhs (Les). *Les Seuils*, cne de Chaudeyrolles.
Seujoles. *La Seuge*, ruiss.
Seulhs (Los). *Les Seuils*, cne de Chaudeyrolles.
Seunhac. *Sonnac*.
Seus. *Céaux*, cne de Saint-Privat-d'Allier; *Céaux-d'Allègre*.
Seut (Le Grand-). *Le Grand-Souhait*.

Sevayrac, Seveirachum. *Severyac.*
Seveirag. *Civérac.*
Severacum. *Severyac.*
Severat, Severiaco. *Civérac.*
Sexagum. *Saussac.*
Seyçat. *Cissac,* cⁿᵉ de Saint-Ilpize.
Seyreys, Seyriers. *Sériès.*
Seysac. *Cissac,* cⁿᵉ de Saint-Just-près-Brioude.
Seyssac. *Cissac,* cⁿᵉˢ de Saint-Ilpize et de Saint-Just-près-Brioude.
Seyssacum. *Cissac,* cⁿᵉ de Saint-Just-près-Brioude.
Seyssaguet. *Ceyssaguet.*
Seyssat. *Cissac,* cⁿᵉ de Saint-Just-près-Brioude.
Seyssessa. *La Suissesse,* ruiss.
Seyssos (Los). *Les Ceyssoux.*
Sezalières. *Séjallières.*
Sezeyras. *Cizière.*
Sezilhes. *Cézilles.*
Sialgius, Sialgue. *Siaugues-Saint-Romain.*
Sialma. *La Siaume,* ruiss.
Sianne (La). *La Sionne,* ruiss.
Siaugue, Siaugues-le-Romain, Siaulgues. *Siaugues-Saint-Romain.*
Siaulx. *Céaux-d'Allègre.*
Sibeyrat. *Siberot.*
Sicabonnel. *Chicabonel.*
Sigolène-les-Bois. *Sainte-Sigolène.*
Signon (Le). *Signaure.*
Sigon. *Figon.*
Siguaud. *Sigaud.*
Silhac. *Chilhac.*
Sillaguet. *Chillaguet.*
Silma. *La Siaume,* ruiss.
Silusin. *Silcuzin.*
Silva (La). *Siougue.*
Silva Comtal. *Le Bois-Comtal.*
Silva Lucdunensis. *La Séauve.*
Silvianicus, Silvignanicus. *Souvanirgues.*
Simets. *Simet.*
Simiautre. *Séniautre.*
Simodon. *Simondon.*
Singaudensis (adjectif). *Yssingeaux.*
Singe (Le). *Le Single.*
Singues. *Chiengue.*
Sinho. *Signon,* mont.
Sinus Aureus, Sinus Auri. *La Senouire,* rivière.
Sinzelæ. *Sinzelles,* cⁿᵉ de Blavozy.
Sinzelas. *Sinzelles,* cⁿᵉˢ de Blavozy et de Polignac.
Siolme. *La Siaume,* ruiss.
Sioulac. *La Narce,* cⁿᵉ de Saint-Front.

Sirenieyra, Sirenueyra. *La Senouire,* rivière.
Sirnac. *Sarniat.*
Sirvissas. *Servissas.*
Sistre. *Citre.*
Sistreyras, Sistreyres. *Cistrières.*
Situla, Situlense oppidum. *Céaux-d'Allègre.*
Siveyrat, Siveyracum. *Civeyrac.*
Sizeræ. *La Cisière.*
Sizeyras. *Cisière.*
Sizeyres. *La Cisière.*
Smiène. *La Sumène,* ruiss.
Sobrey. *Soubrey.*
Socha (La). *La Souche,* cⁿᵉ de Lapte.
Sochayro (Lo). *Le Sucheyron.*
Socheira (La). *La Suchère,* cⁿᵉ du Chambon.
Socheria. *La Souchère,* cⁿᵉ d'Auvers.
Socheyra (La). *La Souchère,* cⁿᵉˢ d'Auvers et de Laval.
Socheyre (La). *La Suchère,* cⁿᵉ du Chambon.
Sochia. *La Souche,* cⁿᵉ de Saint-Just-Malmont.
Socho, Sochou. *Mas-do-Souchou.*
Sodde, Sode, Sodes. *Soddes.*
Sofflart. *Soufleix.*
Sogne (La). *La Sagne,* cⁿᵉ de Saint-Pierre-Eynac.
Sohyls (Les). *Les Seuils,* cⁿᵉ de Chaudeyrolles.
Soiceza, Soicezes. *La Suissesse,* ruiss.
Soilz. *Les Seuils,* cⁿᵉˢ de Saint-Georges-Lagricol et de Saint-Pal-de-Chalencon; *Souils.*
Soils. *Souils,* cⁿᵉ de Chaudeyrolles.
Solacru. *Salcrux; Salecrup,* cⁿᵉˢ de Saint-Jeure et d'Yssingeaux.
Solacrup. *Salcreux.*
Soladge. *Soulage,* cⁿᵉ de Saint-Hilaire.
Solamnac, Solamniac, Solannac. *Solignac-sur-Loire.*
Solasset. *Soulasset.*
Solatgas. *Soulage,* cⁿᵉ de Saint-Préjet-d'Allier.
Solatge. *Soulage,* cⁿᵉ de Bains.
Solatges. *Soulage,* cⁿᵉˢ de Chavagnac-Lafayette, de Craponne-sur-Arzon et de Saint-Préjet-d'Allier.
Solaticæ, Solatjas. *Soulage,* cⁿᵉ de Craponne-sur-Arzon.
Solaymet. *Soleymet,* cⁿᵉ de Saint-Victor-Malescours.
Solayrol. *Soleyrol,* cⁿᵉ de Saint-Georges-Lagricol.
Solazeultum, Solazeut, Solazoit, So-

lazoptum, Solazueret, Solazuit. *Salzuit.*
Solegas, Soleges, Soleghas. *Soulage,* cⁿᵉ de Chavagnac-Lafayette.
Solegia (La). *La Soulège.*
Solegnac. *Solignac,* cⁿᵉ de Saint-Georges-d'Aurac.
Solegy (La). *La Soulège.*
Solehacum. *Soleilhac.*
Soleil-Bas (Le). *Le Soulier-Bas.*
Soleilhac. *Solilhac.*
Soleilhac (Le). *Le Machabert,* ruiss.
Soleingnac. *Solignac-sur-Loire.*
Solelhat. *Soleilhac.*
Solemnhacum. *Solignac-sur-Loire.*
Solemniacum. *Solignac-sur-Loire; Souliac,* cⁿᵉ de Bellevue-la-Montagne.
Solempnac. *Solignac-sur-Loire.*
Solempnec. *Le Grand-Solignac.*
Solempnhac. *Solignac,* cⁿᵉ de Tence.
Solempniac. *Solignac-sur-Loire; Souliac,* cⁿᵉ de Bellevue-la-Montagne.
Solempnyacum, Solenihac. *Solignac-sur-Loire.*
Solerium. *Le Soleil.*
Solérol, Solerolle. *Soleyrol,* cⁿᵉ de Saint-Didier-sur-Doulon.
Solesuit. *Salzuit.*
Solet (Lo). *Le Soulier-Bas.*
Soleymec. *Soleymet,* cⁿᵉ de Saint-Victor-Malescours.
Soleyrolles. *Soleyrol,* cⁿᵉ de Saint-Didier-sur-Doulon.
Solezeust, Solezuet, Solezuict. *Salzuit.*
Solhes. *Souils.*
Soli. *Les Seuils,* cⁿᵉˢ de Saint-Georges-Lagricol et de Saint-Pal-de-Chalencon.
Solia. *Les Seuils,* cⁿᵉ de Chaudeyrolles.
Soliat. *Soulhac,* cⁿᵉ de Saint-Cirgues.
Solier (Le). *Le Soleil, Le Soulier, Soulière.*
Solier-Bas (Le). *Le Soulier-Bas.*
Solier-Haut. *Picard, Le Soulier-Haut.*
Solignhac, Soligniacum. *Solignac-sur-Loire.*
Solimet. *Soleymet,* cⁿᵉ de Saint-Victor-Malescours.
Solinhac, Soliniach. *Solignac-sur-Loire.*
Solios. *Souils.*
Sollac. *Soulhac,* cⁿᵉ de Bellevue-la-Montagne.
Sollacreut. *Salcrup,* cⁿᵉ de Saint-Jeure.

Sollamniac, Solleignac. *Solignac-sur-Loire.*

Sollelat. *Soleilhar.*

Sollemniacum. *Solignac,* cⁿᵉ de Rosières.

Sollempnac. *Solignac,* cⁿᵉ de Tence.

Sollempnhac. *Solignac,* cⁿᵉˢ de Saint-Georges-d'Aurac, de Rosières et de Tence.

Sollempnhac-Charais. *Solignac-sous-Roche.*

Sollempnhacum. *Solignac-sur-Loire.*

Sollempniacum. *Solignac,* cⁿᵉˢ de Rosières et de Tence; *Solignac-sous-Roche, Solignac-sur-Loire.*

Sollenhac. *Solignac-sur-Loire.*

Solleyrol. *Soleyrol,* cⁿᵉ de Saint-Georges-Lagricol.

Sollezeuit. *Salzuit.*

Sollier (Le). *Le Soulier.*

Sollinac, Sollompnac, Sollompnhac, Sollompnhat, Sollompniacum. *Solignac-sur-Loire.*

Solombras (Las). *Les Soulombres.*

Solompnhat. *Solignac,* cⁿᵉ de Saint-Georges-d'Aurac.

Solrocos. *Solrecoux.*

Soltronensis (adjectif). *Le Soutour.*

Solumpnhec. *Le Grand-Solignac.*

Solutet. *Souleyte.*

Solvaigho (Le). *Le Sauvage.*

Solvia, Solvye. *Souvie.*

Solx. *Les Souils.*

Solyniac prope Rocham. *Solignac-sous-Roche.*

Solz. *Les Seuils,* cⁿᵉ de Saint-Georges-Lagricol.

Solzede (La). *La Salzède.*

Sommaires. *Saumières.*

Sonac, Sonacus. *Sonnac.*

Sone (La). *La Sonne.*

Sonnacus. *Sonnac.*

Sonoyre. *La Senouire,* rivière.

Soplazuit. *Salzuit.*

Sorlac. *Sorlhac.*

Sorlanges. *Sarlanges.*

Sorliac, Sorliacum, Sortiacum. *Sorlhac.*

Sosdes. *Soddes.*

Sosias. *Josiat.*

Sostellas. *Sous-le-Theil.*

Soteiros (Los), Soteyros. *Souteyros.*

Sotis. *Le Grand-Souhait.*

Sotol (Le). *Le Soutour.*

Sotons (Les). *Les Sétoux.*

Sotulus. *Le Soutour.*

Souchèro (La). *La Suchère,* cⁿᵉ de Lapte.

Soucherres. *Les Tanneries,* cⁿᵉ d'Yssingeaux.

Souches (Les). *Guilhaumet.*

Soucheyre (La). *La Souchaire.*

Souchez (Les). *Guilhaumet.*

Souchia Mali Montis. *La Souche,* cⁿᵉ de Saint-Just-Malmont.

Souchière (La). *La Soucheyre,* cⁿᵉ de la Beysse-Saint-Mary.

Souchiol. *Chousiol.*

Soudard. *Soudar.*

Souffley. *Soufleix.*

Souleymey. *Soleymet,* cⁿᵉ de Saint-Pal-de-Mons.

Soulhat, Soulia. *Soulhac,* cⁿᵉ de Saint-Cirgues.

Soulliat. *Soulhac,* cⁿᵉ de Bellevue-la-Montagne.

Soulietto. *Souleyte.*

Soulognac. *Solignac-sur-Loire.*

Souls (Les). *Les Souils.*

Soumeautre. *Séniautre.*

Sourliac. *Sorlhac.*

Sousses. *Salses.*

Soutou, Soutoul, Soutrou. *Le Soutour.*

Souttons (Les). *Les Sétoux.*

Souvage (Le). *Le Sauvage.*

Souvager. *Sauvaget.*

Souvagni. *Sauvagny.*

Souvaignat. *Sauvagnat,* cⁿᵉ de la Vaudieu.

Souvareire (La). *La Sauvagère.*

Souvayer. *Sauvayer.*

Souveniergues. *Souvanirgues.*

Souverand. *Souveyrand.*

Souvets (Les). *Les Souves.*

Souvinhec. *Souvignet.*

Souvous. *Souvour.*

Souye. *Souvy.*

Sovinhet. *Souvignet.*

Soya. *Soye.*

Soyceza. *La Suissesse,* ruiss.

Soylhs (Les), Soyls (Les). *Les Seuils,* cⁿᵉ de Chaudeyrolles.

Soysseza. *La Suissesse,* ruiss.

Spalado, Spaladon. *Espaladour.*

Spalatum, Spaletum, Spali. *Espaly-Saint-Marcel.*

Spalion, Spaliou. *Espaliou.*

Spanhac. *Espagnac.*

Spetavy. *Espcitavy.*

Spinassas. *Espinasse,* cⁿᵉ de Cayres.

Spinassias. *Espinasse,* cⁿᵉ de Salettes.

Spinatia (Illa). *Lespinasse.*

Spinatium. *Espinasse,* cⁿᵉ de Salettes.

Stables. *Estables.*

Stables (Los). Stabula, Stabulas. *Les Estables.*

Stabulis (Aqua de). *La Gazeille.*

Stivus. *Estiou.*

Strata. *L'Estrade,* cⁿᵉˢ de Freycenet-Lacuche, de Loudes et de Retournac.

Streitz, Strictus. *Les Estreys.*

Stublat. *Estublat.*

Subregio. *Soubrey.*

Suc (Lo). *Brunelet,* mont.; *Suc-du-Dragon.*

Suc-Abonel. *Chicabonel.*

Succus. *Montsuc.*

Suc-d'Apcho (Lo). *Le Suc-d'Achon.*

Suc-de-Blanc (Le). *Le Suchas,* cⁿᵉ de Champclause.

Suc-de-Clarel (Le). *Le Suc-de-Claret.*

Suc-de-Drahos (Lo). *Suc-du-Dragon.*

Suchassium. *Le Suchas,* cⁿᵉ des Vastres.

Sucheire (La). *L'Oubois,* ruiss.

Suchère (La). *La Sucheyre.*

Sucheris. *La Souchaire; La Suchère,* cⁿᵉˢ du Chambon et de Lapte.

Sucheriæ. *Les Suchers.*

Sucheyra (La). *La Suchère,* cⁿᵉˢ du Chambon et de Lapte.

Sucheyro (Lo). *Le Sucheyron.*

Suchière (La). *La Suchère,* cⁿᵉ du Chambon.

Suchoune (La). *La Souchonne.*

Suc-Pelat. *Suc-Pelé.*

Sucq-Eyraud. *Suquirant.*

Suc-Rosset. *Le Suc-Rousset.*

Suc Sancti Stephani. *Le Suc-Saint-Étienne.*

Sucs-Rouges (Les). *Le Suc-Rouge.*

Suetz (Les). *Les Côtes-de-Denise.*

Sucus Ayraut. *Suquirand.*

Suega. *La Seuge,* ruiss.

Sueilx (Les), Sueylhs (Los). *Les Seuils,* cⁿᵉ de Chaudeyrolles.

Suguet. *Suquet.*

Sumena. *Semène; la Sumène,* rivière; *Sumène-Haute.*

Sumena Haulte. *Sumène-Haute.*

Sumenne, Sumera. *La Sumène,* rivière.

Sumeutres. *Séniautre.*

Sumine. *La Sumène,* rivière.

Suqueyraut. *Suquirand.*

Suquirant. *Suquérant.*

Surellus. *Surrel.*

Surgeiras. *Surgère.*

Surreaulx (Lous). *Surrel.*

Suschal. *Le Suchas,* cⁿᵉ de Saint-Didier-sur-Doulon.

Sylva Lucdunensis, Sylva Lugdunensis. *La Séauve.*
Symène. *La Sumène*, rivière.
Syniautres. *Séniautre.*
Synoms. *Senous.*
Syolac. *Sioulac.*
Syone. *La Sionne*, ruiss.
Syroi. *Ceneuil.*
Systreyras. *Cistrières.*
Sytron (Le Mas-de-). *Le Mas-de-Sitron.*

T

Taborier (Rancus de), Taborlayre (Nemus del). *Le Ranc-du-Taborier.*
Tagllac. *Tailhac.*
Tailhac. *Talhac.*
Tailhadisse (La). *La Tailladisse.*
Tailhas (Les). *Les Taillas.*
Tailbat. *Tailhac.*
Tailhe-Chausse. *Taillechausse.*
Tailbeires (Les). *Les Taillères.*
Tailhiacus. *Talhac.*
Tailla (Le). *Les Taillas.*
Taillas. *La Tailla.*
Taillat. *Tailhac.*
Tailleyras. *Taillières.*
Taillide (La). *Taillades.*
Taillier. *Tailler.*
Tain (Le). *Teix.*
Taisnago. *Teinat.*
Talairac, Talayrac. *Talairat.*
Talayssac, Talayzac. *Taleyzac.*
Talhac. *Tailhac.*
Talha Chassa. *Taillechausse.*
Talhada (La). *La Taillade.*
Talhaessa. *Tailleysse.*
Talhas (Les). *Les Taillas.*
Talher (Lo). *Tailler.*
Talheyriæ. *Taillières.*
Talhiac, Talhiacus. *Talhac.*
Talhiacus. *Tailhac.*
Talhiadissa (La). *La Tailladisse.*
Talhieyras. *Taillières.*
Taliac. *Talhac.*
Taliadissa. *La Tailladisse.*
Tallac. *Tailhac.*
Tallatay, Tallatier. *Thalatey.*
Talleysac. *Taleyzac.*
Tallhac, Tallac, Talliacus. *Tailhac.*
Tallobre. *Talobre.*
Talnag. *Teinat.*
Talobre. *Tallobre.*
Talobres. *Talobre.*
Talobrius. *Tallobre.*

HAUTE-LOIRE.

Talode. *Tallode.*
Talosbre. *Tallobre.*
Tanahus, Tanayoux, Taneaux, Taneoux. *Tanaüs.*
Tani. *Tany.*
Tanneol, Tanneyol. *Tanaüs.*
Tanneries (Les). *La Siaume*, ruiss.
Tannoux, Tanolium, Tanoyolh. *Tanaüs.*
Tansianensis (adjectif). *Tence.*
Taolac, Taolhac. *Taulhac.*
Tapoan. *Tapon.*
Taponetus. *Taponet.*
Tapous, Tappon. *Tapon.*
Tappon (Molendinum de). *Moulin-de-Tapon.*
Tapponet. *Taponnet.*
Tapponium, Tappont. *Tapon.*
Tarabol. *Le Veyrac*, ruiss.
Tarathé. *Thalatey.*
Tarebol. *Le Veyrac*, ruiss.
Tareyras. *Tarreyres.*
Tarraboulh (Le). *Le Veyrac*, ruiss.
Tarrazat. *Talairat.*
Tarré. *Terret.*
Tarreyras. *Tarreyres.*
Tarsou. *Suc-de-Terson.*
Tartas (Le). *Saint-Paul-de-Tartas.*
Tartassium. *Tartas.*
Tastevi, Taste-Vin. *Tatevin.*
Tatlac. *Tailhac.*
Taulhiac, Tauliac, Tauliacus. *Taulhac.*
Tauliacus, Taulliacus. *Tailhac.*
Taulyac. *Taulhac.*
Tanriec. *Tauriac.*
Tautlac, Tautlag, Tautliacus. *Tailhac.*
Tauvia. *Tauriac.*
Tavanos (Los). *Les Tavas.*
Tavernol, Tavernoliæ, Tavernolles. *Tavernolle.*
Taynac. *Teinat.*
Taynat. *Teinat, Thaunat.*
Tegula. *La Théoulle.*
Tegulum. *Le Thiolent.*
Teilh. *Le Teil, Le Theil.*
Teirelonge. *Terrelonge.*
Tellas. *Le Theil.*
Temei. *Themeys.*
Tempera. *Tempère.*
Temple de Diane. *Saint-Clair.*
Templi (Molendinum). *Moulin-du-Temple.*
Templi (Ouchia). *La Gazelle*, au Puy.
Templo (Ecclesia de). *Montredon*, cne de Bellevue-la-Montagne.

Tençanis, Tençans, Tencianensis (adjectif), Tencianus. *Tence.*
Tenezan, Tenezenc (Lo). *Le Ténezin.*
Tensa, Tensanus, Tense, Teussa, Tenza. *Tence.*
Teoleyn (Lo). *Le Thiolent.*
Teoleyra, Teoleyre. *Triouleyre*, cne de Saint-Julien-d'Ance.
Teoule (La). *La Théoulle.*
Teouleyre, Teoulleyre. *Triouleyre*, cne de Saint-Julien-d'Ance.
Ternas (Las). *Les Ternes.*
Ternins (Les). *Les Ternes.*
Terracias. *Les Terrasses*, cne de Saint-Pierre-Duchamp.
Terranivol. *Le Ternivol*, ruiss.
Terrassa (La). *La Terrasse*, cnes de Coubon et d'Yssingeaux.
Terrassas (Las). *Les Terrasses*, cne de Saint-Pierre-Duchamp.
Terrasse (La). *Les Terrasses*, cne de Vorey.
Terre. *Terret.*
Terre-du-Père (La). *Le Bois-du-Père.*
Terreiras. *Tarreyres, Terrière.*
Terreriæ. *Tarreyres.*
Terre-Rouge. *La Métairie-Rouge.*
Terrès. *Terret.*
Terret, Terreto. *Tarret.*
Terreyr. *Terret.*
Terreyras. *Tarreyres, Terrière.*
Terrissas (Las). *Les Terrisses.*
Territo. *Tarret.*
Terso, mons. *Suc-de-Terson.*
Tersoneira (La). *Les Teyssonneyres.*
Tesinacum. *Thézenac.*
Testou. *Teston.*
Testut. *Le Mas-de-Testud.*
Teula. *La Théoulle.*
Teula (Molendinum de la). *Moulin-de-Courtial.*
Teule (Lo). *Le Theuil.*
Teuleuc (Lo), Teulencum. *Le Thiolent.*
Teuletum. *Trioulet.*
Teuleynh. *Le Serre-Rouge, Le Thiolent.*
Teulle (La). *La Théoulle.*
Teullenc. *Le Thiolent.*
Teuloani (Rivus del). *Ruisseau-de-Rohac.*
Teuolhac. *Taulhac.*
Tève. *Thève.*
Teynat. *Teinat, Thaunat.*
Teyra Longha. *Terrelonge.*
Teyras (Las). *Les Teyres.*
Teyres (Les). *Lasteyres.*

Thalayzac. *Taleyzac.*
Thallatey. *Thalatey.*
Thaullac. *Taulhac.*
Thaurias, Thauriec. *Tauriac.*
Thavas (Lous). *Les Tavas.*
Thelemay, Themey. *Themeys.*
Théolain (Le). *Le Thiolent.*
Theoleyre. *Triouleyre*, cne de Saint-Jean-d'Aubrigoux et de Saint-Julien-d'Ance.
Théoule (La). *La Théoulle.*
Thérondel. *Tirondel.*
Thesinacum. *Thézenac.*
Theula (La). *La Téoule.*
Theulen. *Le Thiolent.*
Theulx. *Theux.*
Theux-Petit. *Moulin-de-Theux.*
Thezenat, Thézinac. *Thézenac.*
Tholinum. *Le Theil.*
Thollin. *Toulin.*
Tholose la Court, Tholouze. *Toulouse.*
Thomarjet. *Thomarget.*
Thonnat. *Thaunat.*
Thoracii (Riperia). *Le Crouzet.*
Thoracium, Thorassium. *Thoras.*
Thord (Lo). *Le Thor.*
Thoron. *Touron.*
Thory. *Tori.*
Thoula (Lo). *La Téoule.*
Thoumarget. *Thomarget.*
Thouron. *Touron.*
Thouzel. *Touzel.*
Thullière (La). *Tuilerie*, cne d'Auzon.
Thumeix. *Themeys.*
Tibia Leva. *Chambelère*, cne de Charraix.
Tieulenc. *Le Thiolent.*
Tignolos. *Les Tignoux.*
Tillium. *Le Theil.*
Tinc. *Tines.*
Tinioux (Lous). *Les Tignoux.*
Tiolenc (Le). *Le Thiolent.*
Tirabeu. *Montée-de-Tirebœuf.*
Tirabelayt. *Tirevolet.*
Tirabou, Tirabueu. *Montée-de-Tirebœuf.*
Tirangas, Tiranias. *Tiranges.*
Tira Valoys, Tiravoloix. *Tirevolet.*
Tirebeyros. *Tirepeyre.*
Tirebiou. *Montée-de-Tirebœuf.*
Tirevolay, Tirevoley, Tirevouley. *Tirevolet.*
Titaudus, Titaut. *Titaud.*
Titulet. *Titulat.*
Tivayrat. *Tiveyrat.*
Tivernat. *Tavernat.*
Tiveyracus. *Tiveyrat.*

Toenat. *Thaunat.*
Tolenssa. *Tholence.*
Tolhac. *Taulhac.*
Tor (Lo). *Le Thor.*
Toras, Torascium, Torassium. *Thoras.*
Torchon. *Tourchou.*
Torciac. *Torsiac.*
Tor del Nyel (La). *La Tour*, cne de Coubon.
Tor de Malborc (La). *Maubourg; La Tour*, cne de Sainte-Sigolène.
Toreyl (Le). *Le Tourret.*
Tornacot. *Tournecol.*
Tornes, Torns (Los). *La Vialle-d'Estour.*
Torus (Ecclesia dels). *Notre-Dame-d'Estours.*
Tornz (Los). *La Vialle-d'Estour.*
Toron. *Touron.*
Torreilh (Lo), Torrel (Lo). *Le Touret.*
Torrelha (La). *La Toureille.*
Torreta (La). *La Tourette*, cnes de Cubelles et de Laussonne.
Torreta subtus Fronnat. *La Tourette*, cne de Chomelix.
Torretes (Las). *Les Tourettes.*
Torrille (La). *La Toureille.*
Tors (Los). *Le Mas-d'Estors.*
Torssiac. *Torsiac.*
Torta. *La Torte.*
Tortas (Las). *Les Tortes.*
Torthiniac, Tortinhac, Tortinhat, Tortiniac. *Tourtinhac.*
Tortos. *Tourton.*
Torts (Les). *Les Tors.*
Tortue (La). *Le Pey-de-Montusclat.*
Tortz (Los). *Le Mas-d'Estors.*
Totte (La). *La Torte.*
Toulhac. *Taulhac.*
Toulle (La). *La Théoulle.*
Touly. *Toulin, Toupy.*
Tour (La). *La Cour.*
Tour (Molin-de-). *La Tour*, cne de Brioude.
Tour-Danyel (La), Tour-de-Loire (La). *La Tour*, cne de Coubon.
Tour-de-Malbourg (La). *Maubourg.*
Tour-des-Sauvages (La). *La Tour*, cne d'Aurec.
Tourettes. *La Tourette*, cne de la Chaise-Dieu.
Tournecotte, Tournecquot. *Tournecol.*
Tour-sur-Loire (La). *La Tour*, cne de Coubon.
Tourtas (Las). *Les Tortes.*
Tourte (La). *La Torte.*
Tourtories (Les). *Les Tourteries.*
Tourtourel (Rif de). *Le Tourterd.*

Tour-Vaunac (La). *Vaunac.*
Touschard. *Touchard.*
Touvernac, Toveracum. *Tavernat.*
Tozel. *Touzel.*
Trabessou, Trabusson. *Trabesson.*
Tracollum. *Le Tracol.*
Traive (Le). *Le Trève.*
Trignhac. *Traignac.*
Tranchard (Le). *Le Cluzel*, ruiss.; *l'Hivernebœuf*, ruiss.
Tranchardeira, Trancharderia. *Tranchard.*
Tranchebource. *Tranchebourse*, cne de Saint-Georges-Lagricol et de Saint-Germain-Laprade.
Transchardière (La). *Tranchard.*
Traue (Lo). *Le Trau.*
Traü-de-l'Oure (Le). *Le Trou-de-l'Oule.*
Traversas (Las). *Les Traverses*, cnes de Beaulieu et de Blassac.
Trayveras. *Tiveyrat.*
Treazo. *Triozon.*
Trebesson. *Trabesson.*
Treche. *Treiches.*
Tredolo. *Tridoulon.*
Trege-Pis. *Trespeux.*
Treignac. *Traignac.*
Treil (Le). *Le Treuil*, cne de Paulhac.
Trelhins, Trelis. *Trelins.*
Tremoledas (Las). *Les Tremoulèdes.*
Trémont. *Le Trémoul.*
Tremouillades (Les). *Les Trémoulèdes.*
Tremoulière (La). *La Trémouleyre.*
Trémoux (Les). *Trimoux.*
Trenca Borsa, Trencha Borsa. *Tranchebourse*, cne de Saint-Georges-Lagricol.
Trenche-Bource. *Tranchebourse*, cne de Saint-Germain-Laprade.
Trenchesolle. *Tranchesol.*
Treniac. *Triniac.*
Treniat. *Traignac.*
Trentinhac. *Trintignac.*
Trentinhacum. *Le Mas-de-Trintinhac.*
Tresbesson. *Trabesson.*
Treschas. *Treiches.*
Tresdos, Tresdotz, Tresdoux. *Trédos.*
Tres-le-Mond. *Treslemont.*
Treslins. *Trelins.*
Tres-lo-Mond, Tres-lou-Serre. *Treslemont.*
Tres Oleriæ. *Triouleyre*, cne de Saint-Jean-d'Aubrigoux.
Tres Peus. *Trespeux.*
Trespeyras, Trespeyres. *Trespeyre.*

Tres Podia, Tres Pois, Tres Pueys, Tres Puys. *Trespeuix.*
Tres Rivi. *Tres-Ruas.*
Tressacus. *Tressac*, c^ne de Polignac.
Tres Vicos, Tresvics. *Trévis.*
Tretonssel (Le). *Le Trétoncel.*
Treuleyras. *La Tuilerie*, c^ne de Domeyrat.
Treulh (Lo). *Le Treuil*, c^ne de Mazeyrat-Crispinhac.
Treulleyra (La). *La Triouleyre.*
Treuzo. *Triozon.*
Trevisse (Moulin-de-). *Moulin-de-Trévis.*
Trevix. *Trévis.*
Treyches. *Treiches.*
Treyve (Le). *Le Trève.*
Trezac. *Tressac*, c^ne de Polignac.
Triador. *Le Triadour.*
Triahanhac, Triamnhiac, Triannhac. *Traignac.*
Triche. *Treiches.*
Triempnhac. *Traignac.*
Trieu. *Le Treuil*, c^ne de Paulhac.
Trinac, Trinhac. *Triniac.*
Trinhat. *Traignac.*
Trintinhac. *Trintignac.*
Trintinhaccum. *Le Mas-de-Trintinhac.*
Trintiniac, Trintinhiaco. *Trintignac.*
Trintiniacum. *Le Mas-de-Trintinhac.*
Trioudoulon. *Tridoulon.*
Trioulayre. *Triouleyre*, c^nes de Saint-Jean-d'Aubrigoux et de Saint-Julien-d'Ance.
Triouleyres (Les). *La Tuilerie*, c^ne de Domeyrat.
Triuleyras (Las). *Rouchasset.*
Triviales (Les). *Les Trivalas.*
Trivic, Trivico, Trivis. *Trévis.*
Trobas (Los), Trobatz (Les). *Les Troubas.*
Troisso. *Truisson*, c^ne de Bessamorel.
Troisson. *Le Truisson*, ruiss.
Trolhium, Trolium. *Le Treuil*, c^ne de Mazeyrat-Crispinhac.
Tron (Lo). *Le Tronc.*
Tronc. *Les Troncs.*
Tronchayres (Les). *Tronchère.*
Troncheira (La), Troncheyre (La). *La Tronchère.*
Troncheyres, Tronchières. *Tronchère.*
Tropenat, Tropennaco. *Troupenat.*
Tropoys. *Trespeuix.*
Trossonet. *Le Truisson*, ruiss.
Trotinhac. *Tourtinhac.*
Trotoncel (Lo). *Le Trétoncel.*
Troyssonet. *Le Truisson*, ruiss.
Troysso. *Truisson*, c^ne de Bessamorel.

Troysson. *Truisson*, c^ne d'Yssingeaux.
Trucha Fau. *Truchefau.*
Truchetz, Truchet, Truchetz. *Petas.*
Trucho. *Truchon.*
Trucium. *Le Trau.*
Truizo. *Triozon.*
Trun (Lo). *Le Tronc.*
Trucheyra (La). *La Tronchère.*
Tryoleyre (La). *Triouleyre*, c^ne de Saint-Julien-d'Ance.
Tuilerie (La). *La Tuilière.*
Tuileries-de-Coudert. *La Tuilière-Basse.*
Tuilière. *Tuilerie*, c^ne de Berbezit.
Tumbarel (Lo). *Tombarel.*
Turreta. *Saint-Julien-la-Tourette; La Tourette*, c^ne de Cubelles.
Turricula. *La Toureille.*
Turris. *La Tour*, c^nes de Brioude et de Sainte-Sigolène.
Turris Danielis. *La Tour*, c^ne de Coubon.
Turris de Malo Burgo. *Maubourg.*
Turris de Salvagiis. *La Tour*, c^ne d'Aurec.
Turris Mali Burgi. *Maubourg.*
Turris Nielli, Turris Nuelli. *La Tour*, c^ne de Coubon.
Turtuniacus. *Tourtinhac.*
Tusset. *Cusset.*
Tynarela (La); Tynarelle (La). *La Tinarelle.*
Tyrabeu. *Montée-de-Tirebœuf.*
Tyranges. *Tiranges.*

U

Ucel, Ucellus. *Ussel.*
Ucha, Uche. *Huche-Pointue.*
Uclos (Les). *Les Uclas*, c^ne du Mas-de-Tence.
Uelas (Les). *Les Uclas*, c^ne de Grazac.
Uelles. *Huelle.*
Ufarges, Ufargiæ, Uffarge. *Uffarges.*
Ufferneti. *Les Uffernets.*
Uffors. *Uffour.*
Uffreneti, Uffrinitz. *Les Uffernets.*
Uffructz (Lous). *Les Effruits.*
Ufour. *Uffour.*
Ufrunits (Los). *Les Uffernets.*
Ufrutz (Lous). *Les Effruits.*
Ulhande. *Ouillandre.*
Ulmet. *L'Olmet.*
Ulmeta (Molendinum de). *Moulin-de-Tapon.*
Ulmetum. *Ulmet.*
Ulmi. *Les Hommes.*

Ulmus. *L'Olme*, c^nes de Coubon et de Rosières; *L'Orme*, c^nes de la Chaise-Dieu et de Roche-en-Régnier.
Ulmus Beatæ Mariæ. *L'Orme-de-Notre-Dame.*
Ulmus Sancti Marcelli. *L'Orme-de-Saint-Marcel.*
Umbretus. *Ombret.*
Umilheu, Umilliou. *Émilleur.*
Ungeoli. *Les Engouyoux.*
Unzilia. *Onzillon.*
Urba. *Ourbe; l'Ourbe*, ruiss.
Urbanus. *Ourbe.*
Urbetes. *Hierbettes.*
Urciliacum. *Orzilhac.*
Urcinhac, Urciniac. *Orsinhac.*
Urcynes. *Orcine.*
Ursairolas. *Orcerolles*, c^ne de Craponne-sur-Arzon.
Ursayrolas. *Orcerolles*, c^ne de Roche-en-Régnier.
Ursier (Rivus d'). *L'Orsier.*
Ursilhac, Ursilhacus, Ursilhiacum, Ursiliac. *Orzilhac.*
Ursinac, Ursiniacum. *Orsignac.*
Ursival (Rivus d'). *L'Orcheval.*
Urssus. *Ours.*
Urtas. *Hurtes.*
Urzilac. *Orzilhac.*
Uscel. *Ussel.*
Usclenii, Uscleynes. *Esclunes.*
Usfaiges, Usfarges, Usfargiæ, Usfaurgiæ. *Uffarges.*
Usforns. *Uffour.*
Usfreneti. *Les Uffernets.*
Usfrustz. *L'Usufruit.*
Usseiol. *Issanges; l'Issanges*, ruiss.
Usseuge, Usseuiol. *Issanges.*
Usufruictz (Les). *Les Effruits.*
Uveres, Uveyras. *Uveyres.*

V

Vabretæ, Vabretas. *Vabrètes.*
Vabri. *Vabres.*
Vaca. *Vaches.*
Vacarissas. *Vacheresse*, c^ne de Siaugues-Saint-Romain.
Vacha, Vacha (La). *Vaches.*
Vachairolas. *Varherolles.*
Vachalaries. *Vacheleries.*
Vacharesias. *Vacheresse*, c^ne de Saint-Julien-d'Ance.
Vacharesiis (Molendinum de). *Moulin-de-Bernardon.*

49.

Vacharessa (La). *La Vacheresse,* cnes des Estables et de Venteuges.

Vacharessæ. *Vacheresse,* cne de Siaugues-Saint-Romain; *La Vacheresse,* cne des Estables.

Vacharessas. *Vacheresse,* cnes du Mazet-Saint-Voy, de Saint-Julien-d'Ance et de Siaugues-Saint-Romain.

Vacharesso (La). *La Vacheresse,* cnes des Estables et de Venteuges.

Vacharesses. *Vacheresse,* cne du Mazet-Saint-Voy.

Vacharessia. *La Vacheresse,* cne des Estables.

Vacharessiæ. *Vacheresse,* cne de Saint-Julien-d'Ance.

Vacharesso, Vacharesson. *Vacheresson.*

Vache. *Varhes.*

Vacheirolles. *Vacherolles.*

Vachelaries. *Vacheleries.*

Vacheresse (La). *L'Aiguelle,* ruiss.

Vacheriæ. *Vachères,* cne de Présailles.

Vacheyras. *Vachères,* cnes de Monistrol-sur-Loire et de Présailles.

Vacheyressas. *Vacheresse,* cne de Siaugues-Saint-Romain,

Vacheyrolas. *Vacherolles.*

Vachières. *Vachères,* cnes de Monistrol-sur-Loire et de Présailles.

Vachiers (Los). *Les Vachers.*

Vachiroles, Vachyrolæ. *Vacherolles.*

Vadiliis (Molendinum in). *Moulin-de-Vareilles.*

Vadillæ. *Vareilles,* cne de Saint-Jeure.

Vagelas. *Vaugelas.*

Vagiles. *Chazieux.*

Vahont. *Jahon.*

Vaicenac. *Varcenac.*

Vailh le Chastel. *Vals-le-Chastel.*

Vailhacum. *Vailhac.*

Vailop. *Valiop.*

Vain. *Vins.*

Vairac. *Voirac.*

Vairaroles. *Verreyrolles.*

Vaisseira (La). *La Vesseyre,* cne de Séneujols.

Vaissac. *Beyssac,* cne de Saint-Jean-de-Nay.

Vaissière-Pin. *La Vaissière.*

Val. *Vals-le-Chastel, Vals-près-le-Puy.*

Val (La). *Le Valtaillet.*

Valagius pagus. *Pays de Velay.*

Valamont. *La Chaud-de-Valamont.*

Valsoury. *Valory.*

Valas (Loux). *Les Valats.*

Valaugeon. *Valongean.*

Val Augeria, Valaugeyras. *Valogières.*

Valaujon. *Valongean.*

Valauria. *Valory.*

Valauzières. *Valogières.*

Valbarlet. *Vaubarlet.*

Val del Cros (La). *Laval,* cne de Vals-près-le-Puy.

Valdezella. *Vauzelles.*

Val-Dieu (La). *La Vaudieu.*

Valhelhas. *Vareilles,* cnes de Lapte et de Saint-Jeure; *Vazeilles,* cne de Vieille-Brioude.

Valelhetas. *Vareillettes.*

Valeris (Lous). *Valéry.*

Valeta. *Valette,* cne de Chaudeyrolles; *La Valette,* cne de Torsiac.

Valeta (La). *La Valette,* cnes de Bauzac, de Chastel, de Chadron, de Chénereilles, de Monistrol-d'Allier, de Saint-Arcons-d'Allier, de Saint-Didier-la-Séauve, de Saint-Paulien, de Saint-Préjet-d'Allier et de Tence.

Valeta Uner (La). *La Valette,* cne de Chénereilles.

Valete. *Valette,* cne de Chaudeyrolles.

Valete (La). *Valette,* cne de Chastel.

Valettes (Les). *La Valette,* cne de Bauzac.

Valetz. *Vallet.*

Valetz (Los). *Valette,* cne de Chaudeyrolles.

Valhac. *Vailhac.*

Vallhelhas. *Bronac, Vazeilles-près-Saugues.*

Valhelhas (Las). *Vareilles,* cne de Lapte.

Valheilhetæ. *Vareillettes.*

Valhiorgue (Lou). *Les Valiorgues.*

Valh-le-Chastel. *Vals-le-Chastel.*

Valhorgues (Les). *Les Valiorgues.*

Valiaco. *Vailhac.*

Valilia. *Vazeillette.*

Valis (Loux). *Lou Valet.*

Valivers. *Valivier.*

Vallaicus pagus. *Pays de Velay.*

Vallantin. *Valentin.*

Vallat. *Riousset,* cne de Cussac.

Vallatz (Loux). *Les Valats.*

Vallaugeyre. *Valogières.*

Vallauria, Vallauric. *Valory.*

Vallavensis pagus, Vallavia. *Pays de Velay.*

Vallavicus. *Peuple du Velay.*

Vallavius. *Pays de Velay.*

Vallavorum civitas. *Le Puy, Saint-Paulien.*

Vallarorum pagus, Vallayus. *Pays de Velay.*

Valleias. *Vazeilles-près-Saugues,*

Valles. *Vaux.*

Valleta. *La Vallette,* cnes de Chadron et de Saint-Didier-la-Séauve.

Vallete. *Valette,* cne de Chaudeyrolles.

Vallette (La). *La Valette,* cnes de Chénereilles et de Tence; *Vallet.*

Vallette-Eynier (La). *La Valette,* cne de Chénereilles.

Vallette-lez-Saint-Paulhen. *La Valette,* cne de Saint-Paulien.

Vallezella. *Vauzelles.*

Vallielas. *Vareilles,* cne de Lapte.

Vallilias. *Vazeilles,* cne de Vieille-Brioude; *Vazeilles-Limandres.*

Vallis. *Vals-le-Chastel, Vals-près-le-Puy, La Valtaillet.*

Vallis Amblava, Vallis Amblavensis, Vallis Amblevensis, Vallis Amblivina. *Laval-Emblavès.*

Vallis Ambrunia. *La Valtaillet.*

Vallis Anicii. *Creux du Puy.*

Vallis Augeria. *Valogières.*

Vallis Castri. *Vals-le-Chastel.*

Vallis de Croso, Vallis del Cros. *Laval,* cne de Vals-près-le-Puy.

Vallis Embruna. *La Valtaillet.*

Vallis Gelata. *Vaugelas.*

Vallis Podii. *Creux du Puy.*

Vallis Ponso. *La Val-Ponson.*

Vallis Privata. *Valprivas.*

Vallis prope Cussa. *Vals-le-Chastel.*

Vallis Regia. *Vorey.*

Valliviert. *Valivier.*

Vallougières. *Valogière.*

Valmeysoux. *Vaumaison.*

Valogères. *Valogières.*

Valonjon. *Valongean.*

Val-Ponsson (La). *La Val-Ponson.*

Valpryvas. *Valprivas.*

Vals. *Vals-près-le-Puy.*

Valseiralz, Valserol. *Bousscrolles.*

Valvige. *Volvige.*

Valzella. *Vauzelles.*

Valzellas. *Vazeilles-près-Saugues.*

Varau. *Varan.*

Vareilhas. *Vareilles,* cne de Saint-Jeure.

Vareilles (Les), Vareils (Les). *Vareilles,* cne de Lapte.

Varelhas. *Bronac; Vareilles,* cne de Saint-Jeure.

Varena. *La Varenne,* cnes de Chavagnac-Lafayette, de Laussonne et de Monlet; *Varennes,* cne de Saint-Privat-d'Allier.

Varena (La). *La Varenne,* cnes d'Auteyrac, de Bauzac, du Mazet-Saint-Voy et de Queyrières.

Varenæ. *La Varenne*, c^ne de Bauzac; *Varennes*, c^nes de Chamalières, de Laussonne, de Saint-Préjet-d'Allier et de Saint-Privat-d'Allier; *Varennes-Saint-Honorat*.

Varenas. *La Varenne*, c^nes d'Auteyrac, de Ferrussac, de Laussonne et de Saint-Privat-d'Allier; *Varennes-Saint-Honorat*.

Varena Sobeirana (La), Varena Soteirana (La). *La Varenne*, c^ne d'Auteyrac.

Varenes. *Varennes*, c^nes de Chamalières, de Ferrussac et de Laussonne.

Varenna (Rivus de la). *La Varenne.*

Varennæ. *Varennes*, c^ne de Saint-Privat-d'Allier.

Varenne (La). *Les Varennes.*

Varennes, Varennes-la-Raison. *Varennes-Saint-Honorat.*

Varens. *Varan.*

Vareyre (La). *La Maison-Blanche.*

Vareyron. *Vareyroux.*

Varilites. *Varcillettes.*

Varilles (Les). *Vareilles*, c^ne de Lapte.

Varinieres. *Vernières.*

Varnassals. *Vernassal*, c^ne d'Allègre.

Varnelas, Varnellæ, Varnelles. *Vernelle.*

Varneyras. *Vernières.*

Varscenac, Varseunac. *Varcenac.*

Vaseilhas. *Vazeilles*, c^ne de Saint-Éble.

Vaseillas. *Bronac.*

Vaselhas. *Vazeilles-près-Saugues.*

Vaselhas Bassas. *Vazeilles-Bas.*

Vaselias. *Vazeilles*, c^ne du Brignon.

Vaseliette. *Vazeillette.*

Vaseilæ. *Vazeilles-près-Saugues.*

Vasiliæ. *Vazeilles-Limandres.*

Vastras (Las). *Les Vastres.*

Vastretes, Vastreti. *Les Vastrets.*

Vastri. *Les Vastres.*

Vaudieu, Vauldieu (La). *La Vaudieu.*

Vaulmeysons, Vaulmeysos. *Vaunaison.*

Vaulprivas, Vauprivas. *Valprivas.*

Vaulx. *Vaux.*

Vaulx (Las). *L'Orcier*, ruiss.

Vaunac. *Vaunat.*

Vaunacum. *Vaunac.*

Vannaire. *Vauneyre.*

Vaunas. *Vaunat.*

Vaura (La). *La Vaure.*

Vauræ. *Vaures*, c^ne de Loudes.

Vaure. *Vaures*, c^ne de Bauzac.

Vaurelhas, Vaurellæ. *Vaureilles.*

Vauretas, Vaurette. *Vourette.*

Vaurey. *Vorey.*

Vaureylhas. *Vaureilles.*

Vauri, Vaurus. *Vaures*, c^ne de Bauzac.

Vaus. *Vaux.*

Vausseyrauld. *Bousserolles.*

Vaux (Les). *L'Aubépin*, ruiss.; *l'Orcier*, ruiss.

Vavalriolas. *Faveyrolles.*

Vayceira (La). *La Vesseyre*, c^ne de Bains.

Vayceria. *La Vesseyre*, c^ne de Saugues.

Vaylet de Peyrocha (Lo). *Le Nau-de-Piroche.*

Vayse (La). *La Vaysse.*

Vaysera (La). *La Veysseyre*, c^ne de Saint-Hostien.

Vayssa (La), Vaysse (La). *La Vaisse*, c^ne de Saint-Préjet-Armandon.

Vaysseira (La). *La Veysseyre*, c^ne de Bains.

Vaysseyra (La). *La Besseyre*, c^ne de Blesle; *La Veysseyre*, c^ne de Saint-Hostien.

Vaysseyre (La). *La Veysseyre*, c^ne de Saugues.

Vayssia. *La Vaysse.*

Vazaleis. *Vazeilles-Limandres.*

Vazeilhas. *Vareilles*, c^ne de Saint-Jeure.

Vazeilhas Veteres. *Vazeilles-Limandres.*

Vazeilhes, Vazeilhettes. *Vazeillette.*

Vazeillas, Vazeille. *Vazeilles*, c^ne du Brignon.

Vazeilles. *Bronac.*

Vazeillias. *Vazeilles*, c^ne du Brignon.

Vazelhæ. *Vazeilles-Limandres.*

Vazelhas. *Vazeilles*, c^nes du Brignon et de Saint-Éble; *Vazeilles-près-Saugues*, *Vazeillette.*

Vazelhas Inferiores. *Vazeilles-Bas.*

Vazelhas Sobeyranas, Vazelhas Superiores. *Vazeilles-Haut.*

Vazellette. *Vazeillette.*

Veaucha, Veauche. *Vioche.*

Vederiæ, Vedeyres, Vedières. *Védière-Haute.*

Vedrenac. *Védrines*, c^nes de Thoras et de Venteuges.

Vedrinæ. *Védrines*, c^ne de Venteuges.

Vedrinas. *La Védrine*; *Védrines*, c^nes de Chaniat, de Thoras, de Ven-

teuges et de Vieille-Brioude; *Védrines-le-Cerf.*

Vedrinettas. *Vedrinettes.*

Vedrynes. *Védrines*, c^ne de Vieille-Brioude.

Veezo. *Vézézoux.*

Véfabre. *Fabre.*

Veghe. *Vège.*

Veila Briude. *Vieille-Brioude.*

Veilhac. *Pays de Velay.*

Veilherma. *Vielhermas.*

Veillac. *Veilhas.*

Veille-Bride, Veille-Brioude. *Vieille-Brioude.*

Veilleyen. *Peuple du Velay.*

Veine (La). *L'Avène*, ruiss.

Veirac. *Veyrac*, c^ne d'Yssingeaux.

Veireiras. *Héraud, Verrières.*

Veirinæ. *Veyrines*, c^ne de la Vaudieu.

Veirinas. *Veyrines*, c^ne de Monistrol-sur-Loire.

Veissoire (La). *Braye-de-la-Vesseyre.*

Veizexou. *Vézézoux.*

Velai. *Pays de Velay.*

Velaisien, Velauni. *Peuple du Velay.*

Velaunien terroir, Velaunois pais, Velay, Velayet. *Pays de Velay.*

Velha Brieude. *Vieille-Brioude.*

Velli Marcha. *Villemarché.*

Velhya Breyude, Veli Briude. *Vieille-Brioude.*

Vella Guerra. *Vieille-Guerre.*

Vellaic, Vellaicus pagus, Vellait. *Pays de Velay.*

Vellatiorum civitas. *Saint-Paulien.*

Vellauni, Vellaunois. *Peuple du Velay.*

Vellaus. *Pays de Velay, Peuple du Velay.*

Vellava urbs, Vellavæ urbis terminus, Vellavensis (adjectif). *Pays de Velay.*

Vellavi. *Peuple du Velay.*

Vellavie (La). *Pays de Velay.*

Vellavii. *Peuple du Velay.*

Vellavorum civitas. *Le Puy, Saint Paulien.*

Vellavos, Vellavum. *Pays de Velay.*

Vellay. *Velay.*

Vellayt, Velleyt. *Pays de Velay.*

Velpra. *Pravei.*

Velprat. *Vielprat.*

Vemdos. *Vendos.*

Venassals. *Vernassal*, c^ne d'Allègre.

Venaulx. *Vernassal*, c^ne de Léotoing.

Vendagha (La). *La Vendage*, ruiss.

Vendagia. *Vendage*; *la Vendage*, ruiss.

Vendaia. *Vendage.*

Vendaige (Rif de). *La Vendage.*
Vendoas. *Vendos.*
Vendoliu. *Vendillon.*
Vendons. *Vendos.*
Veneires. *Veneyre.*
Vénérand-la-Garde. *Saint-Vénérand.*
Veneyde, Veneyres. *Veneyre.*
Vens. *Vins.*
Ventabren. *Ventebrenc.*
Ventacul. *Ventecul.*
Ventagolium; Ventagols, Ventaiol, Ventaiolum. *Ventajols.*
Ventalogium. *Venteuges.*
Ventatiou. *Ventecul.*
Venter Niger. *Ventrenier.*
Venteughol, Venteujou, Venthoilium. *Venteuges.*
Ventogolium. *Ventajols.*
Ventoiol, Ventologium. *Venteuges.*
Ventrasac, Ventreciacus. *Ventressac.*
Ventrenyer. *Ventrenier.*
Ventresac. *Ventressac.*
Ventueghol, Ventuciol, Ventuejol, Ventuejols. *Venteuges.*
Ver (Le). *Le Vert,* cne de Saint-Préjet-Armandon.
Veracio. *Véros.*
Veradeyre. *La Veyradeyre,* ruiss.
Verceilhacum, Vercelhacum. *Versilhac.*
Vercheriæ, Vercherias, Verchières-les-Masboier. *Verchères.*
Verchmoialium. *Vermoyal.*
Verday. *Tressac,* cne de Saint-Paulien.
Verdeiarium. *Le Verdeyer,* cne de Bessamorel.
Verderiæ Bassæ. *Védière-Basse.*
Verdeyers (Les). *Le Verdeyer,* cne de Bessamorel.
Verdianges. *Verdiange; La Virlange,* ruiss.
Verdicanche, Verdienges. *La Virlange,* ruiss.
Verdier (Lo). *Le Verdeyer,* cnes de Bessamorel et de Saint-Maurice-du-Lignon.
Verdoyers. *Le Verdeyer,* cne de Bessamorel.
Verdu, Verdunum. *Verdun.*
Verdyer (Le). *Le Verdier,* cne de Saint-Didier-sur-Doulon; *Le Verdeyer,* cne de Bessamorel.
Verenæ. *Veyrines,* cne de Chomelix.
Verenas. *La Varenne,* cne de Bauzac; *Veyrines,* cnes de Chomelix et de Saint-André-de-Chalencon.
Verenhac. *Vérignac.*

Vereughol. *Vereuge.*
Vereyrolæ, Vereyroles. *Verreyrolles.*
Vergazac, Vergedac, Vergesacum. *Vergezac.*
Vergeure (La). *La Vergeur.*
Vergezac, Vergezacum. *Verjat.*
Vergezat, Verghasat. *Vergezac.*
Verghat. *Vergeat.*
Verghoac. *Verjac.*
Vergongac. *Vergonzac.*
Vergonghes. *Vergonges.*
Vergongho, Vergonghon, Vergongio. *Vergongheon.*
Vergonguæ. *Vergonges.*
Vergonho, Vergonio, Vergonjo. *Vergongheon.*
Vergonsat, Vergonzacum. *Vergonzac.*
Vergos. *Vergoux.*
Vergumicus, Vergungus, Verguonghon. *Vergongheon.*
Veriasac, Veriesacum. *Vergezac.*
Vérines. *Veyrines,* cnes de Chomelix, de Saint-André-de-Chalencon, de Saint-Julien-du-Pinet et de Vieille-Brioude.
Verinhac. *Vérignac.*
Verjazac, Verjezac. *Vergezac.*
Vermoais, Vermoial, Vermoyalh. *Vermoyal.*
Vern (Lo). *Le Vert,* cnes de Bas, de Retournac et de Saint-Préjet-Armandon.
Vernasal. *Vernassal,* cne de Léotoing.
Vernasais. *Vernassal,* cne d'Allègre.
Vernasaul. *Vernassal,* cne de Léotoing.
Vernassalx. *Vernassal,* cne d'Allègre.
Vernassaulx. *Vernassal,* cne d'Allègre et cne de Léotoing.
Vernassaux, Vernasseaux. *Vernassal,* cne d'Allègre.
Verneda (Illa). *La Vernède.*
Vernei. *Verne,* cne de Lapte.
Vernelas, Vernelhas. *Vernelle.*
Vernet. *Verne,* cne de Lapte; *Vernet-Chabre.*
Vernetis. *Le Vernet,* cne de Craponne-sur-Arzon.
Vernet-le-Pirache (Le). *Le Vernet,* cne de Saint-Jean-d'Aubrigoux.
Vernetum. *Verne,* cnes du Chambon, de Lapte et de Monistrol-sur-Loire; *Vernet,* cne de Saugues; *Le Vernet,* cnes de Craponne-sur-Arzon, de Loudes et du Pertuis.
Vernetum Chabra. *Vernet-Chabre.*
Verneugeol, Verneughol. *Verneuges.*
Verneyras. *Vernières.*

Vernhac, Vernhiac. *Auvernat.*
Vernissas, Vernisses. *Vernusse.*
Verno. *Vernoux.*
Vernogol, Vernojols. *Verneuges.*
Vernom. *Vernoux.*
Vernus. *Le Vert,* cnes de Bas et de Retournac.
Vernussas. *Vernusse.*
Vernusse. *Carcavet.*
Vernusses. *Vernusse.*
Vernynes. *Vernines.*
Verocio. *Véros.*
Veroix. *Vérot.*
Verot, Vérots. *Véros.*
Verotz. *Vérot.*
Verreyrolles (Le). *L'Alzon,* ruiss.
Verrines. *Veyrines,* cne de la Vaudieu.
Versannes (Les). *La Versanne.*
Verselhac, Verselliacum, Versilhiac, Versiliacum, Versilliac. *Versilhac.*
Versseil (Les). *L'Yversert.*
Vert (Le). *L'Hivert.*
Vertamisæ, Vertamisiæ, Vertamizis, Vertanise. *Vertamise.*
Vertaude. *Vertaure.*
Vertemise. *Vertamise.*
Vertenede. *Vertanède.*
Verthamiza. *Vertamise.*
Verthaure. *Vertaure.*
Vert-les-Eaux. *Saint-Vert.*
Vertrago. *Tiveyrat.*
Verueghol, Verueyol. *Vereuge.*
Verzillac. *Versilhac.*
Vesa (La). *La Vèze,* cne de Roche-en-Régnier.
Vesciliacipti villa. *Versilhac.*
Vesedo, Vesedonensis (adjectif), Vesedonum, Vescou. *Vézézoux.*
Vès-Matras. *Matras.*
Vesola. *La Grande-Vésolle.*
Vès-Sauzet. *Sauzet,* cne de Vazeilles-Limandres.
Vesseyre (La). *La Veysseyre,* cne de Saint-Hostien.
Vessieyra (La). *La Besseyre,* cne de Saint-Préjet-d'Allier.
Vestio (La), Vesties (Las). *Las Vestias.*
Vesunnum. *Vézézoux.*
Vesy (Le). *Le Vezy.*
Veterinas. *Védrines.*
Vetula Brivate. *Vieille-Brioude.*
Vetula Civitas. *Saint-Paulien.*
Vetulum Pratum. *Pravel.*
Vetus Armatus. *Vielhermas.*
Vetus Brivata, Vetus Brivate. *Vieille-Brioude.*

Vilha Velha. *La Viallevieille*, cne de Pinols.

Vilherma. *Vielhermas.*

Villa. *Vialle; La Vialle*, cnes de la Mothe, de Saugues et de Taillac; *Ville.*

Villa castri de Turnis. *La Vialle-d'Estour.*

Villa Dei. *Villedieu.*

Villa de Mons. *Ville-de-Mons, Villedemont.*

Villa de Mont, Villa de Munt. *Villedemont.*

Villa Esparssa. *Vieille-Espesse.*

Villa Longa, Villa Longha, Villa Longia, Villa Longua, Villa Lonja. *Villelonge.*

Villanova *vel* Villa Nova. *Sainte-Eugénie-de-Villeneuve; Villeneuve*, cnes de Brives-Charensac, de Riotord, de Saint-Pierre-Duchamp, de Saint-Ferréol-d'Auroure, de Saint-Pierre-Eynac, de Saugues, de Taillac, de Venteuges et d'Yssingeaux.

Villa Nova Sancti Ilpidii. *Villeneuve-d'Allier.*

Villar (Le). *Le Vialard*, cne de Bauzac; *Le Villard*, cne de Sainte-Sigolène.

Villard (Lo). *Le Villar.*

Villar-de-Grazac (Le). *Le Villard*, cne de Grazac.

Villar-des-Gresses. *Le Villar-des-Grises.*

Villare. *Le Villard*, cne du Monastier.

Villaret (Le). *Le Villeret*, cnes de Chanaleilles et de Saint-Préjet-d'Allier.

Villaret-Marchet (Lo). *Le Villeret*, cne de Saugnes.

Villaretum. *Le Villaret*, cne de Saint-Jeure; *Le Villeret*, cnes de Chanaleilles et de Saint-Préjet-d'Allier.

Villarium. *Le Villar; Le Villard*, cnes de Chénereilles, de Saint-Arcons-de-Barges et de Saint-Privat-d'Allier.

Villar-Juny (Le), Villar-Juvy. *Le Villard*, cne de Chénereilles.

Villar-les-Grises. *Le Villar-des-Grises.*

Villar-lès-Monestier. *Le Villard*, cne du Monestier.

Villers. *Le Villar-des-Grises.*

Villa supra Motam. *La Vialle*, cne de la Mothe.

Villa supra Talliacum. *La Vialle*, cne de Taillac.

Villa Vetus. *Vialle-Vieille; Viallevieille*, cne de Saugues; *Villevieille*, cne du Pertuis.

Ville (Ad). *La Vialle*, cne de la Mothe.

Ville (La). *La Vialle*, cne de Saint-Étienne-sur-Blesle.

Ville-de-Montz. *Ville-de-Mons.*

Villeneufve. *Blanc, Sainte-Eugénie-de-Villeneuve; Villeneuve*, cne de Brives-Charensac.

Villeneufve-d'Eynac. *Villeneuve*, cne de Saint-Pierre-Eynac.

Villeneufve-sur-Taillac. *Villeneuve*, cne de Taillac.

Villeneuve-de-Fix. *Sainte-Eugénie-de-Villeneuve.*

Villenovà. *Villeneuve*, cne de Brives-Charensac.

Villenove. *Villeneuve-d'Allier.*

Villeret (Le). *Le Villaret*, cne de Desges.

Villeta. *La Vialette; La Villette*, cne de Dunières.

Villete (La). *La Villette*, cne de Saint-Paul-de-Tartas.

Villette (La). *Les Villettes.*

Ville-Vieilha. *Villevieille*, cne d'Ally.

Villierma. *Vielhermas.*

Vilprat. *Vielprat.*

Vincella. *Saint-Ferréol*, cne de Brioude.

Vincentas (Las). *Les Vincentes.*

Vinçoux. *Vinçon.*

Vin-de-Lion. *Vendillou.*

Vinea, Vinha. *La Vigne.*

Vinicella. *Saint-Ferréol*, cne de Brioude.

Vinhalh. *Les Vignaux.*

Vinhe. *La Vigne.*

Vinson. *Vinçon.*

Vinzé. *Vins.*

Violarias. *La Violette.*

Vio Marchadeyre. *Coloin.*

Virdunum. *Verdun.*

Virgiliacum. *Versilhac.*

Virgo, Virgum. *Vergue.*

Viridarium. *Le Verdier*, cne de la Voûte-sur-Loire; *Le Verdeyer.*

Virinas. *Teyrines*, cne de Saint-André-de-Chalencon.

Visolle (La). *La Vésolle.*

Vissaeus. *Vissac.*

Vissaguetum. *Vissaguet.*

Vissat. *Vissac.*

Vissat (Lo). *Les Vissacs.*

Vitieus. *Vissac.*

Viracins, Vivaitz, Vivasses (Les), Vivalz. *Les Vivas.*

Viver (Lo). *Lo Vivier.*

Vizac. *Vissac.*

Vizade (La). *Saint-Étienne-près-Allègre.*

Vizin. *Le Vezy.*

Voirey. *Vorey.*

Voiriac. *Veyrac*, cne d'Yssingeaux.

Voisinat (Le). *Le Vésinat.*

Volamadet. *Vouloumadet.*

Volamat, Volamata. *Vouloumas.*

Volamon. *La Chaud-de-Talamont.*

Volhandre, Volhandres. *Ouillandre.*

Volhiac, Voliac, Voliacus. *Volhac.*

Vollandre, Volliandre. *Ouillandre.*

Volmat. *Vouloumas.*

Volmeysoux. *Vaumaison.*

Volnac, Volnacum. *Vannac.*

Volnas, Volnatius. *Vaunat.*

Volomadet. *Vouloumadet.*

Volomato. *Vouloumas.*

Volpaconeyra (La). *Devéze.*

Volpilheyra (La). *La Volpilière*, cne de Mazeyrat-Crispinhac.

Volpilheyras, Volpilieras. *La Volpilière*, cne de la Chapelle-Geneste.

Volsairos. *Bousserolles.*

Volta. *La Voûte-Chilhac, La Voûte-sur-Loire.*

Volta Podemniacensis. *La Voûte-sur-Loire.*

Volte. *La Voûte*, cne du Pertuis.

Volte (La). *La Voûte-Chilhac, La Voûte-sur-Loire.*

Volusanius mons. *Pic de Lizieux.*

Vomaison. *Vaumaison.*

Vonac. *Vaunac, Vaunat.*

Vonc, Vont. *Von.*

Vonnac. *Vaunac.*

Vorlhac. *Vourlhac.*

Vorz (La). *Lavort.*

Vorzas. *Vourze*, cne d'Yssingeaux; *Vourzac.*

Vorze. *Vourze*, cnes d'Yssingeaux.

Vorze (Le). *Vourze*, cnes de Bauzac et de Saint-Pal-de-Mons.

Vorzes (Lous). *Vourzet.*

Vorzet. *Vourze*, cnes de Bauzac et d'Yssingeaux.

Vorzetum. *Vourze*, cne d'Yssingeaux.

Vosairac, Vosairacum, Vosayrac. *Voirac.*

Vosq (Le). *Le Vezy.*

Vouce, Voucer, Voucius. *Vousse.*

Voulcayrauld. *Bousserolles.*

Voulhac. *Volhac.*

Voulhandres. *Ouillandre.*

Vouliac. *Volhac.*

Voulmadet. *Vouloumadet.*

Voulmas, Vouloumat. *Vouloumas.*

Voulpilheres (La). *La Volpilière*, c^ne de la Chapelle-Geneste.

Voulpillière (La). *Valpilière*.

Voulpt (La). *Lavoux*.

Voulta. *La Voûte*, c^ne de Saint-Julien-Molhesabate.

Voulte (La). *La Voûte*, c^ne de La Voûte-sur-Loire; *La Voûte-Chilhac*.

Voulviges. *Volvige*.

Vounac. *Vaunac*.

Vouneyre. *Vauneyre*.

Vourei, Vouresius, Vourey. *Vorey*.

Vourlhat. *Vourlhac*.

Vouroi. *Vorey*.

Vourse. *Vourze*, c^ne d'Yssingeaux.

Vourzac (Le). *L'Audon*, ruiss.

Vourzas. *Vourzac*.

Vouta. *La Voûte*, c^ne du Pertuis; *La Voûte-Chilhac, La Voûte-sur-Loire*.

Voute-de-Polignac (La). *La Voûte-sur-Loire*.

Vouzeles. *Vauzelles*.

Vouzer. *Vousse*.

Voyrat. *Voirac*.

Voyresa (La). *La Voyrèze*, ruiss.

Vozayrac. *Voirac*.

Voze. *Vourze*, c^ne de Bauzac.

Vulnatis. *Onnat*.

Vulpa, Vulpes. *Lavoux*.

Vulpilheyra (La). *Valpilière*.

Vulvigitus. *Volvige*.

Vysson (Ruiss. de). *Le Servillange*.

W

Wallilias. *Vazeilles*, c^ne de Vieille-Brioude.

Y

Yabia. *Jabier*.

Yahont. *Jahon*.

Ygnes (Les), Ynhas (Las). *Les Ignes*.

Ysingiacus, Ysingiau. *Yssingeaux*.

Yspaly. *Espaly-Saint-Marcel*.

Yssartades (Las). *Les Essartades*.

Yssingachius, Yssingasius, Yssinghacus, Yssinghaulx, Yssinghiacus, Yssingiacius, Yssingiacus, Yssingiau, Yssingualensis (adjectif). *Yssingeaux*.

Yvarras. *Les Yverras*.

Yvernos (Loux), Yvernoux (Les). *Les Hivernoux*.

Yx (Les). *Les Îles*.

Z

Zabruzacus. *Jabruzac*.

Zeurazac. *Jorat*.

Zocha (La). *La Souche*, c^ne de Lapte.

50
IMPRIMERIE NATIONALE.

P. 81, col. 1, l. 44. Supprimer : *Castrum*... *Calmiliacus*, xi° s. (A. SS. mirac. S. Fidis, oct. III, 306 F), et l'intercaler plus loin (p. 180, col. 2) à l'article Monastier (Le) et à son ordre chronologique.